U0334296

上海科技专著出版资金资助

上海市『十二五』重点图书

长江三角洲自然灾害录

CHANGJIANGSANJIAOZHOU
ZIRANZAIHAILU

刘昌森 于海英 王锋 火恩杰 编著

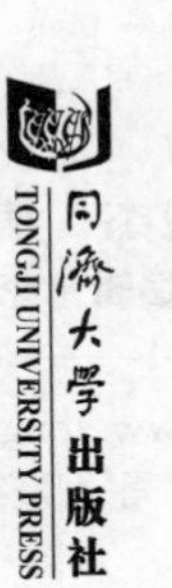

同济大学出版社
TONGJI UNIVERSITY PRESS

内容提要

本书以丰富的史料与大量的灾害实例，系统而具体地反映了长江三角洲地区 2 500 年间的风暴潮、洪涝、干旱、突发性强对流灾害性天气、严寒酷暑与反常天气、生物灾害、疫情、饥荒与赈灾、地震、地质灾害、旱涝与寒暑交替与变化趋变等诸方面的灾情概况，对认识长江三角洲地区的自然灾害发生、发展的规律，对当时社会的影响以及研究今后减轻灾害的措施等都有较大的参考价值。

本书是一部地方性自然灾害的综合性研究成果，资料翔实、丰富、可靠，可供从事自然灾害研究与防御的社会各职能部门、院校及有志于减灾工作的科研与教学人员参考。

图书在版编目(CIP)数据

长江三角洲自然灾害录 /刘昌森等编著. -- 上海：同济大学出版社，2015.12

ISBN 978-7-5608-6064-0

Ⅰ. ①长… Ⅱ. ①刘… Ⅲ. ①长江三角洲—自然灾害—史料 Ⅳ. ①X432.5

中国版本图书馆 CIP 数据核字(2015)第 266138 号

上海科技专著出版资金资助
上海市"十二五"重点图书

长江三角洲自然灾害录

刘昌森　于海英　王　锋　火恩杰　**编著**

策划编辑 曹　建　李小敏　**责任编辑** 李小敏　曹　建　**责任校对** 徐春莲　**装帧设计** 潘向蓁

出版发行　同济大学出版社　　www.tongjipress.com.cn
（地址：上海市四平路 1239 号　邮编：200092　电话：021-65985622）
经　　销　全国各地新华书店
印　　刷　同济大学印刷厂
开　　本　787 mm×1092 mm　1/16
印　　张　35
字　　数　874 000
版　　次　2015 年 12 月第 1 版　　2015 年 12 月第 1 次印刷
书　　号　ISBN 978-7-5608-6064-0

定　　价　198.00 元

前　言

自然灾害是指超常的自然现象给人类生命财产和社会生产活动带来不同程度的损失和危害。自然灾害的表现形式多种多样,有的缓慢而微弱,在较短时间段内变化微不足道,难以引起人们注意,日积月累后却影响深远,治理难度也较大;有的却在短时间突然而至,影响强烈,猝不及防,并造成重大的人员伤亡和财产损失;有的只造成局部的小范围影响,瞬时又消失得无影无踪;有的则可在大范围内引发一系列灾害链,造成的损失数年甚至十数年内都难以恢复;有的甚至造成环境的巨大变迁和历史中断,成为后人探索的历史谜案。

据美国减轻自然灾害十年顾问委员会1987年的统计,在此前的20年中,全球各项自然灾害共造成280万人死亡,8.2亿人受灾,直接经济损失250亿～1 000亿美元,并经常引发民众惊恐和社会动荡。又据我国2004年10月18日《科技日报》报导,世界每年仅因气象灾害而死亡的人数就达62万人,20亿人受灾,直接经济损失4 460亿美元。随着世界城市化潮流的进一步发展,人口和社会财富加速向城镇集中,一旦遭灾,损失惊人。上述两组数字至少说明自然灾害损失趋势不减,防灾减灾的道路还很艰难。我国平均每年有1/6的国民经济产值毁于各类自然灾害,1991年以后已突破千亿元。2008年汶川大地震直接经济损失就高达8 451亿元,8.7万人遇难和失踪。

我国是世界上自然灾害数量频发、程度严重的国家之一。我国幅员辽阔、人口众多、环境多样,经济发展虽然速度甚快,但与发达国家相比仍相对落后,防灾能力脆弱。我国历史悠久,与自然灾害斗争有着丰富的经验,文献记载繁多。中华民族文明史可以说也是一部在自然灾害中求生存、求发展的历史,对研究自然灾害发生发展规律有着重要价值。总结与灾难抗争的历史经验教训,对制定减灾对策有着重要意义。研究自然灾害的目的是为了减灾,变害为利,是另一种意义上的增产。发展经济加快建设的同时,千万别忘了当地环境有哪些隐患,需要防危,做好规划与设计,好字当头,不求奢华,质量第一。我国工程性减灾投入的统计资料表明,一般都能取得10倍以上的减灾效益。

人类在自然中是伟大的,是人类创造了一个崭新世界。虽然人类已摆脱了蛮荒无知的过去,可是人类在咆哮的自然面前,有时又是非常渺小的。就现有的科技水平,人类对诸多重大自然灾害还无法抗拒,只能通过认识自然、掌握其发生发展规律,积累以往成败的经验,趋利避害,进而在将来兴利免害。当下由于对自然资源盲目过度的开发利用,破坏了原有的生态平衡,导致某些灾害发生和扩大,我们就该在认识自然的基础上研究制止破坏环境、恢复生态平衡的办法,并逐步切实推行之。在与自然共处的过程中,人类必须顺应自然,尊重自然,和谐相处,长期持续发展,对具有巨大破坏能力的自然灾害现象,如地震、洪水、沿海地区的强风暴潮等也应有敬畏之心,对"战天斗地"、"征服自然"、"人定胜天"之类的口号应有正确理解。再者,对以往用血汗乃至生命换来的灾害数据和经验教训,应公开透明,让其发挥应有价值,而不是捂着、掖着,交了学费还一无所获,错误一犯再犯,在自然灾难面前仍旧束手无策。

2006年上海市政协人口资源环境建设委员会为防灾减灾工作需要,以课题的形式整理和研究上海自然灾害史，以期了解上海曾经发生过的各类自然灾害的性质、程度及演化等基本情况，作为今后进一步分析研究的基础，供涉及灾害的有关职能部门制订防御对策及应变措施时参考，同时鼎力资助《上海自然灾害史》的出版。囿于上海地域相对狭小，对大尺度的自然灾害认识有失周全，有些灾害紧邻上海的外省县市有载而上海却无，有些灾害与邻省视似同次，但时间略有差异，孰是孰非，也需校订；再者上海地区独立建置较晚(751年)，专门叙述上海地区的灾害记载更迟至1135年(南宋时期)才开始；上海虽然地位重要，但也只占长江尾闾的南岸一侧，要理清上海的灾情，必须有更早更广的区域材料支撑，因此孕育了对长三角地区灾害问题的再研究。这次研究也可以说是上次研究的继续、补充和拓展，本书也可视为《上海自然灾害史》的姊妹之作。上海是长三角地区中的重要组成部分，不可避免会与前书有部分重叠和修正，特此说明。

长三角地区位于我国东部沿海中段，腹地辽阔，自然禀赋良好，物华天宝，人杰地灵，经济基础相对发达，城镇系统完整，体制较为完善，文化底蕴深厚，历代人才辈出，近现代科技、教育较为齐全，各方面人才济济，城市群之间互相依存、相互促进、联系密切、共存共荣，汇集的产业、研发、金融、贸易、航运等一体化发展基础较好，是我国综合实力强劲的区域之一，对带动整个长江流域经济发展，连接国内外市场，吸引海外投资，推动产业与技术转型、研发，参与国外竞争与国内经济在高起点上重组与改造，促进全国经济平稳科学发展发挥重大作用。

狭义上的长三角地区北界为仪征—扬州—泰州—姜堰—海安—洋口镇，大体与通扬运河走向一致；南界自南京幕府山北麓—镇江—常州—无锡—苏州—上海，大致沿古海岸线入杭州湾。三角洲的顶点地形定在仪征市真州镇，水文上据海潮最大上溯点定在芜湖。面积仅占全国国土地面积2.2%的长三角地区，生活着全国10.1%的人口，创造着全国21.3%的产值(2013年)。长三角地区气候上四季分明，暑热冬凉，夏秋湿热，多梅雨、台风；冬春偏旱有寒潮。自南宋以来已是我国最富庶的地区之一，曾为国家财政税赋作出过特殊贡献。改革开放以来，为了更好、更快地和谐、科学发展，1992年上海、南京、镇江、扬州、常州、无锡、苏州、南通、杭州、嘉兴、湖州、绍兴、宁波、舟山14个城市成立经济协作区；2009年增加泰州、台州成16市；2010年又接纳淮安、盐城、金华、衢州、马鞍山、合肥；2013年再次扩大至30个市，几乎囊括江浙两省及安徽大部。鉴于淮北、淮南分属不同的自然地理区，环境各具特色，更重要的是南北灾害差异较大，本书讨论的范围界定在淮河以南，西至东经117°，南抵皖、浙边境，东达黄海东海。陆地面积约25万km^2。若区内的灾害延至区外或区外的灾害影响区内，为使区内灾害的来龙去脉完整起见，对区外情况亦略作交待。

本着存史、教化、资政的目的，广罗上述范围内的灾害资料，在前人工作的基础上，加上个人多年查阅史料的积累，拾遗补缺，经考订后分门别类予以分析，历时四年还真有些发现，如：公元前495年浙江就有台风灾害记载；世界最早溃坝并造成巨大死亡的事件，就发生在516年区内的淮河五河县东；我国有气象记录以来最冷年份为1893年，迄今仍未突破，灾害甚至波及台湾和海南；最热的年份则为2013年，上海不仅夏日长达157天，40℃以上酷暑日5天，最高40.8℃，浙江新昌更高达44.1℃，均创历年最高纪录；还初步探明本区主要灾害形成的条件和隐含的某些规律等。文献资料整理中发现不少当时的赈济资料，对灾害的认识颇有裨益。对当年地方官员对灾害的处理及政府对失责官员的处理也略有涉及。由于时间跨度长达2500年，地域遍及苏、浙、皖、沪三省一市，每修改一次总有增添，今后肯定还会有所弥补修正。

纵观长三角地区的过去，也确是灾害频发，不仅灾种多样，而且有些危害还相当突出，如热带风暴潮（强台风）即为其一，一次风暴潮就造成长三角地区死亡万人以上的次数不下10余次。其中1696年的一次台风，就造成今上海地区范围内死亡10万余众，全地区死亡率为5%左右，沿海诸区县则高达60%～70%，这在我国乃至世界飓风灾害中均能名列第一。1856年浙江黄岩风暴潮在倏忽之间使陆地成海，淹死男妇五六万计，积尸遍野，庐舍无存；温岭沿海居民也漂没3万余人。热带风暴潮是长三角地区的群灾之首，至今防汛抗台始终是长三角地区减灾的首要任务。再如旱灾，虽然长三角地区河网密布，却仍然发生像1588—1589年连旱，淮、扬、凤、泗及庐州府属及南通、溧水人相食，上海南汇有易子而食、有潜身义冢食新死胔等人相食惨象；像明末1641—1642年苏、浙、皖、沪20余县镇发生人吃人的悲剧。本书呈现了不少长三角地区受灾的惨状，目的是唤醒人们对环境的关注，无损于长三角地区对我国发展的贡献。居安思危，增强忧患意识，敬畏自然，尊重规律，与环境和谐相处，防患于未然，知不足方能更安全。了解现在和过去是为了更好地预测未来，从前人处理灾害事件中吸取有用的做法，是为了今后更科学、更扎实的发展。

历史毕竟是历史，资料来源分散，或有残缺、遗漏，加之历代统治者粉饰太平，对灾异记载多有隐瞒、偏废，整编时只能从零星、片断的记载中窥探各种灾害现象，难免有失周全，分析和归纳时也可能有部分不尽合理，希望读者能予以纠正。笔者工作中曾获得上海历届市长、市政协、市科委领导的鼓励和支持。早在2002年韩正同志就再三叮咛，研究灾害的历史对防灾减灾工作意义重大，希望把研究时间拓展至现在……业务上得到上海市气象局原局长王雷研究员、中国防灾减灾协会秘书长高建国研究员及同一研究团队许多同仁的帮助和指点；尤其要指出的是，工作中曾大量使用前人所做的铺垫性资料收集整理及多方面的研究分析成果，只是在资料上作了一些补充、考订、归纳和再分析；编纂出版又得到同济大学周祖翼、曹建、李小敏等同志各方面的帮助和支持，在此一并致以诚挚的谢意。

本著作未单独立项取得经费支持，笔者在以往工作涉猎和查阅资料的基础上，于退休后为感谢国家数十年的教育与培养，回报社会，发生的资财书籍购买及各项零星支出自负，将自己在长三角地区灾害方面的点滴认识和看法以读书报告形式通盘托出，供各有关部门和有志于探索灾害的研究者共享，并希望得到批评指正，使本书得以进一步充实提高，以有助于长三角的防灾减灾工作能科学而持续地开展，为保障长三角地区人民的生命财产安全起到点滴的警示作用。如若如此，三生有幸，足矣。

本书能够得以付梓应感谢原单位上海市地震局的鼎力资助和上海科技专著出版资金的资助，在此表示由衷的感激。

作者

2015年6月

目　录

第一篇　长三角地区各灾害种类分析与评述

长三角地区在我国版图中所占面积不足3%，灾害的种类与严重程度并不比其他省(区)少很多，有些甚至还有过之而无不及。一次灾害过程除主导要素外，往往还伴随有多种衍生或次要的灾害发生。如一次强台风在沿海地区可以表现为风暴潮，并伴随有劲风、澍雨、咸潮、龙卷风等。在巨大的灾害影响场中，各地的表现纷繁陈杂，不仅严重程度有别，而且灾种也可能表现多种多样：有的可以是大雨、水淹，有的主要是强风仆屋。若在较大范围内可以确定是什么主导要素引发的当然最好；不能辨明时，就只能按当地的致灾要素判定。长三角地区中的风灾中就有不少此类问题，单凭飓风或大风两字，很难断定到底是台风、寒流，或是局发性阵风，抑或龙卷风引起的，甚至会造成张冠李戴的谬误。这次我们将长三角地区的灾害主要划为风暴潮、洪涝、旱灾(含蝗灾、扬沙)、地震、地质灾害(又分地面沉降、边坡稳定、沙土液化等几类)，并对长三角地区2 500年来旱涝、寒暑的变化特点及今后大致的发展趋势提出一些粗浅看法，供关心该领域的有关部门与同仁们参考，更希望大家共同关心，为长三角地区建设的持续、有序、科学发展贡献力量。

一、风暴潮

江浙是我国风暴潮灾害的多发地区之一，这类灾害曾给当地人民生命财产造成严重损害。我国历史上死伤人员最多的一次风暴潮(1696年6月29日)就发生在上海地区，造成10万余人死亡，居我国历史上风暴潮损失之冠，在世界飓风灾害中也“名列第一”。现将有史以来长三角地区死亡人数千人以上的特大风暴潮灾害举例如下：

(1) 669年10月21日(九月十八日)风暴潮。海水翻上，坏温州、瑞安百姓庐舍6 843区，杀9 070人，牛500头，损田苗4 150顷；丽水暴风雨。

(2) 726年8月24日(七月十九日)风暴潮。润州(镇江)大风，东北海涛没瓜州，损居人；苏州大水，漂没庐舍；海州(连云港)海潮暴涨，百姓漂溺；沧州大风，海运船没十一二，失军粮5千余石，舟人皆死；怀(河南沁阳)、卫(汲县)、郑、滑、汴(开封)、濮(鄄城北旧城镇)、许(昌)等州澍雨，河及支川皆溢，人皆巢舟以居，死者千数，资产、苗稼无孑遗。秋，50州言水，河南、河北尤甚，常、福等州漂坏庐舍，遣御史中丞覆赈给之(图1-1)。

(3) 1081年8月22日(七月初九)夜，江北静海县(南通市)海门大风雨，毁官私庐舍2 763楹；泰州海风作，浸州城，坏公私庐舍数千间；江南昆山海水溢，民居倾者大半，学宫悉倒；吴江淞江长桥摧其半，桥南至平望皆如扫，内外死者万余人；苏州大水，西风驾湖水浸没民居，太湖水溢，凡边湖者皆荡尽，或举家不知所在；常州坏公私庐舍数千间；丹阳大风雨，溺民居，毁庐舍；丹徒、仪征大风潮，飘荡沿江庐舍，损田稼(图1-2)。

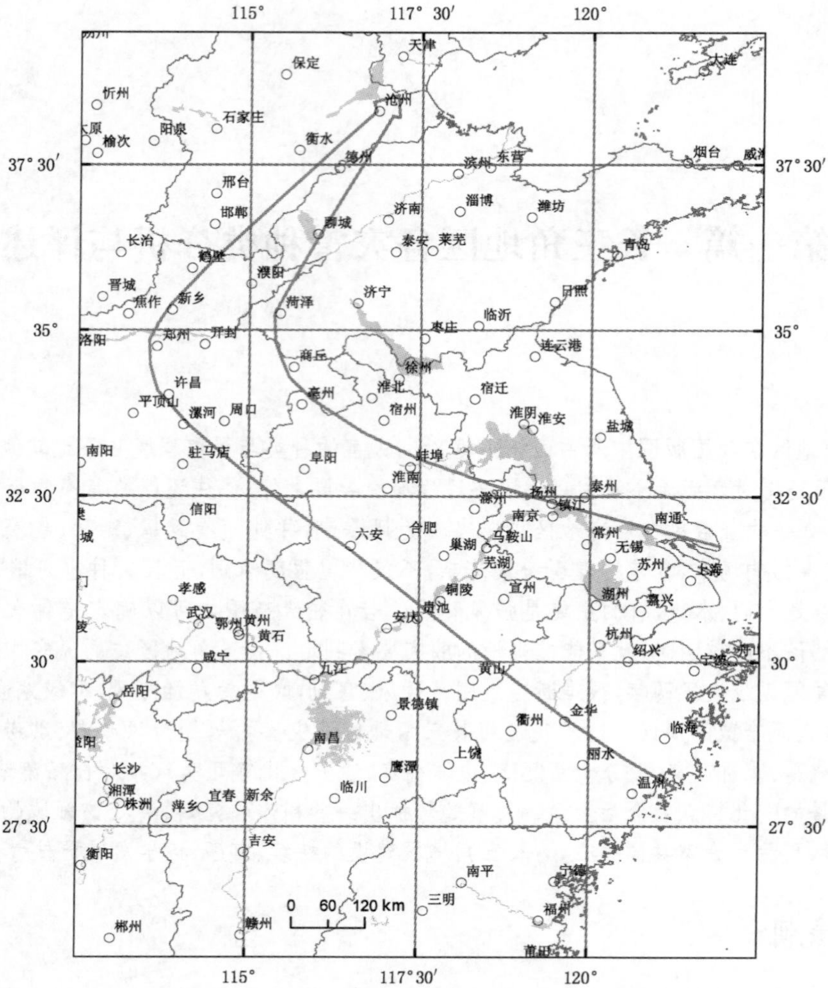

图 1-1　726 年 8 月 24 日风暴潮大致路径示意图

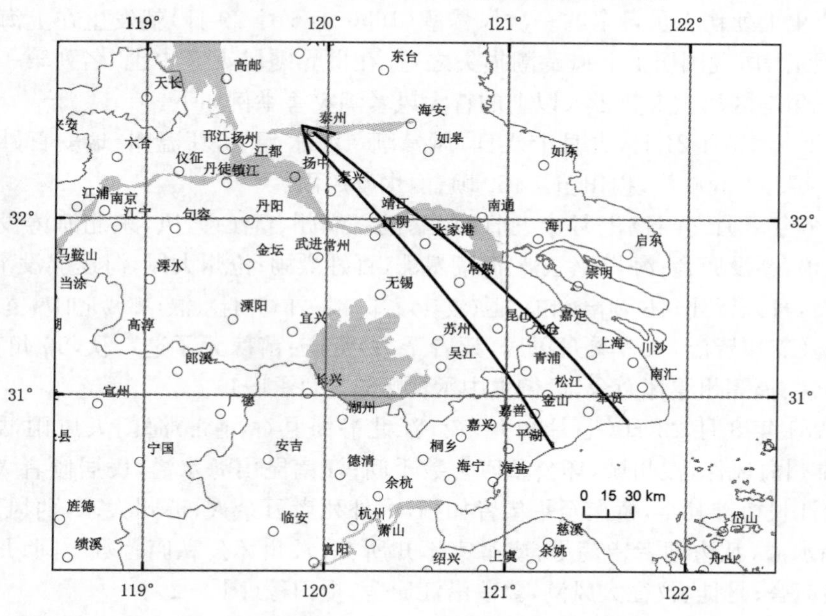

图 1-2　1081 年 8 月 21 日风暴潮大致路径示意图

(4) 1166年9月18日(八月十七日)夜风暴潮。温州海溢，城沉浸半壁，俄而屋漂禾没，盐场、龙朔寺尽没，四望如海，潮退，浮尸蔽川，存者十之一。永嘉县任洲村原千余家，灾后仅剩200人，按每家平均5人计，推算死亡率约96%；瑞安、平阳、乐清皆然，民啖湿谷、死牛；海门(即今台州市)飓风挟雨，19—23时益甚，拔木飘屋，市店、僧刹摧压相望。此次灾害共溺死2万余人，江滨胔骼尚7 000余具。时国子监丞率乡人在朝者告灾，遣官循行赈恤。

(5) 1229年9月8日(五月二十二日)台州风暴潮。海水自东南沿灵江而上，加之秋潦与自上而下的天台始丰溪及仙居永安溪，三者江水相会于临海城下，袭朝天门，大翻括苍门城入，决崇和门侧城而出，平地水深一丈七尺，死人超过2万，杂物蔽江、塞港，入于海三日。

(6) 1297年8月21日(七月十四日)风暴潮。温州夜飓风暴雨，黎明海溢；平阳濒海民居飘溺一如清道，浪高3丈，自六都至二十一都凡15处，计死损6 778户，6 618口，失收官田44 033亩，没屋2 190区。省发官粮2 985斛，赈饥民5 160口，兑赋有差。瑞安被害亦然。

(7) 1301年8月13日(七月初一)风起东北，雨雹兼发，海大溢，浪高四五丈，江湖泛滥，大伤民田。崇明、上海、松江、南通、江阴、泰州、常州、镇江、仪征等漂没庐舍34 800余户，死亡17 000余人。松江、上海溃塘，坏屋，杀人民；昆山、苏州死者甚众；常熟漂荡民庐，死者十之八九；吴江坏民居，太湖水涌入城；润、常、江阴等州庐舍多海溢荡没，民乏食，发廪以赈，全活者十余万；金陵大风，江潮泛涨，损禾溺人；海盐大饥，人相食；泰州、高邮、扬州、滁州、安丰霖雨，至光州(潢川)后消失，路径前期基本呈东西向，进入安徽后折向西北。事后赈米87 000余石，诏役民伕2 000余人疏导河道(图1-3)。

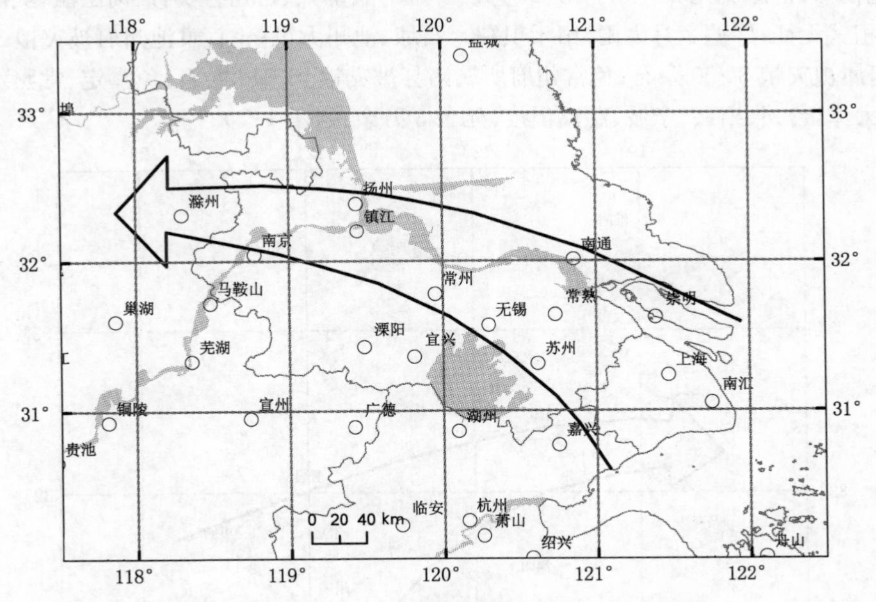

图1-3　1301年8月13日风暴潮大致路径示意图

(8) 1341年7月，崇明、南通、泰州、如皋海潮涌溢，溺死1 600余人，赈银11 820锭。

(9) 1348年6月24日(五月十九日)风暴潮。温州大风，海舟吹上平陆高坡上二三里，死者千数；钱塘江潮比常年9月更高数丈余，沿江民皆迁居避之。

(10) 1375年8月7日(七月初二)夜，平阳海大溢，浪高三丈，十一都南监、十都黄家洞江口、九都施家洞等处男女死2 000余口，漂去房屋一空，咸潮浸坏，禾稻尽腐，永嘉、瑞安、乐清沿江亦皆淹没，命官赈恤；桐庐8月大雨，田禾悉没；杭州等府水灾、赈之；嘉兴、嘉善、湖州水灾，遣使赈给。

(11) 1390年8月21日(七月初三) 大风雨三日，吕泗至萧山段海溢，坏海堤圩岸，溺吕泗等盐场盐丁3万余口；海门海潮腾涌，坏庐舍，溺毙居民无算；南通坏捍海堤，荡民室庐；太仓、昆山海风拔木扬沙，堆阜高陵皆为漂没；崇明潮高一丈二尺，三沙(即今崇明前身)1 700余家尽葬鱼腹；工部主事亲自查勘确凿后，请蠲请赈，诏以在京仓粮赈之；嘉定、上海、松江沿沙庐舍尽没，被溺者十之七八，松江、海盐溺死灶丁各2万余人(又一说共2万人)；萧山海塘坏，潮抵于市；海宁海水冲没石墩巡检司；各地总计死亡5万～7万人。遣监察御史赈被灾人民，诏工部遣官行视，发民25万余人，筑堤近2.4万丈。

(12) 1444年8月9日(七月十七日)狂风骤雨，海水涌入，平地水深数尺；人畜漂溺，庐舍、城垣颓败无数；崇明、上海、金山、江阴等县，高明、巫山、马驮等沙，人民有全村冲决入海者，溺死者千数，其中崇明坏民居千余所，溺死167人、牛马牲畜无数，岁辄饥；扬子江沙洲(今张家港)潮高丈五六尺，溺男女千余；苏州太湖水高一二丈，沿湖人畜、庐舍无存，东、西洞庭巨木尽拔；宜兴大风拔木，山水暴溢，漂坏庐舍千余家，诏免秋粮十之四；仪征、江都江潮泛涨，漂溺江都等县1 700余人；通州、如皋、泰兴、泰州、兴化、扬州、镇江、常州、无锡、南京等府县大水潮溢。江南无征税米共403 563石；句容孙某出谷2 500石赈饥；靖江免田租；嘉兴圮坏府署；嘉善堤防冲决；湖州、长兴太湖水高一二丈，滨湖庐舍无存，山木尽拔，渔舟漂没；桐乡堤岸冲决，淹没田禾；海盐海溢塘圮，澉浦、乍浦二千户所城久雨倾颓；余姚海溢；杭州大水；黄岩、乐清禾稼淹伤，人畜漂流无算；8月23日应天……湖州、嘉兴、台州各奏：江河泛溢，堤防冲决，淹没禾稼，租钱无征；广德8月大雨，田禾俱浸。石埭、池州大饥；免直隶池州府被灾粮33 290石；免扬州府属被灾粮3 300余石；免常州府所属诸县被灾粮91 040余石；免嘉定、常熟水灾秋粮。冬，瘟疫大作，台州、绍兴、宁波、慈溪俱疫，死者3万余人(图1-4)。

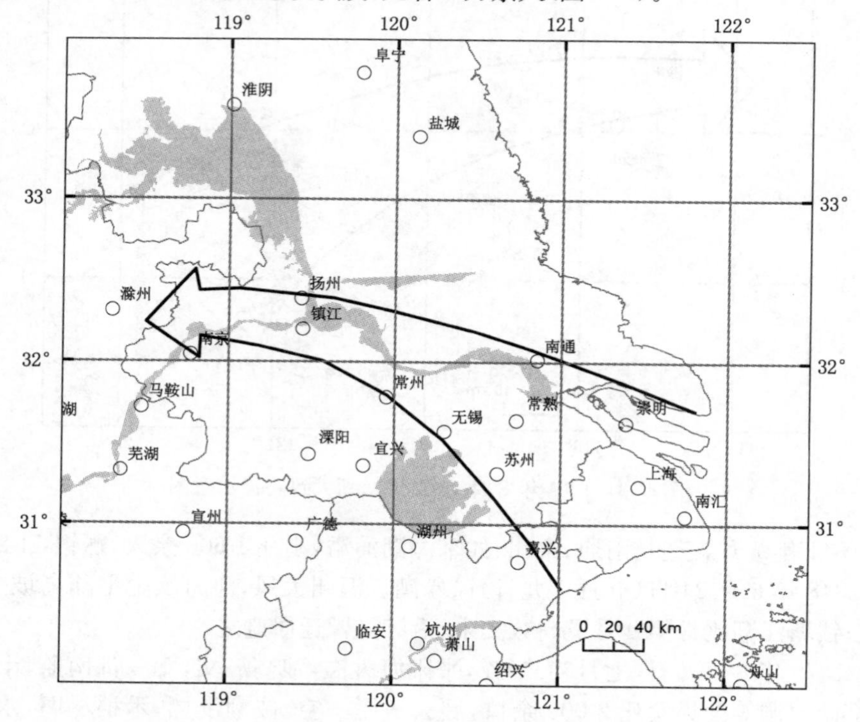

图1-4 1444年8月9日风暴潮大致路径示意图

(13) 1458 年 8 月，杭州湾北岸海溢，松江沿海(今金山、奉贤、南汇、川沙)及浙江嘉兴、海盐、平湖、共漂没 18 000 余人，米价腾贵，江南巡抚行平粜法，出仓米给民。

(14) 1461 年 8 月 19 日(七月初五)风暴潮。潮涌寻丈，崇明、嘉定、上海、昆山、常熟、长兴等地海堤冲决，漂没民居、仓廪无算，共溺死 12 530 余人。其中，崇明死 4 000 余人；嘉定沿海(即今宝山及浦东凌桥、高桥一带)死 4 000 余人；下沙(川沙、南汇、奉贤沿海盐场总称下沙)等 4 盐场漂流公宇、民居 3 250 余间，牛 280 余头，溺死男妇 2 310 余口，工具、杂物损失无算。常熟漂没死者千余人，壮者攀树避溺，群蛇潮涌触树亦缘木上升；昆山、太仓、吴县人溺死甚众；浙江大水，湖州、长兴太湖溢，漂没民居，死者甚众；严州府(建德)水灾，上命户部审勘赈恤，减夏税之半。10 月扬州、淮安、庐州，山东登州、济南、青州，并济宁、东山、鳌山、成山、莱阳、东平、宁津等卫所各奏暴雨。次年 1 月 16 日免苏州、松江 2 府所属被灾田地秋粮 79 780 石余；3 月 13 日蠲两浙运司各场盐课 1.4 万余引。

(15) 1462 年 8 月，淮安府界海水大溢，渰没新兴等场官盐 165 230 余引，溺死盐丁1 370 余丁，官船、牛畜荡没殆尽。吴县、吴江水。

(16) 1471 年 10 月 23—24 日(闰九月初一、二日)风暴潮，途经绍、杭、嘉、湖、沪、苏至山东入渤海。冲决钱塘江岸千余丈，近江居民房屋田产皆为淹没，杭、嘉、湖、绍 4 府俱海溢，淹田宅、人畜无数，平湖内塘自周家泾东至独山复圮尤甚；萧山、山阴、会稽、上虞、乍浦、沥海、钱清等亦如之；余姚溺 700 余人，大饥，种稑几绝；诸暨、杭州、海盐、嘉善、松江、上海大风海溢，漂人畜，没禾稼；新昌、靖江秋潮，减田租；通州秋潮发，坏捍海堰；如皋秋潮冲激，海堰复坏，毙 200 余人。秋，凤阳府泗州、盱眙、天长、五河、定远诸县淮水成灾。淮安淮河水涨入新庄闸。此次灾害共死亡千人左右。山东黄县、无棣均有影响。松江府连岁灾伤，免当年税粮五分有奇。10 月 26 日免凤阳、庐州、淮安、扬州 4 府，并滁、徐、和 3 州及所属州、县官明年朝觐；11 月 11 日遣工部侍郎祭海神，修筑堤岸；蠲应天府浦子口(南京浦口镇)官房税三分之一。

(17) 1472 年 8 月 30 日(七月十七日)风暴潮，殃及浙江杭州、嘉兴，平湖、海宁、海盐、湖州、绍兴、宁波、松江、金山、上海、江苏太仓、苏州、吴江、江阴、无锡、武进、丹徒、丹阳、金坛、江浦、仪征、扬州、泰兴、靖江、通州、海门等，南京天地坛、孝陵庙宇及中都(凤阳)皇陵垣墙多颓损。绍兴、海盐、平湖、松江、金山、江阴、通州、海门、东台以东沿海为重灾区，共死亡 28 470余人，其中上海沿海诸县卫所死亡万余人；金山风雨狂骤，水涌平地，浮骸万余；泰州、通州海溢，坏盐仓及民灶、庐舍不可胜计；江阴免米 23 563 石；东台大雨，海涨，浸没盐仓、民田；冲决淮安至仪真、瓜洲湖河堤岸 15 处；免淮安府诸州县夏税 187 850 余石，凤阳府宿、亳、虹、灵璧 4 州县 19 790 余石，徐州诸县 67 150 余石，丝 60 460 余两，高邮、邳州、武平、宿州、大河、淮安等卫，并海州千户所 37 000 余石。免南京豹、韬等卫屯田籽粒 10 130 余石。以水旱灾免应天、池州、安庆、徽州 4 府所属上元、休宁等 19 县秋粮 94 800 余石。也正是这次灾害上海终于确定修建捍海塘工程(图 1-5)。

(18) 1488 年 7 月 6 日(五月十八日)风暴潮，靖江风潮泛涨，淹死老幼男女 2 951 口，漂民居 1 543 间，倒塌县治、仓库、墙垣殆尽；扬州风潮，漂没民居 400 余家；无锡疾风、暴雨竟日；松江飓风坏学宫；吴县、常熟大风雨，淹禾折木，半日而止；丹徒、丹阳、金坛等县大水；吴江水。淮、扬大饥，遣云南屯田副使赈济，全活饥民 120 万。7 月 18 日以水灾免淮安府州县并淮安等 9 卫、所粮 170 440 余石。7 月 20 日免苏州府、卫等秋粮四分以上者。

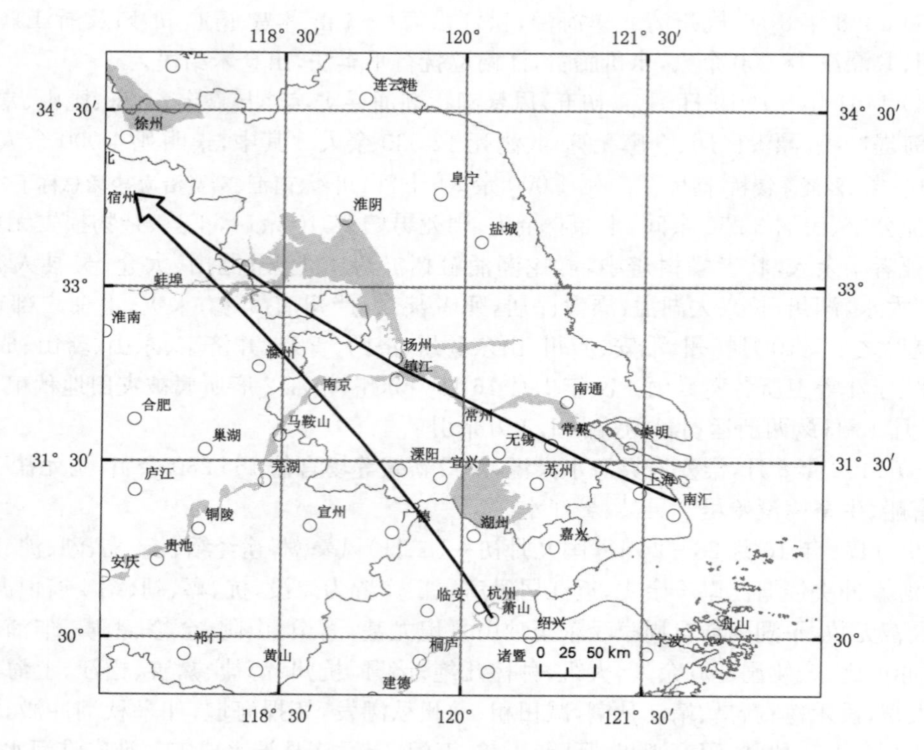

图 1-5　1472 年 8 月 30 日风暴潮大致路径示意图

(19) 1512 年 9 月 2 日(七月十八日)绍兴飓风大作,海水高数丈,滨海居民男女歿者万计,岁大歉;上虞海潮溢入,坏下五乡民居,男女漂溺死者动以千计;余姚大雨,山崩,海大溢,堤尽决,漂田庐,溺人畜无算,民大饥,食草根树皮;萧山海溢,濒塘民溺死无算,居无存者;定海、鄞县、慈溪飓风大作,居民漂没;诸暨秋大水,害稼;长兴雨,有飓风;南通海潮漂没官民庐舍十之三,溺死男妇 3 000 余口;狼山船自相撞击;海门飓涛溢作,溺民漂屋,官民之居荡然一墟;泰州、东台海溢,没场灶、庐舍大半,溺死 3 000 余人;崇明、嘉定、常熟、吴江漂没庐室、人畜以万计;金山潮至塘腰或高二三尺;上海海水暴涨;太仓大风雨,拔木,江河及湖水尽溢;泰兴、如皋、靖江、江阴海潮溢;无锡、武进风雨竟夕,伤稼;镇江、金坛大水;泗阳 9 月 3 日飓风怪雨大作,淮河巨浪排空;淮安府属秋水灾;安东(涟水)、阜宁水灾,天长、全椒秋大水;来安大饥;沛县、丰县秋大水。台风大致路径为绍兴、金山、常熟、如皋、东台、泗阳,于沛县、丰县一带消亡,鲁、豫及以北无影响记载,死亡人数当不少于 1.5 万人。苏州、松江、常州、镇江、嘉兴、金华、温州、台州、宁波、绍兴乏食。免绍兴、宁波、慈溪、嘉兴、金华、建德、台州、温州等府所属税粮,仍命官赈济。石埭(安徽石台)杨某出谷 1 500 石赈济。

(20) 1522 年 8 月 26 日(七月二十五日) 飓风大作,一昼夜乃止,江河湖海水尽溢,拔木倒屋。崇明平地潮涌丈余,人民淹死无算,流徙外境者众;太仓、常熟、吴江、嘉定、崇明漂没庐舍、人畜以万计;上海疾风甚雨,灾连南畿、两浙数千里,瞭无完屋,崇寿寺银杏树数围拔而仆地;松江大风拔木,坏庐舍,太湖水溢丈余,压溺死者无数。江苏靖江死数万人;南通、如皋居民荡析,死者数千人;东台灶舍、灶丁俱淹没;吴江太湖水高丈余,漂没城外及简村边湖去处 30 里内人畜器资无算;扬州死 1 745 人;仪真沿江庐舍漂没,死者无算;金陵拔树万余株,江船漂没甚众;淮安、盐城、阜宁飓风海啸,民溢无算;常州、无锡大水,深数尺。安徽滁州、天长、来安、全椒、五河、颍上、阜阳、太和等骤风暴雨，毁屋坏垣，拔木、禾偃。此次风暴潮重灾区自杭州湾北岸至阜宁沿海及上海至南京长江两岸，死亡总计不下3万～4万人，未涉及河南、山东(图1-6)。

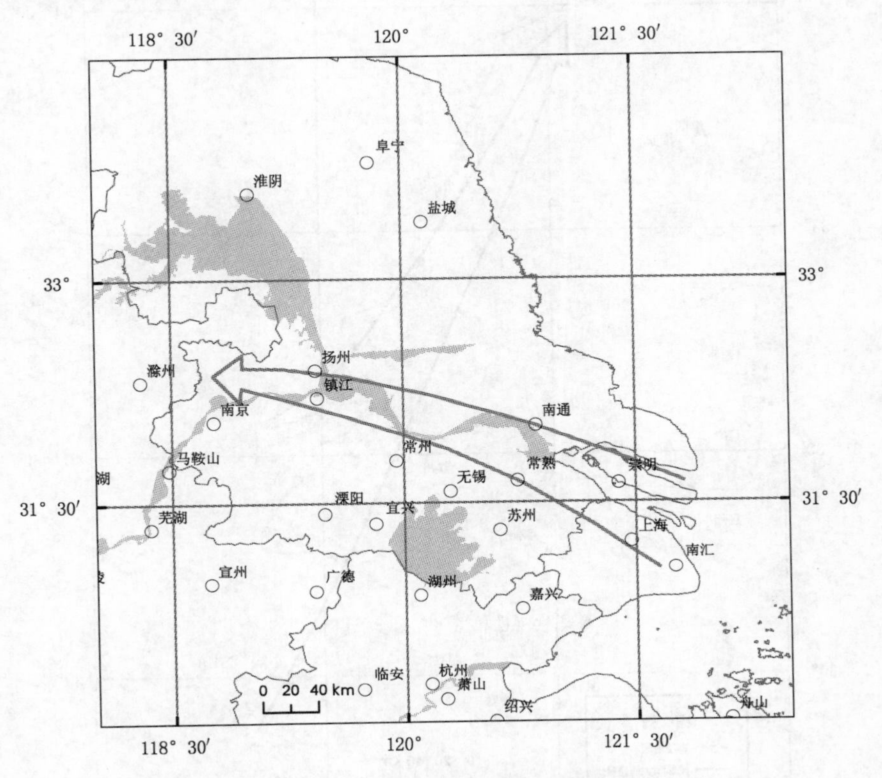

图1-6 1522年8月26日风暴潮大致路径示意图

(21) 1539年8月26日(闰七月初三)浙江象山至山东日照间海皆溢，江苏海门各盐场水高二丈余，漂没官民庐舍不可胜计，溺死灶民29 000余人，留余盐银5万两，免税粮97 000余石，发仓贮稻37 044石赈恤。上海浦东海啸，自一团至九团泛滥几及百里，漂没人民数万；盐城海水溢至县治，民畜溺死万计(含阜宁)；如皋、东台溺死灶民各数千；崇明风潮大作，庐舍漂溺几尽，淹死男妇数百口，灾后王祥、王良相继为乱；嘉定(含今宝山)海溢，水涌二三丈，漂溺人庐无数，濒海田多坍没；日照海水溢岸5里。此次灾害江苏常熟、太仓、苏州、南通、崇明、上海、兴化、盐城、淮安、泗阳、涟水、连云港及浙江东北皆受其害，重灾区在上海、宝山、崇明、海门、如皋、东台、阜宁(图1-7)。

(22) 1568年8月31日(七月二十九日)浙江台州飓风大作，海潮大涨，挟天台诸山水聚合，冲入台州府城(临海)，三日乃退，溺死人民3万余口，冲决田地15万余亩，荡析庐舍5万余区，尸骸遍野，埋葬半月方尽；黄岩大水，平地丈余；仙居大水，田禾漂没，民多饥死；玉环、乐清漂沿海民居、田地无算；永嘉荡去溪乡田地无数，谷收十之三；瑞安大风雨；泰顺大水，漂田园、民居；遂昌大水，蛟出，坏田屋；嵊县，怒涛吼冲西门，城并城楼俱倒，平地水深一丈三尺；新昌大水；宁海大风雨，坏田地、民居无算，流尸遍野；崇明大风、暴雨，树木皆拔，民房倾圮；镇江开沙(扬中)圩岸崩圮，渰没沦溺。12月以苏、松、常3府水灾，诏改折额解禄米仓粮一年；通州、泰兴8月风雨，江涨，潮溢，坏民官庐舍、禾稼，大饥；泰州潮溢；兴化大水；徐

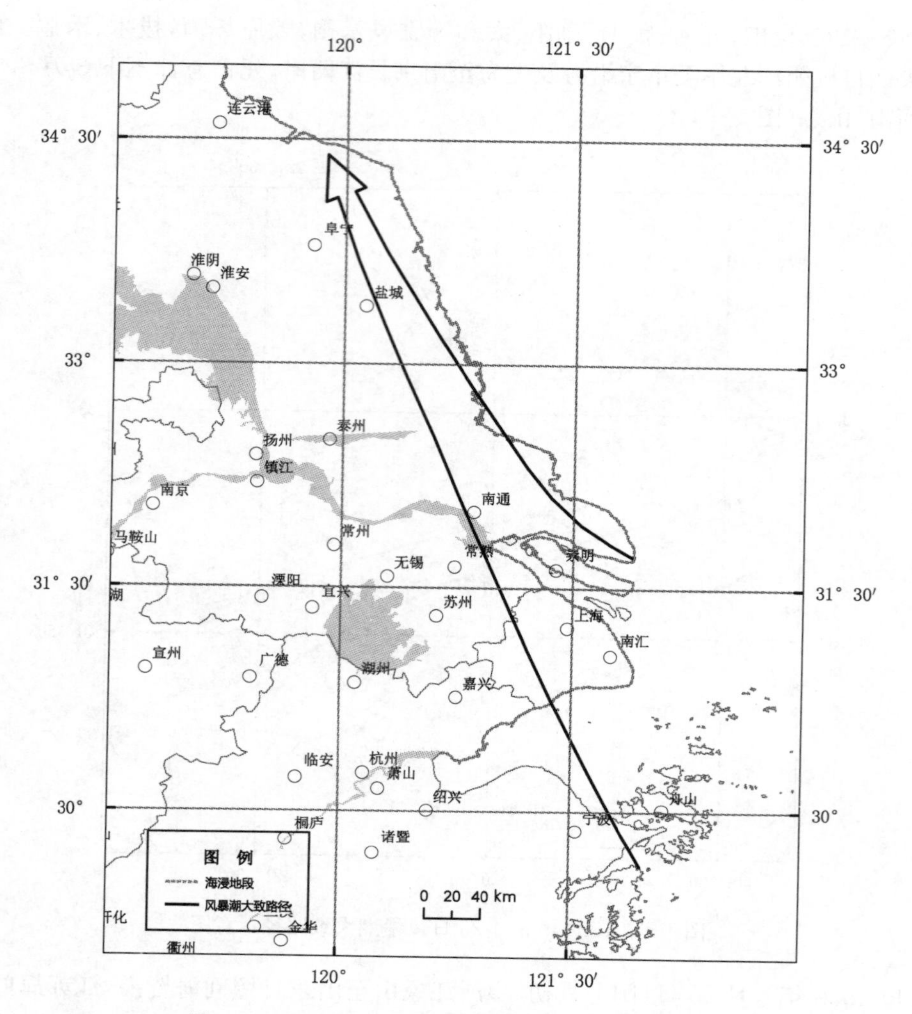

图 1-7 1539 年 8 月 26 日风暴潮大致路径示意图

州、沛县大风雨三日夜，坏官民庐舍禾稼；赣榆海啸，平地水深三尺。以水灾免浙江台州府税粮有差，仍留原派南北直隶等马价银备赈；以水灾折征高邮县等卫所屯粮有差。以淮扬、凤阳、徐、滁等处灾伤，暂免原派砖价一半。

(23) 1569 年 6 月 24 日(六月朔)风暴潮，崇明平地水深丈余，居民十存三四。嘉定东乡(即今宝山)大灾，岁祲。上海、青浦人畜没无数。松江坏捍海塘，咸潮入内地。崇明、嘉定等停租一年。改折松江、上海漕粮一半、并给赈有差。太仓海溢；昆山、常熟大水；吴县飓风大雨，瓦石飞扬，偃禾拔木，向暮风越烈，雨越倾注，终宵弗歇，处处颓垣倒壁；镇江开沙(扬中)霖雨大注，海水复来冲激，湍迅漂民室庐，荡析离居，民无栖息；靖江 6 月 24 日潮涨；泰兴潮溢，大风坏屋；盐城、睢宁海溢；杭州夜怪风震涛，冲击钱塘江岸，坍塌数千余丈，漂没官兵船千余只，溺死者无算；嘉兴 6 月 23 日夜飓风驾潮，水出地二丈余，漂溺死者 3 000 余人，石塘尽崩；嘉善 6 月大雨；海宁海涌丈余；湖州田禾淹没；安吉赈饥，免税粮；德清水灾，改折漕粮六分；铜陵、贵池风暴作，拔木摧垣，伤人损稼；东流、建德(东至)大风拔木，伤稼；安庆、桐城、宿松、潜山、望江夏大水。

8 月 5—8 日(闰六月望前后)再次风潮。嘉定飓风海立，傍海诸邑顷刻平地涌水数尺，人畜多死；崇明风潮继作，顷地丈余，民畜死者十存三四，崇明城俱没，唯知县带吏胥往苏州参谒得免。沿海郡县水暴涨，溺死者甚众；太仓海再溢，洪潮丈余，人多溺死无算；昆山大水；吴江夏大水；靖江潮大涨，漂淌民居殆半，死伤人口万余（嘉靖《靖江县志》卷4）；平湖、海盐大风雨，海溢；浙东、西杭州、宁波、江南北大水，坏城垣、淹田舍，漂人畜无算。慈溪8月6日风潮，崩塌海塘，房屋万物漂流，淹死无存。

9月5日（七月望）夜大风，拔木，公廨民居倒塌无算。嘉定海潮三溢；南汇海潮禾稼尽死；太仓海三溢；昆山、吴江大水；靖江大雨3日，平地水深三尺，百谷皆死；六合潮没瓜洲，坏田庐；镇江江潮卒涌，平地水深丈余，沿江洲沙溺死居民不计其数；高、宝、通、泰、兴化、如皋、泰兴俱大水，海潮大溢，高二丈余，城中平地行舟，淹死人民无算；通州风雨暴至，海溢，漂没庐舍，溺死者众；泰州大水，奔腾汹涌，百姓争载舟、结筏避之，溺死无算；东台大水，海溢，潮高二丈余，舟行城市，溺死人民无算，水患最烈。河决高家堰，黄浦口水奔腾，田亩为巨浸；高邮秋大水，高二丈余，漂没庐舍，溺死人畜不可胜计，民无所居食；兴化百川决防，以兴为壑，庐舍、城不浸者弱半；宝应狂飚大作，海潮东涌，恶浪排空，田庐漂荡无有孑遗，人畜溺死者无数，城中平地行百斛舟，湖决15处；秋淮河涨溢，自清河县至通济闸，抵淮安城西，淤三余里，决礼、信二坝出海，平地水深丈余；盐城淮水溢，数百里浩淼如大洋；阜宁海溢，河淮并涨，庙湾水灾；海州大风拔木，海溢、淮溢、沭水溢涌，民附木栖止，多溺死；赣榆大风拔木，海啸；郯城、临沂、日照9月6日大水；莒州漂民庐舍，伤禾稼，沿河尽淹没；莒、沂、郯之水溢出邳州，溺人民甚众。10月苏、松、常、镇4府及上海水灾异常，上海、嘉定疫。定海飓风大作，海啸，潮水涌溢，由女墙灌入，城中居民惶惧，时浙东郡县俱灾，圮庐沉稼；鄞县大水，坏章家桥，风溪水逆流，而凤凰溪遂淤塞不通；余姚飓风，海啸，漂没人畜无算；台州秋大水，田庐多坏，仙居蜃发、水溢、山崩，禾尽没；黄岩秋大水，田庐多坏，民艰食，免存留钱粮；永康秋蜃发，水溢，山阜多崩，禾稼尽没；处州大水，田禾淹没；青田大水，伤官民田地5顷余；缙云大水，淹没庐舍。来安秋暴风，禾稼摇落；舒城秋大风拔木，庐舍禾稼；凤阳大雨，平地行舟。

一年三遭风暴潮袭击，10月4日以江南、江北各府灾伤，命查庐州课银，自1542年至1564年，逋负者悉蠲之。10月6日以苏、松江2府水灾给赈有差；10月17日，将太仓、嘉定、松江、上海等7州县漕粮改折并减免应征钱粮三分。10月31日诏许常熟县漕粮改折十之五、昆山县十之二、宜兴县十之三；11月10日诏崇明、嘉定、太仓、吴江、长洲（苏州）、靖江、丹徒、溧阳、高淳、六合等县改折漕粮有差，无漕粮者停征一年；免临海、天台、黄岩、仙居、太平（温岭）、宁海、上虞、余姚、诸暨、萧山、嵊县、山阴、会稽、鄞县、慈溪、奉化、定海、象山、丽水、龙泉、青田、缙云、松阳、遂昌、云和等县存留钱粮，绍兴府、南京仓粮俱改折六钱。11月免征凤阳府铁、马料价银一年；12月诏减庐、凤等府，滁、和等州军饷银；又将带征积逋银钱俱行停免，并免凤阳府民壮银8 000余两。

(24) 1574年8月10日（七月十四日）浙江嘉兴海啸，坏屋宇，死者无算；海盐海大溢，死数千人；太平（温岭）8月风雨大作，沿海漂庐舍数千；崇明大风拔木，公廨、民居倒塌无数；江苏南通、泰州、高邮、兴化、如皋、泰兴海大啸，风雨异常，漂没人民无数；南通江海泛溢，拔木发屋，溺死者不可胜计；如皋江潮漂溺，死者甚众；海安海潮腾沸，沿海居民溺千余人；两淮运司所属吕四等30（盐）场恶风暴雨，江海骤涨，人畜淹没，廪盐漂没，庐舍倾圮，流离饥殣，请乞赈恤；泰州河决，赈灾。盱眙、盐城等戌刻大风雨如注，次日风益狂，拔木撤屋，海大啸，山、清、安、盐等邑官民庐舍12 500余间，溺死1 600余名；盐城崩城垣百余丈；泗阳、清河8月河淮并溢，漂庐舍，人多溺死；淮安烈风，发屋拔木，暴雨如注，淮决高家堰，高邮湖决清水潭，漂溺男妇无数，淮(安)城几没，知府开菊花潭，以泄淮安、高邮、宝应三城之水，东方刍米稍通；睢宁、宿迁大风雨，屋瓦皆尽，人畜死者不可胜记，宿迁至有举室漂流而无存者，睢宁知县请发帑金 2 000(两)赈；徐州大水，环城为海，四门俱闭，浸城过半者 3 月，副使、知州环城增护堤，又建闸，泄堤内注潦于城南，城得不溃；萧县大水，决城南门为户窟，茶城灌淤，饥；沭阳河决井李巷，溃城四角；安吉、嘉善等府州县水。向北进入山东，郯城大风拔木，房屋倾塌过半，是年大饥；费县、临沂大风雨，飘瓦拔木。

(25) 1575 年 7 月 18 日(六月朔)风暴潮，杭、嘉、甬、绍海潮溢涌，高数丈，人畜淹没，大小战船打坏、飘散者不计其数；镇海坏各关兵船数千，溺死兵民万余；嘉兴 7 月 17 日夜大风雨，海潮涌入；嘉善河水多咸；平湖漂没数十里，自海盐教场北至乍浦海塘尽崩，大荒；海宁潮溢，坏塘 2 000 余丈，溺百余人，伤稼 8 万余亩；慈溪、杭州冲决钱塘江岸，坍塌数千余丈，漂流官民船千余只，溺死人无数；萧山西兴古塘尽坍；上虞、余姚北海水溢，漂没田庐；上虞又冲入城河。坏松江漕泾崇阙、白沙捍海塘 650 丈，漂没庐舍千余家，死数百人，咸潮入内地六里余；川沙民死者及万；崇明漂没民居几半。太仓飓风海溢；通州、泰兴坏民居伤禾稼；如皋、东台大风，潮复溢；徐、凤、淮、扬等处大水。淮决宝应高家堰，又决宝应、黄浦、八浅湖堤 15 处。高邮湖决清水潭、丁志口等，河淮并涨，千里共成一湖，高、宝、兴、盐皆为巨浸；淮安城几没。徐、邳以下至淮南北漂没千里；桃源(泗阳)、淮安、安东霖雨不止，烈风大作；盐城知县请发帑赈济；就以上死亡人数当在 2 万余人。10 月 17 日将太仓、嘉定、松江、上海等 7 州县漕粮改折，并减免应征钱粮三分。10 月 20 日因海潮灾故，准海盐县改折本色钱粮，其存留钱粮与平湖、海宁、镇海照例分别蠲免，鄞县、山阴等县听抚按衙门从宜拨派。

(26) 1582 年 8 月 10 日(七月十三日)风暴潮，苏、松 6 州县潮溢，并殃及靖江、南通、常州、青浦及浙北杭、嘉、湖等，总计冲毁庐舍 10 万区，坏田禾 10 万顷，溺死 2 万余人。松江、金山、上海潮过捍海塘丈余，漂没人畜无数，又大风雨彻昼夜，坏稻禾、木棉；嘉定、宝山怒涛决李家浜，坍及宝山老城，城逼于海，海滨人、庐漂没无算；崇明风潮并作，没民居，多溺死者；太仓漂没室庐、人畜以万计；吴江太湖泛溢，民舍漂荡十存二三，溺死无算；常熟暮飓风大作，海水溢丈许，淹福山、梅李、白茆沿海庐舍，男妇死者十之二三；苏(含吴县、吴江、太仓、常熟、崇明、嘉定)、松六州县潮溢坏田禾千余顷，溺死者 2 万人；苏州大风雨拔木，江海及太湖溢，漂没人畜室庐以万计；高淳大水；苏北沿海(南通、如皋、泰州、盐城、淮安、涟水、海州)淹田禾，淌人畜，坏居舍无算，坏田伤人；宿迁风雨异常，人民大疫；宝应江翻海倒，数百年古木拨去，不知所之。城中牌楼、寺观、庙宇、察院、县堂、城楼及各处公署、祠厅、民间房屋倾倒数千余间；盐城及所属刘庄、白驹、丰利等 30 盐场俱没、冲溺人畜，倒坏屋舍无算，淹死 2 600 余人；阜宁海啸，盐丁多溺死；南通夜大风拔木，海潮泛溢，漂溺民舍，人多死。10 月 26 日应天巡按题：勘过应天、太平(安徽当涂)2 府所属地方灾伤，蠲免应予存留粮内除豁，各乡都被灾田地应纳漕粮免追，准将仓稻抵数，以恤民困。11 月 16 日因苏、松大水，蠲赈有差。松江、金山、上海等饥，运工部钱粮应征、应停、应免有差。奇特的是，这次风暴潮的发生时间与 1522 年的风暴潮时间按农历干支记时法年月日均同，整 60 年。

(27) 1591 年 9 月 15 日(七月十八日)风暴潮直扑上海川沙、南汇沿海，一团至九团漂没庐舍数千家，男妇死者 2 万余人，六畜无算；崇明飓风三日(13—16 日)，溺死无算，百姓断粮；嘉定、宝山、金山潮高一丈四五尺，淹死无算。上海大雨彻昼夜，城中水深二尺，时渡海没于海涛者不可胜计；松江、太仓等海湖涨，坍屋害人；靖江风潮溢伤人；苏州吴县 15 日大风、海溢、民饥；泰州、东台水；甬、绍、松、苏、常 5 府濒海、临江潮溢伤稼淹人，各属钱粮准依改折；常州蠲免麦银1 060余两，停缓1587年草折银；宜兴蠲免1587年应解麦银，停缓1587年草折银、1588年粳糯米草折银、1589年麦草麻布银；宁波、慈溪、定海14日东北风大作，大雨如注，海潮入城，伤稼渰人；宁海、嘉兴、湖州大水。

(28) 1628年8月24日（七月二十五日）风暴潮。杭、嘉、绍三府海啸，萧山、海宁尤甚，坏民居数万，溺数万人；海宁潮高二丈许，深入平野二十里，溺4 000余家，杀人无算；海盐海堤尽圮，四门吊桥冲毁，塘地水深数丈，淹死无算，浮尸蔽海；平湖坏独山等处民舍数百，湖水成卤；桐乡海潮自海宁入，一夕水涨三尺余，河流卤，汲井池以饮；湖州、长兴大风拔木；萧山毙17 200余口（老稚妇女不在数内）；杭州沿江庐屋居民漂没几尽；绍兴海大溢，府城街市行舟；山阴、会稽、上虞、余姚溺民均以万计；宁波、鄞县、慈溪城中水溢，摧毁居民房室，傍海居民多被渰死，文庙正殿俱圮，石坊倒；诸暨自辰至未风雨弥天，埂尽倒，割稻俱漂；桐庐分水镇8月23日大水，漂没田舍；崇明、嘉定狂风暴雨，海潮大作，数日方息，溺人无算；苏州大风雨，飘瓦拔木，旬日乃止，黄山巅发蛟；南通、泰兴沿江田地半坍于江；铜陵大风害稼。影响范围北至南通、泰兴，南抵宁波、镇海、慈溪、诸暨、桐庐，西抵铜陵，范围相当狭窄，重灾区集中于杭州湾南北两岸，共死亡6万～7万人。

(29) 1654年8月4日（六月二十二日）疾风暴雨，海水泛溢，南通飓风潮涌，死者以万计；靖江海啸，平地水深丈余，漂没民房无数，溺死男妇千人；如皋秋涝；泰兴、东台风雨大作，海潮涨；崇明潮高五六尺，水几及城上女墙，溺死人畜无数，两日后方退；宝山平地水深丈余，官民庐舍悉倾，沿海人民溺死无算；上海海水泛溢，直至外塘，人多溺死，室庐漂没；松江海溢，坏梅林泾、施家店、周墩海塘；奉贤塘溃，郡守修筑土塘并石塘；苏州、常州、镇江等府飓风海溢，房屋树木半数漂没俱拔，溺死男妇无算；江阴大风拔木；武进太湖溢；萧山北海塘坍200余丈，田庐漂没；海盐海溢。

(30) 1665年8月13日（七月初三）风暴潮，江苏东台受灾最重，潮高数丈，漂没亭场，庐舍、灶丁（盐民）男女数万人，三昼夜始息，草木皆咸死；盐城大风拔木，海潮入城，人畜庐舍漂溺无算，蠲钱粮十之三；涟水疾风暴雨，水涌丈余，拔树冲屋，男女渰死1 200余人；沭阳、连云港民无全舍；兴化海潮尽涌，漕堤决，诸湖涨溢，田禾俱没；如皋海潮大上；高邮堤决，城中水涌丈余；盱眙、泗州大水；邳州、睢宁、宿迁飓风，倒屋拔木，覆舟无算；崇明猛雨大潮，嘉定、上海海溢，吴淞水高六七尺，城内水深2尺，城门昼闭。时渡海没于风涛者不可胜计；宝山13—15日飓风大作，淫雨交加，昼夜不息，漂泊四顾，悉成巨浸；太仓大风海溢，花稻伤四五分不等；靖江大风潮涌毁民房屋甚多；常州风灾，淫雨盈倾，傍江湖船艘、民居漂没无算；常熟、苏州、江阴、嘉兴飓风作，拔树飞瓦；宁波飓风淫雨，县大堂仪门、馆学西庑戟门、巾子山八面楼俱圮；宁海大风雨，偃禾拔木，明伦堂圮，岁大歉；嵊县大风雨，江水骤涨，民多淹死；临海大风雨，倾塌室庐无数；嘉善、湖州、长兴、杭州、东阳大风，大水；山东峄县（枣庄）8月大风三昼夜不息，发屋拔木，河中覆舟无算；日照秋大水。9月上海全境饥，树皮、草根食尽，饿殍载道。青浦大疫，死者枕籍。上海赈饥民，苏、松及嘉定等蠲银米，停征有差。

(31) 1696年6月29日（六月初一）夜二更时分（21—23时），崇明狂风骤雨，海潮大涨，沿海庐舍为之一空，大树尽拔，淹死数万人，河港壅塞，水至不流，至次年仍田园荒芜，鲜有人烟；宝山风暴潮冲坏宝山故城，水高1.4—2丈，淹死1.7万人，向东南至川沙八（川沙城）、九团（顾路），南北27里、东海岸起至高行，宽约数里，狂风大浪，水涌丈余，村宅、林木俱倒，淹死万人，尸浮水面或压死在土中者不可胜数，水浮棺木随潮而下，仅高昌渡一处日过百具，四五日不止。宝山、吴淞、川沙、南汇、奉贤柘林等处塌海塘5 000余丈，漂没沿海各盐场灶户 18 000 户；太仓雨大潮漫，漂没民庐，死者甚众；常熟潮溢，渰寿兴、永兴诸沙；江阴溺死洲民数百人，南通江潮溢，溺人无算；泰兴潮溢，溺人无算，以上共淹死 10 万余人。当年今上海范围内的总人口约 190 万人，一次灾害死亡占总人数的 5%，灾害可谓大矣。该风暴潮还有一大特点，即自东直扑上海后迅速衰减消亡，对江浙的影响相对较窄。灾后，宝山冬春疫，宝山、嘉定夏大疫，青浦、松江疫（图 1-8）。

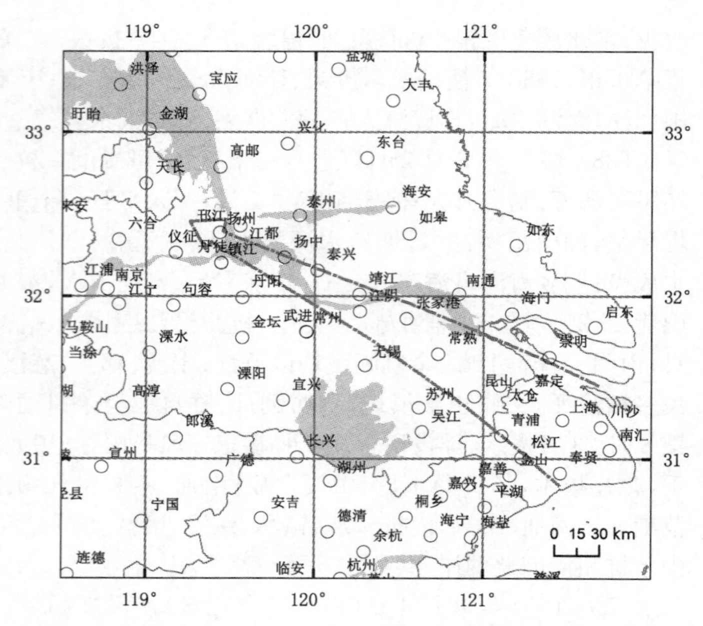

图 1-8　1696 年 6 月 29 日风暴潮大致路径示意图

（32）1724 年 9 月 5 日（七月十八日）风暴潮掠过江浙沿海，海潮冲决堤岸，镇海、宁波大雨，海水溢，乡民避水者栖于屋脊或大木上，奉旨赈济；余姚夜将半飓风扫地，海潮大作，海溢，坏塘堤，水深三丈，霎时屋宇不见，男女老幼尽为鱼鳖，尸横遍野，越四五日，咸潮稍退，潮塘南北居民得生者十之一；界塘南北水深丈余，居民得生者十之五，周塘、新塘、散塘水势稍间，唯大塘以南室中进水不过二尺，田禾、花豆与塘下同无收获，仅六仓一处就溺死 2 000 余人；象山沿海田庐尽没，塘圩多坏，民溺死，奉蠲赈给；绍兴海风大发，潮冲西兴、昌泰、丰宁、盛盈、陆围灶地，庐舍倒坏，花息无收；海宁海决，东南两路近海处尤甚，漂去室庐无算，郭店、袁化桥梁无一存者；嘉兴、嘉善、平湖 5—6 日大风雨，海盐塘圮，乍浦海水溢；湖州大风，太湖溢；萧山海风大发，潮冲西兴灶地六围，庐舍倒坏。鄞县、慈溪、定海、奉化、上虞、仁和、海盐、平湖、桐乡、山阴、会稽、嵊县、永嘉、温州、乐清、瑞安等同时被水。崇明平地水深数尺，禾稼尽淹，庐舍漂没，倒房 6 578 户，淹毙 2 000 余口，灾民 13 043 户，47 842 人；宝山海溢，人庐漂没；嘉定棉花浥烂；上海 5 日自辰至酉大风海溢，溃海塘，沿海各团盐场、田庐人畜尽溺；松江、金山沿海漂没民庐人畜无数。崇明、嘉定等饥，动支截留漕米及各项折米 3 000 石设粥厂煮赈，拨截留米平粜，免被灾地丁银粮，南汇免当年地丁银，缓征漕半，并发仓赈济；太仓、昆山、苏州、吴县飓风作，海潮溢；常熟沿海诸沙居民均被淹；吴江大风潮，太湖泛溢；江阴海潮溢，滨江及江心田岸冲坏，庐舍圮，死者甚众，勘报被灾沙田 73 751.3 亩，蠲免芦课银 822 两；拨留漕米煮赈 4 个月，大小饥民 588 940 口，并发银 200 两搭盖坍塌民房；武进蠲免 1707—1711 年旧欠地丁银米麦，又免本年地丁银米，仍赈济饥民，缓征漕米；丹徒大水，自大沙、小沙抵圌山关而下数十里，田庐漂溺，居民率露处于坏堤、废埂之上；如皋、通州市上行舟，潮涌范堤，沿海漂没一空；泰州海水泛涨，淹没官民田地 800 余顷；兴化海啸；东台等 17（盐）场，暨盐、通、海属 9（盐）场共溺死 49 558 口，冲毁范公堤岸，漂荡房屋牲畜无算，蠲免折价，赈济灶民，淹没田屯 800 余顷，蠲免地丁银 839 两，米 208 石；涟水海涨，报灾田 1 300 顷；阜宁海口水激庙湾亭场，人畜漂没；盐城海潮直灌县城，范堤外人畜淹死无算，浮尸满河，蠲被灾民屯田钱粮 6 157 两；淮安大风，居民房屋撤拔者不计其数；免淮安府属 15 州县本年被灾地丁银两、米豆，仍赈济饥民，缓征漕米(图 1-9)。

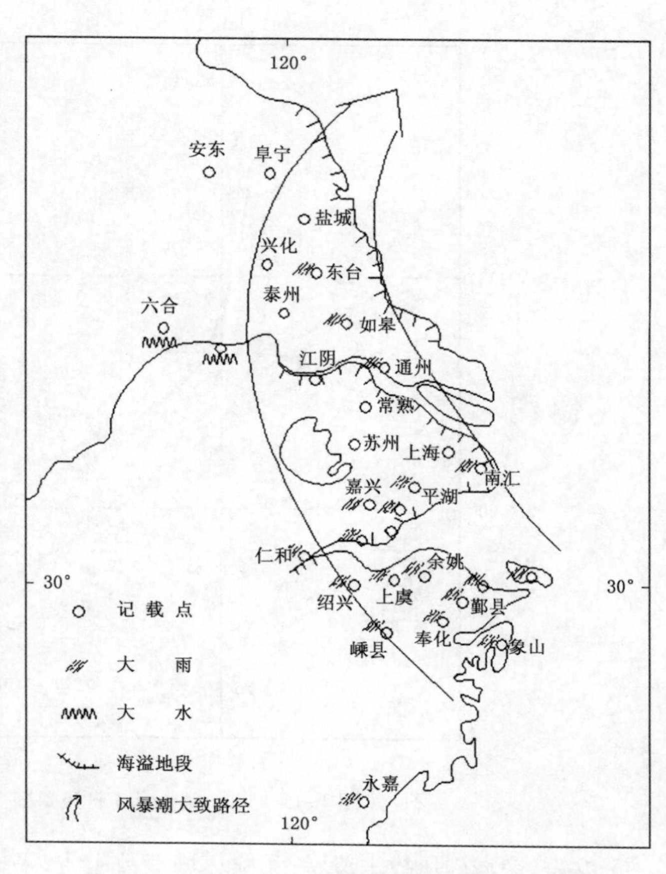

图 1-9 1724 年 9 月 5 日风暴潮大致路径示意图

(33) 1732 年 9 月 4 日(七月十六日)晨，海潮怒涌，浪如山，越川沙、南汇外塘，过内塘，又向西突 20 余里皆没，内塘以东水至树梢，平地水深三四尺，四、五(祝桥)、六团尤剧，民死十之六七，室庐及六畜无存，5 日水退后又连雨二旬，禾棉尽淹，炊烟断绝，不辨井里，乞食于苏、常、湖、嘉诸郡；宝山海溢，平地高丈余，吴淞官署民房均塌，沿海民死甚众；崇明居民溺死无算；奉贤海潮泛涨，庐舍皆淹，灾后即令修筑海塘；上海其余各县均不同程度受灾；太仓近海平地水深 2 丈余，海水深入内地 40 余里，漂没庐舍无数，人畜死者不可胜计；常熟风潮为灾，缘海平地水深数尺至数丈，民居漂荡，石桥冲坏，皆流数丈而止，耕牛溺死无算，黄泗浦溺死万余人，官员、绅商、士民共捐米 4 200 石，银 540 两，赈饥民69 600口；昆山、苏州、吴江等摧屋覆舟，平地水深数尺至丈余，溺死人畜无算；江阴南北二门水及城，北外浮桥漂没，傍桥里余民舍皆坏，濒江及各沙溺死数千人，禾稼连根扫荡；靖江潮大涨，沿江田禾淹没无算；无锡大风雨坏禾，水灾；丹徒海水涨，濒江村市皆为巨浸；南通、泰兴、如皋、泰州、东台、兴化等江海溢，风雨狂，坏屋拔木，陆地水深尺许，两淮盐场钱粮蠲免；阜宁大风海溢，淹没无算；嘉善飓风作；湖州大风雨伤禾。上海全境民大饥，食树皮草根，乞食他乡，弃子女于通衢不可胜数，抢夺、盗冢不可禁，死亡无数，社会秩序大乱。自 10 月 7 日始先后多次赈济，至次年 3 月还设粥厂多处，加赈 40 日(图 1-10)。

(34) 1747 年 8 月 19 日(七月十四日) 闽、浙、苏、鲁沿海大风潮溢，大雨倾注，漂没、冲坍人民房屋，以上海遭灾最重。上海(含川沙)、南汇两县溺死 2 万余人，高桥海潮溢岸七八尺，沿海摧拔屋坍，人死甚众，棉禾俱无；宝山月浦练祁塘毁，田庐漂没，溺死甚重；崇明夜海溢，溺死无算；松江风潮冲决土塘；江苏濒临江海地方飓风骤雨，潮水冲决，所有被灾较重之上海、宝山、昆山、太仓、常熟、南通各州县灾田按分蠲免银米，最重之崇明极次贫民加赈三月，次重之宝山、太仓石赈二月；太仓沿海禾棉尽毁；茜泾伤人无算；常熟淹没田禾 4 480 余顷，坏庐 22 490 余间，死 53 人；镇江北城尽圮；没通、泰、淮盐场男妇，给棺殓银，大口 1 两，小口减半，蠲免折价积欠，发谷平粜；兴化淹毙人口，刘庄等场成灾，蠲免折价赈济；泰州 19—21 日大风，潮溢，淹损通、泰属盐场男妇丁口；泰兴、如皋、南通大风雨，拔木，坏屋，伤禾；淮安 8 月 20 日海潮为患，官民房舍多倾，盐城所辖之伍佑场淹毙多人，新兴场次之，阜宁所辖之庙湾场又次之；赈海州(连云港)饥民，用银 5.3 万两。山东福山(烟台)、栖霞、宁海(牟

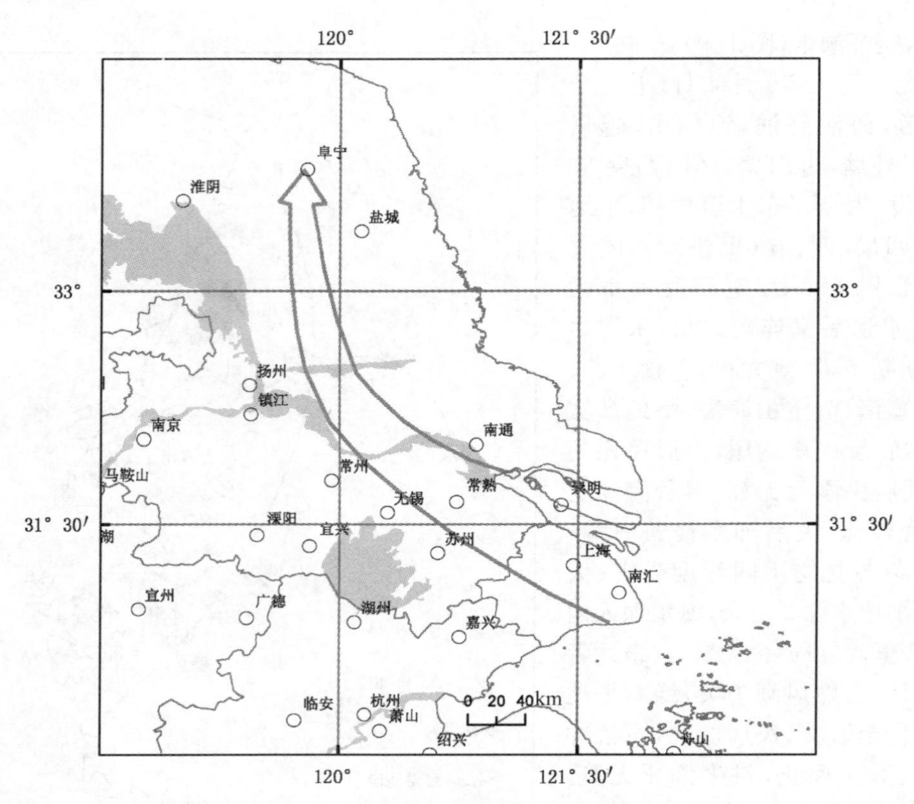

图 1-10　1732 年 9 月 4 日风暴潮大致路径示意图

平)、文登、荣城烈风拔木覆屋；无棣坏城垣数十丈；平原 8 月大水；胶州 8 月 20 日大风，害稼，海水溢；掖县 8 月 20 日大风雨，拔木，禾稼尽伤，是岁饥。10 月 21 日赈安徽歙县等 8 州县卫，山东齐河等 87 州县水灾；11 月 15 日赈江苏阜宁等 20 州县卫水灾(图 1-11)。

(35) 1770 年 9 月 12 日(七月二十三日)萧山飓风大雨，海水溢，入西兴塘至宋家楼 80 余里，芦康河北海塘大决，塘外业沙地者男妇淹毙 1 万余口(民国《萧山县志》卷 5)，尸多逆流入内河。西兴三都二图西江塘亦决，淹毙人口、漂没庐舍等无算，内河两日不能通舟；余姚大风潮；绍兴风潮为患，施公葬棺 800 余；上虞大水，禾稼尽坏；鄞县大水，加赈 1 月；慈溪大水；杭州大风雨，山水、江潮并至；仁和、海宁低田被淹，赈恤；嘉善大风，禾尽偃；奉贤宝山 9 月 13 日飓风，田中水尺许。

(36) 1781 年 8 月 7 日(六月十八日) 戌时(19—21 时)风暴潮，崇明风潮大作，淹死12 000 余人，坏民房 18 122 间；浦东高桥潮倾土塘五六处，折木、毁庐、溺人，岁大祲；宝山月浦塘外庐舍漂没，溺死 200 余人；上海、川沙、南汇海溢，拔木，屋多仆，漂没人畜无算；奉贤沿海廨舍多漂没，海潮入内河，水咸；松江、青浦拔木、覆舟，坏屋庐，七星桥北拔石坊、民屋。是年，南汇岁饥；宝山岁大祲。江苏沿江郡邑南通、海门、如皋、靖江等伤人无算；泰兴溺人畜无算，发赈两月；江阴风雨并作，江潮溢，沙洲(张家港)及濒江庐舍俱坏，居民被淹甚众；昆山潮逾和塘，西流直达苏州胥江，古墓华表摄去里许而堕境内，水骤长四五尺；吴县狂风动地，大木撕拔，至夜尤甚，海潮汹涌而来，泛溢娄江堤岸；太仓、吴江、常熟、无锡、常州、扬州、瓜洲，北至泰州、东台、阜宁及浙江嘉兴、嘉善、平湖、桐乡、海盐等皆拔木倒屋；乍浦炮台官厅尽被冲卸，炮位亦沉入海；海宁头圩、二圩潮决，坏田 500 余亩，坍土塘百余丈；杭州一带被浪冲损；

鄞县县廨有梧桐一株，高三丈许拔起，民居有倾圮者；慈溪拔木飞瓦，禾稼尽偃；余姚坏浒山城隍牌楼；金华拔木偃禾；风暴掣坏洪泽湖高堰砖石工 331 段及吴城各工；拆展清口东西岸车逻、昭关二坝。微山湖亦湖水溢，坏庐舍，溺死人畜无数，赈恤；铜山、邳州皆水。山东文登、黄县 8 月 8 日大风雨，伤田稼，折屋坍墙。邹平大水害稼，小清河决；惠民、阳信、商河、滨州大水害稼；沧州丰财、芦台(恐非今天津宁河，而是今沧州长芦)二场猝遇风潮，滩副被淹。11 月 22 日赈江苏铜山等县水灾。11 月 23 日赈山东邹平等 29 州县，济宁等 3 卫，永阜等 3 场水灾。12 月 1 日赈直隶沧州等 4 县，严镇等 4 场水灾。

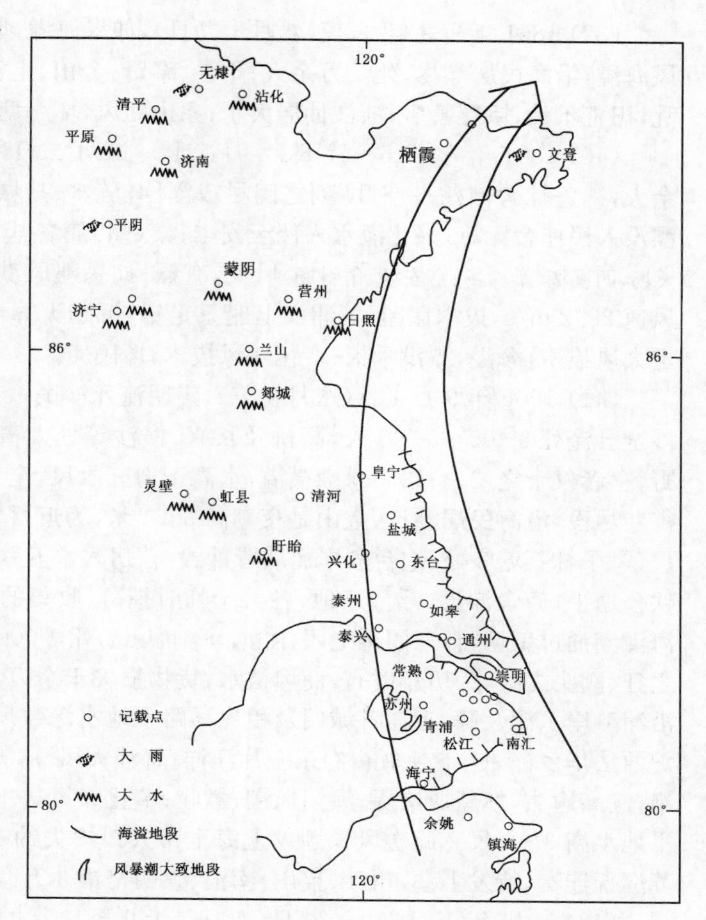

图 1-11　1747 年 8 月 19 日风暴潮大致路径示意图

(37) 1831 年 9 月 4—5 日(七月二十八、二十九日)崇明海溢，沿海民居漂没死 9 500 余人；川沙自八团四甲至九团四甲海塘冲决成灾；宝山、南汇海溢；常熟、昆山、嘉兴大水，歉收；南通至江浦江潮大涨；常熟、昆山、嘉兴大水，歉收。缓征宝山、川沙地漕部分正耗银米，浦东捐赈。10 月 18 日抚恤崇明、靖江等县水灾。9 月，安徽怀宁(安庆)、桐城、潜山、宿松、望江、东流、贵池、铜陵、庐江、巢县、无为、全椒、芜湖、繁昌、当涂、凤阳、怀远、凤台、泗州、盱眙、五河俱大水；天长圩尽淹，河东流民相望。给江苏甘泉(扬州)等 11 州县水灾口粮、籽种。10 月 6 日抚恤江苏崇明、靖江等县水灾。11 月，赈安徽无为等 23 州县卫、江苏上元(南京)、浙江仁和(杭州)等 7 县卫水灾，缓征杭州等 17 县卫、两淮丁溪(东台北)等 6 场水灾。

(38) 1854 年 7 月 27—29 日(七月初三至初五)浙江黄岩风暴潮。27 日飓风陡作，越日愈盛，29 日午后潮溢，水如山立，倏忽之间，陆地成海，淹死男妇五六万计，积尸遍野，庐舍无存。四、五、六荡等乡受祸最酷，三荡以上去海甚远，祸势稍杀，庐舍尚存，人民无恙，但财力耗竭，粒食维艰，不毙于水，而毙于饥。水退之后，积尸载途，不可以步，往时烟火腾茂之乡，一朝变为荒塞之像。灾后未几，遽发大疫，朝发夕亡，不可救药，阖门递染。大创之后，非十年生聚不能复；温岭 29 日大风海溢，沿海居民漂没 3 万余人；遂昌 27—29 日暴风骤雨，山洪暴发，田庐漂没不可胜计；龙游南乡大水，桐溪、岭根两源同时山水暴发，溺死者甚多；金华大水，冲没民田；上虞冲决鼓字塘；杭州、富阳、新城、余杭风潮为灾。此灾是至今浙江最大的风暴潮灾害，死亡 8 万—9 万人，但灾区范围仅局限于浙南地区。

(39) 1861 年 9 月 23 日夜(八月十九日),如皋海溢,坏范公堤及民屋、煎舍无算;崇明飓风海溢,沿海民居漂尽,死 1 万余人;川沙、奉贤、金山、上海、松江大风雨两日。青浦是年遭乱,田荒不治,饿殍甚多;浙江仙居大水;象山飓风,坏海塘。

(40) 1881 年 7 月 16—17 日(六月二十一、二十二日),阜宁潮高丈余,淹毙盐民等 5 300 余人,锅蓬灶舍漂荡一空,顷刻之间尽成泽国;涟水、盐城大雨,风拔木,海啸,西溢百余里,漂没人民庄舍无算;兴化海水入侵至安丰;泰(州)属各盐场(刘庄场、白驹场、小海场、草堰场、丁溪场、西溪场、梁垛场、富安场、角斜场)风灾,有赈;如皋飓风洪潮,灶民多淹毙;上海徐家汇最大风速 28.2 m/s,拔木塌屋,黄浦江上船只走锚,沉溺无算,浮尸漂流;吴淞口外覆船 4 艘;嘉定大风拔木,海溢,漂没禾棉;奉化飓风拔木,坏民庐。

(41) 1905 年 9 月 1 日(八月初三),崇明淹死沙民 1.7 万余人;宝山淹死 2 500 余人;川沙全县淹死 5 400～5 500 人,高桥及长兴、横沙等处人畜庐舍冲荡无存,炊烟断绝,浮尸遍野,存者仅十之二三;崇明暴潮横溢,水高于塘五六尺,全塘土石坝、石坡、土堤皆塌陷,城市街巷尽没,沿海民居漂没;宝山是夜潮高 5.64 米,为近百年来所未有;吴淞镇平地水深三四尺,狮子林石塘 3 处、炮台驳岸泥墙皆冲毁,营房入水五六尺;川沙八、九团塘堤尽毁,海水与钦公塘平,庐舍漂没,浮尸遍地,各善士临时捐募、收集的无主尸体合葬共 3 500 余具;南汇海溢潮涌过王塘,自三团至七团(江镇,今名机场镇)死 1 000 余人,东滩小护塘冲决;上海风力之狂、潮头之猛,为历年鲜有,商埠被水,货物损失千余万,福州路一带水深没踝,路断行人,沿浦滩岸水深及膝,近浦各城门及租界马路平地水深数尺,沿滩各栈房积有货物漂没殆尽,沪西法华乡(今长宁区法华镇路)东一片汪洋;青浦大风潮,人畜死无算;南通飓风,连 5 昼夜不绝,潮高逾丈,坏新成诸堤;海门风潮,歉收;奉化大风拔木、民庐、塘堤多坏;岱山大风海溢,平地水高 3～4 尺。此次风暴潮仅上海全市人口损失约 25 600 人。事后,江南总督会同江苏巡抚连奏,特发上谕,川沙、宝山、南汇、崇明帑银 3 万两放赈。

(42) 1911 年 10 月 19—20 日(八月二十八至二十九日)瑞安飓风为灾,山港各乡 30 余村漂没居民数万,尸骸蔽江,田庐被淹者不计其数。是年嘉定岁歉,普减忙银二成,漕免;宝山岁饥,先后几次发赈;川沙秋歉,下忙全免,漕粮减征三成,灶课、芦课减征二成;金山岁歉,木棉全荒;青浦、上海、南汇米贵。江苏、安徽沿江各属大水,圩堤溃决,田禾淹没;盐城大雨伤禾;南通江潮异涨,漂没人畜庐舍。

(43) 1939 年 8 月 29—30 日(七月十五、十六日)热带风暴。苏北大丰海啸,淹毙人畜甚众,房屋倒塌;射阳河北岸至陈家港沿海堤岸全被海潮吞噬,仅双洋及大喇叭(废黄河口)等地就淹毙 13 000 余人,有全村、全家无一生还者,牲畜、田舍损失更无从统计。姚家庄 200 多口人,仅 6 人死里逃生,死亡率超过 97%;沿海 25 千米长、7.5 千米宽的条形地带全遭咸化,多年不能耕种;滨海临海、八滩二区沿海 30 年代建成的宋公堤被冲毁,村庄被淹,人畜死伤甚多;响水境内的开山也由陆地变成海中孤岛,范公堤残缺不堪,名存实亡;建湖卤潮倒灌,庆丰区受灾面积 8 万亩。上海海轮停航,今淮海路巴黎伙食公司招牌吹落,致 2 人受伤,其中 1 人伤重毙命;另有一人误触吹断电线死亡,并有吹坍屋角伤人事故;青浦大雨倾盆,房屋吹倒,晚稻大半倒伏,东乡棉花损失极大。

(44) 1949 年 7 月 24—25 日(六月二十九、三十日),第 4906 号台风在杭州湾北岸金山与平湖间登陆,上海市中心最大风速 39.0 m/s,25 日降水量 148.2 毫米,苏州河口潮位4.77 米,吴淞口水位 5.58 米,全市海塘、江堤决口 500 余处,塌房 63 203 间,死亡约 1 800 人,淹没农田 208 万亩,其中重灾 100.5 万亩,损失粮食约 1.15 亿千克,棉花 110 万千克。川沙高桥海塘草庵头至殷家宅段决口 20 余处，重灾区凌桥淹没农田 1 万亩，房屋倒塌 200 多间，灾民 1 000 余人；高东被淹农田 2 000 亩，倒房 50 多间，灾民 500 人；东沟被淹农田 3 000 亩，灾民 500 人，六、七团袁公塘全部冲毁；横沙遭灾，陈公塘老洪洼冲坍 1.96 公里，倒屋6 060 间，死 221 人，伤 41 人，被淹农田 38 926 亩，灾民 10 675 人；奉贤东门港、钱桥、三角洋一带海塘溃决十多处，全县 13.1 万亩农田受淹，倒塌房屋 2 000 余间，死 4 人。南汇淹死牲畜 2.6万余头；崇明倒屋 31 891 间，死 147 人，伤 38 人，海堤溃决 500 余处，坏堤岸 72 千米，冲平 53 千米，48 万亩农田受淹；嘉定全县受淹，重灾农田 3.29 万亩。江苏靖江沿江堤防相继溃决成灾；兴化连续阴雨，全县受灾面积 180 余万亩，占全县耕田的 80%，损失稻谷约 39 亿斤；如皋 7—8 月间大雨成灾；如东沿海受灾严重，内涝面积 20 万亩；海安东部栟茶运河地区普遍积水，受灾农田 45 万亩，占全县耕地面积的 39%，损失粮食 0.58 亿斤；东台海潮抵达何垛乡打坝港附近，三门闸最高潮位 5.3 米；大丰汛期淫雨与台风雨夹杂成灾，淹田 66 万亩，损粮 5 200 万斤；盐城大半收成只四五成，不少甚至颗粒无收，全县受灾面积 27 万亩，减产粮食 0.46 亿斤；射阳 7—8 月久雨成灾，受灾面积中失收的有 12 万亩，减产的有 27 万亩，损失稻谷 0.1 亿斤；建湖 7 月 26 日后连续大雨，内涝严重，全县 60%人口受灾，其中 3 万人断炊，绝收面积 30 万亩，减产面积 49 万亩。淮南各县包括江都、高邮、宝应、泰兴、如东、淮安、泗阳、睢宁等都大雨累月，南有江水顶托，东则海潮内浸，涝灾几遍全区。当年上海市军管会组织 6.4 万军民投入抢险救灾，全面培修加固海塘，2 个月内完成近千万土石方。水灾后，瘟疫流行，政府组织医务工作者奔赴灾区免费为灾民治疗。次年春又动员 11 241 人加固海塘，以工代赈，发放赈济米 113 427 千克。此次台风海溢，沪、苏共死亡 4 310 余人。安徽估计死亡近千人。

(45) 1956 年 8 月 1 日（六月二十五日），5612 号万达（wanda）台风在浙江象山登陆，台风中心附近最大风速 65 m/s，最高潮位 4.7 米，海水入侵，纵深 10 千米之内一片汪洋。浙江 75 市县受灾，死亡 4 926 人，伤 1.5 万人，倒塌房屋 85 万间，淹没农田 735 万亩；上海倒房 4 万余间，死 9 人，伤 100 余人，28 万亩农田受淹，800 余家企业、工厂停产，黄浦江中沉船 6 艘；据此次台风途经的浙、沪、皖、豫等省市不完全统计，共死亡 5 650 余人，伤 1.7 万余人，220 万间房屋倒塌或损坏，6 946 万亩农作物受灾。

根据以上初略统计，从 669 年至 1956 年，江、浙、沪沿海死于风暴潮灾害的人数不下 57 万，死亡人数为上述二省一市各类灾害中首位，远远超过其他各类灾害。我国热带风暴潮影响基本有下述活动规律：早则春末夏初形成菲律宾东的热带气旋穿越吕宋岛进入南海，首先影响我国粤、琼、桂及越南沿海，这部分热带风暴潮或台风对长三角地区没有什么影响。夏季台风登陆位置逐渐北移，穿越台湾及其附近海域进入闽粤两省为主，这些台风即使对长三角有所波及也较轻微，损失有限。影响江浙沪沿海的热带风暴潮以 8 月份为最多，次之为 7 月和 9 月，而且特大风暴潮都发生在朔望至天文大潮的前后，入秋以后，风暴潮又南迁至南海后结束一年的轮回。

对长三角影响最大的风暴潮按运移路径可分为两类：一类为正面袭击长江口至杭州湾一线，如 1696 年、1949 年等，此类风暴潮对上海危害最大，损失惨重；另一类为北上型，自东南而来，基本沿海岸线北进，如 1724 年、1747 年及 1992 年等，或从东部海上擦过，受陆上高气压阻拦、折向东北，影响日本及韩国；或从浙北登陆掠过上海西侧，进入苏、皖等省，转变为热带低气压。

长三角地区死亡千人以上的特大风暴潮灾害自元代以来基本上每百年发生 2～4 次不

等，19世纪万人以上损失的风暴潮灾害2次，1831年9月4—5日的那次风暴潮，仅崇明一地就死亡9 500余人，距万人已相差无几；20世纪死亡千人以上的则有5次，其中2次高达万人以上，经济损失巨大。近几十年来，灾情减弱，主要与长三角地区的海塘工程兴建、完善与功能增强等关系甚密。

自1893年到1990年的气象观测资料不完全统计（因战争缺失20世纪40年代数据），形成于西太平洋北纬10°—40°的热带气旋平均每年为23.78次，其中最多的年份为1967年，达40次；最少的为1936—1937年，两年都不足10次；1958—1968年的活跃期内每年24～40次；而1936—1940年段活动最弱，每年仅8～12次。并非所有的热带气旋都对沿海地区构成危害，只有27%的热带气旋最终加强为台风登上西部陆地形成灾害，而登陆的台风中以温州至汕头段最为频繁，约占登陆台风总数的34%；温州以北段最少，只占总数11%左右；对上海构成灾害威胁的主要为浙江三门及其以北登陆的台风，只占5%左右。20世纪登陆我国的台风以1920年为最少，仅2次；下半叶1951年也只有3次。全部平均每年6.67次。以有气象记录时间最长的上海为例，自1875—2005年上海共遭受台风灾害123次；最多的年份如1922年，1962年，2000年均为4次；台风灾害主要集中在7，8，9三月，占全年的95%；8月最多，占45%；6，10两月只占5%；其他月份基本没有。最大风速43.9 m/s，14级（1915年），吴淞口最高潮位5.99米（1997年），最大日降水量278毫米（2001年，徐家汇）。也有54年无台风或虽有影响却无灾害，约占全时段的41%。上海自1949年的那次风暴潮后至今的60余年内，虽然绝大多数年份都有台风影响，但不甚严重，1956年8月1日的5612号台风于浙江象山登陆，风力12级，台风中心经过的不少地区日降水量超过100毫米，民房和农业生产遭到很大损失，经济损失数亿元。

但缘于冬季西伯利亚高气压南下的强寒潮引发的温带风暴潮也不能忽略，如：

(1) 1214年1月，余姚风潮，坏海堤，亘八乡。

(2) 1325年1月，盐官，海水大溢，坏堤堑，侵城廓，有司以石囤木柜捍之，不止。

(3) 1327年2月20日盐官又潮水大溢，冲捍海小塘，坏堤2 000余步。

(4) 1369年冬，上海、崇明海溢，漂没庐舍，人多溺死。盐田坍没，灶户逃亡，盐课缺。因地坍户减崇明由州降为县。

(5) 1380年12月，大风，海潮决沙岸，崇明、上海人畜多溺死。

(6) 1582年2月14日通、泰、淮安三分司所属丰利、庙湾（阜宁）等30（盐）场风雨暴作，海水江涨，淹死男妇2 670余丁口，淹消盐课248 800余引。

(7) 1873年1日3日阜宁大雨雪，海啸覆船，滨海大沉溺；涟水大雪，海暴涨，溺死人畜无算；宿迁大风雪，坏运河舟楫；五河大风雪，沿河舟楫毁坏百余艘；南陵大雪，平地五六尺深，房屋压倒无数；平湖狂风大作，新仓有米船三，被风掀在田中；嘉善、嘉兴飓风大作。

此类灾害在山东莱州湾沿海表现最为突出。

风暴潮灾害不仅以其强劲的风力、海浪冲击摧毁沿海的房屋桥梁、堤岸、海塘等各类建（构）筑物，席卷人畜，还因咸潮上涌，淹没田禾，造成沿海地区大面积咸害。另外，风暴潮扫荡之后，人畜大量死亡，满地狼藉，环境遭受严重污染，加之灾民哀鸿遍野，衣食无着，又无法复耕，极易引发流行病暴发，从而引发一系列的次生灾害，形成一条以风暴潮为主导的，咸潮、饥荒、疾病的灾害链，时间延续数年之久。

长三角地区自19世纪以来特大风暴潮灾害数量减少、人员伤亡比以往有所降低，这实在是历代先民孜孜不倦与海搏斗，坚持不懈地修筑海塘的结果。海堤是防御海潮侵袭的有效手段，远的不说，近期以浙江2004年云娜台风为例，其强度虽与1956年万达台风相当，但只死亡164人，仅为5612号台风死亡人数的3.5%，原因是台风发生前投资45亿元、长达1 000多千米的浙江大海堤业已完成，抵御了海潮的冲击和侵袭，拯救了数千人的生命。长三角沿海地区的祖先历来重视可防治海潮侵袭的水利工作，浙江东汉时始筑土塘，钱塘是早期的海堤之一，浙江也是最早建筑石塘的地区；江苏沿海长近200千米的范公堤始筑于宋代，上海地区虽自南宋绍兴三年(即公元1143年)在新泾堰两侧始筑咸塘，后陆续延长、改造、完善主副塘配置系统，清代在部分容易坍塌的地段修筑石塘或土石塘，此类海塘经不起海潮的强劲冲击和长期浸泡，每次特大风暴潮后均会遭受不同程度的破坏，但江浙先民屡坏屡筑、生生不息、顽强奋斗，甚至先后有多条海塘始终屹立沿海。

解放初的1949年7月24—25日4906号台风正面袭击上海。老市长陈毅亲自组织数万军民抢险救灾，加固海塘，整修后的海塘命名为人民塘。江、浙、沪历届党政领导关心海塘的建设和改造，每逢汛期各级领导严阵以待、密切关注，亲自指挥，再也没有发生特别重大的伤亡事件，即使1974年13号台风直扑长江口至杭州湾一线，上海也只死亡189人，经济损失3亿元。又如1992年8月28日—9月1日，9216号台风于上海崇明擦边北上后，越苏北沿海、跨山东进入渤海海域，影响冀、津、辽等省市后变性减弱。此次台风使东部沿海损失总计92亿元，其中山东一省为38亿元。上海事前业已完成海塘加高加固工程，8月29—31日内7次超过警戒水位，并重现有记录以来的第二次高潮位，仅损失4 575万元，不足总损失的5‰。

海塘是保障沿海人民生命财产安全最重要的生命线工程，维护和加强海塘的抗台能力是长三角地区防灾减灾的首要任务。海塘建成后因自身压实、风吹雨打等自然侵蚀，加上沿海地面自然下沉或海平面上升每年约1毫米，人工抽水引发的地面下沉每年1～5毫米不等，日积月累，大堤的高度会有所降低而低于原设计高程。大堤迎水面的各类护坡日久之后也会有部分干裂剥落，穴居动物在堤内筑窝繁殖降低海堤的抗击能力。堤脚是大堤的薄弱易损部位，应予特别关注，堆放大块石或人工多面混凝土块体，消能缓冲、保护堤前的安全；背水坡面最好广种树木，平时护坡脚，一旦危急也可用于抗灾急需，堤顶路面能有所垫高，使路面始终不低于大堤的设计高程，动员沿堤附近有责任心的中老人平时在堤上走走看看，大堤有否存在渗漏、管涌隐患，专业维护人员定期或岁修时复查复测、培修、加固、填高、压实，保证大坝始终满足设计要求，千万别因为多年来大堤安全无恙而掉以轻心，毕竟这关系到沿海成千上万人的身家性命，万万马虎不得。不得擅自在堤上开挖施工，更要杜绝挖土取沙制砖筑瓦、谋取蝇头小利而自毁家园的罪恶勾当，如有以身试法者，当严惩不贷。

二、洪涝

长三角地区临江面海，地势低平，滨水处海拔4～5米，太湖及其周围的湖荡地区最低处，海拔仅1米。长江、太湖的洪水及东侧、南侧海上来的台风暴雨均可威胁湖边各地的水情，造成较大甚至很大的水患。本节叙述洪涝只是从灾情而定，至于它是长江、太湖大水时形成的洪灾，本地强降水形成的涝灾，还是因热带低气压带来降水，抑或多种因素合成致灾，若一时难以判断其成因时，而笼统称之洪涝灾害。

长三角地区春夏之交一般都为梅雨季节，雨水淅淅沥沥、时断时续、时大时弱，延绵长达数十天之久，若为双梅或与台风季节结联，则雨情就更严峻。不同季节不同性质的气团交汇处又常有突发性大暴雨偷袭，即使短暂，也可造成局部严重涝害。

长三角地区主要的洪涝灾害有：

（1）278 年 8 月，冀、鲁、豫、鄂、苏 20 郡国暨淮河边的寿县，沿长江的江陵、南京、仪征、扬州、高邮及太湖边的吴江等大水，伤秋稼，坏屋室，有死者（图 1-12）。

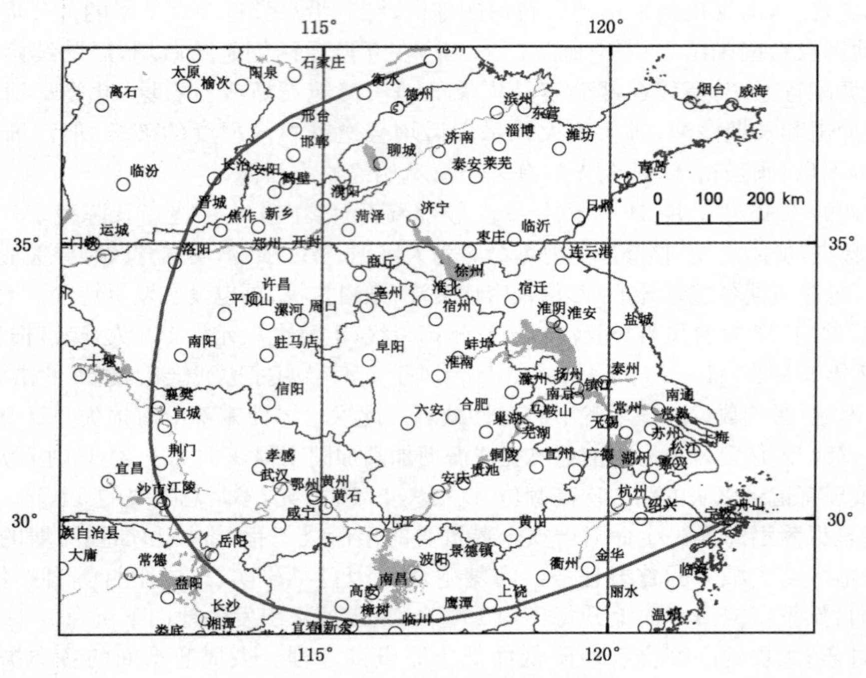

图 1-12　278 年 8 月涝灾分布示意图

（2）435 年 7 月，苏、浙、皖江淮地区大水，寿州、宣城、当涂、南京、溧水、仪征、扬州、如皋、镇江、宜兴、苏州、吴江、长兴、杭州、绍兴等大水。南京城内行舟，民人饥殣。赈当涂、镇江、扬州、宣城、绍兴 5 州郡遭水饥民 300 万，共数百万斛，并下令禁酒（图 1-13）。

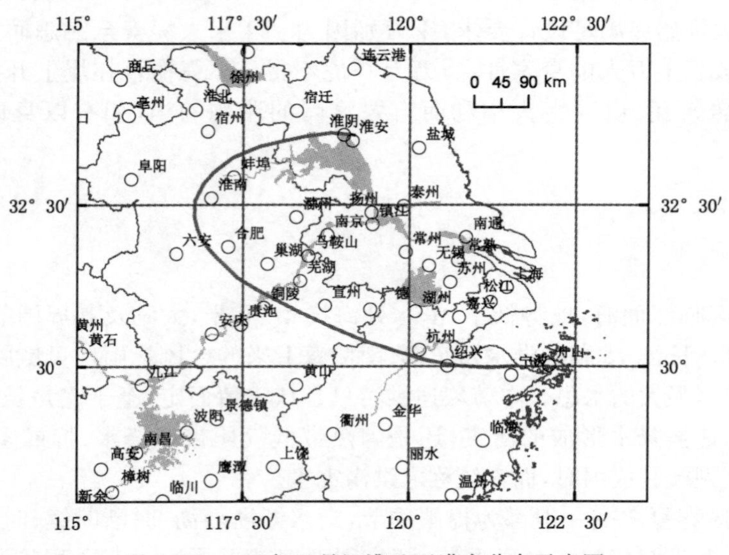

图 1-13　435 年 7 月江淮地区涝灾分布示意图

(3) 516年10月26日淮水暴涨,浮山堰溃坏,其声如雷,闻300里,缘淮城戍、村落10余万口皆漂入海。

(4) 656年泾县山洪暴发,平地深4丈,溺死2 000余人。

(5) 673年9月18日金华大雨,山水暴涨,溺死居民600余家,5 000余人,诏令赈给。

(6) 767年秋,苏、浙、皖、豫、晋、湘、闽等55道州水灾。

(7) 792年6—8月,河南、河北、山南、江淮及荆、襄、陈(淮阳)、宋(商丘)至于河、朔凡40余州大水漂没,死者2万余人。时幽州(北京)大水、平地水深二丈;鄚(白洋淀东鄚州镇)、涿、蓟、檀(密云)、平(卢龙)5州平地水深一丈五尺;徐州自6月23日—8月4日平地水深一丈二尺,郭邑、庐里、屋宇、田稼皆尽,百姓皆登丘冢、山原以避;宋(商丘)、陈(淮阳)及江南、淮南2道大水,淹没官民庐舍殆尽;淮水溢,没泗州城;关东、浙西州县等大水为灾,江宁、溧水、高邮等漂没人民庐舍;仪征大水害稼,人溺死,没城郭庐舍(图1-14)。

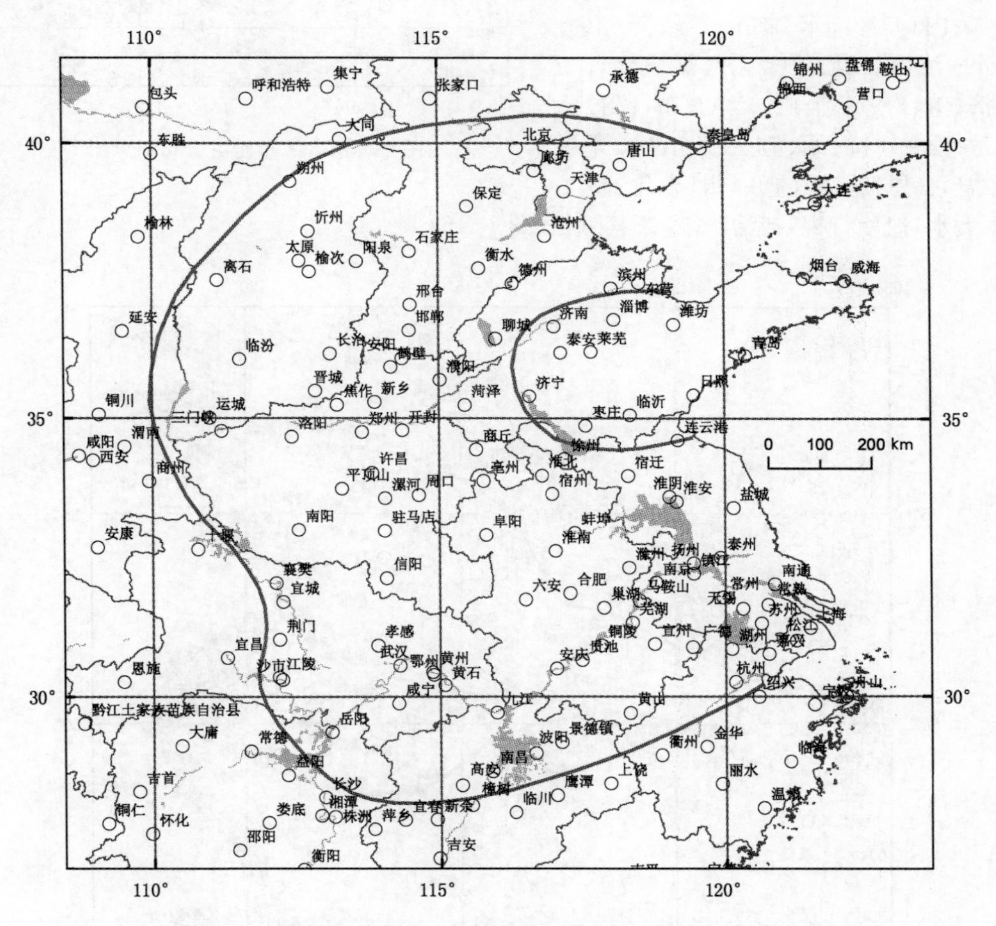

图1-14　792年6—8月涝灾分布示意图

(8) 830年夏,京畿(西安附近)、河南、山南东道、荆襄、鄂岳、江西、江南、浙东西、淮南皆大水,害稼;郓、曹(菏泽)、濮雨,坏城郭田庐殆尽;长江大水,没太湖、宿松、望江3县,溺民户680户,诏以义仓赈贷;江宁、溧阳大水,害稼;淮南天长等7县水害稼;歙、宣大水,苏、湖2州水坏六堤,入郡郭,溺庐井。

(9) 858 年 3 月下旬—11 月大水,其中 9 月水势最盛。魏(大名北)、博(聊城东北)、幽(北京)、真(石家庄)、兖、郓、青、滑、汴(开封)、宋(商丘)、徐、舒(潜山)、寿、和、润等州水,害稼;丰、沛县、徐、泗(盱眙)等州,深 5 丈,漂没数万家。江宁、丹徒、丹阳亦水,害稼(图 1-15)。

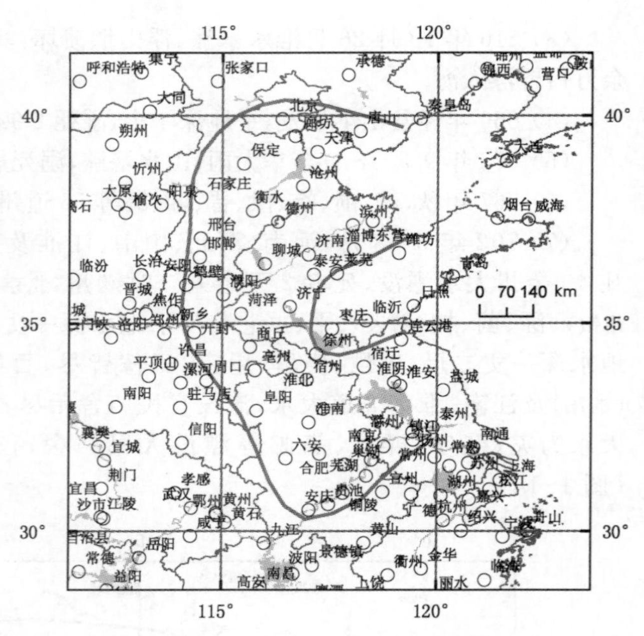

图 1-15　858 年涝灾分布示意图

(10) 1045 年 7 月,浙江临海山洪暴发,坏城郭,官寺、民室、仓帑、财积一朝扫地,化为涂泥,杀人数千。

(11) 1064 年夏秋,江淮流域大水。畿内(开封)、宋(商丘)、亳、陈(淮阳)、许、汝、蔡、唐、颍(阜阳)、曹(菏泽)、濮、济、单、寿、庐(合肥)、濠(凤阳)、泗、宿、楚(淮安)、杭、绍、宣、洪(南昌)、鄂(今武昌)、(恩)施、渝(重庆)州、光化、高邮军大水,遣使行视,疏治赈恤,蠲其赋租(图 1-16)。

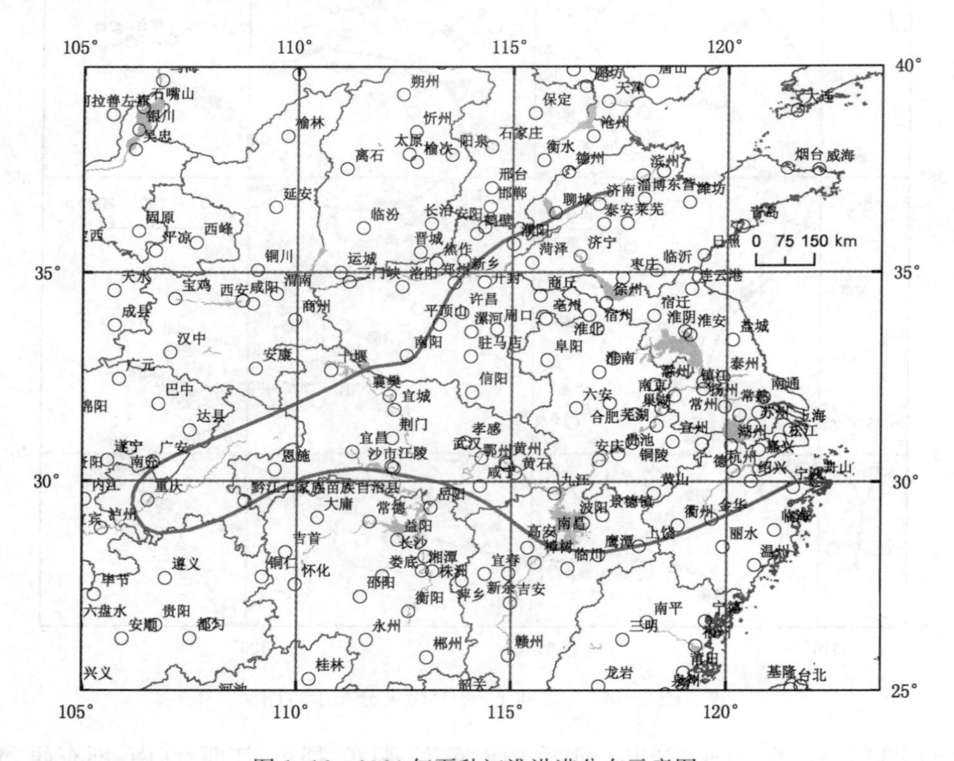

图 1-16　1064 年夏秋江淮洪涝分布示意图

(12) 1118 年夏,江淮、荆湖诸路大水,两浙路长江大水,平江(苏州)尤甚,建康(南京)、真州(仪征)、江都、泰兴大水,漂溺无算。镇江府自 7 月以来霖雨连绵,淹没民田……东南诸路山水暴涨，至坏州城，人被漂溺，不能奠居，诸路检举常平灾伤随宜赈救；比屋摧圮，可令郡守令佐悉心赈救。江南东、西路南康军(星子)并管下建昌县(南城)及江州(九江)管下德安、瑞昌、兴国军(阳新)坊廓、舍屋被水淹浸，漫没屋脊。淮南被水，楚州(淮安)山阳(淮安附廓县)、盐城二县下户饥殍 32 000 余人，无业可复；高邮漂溺者众，民流徙；泗州坏官私庐舍；长兴、吴江大水，田灾。11 月 3 日，诏江、淮、荆、浙、闽、广监司督责州县还集流民。

(13) 1144 年 6 月 24—25 日浙江大水。24 日兰溪水侵县市，25 日夜水暴至，死者万余人；建德城不没者仅数板；金华、衢州、丽水及其他各州民之死者亦众。闽西北建瓯水冒城而入，俄顷深数丈，公私庐舍尽坏，溺死数千人；建宁等同日大水；赣东北上饶、江苏苏州(今上海吴淞江以北崇明、嘉定、宝山均属苏州管辖)之东大水，沃壤之区悉成巨浸。

(14) 1164 年 8 月，苏、皖、鄂、川、浙、豫、晋等大水。浙西、江东大雨害稼，长江沿岸重庆、恩施、武昌、南昌、池州、无为、和州、当涂、滁州、南京、仪征、镇江、扬州、常州、苏州、江阴、南通、松江皆大水，浸城郭，坏庐舍、圩田、军垒，操舟行市者累日，溺死者众。湖、杭、嘉、台、徽、宣、宁国、广德大水。淮河流域大水，开封、商丘、淮阳、许昌、临汝、唐河、潢川、汝南、淮、亳州、阜阳、凤阳、合肥、凤台、淮安、盱眙、高邮、泰州、兴化及山东菏泽、济宁、单州等大水，淮水入泗州城，淮东有流民，如皋、泰兴大饥，润、苏、常、秀(嘉兴)等饥，兴化、徽州、杭州、台州艰食，绍兴灾重，松江(含今上海吴淞江以南的青浦、上海、川沙、南汇)人食秕糠。9 月 6 日杭州以久雨决系囚；9 月 13 日诏赈淮东被水州县；9 月 28 日镇江委官诣金坛县取拨义仓米 3 000石，丹阳县 1 000 石赈济；10 月 13 日出内帑银 40 万两籴米，赈济豫、鲁、苏、皖被水州县，遣使行视、疏治、赈恤，蠲其租赋(图 1-17)。

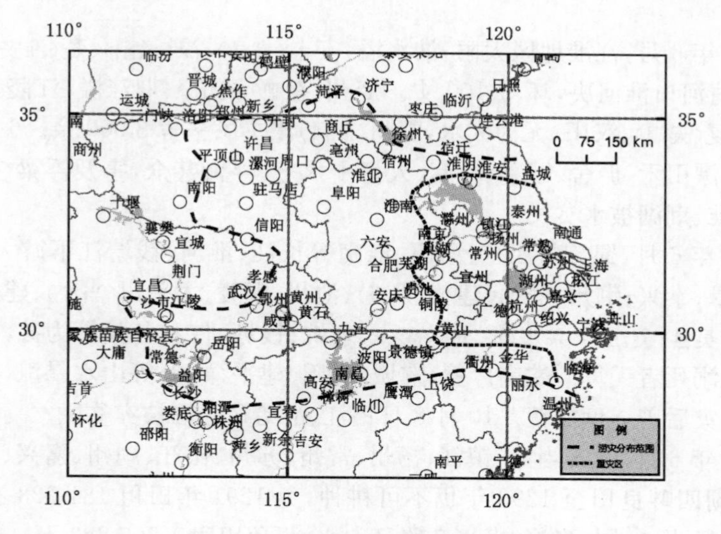

图 1-17 1164 年 8 月江淮洪涝分布示意图

(15) 1170 年 6 月，长江下游赣北、皖南、江浙大水。江西大水，江东城市有深丈余者，淹民庐，溃江堤，人多流徙。池州、和州、当涂、南京、徽州、宣城、广德大水；苏州、吴江漂没民居，淹田禾，溃圩堤，人多流移；杭州连阴雨 60 余日，寒，伤稼；湖、秀、温大水。7 月 16 日诏建康、太平(当涂)被水县，当年身丁钱并与放免。8 月 3 日建康府(南京)、太平府(当涂)、宁国府(宣城)、广德军圩田均被淹没，委实灾伤，逐州差官赈济被水人户。冬，宁国府、广德军、太平府、湖、秀、池、徽、和州皆饥(图 1-18)。

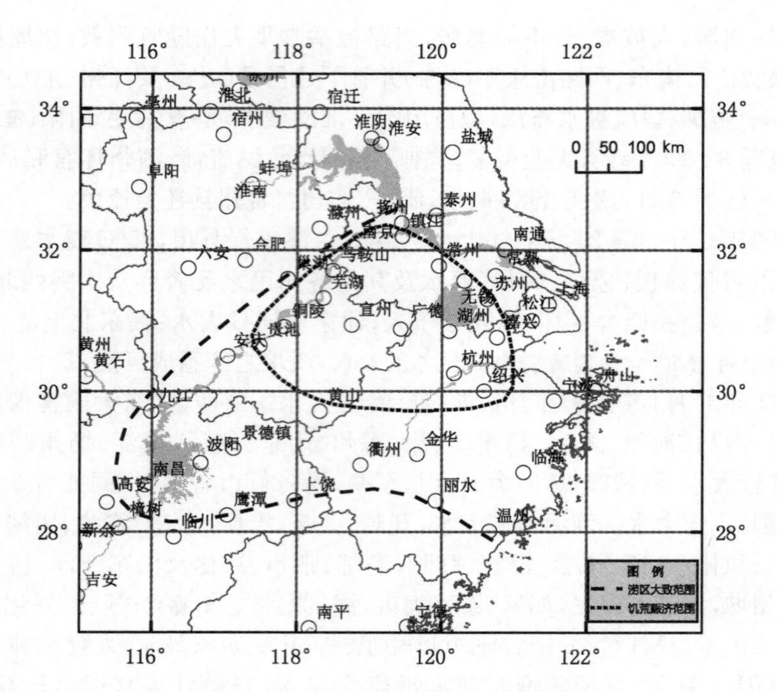

图 1-18　1170 年 6 月长江下游洪涝分布示意图

(16) 1185 年 9 月 30 日浙江安吉山洪暴发，漂庐舍、寺观，坏田稼殆尽，溺死 1 000 余人。

(17) 1188 年 6 月，江淮地区大雨，淮水溢，安丰(寿县)、濠(凤阳)、楚(淮安)、高邮、盱眙皆漂庐舍、田稼，清河口淮河决，坏城 100 丈。庐州(合肥)城圮。荆江溢，江陵、常德、澧(县)、德安府(安陆)、复(天门)、汉阳、无为大水，鄂州(武昌)漂军民垒舍 3 000 余。6 月 26 日祁门群山暴汇为大水，漂田禾、庐舍、冢墓、桑麻、人畜十六七，浮胔甚众，害及浮梁(景德镇)。7 月 8 日振江、浙、两淮、荆湖被水贫民。

(18) 1223 年 6 月，蜀、荆、江东、浙西、淮南等长江、淮河、钱塘江下游大水。楚(寿州)、淮安、高邮、如皋、泰兴；荆州、鄂州、建德(东至)、池州、铜陵、太平州(当涂)、建康(南京)、常、苏和环太湖三吴(吴县、吴江、吴兴)、湖、秀(嘉兴)、余杭、钱塘、仁和各县等为甚，漂民庐舍，圮州廓、堤防，害稼，溺死者无算。皖南广德、宣城、青阳、建平(郎溪)等山水暴涨，居民多遭巨浸，低田率皆淹没，灾后曾一度抛荒。10 月 8 日诏江、淮诸司赈恤被灾贫民。

(19) 1292 年 6 月 26 日当涂、镇江、扬州、常州、苏州、松江、湖州、嘉兴、绍兴、宁国等路水，太湖、淀山湖四畔良田至 1293 年仍不可耕种，免 1291 年田租 184 928 石；7 月 19 日湖州、苏州、镇江、扬州、宁国、当涂、嘉兴 7 路又大水，再免田租 1 257 883 石。8 月 12 日当涂、宁国、苏州、常州、湖州、波阳 6 路民艰食，发粟赈之。

(20) 1300 年 8 月，镇江诸路大水，常州没民田，无锡大霖雨，民多饥死；平江(苏州)、嘉兴、湖州、松江 3 路 1 州大水，坏民田 3.36 万余顷，被灾者 45 550 余家；江阴水暴溢，民胥漂溺；常熟水潦为灾；吴江复大水，害稼，民饥疫，死者甚众；吴县大水，冒村廓，淹民田，饥馑相藉；上海大水为灾，道殣相望；杭州路贫民乏食，以粮 1 万石减值粜之。11 月 12 日报江陵、鄂州、建康、常州、平江、浙东等处饥民 849 060 余人，给粮 229 390 余石。

(21) 1330 年 9 月长江下游大水，澧州、常德、桃源、长林(荆门)、望江、安庆、池州、铜陵、庐州(合肥)、宁国、集庆(南京)、镇江、常州、平江(苏州)、江阴、松江、高邮、宝应、兴化、泗州、杭州、绍兴、庆元(宁波)及皖南、鄂、湘等皆大水,漂民庐,没田 50 100 余顷。南京饥;无锡、吴江死者众;江阴水暴溢,民胥漂溺,存者饥;常熟水潦为灾、南昌水害稼,民饥疫,死者甚众;吴县大水,冒城廓,淹民田,饥馑枕藉;上海大水为灾,道殣相望;以平江(苏州)、嘉兴、湖州、松江 3 路 1 府的太湖流域被灾最甚,坏民田 3.36 万顷,占灾田面积的 73%,被灾饥民 40.557 万余户,占总户数的 71%;次年 3 月 23 日仍赈松江 1.82 万户,诏江浙行省出粟 10 万石、钞 3 千锭赈之,赈饥民 57.2 万余户。免淮安、泗州、高邮、宝应、泰兴、江都、澧州、桃源、安陆田租(图 1-19)。

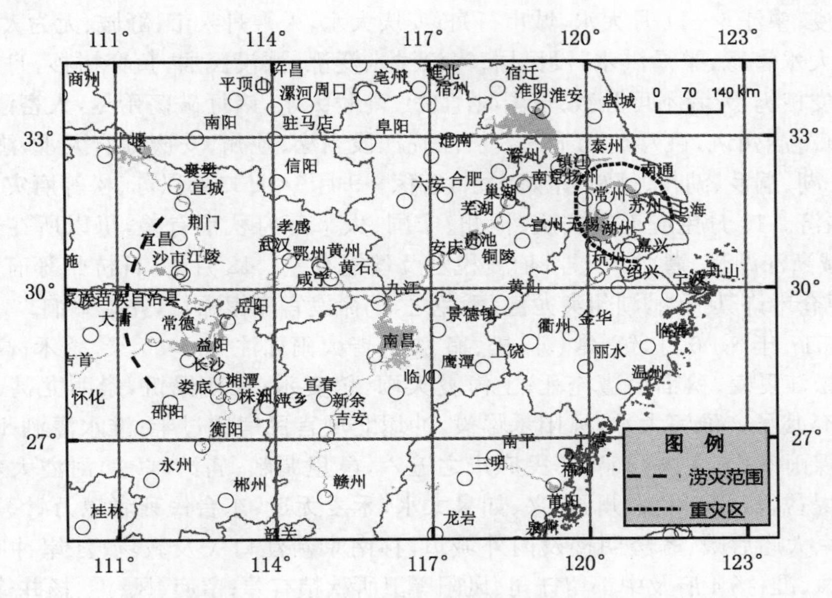

图 1-19 1330 年 9 月长江下游洪涝分布示意图

(22) 1454 年 8 月,苏、松、杭、嘉、湖、凤、淮、扬、庐等府大雨,6 旬不止,淮安等处在先期旱的基础上,又加大涝、疫疠,赈淮安等处居民 180 余万口。上海地区各县大水,没禾稼。浙江杭、嘉、湖大雨,伤苗;嘉善大水,漂没田庐,饿殍相枕,两税无征,先赈济农仓积米,赈尽,又纳粟补官继之;平湖大疫,死者枕藉;湖州大水,民相食。安徽安庆、桐城、望江、宿松、太湖、潜山夏秋大水,害稼,民皆乘舟入市,逾三月始平;铜陵大水,大饥。8 月 26 日赈南畿水灾,10 月 14 日免苏、松、常、镇、扬、杭、嘉、湖漕粮 238 万余石,苏、松、常、镇、应 5 府 21.73 万余石,草 708.78 万余包。免扬州被灾者秋粮;12 月 9 日罢苏、松、常、镇织造采办,次年 1 月 1 日免南畿和浙江杭州、嘉兴、湖州 3 府被灾粮米 51.6 万余石,马草 27.2 万余包,杭州等卫所灾伤作物 950 石;2 月 5 日免凤阳所属州县被灾税麦 98 813 石有奇,免庐州府所属州县及庐州卫灾伤秋粮作物 8 730 余石,谷草 15 100 余包。

(23) 1480 年,江南大水,岁不登。宜兴湖溢、张渚山水暴涨,漂没庐舍,溺死者千余人;吴县大水,民饥;六合大饥,发粟赈之;淮安卫水泛溢,居民房屋陷溺几尽,死者甚众。以水灾免应天并徽州等 5 府,广德、上元等 35 州县夏税麦 77 290 余石;免苏州秋粮米 149 950 余石,草 33 700 包;苏州卫屯田作物 1 790 余石;松江府秋粮 85 300 余石,草 14 000 余包;镇江府夏税麦 32 970 余石;镇江卫 1 430 余石。9 月 15 日以水灾免直隶淮、凤、扬、庐 4 府并徐州等州、县官朝觐。

(24) 1509 年 8 月 1—6 日嘉定、松江、上海等雨，昼夜不止；常熟 8 月 1 日霖雨 5 昼夜；昆山 8 月 2 日大雨如倾，民多死、徙；嘉兴骤雨十日不霁，雨如注，民大饥；吴江连雨 17 日，无秋。苏、松、常、镇及上海全境饥，死者几半，金山连年水灾，人饥死者数万。1510 年春夏上海全境及苏、常、镇、嘉、湖环太湖区域 20 余县又大水，民乏食，饿殍塞路，积尸盈河。

(25) 1510 年 7 月 3 日受长江洪汛及台风雨双重影响，溧水、高淳大水，饥疫，蠲租；镇江、丹阳、金坛狂风淫雨，经月不止，庐舍垣墙倾圮殆尽，漂没不可胜数；武进大水；靖江风暴潮；宜兴淫雨连月，洪水暴涨，太湖溢，民饥，免征秋粮 111 200 余石；江阴夏大水，浸淫三月，自崇镇西至无锡、武进界，爨烟几绝；苏州、松江 7 月大风，决田围，民流离，饥疫死者无算；常熟大水，大疫；望江 6—11 月大水，城市行舟；安庆大水，人乘舟入市；舒城、无为大水，民田庐多没；宿松大水害稼；繁昌洪水，没民居；当涂洪水泛涨，漂没民居，鱼穿树杪，舟入市中，流离播迁，饥疫相仍，死者不可胜数；宁国(治宣城)、南陵大水，诸圩破荡殆尽，人畜溺死不可胜计；青阳岁歉；泗州饥，饿殍徙几千人。长江皖江段当涂、池州、安庆等府大水，溺死 2.3 万人，嘉兴、平湖、桐乡、湖州、德清、余姚大水，害稼。9 月 14 日户部以苏、松等府灾，令总理粮储都御史赈济。10 月免应天及安庆、池州、宁国、太平等府秋粮有差，仍以所在公钱赈济。12 月 8 日减浙江湖州、嘉兴、宁波 3 府夏税麦及丝棉有差。12 月 12 日杭州等府灾，诏充军并南京各卫仓米许其折纳，湖州灾尤甚，悉免之，仍命发官库银赈贷，并给军饷。

(26) 1517 年 5—6 月，镇、常、苏、松、嘉、湖等皆大雨如注 40～50 天，杀禾；高淳、丹徒、吴县大水；松江夏麦、秋稻尽遭淹死；上海夏大雨，杀麦禾；江南民饥，崇明尤甚，民多食糠秕，慈母群弃其子。淮河大水，凤阳禾尽没，冲塌北城官民房屋过半；淮水灌泗州、盱眙，浸陵门；淮安霖雨不止，城内行船，坏民庐十之五六，邑里凋敝；庙湾(阜宁)河溢大水；宝应大水，冲决湖堤；盐城、扬州、泰州、泰兴、如皋大水，禾麦无遗；东台民死者以万计。以久雨颓圮，诏修南京太庙后殿、孝陵明楼及内外城垣，移南京新江口关及教场；江岸冲啮，地多崩坏。免庐、凤、淮、扬 4 府及中都留守司、凤阳等卫所秋粮有差；留庐、凤、淮、扬并徐州漕运粮 5.5 万石，折银脚价 4 万余两及两淮、两浙盐价银各 2 万两，分赈庐、凤、淮、扬 4 府；9 月 16 日诏发南京仓粮 2 万石，赈给应天府江宁、上元等 8 县，仍免其粮税。

(27) 1553 年宿松大水，陈叔汉山山洪暴发，蛟起千余穴，冲去田 600 余顷，死千余人；太湖水，民居多漂溺。池州、铜陵大水。

(28) 1561 年 5—11 月淫雨，松江、嘉定 6 月大雨，彻夜不息，9 月又大雨，嘉定民庐漂没，上海大水，田禾淹没殆尽；青浦大雨弥旬，民庐、田谷尽被漂没；崇明秋水灾，民饥；7 月 8 日佘山九蛟并起，水涌丈余，平地成河，松江至秋水益潦，田禾淹没殆尽；吴江自春徂夏淫雨不止，兼以高淳坝决，五堰之水下注太湖，六郡(苏、松、常、杭、嘉、湖)全淹，塘市无路，场圃行舟，城郭、公署倾倒几半，高低尽没，民庐漂溺，村镇断火，饿殍无算。水至次年 3 月始退，比 1510 年水高五寸；昆山 5—6 月淫雨不止，江湖涨溢，禾苗尽淹，城外一白无际；太仓大水，僵尸满野；嘉兴、湖州 7 月至 11 月大水，坏禾，至 12 月水弗退；常州、无锡、常熟大水，深及丈，舟行入民居，上海全境及嘉兴、湖州、昆山、常熟民大饥。11 月 1 日苏、松、常、镇、杭、嘉、湖 7 府破例蠲恤。诏留苏、松、常、镇 4 府两年开纳等例银，并浒墅，北新关船备赈。次年松江、上海复大饥，饥民四出抢掠，富户粮仓殆尽。

(29) 1580 年 6 月中下旬—7 月上旬江淮并涨，淮南、江南苏、松、常、镇等府水灾，常熟、吴江、长洲(吴县)、昆山 4 县被灾尤甚。吴江连 4 月雨，田淹；常熟水溢城内街衢、田庐，兼以疫疠盛行，死者相续；高淳、镇江、丹阳、金坛、常州、江阴等大水；淮薄泗城，堤决高邮城南敌楼之北；涟水、宝应、高邮、兴化、泰州、嘉兴、嘉善、平湖、湖州、吴江、常熟民饥或大饥，嘉兴、嘉善聚众抢掠。

(30) 1608年5月13日—7月5日淫雨，长江大水，自湖北江陵至上海皆灾。南京大雨半月余，平地皆水，近江圩田尽没，江中浮尸相续；江浦田庐渰没甚众；高淳大水，舟入市，岁大饥；溧水6月大水，荡民居，圩尽溃；仪征大水，市可行舟，平陆皆淹；镇江麦禾尽伤，常州竟成陆海，发库银1.2万两粜米平粜，以济民艰，诏留税粮；苏、松江诸郡及浙北桐乡、孝丰、长兴、嘉兴、海宁等淫雨，昼夜不息，江湖泛涨，遇堤无不冲决，城市乡村悉被淹没，水深数丈，二麦垂成而颗粒不登，庐舍漂没殆尽，街衢成河，舟航陆域，鱼鳖游人家，暴骨漂尸、弃妻失子，数百里无复烟火；泰州、东台、如皋、金坛、溧阳、丹阳大水；靖江水灾，免米银，巡抚发银1 500两，檄县振济，又两院檄借府银3 000两实行平粜法，河南余某助赈米100石；江阴十里之内俱成陆海，赈银3 800两，改折及省免银米；苏州5月13日—7月5日淫雨，伤稼，庐室漂荡；吴江5—7月淫雨，水浮岸丈许；常熟城中积潦盈尺，城外一望无际，郡抵邑各乡皆不由故道，望浮树为志，从人家檐际扬帆；昆山5—6月连雨50日。吴中大水，田皆淹没，城中街道积水，深可行舟；太仓5—6月连雨40余日，江海水溢，西南乡水高至丈余，居民逃徙；松江府淫雨54天，城毁数百丈，室垣倾圮，万井无烟；青浦水高盈尺，田园尽没，凤凰山出蛟，告饥者以千万计，仓廪空乏，官吏束手无策；崇明水深3尺，城市行舟；嘉定大雨47日，平地成河，行舟者无河可循；杭州大雨数十日不止，江水逆入龙山闸进城，西湖水溢入涌金门，湖舟可从清波门入府堂，水深四尺，黄泥潭居民水高逼屋梁，一月水始退，二百年来未见此灾；余杭大水，南湖北堤决，漂没民居，街市乘船举网；临安6月大水入县治，高四尺，诸乡堰塘皆溃，人多溺死，发内帑银900两、米豆162石、开预备仓谷600石以赈；嘉兴大雨浸淫，累月不止，粒米无收；嘉善6月大水，郊原成河，禾黍俱漂，民饥；平湖大雨累月，室庐俱坏，田可行舟，粒米无收；海宁大水，有旨改漕，发粟赈饥；桐乡大雨如倾，彻50昼夜，南湖塘决，四望无涯，梁栋通舟，田秧腐烂，二百年米未有之灾；湖州6月淫雨50日，泛滥者一丈余，春熟扫地无余，民大饥；长兴5月14日—8月3日大雨，奉旨改折，蠲免停征有差；安吉、德清大水，田溺，饥民载道，改折漕粮；鄞县饿殍遍野，有以一子女易一餐者；诸暨梅霖7昼夜，大水滔天，湖民大饥。苏、松、嘉、湖、镇诸府及上海全境大饥，次年尤饥。合肥苦淫雨，漂二麦几尽；当涂大水，群蛟齐发，江涨丈余，圩岸皆溃，禾黍尽无，当涂至芜湖无复陆路，水患唯此为甚，民剥树皮、掘草根以食；芜湖圩岸冲决，庐舍倾毁，舟行陆地；铜陵夏涨异常，市可行舟，二旬水退；巢县7月上旬江水暴涨，无不破之圩，民居多漂没，7月27日水又增一尺，水入城，直至谯楼门内，发预备仓稻给圩夫修圩岸，兼行赈恤；含山水大异常，自石门山过梅山尾，舟抵城下；和县坏民庐舍不计其数，水俱入城；无为大水，城四围水深数尺，士女没溺无数；庐江江水溢入湖，圩田禾稼尽没；池州府城街市行舟，贵池、铜陵、东流尤甚，民大饥；桐城、潜山淫雨害稼；宿松淫雨连旬，市可行舟，淹田舍无算；舒城圩田俱渰，溺死无算；东至大水，城内行舟凡两月，民乏食；望江淫雨连绵，大水骤至，漂室无算，三吴、三楚皆然；宣城、南陵漂没圩堤、田庐，人畜溺死甚众；黄山暨境内诸山发蛟，田地冲涨不计其数；歙县6—7月淫雨害稼；青阳亦淹数次，田冲去十二三；石台大水，深丈余，鱼鳖入室，沿溪田庐、牛畜漂没殆尽，赈恤；泾县大饥；郎溪圩堤尽没。

江西南昌府属大水，圩坏，漂流民居，禾尽没，南昌、新建、进贤饥尤甚；九江、德安、瑞昌、湖口、彭泽、都昌、波阳、永修大水，水入城，深数尺，以舟楫往来；婺源淫雨弥月不止，平地水深丈余，淹沉庐舍，冲损田园；进贤城倾140丈；大余青云桥圮；余干、万年大水，饥；奉新、丰城、抚州、金溪、东乡大水。

湖北武汉大水，从古未有，府治仪门外登舟，天水相连，沿江民居尽没，人畜多淹死；江陵沙洋堤决，下湖平地泥淤丈许；石首大浸为虐，江陵而下诸邑不免，早禾无余穗，围堤而居者为鱼，攀木而栖者为鬼，城内、城外皆壑，哭声与江声震野；通城山崩川溢；嘉鱼大荒；蒲圻山河巨浸稽天，人畜溺死无算；鄂州大水，渰邑居之半；蕲春6月天下大水，南直、湖广尤甚，蕲州城堞可以登舟，城内巷道水深数尺至丈余；黄陂、大治大水浸山，田地尽没，市镇屋舍倾圮无数，民多饿殍；黄梅6月大雨，四旬不息，洪水泛滥，长堤寸溃，巨浸坏山，蠲赈；广济淫雨不止，江堤决，济五乡俱没，遗民流离无依；武穴龙坪堤溃，田地、庐舍尽淹，水势极大，破堤甚，二麦漂流；阳新大水，入大东门；麻城大水，没雉堞，城中危急；罗田、黄冈、红安、安陆大水，坏民居，舟可入城；汉川7月江溢，襄汉迸涌；汉川田地淹没，庐舍倾圮，饥殍盈途；天门荆南水溢入城，襄汉倒流；沔州（今仙桃）7月5日堤破水至，城内行舟。

湖南临湘、浏阳、酃县、邵阳、安化大水，冲没民田无算；华容没城，城市行舟楫；新邑浸至学官尺；常德、临澧暴水，啮城址殆平；益阳大水，城垣尽颓；汉寿大水，饥疫相继；新化漂没官署、民居，死以百计；新化水至东门下，浸梅山亭；黔阳洪水入城；辰溪6月6日大水入城，十字街司前民舍淹没，舟行屋上，边江一带城垣民舍皆倾；泸溪淫雨连旬，街市通舟，浦市居民财货漂洗一空；沅江城市行舟；安化冲塞民田无数；岳阳大饥（图1-20）。

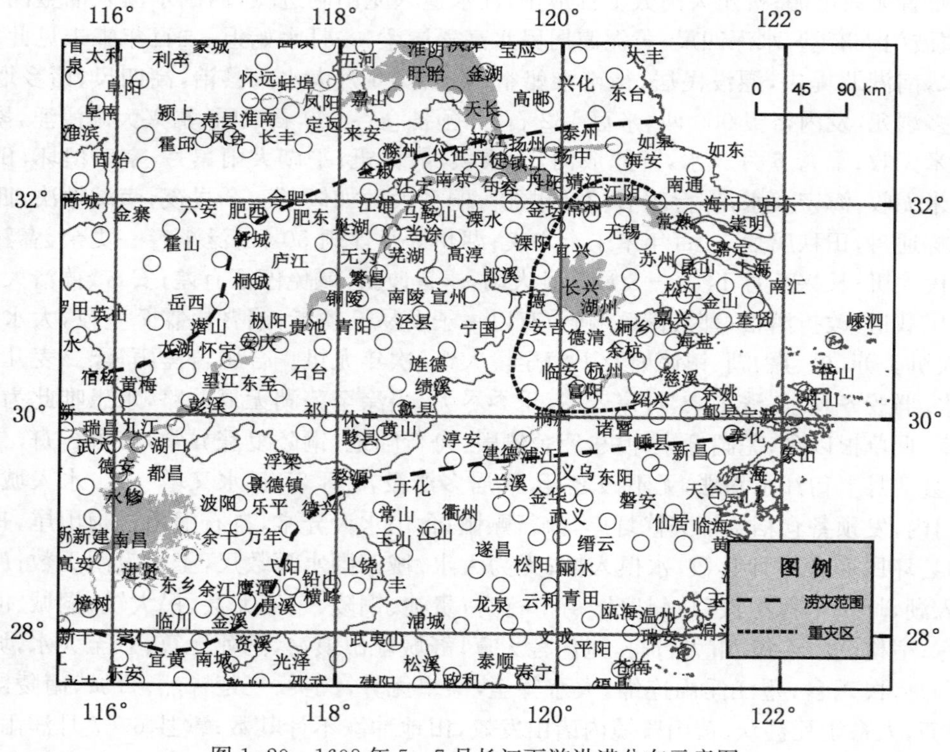

图1-20　1608年5—7月长江下游洪涝分布示意图

(31) 1624年6月7日—7月9日江南苏、松、常，镇四郡巨浸稽天，弥漫千里，雨后停蓄，经三旬不消。嘉定、青浦淫雨，上海大水，坏禾苗，木棉腐烂近十分，太仓、昆山、常熟、宜兴、金坛、丹阳、丹徒、溧阳、邗江、溧水、高淳6月大水，坏屋庐，倒圩堤，平地水深数尺，舟行田中；常州、江阴没5 000余家，溺死无算，勘灾95%；靖江7月10日澍雨五昼夜，江涨，居民漂没十之八；无锡潮流泛溢，舟行阡陌间。浙江嘉兴、嘉善、平湖、桐乡、海盐、海宁麦禾俱淹，坏房屋，倒圩岸；长兴、湖州梅雨浃旬，太湖溢，舟行阡陌间；7月后又大雨三日，再插再淹，一岁两荒，疏请漕粮改折十之六。安徽望江、巢县、无为、铜陵、当涂、旌德、郎溪7月水灾，圩田渰没，伤稼。上海全境及环太湖各县及太仓、常熟、江阴、金坛等饥。8月赈恤江南灾民。

(32) 1639年7月，临安昌化大水，坏民居田亩数十处，溺死近2 000人(山洪暴发)。

(33) 1651年5—7月，嘉定、青浦、松江、上海大雨，河水溢，宝山城圮数丈，7月又大雨，田禾淹没，秋松江、上海大水。淮安、泗阳、东台、兴化、泰兴、如皋、武进、溧阳、吴江、常熟、贵池、石台、铜陵、当涂大水，南通5月苦雨，大水冲覆民舍；苏州自夏至秋霖雨不止。高低乡尽没，村落为墟；太仓大水，田皆不莳，死亡甚众；昆山雨日共一百日，雨必如注，高乡皆淹，灶无烟火，僵尸载道；江阴禾苗烂死；常州大水，马迹山及陈湾百渎诸山发蛟73处，水从高处涌下，拔木走石(泥石流)；高淳淫雨不止，田畴洼下者尽沉水底，未沉者水深亦二三尺；嘉兴、嘉善、桐乡、海盐、湖州、长兴、临安大水；5月21日怀宁、潜山、望江山水暴溢，起蛰蛟数千，漂没田舍无算；5月28日桐城大雷雨，山中突起蛰蛟甚多，坏民庐舍数百家；7月12—13日宣城、泾县、宁国、旌德、太平(黄山)诸山同时发蛟，平地水丈余，漂民居，坏桥岸，人畜溺死无算；休宁商山出蛟28条，漂没庐舍；当涂、贵池、铜陵、石台大水。是年上海全境及苏州、昆山、吴江、常熟、无锡、金坛、仪征、南通、如皋民饥，桐乡、海盐、嘉兴等大饥，江苏巡按檄县煮赈，苏、松、常、镇改折秋粮十之六。

(34) 1708年6月长江下游及太湖流域涝，湖北江陵以下大水，公安、沔阳大饥、大疫；蒲圻民病疫；武汉岁歉，民多流离；罗田山水泛涨入城，居民苦之；黄梅洪水冲圮胡禄桥；湖北蠲赋赈谷；湖南常德、华容、沅江、岳阳大水；安乡半熟；益阳减征；江西瑞昌民多饥死，县令于隍祠、关帝庙两处设厂施粥；九江运粮米1 200石于浔减价平粜，又设粥厂二所，施粥月余；波阳水涨，城多倾颓；安徽望江破西圩；东至、贵池阴雨连月，山川出蛟，坏田庄无算；青阳、铜陵、东流被灾，免丁地钱粮，发谷给赈，截留漕米平粜；繁昌异水奇灾，各圩皆溃，饥者载途，官为赈济，被灾田亩钱粮蠲免十之七；无为圩田尽没；当涂自大官圩及各圩皆破；泾县淫雨弥月，水入城，漂没田庐无算；宣城诸圩尽溃，庐舍无存，舟上市中，居民离散；歙县蛟水暴发，淹及田庐；黄山7月8日蛟水大发，沿河居民田地、丘墓损坏无算，未几大疫；石台7月8日各山发蛟，街市乘桴，两岸居民、棺椁漂泊无数，溺尸枕藉；太湖、潜山、桐城、宿松、庐江、巢县、含山、芜湖、南陵、宁国、旌德、绩溪、祁门、黟县、郎溪大水；江苏江浦水灾，淹没山后四圩，大江南北大疫；高淳大雨连旬，诸圩悉破，船达于市；溧水东庐山山洪暴发，秦淮河水涨，没民庐，诸圩尽圮；溧阳洪水泛滥，民房飘荡，四野惊惶，停征漕米及地丁银两，来春蠲赈平粜；涟水、高邮、兴化、如皋、丹阳、句容、丹徒、丹阳、金坛、常州、宜兴、江阴、无锡、常熟、苏州、昆山等大水；吴江大雨16日，水浮于岸；太仓田中驾舟，经旬始退，棉多淹死，岁饥。上海春大雨至6月始止，其中5月29日至7月4日连续大雨37日，漂没人民无算，嘉定、青浦麦淹死，饥。加之8月27日又大风潮，上海、崇明、吴江等淫雨百日，大水漂溢；崇明、南汇潮大涌，漂没过半，各地禾棉无收；松江、嘉定、上海等饥，饿殍载道。调湖广粮至苏、松截价平粜，免被灾地亩钱米，次年设厂赈粥80日，崇明以米谷麦1万石散赈，嘉定免1709年部分地丁银及1707年、1710年地丁银，松江获准从所征漕粮中截留部分酌量赈给。浙江杭州、嘉兴、嘉善、桐乡、平湖、海盐、海宁、湖州、长兴等淫雨大水。鄂、湘、赣上自江陵、监利，下与安徽长江皖江段相接，长江沿岸含洞庭、鄱阳、太湖及江汉平原皆水(图1-21)。

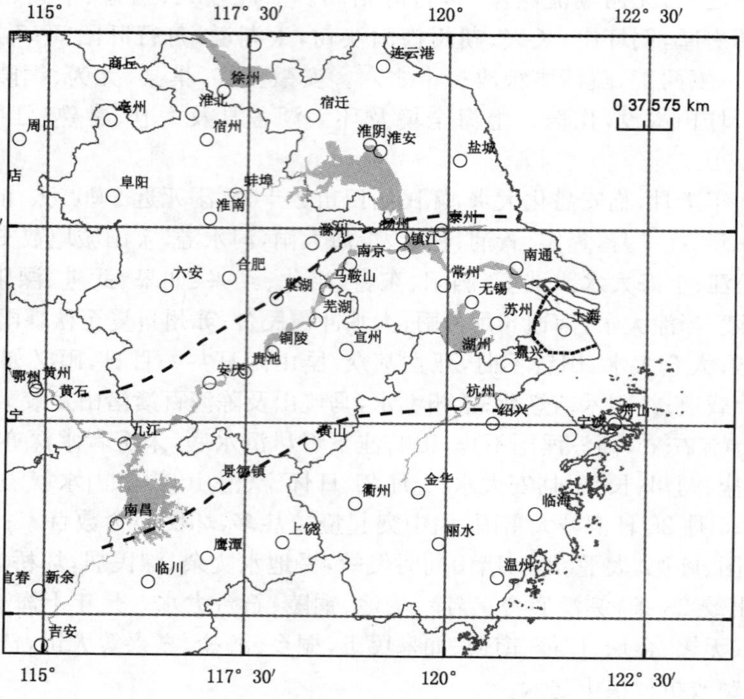

图1-21 1708年6月长江下游洪涝分布示意图

(35) 1718年7月22日皖南暴雨，引发大面积、多流域山洪暴发。歙县、休宁、绩溪、宣城、泾县、旌德等县同日黎明山洪暴发，水势汹涌，漂没人民，冲圮桥梁无算。旌德城北石壁、路井坍塌；宣城决圩堤，城垣崩塌；泾县蛟水入城，高丈余，东南北三隅俱没，西城水浸六尺，官藉、民契多沦没，坏田舍，漂没、淹死者无算；南陵大小各圩尽冲塌，灾黎房屋、食物、种籽漂没无存，在田秋禾俱已失望；歙县7月旱久，忽大雨，万蛟齐出，西北两乡坏损田庐，漂淹人畜以万计(乾隆《歙县志》卷20)；太平(黄山北)大旱后，7月20日夜骤雨发蛟，溪水横流，伤人及田地，弦歌乡有一大山飞来，加于小山，居民房屋人口尽压山间，仅留一牧竖(山崩)。石台7月23日大水，合邑被灾；婺源7月洪水暴发，漂庐舍，浸田禾。

(36) 1726年9月苏州、松江、杭州、嘉兴、湖州5府属各县淫雨水灾，谷腐不获，昆山大雨十余日，水涨一二丈，高低田禾俱渰，缓征漕米三分；苏州、太仓、常熟淫雨败谷；吴江连雨，水高四五尺，城市行舟；溧阳、武进、宜兴、淮安、涟水、泗阳、盱眙水；嘉善、平湖、桐乡、德清、湖州阴雨连绵，长兴9月2—3日大水，堤坍，田禾淹没，嘉会、维新、方山等区尤甚，灾田3 697顷；湖州缓征新旧钱粮，动存米谷，按户散赈；户部覆准杭州、石门、安吉、湖州、长兴、武康被灾田亩应免银33 058余两，照例蠲免；上海、南汇饥。秋赈苏、松、常、镇、淮、扬、泰、邳、徐所属39州县被灾饥民。嘉定免地丁银9 427两，米豆827石，次年春仍设厂外冈煮赈，用米1 280石。又出粜2 000石；南汇被灾五分以上地亩漕米缓征一年。东至江潮泛滥，撑船入市，近江附湖田地率被淹没；望江田庐淹没，西圩破；无为江坝破，圩田尽没，庐舍漂泊；繁昌圩岸尽崩，室庐漂荡，居民流亡；宣城河水泛滥，圩田尽没，山田谷亦朽坏，全免应征钱粮，并支帑银赈济，发仓谷给就食灾民；当涂田中水深数尺，禾烂无根；郎溪蠲免田亩银1 520.29两，煮赈五月；贵池、含山、和州、铜陵、芜湖、南陵、泾县、黟县大水，被灾州县准免银米有差；

蠲免泗州田亩银 440 余两；腊月以南陵等州县被灾，蠲免地丁银 4 850 余两，米豆 320 余石；宣城免地丁银 8 230 余两，米豆 680 余石；宣城等 10 州县将社仓、常平仓、省仓捐还漕米，并安徽截留漕米内动用设厂煮赈，所有应征新旧钱粮暂停、缓征。

江西南昌及新建、丰城、进贤、清江、新喻、新淦、建昌(南城)、德化秋禾水灾，蠲免粮银 26 300 余两。南昌水决萧家脑、孟公垱；星子、都昌大水；金溪、津市患水，漂没者百计，无归者(失踪)千计。

福建福州 9 月 3 日大雨，淹号舍(考场)，士子涉水入围；连江、罗源二县山水暴发，淹没田亩 33 顷 3 亩；连江 9 月 4—5 日大风雨不止，自福安、宁德下至北岭蛟出，山岸崩溃，县治水高城堞，西南城垣尽决，沙壅民田不可耕者几 20 顷，近江民居漂没三之一，男妇溺死 290 余口；宁德 9 月大风雨，溪流暴涨，东西二桥漂去民田 400 余顷，饥。

(37) 1788 年 6 月 9—10 日皖、赣、浙西交界山区暴雨，引发多处山洪暴发。祁门 6 月 9 日夜烈风雷雨大作，10 日清晨雨止，东北诸乡山洪齐发，城中洪陡起，长三丈余，县署前水深二丈五尺余，学宫水深二丈八尺，冲圮谯楼、仓厫、民田、庐舍、雉堞数处，乡间梁坝皆坏，溺死 6 000 余人，发赈、缓征，修城；黟县大雨水，蛟起十二都、四都、五都、六都、七都，伤人民，损田庐，发银 2 182.6 两，抚恤灾民 9 264 口；徽州(治歙县)山洪暴涨，桥路崩颓；休宁伤田1 400亩；江西波阳 6 月淫雨连绵，祁门山水大发，积尸漂至饶河(昌江)甚多；德兴 6 月淫雨浃旬，少华山下溪水骤发，上南乡数村冲坏山场、田地、庐舍、坟墓，人畜多溺死，淹毙 212 人；乐平大水；信江上游的玉山 6 月大水，自东城冲出西城，各圮数十丈，坏民居；信江下游的余干大水，坏各乡圩，蠲免钱粮，缓征漕米，赈济按灾分多寡。浙江开化 6 月 9 日大水，漂坏室庐田禾。

(38) 1804 年 6 月江浙大雨，常熟自 2 月至 5 月少晴，6 月 9 日始连雨 7 昼夜，6 月 19 日又雨至 6 月 27 日，6 月 29 日至 7 月 2 日复昼夜雨，7 月 5 日夜猛雨。东南诸乡悉成巨浸，东西二湖相通，舟从田中行；昆山 6 月淫雨兼旬，田禾尽淹，陆地水深尺许，饥民纠党攘取富家储米。减本年漕粮，缓征旧欠，劝募平粜、赈济；吴县、吴江雨连绵三旬，圩田俱没，乡镇抢米者甚众；太仓低田俱没，各乡有抢米事，镇中绅衿劝捐资，设平粜于关王庙，州牧又以常平仓米于城隍庙粜之，是年税赋分作两年带征；宜兴被水歉收，灾缓银米分作两年带征；靖江夏淫雨 7 昼夜，各处有抢米者；苏州、无锡、金坛、嘉兴等米贵。4 月嘉定、宝山、青浦、南汇等淫雨连绵，田成巨浸，6 月大水成灾，平地行舟，应征新旧漕地银米分别蠲缓；松江河水陡涨，田亩尽没，薪米昂贵，随时加恩赈恤；青浦雨，连旬不止，河水溢；松江截留 30 万石米，随时赈恤，青浦、金泽发生贫民抢粮；浙西杭、嘉、湖三郡夏大水，田禾俱淹，农民饥困，皆为攘夺计，大中丞飞章入告，以藩库封贮银 10 万两，又商捐银 20 万两散之，各县煮赈，共设 32 处粥厂；嘉善春夏恒雨，低田俱没，苗坏；平湖春淫雨，6 月 30 日—7 月 1 日雨尤大，昼夜不止，濒河田有没者；湖州、长兴 6—7 月连旬大雨，赈饥；德清水灾，蠲免银 6 136 两，米 5 400 石，缓征银 16 570 两、米 14 800 石；海宁、杭州、余杭、临安、桐乡、余姚、上虞、衢州、温州等皆雨。因江浙水灾截留四川运京米 30 万石备粜(图 1-22)。

(39) 1823 年夏秋长江大水，湖北自江陵以下的江汉平原、赣北鄱阳湖周边 13 县、安徽长江沿岸及皖南 38 州县、江苏沿江两岸及苏南 27 州县、浙北杭、嘉、湖、甬地区圩岸浸溢。洞庭湖、鄱阳湖、太湖受灾严重，曾是长江洪灾的标杆之一，现查明该水患是夏梅雨导致的长江洪灾和秋沿海台风暴雨二者叠加的结果，其实长江洪灾并非以往认为那么严重，只是秋 8 月的台风与前期洪灾的迭加，使长三角的灾情更形突出，现分期分区叙述如下(图 1-23)。

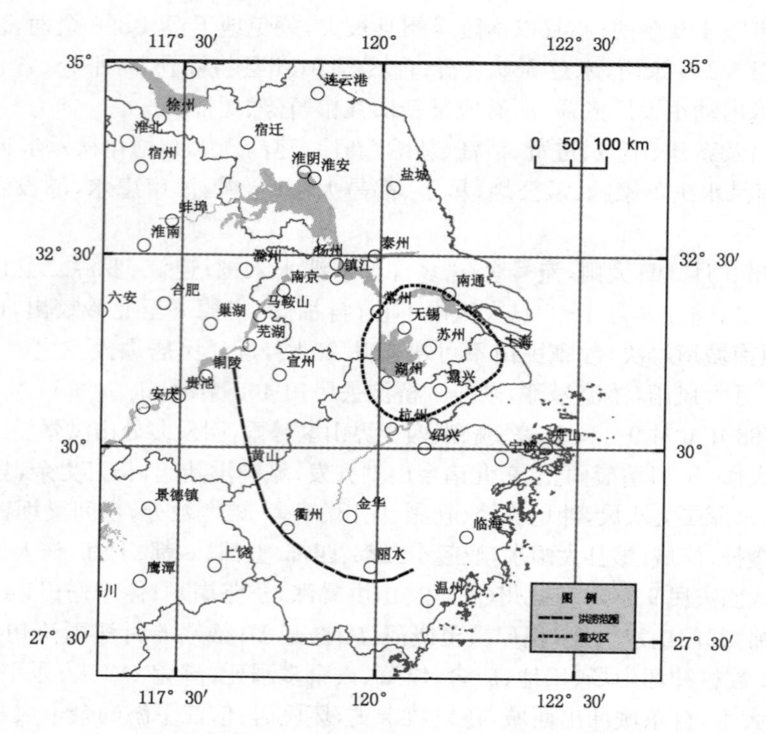

图 1-22　1804 年 6 月江浙洪涝分布示意图

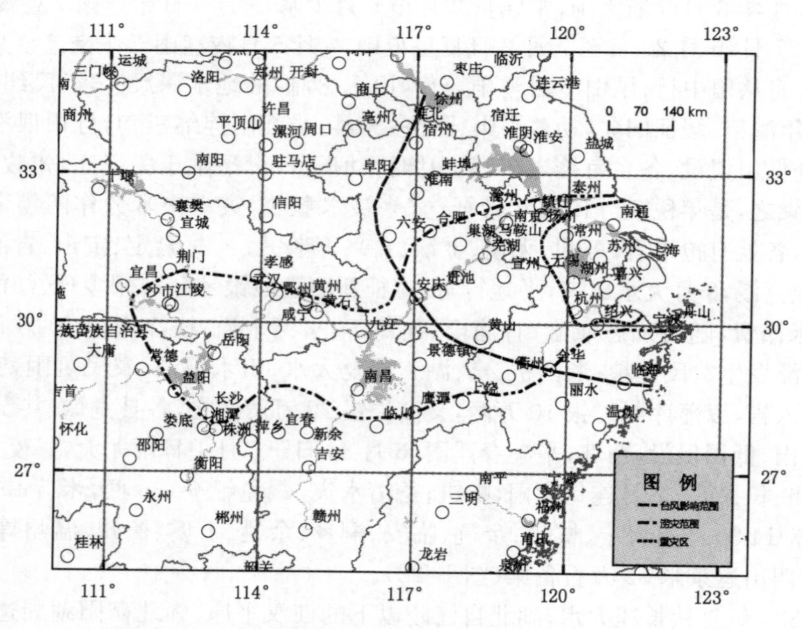

图 1-23　1823 年夏秋长江下游洪灾、潮灾分布示意图

① 长江洪灾

江苏崇明、上海、川沙、南汇、奉贤苦雨；青浦 4—6 月淫雨；嘉定 5—6 月大雨，平地水高 3～7 尺不等，秧死重莳；金山 6 月淫雨水涨，田皆淹没；枫泾西北诸乡灾情更重；金泽水深大于 1809 年 3 尺，而退更迟；松江 5 月阴雨至 9 月止，晴仅数日，6 月 28 日大雨，平地水深 2～

3尺，中田以下百谷殆尽；宝山6月淫雨10昼夜，平地积水数尺，乡人乘小舟入市；昆山6月23日后大雨浃旬，昼夜不止，水长7～8尺；常熟自春徂夏多雨，大水，田尽淹；吴江4—6月淫雨不止，积水至50日；吴县堤石颓圮十之四五，唯亭淹没时间越九旬；无锡大水，浸及惠山之麓，低乡民房尽淹没，户庭中舟可通行，大饥；江阴夏大水，小舟泊于屋内，男女老幼食宿其中；沙洲(张家港)庐舍飘坍几尽，10月水始退，鱼虾为粮；高淳大水，发帑赈饥；扬州、仪征江潮涨溢，沿江田庐荡尽；南通自6月25日起大雨连昼夜，7月市上行舟；南京、江浦、溧水、六合、句容、宜兴、溧阳、如皋、海门大水。

浙江嘉兴5—8月每次淫雨经旬，低处田庐尽没，数月不退，禾苗三次被淹；嘉善6月大雨连旬，田禾尽没；平湖6月大雨水灾；海盐6月7—9日风潮大作，泼损石塘250余丈；大水成灾；宁波夏多风雨，早禾歉收；慈溪6—9月连雨，北乡大水，田禾淹腐；昌化大水；余杭水灾，皂荚塘圮，文山等18庄均被其患；杭州钦贤等25庄被灾；富阳6月大雨连旬；诸暨大水，湖田尽灾；嵊县5—10月阴雨，禾稼不实，民多饥死；桐庐自春徂夏淫雨连月，山水冲坏田地，平粜；建德6月28日大水入城至三元坊，东、西、北三乡俱被水灾；金华、衢州、江山6月大水。7月缓征浙江建德、淳安二县水灾新旧额赋。

安徽夏雨连旬，江潮骤涨，望江、东流、安庆、池州、铜陵、庐江、巢县、无为、和州、含山、全椒、芜湖、当涂、繁昌、宣城、青阳、南陵、桐城、宿松19州县成灾六至九分不等。怀宁(安庆)4—8月淫雨，江水涨，坏民田舍，二麦既伤于梅雨，补种，秋禾又复被淹没，奇灾，岁大饥，赈恤；贵池大水，通远门水至内府头门外约五寸，钟英门水至县学墙约五寸，毓秀门水至皇殿门约八寸，官为平粜；桐城6—9月大水，东乡与东南圩漂没民居无数；枞阳市中行舟；和州圩堤溃决，室庐倾颓，圩民溺死无算；太平(黄山北)秧溪向有三堰，蛟发后仅剩上堰；绩溪5月蛟水暴发；泾县6月大水入城；宿松4—7月梅雨大水，漂麦、淹田舍无算，岁大饥；潜山6月大水，皖、潜二流失其故道；太湖田祥咀等6保被水，缓征；广德5—6月霪雨，山水暴发；旌德5月下旬—6月28日大雨如注，日夜不绝；宁国6月大雨一月，西津渡桥崩裂十余丈；徽州6邑(歙县、休宁、黟县、祁门、绩溪、婺源)、舒城等大水。委员前赴四川、湖广、江西等省采购，买米10万石，分运灾区减价平粜。

江西南昌、新建、进贤、湖口、彭泽、星子、都昌、乐平等13县大水，钱漕缓征；九江驿路堤溃，抚恤南乡，缓征；瑞昌安泰等乡灾，知县捐廉抚恤；修水大水，安泰二乡尤甚；波阳6月16日—7月6日雨，大水至府治仪门阶上，街市行舟，圩乡夏秋无收；余干6月淫雨经旬，大水，各乡圩堤冲坏，西北二乡禾稼淹没殆尽，水浸月余，民多流移，被水各户缓征；余江低下田地早稻颗粒无收；万年西北隅诸乡田地俱淹，11月始涸；高安水涨，含阳桥倾圮；奉新6月大雨20余日；丰城夏淫雨大水，山乡田庐皆没，河决冲没田10余顷。

湖北江陵7月江水泛溢，堤决，鹤穴镇之下新闸骇浪激湍，由象咀而下数十里平楚成巨浸；石首大水，各垸皆溃；汉口淫雨，水暴至；大冶多淫雨，道士、猫矶两堡山沙、河沙没田40余顷；广济大水，蠲赈有差；黄梅夏大水，堤尽溃，灾民聚城候赈，栖息祠庙，死者枕藉；潜江南江蒋家埠堤溃，邑西南乡被淹；沔州(今仙桃市沔城镇)南江郝穴堤溃，庐舍、坟墓尽被冲决；钟祥十六工连溃；崇阳溪水常溢；鄂州、黄冈、汉川、通山大水。

湖南长沙、湘阴、华容大水；益阳大水，湖乡堤多溃；武冈大水，祖师桥圮；兰山大水漂没民居。

② 8月13日及17日两次台风雨迭加

江苏吴县8月7，13两日风狂甚，雨大如注，水视5—6月更涨尺余，漂没田庐、尸棺无数，百年来未有之灾也；昆山8月后连昼夜大风雨，淹毙人畜，草房、旧屋、桥梁多坍塌。流民纠党稹取富户廪囷，官惩以法，始稍戢，发帑、赈恤、蠲缓有差；太仓七(六)月底八(七)月初又大雨，远海之地水更高前尺余，田稍低者禾皆无收，木棉大坏，秋粮全缓，自五分、七分、八至十分分作二年，三年带征，又从大吏请米平粜，更募捐赈之；吴江8月7日大风，发屋拔木，围尽圮，8月13日又大风雨，水复涨二尺余，覆舟，坏庐舍，积水至50日，遂成大灾，民饥，先给极次灾黎一月口粮赈，动碾常平仓谷减价平粜，复发帑银百万两赈恤；溧阳8月水沸有声，居民咸登舟避之；武进夏秋被水成灾，被灾七分蠲免地漕正银689.398两，漕粮等米563.874 9石，极贫大口24 204口，小口10 525口；次贫大口9 551口，小口4 467口，共给赈银10 607.625两，又豁免原置役田租共422.481两；金坛秋谷歉收；宜兴秋大水，八分成灾蠲免地丁银米十分之四，七分成灾蠲免十分之三，五分成灾蠲免十分之一，其成灾之地蠲赈两月，城乡各区设厂煮赈；南京秋大雨，江潮盛涨，船行市上，给水灾赈银；高邮秋被水，缓征；泰州8月8日大雨，平地水数尺，鲍家坝决，下河禾稼被淹；靖江8月8日江潮泛溢，淹伤田禾，岁大祲；如皋8月大风三日；南通8月13日飓风大作，花稻俱伤，又于8月31日大雨连昼夜6日；铜山秋大雨水，赈；松江8月7，13日大风雨，拔木坏屋，9月上旬复然，水溢不退计四月余，夜不可寝，灶不可炊，被灾田亩约过半；南汇8月苦雨，禾稼尽淹，平地积水高三四尺，舟行街巷，通邑大饥，疫疠并作，民有成群横索者；川沙8月9—10日大雨彻昼夜，江海涨溢，苏、松、太大水，禾稼尽淹，塘内平地水高三四尺，城中街巷俱由小舟往来，民大饥，发赈三月；青浦8月7日大风雨，水骤涨一尺，8月13日又大风雨，禾尽淹岁大饥；嘉定入8月以来雨多淫溢如故，8月13日东北风大作，雨助风益骤，高地棉花尽偃于泥，未几复阴雨浃旬，邑西北隅被灾较东南尤重；丹阳、长兴、孝丰、桐乡、海盐等环太湖流域25州县夏秋连续大雨，房倒屋塌，民多溺死。8月江苏给太仓等17州县水灾灾民一月口粮，是岁上海、松江、青浦、金山、南汇、溧阳、常州等饥，又疫疾并作，饥民成群横索，除应蠲免分数外，全行缓征，并大赈饥民，嘉定减捐四成，川沙发赈三月。

浙江嘉兴8月7日夜飓风大作，平地水深数尺，禾田淹没无遗，10月江苏开浏河泄水后始渐消去，秋禾大半无收，分别蠲免地丁漕米，发帑赈给灾民三月口粮；嘉善8月7日、14日大风雨，水骤涨，较6月增尺余，田禾复没成灾；平湖8月7日大风拔木，暴雨如注，9月3日大风海啸；萧山8月大风雨，拔木偃禾，潮势尤猛，西兴沿塘民居冲没，尽成白地；富阳8月复大风雨，坏庐舍，拔木，田禾损尽；余姚8月7日大风，海溢坏堤，8月13日大雨，平地水高数尺，害禾稼木棉，9月8，9日复大雨水，海溢，木棉尽坏，岁饥，捐赈；仙居8月大水。9月以浙江杭州等3府属水灾，免海运商米船税，并留各关税银备赈。

安徽巢县8月大水，圩田溃决，室庐尽淹，城不没者仅三版，居民溺死无算；霍丘8月15—17日连日大风、拔木，秋禾尽伤；来安秋大水，圩破；旌德8月复大雨，蛟水陡发，损伤田地、桥梁、道路、房屋无算；8月潜山、太湖、霍丘民溺死无算；望江、东流、贵池、怀宁、桐城、铜陵、繁昌、芜湖、当涂、庐江、无为、和、滁、泗州等州县8月山洪大发，坏田庐无算。

(40) 1841年6月江湖盛涨。江宁、扬州2府所属沿江滨河之区多处被淹，冲塌庐舍，南京、句容、溧水、高淳、江浦、六合、丹徒、丹阳、金坛、溧阳、常州、宜兴、无锡、江阴、吴县、吴江、震泽、常熟、江都、泰兴、靖江及上海松江、川沙、南汇、青浦、奉贤等厅州县及苏州、太仓、镇海(驻太仓)、金山、扬州5卫均大水成灾。仪征淹城；江都自2月至6月多雨，江溢。政府降旨分别给赈蠲缓，加恩着上元、江宁(皆今南京)、句容、溧水、高淳、江浦、六合、泰兴等8县成灾七至十分极次贫民，金坛、溧阳2县六至八分极次贫民，被灾最重之新阳县(今昆山)贫民赏给一月口粮。浙江海宁、诸暨夏大水。安徽庐江大水，民饥，绅富助赈。瘟疫遍行，至次年春乃止；太湖大水，民艰食，倡捐平粜；舒城夏水暴涨横流，漫城市，道路绝，商户以囤积居奇，民无米；潜山夏大水，城垣几被冲没，堤坝多溃；霍山6月29日大水，四山蛟起，伤田庐人畜；安庆等州被水，加恩尝给一月口粮。望江、东流、宿松、桐城、贵池、铜陵、繁昌、宣城、无为、芜湖、当涂等大水。

同年7月，河南祥符(开封)黄河决口，夺涡水入淮，导致亳州、蒙城、五河、泗州、盱眙、淮阴、涟水等大水，洪泽湖最高水位达16.35米，湖堤各坝及高邮大运河四坝次第开启，里下河沿线直至江都、兴化各地水患。

江西九江望湖大水，田禾无收；湖口大水，岁荒；乐平6月大水，沿河禾苗稍伤；新余夏淫雨，知县申请带征钱漕递缓，丰城水决鸡婆畲堤385丈；瑞昌、宁都7月(?)大水。

湖北大水，流民江汉者30万有奇；潜江夏大水，朱家横堤、陶家堤、柴家剅堤俱溃，深河潭溃；大冶6月水涨，田庐淹没；英山6月29日蛟水暴发，平地深数丈，县署房倒，东西二河市镇多被冲压，殁毙居民数十人，河边田畴沃埌成沙碛；崇阳6月，乌吴山、龙塘同日蛟起；江陵、松滋、公安、监利、武汉、黄陂、黄冈、麻城、鄂州等大水。

湖南临湘、湘阴、长沙、常德、古丈、溆浦、衡水等大水；安乡免赋，赈饥(图1-24)。

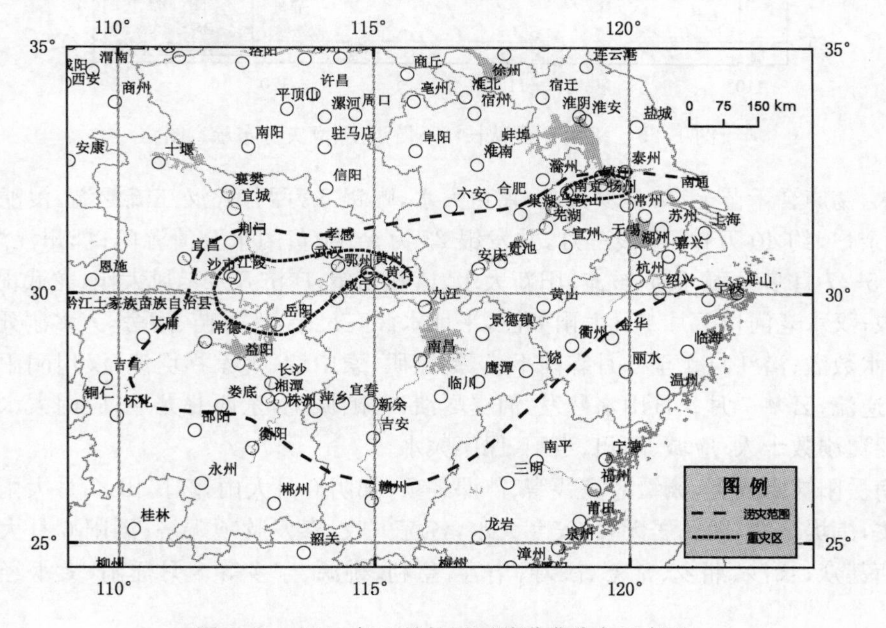

图1-24 1841年6月长江下游洪涝分布示意图

(41) 1848年夏秋涝灾的特点是长江水患与台风雨两者迭加的结果，前者从初夏开始，断续延至秋末，时间长，其中5月中旬、6月中旬、7月中旬达到高潮，8月下旬开始渐退，9月中旬结束，灾情除长江洪汛外，边缘山地多处山洪暴发，7月20日河口段又与风暴潮灾害重叠，危及鄂、湘、赣、皖、苏、浙6省，以江汉平原、洞庭、鄱阳两湖区灾害最重，现自上而下分述如下(图1-25)：

湖北枝城大水入城，洲堤尽溃；江陵江汉并溢，邑东南尽淹；松滋大水，6月16日东老湾、鞋板窝等处江堤溃决；石首止澜堤溃；监利6月昼夜大雨，江水平堤，十八工堤溃；蒲圻8月暴雨，溪水涨高数丈；崇阳8月9日夜四山山洪暴发，隽水迅溢，陵谷变易，坏田庐无算；通

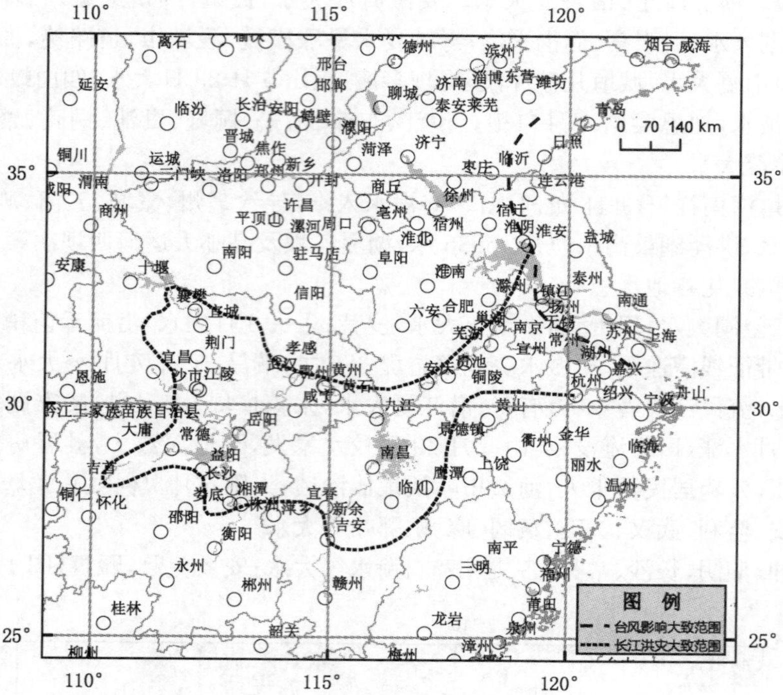

图 1-25　1848 年夏秋长江下游洪涝、潮灾分布示意图

山夏大水，荡庐舍禾苗无算，是岁大饥；嘉鱼大水，赈银 5 万两；武汉江流泛溢，浸滤省城，难民 11 万余户，约 40 万口，赈钱三月，共发银 23 万余两；黄冈水至清源门；鄂州江湖汇而为一；大冶 5—7 月多大雨，民庐被淹；阳新大水，道殣相望；广济 8 月暴风大作，龙武堤溃，溺死居民无数；汉水老河口 7 月 4 日大雨如注，平地水深三尺余，坏禾苗、房舍，人多溺死；宜城夏大雨，蛮水数溢；潜江自 4 至 8 月霖雨不止，周家矶、索中垸、魏家拐堤溃；汉川阴雨，山水暴涨，江水逆流；云梦 7 月 4 日山水暴发，河堤尽溃；黄陂城圮，东西北尤甚；应山大水，城杀三里河渡船覆溺数十人；应城、随州、当阳、保康大水。

湖南岳阳被水成灾，蠲缓应完钱漕、芦课等项；湘阴 6 月大雨，坏民田，9 月大雨兼旬，大水逾数丈，围堤尽溃，毁民居无算；安乡大水，各垸失收，奉发款项赈济；浏阳 6 月大水三至，坏民田庐甚众；长沙、湘乡、常德、汉寿、华容、慈利、桃源、宁乡等 8 月淫雨，大水经旬，新谷生芽。

江西南昌 7 月苦雨，江水泛涨，湖水逆流而上，8 月水势更盛，8 月 15，16 日大风，东北两乡民舍尽坏，人口随屋漂没，淹毙难以计数；新建 5—7 月大水，8 月江水越湖口西溢，圩堤高者水深数尺，低者丈余，8 月中旬三日狂风连作，墙垣栋宇倾颓，号哭之声数十里相接，10 月 7—16 日水稍落，10 月下旬始发帑 5 000 余(两)抚恤零丁，嗣复劝赈济；波阳低乡颗粒不登，民多流离，知县请赈，以济饥民；星子大水，庐山多处山洪暴发，冲倒五乳寺，连同寺中僧人一并泻去；彭泽水至县门，船入市；余干 6 月大水，圩决，8 月弥甚，8 月 15，16 日狂风大作，西北两乡漂没民居无数，早晚二稻绝收，知县请缓征，并请赈银 5 万余两，复捐殷户米万石赈给灾民；万年西北乡大水；丰城水决漕仓背、邬家廒等堤；建昌大水。除上述 9 县外，连同都昌、安义、德化、德安共 13 县被水成灾，分别蠲缓本年民屯钱粮；九江夏秋雨，江水陡涨，郡城西门由舟出入，封廓、驿路堤、严家闸均溃，8 月 15—17 日三日暴风大水，民房尽被折毁，淹毙无数；湖口舟达治厅，请赈，劝捐接济；瑞昌夏秋大水，城内水深四尺余，请赈抚恤；弋阳 7 月水，10 月又水；万载 6 月 7 日大水，平地丈余，冲民庐、市厘无数；奉新大水，漂没田庐无数；进贤北乡庐舍漂没，民无安居，城内大街泛舟，衙署头门、二门水深三尺，与大堂之阶平；新余夏淫雨，请缓征以往带征钱漕；吉安赣江大水。

安徽东至江水入城，深七八尺，矮屋全没，楼屋淹过半，自南岭以南至尧渡、讫栗下俱通舟；东流、望江、安庆、桐城、贵池、铜陵、无为、含山、宣城、南陵、繁昌俱大水，没田庐、人畜，入市有水深丈余者；和州大水至城郭；庐江夏大水，江湖浸溢，水淹城市，民居倾圮；宁国漂没人畜无算；安庆大水，按成灾分数照例给赈；芜湖、当涂江潮大发，破决圩堤。

浙江海宁 6 月梅雨为灾，平地水深数尺，虹桥忽圮；杭州、仁和等县水。

进入江苏后洪灾与台风灾害迭加，后者更形突出，分布则自山东经江苏至浙江，与前者直交，而与海岸带平行，自北而南为：山东临沂、诸城 7 月 20 日夜大风拔木，伤禾；费县夏大水。江苏洪泽湖溢林家西坝，运河决清水潭，下河大水；淮安下河水大涨，东南乡大水，运河东岸五坝齐开；阜宁 7 月大雨，潮溢，水大至，田多淹，平地水深数尺，岁大饥，流民塞道；泗阳河决五工，岁大饥；东台角斜场海风大作，潮涨，漂没亭灶田庐；如皋 7 月 28(?)日海溢；泰州夏大风雨，江淮湖海同涨，平地水深数丈，岁大歉；高邮大水、风雨，田庐多淹，灾民乘小船逃荒，坝下覆舟无数；宝应大水，河西九庄全遭淹没，最高陆地也行舟；扬州、江都 7 月大风雨，江溢；仪征 7 月 19，20 日大风雨，江溢，水由南门进城，城外禾苗淹没，水深六尺；泰兴、南通 7 月 20 日飓风作，自寅至申，未时江暴溢，平地水深数尺，岁大歉；靖江 7 月 20 日大风雨，江潮泛溢，漂没庐舍，淹男妇无数；常熟潮溢；张家港田庐人畜悉被淹没；海门潮灾；上海 7 月 20 日大风雨，潮溢，北门外道路成渠；宝山飓风海溢；嘉定飓风大雨，拔木坏屋；川沙大风雨，潮溢；金山夏秋多风雨，岁饥；崇明东北风大作，潮溢，城内水深二三尺；浙江平湖 7 月 20 日夜海水冲白沙湾，淹民居。作为洪、台两灾结合部的南京、六合、江浦、溧水、句容、丹徒、丹阳水灾，高淳合邑圩堤尽决，船达于市。12 月蠲缓泰州等 77 州、厅、县、卫水灾新旧额赋。此次台风正好发生在长江中下游洪泛期间，两灾重叠。台风只影响浙江东北、江苏仪征至泗阳以东沿海及山东东南，只是沿海掠过，并未登陆，灾情较轻。时间自浙至鲁均为 7 月 20 日，运移速度较快，灾情以江苏张家港、南通、靖江、泰兴、东台、阜宁稍重。秋冬，青浦疫，上海霍乱流行。是岁，上海、川沙饥；南汇、松江大饥，民食糠秕；上海劝捐，发赈 3 月。据 11 月 28 日上谕，江苏 65 厅、州、县及 9 卫受灾，几乎遍及长三角地区全境。是年，洪泽湖最高水位 16.26 米。

(42) 1849 年 5—6 月长江大水，泛滥成灾，涉及苏、浙、皖、赣、鄂、湘、黔，川 8 省，是长江最大洪灾之一，此次大水常被作为与长江其他水灾比较的标杆之一，可见其灾情之重，对长三角影响之大。各地灾况如下(图 1-26)：

当年上海水势以青浦、松江西部为甚，松江东部、上海次之，奉贤、南汇又次之，金山为上。松江水深 2～3 尺，六畜殁死甚多，中田以下花稻殆尽，水溢不退，几及匝月；奉贤自闰四至六月淫雨；青浦大雨，历五旬乃止，水骤涨丈余，田尽没；嘉定春雨与黄梅连，及 60 日，水大如 1823 年，而灾害更甚数倍；各处骚动，道毙相接。上海全境饥，松江、青浦、上海、川沙、南汇、嘉定、宝山、太仓、昆山、吴兴、宜兴等大饥，松江、嘉定乡间抢大户，运物无有不抢。宝山赈拨藩库银 3 000 两，蠲缓当年地漕粮，劝捐助赈，至来年三月止；川沙设局平粜，劝典商、绅富捐赈，城乡设粥厂。此次水情自东南向西北逐渐推进，上海自春末开始，5—6 月江南进入

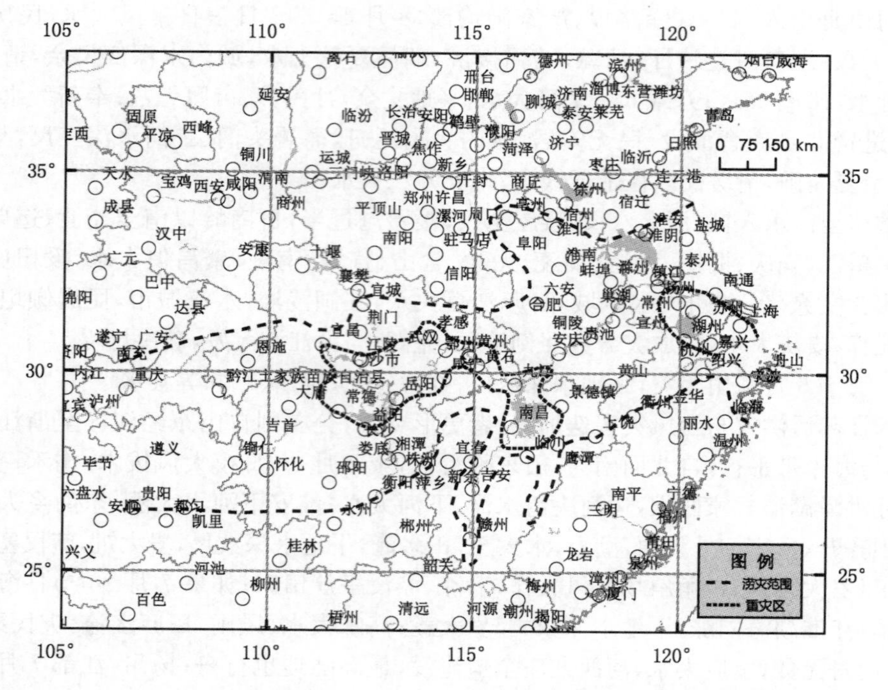

图 1-26　1849 年 5—6 月长江下游洪涝分布示意图

高潮。7 月 29 日以苏、松各属被水暂免商贾米税；太仓高低尽淹，奇荒，饿殍载道；太仓等 33 州厅县赋额全行缓征，大赈饥民；昆山 6 月大雨倾注，昼夜不息，河水暴涨丈余，田庐街巷尽在巨浸中，遍地饥民。发帑赈恤，城乡殷富粜平米、设粥厂、施棉衣。冬疫疠盛行；苏州淫雨三旬不止，平地水深 1～2 尺，街衢荡舟；常熟低田成浸，市中皆水；江阴 6—7 月淫雨，城陷数十丈，民大饥；吴江淫雨三月不止，居民朝夕数迁，甚至以船为家，饥民死者无算；无锡淫雨连绵，五里街淹没，水积盈尺，一片汪洋，灾后十室九空；宜兴夏大霖雨，逾两月始平。9 月 15 日湖滏山山决，市人有溺死者，洪水泛滥于市，屋卑者水不及檐三尺，圩乡大饥，民掘堇块为食；常州春夏连雨，田禾尽淹，民大饥；金坛 5—6 月间淫霖不止，太湖淤涨，民大饥；镇江江潮溢，西市行舟，沙洲尽没；句容大水，居民荡析离舍，诸山山洪暴发，圩尽溃；溧阳淫雨，田麦尽没，两月始平，水乡饥；溧水 6 月大水，蛟出东庐，山圩尽溃；高淳大雨，平地水深丈余，一片汪洋，民舍存者寥寥；丹阳水。苏北淮河流域大水成灾，扬州、宝应、泰州大水，江湖并溢；高邮、兴化江湖水溢，四坝全启；阜宁坝水，河决五套，太平河淤成平陆；盐城、盱眙大水；浦江淫雨，谷生芽；扬州 6 月江湖并溢，雇舟斋饼以赈灾民；邗江江水暴下，大潮又复上涌，加以风雨连旬，以致堤圩一破遂成大灾；靖江以水灾免本年银米十之三，缓征旧欠，委员赈济，复捐义赈发。

浙江平湖淫雨积旬，东湖三水入东门，久不退，民艰食；嘉善淫雨浃旬，田禾淹；嘉兴淫雨不止，泛溢堤岸，漕粮蠲免，帑赈给饥民；桐乡大雨旬日，河水溢岸，一望如湖，民大饥；海盐大雨弥月，船摇宅上，四乡有因灾抢掠者，是年发帑，劝捐给赈，并免粮有差；海宁大水为灾，民饥，诏缓田赋；杭州大水，余杭、临安、富阳田地水冲、沙压、石积，仁和、海宁尤重，冲圮庐舍，淹毙人畜，巡抚奏准余杭蠲缓；昌化 6 月 7 日大水，山崩石裂，漂没室庐无算；於潜 6 月白沙村山崩，全村被压；安吉大水入城，冲倒城墙数十丈；富阳淫雨浃旬，民饥；萧山 6 月 9 日大雨如注，夹以山水，数日之间平地水涨数尺；湖州大水，舟行入市，民食榆皮；长兴大雨倾注，梅溪、四安、合溪诸山之水奔流倒峡，县东北平定、白乌、安化三区俱成泽国，西南各区堤防冲决崩溃，饥民屡次借端滋事；德清大水，官赈3月，并劝私赈数月；慈溪大水，禾苗漂没殆尽；余姚大雨积旬，川泽皆满，饥民泛舟乞食；宁海淫雨连旬，多宝寺后东北山崩十余丈；诸暨百丈埂决，湖田尽淹。

安徽桐城阴雨不绝，龙眼山谷间多蛟发；宿松夏大水，入市乘舟，成灾九八七分田甚多，岁大饥；太湖西北山水大作，沿河冲毙人畜甚众，决县东北堤，破古善庆门城数丈，并伤西南城及西大门，灾重缓征；潜山田舍皆被淹没；舒城平地水深数尺；六安6—8月雨不止，民舍毁坏；太和大水，城圮数十丈；和县大水入城，至百福寺，淹倒公廨私庐无算；无为大坝溃；巢县、合肥、宣城等俱大水，庐江江潮倒灌，水没城垣，堞上行舟；安庆、贵池水入市，深丈余；当涂5月21日淫雨浃旬，横山蛟出70余处，全境圩堤破决，城内水深丈余；芜湖水圩破尽，平地水深丈余，民多饿死：广德5—7月淫雨不止，大水溢入州城；南陵5—10月大水，饿殍无数；宁国山水尤甚，滨河民房淹屋脊，人多淹死，冲坏房屋、田亩、桥梁无数；石埭大水，僵尸遍野，金陵会馆亦水深丈余。

江西长江与鄱阳湖沿岸的瑞昌、九江、湖口、彭泽、都昌、波阳、余干、万年、进贤、南昌、新建、德安、星子、永修等14县被水成灾，免本年民屯钱粮、余租、芦课、带征银款并予递缓，上述各县被灾较重，酌于加赈。九江水浸街道，高齐屋檐，府、县（德化）两署前浮舟以济；湖口大水入署，大堂水深数尺，请赈、劝捐接济；彭泽奇水，较1848年水高三尺余，城不没者仅数版，民多殍死；星子大雨弥月，平地水深丈余，冲倒房屋无数；都昌沿河房屋俱淹没；波阳低乡水浸屋檐，砖墙多圮，并有连屋漂没者，城内外居民登楼避水，累日不能举火，知县乘船逐户查勘，散米以济，复亲往四乡勘灾，抚恤，并劝谕殷实捐银接济；余干舟行树梢，西北乡早稻绝收，秋疫大作；德安街市行船，南乡民房多漂；南昌大水，民居深者八九尺；武宁6月24日大雨倾盆，北岸自九宫山至升仁乡、洞口等处水势澎湃，山裂地陷，沿河堤岸俱平；新建、横峰、乐平、丰城、泰和、峡江、广昌等均大水，没田禾，歉收。

湖北兴山7月大雨，伤稼；秭归大水，饥；恩施夏淫雨，弥月不止，奇饥；鹤峰大饥，且无购买处；宣恩饥，发谷2 000石赈救；来凤大饥，流民入境死者枕藉；长阳夏雨连旬，清江泛涨，城内居民房倒无算，大饥；宜都淫雨，岁饥；枝江淫雨连日，大水入城，民大饥；松滋新场、江亭寺堤溃，人物漂流，低乡田尽沙压，人相食；荆州府属各县（宜都、枝江、公安、江陵、松滋、石首、监利）堤尽溃，大饥；宜城蛮水溢；钟祥阴雨三月余；潜江3—8月霖雨、汉水大涨，周家矶、团湖垸、严宅旁溃；沔州（仙桃市沔城镇）2—6月雨，7月19日大风，波涛震涌，民舍多没，东门城圮，城上行舟，秋大疫；汉川江水大溢，全境俱没，民大饥；蒲圻大水，漂没田舍无数，城市行舟，岁大荒，民食观音土；嘉鱼下六里长堤崩溃；崇阳淫雨，6月大水，坏田苗无算；通山6月6日大雨至6月10日止，市上水深丈余，冲覆庐舍无算，马措山崩30余丈，各乡多崩裂，泉落、泉口两山崩合，堵水数日始涌出，冲民舍数十，人畜死者甚众（堰塞湖溃坝）；通城夏发常平仓贷；咸宁大水，淹及山坡，坏民舍无算，北城水深六七尺，舟径直入城；云梦自2月5日始至7日19日止淫雨相续，6月以后尤倾盆下注，河水横溢，平原行舟，东南乡庐舍漂没，田地沙淤十之五六；应城5—6月淫雨大水，堤防尽溢，漂民庐舍，两月余始退；应山夏大水，平林市河浪骤高数丈，自上澎湃而来，东西两岸居民漂没无算；黄陂夏大水，舟入市；麻城、红安、浠水7月大水；罗田大水，民房、田地多被冲压；黄梅2月10日—3月29日小雨48日，5月5日—7月28日大雨55日，四山蛟起，山多崩裂（山崩泥石流），7月7日独山镇挫数十丈，其山下田有推而外徙者(滑坡);街市行舟月余,西南诸城门都被水封,垛间可泊舟;英山夏阴雨连绵,棉淹无种;武汉淫雨不休,大水,城内水深丈余,外与江合,诸门皆闭,舟泊小东门;本邑及外郡饥民21万余,赈钱三月,共发银8万余两,乡试改期;鄂州大水,江湖汇而为一,舟行城上,大饥,蠲赈免赋;黄冈大雨50余日,大水入城,岁大饥;蕲春大水,雉堞通舟,仅存麟、凤二山及熊化岭一带,青、祟、大三乡数起山洪,漂流人畜无算;大冶淫雨不止,大水泛滥,城内低处水深丈余,船只遍行于市,民食草根、树皮,鬻妻女,相劫夺;阳新大水入城,八门俱浸,坏民屋无算;广济大水堤溃,蠲赋,赈饥。

湖南4—7月湘、资、沅、澧四流域大雨数月不止。大庸(张家界)雨潦,民食泥土、鞋底、鼓皮以济,城根寺民饿死者日常数十人,野兽入市为患;慈利7月6日大水,7月14日又大水,木实草根采掘殆尽;石门等淫雨成灾,灾民颠沛流离,饥民塞途,灾情延至次年春,饿殍和疫死者不可胜计;澧县春久雨,夏奇荒,人死无数;临澧4—6月淫雨,大饥,民食草木;吉首久雨,民大饥;古丈雨水过多,溪流陡涨数丈,5月16日将三道河大桥打去,沿河水田冲刷大半;永顺水灌城,城西石城塌,秋荒,民多挖葛、采蕨为食,甚至有食白泥者,知县开仓平粜;保靖大水入城,饥民以椿叶及剪刀草充饥;沅陵岁大歉,饥死者枕藉,村舍或空无人,饥民几为变;常德大饥,民间多鬻子女;汉寿4—6月大雨不止,水暴涨,堤尽溃,漂没民居无算,低乡绝户,大饥,大疫寻作,死者以数万计;桃源夏淫雨约60日,民大饥;安乡水暴涨,堤垸尽决,漂没居居无数,饿殍载道,赈济;华容淫雨数月,垸堤尽决;长沙6月大水,滨湖各县围垸多溃,客民就食于省者不下数十万;岳阳被水成灾;临湘自2—8月淫雨大水;湘阴夏淫雨,数月不见星日,大水,城乡多通舟楫;宁乡大饥,民采夏枯草杂米中煮食,饥民群聚,挨户索食,相率闯入人家伐廪出谷,四五都尤甚,开常平仓减粜;益阳大水,民食草根俱尽,继食白泥;安化大饥;湘潭6月大水,饥疫并行;醴陵5—6月间合省奇荒,流民络绎不绝,全县无谷,饥;湘乡春恒雨伤苗,4—7月贫民挨户索食,知县发谷平粜;衡山夏大饥;祁阳饥;武冈大水,水南桥半圮,大饥;新化6月大饥,饿殍相望于道,知县请发常平仓赈贷;溆浦岁大饥,饿殍者甚多;芷江阴雨连旬,禾稻腐坏过半,民大饥,邑侯开常平仓减价平粜。

重庆秀水夏大饥,民多取石粉为食,死者盈途,又疫;酉阳夏大饥,州牧设局赈之。綦江6月4日大水,田地多冲坏,后又大涨;南川岁歉,县令设粥赈济;荣昌6月25,26日大雨河水淹入城内冲坏西关广济桥二洞。

贵州铜仁6月大水,7月大饥,饿殍甚众,府县发仓粟赈之;桐梓7月4日大水,全城被淹月余,至8月17日乃消。贵阳岁大歉,饥民流离,饿殍者枕藉于道;天柱米贵。

(43) 1850年9月17—21日台风在江浙沿海通过,灾情以涝灾为主。17—18日始雨,后风雨渐强,19—20日飓风澍雨,江海骤涨,拔木仆屋,田禾淹没,三日后水退。江浙丘陵低山区山崩、泥石流频发,浙北及长江三角洲平原地区主要为水害,风害不很显著。浙江海盐马鞍山、青山、长墙山、南北湖诸山皆崩;海宁诸山亦崩;奉化山洪暴发,损田庐无算;余姚后郭塘圮,全境被水;上虞风雨大作,江塘坏,沙湖塘决,无量闸圮,城中水深6～7尺,城外水高数丈;嵊县平地水深数丈,舟行城堞上;绍兴江塘坏,沥海一带各村俱遭淹没,城中居民栖身城上避难;诸暨山洪大发,湖埂尽决;萧山西江塘坍,洪湖直灌;杭州天竺山山洪暴发;余杭18日出蛟,南湖塘溃十余丈,城外石梁都圮,人民淹没者无虑数万;安吉大水入城,冲倒城墙数十丈;临海蠲缓被灾村庄新旧额赋;平湖冬赈;松江拔木坏屋,六畜殁死者不计其数,压死者也多,望之四野如海一般;奉贤等大风雨两日。当时上海地区全境受灾;秋冬,上海、川沙、南汇、奉贤大疫,青浦疫;昆山武帝庙圮于风灾;太仓减产;海门岁大饥,草根树皮食尽,道多饿殍；南通知州设赈一月；宜兴湖滏山蛟发，形成泥石流；高邮大灾，奉旨缓征；此外记大水的还有：泰州、兴化、常州、金坛、嘉善、长兴、湖州、浦江、鄞县、慈溪、兰溪、金华、温岭等。

(44) 1865 年 5—7 月，特别是 6 月 13—18 日，苏、松、杭、嘉、湖 5 府大雨 7 昼夜不绝，环太湖地区的太仓、嘉定、上海、青浦、松江、奉贤、长兴、德清、桐乡、宜兴等江塘崩坏，圩乡多没，禾稼大伤；萧山大水没城；绍兴东西两塘决千余丈，郡中闭城门拒水，乡民越楼窗登舟；诸暨枫桥平地涨一二丈，湖堤尽决；仙居夏阁民房没二三尺许；江浦、溧水、常州、金坛、句容、溧阳、金华、兰溪等亦同。9 月，以江浙苏、松、杭、嘉、湖各属被水，命筹款赈恤；靖江普减银米一成；次年 1 月蠲缓浙江海宁等 45 州县，暨杭、严(建德)3 卫、仁和(杭州)15 场被水新旧额赋；余姚蠲免冬漕；建德又免熟田钱粮，如已完在官者概准流抵五年新赋；余杭请将杭属余杭等县应征本年银钱蠲免，至各属成熟应征本年银米蠲免五成(据《清史记事本末》卷 50 记载，此次江浙水灾居民共淹毙 10 万余人，从各地记载看，似有夸大之嫌，暂留备考)(图 1-27)。

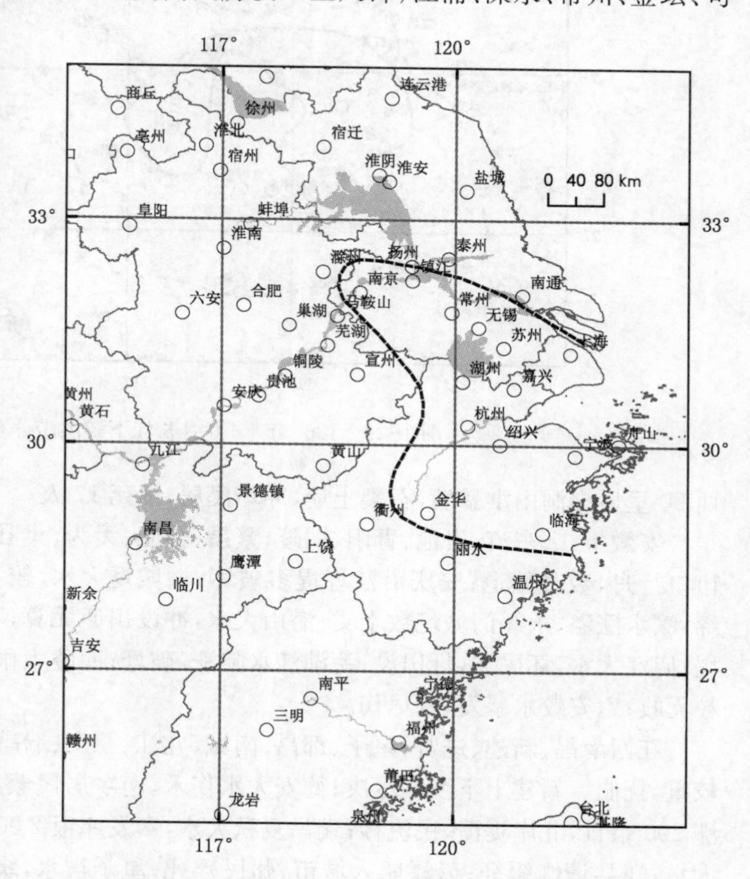

图 1-27　1865 年 5—7 月太湖流域洪涝分布示意图

(45) 1869 年 5—6 月长江大水，涉及苏、浙、皖、赣、鄂、湘 6 省，北界江苏兴化、高邮，安徽定远、六安，湖北罗田、应城、钟祥；南界浙江宁波、绍兴、衢州，江西上饶、广昌、于都；西迄湖北三峡以东、湖南溆浦、武冈等，灾情不及 1823，1848，1849 等年，以江汉平原、洞庭湖、鄱阳湖周边较重，江湖河边垸堤多圮，淹毙人畜，边缘山地多山洪泥石流等。长三角地区虽有灾，但较轻，自下而上分述如下(图 1-28)：

江苏沿江南京、高淳、溧水、句容、丹徒、靖江、江阴、如皋、上海等皆大水，高淳圩多决，丹徒人皆饥，赈救数月；溧阳免新垦灾田地丁钱粮；武进蠲被灾各田下忙钱漕、盐课、芦课、学租、杂税，漕项按分蠲免；苏北运河以东，高邮、泰州、兴化、如皋等皆歉收，靖江蠲免下忙钱粮漕米；吴江 5—7 月多雨，低田尽淹；上海、宝山灾，秋缓征钱粮；嘉定免丁银一分五厘；松江、青浦水，但不为灾。

浙江临安夏秋之间连遭淫雨，缓征；嵊县 5 月大雨，山洪发，水骤涨，坏田无算；衢州 6 月大水；龙游 5 月 18—20 日、7 月 1—3 日山水陡发，7 月 4 日后阴雨连绵；鄞县 9 月 11 日夜县

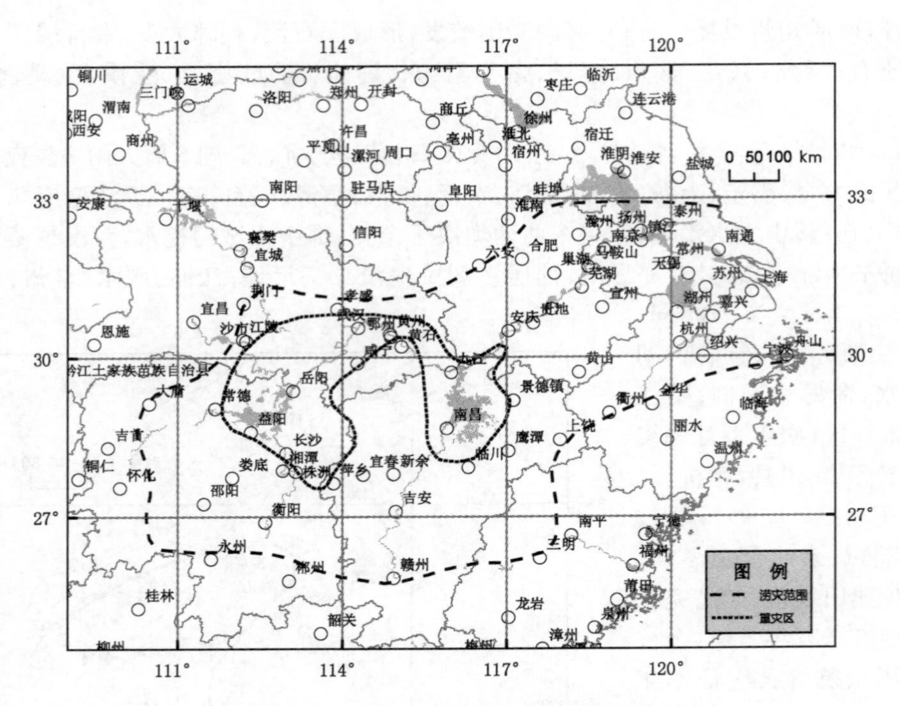

图 1-28　1869 年 5—6 月长江下游洪涝分布示意图

西 50 里后山洞山洪暴发，石裂土崩，冲坏民居，溺死 17 人。

安徽望江、东流、贵池、青阳、铜陵、繁昌、合肥、无为、巢县、含山、当涂俱大水；东至城内市口行舟，数月始退；安庆沿江圩堤多破坏；桐城夏大水，较 1848 年弱五寸；太湖夏阴雨连绵，濠水涨溢，永绥门城圮数十丈；潜山大水，冲没田庐无算；和州大水至城郭，坏民舍，溃圩堤；庐江大水，坏民居，圩田没；芜湖江水陡涨，破圩；南陵大雨，连绵数月，各圩禾苗沉没，颗粒无收；六安蛟水暴发，麦尽伤。

江西南昌、新建、进贤、星子、都昌、南城、九江、德安、瑞昌、湖口、彭泽等 11 县大水，灾情较重，抚恤。新建上下乡堤尽决；德安大水伤禾，南乡居民蒙恩抚恤，缓征；九江自夏徂冬水涨 200 余日，北岸堤溃，民流徙；瑞昌夏秋大水，奉发库银 2 000 两，散给东北两乡灾黎；湖口大水，知县请恤缓征；彭泽船入城市，州民殍死；星子被水，缓征本年及递缓各年钱漕；都昌大水入城，衙署前驾筏渡人；波阳圩堤尽没，知县借给圩费，播散；余干圩堤冲决，早晚稻绝收，民多流离，知县请发圩银 6 000 两，以工代赈，并请缓征；进贤大水，县主详请缓征抚恤；万载大水，株潭一带冲塌田庐无数，开仓平粜；万年青塘等村水灾；乐平岁歉；高安上游出蛟，濒河民房多冲倒，舟行街市；上高 5 月大雨，水暴涨；宜丰大水蛟出，宣风乡山崩，田稻漂，没庐舍甚多；丰城夜大雷暴雨，邑南诸山猝崩陷，水涌出，高丈余，田多淤塞，长安、长乐两乡尤甚，有小山一夕徙田中，木石如故(滑坡)；抚州大水，破堤垱，害田稼；崇仁田庐多溃坏；资溪大雨水，溪涧河流一时并涨，田涂倾淤者不可胜计；宜黄山水暴涨，陂堰皆决，崇二都义泉寺一带冲失田段不下千余石，仙一都官仓冲破房屋 5 栋，淹溺 30 余人，流至泉口村，捞救复苏 5 人，一路山崩地裂，倒倾田塅无数；黎川冲塌桥梁、陂堰，田沙淤塞数尺；南丰、兴国大水，漂没田庐无数；瑞金水暴涨入城，深数尺，西北山崩，田禾庐舍冲漂，浸壅无数；于都中北乡蛟发山崩，冲破田庐无数，大水灌城；广昌、新喻、奉新、贵溪大水。

湖北汉川夏淫雨，垸田渍决殆尽；沔州江汉各堤并溃；潜江襄河南岸吴家改口，荆河两岸龚渠垸、汪家场永丰垸、沙月堤俱溃，通顺河彭洲大士庵堤溃，决开彭宅塝堤，带淹黄中等垸；天门盛涨成灾；公安二麦无收；监利涂家埠、北六丘等处堤溃；嘉鱼水漫堤溃；黄冈山水决围堤数百丈；黄梅刘左口溃数百丈；英山山洪暴发，荡析民居，麦尽浥烂；阳新大水，缓征湖边十九里正银 8 256 两，于 10 月秋后带征；武汉、鄂州、黄陂、应城、罗田等大水。

湖南长沙 5 月连日大雨如注，城中水深数尺，墙屋倾圮无算，灾情与 1849 年无异，饥民就食会城，各大宪筹款赈济，绅士多助之；汉寿大水，南门水深近丈，城颓十余丈；安乡大水，发款赈济；湘阴 4 月淫雨至 200 余日；平江坏民田庐，6 月 6 日县南白水一带山洪暴发，庐山、福石山同时自崩，大小 200 余处，水平地数丈，冲塌田庐桥路无数，溺毙居民 16 人；浏阳连日大雨，山有裂者，坏田庐，漂没民畜甚众，劝富室捐赈，详请大吏颁赈，钱三缗分给四乡有差；醴陵大水，平地水深五六尺、丈余不等，坍塌屋宇、冲坏田禾无算，而东乡之明兰寺李家山、北乡之官庄潭塘等处地方被害较 1849 年尤惨，冬蒙抚恤；攸县西北乡大水出蛟，漂没庐舍禾稼；湘乡霖雨弥月，水大涨，田庐有漂没者，秋歉收；武冈淫雨，又虫，大饥，发义仓积谷赈之；常宁春夏淫雨；邵阳龙山山洪暴发，山田多没，槎江水涨二丈余，自仙槎桥以下村落圮毁无算；沅陵 5 月舒溪、荔溪、浦市出蛟者七，坏民田庐甚巨，舒溪村山崩俱毁；溆浦雨如注，三、四都溪水大涨，屋多漂荡，桥旋倾倒，在桥观水者皆随去，救全者仅 3 人；又有大石约丈余，由桥西飞腾而东，山随崩挫，壅水横流，泥沙杂下(山崩泥石流)，田庐被灾 50 余乡，经报明申详豁免征银；会同、靖县夏饥，人民流徙，就食者死亡枕藉；岳阳、临湘、华容大水；耒阳、麻阳饥。

(46) 1870 年长江大水。五月下旬秦岭南坡、四川盆地持续大雨，长江及嘉陵江、沱江、汉水等大水。嘉陵江至合川时水深四丈余，仅城北一隅未没，各街房屋倾圮几半，城垣坍塌数处，压毙数十人；重庆北碚全场淹没，屋顶过船，庙咀文昌宫戏台冲走；丰都全城淹没无存；奉节洪水漫城而过，临江一带城墙冲塌崩陷；长江出三峡后，宜昌水灾饥民 2 万余人；枝江城堞尽坏；荆江段因汉水并溢，灾情更加严重，江(陵)、松(滋)二邑江堤俱决，水漫城垣数尺，冈峦宛在水中，衙署、宗庙、民房倒塌殆尽；江陵江水陡涨，日高数尺，江堤七成被没，加之汉水横溢，城外尽成泽国，城又溃败，漂没屋宇、人民无算，磨市全为水淹，百里之内几无人烟，秋又大疫，民多暴死；公安官署、民房倒塌几尽，斗湖溃决；潜江东荆河两岸、通顺河东岸堤岸皆溃；汉水出汉中盆地时水高数丈，冲毁沿江田房无数；丹江口 7 月淫雨，涧河、殷家河山水陡发，坏老营浪河田亩民房；襄阳南北两堤俱溃；钟祥、汉川、汉口大水；黄冈水至清源门；广济、高陂、宝赛堤决，直长二百余丈。洞庭湖区上游连日大雨，荆江倾灌，湖区水位日涨数尺，安乡、华容水漫堤顶，诸垸悉溃，舟行城中；湘阴、益阳、汉寿、沅江、常德围堤崩溃严重，甚至有无一存者；湘、沅二江上游黔阳城南北塌数十丈；麻阳大雨连续，河水暴涨，东门及沿河地方房屋冲刷甚多，马兰石塔倾倒；因水致灾的永顺、吉首、耒阳、衡阳、衡山、醴陵、浏阳等县民饥，湘乡民食观音土；衡阳发常平仓谷以缓灾情；江西鄱阳湖区类似，九江堤溃，流民甚众；波阳圩多倾坏；余干圩多漫决，缓征粮税；余江十三都扫帚岭南隅崩百余丈，洪水害稼；上饶发廪平粜；萍乡大水，饥民夺食；星子缓征本年及递缓各年钱漕；安徽东至城内行舟；铜陵、和州俱大水；无为圩堤漂没一空；宿松大水；桐城县西北山洪暴发，冲坏民居、田亩甚多；淮河寿州、怀远大水入城；入江苏后水势减缓，未造成沿江水患，对川、鄂、湘、赣造成巨大伤害的长江水患，至河口段竟如此收尾，对长三角地区而言真算是不幸中的大幸，原因在自身降水不多，有利于长江排洪压力。

(47) 1889年9月18日，浙江淫雨滂沱，兼以蛟水下注，低田尽皆成灾，高田亦属歉收，但各处情形轻重不同；江苏以苏州府被灾为最，松江、太仓次之，常州、镇江又次之。嘉定、宝山、上海、川沙、南汇、青浦、张堰等自9月18日起淫雨45天，禾棉腐烂，收成仅一二成。上海饥，青浦、南汇大饥，民有成群横索者，赈松江、青浦、上海、川沙、南汇、嘉定、宝山等。昆山9月18日雨，10月28日始止，水深6尺许，平陆成巨浸，高低田概沦，发帑赈恤，豁免银米十之三；常熟9—10月大水；吴江太湖泛溢，吴中大水，黎里西乡农田积潦，不能刈禾，早稻有霉烂者，十二月中旬水始渐退，菜豆麦不能下种，平望、盛泽各乡皆同，人情汹汹，以借米为名，争向富家劫夺；无锡平地尺水，禾苗虽成，农夫皆以采菱桶、小划船割取稻穗，收以五成；溧阳秋连雨四旬，伤禾；宜兴9—11月大雨，禾尽淹；南京雨潦；六合淫雨45日，禾豆腐烂；金坛、句容、高邮等大水。浙江秋大雨兼旬，水势涨发，杭州、嘉兴、湖州、宁波、绍兴、台州、金华、严州、温州、处州俱被水灾，而杭、嘉、湖三州尤重。蠲免本年冬漕，并免征成灾尤重之处地丁、原缓银米递缓一年。临安9月淫雨49日，稻芽长尺余，次年大饥，居民采蕨及草根而食；於潜赈银400两；余杭奏准蠲赈，发仓平粜；富阳、萧山9—11月淫雨47日，田禾尽没，稻根亦朽；新登秋稼悉坏。

(48) 1901年梅雨期间长江下游洪水，兼又劲风为虐，两湖水灾，江汉水溢，坏两岸堤防甚众。益阳大水；南昌城外洲民皆避居城上；广济、怀宁大圩破溃；东至大水；芜湖水灾破圩；当涂7月17日大风雨，山水、江潮并发，全境塘堤除4堤外悉破；歙县大水，灾甚巨；南陵大水，各圩堤俱破，籽粒无收，人多食草根；宿松、舒城水灾；南京大雨5日，江水陡涨，舟行陆地，江圩皆破；六合灵岩山文峰塔倒塌，东南圩田尽淹，人民漂泊无食，邑绅集款，乘船放赈；句容7月8—20等日大水，圩田尽破；丹徒7月上半月至7月18日昼夜大雨，约有5尺余，西起炭渚，东极姚家桥，径直百二三十里，江心大小各洲及毗连江北各洲，南北延袤总在四百里外，7月4日东风狂吼，怒涛山立，直冲圩上，护圩者尽遭漂没，各圩遂同时俱破，蹲于屋顶或树上者，狂风一卷，屋与人树皆杳，历三昼夜狂风始息，间有岸高处，则昼夜露立，粒米未沾；金坛大水，圩堤冲决，设局筹赈；江都水，飓风为灾；邗江自7月上半月至7月18日昼夜大雨，约有5尺余；海门大水歉收；如皋6月间淫雨经旬；昆山6月雨水暴涨三四尺；高淳、丹阳、高邮、常熟水灾；嘉定河水暴涨三四尺；崇明外沙水灾，城南海塘冲损；青浦淫雨伤稼，岁祲。浙江富阳，大水，过城高1尺，上流漂没人畜、棺木无算，壶源各乡复发蛟水，坏田庐；新登大水；寿昌大雨，至6月28日不止，水暴涨，适外港潮溢入港，东乡水过屋脊，民赖船筏逃生，漂没田产不少。建德6月大水入城三次，损田无算，新安江上流厝柩、房屋、牲畜蔽江而下，三昼夜不息；龙游大水，凡涨三次，东西两乡被灾最甚；桐庐、金华大水。秋赈两湖水灾；是年免地漕银1 524两余，并赈银币2 000元。

(49) 1921年8月18—21日(七月十五—十八日)苏、沪沿海台风、高潮、暴雨并至，内陆暴雨，长江泛滥，苏、皖、赣、鄂大雨连绵，长江沿江各县无不泛滥成灾，淹没农田4 763万亩，受灾人口7 662万人，死亡24 891人，经济损失2亿多元。涝害受灾程度远大于同期风灾。崇明吹倒树木、房屋多处，堤岸被毁，农田积水，收成无望，东部淹死40余人；宝山风剧雨骤，潮水淹过塘面，冲去无存，吴淞一带尽成泽国；长兴岛居民没半身，居屋家什尽付于水；川沙海潮汹涌，冲坏八、九两团外圩塘600余丈；奉贤风雨兼旬，河水暴潮，海潮溢入，数十里一片汪洋；嘉定淫雨数昼夜，禾棉折伤殆尽；上海大风数日，潮水大涨，苏州河两岸浸没水中，各处道路大多水深过膝，江中几十条货船沉没，溺毙10余人，仅杨树浦码头就损失约10万金。市区因积水、倒树、电车停驶等交通不畅，虹口、南市沿滩草屋茅棚几全数倒尽，旧屋倾圮倒塌众多，死伤不少。淞沪、沪杭、沪宁铁路停运；松江飓风大作，兼以暴雨，乡间低田尽成泽国。苏、皖、赣、鄂4省夏秋之交大雨连绵，江苏地处长江下游，加之太湖、淀泖诸湖之涨、被灾尤烈；洪泽湖8月风损大堤石土，合淮、沂、泗、沭诸水，最高水位16.00米，将礼河口外南北直塘冲开2口。最大泄水量达14 600 m^3/s，而下游河道又淤阻不畅，里运河东堤漫水十余处；加之长江高水位，沿江各县破圩坍地不胜计数。8—9两月太湖流域大雨成灾，位于湖周的苏州、洞庭西山、湖州、孝丰、上海等雨量均在660毫米以上，造成多年未见之涝灾。

(50) 1931年6—8月，江淮两大流域普降大到暴雨，川、鄂、湘、赣、皖、苏、浙、豫、鲁等省672县受灾，重灾214县，受灾人口5 127万人，占总人口的1/4，淹没农田1.463 5亿亩，占总耕地的28%，死亡约40万人(江苏9万、安徽6.5万、湖北6.5万、湖南5.5万、河南11万)。汉口以下降水量大都在400～500毫米，其中汉口至上海段长江水灾死亡14万人，经济损失22.54亿元。降水中心则在安庆、南京、镇江一带，达600毫米以上。武汉、芜湖、南京等大城市均遭水灾，武汉被洪水浸泡达3月之久，灾民78万人，死3.26万人；芜湖江水直向街市浸灌，城内一片汪洋，34万～35万饥民生计危急，设粥厂两所，每日施粥万人。安徽省长江干支流堤防先后溃决254处；淮河干堤重要决口61处，沿江滨河54县受灾；滁河诸水各暴涨丈余，沿河附近二百余里田庐牲畜淹没无算，十余万亩稻田完全沉没；全椒市街水深五六尺，镇市荡平，浮尸累累；安徽全省灾民1 070万人，死亡64 236人，淹没农田3 114万亩，倒塌房屋264万余间，经济损失4.46亿元。江苏省江、淮、湖、运同时泛滥，45县受灾，灾民887万人，死亡89 360人，受淹农田2 694万亩，经济损失5.31亿元。南京7月降水量是常年的1.9倍。秦淮河7月4—12日大雨滂沱，上自江宁谢村，下至南京长江长凡百余里，山水齐发，河水陡涨三丈余，各圩堤相继溃决，淹没田亩百数十万亩，庐舍荡然，村落如海中岛屿。六合受长江水顶托，壅积难泄，本地自7月4日起连降大雨4昼夜，河水陡涨丈余，滨河圩堤全部溃决，田禾淹没。南乡之李家圩、西乡之黄家圩等悉成泽国。城内除北门外，其他三门水皆入城，大街小巷尽为水浸。上海各地灾情为：嘉定7月淫雨，被淹田禾均萎，棉豆之田溺毙殆尽，全县受灾农田18万亩；宝山7月下旬雨若倾盆，损失尤大，全县受灾约15万亩；青浦东南乡圩冲坍，没水深尺许，开往各处的班轮悉行停驶，全县重灾农田约25万亩；上海7月份降水日数为常年平均数的1.8倍，一片汪洋，电车、公共汽车停驶，京沪火车中断，航空停飞，电讯受阻，内河小轮完全停航。闸北宝山路一带积水没膝，草棚坍塌者甚多。吴淞江两岸崩塌甚多，受灾农田20万亩；奉贤、川沙因距海较近，排水通畅，受灾农田较少，唯棉花、豆瓜、蔬菜之类受有影响。

江苏受灾最重的地区有二，其一为太湖流域沿江滨湖地区。堤岸闸坝冲毁者不可胜计，桥梁涵洞房屋被毁者亦多，百余条小轮航线悉行停运，塘鱼家畜漂流死亡者比比皆是，如镇江、溧阳、常州、金坛、宜兴、无锡、湖州、苏州、吴江、常熟、太仓、昆山、嘉定、青浦等受灾最甚，较重的有丹阳、江阴、太仓、宝山、安吉、长兴、余杭、嘉兴、武康、德清等，相对较轻的为川沙、奉贤、海盐、孝丰、杭州、崇德、海宁，以上31县市总计重灾田634万亩以上；其二为苏北里下河地区，由于暴雨连连，各水浸入里运河，或因不能容纳，或因长江顶托，东西两堤溃决，淮南尽成泽国，沿岸10余县罹难最为惨烈，连同8月的台风雨灾害，共7.7万余人死于非命。高邮遭灭顶之灾，溺毙9 500余人；兴化县受灾人口达40万，民被溺死者无法统计，水面浮尸如过江之鲫。

(51) 1954年4—7月，长江下游及淮河流域连发降雨，雨季开始早、时间长、雨量大，上海、南京、武汉等年降水量都超过历史同期最大值，鄂、湘、赣北及皖南的总降水量超过常年一倍以上，汉口长江水位达29.73米，突破以往最高水位(1931年)1.45米，汉口至南京段超警戒水位时间100余天，汉口军民奋起抗洪。鄂、湘、赣、皖、苏5省123个县市受灾，淹没农田2.4亿余亩，成灾约1.7万亩，1 888万户受灾，近6万人死亡(湖北死48 500人、湖南死7 324人、安徽死2 674人、江苏1 380人)，倒房427.6万间，京广铁路中断100天，经济损失100亿元(水利部，1992)。上海地区自6月1日入梅至8月2日持续阴雨长达63天，雨量比常年多七成，太湖水位高达4.65米，太湖周围陆地一片汪洋。作为太湖水外泄主要出口之一的上海米市渡水文站流量7月也创历史最高记录。上海受淹农田105.5万亩，重灾田23.8万亩，损失棉花8 094担，全年粮食总产比上年减收约1亿千克。淮河流域7月至8月中旬雨带稳定，大雨—暴雨不断，淮河发生大洪水，7月6日淮滨站洪峰流量达7 600 m³/s，中游的蒙洼、城西湖、城东湖、瓦埠湖均于6—7日相继开闸蓄洪，7月26日正阳关及五河以上淮河干流洪水位均超1931年，高水位一直维持至9月，淮北大堤普遍漫决，主体防洪工程分别于五河毛家滩和凤台禹山两处决口，一般堤防先后数十处随之纷纷决口，终于造成淮北平原大片洪泛区。据不完全统计，全流域成灾耕地面积6 123万亩，倒塌房屋400多万间，皖、苏两省共死亡1 920人，安徽灾情最重，死亡1 098人，成灾耕地2 621万亩。毛主席为此发出“一定要把淮河治好”的号召。

(52) 1969年7月浙西、皖南梅雨期间连降大暴雨，在7月4—6日3天，东自浙江上虞，西达江西彭泽，北抵安徽芜湖，南止江西婺源，面积5.58万平方千米的范围内，新安江和分水江出现罕见的特大洪水，屯溪最大流量5 390 m³/s；练江最大流量6 630 m³/s；两支游合流后的新安江干流最大流量1.07万m³/s；分水江最大流量1.26万m³/s，多处山洪暴发。据浙江防汛办公室统计，全省受淹和冲毁农田108万亩，倒塌损坏房屋3.8万间，死亡697人，损毁水利工程129万余处。其中分水江流域灾害最重，洲头、新溪、河桥、潜川、印诸等乡，昌化、麻车埠、毕浦等镇均遭重创，印渚乡11个大队中有9个受灾，南堡大队整个村庄灾后夷为平地，只剩半间房屋一株树；淳安县损失亦重，坏房2 400余间，受淹农田近5万亩，损毁水利工程81处，水库11座，死亡36人。安徽以徽州地区受灾为重，其中又以歙县为甚，32个公社严重受灾，全县受灾农田13.3万亩，占全县农田面积的65%，冲毁房屋4 000余幢，山塘、小水库14座，死亡175人。上海7月4—5日也暴雨，市区倒屋13间，青浦、松江5万余亩农田受淹。7月中旬鄂、皖两省特大暴雨，200 mm以上雨区自鄂西恩施一直东延至江苏盐城，长达1 200千米，宽200～300千米，面积达21.8万平方千米，给鄂、皖两省88县市造成严重洪涝灾害，合计农田受灾面积2 300万亩，受灾人口1 190余万，死亡1 655人，倒房77万余间。长江干流大洪水，汉口7月20日洪峰流量仅次于1870年和1954年，达6.24万m³/s。安徽32县市受灾，主要在安庆、巢湖、六安3地区，农田成灾面积693.57万亩，受灾人口503.2万，死亡777人，倒房49万余间，无为受灾最重。7月15日上海遭雷暴大风袭击，风暴中心于22时13分由海宁盐官进入奉贤，风力8～10级，穿越南汇、川沙于22时40分抵达宝山长兴、横沙后消亡。风暴从形成至消亡全程历时不足两小时，在长160千米，宽20千米左右的范围内，却造成不小的损失，金山、奉贤、上海(今闵行区)、南汇、川沙五县，共死亡8人，伤142人。倒塌房屋8 800余间，损坏房屋3万多间，9 000多亩农作物受灾。就以上数据7月上中旬共死亡2 500余人。

(53) 1980年6—8月长江下游及淮河流域淫雨绵延，累降暴雨，据鄂、湘、赣、皖、苏、豫等不完全统计，受灾面积8 000余万亩，倒房80余万间，死亡近千人，灾情以湖北最重，除稻棉严重损失外，倒塌损坏房屋30余万间，冲坏小型水利设施数万处，死亡400余人，伤残

3 600余人。长江下游及淮河流域累降暴雨,降水量550～1 000毫米,部分达1 200毫米以上,较常年同期多0.5～1倍。8月中旬苏南、太湖,浙北杭、嘉、湖和上海郊区各河都超过警戒水位。上海8月多次暴—大暴雨,月总雨量455毫米,为有记录以来的最大值。8月25日午后上海豪雨大风,黄浦江中船只走锚断缆,沉水泥船1艘,倒屋拔树数千处,死3人,伤38人。冲失嘉定、青浦、松江、金山等县晒谷场上稻谷1.5万千克,淋湿150余万千克。每次降水都有数十至300余条道路积水,上千户家庭进水,工厂停产,仓库受淹,农村洪涝受灾面积6.7万亩,受灾人口5.5万。仅青浦县就全年粮食减产0.69亿千克,棉花1 500万千克,蔬菜15万担。

(54) 1983年6—7月长江下游梅雨期间先后多次出现暴雨过程,安庆、黄山、屯溪、芜湖、蚌埠、高邮、靖江、杭州、天目山、新安江水库等皖、苏、浙地区淫雨连绵。上海普降暴雨,南汇局部大暴雨,市区最深处70厘米,工厂、商店、仓库及1.2万户民居进水,郊县2.5万亩菜田受淹。7月1日傍晚,江苏南通地区的海安、如皋、如东3县局部地区遭龙卷风袭击,所到之处不少大树连根拔起,农作物倒伏,三线折断,数处村庄夷为平地,倒房8 000余间,死23人,伤1 291人。7月中旬长江干流普遍超过1954年最高洪水位,汉口地段接近1931年洪峰水平。据统计,本次暴雨导致农田成灾面积2 200余万亩、倒房135万余间,受灾人口5 000余万,死亡1 506人,伤1.488万人。湖北、安徽两省受灾最重,受灾人口分别为1 800万和1 545万人,死亡人数分别为375人和605人,受灾农田面积分别为2 915万亩和1 080万亩。

(55) 1991年长江下游及淮河流域暴雨,自5月19日始至7月13日止达56天,各地总雨量都在500毫米以上,部分甚至超过1 000毫米,比常年多出2～10倍。据不完全统计,这次大范围集中降雨,造成苏、皖、鄂、湘、浙、沪等省市1亿以上人口受灾,淹没农田2.3亿亩,死亡1 200余人,伤2.5万余人,倒塌房屋数百万间,大批企业停产,交通、通讯中断,水利设施被毁,经济损失700亿元,以苏、皖两省损失最重。太湖流域上游暴雨不断,形成流域性洪灾,江湖猛涨,普遍超过警戒水位,7月16日太湖水位更高达4.79米,创历史最高纪录,比1954年的水位还高0.14米,受灾面积也在2.3亿亩,成灾1.3亿亩以上,与1954年的灾害相当。上海自6月3日至7月15日梅雨持续43天,龙华站总雨量474.4毫米,是常年梅雨量的2～3倍。为缓解江苏太湖灾情,6月18日打开蕴藻浜和淀浦河水闸。7月5日及8日又分别炸开红旗塘、钱盛塘坝基排水,承泄上游洪水41.72亿立方米,青浦、松江、金山洪涝威胁更加严重,3 400亩良田永久性消失。上海全市103万亩农田受淹,冲毁鱼塘4 200亩,3 000余户房屋进水,倒塌房屋278间,300余户被迫搬迁,812处仓库、313家乡镇企业受淹,倒塌厂房48间,经济损失11.484 4亿元。

洪涝灾害与台风、梅雨及强对流灾害天气系统的强降水,特别是与强度大、持续时间久的暴雨密切相关。强降水对农业、交通运输、水利、电力设施的正常运转、城市居民生产与生活安全等诸多方面影响多多,在山区还会在短时间因山洪暴发而人民生命财产遭受严重损失。台风对洪涝的影响已于前述,故不赘言。

梅雨是长三角地区共有的一种天气系统,也是致灾的重要原因,因发生于江南梅子成熟季节,故称梅雨;又因潮湿闷热,诸物易霉,又贬称霉雨。上海梅雨期标准有入梅、出梅两项,具体标准为:入梅,入梅前5天副热带高压脊线在北纬18°以北,且至少有3天日平均气温≥22℃,入梅后头5天内须有4个雨日,否则为空梅;出梅,梅雨结束前后,东经120°～130°间副热带高压脊线北移至北纬26°或以北,日平均气温≥27℃,最高气温≥30℃,且连续

6天以上无雨。江淮各地的梅期标准略有不同。现以上海自1875—2005年的观测资料为例，对梅雨的一些基本特征介绍如下：

最早入梅日为5月27日(1936年)，最迟为7月9日(1982年)，平均入梅日为6月15日左右，6月中旬入梅的50次，占约38%，为最多；7月上旬入梅的仅5年，最少，仅占3%。最早出梅日为6月9日(1936年)，最迟为8月2日(1954年)，平均出梅日为7月4—5日，7月上旬出梅的48年，为最多，占36.6%，8月上旬出梅的仅1年，占0.8%，较为罕见。梅雨期平均为21天，最长为59天(1954年)，最短仅3天(1897、1934、1958、1965、2005年)，称空梅年。梅雨期总降水量最大为814.8毫米(1999年)，接近上海常年平均降水量的70%，最少的仅11.9毫米(1902年)，平均梅雨期降水量为254.3毫米，统计的131年中梅雨期总降水量＞500毫米的有5年，不足50毫米的有7年，这都与涝年和旱年相对应。梅雨期中雨日数最多为45天(1954年)，平均为15天左右，日降水量≥50毫米的暴雨日最多为8天(1999年)，平均为1天左右，有47年未出现梅雨期暴雨。

梅雨与长三角地区的旱涝灾害关系密切，梅期时间长，雨日、雨量多，出梅晚的年份夏涝则多，反之则多伏旱，上海自1873年建立徐家汇观象台以来，出现梅雨涝害的年份有1875，1889，1919，1931，1954，1957，1991，1995，1996，1999年，均与夏涝一致，早期平均每12～13年一次，20世纪90年代出现4次，呈现明显增多趋势。

形成长三角地区梅雨的天气系统主要是静止锋，一般有两种情况：①静止锋基本稳定在长江下游及上海附近，静止锋北侧阴雨连绵，伴有大雨—暴雨；静止锋南侧多雷阵雨，天气闷热潮湿。有时静止锋会南北来回摆动，上述两种天气情况交替出现，如1957年7月2—5日上海连续3天暴雨和1天大雨。②静止锋面不断有气旋产生东移，在气旋移经途中会多次带来大—暴雨和雷阵雨，如1931年7月梅雨期间，江淮流域接连产生气旋东移，江淮暨上海降水量大，持续时间又长，终于酿成长江最大水灾，殃及鄂、湘、赣、皖、苏、浙、豫7省205县，溺死14.5万人，因饥饿、瘟疫致死的更难以数计。1954年长达两月的梅雨期、1999年梅雨量达814.8毫米，6月24—27日连降4天暴雨，梅雨期共出现8个暴雨日，均属这种情况。

长三角地区濒江临海，地势低洼，河湖交错，水网密集，加之冷暖气团交汇，暴雨数多、量重，洪、涝、潮、渍灾害频繁，损失惨重，从历年洪涝发生的气象条件主要有4种情况：①梅雨持续时间久，雨区范围广，暴雨频发，是长三角地区夏季6—7月致涝的主要原因。②梅雨与台风雨的双重叠加，梅雨期间雨水既多，又遇台风侵袭，两强联合，暴雨、强风(包括龙卷风)、高潮相互叠加，灾害尤为严重，是长三角甚至江淮地区死亡千人以上的特大灾难的主要罪魁祸首。③由强台风过境或受其影响而导致的洪涝灾害。④秋季冷空气开始不断南下、与热带气旋频繁交汇形成的秋涝，如1980年。⑤强对流灾害天气系统中的暴—特大暴雨，时间短暂，影响范围可能较小，但效果对局部地段仍然相当严重。另有一种是长三角边缘山区，在特殊的地形条件下、与突发性大—特大暴雨的降水中心附近两种条件结合，引发的山洪暴发，也会在相对较小的区域造成特大灾害，如656年泾县、1045年7月临海、1185年安吉、1639年昌化、1718年黄山为中心的山洪群、1788年祁门等。无论哪种情况，洪涝灾害都离不开暴雨为第一必备条件。

以上海为例，虽然每年3月下旬至11月中旬均可发生暴雨(≥50毫米)，但有两个峰值，其一主要集中在6月中旬至7月上旬，正好与上海的梅雨期相吻合；另一出现于8月下旬至9月上旬，又与台风的影响多发期对应，11月下旬一次年3中旬绝少出现；≥100毫米的大暴雨只出现于6—10月。平均每年出现1.6次；≥200毫米的特大暴雨只出现7—9月，每6～7年才出现1次。

对付洪涝灾害的办法主要概括为堵和泄，数千年来，劳动人民为之奋斗，沿海筑海塘；大江、大河沿岸筑堤；城镇筑城挖壕，既可御敌，亦可防水、排水。流域性防洪对是否筑坝，历来颇有争议，应多做深入对比研讨，权衡得失利弊，三门峡水库是失败的，可新安江水库对浙江而言，应是成功的。对减轻建德以下至萧山段的洪灾作用还是显而易见的。三峡水库建成后除提供各地大量电力外，至少下游洪灾压力大为减轻，对三峡库区航运能力也大为提高。今日三峡航运不畅是船只过多，造成滞留。没有三峡工程就可通行无阻？危石、滑坡就会减少？也不尽然。当然，下游得利的同时，也有所失，如两岸侵蚀加重，许多湖泊消失等。孰轻孰重，当政者当然取其重。至于山洪泥石流及边坡失稳可结合小流域治理规划进行，该处理的危石先行处理，该退耕还林的也别吝啬，广植林木，消灭荒山秃岭，改变山区经营方式，结合小城镇改造建设，迁出不宜生存地段部分人口，恢复生态平衡。

三、龙卷风

强对流灾害性天气可以突然引发龙卷风、暴雨、冰雹、雷击等灾害，且多结伴而至，虽然历时短，影响范围相对较小，一旦光顾也可以造成重大伤亡和财产损失。长三角地区的龙卷风与同地区的热带气旋和温带气旋的破坏强度和影响尺度不能相提并论，分布又极不均匀，行踪难以捉摸。以20世纪90年代上海地区为例，由强对流天气引发的各类灾害损失而言：龙卷风年发生次数为0～4次，平均为1.1次/年，以1991年最重，共死亡8人；雷暴日年发生数19～49次，平均为25.7天/年，共死亡20人，死亡率为2人/年；以1999年经济损失最重，超过亿元；暴雨日年发生数1～10日，平均4.9日/年，共死亡15人，死亡率1.5人/年，经济损失也以1999年为最剧，达8.7亿元。就年发生率和年死亡率而言，虽低于交通及火灾事故，但每次灾情可涉及的范围和发生经济损失却远高于各类生产、交通事故。其中尤以龙卷风灾害影响更形突出。

龙卷风是伴随强对流云出现的小范围、逆时针方向、强烈旋风，据实测和理论推算，风速可达每秒数10米至130米，最大甚至可达200米左右。路径却较短，一般只数百米至数千米，仅个别达数十千米。持续时间一般为数分钟至数十分钟，着地陆龙卷多在15～30分钟。致灾原因除强劲风力破坏外，还有极端低压的危害，龙卷风快速旋转产生强大的离心力，使龙卷风中心气压短时间内急剧下降，理论估算中心气压低至400百帕，甚至200百帕，导致中心与外围之间的气压梯度每米可达200百帕，如果建(构)筑物处在如此的气压梯度下，因受力不均，墙体足可提起、折断、坍塌。

长三角地区的龙卷风除了陆龙卷以外，还有海龙卷。以上海为例，有些年份龙卷风每年可达7次，如1987年；又有些年份连1次也没有。上海地区龙卷风72%的强度只造成中等以下的轻微破坏(即强度低于F_0和F_1级)；重灾龙卷风(即F_2级)发生率为18%；强灾龙卷风(即F_3级)为8%；毁灭性龙卷风(F_4级)为2%，至今尚未发生过不可估量灾害的F_5级龙卷风。时间分布上，主要在7，8，9三月，尤以7月份最多。地域分布比较分散，相对而言，沿海地区较内陆较为多见。长三角地区的龙卷风情况与上海基本类似，历年的主要龙卷风实例如下：

(1) 1515年7月21日上海北蔡龙卷风，途经人家尽坏，压死项鼎一家7口，1人被卷入空中，再坠落于地，家为雷火焚毁。

(2) 1637 年 7 月 9 日未时丹徒龙卷风，自西而东，所过四瓣山、桃庄、南渚、庵前、潘家村、戴家港、埤城为甚，诸村镇倾房数百家，压男妇死者数百人，伤而未死尤众。

(3) 1671 年 6 月 24 日未时金坛龙卷风，自白龙庙、过南店、南窰、至小墟村，折树、拔屋、伤人，阔丈许。丹徒埤城大树拔起，从空中纷碎落下，有人飘五六里竟未伤；桃庄河内泊大舟，亦挟之而上；靖江华严庵旋风，卷草舍数楹。

(4) 1672 年 8 月 12 日龙卷风自嘉定至川沙蔡路口出海，坏田禾房屋，行人随风掀走，冰雹有重 2，3 斤者，砸死牛马甚众。上海各县为之申请蠲银 1 280 余两，米 43 石有奇赈灾。

(5) 1680 年 7 月 4 日崇明龙卷风由永宁沙、新开河经箔、高、排、定四沙入海，一路风去陡作，毁民居 30 余家，摄二棺至空中，板坠成屑，尸掷故处，石磨翔如燕。7 月 21 日崇明又龙卷风，起至石家湾，止于亭沙，摧毁民房 200 余家，棺木倒翻甚多。

(6) 1687 年 6 月 14 日端午节上海龙卷风自龙华过王家渡、三林塘、南七、闸头，至于太平庵，长约 15 里，阔约 1 里，花豆俱被冰雹打尽。

(7) 1795 年 8 月 28 日松江，青浦龙卷风，可能起至泗泾镇南，经青浦附近至金泽，再迤迫而南，过处屋瓦尽飞，泗泾吴杨口石桥失其半，抛落不知何处。

(8) 1818 年 6 月 30 日苏州娄门外龙墩村龙卷风，冰雹大作，狂风拔木，雨下如注，拖坏民房庐舍 50 余家，失去男女数人，有一人随风而飞，从空落下却不死；有一家失米 50 石，数十里内无一粒堕；又一家船 4 只，牛一头，与船坊、牛棚一齐上天，不知所往。常熟同日大雨雹。

(9) 1822 年 6 月 25 日中午，上海城内白昼尽暝，忽狂风拔木，大雨霹雳，文庙魁星阁屋梁瓦石皆飞上天，见火龙从阁下蜿蜒而起，斗入云中，拖塌民房、楼观、寺庙千余间，向东南出城入海而去。是日，黄浦江中客商、渔户等船 400 余号，覆没 30 余艘。

(10) 1838 年 9 月 17 日宜兴猷谟圩龙卷风，一农船被风摄入空际，顷之掷下，船尽裂，人竟无恙；又一船摄覆地上，旋置水中，无所损。

(11) 1866 年 8 月 30 日未刻奉化龙卷风，狂风自峰顶起，历葭浦径聚湖头，过赤山，入鄞，遭灾者横不过十里，葭浦为中，南不及仁湖，北不及马湖，皆红日依照，并不知有微风，有一 13 岁少年在葭江西岸田中，一时被风劫过江东，江宽约十丈奇。所经之地屋瓦如飞，坏墙垣不计其数，拔竹木难胜枚指。

(12) 1884 年 7 月 21 日申时青浦金泽港，陈化浜 11 村 20 余里的民房、船、车、米、麦、杂粮均被龙卷风糟蹋一空，吹坍房屋 720 余间，伤毙人口不少，受伤者更多。有 2 条船被吹至朱家角附近小连河跌下，船作三段，船上 8 人跌毙 3 人。

(13) 1893 年 6 月 22 日江苏龙卷风，高邮大风，自西南来，挐去赞化宫土山小亭，并毁东门城堞十余，东乡屋圮者以千计；兴化巳刻大风，卷市棚屋，瓦飞云际，有物自东城时思寺冲出，腾空向东南去，坏文峰塔角，触之者立毙。

(14) 1956 年 9 月 24 日上海杨浦区军工路龙卷风，受害最重的上海机械制造学校，结构牢固的 4 层教学楼刮去半幢，健身房、宿舍楼房顶被掀，正在上课的师生被埋当即死亡 37 人，伤 103 人。受损的还有上海机床厂、第二印染厂、益民食品二厂等 60 余家企事业单位。黄浦江边 110 吨重的储油罐吹于 100 米外抛落；此次灾害共死亡 68 人，伤 842 人，倒房 1 000 余间，经济损失时值数百万元。

(15) 1962 年 9 月 6 日上海共出现四个龙卷风，受灾地区：徐汇、龙华、三林，嘉定江桥、长征，浦东杨思、杨园、龚路，崇明合兴、向化、汲浜等。龙华机场遭袭，候机楼前7架飞机受严重损坏，3架安2型飞机被毁，2架安2型飞机起落架折断，机身、螺旋桨损坏，1架伊尔14和1架革新型飞机机身变形，候机楼门窗玻璃全部向外破碎。全市共倒损房屋2 800余间，死亡23人，伤176人。

(16) 1966年3月3日盐城西南20千米的泰南公社刘村附近龙卷风，随后向北东移动，影响龙岗、张庄公社，穿越盐城镇北闸大队，南洋公社，再而射阳新洋公社，于大丰三龙公社入海。自生成到消失仅70分钟，影响范围宽1～2千米，长30余千米，但风力极猛，摧毁力强。盐城8小时内降水79毫米。据初步统计，盐城、射阳、大丰3县21公社遭受不同程度灾害，以张庄、盐城、新兴、南洋4公社为最重，死87人，伤1 246人，其中重伤275人，毁房3.2万余间，盐城磷肥厂一个直径2.7米、长9米、重6.5吨的大容器，从新洋河北岸刮到南岸。

(17) 1967年3月26日冷锋于傍晚经过上海附近，在金山与嘉善接壤处出现破坏性龙卷风，22座高压输电铁塔铁塔底均有2.2米深的锚桩加固，设计能力可承受65 m/s的风力，结果竟疲扭断、拔起。

(18) 1968年7月14日14时安徽舒城南港龙卷风持续约3小时，最大风力12级，有4个公社11个大队受到影响，龙卷风中心经过的4个大队共摧毁房屋2 147间，4 000余亩农作物受灾，死10人，伤206人。

(19) 1975年5月30日安徽桐城、怀宁遭龙卷风袭击，所到之处直径1米的大树拦腰折断或连根拔起，一个数百千克重的大石滚被卷离原位20余米。进入怀宁县的龙卷风发展至鼎盛阶段，所过之处房屋全毁，一台打谷机被卷到200余米远的水田里，而后又从水田卷到高坡上。龙卷风破坏最重的地带长2.5千米，宽1.5千米，历时半小时。

(20) 1981年5月1—2日安徽来安县龙卷风横扫县境中部，行程40～45千米，宽50～300米，伴有特大冰雹及雷雨，刹那间墙倒屋塌，大树连根拔起，电线杆折断，树皮剥光，家具、衣物、粮食等一扫而光，人员、畜禽砸死砸伤甚众，有一26岁小伙被风卷起，高度超过屋顶，甩出30米外，摔断腿骨，数百斤的石滚被卷走200米远，一台脱粒机被卷过屋顶，甩出数十米，摔成一堆废铁。据不完全统计，全县倒房1 500余间，损坏6 800余间，死5人，重伤170余人，伤1 177人。

(21) 1986年7月11日上海先后出现4个龙卷风，奉贤、南汇、川沙12乡镇受灾，共死亡31人，重伤168人，轻伤386人，毁房4 800余间，坏工厂14家，中小学11所，经济损失当年价值3 000万元以上；南汇新场出现双龙卷，沿途6根直径400毫米的钢筋混凝土高压电杆折断，11吨重、整体浇筑的钢筋混凝土楼板腾空20米，扭曲后摔至40米外；川沙六团1台20吨龙门吊车被推移倒在河中，并砸毁1艘40吨级的水泥船等。

(22) 1987年3月6日下午，松江新浜龙卷风，松江西南有11个乡遭袭，新浜受损最重，全县190余间房屋倒塌，3人死亡，60余人受伤，1幢3层屋顶被掀，2座50万伏输电铁塔倒塌，数条1万伏高压电线断线或故障断电，经济损失287万元。

尽管长三角地区某些年份、某些事件的强对流灾害天气现象比较剧烈，但究其后果相对来说还是局部的，有限的，即使是龙卷风，与美国中西部的龙卷风相比，还是微不足道的。从20世纪记载来看，沿海地区出现的概率略大于内陆，单体龙卷风影响范围狭小，八成以上只影响1个县(区)，绝少影响5县(区)；运移路径长度一般不足5千米，最长上海地区为1956年的龙卷风，从南汇县北缘起，经川沙、越黄浦江、沿军工路北上，再越黄浦江，于浦东凌桥乡入长江后消失，全长35千米；路径宽度一般小于50米，上海最窄仅5米(1976年9月7日浦东高东至顾路)，宽者可达300米；持续时间一般只几分钟至几十分钟，即使着地龙卷风持续时间也多在15～30分钟。倒是有一个现象引起关注，1892年7月崇明鳌阶镇(崇明只有城桥镇有鳌山，应即今城桥)北田中龙摄水，有“地皆成细孔”的报道，龙卷风吸水卷入空中的报道并不少见，可反映龙卷风的吸力之大，甚至能将地下潜水部分一并吸走，极为罕见，足以证明龙卷风向心的吸力强大。带走的水在远处泻落，这就可以理解为何会有天雨鱼、雨虾、雨龟，甚至雨钱、雨玉等稀罕现象。

四、旱灾

旱灾是我国主要灾种之一，严重时可造成大范围千百万人死亡，旱灾也是长三角地区重要灾种之一，虽不及热带风暴潮和洪涝灾害剧烈，严重时其灾情也是惨烈非常。若以行星气候带划分，长三角本属北半球副热带高压带之中，原本就应该属于干旱地区，由于我国东部为浩瀚的太平洋，季风盛行，夏秋季节的热带低气压对东部降水、气温的调节其功甚伟，一旦数量减少，对我国影响的强度又太小，这对我国的旱情发生和发展将是巨大的。

旱灾的致灾的因素相对单一，就是缺雨水。发生、发展不像风暴潮、水灾、地震来势那么明确，要具体阐述旱灾何日开始，是困难的，一旦连续几年干旱，其危害因范围广、时间长，要予挽救却又非常困难。气象上的旱与灾害的旱在程度上是有明显区别的，致灾的旱有以下指标；小者植物生长萎蔫，土壤墒情＜10%，生产和生产用水发生困难，湖沼池塘水位下降明显，甚至干涸，水上交通因水浅而中断，农作物产量减少≥30%，民饥，以野菜，糠麸、树皮、草根、观音土充饥，饿殍载道大批流亡，饿死，甚至人相食等，按粮食减产轻重不同，又分为微(≤10%～20%)、轻(20%～40%)、中(40%～60%)、重(60%～80%)、赤地(≥90%)；按灾民的反映程度，也可分乏食，面有菜色，饥，大饥，饿殍载道，卖儿鬻女，灾民逃荒，人有饿死，抢掠粮食，为盗打劫，人相食；按当时政府救灾措施，可分缓征分期带征、豁免以往拖欠若干年不等，减免当年收成，减产五成的才减免一成，开仓平粜，放粮救济，从外地调拨粮食平粜，捐募乡绅助赈，扣留部分本地应予上调或途经灾区的漕粮等。宏观上是一县一季，还是数郡多县，若灾域达数省、时间跨年度，灾民10万以上，死亡千人以上则归为大旱灾。能上史册的旱绝非一般气象上的旱，置于灾异中的旱至少可作为微灾对待。长三角地区确凿记载旱灾的文字记录，始见于东汉公元166年扬州6郡即九江(今废，故址在安徽凤阳西南)、庐江(今庐江西南)、豫章(南昌)、丹阳(南京)、吴郡(苏州)、会稽(绍兴)因旱致灾。

长江三角洲地区的主要旱情有：

(1) 东晋元帝期间317—319年连旱、蝗、饥灾。317年苏、鲁、冀、豫、陕大旱，西安、洛阳、太原、冀州、青州大蝗、扬州(南京)大旱；318年7月山东郯城、江苏徐州、古邳、临淮(今盱眙东北)4郡蝗害禾豆，南京旱；319年江东3郡(丹阳郡治今南京，吴郡治今苏州、会稽郡治今绍兴)饥，遣使赈给；吴郡、吴兴(湖州)、东阳(金华)无麦禾，大饥；吴郡死者千数，郡守开仓赈之；6月淮陵(安徽女山湖北岸)、临淮、淮南(治今寿县)、安丰(治安风，今废，故址在霍丘城西湖南端东岸)、庐江、徐州、扬州(南京)及江西诸郡等蝗，食秋麦。灾情由北而南，向苏、皖、浙发展。

(2) 东晋安帝期间400—402年连旱。400年5—6月南京旱；401年夏秋南京大旱，饥，禁酒；402年5月三吴(吴县、吴江、吴兴)大饥，户口减半，会稽减三四成，临海(台州)、永嘉(温州)殆尽，流奔而西者数以万计；8月大饥，人相食，浙江、江东民饿死、流亡十之六七；10—11

月还旱，泉涸、天空雾霾混浊。

(3) 前宋 463—464 年连旱。463 年 5—9 月南京大旱；12 月浙江、江东诸郡大旱；南京、镇江田谷不收，民流死亡，瓜洲不复通船；464 年 1 月 28 日开仓赈恤；3 月大旱，三吴尤甚，米价高昂，还无籴所，饿死者十有六七，白下、秣陵两县(皆今南京)薄粥赈救。

(4) 梁末大旱。550 年春夏大饥，人相食，京师(建康，今南京)尤甚，吴江旱、蝗、大饥，江南连年旱蝗，江(九江)、扬(南京)尤甚，百姓流亡，相与入山谷、江湖，采草根、木叶、菱芡而食，所在皆尽，死者蔽野，千里绝烟，人迹罕见，白骨聚如丘垅。冬则大风昼晦，天地皆暗，雨黄沙。553 年梁末东境饥馑，会稽尤甚，死者十之七八，平民男女自卖。

(5) 唐代长三角的干旱主要集中在 8 世纪 90 年代至 9 世纪 20 年代，即 790 年夏至 825 年秋的 35 年内，几乎占长三角地区三分之二的主要灾害事件，影响范围除长三角外，并延及长江下游或江淮地区。如 805 年秋，江浙、淮南、荆南、湖南、鄂、岳、陈(河南淮阳)、许(昌)26 州旱。江苏南京、溧水、镇江、丹阳、常州、扬州、淮安、盱眙；浙江杭州、湖州、建德、金华、衢州；安徽池州、和州、宣城；江西抚州、九江、袁州；湖北鄂州(武昌)、京山；湖南岳阳、衡阳、郴州等。12 月 15 日赈米 2 万石于浙西苏、润等(图 1-29)。

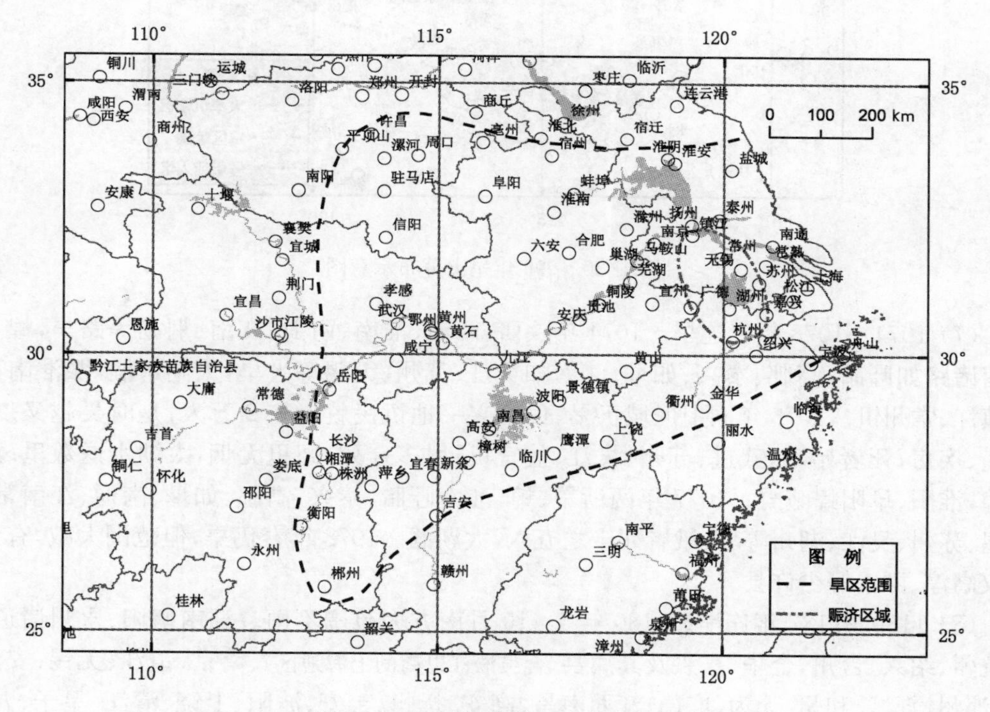

图 1-29　805 年秋旱灾分布示意图

北宋时期的旱灾事件中突出的有：

(6) 998—1000 年三年连旱，998 年上半年春夏连旱，江、浙、淮南、荆湖 46 州军旱；999 年广南西路(广西)、江、浙、荆湖及曹(菏泽)、单、岚州、淮阳军旱，在前者的基础上又有扩张，将豫、鲁也囊括其内，重灾区有二(自北而南)：①山东菏泽、单县至江苏下邳、徐州、宿迁、盱眙、如皋等，民饥者十之八九，死者不少；②以绍兴为中心包括宁波、杭州、嘉兴及苏州等长江三角洲地区，积尸在外沙及运河两岸者众，常州、镇江等州亦有死损。绍兴最甚，萧山县 3 000 余家逃荒，死损并尽，至 1000 年尚乡里无人；1000 年春江南、两浙民饿者十之八九，且多疾疫，上命翰林侍读学士问民疾苦，疏理狱讼(图 1-30)。

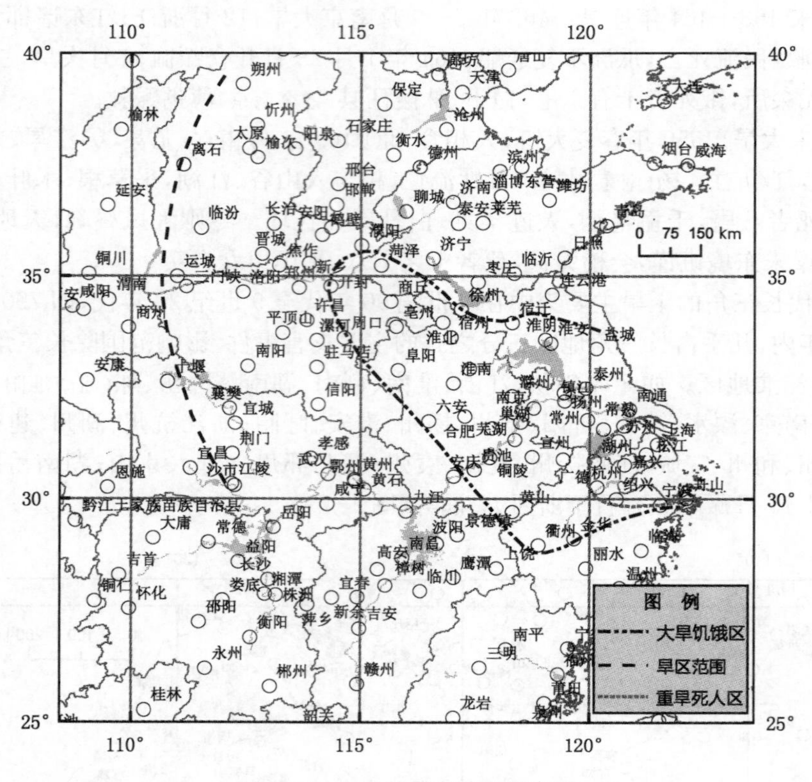

图 1-30　999 年旱灾分布示意图

(7) 1074—1078 年春连旱。1074 年陕西、两河、淮南、两浙、江南、荆湖等路旱，蝗，饥。淮南诸路如盱眙、高邮、泰兴、如皋；江南如吴江、苏州、无锡等大旱，太湖水涸，赈淮南西路及镇江、常州饥。1075 年同上区域仍旱，仅绍兴一地饥民就近 2.2 万人；是时吴越又疫，民饥馑、疾疠，死者殆半，武进、苏州、吴江、盐官饥，民多殍死，闾里无烟，太湖水退数里；淮西又蝗，淮阳、阜阳蝗蔽野。1077 年两浙旱、蝗，淮南盱眙、泰兴、高邮、如皋、南通、江南常州、无锡、苏州、吴江、湖州等旱，饿者死十之五六，太湖涸。1078 年春仍旱，但范围大减，有记载者仅高淳、溧水等少许县。

(8) 1180—1187 年连旱。1180 年 5—10 月南方大范围不雨。湖南衡阳、永州诸道；江浙杭州、绍兴、台州、金华、嘉兴及其属县(含吴淞江以南的上海地区)、南京、镇江、无锡；安徽徽州、池州、舒城、和州、无为、广德；江西南昌、高安、抚州、吉安、波阳、上饶、清江、星子、九江；湖北江陵、黄冈、蕲春、阳新等，其中尤以九江、高安、徽州、金华、广德、无锡为甚，重灾区零星分散(图 1-31)。1181 年灾区萎缩至江苏为主：江南南京，镇江、常州、吴江、长兴、湖州等 8—12 月不雨；江北盱眙、高邮、如皋、泰兴、南通等旱(图 1-32)。1182 年 6—8 月不雨，旱区扩大，西自湖北襄阳、德安(安陆)，江陵、武昌、汉阳、荆门、天门，湖南长沙，江西九江、抚州、高安、宜春、清江(樟树)、南城，安徽东至、和州、全椒，浙江金华、温州、丽水、江山、定海、象山、上虞、嵊州，江苏淮安、镇江等旱蝗(图 1-33)。1183 年夏旱区又收缩至江苏南京、高邮、仪征、如皋、南通旱蝗伤稼。平静几年后，至 1187 年 6—10 月南方江、浙、皖、赣、鄂又大旱。镇江、常州、吴江、嘉兴、桐乡、湖州、杭州、绍兴、宁波、建德、台州、金华、丽水、衢州、九江、南昌、上饶、波阳、抚州、高安、清江、南城、宜春、阳新等皆旱，以吴江、嘉兴、海盐、绍兴、台州、丽水及九江至阳新等尤甚，吴江、嘉兴等饥，有流徙者，赈孤寡鳏独、无钱籴者以米。是岁赈江、浙、皖、赣、鄂旱伤。

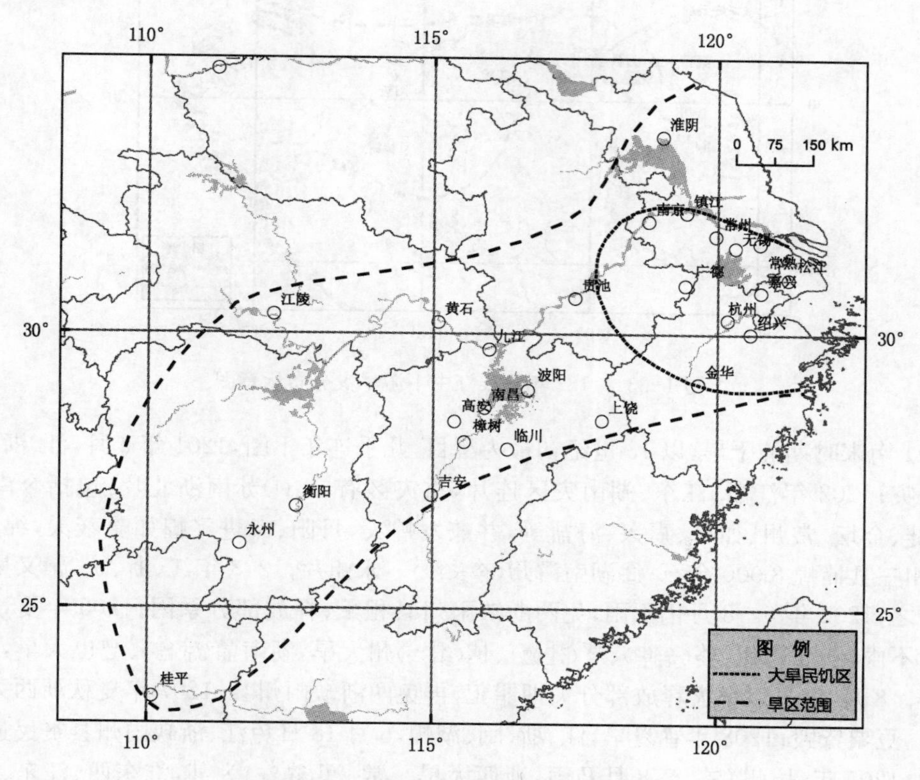

图 1-31　1180 年夏秋旱灾分布示意图

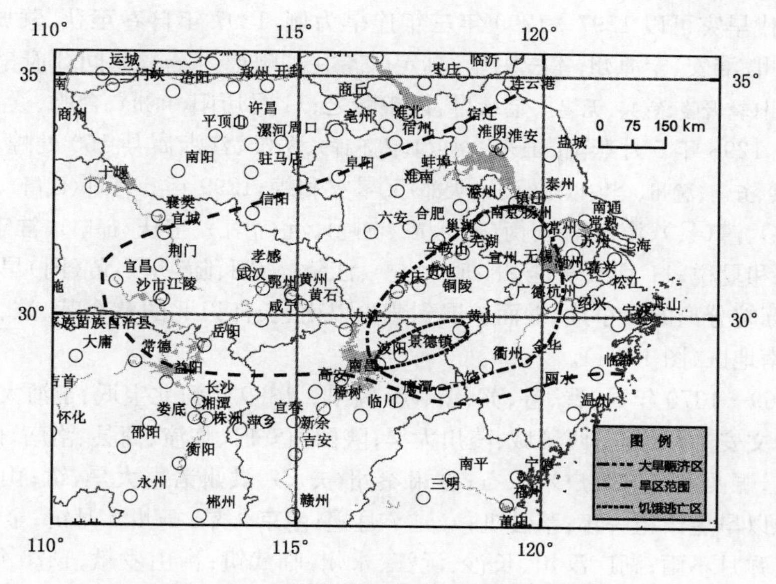

图 1-32　1181 年秋冬江淮旱灾分布示意图

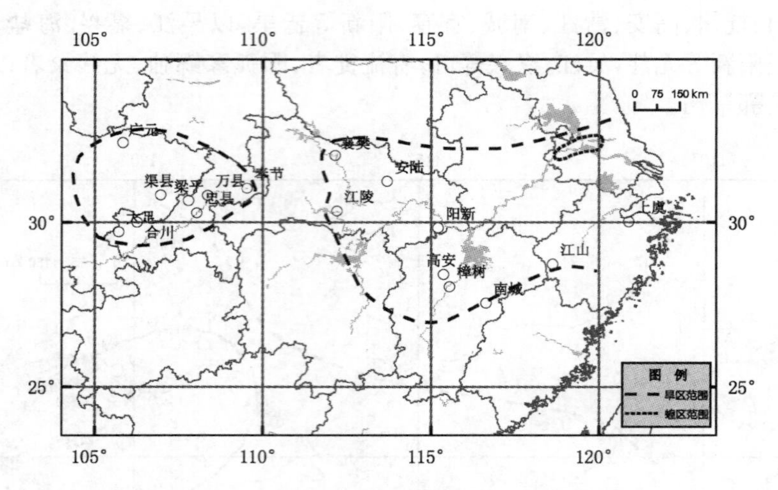

图 1-33　1182 年夏长江中下游旱灾分布示意图

(9) 南宋时期的干旱，以 13 世纪初最为醒目，几乎连年不断，1201 年 6 月，江、浙、皖旱，免赋赈灾；1202 年江浙、江东、湖南灾区连片，重灾区有二：①苏南浙北片：包括今南京、镇江、丹徒、金坛、常州、如皋、嘉兴、海盐等，并兼发蝗灾，丹阳、武进飞蝗如雾蔽天，绵延十余里，常州三县捕蝗 8 000 余石；②湖南潭州(今长沙)—永州片；1203 年江、浙、皖、赣又旱，再蠲其赋赈之；1204 年 6—8 月仍不雨，免两浙缺雨州县租赋；释放部分系囚；1205 年夏，江、浙、皖百日不雨，浙江衢州、婺(金华)、严(建德)、越(绍兴)州大旱，湖南鼎(常德)、澧也大旱，甚至两广也旱。8 月 21 日以旱灾释放部分关押罪犯，再免两浙缺雨州县；1207 年夏秋浙西久旱，蝗飞蔽日，豆粟皆毁；1208 年春夏旱，江、浙、闽、湖蝗，6 月 18 日免江、浙缺雨州县贫民逋赋，并减税粮；1209 年(杭州)旱，至 8 月乃雨，浙西大旱。常、润(镇江)为甚，淮东西、江东、湖北皆旱。仅 1206 年吴江夏秋又旱，蝗飞蔽天外，其他几乎连续记旱。

(10) 元代旱灾可以 1297—1299 年三年连旱为例，1297 年自春至秋，蒙城、霍丘不雨，赈之；9 月扬州、淮安、宁海州(连云港)旱；真定(石家庄)、顺德(邢台)、河间 3 府旱、疫；10 月镇江、丹阳、常州(辖晋陵、宜兴、无锡)、金坛旱，以粮赈之；11 月历阳(和州)、合肥、梁县(故址在肥东梁园附近)旱。1298 年 5 月燕南、山东 9 县(具体不详)、两淮、江浙属县 150 处蝗，淮安、扬州 2 路(辖安徽虹县、五河、滁州、全椒以东的苏北大部)又旱灾和蝗；1299 年 6 月鄂(武昌)、岳(阳)、兴国(阳新)、常(德)、澧(县)、潭(长沙)、衡(阳)、辰(沅陵)、沅(芷江)、宝庆(邵阳)、常宁、桂阳、茶陵旱，免其酒课和夏税；11 月淮安、扬州、庐(合肥)、江陵、沔阳、随(州)、黄(冈)旱，免田租。三年中，先冀，苏皖分离的两小片，继而扩展到燕山以南、长江以北的整个黄、淮、海平原，再转而两湖及淮南地区(图 1-34)。

(11) 1369—1370 年冀、晋、鲁、苏、浙、皖、赣旱。1369 年河北宝坻、宁河大饥，发通州河西务粟赈之；文安 7 月蝗；山西黎城、陵川大旱；陕西西安府、临潼、商县、洛南、山阳、洛川、黄陵大旱，民饥，赈西安诸府饥户米二石；甘肃秦州(天水)、徽州诸邑大旱，饥；山东旱饥，免当年租税；平原以旱免田租一年；莘县饥；寿光 7 月蝗；南京久旱；扬州 7 月饥；金华、绍兴 6—8 月大旱；歙县弥月不雨；湖广汉川、长沙、沅江、永州、临武饥；衡山岁歉；1370 年 4 月 6 日免南畿、河南、山东、北平、浙东、江西广信(治上饶)、饶州(治波阳)当年田租。河北永平、河间、沧州、景县大旱；山西孝义久旱；诸城 6—8 月旱蝗；南京、溧水、苏州、吴江 7 月前久旱，民饥，赈苏、松、吴江饥民；望江、宿松、夏久旱，免和州当年田租；丽水大旱；建德、桐庐旱。河南延津因旱诏免其税。江西波阳二十八都某潭深数丈，因旱见底，石壁镌刻“洪武三年水至此”。明朝初创，记载不全，此灾北自冀，南抵湘、赣，西至甘陕，东达沿海诸省，实一大旱。

(12) 1432—1435 年江淮河海大范围连旱，北起燕山以南，西讫陕西汉中金州、洵阳，南抵闽、赣，东达于海，冀、晋、鲁、豫、鄂、皖、苏、浙久旱不雨，河水干涸，禾麦焦枯，百姓艰食。1432 年浙江临安县赈谷 5 120 石，遂安饥亦赈之；淮安各属(邳州、宿迁、海州、赣榆、沭阳、清河、安东)、安徽寿州、凤阳、临淮、定远、泗州、桐城、望江民饥。1433 年北方旱情依旧，南方逐渐扩张，淮安府盱眙、清河、山阳、安东、盐城、桃源、扬州府江都、高邮、宝应、兴化、泰州、如皋、通州、应天府上元、江宁、镇江府丹阳、常州府江阴、苏州府属 7 县(吴县、长洲、吴江、昆山、太仓、常熟、嘉定)、松江府属 2 县(华亭、上海)、浙江临安，於潜、新城、余杭、嵊县、建德、遂安、分水、安徽凤阳府属各县(即整个皖北地区)、怀远、滁州、全椒、来安、巢县等民饥。崇明、松江见蝗，苏州饥民 40 万户，松江一处饥民 20 余万户、50 余万口，尽发所储以赈之，民乃获济。1434 年甘、陕、晋、冀、鲁、鄂、湘、赣、皖、苏、浙等仍旱，淮河以南凤阳、淮安、扬州、泰州、兴化、泰兴、靖江、如皋、通州、江宁、高淳、溧水、句容、溧阳、镇江、常州、无锡、苏州(含崇明、嘉定)、松江(今上海吴淞江南全部)4 府所属范围不雨，河港干涸，田稼旱伤，乡民缺食；浙江嘉善、钱塘、富阳、昌化、湖州、桐庐、建德、金华、兰溪、山阴、会稽、上虞、鄞县、定海、临海、黄岩、温岭、缙云；安徽凤阳、当涂、芜湖、繁昌、无为、含山、和州、来安、泾县民饥。崇明知县申请官粮 10 000 石以赈，苏、松等府停工部派办物料。1435 年徐州、扬州、滁州、吴县、昆山、芜湖、繁昌、铜陵、泾县、青阳、南昌、武宁、抚州等旱伤，人民乏食者仍以亿万计，死者枕藉，部分甚至十室九空，巡抚、侍郎督有司赈济。

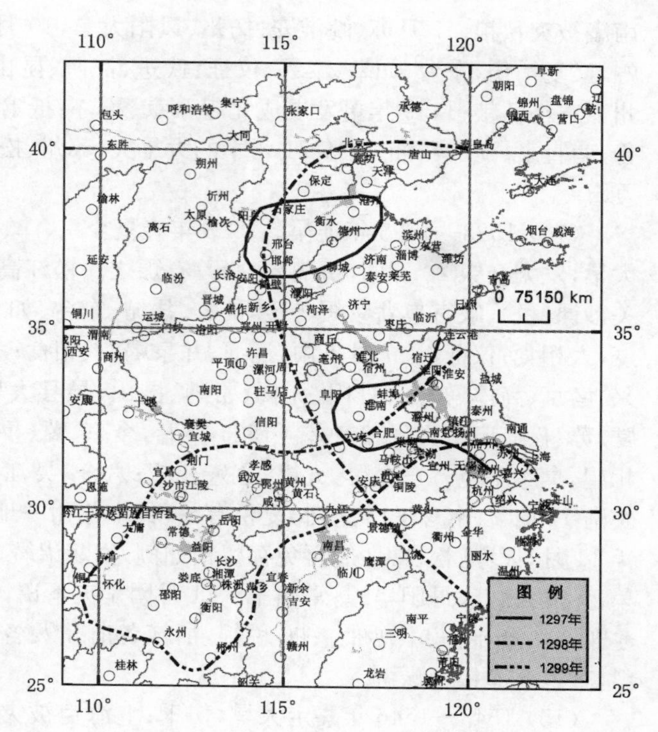

图 1-34　1297—1299 年旱灾分布示意图

(13) 1455 年夏秋，晋、豫、鲁、苏、浙、鄂、湘旱，其中 4—7 月，南畿江宁、溧水旱饥；丹徒、丹阳、金坛 4 月大旱蝗，丹阳尤甚；常州夏旱蝗，免夏租 15.3 万余石，秋租 23.6 万余石；江阴夏旱蝗，免租 47 456 石；无锡夏秋大旱，民饥，疫死者 3 万；吴县夏亢旱，大疫，秋稼歉收，死者益众，横山树木斩伐殆尽；吴江夏旱 70 日；昆山田苗槁，民病；苏、常、镇、松 4 府夏亢旱，又瘟疫，死者 7.7 万余人，苏、松饥尤甚，死者交错于道；扬州 6 月大旱；靖江夏旱蝗。浙江海宁卫、嘉兴诸府 4—7 月亢旱无雨，不能播种，秋成无望，民饥又大疫，死者枕藉；嘉善奉例输谷 600 石备赈，7 位义民捐谷 4 200 石；平湖饥，大疫，死者枕藉，陆氏兄弟先输给谷种，散榰楼以千数，次年更饥，再出谷 5 000 余斛赈济；海盐饥；桐乡夏旱。1456 年 2 月 13 日免南畿被灾秋粮。7月苏、皖淮安、扬州、凤阳大旱，10月应天（南京）、太平（当涂）、松江等7府蝗，又复旱伤，东台、如皋、泰兴、仪征、武进、江阴、昆山、吴江皆旱；免淮安、庐州（合肥）并扬州卫灾伤秋粮；1459年更发展成北起今京、冀，南抵黔、桂、南宁、桂平（浔州）、梧州一线包括鲁、南直隶、浙、赣、湘、川等71州军的大旱灾，苏州、松江田禾旱伤，户部复视，免秋粮43.08万石。

(14) 1523—1525年连旱。1523年春夏今京、津、冀、晋、鲁、豫、皖、赣、苏、浙、沪范围内大旱，发太仓银20万两，折漕米90万石赈之。松江高乡不能播种，特留折兑银、二折盐价、关钞课(税)、缺官皂薪续缓等金，淮安、盐城、东台、如皋、南通2—7月大旱，秋又大水，冬大疫，人相食；仪征4—7月不雨，运河、井泉竭，人相食；六合、溧水大旱，人相食；宝应、高邮、泰兴、南京、高淳、镇江、丹阳、无锡、常熟、昆山、吴县大旱或旱；涟水旱蝗。12月17日免镇、常、苏、松等府被灾税粮有差。1524年春，今京、冀、鲁、豫及南畿诸郡大饥，父子相食，道殣相望，臭弥千里。东台旱，大饥，道殣相望；六合、吴江春夏旱蝗。8月18日以旱灾免苏南、皖南10府2州（含今上海全部）夏税有差，其中苏州一地为银38 400两，草141 800包。1525年11月，以苏、松、常3府再免存留粮如例，岁赋诏缓；常熟夏秋旱。1526年江左大旱，如皋旱，无麦；镇江、丹阳旱蝗；常州旱。11月因旱灾下诏，免征苏南、皖南9府（即应天、镇江、常州、苏州、松江、太平、宁国、池州、徽州）税银，浙江各府州及各卫所屯粮有差，停征户部年例坐派物料，查各仓库粮米赈济。

(15) 1543—1546年嘉定大旱，伤禾；上海免被灾税粮；高邮、靖江、常州旱，河涸坼裂。1544年大旱，崇明五谷不登；嘉定伤粮，米价涌贵；上海6—7月不雨，无禾；松江、青浦赤地，岁饥；青浦死者载道。江苏夏秋南京、溧水、镇江、丹阳、金坛、常州、昆山大旱，洮湖生尘；无锡7—10月不雨，民饥，疫死；常熟飞蝗蔽天；太仓、桐乡、长兴旱；崇明、嘉定、上海、青浦、无锡等饥。1545年南北畿、陕、豫、鲁、鄂、湘、赣大旱，南畿饥；高淳民死相望；吴江民食草根、树皮，又大疫，路殍塞道；昆山野多饿殍；嘉定、松江赤地；民大饥；松江饿殍填壑；嘉定又疫，水中浮尸枕藉；崇明、上海禾麦无收，米价腾贵；太仓大旱；溧水、镇江、丹阳、金坛、常州、无锡、江阴蝗；泰州、高邮、东台、杭、嘉、湖、长兴旱，太湖水缩，洮湖生尘。10月25日以旱灾诏：南直隶（苏、皖）、浙江、江西、湖广、河南所属各县及诸卫、所田粮，改征折色有差。1546年淮南泰州、东台、靖江，江南镇江、丹阳、金坛等大旱；江阴人削榆皮以食，流殍载道；南京、溧水、常州旱；太仓春夏七浦潮水倒灌；至此淮南、江南、太湖已连续三年旱。16世纪40年代长三角旱情不断，时小时大起伏连绵长达11年，上述只是中段较为显著部分。

(16) 1588—1590年陕、晋、鲁及江淮地区特大旱灾，并兼发饥荒及疠疫，极灾区主要在河南。郑州、荥阳、新郑、中牟、密县、获嘉、济源、偃师、沁阳、修武、新乡、武陟、禹县、浚县、淇县、鄢陵、郏县、临汝、杞县等均出现人相食惨象。山东大旱、大饥的北界自胶州、寿光、桓台、济南、东阿、长清等，其中菏泽、东明、城武及莱芜、泰安两小片也出现人相食的极灾区现象。也涉及南直隶、浙、赣、湖广等133个县，就长三角各地而言，苏、松、嘉饥，上海全境大饥，死者无算，上海、南汇饥民抢掠富室，两相报复，厮杀甚多；松江自缢及赴水死者甚众；南汇易子而食、潜身义冢食新死胔者等人相食惨象。夏秋嘉定继以疫，上海大疫，死者无数。崇明曾于该年接受常平仓米5 000石赈济。高淳、常州、无锡、江阴、靖江、泰兴、苏州、常熟、孝丰、长兴、海盐、海宁等大旱，河流干绝，太湖成陆，继又大疫，死者甚众，嘉兴饿死者以万计。1589年在上述地区的基础上范围扩大至170个县，程度也更加深，两湖、皖、赣、江、浙大旱。夏秋，苏、松连岁大旱，大运河、石臼湖、漏湖、太湖、淀山湖干涸，湖底扬尘，行人尽趋。泗阳、淮安、涟水、盐城等3—6月,有的甚至9个月不雨,泰州、东台蝗,江宁、仪征、泰兴、南通、镇江、丹阳、常州、苏州、吴江、昆山等大旱;江阴死者载道;上海全境6—8月大旱,赤地无获,民多饿死。8月南畿(含皖、苏)、浙江大旱,除免灾田秋粮外,发帑金80万赈之;1590年虽仍继续干旱少雨,但范围和严重程度均有减弱,江苏宝应、仪征秋旱;南通、兴化大旱;盱眙旱饥;东台旱蝗,民奔徙;常州7月旱;溧水8月旱。重灾区缩至淮扬以北,豫、鲁、冀、晋、陕仍极旱荒。

在此干旱的背景下,三年内我国南北还多次发生扬沙、浮尘天气,以1590年4月5日清明节的沙尘天气较为突出,狂风自西北来,飞沙走石,白昼尽晦,咫尺不辨,忽赤忽黑,折木伤稼,坏城郭庐舍,行人多跌或坠落坑堑井等,麦禾枯死过半,冻死人畜,河南安阳、卫辉、开封、商丘冻死溺毙360余人;兖州伤5人;东明、大名等也有冻死者,北自北京、辽宁盖县,西抵陕西绥德、华阴,南至内乡、方城、确山、阜阳、颍上、南京、溧水等,为大别山所阻,以冀南、鲁西、河南最剧,次日息。

(17) 明末大旱灾自1626—1627年始,发端于陕北、晋北,以后逐渐向东、向南蔓延、加剧,至1640—1641年达到最严重,除岭南地区外,全国因旱而饥、疫死亡者超过千万人,不少地区特别是北方出现人吃人现象,年数2～4年不等,至1646年收尾,延续20年左右。长三角地区若以1631年始计,先是1631年夏上海、泰州、高淳大旱;涟水、徐州夏蝗;1632年夏秋松江、上海、嘉定、高淳、溧水、镇江、丹阳、宜兴、江阴、吴县、常熟、泰州、杭州、嘉兴、嘉善、桐乡、海盐、平湖、湖州、上虞、丽水、遂昌、常山、合肥、巢县、休宁大旱。淮、扬诸府及上海、桐乡、湖州饥。江苏因旱灾免赋10万余两;1636,1637,1638年断续出现,到1640年北畿、山东、河南、陕西、山西、浙江、三吴皆饥,自淮而北至畿南树皮食尽,发瘗胔以食。北直隶(含今京、津、冀)92处正史、方志记载中,明文载有人相食的有43处,占记载总数的47%;山西53处中有26县,占总数的49%;陕西48处中有17处,占35%;甘肃35处中有10处,占28.6%;宁夏1处;山东75处中有48处,占总数的64%;河南85处文献中,有63处有人相食记载,占记载总数的74%;江苏江宁、六合、镇江、丹阳、泰州、如皋、东台、丰县、沛县、徐州、睢宁、沭阳、宿迁,安徽六安、霍丘、亳州、颍上、萧县、寿县、怀远、天长、铜陵,江浙只临安、归安2县均有人相食记载;江西、两湖、福建等南方省区无此惨烈现象,由上可见极灾地区主要还在豫、鲁、冀、晋四省。1641年直隶31处记有人相食的,占记载总数的43%;山西19处,占总数的48.7%;陕西9处,占记载总数的29%;甘肃2处,占总数的11.8%;山东21处,占记载总数的33.3%;上海、嘉定外冈、太仓、涟水、徐州、丰县也出现人吃人;浙江桐乡1处,安徽安庆、贵池、望江、太湖、舒城、滁州、天长、歙县、霍山、阜阳、砀山、萧县12处,为记载点数的27.9%;另,巢县记载民大饥,饿死数千人,疫死万余人;河南人相食20处,占总记载点数的27%;另有7处记载死亡率超过5%。湖北人相食者5处,死亡过半的2处,前者占记录总数的16.7%,地点均在大别山西南麓各县。被灾区的排序依次为晋、冀、鲁、皖、豫等,极灾区北方比例下降,而范围则向南扩展至苏、浙、鄂等省。1642年北方灾情大有改观,南方仍较严重。山西仅河津,山东只平阴、巨野,湖北仅黄冈,安徽宿松、太湖、霍山3县及长三角的嘉定、宝山、崇明、太仓、嘉兴语儿乡(今属桐乡祟福镇)、桐乡乌镇等甚至出现割死人肉为食及易子而食、夫妻相食、父子相食的惨象。1643年北方仅洧川、尉氏,南方仅湖州仍有人相食。至1644年直隶仅赤城、河南仅新郑人相食,连续5年极灾。14年间居然出现11个明确的旱年,其中,9年大旱,5年兼有蝗害,7年伴随扬尘浮沙,4年为饥荒,并接受国家赈济。以1640—1642年最为严峻,后逐渐减缓。这是我国历史上延续时间最久、影响范围最广、程度最为严重的一次旱灾，影响巨大，社会矛盾急剧激化，终因饥饿、苛政、灾民不堪忍受，1627年春，陕西澄城饥民王工率百人举事，杀知县，揭开明末农民起义序幕，后张献忠、李自成继之，迅速蔓延，直至明朝灭亡，清兵入关，全国易帜，改朝换代。

(18) 1652年夏秋，苏、浙、皖、赣、鄂、湘140余县旱，许多人饿死。长三角地区的江苏高邮、宝应、兴化、淮安、盐城、东台、如皋、靖江大旱，田禾尽槁，民有渴死者，南通大旱，饥疫死者甚众；江浦、六合、高淳、溧水、丹阳、镇江、丹徒、武进、宜兴、常熟、苏州、吴江、太仓、松江、上海、青浦、南汇、崇明夏大旱，人行鱼道，沟底凿井，水咸、浑而臭，民人争涓滴之水竟斗殴伤生，岁大饥。江南共折漕38万石，免派耗米，金坛秋粮改折十之六。浙江嘉兴、嘉善、海盐、海宁、桐乡、孝丰、长兴、诸暨自5月不雨，至于秋8月旱，井泉竭、运河见底，溪流绝，禾尽枯。安徽滁州、当涂、芜湖、铜陵、无为、庐江、安庆、桐城、太湖、舒城、东至、霍山、颍上大旱，稼损八九；巢湖、含山、五河禾苗尽槁；宿松颗粒无收；来安、休宁、石台、灵璧、潜山、望江民大饥或饥；贵池草根食尽。

河南息县夏秋旱；固始、潢川夏大旱；罗山、商城秋旱；南阳7月大旱；灵宝、三门峡8月旱。

江西彭泽、湖口、星子、都昌、奉新、吉安大旱，萍乡、万载、崇仁大旱，饥。

湖北江水涸，湖渚陆行，大饥。武汉、黄陂、应城、安陆、黄冈、咸宁、阳新、京山、天门、枝江、松滋民大饥或饥；鄂州(武昌)、崇阳、通山民流亡过半；孝感大旱，民饥，多盗；大冶、应山、通城、蒲圻、江陵、石首、宜都、枝江大旱；钟祥、公安旱。

湖南长沙、平江、华容、汉寿、安乡、桃源、沅江、浏阳、衡阳、衡山、邵阳、武冈、安仁、常宁、耒阳、江永、沅陵、泸溪民大饥或饥；永州、辰溪、沅陵、张家界、桃源、慈利民多饥死。常德、临澧、澧县、醴陵、攸县、湘乡大旱；湘阴、新化、永州旱。

(19) 1661年夏，苏、浙、皖、豫91县旱，人有饿死者，江苏泗阳、涟水、盐城、东台、南通、高淳、吴县、长兴、桐乡、海宁等旱，宜兴、江阴、吴江、太仓、上海、青浦、松江、嘉定、崇明等大旱，酷热如焚，川渠俱涸，人行河底，往来便于平陆，晚禾绝收，太仓、松江岁饥。丹徒、金坛分别极灾、次灾均派扣；丹阳免本年地丁银十之五；淮安蠲田粮十之三；杭州旱，数千里草木枯死；临安夏旱，民饥；嘉兴、嘉善、昌化、建德、桐庐、诸暨7—8月大旱，禾稼不登；海宁蠲粮银1.5万两；湖州、长兴、浦江夏旱；宁波、鄞县、镇海、慈溪6月26日—9月2日大旱，失收；余姚饥；上虞咸水入河，夏盖东西乡绝粒，奇荒连年；临海、黄岩、仙居、东阳6—11月不雨，民食草根、土、木；丽水大旱，龙游、泰顺民饥。萧县、霍丘大旱，赤地千里，颗粒无收；六安饥；阜阳、怀远、宣城、黟县大旱；歙县荒；郎溪、绩溪、池州、石台、东至、婺源旱。

河南西平、汝南、遂平、上蔡、确山、罗山、桐柏、内乡、镇平夏秋大旱，禾黍不登；邓县民食树皮，秋瘟，民死大半；商城人多饿死。

湖北应山、枣阳5—9月不雨，赤地千里，民无颗粒，大饥，请赈；随州、宜都大饥；谷城、宜城、京山、钟祥、安陆、鄂州大旱；武汉、麻城、公安、孝感秋旱。

(20) 1671年夏秋大旱，跨江、淮、河、海4大流域219县，以鄂东、湘北、赣、浙、苏南为中心，灾情最重，自5月始至9月26日雨止，盱眙民多饿死；淮安旱蝗，灾十分；六合赤地，冬冻馁死者不可胜记；盐城发米赈饥民2.7万余口；停征泗县当年地丁粮一半，发江南正赋银6 454两，赈泗、盱两县；嘉兴、桐乡人有渴死者；上海、青浦岁饥；上海蠲钱粮2.1万石；嘉定免旧欠三年地丁银；杭州旱，蠲赈；建德、天台蠲免正赋十之三；安徽以凤阳、庐州、安庆3府灾情最重，天长人相食，怀宁赤地；蒙城、桐城、无为、全椒、繁昌、宁国、绩溪大饥；宿松、太湖、潜山、舒城、芜湖、当涂、怀远、五河、灵璧、泗州民饥，定远、全椒、来安、滁州、池州属贵池、青阳、建德、东流免灾田起运正赋十之一、二、三不等，漕粮改折，外耗赠米俱免。

河北行唐、灵寿、平山、高邑、深泽、蔚县、坝县、大城、任县、临城、广平、大名旱；定兴、唐县、涞源、易县、新城、邢台、邯郸、成安、永年大旱；武强免十之三；隆尧 4—7 月不雨，灾十分、八分蠲免有差；馆陶旱，发积谷 275.1 石，又请支临清仓米 800 石，免正赋 7 580 余两；临漳旱灾，免田赋 1.2 万余两。

山西文水旱；长治大旱；黎城大饥。

河南范县 1670—1671 两载连遭奇旱；内黄大旱，免银两；新乡旱，免银 7 640 余两；汤阴免田赋三分、二分不等；罗山大旱，伤稼；正阳、潢川、商城、荥阳旱。

山东齐河大旱，民饥；乐陵饥，发粟赈之；无棣旱，支粟 800 石赈之；沂水大旱，免税粮 6 690余两；莘县大旱，免当年钱粮十之二。

江西南昌、新建夏数月不雨；景德镇、南康府 4 县（星子、都昌、永修、安义）7—12 月旱，河井皆竭，大饥，人多饿死；九江、德安、湖口、彭泽、都昌赤地千里，道殣相望，民鬻子女者无算，流亡者十之七；修水免田赋十之三；广信府 7 县（上饶、玉山、广丰、铅山、弋阳、贵溪、横峰）皆大旱；上饶 6—9 月民大饥，发常平仓粟，暨本府捐谷 7 600 余石，分赈饥民；波阳 7—12 月旱，泉尽竭，二十八都有潭深数丈，水尽见底，内有石刻“洪武三年（1370 年）水至此”，300 年后再现；余干、乐平泉尽竭。

湖北蒲圻 6 月大旱，赤地千里，襁负逃散；大冶 6—9 月大旱，流亡载道，民多殍死，免十之三；应山民大饥，有流徙者，大疫复出，出仓粟千余石分赈；安陆、黄冈大饥；麻城、罗田、浠水、蕲春、广济大旱，免当年钱粮十之三；丹江口、应城、红安、孝感、通城、崇阳、阳新大旱；潜江、公安旱。

湖南长沙、宁乡旱，免赋十之二；安仁免赋十之三；桂阳大饥，发积谷 960 石赈饥民；浏阳亢旱，掠夺四起；岳阳、临湘、平江、华谷、益阳、湘乡、汝城、衡山、常宁大旱；邵阳、沅陵、麻阳、泸溪旱。

(21) 1677—1679 年连旱，77 年夏河北宣化、怀来、阳原、怀安、隆尧大旱；万全、卢龙 10 月河竭数日；迁安、三河、南皮、内丘蝗。溧水旱荒；上海、松江大旱，青浦旱，水田坼裂，较轻；嘉善、桐乡、永康、丽水 7 月旱；湖州，6—8 月旱，河尽涸；宁海 7—8 月不雨。宣城大旱；桐城旱。江西新建、万载 5—7 月大旱；余江免丁缺田荒赋税十之七；修水、万年减赋十之三。1678 年大江南北、河南、山东俱旱，赤地千里。定兴、涞源、磁县 6—7 月大旱；迁安、阜城、武邑 7 月旱；山西临汾旱，隰州、永和疫，保德、交城频歉；壶关旱。山东济南、兖州二府属旱；淄博 5—6 月 24 日旱，25 日始雨，复旱，人多病疫，8 月 9 日乃雨，秋大饥；枣庄、青州、寿光、昌乐、安丘、诸城、高密、泰安、新泰大旱；济宁、金乡、临沂旱；江苏夏秋赤旱，兼以蝗蝻踵至，所在失收，报灾共 40 州县，仅十余处薄收。江浦旱荒；六合报灾九分、十分，免钱粮三分，冬饥，赈济；高淳旱，人民无食，多乞于道；三吴奇旱，兼大疫；江阴大旱，赈济 2 484 两余，买米2 135 石，设厂赈济；丹徒秋灾，免夏折银十之三，计银 11 437 两余；丹阳旱，设厂煮粥，赈济饥民；金坛大旱，籽粒无收；仪征旱蝗，大饥，设厂赈粥；常熟、武进、宜州、镇江旱；沛县、邳县、睢宁、宿迁、盱眙、泗阳、淮阴、高邮、阜宁、东台大旱或旱；松江、南汇、青浦、嘉定、崇明等大旱，河水俱涸，人行河底。杭州旱；嘉兴、嘉善、桐乡、金华、衢州、常山、江山、缙云大旱，禾多枯；东至、安庆、怀宁、桐城、潜山 7—9 月大旱；滁州旱蝗，被灾八九分不等，免正赋十之二三；凤阳、五河、天长、来安、全椒大旱；芜湖、宣城、宁国旱。江西夏秋大旱，免税粮十之二；修水、余江、万年免赋三分，又准免丁缺田荒银米五分；上饶、贵溪、宜春、泰和、万安、遂川大旱；大余旱，大饥；武宁、高安、奉新秋旱。河南扶沟、巩县、封丘、项城7月大旱；唐河、桐柏饥，民多饿殍。1679年自6月至9月旱，涉及今京至湖南12省203个县，山东、河南、江南北大饥，山东高青、安徽霍丘、天长人相食；重灾区在苏、浙。江苏4—9月不雨，湖水尽涸，运河绝流，禾苗尽槁。江宁府属大旱，食榆殆尽，复食土石；江浦大旱，民饥，免地丁及卫粮，发米豆银两，开厂赈恤；六合极灾九十分，免钱粮五分，民饥，自1680年1月27日—2月14日赈；高淳、苏州、太仓、昆大旱，饿殍载道，鬻妻女者络绎；常熟、无锡飞蝗蔽天，官塘水竭，赤地无苗，大饥；江阴赈米6 590石，银1 883两；常州旱大饥，户多死亡，免1671—1673年旧欠，1674—1677年未完钱粮自1680年起，分年带征，又免受灾九分、十分者当年税银十之四，七分荒者十之三，五六分荒者十之二；镇江3县(丹徒、丹阳、金坛)民食榆皮；丹徒、丹阳免十之五，漕粮至次年带征本色一半，余以麦代分，丹阳12月知县设厂赈济四方饥民，至次年4月止；金坛籽粒无收；宜兴大饥；溧阳缓征秋粮；宿迁骆马湖涸，盐城溪湖尽涸，免当年钱粮一半；扬州、泰州、高邮、宝应、兴化、南通、如皋蝗食禾殆尽，民饥；宝应发粟赈济；靖江设厂东塔寺，煮粥赈饥；武进、无锡民饥，高淳、丹徒、江阴、上海各县河塘干涸，民食草根、榆皮。浙江杭州、於潜、桐乡、德清、浦江、临海、仙居、温岭、黄岩、缙云、龙游等7—8月大旱或旱，余杭民食观音土。安徽蠲免除与江苏相同外，准动凤阳仓米2万石、并积谷2千石赈济，又借正帑银3万两接赈；凤、庐、安、滁、和等府州县卫被灾惨苦，又凤、庐、滁3属照被灾分数免银有差，漕粮改派外耗赠米俱免；合肥、巢县、无为、庐江、安庆、桐城、宿松、当涂、泗县、萧县、黟县、东至大旱；合肥、巢县、庐江、无为、全椒、绩溪、祁门、宿松、望江民饥或大饥，灾情逐年加剧。

(22) 1693年夏秋长江下游旱，江浦、丹阳、武进、吴江、昆山、淮安、芜湖、旌德旱，免当年漕粮三分之一；高淳、溧水、丹徒、无锡、江阴、常熟、吴县、铜陵、繁昌、巢县、无为、庐江、安庆、望江、东至、嘉善、嘉兴、海盐、吴兴、临安及上海、嘉定、松江、青浦等大旱，盐铁、练祁、护塘等河水涸，田禾枯，免当年赋税额。如皋、东台、盱眙大旱，飞蝗蔽天，食禾；徐州、萧县、丰县、沛县俱大饥，人相食。太湖、潜山、五河、凤阳、当涂、郎溪、广德、宣城、泾县、歙县、绩溪、渍池、青阳夏旱。江西新建等14州县夏旱。九江、德安5月6日—8月15日旱；瑞昌、彭泽大旱；修水免赋十之三；波阳、丰城旱。河南中牟、获嘉、原阳、安阳、内黄、许昌、正阳旱蝗。湖北黄冈、蕲水，蕲春、黄梅、广济等州县免赋共24 621两；鄂州大荒；大冶、阳新、崇阳旱。

(23) 1707年5—8月长江下游旱，主灾区仍在苏南、浙北的南京、上海、杭州一带。苏、松、常、镇4府大旱；江苏高淳、丹徒、丹阳、金坛、溧阳、武进、宜兴、无锡、常熟、昆山、吴江、苏州、吴县；浙江临安、嘉善、海宁、海盐、桐乡、桐庐、临海、泰顺及上海全境夏大旱，河塘干涸，饮水困难，禾豆枯死几尽，至冬民饥；盱眙秋旱，灾十分。安徽含山、天长、来安、当涂、芜湖、东至、绩溪大旱，民饥；铜陵、贵池、宣城、泾县旱。江南太仓、六合等21州县免征额赋；上海赈米16 304石，嘉定赈米32 293石余，又平粜漕米1.8万余石；吴江赈饥民、贫生凡五月，大口给米2.5合，小口减半，贫生150名，每名给米5斗，共给米32 389.5石；江阴勘报灾田577 838亩，免地丁银9 467.356两，米188.372石，赈大小饥民326 271口，给米108 692.5石；高邮、泰州停征；东台旱，免地丁银8 580两、凤米2 248石；浙江安吉、余杭等16州县因旱免除额赋，钱塘、富阳、寿昌、分水4县并湖州被灾田亩免银10 606两余；嘉兴减征，免漕欠，发帑散赈；德清被灾田粮照例蠲免，动常平仓谷赈济。旌德免征地丁钱粮。江西瑞昌、彭泽大旱；临江府属(治今樟树市，辖新淦、新余、峡江、清江)旱，赈之；宜春旱。湖北广济荒；黄陂旱。湖南岳阳、湘阴旱。

(24) 1721—1724 年连旱。1721 年河北、山东、河南、山西、陕西麦无收,民饥馁:

直隶怀柔、密云 2—6 月二麦无收,动存仓米赈济;通县、曲周、邢台、南宫、新河饥;大城、河间、沧州、吴桥、东光、景县、大名、献县、深县、鸡泽、丘县、武安大旱;井陉缓征、并发仓赈借;阜城旱;易县、涞源歉收;开州、永年等 22 州县旱。

甘肃清水、礼县、徽县大饥。

陕西咸阳、高陵、礼泉、山阳、清涧旱甚,逃亡流徙;佳县人相食。

山西平阳(临汾)、汾州、大同等属旱,赤地,无麦,帑金 55 万两赈济汾、平二府;赉银3 000余两予沁源,散给饥民;临县赈恤免粮;榆次、太谷、介休、汾阳、长治、襄垣、黎城、高平、阳城、长子、蒲县、沁县、翼城、曲沃旱饥;孝义、石楼、运城、平陆、万荣逃亡流徙;洪洞有饿死者。

河南全省旱饥,粮停征。内黄四乡饥民率众抢夺。

山东历城、章丘等 46 州县及临清等 3 卫大旱,其中济南、德州、蒙阴、沂水、东平、曲阜、定陶民饥或大饥;济南、高青、桓台、寿光、昌乐、诸城、费县、莒县、东昌、定陶、聊城开仓赈济。

夏秋,苏、松、常、镇、扬所属州县旱灾,嘉定、上海、松江等大旱,河尽涸,上海全境饥,民食赈粥者数千人,免被灾田部分地丁税粮;免常熟灾户地丁银 5 592.982 两,又免米 690.207 石;江阴勘报灾田 547 334.1 亩,免地丁银 8 529.8 两,米 197.671 石;武进共免地丁银 12 969.516两,米 397.885 石;无锡、睢宁岁饥;宜兴、涟水、丰县大旱;溧水、太仓、吴江、泗阳旱。

浙江杭州(领昌化、於潜、临安、余杭、海宁、富阳、新城)等 34 州县皆旱;桐庐、分水、桐乡、湖州、德清、武义、衢州、龙游、江山、常山、开化大旱;奉化、象山、嵊县、临海、宁海、天台、永康、温州、瑞安、乐清、平阳民饥或大饥。杭、湖、严、衢卫所灾田免银 85 659 两余。

安徽绩溪、祁门大旱;泾县、宁国、旌德、黄山、泗州旱灾,被灾钱粮按分蠲免,又拨宣城、南陵、铜陵、英山 4 县仓谷赈济,休宁缓征钱粮 6 550 两。

江西新建、景德镇、弋阳、铅山、波阳、乐平、余江、万年、宜春、万载、金溪、进贤、宁冈、赣县、石城、定南、南康 6—9 月大旱;德兴、崇义大饥,信丰有饿死者;龙南民多流亡。

1722 年河北获鹿、井陉、隆尧、广宗旱,大饥;赞皇流亡满目,盗贼风炽;通州、定州、唐县、曲阳、东光、大名、永年、曲周、涉县、鸡泽、邢台、平乡饥。赈井陉、曲阳、东光、鸡泽、丘县、邢台、南宫、沙河等。山西榆次、长治、黎城、晋城、潞城、长子、沁县饥;沁县人多饿死;临猗饥,流民多亡;古县死亡、流离;介休疫死人无算;赈平定、蒲县、芮城。山东全省大旱。济南、淄博、德州、莒县、蒙阴、沂水、东平、曲阜等饥或大饥;鱼台人多饿死;赈高青、桓台、寿光、昌乐、诸城、章丘、定陶。河南全省旱饥,新郑、新乡、汲县、获嘉、武陟、禹县、南阳、桐柏等饥或大饥;密县民多饥死;尉氏、新乡、孟县、洛阳、偃师、新安停征;赈济源、禹县、孟津。

长三角地区春旱,3 月 20 日未时崇明、上海、川沙、南汇大风扬沙,日暗无光,室内粉尘积厚,二时许乃息。夏,松江、青浦、嘉定、崇明大旱,花稻无收。冬,嘉定饥。当年,政府因旱灾赈济苏、松、常、镇、扬所属 16 州县旱灾地丁银两有差,缓征一半漕粮、以宝山一地为例,蠲 1705—1707 年存漕项银 11 047 两,1709—1711 年民欠漕项银 34 446 两。江浦除免地丁银米外,仍赈饥民 51 700 余口;昆山、吴县、太仓、常熟、溧阳大旱;无锡、丹徒岁饥,江阴除免地丁银外,赈大小饥民 118 530 口,给米 24 819.3 石;武进也赈济饥民不等;扬州、盱眙、沛县旱;铜山民亡散。嘉兴、嘉善旱,大饥,疫;桐乡旱疫;金华旱饥,湖州大旱,松阳大旱,赈济;浦江旱。广德、歙县旱灾,赈济;含山大旱;无为、舒城、贵池、泗县旱。

1723年直隶元氏民大饥,死者枕藉,夏秋大瘟,人死殆半;平乡秋疫,死者无数;高邑、曲阳、邯郸、鸡泽、柏乡、新河、南宫饥;赈井陉、鸡泽、武安。山西平定、寿阳、徐沟及汾州府属地方旱饥;寿阳、武乡、祁县饥;赈恤昔阳、平定、壶关饥民;山东济南等95县卫旱;发谷赈济;武城、博兴、临朐、莱阳、牟平、海阳、临沂、费县、莒县、新泰、鱼台饥或大饥;赈临邑、博兴、昌乐、临朐、鱼台等。河南豫西北;辉县人相夺食,鬻子女,多逃亡;赈汲县、获嘉、林州等。

江苏是年江、镇、常、苏、扬、淮6府属内22州、县秋旱,免地丁银有差。江浦、六合、高淳、溧水、高邮、金坛、无锡、江阴、苏州、吴江、太仓、昆山旱蝗;丹徒饥;赈溧水、武进、吴江等。上海池港坼裂;青浦、嘉定大旱;同样以宝山为例,免地丁银26 685两,米豆1 666石,诏赈粥用米4 000石有奇。浙江赈富阳等31县卫所旱灾饥民,免安吉、仁和、湖州等53州、县、卫、所旱灾额赋有差。嘉善、桐乡、海宁、桐庐、定海、宁海、武义、永康、义乌、瑞安、平阳旱或大旱;嘉兴、湖州、宁波、奉化、象山、慈溪、上虞、嵊县、临海、金华、东阳、乐清饥;免萧山、安吉、德清、黄岩、缙云、松阳。安徽免合肥、舒城等18州、县、卫被灾地丁银米,又动积谷赈济饥民;巢县、无为、来安大旱或旱;铜陵、含山、舒城、太和、宿县、天长、郎溪、宣城蝗。

1724年江苏旱灾,免苏、松、常、镇、淮、扬所属15州县当年被灾地丁银。江浦、高淳、丹阳、金坛、无锡、昆山、太仓、常熟、南通、盐城夏或旱或蝗。3月1日上海诸地竟日扬沙。4—5月崇明、嘉定、宝山、南汇等旱。5月松江、金山咸潮入内河,禾尽枯。川沙港水并咸,溉种多死。上海麦田又多虫灾,麦叶、草根俱尽,麦杆啮断。6月松江、青浦蝗。7月崇明、上海、川沙蝗。8月禾槁,秀者多被啮。浙江嘉善、海盐、桐乡、桐庐、分水、常山夏旱或蝗。安徽天长、铜陵、舒城蝗。至此,旱情已大为减弱,长三角外围诸省即使有旱,也只是个别零散分布。苏、浙、皖相对集中连片,尤以江苏记载稍多,灾情也只减免一些地丁税赋。

(25) 1785年长江、黄河两大流域下游地区又发生罕见特大旱灾,实际自1784年始,1785年达到高峰,重灾区涉及晋、冀、鲁、豫、苏、皖、鄂、湘303县。饿死人数上百万之众。

山西灾情主要在晋西南,平阳、蒲州等属麦歉收,减赋之外再行酌借口粮,本年钱粮缓至秋后。古县、安泽、陵川大饥,万荣、壶关饥,临汾、曲沃、襄汾、解州、河津、芮城、永济歉收。

河北灾情主要在冀南,以大名、顺德(邢台)、广平三府州、县被灾较重,大名蠲赈有差;邢台旱;广宗大旱;南宫无麦。

山东历城、齐河、临朐、宁陵等县发生人相食的惨烈现象,峄县(枣庄)饿死人;昌邑、日照、菏泽大饥;德州、寿光、安丘、平原、庆云、潍县、高密、即墨、兖州、巨野、聊城、临清、观城、东阿等饥,缓征,散赈;淄博、临邑、商河、阳信、邹平、昌乐、诸城、黄县、沂水、肥城、宁阳、单县、郓城、莘县、阳谷大旱;长清、东平、邹县、滕县、金乡、东明旱;6月陵县等40州、县旱灾;12月再赈枣庄等9州、县旱灾。

河南宁陵、鹿邑、息县人相食;淮阳、人多饿死;临汝、方城、汝阳、武陟、范县、柘城、舞阳、泌阳、鄢陵大饥;赈济兰考、汲县、濮阳,太康、扶沟、西华、新蔡、新安;杞县、尉氏、辉县、睢县、宝丰、禹县、固始、正阳、郾城大旱;密县、修武、长垣、夏邑、许昌、临颍、商城、光山、唐河旱。同月赈河南永城等12州、县旱灾。

江西赣北九江、德安、瑞昌、都昌、波阳民饥;湖口民多殍亡;星子大旱。

湖北西自郧州、均州(今丹江口市)、光化(老河口)、谷城、襄阳、南嶂、宜城、荆门、当阳、宜都、松滋、公安，石首、监利；东至枣阳、麻城、安陆、应城、应山、黄冈、大冶、崇阳等46州县，并武昌、武左、沔阳、黄州、蕲州、德安、荆州、荆左、荆右、襄阳10卫所旱；黄安(红安)、罗田、英山、房县、竹溪饿死人；宜城大饥；郧县、江陵、通山、黄梅、汉川民饥。赈江夏(武汉)、大冶，黄陂、云梦、麻城、浠水、蕲州、广济、随州、钟祥、天门、枝江等。

湖南平江、新化、安乡大旱，饥；长沙、澧州、临澧、湘阴、桃源、石门、益阳、安化、湘乡、武冈、大庸(张家界)、永州大旱；辰溪、芷江、常德旱。11月5日赈巴陵(岳阳)等10州、县旱灾。

长三角南北大旱，苏北自4月旱至次年3月始雨，铜山、邳州、睢宁、淮安、宝应、泰兴、靖江大旱，河竭，井涸；兴化、盐城、阜宁人相食；东台运盐河竭；如皋、南通大饥，流民载道，夏大疫；泰州河港尽涸，又蝗，无麦无禾，民大饥；六合龙津桥上下二十里滁河断流；高淳固城湖中可推车，至次年春草都食尽，民皆饿倒；溧水无麦无禾，大饥；句容、丹阳、常州、昆山旱；无锡岁大饥；江阴6—10月旱，河流涸绝，高下俱歉，民无食；常熟、苏州河港涸，太湖部分湖底暴露，蝗又生，岁大饥；吴江夏大旱，蝗；上海、松江自7月2日至9月4日共64天不雨，各郡闭籴，青浦蝗；松江部分地区饥；冬，宝山高桥疫，青浦大疫；上海虽有民饥，但尚无人员饿死、外流记录；安徽宁国、池州、太平、凤阳、颍州、滁州、广德、六安、泗州、庐州各府州属俱大旱，亳州、怀宁、霍丘人相食，当涂、繁昌、无为、宣城饿死者众；合肥、和县粮歉收；长兴、嘉兴、桐乡、海盐河港皆涸，蝗蝻生；杭州西湖竭，又蝗。政府先后两次赈济江苏旱灾，6月赈江苏铜山等16州、县；山东陵县等40州县旱灾；10月再赈江苏苏州等56州、县、卫及河南永城12州县旱灾；11月赈安徽亳州51州、县并凤阳等9卫旱灾。11月5日赈巴陵(岳阳)等10州县旱灾；12月再赈山东枣庄等9州县旱灾。

(26) 1814年苏、浙、皖、赣、鄂161个县夏秋大旱、大饥，江苏高淳民食青草，丹徒人食观音粉，太仓、青浦、松江、上海民饥，饿殍载道，长江下游、江淮及环太湖流域河水涸。干河不通舟楫，缓征灾田地丁银粮。

(27) 1818—1822年长江下游及太湖地区旱，1818年还仅句容、武进及上海地区旱，棉花歉收；1819年旱区及歉收面积扩大，歉收的范围包括武进、昆山东北部、嘉兴、海盐、海宁等，上海自7月30日至10月8日不雨，青浦、松江、金山等西部地区大旱，民饥，缓征田赋；1820年夏更发展到长江下游145个县，其中，皖、鄂两省还不少人饿死，秋又疫。主旱区在皖、鄂两省，江苏句容、金坛、江阴、南通等河底坼。上海地区夏亢旱，秋霍乱流行；1822年苏南、浙北部分地区旱，上海自6月下旬至8月23日大旱，河底坼，松江缓征被旱者及府属盐课，缓征地漕正耗银米。

现以1820年的夏秋旱为例阐述如下：此次旱灾涉及苏、浙、皖、赣、鄂、湘、粤、桂、黔9省，严重的有，湘中丘陵盆地区以耒阳、湘乡的大饥并饿死人为中心，即为其一；二，江西武宁、崇仁、金溪、信丰民大饥，食土、逃荒，新余、安义、星子、上高、永丰缓征的大旱区，面积最大，东北端并沿江深入湖北蕲春、黄梅、通山、咸宁及安徽东至、宿松、太湖等县；三，浙东以宁波、象山、新昌、桐庐、仙居的祈雨、平粜、缓征、发仓赈济、劝捐等；长三角主体区自南京至上海仅旱，较轻(图1-35)。各地掌握的记录如下：

江苏江阴、南通、如皋、青浦、松江、金山、奉贤旱；南京、句容小旱。

浙江萧山自5月26日前至8月23日大旱；宁波6月中旬—8月9日不雨，晚禾多枯，祈雨；象山祷雨；新昌缓征额赋；桐庐平粜、劝捐接济；仙居发仓赈济；衢州、丽水、青田、云和、永康、东阳、金华、浦江、建德大旱；诸暨、嵊州、武义、龙游、常山、临海、温岭、玉环、乐清、平阳旱。

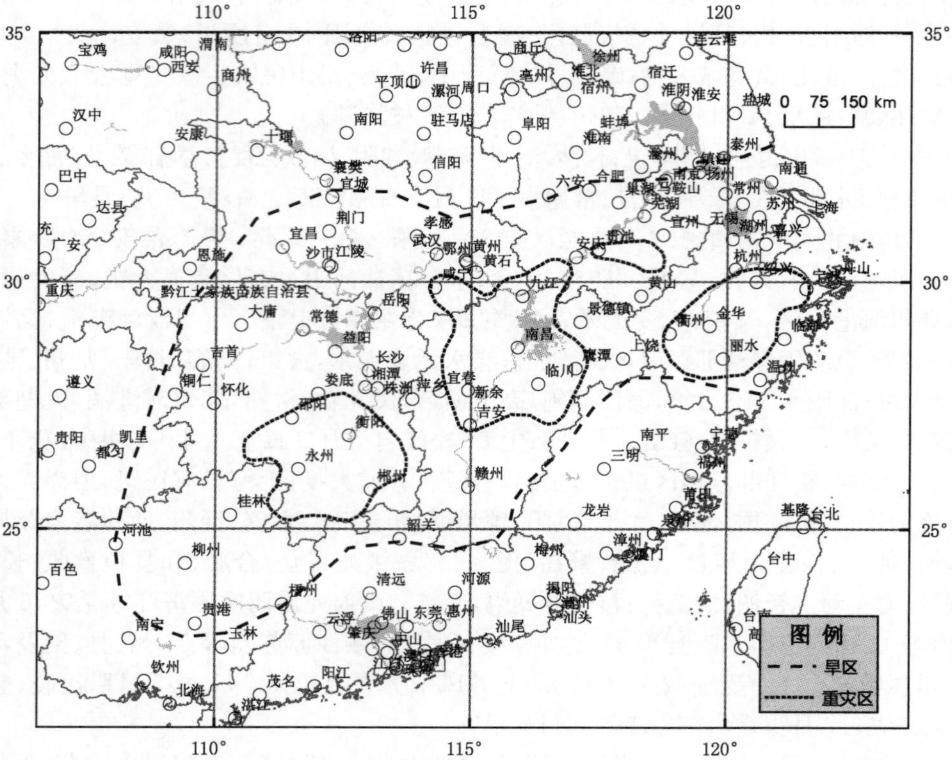

图 1-35　1820 年夏秋旱灾分布示意图

安徽宿松、太湖、贵池、东至大旱；泾县、旌德赈恤；安庆、合肥、巢县旱。

湖北蕲春、黄梅、咸宁、通山大旱；通城、崇阳、鄂州、秭归旱。

江西九江、瑞昌、修水、湖口、都昌、余江、万年、万载、丰城、南丰、资溪、吉安、宁冈、龙南大旱；新余、安义、星子、上高、永丰缓征额赋；金溪、信丰大饥；崇仁民食土；武宁饥民逃荒；分宜平粜；南昌、建昌(南城)、临江(樟树)、赣州、袁州、萍乡、德安、上饶、奉新、靖安、定南、大余旱。

湖南平江、安仁、资兴、兰山、江永、邵阳、城步、沅陵大旱；湘乡大饥；耒阳饿死人。

广东乐昌、韶关旱。

广西全州、兴安、宜山、环江、宾阳、上林、藤县旱，蒙山大饥。

贵州天柱 6—8 月旱。

(28) 1835 年夏秋，我国东部 16 省 224 县旱，重灾区鄂南、湖南、赣北、皖南、浙江中南部，闽北直至江淮沿海，饿死者无数。江苏阜宁旱至海水倒灌，盱眙、宝应、溧水旱蝗，高淳、句容、金坛、武进、太仓、上海全境，湖州、孝丰、平湖等大旱，河塘干涸。江苏 51 个县缓征新旧正杂额赋，江西除缓征新旧额赋及所欠银款外，还赈贷灾民口粮。

(29) 1856 年旱区北起冀、津，西达陕西，南至湘、赣共 200 余州县，饿死者不计其数。现仅东部各地情况分述如下：

京、津、冀赵县夏大旱，蝗害稼，人食草根、树皮，饿殍死于道者万余人；正定、沧州、东光、广宗大旱；获鹿、赞皇旱、饥；坝县、枣强、大名旱、蝗；隆尧、井陉、三河蝗、饥；昌平、平谷、静海、新乐、栾城、平山、迁安、昌黎、秦皇岛、遵化、乐亭、文安、永清、清苑、定兴、容城、唐县、新城、望都、曲阳、盐山、青县、献县、故城、永年、成安、肥乡、邢台、隆尧、沙河、新河蝗。

河南内黄、夏邑、虞城、淮阳、商城、项城、正阳、光山大旱，飞蝗为灾；内乡、柘城大旱、饥；郾城旱；息县、郏县、禹县、方城旱蝗；灵宝、卢氏、三门峡、密县、新乡、武陟、孟县、范县、浚县、濮阳、睢县、永城、宁陵、许昌、鄢陵、确山蝗。

山东7月旱，8月蝗，起(临)沂、曹(菏泽)，漫延济南各州县。武城大旱，蝗食禾尽，民大饥；陵县、昌乐、安丘大旱，蝗害稼；禹城、临邑、寿光、邹县旱；利津、诸城、潍坊、高密，莒县、兖州、宁阳、东平、济宁、金乡、巨野、郓城、阳谷旱、蝗；临朐、肥城、长清蝗、饥；桓台、牟平、海阳、费县、蓬莱、新泰、平阴、鱼台、汶上、定陶、冠县蝗；冬，兖州、临朐、日照、肥城饥；宁阳大饥；金乡缓征；宁津救荒筹赈。

江苏入春以来，苏、松等属就雨泽稀少，梅期不雨，6—7月大旱，高阜山田不能栽种，支河皆涸，低区禾棉亦多黄萎，收成大半无望，偶有阵雨，入土不濡。秋续旱至9月始雨，上海全境与邻近江浙皆同。以旱情而论，江苏全境大旱，淮北如徐州、铜山、沛县、宿迁、睢宁等偏野如焚，沟荡无水，沛县、六合民饥，盱眙民食榆皮，兴化人掘观音土为食；淮南淮安、宝应、江都段运河断流，湖沼枯渴，阜宁、盐城、兴化咸潮倒灌，飞蝗、土蚕又同时为害，岁大饥。沿江至苏南、浙北及太湖流域各县6—8月递报连旱无雨，河港干涸，蝗蝻伤稼，江浦、六合、高淳、溧水、句容、丹徒、丹阳、溧阳、金坛、武进、无锡、常熟、吴县、苏州、吴江、昆山、太仓、泰州、泰兴、南通等旱。江苏以常、镇二府属(含武进、阳湖、江阴、靖江、无锡、金匮；宜兴、荆溪、丹徒、丹阳、溧阳)最重，苏、松、太三属(含常熟、昭文、昆山、新阳、吴县、长洲、元和、吴江、震泽、镇洋、嘉定、宝山、崇明)次之，乡间苗存一半，棉只三成，晚豆全荒，小民哀鸿遍野；南京河底干裂，高低田地皆灾；宜兴西溪、江阴运河、昆山傀儡河涸竭，蝗蝻遍地，民大饥。上海5—8月雨泽稀少，黄梅无雨，夏秋亢旱，河港皆涸，苗存不及一半，棉只三分，晚豆全荒。9月蝗虫虽然普遍，除崇明影响较大、松江略有损失外，其他各县并不伤禾，也无饥饿、救灾记载，反映灾情稍轻。

浙江长兴、湖州、杭州、余杭、德清、嘉兴、嘉善、平湖、桐乡、海盐、海宁等6—9月大旱，河湖竭；嘉兴、嘉善、海宁、德清、余杭蠲缓新旧赋额。

安徽全省均大旱，庐、凤、颍，六、滁、泗蝗甚，宁国人相食；怀宁、霍山、定远、全椒赤地；贵池、太平(当涂)赈济，天长、广德大饥；合肥、祁门饥；和州、当涂、庐江、桐城、太湖、潜山、宣州、南陵、宁国、石台，太平(黄山北)、霍丘、舒城、颍上、太和、萧县等旱或蝗。

湖北武昌、汉阳、黄冈、郧阳、荆州、荆门各属5—10月大旱。树木枯死，河水干涸，蝗蝻猖獗；应山赤地千里，草根，树皮食尽，民流汉、沔，道殣相望，粮缓征；麻城7—10月大旱，人食树皮草根，有鬻子女易食者，冬，缓征受旱各区租税三分之二；大冶、黄陂、汉川、云梦、应城、安陆、红安、浠水、黄梅、英山、咸宁、通城、麻城、蒲圻、钟祥、潜江、公安、郧县、随州、谷城、光化(老河口)大旱；黄冈、罗田、英山、郧西饥；郧县、丹江口、南嶂、咸宁、京山大饥；宜昌、当阳、松滋、江陵旱、蝗。秭归饥，竹结实，自归属至兴(山)、房(县)不下数千石。

湖南岳阳、益阳大旱，蠲缓本年钱粮；临湘、平江、常德、汉寿、桃源旱。

江西九江大旱，自夏徂冬200余日不雨，岁歉；余江初夏至秋不雨，赤地无收；南昌、瑞昌、湖口、武宁、星子、都昌、宜春、安义大旱。

(30) 1857年旱蝗导致的饥荒是在1856年灾情的基础上延伸和发展，范围很广，各地表现不一，仍以冀、鲁，苏、皖为重，西部关中及南部粤桂时间稍迟，程度较弱；北界大致以陕西府谷、河北阳原、北京昌平、再河北遵化、抚宁一线；南界自广西灵山，经广东吴川、阳春、顺德、东莞至海丰一线；蝗害南界止于广西全州、湖南永州、桂阳、资兴、桂东一带，未进入岭南(图 1-36)。

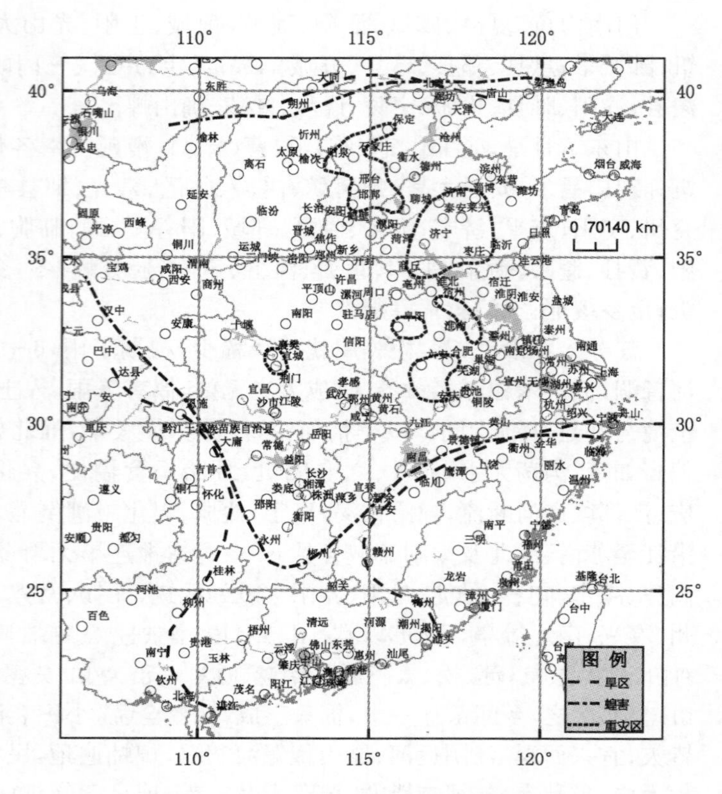

图 1-36　1857 年夏秋旱灾分布示意图

河北灾区以今石家庄、邢台、邯郸三地区为最重,向南与河南安阳重灾区衔接;保定、沧州两地区次之。正定、灵寿、赞皇、无极、平乡大饥;栾城、赵县、元氏、容城、望城、安丘、新城(辛集)蝗伤稼殆尽;获鹿(鹿泉)男妇扫蒺藜为食;井陉饥殣大荒;深泽缓征;邢台、宁晋、巨鹿、新河、平乡、清河大饥;广宗、清河缓征;隆尧饿殍枕藉;邯郸大饥,饿民掠夺,赈恤,郡城西关设粥厂赈济五月之久;永年、曲周、肥乡、鸡泽、成武大饥,发粟赈恤;馆陶流亡甚,至有以人肉充粮者;沧州、东光、泊头大饥,民多饿殍;保定、满城、清苑食稼殆尽,饥。西连山西平定,开仓放谷。

山东自沂蒙山区至鲁西南平原皆荒,淄博、临沂、临清、夏津、唐州、金乡、汶上、枣庄大饥;鱼台民食葛根;平阴道殣相望;临朐赈济;肥城死者枕藉;巨野饿死人无算;曲阜人将相食;东平、滕县、济宁、单县人相食;既墨、诸城、宁阳、日照、寿光饥。南与苏、皖灾区相连。

江苏沛县人相食,死者无算;淮安、涟水大饥;徐州、宿迁、睢宁饥。

安徽皖北及大别山区大饥。宿州鬻男女者无数;定远饿殍盈途;五河饥啸抢掠,道路皆梗;全椒城乡多饿毙者,草根、树皮人食殆尽;颍上食树皮、野谷殆尽;太平(黄山北)平粜、拯饥;潜山自去秋至今树皮、草根食尽;阜阳、六安、灵璧、霍山、桐城、舒城大饥;亳州、萧县饥。

河南安阳秋蝗遍野,飞天蔽日,无处无之,食禾叶,穗尽秕,岁大饥;正阳 8 月蝗蝻繁生,如蜂聚而来,过城越池,村屋沟路接连不绝,10 月又过飞蝗,遮天盖地,禾稼尽为所食,岁大饥;夏邑、虞城、永城、南阳、方城大饥;睢县 9 月 12 日蝗自东南来,积地尺,树为折,秋禾食尽;扶沟、淮阳、项城、叶县、上蔡蝗食禾殆尽;内黄、范县、荥阳、濮阳、拓城、范县、中牟、鹿邑、卢氏、三门峡蝗;内黄旱。

山西平定旱、蝗,开仓放谷;吉县秋大旱;交城、黎城、壶关、永和、芮城、平陆、永济飞蝗伤禾;灵丘、榆次、昔阳、和顺、长子、潞城、陵川、垣曲蝗。

陕西夏关中西安等大旱;华县夏旱,秋飞蝗蔽天,食禾稼几尽;11 月缓征绥德二州县(可能为绥德、米脂二县)旱灾应征兵粮;12 月缓征米脂县被旱地方出借仓谷,缓征神木、府谷二县被旱兵粮;商城 8 月蝗,民饥;宝鸡 7 月飞蝗蔽天,食秋稼木叶殆尽;周至、柞水蝗成灾;勉县、大荔、华阴蝗。

湖北宜城、南嶂大饥；光化、谷城饥；通城春夏大荒，知县设局劝赈。江陵、枝江、松滋、宜都、黄冈、麻城、蕲水、浠水、郧西、房县、枣阳旱；江陵、武汉、大冶、云梦、应山、应城、郧西，红安、罗田、浠水、黄冈、通城、崇阳6月蝗，但不为灾；为灾者麻城、通山、潜江、松滋、宜昌、当阳、鹤峰等。

湖南长沙、醴陵、湘潭、湘乡、攸县、安化、酃县、祁县、零陵、常宁、衡阳、清泉、新化、武陵、安福、龙阳、平江17州县飞蝗蔽天，竹木均被伤害殆尽；长沙秋冬旱；平江夏饥；浏阳旱，9月蝗，食竹叶且尽；资兴7月旱、蝗、饥；永州(零陵)旱、饥；桂东饥；桂阳、衡山、祁阳、邵阳、汉寿、临澧、桃源、益阳、宁乡蝗。

江西宜春9月蝗，自西北来，遮天蔽日，落地厚数寸，拥食晚稻、杂植、棕竹等类，顷刻即尽，西南尤甚；瑞昌、修水、武宁、永修、星子、安义、靖安、高安秋飞蝗蔽日，至处谷粟、草叶食尽；南昌、南康、九江、萍乡、万载、奉新，安福蝗；南康、定南饥。

广东南海、顺德4月大旱；顺德饥，县城平粜；高明大饥；阳春春大旱，荒，自1856年9月不雨，至1857年5月始雨。吴川春夏大旱；电白春夏大饥，知县开仓赈之；高州大饥，巡道捐钱运米，平粜，各乡绅亦开仓助赈；海丰竹多开花结实，尽有枯死者，5月米贵，死者枕藉；翁源饿殍载道；梅州3—6月不雨，饥民请赈，哗于州署，不期而集者千人；信宜、化州、郁南、罗定、德庆、怀集、清远、惠阳、龙川、和平、东莞、阳江、韶关、大埔等大饥或饥。

广西全州大旱，冬民饥；昭平秋大旱；灵山大旱，饥；北流、陆川、容县、藤县、富川大饥。

(31) 1858年夏秋旱、蝗、饥并发，旱区北自北京昌平、河北昌黎至辽宁庄河一线，近北纬40度线东西向延伸，南界西自四川夹江、眉山、富顺、隆昌、纂江、万县、湖北长阳、松滋、安徽桐城、浙江湖州、江苏泰州，在北纬30度线上下由西而东，旱情严重计大旱的有赵县、井陉，钟祥、长阳；晋宁、高邑、井陉、元氏、岢岚、临汾、即墨、费县、安丘、淄博、滑县、巩县、寿县饥；丘县、坝县、临清大饥；赈济坝县、大名、冠县，高密免民租赋，利津缓征等。总体而言，该年旱情较1856及1857年缓和得多，重灾区仍在冀南、豫北、山东。奇特的是安徽却出现多处人相食惨象，如：霍丘春，人相食；颍上岁荐饥，人相食，蒿莱遍地，飞蝗蔽天；广德田地荒芜，米贵，人相食，野无青草等。一片惨败现象。更像战争之后的情景，应与太平军与清军来回厮杀有关。江淮地区仅淮安、泰州、高邮、兴化、阜宁数县旱。江南只嘉定、上海见蝗。随之伴生的蝗灾却相当普遍，最北为辽宁绥中，往南经冀、京、津、鲁、豫、晋、陕、鄂、皖、苏、沪、赣、湘，最南的广东潮州也出现蝗害稼。北界与旱区北界大体相当，但南界呈舌状向西南突出500公里，甚至更远。另一种派生灾害，即扬尘、雨土，此次相对微弱，如5月12日卢龙、滦县大风昼晦；6月7日新河大风昼晦，人对面不见；南宫行有迷入井者；广宗黑风自西北来，昼晦如夜；冠县、莘县黄风西北起，自未至亥，拔木掀屋；枣强县春夏烈风，黄霾迭起等。总之，这次旱灾及其衍生的灾害比1856年的旱灾为弱，对长三角地区影响轻微(图1-37)。

(32) 1875—1878年华北连旱。最早75年京、津直隶全年旱，雨水稀少，田多龟裂，每遇扬风，尘埃四起；津郡四周五百里内麦尽枯槁无收；甘肃冬大旱，饥民徙秦州(天水)者数十万；晋、豫饥，以豫东、豫西为甚，许州大饥，饿死逃亡；长三角地区主要表现夏秋7—8月宝应、高邮、泰州、和州旱蝗、歉收；溧水、句容、慈溪蝗。1986年河南旱情扩大，全省春夏大旱，夏秋两季失收，大饥；偃师雨只洒尘，雪不厚纸；京津黍麦枯萎，积粮殆尽，民人求食艰难，又有蝗蝻丛食；河北望都、蠡县、滦州、临榆春旱，无麦禾，大饥；清苑赤地千里，时疫复作；获鹿春不雨，夏大旱；永平府(卢龙)春大旱，秋麦尽死失种，饥；陕、晋、鲁大旱。山西汾州府属介休、平遥尤甚。山东、安徽岁歉乏食，饥民流及淮扬者甚多，各处曾收养流民9万余人。苏北

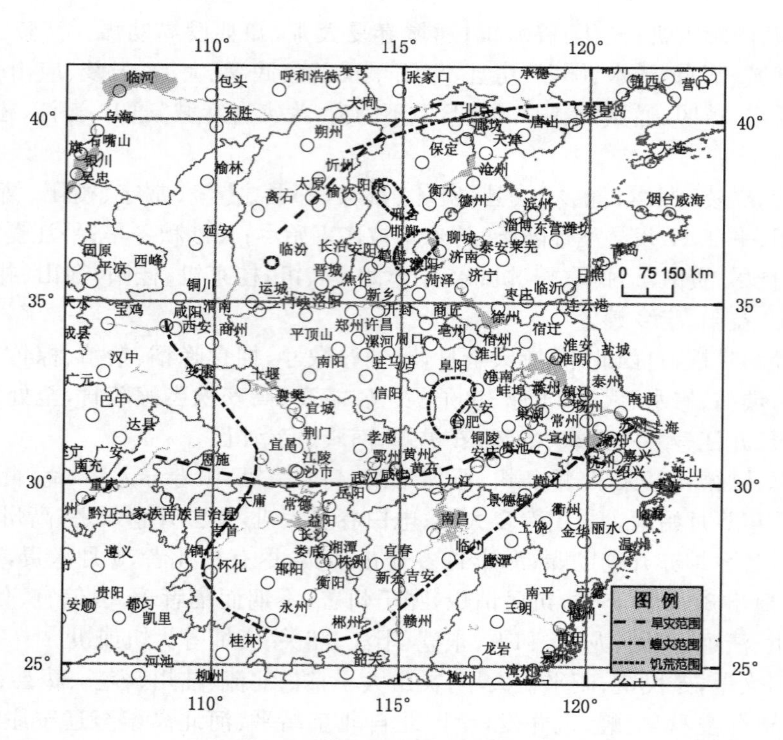

图 1-37　1858 年夏秋旱灾分布示意图

各属被旱，海州(连云港)、沭阳歉收甚广；盐城、阜宁、兴化旱，咸潮倒灌，伤禾，民饥；淮安夏秋大旱，飞蝗食禾几尽；宝应、泰州、扬州、瓜洲、仙女庙(江都)、靖江、丹徒、丹阳、武进、江阴、吴江、湖州、萧山、和州、无为旱蝗。1877 年旱情达到高峰，甘、陕赤地千里。山西 82 厅州县灾民乏食；灵石县三家村 92 户，饿死 300 余人，全家饿死 72 户；圪老村 70 户全家饿死者 60 余家；郑家庄 50 户全绝；太原府城内饿死 2 万余人；太原县约 30% 人饿死。河南更复大旱，报灾 87 州县，饥民不下五六百万。灵宝人犬相食，户口损三分之二；渑池母弃其子，夫弃其妻，弟食其兄，子食其父，求生则骨肉相残……查初荒时邑中人数尚 18 万有奇，灾后不满 6 万；偃师连年大旱，三季未收，洛河断流，死者遍地，仅左村一村死 500 人；辉县大荒绝收，大饥，人相食，民大徙，饿死及流亡者十损其七，大劫；安阳大旱，颗粒无收，以河藻、野菜、树皮、白土食之，妇女抱子投井者不计其数；清政府为稳定民心，准许河南暂行留用京饷和漕折 14 万余两，再拨 12 万两赈灾，进口稻米 1 050 901 石；1879 年 3 月又准河南截留京饷 14 万两，拨给津防银 8 万两，京、苏、浙及本省捐款共 2.7 万两。长三角地区夏阜宁、高邮、兴化、靖江、海门、南京、上元、江宁、六合、江浦、高淳、句容、溧阳、武进、江阴、常熟、吴县、吴江、昆山、太仓、崇明、嘉定、宝山、青浦、松江、金山、上海、嘉兴、嘉善、平湖、湖州、上虞、宁波、浦江、兰溪、衢州、五河、当涂、芜湖、庐江、舒城、宣城、广德旱蝗。长江以北以旱为主兼蝗；长江以南以蝗为主兼旱。1878 年灾情减轻，灾区缩回北方陕、晋、豫、鲁，长三角地区仅春夏江苏南京、江浦、溧水、高淳、句容、高邮、兴化、泰州、靖江、海门仍有蝗蝻遗孽，但为害不重，仅高邮、泰州缓征税粮。此次 3 年连旱，全国共死亡约 100 万人，灾情尤以晋、豫两省为最。长三角地区以 1876 年皖、苏北部略重，歉收范围较大，流民较多；而灾情最盛的 1877 年江苏主要为蝗灾，江宁府及所属各县(今均属南京市)减免漕粮 30%；苏北兴化灾民 5.7 万人，拨银 1.2 万两，以工代赈，收买蝗子；其他各灾县主要只是减产歉收，考其原因与当年 7 月 3 日台风掠过江浙沿海，带来丰沛降水，对扼制旱情起到积极影响。

(33) 1892 年 6—8 月大旱，涉及甘、陕、晋、豫、鲁、皖、苏、浙、闽等省，南界以祁连山—秦岭、皖北，再往南以浙西天目山、闽西武夷山以东，东达鲁、苏、沪、浙、闽沿海，现分省简述如下(图 1-38)：

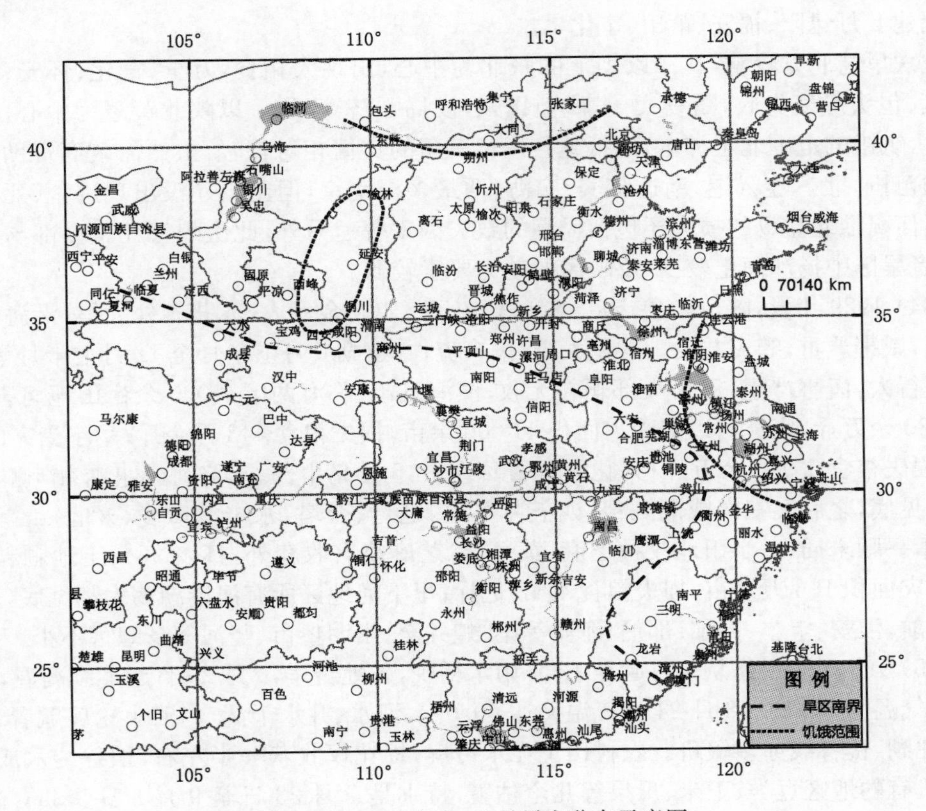

图 1-38　1892 年 6—8 月旱灾分布示意图

甘肃皋兰、榆中、通渭、静宁、庆阳、临潭、镇原大旱，麦苗尽枯，饿殍载道。

陕西西安旱蝗；安塞、洛川、铜川、泾阳旱；榆林、延安、绥德、乾县旱饥；横山、靖边旱，民大饥，发散义仓谷粟赈济难民，靖边并续领赈银 1 000 两，捐借油渣活人；佳县、神木大旱；黄陵旱饥，人相食。

山西右玉、襄汾旱；古县、安泽大饥；永和夏旱，蝗飞蔽日，食禾殆尽；怀仁、芮城饥。

河北宣化、张北旱魃为虐，赤地千里，哀鸿遍野，不特罗雀、掘鼠，搜掘草根，且人相食；怀安大旱，鬻妻卖子屡见不鲜，县城有抢米风潮；万全关北大饥，途有饿殍；涞水大旱；永年、成安 4 月 19 日风霾；永年夏蝗。

山东历城、临邑、无棣、邹平、桓台、寿光、昌乐、临朐、昌邑、潍坊、高密、平阴、汶上、临清、茌平蝗；莱阳、文登旱。

江苏夏秋南京、句容、丹徒、丹阳、溧阳、金坛、吴江、常熟、两淮扬州、高邮、兴化、如皋、淮安、宿迁、盐城、泰州、海州旱，7 月 19 日南京、扬州、镇江、海州、宿迁、淮安、盐城、高邮、兴化、如皋、南通蝗。上海、嘉定、宝山大旱饥，青浦旱。丹徒、丹阳被旱尤重，截留漕米 5 万石，并水脚运费等款共合库银 171 177.544 两，除拨金坛、溧阳外，丹徒实领银 123 007.544 两，并免丹徒被旱田地正、杂钱粮四成，丹徒一县救灾款占 72%以上。事后也赈甘泉(扬州属县)

等、缓征两淮泰州、海州所属各盐场新旧折价钱粮。

浙江7—11月临安、余杭、宁海、新昌大旱，新昌、奉化大饥，宁海饥，嘉兴、嘉善、海盐、嵊县，建德、瑞安、平阳旱。临安、宁海新旧田赋缓征。

安徽和县、霍丘旱蝗，亳州、五河、潜山蝗。

福建8月建阳、福安、莆田、宁化旱。

此次旱情北方较重，其一以坝上的张北为中心，出现人相食，万全、宣化、怀安、内蒙土默特旗、包头等麦失收，鬻妻卖子，蠲免田赋，设局赈济等；另一以陕北黄陵为中心，也出现人相食，饥饿的范围北至神木，南抵乾县。长三角的灾情相对较轻，虽然需政府资助、免赋、缓征的范围，北达连云港，南迄临安、宁海，西最多至南京，但至少还没出现逃荒、死人的程度。更何况淮北盐场的损失还包括风潮的致灾因素等。另外，此次蝗害几乎全部与旱区重合；再者旱区中扬沙雨土较少，反映风的动力要素较弱。

(34) 1929年夏，陕、豫、鲁、苏、赣等旱，灾民3 400余万人，苏北多处大旱，沿海各县海水倒灌，咸害严重，蝗灾并发。盐城大饥，民多流亡；建湖6月下半月至12月上半月旱，串场河上可行人，卤害严重，田亩大部颗粒无收；滨海五汛、临海两区7 000余亩田地卤害，损失粮食180余万斤，废黄河以南受灾面积41 000余亩，损失粮食443万余斤；阜宁受灾面积26万亩，损失粮食1 900余万斤；兴化大旱百日左右，5月乌巾荡、车路河(兴化西东两侧河名)等均干涸见底，之后又三次咸潮入侵，四五月不退，老圩、合塔、永丰等六乡(兴化东北)受害尤重，田禾一颗未插，一半田地改种芝麻、黄豆，除芝麻略有收获外，其余95%土地颗粒未收，全县受灾面积196万余亩，损失粮食4.98亿斤；里下河地区所有河港湖荡大都见底，里运河水竭断航，淮安、宝丰、高邮、邵伯、海安等旱、蝗并至；崇明堡市、竖河等乡蝗害不小。

(35) 1934年，上海从4月起至12月雨水稀少，各地苦旱，6月25日起连续高温，其中7月1日气温为39.3℃，8月24日气温又达40.0℃，河水、井水干涸，内河小轮停航者十有八九，驶往湖、杭各线亦多辍班。农村田土无水可戽，棉花仅收获一半左右，稻谷约六成，豆类二三成，有的地区豆类、玉米、瓜果等几全枯萎，特别是7月23日至9月3日≥35℃高温天气多达55天，部分人口甚至饮用水都很困难。川沙大旱43天，蒸发量比常年高66%，农业收入只为常年的20%；嘉定烈日蒸晒，棉花收获仅五六成，稻谷约六成，豆类二三成，航轮停驶；宝山棉、稻收获亦只五成，豆类、玉米、瓜果等几全枯死，失收；松江南乡干旱较甚，饮料向赖潮水，内河不能蓄水，潮退后即干涸，河秽发臭；青浦境内支游水浅，小浜均龟坼见底；南汇近支河田亩因水源断绝，禾苗枯萎；城市居民因城河水咸，向用雨水，今岁缺雨，河水有秽气；奉贤海塘以外无水可戽，塘内水量尚足，灾情较轻。7月下旬飞蝗跳蝻成群啮食稻苗；金山旱情较轻，仅轮船停航一月余；崇明内地支河干涸，饮水及航运均有困难。此次大旱，南北各有一个干旱中心，北部中心在冀南、豫北及晋中；南方的中心在皖、赣、浙、鄂，许多人饿死，介于两重灾区之间的江淮地区，春夏秋三季连旱，江南太湖流域6—8月大旱，35℃以上高温天气连续40多天，高田不能插秧，一片荒芜，沿江地区也因水位低落，汲水困难，载插失时，江南腹地滨湖地段因港汊大都涸浅，禾苗枯萎。镇江奇热亢旱，山地塘池干涸，插秧者仅一二成；丹阳东乡收获只二成，南乡插秧者十之六七；武进滆湖西及西北部受灾较重，中部支河干涸，各路航轮停驶，沿江、沿大运河一带地势较高，灌溉困难；金坛干河沿岸尚能种植的只有三成，且大都禾苗枯萎，旱作如棉花、黄豆、荞麦、瓜果等或未发芽；或已枯死。自龙塘、钱资塘、无荒塘、湖头港、下荡港、香草河、简渎河等干涸见底，长荡湖水深不及半米，各线小轮停驶；溧阳土地荒芜，乡民扶老携幼，沿途乞讨，络绎不绝，自尽者日有所闻，在江南诸县中灾情最重；江阴稻田枯萎者约占三成，直塘河、高怀河、长泾河、东清河等水浅不及一尺，支河干涸，小轮停航；无锡距水源较远地段河沟水干，不能插秧，插也枯萎，桑叶枯黄，秋蚕无法饲养；宜兴张渚湖汉及山区受灾最重，北部滆湖湖滨地带插秧也只四五成。夏季重要河道断流，全县井泉大半涸竭，城区发生痧疫；常熟西南地区江潮难达，支河、沟浜干涸见底，灾情较重；吴县山区缺水抛荒，水网地区虽插秧十之七八，但因亢旱过久，受灾较重，东西两洞庭山果树枯死者十之四，湖滨干涸成陆，渔民失业者以万计；昆山禾苗枯萎者约占四成，但灾情较之四邻略轻；太仓支河大都涸竭；启东玉米、黄豆、杂粮大多枯死，棉花亦受害较重，瓜果、赤豆均受重大损失。

(36) 1936年旱灾以晋、豫为中心，遍及河南76县，尤以豫西宜阳等24县最重，属特大干旱区，临汝、新安、渑池、洛宁、洛阳三伏无雨，降水量不足常年同期的40%；禹州、扶沟、周口、郑州、开封只有常年的30%～50%；豫南南阳、镇平也小于60%。陕西宁强、西乡、蒲城、临潼、潼关大旱。湖北宜城、应山、京山、安陆、鄂州、随州、秭归、荆门等20余县均报旱灾。向北扩展至冀、京、津地区；向东可抵上海。上海入秋以后雨量稀少，已呈旱象，上海至各地的内河航运因水浅，航行艰难；嘉定秋旱将及三月，蚕豆、二麦下种困难，蔬菜稀少，价格昂贵，至11月方雨。

(37) 1959—1961年三年自然灾害期间，相称富庶的长三角地区与全国人民同受饥饿煎熬，这次旱灾1958年已初露端倪，5—6月份空梅，整个太湖流域降水较少，太湖水外泄通道之一的黄浦江米市渡水文站7月份流量仅19 m^3/s，8月份更降至1 m^3/s。从1959年的10月起至1960年的2月连续偏旱，降水量只有常年的20%～60%，个别地区只有10%，土壤墒情普遍在10%以下，春夏又连旱。1961年降水仍然稀少，梅雨期间时间短，雨量少，出梅后又连续2个月高温，旱情继续且迅速发展，特别是小麦拔节、孕穗和春耕、春播期间雨水尤为稀缺，对农业收成影响较大。全国受灾面积每年均在5亿亩以上，成灾面积都超过1.6亿亩，1961年更达到2.8亿亩。安徽情况最差，据《中国人口·安徽分册》及各县新修县志记载，凤阳、亳州、霍山、无为及阜阳、蚌埠、宿州等地区各县等多处饿死人。江苏据《中国人口·江苏分册》(1987)、《江苏省统计年鉴》(1992)、《七十年征程——江渭清回忆录》(1996)及江苏各县新修县市地方志记载，1959—1961三年人口总数逐年下降，而死亡率均超多年平均值，且逐年上升，兴化、宝应、高邮、建湖、阜宁、盐城、东台、高淳、溧水等处人饿死。浙江虽然富庶，但历来是粮食调入省，三年自然灾害期间减产的同时还大量粮食调出，导致饥饿、浮肿、消瘦、青紫病、妇女子宫下垂、闭经不育、死亡等，尤以温岭、黄岩、瑞安、安吉、建德、兰溪、余姚、新登等更为突出。

(38) 1978年，旱灾主要发生在湖北江汉平原至皖、苏、浙北的长江下游及江淮平原，大部分地区6月下旬提前进入伏旱期，又持续3～4个月，甚至长达5个月，高温酷热，范围之广、持续之久、气温之高1949年以后罕见，形成夏秋连旱，降水量不及常年的一半，川、湘、赣、豫、皖、苏、浙、沪不少气象台站建台以来的最小年降水量值，如芜湖市为565.7毫米，南京为534.6毫米，上海为772.3毫米，大片农田龟裂，秋作枯萎，水稻、棉花、花生大幅减产，全国受灾面积6.03亿亩，成灾面积2.69亿亩。

就全国而论，旱灾所造成的损失绝不小于洪涝和风暴潮，特别是北方更是那里罪魁元凶，而对长三角而言，因其临江面海，气候湿润，水系发达，排灌系统较为完备，相对于风暴潮和洪涝灾害要轻微得多。当然连续数年干旱或遭特大干旱时，也难逃劫难，特别是长江北岸的皖北、苏北地区。

上海地势低洼易涝，有些轻微干旱，反倒对农作物生长有利，若水分不足，完全可以就近灌溉解决。可当今建设经常发生一些与水争地的弊端。吴淞江曾是上海与江苏沟通的主要航道，是真正的上海母亲河，早年河面很宽，现今下游河段缩至30米左右，防汛墙向河中挤，过河桥梁的桥桩直接插于河中，对大河尚且如此，对小河更是肆无忌惮，一填了之。殊不知河道是城市、乡镇的血脉，旱时可以借此灌溉，涝时可以借此排潴，沟通城乡小量物资交流，曾对促进上海城市发展作出过重要贡献，是先人留给我们的一笔遗产。务请各级有关人员善待，请水务部门作好规划，大小有别，各处通畅，兴利除弊，使它们在防灾减灾中发挥应有的作用。

伴随旱灾的衍生灾害至少有两种不能忽略不提。

（一）蝗害

据史料记载，长三角地区宋代曾有7个年份出现蝗情，其中1017年3月后，蝗蝻食苗，遍及今冀、鲁、豫、晋、陕、苏、浙、皖、鄂等130州、军，并派遣使臣与当地官吏焚捕。元代有2个年份，明代有11个年份，其中1638—1642年几乎连续发生蝗灾，1638年7月相当于今京、冀、鲁、豫、苏、沪范围内大旱，徐州、泰州、仪征、六合、镇江、常州、金坛、溧阳、宜兴、无锡、太仓、嘉定、湖州、砀山、霍山、芜湖、郎溪飞蝗满野；沛县、丰县、东台、溧水、江阴、靖江、吴县、吴江、萧山蝗食稼成灾。1640年9月于京、冀、鲁、豫、晋、陕、苏又大旱，沛县、丰县、徐州、泰州、江宁、溧水、句容、镇江、常州、丹阳、吴县、吴江、嘉善、合肥、舒城、全椒、当涂、宣城、贵池、六安、霍山、阜阳、颍上蝗；泗阳、涟水、扬州、兴化、宝应、泰兴、靖江、南通、金坛、宜兴、无锡、昆山、崇明飞蝗蔽天，从江北而至，食禾如刈，成灾。知县请免与清作战的军饷13 000两自然不允，巡抚捐俸1 000两赈济；松江、青浦亦灾。1641年7月于京、冀、鲁、豫、苏、浙范围再大旱、蝗，高淳、昆山、太仓、常熟、无锡、武进、高邮、泰州、泰兴、南通、东台、盐城、涟水、徐州、丰县、沛县蝗，溧水、镇江、金坛蝗飞蔽野；吴江蝗食禾至尽；泗阳蝗害稼；嘉定、上海、松江蝗，米价涌贵，饿殍载道，宝山、黄渡积蝗数寸，月浦、诸翟蝗自北来，食稻禾、竹木叶俱尽，官出榜罗捕，民多以米袋装蝗至城换些小钱。杭州、嘉兴、嘉善、桐乡、平湖、湖州、诸暨、上虞蝗飞蔽天，禾稻无存；长兴、海宁、余姚蝗；含山、和县、太湖、望江飞蝗蔽天；六安蝗蝻所至，草无遗根；霍山赤地无草；铜陵、无为、潜山、五河、当涂、广德、宁国、绩溪、青阳蝗；清代有14个年份出现蝗情，其中有4年并不为害或为害甚轻；又有2个年份有蝗情，但无灾情，而1856—1858年连续3年有蝗，较重的为1856年秋，崇明蝗灾，年岁不登；嘉定9月3日飞蝗蔽天，自西北而东南，钱门塘蝗食禾、竹叶，使竹致死；罗店食稻殆尽；上海西南田禾有被食者，县令收捕至数百斤；川沙蝗食草根、芦叶俱尽；青浦岸草、竹叶被食几尽，但伤稻不甚；松江田禾被噬，10月16日上海、川沙、松江等又飞蝗复来。1857年春遗蝗复萌，9月蝗集上海西南乡伤晚禾。1858年上海又蝗。1872年8月蝗，松江、青浦、上海（含川沙、南汇）、崇明等并不伤稼，唯金山蝗食稻、竹、菜、芦苇等。1877年蝗虽遍及今上海全境，但仅嘉定、安亭、黄渡有蝗食禾，松江田禾间有损伤。民国时期有10个年份出现蝗情，其中1926—1930年连续5年有蝗，以1928年度较为普遍，灾情也较严重，崇明各乡俱有，以新河、东庶、堡市三乡为重，群集田野，为害禾田；宝山7月27日飞蝗自西北来，集于城厢、月浦、盛桥、罗店、杨行五乡，盘旋空际，遮天蔽日，县长组织捕蝗，出价收买，至8月29日共收蝗蝻26 285斤，给价2 369元。嘉定自7月18日于娄塘出现飞蝗，26—27日即遍及严庙、西门、外冈、六里桥、白荡、马陆、石冈、小红、徐行等处，田间玉米、黄豆被啮者随地可见，县府勒令乡民捕捉，并于四乡收购，2月中旬收到死蝗30余担；青浦飞蝗过境，农民捕捉，官府以每担160～

200 文收购；松江于县城、华阳桥、亭林、枫泾、新桥等地均见蝗虫，及时捕捉，幸未成灾。川沙高行、陆行蝗虫为害。上海解放前最后一次蝗灾发生于 1937 年夏秋时节，金山沿海一带蝗情数量多，来势猛，以致人工难以扑灭。

总之，长三角地区的蝗情均与大面积干旱的发展有关，是伴随旱灾后续灾害链的组成衍生灾害之一，绝大多数年份的蝗虫都来自西北方向，属于过境蝗，且多处于蝗灾区的东南末端，除皖北、苏北外灾情相对并不严重。20 世纪下半叶已十分罕见。

据文献记载，宋元时期的蝗灾间隔时间为 22 年或 22 年的倍数，其占总数 82%，显示与太阳黑子活动影响有一定关系，而山东一省的蝗灾基本呈现 11 年的周期，其峰值大都发生在太阳活动大年之后的一年。长三角地区蝗情有些相符，有些也不尽然。

（二）扬沙雨土

长三角地区尽管地处东海之滨，又有长江、太湖的滋润，气候潮湿，但大陆型气候的影响有时仍然表现得较为鲜明，尤其以干旱年份西北沙尘暴发作时，对长三角大气污染的负面影响，留下不少历史记载，当然这些是主要的或者说是较显著的，至于污染时间较短、程度较轻的可能更多，比如东晋至南朝（321—550 年）的 230 年中作为当时首府的南京就留下 23 条扬沙、雨土资料。南宋时期的杭州，因是当时首都，记载较全，自宋王朝南渡至灭亡（1127—1278 年）的 152 年中，共记录此类大气污染即以雨土现象为主共 46 次。众所同知，我国沙尘暴引发的扬沙、雨土都源自西北地区，而处于下风方向的上海因建置晚，自明洪武初的 1370 年才有扬尘雨土记载。现将长三角地区较为重要的大气污染实例介绍如下：

（1）484 年 12 月 4 日（南京）四面土雾，入人眼鼻，至 12 月 6 日未止；12 月 11 日日出及日入后，四面土雾勃勃，如火烟。

（2）535 年 11 月，都下（南京）雨黄尘如雪，旱蝗，四篱门外桐柏凋尽。

（3）1275 年 4 月 14 日（杭州）终日黄沙蔽天；4 月 23 日雨土。

（4）1345 年 5 月镇江丹阳县雨红雾，草木叶及行人裳衣皆濡成红色。

（5）1370 年 8 月 15 日松江、上海大风，尘沙蔽空。8 月（南京）旱。

（6）1470 年 4 月陕西、宁夏大风扬沙，黄雾四塞；山西石楼 4 月 11 日风霾；河北大城 4 月 8 日大风，雨沙，色黄，染人手目，天地晦冥，色映窗牖间如血，已而黯黑，不辨人色；北京 4 月 7 日旦时微风，后渐大，至辰时风自西北来，沙土滃然东骛，其色正黄，视街衢如拓染然，土沾人手面，洒洒如湿。少顷，天地晦冥，微觉窗牖间红如血，视望云天煋煋如绛纱，窗内如夜，非灯不可辨，而红色渐黯黑。至午未时复黄，始开朗。4 月 11 日辰巳时微雨，午后忽黄气四塞，日色如青铜，无风而雨土，以帚轻扫拂之，勃勃如尘，积地皆黄色，至暮益甚，中夜有风有雷。明旦乃大雨土，仰望云天皆黄，四际尤甚，时或红黑。至 4 月 16 日始发东北风，4 月 17 乃雨，至 4 月 18 日午始霁；河南开封 4 月 8 日昼晦如夜，黄霾蔽天；湖北应山 4 月 9 日雨粟；江苏常州、无锡 4 月 13 日雾霾，着人须眉皆黄；浙江象山天雨雾，山林、草木、须眉皆白，数日乃止（时间误记二月）。时江苏睢宁、泰州、兴化、东台、扬州、仪征、如皋、南通正大旱，运河竭，一路水尽涸、河成陆。4 月以旱伤免苏、松、常、镇 4 府及苏州、太仓、镇江 3 卫去年秋粮 24.8 万余石、屯粮 0.71 万石。

（7）1550 年 3—4 月北自京、冀，西迄陕西府谷、潼关，南至江西丰城、湖北黄冈共 50 余县府大风扬尘。北京、怀柔；河北灵寿、晋县、平山、赤城、怀来、蔚县、西宁、怀安、涿鹿、迁安、卢龙、滦县、廊坊、文安、清苑、定兴、蠡县、易县、新城、徐水、高阳、满城、武强、丘县、巨鹿、清河；山西左云、原平、保德、岢岚、祁县、交城、文水、汾阳、孝义、崞县；陕西潼关、府谷；

河南灵宝、三门峡、延津；山东临邑、临沂、高唐、聊城；江苏宿迁；浙江嘉兴、嘉善4月17日午刻大风扬沙，黑雾三日；安徽安庆4月黄雾四塞，浸城廓，弥几案，色如黄土，二日方绝；宿松、潜山4月黄雾四塞；江西丰城；湖北黄冈等亦然(图1-39)。

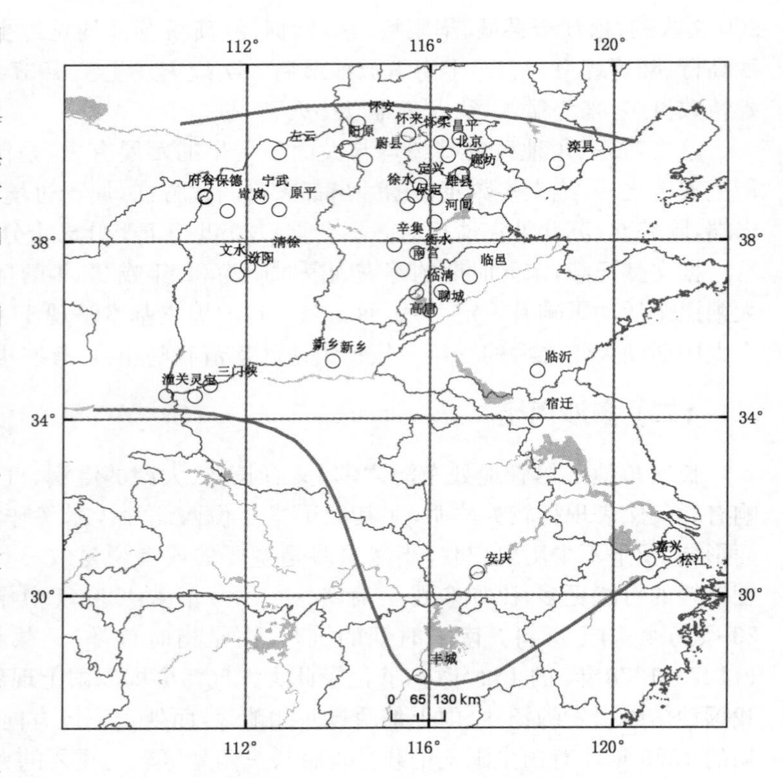

图1-39　1550年3—4月扬尘雨土分布示意图

(8) 1568年2月8日农历元旦，大风，扬沙走石，白昼瞑瞑，自北畿抵江浙皆同。涉及今京、冀、晋、豫、鄂、皖等，江苏丰县、沛县大风拔木；高邮昼大风，屋庐皆震；无锡元旦大风，太湖水涸；江阴风沙昼晦；常熟大风霾，昼晦；吴县正月朔大风，扬沙走石，昼晦冥；太仓大风飞沙，昼晦；上海元旦大风扬沙，白昼尽晦；浙江嘉善、嘉兴元旦大风扬沙，白昼尽晦；桐城2月轮风大扬；绍兴昼大风，屋瓦为震，县堧折一巨柏，城中数(火)灾(图1-40)。

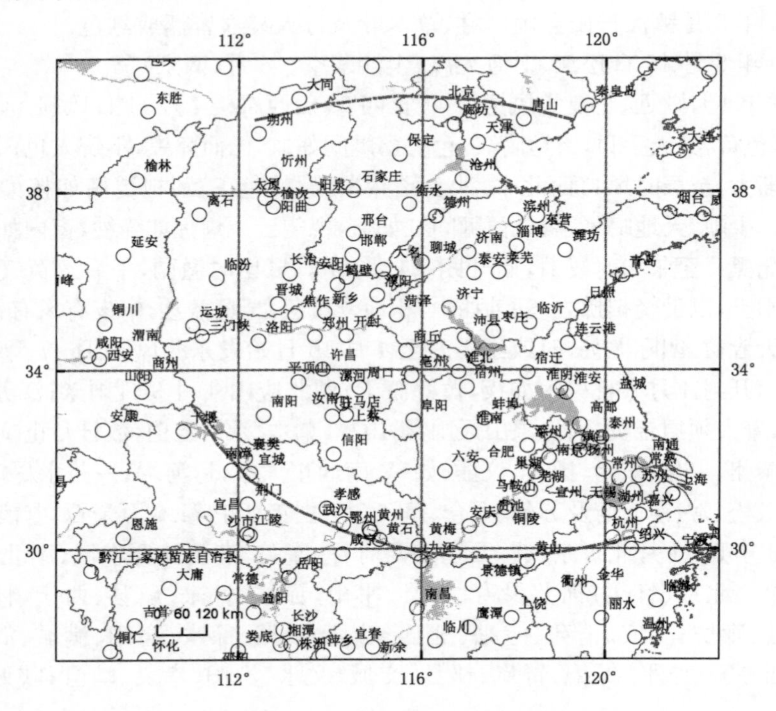

图1-40　1568年3—4月扬尘雨土分布示意图

(9) 1586年4月17日北京大风霾；天津静海飞沙迷天，遇物有火(静电放火)，拔木伤禾，人心骇异；河北定兴、易县、雄县、成安、鸡泽、河间等，春黄风蔽天，昼晦，连日夜不息，数日始止；河南淇县、汲县、辉县、获嘉、禹县等，春大风，昼晦，人不相见，百姓震恐，大旱；上海、松江4月18日天雨黄沙；浙江海盐、海宁4月18日天雨土，即密室中无不扬入，几案间有积厚至一二寸者(图1-41)。

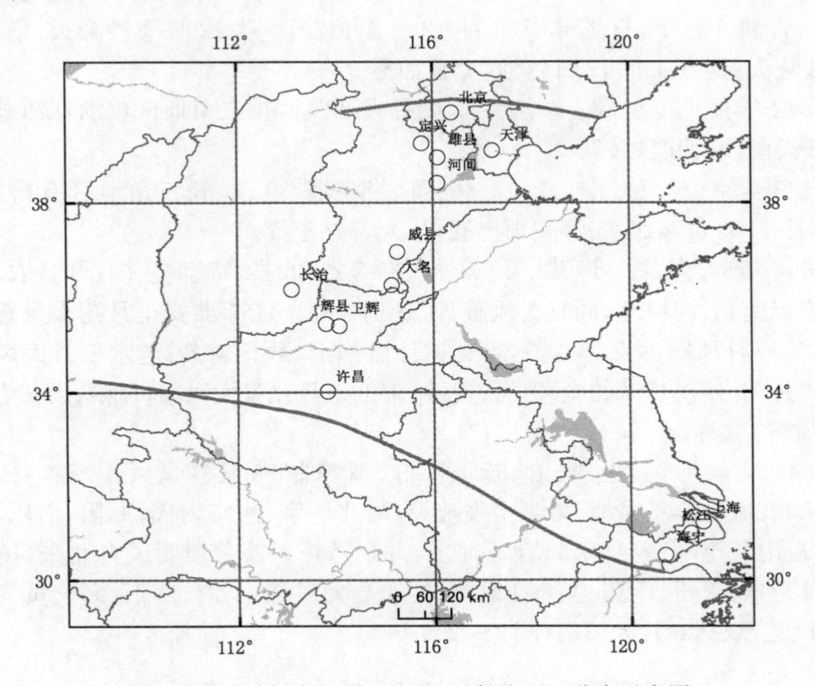

图1-41　1586年4月17—18日扬尘雨土分布示意图

(10) 1597年春，陕、冀、皖、苏、浙风霾蔽日，昼晦。3月19日嘉善、嘉兴、桐乡天雨黑水；青浦天降黑雨，白衣着之皆成黑点；湖州3月19日雨黄沙(《明史》，地方志记雨黑水)，20日、21日落黄沙，4月5日、6日连发黄沙；泗州雨土数日；江阴清明大风，雨土；扬州雨黑豆；泰州雨粟、雨毛。

(11) 1622年4月2—3日，苏、浙雨沙；淮安天雨沙土，黄色，蔽日无光；松江黄沙四塞，日色黯白，4月6日复雨沙，午后蔽日四塞；嘉定西门外雨血；常熟、嘉善、平湖、桐乡飞沙蔽天，日色黯血无光，聚沙成堆；最远的浙江瑞安雨土，屋瓦积尘寸许，行人衣帽尽染。

(12) 1624年4月4日北京风霾昼晦，尘沙蔽天，连日不止；松江4月4日、7日日色变白无光，烈风扬沙凡三日。

(13) 1630年2月12日正月朔北京大风霾，昼晦；河北永年元旦四方尘晦；山东栖霞正月朔大风霾，昼晦；青州、临朐恒霾，日无光；吴江岁首严寒，风沙坌集。

(14) 1640年上半年京、冀、鲁、豫、晋、陕、苏、浙、皖、闽、赣、鄂、湘等省72县大旱，多风，扬沙雨土遍布时间早晚、长短不一，北强南弱。现只对长三角及相邻部分地点介绍如后：3月16日浙、直大风霾；南京(《明史·五行志》作闰正月丙申，《明实录》作闰正月丙午，今从实录)日色晦蒙，风霾大作，细灰从空下，五步外不见一物；安徽望江春正月雨土灰，五步外不见一物，二月、三月连旬皆风霾；宿松春风霾，相连二旬；嘉兴3月16日风霾，昏晓莫辨，阴风怒吼，屋木俱移；江阴二月风霾、雨土者久之；靖江三月旱，天风云、雨土者久之；象山6月天降赤雨；无锡秋大旱，天雨豆。

(15) 1641年的扬尘雨土现象广泛分布于甘、陕、京、冀、鲁、豫、鄂、闽等省33县，与长三角地区有关的为：江苏3月8、9、10日，4月12、13日南通皆雨土；苏州3月1日大风旬日，扬沙蔽天；吴县3月1日至4月，多大风扬沙，昏蔽天日；常熟3月11日降黑雾，阴晦四塞；4月12日风沙蔽天；松江、上海3月11日降黑雾，3月31日雨黄沙，阴晦四塞，4月12日风沙蔽日；青浦3月11日黑雾降，3月12日雨黄沙，4月12日飞沙蔽天；崇明3月降黑雾，4月风沙蔽天；嘉兴4月12日落沙，竟日如雾。

(16) 1642年甘、陕、晋、冀、鲁、豫、鄂、赣等省32县，长三角地区仅浙江海盐、海宁4月9日或10日天雨沙，程度较轻。

(17) 1643年京、冀、鲁、豫、晋、皖、赣、鄂、湘等省39县，长三角地区有松江、金山、常熟、桐乡11月11日黄雾四塞；淳安雨土霾，行人着衣皆黄。

(18) 1644年京、冀、晋、陕、豫、鲁、苏、皖、赣等省88县，特别是2月8日农历元旦的大风霾，自燕京以南，大河以北，同日大风蔽日，昼暝如晦。江苏淮安正月朔大风霾，街市中对面不见面，二、三月风霾不息，紫霄宫皂荚树汁流如泪，数日树萎；涟水三月大风飞沙，拔树伐屋；江阴4月19日夜月赤如血；上海、川沙、南汇正月元日大风霾；凤阳、天长春雨豆；寿县7月大风，雨沙三寸许。

(19) 1692年春大旱，陕、晋、冀、豫、鲁、苏、浙等省23县狂风大作，霾，昼晦。陕西大荔；山西介休、晋城、武乡、襄垣、沁水尘埃蔽天；河北广宗、河南尉氏、原阳、南乐、鲁山、林州等。潢川昼夜雨灰至晦，着草木间皆若细土，月余乃止。蓬莱黎明风自北来，扬沙飞石，折树拔屋，次日乃息；青州、丘县、汶上狂风终日：沛县大风霾；上海、南汇、海宁黄气四塞；湖州4月4日大风霾；双林6月大风霾(图1-42)。

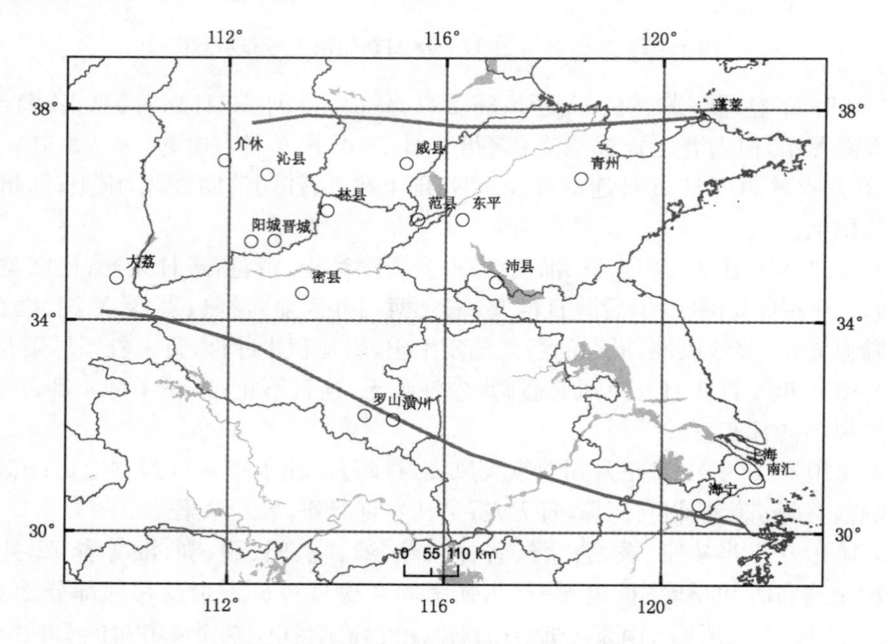

图1-42　1692年春扬尘雨土分布示意图

(20) 1693年晋、冀、豫、鲁、皖、苏、浙等省19县大风霾，狂风昼夜不息。江苏沛县、邳县3月24日大风，自寅至辰，黄雾四塞，昼晦，经宿；上海3月24日天雨黄沙，两日方止。桐乡、湖州大风霾；安徽无为、庐江、巢县旱，3 月 22—26 日大风，飞沙蔽日；泾县大风，发屋拔木；浙江武义 5 月雨黄泥，粘草树不脱。

(21) 1712 年 3 月 16 日山东东平、滕县、郯城、东阿、阳谷、莘县等大风霾，黄沙蔽天，午后复下红沙，至申酉之交忽有黑气自北而南，天为之昏，迄夜分乃已，3 月 21 日复大风，黄雾四塞，日青无光；安徽巢湖 3 月 16 日飞沙，5 月 22 日雨黄沙。

(22) 1722 年 3 月 20 日鲁、苏、闽旱，沿海大风扬沙，连日不息。山东龙口飓风扬沙，连日不息，濒海麦苗被刮几尽，大旱，无麦。上海 3 月 20 日未刻大风扬沙，日暗无光，四望模糊，隔四五尺即不辨人面目，室中尘粉厚积，凡二时乃止；昆山淞南雨黄土，日无光，凡三日，4 月 1 日又雨沙，日无光；福建莆田、仙游雨土三日，山林蒙翳。

(23) 1810 年春夏大旱，2 月 20 日晋、豫、鲁大风霾猛烈，沙尘蔽天，须臾色赤如血，能见度低，至夕息。山西阳城、沁水、河南南乐、扶沟、鄢陵、禹县、山东临清、平原、临邑、章丘、新城、历城、单县、东河、昌乐、昌邑、荣成、宁阳、兖州、泗水、滕县、汶上、齐河、枣庄、江苏淮安、铜山、宿迁、赣榆、安徽阜阳、亳州、五河等 2 月 20 或 19 日风霾，昼晦，天色黄中带赤竟日；青浦 2 月 25 日（正月丁丑，疑误）落黄沙，浙江乐清春雨土。

长三角地区大气污染形式是扬沙与浮尘。若空气中的悬浮颗粒物与蒙蒙细雨结合并随雨滴一同下落，则成为雨血、雨黑水等各类有色雨；当空气并不很潮时，气流扰动又较频繁、沾上悬浮粉尘的水滴，在空中反复翻腾，吸附更多的悬浮物逐渐形成赤色、褐色、近黑色等色彩的大小如绿豆、赤豆的颗粒，一旦承受不了气流上升浮力时，则形成雨豆、雨米又不可食的现象。

扬沙与浮尘现象都与干旱伴随，特别是连续大旱之后的大风时段，出现的具体时间，除个别突发事件外，上海地区主要在 11 月 11 日至 4 月 22 日之间，而以 2—4 月份最多，杭州的出现时段也为 3—4 月份，两者基本相似。形式以浮尘居多，且与大范围的沙尘暴或大风扬沙天气息息相关，出现的时间与北方相比滞后 1～2 天，视风速大小而定，最晚可迟 3～4 天，强度因处该天气系统的尾闾末端，时间较短、强度较弱。该现象仍是长三角地区冬春季节大气污染的主要原因。防御办法可在郊外旷野沿道路、河流两侧广种高大乔木，构成道道拦截屏障，控制的水平范围可为树高的约 25 倍。城市内为防止局部风沙则以植草为宜，勿使土地裸露。当然这不仅要一省一市努力，更需大范围共同规划、协作。

五、地震灾害

长三角地区地震总的特点是数量少，强度低，震源浅，危害弱，地面放大效应明显。

（一）数量少、危害轻

长三角地区有灾害记录以来，至 20 世纪末的 2500 年间，共遭受 1 500 余次地震波及（历史地震不包括余震，区域地震台网建立以来陆域取 MS≥3，海域取≥4），最大强度陆域为 1624 年 2 月 10 日的扬州 6 级地震及 1979 年 7 月 9 日溧阳 6 级地震，特别是后者曾造成人员较大伤亡，经济损失颇巨，波及鲁、皖、赣、浙、沪等省市；海域为 1846 年 8 月 4 日南黄海 7 级地震，波及鲁、苏、皖、浙，甚至连韩国首尔都有记载，但无破坏。其他地震除来自邻近豫、鲁及南黄海外，还有冀、台、闽、粤、宁等国内省（区）的强震以及远至日本的大震等。上述地震中对长三角地区影响最强、范围最广的地震有三次。

(1) 1624年2月10日19时左右(申末酉初)扬州(32.3°N,119.4°E)6级地震,扬州倒城垣380余垛,城铺20余处,扬州、镇江、常州、南京、泰州等倒房屋无数,压死多命。镇江平土裂者容姆;当涂墙垣倾倒,地有坼裂;东台王公祠倾,城垣墙垛倒塌,瓦坠屋履;常熟东塔顶欹,行者有仆者,城内外地面尽裂(Ⅵ度异常)。凤阳、五河、滁州、铜陵、郎溪、望江、徐州、淮安、泰兴、如皋、南通、靖江、六合、溧阳、丹阳、金坛、宜兴、无锡、江阴、苏州、吴江、震泽、太仓、崇明、嘉定、外冈、松江、上海、南汇、嘉兴、嘉善、海宁、海盐、桐乡、乌镇、平湖、崇德、德清、长兴、萧山、宁波、慈溪、镇海有感(图1-43)。

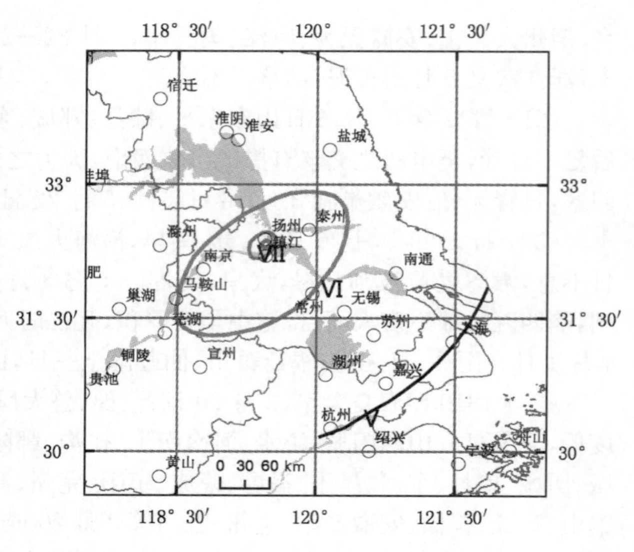

图1-43　1624年2月10日扬州南6级地震等震线图

(2) 1668年7月25日山东郯城81/2级地震:长三角淮河以南绝大部分处于Ⅵ～Ⅶ度弱破坏区。淮安城堞及官民房舍无数、儒学两庑倾,压伤人口;五河城南楼、关圣庙像、观音阁俱颓,民居倾圮无算;怀远民房倾覆,伤人无数;泗州(今盱眙北)损公廨屋宇,伤人;滁州城垛多圮,谯楼欹,民房倾圮无数;当涂墙垣、房屋多倒;全椒倒坏40余丈,坏鼓楼并县署照壁、门仪等,县学正殿两庑圮;和州庐舍尽塌;巢县城倾十数处,共200余丈,民居墙屋倾覆甚多;无为景福寺顶坠、民间庐舍倾倒甚众;合肥城倾共100余丈,垣颓屋倒处处有之;舒城民舍倾颓无算;盐城倾倒城楼3座,魁星楼1座,窝铺、垛口共27处,民舍倾倒,压死甚伙;阜宁城楼倾圮;东台房屋墙墉多仆,伤者较多;宝应城东南崩缺数处,河堤崩坏;扬州城南宝塔顶坠地;镇江、丹阳城内外震倒墙屋无算,停泊之舟多覆溺;南京屋倾墙圮,倒坏官民房屋不计其数,压死男妇;常州屋瓦、砉禧坠地;高淳屋倾、墙圮,人立俱仆;苏州天宫寺天王殿康熙七年圮;长兴折屋,压死人民;湖州压毙人畜;绍兴屋瓦多落,压毙人畜;嵊县屋瓦多落;上虞屋瓦皆崩;来安邑治圮,立者几仆;安庆墙屋有倾倒者。上海全境位于Ⅵ度影响区内,崇明、嘉定有破坏记载,前者"地面崩裂";后者位于城南一里的"留光寺,殿倾"。据《嘉定县志》记载,该殿万历年间由宏化僧人重建至地震破坏仅数十年。上海地区庙宇建筑均为穿斗木结构,歇山顶式建筑,质量较好;上海其他地区记载只是地大动,河水尽沸,浦水腾跃,楼房有倾倒之势,但无坍塌。

(3) 1979年7月9日18时57分溧阳上沛(31.45°N,119.25°E)6.0级地震,极震区烈度Ⅷ度,等震线长轴7 km,NWW向,短轴4.5 km,另有4处异常区,合计面积20 km²。Ⅶ度区跨溧阳、溧水、高淳、句容、金坛、宜兴及安徽郎溪8县,另有2处异常区,合计面积390.9 km²。Ⅵ度区有3处,主要在溧阳社渚—金坛薛埠,合计面积2 194 km²。有感区域北至山东临沂—江苏沛县,西迄安徽霍丘、霍山—江西九江,南达江西铅山至浙江龙泉、温州。东止海。地震共死亡42人、重伤682人,轻伤2 305人,压毙牲畜6 768头,倒塌民房11.39万间,经济损失1.8亿元。由于≥Ⅶ度区都在溧阳境内,溧阳县损失占当年国民经济收入的一半。全县受灾户数99 354户,416 889人,分别占全县的59.3%和60.4%,受灾面积占全县总面积的46%。溧阳工业有148台设备和配套设施受害，价值121万元，占Ⅶ区工业企业固定资产净值的6.51%。社队企业和事业以及灾区3 303个生产队1 972台设备和部分农具损失共433.8万元。农业排灌机械报废或损坏23台，19.6万元，集体财产损坏农机具1 694台套，折价34.6万元。全县集体和私养牲畜死亡3 384头，共值22.5万元。全民和大集体单位设备和设施因地震损失1 321.28万元。在溧省属单位和驻军单位生产设施受损共81.3万元。乡间低等级桥、涵遭受不同程度震害，损坏公路桥3座，航运桥64座，144座涵洞轻微损坏，另有92座涵洞局部损坏。极震区邮电系统损坏总机和载波机等设备2台套，造成上沛、上兴等乡镇电话中断。全县35个邮电支局中有23个支局生产和生活用房不同程度破坏，其中有倒塌的为13个支局。供电系统仅个别变压器移位，无大碍。灾区15座百万方级中型水库中，有8座坝体顶部普遍裂缝，附属设施如溢洪闸墩、引水井筒、涵洞、水闸起闭机房等损坏普遍。63座小型水库受损，溧阳全县755座机电排灌站中有397座受损，其中310座毁坏；另有25座大闸和274座涵洞被损。商业系统重灾区内的批发部、门市部房屋基本全部倒塌，商品被埋。教育系统遭地震破坏的学校1 065所，占全地区学校总数的1/7，损坏15 326间，占灾区学校总数的六成，其中全部倒塌需要重建的1 847间，严重破坏需拆建的7 538间，部分损坏维修后仍能使用的5 941间，部分教学仪器、体育用品、办公家具、课桌板凳等损失价值约53万元。溧阳县40个公社卫生院有房1 167间，面积30 370 m^2，地震中遭到结构性损毁的有559间，虽未倒塌但不能使用的房屋306间，损坏X光机、冰箱、显微镜、高压消毒器、其他医药器械及家具等共损失约14万元。国家投入救灾款（含房屋修建专款、防震棚补助款、各系统内拨款、经上级同意划入成本开支款、减免税收款、地方自筹资金、邻近各县的救灾款）4 076.72万元。灾后房屋新建与修缮1 713万元，集镇公房修复97万元，农村广播18万元，农村桥梁35万元，农村医院37万元，16个重灾公社农具厂、粮食加工厂恢复生产和修复房屋补助80万元，农科站修复房屋6万余元等，合计约为2 110万元（图1-44）。

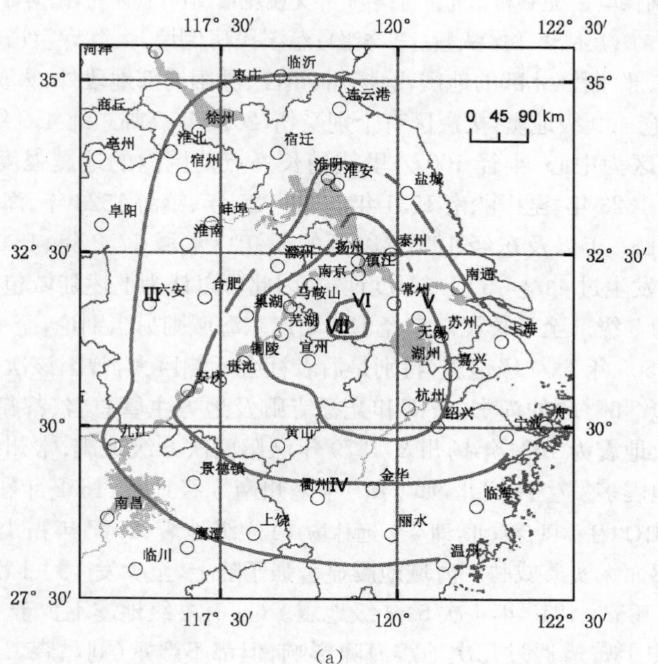

(a)

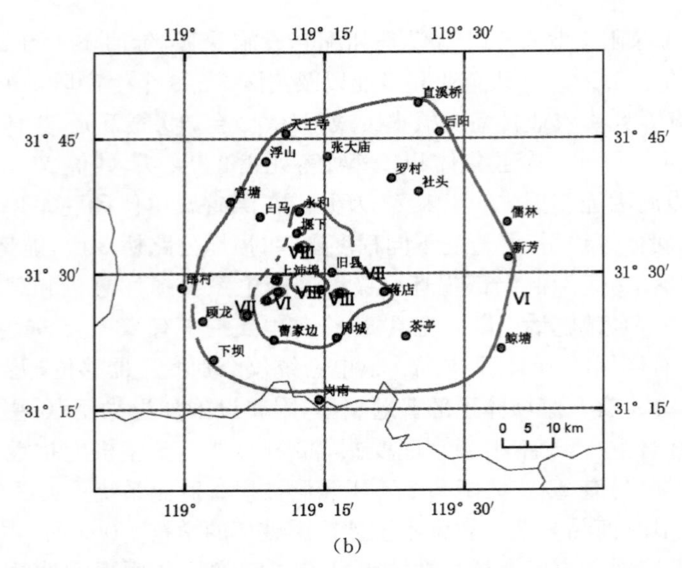

(b)

图 1-44　1979 年 7 月 9 日溧阳 6.0 级地震等震线图(a、b 两幅)(据江苏地震局)

(4) 南黄海北纬 33°—34°,东经 121°—122°区是地震最为密集且强度最高的海域,地震等震线长轴大都是 NNW 向,如 701 年 8 月、1623 年 4 月、1846 年 8 月—1853 年 4 月、1879 年 4 月、1921 年 12 月、1927 年 2 月等为活动最剧时段。其中有两次对西侧江苏沿海是有破坏的,如 1852 年 12 月 16 日 63/4 级地震丹徒县及赤山湖坏垣;上海有些地方石灰坡挡和天花板震塌;1853 年 4 月 14 日 63/4 级地震,据樗园退叟《盾鼻随闻录》记载:“江北地震,坏民庐舍无数”,但无具体地点;阜宁关帝庙有倾圮;上海有的烟囱和墙壁倒塌;川沙民房有倾覆者;奉贤刘郎庙周围四十里海塘盐灶处地震,庐舍皆沉,船及鸡毛皆沉;当年一清军金姓密探正落脚奉贤,听说桃花镇陷地一块,周围约有十余里,约有八九百家,死者万人(据调查刘郎庙或称牛郎庙早毁,今在原址上重建,改名保境寺,近钱桥镇北张村;奉贤并无桃花镇,但有桃园村,陷落可能只是保境寺与桃园村之间钦公塘外盐田的浅层滑移,伤亡人数过于夸张);慈溪民房倒墙,大胜寺宝塔铁缸、宝瓶震落。

上海及江苏东部、浙江北部的地震,除扬州、镇江、溧阳局部地段外,人员直接伤亡很少,近年江苏 1990 年太仓 4.9 级地震,极震区有个别受伤,2012 年高邮东北 4.9 级地震,极震区 1 死 2 伤。若以上海市区为中心,半径 100 公里或稍长一点范围内的地震强度均不甚高,如南通 1615 年、吴江平望 1623 年、昆山淞南 1731 年、杭州 929 年、镇海 1523 年、海盐盐官 1678 年、富阳 1856 年、海宁 1867 年以及东经 122.5°以西的长江口水域 1752 年、1844 年、1847 年、1855 年、1971 年等都只发生过 43/4～5 级或Ⅵ度地震,因此可以认为上述陆域包括上海的背景地震或称本底地震值为 5 级。至于长江口东经 122.5°以东海域则另当别论,至少已于 1996 年发生过 6.1 级地震和 1505 年 63/4 级地震,特别是后者社会反响巨大,曾因该次地震御使要求弹劾多名主管建设、民政和财政的尚书、侍郎和光禄寺卿及地方主管总督、都御史、巡抚等应于罢黜。江苏陆域最大地震为 1624 年扬州及 1979 年溧阳两次 6 级地震;常州以西沿江偶有Ⅶ度弱破坏。安徽强地震多发生在皖北,如 1481 年亳州南 6 级地震、1652 年霍山东北 6 级地震、1831 年怀远平阿山(以往称凤台东北,即今怀远林场)61/4 级地震、1917 年霍山西南 61/4 级,对长三角地区只是有感而无实质威胁。海域地震显著强于陆上,至少发生过 1 次 1846 年的 7 级地震及 1505,1852,1853,1910 年 4 次 63/4 级地震。6～61/2 级地震不少于 10 次。

江浙沿海历史上曾遭遇过几次地震海啸影响,但都不严重(刘昌森,1992)。如:

(1) 1498年7月9日(弘治十一年六月十一日)。据日本《御汤殿上日记》、《后法兴院记》、《亲长卿记》、《实隆公记》、《言国卿记》等十余种日文古籍记载,该日申时日本广大地区发生地震,京都、三河、熊野最为强烈,因未发掘受害记录,未作地震学处理,参数不详。同日同时我国江、浙等多处发生水溢。如上海嘉定:六月十一日申刻,邑中河渠池泽及井泉悉皆震荡,涌高数尺,良久仍定;金山:六月十一日江海泖湖水溢;松江:六月十一日海水溢;上海:六月十一日海溢。同时记载的尚有苏州、吴江、太仓、常熟、震泽、崇明、宝山、川沙、青浦、嘉兴、嘉善、桐乡、石门、余姚、兰溪等十余处。是时各处无风雨,排除了气象原因的可能性,均未构成灾害,m(海啸级别)$\leqslant 0$,应为日本慢地震波所致,震中可能在日本南海,震级$\geqslant 8$。

(2) 1509年7月21日(正德四年六月十四日)。嘉定、太仓、苏州、吴江、震泽、嘉善地震有声,太仓海水沸,嘉定(含宝山及浦东的高桥、凌桥一带)更海水沸腾,远近惊怖,$m=0$。海啸的源头推测在琉球,也未发生台风。

(3) 1668年7月25日(康熙七年六月十七日)。山东郯城8.5级地震时,江苏赣榆海水退舍三十里,山东莱州湾沿岸的弥、丹诸河水忽涸,可惜都只记载了海啸的前半程;后半程的海水返回情况据嘉庆《海州直隶州志》记载:六月二十七日(应为十七日)海潮大上;赣榆倪长犀《地震记》载:光是苦雨几一月,是日(六月十七日)城南渠暴涨不涸(光绪《海州直隶州志》卷31);又据《淮系年表》记载:海州潮上,沭阳决龙家渊(治西)、刘家口(治东)。但朝鲜北黄海沿海的铁山确有海潮大溢,地震屋瓦皆倾,人或惊仆,以及赣榆凡河俱暴涨。当时上海的情况是松江河水尽沸,约一刻乃止;上海浦水腾跃,自西北起至东南约一刻止。两者$m=-1$。

(4) 1670年8月19日(康熙九年七月初五)。苏州、昆山、盛湖、平望、震泽、常熟等申时地震有声,苏州沿海(即今崇明、宝山、太仓一带)及常熟海潮溢,沿海民多溺死,$m=1.0$,源头何处待查,估计也来自日本,当时并无台风发生。

(5) 1707年10月28日(康熙四十六年十月初四)。江苏吴江、周庄湖荡池沼之水无故自相冲击,波浪汹涌,忽高三四尺,逾时复故;崇明又大潮淹没,民间有盖藏者悉随潮去;浙江省湖州、吴兴县双林地震水涌;桐乡、乌青镇河水暴涨;海盐县(今盐官镇)地震水沸(误记十月十四日);桐乡、南浔河水暴涨;安徽巢县、无为水斗,无风河塘忽然水起大浪,水面宽处高丈余,窄处亦有三尺;贵池10月6日(?)水沸逾时。无独有偶,同日日本南海(33.2°N, 135.9°E)发生8.4级地震,自伊豆半岛至九州太平洋沿岸,包括大波湾、播摩、伊予、防长、八丈岛等地均遭受海啸袭击,仅土佐一处就漂没房屋11 170栋,溺毙1 844人,失踪926人,破损、漂失船舶768艘,最大浪高25.7 m,$m=3.5$。我国上述现象当与此有关,不仅地震涉及浙江,钱塘江口亦有海啸反应,强度甚低,$m=-1$。上海各县虽无记录亦当受影响之列。

(6) 1854年12月24日(咸丰四年十一月初五)。日本南海(33.2°N, 135.6°E)8.4级地震,房总半岛至九州太平洋沿岸海啸,久礼波高16.1 m,串本15 m,种崎11 m,古座、牟歧、阿波9 m,宍喰5~6 m,伊予西海岸3~4 m,室户3.3 m,共漂没房屋15 000余栋,损坏船舶800余艘,溺毙3 000余人,经济损失惨重,$m=3$。海啸甚至波及北美沿岸,对我国也有一定影响,如:

① 如皋:海啸,淹毙多人,$m=1$。

② 句容:水无故自溢。

③ 丹徒:水摇,南北往复荡漾,如人持注水器左右倾倒者然,江河池井沟洫同时同状,半

时许方定。

④ 溧阳：水沸。

⑤ 宜兴：水骤涌起立，顷之如故，凡湖荡、沟渠、池沼、盆盎之水皆然。

⑥ 吴江：湖水无风震荡，忽高忽低，高出二三尺，低至数寸，低而复高，高而复低，五六次方止，$m=-0.5$。

⑦ 常熟东张：河水忽涌，霎时仍平，询之远近无不如此。

⑧ 苏州、松江、太仓各府州县：河水涌，突起二三尺，$m=-0.5$。

⑨ 上海：黄浦水沸，有高二三尺者，$m=-0.5$。

⑩ 嘉定：水溢地震；嘉定、南汇、松江河冰之下潜涨，冰为裂。

⑪ 宝山罗店：水涌。

⑫ 青浦：河水涌，突起尺余，$m=-1$。

⑬ 长兴：河水忽跃起尺余，沟渠皆然，$m=-1$。

⑭ 湖州：申时河水忽涨尺余，沟渠池沼皆然，东至吴江，西至长兴，并同此异。

⑮ 吴兴双林：河水忽涨一二尺，动荡不定，沟池皆然，周围数百里皆同，$m=-1$。

⑯ 海宁：河水无风自涌，如潮涨落，池沼皆然。

⑰ 慈溪(治今慈城镇)：河水骤腾三四尺，$m=0$。

⑱ 鄞县：河水骤涨三四尺，城中湖无风而起巨浪，观者如堵，$m=0$。

⑲ 镇海：河水骤涨三四尺，状如沸汤，$m=0$。

⑳ 黄岩：塘水无故震宕，$m=-1$。

㉑ 临海：海潮泛溢，城乡沟池积潦同时俱沸，历二时止，沿海庐舍多被淹没。

㉒ 永康：水溢，塘池皆沸起高尺余，逾时乃伏。

㉓ 温岭：河及池、井水顷刻高下约尺许，$m=-1$。

㉔ 平阳：水泉溢，$m=-1$。

此外，安徽望江、东至、怀宁、桐城、潜山、太湖、宿松、无为、含山、和州、当涂、霍山、霍邱、宣城、广德、泾县、绩溪、婺源、广丰、东乡、波阳、浠水、罗田等水沸、水斗，高数尺及塘堰水左右晃动等，直至湖北公安、湖南汉寿、溆浦都有记载，这次日本南海地震海啸对我国的影响最为明显，究其原因不仅与其强度大有关，而且日本在23日、24日相继发生两次8.4级地震，均产生$m=3\sim4$级海啸，两者推波助澜，既可影响北美，波及我江浙沿岸当属自然，也是又一次慢地震的历史实例(图1-45)。

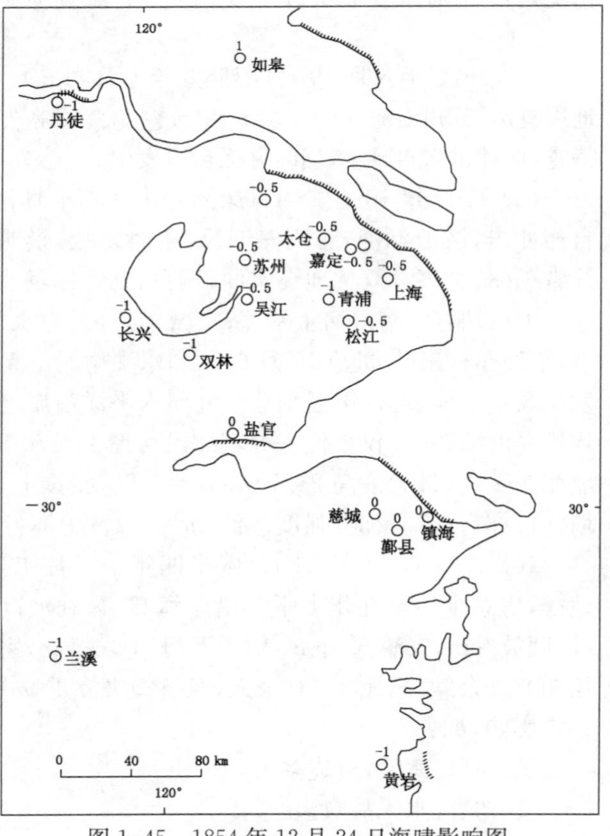

图1-45　1854年12月24日海啸影响图

(7) 1960年5月23日智利8.9级

地震时，海啸横扫太平洋，至日本时最高浪高还达 8.1 m，一般在 3～4 m，死亡 119 人，失踪 20 余人，伤 872 人。我国沿海包括上海吴淞口仅增水 15～20 cm。

(二) 震源浅、烈度相对较高

尽管本区能测定震源深度的地震比例不高，精度也还有待进一步改进，从 70 年代中期以来至 1996 年的地震经精定位研究，能给出震源深度的地震，可以看出以下一些特点(年廷凯等，1996)：

(1) 总的来说，本区震源深度较浅(表 1-1)，其中苏北区主要集中在 10.0～12.5 km，南黄海海域较深，集中在 17.5～20.0 km，江南西区深度多在 15～17.5 km，江南东区包括长江口海域最浅，小于 10 km 的地震占全区总数的 67.4%。偶有震源深度大于 25 km 的地震，现分别介绍 70 年代以来区内主要几次地震的震源深度情况：

① 1974 年溧阳 5.5 级地震主震震源深度 16 km，在 86 次余震中，90%的余震深度为 8～17 km，而 8～12 km 的余震占总数的 66%。

② 1979 年溧阳 6.0 级地震，主震的震源深度为 14.6±1.5 km，72%的余震深度也集中在 8～12 km。

③ 1984 年南黄海勿南沙 6.2 级地震，6.1 级前震的震源深度为 10.6±1.2 km，主震的深度为 18.0±3.5 km，余震深度 7.6～21.2 km，平均 11.8 km。

④ 1990 年太仓沙溪 4.9 级地震，主震震源深度 4.7±1.3 km，余震深度平均仅 2.5 km。

⑤ 1994 年常熟 2.8 级震群从 1 月 11 日起，至 7 月 26 日止，≥1.0 级的余震 75 次，深度从 10.8±9.2 km 至 24.5±4.4 km，75.9%的余震深度集中在 15～18 km，平均 17.3 km，震源深度变化较为稳定。

⑥ 1996 年长江口外 6.1 级地震主震深 15.7 km，余震 5～9 km，平均 6.9 km。

表 1-1 不同地区震级段震源深度与频次统计表

震级段 / 地区	2.0～2.9		3.0～3.9		4.0～4.9		5.0～5.9		≥6.0		总计
	次数	平均深度(km)	次数	平均深度(km)	次数	平均深度(km)	次数	平均深度(km)	次数	平均深度(km)	
苏北区	80	9.7	43	9.4	10	12.8	1	10.6	0		134
南黄海区	97	15.2	54	14.3	10	13.6	4	14.2	1	18	166
江南西部	30	13.1	20	11.0	5	11.4	2	17.0	1	14.6	58
江南东部	38	8.5	9	9.0	1	10.0	1	4.3	1	15.4	50
上海及长江口	15	9.4	4	7.4	1	10.0				15.7	20

(2) 区内地震震级高者，深度略深，震级低者，深度较浅，主震之后余震主要向浅部发展(表 1-2)。

表 1-2 区内各震级段频次与平均震源深度统计表

震级段	2.0～2.9	3.0～3.9	4.0～4.9	5.0～5.9	≥6.0
频次(N)	245	126	26	8	3
平均深度(km)	11.7	11.7	12.2	12.4	16.1

(3) 上海陆域近年来地震不多,震级不高,仅 1991 年青浦练塘发生 3.0 级地震一次,震源深度 8.5±2.0 km; 1992 年奉贤西北 2.1 级地震,震源深度 3.7±5.5 km; 1995 年虹桥 2.4 级地震,震源深度 4.0±7.0 km;由于震源浅,烈度较高,虹桥 2.4 级地震居然也能造成少数房屋开裂,青浦练塘 3.0 级地震引起青浦城一间老旧民宅局部坍塌。长江口水域震源深度较深,有些可达 10~20 km。据北纬 30°~32°,杭州至太仓以东地区的 80 余次地震测定,该区范围内的地震震源深度均小于 10 km,平均仅 7.2 km,90%以上的小震深度不足 8.5 km,将近一半的小震深度平均仅 3 km。由于震源较浅,因此地震影响较强,即使小于 2.0 级的地震上海也会有感,2.5 级左右的地震可以引起房屋裂缝,3 级左右地震甚至可造成古旧房屋局部坍塌。

(三) 地层的地震放大效应明显

长三角地区各城市的地震历史资料记载及近代地震宏观调查表明,绝大部分地段的地震反应较为敏感,如 1918 年 2 月 13 日广东南澳 7.3 地震时,震中距 960 余千米的上海地震烈度竟达Ⅴ度,并造成金山朱泾多人间接重伤;南京明孝陵左立石翁仲倾倒;无锡多处茶楼茶客莫不争先恐后狂奔下楼;苏州金门城堞坍去三四尺,北市塔尖坠落半截;湖州房屋大震,塔顶铁链颠荡不止,势将坠下,危险万状;杭州地大震;绍兴皋埠镇塌房 3 栋,柯桥镇一枯木倾倒,漓诸乡震折年久旗杆颇多,宁波壁上字画及吊灯摇荡不已,缸水泼出。以上各市均为Ⅴ度异常。台湾地区多次 6 级以上地震,上海市民也有较明显的震感。1995 年 4 月 2 日上海虹桥 2.4 级地震部分房屋裂缝。1979 年 12 月 17 日南汇六灶 1.5 级地震震中附近 50 km^2 范围内居民有感。上海的地震敏感度除了震源较浅以外,与松散覆盖层的放大效应也紧密相关,与我国东部地区的各烈度影响场的经验值相比,一般高 1 度左右。实验表明松散覆盖层对地震波确有放大作用,厚度越大放大效应也越明显。必须指出,覆盖层对地震波影响较为复杂,既与岩性、厚度、密实度、含水量等有关,也与地下水的埋深密切联系,其中许多土动力学的问题尚一时难以查明。

为了了解上海覆盖层对地震波的影响,曾于 1984 年 4 月至 1991 年底在虹桥、南汇两处深井观测地震台井底与地表同时配置仪器性能及频幅曲线相近的 768 型短周期竖向地震仪,前者井深 651.4 m,覆盖层厚 288.0 m;后者井深 511.9 m,覆盖层厚 294.3 m。该段时期内的地震经苏沪两地地震局统一采用 PSL 程序重新精定位,测定震中位置,计算震级和震源深度。使用的地震资料震级一般在 3 级左右,最大为 6 级,仅 1 次上海地方震为 1.9 级(刘昌森,1998)。

1. 地动位移赈幅放大倍数

暂不考虑覆盖层对地震波的吸收及自由地表的影响,按地面测点和井下测点最大地动位移赈幅之比定义为地震波地动位移赈幅放大倍数,表 1-3 分别计算了虹桥和南汇两地震台的各次 S 或 P 波的地动位移放大倍数,由表 1-3 可以看出,地面地动位移放大倍数 S 波最大为 9.5 倍,最小为 3.3 倍,平均为 5.7 倍;P 波因波形微弱、样本较少,判别难以精确,仅供参考。

2. 宏观烈度增加值

为使上海覆盖层对地震的放大效应能有一个宏观的形象表述,依据表中虹桥、南汇两地震台求取历次地震烈度增加值 ΔI,按近震震级公式

$$M_L = \log A\mu + R(\Delta)$$

而

$$Ms = 1.13M_L - 1.08$$

又据我国震级(Ms)与烈度(I),震源深度(h)的经验关系式:

$$Ms = 0.68I + 1.39\log h - 1.40$$

求得

$$\Delta I = \frac{1.13(\log A_0 - \log A_h) - 1.39(\log h_0 - \log h_h)}{0.68}$$

A_0,A_h分别为地面测点和井下测点的地动位移,h_0和h_h分别为地面测点和井下测点的震源深度,无震源深度数据时则用震中所在地区某震级段的平均深度代替,计算各次地震两台地面烈度的增加值,结果也见表1-3。

表1-3 多次地震地面地动位移赈幅及烈度放大倍数

序号	发震时间	地点	震级(Ms)	深度(km)	震中距(km)	震相	地面	井下	放大倍数	烈度增加值	记录台站
1	1984.04.30 12:48	(苏)溧阳	3.0	13.6	199.6	S	1.0	0.3	3.3	0.8	虹桥台
2	1984.05.22 00:07	南黄海	2.9		163.6	S	1.0	0.2	5.0	1.1	虹桥台
3	1984.05.22 00:25	南黄海	4.0	9.9	148.8	S	6.6	1.6	4.1	1.0	虹桥台
4	1984.05.22 01:10	南黄海	3.0		171.6	S	2.9	0.5	5.8	1.2	虹桥台
5	1984.05.22 02:51	南黄海	3.4		165.0	S	2.9	0.4	7.2	1.4	虹桥台
6	1984.05.22 22:06	南黄海	3.7	11.3	147.7	S	2.1	0.5	4.2	1.0	虹桥台
7	1984.05.23 23:26	南黄海	3.6		154.0	S	2.9	0.7	4.1	1.0	虹桥台
8	1984.05.24 23:19	南黄海	3.3		166.5	S	3.8	0.9	4.2	1.0	虹桥台
9	1984.05.25 03:59	南黄海	3.3	10.9	145.0	S	3.9	0.6	6.5	1.3	虹桥台
10	1984.05.30 23:58	南黄海	3.6		152.3	S	3.1	0.9	3.4	0.8	虹桥台
11	1984.06.08 05:14	南黄海	3.7	11.9	147.2	S	5.8	1.2	4.8	1.1	虹桥台
12	1984.06.17 05:19	南黄海	2.9		148.4	S	0.8	0.1	8.0	1.5	虹桥台
13	1984.12.09 10:53	浦东北蔡	1.9		19.3	S	3.4	0.6	5.6	1.2	虹桥台
14	1985.09.11 21:09	舟山群岛	3.2	11.4	127.6	S	1.9	0.2	9.5	1.6	虹桥台
15	1987.04.02 01:35	(苏)射阳	3.6	11.4	240.7	S	1.3	0.3	4.3	1.0	虹桥台
16	1988.02.13 03:15	(台)花莲	5.9	15	819.5	P	1.0	0.1	10.0	1.6	南汇台
17	1988.07.21 07:15	(台)花莲	6.0	47	800.8	P	0.9	0.1	9.0	1.6	南汇台
18	1990.05.31 04:18	(苏)无锡	2.2	1.0	134.9	S	1.1	0.2	5.5	0.9	南汇台
19	1991.02.17 06:51	青浦练塘	3.0	8.5	62.0	P	1.1	0.2	5.5	1.2	南汇台
20	1991.07.06 15:49	(苏)泰兴	2.9	2.3	176.3	S	2.2	0.4	5.5	1.1	南汇台
21	1991.11.05 16:47	(苏)阜宁	4.2	18	332.0	P	1.7	0.5	3.4	0.9	南汇台

由表1-3可知,ΔI值最大1.6度,最小0.8度,平均1.2度,与宏观调查发现的烈度异常值甚为接近。

3. 地面加速度峰值放大倍数的估算

上海的第四系松散堆积层,平均厚300米左右,最大可达400余米。全新统自上而下除填土外，首先为 0.5～3 m 的褐黄色粉质黏土层，考其成因实为下伏土层的风化硬壳层，工程地质性质与下部母土有关，S 波波速均约 100 m/s 左右。其下，普遍存在 10～20 m 的淤泥质黏性土层（上海工程地质界俗称第三、第四层）。含水量高，软塑—流塑，蜂窝状或絮状结构，高压缩性，弱渗透性，富含有机质，干容重小，低强度，抗水平及动荷载作用极差，是上海地面沉降和形变的主要祸首。S 波波速 80～165 m/s，平均 130 m/s 左右。再下为灰白色黏土性层为主，厚度变化较大，S 波波速 150～265 m/s，平均为 200 m/s 左右。再下的中上更新统中也含有少许腐殖质层为软弱土层，如此土层组合无疑会对震波起到放大效果。

陆家嘴上海环球金融中心采用 20 个振型，取 0.05 和 0.06 两种不同的阻尼比，计算土层地面的加速度时程曲线及土层的加速度值放大系数，获得竖向由基岩（−274 m，花岗岩）至地面放大 3.0～3.1 倍；水平向放大 3.3～3.5 倍，这基本上可以代表上海地面加速度峰值的放大情况。另外，计算显示加速度峰值随阻尼增大而减小，基岩加速度相对具有较丰富的高频成分，通过第四纪松散地层后，高频成分大都被土层吸收，低频成分相对增多，可见松软土层有较明显的滤波及放大作用。自然这对自振频率较低的构筑物影响较为明显，这也正是上海高层建筑物对远场地震反应敏感的原因。

2002 年 3 月 31 日我国台湾（24.4°N，122.1°E）7.5 级地震，地下及地表都记录到该地震的直达波和面波，仪器为美国 Kinemetrics 公司的宽频带数字加速度仪，频带 0～50 Hz，采样分辨率 19 bit，采样率为每秒 200 点。上海基岩处的地震面波最大加速度，东西向 0.212 cm/s^2，南北向 0.125 cm/s^2，垂直 0.176 cm/s^2，而地表相应的面波最大加速度东西向 0.835 cm/s^2，南北向 0.871 cm/s^2，垂直向 0.287 cm/s^2，即东西向放大 3.94 倍，南北向放大 6.97 倍，垂直向放大 1.63 倍，而民防大厦第 23 层的东西向为 5.253 cm/s^2，南北向为 3.566 cm/s^2，即 23 层处分别增长 5.31 倍和 3.64 倍，当时大厦内吊灯晃动幅度明显，许多人出现惊慌。同年 5 月 15 日台湾（24.5°N，122.1°E）又发生 6.5 级地震，上海多处高建筑有感，上海民防大厦也有感，23 层楼面最大加速度东西向为 1.384 cm/s^2，南北向为 1.251 cm/s^2，第 32 层楼面则分别为 2.415 cm/s^2 和 1.771 cm/s^2，比 23 层放大 1.75 倍和 1.42 倍。由此推算，台湾若发生 8 级地震会否出现地表最大加速度东西向为 17.81 cm/s^2 和南北向为 18.78 cm/s^2，上海 20 层以上层面水平向加速度地震动出现≥70 cm/s^2 的情况，就以上两次地震推测尚嫌不足，台湾的 8 级地震 20 世纪就有过两次，即 1920 年 6 月 5 日及 1972 年 1 月 25 日，震中都在台湾岛东侧海中，当年上海≥20 层的高层建筑已有数座，没看到有如推算的那么大震动的任何报导。倒是可以建议在新建高大建筑时，能够选择几处有代表性地点，从地基基础面、地面楼层始。每隔 10 层安置一套同一型号的三分向加速度仪拾震器，直至楼顶，系统获取垂向加速度变化情况，然后举一反三指导高层建筑的建设设计及防震措施。

综上所述，上海的地面地震放大效应，地动位移振幅一般放大 5～6 倍，宏观地震烈度平均增强 1 度，地面加速度峰值比基岩部分放大 3～3.5 倍。改革开放以来，上海高层建筑数量与高度突飞猛进，当地震的地波周期与建筑物的自振周期相同时，形成共振，对地震震动反映也日渐增多，有时甚至较为明显，如：1994 年 9 月 16 日台湾海峡 7.3 级地震时，上海体育场运动员之家塔形大楼高层住客狼狈下楼，平息后仍久久不愿回房休息；2008 年四川汶川 8.0 级地震时，上海金茂大厦顶部的地震鞭梢效应明显，晃动幅度最大达 0.8 m；再如 2013 年 11 月 16 日我国台湾花莲 6.7 级地震时上海部分高层建筑也反映震时的种种感受等。

必须指出，土层的地震动力反应特征只参考平均土层剪切波速度、土层物理力学性质、常时地微动卓越周期等，设计抗震设计谱不尽合理，因为有些相距很近的测点也会存在较大差异，务必实地测试分析计算，获得的地震反应谱才较接近实际，上海至今尚没一口深井不同层次的实际加速度观测数据。计算所得的加速度值与实际观测值究竟误差多少难以判断。因此上海土层的地震放大效应还有待今后实际数据检验和深化。

上海地区各单位由于不同目的进行过多处钻孔波速测量，发现随深度增大，波速绝大多数是逐步递增的；横波速度 500 m/s 的假基岩埋深由西南向东北逐渐加深，上海金山一带 130～140 m；市中心为 150～160 m；浦东新区为 190 m；崇明东端为 240 m。

（四）上海地区的地脉动特征

地面观测记录地脉动信号，经过分析处理得到的幅、谱特性，可为地基土的分类判别、确定场地卓越周期、测定场地地震动效应，为建筑抗震设计等方面提供参考依据。1994 年同济大学章在墉、李文艺教授等为上海地震小区划工作时，对上海全市大范围进行地脉动卓越周期的了解，因上海市区环境嘈杂，难以满足测量要求，测点共 64 处，除余山附近为 1.4 s左右外，其他都在 1.6～3.0 s 之间。2004 年翟永梅、李文艺与日本京都大学防灾所龟田和赤松教授先后于 1992—1993 年及 1998—1999 年三度合作，在上海浦西、浦东地区测量，分析时将水平向地脉动时程矢量合成，然后求出合成时程的傅里叶幅值谱，再求出 H/v 谱比，共提出 25 处地脉动峰值周期与覆盖层中剪切波平均波速值，卓越周期最小值金山气象站为 1.08 s，第四系覆盖层厚 273 m；最大值浦东三甲港为 4.19 s，第四系覆盖层厚 470 m，其余地点卓越周期均在 2.0～4.0 s 之间。中国科学院地质与地球物理研究所孙秀容等，2002 年与 2005 年对沪闵路高架桥及黄浦江越江隧道稳定性研究后认为：上海市区南部场地卓越周期相对较低，约为 0.65 s；市区北部可达 0.8 s；其他区域通常约 0.7 s。地表以下 35 m 范围内土层的卓越周期为 0.72～0.75 s。越江隧道两侧地下 30 m 范围内，浦东侧卓越周期为 0.68～0.81 s；浦西侧为 0.63～0.79 s，原因与浦西段的平均剪功波速度 178 m/s，高于浦东段 162 m/s 有关。研究结果只反映地表下浅层主要为全新统为主体的情况，缺失较深土层速度对平均值的贡献。

2007 年上海市地震局邀请中国地震局工程力学研究所在西北自嘉定、宝山，东南至奉贤、南汇长 60 km，宽 30 km 的范围内，于 406 处进行了三分向场地地脉动测量①。使用仪器为美国 Kinematrics 公司产 Altus 系列地震仪。传感器系统：内置力平衡式加速度计，满量程±2 g，动态范围>145 dB，频率范围 DC-100 Hz，线性度<1 000 g/g^2，横向灵敏度比<0.1%，自振频率 RMS@200 sps，采样率可设定 50，100，200，250 sps，满量程±2.5 V，RS-232 数据流；触发系统：阈式触发；IIR 带通滤波器滤波，频带 0.1～12.5 Hz；存储系统：64MB PCMCIA 卡；时间服务系统：精度 5 微秒；软件系统：通讯 Quick Talk，波形浏览 Quick Look，提供转换成 SUDS 和 ASCII 数据格式软件。该仪器满足《场地微振动测量技术规程》(CECS74:1995)和《地基动力特性测试规范》(GB/T 50269—1997)相关要求，也适合上海地区表土深、厚，软的场地特点的地脉动测量。具体操作时尽量远离人为干扰和机械振动的干扰源，并远离建筑物。测量前均先对仪器进行校正，在仪器水平调平的基础上测量东西、南北、上下三个分量的场地地脉动，每次记录时间大约 2 分钟，分析时截取人为干扰较小的中间段数据，采样频率为 50 Hz，即时间间隔为 0.02 s。数据处理采用日本 Naka-

① 中国地震局工程力学研究所苏州科技学院，上海市活断层地震危害性评价报告，2007 年 8 月。

mura 教授(1989, 2000)提出的 H/V 处理方法,即同一测点地脉动的水平分量与垂直分量的谱比。该方法可有效地获取卓越周期,并在世界范围内得到广泛应用,但不能给出放大倍数。脉动处理分析的具体步骤:

(1) 振动信号数据的检验与预处理,包括零基线校正、平稳性检验、周期性检验和正态检验。

(2) 观察时程曲线,采用掐头去尾,舍去人为影响较大的头尾,保留干扰最小的中段记录。

(3) 研究表明,数据处理点数以 1 024～8 192 点合适,这次采用 2 048 点,采样频率 50 Hz,时间间隔 0.02 s,给出时程为 40.96 s。

(4) 带通滤波处理采用 Butter 滤波器对记录进行滤波,考虑到上海地基的特点,保留较低的频率成分,带通滤波范围 0.1～10.0 Hz,滤波陡度为 3。

(5) 时域截断会产生频谱泄漏现象,采用加 Hanning 窗函数方法抑制泄漏,同时也可减小主瓣和旁瓣效应。

(6) 采用快速傅里叶变换(FFT),对同一测点三分量进行分析,求出两个水平分向和垂直分量的傅里叶幅值谱,将两个水平分向的傅里叶谱分别和垂直分量的傅里叶谱作比值(H/V),也可将两个水平分量的傅里叶幅值谱合成后再与垂直分量的傅里叶谱作比值。

(7) 为了突出卓越周期,可采用 5 点的 Hanning 窗对所得谱比进行平滑(大崎顺彦,1980),平滑次数 2 次,削峰填谷,使谱比曲线平滑,更突出卓越频率(周期)位置。

(8) 将谱比曲线上的峰值点对应的频率读出,作为卓越频率 f(Hz),求出卓越周期 $T_g=1/f$(s)。

(9) 放大倍数。由于该方法无法直接给出卓越周期对应的放大倍数,即峰值点,而是根据谱比的特点、结合上海软土层的特征,将 0.2～2.0 Hz(0.5～5.0 s)之间的所有谱比值平均,给出该频段的放大倍数的平均值,作为该测点的放大倍数。

场地卓越周期受诸多因素影响,其中包括场地类型,整个覆盖层厚及各土层的组合,场地各土层的刚度及波速,软弱层的有无及厚度等,都会对卓越周期有所影响。调查区的谱比值卓越周期的特点:

(1) 地脉动速度幅值在 10^{-5}～10^{-4} m/s 之间,某些测点包含较低频率成分,可能与海浪拍击有关;

(2) 地脉动能量分散,范围较宽,0.1～2.0 Hz 是能量集中频段;

(3) 各测点的卓越周期普遍较大,远大于《场地微振动测量技术规程》各类场地土的卓越周期;

(4) 某些测点出现多个谱比峰值。

测区西北部卓越周期较大,左上角即嘉定西侧安亭、外冈及沪太路、罗北路、石太路天平村等范围内(即Ⅲ),可能与该地处于角直凹陷现代沉降较快,上第三系至第四系厚度达 600 m 以上,全新世溺谷及湖沼发育有关;右上角即宝山区北部罗泾、罗店范围内的部分地区(即Ⅰ$_3$),该区第四系厚也达 400 m 以上(崇明奚家港达 440 m)。卓越周期较小的区位于西南边缘,即松江区泗泾、九亭、马桥等部分区域(即Ⅰ$_1$区),测区主体即中段及东南部卓越周期较小(即Ⅱ$_{1\sim3}$)。对所有 406 处测点统计结果,卓越周期主要分布在 1.5～3.5 s 之间,尤以 2.0～3.0 s 之间最为众多,平均为 2.57 s,最小值为 1.05 s(泗泾公园测点,属Ⅰ$_1$区),最大值4.09 s(嘉定罗北路、石太路天平村，属I_3区)。最小放大倍数为1.06(奉贤浦卫路大叶路口)，最大放大倍数为7.42(奉贤正义村)，而以2.0～5.0之间数量最多，总体平均放大倍数为3.45倍。放大倍数较大的区域集中在测区今西北段左、右上角，也是上海地区覆盖层较厚的区域(图1-46，1-47，1-48)。与章在墉、翟永梅等前人所得结果基本呼应。各区地脉动卓越周期及放大倍数统计结果见表1-4。

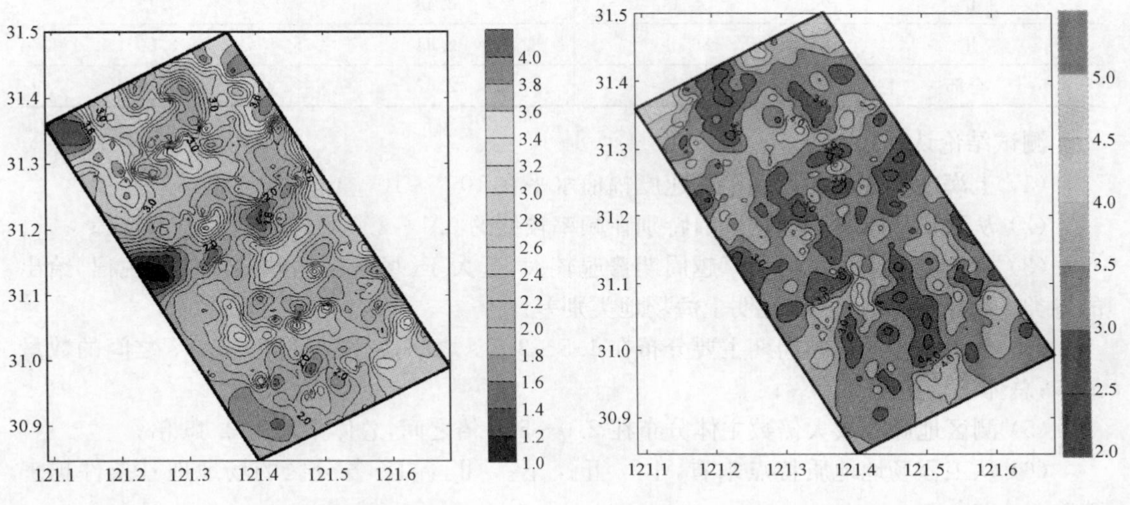

图1-46　上海地脉动周期分布图　　　图1-47　上海地脉动放大倍数分布图

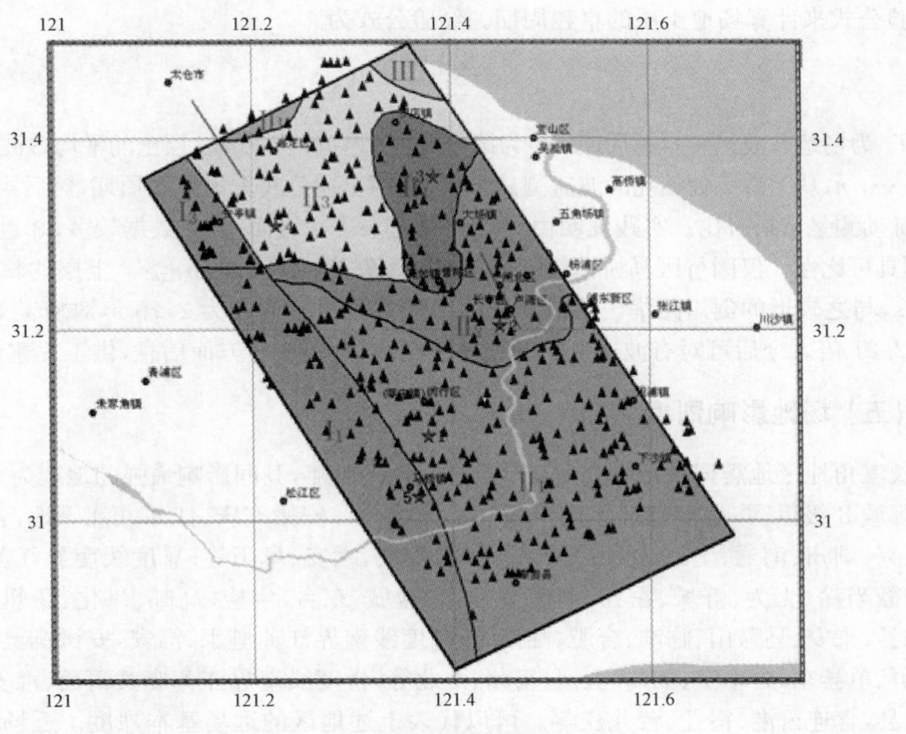

图1-48　上海地脉动测点及特征分区图

表 1-4 上海分区卓越周期及放大倍数统计表

分区	测点数	卓越周期平均值(s)	放大倍数平均值
Ⅰ₁	36	2.32	3.56
Ⅰ₃	14	3.59	3.81
Ⅱ₁	212	2.45	3.33
Ⅱ₂	55	2.48	3.18
Ⅱ₃	89	2.84	3.80
全部	406	2.57	3.45

测试结论认为：

(1) 上海主体地段的地脉动的速度幅值水平在 10^{-4}～10^{-5} m/s 数量级；

(2) 从谱比形状看，能量分散，特别在频率较低的 0.1～2.0 Hz 范围内分布较广；

(3) 由地脉动谱比求出的卓越周期普遍较大，远大于《场地微振动测量技术规程》给出的各类场地土的卓越周期，说明上海场地类别差；

(4) 整个测区的卓越周期主要分布在 1.5～3.5 s 之间，特别在 2.0～3.0 s 之间的数量最多；总体平均值为 2.57 s；

(5) 测区地脉动放大倍数主体分布在 2.0～5.0 倍之间，总体平均为 3.45 倍；

(6) 从工程场地地质特点来看，I_1，II_1，II_2，II_3，I_3 各分区的场地地基条件越来越差。

场地土剪切波速度是工程场地土在动荷载条件下对地震波传播特性的真实响应，可利用经验公式来计算场地土层的卓越周期。经验公式为

$$T_g = \sum (4H_i / V_{s_i})$$

T_g 为场地 S 波速度卓越周期，H_i 为第 i 层土的厚度，V_{s_i} 为第 i 层土的平均 S 波速度。$i=1, 2, \cdots, n$，从上海 5 处钻孔的波速测试结果，利用上述公式求出卓越周期，然后再与邻近点的地脉动测量结果对比。实践证明由于有效深度未达基岩面，缺失数据较多，邻近点又不邻近，不具可比性。仅闵行区马桥镇钻孔钻至基岩，覆盖层厚 232 m，整个土层的卓越周期为 2.76 s，与之较近的剑川路华宁路口测点地脉动 S 波卓越周期为 2.73 s，对应甚好，放大倍数为 2.21 倍。今后可对有波速测试的钻井重新梳理，提取这方面信息，供工程建设使用。

(五) 场地影响烈度

长三角地区地震记载始于公元 225 年，至今 1790 年，其间影响最强的地震为 1668 年的山东郯城 8 级巨震，Ⅵ度破坏区南至浙江上虞、嵊县，安徽安庆、江西九江等地，含绍兴、杭州、嘉兴、湖州、南通、上海、苏州、无锡、铜陵、安庆、六安、阜阳等；Ⅶ度线南界江苏丹阳、溧水，安徽当涂、无为、舒城、霍丘，河南商丘，含盐城、东台、宝应、高邮、兴化、扬州、南京、镇江、和县、来安、马鞍山、临淮、合肥、淮南等；Ⅷ度线南界江苏涟水、淮安，安徽泗县、五河、山东巨野、单县东，含阜宁、泗州、五河、宿州、淮北等；Ⅸ度线南界江苏废黄河西、淮安北、徐州东、沛县，含连云港、宿迁、台儿庄等。可以代表上述地区的远场基本烈度。近场的基本烈度可用当地的破坏性地震的烈度影响场表示，如(28°N—35°N, 117°E—124°E)：

499 年 8 月 5 日南京(32.1°N, 118.8°E)4 3/4 级Ⅵ度地震。

548年10月29日溧阳北(31.5°N，119.5°E)$5\frac{1}{4}$级Ⅶ度地震。

701年8月16日南黄海(33°N，121°E)6级地震,陆地无破坏。

872年5月15日太湖中(31.2°N，120.0°E)5级地震,陆地无破坏。

929年杭州(30.3°N，120.2°E)5级Ⅵ度强地震。

999年10月24日常州(31.8°N，119.9°E)$5\frac{1}{2}$级Ⅶ度地震。

1399年5月7日南京(32.0°N，118.8°E)5级地震。

1491年9月23日天长(32.7°N，119.0°E)5级地震。

1501年12月7日苏州南(31.3°N，120.6°E)$4\frac{3}{4}$级地震。

1502年盐城(33.4°N，120.1°E)$4\frac{3}{4}$级Ⅵ度地震。

1505年10月19日子时南黄海(32°N，123°E)$6\frac{3}{4}$级地震,上海、嘉兴全部、萧山、绍兴、余姚地大震,波及苏、浙、皖、赣四省70余府州县,但无具体破坏记录。

1523年8月24日镇海(30.0°N，121.7°E)$4\frac{3}{4}$级Ⅵ度地震。

1524年3月29日子时太湖中(31.3°N，120.1°E)$5\frac{1}{4}$级地震,陆地无破坏。

1535年1月池州(30.7°N，117.5°E)$4\frac{3}{4}$级Ⅵ度地震。

1561年春池州(30.5°N，117.4°E)$4\frac{3}{4}$级地震。

1585年3月6日巢县南(31.2°N，117.7°E)$5\frac{3}{4}$级巢县、铜陵、池州Ⅵ度地震。

1605年9月16日镇江西南(32.1°N，119.3°E)5级Ⅵ度地震。

1615年3月1日南通狼山(32.0°N，120.9°E)5级Ⅵ度地震。

1623年4月12日南黄海(34°N，121°E)$6\frac{1}{4}$级地震,陆上无破坏。

1623年4月15日南黄海(34°N，121°E)6级地震,陆上无破坏。

1624年2月10日扬州南(32.3°N，119.4°E)6级Ⅷ度地震,镇江Ⅶ,南京、句容、常州、泰州、高淳、当涂,东台Ⅵ度,常熟为Ⅵ度异常。

1624年9月1日上海(31.2°N，121.5°E)$4\frac{3}{4}$级Ⅵ度地震。

1642年11月20日盱眙北(33.1°N，118.5°E)5级Ⅵ度地震。

1644年2月8日凤阳(32.9°N，117.5°E)$5\frac{1}{2}$级Ⅶ度地震。

1652年3月23日霍山东北6级地震,舒城、桐城Ⅵ度影响。

1654年2月17日未时庐江东南(30.9°N，117.5°E)$5\frac{1}{4}$级地震。

1658年9月19日未时太仓西北(31.5°N，121.0°E)$4\frac{3}{4}$级地震。

1673年3月29日合肥(31.8°N，117.3°E)5级Ⅵ度地震。

1676年6月11日扬州(32.4°N，119.4°E)$4\frac{3}{4}$级Ⅵ度地震。

1678年5月24日未时海盐(30.5°N，121.0°E)5级Ⅵ度地震。

1679年12月26日溧阳(31.4°N，119.5°E)$5\frac{1}{4}$级Ⅶ度地震。

1720年6月27日南黄海(33°N，121°E)$5\frac{1}{2}$级地震,陆上无破坏。

1731年11月昆山淞南(31.3°N，121.0°E)5级Ⅵ度地震。

1743年6月30日泾县(30.7°N，118.4°E)5级Ⅵ度地震。

1752年5月17日07时左右长江口(31.3°N，122.3°E)5级地震。

1764年6月27日未时南黄海(33°N，121.5°E)6级地震,陆上无破坏。

1813年10月17日温州(28.0°N，120.7°E)$4\frac{3}{4}$级Ⅵ度地震。

1829年11月18日五河(33.2°N，117.9°E)$5\frac{1}{2}$级Ⅶ级地震。

1839年10月12日夜太湖中(31.3°N，120.0°E)5级地震,陆上无破坏。

1844 年 12 月 2 日戌时长江口(31.5°N，122.0°E)5 级地震。

1846 年 8 月 4 日寅时南黄海(33.5°N，122.0°E)7 级地震，波及鲁、苏、皖、浙及韩国首尔 66 处，陆上最大强度Ⅴ度。

1852 年 12 月 16 日 20 时 16 分南黄海(33.5°N，121.5°E)6 3/4 级地震，波及冀、鲁、豫、苏、浙、皖近 90 处均有记载，最大强度Ⅴ度。

1853 年 4 月 14 日 23 时 13 分南黄海(33.5°N，121.5°E)6 3/4 级地震，波及冀、鲁、豫、苏、浙、皖、闽，110 处均有记载，江北地震，坏民庐舍无数；如阜宁关帝庙更圮；扬州奇灾不可挡；南通居民大恐；上海有的烟囱和墙壁倒塌；川沙民房有倾者；奉贤部分沿海有地滑；嘉善房屋坍壁，大胜寺宝塔铁缸及尖顶葫芦震落。与前两次强震不同的是，余震频繁，强度也高。震前于 11 时、16 时 30 分、21 时宁波感到 3 次前震；桐乡石门镇午时(11—13 时)天气晴朗，河水忽涌高数尺，池沼皆然，移时即平的前兆迹象。

1855 年 1 月 15 日苏州东(31.2°N，121.0°E)4 3/4 级地震。

1855 年 3 月 17 日申时长江口(30.8°N，122.3°E)5 级地震。

1855 年 11 月 20 日长江口(31.5°N，122.0°E)5 级地震。

1856 年 1 月 4 日富阳(30.1°N，120.0°E)4 3/4 级Ⅵ度地震。

1864 年 5 月 5 日南黄海(32.5°N，122.0°E)5 1/2 级地震。

1866 年 9 月 21 日景宁(28.0°N，119.6°E)4 3/4 级Ⅵ度地震。

1866 年 10 月 22 日南黄海(33.5°N，121.5°E)6 级地震。

1867 年 9 月海宁盐官(30.4°N，120.5°E)4 3/4 级Ⅵ度地震。

1868 年 10 月 30 日定远老人仓(32.4°N，117.8°E)5 1/2 级Ⅶ度地震。

1872 年 7 月 24 日 19 时 50 分镇江(32.2°N，119.4°E)4 3/4 级Ⅵ度地震。

1872 年 9 月 21 日 08 时左右太湖中(31.2°N，120.3°E)5 1/4 级地震。

1879 年 4 月 4 日 03 时 30 分南黄海(34°N，122°E)6 1/2 级地震，陆上无破坏。

1897 年 7 月 14 日 12 时 30 分安庆附近(30.5°N，117.2°E)5 级地震。

1903 年 1 月 6 日 06 时 02 分南黄海(34°N，122°E)6 级地震。

1905 年 4 月 28 日 14 时 29 分南黄海(34°N，122°E)5.6 级地震。

1909 年 12 月 30 日 04 时 09 分南黄海(32.7°N，121.5°E)5 级地震。

1910 年 1 月 8 日 22 时 48 分南黄海(35.0°N，122.0°E)6 3/4 级地震，赣榆、阜宁，海安角斜镇、如皋Ⅵ度，扬州、镇江南门外某尼姑庵倒房 3 间，压毙幼尼 1 名，Ⅵ度异常。

1910 年 12 月 28 日亥时南黄海(32.5°N，121.0°E)5 1/2 级地震。

1911 年 5 月 25 日南黄海(32.5°N，121.5°E)5 1/2 级地震。

1913 年 4 月 3 日 18 时 39 分镇江(32.1°N，119.4°E)5.8 级Ⅶ度地震，镇江死 7 人，伤 3 人，倒房不计其数；丹徒倒房 79 间，伤 7 人；扬州、仪征扑席、丹阳(伤 5 人)Ⅵ度。

1916 年 4 月 5 日 21 时 01 分南黄海(33°N，122°E)5 1/4 级地震。

1921 年 12 月 1 日 18 时 49 分南黄海(33°N，122°E)6 1/2 级地震，陆上无破坏。

1924 年 2 月 19 日 23 时 07 分南黄海(35.0°N，120.0°E)5 级地震。

1927 年 2 月 3 日 11 时 53 分及 12 时 52 分南黄海(33.5°N，121.0°E)各发生一次 6 1/2 级地震，阜宁、海安Ⅵ度，扬州Ⅵ度异常。

1927 年 2 月 22 日 06 时 05 分南黄海(33.5°N，121.0°E)5.1 级地震。

1927 年 6 月 8 日 07 时 44 分南黄海(33.5°N，121.0°E)5 1/4 级地震。

1930 年 1 月 3 日 18 时 10 分镇江(33.5°N，121.0°E)$5\frac{1}{2}$级Ⅶ度地震。

1942 年 7 月 27 日 19 时 04 分南黄海(33.0°N，121.0°E)5 级地震。

1949 年 1 月 5 日 11 时 14 分南黄海(33.2°N，121.0°E)5 级地震。

1949 年 1 月 14 日 10 时 17 分南黄海(33.2°N，121.0°E)5.8 级地震。

1949 年 1 月 14 日 10 时 59 分南黄海(33.2°N，121.0°E)$5\frac{1}{2}$级地震。

1971 年 12 月 30 日长江口(31.30°N，122.30°E)4.9 级地震。

1974 年 4 月 22 日 08 时 29 分溧阳上沛(31.42°N，119.25°E)5.5 级Ⅶ度地震。

1975 年 9 月 2 日 20 时 10 分南黄海(32.60°N，121.95°E)5.3 级地震。

1976 年 11 月 2 日 05 时 25 分兴化大纵湖(33.17°N，119.62°E)4.3 级Ⅵ度地震。

1979 年 3 月 2 日 15 时 20 分固镇(33.18°N，117.42°E)4.9 级Ⅵ度地震。

1979 年 7 月 9 日 18 时 57 分溧阳(31.45°N，119.25°E)6.0 级Ⅷ度地震。

1982 年 4 月 22 日兴化东南(32.74°N，120.29°E)4.7 级地震。

1984 年 5 月 21 日 23 时 37 分和 39 分南黄海(32.47°N，121.62°E 和 32.45°N，121.55°E)发生 6.1 和 6.2 级地震，陆上最大Ⅴ度。

1990 年 2 月 10 日 01 时 57 分太仓沙溪(31.62°N，121.00°E)4.9 级Ⅵ地震。

1996 年 11 月 9 日 21 时 56 分南黄海(31.82°N，123.22°E)6.1 级地震。

1997 年 7 月 28 日 02 时 31 分南黄海(33.50°N，121.16°E)5.1 级地震。

2006 年 7 月 26 日定远(32.5°N，117.6°E)4.2 级地震。

2011 年 1 月 19 日 12 时 07 分安庆(30.6°N，117.1°E)4.8 级地震。

2012 年 7 月 20 日 20 时 11 分高邮兴化接垠处(33.0°N，119.6°E)4.9 级Ⅵ度地震，倒房 116 间，死 1 人，伤 2 人。

将上述地震点在 1668，1831(怀远)，1917(霍山)等年地震烈度图上，组成研究区的最大地震烈度图(图 1-49)，鉴于近年来多次$\leqslant 4\frac{3}{4}$级的地震有时也会造成Ⅵ度破坏，且偶然性很大，故不再勾画Ⅴ度区范围，一律作Ⅵ度区对待。海域部分仅靠历史文字资料只能大

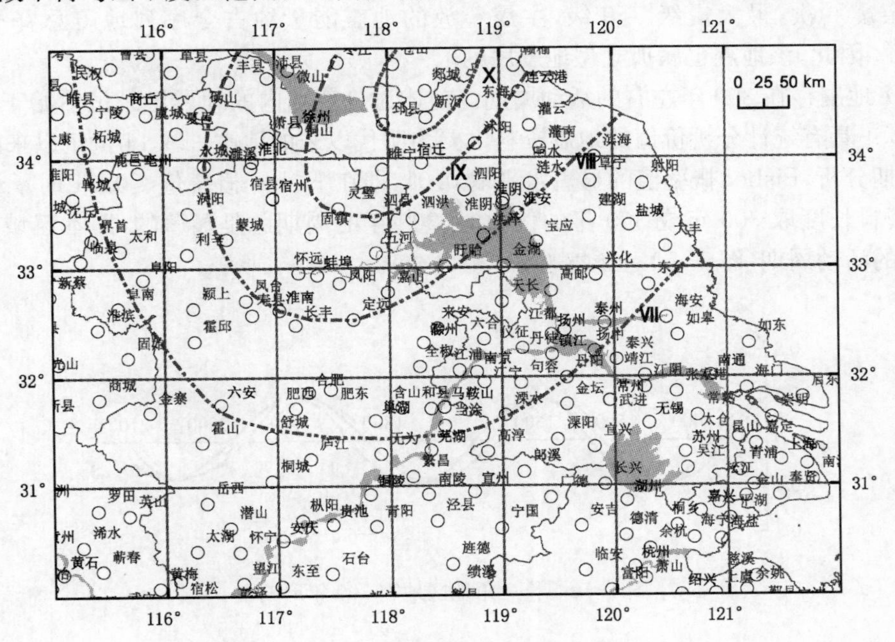

图 1-49　长三角地区综合地震烈度分布图

致判断≥6级地震，18世纪以后因海岸地段开垦人员增多，相应反映地震的感知能力提高，也只对≥5级地震有所察觉，故除长江口外，其他海域只取≥5级地震。海域地震对陆上烈度的提高非常有限，但对海域的工程建(构)筑的安全和施工却是有价值的，特别是33°N—34°N, 121°E—122°E海域尤有必要重视地震安全性的评价工作。长三角地区的扬州—镇江及溧阳两段建设部门尤应重视地震危险评估，并作出相应的防御措施。

(六) 地震活动规律的探讨

在地震次数不多、强度不高的长三角地区来讨论地震活动规律是困难的，我们以28°N—34°N, 117°E—124°E范围内的地震活动特点获得以下一些认识。

(1) 总体上东部海域强于西部陆地，西部陆地长江以南又强于长江以北。海域面积虽然只占总面积的四成左右，却至少已发生过≥6级地震23次，最大震级7级，而占总面积六成左右的陆地至今只发生两次6级地震，即1624年扬州地震及1979年的溧阳地震。陆域的长江以北部分除1624年的扬州6级地震以外，其他如盐城、南通、盱眙、高邮东北、定远、天长、巢县、合肥、安庆、贵池等只是5级左右的地震，而苏南除1979年溧阳6级地震外，镇江、溧阳、常州、太湖中还多次发生51/4—5.8地震。

(2) 地震序列类型的地区特点：南黄海海域较多地出现以双主震为主的震群型地震序列，如1623年4月12—15日三天之内发生2次≥6级地震；1846—1853年短短不足7年的时间内，相继发生7级地震1次，63/4级2次(相隔仅4个月)，≥5级地震不包括≥63/4级地震共18次；1927年2月3日连续发生2次6.5级地震；1984年5月21日相继发生6.1，6.2级地震等。江南西部主要为主震余震型地震序列，如几次镇江地震、溧阳地震等。江南东部包括长江口几次主要地震却都为孤立型地震序列，主震释放的地震能量约占全序列地震总能量约99%以上，如1964年12月19日太湖东山4.2级地震及1971年12月30日长江口4.9级地震主震之前既无有感前震，之后又无有感余震发生。再如1996年11月9日长江口东6.1级地震，主震之前无明显($M_s \geq 1$)直接前震，主震后至2000年底只发生$M_s \geq 3.0$级余震9次，最大震级3.9级，主震释放的地震能量约占全序列地震总释放能量的99.98%。因此，该地震也属孤立型地震序列。

(3) 地震存在300年左右的活动周期。前述讨论范围内的地震记录虽然始于公元225年，但真正具有统计分析价值的地震资料主要为明代以来的地震。取14世纪以来的地震序列作周期分析，Fisher概率值的显著水平取0.01，即在Fisher概率值≤0.01时承认周期存在，当资料长度取300年或300年的倍数时，300年的周期总是显著的，即本区域存在300年左右的活动周期(图1-50，上海市地震局，1992年)。

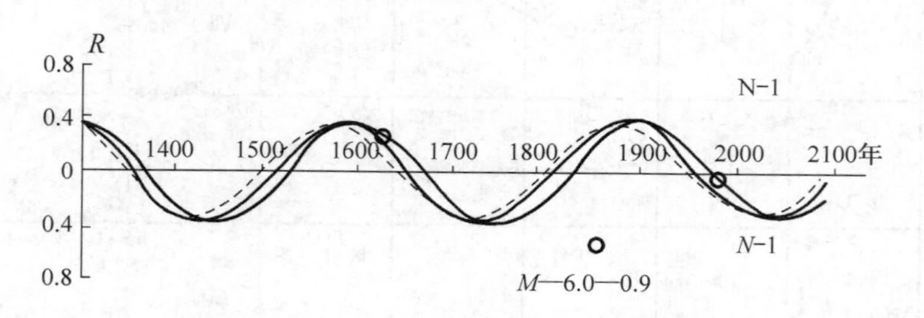

图1-50　长三角地区地震300年周期图

自1300年至今已经经历了两个地震活动期，其中1480—1679年为第一活跃时段，历时199年，共发生≥6级地震4次，43/4～53/4级地震14次，最大地震为63/4，发生在长江口东海域；第二地震活动期自1680年至今，其中1680—1830年为平静段，1831年至今为活跃段，历时已178年，共发生≥6级地震19次，4.7～5.9级地震49次，最大地震7级，发生在南黄海海域，活跃时段可能尚未结束，但已近尾声，期间又经历1846—1879年、1909—1927年及1974年至现在3个活跃幕，前两者都以海域为主要活动舞台，强度依次向后逐渐减弱，最后一次活跃幕有三个活动场地即苏南溧阳、南黄海、长江口东，强度分别为6.0，6.2，6.1级，上下差距不大，应该还有一次6级左右的海上强震来结束该活跃时段，之后转入平静期。如果该强震发生在南黄海对上海的影响可达到五度强；如果发生在长江口东侧海域最大也达六度，上海的古旧建筑或建筑质量差的建筑要遭受一些损失。

六、地质灾害

上海是我国最早发现地面沉降的地区，又是监测较早，更是大规模开展人工回灌、进行干预减少沉降的城市。上海地矿局为此进行了长期卓著的工作，成果累累。由于此类现象在我国许多大城市相继发现，国外沿海大城市也不乏其例，而引起国内外有关部门的关注，上海市政府为保障城市建设与发展能顺利开展及保障人民生命财产的安全，投入大量的人财物资源予以防御。上海的地面沉降主要因为是人类大量无序开采地下水导致环境恶化。地面沉降虽然缓慢，却是影响深远的一种次生地质灾害。

（一）地面沉降

1921年上海开始水准测量，1936年复测时发现地面有较明显的沉降，1938年在当时的市区布设了101个沉降观测点。1956年在普陀区中部出现100 mm的沉降中心；1958年在杨浦区平凉路一带出现170 mm的沉降中心；1965年市区大部分地区地面沉降总量在75 cm以上，普陀、长宁、静安、黄浦、杨浦等区总沉降1.0～1.5 m，中心城区平均下沉1.76 m，其中西藏中路、北京路口为最大，累积沉降量达2.63 m，形成以市区为中心，以东、西两工业区为主体的蝶形沉降漏斗。沉降面积已达1 000 km^2，下沉速率最快的1957至1961年达到110 mm/a（图1-51；严礼川，1992）。监测发现上海的地面沉降与地下水开采呈正相关关系（图1-52；龚士良，1995）。1966年后由于采取压缩地下水开采量、调整地下水开采层次，并进行人工回灌等措施，沉降量大为减小，1966—1990年最大沉降量降至44 mm，年平均沉降率为1.76 mm/a，其他各点沉降量为0.2～1.0 mm/a，但1986年以来，随着社会经济的快速发展，用水量增加，沉降量又有回升，1986—1996年平均年沉降量增至10.2 mm/a，1996年更上升至12.6 mm/a。据专家估算，上海

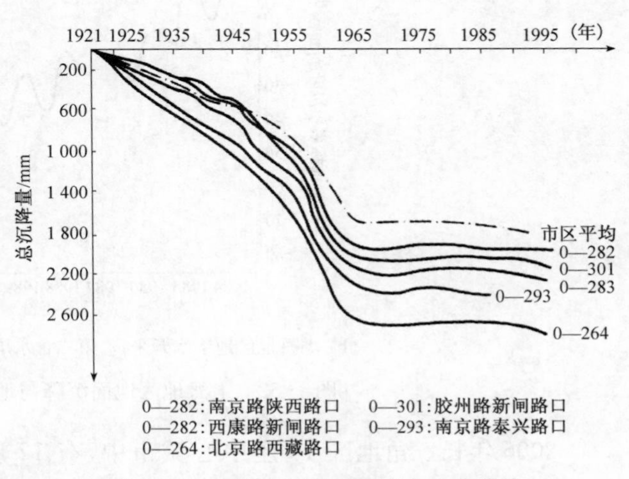

图1-51　上海地区典型水准点变化曲线

地面每下沉 1 mm，直接经济损失就高达 500 万元。目前上海市区地面普遍低于浦江高潮位 2 m 左右，每逢台风暴雨市区经常一片汪洋，给防汛工作造成极大压力。特别是不均匀沉降对建筑物的影响也不断出现。徐汇区凯旋路 1 幢 7 层商住两用楼，建成后仅 5 年就多处墙壁出现裂缝，使 56 户居民深受影响；2000 年杨浦区一根 700 mm 的地下输水管爆裂，附近多个小区居民家中进水；2004 年夏上海天山路两户四口煤气中毒，经抢救人无事。调查发现，煤气泄漏系差异沉降导致口径300 mm的煤气管折断所致。

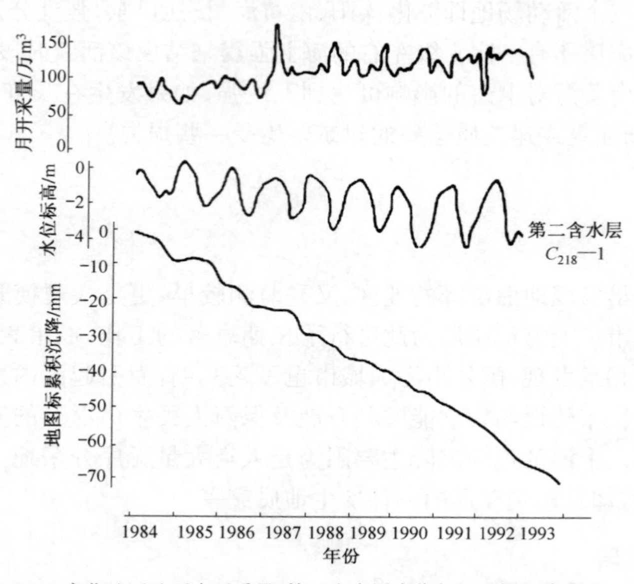

(a) 高化地区地下水开采量、第二含水层水位与地面标沉降曲线

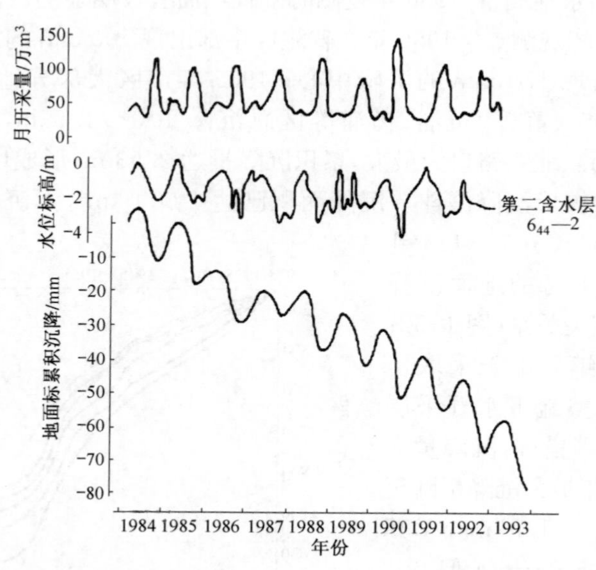

(b) 塘桥地区地下水开采量、第二含水层水位与地面标沉降曲线

图 1-52　上海地区地面沉降与地下水开采关系曲线

2006 年长三角地区 16 座中心城市中，有 12 座城市发现地面沉降，总面积 1.82 万 km²，约占平原总面积的 25%，局部地区最大 2 980 mm，苏、锡、常地区发现 25 处地裂缝带，

延伸最长达 2 000 m，最宽 180 m，形成上海、苏、锡、常和杭、嘉、湖三个区域性沉降中心，沉降量＞200 mm 的范围近 1 万 km²。区内 1/3 面积、约 10 万 km² 发现沉降现象，并且有连成一片的趋势。

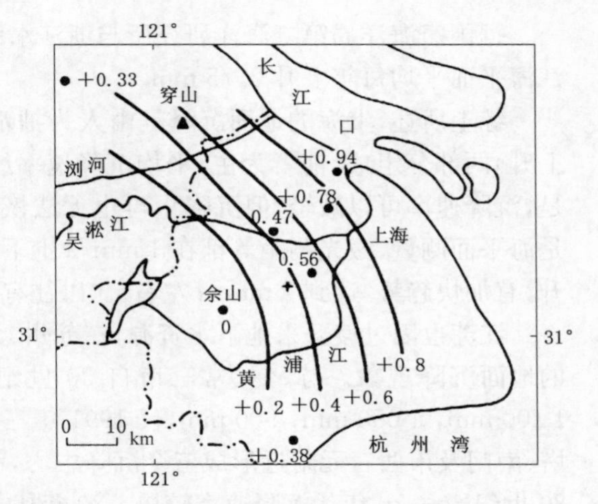

图 1-53　上海地区现代垂向运动速率图

注：以佘山基岩作假设 0 点（韩庆德，1992）

上海市的地面沉降并不排除有地壳运动因素的影响，为此曾经有过上升和下沉的争论，随着资料的多样化，目前已近于统一。

1996 年韩庆德认为上海地壳近年来处于自西南向东北逐渐抬升的掀斜式上升运动，是继承中新世以来的正向运动的延续，其依据是以佘山基准点为假设 0 点，1965—1983 年的多期重复水准测量，上海各地的上升速率依次为吴淞 0.94 mm/a，大场 0.78 mm/a，徐家汇 0.56 mm/a，北新泾 0.47 mm/a，查山0.38 mm/a（1963—1977，图 1-53）。

1986 年王志豪根据海平面观测资料认为上海吴淞验潮站自 1950 年起，海平面逐年下降，地壳上升平均速率为 5 mm/a。

实际上，上海佘山基准点并非固定不变，经多次重复水准测量及与黄海基面联测，其下降速率为－1.6 mm/a，由此推算上海各地的下沉速率为 0.74～1.13 mm/a（魏子昕等，1996）。

吴淞验潮站 1912 年至 1987 年在消除长江径流影响后的年海平面变化，显示在 1951 年海平面有一突然陡降，究其原因是 1951 年水尺零点人为调低了 14 cm（任美锷，1993），造成前后数据的系统偏差。1991 年陈宗镛等采用 1951 年后的 19 年滑动平均海平面资料，获得 1951—1987 年平均海平面呈波动上升趋势，平均上升速率为 2.17 mm/a，而且近年来日臻加快，这可能与上海目前正处于最近一个周期的上升阶段及受全球温室效应的影响有关。图 1-54 是 1912—1993 年吴淞验潮站经地面沉降订正后的实测年平均海面资料，平均上升率为 1.0 mm/a（秦曾灏等，1997），与目前全球百年来的海面上升率一致，但 1960 年后的海平面上升率为 2.0 mm/a，比过去 80 年的平均上升率大 1 倍。另据 1997 年上海地球物理学会年会论文集所载，由叶淑华院士主持的“现代地壳运动和地球动力学研究”小组利用激光测距等技术，与国际合作联测，历时 7 年，首次测定以上海为代表的我国东部地壳正以平均 1 mm/a的速率下沉。

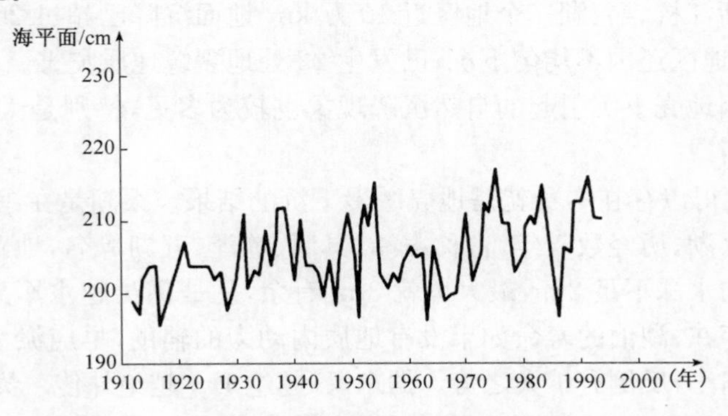

图 1-54　1912—1993 年吴淞验潮站实测平均海平面变化曲线

据国家海洋局第二海洋研究所与浙江水利厅对11个测站共同研究，得出过去50年浙江海平面平均每年上升2.75 mm。

综上所述，上海的地面沉降是由人为抽水导致地面下沉及地体的下沉运动（或海平面上升）两部分组成，前者为主，平均沉降速率约6 mm/a，沉降区域面积约400 km²。遗憾的是，沉降速率可以减轻，但沉降量再也无法恢复到原始状态；后者无论是重复水准测量，还是海平面测量、激光测距等都在1 mm/a上下，近50年来由于全球气候变暖影响，海平面上升，有加快趋势，达到2 mm/a左右，比以往有所增加。

江苏也因过渡开采地下水资源，在苏州、无锡、常州三市及苏北沿海城镇出现较为严重的地面沉降现象。苏、锡、常三市自20世纪60年代至1990年累计最大沉降量分别为1 100 mm，1 050 mm，900 mm，仅1991年三市局部地段沉降达20～40 mm。苏州在北市塔、南门及市西三元附近形成三个沉降中心，沉降量600 mm以上面积数十平方千米；无锡20世纪60—70年代沉降速率较快。80年代由于控制地下水开采、并回灌水200万吨/年，沉降速率＜15～25 mm/a。之后主要沉降分布在黄巷—梨花庄及吴桥—人民桥一带；常州市地面沉降始于20世纪60年代末，至90年代沉降速率在40 mm/a左右，沉降中心在青山桥、国棉一厂附近，南郊常州化工厂是新近出现的新沉降中心，沉降量＞800 mm的沉降区面积约3 km²。苏、锡、常三市地面沉降已逐渐发展为沿运河呈带状分布的沉降区，面积超过1 000 km²。由于地面沉降城区排水管道系统功能下降，增加洪水侵袭频度，加重防洪抗洪负担，使三市1991年特大涝灾期间洼地水患严重，经济损失近百亿元。苏州城西工业区地面普遍积水数十厘米，许多工厂、家庭浸水，损失不小；无锡东北广益地区积水淹至二楼阳台；常州地面沉降中心水灾也明显重于其他地区。三市新建建筑地基进一步加高，多年来耗资1 000万元，郊区农田多受涝渍影响，水利工程排灌效益下降，运河桥梁净空降低，航运能力级别降低，市政管道网络局部弯曲变形、开裂等不胜枚举。另外，苏北盐城、大丰、东台、南通等城镇地面沉降日趋严重。

浙江宁波自20世纪50年代末已大量开采地下水，60年代初发现地面沉降，沉降中心位于地下水集中开采的孔浦、江东一带，至1988年沉降中心累积沉降已达350 mm以上。宁波市区地下水年开采量约600万～900万m³，每年6月下旬至9月下旬为用水高峰期，约占全年开采总量的一半以上、特别是7—8月份，地下水急剧下降，最低水位曾降至－39 m。1985年沉降速率25～30 mm/a，1983—1987年因地面沉降造成的经济损失已达5亿元以上。1988年因采取控制措施，年沉降速率降为9 mm/a，获得良好效果。

据《长三角地区地下水资源与地质灾害调查评价》（南京地质矿产研究所，2005）所载，上海，江苏苏、锡、常和浙江杭、嘉、湖三个地区近10万km²地面沉降已超过20 cm，并有连成一片的趋势，苏、锡、常地区还因不均匀下沉，已发生22处地裂缝地质灾害。

长三角地区因地壳下沉引起的自然沉降现象也较为多见，特别是太湖及周边河湖水网地带尤为特出，如：

（1）太湖长期得以存在本身就是地壳缓慢下沉的结果。太湖是在泻湖基础上延续至今的我国第三大淡水湖，历经数千年，古称震泽、具区、笠泽、五湖等名，地跨江浙两省之间，面积2 420 km²，平均水深不足2 m，最大也就3 m有余，从战国吴越水军战于太湖的事例，可见当年太湖已经存在，湖泊的寿命如果没有地质内动力的辅助，早应淤为平陆不复存在，而事实是太湖没有缩小，反倒有扩大之势。据东汉《越绝书·越绝外传·吴地传》卷2记载：太湖周30 060顷，约现在1 680 km²，相当今太湖面积的69%。宋《太平寰宇记》卷94太湖条载:37 000 顷。宋代单锷《吴中水利书》记其下乡:窃见破险之间亦多丘墓,昔为鱼鳖之宅。自古之葬者,不即高山,则于平原陆野之间,岂即水穴以危亡魂耶?尝得唐埋铭于水灾之中,今犹存焉。信夫昔为高原,今为淤泽,正是太湖沉降的真实写照。周庄孤悬湖中的陈(沉)墓何不也是如此。

(2) 苏州东南的澄湖文名沉湖,长 104 km,最大宽 9 km,面积约 40 km^2,水深不足 2 m,据寝浦禅寺铸于顺治十八年(1661)的铭文记载,唐天宝元年(742)地陷成湖;而《吴县志》卷 20 记载,澄湖是唐天宝六年即 747 年由邑聚陷落成湖;也有另一种说法是天宝年间某天大雨之后积水成塘,后逐渐增大成湖。湖中水产丰富,打渔人告诫水下有上马石,驾船时需小心碰撞。湖边多处发现古陶器残片等。太湖以东许多湖泊的成因都与澄湖基本类似,如谷湖、枯湖等。

(3) 1074—1077 年太湖流域大旱,环湖的苏州、吴江、无锡、宜兴、湖州等在干涸的太湖底见有街市、古井、坟墓等古代遗物。

(4) 吴江松陵镇南垂虹桥,俗名长桥,创建于 1048 年,原为木桥,1325 年改建为石桥,长 600 余米,共 72 拱卷,今久未修塌陷,仅东堍还可见 4 孔埋于地下外,其他已无迹可寻。

(5) 1523 年夏亢旱,宜兴运河绝流,西溪亦无滴水,河底有碓碾之类,似昔为人居者。

(6) 1588 年春松江旱,淀泖地区舟胶,人行湖底,有得古代器物者。

(7) 1598 年松江大旱,龙潭寺西房井水涸,凿之发现井下还有被埋的古井,井圈上镌有建于元至正元年(1341)的文字记载。

(8) 16 世纪末吴县柳字圩农民耕田时,发现地下埋藏一烟囱,高及仞,下有用城壁所筑的砖灶一座。

(9) 1687 年 8 月中旬,常州北风烈,北太湖(即今无锡、宜兴湖域)水皆汇于南湖,新村居民乘涸取鱼,见湖底有路桥,拾得器物、古钱甚多,皆宋代崇宁(1102—1106)钱。

(10) 1785 年苏州大旱,太湖水涸,有井露出,俱系砖砌,上镌晋太康年间(280—289)制,吴某监造。

(11) 19 世纪初,吴江同里镇开挖市河时,于地下尺许发现宋井两口,砖上刻有宋元祐年(1086—1093)字样。

(12) 1955 年大旱,吴江县西南大二瑾附近,太湖底发现印纹陶片、陶罐甚多,也发现古井,井内有黑陶器,还发现一根直径约八九十厘米的红漆大木柱,显然是古代大建筑的遗址。同里镇北 2 km 九里湖西部湖底发现许多古代遗址和遗物;在九里村黄家潭发现上起新石器时代下至宋代的诸多文物,还发现几间屋基、几口大井及几十个深约 1 m 的小潭,内有文物,经复旦大学历史地理研究所对其 3 处现场发凿,2 口为有陶圈的汉井,1 口宋代的土井。现围垦区堤外 250 m 处湖底,有用大石块砌成的、约 10 余亩宽的一片古代建筑遗址,俗称上马石,大旱年凡舟行过此可以目睹,常年可用篙触及。

(13) 据 2001 年 11 月 4 日《解放日报》报道,苏州东南郊独墅湖在围湖挖湖取泥积肥时,竟意外发现 500 余座古井,时代跨度自新石器时代至宋代皆有,原为人类居住地,今被 11.52 km^2 的湖泊掩盖地下,封存近千年。

(14) 吴县横泾镇南约 8 km 处太湖中发现一段长 20～30 m 长的石板街道。吴县车坊澄湖西北部的前湾、后湾,在湖底发现大批新石器时代至宋代的文化遗存,证明这里原为陆地。在湖底的古河道中还发现宋井,可见河道形成在凿井之后,再后才沉没成湖。

近数十年来,相继于宜兴丁蜀镇、武进雪堰桥、无锡南方泉、吴县胥口太湖沿岸二三十里的北太湖，东起洞庭西山，西至马迹山一带以及东太湖、石湖湖底普遍发现古代人类活动遗迹，下自新石器时代晚期、至秦，西汉，上至宋，却绝少见有东汉、晋、六朝时期的遗物，是否反映太湖在东汉、六朝沉降更盛。南宋因南迁人口大增，圩田开发，湖面相对缩小。相反，南太湖古遗址的发现却鲜有报道。

（二）岩溶塌陷

石灰岩地区看似平整的地面，实质地下常隐藏着千疮百孔的大小洞穴，当暴雨或严旱破坏了地下水的平衡时，就会产生塌陷；如果人为大规模抽水，也能出现不同大小的地表塌陷。岩溶塌陷在长三角地区并不鲜见，但一般分布零星，规模甚小，损害不大，未引起足够重视。现将略具规模，分布连片，并构成灾害的安徽铜陵实例简要介绍如下：

1989 年 9 月，安徽铜陵连降暴雨，小街矿区矿坑排水量 22 250 m^3/d，高居历史峰值。9 月 5—26 日小街地区出现大面积岩溶地面塌陷、地面不均匀沉降和地裂缝等各类塌陷坑洞 55 处，损坏房屋和建(构)筑物面积达 5.2 万 m^2，受灾面积约 51 万 m^2，专用铁路路基下沉 0.42 m，公路路基下沉 0.9 m，交通运输中断，严重影响市内数十家单位的生产和经营活动，经济损失 1.6 亿元。此前，1955—1989 年 8 月也曾陆续出现各种塌陷 33 处。同市的新桥矿区岩溶塌陷也较严重，随着矿坑排水量的增大，地面塌陷数量也不断增多，1973，1977，1986 年矿坑排水量分别为 0.3 万 m^3/d，1.4 万 m^3/d，19.6 万 m^3/d，岩溶塌陷数分别为 10 处、20 处和 70 处。1991 年 6—7 月当地大范围强降水，又诱发矿区产生岩溶陷坑洞 17 处，原已回填的塌洞又重新再次塌陷，至 1992 年该矿区累计塌陷总计达 141 处，影响范围约 78 万 m^2，造成房屋倒塌，农田损毁，河道渗漏、管道破裂等破坏，仅灾后治理费就达 493 万元。

（三）山崩滑坡泥石流

陡峭山崖临空面缺失侧压力的围护，陡崖后方又因构造裂缝发育，自身就处于欠稳定状态，在外力(暴风雨、地震等)作用下，一旦打破稳定要求，即会倾倒，规模大者称山崩，规模小者称坠石。暴雨时山坡土石饱吸水分，抗剪能力下降，加之流水的带动，山坡上的孤石在重力坡向分力作用下，或位移或滚动，直至受阻或至平地失去动能而停止移动。

长三角地区山崩、滚石较为罕见，可举的实例如 1917 年 1 月 24 日安徽霍山 61/4 级地震时，极震区内的黑石渡区的花山岩、五桂峡、耿家山，诸佛庵区的寨山、西岳山、麓脚山等山顶都曾发生小规模山崩、石坠，体积数立方至十数立方不等。

上海西南松江境内有十余座蚀余残丘，自北而南为北竿山、凤凰山、薛山、小山、东佘山、苍公山、西佘山、辰山、横山、天马山、小昆山等，以天马山最高，海拔 98 米，有些相对高度尚不及 20 米，都由晚侏罗世火山岩构成，残坡积物厚度不大，在久雨、大雨浸泡、冲刷下，饱和的土石混合物在重力作用下，一齐泻溜，形成貌似混合型的小规模泥石流向山下冲去，乡人以为出蛟，堆积物在山脚下停滞，水则漫溢，如：

1561 年 7 月 8 日松江大雨，彻夜不息，佘山九蛟并起，平地成河，水深丈余。

1597 年 7 月 12 日松江大风雨，钟贾山蛟起，崩其西南隅。

1608 年松江等自 5 月 13 日至 7 月 5 日淫雨 47—53 天，昼夜不息，松江府城塌毁数百丈，城市乡村水深数尺，陆可行舟，庐舍漂没殆尽。6 月 28 日凤凰山蛟起，张弼(东海)墓前倏忽成潭。

1691 年上海自 6 月 6 日入梅后，青浦、松江 7 月大风大雨，平地水深三尺，佘山塔后地中有声如雷。有蛟两角,裂地而出。

1762 年 7 月松江等风雨大作,山水骤发,辰(神)山西巅起二蛟,石裂为洞,皆盈丈。

1833 年上海等夏秋淫雨,9 月大风雨,干山(天马山)出蛟。

1882 年 7 月 8 日大风雨,辰山玉皇殿后石裂二十余丈,水如泉涌,低田俱淹。

上海山体狭小,汇水面积有限,山洪危害不大,至今也无人员伤亡损失的具体报道。浙、皖低山丘陵地区此类现象雨季较常见,大的甚至造成人员生命财产损失,具体情况详见第三篇历年灾害概要中的有关年份。

滑坡是块状土体或岩体整体滑移现象,可分土体滑坡和岩体滑坡两类,规模大小不一。长三角地区山地雨季不乏其例,以土体滑坡为主,一般规模较小,危害稍轻,镇江云台山的下蜀类黄土滑坡因多次出现而著名,累治不愈。1991 年 7 月 9 日 04 时再次活动,滑方量 10 万方,因事前曾有抢救警报,危险区内 86 户 133 人全部安全转移,只 100 余间房屋被埋;再如 1983 年 7 月 13 日南京栖霞镇南石龙坡原镇玻璃厂厂址雨季发生滑动,开始滑动缓慢,首先发现房屋裂缝,随后裂缝增大至倒塌,坡上两口民井被压扁,台阶拉断倾倒,玻璃厂房屋全部倒塌。这次滑坡共倒房数十间,损坏近百间,滑坡发生在冲洪积、坡积及人工堆积体上,周界清晰,滑壁高 1～2 米,滑体表面呈阶梯状,圈谷呈扇形,张裂隙发育,大者 1 米余,是一个典型的牵引式浅层堆积体滑坡。

泥石流的形成必须满足两个条件,一为有充足的物质可供搬运;二是有足够强大的搬运泥沙动力,二者缺一不可。其实,长三角外缘浙南、皖南大别山边缘山地的泥石流现象相当普遍,只是经常发生于当年的暴雨中心、与洪水泛滥混记而予以忽略。安徽黄山周围数县较为多发。再如 1991 年 9 月 7 日浙江临安夏禹桥乡乔里村因特大暴雨引发泥石流,21 村庄 1.5 万人受灾,46.7 公顷农田沦为沙砾堆积场,冲塌桥梁 47 座、公路 35 km、破坏房屋 350 余间,死 1 人,失踪 2 人,经济损失 1 516 万元。同日,富阳县龙羊区三溪口乡东坞村暴雨,导致泥石流灾害,砂石堆积体约 10 万 m^3,冲毁房屋 129 间,毁坏桥梁、公路及沿途设施等,经济损失 250 万元。又如,1996 年 6 月 30 日—7 月 2 日安徽歙县连降大—暴雨,引发大面积山体塌滑 25 处,小面积分散滑塌点不计其数,山洪泥石流横行,共倒塌房屋 270 间,损坏 2 000 余间,3 人丧生;黄山百丈泉百余米山体滑坡,5 万余方的泥石流三次大面积倾泻而下,造成百丈桥坍塌,死伤各 2 人;屯溪城内汪洋一片,最大水深 2 m;石台县城内积水一般 2 m以上,最深超过 6 m。黄山、宣城两地市经济损失共 6.65 亿元。

(四) 上海隐伏的一些边岸滑移及古地貌现象

上海的块状滑移多数隐伏在水下与地下,地表难以察觉,故未用滑坡一词而改用此名,现以四个地区为例分别介绍如下:

(1) 浦东外高桥原川沙水文站至高桥海滨浴场外侧海域存在一条水下石堤,长3.1 km,平均底宽 85 m,平均顶宽 35 m,平均堤高 6.3 m,表面均由花岗岩石块砌筑而成,毛石砌块 20～50 cm 不等,堤内土体有一定成层显示,平面呈微向东北突出的弧形。1936 年测量时水深－4.5 m,1959 年相同地点复测时为－6.9 m,1985 年再测时为－7.2 m。有人认为是人工抛石(魏彬炎等,1988),但更可能为古代海堤因侵蚀而不断向海中滑移,因浦东各时期的海堤至五号沟后均告消失,仅剩 1949 年筑的人民塘。五号沟北为侵蚀岸段,明初岸线远在今海岸之外,宝山江东地区(今浦东凌桥—高桥地区)累遭侵蚀,宝山(故)城内迁(即今浦东保税区西尚残存一段城墙和一座半埋于地下的城门),最早的老宝山寨(城)已侵蚀殆尽,早期的海堤随之沉入水下。

(2) 1984 年江苏地质局物探大队在江苏常熟以下至启东、上海间的长江口水域完成 125 条测线，总长 1 460.4 km 的超浅地层剖面测试工作①，其中主航道剖面北支自江心沙始，经青龙港、兴隆沙至连兴港；南支南航道自徐六泾起，经七丫口、宝钢码头、吴淞口、横沙南，终于高桥嘴；北航道自堡镇至横沙北。使用美国 GPY 型高分辨率浅地层剖面仪，声波震源，发射能量使用 60 $\mu\mu F$，120 焦耳档，主频率在 3 kHz 左右。穿透深度一般 22～24 m，最大为 30 余米。分辨率对江底表层最高达 0.2 m 左右。船只为木质机帆船，吃水深度 1.8 m。无线电定位，岸台为启东汇龙，常熟东张，宝山横沙，崇明三星、鳌山，分别组成三组台链。水上定位精度 50 km 内均方差为±5 m，100 km 内为±10 m。干扰消除可靠性达 95%以上。

水域浅层沉积物可划分两个介质层：

① 河床现代沉积(Q_4^4)；

② 浅海相浦东组沉积或滨海相吴淞组沉积(Q_4^3)。

声波第 1 反射界面为江底面：第 2 反射界面为现代沉积和浦东组或吴淞组地层界面。在冲刷剧烈的深水漕可见吴淞组沉积(Q_4^3)与浅海相真如组(Q_4^2)的界面。

大多数浅地层剖面图普遍出现一组稳定的声波反射界面，深度在 20 m 左右，线条平直，下部有时出现水平状层面。影像特征分析为 Q_4^1 浅海相粉质黏土层的顶面，S_{11} 顺水测线曾用 6 口工程孔揭示，其中有 5 口孔为青灰色黏土、淤泥质粉质黏土夹少量粉沙组成，顶面高程为－18～－22 m，仅 1 口孔顶面高程为－36 m，原因推测为水下重力滑塌所致。少数测线剖面在有些地段该反射界面呈现凹凸起伏和跌落，反映 Q_4^1 顶面受古河床冲刷侵蚀的状况。个别地段该反射界面深度超过 30 m，是因河床冲蚀槽边坡不稳引起的水下滑塌。

上述现象，在白茆沙、新浏河沙、南沙头、下扁担沙等局部地段都有发现，滑移体长自数百米至 6 km 不等，宽度最大可达 1.8 km，滑移面上陡下缓，深度以 5～9 m 为主，滑移体主要集中在白茆口以下长江主航道北侧的水下沙洲体的南翼、径流速度较大的区段，向南或西南江心滑动。下扁担沙西南边缘水下滑移体经监测 1984 年为－15.5 m，1985 年为－18.0 m，1986 年为－20 m 左右，滑向西南，滑动坡度 20°。

(3) 1985 年原地矿部第一海洋地质调查大队在金山石化南侧海域 170 km² 范围内进行海底测深、浅地层剖面、旁侧声纳扫描、海洋磁测等 1∶25 000 综合调查时，因在金山深槽两侧发现不少浅层断裂而引起地质工作者的关注②。

该次浅地层剖面测量共长 461.5 km，使用美国 EG&G 地层剖面系统，EPC4603 模拟记录仪，震源为 Uniboom-2300 空气枪，脉冲能量 300 焦耳，265 组合水听器接收，扫描速度 0.25 s，负半波记录，滤波器频率为 300～400 Hz，穿透深度一般为 50～60 m，最高分辨率为 15 cm。记录资料经整理分析后，通过剖面的结构、能量的强弱等特征，解释出 T_1，T_2，T_3 三个反射界面，并将浅部地层划分为三个层组。第一层组：能量较强，连续性较好，上部解释为近代海底淤泥质黏土层，某些冲刷槽内还出现不稳定环境下的扰动堆积；中部为滨海相粉砂和黏性土互层，斜层理发育；下部以陆相粉砂层为主夹海相黏性土，底界即为 T_1 连续强反射界面，与下伏第二层组呈不整合接触，界面凸凹不平，可与岸边钻孔的全新世地层对

① 江苏地质局地球物理化学探矿大队，《长江口水域浅地层剖面测量试验性生产报告》，1985。

② 地质矿产部第一海洋地质调查大队，《上海石油化工总厂核热电厂厂址海域地球物理调查报告》，1985。

比，厚 18～20 m。第二层组：能量强弱参半，连续性差，层组多呈平行结构，部分斜交，与陆上钻孔对比相当于上更新统上段，底部即 T_2 反射界面，但连续性差，难以追踪，厚 19～24 m。第三层组：反射能量弱，推测岩性为均一的陆相粉质黏土层，埋深在 40～43 m 以下，底界为 T_3 反射界面，与陆上钻孔对比相当于上更新统下段。

金山深槽两侧出现的第四纪断层对 T_1，T_2，T_3 地震反射波界面都有不同程度错开。自上而下，T_1 反射面断距为 1.3～12.7 m 不等，均值为 5.7±3.8 m；T_2 反射面断距 1.7～10.6 m，均值为 4.7±3.2 m；T_3 反射面断距 1.3～3.4 m，均值为 2.6±0.9 m。断裂现象大都出现在上部层位，向下断裂不仅数量锐减，断距也小。断裂表现为两侧反射波界面互不连续，断点附近反射凌乱，并导致某些强反射相位在断裂处中止，或不同相位的反射层组水平交接。断层上部近于直立，下部平缓消失。平面上，各断点都处于深槽两侧并组成北 80°东方向的断陷带。

现今金山深槽位置在宋代还是与金山区相连的陆地，自 12 世纪 80 年代后期金山沦入杭州湾后，在海潮冲击下，陆地逐步为海浪吞噬。宋末元初在大、小金山之间形成海峡—金山门，金山门西逐渐冲刷形成深槽。明代嘉靖以前，深槽西端尚未超越金山嘴正南，嘉靖以后继续西延，至 18 世纪 30 年代后期即清代乾隆初，深槽在向南移动的同时，迅速向西扩展，伸至金山卫城正南，1931 年的－20 m 深水区尚在戚家墩南，到 1958 年则越过今纬三路南，1972 年又西延 1 km(金山县水利局，1996)，至 80 年代金山深槽－20 m 的深水区超过10 km，近东西向，最深处 48.4 m，深槽横向年摆动幅度甚小，但深度变化可观，强弱潮之间相差可达 10 m。

鉴于上述金山深槽的形成历史、发育过程，可以认为是在潮汐海流作用下，又受到大、小金山的挟持，束缚聚能，水位增高，海流加速，强烈侵蚀而成。而断裂所处的地貌位置、断裂形态及影响深度则是在海流冲刷下，边坡失稳，沉积物在自身重力作用下，向深槽一侧滑塌，即是外动力地质作用的结果，而非构造因素所致。

(4) 近年来，在黄浦江凹岸一侧勘查多次发现古滑坡，如上港五区、延安东路外滩、日晖港、浦东白莲泾河边等，滑移面埋深 9～11 m。沪嘉高速公路东段在 2K130-210 及 9K170 两处也发现埋藏古滑坡，滑动面深至 9～10 m 等。

上述浅层错动形迹深度有限，浮于饱和淤泥质黏性土层以上，上陡下缓，下无根基，方向与陡坡走向平行，均为表层重力滑移，在Ⅶ地震触发下，难免部分会发生滑移，并造成沿岸设施的破坏和深水航道的突发性淤浅。注意地域为长江五号沟以西岸段、杭州湾拓林以西岸段及黄浦江的凹岸等。

(五) 砂土液化

上海崇明 1668 年曾有过地震时地面崩裂的记载，虽无喷沙冒水现象发生，也是一种显性沙土液化。1984 年 5 月南黄海勿南沙 6.2 级地震时，曾有群众反映，在吴淞江故道的宝山路虬江路口沥青路面出现细微裂缝。上海一旦发生Ⅶ度地震，地裂缝主要在崇明、长兴、横沙三处沙岛、浦东钦公塘以东海积平原和高液化指数的吴淞江故道流经地区。

从上海市大量工程勘察所做的标贯试验击数、静力触探 P_s 值及跨孔地震波速测试等，上海部分地区也会出现不同程度的沙土液化，主要地域在崇明、长兴、横沙三处沙岛，浦东钦公塘外侧近代海积平原以及吴淞江故道流经地段。

上海长江沙岛及海滨平原均属长江口近代堆积，成陆时间仅数百年，地下潜水位都在

0.5 m左右，全新统三角洲相沙坝堆积厚数十米，15 m以浅基本上都是沙性土，第二、三工程地质层以沙质粉土夹粉质黏土或沙质粉土夹粉沙为主，标贯击数仅4击左右，静力触探贯入阻力 P_s 为2～3 MPa，而液化临界贯入阻力 P_s' 为5 MPa，实测值小于临界值。以横沙岛为例，15 m以浅出现液化的概率达40%以上，液化指数在0.4～20之间，即从轻微液化至严重液化不等。

吴淞江又称苏州河，历史上曾是太湖泄水入海的主要河道，唐代时河口宽达10 km，宋时缩至4.5 km，千百年来历经变迁，多次改道，淤塞严重，水患不断。明初夏元吉治水，开挖上海浦及范家浜，使二者合并归一，引黄浦江北流，挟吴淞江水北上入长江，因此遗留有众多故道，但主要分布在江北的普陀区三湾地区两岸，闸北区南部中兴路至天目路南，虹口区宝山路虬江路、四川北路溧阳路、大连西路曲阳路、虹口公园—和平公园、大柏树、五角场、控江路及浦东的东沟至高东一带，宽2～4 km，由西向东延伸拓宽。因各处故道位置不同，故道河床相埋深及岩性存在较大差异，主要为饱和的粉质沙土夹粉细沙、粉细沙夹粉质沙土、黏质沙土夹粉质黏土等，埋深主要在地下3～10 m，最大厚度杨浦区钻孔查明近18 m、层底超过20 m。当遇Ⅶ度地震袭击时，液化指数大多大于10，即会发生中等至严重液化。在垂直深度上高液化指数都在10 m以浅，10 m以深的液化指数一般都小于3，即便液化，也属轻微液化。

当使用静力触探贯入阻力判断饱和沙性土层液化与否时，上海地方规范规定地震烈度Ⅶ度时，采用液化临界贯入阻力 P_s' 为5 MPa。当实测贯入阻力 P_s 小于临界贯入阻力 P_s' 时，判断为液化，反之为不液化。液化指数 I 小于5时为液化势低，I 大于5时为液化势高。吴淞江故道内约有一半的地段液化势为低，1/4地段为液化势高，约1/5的地段为不液化。

跨孔地震波速测试虽也可判断液化，但需大量动剪应变量数据为基础，不如上述两种方法快捷、经济，除特殊需要外，很少使用。

如今上海在工程勘察时，凡15 m以浅发现沙性土层(高层建筑为20 m)，取土孔对沙土层都必须进行标贯试验，勘探量至少一半由静力触探孔承担，两者都可判断沙性土层是否液化，并采取相应的预防措施。

奉贤海边在经历了1846—1853年一系列南黄海强震袭击后，于1853年4月14日南黄海再次发生63/4级地震时，于钱桥北张至桃园村、海堤南侧宽约20里的海涂盐田向海中滑移，庐舍、船只、晒盐工具沦丧。上海若遭受Ⅶ度地震袭击，不稳定岸段、已有的古滑坡及天然和人为的松软堆积体也难免再次滑动。因此对长江南岸的侵蚀段、崇明岛南岸、杭州湾北岸西段及黄浦江某些凹岸应予提防。

顺带提一句，上海至今未测到横波速度小于80 m/s的土层。因此，上海至少目前尚无震陷灾害的隐患。

第二篇　长三角地区主要自然灾害发生规律初探

一、长三角地区气候冷暖变化规律与发展趋势

长三角地区属亚热带季风型气候，夏湿热、冬干凉，虽说春秋短而夏冬长，但四季分明，适于生产与生活。冬季即使寒冷还不致对人民生命财产和社会正常运转造成太大影响。当然寒潮来临，大雪、暴雪以及严寒、低温引发的灾害可阻碍水陆空交通运输，对农林植物构成冻害，压坏建筑物并可直接导致人畜伤亡等。夏秋，特别是出梅之后的高温、酷暑影响同样不可小视，经常伴随干旱及干热风天气出现，生产、生活缺水，农作物枯萎凋零，人畜渴死，疾病丛生，火警频发。自 20 世纪 70 年代末以来，气温逐渐增高，引发了众多担忧，上海及长三角城市群会沦为海洋吗？

一个地区的冷暖、旱涝等气候变化，与其所处的环境是密不可分的，也与更大范围内的趋势性变化，相互关联、互为印证，要了解我国东部长三角地区的气候变迁，在自身具体特征的基础上，结合周围大范围的情况，弥补自身记录的局限和缺失，才能较系统完整地描述长三角地区的气候演化与发展的特点。

长三角地区的气候凉热的资料来源尚属丰富，即有接近地质时期的化石、孢粉组合、测年、考古、文字记载的正史，实录、文学作品等。由于上海开放较早，至今有百余年的气象观测资料，有利于数据表述。

长三角地区人民对寒暑来往，除非特别严重外，一般均视为正常，对热的记载相对较少，人们更关注旱灾对农作物的损害，只在有人中暑死亡时才略有提及；相反对冬季下雪视为瑞年兆头，对春耕有利，而记载颇详。

地球自距今 1.1 万—1.0 万年 aBP* 以前最末一次冰川消融以来，气温普遍回暖，冰川大面积萎缩、消亡，海水上涨，至今这个总趋势仍未结束，当然其间曾经有过大大小小的起伏，按地质学的分段，可以分为全新世早期的气候回暖，海水位急剧上升；全新世中期，气候相对平稳，海水位也相对稳定；全新世晚期，气候波动，海水位也相应波动，现分段论述如下：

（一）全新世早期（1.1 万—0.7 万年 aBP）

初期气候因之前的冰期影响还较凉，虽然猛犸象已经绝迹，但还有披毛犀、棕熊、仓鼠、

① 地质测年工作有先后，为比对统一起见，国际地质大会确定以 1950 年为起始标准。

麝鼠等过渡性动物残存，从长江口 ch1-4 全新世钻孔孢粉组合看，早期为环纹藻—落叶栎—杉科—禾本科组合带，木本植物中落叶栎属、杉科、松属、榆属较为常见，含部分常绿栎类、柳属、桦属及零星枫杨、胡桃属等，草本植物主要为禾本科、蒿属、黎科、香蒲、百合、莎草、眼子菜属，含少量黑三棱属、菊科、十字花科等，蕨类则环纹藻占绝对优势，反映当时陆地为稀疏的、含针叶树的落叶阔叶林景观，气候凉而湿。相当于目前的温带南缘。上海原面粉厂钻孔全新世底部，距今约 10300—9500 年的前北方期孢粉组合以木本花粉占优势(65.2%)，栎、栗、松、柏、桦等；草本花粉仅 24%，孢子很少，反映为针叶阔叶落叶混交林，气候温凉。上海瑞金南路斜土路钻孔在地下 40～45 m 段的第 9 环纹藻—栎—杉—禾本科孢粉组合带中，木本植物中落叶栎类、杉科、松属、榆属较为常见，另有部分常绿栎类、柳属、桦属，零星枫杨属、胡桃属等；草本植物主要为禾本科、蒿属、藜科、香蒲属、百合科、莎草科、眼子菜属，另有少量黑三棱属、菊科、十字花科等；蕨类则以环纹藻占绝对优势，另有水龙骨科、桫椤属、紫萁等，反映当时为含针叶树的落叶阔叶林景观，气候凉冷略湿。杭州西湖边向阳丝织厂钻孔，全新世底部孢粉组合以落叶、阔叶花粉占优势，槲栎和麻栎为优势种，也有一定的榆、落叶栎类、栗、枫香、桦、椴、朴等。常绿阔叶树只少数或个别，而松的花粉数量较多，并有喜冷凉的云杉和柏科花粉；草本花粉数量不多，主要为蒿属、禾本科、莎草科、藜科等，孢数量少，上部见个别刺球藻和旋沟藻，下部有较多盘星藻，也属前北方期—北方期。相当于目前的温带南缘，当时的海水可深入至江苏镇江、滆湖一带，最高水位比今高 2 m 左右。后期距今 9500—7000 年的北方期，上海面粉厂钻孔土样中的孢粉组合仍以花粉居首(65%～67.5%)，草本花粉(19.6%～28%)次之，孢子较少。木本花粉以松粉最多，有一定数量的栎类、栗、桑、榆等，反映植被仍为针叶阔叶混交林，但组合中草本的禾本科和蒿属数量大增，气候应温凉略干。上海瑞金南路斜土路钻孔孢粉组合显示木本植物与草本植物所占比例相当分别为 35.4%～51.6% 和 34.0%～47.4%；蕨类较前大幅下降，仅占总数的 14.2%～17.7%；木本植物常见的为落叶栎类、常绿栎类、松属、榆属、桦属、柳属等，也有相当数量的杉科、鹅耳枥属、桤木属、椴科、木樨属等；草本植物主要为香蒲属、蒿属、禾本科，常见的还有十字花科、眼子菜属、毛茛科、百合科、藜科；蕨类主要为水龙骨科，占 8.3%～11.9%，还有凤尾蕨属、蕨属、环纹藻等，表明当时为落叶阔叶、常绿阔叶混交林—沼泽景观，气候温暖略湿。

(二) 全新世中期(7000—3000 aBP)

海水位高，气候温暖；当时的海岸线较长时期江南部分稳定在江阴黄山、常熟福山、太仓、嘉定、莘庄—柘林一线，其西已经成陆，其东仍为滨岸浅海。从上海钻孔揭示，土层中含海相有孔虫，表现为裂缝希望虫、毕克卷转虫变种组合，常见种还有孔缝筛九字虫、五叶抱球虫、奈良小上口虫、凸背卷转虫、透明筛九字虫等，以及海相介形虫、硅藻、牡蛎等，而同期陆地上的孢粉组合，从上海、吴县、镇江、建湖、杭州的孢粉组合分析鉴定都为亚热带南部的常绿阔叶林，如青刚栎、栗、栲、樟、冬青、枫杨、杨梅，还含有桫椤、海金沙等，显示当时的气温比现在高 2℃～4℃。从吴县唯亭青莲岗早期文化层(^{14}C 年代测定距今 5460±110 年)的土层孢粉组合是以水生植物占优势，为 14.4%～65%，其中以眼子菜、黑三棱、水鳖为最多，香蒲、水麦冬、泽泻、花蔺次之，也有禾本科花粉；木本花粉主要为青刚栎、麻栎、柳、榆、松等，反映当时为温暖潮湿，湖沼河流纵横，附近山地分布有常绿阔叶、落叶阔叶混交林的自然环境；上海同期土层孢粉组合以木本花粉最多，占 60%～72%，草本花粉占 10%～23%，孢子较多。木本花粉中常绿阔叶花粉迅速增加而占优势，青刚栎、栲属数量最多，樟科、冬青、桃金娘、柃木次之，也有一定数量的槲栎、栗、榆、枫香等阔叶落叶花粉。相反，松粉却大为减少。反映当时的环境为混有阔叶落叶的常绿阔叶林，相当于目前中亚热带浙江南部的植被。杭州大西洋期的孢粉组合：木本花粉中常绿阔叶急剧增加，青刚栎数量跃居第一，栲属次之，杨梅、冬青、常绿栎属、无患子科、柃木、桃金娘等也有相当数量，针叶树花粉较少，草本花粉有眼子菜、黑三棱、禾本科、蒿属、藜科等，孢子数量少，并出现相当数量的刺球藻和个别红树植物花粉等。另外，从嵊泗县泗礁，岱山县的小沙河，象山县的道人山、下沙、大岙、旦门等海滩岩所含贝壳文石中的同位素^{18}O 测定，求出 2800 aBP 时的海水平均温度为20℃左右，而目前当地的海水温度为 16℃～17℃，即高出 3℃～4℃。浙北海滩岩中共含有54 种贝类，其中 16 种属热带种类，还有不少亚热带种类，相当于今福建南部的贝类组合。而按海滩岩中有孔虫壳体中的同位素^{18}O 推算，6040 aBP 古海水温度比现今海水温度高4℃～5℃；5860～3210 aBP 时的海水温度更比现在高 5℃～6℃，相当于现在广东南部沿海的气候环境。

上海西部嘉定至奉贤的冈身及苏北东部沿海的沙冈是海平面由上升转为稳定后海浪不断塑造的结果，据测定(刘苍宇，1984)上海的古冈身自西向东逐渐年轻，由 7050 aBP 的淞南冈身至最东面的青冈、横泾冈 3100 aBP，现最东及最西的两条冈身地表尚存留高0.5～1.0 m，其间的三条都掩埋于地下 0.4～0.8 m，西北宽而东南窄，经潮差校订后，反映中全新世上海曾一度有过比现今高 1.0～1.5 m 的高海平面。

（三）全新世晚期

因与我国的历史时期可以衔接，直接用考古、历史文献，参照一些地质测年，叙述更为方便，我国仰韶文化期(6000—5000 aBP)及龙山文化期气候较暖，出现轴鹿、水鹿等喜暖动物群，直至商代早期(3600—3000 aBP)喜暖动物占整个动物群数量 25%。上海松江马桥、青浦崧泽、江苏苏州唯亭、常州沙墩、浙江嘉兴马家浜、余姚河姆渡底下发现的亚洲象、犀牛、麋鹿、扬子鳄等动物化石基本上可以看作商或商以前的遗骸。商代青铜器中有犀形古尊及有象形装饰腰部的方尊予以佐证。陕西扶风县齐家村发现的战兕卜骨，甲骨文记载大意为王(未刻何王)命占卜者单(战)兕，占卜者求问可否，答曰勿卜(原件藏宝鸡博物馆)。商代晚期青铜器兕尊(实物现藏中国国家博物馆)，台湾故宫博物馆展出的战国时代的牺牛型(兕)青铜尊，商代南宫长万(力大无穷，执法时恐其挣脱，用犀牛皮带捆绑施刑)，战国时犀牛皮(曾作为贸易的商品之一)，河南安阳妇好墓中的玉象等均说明商周时期北方尚有象、犀等典型热带动物群存在。

1. 上古世纪温暖期(公元前 11 世纪—公元前 3 世纪)

(1) 西周时期(3000—2700 aBP)气候偏冷，动物群落种类减少，基本无喜暖动物。

(2) 战国—西汉时期，气候又较温暖，据《禹贡》记载，扬州贡物中有齿；《竹书纪年》中记载越王使象齿；《盐铁论》中记荆、扬之皮革、骨象等，都显示该时段长江下游有象；老子在《道德经》第 80 章中曾提及兕，即雌犀牛。孔子在《论语·季氏篇》也有虎兕出于柙的记载等两位先贤当年活动的主要地域为陕、豫鲁一带，未必亲见，但有耳闻，秦岭、伏牛山区有犀存在。另外，据《竹书纪年》记载：公元前 1035 年 1 月桃李华；前 772 年 10 月桃杏实；前 626 年1 月贺霜，不杀草，李梅实；前 525 年 1 月桃李花；前 193 年冬雷，桃李华；前 190 年 11 月桃李华，枣实(《汉书·五行志》卷 27)；31 年冬辽东雷，草木实；194 年 10 月桑复生、椹可食，物候异常，也是气候温暖的象征。由于这次暖期导致包括B.C. 48，B.C. 47，146，167，173年等渤海海侵，使东部沿海不少地点缺失东汉文化遗存，如渤海湾西岸的宁河、天津、黄骅等地仅见战国至西汉的文化遗存，而缺失西汉晚期至东汉的文化层，存在近200年的古文化空白阶段。同样，上海的金山、松江、青浦、嘉定等古文化遗址的时代下限也以西汉早中期为主，未见东汉文化遗存。淀山湖侵淹秦汉古迹于水下。

2. 中世纪温湿期(3世纪至13世纪)

总体表现仍以温暖舒适为主，但有明显变化，大体可分以下几个阶段。

(1) 魏晋南北朝凉期：大致在2世纪60年代起至5世纪70年代，气候相对偏寒，长三角地区共发生冷年32年，而暖年仅为3年(252，354，428年)，冷暖年之比为7∶1，较大的冷年有：

164年冬，(洛阳)大寒，杀鸟兽，害鱼鳖，城傍竹柏之叶有枯伤者；165年入春连寒，木冰，暴风折树，又八九郡并言陨霜杀菽。

183年冬，大寒，北海国、东莱、琅琊国井中冰厚尺余。

225年11月，魏文帝率领十万大军伐吴，至广陵故城(扬州)，因是岁大寒，水道冰，舟不得入江，乃引退。

234年江南晚霜杀谷。

241年2月，(南京)大雪，平地深三尺，鸟兽死者大半。

257年3月，吴(南京)、绍兴雪，大寒。

270年冬至271年春，(南京)大雪，吴后主欲西上攻晋济，寒冻欲死，遂还师。

281年冬，(南京)大寒。

313年1月，会稽大雪。

343年9月，(南京)大雪。

356年2月，(南京)雪，大无麦。

378年1月，(南京)大雪。

396年11月，(南京)大雪；397年1月连雪23日；398年冬寒甚。

404年1月，(南京)酷寒过甚。

409年4月12日，(南京)大雪，平地数尺。

440年冬，(南京)大雪。

448年2月，南京积雪、冰寒，赐以京邑二县(白下、秣陵)及营署柴米。

453年2月，(南京)冻雨，毙牛马无数。

458年1月16日(南京)大雪，平地二尺余。

466年2月，丹阳大寒，风雪甚猛，塘埭决坏；春，谷贵民饥。

467年2月大寒雪，泗水冻合，冻死甚众；3月11日(南京)大雪，遣使巡行，赈赐各有差。

据研究推算，当时长江下游平均气温较今低1℃左右(张天麟，1982)。

当然也有此时段还较温暖的例证，如左思[①]在《蜀都赋》中有“孔翠群翔，犀象竞驰”的词句，说明3世纪末四川盆地还有野象、野犀、孔雀、鹦鹉存在。

(2) 南朝前宋末至陈，即公元5世纪70年代至6世纪70年代的近百年凉热变化剧烈

① 左思(250—305年?)，西晋文学家，山东临淄人，曾以《三都赋》而名声大噪，士人竞相传抄，《蜀都赋》即其中之一，今传有《左太冲集》。

期。寒暑出现的比率基本相当。寒冷的主要表现为：

476年大雪，商旅断行，会稽、剡县(嵊州)村里比屋饥饿。

481年12月至482年3月，(南京)雪，或阴或晦80余日。

499年冬，(南京)大雪。

503年1月，(南京)大雪，深3尺。

512年1月19日，梁兵破朐山城(连云港)，会大雪，魏军士冻死及坠手足者三分之二，200里间僵尸相属，魏兵免者仅十一二。

515年冬寒甚，淮、泗尽冻，士卒死者十七八。

521年4月16日，(南京)大雪，平地3尺。

545年1月，(南京)大雪，平地3尺。

559年2月3日(南京)是夜大雪及旦。

同期的暑热现象也很突出，特别是典型动物象的出现等，如；

① 476年有象3头至江陵城北数里，沈攸之自出格杀之。

② 477年象3头度蔡州(河南汝南)，暴稻谷及园野。

③ 齐永明中(483—493年)，有象至扬州。

④ 493年武昌(湖北鄂州)见白象3头。

⑤ 507年4月有3象入南京。

⑥ 537年9月有巨象至安徽砀山，民陈天爱以告，送京师；次年春抵邺，随于538年2月23日改元为元象元年，并大赦天下，以示庆贺。

⑦ 555年1月，安徽寿县有野象数百，坏人室庐。

⑧ 579年周静帝即位时，定年号为大象，除取其吉祥外，是否也可能遵循东魏静孝帝改元故事。纵观中国历代596个年号中，取真实动物为年号的仅两例，一例已确凿无疑；另一例即此。

(3) 公元6世纪80年代至8世纪气候相对平稳，无大寒、大暑的特殊恶劣天气。

(4) 公元9世纪至11世纪天气变化剧烈，前期偏热，寒热比约为7∶3，后期11—12世纪寒冷。

前期寒的现象主要表现有：

821年3月，海州(连云港)海水冰，南北200里，东望无际。

822年2月，青州海冻200里；海州海冰。

834年春，扬、楚寒，大雪，江左尤甚，民有冻死者。

903年4月，浙西大雪，平地三尺余。

904年1月，浙西又大雪，江海冰，而浙西只杭州湾北岸至长江口面海。10月16日(建康)大雪，寒如仲冬。冬，浙东、浙西大雪。

986年1月21日江西星子奏报降雪3尺，大江冻合，可胜重载。

1018年1月，京师(开封)大雪，苦寒，人多冻死，路有僵尸，遣中使埋之四郊，给贫民粥，放朝。2月永州(湖南零陵)大雪，6昼夜方止，江溪鱼多冻死。

1043年冬，(开封)大雪，木冰，陈(淮阳)、楚(淮安)尤甚。

1087年冬，京师大雪连月，至春不止，久阴恒寒，民冻多死。诏河东苦寒，量度存恤戍兵。

1093年3月，京师大寒，霰、雪，雨木冰。冬，京师大雪，流民蹇罹冻馁，收养内外乞丐老幼，在京工役放假3日(1094年3月8—10日)。

同期的暑热现象也较为显著，如：

934年7月，京师(洛阳)大旱热甚，暍死百余人。

956年2—5月，寿州大暑。

964年冬，(开封)无雪。

968年冬，(开封)无雪。

969年冬，(开封)无雪。

988年8月上曰：今岁(开封)炎暑尤甚。

991年冬，(开封)无冰。

994年7月(开封)大热，民有暍死者。

995年冬，(开封)无雪。

1009年京师(开封)冬温，无冰。

1027年夏秋，(开封)大暑，毒气中人。

1061年冬，(开封)无冰。

1067年冬，(开封)无冰。

1085年冬，(开封)无冰。

1090冬，(开封)无冰雪。

气候温暖更体现在长江中下游地区喜暖动物的多次出现，如：

962年有象至湖北黄陂县，匿林中，食民禾稼；又至江西安福、湖北襄阳、河南唐河，毁民田，遣使捕之。964年1月于南阳获之，献其齿、革。

964年6月有象至湖南澧县、安乡等县；又有象涉江入华容县城，直过景贵门；又有象于澧县城北。

967年有象自至开封。

987年有犀自黔南入重庆万州，民捕杀之，获其皮、角。

在这近300年间的长三角及邻近地区平均气温较今高2℃(张天麟，1982)。

后期即公元11世纪10年代至13世纪30年代，寒冷较为突出，是我国历史时期最为寒冷的时段之一，如：

1111年2月8日福建长乐雨雪数寸，遍山皆白，荔枝木冻死、满山连野，弥望尽枯；冬，大寒，太湖冰，坚可通车。太湖流域柑橘全部冻死；洞庭湖积雪尺余，河水尽冰，凡橘皆冻死。

1113年冬，大寒，开封大雪连十余日不止，冰滑，人马不能行，飞鸟多死。

1126年2月，京师(开封)大寒，大雪深数尺，围闭旬日，冻饿死者枕藉于道。5月清寒，5月18日—6月18日夏行秋令；6月4日寒；12月10日大寒，河有冰凌而下。12月下半月至1127年3月16日苦寒，大寒，人有僵仆者，大雪连20余日不止。

1127年2月19日大雪，深数尺；2月26日大雪，寒甚，地冰如镜，行者不能定立，人多冻死；3月16日大雪，极寒；5月21日北风益盛，苦寒。

1129年7月，杭州寒。

1130年11月，越州(绍兴)雨雪久之；12月(杭州)天寒地冻。

1132年春初，杭州雨雪频，2月21日塌临安州城379丈，街市不无寒饿之人；冬大寒累雪，冰厚数寸。太湖水冰，东、西山中小民多饿死，富家负载，踏冰可行，陷而没者亦众。泛舟而往，卒遇巨风激水，舟皆即冰冻，重而覆溺。

1137年1月，(杭州)都民之暴露者多冻死。

1155年冬，无锡、苏州运河冰坚；杭州1156年1月16日雨木冰。

1161年2月21日(杭州)雪，23日大雪，24日以大雪放朝参3日，3月1日禁旅垒舍有压者，寒甚，诏出内府钱赐三衙卫士、且于贫民之不能自存者3.9万余人。是春大寒，雨雪异常，无麦苗，荆、浙盗起。

1162年1月28日镇江天寒，雪雨不止；淮西兵无庐舍，天大寒多雪，士卒暴露，有堕趾者。

1165年3月，(杭州)大雪，4月暴寒，损苗稼。行都(杭州)及越、温、台、明(宁波)、处(丽水)九郡寒；镇江、常州、湖州等败首种，殍徙者不可胜计。

1166年春(杭州)寒至4月，损蚕麦；4月1日雪，夏寒，江浙诸郡损稼，蚕麦不登。

1178年太湖冰，柑橘全部冻死；福州荔枝全部冻死。

1186年淮水冰，断流。是冬冰雪，自1187年1月—2月(杭州)或雪，或雹，或雨木冰，冱尺余，连日不解。台州雪丈余，冻死者甚众；太湖冰，柑橘全部冻死，福州荔枝也全部冻死。

1190年4月，(杭州)留寒至立夏(5月5日)不退。

1191年1月，(闽)建宁府大雪，深数尺，入山之人多冻死；2月杭州大雪积冱，河冰厚尺余，寒甚；是春，冻雨弥月；3月3—5日大雪连数日；3月10日出米5万石赈京城贫民。

1219年12月，(杭州)大雪，岁晚严寒，细民不易，合议优恤；淮(河)冰合。

这些寒期导致我国东部野生热带动物群大踏步向南退却，最后一次见于记载的为1171年：广东潮州野象数百食稼，农设穽田间，象不得食，率其群围行道车马，敛谷食之乃去。此后再无报道。另外，北方适宜植桑养蚕的区域也向南萎缩，由冀、豫、鲁退至长江一线。

与此同期也掺杂少数暑热、暖冬等不协调时段，不过都在以杭州为代表的江南一隅，如：

1135年6月，(杭州)大燠40余日，草木焦槁，山石灼人，暍死者甚众。

1167年(杭州)冬温，少雪，无冰。

1169年(杭州)冬温，无雪，无冰。次年春，民以冬燠，疫作。

1198年冬(杭州)燠，无雪。桃李华，虫不蛰。

1208年春(杭州)燠如夏。

1220年冬，(杭州)无冰雪，越春暴燠，土燥泉竭。

上述寒暑年份大都交替出现，另有3年在同一年份寒暑并存的现象，如：

1170年1月20日诏：雪寒，细民阙食，令杭州分委官措置，依赈济人例支米3日，后又展3日。1月长沙积阴、雨雪不止，自下旬雪霰交作，冰凝不解，深厚及尺，州城内外饥，冻僵扑不可胜数。2月13日帝以雪寒，民艰食，命有司赈之。7月淮上诸屯属盛暑。7月23日帝御正殿，以大暑疏放临安府等禁轻刑。12月24日诏：浙西天气寒凛，令苏州仔细抄札乞丐，依杭州已降指挥赈济。

1200年3月22日雪，6月亡暑气，凛如秋，冬燠无雪，桃李华，虫不蛰。

1213年7月，杭州亡暑，夜寒；冬燠而雷，无冰，虫不蛰。

表现为一年中大冷、大热并存和天时不正，该热却寒，该冷却暖。

这段气候资料较为丰富，总体以寒为主，后期南宋虽略有热的现象，但代表的区域相对狭窄，寒暑比约为2∶1，总体气温比今显著寒凉。

3. 明清干凉期

自13世纪20年代以来，总体气候特点与前一时期相比较为干凉，气温应该说有较明显的下降。相反，干旱、风暴潮、地震却比以往有显著增加，我国所有判定的早期8级地震都发生在这一时段，就气温而言，其间也有起伏，大致可分以下三个阶段：

(1) 宋末—明初的凉段

自13世纪20年代至15世纪20年代，正处于与上一温暖期的交接时期，气温由暖转凉，记载清一色地为霜雪冻害，但为害程度较轻，如：

1225年5月16日(杭州)雪。

1231年3月24日(杭州)雪；湖州、嘉兴、建德、歙县等春霜损桑。

1233年4月25日(杭州)雨雪；5月23日决系囚。

1234年3月12日(杭州)雨雪。

1235年3月19日(杭州)雨雪。

1237年4月，(杭州)雨雪。

1238年3月，13日(杭州)雨雪。

1242年2月，(杭州)雨雪连旬。

1243年1月8日杭州雪，给诸军钱，出戍者倍之；2月10日以严寒再给诸军薪炭钱。

1245年1月3日(杭州)以雪寒给诸军钱，出戍者倍之。

1246年3月8日(杭州)雨雪；4月6日雪。

1247年1月7日以雪寒，出楮币赈临安府细民。

1248年12月31日(杭州)雪寒，出楮币20万令三衙赈军。

1253年3月12日(杭州)雨雪。

1254年4月11日(杭州)雪，诏蠲江淮今年二税。

1258年3月，(杭州)雨雪。

1259年2月，以(杭州)雪寒，出楮币20万赈三衙诸军。3月8日雪。

1264年3月12日(杭州)雨雪。

1278年冬，淮安雪深3尺。

1301年1月，金陵大雪逾尺，冰雪兼旬，野兽饿死。

1323年9月，袁州(宜春)陨霜杀稼。

1329年冬，吴江、长兴大雪，太湖冰厚数尺，人履冰上如平地；洞庭湖边柑橘冻死几尽。

1349年4月，温州大雪。

1353年秋，邵武、光泽陨霜杀稼。

1360年3月1日浙西诸郡震霆掣电，雪大如掌，顷刻积深尺许(局部强对流灾害天气)。

1381年6月22日建德雪；7月25日(杭州)晴日飞雪。

南宋偏安杭州，对杭州的记载特别详细，加之温度变化显著，给气候分段提供了诸多方便，划得较为确切。宋末20年政局风雨飘摇，疲于奔命，无暇顾及这些记载。元代政治中心北移，对长江下游的记载为数寥寥，明初又处于改朝换代，百业初创，又有"靖难之乱"，对灾害的纪录也较欠周全，与下一阶段的断代较为含糊，按长三角地区的特点，断在15世纪20年代，自30年代起进入现代小冰期的第一寒冷期。

(2) 明清寒冷段

西方国家将16—19世纪的气候寒冷期称之为现代小冰期，尽管各地的起止时间不同，但就北半球而言，大体都在1600—1915年，其中又分为1600—1720年的寒冷期，1720—1760年的相对温暖期，1760—1820年的冷期；1820—1885年的暖期及1885—1915年的凉期5期。我国学者则习惯称之为明清小冰期，且也划分有三个寒冷期（竺可桢，1979；何大章，1962；张德二，1982）。1993年王绍武据现代气温观测资料并对各类历史记载厘定后，得出1380—1980年的10年平均气温、信度95％的距平值曲线（图2-1）将中国东部自1450年至1893年划分为三个寒冷期及相间其内的两个相对温暖期。第一寒冷期1450—1510年，10年均温距平－0.3℃～0.4℃；第二寒冷期1560—1690年，温度距平－0.47℃～0.60℃；第三寒冷期1790—1893年，温度距平－0.43℃～0.45℃。在此基础上结合长三角地区的历史记载略作修订，现将长三角地区的具体表现分述如下：

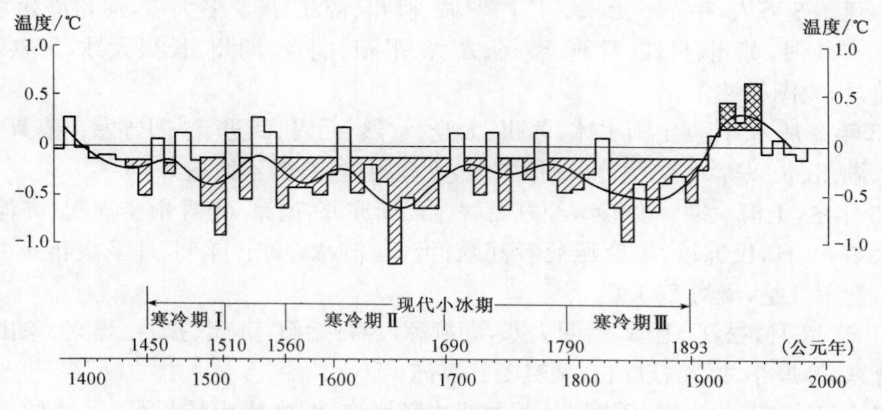

图2-1　长三角现代小冰期气候变化曲线

第一寒冷期自1436年2月起至1514年1月止，历时78年，经历14次寒冷事件，其中以1453年冬至1454年2月那次最为严重，几乎影响东南大部地区。但闽、粤尚无冰雪记载。

1436年2月，崇明大雪弥旬，郊外有冻馁死者；吴县大雪弥旬。

1438年冬，吴江、湖州大雪四十日。

1439年冬，吴江、湖州大雪三旬，积五尺有余。

1445年1月，松江、上海大雪七昼夜，积高一丈二尺（?），居民不能出入，开道往来。

1450年2月，嘉兴、嘉善、平湖、桐乡、湖州大雪，二旬不止，民多饥死，鸟雀几尽。

1453年12月—1454年3月，鲁、豫、浙并南直隶徐、淮等处大雪弥漫，朔风峻急，飘瓦摧垣，淮河、黄海冰结40余里，霜雪隆寒甚于北方，人畜冻死万余，有一家七八口全死者，生者无食，四散逃窜，弱者鬻妻子，强者肆劫掠。北直隶沧州11月至次年2月大雪，冻死人畜无数；山东济南、禹城、平原、曲阜11月至次年2月大雪数尺；德州人畜冻死；日照海冻；南直隶凤阳、常州，并凤阳、泗州等卫、所自冬积岁冻合，经春不消；凤阳、宿州11月至次年3月雨雪不止，冬作莫兴；邳州12月大雪；扬州大雪，冰三尺；仪征2月大雪，竹皆冻死；靖江2月雪深三尺；通州、如皋、东台2月大雪，3月复大雪，竹木多冻死，海滨水亦冻结，草大萎死；2月江南苏、松、常等近30府、州、县大雪，连4旬，平地深数尺，湖泖皆冰，冻饿死者无算，仅常熟一县冻毙1800余人。无锡、常州1月大雪，厚五尺，湖冰厚三尺；靖江1月大雪，木冰；宜兴冬大雪，平地深三尺；常熟2月大雪，二旬不止，凝积深丈余，鸟兽饿死；江阴2月大雪，平地深三尺；太仓12月23日雨雪，2月14日夜大雪及丈，冰柱长5～6尺，2月22日又大雪，至3月5日犹未止，积阴连月，菜麦皆死；武进冬大雪，至3月11日始霁，平地五尺，湖冰厚三尺；

上海、松江、青浦大雪40日不止，平地深数尺，湖泖皆冰，太湖诸港连旬凝冻，舟楫不通，鸟兽、草木死者无算。杭、嘉、湖、婺、严2月大雪，深六七尺，覆压民庐，溪荡皆冰，冻死二麦；嘉兴、嘉善、平湖、桐乡、海宁3月大雪40日，覆压民居，诸港冻结，舟楫不通；湖州、长兴、安吉大雪数尺，压覆民居，太湖诸港渎冻断，舟楫不通，禽兽、草木皆死；安吉雪深七尺，冻死百余人；绍兴、余姚1—3月大雪，害麦；象山2月大雪；桐庐、建德、兰溪、衢州、龙游、江山大雪，凡40日，深六七尺，鸟兽俱毙；宿州11月至次年3月雨雪不止，没胫，冬作莫兴；灵璧、凤阳、五河大雪不止，饥；桐城、望江2月积雪恒阴；宿松2月大雪。4月以江南、北积雪沍寒，死亡载道，即赈扬州及苏、常诸府。江西上饶、铅山、广丰春大雪40余日，平地深数尺，积封山谷，民绝采樵，多饿殍。连湖南衡州府8县(衡山、安仁、酃县、耒阳、常宁、桂阳、兰山、临武)冬春雨雪连绵，兼疫，死1.8万人，牛3.6万头。广西罗城、柳州、柳江、来宾冬大雪，河鱼冻死几尽。

1477年1月，苏州、吴江、常熟、嘉兴、嘉善、平湖、桐乡、湖州、长兴大冰，寒甚，冰坚，船不行者逾月，太湖亦然。

1483年2月22日嘉定雨木冰，苏州、太仓、常熟、无锡、武进、溧阳皆寒。嘉兴、嘉善、平湖、桐乡、湖州、长兴等大雪，大寒，冰厚数尺，太湖阻途，舟楫不通逾月。

1493年冬，上海大寒，湖泖冰，经月始解。江浙亦寒，南京11月雨雪连旬；高淳冬连雪；高邮冬大雪50日，民冻馁，屋庐压死者甚众；淮安、涟水、阜宁自11月至次年1月大雪60日，大寒，爨苇几绝，凝海200里。

1501年12月，松江、上海、崇明大寒，湖泖冰，经月始解，苏州、嘉善、嘉兴、象山皆大寒。莆田冬隆寒，冰厚半寸，荔枝冻枯；襄樊冬江汉冰。

1504年1月，苏州大雪，深四五尺，太湖冰坚尺许，洞庭诸山橘尽死，无遗种；靖江冬大雪，深三尺，冰坚尺许，橙橘皆死，诏减租发赈；湖州、长兴冬大雪，积四五尺。

1509年冬，松江、上海、青浦皆极寒，柏竹多槁死，橙橘绝种，数年市无鬻者，黄浦(江)冰厚二三尺，经月不解，骑、负担者行冰上如平地；崇明桃李皆死，二麦皆殒；苏州1月大雪，冻死者盈路。吴县自胥江及太湖水不流，濒海有树，水激而飞，着树皆冰；南京、溧水、高淳冬大雪，树皆枯死；高邮冬苦寒，河冰；浙江嘉善12月冰坚半月；桐乡12月恒寒；桐庐、建德12月连日大霜寒冻，竹木皆枯；象山大雪，民冻馁死者甚众；金华、义乌、东阳、兰溪、武义竹木枯，蕉叶冻死；常山2月雪，凡23日；安徽广德冬冰坚，地坼，禽兽草木皆死；霍丘树木多死；江西乐平1月20日大雪，苦寒连月，草木皆死，经春不复生者，蔬菜尽死，民馑尤甚；福建连江1月大霜，龙眼、荔枝树尽枯。

1514年1月大寒，太湖冰，吴县行人履冰往来者十余日，2月17日大雪盈尺，3月19日大雪，春分后仍积雪；无锡、宜兴太湖冰，腹坚；溪河水冰，数日不解，人行冰上如履平地；常熟大雪；湖州大雪丈许，大寒，行人履冰往来；嘉善冰凝二十余日；桐乡1月10日霜凝树枝，状如垂露；江山连日大雪，寒冻极甚，林木俱瘁；常山雨雪三旬，牛畜冻死；衢州、开化2月大雪，顷刻数尺；金华、龙游冰和雪；舒城河冰厚二三尺，往来人行于上；安庆、桐城、宿松、太湖、潜山、望江11月大雪，杀竹木殆尽；鄱阳湖冰合，湖口、彭泽、都昌可通行人；波阳、乐平雪片如掌，平地积深三四尺；崇仁大雪，深五六尺民，多冻死；高安冬凝甚，鸟兽多冻死，1月16日寒甚，锦江冰合，可胜重载；上饶雨雪30日；南昌、丰城冰；洞庭湖冰合，岳阴、临湘人骑可行，大雪。

第一、二次寒冷期之间1515—1568年的54年间，除1567年为寒年外，相反倒出现暖冬、酷暑的热异常现象，如1532年1月贵池、石台、铜陵桃李华；1533年10月宿迁桃李华；12月广德花红满树如春；1545年1月6日安庆、桐城、太湖暖气如春，反映长三角地区气温略有回暖。1568年6月，兴化、东台酷暑，田妇多暍死；嘉兴夏秋大旱，毒热，人多暍死。

第二寒冷期，1567年1月至1691年1月，历时124年，经历30年33次寒冷事件，其中1637年的寒冷甚至危害及闽、粤地区，1670年冬的寒冷现象影响陕、晋、冀、鲁、豫、浙、皖、赣、鄂、湘9省，紧邻上海的吴江、嘉善都有记载，而上海地区却无记录。1691年1月为主的寒害更伤及东南9省，但灾情不及1670年那次严重。

1567年1月，南京、六合大雪，二十余日，民有冻死者；江浦木冰；兰溪大霜如雪，菜麦、树木多冻死；合肥1月大雪，2月19日冱冻，民有堕指者；巢县1月巢湖冰坚，行人冻死者众，逾月冰仍未解；舒城1月21日雪，竟月方止，高数尺；砀山大雪伤禾；河南温县大雪二十余日，民有冻死者；淮阳1月大雪七日，深数尺，至2月18日方霁；湖北孝感、汉川、大冶、安陆、浠水大雪，民多僵死；黄梅冻雪三月，死者无数；鄂州大雪连月，大冷，百物俱伤，人民受困；宜都、长阳大雪，春尽乃止，民有冻死。

1577年7月，苏州、吴江、常熟、上海、松江、青浦等阴雨连旬，寒如冬，没民田，禾烂死。

1578年2月，苏州、杭州大雪，连六七日不止；青浦、松江、南通等冬大冰雪，淀山湖冰涌成山，约高数丈，月余始解；苏州、吴江等大川巨浸冰坚五尺；常熟冬大雪，石桥滑不可登，檐溜成冰条，垂至地，雪浃旬，深没牛腹，寒饥者多僵死；江阴冬大雪，木冰；南通、如皋、泰兴冬大雪，木冰，飞鸟坠死；盱眙大雪；沛县、丰县大雪二十余日，深数尺；嘉兴大雪，大冰，树头、檐下皆结冰花；嘉善12月大冰；绍兴合郡大雪，寒，运河冰合；湖州、长兴、桐乡雨木冰；安徽舒城12月大雪。

河南新蔡冬极寒，大树裂死，穷民旅途次者多死于雪。

山东枣庄大雪弥月，平地深丈许，压没庐舍，人多僵死道间，鸟雀鹿兔鱼虾死几尽；昌乐、安丘、新泰、曲阜、滕县大雪，深三尺，诸城、临沂、金乡人畜冻死。

1579年2月6日常熟雨雪，积三四尺，压倒房屋无算；舒城雪尤甚，平地深数尺，浃月始霁；江浦春大雪。

1580年冬，苏州大寒，湖冰，自胥口至洞庭山，宜兴至马迹山人都履冰而行；湖州、长兴大寒，太湖冰。

1587年2月20日苏州及上海全境寒，雨木冰或木介。常熟雨木冰，望之莹白，三旬仍融；高邮2月22日雪深数尺；嘉兴、湖州、长兴2月7日雨雪，浃旬不止，22日雨冰。

1589年2月，上海、松江寒，树枝冰如箸；7月29日夜，松江、上海飞雪，纷落如絮；湖州夏雪。冬吴江莺湖冰合，有牵羊负担而过者；嘉善冬大冰月余，人行荡漾中。

1595年2月，五河大雪月余，雪融复冻，麦俱枯；嘉兴、嘉善、长兴、昌化、德清等春大雪，两月不解，鸟雀多死；常山、江山大雪，惊蛰(3月5日前后)尤甚，风聚处积深盈尺；湖州平地丈许，两月雪冻不解，死者甚众，鸟隼、狐兔、虎狼俱冻死；安吉居民死者甚众；金华、兰溪、东阳、义乌4县大雪40余日，牛马多毙，山谷中人有饿死者；休宁春大雪，途有僵死者；2月16日汝南大雪，严寒数旬，禽兽毙者十之七。

1602年1月24日天长雪，经旬不止，其大异常；2月，高邮雪六尺；霍丘、阜阳、亳州、怀远大雪，深五尺；桐乡2月5日河冻不通三日；淮安3月久雪；仪征4月大雪深尺许，桃李花多冻死；六合、江浦、南京春大雪。

1605年3月初，苏州、嘉定大雪，三日始霁。

1618年1月26日常熟雪深三尺；2月4日，吴县、嘉定大雪。

1620年5月22日绍兴大雪；8月南通大霜；吴县次年2—3月雨雪连绵；宜兴春大雪，深丈余。金华有雪；12月，安徽舒城、无为、巢县、六安大雪，至1621年3月始霁，山阴处积至丈余；当涂1月7日至2月中旬大雪，共深六七尺，野鸟多饿死；繁昌自1月7日—2月20日止，雪深七八尺，压颓村市房屋不计其数，野鹿、獐麂几绝；石埭大雪连昼夜，至2月16日止，民饥死者不知其数。石台自12月至次年3月大雪七十余日，飞鸟饥毙；1621年1月22日淮安大风雪；安东至次年1月10日至2月大雪；五河1月至2月上旬雪；江山冬木结冰，乳枝俱折；湖州、长兴、安吉大雪；安庆、桐城、宿松、太湖、望江、六安积40余日；霍山大雪，积与檐平，居民不通往来；铜陵人多冻死；含山、和州、无为春雨雪50余日；庐江2月大雪，半月深丈余；桐城、宿松2月大雪，封门塞路，积40余日；太湖民拆屋而爨；舒城穷民冻死甚众；怀远雪深一丈，人不能行；凤阳春雪丈余。

江西九江、湖口、彭泽、瑞昌、修水、武宁、进贤等地大雪，虎兽多饥死，人亦有冻毙者。

湖北武汉、鄂州冬大雪，江水冰；罗田、浠水、阳新冬大雪四十余日，竹木尽折；英山冬大雪，徂春四十日不止，人畜饿死不知其数；天门冬大雪，恒寒。

河南濮阳冬大雪；灵宝黄河冰，西至潼关，东至三门峡。

此次雪灾冻害涉及豫、鄂、赣、皖、浙、苏六省，时间绵延近三月。

1626年11月，松江、嘉定、上海等一夕雪深五尺余，竹木折，鸟兽多死；次年绍兴1月大雪三尺许，龙山极目所及万山载雪；2月13日江阴、靖江、泰州、东台木冰，2月15—17日江阴、靖江大雪，18日江阴鸟雀多冻死；3月6—8日江阴、靖江风雨雷电，随大雪雹，鸟雀多冻死；苏州3月8日严寒，雷电霰雪交集，是夜雪积盈尺，3月11日又雪；当涂2月11—20日大雪。湖州2月雪，3月9日卯时至辰巳之交(9时前后)震电，大雨雪。

1636年10月至1637年1月寒。松江、上海10月骤寒；松江、上海1月极寒，黄浦、泖湖皆冰。金坛1月10日大寒，有冻死者；镇江1月金鸡岭土崩。

湖北麻城10月大雪。

福建漳州、诏安、南靖12月大雪，积冰厚一尺，牛羊、草木多冻死；寿宁冬大寒，溪冰厚近尺，可履而越，花木多冻死；连江1月大霜，荔枝龙眼尽枯。

广东揭阳11月冰厚盈寸；海丰、陆丰1月大雪，树木多冻死；惠来1月23日凝霜成冰，厚四五寸，草木、禽鱼冻死；五华冬大冻，冰结寸余，坚凝可渡，竹木花果俱冻死；茂名1月大雪，池水尽冰；海南万宁1月大寒，木叶凋敝；临高12月25日雨雪三昼夜，树木尽槁。

广西藤县冬大雪。

1653年10月29日重阳节前后大雪、冻害，涉及晋、冀、豫、鲁、苏、皖、浙、赣、鄂、湘9省50余县、州、府，其中10余处冻死人。如：

河北蔚县、涞源、玉田、满城、武清冬大雪，平地二三尺，人民冻馁；涿鹿、怀来大雪连月余，雪满溪谷，道无行人，人畜死者甚众；阳原大雪四十余日，人多冻死；庐龙、滦县、昌黎、乐亭大雪月余，严寒，冻死人畜甚众；遵化大雪连旬，人畜冻饿，死者载道；抚宁雪月余，民多冻死；永清大雪，深二三尺，人民冻馁；定兴1月大雪；新城冬大雪。

山西灵丘大雪三月，居民不能采樵，拆毁庐舍一空，死亡枕藉；介休城中井冻；广灵10月大雪。

山东桓台10月大雪严寒，旬日不止；昌乐、安丘冬大雪，平地三尺，牛羊树木冻死几半。

河南汝南冬大雪。

江苏淮阴、泗阳、宝应冬大雪四十余日，淮冰合，野鸟僵死，冰雪塞路，行旅断绝；苏州冬至后(12月下旬)河冰断舟；江阴12月大雪，木冰。合肥冬大雪，鸟兽多死；当涂、芜湖大雪，冰厚数尺，檐冰柱地，树多冻死；安庆、宿松、潜山、东至大雪，木冰；桐城1月大雪十余日，冰封着树，弥月不解；六安冬大雪连旬，禽兽死者过半；蒙城、阜阳大雪。仙居10月严霜先陨，杂种尽凋。12至次年1月，海宁大冻旬余。

江西德安1月大雪连旬，深数尺，各乡取鹿如拾芥，乡村多憨薪，日只一食。

湖北武汉11月微雪，着草木皆冰，木叶未脱者皆枯，是岁大寒，诸湖冰上皆走马；大冶冬大雪。

湖南长沙冬大雪，凌两月不解；湘乡冬大雪，河冰坚，舟楫不通，树皆冻死；永州、邵阳冬大雪四十余日不止，民冻死无算。

1654年12月22日至1655年1月23日吴、越、淮、扬河冻数千里，舟不能行月余；嘉定奇寒，河冰彻底；青浦泖淀冻合，断舟数日，人行冰上；上海严寒，大冻，河中冰坚盈尺，行者如履平地，浦中叠冰如山，乘潮而下，冲舟立破，数日始解；苏州11月运河冻舟，吴门冰厚三寸有奇；吴江、湖州大寒，太湖冰厚二尺，连二十日，橘、柚死者过半；无锡河冰尽合；宜兴溪河冰，越四旬始解；武进太湖、运河腹坚；东台河冰厚尺余，人行冰上两旬；连云港1月9日海冰，东西舟不通；沛县冬大寒。浙江嘉兴、嘉善、海盐、桐乡、宁波、慈溪、余姚、兰溪、寿昌、淳安、建德、武义大雪十日不止、大冻，湖荡河渠冰冻，沿海海水不波，舟楫不通，橘死樟枯；湖州大寒，太湖冰厚二尺，二旬始解；长兴山中人有僵死者；衢州、江山1—2月大雪月余，寒甚，橘、柑冻死垂尽；东阳大雪，至3月积冻不解，竹木冻死过半。安徽萧县、徽州、婺源、贵池、石台奇寒，竹木、六畜多冻死。其他如：

辽宁沈阳、辽阳、铁岭、金县12月大雪盈丈，雉兔皆避人家。

河北河间、吴桥、任丘、献县1月大雪封户，人不能出入，多冻死者。

山东宁津大雪封户，人多冻死；诸城大雪，平地数尺，人多冻死；蓬莱大雪，房倾；招远大雪。

江西严寒大冻，橘、柚、橙、柑之类尽槁，境内秋果无有存者。

福建福州、仙游、漳州、漳浦大霜(雪)四五十日，大寒，草木枯死，人畜冻死。

广东惠来1月3日陨霜成冰，三日不解；开建(封开)、信宜、茂名(高州)、吴川冬大雪。

广西南宁、扶绥、来宾12月大雪；海南岛东北都曾落雪下霜。

此次冻害北自辽宁铁岭，南至海南，涉及辽、冀、鲁、苏、浙、闽、赣、粤、桂8省，东部沿海省区河北4处、山东2处、浙江1处有人冻死。

1655年10月苏州、淳安、建德、兰溪、武义、东阳陨霜杀菽。12月18日上海大冷，浦水皆冰；嘉定12月28日至次年1月11日奇寒，河冰彻底；苏州1月河冰，断舟；东阳1月大雪至3月积冻不解，道路不行，竹木冻死过半；淳安2月雪连旬，积二三尺，折木坏屋；永康1月30日至2月14日雪，深五尺，树木尽枯；武义大冻，杀老樟。安徽休宁春大雪。

江西玉山贫民多冻死；九江2月15日大雪，平地五尺许；瑞昌1月大雪，积月余不解。

福建2月大雪；福州、连江、罗源、德化、连城、武平、上杭、清流、宁化、将乐、龙岩、漳平2月9日大雪，平地五尺许；同安、莆田、仙游、晋江、永春、安溪、南安、漳浦、宁洋、沙县2月10日大雪，深尺许。

广东韶关、乐昌、翁源、惠阳、龙川、兴宁、揭阳、大埔、封开2月大雪，凝冰；五华墙屋压颓，果木冻死。海南琼海2月寒霜大作，民多冻死，兽畜鱼鸟多殒没，榔椰凋落，草木枯。

此次雪区北界自上海、苏州，西起皖南休宁，赣东北玉山、沿武夷山南下，经粤北乐昌、粤西封开，下海南琼海，东南沿海诸省都遭冻害。

1666年6月3日扬州、泰州霜;25日奉贤盛家桥下雪,29日又下雪,他处不闻。12月21日上海大冷,河水连底冻结,次年1月11日又大雪,冰上积雪,两岸莫辨。昆山1月河冰;常州冬大寒,冰厚尺许;无锡、湖州冬大寒,太湖冰,不通舟楫者匝月;高淳1月湖冰,半月不解。嘉善1667年1月1日大雪,冰厚数尺,舟楫不通,3月4—5日大风雪,冻;望江1月湖池冻冰;江西兴国1月大雪,一月不霁,树木冻折,道路不通。湖北大冶冬大雪四十余日,竹枯;广东番禺冬有雪;德庆1月大雪,四面皆白,屋上寸许。

1670年7月19日苏州、吴江雨雪。徐州、沛县冬大雪,井泉冻;泗阳冰集如山,树木、屋庐皆碎裂,死者遍野;盱眙雪深数尺,淮河坚冻,往来车马行冰上者两月;赣榆大雪20日不止,海水拥冰至岸积为岭,数十里若筑然,民多冻死;松江12月中旬大风冰冻,大雪数次,经旬不消,浙江嘉善1671年1月11日寒潮,大风冰冻,河港坚凝如平地,舟楫不通,飞雪二十日;杭州、海宁2月3日立春日大雪盈尺,至2月12日始消;长兴、吴兴、德清1月大雪丈余,鸟兽冻毙;桐庐冬大雪,高三四尺,雪久剧寒,树木冻死;绍兴1月13日寒潮大风,2月4日起连雪浃旬,积高数尺,盛寒,各邑江河冰合,舟楫不行,柳、梓、柑、橘诸树皆冻死;宁波、慈溪1月23日大雪,至2月6日止,雪高数尺;天台1月大雪月余,平地积数尺,人畜树木多冻死,山谷户屋尽崩;诸暨、嵊县、临海、黄岩、金华、兰溪、武义、永康、温岭、乐清、丽水、景宁、缙云、遂昌等1月大雪;安徽萧县、蒙城腊月大雪连旬,严寒特甚,井泉皆冰,树尽冻萎;宿州大雪积月,人畜冻死,明春相山下无鸟;安庆12月大雪,严寒匝月不解;望江12月大雪,至次年1月尤甚,城中深数尺,四乡庐舍多被压坏,湖池冻冰,牛马通行,冻馁死者众,及化冻冰块顺流而下,凡遇舟、桥、桩等冲之悉破;宿松大雪,积四十日;宣城冬大雪,深数尺,道罕行迹,民多冻死;汉水、淮河都出现结冰现象。

河北玉田、邢台1671年1月11日大寒,行人有冻死者;定州1月寒甚;唐县、永年12月大雪,井泉冻。

山西运城、芮城、万荣、临猗冬大寒,黄河冻合,车马行如陆上;龙门至华阴黄河人往来如坦途。

河南开封、杞县、尉氏12月大寒,井冰,道路多冻死者。

山东兖州、登州、青州、莱州4府属大雪,奇寒,井水冰,人多冻死,果木皆冻死;寿光、诸城、安丘、昌邑、潍坊、胶县、高密、平度、掖县、福山(烟台)、文登、威海、临沂、莒州、费县、郯城、日照、蒙阴、滕县、曹县、在平大雪。

江西湖口冬大雪数十日,禽兽冻死,彭蠡湖梅家洲冰合,可通行人,长江冻几合;南昌12月弥月大雨雪;新建腊月雪深数尺,行人多冻死;星子、都昌冬大雪,寒凝异常,江水冻合,途无行人数日,鄱阳湖冰;上饶冬郡境大雪,深数尺,旅客有冻死者;玉山、贵溪积雪浃旬,厚四五尺,人畜冻死,城乡为之不通;浮梁(景德镇)冬大雪,行人有冻死者;弋阳、进贤冬大雪月余,高地深数尺,低洼丈余,道多冻死;萍乡冬月风雪倍甚,禽鸟覆巢,行人多冻死;宜春、分宜、万载雪霏二十余日,深五六尺,树木尽折,禽鸟多饿死;上高异雪六十日,压倒房屋无数;宜丰房屋压倒不可胜计,牛畜冻死;资溪1月22日至2月7日大雪,人多冻死,竹木尽折;黎川、南丰12月至次年1月大雪,深数尺,居民墙屋压毁,山中竹木尽折;横峰大雪十余日,积五六尺,人畜多冻死;宁冈大雪丈余,山禽树木俱皆冻死。

湖北咸宁、大冶腊月大雪40余日,冻饿死者甚众;蒲沂冬冰雪五旬始解,黎民冻馁;仙桃2月3日大雪。

湖南益阳行者僵于途,奇寒,乏食;衡山冬大雪,深数尺,六畜冻死,江水冰合尺余,舟不行；宁乡积雪四五尺，冰坚可渡，行者僵于途；湘潭12月10日至2月3日大雪凝冰积素，填咽郊野；湘乡冬大雪，河冻冰坚，舟楫不行，柳、樟、柑树俱冻死；攸县冬大雪，河池皆冰，人马驰驱，经旬不解；耒阳大雪60日，山中合抱大树俱被冰凌冻死，大江人俱履冰而渡。

福建泰宁1月27日雨冰，檐溜成柱，合抱大树皆折，2月3日立春大雪，至次年春初雪仍未消。

此次冰雪寒灾北自河北玉田，西至陕、晋黄河龙门以下两岸各县，南界湖南耒阳至江西宁冈，再至福建泰宁一线，涉及陕、晋、冀、豫、鲁、鄂、湘、皖、浙9省，以鲁、赣、皖三省灾情较重，江西冻死人14处，山东12处，安徽7处，江苏2处，浙江1处，湖北1处。

1674年2月，嘉善大雪13日；河南开封、杞县、南乐、清丰大雪；江西新建2月大冻，折树及竹；清明后（4月上旬）桐庐山头大雪；山东高青、青州4月大雪，五日止；7月金山干苍陨霜。

1676年12月22日至1677年3月上旬，上海奇寒，大雪屡降，积三四尺，黄浦冰，麦大荒。松江雨雪大作，路绝行人，小麦秀出皆死。桐乡、淳安1677年1月大雪、大冻；2月2日松江、嘉善、湖州大雪，路绝行人；临海、仙居雪。

河南邓县冬大雪，深数尺，禽兽、草木多冻死；孟县次年2月2日黄河冻，渡者皆履冰，至2月24日乃解；确山2月大雪弥月；固始2月2日木冰。

1683年12月28日至1684年1月17日，其中尤以12月28日及1月13日两日上海最冷，冻死多人。黄浦江闸港以西俱冻，即使闵行也只略有通行，闸港以北江中间稍通数尺，一路冰排乘潮而下，舟逢之往往立碎，冰排覆舟死者数十人；董家渡渡船亦覆，死亡数与闵行渡口类似。苏州、湖州12月奇寒，冻死甚众，太湖冰冻月余，行人履冰往来；武进冬大雪，太湖运河俱冰，人有冻死；当涂1月17日严寒，人多冻死。

河南孟县1684年1月大雪二十余日，孟津以东河履冰，行人绝；安阳郡大雪，园井皆冻；商水2月8日雪。

江西宁都1683年12月大雪，有冰死者；大余大雪，冰厚尺许。

福建连城冬大雪；上杭12月大雪，平地尺余；沙县1月大雪三昼夜。

湖南长沙冬大凌，林木压折。

广东广州、番禺、南海、顺德冬大雪霜，树木多枯死；惠来1月8日陨霜，18日再陨霜；始兴12月大雪，山间积至尺余，半月始消；连平冬大雪经旬；信宜1月大雪，草木皆枯；阳春冬寒冽异常，积冰厚数寸，树木皆枯，波罗、龙眼尽不花。

广西兴安大雪，平地数尺；岑溪冬雪深经寸。

台湾台南、嘉义12月雪，冰坚寸许，台湾向无冰雪，此异事也。

1692年1月2—3日上海滴水成冰，往来路绝；1月15日黄浦江流冰，坏粮船5艘；1月18日鲁汇渡船被冰凌撞沉，死37人；1月26日又大雪盈尺，冻死于道者比比皆是；松江1月大雪5日，1月26日又雪，深二尺，冻死人畜无数，至2月3—6日雪越剧，为百岁老人所未见；宝山1月奇寒，大河俱冻彻底，半月始解；昆山大寒，河冻月余，果树冻死；苏州1月2日雪，3日更甚，半月中寒威不解，河道冰断，50日不通舟楫，人畜树木冻死，至1月18日河冰始开，1月26日又大雪盈尺，2月3—6日俱雪，春寒多雪；常州冬大寒，贫民多冻毙，千百年大木亦枯死，1月29日至2月4日树木皆作冰花（木介）；仪征冬大雪，奇寒，1月29日木介；江浦1691年12月30日大雪，积阴五十日方霁，1692年1月29日木冰；高淳大寒，果树多冻死；盱眙冬酷寒，竹尽槁。平湖大雪八日，河道冻断；桐乡12月大雪，12月8日河道冻绝;湖州冬大寒,河冻经旬,舟楫不通,往来负重者俱行冰上,牛羊冻死;余姚冬大寒,江水皆冻;淳安冬雪四十余日,溪不冰者一线,老树多僵死;武义、衢州、江山冬大寒,溪冰合,树木尽死;当涂、郎溪、泾县、歙县、婺源冬大雪,奇寒,大木尽槁;巢县、无为、舒城冬奇寒,河冰数尺,草木冻死;阜阳1月16日江河冰合,南北舟楫不通,至3月7日冰始开,大寒,果木冻死。

河南1月孟县、温县、原阳黄河水冻,月余始解;新郑12月大雪;商水12月雪,寒,洹冰坚,至3月始解,计60余日,人畜、果木冻死无数;郾城、西平冬大雪,寒,民有冻死者;南阳12月29日大雪,井泉冻,至2月3日风雪交作,深至丈许,民有冻死者;唐河1月雪连旬深数尺,牲畜多毙民有冻死者;邓县1690年12月大雪40余日,平地深数尺,穷民有冻死者,树木皆枯;淅川12月29日雪六日,深三尺余,河水皆冻,徒车而行;内乡冬大雪逾月,雪积数尺,下湍河、丹江冰结如石,行者若履实地,春深冰始解冻,果树皆枯。

江西瑞昌冬大雪月余,树多冻死;瑞金12月雪积三尺余,宣文门外官潭冻合,可通行人;宜春2月雪。

湖北宜都、长阳12月大雪,树木冻绝,飞鸟坠死;竹溪冬雪深五六尺,河水冰冻成梁。

湖南岳阳1月大雪十余日,洞庭湖冰冻,人可步行过江;临湘1月大雪十余日,湖冰冻合可行;郴州、永兴、资兴冬大雪,冰厚数尺,次年3月始解;衡阳冬大冰,四十余日方解;江永大雪,江水冻合,潜鱼皆毙;辰溪、沅陵、泸溪自12月29日至1月3日大雪,平地雪深三尺,新晃、芷江冬大寒连旬,流水皆冻合,鱼鳖冻死,果木枯死,无一存者。

广东从化12月霜雪屡降,树汁尽枯,果木杀伤甚众;连山、连县大雪,坚冰厚尺许;大埔12月大冰;兴宁1月雪;潮州大雪,人有冻毙者;澄海1月大霜雪,牛马冻毙;潮阳大雪,杀树冻畜;普宁冬雪,伤牲杀草;揭阳冬大雪,杀树冻畜;三水冬大雪,草木皆枯;怀集冬大雪,深潭鱼多冻死;封开冬大雪,树木尽折,瓶缶皆冰。海南临高1月霜,萎椰椰殆尽。

广西全州1月大雪,竹树尽凋;昭平12月雪,平地积三寸。

此次冰雪冻害北界自陕西韩城沿黄河至河南原阳,折南经郾城、西平、商水,大致沿淮河向东至盱眙,西界自豫西淅川、鄂西竹溪、宜都、长阳,湘西沅陵、泸溪、辰溪、新晃、芷江接广西全州;东界自余姚向西南经武义,沿武功山西麓经瑞金折南岭南麓大埔、澄海;南界自广西全州、昭平、下海南临高,返广东三水、从化至普宁、结澄海,遍及豫、鄂、皖、苏、浙、赣、湘、桂、粤9省。

第二寒冷期内的1671年曾出现两波热潮,先在华北于6—7月河北鸡泽奇暑,道有暍死者;永年道多暍死者;卢龙8月4日炎热如炽;定州、唐县8月大热如熏灼;邢台8月5日大热,暍死者数百人;山西芮城、万荣、临猗夏热甚,人有暍死者;运城夏大热,人多病者;江苏仪征夏酷热,疫大作,人多暴死(中暑);泰兴8月异暑;常州酷暑,人有暍死者;浙江湖州8月14日异常大燠,人暍死者众;桐乡大热异常,人多暍死;安徽8月毒热如梦,有暍死者;巢县热异热;宣城夏毒热如焚,民有暍死;南陵夏热如焚;江西新建7月酷暑,行者多病;湖北大冶赤赫如焚,树木立枯,民多暍死。

第二、三寒冷期之间1692—1786年,历时95年,不像前次间隔期那样剧寒,但也有1718, 1721, 1747, 1752, 1762, 1766年的寒冷记录,只是较为局部,为害不多,其中1718年立春后数日嘉定大雪,积至2月16日深四尺;上海、诸翟、川沙等积雪至三尺余。南通、如皋、泰兴、高淳大雪盈尺;安庆、望江、宿松、潜山1月大雪,连绵45日,寒冻异常;舒城2月

10日大雪深丈余，塞户填门，至2月16日始晴；无为2月11日大雪，次日雪不止；河南固始冬大雪；湖北黄冈1月雪；湖南澧县冬大雪，平地数尺；安乡冬雪异常；还较为明显；1721年仅浙江湖州冬大冰；安徽泾县冬弥月大雪，深数尺：东至冬木冰；1747年2月上海、南汇、嘉定木冰；昆山淞南2月25日严寒树木皆冰；安徽绩溪春寒积雪；1752年冬奉贤寒甚，人有冻死者；宝山严寒；1761年冬嘉定、宝山、上海、松江、奉贤大寒弥月，浦江冻洌，舟不能行，竹柏槁死，牛羊冻死。宜兴太湖冰一月有余；嘉善、萧山1月大寒，大河皆冻，小河冰坚十余日始解；余姚大寒，江水皆冰；望江1月8日苦寒，冰坚数尺，湖鱼冻死，越二十日始解。受灾点分布零星，范围有限，灾情轻微。

期末1785年出现夏酷暑，如山东黄县(今龙口市)7月大热，人多暍死；平原、邹平、滕县夏大热；掖县酷暑；浙江桐乡石门亢旱，暑热；如皋、南通、海宁9月桃李杏花。上述大热均与同年的冀、豫、鲁、苏、皖、浙、赣、鄂、湘的大旱伴随出现。进入11月之后又见寒象，如11月1日仪征雪，寒甚；如皋水浅冰；舒城雪，山东安丘、潍坊冬大雪，平均深五六尺；诸城大雪，人多冻死。

第三寒冷期1790—1920年是明清寒冷期中资料最丰富，也最寒冷的时期。1790年12月至1916年冬，历时126年，经历31年39次寒冷事件，其间19世纪40—90年代最为寒冷，创下上海地区有气温记录以来的最低记录。1893年1月19日的－12.1℃可以说是这一寒冷期的最低点，之后至20世纪10年代后逐渐回暖。如：

1790年12月至1791年1月，泰州、东台、常州、靖江、南通等大雪，遍地凝冰，檐际冰凌长数尺。宿州大雪奇寒；绩溪冬木冰，花果竹木多冻死；平湖1月大雪，平地尺余；嘉善2月大雪一昼夜，平地盈尺；湖州大雪，饥；建德12月至次年1月大雪；黄岩1月28日冰，金华、武义、永康、江山木介，竹木多被折损；义乌、衢州1月大寒，坚冻不可锄，竹木多死(时间误记1791年)。

江西上饶冬木冰，毁折园林竹木；余干雪深数尺，坚冰经旬；德兴冰霰如雹，积地盈尺，冻折树竹无数，至2月上旬冰柱犹有未消；余江大雪厚数尺，民多冻死；万年冬大寒，周道皆冰；宜春大雪60余日，冰冻甚坚，路绝行踪；安远2月3日连日大雪。

福建光泽、南平2月3日元旦大雪深二尺，七日乃霁；罗源、连江2月5日雪二尺余。

湖北云梦2月2日夜大雪。

湖南岳阳1月大雪，冰凌亘冻，经旬不开(图2-2)；宜章1月28日大雪；长沙、平江、湘乡、安仁、新宁、永州冬大冰，池塘皆冻(时间误记1791年)。

此次寒灾包括苏、浙、皖、闽、赣、鄂、湘部分地区，北界因鲁豫地区无载不很清晰，西界湖北云梦，南达湖南永州新宁、安仁宜章等。

1796年2月，青浦、金山等大寒，河冰，伤果植及麦。苏州、湖州、嘉兴等雪深数尺，冰凝不解。

1810年1月，青浦、松江、上海等大寒，黄浦江、淀山湖尽冰。山东龙口海冰，安徽萧县、天长大雪大寒，江西上饶瑞雪。

1828年1月，青浦、松江、吴江、湖州大雪。

1831年7月24日吴江、嘉善寒甚，吴江有传雪花飘者，周庄农人多踏冰刈稻；7月25日丹阳雪；江阴秋霜早降，田禾灾，免漕粮缓征二分。

1836年2月8日寒潮引发两广大范围降雪，深数寸至近尺不等，如：广东广州、番禺、南海、顺德、中山、新会、台山、高要、高明、鹤山、东莞、龙门、博罗、惠阳、五华、德庆、阳春、信

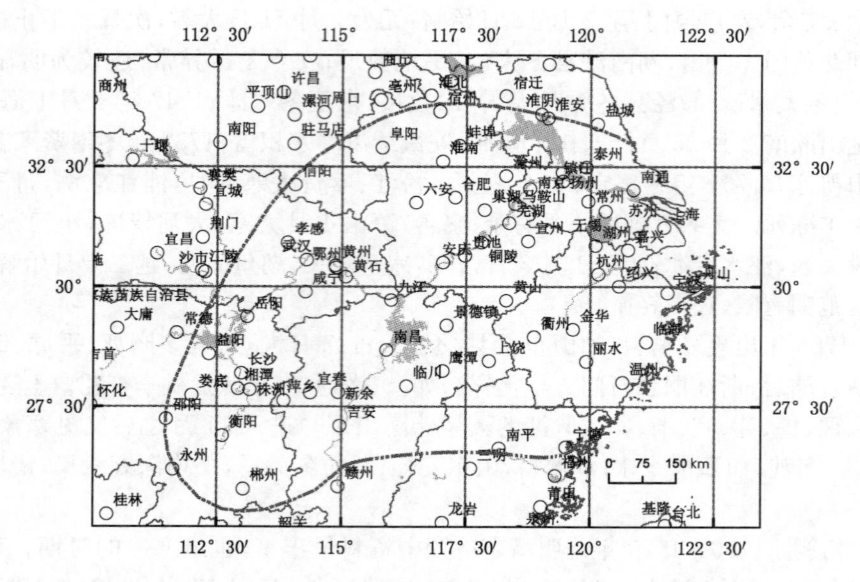

图 2-2 1790 年 12 月—1791 年 1 月雪灾冻害分布示意图

宜,广西梧州、藤县、容县、北流、陆川、桂平、灵山等,东西长约 700 km,宽 10～20 km,尽管在长三角地区匆匆而过,降水不大,记载很少,但对我国东部地区仍是一次重要的寒冷事件。

1841 年 12 月大寒,涉及苏、浙、皖、赣、鄂、湘等省(图 2-3),现分述如下:

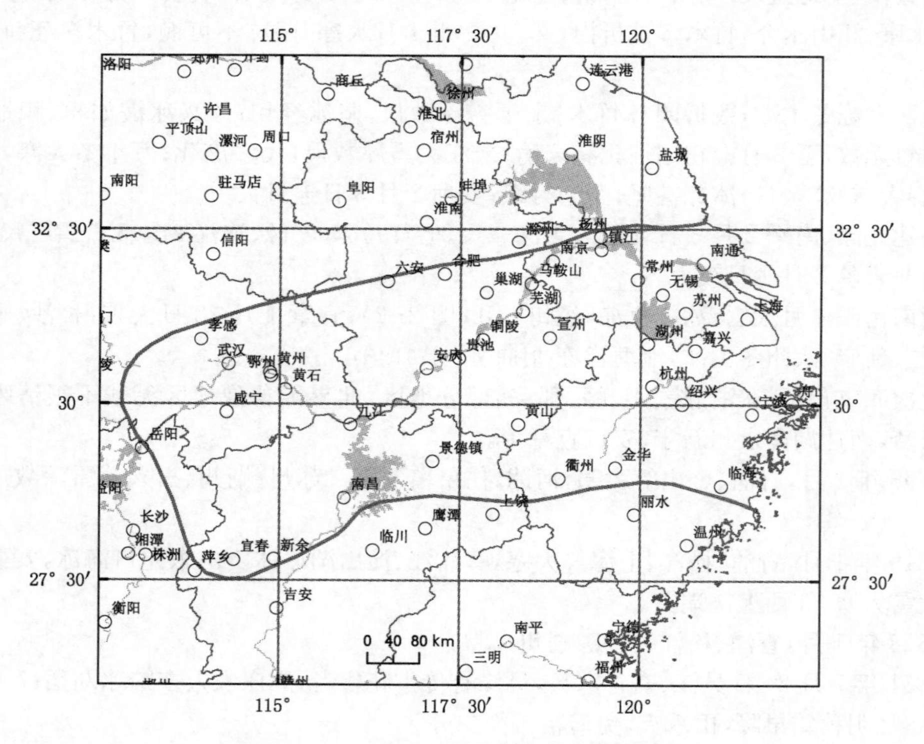

图 2-3 1841 年 12 月雪灾冻害分布示意图

江苏仪征12月大雪四昼夜，深数尺，寒甚，经月不化；高淳冬大雪五尺，坚冰弥月，圩民流亡者多死于冻馁；常熟、丹徒大雪，积二尺余；苏州、江阴、武进、宜兴等皆大雪；靖江冬大雪，凡七八日，积五尺余；吴江12月13日大雪两昼夜，平地至没牛马，雪后半月都未消融；太仓12月13日雪，至15，16日雪积至丈余，路绝人，至次年2月犹未消；上海12月26日大雪连二三日；青浦小蒸平地积六七尺；奉贤积五尺许；金山深六尺余；南汇积三四尺；宝山积二三尺；崇明深二尺余，冰冻累月；嘉定、松江12月大雪。

浙江杭州12月大雪，至次年5月始消尽，压圮屋舍，伤人甚多；嘉兴12月大雪，压圮屋宇，伤人甚多；海宁12月14日巳刻起，至12月17日大雪连绵，积五六日，道路不辨，舟行亦为雪阻；海盐冬大雪，路断行人者累日，历月余始消尽；桐乡12月11日雨雪，至12月18日夜，雪大如木棉花飞下，天明视之门外，深五六尺许，街道壅塞，停市数日，房屋有压倒者，菜、麦苗俱损，积雪在阴面者，至次年3月始消；桐庐12月12日大雪六日，平地积四五尺，败民居无数，次年4月始消；另有类似记载者嘉善、平湖、德清、湖州、长兴、萧山、绍兴、上虞、余姚、慈溪、鄞县、奉化、黄岩、建德、江山等。

安徽宣城冬大雪，深六尺，饥民多冻死；桐城十二月(?)大雪，积四五尺，深与檐接，冰坚数尺，弥月始消，压倒庐舍，死者无数，民绝烟火；太湖冬大雪，积与门齐，压折民房甚伙；潜山冬大雪，深五尺许，塞户镇门，压坏民庐无算，树木多冻死；其他有此次冻害记载者尚有合肥、歙县、宁国、贵池、祁门、宿松、黄山太平等。

江西南昌冬雨雪，大冻，四乡树木冻折，雨雪着枝成冰；武宁冬月大雪，冰坚如铁，死于道者无算；波阳十一月初天气冽寒，阴雨着树皆冰株，樟多冻死，木尽为冰压折断；清江(今樟树市)12月奇寒，大冰，城乡树木多冻折；星子、都昌、余干、上高、奉新、靖安、丰城、宜春等皆有类似记载。

湖北黄梅12月13日大雪六昼夜，平地厚三四尺，甚者五六尺，屋久封户或压倒，深山僻埌有缺粮断火而举家冻饿自毙、行路自殣于窟中者；英山、罗田12月大雪，平地数尺，阴洼处深丈余，至次年春3月雪始消，民多冻馁死，竹木亦多冻坏；浠水冬大雪，平地深数尺，人多冻毙；蕲春12月大雪，40余日未消，平地深数尺，人畜树木多冻死；鄂州冬大雪，饥，蠲赈；沔阳冬大雪，冰凝45日不解；另有类似记载者，如麻城、黄冈、广济、咸宁、通山、崇阳、潜江等。

湖南平江冬大凌，凡49日，林木多冻死，土石皆裂，人有冻死者。

此次雪害江浙两省均报雪灾，灾区北界自江苏靖江、仪征、高淳，经安徽南陵、贵池、桐城、六安，入湖北麻城、黄冈至沔城、潜江；南界东起浙江黄岩、永康、金华、兰溪、江山，入江西余干、丰城、樟树至宜春。各地的起止时间虽然不一，大都集中在10月底至11月下旬，连续大雪至暴雪强度，积雪厚数尺至丈余不等，积雪时间短者半月，长者历月，背阴处积雪长者至次年2月始融，降雪之大为丹徒、江阴、吴江、湖州、萧山等多处耄耋甚至白寿老人所仅见。主要灾情除寒甚，河湖港汊坚冰经旬，坏草木禾稼，道路不辨，路无行人，间有行路自殣于冰窟者，舟行雪阻，停市息业外，嘉兴、杭州、桐乡、余姚、桐庐等压圮房屋无算，伤人甚多，高淳、宣城、广德、桐城、英山、罗田、浠水、黄梅、平江等饥民多冻死，流亡贫民多死于冻馁。范围集中在长江下游，东西长约800 km，南北宽约400 km。

1845年12月山东龙口大雪，平地深数尺；江苏阜宁冬大雪、奇寒，河冰40日；吴江12月下旬，连日西北风，极猛烈，河冻不开，至十二月初旬雨雪连绵，河开复冻，前后十余日；宝山冬至(12月22日)大凌，严寒，冰冻。浙江嘉善12月下旬烈风寒甚，河港冰冻十余日；永康冬大寒，樟柏林死。江西湖口冬大雪4日。

1848年7月23日晨，上海下雪，10月12日上海骤寒，见冰。

1851年4月上海、松江、金山等大雪。7月青浦、上海、川沙、淫雨，见雪。

1856年2月29日冻害点分布零散，可分四个集群：西集群四川由5处组成，德阳2月29日陨霜，损麦；隆昌2月29日大雪盈尺；大足2月27日大雪，积六七寸许，僵死者甚众；璧山春大雪，民饥；荣昌2月大雪；北集群江西由4处组成，星子、安义2月怪雪沍寒；应城、南城2月霜雾；南集群面积最大，记载点多，遍及粤琼，兴宁2月29日夜大雪，形如米；海丰3月1日大霜，当阳和之时骤遭肃杀之气，田园地瓜多冻坏；广州2月29日寒阴，水成冰，鱼冻死无算；顺德2月29日寒甚，水结为冰，鱼冻死无算；高州2月大雪，河鱼多死；吴川2月冻，鱼多死；文昌2月下旬寒，有霜，着物多枯；东集群江浙由3处组成，慈溪2月大雪；松江、青浦2月屡雪大者盈尺(图2-4)。

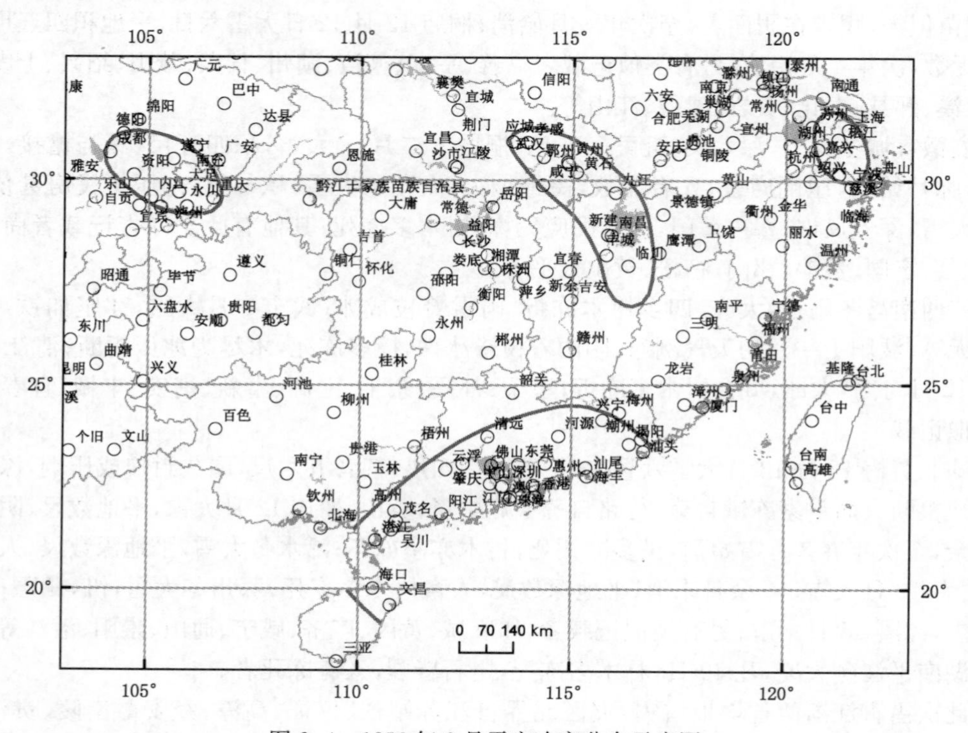

图2-4　1856年2月雪灾冻害分布示意图

1859年7月3日嘉定、青浦、上海、川沙、南汇夜有雪，甚寒如冬；9月20日嘉定、上海、川沙、松江等夜有浓霜，寒如冬，杀草。

1860年适逢闰年，有两个三月，各有一次较为明显的雪害，而且都以十三日为主，其中以前一次范围较大，后者范围较小(图2-5)。

① 前三月十五日清明节(4月5日)前后

江苏南通、泰兴4月大雪；丹徒4月1日雹雪杂下，清明(4月5日)积雪数寸，寒；镇江清明节前夕大雪；宜兴三月庚午(初六，4月1日)雪，自昼至夜乃止；溧阳：4月雪，自昼至夜乃止；江阴4月大雪盈尺；无锡4月连日大雪；苏州4月3日大雪；常熟4月雪；太仓4月3日雪；上海、松江、青浦、嘉定、宝山、南汇4月3日大雪，嘉定深寸余；崇明4月雨雪，地冻。

浙江杭州3月25日后大雪；桐乡4月3日雪，清明节后积雪数寸；长兴清明节雪；黄岩4月2日雨霰，3日大雪；温岭4月2日雨霰，4月3日大雪，寒甚。

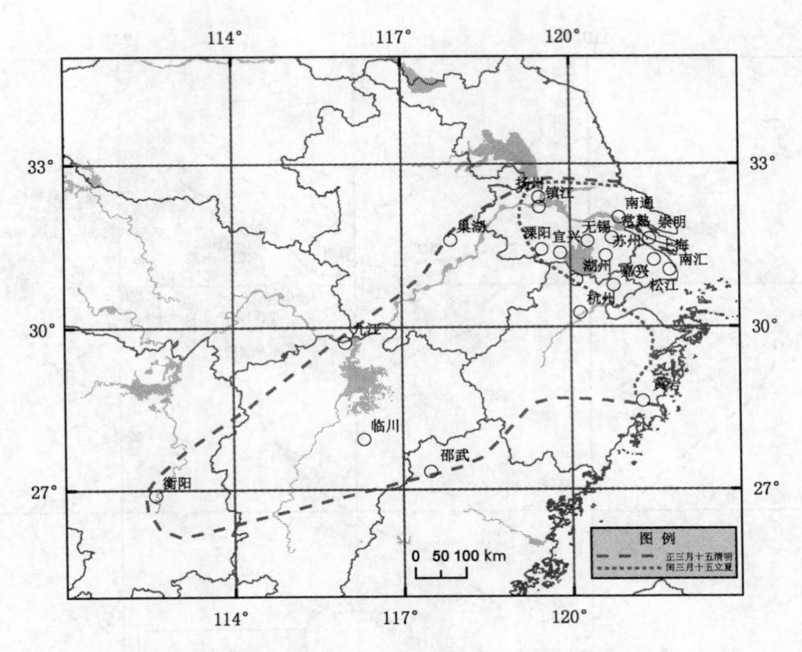

图 2-5　1860 年春两次雪灾冻害分布示意图

江西湖口 4 月 1 日大雪；金溪 4 月雪。

湖南衡阳 4 月北乡雪；耒阳 4 月雪。

福建邵武 4 月 4 日大风拔木。

② 后(闰)三月十五日立夏节(5 月 5 日)前后

江苏丹阳 5 月 4 日大雷电，继以雨雪，平地积水数尺；镇江 5 月 5 日又微雪；金坛 5 月 5 日先雹后雪，翌日又雹雪兼下；武进立夏大雪；苏州三月乙亥(应为闰三月，5 月 9 日)大雪；崇明、上海、松江、嘉定、南汇立夏前后大雪三日，地冻寒如冬令；宝山 5 月大雪；罗店积雪二三尺。

浙江慈溪立夏后大雪；黄岩 5 月 7 日陨霜。

1861 年 2 月，宜兴、溧阳大雪，太湖冰合，月余方解。

1862 年 1—2 月长江中下游苏、浙、皖、赣、鄂、湘、渝、川、黔大雪，自 1 月 24 日至次年 2 月，各地起始时间虽有先后，但都以 1 月 25，26 日最为多见，连续数昼夜大雪，平地厚数尺，山涧深丈余，寒甚，滴水成冰，弥月不解，门户被封，行人路绝，舟楫冻凝，樟、橘、橙、柑、柚、棕榈等亚热带果树冻死，连温带的竹、松、柏、枣、栗、梓等高大植物亦所难免，毙鸟兽无数，各处具体情况分述如下(图 2-6)：

江苏阜宁 2 月湖冰冱结，2 月 14 日大霜，着树皆冰；溧阳大雪，避战乱逃于山谷者，多冻死；宜兴 1 月 30 日大雪，深四五尺，冰合，太湖中月余方解，冰厚盈尺；无锡等亦然；苏州岁暮大雪两昼夜，平地积四五尺，寒气凛冽，滴水皆冰；吴江杨家荡、龟漾荡诸大泽皆结厚冰，乡民负米往来如履平地；太仓 1 月 26 日大雪 3 日，深二三尺，2 月寒甚，雨木冰；昆山人畜树木冻毙无数，百余年来无此严寒甚雪；上海 1 月 25—29 日上海各地大雪 3—5 日不等，宝山、南汇、彭浦、小蒸雪厚五六尺，崇明、青浦、黄渡积四五尺，奉贤、张堰深三四尺，泖湖、大蒸塘、白牛荡冰，半月不解，黄浦江冰至 2 月 12 日始融，一般河道河冰腹坚，至 2 月下旬末始解。

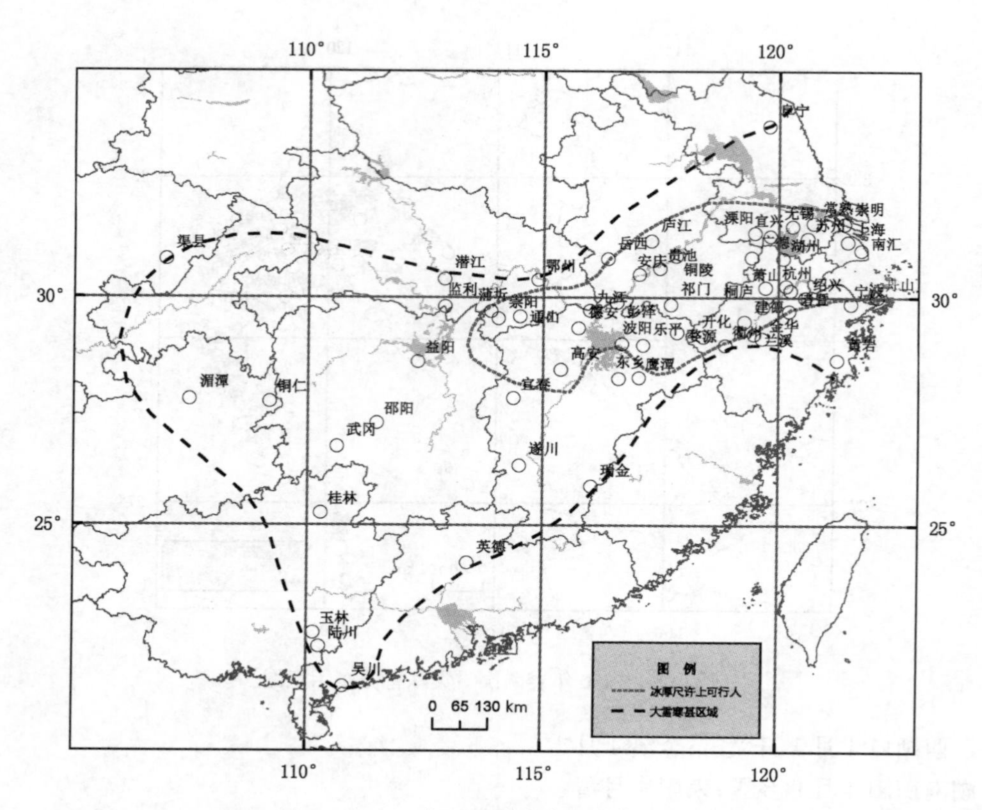

图 2-6　1862 年 1 月雪灾冻害分布示意图

门户被封，道路桥梁均被阻断，行人路绝，民多断炊，冻饿死者无算。1 月 31 日青浦又雪。2 月 1 日青浦雾，奉贤、松江木冰。2 月 4 日宝山木冰。2 月 5 日川沙木冰；嘉定木介，竹木间非霜非雪，凝结如花，又如缨络(雾凇)；南汇霜雾作花，遍着草树，状如鸡毛；上海西木冰；青浦大雾，着草如棉条。

浙江嘉善、平湖大寒，民多冻死；萧山冰厚尺余，湘湖及西小江中行之如履平地；富阳大寒，溪冰坚厚，民多冻死；湖州河道皆冻，冰厚尺余；长兴湖冻，人行冰上；诸暨人畜冻死；慈溪入山者多冻馁死；浦江冰厚尺余；兰溪溪涧冰厚尺余；衢州大冻二十余日不解。时有台籍兵二千余人，驻扎衢城，冻毙无遗；昌化、新登、桐庐、建德、金华、开化、常山、江山、余姚、上虞、宁波、奉化、定海、象山、温岭等均有大雪、大寒记载。

安徽歙县避战乱灾民大雪中饥寒交迫，死者甚众；南陵大雪五日，乡民冻饿死者无算；宿松冰厚尺许，能通行人；太湖湖冰冻合，弥月不解，负重履其上，坚若平陆；潜山大雪，许多房屋压塌；铜陵、含山、庐江、当涂、贵池、桐城、广德、祁门等大雪、大寒。

江西九江 1 月大风雪，三昼夜不止，行者僵毙，湖中冰排如山，蔽湖而下；湖口 1 月 25 日大雪 5 日，行人多陷死雪中；彭泽獐鹿多饿死；德安 1 月 25 日连日大雪，乌石门冰坚厚可以行车，山鹿多入民房；瑞昌大雪连日，深数尺，赤湖冰坚，徒舆往来似陆；武宁 1 月 27 日大雪 3 日，月余始消，修江流水及酒瓮、溲器皆冰；安义 1 月怪雪冱寒，河冻合，通行人，樟树皆枯；星子 1 月 25 日起大雪，连下 5 日，小屋封门，人不能出，冻死野鸟、野兽无数，百年樟树俱冻死，田地菜麦一空，3 月犹有冰存；临川 12 月大冻，木冰，橘、柚之属尽冻死；万载 1 月大雪，滴水成冰，木多冻死；永丰大冻，人行冰上；高安 1 月 30 日大雪，冰上可行人；余江 1 月 30 日雪止，河尽冻，天晴10日不解，樟、竹、橘、柚俱冻死，飞鸟可接取；余干、进贤2月大冻，河冰坚厚，可通车马；贵溪1月28日大雪，至2月1日始解，坚冰成路；波阳河尽冻，可行车，河鱼陷冰中立死，山中獐、兔诸兽多有冻死者；永修河冰合而坚，可通车马；婺源坚冰可立；万年陂塘冰厚盈尺，直可行人；宜黄大冻，陂塘冰结可行，以巨石投之不坼；瑞金1月30日大雨雪连旬，平地尺余；兴国2月大雪，冻折林木，鸟雀死者无算；南康1月不雪而冻，冰厚尺，杯酒顷冰；东乡、弋阳、都昌、乐平、清江、奉新、遂川、新干等皆大雪、大冻。

湖北大冶冬大雪，湖冰坚厚，可通行人，但亦有踏陷者，野兽觅食多窜入人家；黄梅1月大雪，行道有僵毙者，湖冻舟胶，山禾枯；咸宁行路多有冻毙，湖面冰厚尺许，车夫、担脚竟有履冰而行者；蕲春2月11日大雪3日；英山塘水冰冻，童子嬉游其上如履坦途；崇阳隽水冰坚可渡，山中麂尽死，桂、柏、棕、柞、冬青等树靡不冻结；蒲圻大雪，道迷行人，有陷瘗坑中死者，湖河皆冰，野兽冻死无数；通山、鄂州、潜江、监利等皆大雪。

湖南长沙冬大凌；临湘1月大雪；平江2月大凌，河冰可渡，树多冻死；湘阴1月29日大雪，池水皆冰，人畜多冻死；宁乡1月大雪，冰厚尺许；武冈冬寒异常，冰结连旬不释，桐、橘、柚及各鸟兽多殒；浏阳2月雪深3尺，坚冰三寸厚，池塘可行，连旬不解；临湘、岳阳、保靖、醴陵、湘乡、邵阳等皆大雪。

广东英德1月上旬结冰甚厚；电白春雨雪；吴川冻，潦水冰。

广西临桂、玉林、北流、陆川大雪。

贵州绥阳1月大雪，平地雪深3尺；湄潭冬雪，冰厚六七寸；铜仁1月大冻，积水皆冰，春未融尽；福泉冬大雪，冰厚六七寸。

四川南充2月4日雪；渠县冬霜雪连日，冱寒尤甚；合江1月30日大雪；叙永2月大雪；高县2月14，15等日大雪，平地深尺许；合川2月3日大雪一昼夜；黔江.2月大寒，雪深二三尺，积十余日始霁。

此次冰雪冻害区北自黄海之滨的阜宁，入皖后自含山跨大别山区、下湖北鄂州、潜江，入四川渠县、南充、合江、叙永，进贵州绥阳、福泉，与广西的玉林、陆川相连；南界自浙江温岭、金华、江山，经江西瑞金，下广东英德、电白、吴川，北向与陆川相接。另有两处虽未划入冻区，但值得注明：其一为广东饶平，1月30日阴寒，山顶皆雪；其二是海南定安，2月上旬天冻，灯油凝成白脂，说明两处气温都近4℃度左右，甚至更低。

1873年1月3日寒潮南下，造成鲁、豫、鄂、皖、苏、浙数省狂风大作、大雪、大寒，压塌房屋，冻死林木，沿海地区海水暴涨，淹毙人畜。前缘外侧出现雷雹现象。自北而南各地简况如下(图2-7)：

山东临沂1月5日风雪竟日夜，平地厚数尺。

河南南阳冬大寒，树多冻死。

安徽五河1月大风雪，沿河舟楫毁坏百余艘：南陵冬大雪，平地五六尺深，房屋压倒无数。

江苏宿迁1月大风雪，坏运河舟楫；涟水1月3日大雪，海暴涨，溺死人畜无算；阜宁大雨雪，海啸覆船，滨海大沉溺。

浙江嘉善、嘉兴、平湖狂风大作，平湖新仓有米船三，被风掀至田中；萧山1月大雪兼旬，平地积深五六尺。

江西南昌1月4日酉时，大雷雹以雨；上饶1月9日后连雪；吉安1月8日大雷，声闻数百里。

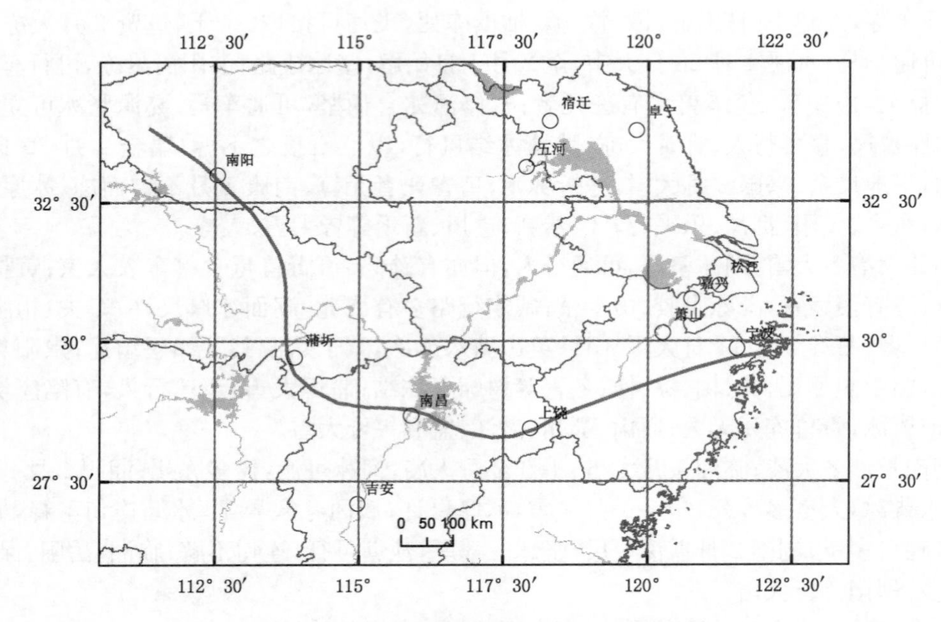

图 2-7 1873 年 1 月雪灾冻害分布示意图

湖北蒲圻 1 月大雪，平地深五六尺，行人迷路有陷瘗坑中死者，湖中皆冰，野兽冻死。

1874 年 1 月上旬，上海奇寒，最低气温持续在 0℃以下，旬平均气温为－5.5℃，最低 1 月 8 日为－8.6℃。河港封冻，冻死不下数百人。常熟严寒，尚湖冰，内河冰厚尺许，舟楫不通数日，盂中黄酒俄顷即冰；嘉善、平湖、湖州冬多雪；奉化 12 月 30 日雪，1 月霁。夏，嘉定等寒。

1875 年冬至 1876 年春，奉化 12 月 29 日大雪；湖州 1 月大雪连旬，奇寒冰坚，经月不解，鸟兽冰毙；慈溪大寒，雨雪连旬，河流尽胶；泰州、高邮春坚冰。

1876 年冬，兴化雪，严寒；上海大雪，深八九寸，河冰彻底，开春始解；贵池冻雨，树木多死。

1877 年 7 月 26 日宁波、慈溪伏龙山见雪。

1878 年 1—2 月冻害雪灾涉及鲁、鄂、湘、粤、桂、黔、苏、浙等 40 处，圈定的范围内记载点稀疏，陕、晋两省虽有 4 处记录，时间仅只为冬，过于宽泛，精度欠佳，仅供参考。各地情况如下(图 2-8)。

江苏阜宁冬奇寒，1 月 31 日大霜如雪，巳刻始止，早行者着鬓皆白；兴化 12 月大雪；武进冬暴寒，树木冻死；高淳、靖江冬大雪；无锡 1 月大雪，深数尺，严寒；吴江冬大雪，河冻十日不开；太仓 12 月大雪，深尺余，经月不消；上海 1 月 2 日雪，厚八九寸，1 月 30 日雪止，街市一白无际，道旁小树大半摧折；宝山冬大雪，严寒，河冰彻底，草木皆死，次年春始解，岁祲；青浦、金山、松江及小蒸、枫泾、张堰等乡镇 12 月屡雪，至次年 2 月始止。

浙江嘉善 12 月屡雪，至次年 2 月始止；平湖冬大雪，墙屋冻裂；湖州 1 月大雪连旬，奇寒，太湖冰坚，经月不解，鸟兽冻毙；新昌大雪连月；宁波大雪，自 1 月 3 日始，至 2 月雨、风、冰雪相继而至，百日中开霁者 20 日而已；新昌大雪连月；泰顺 1 月雨雪间作，寒冱特甚。

安徽舒城冬大雪。

山东诸城冬井冻；蓬莱 1 月，海冰两月，舟楫不通，(长山列岛)各岛饥。

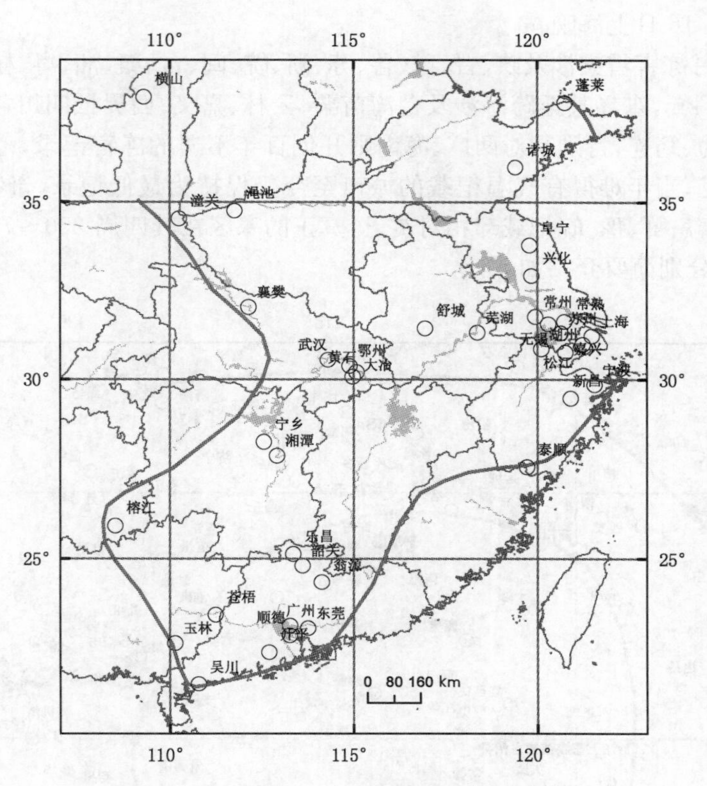

图 2-8　1878 年 1—2 月雪灾冻害分布示意图

湖北武汉冬大雪，汉水结冰甚厚；鄂州冬大雪，湖冰坚；蕲春 1 月大雪，冻结 26 日不解；大冶 1 月大雪，树多僵；襄樊冬河冻，遍地皆冰，岁饥且馑。

湖南湘阴冬冰寒，湖水皆冻，舟不能行，多饿死者；宁乡 1 月雨雪旬日，河冰可渡；耒阳 12 月大雪，冰结半月余，行人苦之；湘潭 1 月雨木冰。

广东仁化 11 月至次年 2 月冰雪不止；韶关 1 月 3—4 日连日大雪，冻冰，牛羊冻毙不少；吴川 12 月北风、霰雪，杀薯；番禺、南海、顺德、恩平、东莞、郁南 1 月 2 日夜，风雨雷电雹并至，阴寒历六旬乃解，鱼多冻死。

广西北流冬久雨，有雪。

贵州榕江冬大雪，深数尺。

1881 年 2 月 19 日阜宁大雪，20 日严寒，木冰；2 月 24 日盐城大雪奇寒；3 月 8 日阜宁降雪尺许，盐城雪；武进 3 月天寒，雨成冰，树冰；句容、溧水大雪连旬；当涂 3 月初雪深 3 尺许，继以冰介杀树；怀宁、潜山 3 月大雪，大冻，河冰坚，可行人。8 月 20—21 日夜宜兴、溧阳陨霜。

1882 年 4 月 4 日嘉定、上海大雪。7 月 11 日常州、无锡雪，戚墅堰雪厚寸许。8 月 4—5 日嘉定、宝山、青浦大冷，青浦、嘉定有雪，人有御棉衣者。

1887 年 1 月，宝山等严寒；南京大雪经月，折木坏屋，平地深 5 尺，乡间有人埋陷于途者，逾数日，踪迹得之，僵立冻雪中，钱物尚存，眼珠为鸟啄去；溧阳、句容大雪；金坛河冰；宿迁 1 月 9—30 日雪；高邮、兴化、泗县、五河大雪；定远大雪，平地五尺；舒城大雪，平地深 6 尺，鸟兽多僵；怀宁大雪，平地 3—4 尺，有误陷致死者。4 月 2 日寒潮南下，天忽料峭，春寒不殊冬令。4 月 16 日上海晚霜。

1893 年 1 月冻害雪灾涉及陕、晋、豫、鲁、苏、浙、皖、闽、台、赣、湘、粤、桂、黔、川，纵横距离均超过 2 000 km，东界甚至跨海涉及台湾苗栗、云林、嘉义；西界抵四川盆地西缘的绵阳、峨眉、邛崃、犍为、筠连，特别是对两广、海南则开创百年不遇的冻害记录，范围之广、影响之深均为历史罕见，当年难得有气温记载的城市至今仍保持为最低记录，奇特的是作为灾区核心部位的湘、赣、鄂、豫、皖记载却相对贫乏，真正的寒区在其四周 250～750 km 的环形地带(图 2-9)，现分别简要介绍如下：

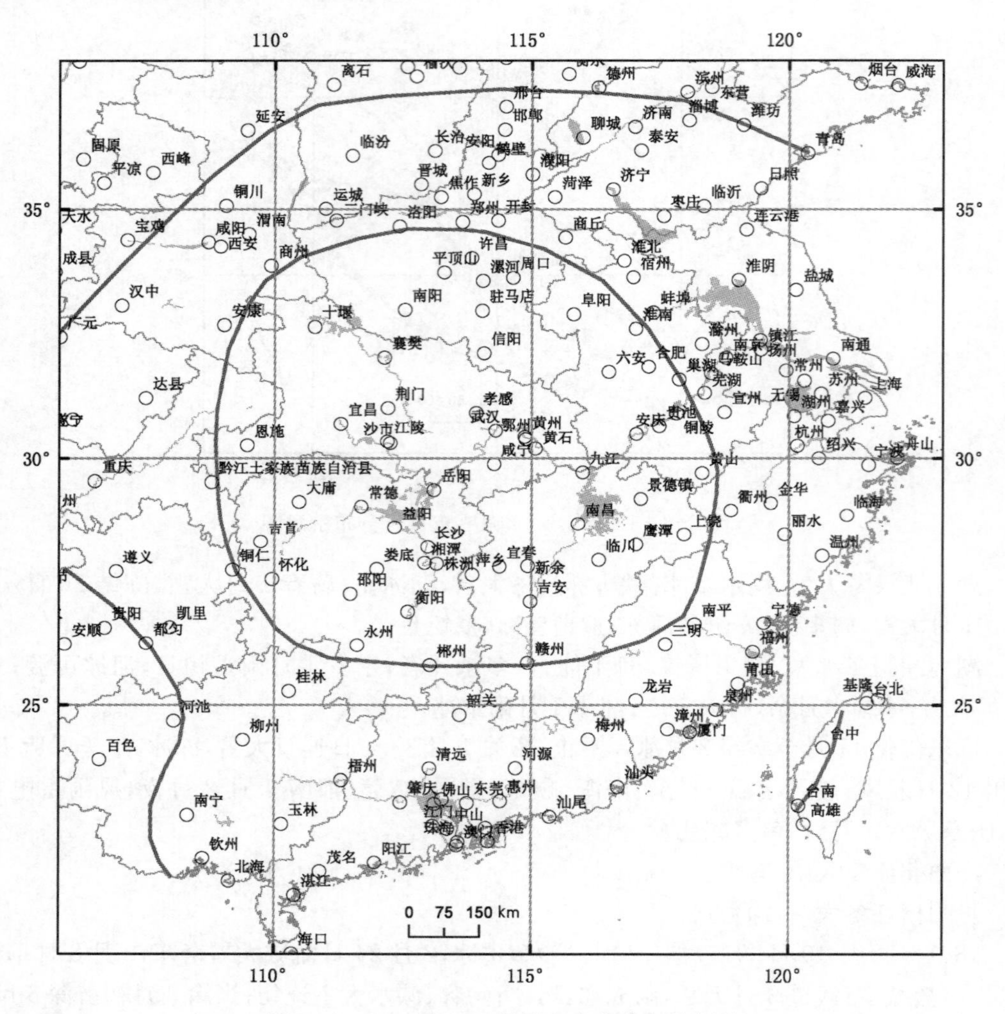

图 2-9　1893 年 1—2 月雪灾冻害分布示意图

江苏吴县冬大雪，严寒，太湖冰厚尺许，凿不能开，湖中船舶胶凝不动；昆山 12 月冰冻，吴淞江、娄江及淀山赵田、阳城、巴城诸湖皆胶，冰厚 2 尺余，人皆履以往来，二旬后冻始解；吴江 12 月严寒，大川巨泽冰坚尺余，河冻半月不开；宜兴冬大寒，自 1892 年 12 月 26 日至 1893 年 1 月 19 日东西二溪及太湖皆冰，民有冻毙者；丹阳冬奇寒，伤人畜；海门冬大雪逾尺，严寒，河腹冻，树皮尽裂；如皋冬贫民饥寒交迫，无以为生；泰州冬奇寒，草木多枯，鸡卵冻裂；高邮、兴化冬奇寒大雪，树木多冻死；南京冬奇寒，河冻十日不解；上海 1893 年 1 月份最低气温有 13 天小于－5℃，其中 4 天小于－10℃，1 月 19 日为－12.1℃，至今仍保持上海有记录以来的最低值。1月26日上海、嘉定大雪，奇寒20余天，黄浦江、吴淞江及淀泖等江湖河港皆冰，经旬不解，黄浦江上可以行人；徐家汇积雪深29 cm，也为有记录以来最大值。南码头及大南门街头共冻死5人；黄渡吴淞江冰厚盈寸，可以行人，舟不能过；宝山浦港坚冰，经旬不解；南汇雪厚三四尺；奉贤禾苗大片冻死；枫泾大雪二昼夜，平地积三尺，花木多死；青浦大雪，积雪压船以至倾覆。3月14日松江大雪，上海15、16日大雪，徐家汇积雪厚14 cm，30日又大雪，积雪8 cm，今黄浦区屋角墙阴处积至5寸厚，北门萧王庙压沉青浦来船1艘，西门日晖桥西也压沉船1艘。

浙江嘉善1892年12月下旬寒甚，河荡坚冰十余日，舟楫不通。1893年1月27日大雪二昼夜，平地积厚三尺，花木多死；嘉兴1月13日起奇寒经旬，大川巨泽冰坚尺余，运河及湖荡莫不厚结层冰，舟楫不通，往来皆由冰上行走，河冻半月不开。好奇之人踏南湖冰游烟雨楼；平湖冬奇寒，东湖之冰坚可渡人，航路不通者累日；海宁12月大雪、奇寒，河冰可履，舟楫不通，有冻死者；南浔1月大雪、寒甚，河水尽冰，十余日不解；乌镇冬大寒，河港冰厚尺许；杭州12月大风寒甚，1月大雪，平地五尺；萧山冬大寒，恒雨雪，河流皆冰，舟楫不通者半月余；富阳12月至次年1月大寒多雪，溪流皆冰；昌化冬大寒，河水积冰，坚数尺，上可履人，明春始化；镇海冬大寒，雪深三尺，酒坛酒皆冰，果木死者大半；慈溪冬大寒，大江皆冰，舟行不通；余姚12月至次年1月大寒、多雪，江水皆冰；定海12月大雪，酷寒，菜麦萎蔫；象山12月大雪、严寒，酒成冰，鸟兽多冻死者；奉化冬奇寒，酒冻，1月13日雨雪，严寒异常，1月16，17日寒暑表缩至－5℃，至1月23日略缓和，竹篺不得行者20日，瓶盅冰裂，果木多冻死；临海冬大寒，江水为冰，溪涧、江河层冰合冻，冰解日随流而下，触浮桥为断，花木、果实被冻俱死；温岭12月下旬大雪，深尺余，寒甚，咳唾成冰，河流尽冻，不能行舟，花木多萎；瑞安1月15、16日等天气严寒，连日大雪，河水凝结，冻至彻底，沿河大榕树枝叶多被霜冻煞、枯燥，有百余年榕树全行冻死者；金华1月14日大雪3日，路有冻毙者；遂昌、景宁1月大雪，积二尺余。

安徽亳州、五河、南陵冬大雪；芜湖1月降罕见大雪，迟至3月未止，作物遭受巨大损害。

由于此次冻害对明清寒冷期具有典型例证，现将对其他省(区)的影响情况一并叙述如下：

山东费县、莱芜冬寒甚，井皆结冰，厚数寸，树多冻死；桓台冬12月大雪。

河南开封1892年冬大雪，严寒，花木多冻死；南乐12月大雪，井冰，木裂；灵宝1893年1月黄河冰坚，通人行者20余日；鄢陵元旦(2月17日)大雪。

福建霞浦1月15日(误记十八日,5日)大雪，山木冻死；长乐1月15日夜大雪，深一尺余；莆田1月14日夜大雪，山林屋瓦皆白，平地雪深尺许，越四日始消，荔枝、龙眼树多冻死；平潭1月15日夜大雪，平地3尺；永春冬大雨雪；德化1月13日夜先雨后大雪，檐流为冰，黎明雪飞越大，平地深数尺；大田1月14大雨雪，堆3尺许；金门1月初旬雨雪3尺；长泰冬大雪，积数寸；长汀1月20日大雪，平地厚3尺余；龙岩1月15日降雪，平地尺余，至1月20日始解；连城1月14日夜大雪，平地深3尺许，河水结冰，鱼多冻死；上杭1月15、16日连日大雪，平地厚至3尺；大田1月14日大雪，堆三尺许。

台湾苗栗12月大雪，1月16日复大雪，连下3日，平地高丈余，深山中尤甚，树梢堆积断折无算；云林1月大雪，五谷、猪羊多冻死；嘉义1月雪下数寸，六畜冻死；澎湖12月大寒，虽无雪而奇寒，略与金门、厦门相等。

江西南昌1月大雨雪，树木冻折，禽卵成冰；崇义12月大雪，平地积雪盈尺，树木花草冻坏者多，是年岁歉。

湖南宁远冬大雪，冰历月余，雀兔冻死者无数。

广东潮州府属各县(大埔、饶平、丰顺、海阳、澄海、潮阳、普宁、惠来)1月15日起严寒，雨皆成冰，深山穷谷积雪二三尺许，至明年5月始消，草木多陨，人畜冻死；大埔大雪，山林、屋宇弥望皆白，树枝压折，冻死虫鱼、牲畜无数，深山穷谷积至二三尺许，有至明年5月始解；丰顺1月严寒，百果草木多陨，人畜有冻死者。时四山皆白，地面积雪二三寸，鸟雀冻死；梅州12月大雪，积地三四寸，远山弥望皆白，山中积至二三尺；和平1月15日大雪；龙门1月15、16连日大雪；惠阳陨鱼眼雪，深如尺；博罗1月14日雨雪3日，深四寸，檐冰成箸，水皆凝块；增城1月15日寒，大雨着处凝结成冰，草木皆萎，牲畜多冻死；东莞1月14、15日大雪，平地积二寸余，果木多冻死；始兴12月大雪，平地厚数寸，树木冻折；仁化大雪，平地厚尺余；翁源12月大雪；乐昌冬降棉花雪，县城高积五寸余，古树、屋宇多被折伤，甘蔗种苗伤害无存；英德1月13，14日雨雪如棉，市街厚尺许，山谷中有二三尺者，经旬不消，县署及关帝庙之大榕、会英书院之木棉、东山庙之桄榔及各乡果树多枯死；清远1月14日微雪，15、16日两日大雪，平地积至一寸余；广州(含番禺、南海)骤冷、大雪，平地积寸余，冻毙贫民无算；顺德1月16日大雪，塘鱼尽死；鹤山1月15日大雪3日，尺厚，山树俱白，稻尽萎，大树多枯；开平1月15夜大雪，山巅树杪、屋檐积雪如银，数日余雪方消，塘鱼多冻死，蒟叶尽萎；恩平1月15、16日大雪，平地厚五六寸，所有番薯、杂粮、麦半枯槁，塘鱼多冻毙；台山1月16日大雨雪；赤溪：十一月甲辰、乙巳(?)等日天寒大雨，雨着地即凝结为冰，积厚三四寸，远山弥望皆白，溪涧瀑布皆冻结；高要、德庆1月15日自丑至亥大雨雪，县境皆遍，厚数寸，山谷间数日乃解；四会1月15日夜大雪，积地3寸余；怀集冬大雪，平地厚2尺余，山谷积雪尤深，旬日方消；郁南大雪，平地积雪2寸余，县境皆遍，禽兽、果木多冻死；罗定1月14日大雨雪，草木多枯；阳春1月大雪，平地盈尺，山间积至数尺，数日始消；阳江1月14日雨雹，凡3日，朗官山积冰盈尺，百草皆死；廉江1月12日大雨雹，1月16日安铺东南大雪，伤杂粮，民艰食；吴川12月大雪，杀薯，牛羊冻死；琼山12月大雨霜，寒风凛冽，贫者冻死，溪鱼多死，浮水面，簕竹尽枯，屯昌一带更寒甚。

广西临桂1月14日夜雪彻旦，平地尺许，井池水皆凝冰，寒甚，城内外榕树巨数围者皆死，沿河竹林俱萎，数百里内草木几尽；荔浦1892年冬雪大异常，冻杀竹木、牛马甚多；贺州1月大雪，遍地皆满，约厚三四寸，数日始消；象州12月絮雪盈天，连降三日；来宾12月雨霰旬日，严寒，人家缸水皆冰；武宣1月中旬大雪，江鱼冻死，榕树皆枯；桂平1月15日大雪；贵县(贵港)12月大雪，平地深尺，百里内茄南木另落殆尽，榕树凋而复生；容县1月14日大雪，平地深尺余，河鱼冻死，树木尽枯；玉林1月14日申刻雨雪，次日大雪，平地凝结尺许，6日方消，草木多枯；北流1月14日下午大雪，地面积雪尺余，瓦已堆满，檐口成条，长数尺，草木多折，牛畜及鳞介多冻死，薯、烟、麦等皆歉收；陆川1月14日大雪，厚二尺许，竹木多折，鳞介亦冻死；灵山1月15日大雪；合浦1月15日大雪，垂檐为玻璃，水面结冰厚寸许；宾阳1月大雪，檐垂冰箸长一二尺。黎塘附近百年以上榕树有被压渐次枯槁者；邕宁12月瑞雪积数寸；扶绥1月16日降大冰雪，檐瓦上铺满一片，龙眼树多枯萎。

贵州遵义小寒(1月6日)后雪。冻旬日，人行冰上，鱼毙河中。

四川广元大冻，河水冰坚，鱼凫毙；绵阳1892年季冬坚冰数日，严寒异常；中江12月下旬大雨雪，连4昼夜，冰条旬余乃解；双流冬大寒，冰厚至尺余；邛崃12月河水皆冻，二三日不解，檐间悬溜悉成冰柱；峨眉1892年12月30—1893年1月1日连朝冻冰，厨灶缸碗转瞬冻结，冻杀竹木无数；犍为1月12日大雪3日；筠连冬大雪，结冰厚数尺；蓬溪12月大雪，积逾尺，严寒，檐溜为冰柱；安岳1月大雪，厚2尺许；资中冬大雪；井研1月12日大雪3日，所在榕树皆死；广安冬月大雪，州境榕树尽枯；大竹冬月初五(?)大雪，坚冰，草木冻死。合川1月18日大雪，凡5昼夜；南川12月下旬大雪数日，白昼纷纷如砖下坠，继以冰冻十余日，深林白鹭尽死，几至绝种；黔江冬大寒雪，鸟兽草木多冻死。

陕西紫阳冬大雪，汉水为冰；大荔12月极冷，凡河池渠水冻，坚如行平路；洛川冬大雪。

山西长治冬大雪、冰冻地裂；古县、安津冬月大寒，窑内水缸冻冰；永和冬奇寒，黄河结冰，行人往来可渡，直至次年仲春始解；芮城冬大寒，黄河冰坚；浮山、新绛冬寒甚，树多冻死；平陆1月14日黄河结冰，从车村至凼里村人马往来行如土路，上从杨家湾渡口结冰至潼关，人马往来行如土道，直至2月8日冰开；万荣冬雨雪3尺，严寒，牛羊、果树多冻死；临猗冬奇寒，自龙门至砥柱行人车马履冰渡，柘榴、柿树多冻死。

1895年3月14日嘉定、宝山、彭浦大雪，两昼夜始息，豆、麦俱损；上海15、16日大雪，徐家汇积雪14 cm，30日又大雪，再积雪8 cm，今黄浦区西华德路新建10余幢楼房被积雪压塌，30余人被埋；临海14、15两日雪霰，4月9日雪。衢州10月31日夜北山雨雪；南陵10月28日雪，约三四寸厚；潜山10月31日大雪。11月1—2日青浦、金山雪，天寒；无锡甚寒，纷纷大雪；溧阳大雪；句容雪；南京大雪，奇寒；嘉兴寒甚，午后下雪，屋瓦尽白。1876—1895年上海年平均温度连续11年低于15.1℃。

1899年12月至1900年1月寒。12月南京雪，连绵两月；金坛河冰；吴江大雪；太湖雪，杀竹木殆尽；青浦、金山等1月28日大雪三日，平地高数尺。

1903年7月6日嘉定、上海霏雪一时许。

1916年12月至1917年1月上海奇寒，淀山湖、朱家角三分荡冰冻，蟠龙塘、蒲汇塘全河皆冰，南汇海也数段结冰；宝山冰厚至尺许，至2月始解；闵行至上海，浦东各埠、沪浙水路交通断绝。1917年1—2月上旬，上海最低气温持续在0℃以下达一个半月，1月7日最低气温−9.1℃；1月8，9两日最低气温分别为−10.9℃和−10.0℃，奇寒，河港结冰厚15～30 cm，各路货船数百艘不能进港，人畜冻死甚多。山东青岛港池冰厚1 m左右，帆船无法进入小港。

1919年1月嘉定大雪，奇冷，大河冰冱，累日不开，水上交通断绝。5—6月奉贤气候寒冷，棉苗五六成冻萎。

19世纪下半叶也插有一些反常的热现象，不过范围较小，仅一至数县，分布零散，时间较短，与寒象相比，比率甚小。如：

1881年秋，高邮燥热，大疫疠，多死者；临安大疫，死亡无算；奉化秋痢剧者十余日死。冬，上海全境无雪，上海、青浦、嘉定疫且饥。次年1月22日嘉定、宝山、上海、青浦等暖如仲春。

1888年夏，高邮、兴化暑甚。

1891年暖冬，富阳、嘉善无雪；奉化12月3日暑热，桃李华。

1893年秋，泰州酷热；冬，高邮、兴化无雪，奉化桃李华。时疫流行，多至不救。

(3) 现代增温段

20世纪20年代开始逐渐升温趋热，基本也可划为三个阶段，第一阶段自1920—1950年突发性升温，如：

1926年8月5—6日上海酷暑，气温分别为38.7℃和39.0℃。

1932年6月下旬至8月上旬青浦旱；奉贤小河干涸，土地龟裂，棉稻枯死；崇明酷热无雨，禾苗枯萎，民众求雨；江苏海安旱。

1934年自6月1日起至8月，上海高温酷暑，降水量只常年的二成，总雨量仅97 mm，夏天日数长达112天，35℃以上高温日达55天，37℃以上的酷暑日34天，如：7月1日气温为39.3℃；7月3日7人中暑，倒毙街头；7月11日气温39.1℃，热死5人；7月12日气温最高达40.2℃；8月24日气温又达40.0℃；崇明最高气温更高达41.4℃。7，8两月的月平均温度分别为36.1℃及35.7℃，均为有记录以来最高值。医院患者每日逾千，时疫流行，死者甚多。火灾迭起。河水干涸，内河航运停驶八九成，棉花收获仅约五成，稻六成，蔬菜、瓜果枯死不少，饮水困难；嘉定烈日蒸晒，土地龟坼，井泉干涸，航轮停驶，棉花收获仅五六成，稻谷约六成，豆类只二三成；宝山豆类、玉米、瓜果仅收三四成，有的甚至失收，棉稻收获只五成。川沙大旱43天，蒸发量比常年高66%，土地龟裂，稻棉歉收，农业收成为常年的20%；南汇旱情严重，禾苗枯萎，水有秽气，饮水困难；奉贤塘外无水可戽，小河干涸，稻谷歉收；金山夏秋干旱二月余，金山卫、山阳等沿海稻田干涸龟裂，失收田甚多，部分农民连饮水都困难，轮船停航月余；松江南乡干旱较甚，内河涸，河水臭，饮水难；青浦小河、池浜龟坼见底。江苏太湖流域大旱，较高之田不能插秧，一片荒芜，沿江地区又因江水低落，汲水困难，栽插失时，腹地河滨港汊大部涸浅，禾苗枯萎，镇江、金坛、常州、无锡、宜兴、江阴、常熟、苏州、太仓、启东等皆旱，丹阳自龙塘、钱资塘、无荒塘、长荡湖、港头港、下荡港、香草河、简渎河等均干涸见底，洮湖水深不足0.5 m；东太湖干，自吴江松陵镇可步行穿越湖底直至东山镇。江南灾区中尤以溧阳最重，农民扶老携幼，背井离乡，沿途乞讨，自尽者日有所闻。太湖流域灾田2 000余万亩，损失粮食20亿斤以上。安徽淮河以南春夏秋三季连旱，定远1—7月降水仅90 mm，全年降水不及常年的三成；沿江及皖南6—8月大旱，望江、广德降水仅52 mm和93 mm，而7—8月只17 mm；广德禾苗全死，竹木也枯，籽粒无收，百年仅有；宁国草根、树皮食尽；桐城、石台大旱。据《中国自然灾害史》记载，此次安徽旱灾共死亡5 000余人。浙江夏大旱，赤地千里，除浙东南沿海的温岭、乐清、瑞安、平阳、玉环、庆云6县外普遍受灾，各地溪涸开竭，田禾枯萎，为百年未有。

1942年7月下旬上海35℃以上高温日达44天，8月6日最高气温39.8℃，高温酷暑，雨水稀少，中暑病人剧增，霍乱、伤寒流行，上海全年伤寒患者1 732例，死1 498人，霍乱2 465例，死513人，崇明及川沙王港、黄楼也霍乱流行，普善山庄一周内收埋露尸600多具。崇明河沟干涸，8月中旬又咸潮倒灌，稻谷十之四五枯死；奉贤早稻损失三成；松江棉茎萎小，花萼凋零。同月，华北大旱，河南极重，全省111县中有96县受灾，39县严重受灾，灾民1 200万，饿死500万人。京、津、冀、辽、吉也较重。

1946年8月4—5日上海酷暑，气温38.3℃，中暑死2人，2辆汽车因高温油箱自燃。霍乱流行，患者4 415人，死353人；奉贤青村、头桥、金汇、道院、烟墩等地人死如麻；崇明霍乱遍及全县，患者5 000余人，占总人口的3%，死亡率20%。

1953年6月19日至9月末，上海伏旱，持续高温少雨，35℃以上高温日42天，日平均气温22℃以上的夏天长达114天。小河干涸，河底龟裂，稻、棉枯萎，全市受灾面积约100万亩，粮棉歉收。

其间又夹杂多次寒象：

1930年1月5—19日上海严寒，最低气温－8.2℃，芜湖路、南市董家渡等街头共冻毙14人，内河皆冰，交通中断。

1931年1月，有8天最低气温低于－5℃，1月10日最低气温－11.6℃。内河冻结，沪上船只停航，外海原定由青岛来沪的21艘商船被阻，航运业损失巨大，沪杭铁路沿线三线折断，通讯受阻，列车晚点，市区道路结冰，居民家中水管冻结，街头冻毙4人。

1940年1月下旬至2月上旬上海持续严寒，1月23—27日最低气温低于−5℃，27日为−8.6℃，冻毙近千人。

1941年1月下旬至2月12上海持续严寒。旬平均气温降至−5.5℃，仅普益山庄一家就收掩露尸共1 494具，其中童尸1 128具。

1947年冬上海奇寒，12月18—24日街头每天可见倒毙尸体，其中有一天冻毙189人；次年1月下旬寒流侵袭上海，27日最低气温−8.8℃，冻死累累，仅26日一日内收殓路尸百余具，七成为孩尸。

第二阶段：自1954—1977年为相对寒段。

1954年11月下旬至次年1月，黔、滇、桂、粤、鄂、湘、赣、闽、皖、苏等大范围连续遭寒流袭击，气温骤降，淮河流域降至−18°～−21℃，长江下流江湖地区降至−10°～−15℃，江南至华南北部降至−5°～−8℃，两广降至0°～−3℃，海南定安也降至−3℃，皖、苏、鄂、赣等不少地区连续大雪和冻雨，一般积雪30～70 cm，最深达1 m，除长江干流外，其他江河湖泊皆冻，冰厚16～35 cm，广东中北部红薯全部冻死，华南热带作物受害严重，两广70%～80%橡胶树冻死，海南北部10%～30%胶树受害，福州80%～100%龙眼树严重受害，甚至有些连树干都冻死。鄂、皖、苏三省受灾范围最广，程度最深。安徽大雪期间除长江外，水上交通全部停航。淮河干支流全部封冻，由蚌埠驶往正阳关的客轮冻在途中，灾区物资供应难以抵达；安庆地区冻死冬作物45万亩。全省被雪压塌房屋7 000余间，冻饿而死及宰杀的耕牛3.7万头。江苏大运河淮阴至扬州段封冻，许多轮船及木船冻在河中。洪泽湖冰厚1 m多，9 400余渔民及樵夫困在洪泽湖及宝应湖中。冻死冻伤麦苗62万亩。据27县1市统计冻死耕牛3 927头。

1971年1月31日上海寒，多数测点出现近40年来最低气温，莘庄为−11℃，宝山、川沙为−7℃。

1972年3月30日至4月3日长江流域及江南出现晚霜，5月中旬至9月上旬，冷空气频频入侵，明显的低温出现在5月中旬、6月下旬、8月上旬及9月上旬；8月份的平均气温比常年气温偏低1℃～3℃，局部3℃～4℃。由于长期低温，农作物生长缓慢，晚熟，全国粮食减产50亿公斤以上。

1976年3月下旬至4月中旬长江下游持续低温，上海倒春寒，较常年同期偏低3℃～5℃。南方地区大面积烂秧，仅湘、赣两省就损失稻种1亿公斤以上。12月下旬至1977年2月中旬，冷气团强盛，累次南下。

1977年1月28—30日寒潮不断南下，连续3天大雪且严寒，1月31日上海龙华气温−10.1℃，莘庄−11.0℃。2月8—9日又大雪，市郊积雪厚均在10～20 cm。引发交通事故47起，医院骨折病人2 000余人。蔬菜、柑橘皆冻死，部分地区电线被积雪压断，1月31日上海钢产量下降三分之一。杭州1月三场中—大雪，积雪日数24天，最大积雪深23 cm，仅上旬雨雪总量就达66.4 mm。安徽、两湖的茶树、柑橘仅存十之一二，几年都无法恢复。1月份武汉的最低气温为−18.1℃。湘西、鄂西许多县创最低气温纪录。渤海冰情严重，山东威海港冰冻绵延长5 km以上，冰层最厚达2 m。太湖、洞庭湖冰冻3日，湖南、江西南部还连续出现7天的冰凌天气。持续严寒对受害地区的工农业生产与交通运输、人民生活蒙受重大损失，南方三麦、油菜冻害严重，湖南二麦受冻，面积占总面积的一半，油菜为六成，湘、赣、桂等8省(区)冻死耕牛近百万头。全国粮食减产严重(《全国气候影响评价》,1983)。

第三阶段:自1978年始至今为明显增温段。

1978年自6月中下旬始气温均比常年偏高,35℃以上的高温日在鄂东北、赣北、皖南部分地区多达50～62天,较常年多15～20天,极端最高气温39℃～43℃。7月上旬鄂、湘、皖还出现一周左右4～6级的干热西南风天气,安徽淮河以南风力6～8级,蒸发量高达600～800 mm,为降水量的3～4倍,造成旱象更迅速扩展,由6月下旬的鄂、湘、赣、闽、皖、浙、苏、沪8省市的7 300万亩,再增加陕、晋、冀、津、黑、内蒙、川、黔、桂共17省市的1.9亿亩。7月下旬苏、皖、浙、赣及华北、东北旱情略有缓和,直至8月末全国受旱面积仍一直保持在1.3～1.6亿亩。

1998年上海气温异常偏高,年平均气温为18℃,较常年平均值高2.2℃,是上海有气象记录以来最高的一年,35℃以上的高温日27天,最高气温为39.4℃,病人增加70%,供电、供水紧张,火警频发,家畜、家禽死亡,蔬菜减产,供应不足。

2003年上海高温日40天,酷暑日12天,是同期平均天数的4倍多。

2004年7月中旬至8月中旬江苏大部高温酷暑,中暑及高温诱发的疾病高死亡。

2005年6月底至7月初浙江大部高温日超过30天,丽水最高达56天,最高气温38℃～40℃;上海高温日11天,其中有5天在38℃天以上;杭州西湖景观灯关闭,杭州成最缺电城市之一。

2013年7—8月副热带高压盘踞江南持久不退,上海最高气温40.8℃,连续≥40℃天气5天,高温日46天,10余人因中暑和热射病死亡;浙江新昌最高气温44.1℃,奉化最高43.8℃,杭州连续40℃高温达10天,全国最热的10大城市中,浙江就占7座。江南大片农田干枯,小水库、山塘见底,大水库入不敷出,日见萎缩,农作物大片枯死,人畜饮水困难,城市用水、用电剧增,火情频发,水泥路面热胀挠断,经济损失严重。

其间虽有数次寒害,但并不影响年平均气温依然偏高的趋势,如:

1983年1月16日长江下游特大降雪,降水量一般在40～60 mm,杭州达84 mm,无锡、霍山为49 mm。这次雪灾严重破坏了输电、通讯电路,仅江苏万伏以上输变电线路就中断620处,苏、锡、常地区90%以上的变电所跳闸。1月18日雪害汽车全部停运,有的直至10天后才恢复,安徽一天内滞留旅客60万人,南京机场关闭5天,工农业遭受严重损失。

1996年2月下半月强寒潮,全国大部分气温骤降,江南及华南达18℃～23℃,2月18—21日长江下游先后出现入冬以来的最低气温,江淮、江南地区普降小到中雪,部分地区还下了大雪。上海2月17日大雪,道路大面积结冰,引发372起交通事故,死5人,伤66人,物资损失约200万元。湘、赣、黔大范围冻雨,广州最低气温连续一周低于5℃,21日的最高气温仅4℃,创有记录以来同期的最低值。华南部分地区冰冻。香港大帽山顶出现罕见的霜冻。另据传媒报道,香港冻死44人。这给华南地区的经济作物及瓜果、蔬菜造成很大冻害,广东经济损失40亿元,广西损失超过3.5亿元。

长三角地区于1872年9月在上海徐家汇首先开展气象观测,至今历时140余年,为上海的灾害天气的了解和研究奠定了基础。据上海气象局研究统计表明,上海每年都有气象灾害发生,年概率高达0.98,其中台风、暴雨灾害的年概率分别为0.57和0.61,龙卷风灾害为0.41,洪涝灾害为0.27,干旱灾害为0.28,寒潮大雪灾害为0.30,高温灾害为0.08。

暑热情况采用"≥35℃"高温日和"≥37℃"酷暑日的总天数及最长连续天数进行统计,当某年"≥22℃"夏季的这两个数据大于多年平均值+1倍标准差时作为高温异常年。上海最多高温日为55日(1934年)，最少为1877年，该年无高温日，平均为21.1天。其中2003年高温天数为40日。连续高温日最长19天；2013年高温日为46天，≥40℃为5天。上海酷暑日最多为1934年的34天，多数不足10天，2013年8月7日上海最高气温为40.8℃，50%的年份无酷暑日，平均2.7日/年。140年来上海高温灾害严重的有1934年，1942年，1988年，1998年，2003年，2013年等。高温酷暑，雨水稀少，中暑病人剧增，霍乱、伤寒、肠胃道疾病流行，贫苦人民死亡甚众，伴有西南热风，火警频发，农作物枯萎，病虫害频发，果蔬减产，供应量大减，牲畜家禽死亡，物价高涨，供水、供电紧张，江河水质恶化，甚至不堪饮用，沿海地段则咸潮入侵等。

综合上海有气象记录的百余年寒暑记录，≤－5℃的寒日平均为5.5天，一般每年12月下旬至次年2月上旬，以1月最为常见，出现的几率在50%以上，严寒日以1917至1918年的冬季为最多，共27天。上海地区极端最低气温为1893年1月19日莘庄的－12.1℃。当某年冬季平均气温低于－5℃减1倍标准差时定义为低温异常。近140年来有13年未出现过严寒日。≤－7℃平均2年一遇，≤－8℃三年一遇，≤－9℃大寒日约9年一遇，≤－10℃为12年一遇。初雪11月27日(1903年)，末雪3月26日(1925年)，最多降雪日16天，年平均为6天，今暂将≤－9℃出现的年份、降雪日≥20天，谷雨后仍有雪，夏却无暑日(1877年)等划为寒年。

炎热天气常伴随干旱出现，夏季表现为高温酷热，冬季则表现为少冰雪，甚至无雪的暖冬，物候异常，桃、李、杏花齐放。

寒潮是冻害的急先锋，每当寒潮光临，都会伴随寒风呼啸、气温骤降、霜冻、冰雪等灾害相继出现，寒潮的强弱和次数的多寡都直接与冬半年的寒冷程度相关(图2-10)。据上海的气象资料表明，上海的寒潮最早出现于10月下旬，最晚为次年4月中旬，平均冬半年为3.9次，最多为10次，最少为0次，影响上海寒潮的冷气团90%源自北极新地岛附近，经内蒙河套直达上海，以11月、12月及次年1月即农历的冬季三月最为突出，新中国成立至今，以1965年冬至1967年春最为突出，2个冬半年各为10次，1983年、1984年及1994年均无寒潮，若寒潮次数≥8次可认为偏寒；无寒潮年可认为偏暖。反之，≥22℃为夏日天气，≥35℃为高温日，最多为55天，最少为0天，平均为12.4天，主要集中于7，8两月，约占全年的88%。≥37℃为酷暑日最多为34天，平均为2.4天，大多数年份不足10天，几乎50%年份不出现酷暑天气。暂将≥35℃出现20天以上，≥37℃酷暑年出现>10天，最高气温≥39℃，为暑年。1873年至20世纪20年代为显著的冷期，30年代后显著偏热，最突出的酷热年主要为1934年、1942年及1953年，1987年后明显趋暖，2003年平均温度达17.0℃，创上海暖年纪录。2013年夏日之长、7—8月气温之高再创上海高温新纪录。

冬季寒冷的另一种表现为雪害。上海降雪期主要在1—2月，最早初雪为1895年11月2日，最迟末雪为1860年5月5日；最多降雪日为1905年的16日，平均年降雪日为6.2天，平均积雪日为2.8天，积雪厚度较薄，一般均<10 cm，有观测记录的最大厚度为1893年1月29日的29 cm。若立夏日至立冬日之间降雪，则属异常，也是一种寒的表现，如1166年夏寒，江浙诸郡损稼，蚕麦不登；1589年7月29日夜松江飞雪如絮；1659年7月9日崇明大雪；1668年8月安徽黟县、休宁大雪，贵池雪，石台微雪；9月11日上海雪，冷可衣絮；1859年7月3日嘉定、上海、川沙、南汇、青浦夜雪，甚寒如冬，浙江黄岩奇寒如冬，有衣裘者；9月20日嘉定、上海、川沙、南汇、松江、青浦夜浓霜，寒如冬令，杀草；1860年5月5日立夏日嘉定、上海、南汇、松江寒甚如冬，崇明大雪，地冻，宝山、罗店大雪积二三尺；江苏武进立夏大雪，如皋、丹阳、金坛雪，江阴微雪，浙江慈溪大雪，黄岩5月7日陨霜；1882年7月11日常

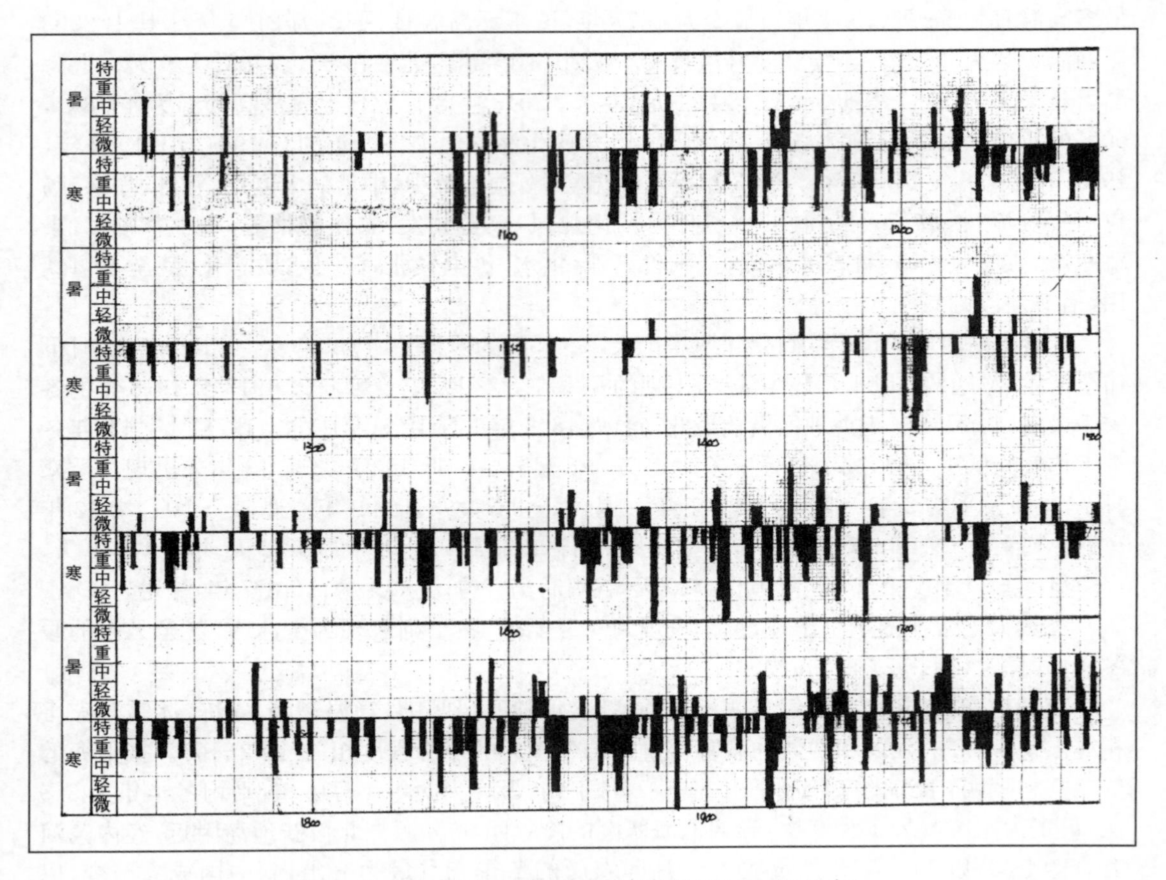

图 2-10　长三角地区寒暑程度直方图(1000—2000 年)

州、无锡雪,戚墅堰寸许;7 月 31 日至 8 月 5 日宝山、罗店、彭浦、真如凉如深秋,多御棉衣,嘉定、青浦 8 月 4 日大冷有雪等,以上夏寒现象前发生寒冷时段;反之,若冬半年无雪,则为暖热的异常反映,如 1913 年冬至 1914 年春及 1974—1975 年的冬半年等。

按上海气象局年平均气温<15℃,15.0℃～15.9℃,≥16℃的标准划分冷年、平年、暖年的话,1873—1920 年为冷期,冷期秋冬季来得早,有异常的严冬,最冷月的平均气温降至 0℃以下,夏季无高温日,甚至出现霜雪天气;1930 年以后为暖期,高温日均>30 日,而冬季甚至无 0℃以下天气,年平均气温与冷期比较可差 1℃左右,1873—1990 年的年平均气温为 15.4℃,1987—1990 年的平均气温高达 16.3℃,1990 年的年平均温度高达 17℃,2003 年的年平均气温更达 18℃创有记录以来最高值;1920—1930 年为冷暖过渡期。1934—1956 年高温段,之后至 1987 年为相对温凉段,1988 年后明显趋热。

20 世纪气候变暖已成公认事实,P. D. Jones 于 1988 年应用 1 亿个陆地及 0.6 亿个海上观测数据获得全球气温序列,计算结果全球的年增温值为 0.45℃～0.65℃,平均为 +0.5℃左右,我国气温以五年均值滑动曲线显示 1920 年前处在多年平均值之下,除了前述的寒冷现象外,还出现 1908 年及 1915 年的渤海冰情,1920 年后回到多年均值附近,20 年代末至 30 年代初有一短暂的微弱降温,40 年代达到 20 世纪的最暖时期,最暖的五年均值高出多年均值 0.5℃～1℃,其间发生了 1934 年、1942 年罕见的酷暑年。40 年代中期以来,首先从我国东部和北部开始趋势性下降,其间北方于 1957、1966、1968、1969 年的渤海严重冷冻，直至1970年晚期基本都是持续下降。整个60—70年代的降水量较30—40年代减少约20%，华南地区气温下降了0.4℃～0.8℃，华东及西南地区下降0.5℃～1.4℃。70年代晚期以来气温明显上升，1978年和1988年两次高温整个南方普遍在35℃以上，长江下游不少地区甚至达39℃～40℃，仅南昌、南京、上海就有300余人中暑身亡。21世纪已于2005年2月及2008年1月相继发生南方大面积冰雪天气，特别是后者曾致20个省市(区)不同程度受灾，死亡129人，失踪4人，紧急转移166万人，倒房48.5万间，经济损失1 516亿元。2013年的高温甚至超过20世纪40年代的水平，反映1970年以来的上升趋势虽有变化。但上升的总趋势不容改变。至今正处于高峰时期，今后数年可能继续在高温阶段徘徊，天气总体偏旱，但会有起伏，气候的极端现象也将比以往更加突出。

二、长三角地区旱涝变化规律与发展趋势

(一) 长三角地区的灾害强度划分

本书讨论的旱涝灾害以年度为单位的变化，一年之中会有多种自然灾害，每种灾害自身的强弱、危害轻重外，还有在一年灾情中权重大小问题。如果以某个为主自然易办；如果既旱又涝，两者皆具，则按各自等级标准标示旱涝划分的等级。上海气象局采用1873年有气象记录以来的夏秋5—9月平均雨量和标准差确定每年的旱涝等级。

1级：$R_i > (R+1.17b)$大涝年

2级：$(R_i+0.33b) < R_i < (R+1.17b)$涝年

3级：$(R-0.33b) < R_i < (R+0.33b)$平年

4级：$(R-1.17b) < R_i < (R-0.33b)$旱年

5级：$R_i < (R-1.17b)$大旱年

式中，R为5—9月常年平均雨量；b为5—9月标准差；R_i为逐年5—9月雨量。实际只分5等，过于宽泛。气象学上旱涝划分春、夏、秋、冬四季降水量偏离多年同期平均值10%的均属正常，达到30%时正者为涝，负者为旱；到50%时则为大涝或大旱；达80%时则为特大涝和旱；至100%时涝者为汪洋一片，旱则赤地千里。

联合国对特别重大自然灾害颁布过2项划分标准：①死亡人数在1 000人以上者；②经济损失占上一年度GDP>1%者。

我国长期处于农业立国阶段，农业收成是国家财政收入的主要来源。以县为单位最高产量至绝收分为十等，勘灾时则以村为单位，集中后再由州县上报到省，省对各县做出成数估算，再用加权平均的办法作出省的收成数，上报中央。灾情程度则是收成丰歉的倒数，也分为十等，但不同朝代甚至同朝代的不同时期、不同地区也不尽一致，经中国科学院地理研究所龚高法等整理研究清代档案后建立定性—定量的转换办法：特大丰收定为十成，大丰收为九成，丰收八成，平年七成，歉收六成，偏灾五成，灾四成，重灾三成，即收成在七成以上者皆无灾可言，各项税赋照常执行，只有收成低于一半时才成灾，俟秋收后查勘受灾分数后，量行抚恤，给予不同赈济。

在前人工作的基础上，提出新的旱涝灾害等级划分表如表2-1所示。

表 2-1 旱涝灾害等级划分表

	涝 灾	旱 灾
微	仅个别县记灾情现象或收成歉，收成减少小于4成	同左
轻	少数州县淫雨逾旬，低田淹没，漂民庐舍，勘灾后的灾情仅5分，减税赋1分、以往拖欠未完部分年份税粮，缓征当年税赋，无具体抚灾记录	少数州县短期干旱无雨，田地干裂，禾萎，高田半收，勘灾后判定灾情5分，减免1分，缓征当年及以往拖欠部分税赋，无具体赈济记录
中	较多州县遭水，人畜有溺毙者，收成6分，国家减免二成税赋，开仓放粮，平粜于艰食者、给极贫饥民借贷口粮	数至十数州县逾月不雨，湖河干涸，小溪断流，人可涉水而过，高田无收，飞蝗食禾，禾不登，民饥，道有饿殍。勘灾成灾6分，减免二分当年税赋
重	江河湖沼泛滥，水害涉及几省数十州县，平地水深及丈，陆地行舟，漂溺人畜庐舍无算，死亡多可数百人，民饥，灾民流徙。勘灾判定受灾7—8分，省县官员巡查减当年税赋一半，发赈赈济，设厂煮粥。兴修水利及水毁工程，以工代赈	涉及范围广，持续时间久，长者可达数年之久，沿海咸潮涌入，内陆河湖尽涸，人行河(湖)底，民大饥，卖儿鬻女，饿殍载道，人有饿毙，灾及7—8分，勘灾后减当年税赋一半，发赈赈济，设厂煮粥
极	赤地千里或汪洋一片，灾9分以上，死亡成千上万人至数百万人，广及数省甚至几个流域，颗粒无收，里无炊烟，灾民数十万至上千万人，饥民甚至人相食，社会动荡不安，政府委派大员亲赴灾区负责赈灾，皇帝有时亦下诏自责，祭山川，决系囚，赦天下，免当年税赋及部分陈年旧欠，拨可观银粮赈灾，动用国家储备粮救灾，暂免多种苛捐杂税，允许灾民开垦、捕捞、发掘	

(二) 长三角地区旱涝特点及规律的点滴认识

据以上标准编制了长三角地区旱涝变化图(图 2-11)，早期由于资料贫乏不得不借用一些邻区的史料予以补充。研究区内具体灾情在第一篇中已有详细介绍，概不赘述。

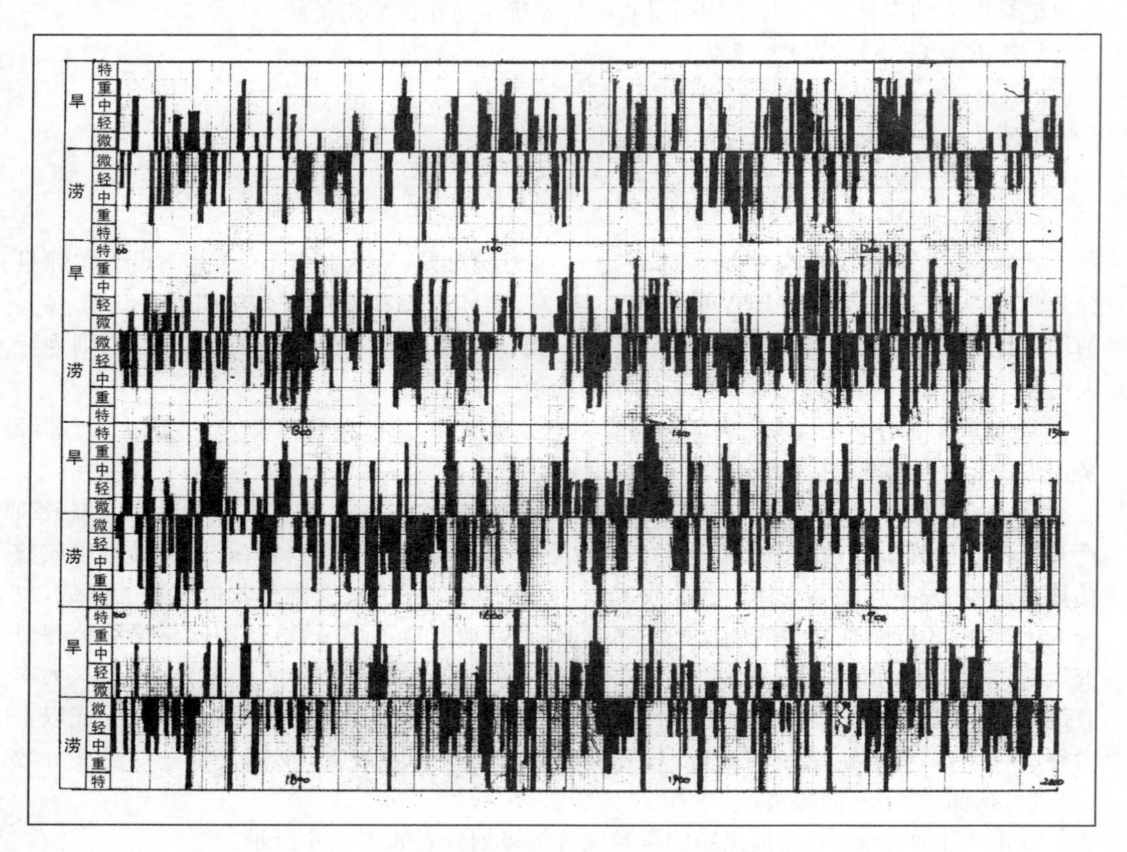

图 2-11 长三角地区旱涝程度直方图

纵观长三角地区干旱发现有以下规律：

(1) 长三角地区的干旱是北方旱情的延续和发展，尤其是数年连旱的情况下，更容易将长三角地区也席卷其中，皖北、苏北比长江以南的皖南、苏南、浙江程度上要更严重些。有时重灾区也会转移至江浙地区，如宋代999年浙江绍兴即成为旱灾重心之一，明代1432—1435年江、淮、河、海大旱，最终也转至长三角地区。

(2) 旱涝是一对矛盾的两种极端表现，我国东部夏半年的雨量丰欠是决定年度旱涝的关键，特别是三夏与秋收的风调雨顺更是一年收获的关键中的关键，长三角地区的严重旱灾都发生在夏秋季节；烈日酷暑也与夏半年的干旱密切相连。

(3) 长三角地区的干旱过程有三种形式：

① 正态型连旱：旱情由轻至重再轻，如1073下半年至1078年春连旱。1074年华北大旱，浙西太湖涸，常、润饥蝗；高潮为1075年，两河、陕西、江南、淮浙民饥，吴越旱疫，太湖流域民殍死殆半，里无炊烟，仅越州一郡就饥民近2.2万人；1078年春虽然江南仍旱，但只高淳、溧水有载，灾情大缓。再如明末1635—1647年连旱。1635年夏秋苏、皖只零星分散地出现旱蝗；1636年5—8月苏、浙、皖连片酷热、大旱，浙、皖道殍相望，嵊州、新昌民食观音土多毙；宁海民饥死无算；兰溪、永康、象山、遂昌、徽州府、东至、青阳饥。1037年苏、皖、浙大旱、苏、杭大饥，大疫，死者甚众，浙江出现父子、兄弟、夫妻相食现象，出现第一次旱灾高峰；1038—1039年旱情转缓；1040—1042年旱情再次严重加剧，华北、西北，南至湖南均大旱，赤地千里，发瘗胔以食，苏、浙、皖多处出现人相食，其中尤以1041年最为惨烈，旱区范围最广，剧灾的县数最多，饿死、病死动辄以千、以万计；以后灾情逐趋减缓，1043年仅湖州一地有人相食，1044—1047年仍有大旱、大饥、饿死甚众的记载，但数量逐年减少。

② 旱涝快速转换型：在连续旱情的背景下，突遭台风或风暴潮的干扰，旱情一度中断，后再连续的旱灾，如1520年淮、扬、庐、凤36州县旱，1521年2月8日以旱灾免淮、凤、扬、徐23州县及长淮等13卫所粮草有差；1521年秋冬至1522年春，苏、浙南京、扬州、宝应、苏州、嘉兴、杭州、温州又大旱，岁歉，台州大疫。1522年春仍旱。1522年8月24日江浙遭风暴潮袭击，由杭州湾登陆，经吴江、常熟、靖江、如皋，至东台入黄海，共死亡约三四万人；1523年4—7月苏、皖、浙北、赣北、湘北、鄂124州县仍大旱，安徽蒙城、霍丘、怀远、寿州、凤阳、天长、五河、泗阳、涟水、泰兴、靖江民饥，人相食；来安、和州、滁州大旱，饿死无算。8—9月遭多次台风袭击后，旱情消失。

③ 戛然而止型连旱。1456年夏秋江苏淮河以南至浙江大部旱，蝗，西湖竭。免淮安、扬州、凤阳、庐州、南京、镇江、常州、苏州、和州、涟水、仪征、靖江、东台、江阴等部分税粮。1457年上半年山东旱蝗，安徽凤阳、江苏南京、扬州、淮安、徐州、浙江嘉兴、杭州、绍兴、宁波、建德、金华等旱蝗，部分县饥。7—9月山东及南直隶应天、镇江、池州、泗州、并天长、石埭、青阳、浙江杭州、嘉兴、宁波、严州、金华等仍旱蝗，运河竭，海宁免被灾处粮。尽管1458年8月浙江嘉兴及松江沿海遭受风暴潮灾害，漂没18 000余人，仍未阻截旱情的继续发展，1458年秋江浙部分县仍旱。1459年南北畿、冀、鲁、苏、浙、皖、赣、鄂、湘、黔、桂旱，长三角地区苏州、松江、池州、宁国等府及南京、溧水、江阴、太仓、杭州、嘉兴、湖州、绍兴、宁波、严州、金华、衢州、台州等府并海宁等卫所旱，麦苗尽败，免杭州等府被灾粮草等，经1460年6—7月长江大水及1461年8月19日荡涤浙、皖、苏、鲁的风暴潮横扫，终将涉及东南诸省、跨越数流域的旱灾扑灭。

再如1503年6—9月苏、皖大旱，天长人相食，南京及凤庐2府并滁、和2州灾重，盗发。免淮、扬、庐、凤、安庆、池州6府及徐、滁、和3州，怀远、寿州等40卫所，苏南苏、松、常、镇4

府及镇江卫，浙江杭州等5府及宁波卫粮草籽粒有差。1504年凤阳饥，人相食，发瘥继之。仪征、泰兴、如皋、南通、临安昌化、宁波5县等大饥，免南直庐、凤、淮、扬4府，徐、滁、和3州，凤阳等28卫所及安庆、池州、太平3府及安庆、建阳(驻东至)2卫税粮有差。1505年苏北仍旱，高邮、南通大饥，免南京锦衣卫等42卫屯粮有差。1506年夏秋苏、浙大旱又蝗，民饥，免苏南镇、常、苏、松4府2卫粮草有差。1506年6月之前淮、扬、凤、常、镇等苏、浙、皖仍大旱，大饥，死者塞道，免南京锦衣卫等42卫屯粮三分之二，并免扬州、滁州、淮、大河等卫粮草有差。1508年旱情达最高潮，陕西以东，豫、冀、鲁、苏、皖，南至川、桂等皆大旱，饿死甚众。1509年春，宿州、灵璧、阜阳、寿州、凤阳、广德及浙江奉化人相食；广德大疫，死者万计。连续7年旱后，终因1510年的长江大汛及台风澍雨的双重扑灭下消退。

(4) 长三角的旱灾存在300年的准周期规律，典型的实例为1369—1370年北自冀南，南抵湘、赣，西至甘、陕，东达浙、苏、鲁沿海的大旱，民饥，免南畿、河南、山东、北平、浙东、江西广信、饶州当年田租，赈苏、松、吴江饥民；江西饶州波阳县二十八都某潭深数丈，因旱见底，潭底石壁镌刻“洪武三年水至此”；1671年夏秋江、淮、河、海四大流域219县大旱，安徽怀宁赤地，许多县饥，天长人相食，江浙淮安灾十分，六合赤地，死者不可胜计，盱眙民多饿死，盐城赈饥民2.7万余人；江西景德镇、南康府4县人多饿死。之前300年的大旱则对应北宋熙宁年间1073—1078年的连旱。灾情如第一篇和第三篇同一时段所述，概不赘叙。再之前的300年约与唐代790—791年涉及淮南、浙东西、福建、湖南等道旱，井泉多竭，人渴乏，疫死者众，扬、楚、滁、寿等州及今南京、高邮、仪征、苏州等均留有记载。更之前为南北朝前宋463—464年建康大旱，浙、江东诸郡(含南京，镇江、吴郡等)大旱，田谷不收，民流死亡，瓜渎(扬州南，长江边瓜洲)不复通船，三吴(吴县、吴江、吴兴的简称，实际代表太湖周边地区)尤甚，米无籴所，贯珠玉、锦绣枕死于道，饿死者十有六七。463年遣使开仓赈恤，白下、秣陵(皆今南京)薄粥赈之。之后的300年，约与20世纪60年代前后的三年自然灾害呼应。中长期的准周期以60年略占优势。

涝灾由于致灾因素多样，情况比较复杂，除冬半年的偶发性暴雨及风潮灾害外，主要为两大类，即夏季梅雨和秋季的台风雨，即使是强对流引发的暴雨亦主要发生在夏半年。特别是热带风暴潮、台风雨的参与，涝灾的频率与强度远大于旱灾，故天气潮湿多水。

长三角地区的旱涝变化与暖凉转化亦相关，旱时暖热，涝时寒凉。以明清寒冷期为例，无论是涝灾事件数及重大灾害的灾情均胜于旱灾一筹。如19世纪旱灾中除1856—1858年连旱、1875—1877年连旱最为严重，而涝灾则有1823年，1848年长江洪汛再叠加台风灾害，1841年江淮流域大水，1849年，1856年，1870年长江中下游泛滥成灾。再加上1831年，1854年，1861年，1881年，1905年等的强台风灾害，再大的暑热也被丰沛的降水压抑、浇灭。总体上二者呈彼此交互涨落关系，但涝灾的规律性演变不如旱灾明晰，中期变化有60年、30年的准周期隐示，但不连续，经常遭受干扰而中断，涝灾的规律还需仔细探索。

近百余年来的气象观测资料表明，上海年降雨量呈现某一时段雨水偏多，而另一时段又偏少的现象。1874—1889年，1905—1931年，1944—1957年，1980—1990年为4个降水偏多时段，而1890—1904年，1932—1943年，1958—1979年为3个降水偏少时段。5—9月汛期降雨量变化趋势和年降雨量基本相似，4个降水偏多时段分别为1874—1889年，1910—1931年，1944—1957年，1980—1990年；3个降水偏少时段分别为1890—1909年，

1932—1934 年，1958—1979 年。基本上反映上海地区涝旱变化，也只反映明清寒冷期末期至现代转暖期的旱湿波动情况。

地球的气候变动主要以温暖、寒凉及干旱、湿润的转换为基本特点，在早元古代末期（中国为震旦纪末）及第四纪曾出现过多次全球性大冰期及泥盆纪、白垩纪—早第三纪的干热期，自距今 1.1 万年左右开始的冰后期全球气候转暖，冰川大规模萎缩后退，除北极区的格陵兰岛及南极大陆尚残存有大陆冰盖外，其他地区基本消失殆尽，海水升高导致大面积海侵。自人类进入有历史记载或有文化积淀的几千年来，就我国而论，至少出现过三次灾害群发期，先是夏禹灾害群发期，以低温、洪水为主要特征，大禹治水的神话传说绝非空穴来风；其次为两汉灾害群发期，以海侵、地震、干旱为主，特别是东汉后期灾害频仍深重，民不聊生，社会动荡，战乱连绵；再次为明清灾害群发期，就全国而论，该时段集中了我国 70%～80% 能够判定的≥8 级地震、干旱、蝗害、冻害及死亡万人以上的风暴潮，长三角地区亦不例外。无独有偶，上述几次灾害群发期，至少是后二期都与太阳活动的衰弱期相对应，每期都历时数百年（图 2-12）。由于长三角地区自东晋以降才逐渐兴旺发达，我们将集中讨论长三角地区自五代以来的主要灾害的相对变化（表 2-2）。

表 2-2　我国 10 世纪以来各主要灾种发生比率及排序表

	潮		涝		旱		寒		暑		震		样本数
	比率	序	比率	序	比率	序	比率	序	比率	序	比率	序	
10 世纪	8.6	4	36.2	1	32.7	2	8.6	5	10.3	3	2	6	58
11 世纪	6.5	5	41.1	1	35.9	2	6.9	4	9.6	3	0	6	78
12 世纪	13.7	3	35.8	1	33.7	2	12.6	4	4.2	5	0	6	95
13 世纪	14.0	2	46.5	1	34.9	2	2.3	5	2.3	4	0	6	86
15 世纪	27.7	3	32.6	1	29.9	2	8.7	4	0.5	5	0.5	6	184
16 世纪	20.6	3	33.5	1	29.4	2	11.4	4	2.2	6	2.9	5	272
17 世纪	14.1	4	33.7	1	26.1	2	16.5	3	4.5	6	5.2	5	291
18 世纪	19.5	3	39.1	1	22.2	2	13.8	4	3.7	5	1.7	6	297
19 世纪	6.7	4	43.2	1	23.5	2	16.9	3	2.5	6	7.4	5	285
20 世纪	33.6	1	32.2	2	13.8	3	8.1	5	2.7	6	9.7	4	298

表 2-2 未列更前的统计数据，理由是：唐代之前的灾害资料来源较为单一，主要是正史，政治中心偏西，长三角地区灾害资料欠缺，即使有也记载过于简略，连大致的估计数都没有，仅有的数据与之后的各时期数据相距过大，有的甚至相差数十倍，难以置信；表中 10 世纪数据已有显示。20 世纪虽时间较短，只百年左右，又处于我国社会大动荡、大变革时期，尽管资料来源多样、数量丰富，但数据特别是大灾害的数据由于多种原因仍不完整可信，从已知的一些重要事件来看，灾害严重性的排序大体仍为洪涝为主，干旱居其次。长三角地区自南宋我国政治、经济中心南迁之后，南方发展较快，灾情记载较前期有很大改善，各类灾害从死亡人数及经济损失、发生比率等方面始终是热带风暴潮独占鳌头，以下依次为洪涝、干旱等，地震灾害所占的位置远不及全国水平。长三角地区历来地震活动频度低，强度弱，陆上地震 20 世纪以来百年内仅 1979 年 7 月 9 日江苏溧阳 6.0 级地震 1

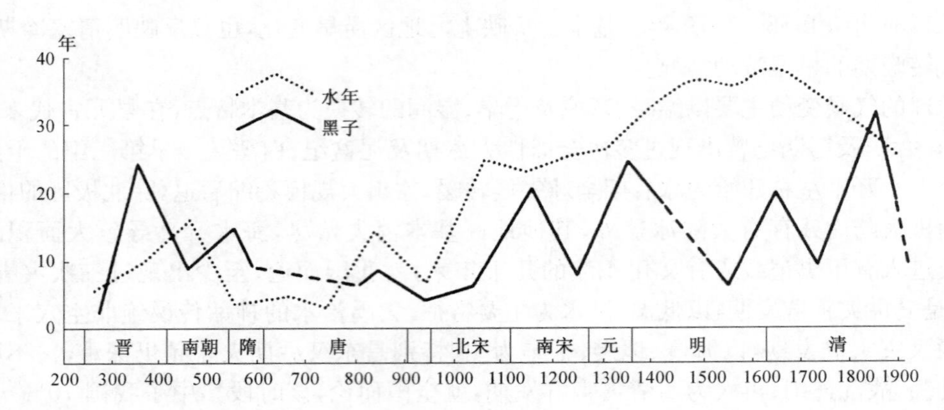

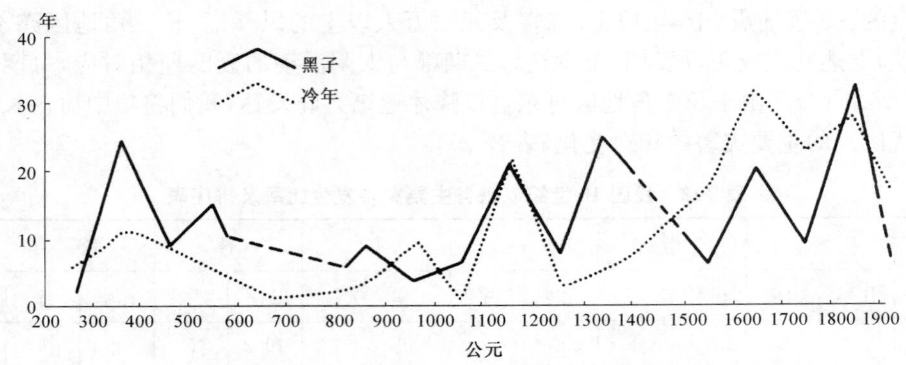

图 2-12 太阳黑子与洪水及冷年关系变化图

次，当地人民生命财产遭受较大损失。相邻的南黄海海域是我国四大海中地震最活跃的，最高强度虽不及渤海，但频度较高，特别是北纬 33°N—34°N，东经 121°E—122°E 海区最为活动，最大强度曾达到 7 级左右(1846 年 8 月 4 日)，20 世纪以来的 1910 年、1921 年、1927 年，1984 年、1996 年等≥6 级的主震和强余震都会对长三角造成骚扰，最高强度还造成一些地点六度破坏。如 1984 年 5 月 21 日南黄海勿南沙 6.2，6.1 级双震型震群，上海大部分地区都在五度影响区内，市内不少地点遭受轻微损坏，个别危房屋瓦下泻，厩棚倒塌，砸伤牲畜，老年人受惊，高血压、心脏病患者 3 人间接死亡，90 余人避震不当，跳楼自伤；30 余人需医院接受治疗，中国人民保险公司向投保户赔偿 4 万余元，总体损失不多；江苏南通地区也有 3 人间接死亡。

明清灾害群发期与明清气候寒冷期是对应的，与西方学术界判定的现代小冰期也大体相当，主体时段都在 15 至 19 世纪。尽管各个研究者对这个气候期的起始年代选取、其间的冷暖干湿变化的时间分段以及该气候期的终止时间，甚至是否结束等诸多领域认识不尽相同，但都承认，在总体比较寒冷的基础上也还有过多次相对温寒及干湿的变化；都认为该时期的气候变化与太阳活动的强弱相对应(图 2-12)。当太阳黑子多发时，我国的气候表现为冬季绵长，江湖河海冰冻严重；反之则气候较为温湿多雨。长江下游的气温变化不仅与我国的气候变迁相吻合，而且与挪威雪线高度的变迁及北美大西洋西岸的海平面升降相呼应(图 2-13)。我们认为气候变化是缓慢的，难以用某具体年份作为两个时段的截然分界点，当然某些具体典型事件不能划错，划分时宜粗不宜细，我们以长三角地区的情况将这一时段划分为以下几个相对冷暖时期(表 2-3)。

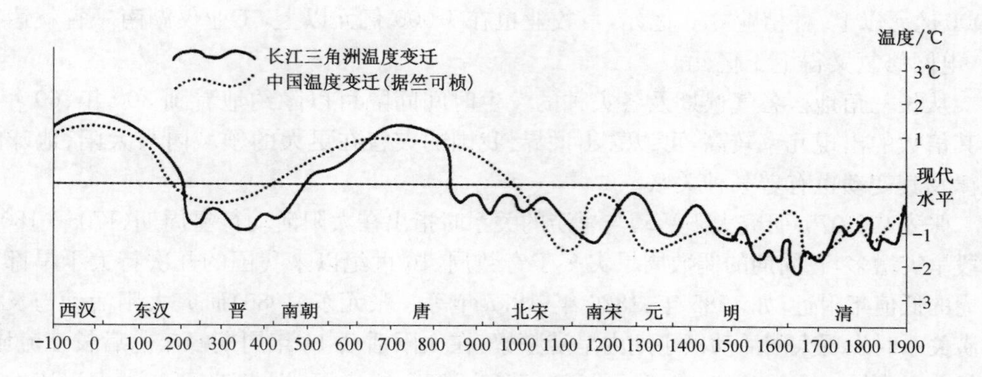

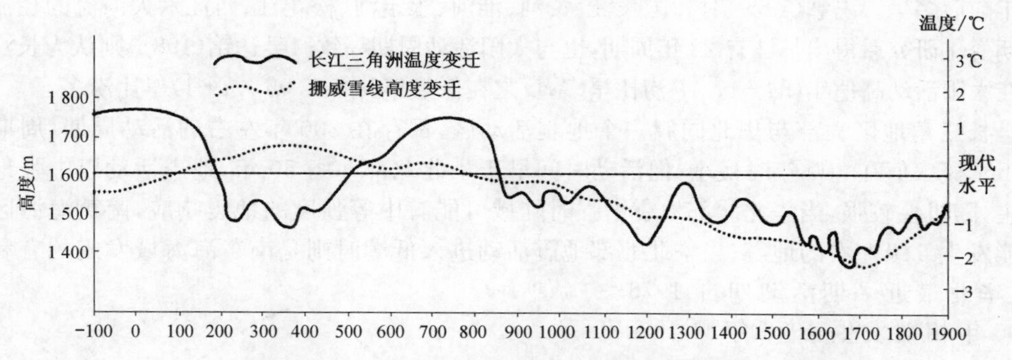

图 2-13　长江三角洲温度变化与中国温度变化、挪威雪线高度变化对比图

第一寒冷段：1420—1510 年。

一、二寒冷段之间的相对温暖段 1520—1570 年。

第二寒冷段：1580—1690 年。

二、三寒冷段之间的相对温暖段 1700—1790 年。

第三寒冷段：1800—1910 年。

现代升温段 1920 至今。

表 2-3　明清寒冷期长三角地区气候分段及各类灾害情况表

灾种	第一寒冷段		一、二间暖段		第二寒冷段		二、三间暖段		第三寒冷段	
	占全时段	频度（年）	占全时段	频度（年）	占全时段	频度（年）	占全时段	频度（年）	占全时段	频度（年）
洪涝	23.5%	12.5	8.8%	20	32.4%	17.1	8.8%	33.3	26.5%	17.1
干旱	4.5%	50	6.8%	20	47.7%	5.7	15.9%	14.3	25.3%	10.0
风暴潮	25%	16.7	25%	15	20.8%	24	16.7%	25	12.5%	40
冻害	16.7%	28	0%		33.3%	14.5	8.3%	100	41.7%	19

其中第一、二寒冷段最冷。该时段内的太湖结冰记录约占全部记录的三分之二，气温据张天麟教授研究比现在低 2℃左右。

至于 20 世纪 20 年代后的升温段是否纳入现代小冰期颇有争议，莫衷一是，暂不争论，搁置待议。从 20 世纪 20 年代以来，气温虽有波动；但上升趋势至今不减。而且突发性天气过程多发而且剧烈，应予特别关注。2008 年 1 月的南方大面积雪灾损失严重，林业损失

1 000亿元以上，种植业 670 亿元，畜牧业也在 1 000 亿元以上，工业仅湖南一省就达 100 亿元，电网修复又得上千亿元。

从长三角地区各气候期及各灾种的发生时间间隔可以隐约地看到 300 年、60 年、11 年及其倍数的出现几率较高，可以看出世界、我国的灾害在更大的领域内与太阳、地球的运动规律及其变动也有着某种关联。

张先恭(1975)研究太阳活动与旱涝的关系时指出在太阳活动行星周期(170a—180a)的减弱段旱灾增多，磁周期的偶数周旱灾多于奇数周，16 世纪以来我国的几次特大干旱都出现在双周的低值年附近，如 1785 年、1826 年、1877 年等。张元东(1986)研究太阳活动与长江流域旱涝关系时发现太阳活动极小期内旱涝频繁，在太阳活动 11 年周期峰年前后长江流域多涝，谷年前后多旱。冯掌(1979)对我国长江、黄河、淮河、永定河、松花江、西江六大河流的径流量周期变化研究后得出长江有 22 年周期，也与太阳活动周期一致。吴达铭(1981)则认为长江流域在太阳活动高值年($M-1$, M)涝比旱多，反之在低值年($m-1$, m, $m+1$)旱比涝多。

长三角地区大部与华北同属一个地震活动区，都存在 300 年左右的活动周期，周期图 Fisher 概率值在 300 年时最小，但活动时间早于华北北部 30～50 年，地震活动以中强地震为主，随机性较强，当华北北部地震增强时陆域可能有中等强度的地震响应，南黄海海区有可能发生 6 级左右的地震；当华北北部地震活动进入低潮时则是南黄海海域发震的有利时机，华北最近一期活动期自 1976—1996 年相继发生 1976 年溧阳 6.0 级、1984 年南黄海 6.2 级双震型震群，1996 年长江口东 6.1 级地震等，今后数十年再发生≥6 级地震的几率应该不大，但 5 级左右的地震却难避免。由于地震灾害的突发性，震前征兆难以捉摸，预测预报暂时还无有效办法，千万不能存在侥幸心理，以为主震期已过，现在也很平静，未来不会发生中强地震偷袭长三角地区。地区安全需要有一部分人默默无闻地坚守岗位，深入细致地研究地震发生的规律，站得更高，望得更远地研究地震孕育、发生、发展的特点，为苏浙皖沪人民的生命财产安全尽职，为长三角地区的建设安全提供保障。

自然灾害种类多样，又变化万千，太阳活动、地球在各大行星中的位置排列、地球自身运动规律的变化如公转、自转的速度变化，极移与章动(图 2-14)等都可能影响到地球各类灾害的发生和发展，各类灾害之间也可以相互影响，消长各异，现在这类关系还

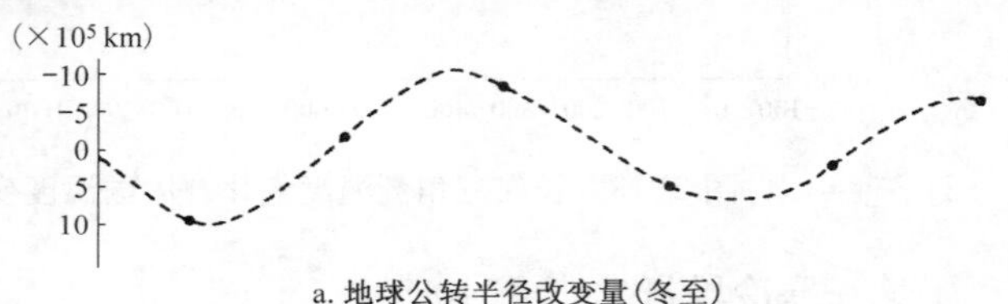

a. 地球公转半径改变量(冬至)

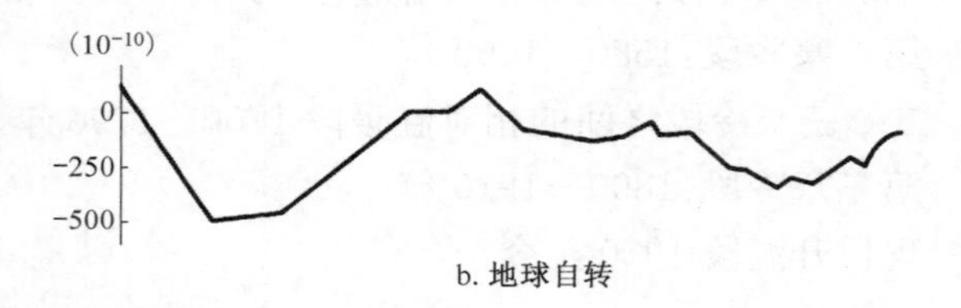

b. 地球自转

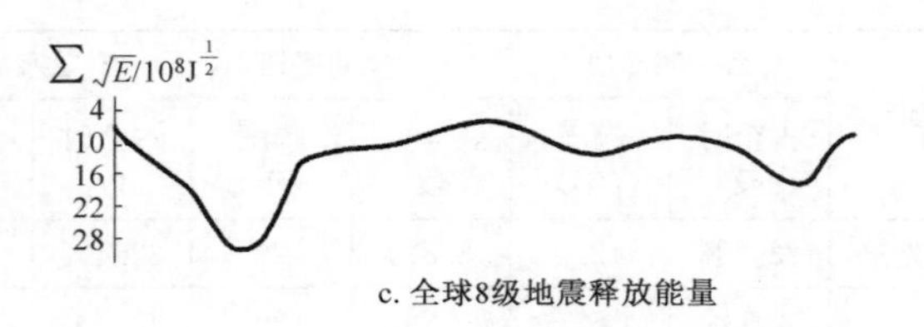

c. 全球8级地震释放能量

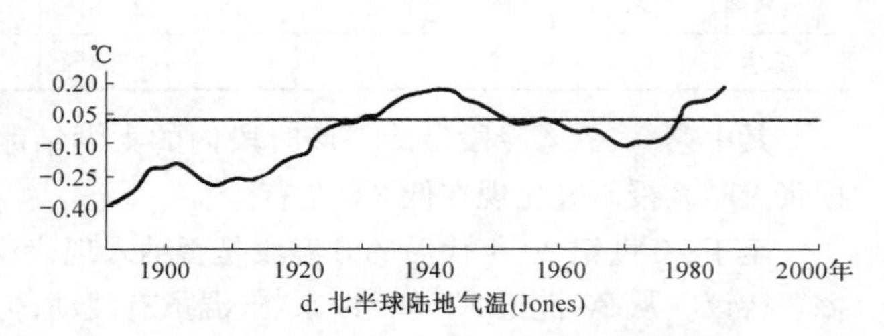

d. 北半球陆地气温(Jones)

图 2-14 20 世纪地球公转、自转、地震、气温变化图

只处于资料积累和研究探索阶段，灾害与致灾各因子之间的关系密切到何种程度，对预报的贡献价值多少至今还不甚了了，要达到具体应用阶段还需时日，与公众的要求差距很远。有些工作还必须超脱单一学科的一孔之见，站得更高，借助其他领域的新成就、新技术，联合各相关学科，发挥各自的优势，共同探索灾害之秘。与此同时，防灾减灾的工作又不能停顿等待。首先是应该树立灾害及自救、自卫意识，从我做起，从每家每户做起，要学学我们近邻的日本人民，一旦灾害发生时，如何快速脱离灾害环境，如何自救，快速取得急救的药物和物品，事先准备的东西具体而齐全，到时不会忙乱抓瞎。其次是保护环境，遵循自然规律，合理利用环境，与自然和谐相处，共存共荣。而不是反其道而行之。说实在的，很多灾害是人类盲目过度开发致灾或使灾害扩大的，在认识自然灾害规律的基础上要避其锋芒，顺应自然，积极应对，加强防范。蛮干只能自讨苦吃。

我国人口众多，经济发展虽说近30年来突飞猛进，而人均水平还是中等偏下，今日中国人口与社会财富快速向城镇集中，而防灾减灾的措施相对滞后，减灾能力还较薄弱。一次自然灾害死亡千人以上的事件，在发达国家极为罕见，而在我国目前还难以杜绝。比较历代各类自然灾害的发生频度，大都在加快，日渐频繁，唯风暴潮的损失有所下降，因为沿海各省(市)政府重视，伤亡人数大有改观。洪涝与地震的损失仍然较大。北方的黄河，建国以后一直无甚大碍，可不代表风险日渐降低，现黄河河床内已形成二级悬河。今天的黄河河底比开封市高13 m，高于北岸的新乡市12 m。1996年时洪水流量仅4 000余万方，却上了1855年后洪水从未上过的高滩面，并比1761年的洪水位还高1 m，如果一旦发生1958年时的2.3万方洪水，黄河大堤将陷于极度危急。但愿千年古城开封不会再次埋入地下，黄河一出事就是特大事件，千万要保护大堤安全过汛。长江三峡建成后对武汉及以下各大城市的洪水威胁大为减轻，长三角地区沿江各城市也得益匪浅。我国减灾方针在人本主义的原则指导下，今后除积极抢救生命，减少伤亡外，也应减轻经济损失，逐步提高抗灾能力，别以为它是小概率事件而有松懈侥幸心理，力争我国的灾害损失在GDP总值中所占的比重逐年下降。但愿灾害带来的痛苦和辛勤劳动成果的损失能够日渐减少，使人民的生活更加幸福美好。

第三篇 长三角地区历年自然灾害概要

一、编纂原则

(1) 长三角地区的灾害史料始于吴越时期,即公元前496年,止于2007年。

(2) 本篇将长三角地区灾害尽量收集,有些似无灾害或一些暂时无法判明原因的现象保留暂存。对部分孤立记载,影响局限,又未记载损害的气象、水文现象,未做全部采摘。

(3) 本篇按编年体方式编排,以事件出现先后依次序,有月无日者列于月末,有季无月者置于季末,有年无月者附于年末。灾害发生的具体日期一概采用现行的格里历日期。由于我国古代惯用农历,又因1582年10月以前为儒略历,还需修订为格里历。

(4) 今长三角地区战国时分属吴、越两国;秦时为会稽郡全部,东海郡、泗水郡南部、九江郡、闽中郡北部;汉时属扬州刺史部的会稽郡、丹阳郡、九江郡、庐江郡;徐州刺史部的临淮郡、广陵国;东汉时江南部分多划出吴郡,江北改为广陵郡、下邳国南部;两晋时属东晋,南北朝属宋、齐、梁、陈东北部;隋时属淮南郡及江表地区北部,唐代长江以北属淮南道,长江以南包括江南东道北部及江南西道东北的宣州;五代时分属南唐北部及吴越大部,北宋时居两浙路全部及淮南东路、淮南西路及江南东路各一部;南宋时为两浙东路、两浙西路及江南东路、淮南东路东部;元代长江以北属河南行省安庆路、庐州路、安丰路、淮安路、高邮府、扬州路,长江以南属江浙行省的池州路、徽州路、宁国路、太平路、广德路、集庆路、镇江路、常州路、江阴州、平江路、松江府、嘉兴路、湖州路、杭州路、绍兴路、庆元路、台州路、温州路、婺州路、建德路、衢州路、处州路;明代属南直隶及浙江;清代属江南省。各地建县前的灾害史料如与母州县雷同或大体近似者疑为转录不再使用。而母州县缺失的部分,且可资补充者则予以保留,若连母州县都毫无音讯者不予摘取。建县之后,即使相邻各县记录相同也一并采用。地震资料研究区内入选的一次事件不得少于5处记载,区外地震影响区内的一律照用。本书所列经济损失一律只是直接经济损失,至于间接经济损失目前尚无统一标准,故一概未采。

(5) 灾害史料的原文摘录,同一事件不同资料记述互有异同者,酌情采用,更为确凿,可信度更高资料作为基本文献,如正史、实录、档案及距事件发生日期、地点更近者为佳,辅以其他史料以资比较细化。同史料联述多种灾害,又不便割裂时,在编录某次灾害事件时,对其他灾害事件可用括弧或用省略号圈出。对误字拟改写者用括号补充,有疑问者用问号,可考的错误及其他需要说明者加注说明。同当事件相邻或相近地点记载的以分号分隔;若时间类似、性质一致,但相距较远,关系不十分确定的,则用句号分隔。

(6) 历史文献因当时当地的社会以及编纂者等多方面因素影响,情况比较复杂,因为正史的本纪、五行志、实录也不会完全相同,有些是收到奏报的时间,有些是事件发生的日期,更有甚者连 1668 年山东 8½级、死亡数万人的巨大地震在《清史稿》、《清实录》中竟找不到任何记述。另外,地方志的编纂良莠不齐,有些连年号都有错,必须对同一地点的不同版本、不同地点对同一事件的记载前后比对,去伪存真,保障事件的灾情发生的时间地点尽可能恰当,本篇尽力作了一些鉴别与考订。

二、历年灾害概要

公元前 496 年

吴王兴师伐越,败兵就李(嘉兴东南竹林村)* 大风发狂,日夜不止,车败马失,骑士坠死,大船陵居,小船没水。

* 狂风日夜不止,并能将大船刮上山丘,只能是风暴潮所为。这也许是我国最早的风暴潮记载。就李即槜李,因名果而得名,为春秋晚期吴、越两国分界线上的军事要塞之一,城高二丈,厚一丈五尺,并有烽火楼等辅助建构筑物等,今皆废。故址据多种地方志对比判断在桐乡市濮院镇西千金乡,今名百桃乡,2001 年撤消建置,分别并入桐乡市梧桐街道及屠甸镇。

公元前 484 年

越国(都绍兴)大饥,王恐,召范蠡而谋,乃使人请食于吴,吴王与之。不出三年(公元前 482—公元前 481 年)而吴亦饥,使人请食于越,越王弗与,乃攻之。

公元前 178 年

7 月*,淮南王都寿春(寿县),大风毁民室杀人。

* 汉初沿用秦历,以十月为岁首。

公元前 175 年

8 月,吴(都苏州),暴风雨,坏城官府、民室;楚王都彭城(徐州)大风从东南来,毁帝门,杀人(《汉书·五行志》卷 27 下,是又一次古老台风事件)。

公元前 152 年

2 月,江都(扬州)大暴风从西方来,坏城 12 丈。

公元前 44 年

夏秋,大水,颍川(禹县)、汝南(今汝南东北)、淮阳、庐江(今庐江西南)雨,坏乡聚民居,流水杀人。

公元前 39 年

夏秋,大水,颍川、汝南、淮阳、庐江坏乡聚民舍及水流杀人。

公元前 37 年

12 月,齐、楚地大雪,深五尺。

37 年

扬、徐部* 大疾疫,会稽(绍兴)、江左甚。

* 扬、徐两部辖今山东东南部、苏北全部、安徽淮河以南、苏南、湖北东北部、浙闽赣全部。江左只包括

其中的苏南、皖南及浙北部分。西、北以长江为界，东至海，界线明确，南界较含糊。与后文中出现的江东、狭义的江南基本含义相同。

● **38年**

是岁，会稽大疫。

● **87年**

马棱迁广陵(扬州)太守，时谷贵，民饥，奏罢盐官，以利百姓。

● **89年**

10月4日会稽*(绍兴)南山崩，会稽大名山也。

*绍兴南有会稽山脉，跨诸暨、绍兴、嵊州三市，主峰为三地交界处的龙头顶，要发生山崩当在今绍兴南部山区小禹江上游某处。

是年，淮水变赤如血(寿州，凤阳方志均载)。

● **113年**

10月，调零陵、桂阳、豫章(南昌)、会稽租米，赈给南阳、广陵(扬州)、下邳(江苏邳州南古邳)、山阳(山东巨野南、万福河北)、庐江(庐江西南)、九江(寿县)饥民。

● **119年**

5月，会稽大疫。

● **121年**

陈忠上疏曰：青、冀之城淫雨漏河；徐、岱之滨海水盆溢；兖、豫蝗蝝滋生；荆、扬稻收俭薄，并、凉二州羌戎叛戾，加以百姓不足，府帑虚匮，自西徂东杼柚将空。

● **123年**

8月，丹阳*山崩47所。

*后汉丹阳郡治宛陵(宣城)，领县16，宛陵、丹阳(当涂小丹阳)、泾县、歙县、黟县、芜湖、南京、句容、溧水、高淳、溧阳等皖南及江苏南京的江南部分。

● **133年**

3月21日诏以吴郡(苏州)、会稽饥荒，贷人种粮。

● **147年**

3月，荆、扬二州多饿死，遣四府分行赈给。

● **151年**

3月，九江(治阴陵，今废，位凤阳西南)、庐江(今庐江西南)大疫。

● **164年**

冬，大寒，杀鸟兽，害鱼鳖，城傍竹柏之叶有枯伤者；165年入春节连寒，木冰，暴风折树，又八九郡并言陨霜杀菽。

● **166年**

扬州六郡(当年扬州辖九江、庐江、豫章、丹阳、吴郡、会稽六郡)连水、旱、蝗害。

● **183年**

冬，大寒，北海(治北海国，今昌乐西)、东莱(治黄县，今黄县东)、琅琊(治琅琊国，今临沂北)井中冰厚尺余。

197 年

6 月，蝗。

10 月，汉水溢。是岁饥，江淮间民相食。袁术兵败渡淮……众情离叛，加天旱岁荒，士民冻馁，江淮间相食殆尽。

224 年

10 月，（魏文帝）至广陵（扬州），时江水盛涨，帝御龙舟，会暴风飘荡，几至覆没。

225 年

11 月，（魏文帝）行幸广陵故城，临江观兵，戎卒十余万，旌旗数百里，是岁大寒，水道冰，舟不得入江，乃引还。

234 年

10 月 11 日，（吴建邺，今南京）陨霜伤谷。

235 年

8 月，（吴建邺）雨雹，又陨霜。

236 年

（吴建邺）自 235 年 11 月不雨，至 236 年夏。

240 年

12 月，（吴建邺）民饥，诏开仓廪以赈贫穷。

241 年

2 月，（吴建邺）大雪，平地深 3 尺，鸟兽死者大半。

242 年

5 月，建邺旱，诏禁献御，减太官膳。是岁大疫。

245 年

夏，（建邺）雷霆犯宫门柱，又击南津大桥楹。

248 年

5 月，（建邺）雨雹。

250 年

9 月，丹阳（今南京）、句容、故鄣（浙江孝丰）、宁国诸山崩，洪水溢。诏原逋责，给贷种食。

251 年

9 月 3 日大风，江海涌溢，平地水深 8 尺；吴高陵拔松柏树 2 000 株，石碑蹉动，郡城（苏州）南门飞落。12 月大赦，（孙）权祭南郊，十二月诏省徭役，减征赋，除民患苦。

252 年

10 月，（吴）桃李华。

253 年

5 月，诸葛恪围新城（今合肥西北，淝水北岸），大疫，兵卒死者大半。

254年

夏,吴(建邺)大水。

255年

吴大旱,百姓饥。次年1月,建邺作太庙,军士怨叛。

257年

3月15日(吴)大雨震电。3月16日雪,大寒。

258年

3月,司马昭破寿春,大军之攻亢旱逾月。城既破,是日大雨,围垒皆毁。

12月15日风四转五。复蒙雾连月。次年1月17日夜有大风,发木扬沙。

261年

6月,吴(江宁、吴江)大雨,水泉涌溢。

262年

9月13日(吴)大雨震电,水泉涌溢。

266年

春夏,吴旱。

270—271年

270年冬,晋(都建邺,今南京)大雪;271年春,吴后主欲西上攻晋济,自牛渚(马鞍山市采石镇),行至华里(不详)遇大雪,寒冻欲死,遂还师。

275年

5月,广陵(扬州)、司吾(新沂南、沂水转折处东北岸)、下邳(邳州南)大风折木,坏千余家。秋,(吴)旱,会稽太守以民饥,表出仓赈贷。后主怒,以树恩私,遣人斩之。

12月,大疫,(宋)京都(建康,今南京)死者10万人。

278年

8月,司(邢台)、冀(冀县)、兖(州)、豫(淮阳)、荆(州)、扬(建邺,今南京)郡国20大水,伤秋稼,坏屋室,有死者。淮南(寿县)、沿(长)江、太湖大水。扬(州)郡水伤稼;高邮、仪真、吴江秋大水。

281年

冬,(建邺)大寒。

282年

春,(建邺)疫。

283年

冬(十二月),河南(今洛阳)、荆(州)、扬(南京)6州大水。建邺、吴江大水。

287年

3月15日吴江雨、震电;3月16日雪,大寒。

8月,(建邺)大雨,殿前地陷,方五尺,深数丈,中有破船(《宋书·五行志》《晋书·五行志》)。

288 年

2月19日江苏太湖(31°N，120°E)5¼级地震，江东会稽、吴兴、丹阳、义兴四郡有感，长径280 km。

294 年

6月29日*，淮南寿春山崩，洪水出地陷方30丈，杀人。坏府城。

*《晋书·本志》记：今从五行纪。

295 年

6月，颍川(今鄢陵西南)、淮南(寿县)大水。

7月，荆、扬(建邺)、兖(郓城西北)、豫(淮阳)、徐等六州大水，是岁诏遣御史巡行赈贷。仪征大水。

296 年

1月，丹阳、建邺(皆今南京)大雪。

6月，荆、扬二州大水。仪征、溧水皆大水。

298 年

10月，荆、豫、扬、徐、冀等5州大水。江宁、仪征大水。

309 年

4月，大旱，江、汉、河、洛皆竭，可涉。夏，江宁、仪征大旱、江竭；溧水大旱。

310 年

5月，江东大水。江宁、溧水大水。

313 年

1月4日会稽大雪。

317 年

7月，扬州(南京)大旱。

8月，大旱。司(豫洛阳)、冀(冀冀县)、并(晋太原)、青(鲁益都)、雍州(陕西安北)大蝗。

318 年

7月，东海(山东郯城)、彭城(徐州)、下邳、临淮(盱眙东北)4郡蝗虫害禾豆。江宁旱。

319 年

1月，江东3郡饥，遣使赈给之。春，吴郡、吴兴(湖州)、东阳(金华)无麦禾，大饥。吴郡是岁死者千数。吴郡太守辄开仓廪赈之。

6月，淮陵(安徽五河女山湖北岸)、临淮、淮南、安丰(霍丘西南)、庐江、徐州、扬州(南京)及江西诸郡等蝗，虫食秋麦。

320 年

3月2日(建康)雨木冰。

4月，海盐雨雹。春雨至于夏。

6月，(建康)旱。

7月，(建康)大水。溧水大水。

7月19日江苏金坛东南(31.7°N,119.7°E)5级地震,丹阳(南京)、吴郡(苏州)、晋陵(常州)有感,长轴约200 km。

321年

7月(吴)旱。江宁、溧水大旱,川谷竭。

8月,(建康)大水。

9月,(建康)黄雾四塞,埃氛蔽天。

322年

春,(建康)雨40余日,昼夜雷电,震50余日。

7月,(建康)旱。

8月14日(建康)大风折木,屋瓦皆飞。

9月,暴风坏屋,拔御道柳树百余株,其风纵横无常,若风自八方来者(龙卷风抑或旋风)。11月,(建康)大疫,死者十二三。京师大雾,黑气蔽天,日月无光。

12月,(建康)大疫,死者十二三。京师大雾,黑气蔽天,日月无光。

闰十一月(12月下旬至次年1月中旬)京都大旱,川谷并竭。

323年

3月19日(建康)黄雾四塞。

4月4日(建康)陨霜。4月17日又陨霜,杀谷。5月1日陨霜杀草。

6月,荆州及丹阳、宣城、吴兴、寿春、湖州、桐乡大水。

8月19日(雷)震(建康)太极殿柱。

324年

5月11日京都(建康)雨雹,燕雀死。

325年

4月11日(建康)雨雪。

2—7月,(建康)不雨、大旱。

326年

6月,(建康)大水。

7—12月(建康)不雨。

11月17日会稽郡大雨、震电。宣城春谷(繁昌西北)山常崩,获石鼎重20斤,受斗余(正史未载,多部方志记载)。

12月,(建康)大旱。

327年

5月旱。

6月11日京师(今南京)大水。

328年

8月7日,临海(今台州市临海区)大雷,破郡府内小屋柱10枚,杀人。

329年

2月,石头城(今南京)中大饥,斗米万钱。

2—3 月,(建康)淫雨,50 余日乃霁。

8 月,会稽、吴兴(湖州)、宣城、丹阳(南京)大水。

330 年

6 月,(建康)旱,且饥疫。江宁旱,饥。

是岁,无麦禾,天下大饥。

331 年

5 月,(建康)旱。江宁旱。

332 年

6 月,(建康)大水。

333 年

8 月,(建康)大旱。

334 年

5—9 月,(建康)不雨;7 月大旱,诏太官彻膳、省刑、抚孤寡、贬费节用。大雩。

335 年

3 月,扬州(今南京)诸郡饥。7 月,天下普旱,诸郡饥,遣使赈给,会稽、余姚特甚。米斗直(值)500,人有相鬻者。吴江大旱,饥。

336 年

4 月,旱,诏太官减膳,免所旱郡县徭役。4 月 14 日大雩。江宁旱。

8 月,扬州、会稽饥,开仓赈给。

337 年

7 月,(建康)大旱,饥。江宁旱。

342 年

2 月 23 日京都(今南京)大雨,郡国以闻。

343 年

6 月,(建康)旱。

8 月 18 日晋陵(常州)、吴郡(苏州)灾风。

9 月,(建康)大雪。

345 年

6 月,(建康)旱。6 月 26 日大雩。

346 年

6 月,(建康)淫雨,7 月乃霁。

348 年

6 月,(建康)大水。

349 年

6 月(建康)大水。

8—11月(建康)不雨。

350 年

3月下旬—4月中旬(闰二月建康)旱。夏,旱。

6月,(建康)大水。江宁大水。是岁大疫。

351 年

8月14日涛水入石头(今南京),溺死者数百人。

352 年

2月17日(建康)雨木冰。

夏,(建康)旱。8月大雩。

353 年

春,(建康)旱。4月,旱。江宁旱。

6月,(建康)大疫。

354 年

1月,(建康)桃李华。

自去秋至是夏(建康)旱,三麦不登。

355 年

4月29日(建康)陨霜。

356 年

2月10日(建康)雪。大无麦。

358 年

2月,(建康)大雪。

6月,丹阳(今南京)、晋陵(常州)等5郡大水,稻稼伤,饥甚。江宁、丹徒、丹阳同。

359 年

冬,(建康)大旱。

360 年

6月,天下大水。

冬,(建康)大旱。

361 年

2月22日(建康)疾风。

5月,(建康)大水。江宁大水。

362 年

5月,(建康)旱。江宁旱。

363 年

1月,(建康)诏曰:玄象失度,亢阳为患。

366 年

5月,(建康)旱。江宁旱。

368 年

5 月 11 日(建康)雨雹,大风折木。

369 年

冬,(建康)大疫。

371 年

3 月,(建康)大风迅急。

6 月,京师(今南京)大水,平地数尺,浸及太庙,朱雀。大航缆断,3 艘流入大江。丹阳(南京)、晋陵(镇江)、吴郡(苏州)、吴兴(湖州)、临海(台州)5 郡又大水,稻稼荡没,黎庶饥馑。

372 年

2 月 9 日涛水入石头(今南京)。

11 月,三吴* 大旱,人多饿死,诏所在赈给。

* 三吴为吴县、吴江、吴兴三地联合的简称,实指太湖地区。

373 年

4 月,旱。京都(南京)大风,火大起。

6 月,(建康)旱。

374 年

4 月,吴县大水。5 月 9 日皇太后诏曰:三吴沃埌,股肱望都,而水旱并臻,百姓失业。三吴、义兴(宜兴)、晋陵(常州)及会稽(绍兴)遭水之县尤甚者,全除一年租布,其次听除半年,受赈贷者即以赐之。

375 年

4 月 18 日(建康)暴风迅起,从丑上来,须臾逆转,从子上来,飞沙扬砾(龙卷风)。

冬,旱。376 年 1 月 20 日皇太后诏曰:顷日蚀告变,水旱不适,虽克已思救,未尽其方。赐百姓穷者米,人 5 斛*。

* 1 斛=10 斗,1 斗=10 升,1 升=10 合,1 合=2 龠。据公元 8 年复制周礼的新(王莽)铜嘉量(国家标准量器,实物现藏中国台北“故宫博物院”),经台湾方面测试,容积为 20 187.187 cm^3;按制造当年习惯,以小米为介质测定:1 斛为 15 680.718 克;1 斗为 1 529.599 克;1 升为 150.138 6 克;1 合为 15.626 5 克。

377 年

2 月 25 日(建康)暴风折木。

4 月 27 日(建康)暴风、疾雨俱至,发屋折木。

5 月 15 日(建康)暴风,折木,发屋。

6 月 9 日(建康)雨雹。

378 年

1 月,(建康)大雪。

4 月 21 日(建康)雷雨,暴风,发屋折木。

7 月,(建康)大水。

379 年

2 月 11 日(建康)大赦,郡县遭水旱者减租税。

4月，(建康)大疫。

7月，(建康)大旱。

9月13日(建康)暴风，扬沙石。

380年

5月，(建康)大旱。

6月，(建康)大水。自冬大疫至于6月，多绝户者。

7月28日(建康雷)震含章殿4柱，并杀内侍2人。

381年

7月，扬(南京)、荆(州)、江(九江)3州大水(长江大水)。溧水大水。8月，大饥。无麦禾，江东大饥。

383年

4月13日(建康)黄雾四塞。7月，旱。

385年

6月，(建康)大水。

8月，(建康)旱，饥，井皆竭。

387年

2月20日(建康)暴风，发屋折木。

5月28日(建康)雨雹。

8月11日(建康)大风折木。

388年

7月，(建康)旱。

389年

1月16日水入石头，毁大桁，杀人。

1月23日(建康)大风，昼晦，延贤堂灾。

8月10日，雷灾，烧(今南京)宣阳门西柱。

390年

1月28日(建康)雨木冰。

8月，(建康)旱。

391年

6月，飞蝗从南来，集堂邑(南京六合区西北)县界，害苗禾稼。

392年

7月25日风暴潮。永嘉郡(温州)潮水涌起，近海4县(永嘉、乐清、瑞安、平阳)人多死。涛水入石头(南京)，毁木桁，漂船舫，有死者。京口(镇江)西浦亦涛入杀人。

是岁，(建康)自秋不雨至于冬。

393年

8月，(建康)旱。

395 年

6 月 29 日上虞雨雹。

396 年

6 月 7 日(建康)雨雹。

6 月 23 日(建康)大水。

11 月,(建康)大雪。次年 1 月,雨雪 23 日。

398 年

4 月 26 日(建康)雨雹。

冬,(建康)旱,寒甚。

400 年

5—6 月,(建康)旱。

401 年

夏秋(建康)大旱。次年 1 月不雨。是岁,饥,禁酒。

402 年

5 月,三吴大饥,户口减半。会稽减十三四,临海、永嘉殆尽。富室皆衣罗纨,怀金玉,闭门相守饿死。

8 月,大饥,人相食。浙、江东饿死、流亡十六七,吴郡、吴兴户口减半,又流奔而西者万计。

10—11 月(建康)不雨,泉水涸。11 月 12 日黄雾混浊,不雨。

403 年

4 月 19 日(建康)大风雨,大航门屋瓦飞落。仪征江暴涨,漂没居人。

7 月,(建康)不雨,冬,又旱。

404 年

1 月,(建康)酷寒过甚。2 月 23 日霰雪又雷。

2 月 28 日夜涛水入石头,商旅方舟万计,漂败流断,杀人,骸胔相望。江左虽频有涛变,未有苦斯之甚。

9 月不雨。

405 年

6 月 5 日(建康)雨雹。

11 月,(建康)大疫,发赤斑乃愈。

406 年

1 月 18 日涛水入石头。

407 年

1 月 13 月夜涛水入石头。

5 月 31 日(建康)大水;江宁大水。

408 年

12 月 5 日(建康)西北疾风起,大风拔树。

冬，(建康)不雨。

409 年

1 月 21 日涛水入石头。

4 月 12 日(建康)大雪，平地数尺。

6 月 6 日溧阳雨雹。

7 月 8 日雷震(建康)太庙，破东鸱尾、彻柱、又震太子西池合堂。

9 月 30 日广陵(扬州)雨雹。

11 月 26 日大风发屋。尚书迎德宗于板桥(南京西南郊板桥镇)，大风骤起，龙舟沉没，死者10 余人。

12 月(建康)大雾。

410 年

2 月 21 日(建康)雪。

3 月 5 日(建康)雷，又雪。

6 月 24 日(建康)大水。

7 月 9 日(建康)雨雹，大风拔北郊几百年树，并吹琅琊、扬州二射堂倒坏。是日，卢循大舰漂没。7 月 11 日又风，发屋拔木。7 月 13 日大风拔木。

8 月 2 日雷震太庙鸱吻。

10 月(建康)不雨。

411 年

春，(建康)大疫。

412 年

3 月 29 日(建康)地陷。

4 月 28 日(建康)雨雹。

4 月 30 日山阴(绍兴)地陷，方四丈，有声如雷

7 月，(建康)大水。

8 月 18 日(六月无癸亥日，应为闰六月)(建康)大风发屋。

11 月，(建康)不雨。

413 年

2 月，(建康)大风，白马寺浮图、刹柱折坏。

7 月 2 日(建康)大水；江宁大水。

秋冬，(建康)不雨。

414 年

5 月 6 日(建康)大风拔木。

5 月 8 日(建康)雨雹。

6 月 28(建康)大水；江宁大水。

7 月 27 日(建康)大风拔木。

10 月，(建康)旱。

415年

1月,(建康)又旱,井渎多竭。

2月,京师(南京)大风。

8月26日京师大水,坏太庙。

416年

7月,吴郡(苏州)大水。

423年

9月4月(建康)以旱,诏赦五岁刑以下罪人。

424年

2月17日(建康)暴风发殿庭会席,翻扬数十丈。

3月(二月无乙巳日,只取其月)大风。是岁大旱。

425年

2月,表贺元正、并陈旱灾表,曰:顷旱魃为虐,亢阳衍度,通川燥流,异井同竭,老弱不堪运汲,贫寡惮于负水,租输既重,赋税无降,百姓怨咨。夏,(建康)旱。

8月4日吴郡(苏州)大风,山水涌出5丈,杀居人。

426年

秋,(建康)旱且蝗。

427年

6月,京都(今南京)疾疫。

秋,京都旱。

428年

2月13日(建康)大风。

春,(建康)大旱。曰:顷阴阳隔并,亢旱成灾,秋无严霜,冬无积雪,疾疠之气弥历四时。

7月12日都下大水,7月17日遣使检行赈赠。

8月20日(建康)大风。

429年

2月23日(正月无丙寅日,疑丙申之误,建康)雪且雷。

8月28日会稽(绍兴)、晋陵(常州)、吴郡(苏州)大风折木。

430年

是岁,吴兴(湖州)、晋陵(常州)、兴义(宜兴)、长兴、吴江太湖水溢,谷贵民饥,遣使巡行赈恤。

431年

4月,(建康)大雩。

6月,扬州(南京)诸郡旱。溧水旱。7月12日大赦,旱故,又大雩。闰六月(7月下旬至8月中旬)扬州(南京)旱。

432年

12月,(建康)雷且雪。

434 年

6月，京邑(今南京)大水。

435 年

7月，丹阳(今南京)、淮南、吴兴(湖州)、义兴(宜兴)大水，京邑乘船。仪征、如皋、溧水、苏州、吴县、吴江、长兴大水。民人饥殣。吴、义兴及钱塘(杭州)升米300。

8月4日以徐、豫(寿县)、南兖(扬州)3州，会稽、宣城2郡米数百万斛，赐5郡遭水民，是月断酒。

436 年

东土饥，遣扬州中从事史巡行在所。

437 年

(雷)震，初宁陵(位在建康)口标四，破至地。

440 年

冬，(建康)大雪。

441 年

4月25日(建康)雨雹。

442 年

闰五月(6月下旬至7月中旬)京邑(南京)及东诸郡(含会稽、东阳(金华)、临海(台州)、永嘉(温州)、新安(今已淹没在新安江水库水下)，大水。

7月6日遣使巡行赈恤。南兖(今扬州)、(南)豫(当涂)旱。

443 年

东诸郡大水。

自去秋迄于是秋，南兖州(扬州)、(南)豫州(当涂)旱。盱眙、如皋又旱。伤稼，民多饥。诏郡国开仓，赐粮种。

444 年

5月，晋陵(常州)大旱、民饥。今年亢旱、风，禾稼不登，此境连年不熟，今岁尤甚，晋陵境特为偏枯。

7月，京邑连雨百余日，水潦为患。8月12日诏曰：……南徐(镇江)、兖(扬州)、豫(当涂)及扬州(今南京)、浙江、江西属郡，自今悉督种麦，以助阙乏。

447 年

7月，京邑(今南京)疫疠。

448 年

2月，积雪冰寒。2月16日诏曰：比者冰雪经旬，薪粒贵踊，贫弊之室，多岁窘罄，可检行京邑二县(白下、秣陵)及营署，赐以柴米。

3月30日建康雨雹，广陵(扬州)龙卷风，有龙自湖头中升天，百姓皆见。

449 年

4月3日寿阳(安徽寿县)骤雨，有回风，云雾广三十许步，从南来，至城西回散灭。当其冲者，室屋树木摧倒(旋风)。

450年

(建康)9月，不雨，至次年4月。

451年

4月，(建康)大旱。

5月，都下(今南京)疾疫，使巡省给医药。

452年

3月13日大风拔木，都下(今南京)火。

6月，京邑(今南京)雨水；江宁霖雨，伤禾稼。

6月，盱眙雨雹，大如鸡卵。

12月，(建康)霖雨连雪，阳光罕曜。

453年

1月20日(建康)黄雾四塞。

2月，(建康)大风拔禾，飞霰且雷，冻杀牛马。

454年

9月，会稽大水，平地8尺。南徐州(治京口，今镇江)、南兖州(治广陵，今扬州)大水。

455年

9月，三吴饥，诏所在赈贷。

457年

2月，京邑(南京)雨水。2月17日(是月无辛未日，疑为辛亥日)遣使检行，赐以樵米。

5月，京邑疾疫。

6月，吴兴(湖州)、义兴(宜兴)大水，民饥。6月15日遣使开仓赈恤。

458年

1月16日(建康)大雪，平地2尺余。2月7日诏曰：去岁，东土(南京、宜兴、湖州等)多经水灾，春务已及，宜加优课，粮种所需，以时贷给。

459年

岁大旱，民饥。广陵(扬州)城陷之日冲风暴起，扬尘昼晦。

460年

5月，京邑疾疫。6月5日诏曰：都邑节气未调，疠疫犹众，言念民瘼，情有矜伤，可遣使存问，并给医药，其死之考，随宜恤赡。南徐(镇江)、南兖(扬州)大水。

461年

4月，定(河北定县)、相(已废，原址在磁州南，漳河南岸，铁路东侧)阻饥。时三吴(吴郡、吴江、吴兴)亦仍凶旱，死者十二三。

7月，京邑雨水。7月25日诏曰：雨水猥降，街衢泛溢，可遣使巡行，穷弊之家赐以薪粟。

462年

前年(462年)会稽雨绩于山泽……死不能葬，横尸原野，如乱麻焉。

8月16日山东兖州(34.8°N,117.0°E)6½级地震,波及至南京,烈度四度。

463年

自5月不雨,至于9月,(建康)大旱。12月,浙、江东诸郡大旱;扬(今南京)、南徐州(镇江)大旱,田谷不收,民流死亡;瓜渎(扬州南长江边瓜洲)不复通船。次年1月28日遣使开仓赈恤,听受杂物当租。风吹(南京)初宁陵隧口左标折,钟山(南京紫金山)通天台新成,飞倒散落山涧。

464年

3月,时(建康)大旱,463年不登,迄乎是岁,三吴尤甚,米有价无籴所,贯珠玉、锦绣相交枕死于道路。白下、秣陵两县(皆今南京)为薄粥赈之。

5月,建康雨雹。

9月,京师(南京)雨水。

去岁(463年)及是岁,东诸郡大旱,甚者米1升数百,京邑亦至百余,饿死者十有六七。

466年

2月,延陵(丹阳市西南延陵镇)大寒,风雪甚猛,塘埭决坏。春,(建康)谷贵,民饥。

7月,京邑(今南京)雨水。

467年

2月,(建康)天大寒,雪;泗水冻合,冻死甚众。

3月11日京师(南京)大雨雪,遣使巡行,赈赐各有差。

469年

5月19日京邑雨雹。

470年

淮水竭(方志记载,正史未见)。

471年

淮水竭(方志记载,正史未见)。

472年

7月,京师雨水,诏赈恤2县(白下、秣陵,今南京北、南两区)贫民。

473年

7月,寿阳大水,7月25日遣殿中将军赈恤慰劳。

9月,京师(南京)旱。伤秋稼。

475年

3月27日京师大水,遣尚书郎官长检行赈赐。

5月,(建康)连阴不雨。

7月11日京邑雨雹。

476年

元徽末,大雪,商旅扉行,会稽剡县(今嵊州)村里比屋饥饿。

477年

4月6日京邑大风,发屋折木。

11月，浙江於潜桃、李、柰结实。

478年

3月，於潜翼异山一夕52处水出，流漂居民。

7月15日涛水入石头，居民皆漂没。

479年

5月11日吴郡桐庐县暴风雷电，扬沙折木，平地2丈，流漂居民。

10月4日诏：二吴(今苏州、湖州)，义兴(宜兴)三郡遭水，减今年田租。

480年

夏，丹阳(今南京)、吴、吴兴、义兴郡大水。7月12日诏：昔岁水旱，曲赦丹阳、二吴、义兴4郡遭水尤剧之县。

10月22日(建康)雨雪。

481年

11月，(建康)雨雪，或阴或晦80余日，至482年3月止。482年1月9日诏以州镇20民饥，开仓赈恤。

是岁，大旱，时有虏寇。

482年

6月7日(建康)雷击乐游安昌殿，电火焚荡尽。7月2日诏曰：顷冰雨频降，潮流荐满，两岸居民多所淹渍，遣中书舍人与两县(白下、秣陵)官长优量赈恤。

7月，吴兴、义兴遭水县，蠲除租调。

11月30日酉时，风起小驶，至二更(上半夜21—23时)雪落，风转浪津。

是年大水。

483年

12月22日(建康)雹落大如蒜子，须臾乃止。

484年

12月(建康)四面土雾入人眼鼻，至12月6日止。12月9日日出后及日入后，四面土雾勃勃如火烟。

485年

有大鸟集会稽、上虞。其年县大水。

486年

3月26日大风，吴兴偏甚，树叶皆赤。

487年

夏，吴兴、义兴水雨伤稼。7月14日诏曰：出霖雨过度，水潦洊溢，京师居民多离其弊，遣中书、二县(白下、秣陵)官长随宜赈恤。8月27日诏：今夏雨水，吴兴、义兴二郡田农多伤，许蠲租调。

488年

8月31日诏：吴兴、义兴水潦，被水之乡赐痼疾笃癃口2斛，老、疾1斛，小口5斗。

12月24日(南京)丙夜土雾竟天,昏塞浓厚,12月25日未时(13—15时)小开,到26日夜后仍浓密,勃勃如烟,辛惨入人眼鼻。

490年

5月7日(建康)起阴雨,昼或暂停,夜时见星月,连雨积霖至17日乃止。

5月11日雷震会稽、山阴(皆今绍兴),恒山保林寺刹上四破,电火烧塔下佛面,窗户不异也。

7月22日子时风起迅急,暴疾浪津,都下(今南京)发屋折木,尘沙从西南来,因雷雨,须臾风微雨止。大水,百官戎服救太庙。9月2日诏:京邑霖雨既过,居民泛滥,遣中书舍人、二县官长赈恤。10月13日诏:吴兴水淹过度,开所在仓赈赐。

11月6日夜(建康)土雾竟天,浓厚勃勃如火烟,气入人眼鼻,至7日辰时(7—9时)开除。

11月,(建康)桃李再花。

491年

9月,吴兴、义兴大水。10月15日蠲二郡租。溧水大水蠲租。桐乡大水,民饥。京邑大水,吴兴偏剧,文宣王开仓赈救贫病不能立者,于第北廨收养给衣及药。

11月21日丑时(1—3时)(南京)风起,从北方来,暴戾浪津迅急尘埃,22日寅时(3—5时)渐微。12月16日昼夜恒昏,雾勃勃如火烟,其气辛惨入人眼鼻,兼日色赤黄,至20日夜开除。

492年

2月18日酉初(凌晨5时许)(南京)四面土雾勃勃如火烟,其气辛惨,入人眼鼻。

3月9日寅时(3—5时),(南京)风从西北来,暴疾浪津迅急,扬沙折木,酉时(17—19时)止。

12月11日诏曰:顷者霖雨,樵粮稍贵,京邑居民多离其弊。遣中书舍人、二县官长赈赐。

493年

4月,(南京)雷震竟陵王子良东斋,又震东宫南门。

(南京)自去年4月5日起,其间暂时停。从5月3日又阴雨,昼或见日,夜乍见月,回复阴雨,至8月乃止。

5月底(四月无辛亥日),(建康)雹落大如蒜子,须臾止。

6月19日诏曰:水旱成灾,谷稼伤弊。凡三调众逋,可同申至秋登,京师2县、朱方(丹徒)、姑熟(当涂南于湖)可权断酒。7月3日诏曰:霖雨既过,遣中书舍人、二县官长赈赐京邑居民。

8月4日巳时(南京)风从东北来,迅疾浪津,发屋拔木夜渐微。8月7日诏曰:顷风水为灾,二岸居民多罹其患。又诏曰:水旱为灾,实伤农稼。江淮之间仓廪既虚,遂卓窃充斥,互相侵夺,依阻山湖,咸此逋逃,曲赦南兖,兖、豫、司、徐5州,南豫州之历阳(和县)、谯(巢县东南东关镇)、临江(和县东北乌江镇)、庐江(舒县)4县三调,众逋房赁,并同原除。

8月19日未时(13—15时),(建康)风从戌方来,暴疾,良久止。

495年

秋8—9月大风,三吴尤甚,发屋拔木,杀人;苏州、吴县、晋陵(常州)、大雨伤稼。新安(今已没于新安江水库)大水。

冬,吴、晋陵2郡雨水伤稼。次年1月4日吴、晋陵2郡失稔之乡,蠲三调有差。

是年,(建康)旱。

499年

1月27日(建康)雨,至6月17日乃晴。

8月5日大风,京师十围树及官府皆拔倒,涛水入石头,都下大水,死者甚众,没沿淮居民。赐死者材器,并加赈恤。

8月6日南京(32.1°N,118.8°E)4¾级地震,自此至夜不止,小屋多坏。淮水变赤如血。

冬,(建康)大雪。

500年

5月,寿春城中大霖雨13日,大水入城屋宇皆没。

501年

3月,(建康)江水暴长,加湖城淹渍。

7月,京邑雨水,遣中书舍人、二县官赐有差。

7月25日建康龙卷风,激水5里。

502年

是岁,(建康)大旱,斗米5千,人多饿死。

503年

1月,(建康)大雪,深3尺。

7月17日诏以东阳(金华)、信安(衢州)、丰安(浦江)三县水潦,漂损居民资业,遣使周履,量蠲课调。

是夏,多疠疫。

504年

4月,(建康)陨霜杀草。

是岁,(建康)多疾疫。

506年

裴邃征邵阳州(安徽临淮关东北,淮河南岸),会甚雨,淮水暴溢。

507年

3月31日(建康)大雪,陨霜杀草。

4月,淮水暴长6～7尺。5月8日钟离(临淮关)淮河大水。

9月5日大风折木,京师(今南京)大水,因涛入,加御道7尺。

508年

6月,都下大水。

8月,(建康)有雨,至11月乃霁。

512年

1月29日梁兵破朐山城(连云港),会大雪,魏军士冻死及坠手足者三分之二,200里间僵尸相属,魏兵免者十一二。

4月30日为旱故,曲赦扬(今南京)、徐(梁境只有北徐州,即临淮关)二州。春,江宁旱。

● 513 年

5 月，京邑(今南京)大水。

6 月，大霖雨 13 日，大水入(寿县)城，屋宇皆没……城不没者二板而已。

● 515 年

冬，寒甚，淮、泗尽冻，士卒死者十七八。

● 516 年

2 月 3 日北魏京师(洛阳)柰树花。

10 月 26 日淮水暴涨，浮山堰* 坏，其声如雷，闻 300 里，缘淮城戍、村落 10 余万口皆漂入海。

* 浮山，又名临淮山，五河县东 15 km 淮河南岸。南朝梁天监年间为军事需要，筑堤壅塞淮水，灌北魏寿阳城(即今寿县)，发军民 20 万筑浮山堰，南自浮山北麓，北至铁锁岭，长约 2.5 km，底宽 100 余米，顶宽约 50 m，高约 20 m，实一土石坝，历时 2 年余，516 年夏初逼魏军放弃寿阳，同年毁于决堤。秦观(少游)《浮山堰赋》记其事。此为世界最早的严重溃坝事故。

● 520 年

8 月 8 日江、淮、海并溢。如皋旱饥。

● 521 年

4 月 16 日(建康)大雪，平地 3 尺。

● 524 年

7 月 24 日曲阿(丹阳)王陂龙卷风，西行至延陵城(镇)，所经处树木倒折，开地数十丈。

● 526 年

夏，淮堰水盛，寿阳城将没。

● 528 年

吴郡水灾。上言：当泄大渎，以泻淞江。

● 529 年

7 月，都下疫甚，帝于重云殿为百姓设救苦斋，以身为祷。

● 530 年

5 月 29 日(建康)大雨雹。吴兴郡屡以水灾失收，上言当漕大渎以泻浙江。

● 531 年

1 月 8 日(建康)暴风，黄尘涨天，兆骑叩宫门，宿卫乃觉，弯弓欲射，矢不得发，一时散走。

● 533 年

6 月 10 日京师(南京)大水，御道通船。

● 535 年

11 月，(建康)雨黄尘如雪。大同初，都下旱蝗，四篱门外桐柏凋尽。

● 536 年

12 月，(建康)雨黄尘如雪，榄之盈掬。

是岁，豫州(寿县)饥，开仓赈给，多所济全。

537 年

2 月 3 日(建康)天无云，雨灰，黄色。

10 月，南兖州(扬州)大饥。是岁饥。

538 年

9 月 28 日，诏：南兖(扬州)、北徐(蚌埠东)、西徐(蒙城)、东徐(宿迁)、青、冀(二者皆今连云港)、南北青(赣榆)、仁(固镇)、潼(苏皖交界的双沟附近)、睢(宿州北)等 12 州，既经饥馑，曲赦逋租、宿责，勿收今年三调。

545 年

1 月，(建康)大雪，平地 3 尺。

2 月，(雷)震华林园光严殿。

547 年

于是旱疫者二年，扬、徐、兖、豫尤甚。

548 年

10 月 29 日江苏溧阳北(31.5°N，119.5°E)51/4 级地震，江左尤甚，坏屋杀人。

12 月，(侯景在建康)昼夜交战不息，会大雨，城内土山崩。梁昭陵王纶从淮南(当涂)援建康，夜行失道。549 年 1 月 9 日营于蒋山(南京紫金山)，时山巅雪寒，乃引军下爱敬寺。1 月 14 日纶进军玄武湖侧，明日会战，纶大败，士卒践冰雪，往往堕足，(侯)景悉收纶辎重。

550 年

2 月 10 日天雨黄沙。

自春迄夏，大饥，人相食，京师(今南京)尤甚。吴江旱蝗，大饥。江南连年旱蝗，江、扬尤甚。百姓流亡，相与入山谷、江湖，采草根、木叶、菱芡而食，所在皆尽，死者蔽野……千里绝烟，人迹罕见，白骨成聚，如丘陇焉。

553 年

梁末，(侯景之乱)是时东境饥馑，会稽尤甚，死者十七八，平民男女并皆自卖。11 月，(建康)大风昼晦，天地昏暗，天雨黄沙。

556 年

4 月，北齐步骑数万渡江，袭克石头城。顿军丹阳(今南京)城下，遇霖雨 50 余日，故致败，将帅俱死，军士得还者十二三。

7 月 3 日齐军至(南京)玄武湖西北幕府山南，(梁)众军自覆舟东移，与齐人相对。其夜大雨震电，暴风拔木，平地水丈余，齐军昼夜立于泥中，悬鬲以爨，而台中及潮沟北水退路燥，(梁)官军每得番易。7 月 5 日少霁。7 月 6 日旦，齐师大败。

559 年

2 月 3 日(建康)夜大雪及旦。

5 月 27 日诏曰：吴州、缙州去岁蝗旱，室靡盈积之望，薮有填壑之嗟。6 月 3 日遣镇北将军率众城南皖口。是时久不雨。

6 月 12 日舆驾幸钟山祠蒋帝庙(南京紫金山)，是日降雨，迄于月晦(6 月 20 日)。

● **565 年**

7 月 16 日(南京)大风自西南,广百余步,激坏灵台候楼。

● **569 年**

东境大水,百姓饥弊。吴江大水。

● **570 年**

7 月 29 日(建康)大雨雹。

● **573 年**

8 月,北伐陈军攻克寿阳外城,又迮肥水以灌城,城中苦湿,多腹疾,手足皆肿,死者十六七。

● **577 年**

8 月 10 日(南京)大雨,震万安陵华表。

8 月 19 日灾慧日寺刹及官寺重门,一女子门下震死。

● **578 年**

3 月 29 日(今南京)雷震武库。

5 月 17 日(建康)大雨雹。

7 月 23 日大雨,震(建康)大皇寺刹、庄严寺露盘、重阳阁东楼、千秋门内槐树、鸿胪府门。

10 月 2 日(建康)陨霜,杀稻菽。

● **580 年**

2 月 24 日(建康)雨雪。雪止,又雨细黄土,移时乃息。

春,(建康)不雨,至 5 月。夏中亢旱伤农,畿内为甚,民失所资,岁取无托。武进、丹阳等处大旱。太湖涸,大饥。

7 月 7 日(建康)大风,坏皋门中闼。

9 月 17 日(建康)大雨霖。

10 月 26 日(建康)大雨雹,(雷)震。

● **581 年**

10 月 20 日(建康)大风至,自西北,发屋拔树,大雷震雹。

● **582 年**

8 月,江水色赤如血,自京师(今南京)至于荆州。

● **587 年**

(长)江自方州(江苏六合),东至海,赤如血(《和州志》卷 37 载,正史无)。

● **588 年**

7 月 20 日大风至,自西北,激涛水,入石头城,淮渚暴溢,漂没舟乘。

● **589 年**

1 月 24 日(建康)朝会,大雾四塞,人鼻皆辛酸。

617 年

天下大旱。江淮数百里大旱，水绝无鱼。

629 年

秋，贝(清河)、谯(亳州)、郓(城)、泗(盱眙)、沂(临沂)、徐(宿迁)、濠(凤阳)、苏(州)、陇(县)9州水。吴县、吴江水或大水(图 3-1)。

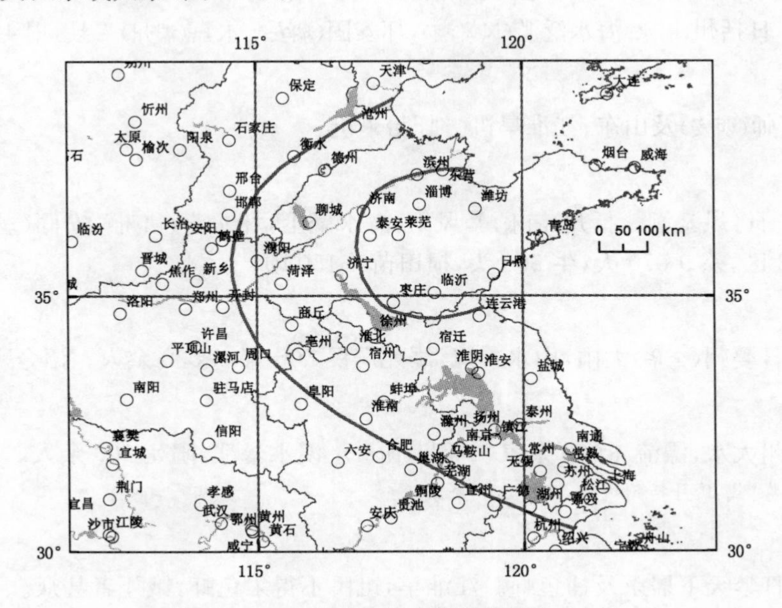

图 3-1　629 年秋我国东部涝灾分布示意图

634 年

8 月，山东、河南、江淮 40 州大水，遣使赈恤。高邮、仪征、江宁、溧水大水。

是后岁旱。

636 年

关东及淮海旁 28 州大水。

638 年

是岁，吴、楚、巴、蜀 26 州旱。(西安)冬不雨，至 639 年 6 月。

643 年

夏，潭(长沙)、濠(凤阳)、庐(合肥)3 州疫。

644 年

秋，庐、濠、巴、普、郴 5 州疫。

650 年

7 月，宣(城)、歙(县)、饶(波阳)、常(州)等州大雨水，溺死数百人。

653 年

夏秋，旱，光(河南潢川)、婺(金华)、滁(州)、颍(阜阳)等州尤甚。杭州等水。

655 年

4 月，楚州(淮安)大疫。

秋，冀、沂、密、兖、汴、郑、婺(金华)等州水，害稼。

656 年

8 月，宣州泾县山水暴出，平地 4 丈，溺死 2 000 余人。

10 月 15 日括州(丽水)海水泛滥(风暴潮)，坏安固(瑞安)、永嘉(温州)二县，损 4 000 余家。

668 年

是岁，京师(西安)及山东、江淮旱饥。盱眙旱饥。

669 年

10 月 21 日，风暴潮。括州(丽水)暴风雨，海水翻上，坏永嘉(温州)、安固(瑞安)二县城百姓庐舍 6 843 区，杀 9 070 人，牛 500 头，损田苗 4 150 顷。

673 年

9 月 18 日婺州(金华)大雨，山水暴涨，溺死居民 600 家，5 000 余人。诏令赈给。

684 年

8 月，温州大水，漂流 4 000 余家。括州(丽水)* 溪水暴涨，溺死 100 余人。

*《资治通鉴》载：9 月括州大水，流 2 000 余家。

692 年

5 月 25 日禁天下屠杀及捕鱼虾。江淮旱，饥民不得采鱼虾，饿死者甚众。

695 年

7 月，睦州(建德梅城)陨霜，杀草。吴越地燠而盛，夏陨霜，昔所未有。

697 年

4 月，括州(丽水)水，坏民居 700 余家。

701 年

8 月 16 日南黄海(33°N，121°E)6 级地震。楚(淮安)、扬(州)、润(镇江)、常(州)、苏(州)5 州有感。

705 年

4 月 7 日睦州(建德梅城)暴寒且冰，大风拔木。

721 年

8 月 12 日扬、润等州暴风，发屋拔树，漂损公私船舫 1 000 余只(《仪征县志》误将开元九年记为元年即 713 年)。

723 年

12 月，自京师(西安)至于山东、淮南大雪，平地三尺余。

726 年

8 月 24 日风暴潮，润州(镇江)大风，东北海涛奔上，没瓜步州，损居人；苏州大水，漂没庐舍；海州(连云港)海潮暴涨，百姓漂溺；怀(河南沁阳)、卫(汲县)、郑、滑、汴(开封)、濮(鄄城北旧城镇)、许(昌)等州雨,河及支川皆溢,人皆巢舟以居,死者千数,资产苗稼无孑遗;沧州大风,海运船没十一二,失军粮 5 千余石,舟人皆死。秋……50 州言水,河南、河北尤甚,苏、同(陕西大荔)、常、福 4 州漂坏庐舍,遣御史中丞覆赈给之。

729 年

9 月 9 日越州(绍兴)大水,漂坏廨宇及居人庐舍。

735 年

9 月,江淮以南有遭水处,本道使赈给之。

751 年

9 月 3 日风暴潮袭击长江口。广陵(扬州)大风驾海潮。沦江口大小船数千艘。

758 年

春,吴江大水。(方志记载,正史未见)

761 年

2 月,田神功以舟载兵趣金山(镇江)以攻刘展,会大风,5 舟飘抵金山下,(刘)展屠其 2 舟,沉其 3 舟,神功不得破,还军瓜洲。

10 月,江淮大饥,人相食。

762 年

10 月,诏浙江水旱,百姓重困,州县勿辄科率,民疫死不能葬,昔为瘗之。是岁,江东大疫,死者过半。

767 年

8 月,苏州大风,海水漂荡州廓。

9 月 20 日潭(长沙)、衡(衡阳)水灾。秋,湖南及河东、河南、淮南、浙东西、福建等道 55 州水灾。

772 年

12 月 1 日,以淮南旱,免租、庸三之二。

775 年

9 月 1 日夜风暴潮。杭州大风,海水翻潮,飘荡州廓 5 000 余家,船 1 000 余只,全家陷潮者 100 余户,死 400 余人。苏(州)、湖(州)、越(绍兴)亦然。

784—785 年

连续两年蝗、饥。784 年秋,蝗自山而东,际于海,晦天蔽野,草木叶皆尽。785 年夏蝗,东自海,西尽河、陇,群飞蔽天,旬日不息,所至草木叶及畜毛靡有孑遗,饿殍载道。民蒸蝗、曝、飏去翅足而食之。而江东丰稔,润州一处就输出粮百万石。

786 年

夏,京师(西安)通衢水深数尺……溺死者甚众。东都(洛阳)、河南、荆南、淮南江河泛溢,坏人庐舍。

皖山东南(潜山北五镜山)忽然爆裂,皎莹如玉,远见如镜(道光《安徽通志·地志》卷 11)。

787 年

闰五月,东都(洛阳)、河南、江陵大水,坏人庐舍,汴京(开封)尤甚,扬州江水泛涨。江淮

(江南道、淮南道)大水,漂民庐舍。

788年

淮水溢(民国《泗阳志》记)。宣州暴雨、震电,有物坠地。

790年

夏,淮南、浙西、福建等道大旱,井泉竭,人暍且疫,死者甚众。江宁、扬州、淮安、高邮、仪征、苏州、吴县皆有记载。

791年

扬、楚、滁、寿、澧(湖南澧县东南新洲附近)等州旱。

792年

7月,淮水溢,平地深7尺,没泗州城。

8月,河南、河北、山南、江淮及荆、襄、陈、宋至于河、朔州凡40余州大水漂溺,死者2万余人。时幽州8月大雨,平地水深2丈。鄚(白洋淀东鄚州镇)、涿、蓟(天津蓟州区)、檀(北京密云)、平(卢龙)5州,平地水深1丈5尺。又,徐州奏:自6月23日至8月4日方止,平地水深1丈2尺,郭邑、庐里、屋宇、田稼皆尽,百姓皆登丘冢、山原以避之。宋(商丘)、陈(淮阳)及江南、淮南2道大水,淹没官民庐舍殆尽。是岁,关东、淮南、江南、浙西州县大水为灾,江宁、溧水、高邮等漂没人民庐舍。仪征大水害稼,人溺死,没城郭庐舍。

805年

夏,越州(绍兴)镜湖竭。秋,江浙、淮南、荆南、湖南、鄂、岳、陈、许等26州旱。陈州蝗。12月15日赈米2万石* 于浙西、苏、润、常等。江宁、溧水、丹徒、丹阳、盱眙皆旱。11月5日润、池、扬、楚、湖、杭、睦(建德)、(九)江等州旱。11月14日宣、抚、和、郴、郢(湖北京山)、袁(宜春)、衢7州旱。11月22日鄂、岳、婺、衡等州旱。盱眙、江宁、丹徒、丹阳亦旱。

*唐代1石=79 320克;宋代1石=120宋斤=75 960克;明代1石=94 400克;解放后统一为50 000克,并取消“石”的单位名称,改用公制。

806年

夏,浙东大疫,死者大半。5月10日赈浙东米10万石。元和初婺州(金华)疫,旱,人徙死几空。

808年

秋,淮南、江西、湖南、广南、山南东西皆旱。江南及太湖地区旱。盱眙、江宁、溧水、苏州、吴县均旱。

809年

2月,南方旱饥。2月5日命左司郎中等为江淮、二浙、荆湖、襄鄂等道宣慰使,赈恤之。春夏大旱,江南旱饥。建康、溧水旱。秋,淮南、浙西、江西、江东旱。12月15日赈浙西苏、润(镇江)、常旱俭,赈米2万石。

812年

夏,扬、润等州旱。

5月,桐城龙卷风,起自梅天陂,降于浮塘陂,凡6里。

814 年

秋，淮南及岳、安、宣、江、抚、袁等大水害稼。盱眙、高邮大水害稼。

816 年

6 月，衢州山水涌，深 3 丈，坏州城，民多溺死，损田千余顷。浮梁(江西景德镇)、乐平溺死者 170 人，为水漂流不知所在者(失踪)4 700 户。润、常、湖、陈(淮阳)、许(昌)等各损田万顷*。阙两税钱 3.5 万贯*。

* 汉代 1 顷＝100 亩，1 亩＝0.69 近代亩；1 贯＝1 缗＝1 000 文(铜钱)，基本上相当于 1 两白银，但各时期比率不同。铜钱会贬值。

817 年

1 月，京兆府(西安)水害田，黄(冈)、润、常、湖、衢、陈(淮阳)、许(昌)6 州大水。东都(洛阳)、陈、许饥。7 月，河中、江陵、幽、潞、晋、隰、苏、台、越州水，害稼。8 月 19 日，苏、浙、冀、豫、晋、鄂大水，害稼。10 月，诏诸道应遭水州府河中、泽潞、河东、幽州、江陵府等管内，及郑、滑、沧、景、易、定、陈、许、晋、隰(均属河北、河南)、苏、襄、复、台、越、唐、随、邓等州人户，宜令本州厚加优恤，仍各以当处义仓斛斗，据所损多少，量事赈给。

818 年

7 月 29 日淮水溢，坏人庐舍。

821 年

3 月，海州(连云港)海水冰，南北 200 里，东望无际。

822 年

2 月 21 日青州奏：海冻 200 里。海州海冰。

太湖溢。

12 月 18 日诏：江淮诸州旱，损颇多，所在米价踊贵，眷言疲困，须议优矜。江淮水浅，转运司钱帛委积不能漕。

823 年

1 月，淮南奏：和州饥，乌江(芜湖市和州区东北乌江镇)百姓杀县令以取官米。4 月 26 日淮南、浙东西、江南宣、歙旱，遣使宣抚，理系囚，察官吏。

824 年

7 月，苏、湖大雨水，太湖决溢，水入州郭，漂民庐舍。常州、武进、吴江、松江水。

8 月 14 日睦州(建德梅城)、兰溪等 6 县大雨，山谷发洪水泛溢，漂城郭庐舍。

11 月 4 日苏、常、湖、岳、吉(安)、潭(长沙)、郴等 7 州水伤稼。

825 年

6 月 29 日(六月无己巳，疑为己卯之误)，水坏太湖堤，入苏州城，漂民庐舍。

秋，荆南、淮南、浙西、宣(城)、潭(长沙)、襄(阳)、鄂(州)及江西、湖南、陕西等州旱。江宁、盱眙、海州(连云港海州区)亦旱。

828 年

夏，越州大风，海溢。

830 年

夏，苏、湖2州水坏六堤，水入郡郭，溺庐井。江南江宁、溧阳大水害稼。(长)江水溢，没太湖，宿松、望江3县民田数百户；浙西、浙东宣、歙、江西、山南东道、淮南、京畿、河南、江南、荆襄、鄂岳、湖南大水，皆害稼，出官米赈给。

10月12日淮南天长等7县水，害稼。12月15日淮南大水及虫霜，并伤稼。

831 年

7月，长江大水。淮西、淮南、浙东、浙西、荆襄、岳鄂、剑南、东川并水，害稼。请蠲秋租。

8月10日苏、杭、湖南水害稼。

832 年

3月24日，苏(含吴县、吴江)、湖(含长兴)2州大水，太湖溢。赈米22万石，以本州常平仓斛斗给。

春，自剑南至浙西大疫。6日26月浙西奏：杭州县8县(钱塘、仁和、临安、昌化、於潜、余杭、海宁、富阳)灾疫，赈米7万石。7月4日给疫死者棺，10岁以下不能自存者2月粮。

833 年

秋，浙西及扬、楚、舒、庐、寿、滁、和、宣等州大水害稼。损田4万余顷。苏、润、常大水，害稼。11月19日扬州、江都等7县(唐代扬州辖江都、天长、扬子、六合、高邮、海陵、海安)水害稼。11月27日(是月无辛酉日，疑辛卯日)润、常、苏、湖4州水，害稼。

834 年

春。扬、楚寒，大雪，江左尤甚，民有冻死者。

夏，江淮旱，10月，扬州奏：旱、虫伤损秋稼。

秋，汉水、长江大水。襄州(阳)及江西水害稼；蕲州湖水溢；淮南、两浙水为灾，民户流亡。12月13日滁州奏：清流(附廓县)、来安、全椒3县。5月雨至7月，诸山发洪水，漂溺13 800户。

836 年

1月，文宗以淮南诸道累岁大旱，租赋不登，国用多缺。及是，以度支户部分，命宰臣镇之。

11月29日扬州江都(水)旱，损田。

837 年

夏，旱，扬州运河竭。

838 年

夏，苏、湖、处等州水溢入城，处州(丽水)平地8尺。太湖决，水溢苏州、吴江城。

839 年

夏，旱，浙东尤甚。是岁，温、台、明(宁波)等州饥。

840 年

7月28日以旱避正殿，理囚。河北、河南、淮南、浙东、福建蝗、疫州，除其徭。夏，福、建(瓯)、台、明(宁波)4州疫。夏，幽、魏、博、郓、曹(菏泽)、濮、沧、齐、德、淄、青、兖、海、河阳、淮南、虢、陈、许、汝等州螟蝗害稼。

8月，镇州(正定)及江南水。

841年

8月，江南大水。江宁、溧水、丹阳、丹徒、吴江水。

843年

春，寒、大雪，江左尤甚，民有冻死者。

852年

夏，淮南饥，海陵(泰州)、高邮民于官河中漉得异米。时方旱，道路流亡藉藉，民至漉漕渠遗米自给，呼淮圣米，取陂泽茭蒲实皆尽。

855年

秋，淮南饥。8月，以旱遣使巡抚淮南，蠲逋租，发粟饥民。仪征旱。

858年

3月下旬—11月大水，其中9月水势最盛。魏(大名北)、博(聊城东北)、幽(北京)、真(石家庄)、兖、郓、青、滑、汴(开封)、宋(商丘)、徐、舒(潜山)、寿、和、润等州水，害稼；发自丰、徐、泗(盱眙)等州，深5丈，漂没数万家。沛县、江宁、丹徒、丹阳亦水，害稼。

861年

秋，淮南、河南不雨，至于次年7月。高邮、盱眙旱。

862年

夏，淮南、河南蝗旱，民饥。

863年

8月，东都(洛阳)、许、汝、徐、泗等州大水，伤稼。

866年

夏，江淮大水。高邮、江宁大水。

868年

秋，江左及关内饥，东都尤甚，自关东至海大旱，冬蔬皆尽，贫者以蓬子为面、槐叶为齑。江淮蝗食稼，大旱。江宁、盱眙大旱。

869年

7月，宣、歙、两浙疫。

872年

5月15日太湖中(31.2°N，120.0°E)5级地震，浙东(治绍兴)、浙西(治镇江)道有感，有感直径约260 km。

876年

6月23日以旱理囚，免浙东、西一岁税。

880年

12月，暖如仲春。冬，桃李华，山华皆发。

884年

是岁，江南大旱，饥，人相食。江宁、溧水大旱。

885年

2月,(长)江水者,凡数日(当涂县志载)。

淮南饥蝗。自西来,行而不飞,浮水缘城入扬州府署,竹树、幢节一夕如剪,幡帜、画像皆啮去其首,扑不能止,旬日自相食尽;扬州大饥,米斗万钱。6月,荆南、襄阳仍旱蝗,人多相食。

10月,扬州雨鱼。

891年

春,淮南大饥。军中疫死者十三四。

6月,大水,溪潦暴涌,广德、黄池(芜湖东)、诸壁皆没。自光启至大顺六七年间(885—891年)徐、泗、濠(凤阳)3郡民无耕稼,频年水灾,人丧十六七(与战争有一定关系)。

894年

浙西大雪,平地3尺余。

895年

1月,浙西又大雪,江海冰。

5月,苏州大雨雪。

900年

8月,浙江溢。

10月,杭州龙卷风,浙江水溢,坏民居甚众。

902年

4月24日浙西大雪。

903年

4月,浙西大雪,平地3尺余。

904年

1月,浙西又大雪,江海冰。

冬,浙东、西大雪。吴越地气常燠而积雪,近常寒也。

919年

8月,无锡久旱草枯。苏州大旱,水道涸。

925年

11月18日徐州西北(34.7°N,116.7°E)5¾级地震,泗州(今盱眙北洪泽湖中)五度有感。

926年

苏州、吴江大水。

929年

吴越国所在(杭州,30.3°N, 120.2°E)5级地震,庐舍倾圮甚多,王开仓赈之。

932年

秋,钟山(南京)之阳飞蝗尺余厚,有数千僧白昼聚首,啖之尽。

934年

7月，京师（洛阳）大旱热甚，暍死百余人。

937年

5月北京、邺都、郑州、兖、徐旱蝗。以旱诏洛京（阳）、魏府（大名北）减当年夏税二成。

8月（六月无庚午日，疑为庚子，8月3日），大蝗，自淮北蔽天而至（今南京），次日命州县捕蝗瘗之。

939年

自5月下旬至9月上半月，（东都，今南京）不雨。

940年

5月，（闽王）遣轻兵截吴越道，会久雨，吴越食尽。

自6月至9月上半月（东都）不雨。

941年

2月，青州奏，海冻百余里。

是岁，吴越水，民就食境内，遣使赈恤。

942年

2月，金陵（南京）大水，秦淮河溢。

7月，常、宣、歙3州大雨，涨溢。

7月，大蝗，自淮北蔽空而至（南京），8月8日命州县捕蝗瘗之。

943年

是岁，春夏旱，秋冬水，蝗大起，东自海壖，西距陇坻，南逾江淮，北抵幽燕。原野、山谷、城郭、庐舍皆满，竹木叶俱尽，重以官括民谷，使者督责严急，至封碓硙，不留其食。有坐匿谷抵死者，县令往往以督趣不办，纳印自劾去。民馁死者数十万口，流亡不可胜数。于是，留守节度使下至将军各献马、金帛、刍粟以助国。朝廷以恒，定饥甚，独不括民谷。

951年

春，淮南饥。

953—954年

7月至冬，南唐、吴越大旱，井泉涸，淮水可涉，旱蝗，饥民纷纷渡淮而北；夏秋，江宁旱蝗，吴江大旱，民饥；自9月至次年4月南唐旱，至冬仍无雨，大饥，民多疫死。

956年

2—5月，寿州大暑。

夏，霖雨弥旬，水深数尺，淮、淝暴涨。炮舟、竹龙皆飘南岸。周师在扬、滁、和者皆（退）却。

957年

5月1日（南唐）昼晦，雨沙如雾。5月3日，遣左谏议大夫就于寿州开仓，赈饥民。

959年

2月，命庐州开仓出陈米以粜之。3月，淮南饥，上命以米贷之。5月2日楚州上言，诏准煮粥救饥民;之后,和州、寿州相继开仓以赈饥民。5月6日濠州(凤阳)奏:钟离县(今临淮关)饥民死者594(人)。

961年

6月至8月,吴越不雨。

8月19日江浙大风拔木。

12月,濠(凤阳)、楚(淮安)民饥,诏令长吏开仓赈贷。

962年

2月22日淮南饥,赈之。户部郎中使吴越还,言:扬、泗饥民多死,郡中军储尚百余万斛,宜以贷民。

964年

5月,广陵(扬州)、扬子(仪征)泰兴等县潮水害田。

6月,扬州暴风,坏军营舍仅百区。

8月,海溢,东台坏庐舍数百里,牛畜多死;损盐城县城;泰州、泰兴、扬子(仪征)等潮溢。先是江北置榷场,禁渡江及百姓缘江采樵。是岁,以江南饥,特弛其禁。

965年

7月,扬州暴风,坏军营舍及城上敌棚。8月,泰州潮水,损盐城县民田。东台、泰兴暴风、潮溢。

966年

4月12日淮南诸州言,江南饥民数千人来归,令所在发廪赈之。

春,涟水军旱。

9月,泗州淮溢。

968年

8月,泰州潮水害稼。

972年

是岁大饥。和、庐(合肥)、寿(凤台)诸州大水。京师(开封)雨连不止。河南、河北诸州皆大霖雨。

974年

5月,泗州淮水暴涨入城,坏民舍500家。

977年

9月21日吴江大风潮,太湖水溢。

978年

7月,泗州淮涨入南城。

979年

4月,淮南里下河东台、如皋、泰州、泰兴雨水害稼。

9月,泗州大风,浮梁竹笮、铁索断,华表石柱折。

是岁,太平州(当涂)饥,赈之。

980年

5月，寿州（凤台）、安丰（今寿县南安丰塘水库大坝附近）、寇氏县（不详）风雹。仪征水潦，民饥。

982年

4月14日宣州雪霜，杀桑害稼。

5月，常、润诸州水害稼。丹徒等县诏给复一年。

6月，芜湖县雨雹。

8月，（黄）河决范济口，淮水、汉水、易水皆溢。

983年

10月，太平军（当涂）飓风拔木，坏廨宇、民舍1087区。

986年

1月21日南康军（江西星子）言：雪降3尺，大江冻合，可胜重载。

7月，寿州大水。

988年

闰五月（6月下半月至7月上半月），润州（镇江）雨雹伤麦。

8月，上曰：今岁（杭州）炎暑尤甚。

991年

6月，余杭亢旱。

6月29日忽雷雨震惊，大风拔木，瓦片悉飘（方志记）。

8月，泗州招信县（安徽明光市东北旧县镇）大雨，山河涨，漂浸民田、庐舍，死者21人。

992年

1月，徐州、淮扬32军旱。河南府、京东西、河北、河东、陕西及亳、建、淮、扬等36州军旱。是岁，润州丹徒县饥，死者300户。

8月，泗州大风雨，（雷）震僧伽塔柱。

993年

3月21日诏以江、浙、淮、陕饥，遣使巡抚，有可惠民者，得便宜行事。

994年

7月，大热，民有暍死者。

秋，京东西、淮南、陕西水潦，民饥。开封府、宋（商丘）、亳、陈（淮阳）、颍（阜阳）、泗、寿、邓（县）、蔡（汝南）、润诸州雨水害稼。

995年

8月，泗州大风雨，雷震僧伽塔及坏钟楼。

997年

江南频年多疾疫。江宁、溧水、高淳大旱。

998年

春夏，京畿（河南、开封）旱。又江浙、淮南、荆湖等46军州旱。盱眙、如皋旱。7月30日以旱免开封、25军州田租。

999年

3月27日江、浙发廪赈饥。闰三月(3月下旬至4月中旬)宣、池、歙、杭、越、睦、衢、婺诸州箭竹生米如稻,时民饥,采之充食。春,江、浙、广南西路(广西)、荆湖及曹、单、岚州、淮阳军、开封、徐州、宿迁、盱眙、如皋等旱。民饿者十之八九,死者不少,越州(绍兴)最甚,明(宁波)、杭、苏、秀等积尸在外沙及运河两岸者众。春,京师(开封)旱甚。钱塘(杭州)10万家,饥者八九。5月16日诏江、浙饥民入城池渔采勿禁。秋,江浙饥。命江南巡抚使,所过疏理刑讼,存问耆老,务从宽简,人以为便。11月9日因旱免杭州中等户今岁丁身钱。

10月24日常州(31.8°N,119.9°E)5½级地震,坏鼓角楼、罗务、军民庐舍甚众。

1000年

泰州知县上疏曰:臣又以江南、两浙自去年至今,民饿者十八九……又问疾疫死者多少人?称饿死者不少,无人收拾,沟渠中皆是死人。却有一僧收拾埋葬,有1 000人作一坑处,有500作一窖处。又问有无得雨?称春来亦少雨泽,臣问既少雨泽,故苗应损。称彼处种麦稀少。又问饥殣疾疫去处,称越州最甚,萧山县3 000全家逃亡,死损并尽,今井无人。其余明(宁波)、杭、苏、秀等处积尸在外沙及运河两岸不少。兼闻常、润等州死损,村落各随地分埋瘗。春,江南频年旱歉,多疾疫。8月,上以江浙饥歉,10月26日命翰林侍读学士所至问民疾苦,疏理狱讼。

1001年

泗州淮水溢南门,深9尺。

1003年

3月30日以京东西、淮南水灾,遣使赈恤贫民,平决狱讼。盱眙、泰兴水。

1004年

11月12日江南旱,遣使决狱,访民疾苦,祠境内山川。南京旱。是岁,江南东、西路饥,命使赈之。

1005年

3月,淮南、两浙、荆湖北路旱,遣使祠其境内山川。

3月4日诏淮南以上供军储赈饥民。10月16日淮南旱,诏转运使疏理系囚。

1007年

7月,盛暑,减京城(开封)役工日课之半。

1009年

9月,无为军大风雨,城北暴风,昼晦不可辨,折木,坏城门、军营、民舍,压溺千人。10月20日,诏内臣恤视,蠲来年租,收瘗死者家赐米1斛。

京师冬温,无冰。

1010年

夏,京师(开封)旱。江南诸路、宿州、润州旱。丹徒、丹阳、金坛旱。是岁江、淮南旱。

1011年

8月2日遣使安抚江、淮南水灾,许便宜从事。

10月，苏州、吴江泛溢，坏庐舍。

12月，楚州(淮安)、泰州潮水害田，人多溺者；江都、仪征、盐城大水。

1012年

2月6日诏，蠲苏州民张训等租米2 000斛，以吴江涨，害田稼也。2月14日免苏州民苏照等税粮，以水灾也。

6月2日江、淮、两浙旱饥。给占城稻种，教民种之。南京、溧水、泰兴旱。

9月9日淮南旱，减运河水灌民田，仍宽租限，州县不能存恤致民流亡者罪之。

1013年

1月，连日大雪，苦寒，京城鬻炭者，每称钱200(文)。2月11日赈泗州饥。

3月，泰州言：海陵(泰州附廓县)草中生圣米，可济饥。6月5日诏淮南给饥民粥，麦登乃止。

8月，长江大水，真州(仪征)江水溢，坏官私庐舍；泰兴、泰州江溢。

1014年

5月11日赐淮南诸州民租十之二。7月，泗州水害民田。9月4日除江、淮、两浙被灾民租。

1015年

1月29日大赦天下。缘河北、淮南、两淮民田经水灾者悉蠲其税。

9月，江南诸路旱。

1016年

8月20日(蝗)过京师(开封)，群飞翳空，延至江、淮南、趣(近)河东，及霜寒始毙。

1017年

3月，开封府、京东西、河北、河东、陕西、两浙、荆湖130军州，蝗蝻复生，多去岁蛰者。和州蝗生卵，如稻粒而细。后蝗蝻食苗，遣使臣与本县官吏焚捕。7月，江、淮大风，多吹蝗入江海，或抱草木僵死。泰州夏旱蝗。5—9月，开封浮尘久之。

1018年

1月，京师(开封)大雪，苦寒，人多冻死，路有僵尸，遣中使埋之四郊；给贫民粥；放朝。2月，永州大雪，6昼夜方止，江、溪鱼多冻。

5月，江阴军蝻虫生，不为灾。

1019年

是岁，江、浙路饥，诏赈之。

1020年

3月4日遣使安抚淮南、江、浙饥民。

1021年

11月14日蠲京东西、淮、浙被灾民租。

1022年

2—3月，太湖流域(含苏州、吴江、宜兴、无锡、松江、湖州、嘉兴)水灾，坏民田，民多艰食。3月9日蠲秀州水灾民租。3月14日诏苏、湖、秀(嘉兴)民饥，贷以廪粟。如皋、泰兴也大水。

1023年

2月22日以京东、淮南水灾，遣使安抚。地方志并记：太湖溢，苏州、常熟、吴县均大水，坏吴江外塘。

1024年

3—6月，江阴不雨。

1026年

泗州淮水溢，水面上距城圈砖顶4尺许。泰兴大水。

8月24日畿内、京东西、淮南、河北被水民田蠲其租。

10月3日筑泰州捍海堰。役既兴，会大雨雪，惊涛汹汹且至，役夫散走，旋泞而死者百余人。

11月17日京东、江淮、闽、浙诸州雨水。

1027年

夏秋，大暑，毒气中人。

8月，江宁府长江水溢，坏官民庐舍。

1028年

8月18日扬、真(仪征)、润3州江水溢，坏官私庐舍。

1032年

京东、淮南、江东饥。江淮如皋、泰兴、静海(南通)、海门大旱，饥。5月15日以江、淮旱，遣使与长吏录系囚。

1033年

2月20日诏发运使以上供米百万斛赈江、淮饥民，遣使督视。4月11日诏江、淮民饥死者，官为之葬祭。8月24日命(范)仲淹安抚江淮，所至开仓廪，赈乏绝，禁淫祀。奏蠲庐、舒折役茶，江东丁口盐钱，饥民有食乌味草者，摘草进御，请示六宫贵戚，以戒侈心。是岁，南方大旱。淮南、江东、两川饥，遣使安抚，除民租。

1034年

2月13日淮南饥，出内藏绢20万(匹)代其民岁输。3月12日权减江、淮漕米200万石。

7月30日泗州淮水溢。

8月4日无锡县大风发屋，民被压死者众。姑苏(苏州)之水，逾秋不退。

1037年

淮南旱蝗。

7月25日杭州大风雨，江潮溢岸，高6尺，坏堤1 000余丈。

9月22日越州(绍兴)水，赐被溺民家钱有差。

1041年

淮南盱眙、泰兴旱、蝗。

1043年

冬，大雨雪，木冰，陈(淮阳)、楚(淮安)之地尤甚。

1044 年

江浙、淮南如皋、泰兴、仪征旱,4 月 10 日遣内侍两浙、淮南、江南祠庙祈雨。6 月 21 日诏募人纳粟赈淮南饥。

1045 年

7 月,山洪暴发。临海郡大水,坏郛廓,杀人数千,官寺、民室、仓帑、财积一朝扫地,化为涂泥。后数日,郡吏乃始得其遗氓于山谷间,第皆相向号哭,而莫知其所措。

1047 年

12 月,赦书:……淮南蝗为害。

1048 年

太湖吴江、长兴大水,田淹几尽。

1049 年

淮南饥,转运使调里胥米而蠲其役,凡 13 万石,谓之折役米。

1050 年

4 月 22 日诏:两浙流民听人收养。吴江水,大饥。

1051 年

9 月 22 日因水灾遣使安抚京东、淮南、江南、两浙、荆湖饥民。

1052 年

4 月 2 日蠲湖州民所贷官米。4 月 18 日蠲江南路民所贷种数十万斛。

1053 年

建康府(南京)蝗。

1056 年

6 月,(南京)长江溢。淮水自夏秋暴涨,坏浸泗水城。

1057 年

4 月 14 日淮水溢。

1058 年

淮南盱眙淫雨为灾。

1059 年

吴江大水害稼。

1060 年

8 月,苏、湖二州水灾。吴江水。

1061 年

皖、赣、豫、冀、晋等淫雨为灾,东南路大水。7 月 29 日泗州淮水溢。7 月 30 日诏淮南、江、浙水灾,淮南江都、泰兴、如皋、东台淫雨为灾。差官体量蠲税。

冬,(开封)无冰。

1062 年

吴县、长兴、湖州大旱，太湖水涸。

冬，(开封)无冰。

1063 年

长兴大旱。

1064 年

江淮大水。豫南、鲁西南、鄂、赣及安徽亳、颍(阜阳)、寿、宿、庐(合肥)、濠(凤阳)、泗(州)、宣;江苏楚(淮安)、高邮军;浙江杭、绍大水，遣使行视，疏治赈恤，蠲其赋租。11 月 14 日御札，绍兴府今秋螟害、水溢，重有灾伤。

1068 年

是岁，秀州(嘉兴)蝗。

1071 年

8 月 15 日赈恤两浙水灾。

1072 年

2 月 29 日以两浙水，赈谷 10 万石赈之，并募民兴水利。8 月 9 日赈恤两浙水灾。淮水泛涨。

1073 年

7 月，吴郡龙卷风，云气盛作而不雨，独承天寺前雨 2 寸。

9 月 16 日，浙西诸郡水患，久不疏障堤防，川渎多皆堙废，乞下司农贷官钱募民兴水利。11 月 24 日赈两浙、江、淮饥。

是岁，淮南、江东、剑南、西川、润州饥。江宁府飞蝗自江北来。

1074 年

自春及夏，河北、河东、陕西、京东西、淮南诸路久旱;10 月诸路夏旱。4—10 月，淮南诸路如盱眙、高邮、泰兴、如皋等大旱;江南吴江、苏州、无锡大旱，太湖水涸，湖心见古墓、街衢、井灶无算。蝗蝻生。10 月 13 日诏浙西路提举司出米赈常、润州饥。11 月 26 日以常平米于淮南西路易饥民所掘蝗种……

1075 年

3 月 30 日赈润州饥。4 月 15 日复赈常、润饥民。夏，吴越大旱。8 月，盐官县自 4 月地产物如珠，可食;水产莱如菌，可为俎，饥民赖之。9 月，淮南、两浙、江南、荆湖等路旱。武进、苏州、吴江大旱，民多殍死，闾里无烟，震泽(太湖)水退数里。湖心见古墓、街市。无锡旱、吴江蝗蝻生。同月，淮西蝗，陈、颍州蔽野。10 月，资政殿大学士为书问(越州)属县灾所被者几乡？州县吏录民之孤老疾弱不能自食者 21 900 余人以告。是时旱疫被吴越，民饥馑疾疠，死者殆半，灾未有巨于此也。越州知州按以往救灾惯例，虽仅 3 000 石，又收集富家及僧道余粮 48 000 石补充。自 11 月 17 日始，每人每天给粮 1 升，儿童半之，恐饥民流亡，二日一发，去者不给，设赈济点 57 处。又出官仓粮 52 000 处，于 18 处平价出售，并禁止富家囤积居奇。以工代赈修筑城垣 4 100 丈，用工 38 000，出力者加倍给粮。对遗弃儿童派人收养等多项救灾措施(曾巩《越州赵公救灾记》)。两河、陕西、江南、淮、浙饥。

1077年

6月，两浙旱，蝗，饿死者十之五六。4—10月，淮南盱眙、泰兴、高邮、如皋、南通、常州、无锡、苏州旱，太湖涸，湖州、宜兴、吴江等地湖底见古墓、街衢、井灶。民多殍死、里无炊烟。

秋，(黄)河决澶州，南溢淮泗，淮为河壅潴于洪泽，横灌高(邮)、宝(应)诸湖，江淮苦水。

1078年

2月2日赐米10万石，付徐州、淮阴军(淮安市南)粜于水灾饥民。

春，江南仍旱。高淳、溧水旱。

8月20日夜大风雨，潮高2丈余，漂荡苏州尹山至吴江塘岸，洗涤桥梁沙土皆尽，唯石仅存。昆山张浦沙堡有600户，悉漂没，唯存五户空室，人亦不存。常熟、长兴大风雨，水高2丈余，漂没塘岸。舒州山水暴涨，浸官私庐舍，损田稼，溺居民。

1081年

春，吴江大水。

6月，淮水泛涨，淮安大水。

8月22日夜风暴潮。海风大雨，大潮，江北静海(南通)、海门(今启东北海复镇)淹没公私庐舍2 763楹，泰州浸州城，坏公私房舍数千间。江南昆山海大溢，民居倾者大半，学宫悉倒；苏州大水，浸没民居，太湖水溢，边湖民居荡尽，举家不知所在；吴江长桥摧去其半，桥南至平望如扫，内外死万余人；常州坏公私庐舍数千间；丹阳大风雨，溺民居，毁庐舍；丹徒、仪征大风潮，飘荡沿江庐舍，损田稼。

1083年

2—7月，久雨，太湖泛溢。苏、湖、秀等州城市并遭水浸，田不播种，庐舍漂荡，民弃田卖牛，散去乞食。长兴久雨受害。

1086年

5月23日，左司谏言：访闻淮南旱甚。25日诏：……时宿、亳灾伤尤甚。右谏议大夫言：淮、浙灾伤，米谷踊贵。

12月，言楚(淮安)、海(连云港)等州水灾最甚。如皋水旱。

诏以冬温无雪，决系囚。

1087年

冬，京师大雪连月，至春不止。久阴恒寒。民冻多死，诏加赈恤，死无亲属者官瘗之。

1088年

时自去冬大雪寒，至2月29日，展给卖薪炭15日，发谷50余万石，损其值以纾民；诏河东苦寒，量度存恤戍兵。

今岁，河北……近南州军皆旱，京东西、淮南饥殍疮痍。

冬，贡举时，大雪苦寒，士坐庭中，噤未能言。

1089年

(苏轼)既至杭(州)，大旱，饥疫并作，轼请于朝，免本路(两浙路)上供米三分之一。

1090年

7月，吴江大风雨，高低田皆巨浸，无稼，民多饥死。9月下旬秀州(嘉兴)数千人诉风灾，吏以为法无诉风灾，闭拒不纳，老幼相腾践，死者11人。是岁，浙西水灾。

● **1091年**

8月5日苏轼言浙西诸郡二年灾伤，而今岁大水尤甚，杭州死者50余万，苏州30万(侍御史疏论浙西灾伤不实)。8月15日诏赐米百万石、钱20万缗赈之。是岁，两浙水。吴江水灾。

● **1093年**

3月，京师大寒，霰、雪、雨木冰。

福建、两浙海风驾潮，害民田。

5—9月，大雨昼夜不息，畿内、京东西、淮南、河北诸路大水。高邮、江都、泰兴、如皋等大水。9月3日久雨，祷山川。9月16日遣使按视京东西、河南北、淮南大水。

冬，京师大雪，多流民蹇罹冻馁，宜赈恤之；收养内外乞丐老幼；在京工役放假三日(1094年3月8—10日)。

● **1094年**

秋，风暴潮。苏、湖、秀等州海风害民田。杭州拔木坏舟甚众；宁波巨风驾海潮害稼；会稽、萧山、余姚、上虞海潮坏堤伤田。

冬，温无雪，决系囚。

● **1095年**

7月，久雨，湖州水患，秀州大水，城市有深丈余者，岁饥。

● **1096年**

7月16日诏：极暑热，在京工役可给假3日。江东大旱，溪河涸竭。

● **1097年**

夏，两浙旱饥。江东大旱，溪河涸竭。诏行荒政，移粟赈贷。

● **1098年**

9月，高邮军蝗抱草死。是岁，东南旱。

● **1099年**

7月，久雨，太湖周围苏、吴江、湖、秀等州及吴江尤罹水患。

● **1101年**

是岁，京畿蝗，江、淮、两浙、湖南、福建旱。衢、信(上饶)等州旱。

● **1102年**

夏，开封府界、京东、河北、淮南等路旱蝗。江、浙、闽(漳、泉、兴化军)、湘(潭、衡、郴州)旱。

● **1103年**

秋，常、润2州蝗旱。11月22日诏，两浙、杭、越、温、婺(金华)秋苗不登。

● **1104年**

春夏之际常、润2州粮食尤缺，欲乞量度赈济。盱眙大旱，飞蝗蔽日。来自山东，河北尤甚。

1105 年

是岁，太湖周边苏、湖、秀 3 州及吴县、吴江等县均水灾，赐乏食者粟。盱眙旱蝗。

1106 年

5 月 27 日停免两浙水灾州郡夏税。

1107 年

11 月，苏、湖、常、秀诸郡大水。

1108 年

7—11 月，淮南、江东西诸路大旱(《文献通考》记 1109 年，今从《宋史》)。

盱眙、如皋、泰兴等大旱。

1109 年

淮南及江东西大旱。9 月 20 日诏，常、润州米价涌贵，可量发常平斛斗赈济人民。11 月，江宁知府奏：江宁府界夏秋相继亢旱，民间高田一例不熟，诸县人户例皆诉旱，已差官检放。是岁，江、淮、荆、浙、福建旱。江东疫。

1111 年

2 月 8 日福建长乐雨雪数寸，遍山皆白，荔枝木冻死，遍山连野，弥望尽枯。土人莫不相顾惊叹，盖未尝见也。

6 月 10 日以淮南旱，降囚罪一等，徒以下释之。

仲秋中浣(9 月下旬)常熟大水，雾雨不止。

冬，大寒。太湖冰，坚实可通车。太湖流域柑橘全部冻死；洞庭湖积雪尺余，河水尽冰，凡橘皆冻死，明年伐而为薪。

1113 年

是岁，江东旱，建康等旱。

杭州汤村海溢，钱塘(杭州)海岸崩毁，浸坏民居。自仁和(杭州)白石至盐官上管百余里。朝廷大筑堤防，且建神祠以祷御之(方勺《泊宅编》记载与此基本相同仅年代记丙申岁，今从何薳《春渚记闻》所记癸巳岁)。

冬，大寒，(开封)大雪连十余日不止，冰滑，人马不能行，飞鸟多死。

1115 年

7 月，江宁府(南京)、太平(当涂)、宣州水灾。东台水，没民人 1 000 余口。

9 月，平江、湖、常、秀诸郡水灾。卤潮入内地，四乡皆为斥卤，民流徙他郡。

1116 年

8 月 22 日杭州知府言，奉诏赈济钱塘、仁和、盐官、余杭、富阳县去岁水灾贫缺人员，自 6 月 4 日接续赈给。至 8 月 2 日尚未有米谷相继上市。

9 月 4 日淮南路转运司言，淮河水泛涨。濠、寿、楚、泗河道与邻近民田为一，淹浸州城，淮东西州军见桩管提举司斛斗 36 万余石，欲依无价出粜，救济被水细民，从之。江浙大水，秋籴贵，饿莩盈路。10 月 3 日两浙提举常平司言，奉诏常、秀、湖州、平江府(苏州)等处水灾，依乞丐人法赈给，今据逐州管下共 25 县，赈济总 43 万余口。

● 1118 年

夏，江、淮、荆、浙诸路大水，民流移，溺者众，分遣使赈济，发运使不奏泗州坏官私庐舍等，勒停。7 月 5 日诏，两浙路自今夏霖雨连绵，长江大水，淹没田不少，平江尤甚。建康(南京)、仪征、江都(扬州)、镇江、泰兴大水，漂溺无算；高邮民流徙、漂溺者众；长兴、吴江大水，田灾。8 月 24 日镇江府言，自 7 月以来霖雨连绵，淹没民田，米价踊贵，唯借商旅兴贩斛斗接济。同日亦诏：东南诸路山水暴涨，至坏州城，人被漂溺，不能奠居。诸路检举常平灾伤随宜赈救。比屋摧圮，可令郡守令佐悉心赈救。11 月 3 日诏：江、淮、荆、浙、闽、广监司督责州县还集流民。12 月 11 日江南东、西路廉访使者言，南康军(星子)并管下建昌县及江州(九江)管下德安、瑞昌、兴国军(阳新)坊郭舍屋被水淹浸，漫没屋脊。次年 2 月 7 日诏：淮南被水，楚州(淮安)、山阳(淮安附廓县)、盐城 2 县下户饥殍 32 000 余人，无业可复。

● 1119 年

夏，吴中雨下如墨色。

秋，淮东大旱，遣官赈济。盱眙、如皋旱。次年 1 月 5 日以淮甸旱，饥民失业，遣监察御史察访。

● 1120 年

3 月 24 日令所在赡给淮南流民，谕还之。是岁，淮南仍岁旱，漕不通。楚州至高邮亭一带河浅涩。

● 1122 年

是岁，盐官县海溢，县南至海 40 里，而水之所啮，去邑治才数里，邑人甚恐。兴化潮坏范堤，淹田周 300 里。

● 1123 年

春，秀州(嘉兴)旱。

是岁，河北、京东、淮南饥，遣官赈济。

● 1124 年

春夏，两浙水潦，害民田，民生流徙，令拯救艰食者。秀州大水。

秋，两河、京东西、两浙水灾。民多流移，令赈粜官米拯济艰食。泰州潦，害稼。

● 1126 年

2 月，京师(开封)大寒，大雪深数尺。围闭旬日，冻饿死者枕藉于道。

5 月，清寒；5 月 18 日—6 月 18 日夏行秋令；6 月 4 日寒。

12 月 10 日大寒，河有冰凌而下。12 月下半月至次年 3 月 16 日苦寒、大寒，人有僵仆者，大雪连 20 余日不止。

● 1127 年

2 月 19 日(开封)大雪，深数尺。2 月 26 日大雪，寒甚，地冰如镜，行者不能定立，人多冻死；3 月 16 日大雪，极寒。5 月 21 日北风益甚，苦寒。

● 1128 年

春，东南郡国淫雨，水。

夏，旱。7 月，京师(开封)、淮甸大蝗。盱眙旱蝗。

12月，为防金兵，决黄河入清河沮敌，自是黄河尾间南迁，夺淮入黄海。

1129年

2月27日泗州尘氛蔽日。

3月，杭州久霖雨。6月，(杭州)霖雨，夏寒。

7月，(杭州)寒；江宁(南京)久雨；吴县淫雨害稼。

9月20日(杭州)大雨雹，毁瓦、破车、杀牛马；9月，衢州大雨雹，毁瓦、破车、杀牛马。

9月23日杭州日昏无光，飞蝗蔽天，动以旬月。

秋，滁州雨连日，水暴涨。

1130年

6月24日宣城暑雨大涨。6月25日建康暴雨，雷电大作。

秋冬，绍兴府连年大疫。

11月19日越州久雨，自是雨雪亦如之。

12月，(杭州)天寒地冻。

1131年

3月，吴江大疫。

4月5日(杭州)雪。4月6日越州雨雹、震雷。

春夏，霖雨，婺州(金华)城壁倒塌几半；行都(杭州)雨，坏城380丈。

7月，浙西大疫，平江府以北流尸无算。吴江夏秋旱，大饥，死者甚众。

秋冬，绍兴府连年大疫。行在(杭州)、越州及东南诸路郡国饥，淮南、京东西民流常州、平江府(苏州)者多殍死。

1132年

春初，临安府(杭州)雨雪频，街市不无寒饿之人。2月22日临安知府言：昨缘雨雪推倒过州城379丈。

3月16日临安府(杭州)大雨雹。两浙、福建饥，米斗千钱，民益艰食。淮安、高邮、如皋旱，常州大旱。盱眙淮甸水。

5月下半月至6月上半月，浙西水灾。徽州(黄山市歙州区)、严州(建德梅城)水，害稼，漂及城郭庐舍。

冬，大寒累雪，冰厚数寸。太湖水冰，东、西山中小民多饿死，富家负载，踏冰可行，遽又泮坼，陷而没者亦众。泛舟而往，卒遇巨风激水，舟皆即冰冻重而覆溺，复不能免。

1133年

自2月13日至3月(杭州)阴雨，阳光不舒者40余日；2月，吴江淫雨，水大溢。

4月17日(杭州)雨雹伤稼。

5—8月，(杭州)旱，

8月，丹徒、丹阳雨，害禾麦。

9月29日以雨旸不时，苏、湖地震，求直言。

1134年

丹徒、丹阳旱。

4月12日(杭州)大雨雹伤稼。

7月，(杭州)淫雨害稼，苏、湖2州为甚，坏春桑、禾稼；吴江民多流移；丹徒、丹阳淫雨，害稼。7月22日(杭州)以霖雨罢不急之役。

8月，泰州、兴化、东台大风激，海潮没田庐。

1135年

3月12、21日(杭州)雪。4月，霖雨，久寒，伤苗稼，蚕损甚众；行都尤甚。

6月，大燠40余日，草木焦槁，山石灼人，暍死者甚众。浙西自去年冬不雨，至于今夏，尤以6—7月为甚，所及甚广；浙东西旱50余日；江东旱。镇江、常州、江阴、吴江、长兴、秀州大旱，庐、和、濠、楚为甚。6月，大旱，洞庭湖水涸如深冬。湖南大饥，殍死、流亡者众。11月14日诏户部下江、浙、荆、湖旱伤州县奉行宽恤指挥。11月22日湖南、江西岁旱田亩灾伤，秋成之际，民间已是缺食。尚书省言，江东西、湖南旱伤，据申奏赈济饥民万数。

8月，(杭州)暴风连日，屋瓦皆震。

秋，温州大旱，米斗千钱。温、处州饥。

9月，吴江、长兴大雨，太湖溢，田庐坍没者十之七八，余杭、临安属县大水，天目山山洪暴发，高2丈许，冲击塘岸100余处，漂没庐舍1 500余家，流尸散入旁郡，禾稼化为腐草。

10月—次年2月(杭州)雨。

11月21日夜，华亭县(松江)、大风电，雨雹，大如荔枝实。海水大溢，坏舟覆屋。

1136年

1月18日江南西路转运司言：筠(高安)、袁(宜春)、洪(南昌)、吉(安)、江(九江)、抚州、临江(樟树)、兴国军(阳新)及新喻灾伤，乞支降本路苗米5万～7万石。

1月20日诏：雪寒，细民阙食，可令临安府(杭州)分委官措置，依赈济人例支米3日，后又展3日。1月，潭州(长沙)积阴、雨雪不止，自下旬雪霰交作，冰凝不解，深厚及尺，州城内外饥、冻僵扑不可胜数。2月13日(杭州)帝以雪寒，民艰食，命有司赈之。

2月16日秘书少监言：湖、湘亢旱，江左、浙东诸郡往往不登，惟浙右稍稔。3月7日以江、湖、福建、浙东旱，命监司帅臣修荒政。3月15日(杭州)雨雪。3月18日右谏议大夫言，去秋(1135年秋)旱伤连接东南。本路言：潭、衡、永州灾伤，见措置赈济。今春饥馑异常岁，湖南为最，江西次之，浙东、福建又次之。伏睹累降指挥赈济。春，浙东、福建饥，湖南、江西大饥，殍死甚众，民多流徙，郡邑盗起。6月，通州、如皋大旱。

7月，淮上诸屯属盛暑。7月23日帝御正殿，疏放临安府等禁轻刑，以大暑故也。

8月12日丹徒江水溢，坏官私庐舍。

9月，泗阳雨雹。

12月10日江南东路提举、茶盐、常平公事去岁(1135年)乞本路三州(太平、池、饶)旱歉流移归业之人，与免差役一次。湖广、江西旱，诏拨上供米赈之。

12月24日诏：浙西天气寒凛，令平江府(今苏州)仔细抄札乞丐，依临安府(今杭州)已降指挥赈济。

1137年

1月，杭州(火灾后)灾民暴露者多冻死。3月28日(杭州)霜杀桑稼。

春，(杭州)旱70余日。7月，又旱，江南尤甚。8月19日都省言，建康府(南京)近缘亢旱缺雨。8月，诸路大旱，江、湖、淮、浙被害甚广。盱眙、如皋等大旱。

11月，建康(南京)久雨。

12月10日(杭州)诏:天气寒凛。

1138年

4—5月,(杭州)积雨,伤蚕麦,害稼。

7月17日(杭州)大雨雹。

秋,泰兴旱。冬,(杭州)不雨。

1139年

4月1日(杭州)雨雹伤麦。

7月,(杭州)旱60余日。江东西、浙东饥,饶(波阳)、信(上饶)尤甚;松江大饥,道殣相望。

1140年

3月3日(杭州)大雨雹。

7月,温、处、婺浃旬,再值雨雹,麦秀者偃,桑萌者落。

是岁,浙东、江南荐饥,人食草木。

1141年

是岁,淮南饥。

1142年

4月,(杭州)旱60余日。4月6日诏:绍兴府旱,伤秋苗。令于义仓米内支拨1万石,置扬出粜。浙西旱,伤损禾稼,减免秋税。

4月12日(杭州)大雪。

秋,淮东旱,盱眙旱。

1143年

3月1日(杭州)雨雹伤麦。

4月8日(杭州)大雪盈尺。4月17日振淮南饥民,仍禁遏籴。4月24日(杭州)雪。

9月3日、9月5日(杭州)雹,伤稼。

1144年

6月24日兰溪县水侵县市,25日中夜水暴至,死者万余人;6月25日婺州(金华)。严(建德梅城)、信(上饶)、衢(州)、处(丽水)、建(宁)等同日大水。建州(建瓯)水冒城而入,俄顷深数丈,公私庐舍尽坏,溺死数千人;严州(建德梅城)水暴至,城不没者数板。其他各州民之死者亦众。吴门(苏州)之东大水,沃壤之区悉为巨浸。

1146年

夏,行都(杭州)疫。

丽水洪水暴涨(记录观淳祐八年(1249)处州太守关景晖《丽水洪水题记碑》,在论及绍兴甲子(1104),同时提及绍兴丙寅(1146)洪水)。

1147年

3月12日(杭州)雪。

7月,常、润、江南阙雨。

1148 年

3 月 13 日(杭州)雪。

夏,浙东西、淮南、江东旱,绍兴尤甚,饥民 286 000 人,民食糟糠、草木,殍死殆半。

9 月,绍兴府、明(宁波)、婺(金华)水。次年 1 月 15 日赈绍兴府饥。1 月 19 日振明、越、秀、润、徽、婺、饶、信诸州流民。1 月 20 日借给被灾农民春耕费。22 日蠲被灾下户积欠租税。

1149 年

春夏,绍兴府大饥,明、婺州亦同。5 月 21 日上谕辅臣曰:两浙等路灾伤处可令提举常平官亲诣所部借贷种粮,务要实及饥贫民户。10 月 23 日诏,安抚司言:绍兴府、明、婺州水旱灾伤,及时悉力赈济。常州、镇江府旱。

1151 年

4 月 3 日(杭州)雹伤禾麦。

1152 年

7 月 28 日上谕大臣曰:闻淮东* 被水,民多转往淮西,可令漕司赈济。盱眙、高邮、淮甸水。

* 盱眙、滁州、含山以东为淮东,凤阳、定远、肥东、巢县、无为以西,甚至包括今河南潢川为淮西,基本与苏皖分界线相似。

1153 年

长江大水,泰兴、吴江、湖州、长兴大水灾;苏州饥。8 月 3 日诏平江府(苏州)、湖、秀州实被水贫乏下户,未纳夏税,俟秋成日输纳。

11 月 16 日户部侍郎言:宣州、太平州(当涂)圩田为水所坏,乞委司农寺丞兼权户部郎官前去措置,后言:宣州化成、惠民 2 圩,芜湖县万春、陶新、政和、犹山、永兴、保成、咸实、保胜、保丰、衍惠 10 圩,当涂县广济 1 圩,每圩长者数十里,用工数百万计,以常平钱米贷民修筑。先是宣州大水,其流泛至太平州,凡太平境内沿湖诸圩悉为冲决。

1154 年

浙东西旱,斗米千钱,大饥,道殣相望。衢州大饥。

10 月 30 日大理寺丞言:临安、平江、湖、秀 4 州低下之田,多为积水浸灌。盖缘溪山诸水接连,并归太湖。其(吴)松江泄水诸浦中,惟白茅一浦最大,今为泥沙淤塞,每岁遇暑雨稍多,则东北一脉水必壅溢,遂至积浸,有伤农田。请令有司相视,于农隙开决白茅浦水道,俾水势分派流畅,实 4 州无穷之利,诏转运司措置。

1155 年

冬,无锡、苏州运河冰坚。杭州雨木冰(1156 年 1 月 16 日)。

1156 年

夏,行都又疫,高宗出柴胡制药,活者甚众。

8 月 16 日夜,(杭州)天雨水银。

1157 年

长江大水。汉阳军(武汉汉阳)、鄂州、江(九江)、洪(南昌)、池、太平(当涂)、建康(南京)、真

(仪征)、镇江、丹徒、丹阳;淮南盱眙、泰兴;浙江绍兴等大水。

1158 年

4月13日(杭州)雪。

夏,风水损浙江田,灾及五分处赈之。

8月7日风暴潮。平江府(苏州)大风雨,潮溺数百里,坏田庐,为灾最甚,绍兴次之。浙东西沿江海郡县如镇江、常州、苏州、常熟、绍兴、湖州、嘉兴等均大风水,伤州县苗税,仍赈贷饥民,将常平仓米赈济;太平州(当涂)及淮南诸郡亦有被水灾伤田亩。10月27日蠲平江、绍兴、湖州被水民逋赋。松江民食糠粃。

1159 年

2月1日浚苏州26浦以泄水。2月11日赈湖州、嘉兴诸郡饥民。

3月11日(杭州)大雪,又雨雹。

3月,(杭州)旱70余日。

5月13日诏修临安至镇江运河堰闸,时久河涸,纲运迟留。8月,盱眙军、楚(淮安)金界30里,蝗为风所坠,风止,复飞还淮北。秋,江浙郡国旱。绍兴府荐饥。

1160 年

6月26日夜大雨,於潜、临安2邑山水暴至;安吉洪水作,民庐多坏,人死者甚众。5—6月,(杭州)久雨伤蚕麦,害稼,盗贼间发。平江、湖、秀三州水,无以输秋苗,有司抑令输麦。

秋,江浙郡国旱,浙东尤甚。

1161 年

2月21日(杭州)雪,23日大雨雪,诏出内府钱赐三衙卫士,凡95 000缗,且予贫民之不能自存者39 000余人,又以内藏钱帛市薪炭赐之。24日大雪放朝参三日。至于3月1日禁旅垒舍有压者,寒甚。是春大寒,雨雪异常,无麦苗,荆、浙盗起。

8月7日两浙路转运副使言,平江府昆山县民田被水灾伤人户诉,本府检放不尽。长洲县(苏州)民户申诉伤秋苗10 400余石。8月26日知高邮军言,高邮县税户诉,霖雨连绵,冲决堤岸。

1162 年

1月28日镇江天寒,雪雨不止。2月14日淮西制置使引兵还建康(南京)。淮西兵无庐舍,天大寒多雪,士卒暴露,有坠趾者。帝遣中使抚劳。3月,赈两淮饥民。

3月9日建康府上元县(南京)言,本县金陵、钟山、慈仁3乡实邻大江,自1158年缘风潮积雨及江岸崩落,田畴化为水面,连年概无所收。

春,淮水溢,中有赤气如凝血(万历《帝乡纪略》有相同记载)。

5月,淮水暴溢数百里,漂没庐舍,人畜死者甚众。

7月,浙西大霖雨,山洪暴发,漂民舍,坏田复舟,人被其害。嘉兴、长兴载同。

7月,江东、淮南北郡县蝗,飞入湖州境,声如风雨,自7月7日至8月20日遍于畿县,余杭,仁和、钱塘皆蝗。8月30日蝗入京城(杭州)。

9月1日风暴潮,温州大风拔木,坏屋覆舟。

1163 年

3月10日(杭州)雪。

4月，霖雨，行都(杭州)坏300余丈。5月11日以久雨命有司赈灾伤、察刑禁。

7月，两淮被水，泗州、盱眙军大饥，是年淮民流徙江南者数十万。7月27日诏两浙江东下田伤禾，冲损庐舍，理宜宽恤。

9月，江东吴江大风海溢，漂没田圩；上元、江宁、溧水大风雨，水灾伤稼；嘉兴民多艰食；平江府、绍兴府大饥，蠲水灾民租；浙东、西州县大风水，绍兴、平江府、湖州及崇德县为甚。

9月20—21日飞蝗过都，蔽天日，徽、宜、湖3州及浙东郡县害稼。京东大蝗，襄、随尤甚，民为乏食。

是岁，以两浙大水，旱蝗，江东大水，悉蠲其租。

1164年

3月28日台州知州言：本州缺雨日久，二麦未熟，米价踊贵，细民艰食，依已降指挥见管常平义仓米赈粜。4月10日诏徽州(歙县)旱蝗为灾，可将常平义仓米出粜赈济。夏，余杭蝗。

8月，浙西、江东大雨害稼。建康(南京)、太平(当涂)、池、宁国、广德、平江(苏州)、江阴、镇江、湖、常、秀(嘉兴)、光州(潢川)、淮东郡(辖楚州、高邮、泰州)、通州、扬州、盱眙、真州(仪征)、滁州、和州、寿春、庐(合肥)、无为皆大水，浸城郭、坏庐舍，圩田、军垒，操舟行市者累日，溺死甚众。越月积阴、苦雨、水患益甚，淮东有流民。淮水入泗州城，如皋、泰兴大饥。苏、常、秀、润(镇江)等饥；绍兴水溢，灾伤重；华亭(上海松江)人食秕糠；行都及兴化军、台、徽州亦艰食。9月6日以久雨决系囚。9月13日诏赈淮东被水州县。9月28日镇江知府言，丹徒、丹阳、金坛3县今秋雨伤稼穑，已委官诣金坛县取拨义仓米3 000硕(石)、丹阳县1 000硕，各依乞丐法赈济。10月13日以久雨，出内库白金40万两，粜米赈贫民。遣使行视畿内(开封及其附近)、宋(商丘)、陈(淮阳)、许(昌)、汝(临汝)、唐(河)、光(潢川)、蔡(汝南)、淮(淮阳)、亳(州)、颍(阜阳)、濠(凤阳)、庐、寿(凤台)、曹(菏泽)，济(宁)、单(州)、楚(淮安)、高邮、杭、宣(城)、洪(南昌)、鄂(武昌)、施(恩施)、渝(重庆)、光化大水。疏治、赈恤，蠲其赋租。

1165年

1月2日南宋与金两军对峙于高邮射阳湖，会天大雪，河冰皆合，宋军先持铁锤捶冰，士皆用命，金人乃退。

3月，(杭州)大雪、寒。行都(杭州)及越(绍兴)、湖、常、润(镇江)、温、台、明(宁波)、处(丽水)9郡首种败，损蚕桑。3月13日诏两浙赈流民，以绍兴流民多死，罢守臣及两县令。3月27日遣官检察两浙州县赈济饥民。4月11日诏：朕以淫雨不止，有伤蚕麦。临安府、绍兴府、湖、常州并与全免1年，温、台、明、处、镇江府并各减放一半。4月14日蠲两浙灾伤州县身丁钱捐，决系囚。4月16日诏：常州无锡县见有士民率米煮粥，赈散被水饥民。5月2日诏严、衢、婺、处州荒歉，发常平米以赈之。

4月，(杭州)暴寒，损苗稼。春，行都、平江、镇江、绍兴府、湖、常、秀州大饥，殍徙者不可胜计。夏，亡麦。是岁，台、明州、江东诸郡皆饥。

8月3日宣州知州言：本州自6月24日—9月10日雨如倾注，山洪发，被水阙食者众。7月，常、湖州水坏圩田。

冬，淮甸流民20万～30万避乱江南，结草舍遍山谷，暴露冻馁，疫死者半，仅有还者亦死。

是岁，行都及绍兴府饥，民大疫，浙东、西亦如之。

1166年

春,(杭州)大雨,寒至4月,损蚕麦。2—5月(杭州)淫雨。3月13日罢盱眙屯田,赈两浙、江东饥。4月1日(杭州)雪。夏寒,江浙诸郡损稼,蚕麦不登。

9月18日风暴潮。海门(今台州市椒江区)飓风挟雨,申酉益甚,拔木飘瓦,人立欲仆,市店、僧刹龙翔寺(温州市瓯江江心屿,今名江心寺),摧压相望。夜潮入温州城,沉浸半壁,人方上屋,升木以避,俄而屋漂禾没,四望如海,四鼓风回南,潮退,浮尸蔽川,存者什一(死亡率90%)。永嘉任洲一村千余家,家以5人为率,计5 000余人,存者才200人(死亡率96%以上)。居山原者,虽潮不及,亦为风雨摧坏,田禾无收。瑞安、平阳、乐清皆然,民啖湿谷、死牛,随以困踣。溺死2万余人,江滨胔骼尚7 000余(具)。

1167年

3月13日(杭州)雪。

7月,湖、秀、越三州及如皋、泰兴、嘉兴、吴江等淫雨为害。庐(合肥)、舒(城)、蕲州(湖北蕲春)水,坏苗稼,漂人畜。

8月7日临安府天目山山洪暴发,决临安县5乡民庐280余家,人多溺死;湖、秀、上虞县水,坏民田庐,积潦至于10月,禾稼皆腐。江、浙、淮禾、麻、菽、麦、粟多腐,9月18日诏蠲免临安受灾乡民夏秋二税有差;隆昌府(南昌)4县(南昌、新建、丰城、进贤)为甚。江西全境共11州,免于水患者才3州(推测为南部的赣州、建昌府、南安军)。徽州雨水霖潦,禾稼损坏,米价踊贵,民庶缺食。

10月,杭州不雨,麦种不入。江东西、湖南北路蝗,赈之。

冬,(杭州)温,少雪,无冰。

1168年

春,舒州雨黑米,坚如铁,破之,米心通黑。

5月13日(杭州)雨土若尘。

7月,(杭州)旱。帝亲祷于太乙宫,时襄阳、隆兴(南昌)建宁亦旱。7月17日诏诸路漕司,今后水旱须以实闻,州县隐蔽者并置于法。衢州知州以盛暑祷雨,蔬食减膳,忧勤致疾而死,赠直龙图阁。

8月14日衢州大水,败城300余丈,漂民庐、孳牧、坏禾稼。诸暨县大水害禾稼。江宁、建康府水。8月16日徽州大水。8月,江陵、建宁(福建建瓯)、绍兴、饶(波阳)、信(上饶)皆水。

1169年

2月8日(杭州)雪。

夏,饶、信荐饥,民多流徙;徽州大饥,人食蕨、葛;台(州)、楚州(淮安)、盱眙军亦饥;夏秋,淮东旱。盱眙、淮阴为甚。

温、台州凡三大风,水漂民庐,坏田稼,人畜溺死者甚众,黄岩县为甚。郡守不以闻,皆黜削。11月1日赈温、台2州被水贫民。11月12日诏:台州、黄岩、临海县被水冲损田产、屋宇、牛畜之家,1167—1169年未纳税赋者,特予蠲放。

秋冬,淮郡旱,麦种不入。因旱伤江东西、湖南北路州县间有人户逃移。

冬,(杭州)温,无雪。

1170年

春,(杭州)民以冬燠,疫作。

2月25日，雹损麦。

6月，（杭州）连阴连雨60余日，寒，伤稼。长江下游大水，平江（苏州）、建康（南京）、宁国、温、湖、秀（嘉兴）、太平（当涂）、广德及江西大水，江东城市有深丈余者，淹民庐，溃江堤，人多流徙。7月15日诏江东诸郡多被水，漕臣不即躬亲按视，可降两官（级）。7月16日诏建康、太平被水县，今年身丁钱并与放免。8月3日宁国府、建康府、太平府、广德军圩田均被淹没，委实灾伤，逐州差官赈济被水人户。冬，宁国府、广德军、太平州、湖、秀、池、徽、和州皆饥。

12月，（杭州）连雨。冬温，无冰雪。

● 1171年

3月26日（杭州）雪。

春，江西、湖南北、淮南、浙婺、秀及江宁、上元、泰兴、嘉兴皆旱。

夏秋，（九）江、洪（南昌）、筠（高安）、饶州、南康、兴国、临江军（樟树）、潭州（长沙）旱荒尤甚，早禾皆死，晚稻不曾栽插，人食草实，流徙淮甸光（潢川）、濠（凤阳）、安丰间。赣州、南安、建昌（南城）早禾小损，晚稻无伤。秋，淮郡、荆南亦饥。11月29日徽州言：本州管下旱伤，婺源县游汀、来苏两乡尤甚。赈济。

海潮冲毁东台捍海堰2 000余丈。

冬，（杭州）不雨。

● 1172年

夏，行都民疫，及秋未息；江西饥民大疫。

● 1173年

3月7日以久雨，命大理、三衙、临安府及两浙州县决系囚，减杂犯死罪以下一等，释杖以下。

3月9日临安府雪，寒，细民艰食。

7月15日建康、隆兴府（南昌）和县、广德、太平尤甚。因梅雨损72处，计595丈。赈洪（南昌）、吉等郡水灾。淮西无为军、和州先被水患，继之以旱。

秋，婺、处、温、台、吉、赣州、临江（樟树）、南安（江西大余）诸军、江陵府皆久旱无麦苗。台州、温、婺饥。

● 1174年

8月23—24日钱塘大风涛，决临安府（杭州）江堤1 660余丈，漂民居630余家；仁和县（杭州）濒江二乡坏田圃。

11月12日杭州以积雨，命中外决系囚。

11月13日以盐官县旱，减放苗租。

是年，浙东、湖南、广西、江西、蜀、关外皆饥，台、处（丽水）、郴、桂（阳）、昭（平乐）、贺（州）尤甚。

● 1175年

松江龙卷风。

夏，建康府霖雨，坏城郭。

秋，江淮、两浙皆旱。建康府、宁国、滁、真（仪征）、扬州、盱眙、镇江、常、绍兴为甚；和县、广德、太平尤甚。溧水、丹徒、丹阳、吴县旱。镇江、宁国、常州、广德艰食。诏奬建康府留守赈济有方。9月30日赈恤淮南水旱州县。

1176年

2月26日以常州旱,宽其逋负之半。赈淮东饥,仍命贷贫民种。

6月4日天台、临海2县大风雹,伤麦。

6月,淮、浙积雨,损禾麦。

夏,常、昭、复(天门)、随、郢(钟祥)、金(安康)、洋州(县)、江陵、德安(安陆)、兴元府(汉中)、荆门、汉阳军皆旱。台州亡麦。淮甸饥。

夏,淮南、如皋、泰兴、南通积雨伤稼;武进水涝;余杭、仁和、钱塘等大水。

9月20日风暴潮在浙江台州登陆,海涛与山洪合激,决江岸,溺死者众;9月22、23日杭州大风雨,坏德胜、江涨、北新三桥及钱塘、余杭、仁和田,流入湖、秀州,害稼。浙东西、江东郡县多水,婺州(金华)、会稽、嵊、广德军、建平(郎溪)大水。11月12日以久雨,命中外决系囚。并赈绍兴、台州、婺州水。

9月,淮北飞蝗入楚州、盱眙军,遇大雨皆死,稼田不害。

1177年

春,(杭州)尤饥。

6月5日夜,钱塘江涛大溢,败临安府(杭州)堤80余丈;6月6日又败堤100余丈;明州(宁波)濒海大风,海涛败定海县(舟山)堤2 500余丈;鄞县败堤5 100余丈,漂没民田;福建建宁府(建瓯)、福、南剑州(南平)6月6日—8日大雨水,漂民庐数千家。

10月1—2日大风驾海潮,败钱塘县堤300余丈;余姚溺死40余人,败堤2 560余丈;鄞县败堤5 100余丈;上虞县败堤及梁湖堰、运河岸;余杭、武进大水。

11月以久阴,命中外决系囚。

是年,真州(仪征)大疫。

1178年

3月17日(杭州)雨土。5月9日(杭州)尘霾昼晦,日无光。淮南、江东西郡国盱眙、镇江、丹徒、常州、丹阳、嘉兴旱。

8月嘉兴大风,驾潮害稼。

是冬雪,自十二月至次年正月或雪,或雨大冰,顷尺余,连日不解,淮水冰,断流;太湖流域柑橘全部冻死;台州雪大余,冻死甚众。

1179年

2月14日、4月28日两度赈济淮东饥民。

秋,宁国府、温、台、湖、秀、太平州水,坏圩田,乐清溺死百余人。

12月18日(杭州)昼蒙,雨土。

冬,和州旱,近缘雨雪,冻馁者多,赈济。泰、通、楚州、高邮军亦旱,大饥,人食草木。

1180年

春,湖南旱,江、浙、皖、赣、鄂、湘、桂5—10月不雨,行都8—10月不雨。杭州、绍兴、台、婺、徽(歙县)、建康、常、润、常熟、池、舒、和、无为、潜山等皆大旱;(九)江、筠(高安)、徽、婺州、广德军、无锡县尤甚。祷雨于天地、宗庙、社稷。嘉兴大旱,郡县(辖崇德、海盐、嘉兴、华亭即今松江)皆饥。镇江府、台州、无为、广德军民大饥。是岁,江、浙、荆、湘、淮郡皆饥。江、浙、淮西、湖北旱,蠲税、发禀贷给,趣州县决狱,募富民粮济补官。故岁虽凶,民无流殍。

盐城海飓大作,兴、盐鼎沸,坏捍海堰。

● 1181 年

1 月 25 日(杭州)雪。

2 月 19 日(杭州)积旱始雨。5 月,雨腐禾麦。

7 月 7 日严州大水,漂浸民居 19 540 余家,垒舍 680 余区。绍兴府大水,县(当时绍兴辖山阴、会稽、萧山、上虞、余姚、诸暨、嵊县、新昌 8 县,最大可能是前 5 县)漂浸民居 83 000 余家,田稼尽腐,渔浦(萧山西南钱塘江边)败堤 500 余丈,新林败堤通运河。同月(杭州)久雨,败首种。9 月 5 日绍兴大水,振粜。9 月 10 日严州水,诏被灾之家蠲其和买,三等以上户减半。

8—12 月,苏、浙、皖、赣、鄂、豫、川不雨,建康、镇江、丹阳、常州、吴江、江阴、淮安、盱眙、高邮、泰兴、如皋、南通、临安、湖州、长兴、绍兴、金华、衢州、建德、广德等大旱。次年 1 月 10 日赈临安府及严州饥民。1 月 11 日再诏临安府为粥食饥民;1 月 14 日以徽、饶 2 州民流者众,罢守臣。官出南库钱 30 万缗付新浙东提举振粜;1 月 22 日诏逐路旱伤州:浙东绍兴府、婺州、衢州,浙西临安府、严州与长兴、安吉两县、常州、镇江府、江阴军、江东建康府、饶州、徽、信州、南康军、广德军、江西兴国军、湖北江陵府、鄂州汉阳军、复州德安府、淮东 8 州、淮西 8 州军 1182 年份应民户合纳身丁钱物并特免 1 年。冬,行都、宁国、建康府、严、婺、太平州、广德军饥,徽、饶大饥,流淮郡者 1 万余人。

是岁,行都大疫,禁旅多死。宁国府民疫,死者尤众。

● 1182 年

4 月 24 日赈济镇江。5 月 3 日遣使按视淮南、江、浙赈济。春,大亡麦,行都饥,於潜、昌化县人食草木。绍、衢、婺、严、明、台、湖饥。徽州大饥,穜稑亦绝。湖北 7 郡荐饥。四川 3 路 18 郡皆饥,流徙者数千人。6—8 月川、鄂、豫、赣、浙,苏不雨,润(镇江)、杭、婺、温、处、江山、定海、象山、上虞、嵊县皆旱。7 月,安徽全椒、历阳(和州)、乌江县(今废,属和州)蝗、飞蝗过都,遇大雨,坠仁和(杭州)界。8 月,淮东、浙西大蝗,真(仪征)、扬、泰州皆扑蝗 5 000 斛,余郡或日捕数十车,群飞绝江,坠镇江府,皆害稼。9 月 20 日定诸州官捕蝗之罚。11 月 3 日诏:台州今岁旱伤,细民缺食。10 月 26 日诏和州旱伤。

● 1183 年

6 月 16 日江东、浙东数郡水。7 月 2 日诏临安府富阳县及严、婺州遭水处,可予常平钱米内给借种粮。

7 月,蝗遗种于淮、浙害稼;7—8 月,江淮、建康府、和州、广德军、宁国府(宣城)及川、鄂、湘旱。高邮、如皋、仪征、南通旱、蝗伤稼。

● 1184 年

2 月 21 日(杭州)雨土。

3 月 15 日(杭州)雨土;临安府新城县(富阳西南新登镇)深浦 3 月天雨黑水,终夕。

5 月,(杭州)淫雨。

6 月 7 日建康府、太平州(当涂)大雨霖;和州水,淹民庐,坏圩田。杭州淫雨;余杭水灾*;6 月,金坛连遭大雨,5 乡 24 都(村)被水淹浸,致伤禾稻。7 月 14 日以建康、太平、宁国、池州、广德及江西饶(波阳)、南康、建昌(南城)被水,各支常平钱米赈恤。

* 清代《余杭县志》记载:水灾,漂流居民数万,存疑备考。

8月20日明州(宁波)大风雨,山水暴出,浸民市、圮民庐,覆舟杀人。

1185年

6月15日福建漳州近海(24.3°N,118.0°E)6½级地震,杭州、绍兴四度有感。

7月,婺州及富阳县皆水,浸民庐,害田稼。

9月30日安吉县暴水发枣园村,漂庐舍、寺观,坏田稼殆尽,溺死1 000余人,郡言不以闻,坐黜。

10月,台州水。10月8日诏恤湖州、台州被水之家。

1186年

1—2月,大雪,(杭州)或雪、或霰、或雹、或雨,冰沍尺余,连日不解;台州雪深丈余,冻死者甚众;淮水冰,断流。

5月12日(杭州)雪。

今岁,高邮至楚州一带旱伤。

1187年

春,(杭州)都民大疫禁旅,浙西各州县亦疫,居民传染,多是全家病患。

6—10月,临安、镇江、绍兴、隆兴府、严、常、湖、秀、衢、婺、处、明、台、饶、信、江、吉、抚、筠、袁州、临江、兴国、建昌军皆旱,越、婺、台、处、江州、兴国军尤甚。仁和县蝗,秀州饥,有流徙者。临安府9县饥,内盐官县、秀州、海盐县被旱最重,民间目下便已乏绝,渐有流徙。桐乡、吴江等旱,蝗,饥。赈孤寡鳏独、无钱籴者济以米。是岁赈江、浙、皖、赣、鄂旱伤。

1188年

3月27日(杭州)雨雪而雹。

6月,淮甸大雨水,淮水溢,庐、濠、楚州、无为、安丰(寿县)、高邮、盱眙军皆漂庐舍、田稼;庐州城圮。荆江溢,鄂州(武昌)大水,漂军民垒舍3 000余;江陵、常德、德安府(湖北安陆)、复(天门)、岳(阳)、澧(县)、汉阳军水。楚州、无为、安丰、高邮、盱眙军漂庐舍、田稼;番易湖溢番易县(不详),漂民舍、田稼、有流徙者;山阳(淮安)清河口淮河决,坏城100丈。庐州城圮。7月8日赈江、浙、两淮,荆湖被水贫民。

6月26日祁门县群山暴(雨)汇为大水,漂田禾庐舍,冢墓、桑麻、人畜十六七,浮胔甚众,余害及浮梁县(江西景德镇)。7月21日袁州萍乡、分宜、抚州(临川)、临江军(樟树)、隆兴府(南昌)、建宁水,圮民庐。

8月,黄岩县水败田潴。

1189年

2月7日(杭州)雪。

3月31日诏:濠州支桩管米5 000石,赈粜本府去年(1188年)被水土著及归正主客户。

5月8日绍兴府新昌县山水暴作,害稼、湮田,漂民庐。

6月,浙西、湖北、福建、淮东诸道霖雨。

7月23日镇江大雨水5日,浸军民垒舍30余区。

7月,行都钱塘门启,黑风入,扬沙石。

1190年

3月26日(杭州)雪。春,(杭州)久阴连雨,至于4月。留寒至立夏(5月5日)不退。

夏，(杭州)旱。是岁，池州等旱。

8月，(杭州)淫雨伤稼。

1191年

2月，行都(杭州)大雪积冱，河冰厚尺余，寒甚。是春，雷雪相继，冻雨弥月。3月3日大雨雪，至3月5日大雪连数日。3月10日，诏以阴阳失时，雷雪交作，出米5万石赈京城贫民。

6月，真(仪征)、扬、通、泰、楚、滁、和、桓、抚、高邮、盱眙军皆旱。8月，高邮蝗，至于泰州。泰兴大旱蝗。秋，山东、河北旱饥。是岁，赈凤(阳)及淮东旱。

9月，行都久雨。

1192年

7月16—18日宁国府广德军雨甚；池州大雨连夕；青阳县山水暴涌，漂田庐、杀人；泾县败堤，圮县治、庐舍；祁门县大雨至于7月27日；7月18日建平(郎溪)水，败堤入城，漂浸民庐。

夏，扬、和州大旱。是岁，扬州饥。

8月18日天台、仙居2县大雨连夕，漂浸民居560余，坏田伤稼。镇江府3县(丹徒、丹阳、金坛)水，损下地之稼。也害淮西禾麦。9月14日，诏广德军、宁国府、徽州、池州将被水之家更切赈济。

11月5日，和州陨霜连3日，杀稼；淮西郡国稼皆伤。

1193年

4月2日(杭州)雪。

5—6月，霖雨，浙东西、江东、湖北郡县坏圩田，害蚕、麦、蔬、稻，绍兴、宁国尤甚。镇江府自6月13日、6月18日大雨，浸军垒6 000余区；泰兴大水。淮西郡县自6月18—20日大雨；6月20日安丰军(寿县)大水，平地3丈余，漂田庐、丝麦皆空。6月28日绍兴大水。6月，诸暨、萧山、宣城、宁国县大水，坏田稼。广德军属县水害稼；筠州(江西高安)水浸民庐，6月20日进贤县水，圮120余家。夏，绍兴府亡麦；安丰军大亡麦。7月8日赈江浙、两淮、荆湖被水贫民。

7—9月，江浙不雨，镇江、江陵、台州、金华、信州、江西、淮东旱。10月3日赈江东、浙西、淮西旱伤贫民。

1194年

1月14日(杭州)雨土，又寒。5月11日(杭州)雨土。春，浙东、西自去冬不雨，至于夏秋，镇江、常、秀、江阴军大旱，庐、和、濠、楚为甚，绍兴旱，鉴湖竭；江西7郡(具体地域不详)亦旱。5月10日以不雨，命临安府及两浙释放杖刑以下囚犯。

6月8日石埭、贵池、泾县皆山洪暴发，圮民庐，溺死者众。6月，泰州、兴化大水。

8月8日慈溪水，漂民庐，决田害稼，人多溺死。

8月11日风暴潮于杭州湾登陆，海盐、嘉兴、杭州、萧山、绍兴、上虞、余姚、明州(宁波)飓风，驾海潮坏堤，伤禾稼：杭州大风拔木，坏舟甚众。

9月6日温州、台州、建德、宁波、余姚、上虞、绍兴、萧山、临安(除昌化外，其余8县俱灾)、富阳、新登、於潜、平江(苏州)、江阴、常州、镇江、宁国大雨水，安吉平地水深丈余，余杭尤甚，漂没田庐，死者无算。

9月，楚、和州蝗；滁、庐饥，蠲庐州旱伤百姓，贷稻种32 100石。

冬，行都、淮西、浙西东、江东郡国皆饥，常、明州、宁国、镇江人食草木，以工代赈，蠲其赋。

是年9月南宋政府于河南阳武县光禄村决黄河堤，以防金兵南下，黄河南支夺泗水入淮，造成此后661年的豫东、鲁西、苏北水患不断，贻害无穷。

1195年

1月，临安府南高峰山自摧(山崩)。

3—4月(杭州)雨，伤麦。

4月12日(杭州)雨土。

春，常州饥，民之死、徙者众；楚州饥，人食糟粕，至剥榆皮以塞饥肠，所至榆林弥望皆白。淮、浙民流行都。庆元初，晋陵(常州)知县赈恤有方，所活几20万。

5月31日临安大疫，出内帑钱为贫民医药、棺敛费及赐诸军疫死者家。浙西如湖、秀、常、润，浙东如庆元(宁波)、绍兴等州县亦多有之。

8月3日台州及其属县大风雨，山洪、海涛并发，漂没田庐无算，死者蔽川，漂沉旬日，黄岩水尤甚。常平使者缓于赈恤，坐免。8—9月，临安府水。10月蠲临安府水灾贫民赋；以久雨决系囚；蠲台、严、湖3州被灾民丁捐。

1196年

春夏，旱，6月行都疫。

7月23日黄岩大雨水，有山自徙50余里，其声如雷，草木、冢墓皆不动，而故址溃为渊潭。时临海县清潭山亦自移(大滑坡)。

7月28日台州台风，暴风雨驾海潮，坏田庐。

9月，行都霖雨50余日。秋，浙东郡国大水。吴江大水。

1197年

1月28日(杭州)雨土。3月10日(杭州)昼晦，昏雾四塞。4月28日(杭州)雨土。春，吴江种植不能入土。4月，行都及淮、浙郡县疫。5月4日以旱祷于天地、宗庙、社稷。

5月17日(杭州)雨雹大如杯，破瓦、杀燕雀。

8月，(杭州)雨连月。

10月，绍兴府属县2、婺州属县2水害；台州大雨，溪溢。大亡麦，民饥，多殍。

11月29日(杭州)，大雪，以米千石赐普济院，令为粥以食贫民。

1198年

9月，(杭州)多雨。9月10日以久雨决系囚。秋，浙东西饥，多道殣。

冬，(杭州)燠，无雪。

1199年

3月13日(杭州)雪。

6月，行都雨坏城，夜压附城民庐，多死者；6月19日以久雨，民多疫，命临安府赈恤之。

7—9月，浙东西霖雨，台、温、衢、婺水，漂民庐，人多溺死；吴江大水，田庐漂没，又大疫，死者甚众；如皋大水，民乏食；扬州大水；衢守以匿灾、悋振坐黜。是岁，饶、信、江、抚、衢、严、台7州，建昌(南城)、兴国军(阳新)等皆水，赈之。

1200 年

3 月 1 日(杭州)雨土。3 月 22 日(杭州)雪。4 月 13 日(杭州)雨土。4 月 28 日命州司祷雨。4 月 29 日雨,大风拔木。5 月又旱。7 月 1 日诏阙雨州县释技以下囚,陈朝廷过失及时政利害。淮郡自春无雨,首种不入,镇江、丹徒、丹阳、常州、江阴大旱,水竭。6 月,常州又蝗。常州大饥,仰哺者 60 万人,润、扬、楚、通、和、泰 6 州,建康府、江阴军旱,亦乏食,赈之。

7 月 5 日严州霖雨,连 5 昼夜不止。严、衢、婺、徽、建宁府(福建建瓯)及江西饶、信等郡县皆大水,漂民庐,害稼。(杭州)亡暑,气凛如秋。8 月 9 日遣有司祈晴,望祭岳渎。

11 月,(杭州)多次雨土。

冬,(杭州)燠无雪,桃李华。

1201 年

杭州年内 4 次(1 月 24 日、4 月 2 日、7 月 9 日、10 月 17 日)雨土。6 月,(杭州)旱,浙西郡县皆大旱,蠲赋赈灾。6 月 18 日及 8 月 16 日两次以旱祷于天地、宗庙、社稷、诏大理、三衙、临安府、两浙州县决技以下囚。是岁浙西、江东、两淮、利州路旱,浙西荐饥,常州、镇江、嘉兴府为甚,赈之,仍蠲其赋。诏:令淮南路转运使拨米 7 万石,将 2 万石付盱眙军赈济,5 万石应付通、泰、楚州、高邮、盱眙军赈粜。

1202 年

春至秋,浙西、湖南、江州旱,镇江、建康府、常、秀、潭(长沙)、永州为甚。浙西诸县大蝗,自丹阳入武进,若烟雾蔽天,堕亘 10 余里,常州 3 县(武进、丹阳、金坛)捕 8 000 余石。湖之长兴捕数百石,时浙东近郡亦蝗。如皋春旱,夏蝗,食草禾皆尽;镇江大旱,飞蝗蔽天数十里;嘉兴、海盐春旱,接续夏秋旱,蝗害稼。

1203 年

春,杭州旱。夏,行都艰食。

5 月,江南郡邑水害稼。

6 月,行都疫。

9 月,久雨。11 月,高邮、兴化大雨,决清水潭,郡守塞之。

1204 年

3 月 8 日(杭州)雪而雹。

6—8 月,不雨,浙东西、江西郡国旱。8 月 7 日,以旱诏大理 3 府、临安府、两浙及诸路决系囚,8 月 14 日免两浙缺雨州县逋租。12 月 19 日诏:两浙、荆襄诸州,值荒歉奏请不及者,听先发廪以闻。

1205 年

1 月 29 日(杭州)大雪。

夏,浙东西不雨百余日,衢、婺、严、越、鼎、澧、忠、涪等州大旱。夏秋,吴江旱,蝗飞蔽天。8 月 21 日诏大理三衙、临安两浙州军及诸路,以旱释放部分关押犯人。9 月 22 日蠲两浙阙雨州县赃尝钱。

10 月 23 日汉、淮水溢,荆襄、淮东郡国水,楚州、盱眙军为甚,圮民庐,害稼;兴化淮水溢。江淮荐饥,死者几半。泗阳、盱眙均记。11 月,行都淫雨,至于明年春。

1206 年

2月，(杭州)雪雷。

春，杭州淫雨至于4月。

6月24日东阳县大水，1 730余处山同夕崩洪，漂聚落540余所，湮田2万余亩，溺死者甚众。

是岁，绍兴府、衢、婺亡麦。湖北、京西、淮东西郡国饥，民聚为剽盗。

1207 年

3月9日(杭州)雪。

6月30日安吉定山南管系边江去处，被上江洪水入浦，潮水相冲，涌入本乡，浸没田亩并大路民间住屋，驿路去处水没约8尺有余。严州并管下6县(建德、淳安、桐庐、分水、寿昌、遂安)自6月以来，晓夜骤雨不止，溪水泛涨，冲突直入城市，淹没居民。淳安县大溪正系廒港，缘连日阴雨发洪，溪流暴涨，水势汹涌，顷刻之间居民屋宇悉皆淹没，只留县前20余家。开化县枫潭84家被水推去81家。绍兴府萧山、诸暨、嵊县、山阴、会稽、上虞等邑，自6月28日以后，至7月12日陆续接到百姓等状，并以水伤，乞行赈恤。唯萧山被害最酷。徽州自6月中旬以来，连日雨势转急，溪水涌溢，城里外居民多被淹浸。

夏秋，浙西嘉兴等久旱，群蝗蔽天，豆粟皆毁于蝗。

8月31日湖北提刑言：自建康溯流西上，滨江多被水患，淹浸民居，几及屋危，鄂州、汉阳两郡涨潦弥浸为害尤甚。鄂州南市积水深数尺，全州被水已近5 500余(户)，汉阳城被水亦387户，城市如此，乡村可知。

冬，(杭州)无雪。江淮郡邑盱眙、江都、泗阳等水，山阳民多溺死。

1208 年

春，(杭州)燠如夏。3月9日雪。

春夏，旱势甚广，江、湖、闽、浙皆然。遗蝗复生，扑灭难尽。6月，江浙大蝗。6月18日免江浙缺雨州县贫民逋赋，令监司、郡守留意赈灾物资储备，并减税粮。夏，淮甸大疫；浙民亦疫。(杭州)夏旱，至8月乃雨。

9月19日(杭州)发米赈贫民，10月6日诏：飞蝗未息。10月15日发米20万(石)，赈粜江、淮流民。11月2日出安边所钱100万缗，命江淮制置大使司籴米赈饥民。时淮民大饥，食草木，流于江浙者百万人，殍死者十三四，炮人肉、马矢食之。邦储既匮，郡计不支，去者多死。是岁，行都亦饥。

1209 年

春，两淮、荆、襄、建康府大饥，人食草木，淮民刲道殣食尽，发瘗肉继之，人相扼噬；流于扬州者数千家，渡食者聚建康，殍死日八九十人。淮北、淮南、江南均旱。淮安、盱眙等旱饥，高邮大饥，泗阳大旱，渴死甚众。江南建康、金坛等大旱、蝗，常、润尤甚。

5月11日御笔访闻，都城疾疫流行，细民死者日众。临安府委通判稽考医药，所有药材极速科拨。常州秋大歉。嘉兴5月旱，至8月乃雨。

1210 年

春，建康府大饥，人相食。

4月，(杭州)阴雨60余日。5月8日新城县(新登镇)大水。5月，都民多疫死。6月，严、衢、婺、徽州、富阳、余杭、盐官、新城、诸暨、淳安大雨水，溺死者众，圮田庐，市郭，首种皆腐。蚕麦不登。行都大水，浸庐舍5 300(户)，禁旅垒舍之在城外者半没，西湖溢。衢州饥，颇聚为剽盗。6月26日以久雨发米赈贫民。

7月，(杭州)大旱，下诏罪己，赈贫民阙食者。

9月14日大风拔木，折禾穗，坠果实，至9月17日乃息，御史归奏坏绍兴陵殿宫墙60余所，陵木2 000余章。淮安、泗阳淮楚水，民多溺死，如皋大水，无禾。

● 1211年

3月17日(杭州)雪。

4月，都民多疫死。

夏，庐州潦浸，城壁多圮。

9月8日慈溪金州乡洪水发作，冲损民屋陆种，淹死人民计266家。9月，山阴县(绍兴)海败堤，漂民田数十里，斥地10万亩。9—10月(杭州)霖雨。

● 1212年

春，杭州淫雨，至于4月。

6月12日严州水。7月9日台州及建德、诸暨、会稽县水，坏田庐。

8月29日杭州雷雨，震太室之鸱吻。

12月，(杭州)雷雪积阴，至于明年春。

● 1213年

春，(杭州)淫雨至于3月。3月16日雨雪集霰。

夏，江浙郡县多雨雹，害稼。

7月3日严州府淳安县长安乡山摧，水涌，地震。7月4日淳安县山涌暴水，陷清泉寺，漂5乡田庐180里，溺死者无算，巨木皆拔。7月14日於潜县大水。7月15日诸暨县风雷大雨，山涌暴作，漂10乡田庐，溺死者尤多；绍兴府大风雨，浙东、西雨至于8月。钱塘、临安、余杭、於潜、安吉县皆水。江湖水溢，吴江大水、雨雹伤稼，赈之。兴役疏泄。7月，杭州亡暑，夜寒。

冬，(杭州)燠而雷，无冰，虫不蛰。

● 1214年

1月，余姚县风潮，坏海堤，亘8乡。

夏秋，吴江大旱，蝗。自秋不雨至于冬，金坛蔬麦皆枯。自春不雨，至于夏。7月，浙郡蝗。7月23日以旱命诸路军祷雨。

10月13日(杭州)雷。阴雨至于11月，害禾麦。次年1月4日命浙东监司发常平米，赈灾伤州县。

● 1215年

自春不雨至于夏，两浙、江东西(今浙、皖、赣)旱蝗，盱眙、安丰军为甚，飞蝗越淮而南，江淮郡蝗，食禾苗、山林草木皆尽。6月2日飞蝗入畿县。自夏徂秋，诸道捕蝗者以千百石计，饥民竞捕，官出粟易之。

6月，两浙、江东、西路旱蝗，大燠，草木枯槁，百泉皆竭。行都斛水百钱，江淮杯水数十钱，暍死者甚众。江、淮、浙、闽皆旱，建康、宁国府、衢、婺、温、台、明、徽、池、真、太平州、广德、兴国、南康、盱眙、安丰军为甚。江宁等旱蝗;吴江大旱,井泉竭,至 9 月乃雨。8 月 22 日发米 30 万石赈江东饥民。是岁,两浙、江东西路旱蝗。淮、浙、江东西饥。

1216 年

2 月 29 日、3 月 10 日(杭州)雪。

5 月、7 月大霖雨,浙东、西郡县尤甚。6 月,行都及绍兴府、严、衢、婺、台、处、信、饶、福、漳、泉州、兴化军(莆田)大水,漂田庐,害稼。江东江宁等被水。7 月(杭州)大雨霖 20 余日。7 月 19 日赈恤浙西被水州县,宽其租税。10 月 23 日臣僚言:昔郡夏潦暴涨,溪涨横流,坍没亩垅,漂坏室庐,旄倪垫溺,禾稼伤败,家产荡析十室而九,如临安之余杭诸邑,绍兴之诸暨、萧山,严之桐庐、淳安,衢之西安、龙游,婺之金华、兰溪,信之玉山、永丰(广丰),饶之德兴、波阳,处之缙云,台之黄岩被害尤惨。乞蠲除租税。

冬,(杭州)无雪。

1217 年

3 月 1 日(杭州)雨土。3 月 3 日杭州大风拔木,昼霾,昼蒙。3 月 28 日、30 日(杭州)雪。4 月 22 日上宫中见蝗,遣官分道督捕。

4—5 月,杭州连雨。

5 月,楚州蝗。11 月,霖雨。

冬,浙江涛溢,圮庐舍,覆舟,溺死甚众。

是岁,台、衢、婺、饶、信州饥剽盗起,台为甚。

1218 年

淮南泰兴旱。

7 月,霖雨,浙西尤甚。7 月 9 日武康、安吉县大水,漂官舍、民庐,坏田稼,人畜死者甚众;长兴大水。7 月 22 日诏湖州赈恤被水贫民。

秋冬,淮郡及镇江、常州、江阴、广德军等旱,蔬麦皆枯。淮、浙、江东饥馑,亡麦苗。

1219 年

2 月 8 日(杭州)大雪。

4 月 20 日(杭州)雨土。

7 月,(杭州)霖雨弥月。盐官海失故道,潮汐冲平野 30 余里,至是侵县治,芦州港渎及上下管、黄湾冈等盐场皆圮,蜀山沦入海中,聚落田畴失其半,坏 4 郡田,后六年始平。

12 月(杭州)大雨雪,淮冰合。1 月 23 日都省言:岁晚严寒,细民不易,合议优恤,支拨 2 万石赴临安府。

1220 年

1 月 24 日(杭州)雨,木冰。

4 月 12 日(杭州)天雨尘土。

4 月,吴江江湖合涨,城市沉没,累月不泄。

冬,(杭州)无冰雪。越岁,春暴燠,土燥泉竭。

1221 年

2 月 1 日(杭州)以雪寒释大理、三衙、临安、两浙诸州杖以下囚。

春,(杭州)暴燠、土燥泉竭、阙雨,鄞县上河干浅,堰身塌损,以致咸潮透入上河,使农民不敢车注溉田。是岁，浙东、江西、福建、广东旱，明、台、衢、婺、温、福、赣、吉州、建昌军(江西南城)为甚。

夏，建康府(南京)大水。

1222 年

8月，萧山大水，时久雨，衢、婺、徽、严暴流与江涛合，圮田庐，害稼。绍兴、萧山滨江居下，受害独惨，漂荡庐舍，冲坏田野，苗腐昏垫，赈恤。

1223 年

1月12日(杭州)以雪寒释京畿及两浙诸州技以下囚。4月19日雪。

6月，江、浙、淮、荆、蜀郡县(长江)水，平江府(苏州)、湖、常、秀、池、鄂、楚、太平州(当涂)、广德军为甚，漂民庐，害稼，圮城郭、堤防，溺死者众；环太湖三吴各县及钱塘、仁和、余杭水大溢，溺死者无算；同月，淮安府、高邮、如皋、泰兴等大水，无麦禾。江南东路转运判官言：本路6—7月间霖雨不止，江河山溪之水一时暴涨，居民多遭巨浸，低田率皆淹没。本司建康、太平诸邑，并建平(郎溪)、宣城、铜陵、建德(东至)、青阳共13县被水，不曾再种，见今抛荒。

秋，(钱塘)江溢，圮民庐；余杭、钱塘、仁和县大水。9月，(杭州)大风雨，拔木害稼。10月8日诏江、淮诸司赈恤被灾贫民。

11月10日诏：台州近因溪流泛涨，漂浸居民，可支义仓米赈济。

1224 年

4月13日(杭州)雪。

春，余杭、钱塘、仁和、镇江府饥，真(仪征)、鄂(武汉武昌)灾亦乏食。5月21日诏庐州(合肥)振粜饥民。

9月，(杭州)霖雨。风暴潮坏兴化捍海塘400余丈。是岁，海坏畿县盐官地数十里，海患共六年而平。

1225 年

1月19日(杭州)雪寒，免京城官私房赁地、门税等钱。3月18日雪。5月16日雪。

8月30日滁州大水，诏赈恤之。

1226 年

1月2日雪寒，在京诸军给缗钱有差，出戍之家倍之。

春，(杭州)久雨，至5月13日未止。

8月16日雷电雨，昼晦，大风。遂安(没于新安江水库)、休宁二县界(白际)山裂，洪水坏公宇、民居、田畴。

11月17日(杭州)连雨不止。

1227 年

8月，(杭州)疾风甚雨，畿甸多有飘损禾稻，毁害室庐，居民失业，必致流散被水州郡，速议赈济。(浙江)大水，诸暨为甚，发粟3.8万余(石)，缗钱5万赈之，蠲租6万余石。高淳、溧水涝。

12月14日(杭州)以雪寒籴贵，出丰储仓米7万石以纾民。

1228年

2月，(杭州)淫雨倾注，拨科赈恤。3月6日出丰储仓米7万石以纾民。

3月15日，(杭州)大寒，雷，雨雪，木之华者尽死。

9月24日(杭州)以久雨，决大理寺、三衙、两浙路系囚，杖以下罪释之。

1229年

台郡夏旱秋潦，9月26日复雨，27日加骤，28日天台、仙居水自西来，海自南溢，俱会于城下。防者不戒，袭朝天门，大翻括苍门城以入，杂决崇和门侧城而出，平地高1丈7尺，死人民逾2万，凡物之蔽江塞港入于海者3日。

1230年

6月1日以水灾蠲绍兴府余姚、上虞县民户折麦1年。吴江大雨40余日。

1231年

1月26日(杭州)以雪寒，诏出缗钱30万，赈恤临安贫民。春，湖、秀、严、徽霜损桑。水潦为沴。(杭州)沿江水灾。3月24日(杭州)雪。

5月，(杭州)久雨。真州(仪征)、泰州、泰兴大水。

1232年

2月14日(杭州)大雪。15日又雪。

6月，(杭州)积阴霖淫，历夏徂秋。

6月1日大寒如冬。汴京(开封)大疫凡50日，诸门出死者90余万人*，贫不能葬者不在是数。死亡率之高实属惊人。

*4月15日金兵向元兵纳城投降，亡国奴的命运可想而知，疫只是借口，更多的是饥。

1233年

4月25日(杭州)雨雪。5月23日以久雨决系囚。

1234年

3月12日(杭州)雨雪。

6月，当涂县蝗。7月，淮西通判言：沿淮旱蝗连岁，加以调发无度，辇运不时，生聚萧条，难任征发。

1235年

4月4日(杭州)雨雪。

*三月无乙未日，疑为乙酉日之误。

1236年

9月8日(杭州)雨血*。

*两血，下红色的雨水。

9月，(杭州)久雨。二浙诸郡雨水为沴，禾稼害于垂成，速议赈济。诏出常平仓米千石，赈粟以平市价。

1237年

7月15日(杭州)诏以盛暑，录临安府系囚。夏，(杭州)、建康府旱。

8月，昆山鼓楼圮于大风。

1238年

4月12日(杭州)雨雪。

8月7日(杭州)霖雨不止,烈风大作。暴风淫雨害于粢盛,浙江溢,浙江东西室庐漂溺,愿下哀痛之诏,遣赈恤之使,遍行诸道,许以便宜施惠。

1239年

春,(杭州)旱,4月14日祈雨。8月8日命诸路提举、常平司下所部州县捕蝗。10月30日以江、湖、浙东、建(瓯)、剑(南平)、(长)汀、邵(武)旱伤,诏各州县常平义仓之储,以备赈济。宁国府知府救灾得法,民赖以安。

6月11日诏以江潮为沴,命临安府知安、浙西安抚司专任修筑塘岸,以防冲决。9月7日以浙江潮灾,告天地、宗庙、社稷。

1240年

1月,临安大饥,饥者夺食于路,市中以卖,隐处掠卖人以徼利,日未晡,路无行人。临安大旱,城外溜水桥亦骗死人剐其为馄饨、包子之属。5月3日以绍兴府荐饥,蠲今年夏税。1241年春尤甚。

6月29日,江、浙、福建大旱,蝗。嘉定大旱。杭州7月恒阳,子蝗为孽。西湖涸为平地。浙西稻米所聚,而赤地千里。绍兴、严州饥,临安府大饥。富户沦落,十室九空,甚至阖门饥死,相率投江。建康府蝗。嘉定蝗。7月30日诏有司赈灾、恤刑。

1241年

春,黄岩频岁不稔,改元之春,米斗800,民采薇葛木皮食之。时竹华于山,薇葛尽,试炊采之,香美甘润,与稻麦不殊。

1242年

2月,(杭州)雨雪连旬。

6月,两淮蝗。

7月,盛夏积雨,浙右绍兴府、处(丽水)、婺(金华)州大水。8月5日,常、润、建康大水,两淮尤甚。盱眙淮河大水。湖州大水。9月20日诏出楮币10万,赈绍兴、处、婺水涝之民。

1243年

1月8日(杭州)雪,给行在诸军钱,出戍者倍之;2月10日以严寒,后再给诸军薪炭钱。

1244年

上半年(杭州)旱。

12月29日以祷雪,出楮币20万,振临安细民,犒三衙诸军亦如之。

1245年

1月3日以雪寒,给诸军钱,出戍者倍之。

8月之前(杭州)旱,8月9日镇江、常州亢旱。诏监司、守臣及沿江诸郡安集流民。

12月21日以祈雪,诏大理寺、三衙、临安府、两浙州军并建康府系囚扗以下释之。

1246年

3月8日(杭州)雨雪。

8月9日祈雨。

10月19日杭州大风，发屋折木。

1247年

1月7日以雪寒，出楮币赈临安府细民。

春夏大旱，(杭州西湖)水涸，令临安府开浚四至，并依古岸，不许存留菱荷茭荡，有妨水利。

11月，以严州旱，诏给米万石赈粜。又以镇江府旱，诏两浙转运司检核蠲租7.4万余石。江南大饥。以近畿旱，诏免正岁大宴。

1248年

6月3日(杭州)以阙雨，诏录行在系囚。

12月31日(杭州)以严寒，出封桩库十八界官楮20万，令三衙赈军。

1249年

春，霖雨，杭州西湖小新堤水溢。

11月27日* 诏隆冬严寒，军人可念，出封桩库钱十八界会子20万贯赈之。

* 十月无壬午日，疑为壬子之误。

1250年

4月4日(杭州)雨土。

9月25日台州大水。

12月19日严州水，复民田租。

1251年

4月14日(杭州)雨土。

6月11日(杭州)以久雨蠲大理寺、三衙、临安属县见监赃尝钱。

是年，江浙多水，饶州亦水。泰州风。

1252年

7月，严、衢、婺、信、台、处、建宁府(建瓯)、南剑州(南平)、邵武军大水，冒城郭，漂室庐，死者以万数。7月26日发米3万石赈衢、信饥。苍括(山名，主要在丽水境内，东北段为温州、台州分水岭)亦然。福建水，伤人颇多。江东亦苦雨。发楮80万(贯)、米5 000石赈之。其后蠲9郡苗米凡22万余石。

1253年

3月12日(杭州)雨雪。

7月5日江、湖、闽、广旱。7月17日祈雨。

8月，温、台、处、信、饶大水。

1254年

4月11日(杭州)雪，诏蠲江、淮今年二税。

10月24日以久雨，出楮币30万赈三衙诸军。11月3日诏：山阴、萧山、诸暨、会稽4县水，除今年田租。吴江恒雨，大水。

1255年

5月7日(杭州)雨土。

5月，浙、闽大水。

6月，杭州久雨。浙西大水。

● 1256年

3月13日杭州以久雨，诏临安发米2万石赈粜；3月23日诏监司、州郡决系囚。

● 1257年

7月，明州（宁波）不雨。（杭州）旱，多次祈雨，至8月23日雨。

10月16日以久雨，出楮币20万赈都民，三衙诸军亦如之。

● 1258年

3月，（杭州）雨雪。

4月13日（杭州）祈雨。4月，明州（宁波）种未入土，弥月亢旱，人情惶惶。4月29日（杭州）雨土。4月23日（杭州）雨土。5月12日杭州诏：自冬徂春，天久不雨，民失冬作。

6月15日杭州大雨。

11月19日诏发米赈赡淮民。

● 1259年

2月，以雪寒出封桩库十八界楮币20万赈三衙诸军。3月8日雨雪。

4月19日（杭州）雨土。

6月15日婺州水，漂民庐。6月27日婺州大水，发米赈之；严州水。6月，明州苦淫潦不止，低田凡三莳，秧淹没而偃。吴江大水，坏田稼。是岁，滁州、严州水。

● 1260年

7月4日（杭州）祈雨。

● 1261年

7月10日（杭州）诏霖雨为沴。7月20日诏近畿水，安吉为甚，亟讲行荒政。

10月4日湖、秀二郡水灾；监司申严荒政。吴江大水。浙东水。

● 1262年

2月27日临安、安吉、嘉兴属邑水，民溺死者众，诏给槥瘞之。

9月，两浙蝗。

● 1263年

7月17日（杭州）祈雨。

● 1264年

3月12日（杭州）雨雪。4月1日（杭州）雨土。自3月不雨，至于7月，沿江仪征、泰兴旱。

7月17日昆山昼晦，暴风、雨雹兼发，江湖泛滥，濒海傍江之民，灾伤不可胜计。

● 1265年

6月29日久雨，京城（杭州）减直粜米3万石。

● 1266年

夏，江宁、溧水淫雨连月，大水，饥。

7月31日以衢州饥，命守令劝分诸藩邸发廪助之。

8月10日(杭州)祈雨。

1267年

夏，高淳淫雨连月；吴江大水，田淹过半。

9月14日(杭州)久雨，命择官审决狱讼，毋滞。

1268年

7月29日江、浙、闽大旱，蝗。8月，嘉定蝗，但不甚伤禾。严州水易陵谷，未几而旱，方数千里，凡建民所仰之地率自救弗赡，颗粒无从。至明年春乃梼乌昧，采芜菁，至人屑、山木之肤以为食，形鹄载涂。

1269年

8月22日(杭州)祈雨。

10月7日(杭州)祈晴。

1270年

江南江宁等大旱。

6月(杭州)大雨水。

10月8日台州大水。10月30日诏：台州发米3.4万石，赈遭水家。

12月4日安吉州水，免公田租44 080石。1月1日嘉兴、华亭(松江)两县水，免公田租51 000石，民田租4 810石。

1271年

2月24日绍兴府诸暨县湖田水，免租2 800余石。3月9日平江府饥，发官仓米6万石；5月2日发屯田租谷10万石，赈和州、无为、镇、巢、安庆诸州饥。5月9日苏州饥，发官仓米6万石。5月12日发米1万石往建德府济粜。

7月7日绍兴府大风，诸暨县大水，漂庐舍。7月15日发米2万石，诣衢州赈粜。7月19日诸暨县大雨，暴风，雷电，发米赈遭水家。8月9日绍兴府免，赈粮1万石。如皋海潮涌溢，溺人无算；太仓、嘉定大潦；松江水。是岁江南大饥。

1272年

4月，温州大雪。

9月1日会稽、山阴、余姚、上虞、诸暨、萧山6县大水，诏减田租有差，9月22日发米赈遭水家。9月25日以秋雨，水溢，诏减钱塘、仁和两县民田租什二，会稽湖田租什三，诸暨湖田尽除之。

1273年

夏秋，沿江4郡(不详，推测为集庆、太平、滁、和)旱涝，免屯田租25万石；召减江东沙圩租米十之四。

1274年

3月14日(杭州)雨土。

4月，庐州水。

5月，绍兴府大雨水，大风拔木。

9月18日大霖雨，天目山崩，水涌流，安吉、临安、余杭民溺死者无算。武康水。10月13日发米赈余杭、临安两县水灾，余杭灾甚，再给米2万石。

是年，庐州旱。

1275年

1月7日诏：淮西4郡(具体不详)水旱，去年屯田未输之租勿征。

4月14日杭州终日黄沙蔽天。4月23日雨土。江东岁饥，民大疫。

7月2日四城(不详)迁徙，流民患疫而死者不可胜计，天宁寺死者尤多。

1276年

2月，扬州饥。4月，扬州民相食。数月间城中疫气薰蒸，人之病死者不可数计(应与元兵屠城有关)。

1277年

7月30日温州飓风大雨，潮入城，堂奥可通舟楫。通州(南通)海潮涌溢，溺人无算。济宁路雨水，平地丈余，损稼；曹州定陶、武清二县、濮州堂邑县雨水，没禾稼；砀山大水，平地丈余。

1278年

淮安境内及徐、丰、宿、邳旱蝗。

冬，淮安雪深3尺。

1279年

6月，睢宁睢水溢，漂庐舍，麦禾尽淹没；泰州大水。

9月—次年3月，睢宁不雨。

1280年

4月18日高邮等处饥。赈粟9 400石。

1281年

3月18日浙东饥，发粟1 270余石赈之。4月12日通、泰2州饥，发粟21 600石赈之。

1282年

6月3日宁国路太平县饥民采竹实为粮，活者300余户。

10月5日江南水，民饥者众。

1283年

以水旱相仍，免江南税粮十分之二。

1285年

5月23日大都(北京)、汴梁(开封)、益都、庐州(合肥)、河间、济宁、归德(商丘)保定蝗。

秋，高邮、庆元(宁波)大水，伤人民795户，坏庐舍3 900区。泰州大水。浙西大饥，驰河泊禁，发府库官货低其值，贸粟以赈之。

1286年

7月，杭、平江(苏州)2路属县水，坏民田17 200顷。

9月，苏、湖多雨，伤稼，百姓艰食。浙西按察使请于朝，发廪米20万石赈之。浙东复旱。

1287 年

6 月 3 日夏至(杭州)雨已月余。6 月 7 日夜复大雨，至 6 月 12 日昼夜不止，米价腾贵，市绝粜，民初争食面，寻亦无之。

冬，苏、常、湖、秀 4 州饥。浙西诸路地税在扬州者全免，免江淮租税之半，浙西减二分，钞万锭，运粮 17 万石至镇江以赈饥民。

1288 年

2 月 29 日赈杭、苏 2 州连年大水，赈其尤贫者。

5 月 26 日杭、苏、湖、秀 4 州复大水，民鬻妻女易食，供米 20 万石审其贫者赈之。

1289 年

3 月 13 日绍兴大水，免未输田租。

7 月 29 日两淮屯田雨雹害稼。

9 月 19 日台、婺 2 州饥，免今岁田租。东平、济南、泰安、德州、涟海(涟水)、清河(淮安)、西京(洛阳)等州皆水旱缺食。

1290 年

2 月，无为大水，免今年田租。

4 月 3 日浙东诸郡饥，给粮 90 日。

4 月 7 日晋陵(常州)、无锡 2 县霖雨害稼，免其田租。

5 月，婺州(金华)饥。

6 月，连雨 40 日，浙西之田尽没无遗。农家谓尤甚于 1287 年，虽 1261 年亦所不及。幸而不没者，则大风驾湖水而来，田庐倾刻而尽。农人皆相与结队往淮南趁食，于太湖买舟百十余所，载数千人同往，甫湖心，大风骤至，悉就溺死。又有千余人渡扬子江济者，同日亦沉京江。净慈、灵隐(两寺皆在杭州)皆停客堂，僧数百皆渡(钱塘)江还浙东……舟至中流，亦为风浪所覆。

7 月 11 日江阴大水，免田租 10 790 石。11 月 17 日尚书省臣言：江阴、宁国等路大水，民流移者 458 478 户。帝曰：此亦何待止闻，移速赈之。出粟 582 889 石。江阴饥，江浙行省赈之，所活 45 000 余人。

1291 年

4 月 4 日遣行省、行台官发粟，振徽之绩溪、杭之临安、余杭、於潜、昌化、新城(富阳新登镇)等县饥民。5 月 1 日杭州、平江(苏州)等 5 路饥，发粟赈之，仍弛湖泊捕鱼之禁。溧阳、太平(当涂)、徽州、广德、镇江 5 路亦饥，赈之如杭州。6 月 1 日赈江南饥民米。6 月 19 日以杭州饥，免今岁田租。以饥赈徽州、溧阳等路民粮 3 月。

9 月 24 日婺州(金华)水，免田租 41 650 石。

1292 年

6 月 26 日，平江、湖州、常州、镇江、嘉兴、松江、绍兴等路水；扬州、宁国、当涂大水。免 1291 年田租 184 928 石。7 月 19 日湖州、平江(苏州)、嘉兴、镇江、扬州、宁国、太平 7 路大水，再免田租 1 257 883 石。8 月 12 日太平、宁国、平江、饶(江西波阳)、常、湖 6 路民艰食，发粟赈之。夏，水，淀山湖、太湖四畔良田，至 1293 年仍不可耕种。

1293 年

6 月 23 日诏以浙西大水，冒田为灾，令富家募佃人疏决水道。淀山湖、太湖四周稻禾将熟，又为暴风骤雨激破围塍，自围淹没，子女号天恸地，老农血泪交颐。

1294 年

成宗即位，(秃忽鲁)迁江浙右丞，适岁旱，方止而雨，民心大悦。

1295 年

6 月，平江、吴江、无锡、常州、镇江、丹徒、金坛、建康、溧水、溧阳、仪征、湖州、太平、饶州、余干、常德、沅江、澧州、安乡等皆水。江西行省所辖郡大水无禾，民乏食。令有司与廉访司官赈之，弛江河湖泊之禁，听民采取。8 月，湖州武卫屯田大水。9 月，平江、安丰路(寿县)等路大水。10 月，平江、吴江、高邮府、泗州、庐州等路大水。

1296 年

7 月，大都(北京)、真定(石家庄)、保定、大名、德州、齐河、济宁、任城、鱼台、东平、须城、汶上、滑州、长垣、清丰、内黄、汝宁、太平、建康、镇江、常州、苏州、绍兴、庐州、太和、澧州、岳州(岳阳)、龙阳州(益阳)、汉阳蝗。

后淮安、盐城、如皋、仪征、扬、庐、建康、太平、镇江、常州、湖州、绍兴又水。

8 月，嘉定大雨雹。

1297 年

1 月，淮安、盐城、武进、如皋、仪征、湖州、海宁水或大水。

7 月，历阳(和州)江涨，漂没庐舍 18 500 余家。

8 月 21 日风暴潮。温州夜飓风暴雨，黎明海溢。平阳濒海民居飘溺一如清道，耆老告称浪高 3 丈。路委知州按验，自六都至二十一都凡 15 处，计死损 6 778 户，6 618 口，失收官民田 44 033 亩，没屋 2 190 区，省发官粮 2 985 斛，赈济饥民 5 160 口，兑赋有差；瑞安被害亦然。

9 月，扬州、淮安、宁海州(今连云港)、真定(正定)、顺德(邢台)、河间等府旱，疫。河间之乐寿、交河疫死 6 500 余人。

9 月，池州、南康、宁国、太平水。

10 月，镇江、丹阳、常州、宜兴、武进、金坛旱，以粮赈之。11 月，历阳(和县)、合肥、梁县(今废，旧址在今合肥东北)、蒙城、霍丘自春及秋不雨，旱。扬州、淮安路饥。

11 月 26 日无为江潮泛溢，漂没庐舍。建德、温州皆大水，并赈之。

1298 年

3 月 12 日集庆、龙兴(南昌)、临江(樟树)、饶、宁国、太平、广德、池等处水，发临江路粮 3 万石赈之。

4 月 8 日浙西嘉兴、江阴、江东集庆、溧阳、池州水灾。并赈恤之。

5 月，燕南、山东、两淮、江浙、江南属县 150 余处蝗。

8 月风暴潮，通州、泰兴、如皋江水暴涨，高 4～5 丈，漂没人畜庐舍无算；集庆水。9 月 1 日江西、江浙水，兴化大水；高邮漂人民庐舍，饥民 24 900 余名；嘉定大水，岁祲。

1299 年

2 月 7 日扬州、淮安两路旱、蝗，赈粮 10 万石。6 月，淮安属县蝗。

7月，苏州、吴江、吴县大水，坏民田。

8月21日扬州、淮安属县蝗。

8月，太仓暴风、雨雹，伤沿江民舍不可胜计；嘉定雨雹。

10月23日扬州、淮安旱，免其田租。溧阳大旱。11月29日以江陵、沔阳、随、黄、庐、扬、淮安旱，免其田租。年末因淮安、扬州饥，赈其粮。

1300年

3月，吴江大水。

4月17日宁国、太平两路及集庆旱，以粮2万石赈之。

4月，泾县、临海风雹。

6月，淮安、山阳、泗州、宝应、高邮、兴化、江都、泰兴水灾。

8月，江宁大风、江涨，损禾溺；镇江诸路大水、常州没民田、无锡大霖雨，民多饥死；平江(苏州)、嘉兴、湖州、松江3路1州大水，坏民田33 600余顷，被灾者45 550余家；江阴飓风起，水暴溢，民胥漂溺；常熟水潦为灾；吴江大水；吴县大水，冒村郭，淹民田，饥馑相藉；上海大水为灾，道殣相望；杭州路贫民乏食，以粮1万石减值粜之。11月12日江陵、鄂州、集庆、常州、平江、浙东等处饥民849 060余人，给粮229 390余石。

11月，吴县大风，太湖水溢。

冬，金陵旱。

1301年

1月，淮安、海宁(海州)、朐山(东海)、盐城等县水。

金陵大雪逾尺，冰雪兼旬，野兽饿死。

7月21日平江(苏州)等14路大水、以粮20万石随各处时值赈粜。

8月13日风暴潮正面袭击长江口，昼晦，暴风起东北，雨雹兼发，浪高4～5丈。东起崇明、南通、泰州、西尽真州(仪征)，被灾饥民34 800余户，10万余口，以米87 000余石赈之；松江大风，屋瓦楼楯掣入空中，继而海溢塘溃、漂没人口17 000余人；上海杀人民，坏庐舍，溃海塘。苏州8月13日大风，海溢，太湖水又涌入城中，居民多半卷入半空，死者十八九、吴江坏民居，太湖水涌入城，死者甚众。昆山风潮，漂荡民庐，死者十之八九；常熟飓风溢，潮高数丈，金陵(南京)大风，江潮泛涨，损禾溺人；润、常、江阴等州庐舍荡没，民乏食，真州(仪征)、泰州、通州、崇明等沿江各地漂没庐舍，民饥疫，死者甚众，被灾者34 800余户，发廪以赈，全活者10余万；泰州、高邮、扬州、滁州、安丰、光州霖雨；海盐大饥，人相食。

8月28日浙西积雨泛溢，大伤民田，诏役民夫2 000人疏导河道，俾复其故。

9月，河南渑池、延津、汴梁(开封)、封丘、阳武、兰阳(兰考)、中牟、归德(商丘)、南阳、睢、陈(淮阳)、邓、唐、汝宁、汝阳、新野、湖北蕲春、广济、蕲水、襄阳；安徽和、滁、江苏扬州、江都、兴化、高邮、镇江、常州等县蝗。蠲民租9万余石。

1302年

6月，扬州、淮安路蝗。7月25日湖州、嘉兴、杭州、庆元(宁波)、绍兴、婺州、广德、太平、宁国、饶州(波阳)等路饥；赈粮251 000余石。

8月10日浙西淫雨，民饥者14万，赈粮1月，免当年夏税，并各户酒醋课。8月31日集庆民饥，以米2万石赈之。

8月，大都(北京)诸县涿、顺、固安及镇江、安丰(寿县)、钟离(临淮关)等州县蝗。

1303 年

台州旱，民饥，道馑相望。

6月，台州风水大作，临海、宁海2县死550人，浙西淫雨，受灾饥民14万。赈粮1月，乃免今年夏税，并各户酒醋课。时台州旱，民饥，道殣相望。江浙行省……命有司发仓赈饥。7月3日平江等15路民饥，减直粜粮354 000石；江阴、吴江大水，饥。11月21日以江浙年谷不登，减海运粮40万石。

8月，嘉定淫雨。

1305 年

冀、津、皖、苏、浙及松江、上海旱蝗。7月，通、泰、静海蝗。

8月，扬州之泰兴、江都，淮安之山阳水，蠲其田租9 000余石；苏南镇江、常州、平江(苏州)、松江，浙江嘉兴、湖州、绍兴水，崇明江岸崩。吴江大水，饥。

9月，嘉兴、海盐及泗州天长蝗；扬州饥。

1306 年

5月，淮安民饥。

6月，平江、吴江、嘉兴诸郡水伤稼。

8月30日平江、吴江、嘉兴、长兴大风海溢，漂民庐舍，嘉定大风，雨雹，蟹又食稻谷殆尽，民乏食。松江、上海民饥。

11月，吴江大水，民乏食，发米1万石赈之。仲冬，扬州岁饥，减值赈粜。

1307 年

7月，淮水溢入泗州南门，深7尺余；泰兴水。

秋，溧水大旱，吴江旱。

8月，江浙水，江浙、两淮属郡民饥，于盐茶课钞内折粟，遣官赈粮3月，酒醋门摊课程悉免1年。9月，浙东、浙西、江东郡县饥，遣官赈之。中书省臣言：请令本省官租于10月先输三分之一，以备赈给，又两淮漕河淤塞，官议疏浚，盐1引带收钞2贯为佣费，计钞28 000锭，今河流已通，宜移以赈饥民。11月，杭州、平江、吴江水，民饥，发粟赈之。12月17日集庆路属州县饥，诏免今年酒醋课。12月29日杭州、平江等处大饥，发米豆501 200石赈之。松江、上海也饥。又赈绍兴、庆元(宁波)、台州3路饥民。

1308 年

2月9日绍兴、台州、庆元、广德、集庆、镇江6路饥。死者甚众，饥户46万余，户月给米6斗，钞30万锭赈之。3月7日淮安等处饥，以两浙盐引10万贸粟赈之。春，绍兴、庆元、台州疫死者26 000余人。常州、金坛旱蝗，民食草根、树皮尽。7月，中书省臣言：江浙行省管内饥，赈米53.5万石，钞15.4万锭，面4万斤。又，流民1 330 950余人，赈米53.6万石，钞19.7万锭，盐折值为引5千，令行省、行台遣官临视。江淮大饥，免今年常赋及夏税。8月，江南、江北水旱饥荒，已尝遣使赈恤者；淮东蝗。9月，扬州、淮安蝗。10月，江浙饥荒之余又疫疠大作，死者众，父卖其子、夫鬻其妻，哭声振野。是年科差、夏税等皆免。11月26日诏：绍兴、庆元、台州、建康、广德田租。绍兴被灾尤甚，今岁又旱，凡佃户只输田主十分之四，山场、河泺、商税、截日免之。浙东复无麦，民相枕死。

1309 年

5月，益都、东平、东昌、济宁、河间、顺德(邢台)、广平、大名、汴梁、卫辉、泰安、高唐、曹

(菏泽)、濮、德、扬、滁、高邮等处蝗。7月,霸州、檀州(密云)、涿州、良乡、舒城、历阳(和州)、合肥、六安、集庆、句容、溧水、上元(今南京)等处蝗。8月,济南、济宁、般阳(淄川)、曹、濮、德、高唐、河中(永济蒲州镇)、解、绛、耀、同、华等州蝗。东平、徐州、邳州饥。9月,真定(石家庄)、保定、河间、顺德、广平、彰德(安阳)、大名、卫辉、怀孟、汴梁等处蝗。山东大饥,流民转徙,乞赈救之,制可。以腹里(京畿直辖地区)、江淮被灾,科差、夏税并免。

1310 年

4月,盐山、宁津、堂邑、茌平、阳谷、高唐、禹城、平原、齐河等县蝗。5月,合肥、舒城、历阳、蒙城、霍丘、怀宁(安庆)等县蝗。6月,威州、洺水、肥乡、鸡泽等县旱。夏,广平亢旱。8月,磁州、威州、饶阳、元氏、平棘、滏阳、元城、无棣等县旱。9月,汴梁、怀孟、卫辉、彰德、归德、汝宁、南阳、河南(洛阳)等路蝗。10月,内郡饥,上都民饥。诏如例赈恤或发粟,下其价赈粜。山东、河南诸郡累年蝗旱洊臻,郊关之外十室九空,民之扶老携幼就食他乡,络绎道路,父子、兄弟、夫妇至相与鬻为食者,比比皆是。11月,山东、徐、邳等处水旱,赈钞4千锭。12月,济宁、东平等路饥,免曾经赈恤诸户今岁差税,未经赈恤者量减其半。益都、宁海等处连岁饥。罢鹰坊纵猎,其余猎地并令禁约,以俟秋成。冀、鲁、豫旱蝗,南界伸入皖中一带。

1311 年

吴江雨,田半淹。

1312 年

2月3日浙西水灾,免漕粮四分之一,存留赈济。

9月,松江府风暴潮,大风,海水溢。泾县水,赈粮两月。集庆多水。

1313 年

8月30日风暴潮。温州飓风大作,海溢入城,溺民居,乐清尤甚;松江、嘉定、崇明、如皋、通州大风,海水溢。吴江、长兴大风,太湖溢。

1314 年

2月,河南、淮、浙、江西大旱,野无麦谷,种不入土;松江、上海大旱。8月,台州饥。

9月,集庆、杭州、建德、台州、安丰(寿县)、淮安大水。10月13日台州等路水,发廪减价赈粜。11月4日发廪减价赈粜。

10月,盐官海溢,陷地三十余里(康熙《盐官县志》卷12)。

1316 年

上海大水。吴江雨,田半淹。

1317 年

淮安大水。3月16日扬州、淮安等民宁饥,发廪赈之。

1318 年

5月,合肥大雨水。

7月29日风暴潮,平阳飓风暴雨,沿江田禾淹损大半。

1319 年

7月,淮安大水。吴江雨,田淹过半。11月12日发廪赈扬州等路饥。

1320 年

4 月 19 日赈陈州(河南淮阳)、嘉定州饥。

5 月,城父(亳州东南,涡河西南岸)、安丰、庐州淮水溢,损禾麦 1 万石。

7 月,高邮水。

盐官海汛失度,累坏民居,陷地 30 余里。

1321 年

3 月,河南*、安丰饥,赈钞 2.5 万贯、粟 5 万石。5 月 23 日广德路旱,发米 9 000 石减值赈粜。宁国路大旱,饥民仰食于官者 33 万。吴师道进士劝募得粟 37 600 石,以赈饥民。又言于部使者,转闻于朝,得粟 4 万石,钞 38 400 锭赈之,灾民赖以存活。6 月 22 日高邮旱。

7 月 19 日滁州霖雨伤稼,蠲其租。8 月 6 日淮安路及安丰属县水,免其租。

8 月 13 日临淮、洪泽、芍陂(现为水库淹没)、盱眙、江都、泰兴等县蝗。7—8 月嘉定、上海、松江大旱,黄浦江如沟渠。

吴江雨,田淹过半。9 月 3 日高邮、兴化县水,免其租。

9 月 5 日泰兴、江都等县蝗。9 月 21 日淮安路盐城、山阳县水,免其租。

* 元代河南行省辖区界于黄河、长江之间,今河南、湖北以东的苏北、皖北、豫南及湖北大部。其中苏北部分称为淮东,皖北部分称为淮西;两者合称两淮。淮河以北称淮北,以南称淮南。

1322 年

3 月 31 日河南两淮诸郡饥,禁酿酒。4 月 29 日徽州饥,赈之。淮安属县旱。5 月 23 日上海水,仍旱。7 月,扬州、淮安各属县旱,免其租。

7 月 18 日安丰属县霖雨伤稼,免其租。8 月 23 日淮安路水,民饥,免其租。11 月 7 日赈泰兴等县饥。

12 月 31 日平江(苏州)路吴县、吴江及上海水,损官民田 49 630 顷,免其租。

1323 年

1 月,徽州、庐州、芍陂屯田水。吴江雨水。4 月 20 日芍陂屯田女真户饥,赈粮 1 月。

4 月,嘉定饥、崇明等饥。4 月 19 日发粟 6 万石赈嘉定;4 月 22 日发米 18 300 石赈崇明等。4 月 26 日黄岩州饥,赈粮两月。10 月,淮安、扬州属县饥,赈之;12 月 6 日丹徒县饥、芍陂屯田旱,赈之。年底,赈嘉定饥。

1324 年

2 月,广德县饥。3 月 30 日绍兴、庆元饥,发粟赈之。5 月 29 日杭州水,昆山饥,赈粮。

7 月,扬州、寿春等路、六合等县、河南诸屯田皆旱。

8 月,庐州雨伤稼。黄河冲泗阳大清口,由小清口会淮。

9 月 23 日夜风暴潮。永嘉(温州)飓风大作,海溢入城,至八字桥,陈天雷巷口街,四邑(温州路辖永嘉、乐清、瑞安、平阳 4 县)沿乡村民居漂荡,乐清尤甚。发义仓等粟赈之;两浙及江东诸郡水(旱),坏田 64 300 余顷;杭州、平江、嘉定州饥,并赈之;10 月绍兴路饥,赈粮;12 月,龙游县饥,赈粮 1 月。

1325 年

1 月,盐官海水大溢,坏堤堑,侵城郭,有司以石囤、木柜捍之,不止。

2 月,庆元路象山诸县饥,赈粮 2 月。5 月,镇江、宁国、杭州、宁海等处饥。

6 月，浙西诸郡霖雨江湖水溢，命江浙行省兴役疏泄之。龙兴(南昌)、平江(苏州)等 12 郡饥，赈粜米 32.5 万余石。高邮、兴化、镇江等饥，赈粜。临江路(樟树)饥，赈粮两月。衡阳、建昌(南城)、岳阳饥，赈粜米 13 000 石。常德路水，赈粮 11 600 石。杭州等处饥，赈之。昌国(舟山)雨，伤稼，蠲其租；如皋、泰兴大风，海溢。

1326 年

8 月，盱眙、洪泽屯田旱；庐州及清河屯田旱。淮安、高邮、睢、泗等蝗。

9 月，浙江盐官大风海溢，海塘崩，广 30 余里，袤 20 里，徙居民 1 250 余家避之。崇明三沙海溢，漂民居 500 余家；海门溢没民庐；吴江水，田淹过半；溧阳大水；江浦水、建德(今建德梅城)诸属县(建德、淳安、遂安、寿昌、桐庐、分水 6 县)、太平各属县(当涂、芜湖、繁昌)、无为、历阳、含山水。12 月 23 日赈崇明粮 1 月，给死者钞 20 贯，溺死者给棺殓之。12 月，建康、太平、池州饥，并赈之(图 3-2)。

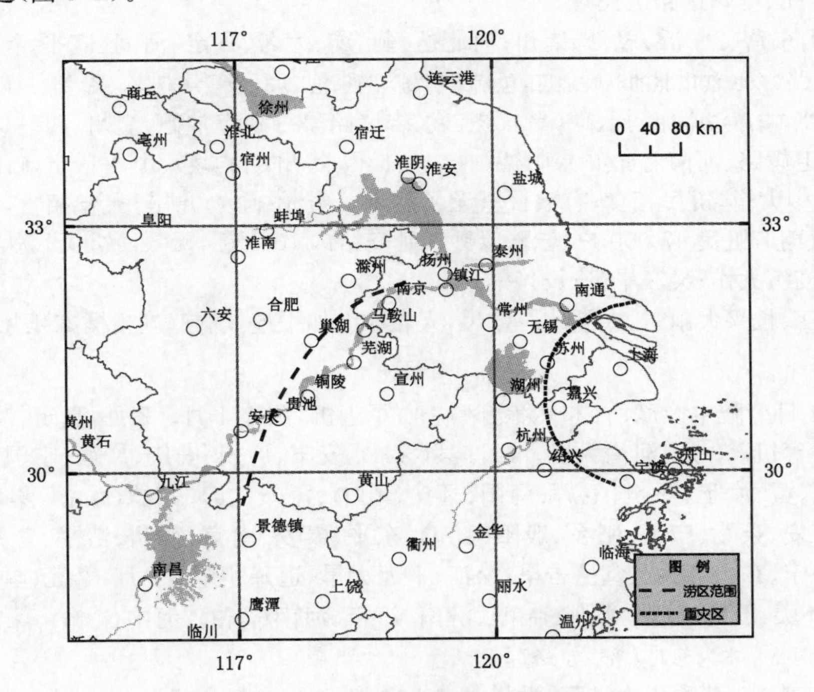

图 3-2　1326 年 9 月涝灾分布示意图

1327 年

2 月 20 日盐官潮水大溢，冲捍海小塘，坏堤 2 000 余步；3 月又坏盐官州郭 4 里。5 月，又复崩 19 里。发丁夫 2 万余人，以木栅、竹落、砖石塞之，不止。

3 月，建康、淮安属县饥。4 月，河南行省诸州县及建康属县饥，赈粮有差。5 月，扬州、集庆、太平、常州、衢州诸路属县饥，赐粮钞各有差。

6 月 3 日以盐官州海溢，命张天师修醮禳之。

常州、淮安二路、宁海州大雨雹。庐州、溧阳旱蝗。

7 月 25 日发义仓粟，赈盐官州民。庐州路饥，赈粮 79 000 石。镇江路饥。8 月，衢州大雨水，发廪赈饥者，给漂死者棺。

9 月，崇明、通州、海门大风、海水溢，并赈之。建德、杭州、衢州属县水。温州是年飓风、海溢,溺死者众(弘治《温州府志》,记载时间不确、暂归于此)。

1328 年

4 月,盐官州海堤崩,遣使祷祀,造浮图 216(座),用西僧法厌之。

5 月,海宁海溢,发军民塞之,置石囤 29 里;崇明大风、海溢。

7 月,南通及淮安路海宁州(连云港)至盐城、山阳(淮安附廓县)诸县水,免 1329 年田租。

9 月,杭州、嘉兴、湖州、建德、池州、太平、广德、镇江、丹徒、丹阳、吴县、吴江水;没民田 14 000 余顷,其中苏州没田以万计;杭、嘉、湖淹田数千顷。

1329 年

5 月,江浙行省言:池州、广德、宁国、太平、集庆、镇江、常州、江阴、吴江、兴化、宝应及湖州、庆元诸路水,没民田。饥民 60 余万户,当赈粮 14.3 万余石。从之。7 月 18 日又言:绍兴、庆元、台州、婺州诸路饥民凡 118 090 户。

9 月,山东莒、密、沂、冠、恩诸州;河北通、蓟、霸、大名、真定、河间、广平、行唐,永平(卢龙);河南府路(今长江以北的苏皖地区,包括崇明岛)、湖、池、庐、安丰(寿县)、濠州(凤阳)旱,赈粮 1 月;江西龙兴(南昌)、南康、抚、瑞(昌)、饶、袁、吉诸路旱。湖广常德、澧州、武昌、汉阳、黄州、蕲州;河南卫辉路、河南府(洛阳)、归德(商丘)、汴梁、陕州(三门峡)、山西晋宁(临汾)、冀宁(太原);陕西关中大旱,饥民相食,有数百里无孑遗者。奉元(西安)亢旱,人皆相食,流移疫死者十七八。凤翔府饥民 47 000 户,皆赈以钞。延安给钞 10 万锭,赈陕西饥民。秋,集庆、无锡旱气如焚,疫疠大作;吴江旱饥;长兴旱。

冬,吴江、长兴大雨雪,太湖冰厚数尺,人履冰上如平地。洞庭湖柑橘冻死几尽。

1330 年

2 月 14 日芍陂屯及鹰坊(不详,推测在皖北)军士饥,赈粮 1 月。2 月,真定、汝宁、扬、庐、蕲、黄、安丰等饥。3 月,河南大饥。赈谯县(亳州)、安丰、庐州、安庆、广德、宁国、太平、真定(石家庄)、蕲、黄、汝宁、郑州、卫辉、南阳、怀庆(沁阳)、孟州(县)、归德(商丘)、集庆、镇江、扬州、江州、淮安、茶陵、广平、肥乡、般阳(淄川)、东平、泰安、南宫、德州、清平、曹州(菏泽)、冠州、高唐、济宁、东昌、须城、堂邑告旱,松江、上海大旱,道殣相望。8 月,奉元(西安)、晋宁(太原)、兴国、怀庆、卫辉、益都、般阳(淄川)、济南、济宁、河南(洛阳)、河中(沁阳)、保定、河间、扬州、淮安(该两路基本为苏北大部)等路蝗。

春,潮击海宁,变桑田为洪荒,没州境之半(乾隆《佐公庙志》)。

9 月 20 日长江下游涝。澧州、常德、桃源、长林(荆门)、望江、安庆、池州、铜陵、庐州、宁国、集庆(南京)、镇江、常州、平江、江阴、松江、高邮、宝应、兴化、泗州等诸属县皆水,杭州、绍兴、庆元(宁波)沿岸及皖南、鄂、湘等大水,漂民庐,没田 50 100 余顷,无锡民多饿死,吴江民饥疫,死者甚众,吴县饥殣枕藉,松江、上海道殣相望。以苏、湖、嘉、松 3 路 1 府的太湖流域为灾最甚,坏田 3.66 万顷,占灾田的 73%,被灾饥民 40.557 万余户,占总户数的 71%,至次年 3 月 23 日仍赈松江 1.82 万余户。诏江浙行省出粟 10 万石、钞 3 千锭赈之。赈饥民 572 000余户。免高邮、宝应、泰兴、江都田租。

1331 年

3 月,集庆(今南京)、嘉兴 2 郡及江阴州饥。4 月 28 日浙西诸路水(旱),饥民 85 万余户。5 月 3 日赈浙西盐丁 5 000 余户。5 月,扬州泰兴县饥民 13 000 余户,河南行省先赈粮 1 月。

8 月,苏州、湖州等路水伤稼。安吉州大水暴涨,漂死 190 人,给钞 20 贯瘗之,存者赈粮两月。浙西桐乡夏秋恒雨。9月，江浙诸路水潦害稼，计田188 738顷，漂民居2 890户，溺死男女157人，命省赈钞1 500锭；吴江大雨害稼。

11月，大风雨，太湖水溢，漂没庐舍、资畜1 970余家，赈钞1 500锭。

1332年

6月，江都、泰兴水。7月，无为州、和州水。9月，江水溢至宝应、兴化2县。10月，镇江、常州、平江、江阴、松江皆大水。

1333年

4月17日萧山大风雨雹，拔木扑屋，杀麻麦，毙伤人民。

夏，江浙旱饥。发义仓粮并募富人入粟赈之。5—8月，不雨，绍兴、两淮皆旱、大饥；泰兴旱饥。秋，金陵旱。

句容大水，五基山崩。金陵五台山大水。

1334年

4月，常州大旱。4月24日杭州、镇江、常州、松江、江阴水、旱、疾疫，吴江大水淹田过半，大饥：饥民590 564户，发米60 700石，钞2 800锭，发常平义仓并募富人出粟赈之，存海运粮780 370石以备不虞。

6月，松江雨雹。镇江路水。

7月11日淮河涨，山阳县(淮安)满浦、清冈等处民畜、房舍多漂溺。

8月，池州青阳、铜陵饥，发米1千石及募富民出粟赈之。秋，江宁旱。

1335年

5月，河南(行省)旱，赈恤芍陂军粮两月。

东台、如皋风暴潮。海潮涌溢，溺死1 600余人。濉水泛溢，灵璧、淮安、清河、山阳等县水。

秋，江宁旱。

1336年

自春至秋无雨，江、浙衢州、婺州、台州、绍兴、慈溪；江西信州(上饶)、江、抚、袁、瑞；湖广蕲、黄旱，民大饥。赈粜临江(樟树)、新淦、新喻、瑞州民饥米2万石；淮西安丰(临淮关)粮赈粜麦42 400石；嘉定大饥，松江饥。

9月14日宝应县大雨雹。是时，淮、浙皆旱，惟本县(宝丰)濒河，田禾可刈，悉为雹所害，凡田之旱者，无一雹及之。

盱眙、宝应、如皋、江宁旱，松江大旱。如皋江水一夕忽竭，沿江居民争取沙中货物：潮至辄走，潮退复然，多有溺死者，累日如故。

10月，台州路饥，发义仓募富人赈之。秋，江宁旱。溧阳大水。

12月，上海饥，发义仓粮并募富人出粟赈之。

1337年

3月，绍兴路大水。3月30日发钞40万锭，赈江浙等处(包括杭州、绍兴、常山、苏州、溧阳、樟树、瑞昌、蕲春、黄冈等)饥民40万户，开所在山场、河泊之禁，听民樵采。是月，发义仓米赈绍兴及蕲州饥民。4月，发义仓米赈溧阳饥民69 200人。吴江水，田半淹。濉水东下，漂没田庐。

● 1339年

9月7日宜兴山水出，势高1丈，坏民居。

10月，金陵大雨。吴江水，田半淹。

● 1340年

4月，山阳县(淮安)饥，赈钞2 500锭、给粮两月。

6月15日奉化山崩，水涌出平地，溺死人甚众。

7月，西安(衢州)、龙游大水；松阳、龙泉积雨，水涨入城中，深丈余，溺死500余人；遂昌尤甚，平地3丈余；桃源乡山崩，压溺民居53家，死者360余人。吴江水，田半淹。12月，处州(丽水)、婺州(金华)饥，以常平、义仓粮赈之。

● 1341年

5月14日以两浙水灾，免岁办余盐3万引。

7月，崇明、南通、泰州等海潮涌溢，溺死1 600余人，赈钞11 820锭。

● 1342年

11月，海州飓风作，海水涨，溺死人民。吴县、吴江、长兴、桐乡大水，漂没田庐，大风驾太湖水汹涌而来，民庐顷刻倒荡。

● 1343年

9月，金陵蝗。

● 1344年

镇江旱。

8月17日温州飓风大作，海水溢，漂民居，溺死者甚众；衢州、庆元(宁波)大水；吴江水。

● 1345年

5月，丹阳雨红雾，草木叶及行人裳衣皆濡成红色。

● 1346年

南汇下沙龙卷风伤人。

镇江、丹徒、丹阳及奉化旱。

吴江水，田半淹。

● 1347年

吴江大水，无秋。

9月25日杭州、上海浦中午潮退而复至。

● 1348年

5月15日，平江、吴县、吴江、松江、上海、华亭等大水，稼穑不成，给粮10万石赈之。

6月24日风暴潮。永嘉(温州)大风，海舟吹上平陆高坡上三二十里，死者千数；钱塘江潮比常年9月大潮更高数丈余，沿江民皆迁居以避之。

● 1349年

4月，温州大雪。

8月江宁大霖雨，江溢，漂没居民禾稼。

1350 年

4 月，庆元南山石突开其碎而大者，有禽鸟、草木、山川、人物之形。

吴江雨，大水，田淹过半。

冬，温，雪中雷电，自 1350 年后屡屡见之，1371 年变轻，1373 年 2 月雷而大雪者 3～4 次，又变甚也。

1351 年

镇江、丹徒、丹阳旱。

夏，安庆桐城县雨水泛涨，花崖、龙源二山崩，冲央县东大河，漂民居 400 余家。吴江大水。

1352 年

春末夏初，湖州水至，去而复来，进退不已。

5—8 月，绍兴、台州不雨；湖州自 7 月 10 日至立秋(8 月 5 日)止雨两次；秋，常熟大旱，溪涧皆竭，海潮不波；通州、泰州、崇明等州 5 月饥。蕲州、黄州大旱，人相食。

8 月 11 日四更(相当于丑时，凌晨 3—5 时)，松江、上海、青浦江、海、湖、泖水涌 3 尺余，苏州、常熟、嘉兴亦然(原因不明，备考)。

8 月，衢州西安县大水。

1354 年

春，常熟大风拔木，又大雨，凡 80 余日。

春夏，两浙、江西、湖广大饥，民疠疫者甚众。台州、饶州、福州、泉州、邵武、汀州、龙兴、建昌、吉安、临江等郡人相食。河南河内、孟州、祥符(开封)；湖南永州、宝庆(邵阳)；广西梧州、静江(桂林)等大旱。

秋，常熟海潮不波，大旱，溪涧皆竭，与 1352 年同；安庆、滁州大旱。

1355 年

5 月，宁国敬亭、麻姑、华阳诸山崩。

6 月，长江下游大雨兼旬，皖江大涨，安庆屯田禾半没，城下水涌；相城闸、马场河等隘口平时浅涸，素非行舟处，此时皆水深丈余，朱元璋水师遂乘涨发巢湖，鱼贯而进，攻元军于裕溪口。吴江大水，田禾尽淹。

丹徒、丹阳旱。宁国路饥、淮东饥。

1356 年

7 月，泗州洪泽湖水溢。吴江大水。

婺州、处州(丽水)、萧山皆大旱。

1357 年

2 月 11 日杭州降黑雨，河池水皆黑。

8 月 23 日温州有龙斗于乐清江中，飓风大作，所至有光如球，死者万余人。

注：龙卷风死人太多，或是过于夸张；或还有其他因素，暂且保留待考。

1358 年

2 月 14 日庆元路象山县鹅鼻山崩，有声如雷。

7月17日绍兴路山阴县卧龙山裂。

1359年

8月，淮安清河县飞蝗蔽天，自西北来，凡经7日，禾稼俱尽。

注：此次蝗灾盛于京、冀、鲁、豫、晋、陕，清河只是蝗区的最南边缘。

1360年

3月1日浙西诸郡震霆掣电，雪大如掌，顷刻积深尺许。

夏，山阴、会稽2县(绍兴)大疫。南通大旱，吴江旱。

1362年

5月，绍兴路大疫。

7月22日夜四更，松江近海去处潮勿骤至，人皆惊讶，以非正候。至辰时，潮方来，乃知先非潮也。湖泖人说，湖泖素不通潮，忽平涌起高3～4尺，若潮涨之势，正与此时同。上海、松江、苏州、嘉兴等江海泖湖涌起3尺余。

9月16日风暴潮，大风海溢，平阳、瑞安、永嘉江水漂溺。

1363年

7月，常州路(辖晋陵、武进、宜兴、无锡)水。

1364年

台州路黄岩州海溢，飓风拔木，禾尽偃。

1365年

平江(苏州)连岁大水。

1367年

6月，元吴王(驻跸南京)以天久不雨，免徐、宿、濠、泗、襄阳、安陆等税粮3年。

7月28日应天(南京)大雨，太祖(朱元璋)曰：虽雨，伤禾已多，赐民今年田租。

1368年

3月，杭州饥，发粟，分赈临安。

6—8月，扬州府不雨，伤苗稼；7月崇明大旱，禾尽枯。9月6日诏免苏州府吴江州灾田1 237顷有奇，粮49 500石；杭州5—7月不雨；湖州夏旱；9月7日免广德、太平、宁国3府和、滁等州旱灾田9 600余顷田租，粮76 630余石；徽州(歙县)夏大旱，至8月不雨。

秋，瑞安飓风，坏城隍庙。

冬，崇明复旱，麦不苗。

1369年

春，应天(今南京)久旱。

6—8月，金华不雨。绍兴大旱。歙县弥月不雨。7月，扬州饥。

冬，上海、崇明、松江风潮大作，漂没庐舍，盐田坍没，居被其灾，灶户逃亡，盐课缺，民大饥。崇明因地坍户减，由州降为县。松江人多溺死。平江(苏州)、湖州大水。

1370年

4月5日蠲和州当年田租。

6月，南京旱；吴江饥；望江、宿松、桐庐、建德旱。赈苏、松饥民。

7月，溧水旱。望江、宿松旱。

7月22日溧水久雨，江水冲溢，漂民居，上命户部赈恤。

7月31日南京大风。

8月2—25日南京不雨。

8月15日崇明、上海、松江风暴潮，大风海溢，漂庐舍；奉贤南桥寺幡竿折；海盐海溢，塘岸圮，沦田1 900余顷。

9月5日南京雨，大水。

1371年

5月，无锡雨雹。

8月15日诸暨大风雨，水漂居民舍，人多溺死。

9月1日龙游大雨，水溢，漂民庐舍，人有溺死者。

9月，河南、陕西、山西及北平、河间、永平、南直隶常州、临濠(凤阳)等府旱。

1372年

2月18日*南京大风，晦，雨雪交作。

*正月无甲午日，疑为甲寅之误。

6月16日中都(凤阳)皇城万岁山雨冰雹，大如弹丸。

7月前，和州旱，免当年田租。

8月23日崇明、通州、海门大雨，潮涌，漂民庐舍。南京24日风雨，10月免应天(南京)田租。

9月16日嵊县、义乌、余杭大风，山谷水涌，漂流庐舍、人民、孳畜，溺死者众。

1373年

2月，吴江雷，又大雪三四次。

3月，上海、崇明潮大溢，漂没庐舍，各州俱没。湖州及双林镇大水。上海、苏州、扬州等饥。

6月，南京、丹徒、江阴、无锡、长洲(苏州)、嘉兴新丰各雨雹。8月，苏州府属县民饥，常熟、吴江饥，以官粟贷之。扬州饥。

8月3日和州旱，免当年田租。

1374年

2月18日(南京)雨木冰。

2月26日赈松江水灾民8 299户，户各赐钱5 000。

5月4日水，嘉定民饥；吴县大水，民饥；吴江饥；湖州、德清大水。5月免吴江夏税，丝、麦、菜子、秋粮、钞及荒田正耗水脚米；6月21日上闻苏州府诸县民饥，命户部遣官账贷，计户298 699户，计给米、麦、谷392 100余石，并以谷种、农具等贷之。7月16日减苏、松、嘉、湖极重田租之半。

6月，五河大水，城市几没；定远淫雨，伤稼。

7月，杭州旱。

1375年

5—6月，盐城雨潦，浸没下田，免当年田租14 600余石；高邮免租60 343石，仍敕有司赈恤；应天(今南京)5月2日梅雨，至24日始霁。

6月26日因久旱伤稼，诏免应天、太平(当涂)、宁国(宣城)、镇江、吴江、建德、分水及湖广蕲、黄诸府州田租。

8月7日夜温州飓风挟雨，海溢，潮高三丈；平阳十一都南监、十都黄家洞江口、九都施家洞等处男女死2 000余口，漂去房屋一空，咸潮浸坏，禾稻尽腐，永嘉、瑞安、乐清沿江亦皆淹没，命官赈恤。分水8月大雨9日，田禾悉没；淮安8月大水。上海大水，饥。杭州、嘉兴、湖州、苏州、常州太平(当涂)、宁国(宣城)及山东河南、北平俱大水。11月23日遣使赈苏州、湖州、嘉兴、松江、常州、太平、宁国、杭州及吴江、嘉善、长兴水灾。赈被水灾户给钞1锭。

9月，南京、高淳、溧水、泗州、盱眙、严州郡属建德、桐庐等皆大旱；吴江免租。

1376年

应天旱。自去岁9月不雨，至5月22日始雨。

7月，余杭、钱塘、仁和、长兴、嘉兴、海宁水，其中前3县下田被浸者95顷。蠲苏、松、嘉、湖水灾田租。次年2日赐嘉、湖等府被水户钞一绽，计45 997户；3月再济户米一石，共131 255户。

8月12日川沙风暴潮，有全村决没者；松江、苏州、吴江、常熟等水灾。8月，蠲苏、松、嘉、湖水灾田租，遣户部主事赈给。

1377年

2月26日夜金华、处州并云和、龙泉，雨水如墨汁，池水皆黑。应天(南京)2月雨水如墨汁。

5月28日赈太平(当涂)、宁国及苏、松、嘉、湖诸府并宜兴、钱塘、仁和、余杭等县被水者2 000千余户，每户给米一石。太平免田租。

8月，杭州海潮啮江岸。

10月31日因民乏食，振浙西嘉兴、湖州、金华、衢州并绍兴水灾，命免今年田租。

1378年

2月19日南京雨木冰。

5月，无锡雨雹。

6月，太湖大水。湖州、嘉兴、安吉、吴江、嘉定大水，6月29日存问苏、松、嘉、湖被水灾民62 800余户，户赈米1石，蠲逋赋65万有奇。

8月5日立秋日苏、松、扬、台4府海溢，排山倒海，高阜皆为淹没，漂民居，人多溺死；上海、崇明、嘉定等飓风海溢，人庐漂没；崇明三沙1 700余家尽葬鱼腹，遣官存恤。太仓大风排山倒海，堆阜高陵皆为漂没；苏州、昆山大风海立；吴江大水；泰兴、扬州海溢。杭州海潮啮江岸为患；余姚堤决，居民漂没无算；台州海溢，人多溺死，遣官存恤。次年1月，因苏、松、嘉、湖、杭屡被水灾，罢5府河泊所，以利与民。

1379年

2月，南京* 雨雪经旬，令有司给贫民钞。

* 同治《上江两县志》记正月己酉日，是月无己酉日，只取其月。

江阴大旱。

5月8日夜滁州雨雹。

6月10日处州府青田县淫雨，山水大发，没县治，坏民舍；6月14日严州府(建德)大雨3

日，溪水暴涨，坏官民廨舍，有溺死者。

6月，定远久雨伤稼。

7月25日严州府大水。

1380年

4月，赈钱塘、仁和、余杭民被水者户米一石。

6月，雷击南京谨身殿。

7月9日松江雨雹伤麦。

7月17日雷击南京奉天门。

夏秋，应天不雨。

11月10日高邮大水，诏免民田租。

11月23日，崇明海潮冲决沙岸，人畜多溺死。

1381年

4月14日（南京）雨霰。

江都旱，解京御盐船至湾头搁浅，开塘放水，船始得行。

6月23日建德雪。6月25日杭州晴日飞雪。

1382年

8月，嘉定民饥，诏赈米28 120石。

凤阳旱，次年5月3日诏免凤阳府及和州田租。

1383年

慈溪旱。

12月17日因旱诏免寿州田租。

1384年

8月，上海、崇明飓风潮涌，漂没无数；崇明没溺；昆山浸田6顷90余亩，80余户，除其租，仍给钞赈之；吴江、湖州大水；海盐海堤溃决；天台大风雨，山谷暴涨，沿溪居民多被冲荡；处州（丽水）、松阳、遂昌、龙泉大水，坏民居田地。

1385年

2月11日应天、江浦、吴江、松江、湖州、和州久阴雨，雷雹，大水；诏出京米6 000余石赈其民。

5月1日免畿内当年田租。

7月1日泰州久雨水溢，渰官民田3 000余顷，诏免其租。

1386年

春夏，常州、溧阳、无锡、松江、靖江大旱，河竭。

5月5日吴江水，诏免当年田租。

5月9日兴化水，诏免当年鱼课；泗州、盱眙5月大水。

6月23—24日常州大雨，水涨溢，伤稼；溧阳、吴江大水。

秋，山阴（绍兴）酷暑，乡人遍竭龙湫。

10月24日南京天雨絮。

1387年

靖江、无锡、常州、溧阳大旱。江南水旱3岁无收，松江尤甚。饥，民至煮子女为食，官府不知民瘼，仍征粮不已。

7月，会稽大风海溢，坏田庐，王家堰死十四五人；奉化风雨大作，屋多坏，唯正厅后堂中道成石亭、仪门幕厅为完屋；海盐海溢，塘圮；海宁盐官海决，禾城水溢丈余，咸液杀稼；湖州、东阳大水；余姚淫雨经旬。

8月20—21日后无锡、武进2县大雨，水伤稼。

● 1388 年

7月10日雷击南京玄武门兽吻。7月12日雷击南京洪武门兽吻。

萧山大风，捍海塘坏，潮抵于市；吴江水。

● 1389 年

2月8日南京雨木冰。

8月，南通、如皋、泰州、东台风暴潮；吴江、湖州大水。

● 1390 年

4月13日夜(南京)雨霰。

夏秋，祁门、宁海、临海、天台大旱或旱。

8月19日风暴潮袭击崇明3日，海潮泛滥，潮高1丈2尺，坏圩岸，庐舍尽没，被溺者十之七八；崇明三沙1 700余家尽葬鱼腹；嘉定漂溺人、庐无数；通州海溢，坏捍海堤，溺死吕四等盐场3万余口；松江、海盐等共溺死灶丁2万余人(也有说各2万人)。海门夜飓风大作，潮汐腾涌，坏庐舍，溺死居民、孳畜无算；苏州、昆山海风自东北来，拔木扬沙，土阜园丘霎时坍没；太仓海溢，漂没民田；萧山大风，海塘坏；海宁海决，冲没石墩巡检司。遣监察御史赈被灾人民；诏工部遣官行视，发民252 800人，筑堤23 933丈。

● 1391 年

4—6月，南京不雨。松江大祲，徐诚赈粥以食饥者，活万余人。

河决河南阳武孙家渡，由中牟、项城、凤阳至寿州，合淮水，历怀远，达于泗州。

● 1392 年

3月，崇明滨海之田海潮淹没，民无田耕种者2 700户。

江苏扬州、如皋大旱，东台、泰兴、靖江、常州、无锡旱。

● 1393 年

5月应天府、太平府、盱眙、溧水等大旱；南京求直言，录囚徒；盐城民饥；兴化民饥，发预备仓粮赈贷；滁州民饥，发预备仓粮1 500石贷之。

● 1394 年

夏，祁门、湖州、吴江大水。

● 1396 年

夏，常州、无锡水竭，禾槁死；靖江田苗槁死者半；溧阳、江阴大旱。6月5日奏：兴化县、盐城县天旱，民饥，已发预备仓粮赈之。

● 1397 年

6—9月，凤阳不雨，禾稼不收；11月23日诏免当年田租。

7月，杭州旱。江山蝗，禾穗、竹木叶食皆尽。

东台海溢。

淮安淫雨伤稼，11 月 8 日诏免当年田租。

1398 年

盐城、山阳(淮安)大水伤稼，5 月 20 日诏免 2 县田租。

6 月，高邮、泰州大水，诏免其田租。孝丰大水。

安吉大水入城；湖州水；吴江大水。

1399 年

5 月 7 日南京(32.0°N，118.8°E)5 级地震，锦衣卫火，武库自焚，文华、承天(殿)俱毁，四方山崩。安徽当涂、桐城、望江、霍丘有感。

嘉定海潮为患；兴化海潮溢，坏捍海堰；萧山大水，江潮坏堤田庐，淹没主簿增筑堤岸 40 余丈；绍兴大水。

宁海岁旱。

1400 年

7 月，兰溪大水，漂溺人畜、田庐不可胜计；金华大水入城；绍兴大水。

东台海潮溢。

1401 年

江浦旱荒；江阴大旱；无锡、常州、溧阳飞蝗翳空；衢州、江山蝗食禾穗、竹木叶皆尽。

7 月，金华大水。

1402 年

6 月，京师(南京)飞蝗蔽天，旬余不息。溧阳蝗遍野；常州蝗；桐庐、建德、兰溪、仙居、黄岩、青田蝗，食禾穗、竹木什俱尽；临海大蝗，减税粮一半。

吴江大水。

1403 年

4 月 25 日，京师(南京)淫雨，坏西南隅城 50 余丈，命有司修之。

5 月 2 日命户部尚书治苏、松、嘉、湖水患。5 月 12 日赈上海水灾饥民，凡 49 090 余石；松江连岁大水；昆山水，命给粟赈其民，凡 6 280 石；苏、常被水，筑坝，设官管理湖，水遂不入太湖。相度被水田亩，堪种者促民种之，后莳者免当年税。高邮北门至张家沟湖岸冲决，频岁水患。

6 月 11 日直隶淮安及安庆等府蝗，凤阳、铜陵、池州、青阳蝗；凤阳、定远饥；吴江、湖州大旱蝗，上命户部遣人捕之，验所伤稼，免其租税。

7 月，绍兴大风，海潮涨溢，漂流庐舍，居民伏尸蔽里街；五河大水，官民所居荡然如洗。

9 月 13 日浙江杭州等大水，决江塘 10 400 步，坏田 40 余顷；汤镇方家塘江堤为风浪冲击，沦于江者 40 余步，溺民居及田 4 000 顷。

1404 年

春夏，天台旱，二麦无收。

6 月，太湖湖东地区及浙西大雨，苏、松、嘉、湖四府俱水，吴县田禾尽淹，吴江灾情尤甚，车水救田，仰天而叹，子女索食，绕车而哭，壮者相率借糠杂藻荇食之；老幼入城行乞；不着，即投于河；上海大水，饥；嘉善、震泽大水；无为大水，平地丈余；歙县淫雨坏城；祁门大水；泗州临淮大水，徙县治于南门外。8月6日振松江、嘉兴、苏州、湖州饥。12月30日蠲苏、松、嘉、湖、杭水灾田租605 900余石。

8月16日金山风暴潮，漂溺千余家，濒海田禾为咸潮所浸，多槁死，大木多拔；苏、松等府水灾；上海水灾，低田税粮可以帛代输；靖江8月风潮，雨浃旬。

1405年

3月15日和州言：州民赏贷官稻3 470余石，今被水，未有赏。

春夏，宁海、台州旱，二麦无收；4月22日浙江台州府临海县言：本县见乞盐粮8 000余石。去岁(1404年)旱蝗，禾稼不登，候秋成输纳。怀远等县不雨，民不及耕。

7月6日太湖流域大水。松江雨，十日不止，高原水深数尺，洼下丈余，坏民田庐，溺死无算；吴江房舍之中可捕鱼，岁大饥，蠲田租；宜兴山水暴溢，漂坏民居，溺者甚众；溧阳、常州、无锡大水；宣城等县霖潦，没屯仓，漂籽粒3 200余石；宣城境内一十九圩潦水，冲决堤岸2 900余；海盐、海宁沿海大霖雨，又海溢，海塘决；湖州久雨，太湖溢，饥；安吉、德清赈饥，免被水民田税；靖江风潮雨浃旬；嘉兴亦受水害。7月25日赈苏、松、嘉、湖饥民。10月6日蠲苏、松、常、杭、嘉、湖6府被水灾民，悉免田租3 379 700余石。

9月，杭州府大水，淹田74顷，漂庐舍1 182间，死440人；余杭石蛤桥洪水圮坏。

1406年

6月，常州、安庆、庐州(合肥)等水，凤阳临淮大水，徙县治于曲阳门外；五河淮水溢，赉民饥，赈米稻96 750石；溧水决仪凤等乡圩岸；常州水，民饥；长兴、嘉兴水，民饥；建德大水；桐庐大雨弥月，水溢城市，沿溪庐舍皆没；7月26日发县廪赈之。7月30日直隶丹徒、建平(安徽郎溪)、浙江山阴县民饥，给米稻赈之。

9月9日海盐霖雨，风潮冲决堤岸，发民修筑。

秋，安徽江南北大水，免征被灾州县粮草有差。11月1日南畿、浙江等14府、县、卫饥，赈苏、松、常、杭、嘉、湖流民复业者12万余户。

1407年

5月23日浙江布政司言：杭州府沿江堤历复沦于江，上命督民修筑。

6月，吴江大水。

7月，雷火烧鄞县天封塔三层。

8月10日杭州沿江江堤沦于江。

1408年

4月15日直隶来安、舒城2县民饥，命发粟赈之。

5月，上海、嘉定、吴县、吴江等大水。苏、松诸郡水潦为灾。

海宁海决，陷没赭山巡检司。

1409年

6月14日祁门大雨，洪水入城，人皆举家登屋，民庶悉随屋漂，谯楼前水高丈余，民庐十去其九，溺死60余人，漂官民房屋350间，卷籍、学粮俱淹没。

6—7月，淮水决寿州城；淮安、扬州水；高邮夏雨浸淫，山水暴涨，冲决塘岸980丈。如皋水浸民田45顷，蠲其租。次年2月免凤阳、五河、扬州水灾田租；免淮安水灾田，赎军民所鬻子女。

9月2日丽水霖雨，水骤涌，坏田庐，漂人畜。

9月29日台风。浙江松门（温岭松门镇）、海门（台州市椒江区）、昌国（象山石浦北）、台州（临海）4卫、楚门（温岭楚门镇）等6千户所飓风骤雨，坏城垣漂流房舍；黄岩飓风，坏官库，案牍皆失；天台大风雨，拔木没禾，倾屋无算；嵊县大饥；杭州江潮冲激，塘岸崩毁；泰兴县内拦江堤岸为风涛冲激，沦入于江3 900余丈，江北自县河南出大江，淤塞4 500余丈；吴县、吴江、湖州大水；苏、松水患未息……伤禾稼。

1410年

8月24日，皇太子命户部赈直隶安庆、徽州、镇江、凤阳等郡、县饥民6 700余户，给稻16 120石。诏免定远被灾田租。

8月，平阳潮溢，漂庐舍；金乡卫（苍南金乡镇）飓风骤雨，坏城垣、公廨；天台大风雨，摧坏城。

1411年

2月，高邮等九湖及天长诸水暴涨。

7月14—17日海溢堤圮，自海门至盐城130里，命平江伯以40万卒筑治之，捍海堤10 080余丈；扬州府海门、通州、如皋、泰兴、江都、扬州、仪征等县风雨暴作，江潮泛涨，坏房舍，漂流人畜甚众，五日不退；上海、吴县、吴江、长兴等水。7月22日赈浙江龙游县饥民4 200余户，给稻4 860余石。

8月9—10日杭州冲决黄濠塘岸300余丈，孙家围塘岸20余里；湖州属县（乌程、归安、长兴、德清、武康、安吉州、孝丰）淫雨没田13 380顷，饥疫，无征粮米604 400余石；长兴、德清淫雨没田，免当年田租；桐乡淫雨没田；海宁海决，淹没赭山巡检司（现已没于海），漂庐舍，坏城垣，长安等坝沦于海者1 500余丈，赭山岩门故道淤塞，溺死居民，民流移6 700余户，田沦没1 900余顷，朝廷遣保定侯等，尽役苏、湖9郡，资累巨万，积13年其患始息。

1412年

7月，浙西水潦，田苗无收，湖州苗坏于水，蠲其税，被水甚者官发粟赈之；免嘉兴3 615石。吴江水，田半淹；扬州等县江潮泛涨，漂流人畜，命户部遣人抚恤。8月9日以水灾免吴江、长洲（苏州）、昆山、常熟4县粮。

1413年

3月14日户部言，直隶崇明及江西德安、丰城、建昌，山东之莒州、沂水等州饥民凡37 965户。

4月16日皇太子命赈济浙江湖州府乌程等5县饥民，计12 813户。

5月30日户部言浙江衢、严、西安、寿昌等县饥。龙游饥给谷贷之。

6月26日山东诸城等县及直隶盐城蝗。

6月，杭州大风潮，江潮滔天，平地水高寻丈，南北约十余里，东西50余里，仁和十九都、二十都俱没于海，居民陷溺，死者无数，存者流移，田庐漂没殆尽。余杭塘圮，临平里溺死甚多，田庐漂没殆尽；海宁飓风驾潮，与仁和被患程度相同；湖州三县水，疫；8月宁波5县疫。9月26日赈仁和嘉兴二县饥民33 780余口，给米稻6 730石。

8月27日浙江宁波府鄞、慈溪、奉化、定海、象山5县疫，民男女死者9 500余口。

8月，靖江风潮，漂没民居，有石香炉大如斛，从潮浮至县东十图田内；通州海门县官田、民田被风潮冲坍入江；吴江水，田半渰。

1414年

4月27日户部言：直隶灵璧、怀远、桐城、宿松、潜山、太湖、舒城、常熟、河南洛阳、汝阳、项城，山东安丘诸县民饥。

6月16日皇太子赈吴县。

7月13日皇太子免南通被水灾田91顷64亩。8月29日皇太子命赈给河南新安、嵩县、宜阳、登封、永宁，浙江仁和、诸暨、湖广新宁、东安诸县饥民凡20 109户，给粟34 820石有奇。

11月8日崇明潮暴至，漂庐舍5 830余家，民溺死者甚众；杭州潮坏白石寺基址；绍兴、吴江、太仓、宜兴均灾。次年1月10日，蠲苏、松、杭、嘉、湖5府24州县水灾田租479 700余石。

1415年

4月9日，免兴化、金坛县水灾田租。

6月10日，浙江桐庐、西安(衢州)2县民饥。

7月，湖州乌程、归化、长兴等4县水，伤田9 443顷；吴江水尤大，伤田，蠲其租。

夏，五河大旱，凤阳、定远、苏州、浙江会稽等旱。

10月，高淳、溧水大水。

1416年

6月，金华水灾。

太仓、金华大旱。

7月18日言，崇明城南垣递年风潮涌决，屡筑屡坏。

8月25日受台风影响，风雨成灾。崇明大风潮泛涨，人畜多亡。吴江水，半淹；杭州海患，仁和十九、二十等都、海宁八、九等都濒海者沦于海；金华8月山洪暴发，溪水骤涨，坏城垣庐舍，溺死人畜甚众；兰溪大水，湮溺人畜田庐无算；衢州、常山坏民居庐舍甚众；龙游、江山、庆元、黄岩、温岭大水，漂溺人畜、田庐不可胜计；兰溪、临海、仙居大水；湖州水；铜陵、池州、青阳8月大水，坏民田庐。

10月25日盐城飓风，海水泛溢，伤田215顷。

1417年

凤阳、灵璧蝗。

1418年

夏秋，黟县旱。

安徽泗州、五河被水，后补赏一月口粮。

慈溪大风，县治厅堂门廊廨宅悉皆倾仆，县令缚草为厅以居；12月26日诏修浙江海门卫(今台州市)霖雨所坏城；吴江、湖州大水。

1419年

秋，五河淮水泛涨赏给口粮。

宁波5县(鄞县、镇海、慈溪、奉化、定海)疫。

1420年

4月28日海宁、仁和等县潮水淹没边海塘岸2 660余丈，延及吴家岸坝，溺死360余人。

夏秋，淫雨，坏仁和、海宁、长降等坝，淹于海者 1 500 余丈，东岸赭山、岩门山、蜀山故有海道近岁淤塞，西岸潮势愈猛，为患滋大，逃徙 9 100 余户，欠夏税丝绵 4 万余斤，粮 3 万余石，至 1425 年优免，流民复业；奉化忠义乡院毁；丽水、青田、吴江大水。

广德旱。

1421 年

4 月 9 日，赈直隶滁州之全椒、河间之吴桥 2 县饥民 1 812 户。

7 月，温州飓风大作，坏公廨、祠庙、仓库、城垣(《明史·五行志》卷 30)。

7 月 21 日，赈苏州府吴县、浙江西安(衢州)县、江西瑞昌县饥民。

9 月 18 日，赈直隶之宁津、高邑、歙县、湖广之新宁，福建之上杭县饥民 3 791 户。次年 2 月 18 日，赈浙江之龙游、湖广之宁乡县饥民 1 720 户。

1422 年

吴县大旱。

夏秋，凤阳河溢，次年 6 月 20 日免其水灾田租。

8 月 12 日户部言：应天府溧阳县、扬州府宝应县等淫雨伤稼。

8 月，太仓大风损禾；象山海溢，陈窕塘坏；吴江大水，蠲灾田租；湖州大水；嵊县、龙游饥。

1423 年

淮安、怀来等卫淫雨坏城。扬州水。9 月，苏州圩岸南至松江等处计 5 000 余丈圮于潮水。吴县、吴江、湖州大水，免吴江田租；南京 9 月免其水灾田租。

1424 年

3 月，寿州卫雨水坏城。

6 月，乌程(湖州)苦雨，下田尽伤，至 8—9 月间雨潦尤甚，淹没田稼 1 011 顷 90 余亩；南京淫雨，伤禾麦，南畿饥。

8 月，飓风大作，海潮怒溢，漂没人民；黄岩漂没庐舍 7 843 户，老幼溺死者 800 余口，淹没官民田 256 顷 40 余亩；东台海潮溢；吴江水。11 月命苏、松、嘉被水灾处，秋粮悉令折输布纱；赈於潜饥。次年 1 月 9 日奏报，宜兴、武进水灾，无收者 950 余顷。

冬，南京无雪。

1425 年

3 月 16 日夜安徽六安(31.7°N，116.5°E)5¾级地震，城垣楼堞多倾塌，7 日乃止，南京、波阳、平乐四度有感。

6 月，祁门大水，抵县仪门。

7 月，苏、松、嘉、湖诸郡暨上海、吴县、吴江等禾稼伤损；无锡没民田 211 顷；丹徒冲决官田 55 顷 70 余亩入江；金坛水灾，官民田 634 顷无收；湖州大雨连月，乌程、归化，长兴 3 县低田共没 634 顷；嘉善积雨伤稼；平湖民食草木；宣城等久雨，水溢伤稼；7 月 9 日黄岩大雨水高平地五六尺，伤禾稼 620 顷；7 月至 8 月吴江、昆山、长洲(苏州)3 县淫雨为灾，低田淹没，禾苗尽伤，凡田 2 260 余顷。南畿 34 州县饥，淮安等免夏税、秋粮之半。

8 月，常熟海潮泛滥。黄岩潮溢，溺死 800 余人(《明史·五行志》卷 30)。

1426 年

春夏，苏、松、嘉、湖诸郡久雨，禾稼损伤。

7月5日浙江乐清盘石卫(今瓯江口北岸)飓风骤雨,坏公署、仓廒,人多压死,潮水暴涨入城,没钱粮、卷籍、军器;坏临海胡谗诸闸,壅塞金鳌、大浦、湖涞、举屿等河,桃渚千户所(今台州市桃渚镇)圩岸为海潮冲决;永嘉、乐清二县飓风急雨,自旦至暮,水潦骤涨,坏府县廨宇、仓库、祀典坛庙及民庐舍,人压死者甚众;杭州府仁和、海宁二县民田2 163顷余累被风潮啮没;乌程、归安、长兴三县水涝,淹没官民田634顷35亩,计粮16 570余石,上命所在户部免征;吴县、吴江大雨水,无秋;太仓水灾;枫泾岁祲;嘉善饥,赈粟施棺;芜湖久雨江溢,淹民田158顷有奇。南直29州县饥,10月25日,直隶安庆府桐城县、浙江严州府遂安、分水、淳安、建德、寿昌5县、温州府瑞安县、衢州府江山县、杭州府临安县各奏:境内人民缺食,已将预备等仓米谷验口借给,俟来岁秋成还官。10月遣官复视苏、松被水诸府,蠲其税,赈粟,施棺。

1427年

自春历秋,淮安府安东(涟水)、清河(淮安)不雨,田谷槁死。南畿旱,9月免南京被灾税粮;直隶徽州府黟县民食艰甚,已发预备仓官谷2 654石有奇,给贷饥民2 111户,俟秋熟偿官;武进、靖江民饥;江宁旱;10月1日直隶凤阳府霍丘县、庐州府无为州及英山县,安庆府怀宁县,浙江严州府遂安县等各奏:人民缺食。11月22日浙江杭州府新城县(富阳西南新登镇)、严州府寿昌县各奏:岁荒,民乏食,已借预备仓谷给之,秋成偿官。

夏,昆山久雨,淹没官民田稼1 863顷有奇;吴江水;金坛雨淹官民麦田1 120顷有奇。

仁和(杭州)、海宁海患,免田租;诸暨大风,江潮至枫溪。

1428年

春夏,浙江於潜、新昌、嵊、龙游4县旱。民多缺食,已将预备仓谷及存留各年粮米给贷。

6—7月,苏、松、嘉、杭诸郡及吴江、常熟、华亭(今松江)、嘉兴、湖州诸郡苦雨,江水泛滥,田稼多淹没;金坛、当涂积雨不止,河水溺溢,淹没民田禾稼。青阳县西五里仕成桥即五溪桥,洪水冲坏。免金坛水灾官民田租16 956石余,马草10 924包;免丹徒下民沦没大江田10顷60亩税粮。南省15州卫饥,命行在户部检数蠲租。7月11日,直隶扬州府通、泰、高邮等州民缺食,已借官仓米赈济,俟秋成还官。

秋冬,临安、新城2县缺食,已将预备仓粮1 396石有奇,验口给赈。10月赈於潜饥。12月赈临安新城饥;象山饥,路有饿殍;龙游饥,赈之。舒城大荒。

1429年

浙江严州府建德县奏:岁荒,民饥,借官仓谷951.7石济之,俟秋成偿官。12月6日直隶徽州府黟县奏:赈济饥民2 211户,给官仓谷2 656.5石;12月7日浙江杭州府奏:临安、於潜2县岁荒,民饥,共借官仓米1 590石赈济。常州旱,民饥,诏免田租;靖江旱,民饥;临海10月大旱,伤稼。12月临安,於潜2县岁荒民饥,共备官仓米1 590石赈济。

1430年

5—11月,杭州府水旱,伤稼,杭州11月饥;夏、秋旱,会稽、余姚旱,田苗无收,民人饥困,遣官驰传赈济。8月2日直隶无为州奏:贫民缺食,已发预备仓谷17 537石赈济,俟秋成还官。11月17日浙江於潜县奏:县民557户乏食,已给官仓谷555石赈济。11月18日直隶徽州黟县奏:已发预备仓谷2 658石存寄,借贷饥民,俟秋成还官。凤阳蝗。

8月12日象山海溢。吴江、湖州大水。

* 账济与赈济区别:借给是要还的,有账可查的;而赈济是给予,无需归还,为政府或皇上赐。

1431年

6月下旬至7月下旬，兴化、徐、萧、砀、沛积雨水涨，淹没田椽，免泰州水灾，免税租22 930余石，马草32 660余包。9月13日扬州府兴化县奏：贫民2 483户，岁歉乏食。11月18日直隶安庆府桐城县奏：贫民3 900余户缺食，已借给预备仓谷5 094石赈之，俟熟丰偿官。11月19日浙江於潜县奏：贫民558户缺食，已给官仓谷560余石赈济。

立秋(8月7日)前后，温州飓风大作，坏公廨、祠庙、仓库、城垣；平阳庙学倾圮；靖江大风潮；南直10县饥，遣官复视苏、松灾伤，蠲其税，置苏、松等府济农、水次等仓以备赈恤。

1432年

陕、晋、冀、豫、鲁、皖及苏北徐、邳、淮旱灾。祁门大旱。黄岩旱饥。

5—7月，苦雨，海潮泛滥，漫浸堤岸。苏、松、常、镇所属金坛、武进、无锡、江阴、靖江、宜兴、吴县、长洲(亦属苏州)、吴江、昆山、常熟、松江、上海各县低田皆浸，苗稼无收，人民饥窘；宜兴没田2 139顷；凤台雨潦暴涨，坏城240余丈。11月28日凤阳府怀远县、霍丘县、严州府遂安县各奏：民人缺食，已给预备仓粮赈之。

7月，临安昌化水；浙江大水，运司下砂等场淹没盐课60 240余两。12月30日杭州府临安县奏：民人缺食，借给官仓谷5 120石账济。

10月，浙江湖州府乌程、归安、长兴、德清、武康并嘉兴府嘉善县等久雨没田，蠲其租；嘉善淹浸田禾6 300余顷；上海久雨没田。秋，免两畿及嘉、湖水灾税粮。

1433年

春夏，去年旱区的基础上进一步向南扩大，松江府华亭、上海2县、苏州府所属(吴县、长洲、吴江、常熟、昆山、太仓、嘉定)7县、淮安府安东、清河、盐城、山阳、桃源、盱眙6县、扬州府高邮、宝应、兴化、江都、泰州、如皋、通州、吴县7—8月大旱，歉收；吴江、常州夏旱；江都大旱，四塘干枯，运舟滞沚，无水接济；盱眙、泗州旱饥；常州雷击粮仓，不留粒粟；南畿旱，应天府上元、江宁及太平府当涂、和州等、安庆府铜陵、望江2县、凤阳府定远县、庐州府巢县、杭州府余杭、新城、於潜、临安、严州府建德、遂安、分水等纷纷奏报灾伤贫民缺食；嵊县夏旱；鄂、豫、晋、冀、鲁等也旱，河水干涸，禾麦焦枯，百姓艰食。崇明、松江蝗灾。松江岁祲，饥民20万户50余万口；苏州饥民40余万户；尽发所储以赈之，民乃获济。

1434年

3月20日振淮安、扬州、徐州、凤阳饥。

6—7月，直隶凤阳、淮安、扬州、庐州4府，徐、滁、和3州，并山东济南、东昌、兖州三府亢旱不雨，苗稼尽枯。江南溧水、高淳大旱，死者甚众；句容6月旱；常州府民饥，诏免田租、官发粟；无锡民饥，摘草叶、屑榆皮、杂豆饼食，发官廪以赈；苏州、吴江田荒，发济农仓赈贷；泰兴、靖江旱；扬州府兴化、徐州、通州等皆奏：田谷不收，人民缺食，已劝富人分粟赈济而尤不足，上命尽给各府、卫及附近去处所贮官粮赈之，宽征孳生马及逋负谷草。湖州、建德、桐庐、金华、兰溪、临海、黄岩、温岭大旱或旱；6月16日浙江巡按奏报：杭州府富阳、钱塘、昌化、绍兴府上虞、山阴、会稽、宁波府定海、鄞县、处州府缙云、嘉兴府嘉善、台州府黄岩等县，人民俱因岁歉缺食，已劝借赈济；太平府(治当涂)、无为、繁昌、泾县大旱，江湖涸竭，麦禾不收，民剥榆树皮以食，又痢疫并举，死者枕藉；凤阳府临淮等县蒙诏免秋粮十分之四。

6月26日—7月6日，宁海疾风猛雨大作，飘瓦折木，洪水骤涨，淹没庐舍，冲缺官民田170余顷，已成海道；嘉兴、嘉善、吴县大水，无秋民饥。次年5月30日诏除宁海冲决田地税粮。

7—9 月，赣、鄂、湘、豫、冀、鲁、晋、陕、甘等省均旱，河港干涸，田稼旱伤，民多缺食，赈济。直隶应天之溧水、六合、江宁、上元、句容 5 县、扬州府江都及通、泰 2 州、如皋、兴化、泰兴 3 县，镇江、常州、苏州、松江 4 府所属及浙江杭州、於潜、婺(金华)、衢、嘉、安徽太平府当涂、芜湖、繁昌、池州府铜陵、贵池、滁州来安、和州、含山、庐州府无为、徽州府祁门、黟县等旱。高淳大旱，民间死者甚众；无锡旱，民饥，摘草叶、树皮、杂豆并食；靖江、吴江旱；苏、松等府停办工部物料；崇明知县申请官粮万石以赈。7 月以来 8 月两畿、山西、河南、山东蝗蝻，覆地尺许，伤稼。直隶淮安府沭阳、盐城，应天府六合、扬州府高邮等州、兴化、宝应、泰兴等县蝗。

秋，靖江大潮。常州大水。

● 1435 年

5 月，两京、山东、河南及应天、凤阳、庐州、太平、池州、扬州、淮安等府俱蝗伤稼，人民艰食，无以赈济；吴县、昆山旱；安徽自铜陵抵泾县，青阳、繁昌、芜湖，相接数百里大饥，死者枕藉，十室九空。6 月 18 日诏：直隶扬州府、徐州、滁州并属邑旱伤尤甚，人民乏食者亿万计，巡抚侍郎督有司赈之。

秋，海盐风潮冲决海岸 1 590 丈；平湖、嘉兴、海宁大风，潮暴溢，海岸尽崩。11 月，诏免两浙逋负、盐课 5.7 万引有奇，因灾伤民多流徙故也。也诏免淮安府户口盐钞。

● 1436 年

2 月，大雪弥旬，崇明郊外民有冻死、饿死者；吴县大雪弥月。

7 月，松江、上海久旱不雨，稻禾枯槁；嘉定吴淞江边蝗，秋粮无从营办。7 月 10 日直隶淮安府、扬州府各奏：连年荒歉，人民艰食，已发廪赈济。8 月 12 日弛直隶淮安、扬州 2 府所属川泽之禁，时二府岁饥，两淮、两浙盐运司各盐场灶丁多贫难饥窘，挈家四散求食，官为发廪赈济。

9 月 10 日崇明潮溢伤禾，蠲秋粮十之七。

11 月 16 日风暴潮，崇明复飓风大作，海潮涨涌，坏屋伤人甚众；苏州(吴县、长洲、吴江、太仓、昆山、常熟、嘉定、崇明)、常州(武进、江阴、靖江、无锡、宜兴)、扬州所属州县(江都、仪征、泰州、泰兴、如皋、通州、海门、高邮、兴化、宝应)居民漂荡者各数百家；上海、松江潮溢伤禾；松江滨海居民有全村漂没者*；海盐海大溢，塘尽溃；寿州淮水泛涨，坏西北城垣；淮安、安东(涟水)等处荒歉，留仓粮 6 万石本处交纳，以苏民困。

* 乾隆《江南通志》时间误作 1437 年。

● 1437 年

3 月，免扬州府兴化县岁办药材，免扬州、淮安 2 府逋负户口食盐钞，以屡遭荒旱，人民饥甚也。夏旱，直隶徐州、砀山、海州、扬州府江都、高邮、宝应、兴化、浙江绍兴府嵊县、上虞等民间缺食，已发仓赈济，俟秋成偿官。东阳大旱。杭州饥。

5—6 月，凤阳、扬州、淮安诸府、河南开封府属州县，并徐、滁、和诸州河、淮泛涨，二麦淹没，人民流徙；寿州 6 月大雨水，破寿城；怀远大雨，水入城；凤阳大水；五河淮水泛滥，居民漂溺甚众；泗州、清河等县天雨连绵，时盱眙城东北陴垣崩，水内注，高与檐齐，水深数尺，泗州城北考君堂后崩圮，水因以入，高与檐齐，居民咸奔盱山及城楼，沙淤地亩，夏税无从办纳。淮安 6 月大雨一月，漂清河县房屋牲畜甚众；山阳城内行舟，禾苗荡然。清口以下，淮患始见；宝应运河决宋泾河，板闸毁。东台水，既而旱，运司奏盐场水旱灾，有赈。8月两淮、两浙盐运司各盐场灶丁多合家四散求食。赈济淮安、扬州所属水患饥民。命凤阳、淮安、扬州3府应充军粮于本处上纳，省其加耗；免三府军民所负官马。9月免崇明淹没地亩租税。因1436—1437年连被灾伤，共免南北直隶并湖广各府卫税粮639 980石有奇。

衢县大雹如鸡子，鸟巢屋瓦皆碎，人亦中伤；龙游雹。

1438年

春，南畿3州2县、浙江6县旱饥。扬州灾伤，免田租5 000石；仪征旱，免田租；靖江旱，减田租；江阴旱，免粮467石；南京、溧水旱，饥，诏蠲逋赋。

6月以来，直隶应天府（含上元、溧水）、镇江、常州（含江阴）、扬州、如皋、东台、安徽徽州大饥，歙县汪某输谷1 000石以赈；黟县出谷1 000石济人；祁门大旱大饥、池州六邑（贵池、铜陵、青阳、石埭、建德、东流）大饥，贵池邑人徐其出谷2 000石以济、安庆6邑（怀宁、潜山、桐城、太湖、宿松、望江）大旱，人相食，潜山输粟5 000石送府助赈；凤阳、太平、宁国、广德等府；浙江亢旱无收，人民艰食，杭州、湖州、绍兴、台州、金华、东阳、处州、松阳、遂昌大旱或旱，义乌、开化、缙云、瑞安饥或大饥或赈饥；江西、湖广、河南俱旱。诏免淮安、扬州被灾田亩税粮199 450余石；免池州府所属县被灾田地1438年粮29 750余石、草41 880余包；免凤阳府所属州县被灾田亩粮草，凡免粮60 540余石，草111 100余包。因旱，树枯，免安吉县岁办果粟。届时，江西湖广、河南亦旱。

9月，江阴大水，武进、震泽不风不雨，湖水忽涨四尺许；吴县太湖水忽涨四尺许，浸洞庭湖山麓，旬退；湖州、长兴、太湖水忽涨数尺，旬退（原因不明，留以备考）。

冬，吴江大雪四十尺。

1439年

春，建德（安徽东至）复饥。

6月23日凤阳、淮安二府、徐州、开封、兖州、济南二府各奏，属县蝗。7月15日免北直顺天、保定、真定、大名、顺德、南直苏、常、淮安8府粮396 171石，草4 672 186束。在外通州等18卫所粮21 257石、草91（万）束，钞72 600贯。8月1日直隶徐州、无为州、安庆等府所属县民饥，发廪赈济，俟秋成偿官；滁州卫奏：岁歉，军士缺食者945家，请发公廪赈济，俟秋成偿官。寿州饥。

8月，苏、松、常、镇4府所属诸县及上海大风，拔木伤稼，漂流房屋，男女溺死者众，上命所在户部恤之。江浦大风，时扬子江渡江者多覆没；镇江大风，拔木伤禾；金坛岁饥；苏州水，溺死甚众。高邮田禾被水，淹没无收。8月22日免南京水灾税粮。9月，吴县、武进、镇江大水，溺死男妇甚众。11月4日应天府奏，溧水、溧阳、句容、上元、江宁五县大雨，山水泛涨，冲淹人口、头畜、仓库、粮钞、官民房屋、田地，已委官赈济。11月21日命修南京驯象等18城门，以夏秋久雨，浸颓故也。免应天府并淮安、扬州、镇江、浙江湖州及山东、河南等被灾粮草、并泡烂粮、钞，凡兑粮569 337石有奇、草654 767束、钞30 140锭、仓粮46（万）石。淮安府桃源县、扬州府江都县俱水、旱凶荒，人民缺食，发官仓并预备粮赈济。

9月21日宿州、寿州、徐州、仪真、高邮、宜兴、并浙江萧山、严州府遂安、淳安各奏境内有蝗。

1440年

1月，吴江大雪三旬，积五尺有余。2月吴江大雪三旬，积丈余。湖州大雪二旬积丈余。

4月3日夜，南京大风雨，坏北门上脊，破官民舟，溺死者甚众，漂官粮300余石。4月5日免中都留守司凤阳等8卫、直隶睢阳等4卫被灾屯粮14 180石。

4月20日浙江海门卫(台州市)海水决蛎岩头等处堤，浸熟田70余顷为卤地；灌桃渚千户所城。

6—8月，京、冀、鲁、豫、苏、皖旱蝗。江淮大饥，天子遣户部主事赈济，募民出粟1 000石者复其家。凤阳、定远夏蝗；舒城大饥，饿殍载道；建平不雨，田禾枯槁；六合大饥，里人胡其捐米1 020余石备赈；无锡饥，钱某捐2 000石佐赈；江阴旱，免粮10 149石；高邮大饥，人相食；泰兴大饥；通州、大旱饥；如皋、东台、宜兴大旱；靖江旱；杭州、会稽、兰溪、建德、临海、天台、温岭等县大旱，伤稼；6月11日应天(南京)、凤阳、淮安3府及江浦县多蝗。武进、江阴、泰兴、如皋、东台、南通大旱。6月23日无为州奏民饥，已发官廪贷之，支付米1 859石、谷12 969石有奇。6月27日命松江、上海2县今年折征大三梭布59 732疋，免中等三梭布2万疋，每疋折粮2石，其余折征阔白棉布，以民困水灾故也。

6月，苏、松、常、镇4府属县及上海水灾，民饥发廪赈之。当涂丹阳湖雨水淹没草场，群众无食；坏南京中新河、上新河河堤并济川卫(秦淮新河口西善桥附近)新江口防水堤；丹阳、金坛大水；苏州全郡被水；吴县大水；淹禾民饥；吴江大水，漂没田庐；杭、嘉、湖水患伤稼；湖州大水；嘉善免水灾田租；平湖岁大祲，陆某倾粟麦2 900余石以赈饥民；兰溪、丽水水；金华、衢州淫雨连绵，江河泛滥。

8月20—21日象山海溢；东台海之西堤(范公堤)决，俄顷，门巷水深三尺许，欲渡无船，欲徙无室，家人26口坐立波涛五日夜。

9月，萧山长山浦等处海塘为潮水所决3千丈。丹徒、江宁大水。9月15日直隶扬州府、浙江州府各奏：所属州县岁歉，人民缺食，已发廪赈济，俟秋成偿官。12月6日赈杭州饥，免苏、松、常、镇、嘉、湖及太仓、镇海(驻太仓)、苏州3卫、嘉兴千户所水灾税粮1 346 550余石，草48万余包。

12月，浙江绍兴、宁波、台州、金华、处州(丽水)旱灾益甚，民食尤艰。

1441年

3月2日直隶滁州卫奏：比因岁歉，军士缺食者945家，发公廪账济，俟秋成偿官。3月杭州九县皆饥，发官廪35万石杭州平粜；余杭发谷1 500石赈济饥民；嘉兴岁饥，劝富民赈贷，沈某首输5 000斛；湖州大饥；临安春夏并旱；嵊县旱蝗。

4月26日南京大风，折孝陵卫树300株，坏官民舟，溺死者50余人。

5月24日淮安、凤阳、扬州3府，滁、和、徐3州，浙江之杭州、绍兴2府各奏：岁歉，民饥，发廪赈济，俟秋成偿官。

6月以来华亭(松江)、上海2县不雨，旱伤田土8 859顷；浙江春夏并旱，浙江嘉兴、绍兴、宁波、台州及安徽建平(郎溪)，石埭(石台)旱；免滁州全椒、来安2县旱伤粮1 310余石，草18 400余包；免直隶徽州府所属6县旱灾税粮45 090余石。免中都留守司所属诸卫所旱伤屯种籽粒8 745石。6月30日免淮安府属灾伤粮草，凡米麦181 220余石，草426 860包有奇。凤阳、五河、定远夏旱蝗；当涂岁饥，输谷2 050石。

7月，扬州、淮安霖雨伤稼，租税无征。8月8日命刑部署郎中事员外郎巡视浙江杭州等9府属县民饥。8月31日常州府武进、江阴、无锡、宜兴、池州府桐城县被灾饥民319 017户，发官廪米185 560余石领济。

9月4日苏州府属水灾，民饥。

1442 年

2月1日免直隶池州府所属6县(贵池、铜陵、青阳、石埭、东流、建德)灾伤田地夏麦3 830余石,秋粮46 030余石,草67 036包;2月9日免泗州等9卫1所灾伤屯田籽粒22 240余石。

6—8月,直隶松江、扬州、淮安、池州、浙江会稽、临海、天台、江西南昌、吉安、袁州、湖广黄州、武昌、荆州、岳州、常德、衡州、辰州(沅陵)等久旱不雨,伤稼。7月直隶巢县民饥,发官稻赈贷之,凡5 300余石;直隶庐州府无为州、扬州府海门、兴化各奏:岁歉,民饥,已发预备仓粮赈济,俟秋成偿官。免凤阳、灵璧2县1442年被灾夏税麦15 400石有奇。免直隶淮安府桃源、盐城、清河3县1442年灾伤粮23 730余石、草82 600包有奇;9月11日免淮安府被灾州、县粮9万余石、草84 000余包。武进大旱。凤阳、定远旱蝗。

8月31日飓风大作,吴县大水,飓风坏堤岸;吴江湖海涌涨,圩岸崩塌,平地水高数尺;太仓海风潮伤禾,减额有差;昆山飓风拔苗,巡抚侍郎存留粮米五六万石赈之;如皋大饥,卢某捐谷1 230石助赈;海安岁歉;东台水;兴化等县水;嘉兴大风,圩岸俱圮,陶某出积谷麦2 000余石;嘉善飓风大作,圩岸俱圮;海盐饥,陆某前后入粟5 000余石、麦800斛赈济;湖州大风,太湖溢,无秋;余姚海溢。

9月,江山大雹如鸡子,屋瓦皆碎,人亦中伤。

11月,浙江大旱。杭州自秋徂冬数月不雨,(西)湖水涸为平陆;金华饥;义乌又饥又赈之;遂昌岁大歉,出粟赈济;江山大旱,人多饥死;景宁饥,汤某出谷2 200石赈济。

1443 年

2月21日免直隶淮安府被灾田地夏税小麦154 335石有奇。2月27日免凤阳府宿州被灾田地粮17 356石百奇、草36 644包有奇。

2月,绍兴山移于平田(滑坡)。

4月28日天台、台州谷雨陨霜如雪,杀草木,蚕无食叶。

夏,南畿蝗;常州、溧阳、无锡、江阴旱。

8月22日雷击南京西角门楼兽吻。

9月22日大风潮,台州松门、海门海潮泛溢,坏城郭、官亭、民舍、军器,六种无收;临海城不浸者板,漂没室庐人畜不可胜记;绍兴、台州2卫(松门、海门)漕船被风浪损坏,漂流粮米1 615石;宁海卫澉浦、乍浦2千户所城滨临海口,久雨倾颓;黄岩、乐清秋多雨水,禾稼淹伤,人畜漂流无算;天台连雨水溢,麦禾无收;金华、兰溪水入城市;诸暨、宁海淫雨为灾;余姚*海溢;湖州大风潮,田禾悉漂没;平湖乍浦所以久雨倾颓;嘉兴、嘉善大风雨,害稼;吴江田禾悉漂没,吴县、江阴、常州大水;溧阳涝。秋,应天、镇江、常州饥。免常州府属县被灾粮105 070石,草139 580余包。免江阴租16 969石。缙云大饥。

*民国《余姚六仓志》卷3记七月,疑为八月之误。

12月29日,免安庆府所属旱灾粮85 700余石,草144 400余束。

1444 年

春,苏州府饥;3月16日苏州奏报属县俱被水灾。

自春徂夏,台州府黄岩县民间大疫,男妇死者9 869人(《英宗实录》卷126)。

6月,免淮属州县旱灾夏麦5.5万石;免浙江被灾粮14.6万余石,免镇江府旱灾粮79 830余石,草68 260余包。常州、无锡、靖江、江阴旱。

8月9日(七月十七日)狂风骤雨,昼夜不息,海水涌入,人畜漂溺,庐舍、城垣颓败无数,崇明、上海、金山、江阴等县，高明、巫山、马驮等沙，人民有全村决入海者，溺死者千数，其中崇明坏民居千余所，溺死 167 人、牛马牲畜无数，岁辄饥；扬子江沙洲(今张家港)潮水溢涨，高丈五六尺，溺男女千余；苏州大风雨，太湖水高一二丈，沿湖人畜庐舍无存，东、西洞庭巨木尽拔，宜兴大风拔木，山水暴溢，漂坏庐舍千余家，诏免秋粮十之四；仪征、江都江潮泛涨，漂溺江都等县1 700余人；通州、如皋、东台、泰兴、泰州、兴化、扬州、镇江、常州、无锡、南京等府县大水潮溢。江南无征税米共 403 563 石有奇；句容孙某出谷 2 500 石赈饥；靖江免田租；嘉兴风雨圮环府署；嘉善堤防冲决；湖州、长兴大风暴雨，昼夜不息，太湖水高一二丈，滨湖庐舍无存，山木尽拔，渔舟漂没；桐乡堤岸冲决，淹没田禾；海盐海溢塘圮，澉浦、乍浦二千户所城久雨倾颓；余姚* 海溢；杭州* 大水；黄岩、乐清多雨水，禾稼淹伤，人畜漂流无算；8 月 23 日应天、湖州、嘉兴、台州各奏江河泛溢，堤防冲决，淹没禾稼，租钱无征；广德大雨，所种田禾俱浸；石埭、池州大饥；9 月 5 日免直隶池州府被灾粮 33 290 石、草 49 020 余包。免常州府所属诸县被灾粮 91 040 余石，草 62 080 余包。

* 民国《余姚六仓志》误记八月；民国《杭州府志》误记六月及闰七月皆误。

1445 年

1 月，松江、上海大雪 7 昼夜，积高一丈二尺，民居不能出入，皆就雪中开道往来。

自去冬以来至 8 月，浙宁、绍、台 3 府属县瘟疫大作，男妇死者 34 000 余口(《英宗实录》卷 131，为 1444 年风暴潮灾害的衍生灾害)，其中宁波府 4 月死 6 600 余人。4 月宁波、慈溪、台州旱疫；余姚大疫，人绝往来；休宁夏旱；8 月宁波、绍兴、台州疫。

夏秋，庐州府、淮安府、徐州、沂州、宿州、中都留守司(凤阳)、大河卫(驻淮安)俱奏大水。

8 月，海宁海溢，蠲嘉、湖等府水灾田粮；吴县、兴化、东台水。8 月 31 日太仓卫奏：兑运苏州府昆山县秋粮 43 000 余石，遭风破船，漂流粮米 668 石。

9 月 25 日免苏、松、嘉、湖 14 府州暨嘉定、常熟等县去年(1444 年)水灾秋粮。10 月 1 日扬州府江都县奏：缺食人民 6 120 口，已发官廪 7 800 余石。免扬州府属去年(1444 年)水灾粮 3 300 余石，草 6 740 余包。

1446 年

上半年，南畿旱，南京山川坛灾；祁门大旱。

6—7 月，长江下游湘、鄂、赣、皖、苏、浙大水，洞庭湖堤决，男妇多被淹死，漂没庐舍无算；淮安府属水患，民多缺食；南畿饥。江西赣州等 7 府 16 县淫雨、江涨，田禾淹没；武昌大水；安庆、池州、庐州、太平府(治当涂)、宁国府(治宣城)久雨，决圩塘，田禾尽淹，浸百姓窘甚；南京后湖里城决 30 丈；镇江、常州、苏州、松江及浙江杭、嘉、湖 3 府 6—7 月天雨连绵，沦没田苗，漂流居民庐舍畜产。免浙江湖州、嘉兴、杭州 3 府并湖州守御千户所被灾秋粮籽粒 515 512 石，草 284 176 包。免池州府贵池等县被灾秋粮，米、豆 11 000 余石，马草 16 500 余包。免浙江、江西南昌等府属县灾伤，无征秋粮 655 000 余石，马草 28 000 余包，杭州、南昌等卫所并直隶九江卫屯粮 305 000 余石，马草 28 000 余包。江西布政司奏：所属新昌、高安、上高 3 县旱蝗灾伤，人民缺食，乞将本处外运粮米折银，每石米折银二钱五分，从之。

1447 年

春夏，直隶广德州、滁州、山东济南府、湖广黄州府、襄阳府、荆州府、沔阳州、岳州府、常德府、四川顺庆府等旱。夏，扬州、苏州、太平、安庆、湖广襄阳、荆州诸府、卫旱，苗枯……禾稼无收，人民饥窘，应征粮草办纳艰难。江浦、六合夏大蝗；吴江、长兴大旱，蝗饥；靖江、江阴、无锡、鄞县、象山、余姚、绍兴各县亢旱，无收；5月19日免苏、松、常、镇4府及苏州、镇海(驻太仓)2卫被灾秋粮884 770余石，草210 630余包。免庐州府并庐州卫被灾秋粮籽粒14 500余石，草17 260余包。6月5日奏：山东、湖广、直隶淮安等府、州、县连被水旱，人民艰淮，或民食野菜、树皮，苦度朝昏，或鬻卖妻儿，或流移他乡趁食、佣工。7月8日庐州府无为州奏：岁歉民饥，发官粟11 000余石赈济。铜陵、青阳饥。凤阳蝗。10月1日应天、安庆、广德等府、州，建阳(东至)、新安(驻歙县)等卫，山东兖州等府、济宁等卫、所州、县各奏：旱蝗相仍，军民饥窘，鬻子女易食，掘野菜充饥，殍死甚众。11月29日庐州府奏：巢县饥民1 290余户。

3月31日泰兴奏：官民地76顷，地临大江，潮水冲决，坍陷入江。

6月2日溧阳等水灾，免粮36 730余石，草11 050余包。

7月24日南京大风雷雨，山川坛灾，殿庑、乐器、祭器皆焚毁。

8月10日免宁波府象山县疫人户秋粮184石有奇。

9月，海宁海水溢。

1448年

3月16日免直隶广德州并建平(郎溪)县负欠被灾税粮。

5月21日巡按直隶监察御史奏：和州递年旱涝，人民饥困，已发军仓粮，验口赈济，不敷，复于附近粮官司借给，俟丰年抵斗偿官。

6—7月，凤阳、徽州(治歙县)2府阴雨连绵，伤害稼穑，租税无征。

7—8月，镇江、应天府军等14卫所因旱所种屯田无收，该征籽粒36 000余石，办纳艰难。池州、庐州、宁国并广德、滁州、宣州、南京锦衣、飞熊等卫、江阴；浙东俱亢旱无收，宁波、绍兴2府属7州县饥、秋粮籽粒无征；民乏食。7月13日扬州府如皋县奏：连岁荒歉，人民缺食者千余户；直隶庐州府无为州岁歉，民饥，发官粟11 000余石赈济。12月3日减免安庆、徽州、宁国、淮安、凤阳、扬州6府及中都留守司、淮安、大河等卫被灾田地粮草。

9月，江宁龙潭江水崩溃。

1449年

3月3日免直隶苏州等卫被灾地亩税粮。

5月6日南京风雨，雷击谨身殿灾。

5月，淮安府清河等4县蝗发。

6月17日永康、缙云陨霜。

7月11日应天(南京)震雹、风雨交作，火，诏赦赈恤。

夏，嘉兴、嘉善、湖州、长兴、新昌大水，无秋；庆元饥；吴县、吴江大水，无秋；通州、东台、如皋、兴化大水，蠲田租。泰州等处水灾免田租89 900余石。

1450年

2月，嘉兴、嘉善、平湖、桐乡、湖州大雪，二旬不止，积丈许，民多饥死，鸟雀几尽。

2月20日扬州府泰州如皋县、浙江处州府属县各奏：岁歉，人民缺食。

7月13日，南京雷电、大雨，江水泛涨，坏城垣、官舍、民居甚众；淹没通济门外军储仓米14 340余石，中和桥草场草171 360余包，并漂没芦席、竹木各十数万；没上元、江宁、句容、高淳、溧水、溧阳、江浦、六合8县官亭、民舍；丹阳等县圩岸俱坏，冲决甘露等坝；免镇江府所属水灾田地秋粮388 080余石，马草19 550余包；修通济河二岸堤；修丹阳决岸、应天所属各县被毁房屋、江都、仪真被毁圩岸，恤其被害人民；免应天府江浦、六合2县被灾粮草十分之四；免宝应县淹没地亩租税；免宜兴水灾田地秋粮之半，1.5万余石。吴县、吴江大水；青浦流殍盈途；嘉兴、嘉善、平湖、桐乡、湖州、新昌淫雨伤稼，大饥。武义岁歉，处州饥。全椒大水。

1451年

2月，苏州、淮安诸郡民冻饥死相枕；安庆、桐城、潜山、太湖、望江、宿松、铜陵大雪，弥月不霁，积与檐齐，鸟兽入人室；合肥、庐江大雪。

庐、凤、徐、淮诸郡大饥，发广运仓赈济；5月24日免兴化县旱灾田地秋粮24 060余石，马草46 550余包；扬州、泰兴饥；嘉兴、嘉善、平湖、海宁夏旱，大饥，道殣相望。宿松*大饥；9月3日因灾减应天府上元等5县、太平府田租之半。10月16日扬州府所属州县(宝应、兴化、高邮、仪征、江都、泰州、泰兴、如皋、通州、海门)被灾田秋粮24 060余石，马草46 550余包。次年8月13日追免湖广长沙等6卫及杭州、台州、宁波诸府被灾田地籽粒税粮23 300余石(《英宗实录》卷231)。

* 康熙《宿松县志》记秋，仅此一家，其他均为夏，故予更正。

10月30日免宜兴水灾田地秋粮之半。

1452年

9月，徐、淮大饥，死者相枕；淮安雨水，二麦无收。巡抚乞免，诏免淮安属县(山阳、清河、盐城、桃源、安东、宿迁、睢宁、沭阳、邳州、海州、赣榆)无征夏麦9.9万余石；吴江水。祁门大水，损田禾十之七；黟县水涝。次年3月11日免凤阳、扬州2府所属州县被灾粮114 000余石，草14万余包。

冬，苏州、嘉定大雪，40日始霁。

1453年

3—4月，凤阳8卫、五河雨雪不止，伤麦，岁大饥。

夏秋，南畿凤、淮、徐、苏、松、扬、庐、河南开封、南阳、山东兖州淫雨，水溢，伤稼；免直隶凤阳、扬州2府所属州县1453年被灾粮114 000余石，草14万余包。湖州双林镇民相食；通州、泰兴大水，免当年税粮；吴江水。

南畿又数月不雨。凤阳7月大旱；休宁、黟县饥，饥民聚众抢掠民粟；宁海大饥，民多殍死；台州大饥，先发预备仓、儒学仓赈之，后奏闻，又捐俸煮粥，全活万计；龙游饥；临安昌化旱；湖州双林镇民相食；常州秋大旱，人相食，抚按劝令富民出粟赈贷，视其多寡旌赏有差；松江、金山蝗，伤害禾稼，租税无征。

12月—次年3月，鲁、豫并直隶徐、淮等处大雪弥漫，朔风峻急，飘瓦摧垣，淮河、东海冰结40余里，人畜冻死万余，弱者鬻妻子，强者肆劫掠。太仓12月23日雨雪，2月22日又大雪，至3月5日犹未止；宜兴冬大雪，平地深三尺；凤阳11月大雪，至次年3月止。

1454年

自冬徂春，霜雪隆寒甚于北方。直隶凤阳、常州、河南南阳、彰德府并凤阳、泗州等卫、颍上千户所各奏：去冬积岁冻合，经春不消，麦苗不能滋长，夏粮籽粒无征。衡州8县冬春雨雪，兼疫，死1.8万人，牛3.6万头。2月江南苏、松、常等府(含江阴、靖江、嘉定、上海等)近30府、州、县大雪，连4旬，平地深数尺，湖泖皆冰，冻饿死者无算。扬州大雪，冰三尺，海水亦冻(时大丰至吕四临海)；仪征2月大雪，竹皆冻死；靖江2月雪深三尺；通州、如皋、东台2月大雪，3月复大雪，竹木多冻死，海滨水亦冻结，草大萎死；无锡、太仓2月14日夜大雪及丈，冰柱长5～6尺，积阴连月，菜麦皆死；苏州1月大雪，积五尺余；常熟2月大雪，二旬不止，凝积深丈余，鸟兽饿死；江阴2日大雪，平地深三尺；无锡、常州1月大雪，树介，雪厚五尺，湖冰厚三尺；靖江1月大雪木冰；上海、青浦大雪40日不止，平地深数尺，湖泖皆冰，太湖诸港连旬凝冻，舟楫不通，鸟兽草木死者无算。太湖、淮水冰，常熟一县至死1 800人，江北淮、徐等府亦然，有一家7～8口全死者，生者无食，四散逃窜，所在仓粮又各空虚，无以赈济。杭、嘉、湖、婺、严2月大雪，深六七尺，覆压民庐，溪荡皆冰，冻死二麦；嘉兴、嘉善、平湖、桐乡3月大雪40日，覆压民居，诸港冻结，舟楫不通；湖州、长兴、安吉大雪深七尺，压覆民居，冻死百余人；太湖诸港渎冻断，舟楫不通，禽兽、草木皆死；绍兴、余姚1—3月大雪害麦；象山2月大雪；兰溪、衢州、龙游、江山大雪，凡40日，深六七尺，鸟兽俱毙；桐城、望江2月积雪恒阴；宿松2月大雪。

4月10日免应天府所属江宁、上元2县、直隶安庆府所属怀宁等5县，旱灾田地秋粮33 120余石，马草55 390余包。4月以江南北积雪冱寒，死亡载道，即赈扬州及苏、常诸府。

7月，扬州7—8月大风雨，潮决高邮、宝应堤岸；仪征大水，民饥，免田租；靖江雨风雪潮，岁大祲。如皋、东台大水，民饥，免税粮；溧水设糜于城隍庙，活饥民千余人；常州大水，伤稼，民饥，诏有司劝分以赈赡之；宜兴大潦；无锡、太仓大水伤稼，民乏食；苏州、吴县、吴江大水，田庐漂没过半，经久不退，升米百钱，物价腾贵，饿殍相枕，盗贼蜂起，知府议开白茅等塘以泄之；吴江济农仓积米30余万石赈尽，又衲粟补官继之；昆山大水，民饥，疫作，知县赈之；常熟大水，饥馑；江阴民乏食，赈之，免租6 800余石；青浦、丹徒、丹阳、金坛、仪征大水；夏，松江、上海大水没禾稼，又大疫，死人甚多。7月，宝应湖决堤岸。7月放支苏、松、常、镇、淮、扬6府粮970 273石有奇，赈济饥民共3 621 536口。

7月，直隶宁国、安庆、池州府属县旱蝗伤稼；定远大旱蝗；宜兴秋大旱，人相食，抚按劝令富民出粟赈贷；视其多寡旌赏有差；武进秋旱树木皆枯，民大饥，常熟、吴县亢旱，高乡苗槁，大饥，大疫。

8月，苏、松、淮、扬、庐、凤六府又大雨，6旬不止。淮安等处旱涝疫疠，赈淮安等处居民180余万口；上海地区各县大水，没禾稼。杭、嘉、湖大雨，伤苗，六旬不止。嘉善大水，漂没田庐，饿殍相枕，两税无征，先赈济农仓积米，赈尽，又纳粟补官继之；平湖大疫，死者枕藉；湖州大水，民相食；安庆、桐城、望江、宿松、太湖、潜山夏秋大水，害稼，民皆乘舟入市，逾三月始平；铜陵大水，大饥；8月26日赈南畿水灾。10月14日免苏、松、常、镇、扬、杭、嘉、湖漕粮238万余石。12月9日罢苏、松、常、镇织造采办。次年1月免南畿、浙江被灾秋粮，其中，苏、松、常、镇、应5府217 300余石，草7 087 800余包。免扬州被灾者秋粮；1月1日免杭州、嘉兴、湖州3府被灾粮米51.6万余石，马草27.2万余包，杭州等卫所灾伤籽粒950石；2月5日免凤阳所属州县被灾税麦98 813石有奇。免庐州府所属州县及庐州卫灾伤秋粮籽粒8 730余石，谷草15 100余包。

11月，庐、凤、淮、扬及盱眙、甘泉(扬州)大水。

1455年

2月，松江大雪，四旬不止，平地高数尺，湖泖皆冰。

春，苏州饥；常熟春夏大疫，夏复亢旱，民死大半。

3—6月，晋、豫、鲁、苏、浙、鄂、湘旱，其中4—7月，南畿江宁、南京龙江左卫、溧水旱饥；丹徒、丹阳、金坛4月大旱蝗，丹阳尤甚；常州夏旱蝗，免夏租15.3万余石，秋租23.6万余石；江阴夏旱蝗，免租 47 456 石；吴县夏大疫，亢旱，秋稼歉收，死者益众；吴江夏旱 70 日；昆山夏不雨，田苗槁，民病；扬州 6 月大旱；靖江夏旱蝗。苏、松饥尤甚，死者交错于道。夏亢旱，苏、常、镇、松 4 府瘟疫，死者 7.7 万余人。浙江海宁卫、嘉兴诸府 4—7 月不雨，不能播种，秋成无望，税粮无征。大疫，死者枕藉；嘉善奉例输谷 600 石备赈，7 位义民捐谷 4 200 石；平湖饥，大疫，死者枕藉，陆氏兄弟先输给谷种，散槥椟以千数，次年更饥，再出谷 5 000 余斛赈济；海盐饥；桐乡夏旱。

8 月 4 日晚受台风影响。嘉定大风，声吼如雷，挟以骤雨，拔木坏屋，民死甚众；太仓大风潮；吴江秋大水，农乘船而刈；扬州、仪征水，免民田租；通州江水溢；如皋、东台水。9 月 23 日因海水决坏，命修金山卫、青村、南汇嘴守御所城。

10 月，应天旱蝗；溧阳夏秋大旱，民饥疫；武进、江阴旱；无锡夏秋大旱，民饥，疫死者 3 万；吴江旱，大饥，赈之；昆山夏秋大旱；常熟秋蝗；苏、松大饥，民疫；10 月 22 日赈苏、松饥民米麦 100.67 万余石。次年 1 月 16 日免南北直隶扬州、淮安等府、扬州高邮、淮安、大河等卫、兴化守御千户所被灾田亩秋粮籽粒 293 000 石，草 594 220 余包。次年 2 月 14 日应天府 7 州县及留守左卫并宁州、兴州、中屯等 35 卫秋粮籽粒共 23 993 石，草 93 169 束；庐州府和州、滁州、庐州、邳州、六安、仪真、寿州等卫秋粮籽粒 71 918 石，草 111 848 包，苏州府太仓诸卫秋粮籽粒 1 453 558 石有奇，草 573 390 包。蠲应天府并宁国、太平、池州、安庆、徽州、保定、河间、广平诸府卫及广德州、山东济南、兖州、东昌、山西平阳、河南开封、怀庆、卫辉诸府卫被灾田亩税粮籽粒 245 690 石有奇，马草 791 500 余束。免南京锦衣等 34 卫灾伤屯粮 46 230 余石。免镇江等 22 卫所被灾无征屯粮 64 423 石有奇。

1456 年

5 月，祁门大水，山崩石裂，漂荡民居，人畜渰死。

5—7 月，浙西湖州大雨水，淹没禾稼；嘉兴 6 月大水伤禾，民饥；嘉善岁歉，出粟 1 200 石助赈；余杭 6 月淫雨，瓦窑塘圮，水涌入市；绍兴 6 月淫雨伤苗；遂安大水，漂没庐舍禾稼；凤阳 6 月大雨，腐二麦。鄂、湘、赣、豫、鲁共 50 府恒雨、淹田。

7 月，淮安、扬州、凤阳大旱蝗。免山(淮安)、安(涟水)等县被灾田粮 81 500 余石，谷草 23.8 万余包。

夏秋，昆山大旱，吴江夏旱 70 日；无锡秋蝗；江阴旱，免租 51 180 石；常州旱荒，免田租 27.6 万余石；扬州旱蝗，巡抚都御史设法赈之；仪征大旱蝗，免民田租；靖江旱，免田租；泰兴、如皋、通州旱蝗；东台旱蝗有赈；兴化蝗；嘉兴 9 月蝗；湖州 8—9 月亢旱；奉化大饥，饿殍载道；宁海大饥；新昌饥；兰溪旱；永康、丽水、缙云大旱；天台大饥，民多流亡。

10 月，应天并太平、松江等 7 府州蝗，又复旱伤；祁门旱，大饥；黟县旱；免直隶凤阳、淮安、庐州 3 府并和州、扬州卫灾伤秋粮籽粒共 216 330 余石，草共 429 700 余包。免苏州等府、镇江等卫秋粮籽粒共 1 122 200 余石，草 526 060 余包。免南京旗手等 30 卫被灾屯田籽粒 27 000 余石。蠲直隶仪真卫被灾籽粒 719 石有奇。

秋，吴县、吴江大水，农乘船而刈。

冬，吴县河冰尽合，旱；杭州西湖水竭；自秋徂冬数月不雨，湖水涸成平陆。

1457 年

春，南京久不雨，3 月免被灾秋粮。

4—6 月，扬州、凤阳、淮安、中都留守司所属凤阳等卫、徐州、济南、兖州、青州旱蝗，伤禾；杭州、嘉兴蝗；杭州、宁波、慈溪、金华、兰溪旱；绍兴、余姚、嵊县、新昌旱饥。

7月，吴县、吴江大水，无秋；溧水、高淳水；泗阳河湖泛溢；宝应、汜光(宝应汜水镇)、邵伯、高邮等湖堤冲决；扬州水灾，命巡抚赈之；泰兴、如皋水；东台水，有赈。

7—9月，应天府及直隶镇江、池州2府各奏：禾苗旱伤，命户部覆视：直隶泗州并天长、石埭、青阳及山东泰安州并禹城县俱奏：7—8月旱蝗，伤稼；杭州、宁波、严州、金华7—8月天遭亢旱，禾苗枯死；杭州、嘉兴诸府飞蝗众多；嘉兴大旱蝗，运河竭；嘉善8月蝗；海盐大旱，河竭。海宁旱，免被灾处粮米。

1458年

3月4日，南京暴风，拔孝陵松树及懿文陵灵殿等处兽脊，梁柱多脱落损坏。

8月，风暴潮，松江沿海(南汇)及浙江海盐、嘉兴；平湖、共漂没18 000人，苏州、青浦米价腾贵，江南巡抚行平粜法出仓米给民。

秋，吴县旱蝗，伤稼，民饥；嘉善大旱，运河竭；余姚旱，饥；龙游饥。

1459年

春夏，松江不雨，田畤龟坼。

5—8月，南北畿、冀、鲁、苏、浙、皖、赣、鄂、湘、黔、桂、川及苏州、松江、池州、宁国不雨，连日烈风，麦苗尽败，户部复视，免秋粮430 800余石，马草132 600余包。南京、溧水、太仓、江阴、杭州、嘉兴、湖州、绍兴、余姚、宁波、严州、金华、衢州、台州等府并海宁等卫所各奏：四月以来，亢旱不雨，禾苗枯死(详见第一篇)免(北)直隶广平府并浙江杭州等府所属被灾粮333 000余石，草15万余包，棉花、绒700余斤。

1460年

5—6月，杭州、嘉兴、湖州、绍兴、宁波、慈溪、金华、处州阴雨连绵，江河泛溢，麦禾俱伤，秀水(嘉兴)、嘉善二县籽粒无收；嘉兴免田租三分之二；平湖、桐乡6月大水、伤禾，民饥；萧山5月大水；兰溪阴雨弥月，水伤麦禾。

6—7月，长江大水，湖广武昌、黄州、汉阳、襄阳、宜城、南嶂、德安(安陆)、京山、公安、荆州、江陵、监利、沔阳、嘉鱼、辰州、常德、景陵(天门)、桃源、武陵、龙阳、沅江、饶州、九江、南康、安庆、怀宁、桐城、潜山、太湖、宿松、贵池、全椒、含山、芜湖、太平(当涂)、繁昌、宣城、凤阳、寿州、淮安、南京、仪真、扬州、宜兴、武进、泰兴、靖江、江阴、常熟、南通、苏州、吴江、太仓、上海、松江、嘉善、嘉兴等府州县卫阴雨连绵，江水泛溢，冲决堤防，淹没麦禾，民多流徙，秋粮籽粒，无征上命勘实蠲之。泗州夏淮水溢，自北门至，入城，水势高至大圣寺佛座，比1437年水略小；常州5—6月疾风甚雨，凡20日，平地水深尺许，池塘漫溢，与平地等，免田租16.7万石；免浙江杭州、嘉兴、湖州、宁波4府被灾田粮73 573石有奇，草15 400包。蠲应天并直隶太平、池州、安庆、宁国、凤阳、淮安、扬州、庐州诸府、南京锦衣卫等卫、滁、和、徐3州被灾税粮籽粒米麦597 700石有奇，草859 500包有奇。江阴免租13 333石有奇。宣城、旌德大水，免征粮草。

7—9月，丹徒县雨泽不足，田禾槁死，命户部覆视之。

8月18日淮水溢，决没寿州军民田庐；决凤阳坝埂，败城垣、没田庐，盱眙、高邮、兴化大水；泰兴10月免水灾田租；靖江秋雨，风潮，免半租；杭州8月雨，江河溢，无麦禾；湖州9月大水，民饥。12月9日免直隶凤阳府及中都留守司所属灾伤田夏税籽粒34 710余石。次年7月免杭、嘉、湖、甬4府被灾田粮73 573石有奇，草15 400包。

1461 年

春，淮安、大河二卫大雪，屯军无月粮关支，饥寒交迫。

南畿府 4、州 1 及锦衣等卫连月旱，伤稼；江宁、溧水、扬州、凤阳、淮阳、徐州旱，伤田禾，杭州、嘉兴蝗伤稼。4 月 30 日免苏、松、常、镇被灾税粮。

5 月，江南北大水。江浦大水。

6 月，绍兴淫雨，伤禾。

夏，余姚旱蝗；富阳大旱；嘉兴民多疫死。

8 月 19 日风暴潮，崇明、嘉定、上海、昆山、常熟、长兴等海潮冲决，共溺死 12 530 余人(崇祯《长江府志》卷 31)。其中，崇明潮涌寻丈，漂没庐舍，死 4 000 余人；嘉定平地潮涌丈余，漂没庐舍，沿海(即今宝山及浦东凌桥、高桥一带)死 4 000 余人(正德《练川图记》卷 7)；下沙等 4 盐场(川沙、南汇、奉贤沿海盐场总称下沙)漂流公私房屋 3 250 余间，溺死 2 310 余口，牛 280 余头；常熟风雨大作，平地潮涌丈许，漂没死者千余人，壮者攀树避溺，群蛇潮涌触树亦缘木上升；昆山、吴县人溺死甚众；浙江大水；湖州、长兴大风潮，太湖溢，漂没民居，死者甚众。建德郡被水灾，减夏税之半。免苏州、松江二府所属被灾田地秋粮 79 780 余石，马料 41 480 余包。是年，扬州、淮安……山东登州、济南、青州，并济宁、东山、鳌山、成山、莱阳等卫，东平、宁津等千户守御所各奏暴雨。次年 1 月 16 晚苏州、松江 2 府所属被灾田地秋粮 79 780 余石，马料 41 480 余包。3 月 13 日蠲两浙运司各场盐课 1.4 万余引。

10 月，杭、嘉滨海诸县潮大至。

1462 年

8 月，淮安府界海水* 大溢，渰没新兴等场官盐 165 230 余引，溺死盐丁 1 370 余丁(《英宗实录》卷 343)，官舡、牛畜荡没殆尽。吴县水。

*当年淮安海岸线自盐城至赣榆，北与山东相接，南与通州海岸相连。新兴场即今盐城西北新兴镇。

秋，安庆、桐城、宿松、望江蝗飞蔽天，其堕满地，弥月乃止；合肥、铜陵、太湖、潜山、舒城蝗。富阳蝗；平湖大旱，盐运河竭。

1463 年

2 月，桐庐寒甚，木多枯死，石榴之类无遗种。

6 月，淮、凤、扬、五河、安东(涟水)大水，腐二麦；扬州淫雨，城坍塌 700 余丈；夏秋，长江大水。池州铜陵、太平府当涂、芜湖、应天府上元、江宁、句容、溧阳、溧水、江浦、六合、镇江府丹徒、丹阳、金坛、常州、无锡、宜兴、苏州府长洲、吴江、常熟淫雨，田禾淹损失收，武进、宜兴特甚，免秋粮田租有差；江阴免租 3 300 余石，其他粮食俱停免。

潮决钱塘江岸及绍兴、萧山、上虞下浦、沥海所、钱清诸场。

1464 年

8 月，风暴潮，上海、南汇、靖江、余姚海溢，漂没人畜无数，民饥；吴县、吴江、高淳、溧水大水；湖州、长兴、德清大水，民饥。怀远大饥，人相食。

1465 年

春夏，苏州、吴江久雨，水潦，麦苗腐，大饥，赈之。太仓大水，无秋；常熟夏大水；江阴免麦米 52 670 石；扬州水灾，免税粮 5 000 石；泰州大饥，发粟 500 斛赈之；应天、江浦、泰州、泰兴、东台、如皋、靖江、江阴、江北淮安、凤阳、淮阳、安庆、徐、滁、和、浙江、湖广、山东等府州县140余处俱被水灾，坏庐舍，伤禾稼，人民流离，宜在宽恤。上半年阴云累月，淫雨经旬，苏、松等又灾，青浦张嗣输粟500斛赈饥。昆山大饥；桐乡6月大水，低乡田禾不收。8月18日赈南畿饥；北直隶、浙江、河南巡抚、巡按赈济饥民……各处久雨水潦，麦既无收，稻苗腐烂，岁饥民贫。

8月，浙江各府州县久雨，稻苗腐烂，岁饥。杭州奉敕赈饥民；嘉兴饥；嘉善8月纳米250石者授七品散官承事郎，本县应募者3人，得米750石；湖州大水，饥；安吉赈饥。

泗州大旱，民死者半；五河、天长、来安、全椒大饥。衢州、龙游、江山大旱，民饥。

1466年

江淮旱，人相食。4月25日总督南京粮储右都御史言：南京军民饥殣……凤阳、淮安等府今岁饥荒特甚，乞勅该部计议，发淮安府常盈仓粮20万石，赈济、凤阳及淮安所属州县，发徐州水次仓粮20万石，赈济本州属县；上元(南京)等县5月饥民相食；铜陵、巢县、含山、池州、青阳、休宁、安庆、潜山、宿松、望江旱，大饥。五河大疫民死几半。寿州、定远、上海饥。

6月，平阳飓风，暴雨三日夜，山崩屋坏，平地水满五六尺，人多渰死，田禾无收；新昌、义乌大水；靖江风潮；江阴免麦12 527石；扬州、东台水。

泰兴大旱，扬州至通(州)、泰(州)河成陆；如皋旱；东台大旱。

8月，嘉兴、嘉善、平湖、海盐、桐乡海溢，大水败稼；松江海溢，漂没人口无算，田禾悉烂；通州海潮冲堰，坏缺口72处；吴县、吴江水。是岁，南畿及上海饥。

1467年

春夏，江淮旱，湖广、鲁、豫、南北直隶亢旱不雨，二麦无收，湖广荆襄、南直凤阳等饿殍载道。常州夏大旱；寿州、巢县、含山岁荒大饥。免淮安府1州3县、邳州、高邮2卫灾伤无征秋粮籽粒共27 650余石。以水旱免直隶高邮秋粮60 579石有奇，马草90 500余包。免南京鹰、扬等11卫无征籽粒14 554石有奇。

7月22日福建松溪西(27.5°N，118.5°E)4¾级地震影响宁波，烈度四度。

7月24日雷击南京午门正楼。

8月，通州等处海溢，坏捍海堰69处，溺死吕四等场盐丁274人(《宪宗实录》卷44，万历《扬州府志》记死亡247人)；如皋海潮冲击范公堤坏，缺口72处，长1180余丈，如东掘港等处亦有冲坏；东台海溢，溺盐丁，命左都御史赈之；松江漂没人口无算，田禾悉烂；嘉兴海溢，溺万人(康熙《嘉兴府志》卷2，数据可疑，待考)；吴县、吴江、嘉善、平湖、桐乡、海盐海溢或大水，败稼。

9月，丽水、庆元大雨雹。

冬，诸暨桃李花。

1468年

4月，南京大雪盈尺。

春夏，应天旱。4月，免应天、安庆2府，并安庆卫旱灾无征田粮籽粒共66 430余石，草63 618包。4月24日免淮安府1州3县邳州、高邮2卫灾伤，无征秋粮籽粒共27 650余石。7月，高淳、溧水、溧阳大旱；常州、无锡旱，水涸，运道几绝，免被灾田租；江阴旱，免租7 300石；靖江旱；淮安、安东秋旱蝗；嵊县大旱，诏民间能赈粟400石者，授七品散官服；合肥大旱；铜陵、庐江大旱，饥；五河、凤阳饥；徽州6县灾伤，免秋粮。8月5日奏：南京今岁亢旱无收。9月9日以旱灾免建德、东流2县秋粮5 710余石，马草7 650余包。次年2月7日奏：南京英武等卫屯田旱灾无收，乞粮拯救，从之。

台州、黄岩、太平(温岭)大雨,海溢。

9月,淮、凤、扬、徐大水。

1469年

3月,雷击南京川山坛具服殿兽吻。

春夏,松江不雨,田畴龟裂;江宁无麦;免直隶苏、松、常、镇4府,苏州、太仓、镇江3卫秋粮248 000余石,屯粮7 100余石。免直隶池州、宁国2府秋粮18 700余石,宣州卫屯粮260余石。免直隶淮安、凤阳、庐州3府、滁州等州并直隶武平(驻亳州)、滁州、六安、仪真、庐州、淮安等所被灾秋粮88 990石有奇,草147 850包有奇。含山岁大祲。

夏,太仓大水,海涨,漂没民居,咸潮害稼。丹阳、金坛大水。诸暨夏水,免存留钱粮;新昌大水。开化输粟千石赈饥。

12月25日江南大雷,雨雪。冬,六合大雪。

1470年

2月,嘉兴、嘉善、平湖、桐乡大水,无麦。平湖周家泾并独山海塘俱塌,咸水浸入民田。

4月13日西北、华北大风扬沙,无锡、常州黄雾染人须皆黄;象山4月初天雨雾,山林、草木、行人须眉皆白,数日乃止。睢宁夏旱蝗(图3-3)。

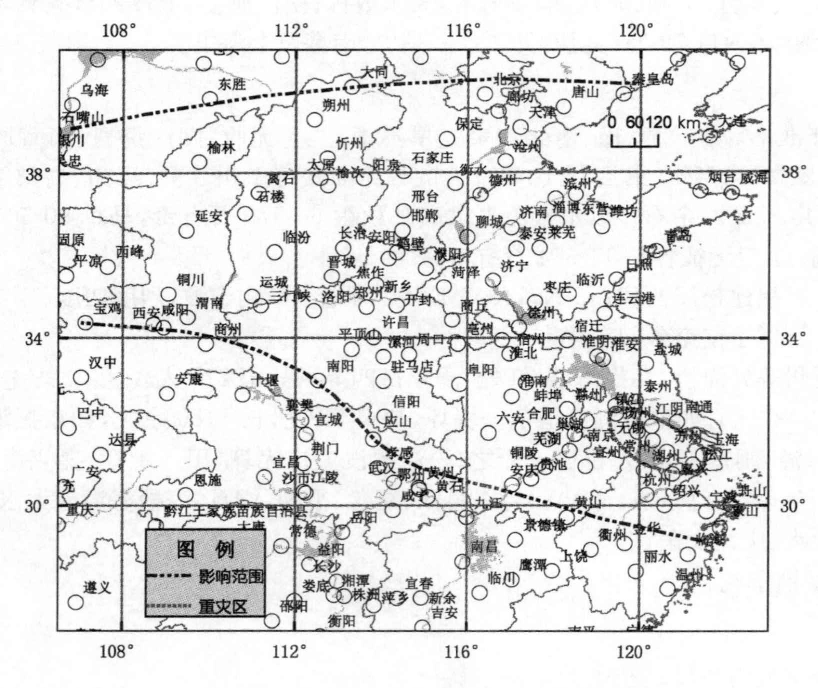

图3-3　1470年4月扬尘雨土分布示意图

5月25日以水灾免浙江乌程、归安、长兴、德清、武康、仁和6县税粮66 200余石;5月27日免溧阳、溧水、句容、六合、江浦、当涂、芜湖7县水灾税粮36 400余石;免凤阳府五河、怀远、霍丘3县及扬州府通州夏税小麦6 820余石;苏南水旱灾伤,免苏、松、常、镇四府及苏州、镇江、太仓三卫秋粮24.8万余石、屯粮7 100余石。因地方被灾,免凤阳、庐州、淮安、扬州4府并滁、徐、和3州及所属州官朝觐。蠲应天府浦子口(今南京浦口)房税三分之一。

6月,嘉兴、嘉善大水伤禾;诸暨大雨成灾;台州、黄岩、太平(温岭)大水,饥。

秋至次年春，扬州、仪征大旱，运河竭。扬州河逦东通(州)、泰(州)一路水尽涸，盐车昼夜不绝；泰兴不雨，河竭成陆；泰州、如皋、东台大旱，盐城、靖江旱。

1471 年

夏，泗州旱饥；盐城旱，蝗食苗稼；武进、靖江、江阴旱。河南通许、开封4月15日大风昼晦，不见掌，人持兵刃上有火光，抹之即无，摇之复有，雨土没足，凡4日止；北京5月12日未时雨黑沙如黍。

7月29日平湖、海盐飓风大作，海潮泛溢，自雅山寺至杨树林潞510丈；杭州府大风雨，江海涌溢，太子少保兼吏部尚书言：南京及浙江杭州等处抚臣各奏；7月狂风，大雷雨，江海涌溢，环数千里，林木尽拔，城郭多颓，庐舍漂流，人畜溺死，田禾垂成亦皆淹损；余杭夏霖雨，大水，决化湾塘，淹没田禾，灾及旁邑，人民死亡无算；泰州大雨，海潮涨，坏各场盐仓居民垣屋。9月11日免两淮富安(今属东台)等23场盐课司折盐夏秋税28 252石有奇，草44 056包有奇，计折小引盐65 395引有奇。8月23日因水灾免凤阳府五河、怀远、霍丘3县及扬州府通州夏税小麦6 820余石。

10月23—24日(闰九月初一、二日)*，风暴潮，山东及浙江杭、嘉、湖、绍4府俱海溢，冲决钱塘江岸千余丈，近江居民房屋田产皆为淹没，山阴、会稽、萧山、上虞、乍浦、沥海、钱清等亦如之；杭、嘉、湖、绍4府俱海溢，淹田宅、人畜无数，余姚溺700余人，大饥，种稑几绝；平湖内塘已修者，自周家泾东至独山复圮，视前尤甚；诸暨、杭州、海盐、嘉善、松江、上海大风海溢，漂人畜，没禾稼；新昌、靖江秋潮，减田租；通州秋潮发，坏捍海堰；如皋秋潮冲激，海堰复坏，毙200余人；秋，凤阳府泗州、盱眙、天长、五河、定远诸县淮水成灾。淮安淮河水涨入新庄闸，水忽自退，沙淤20余里，不通舟楫。山东黄县、无棣均有影响。此次灾害共死亡近千人。松江府连岁灾伤，免今年税粮五分有奇。10月26日因地方被灾，免凤阳、庐州、淮安、扬州4府，并滁、徐、和3州及所属州、县官明年朝觐；11月11日遣工部侍郎祭海神，修筑堤岸；蠲应天府浦子口(南京浦口镇)官房税三分之一。

*事发时间《明史》本纪记闰九月有日期，而五行志记九月无日期，今从本纪。

1472 年

春，晋、冀、鲁、豫大旱。江苏兴化、泰兴、如皋、东台、仪征大旱；上海旱。安徽歙县、休宁、祁门、绩溪、婺源旱，免秋粮。

8月30日(七月十七日)风暴潮，殃及浙江杭州、嘉兴，平湖、海宁、海盐、湖州、绍兴、宁波、松江、金山、上海、太仓、苏州、吴江、江阴、无锡、武进、丹徒、丹阳、金坛、江浦、仪征、扬州、泰兴、靖江、通州、海门等，狂风大雷，江涌海溺，坏数十里林木尽拔，城郭多颓，漂毁官民庐舍、牛马牲畜不可胜计；南京天地坛、孝陵庙宇；中都(凤阳)皇陵垣墙多颓损。绍兴、嘉兴地区的海盐、平湖、上海地区的松江、金山、江苏江阴、通州、海门、东台以东沿海为重灾区，共死亡28 470余人，其中上海沿海诸县卫所死亡万余人，咸潮所经禾棉并枯，自是修筑捍海塘；泰州、通州海溢，坏盐仓及民灶、庐舍不可胜计；江阴免米23 563石；东台大雨，海涨，浸没盐仓民田。冲决淮安至仪真、瓜洲湖河堤岸15处；免淮安府诸州县夏税187 850余石，凤阳府宿、亳、虹、灵璧4州县19 790余石，徐州诸县67 150余石，丝60 460余两，高邮、邳州、武平(驻亳州)、宿州、大河(驻淮安)、淮安等卫，并海州千户所37 000余石。免南京豹、韬等卫屯田籽粒10 130余石。以水旱灾免应天、池州、安庆、徽州4府所属上元、休宁等19县秋粮94 800余石。

1473年

2月6日元旦吴县雪。

4月，南京大风，拔太庙、社稷坛树。4月18日因灾免淮安府诸州县夏税187 850余石；徐州、高邮、邳州、武平、宿州、大河、淮安等卫，并海州千户所3.7万余石。5月南京雨土。

5月，嘉兴、嘉善、湖州水灾；德清水灾免税粮；衢州、江山夏大水，坏民田庐，舟可入市；龙游、丽水水。

6月，祁门阊门石崩。

7—8月，歙县不雨，禾黍枯萎。松阳、遂昌旱。

9月，海盐、平湖、余姚海溢；海宁海决，民流；靖江风潮；杭、嘉、湖水灾；吴县、吴江大水；江阴水，免米1 971石。免奉化、山阴、萧山、上虞、余姚、诸暨、临海7县被水田亩税粮；免湖州府乌程等(归化、长兴、安吉、德清、武康)6县秋粮112 250石，马草88 650余包。免浙江杭州卫，严、湖2所屯田籽粒共9 150石有奇，嘉兴府嘉善县秋粮16 300石有奇，马草6 400余包。免淮安、凤阳府及徐州所属夏税63 000石有奇，丝21 300余两。

冬，南京燠而无冰。

1474年

春，南京寒而多雨，3月连大雪。4月免被灾秋粮。严州(建德)、淳安春多雨雪，蚕桑无收。春灾诏免寿、泗、和3州、霍丘等8县秋粮3.7万余石。凤阳春水，诏免秋粮。

高邮旱，运河竭。太平(黄山北)大旱；泾县岁大祲。

嘉兴风潮大作，塘大圮；海宁海决，水至城下；海盐、平湖海溢。

6月，吴县东山发蛟，水暴涨，法海寺金刚漂出谷口，吴某一家3口流至湖滨而死。

6—10月，安庆、桐城、望江、宿松、潜山夏秋大水，害稼，人皆乘舟入市。

7月，湖州府6县(乌程、归安、长兴、安吉州、德清、武康)水灾，免1473年秋粮。金华夏大水，坏通济桥。

9月7日夜半雷电，常州、宜兴龙卷风，西起滆湖，迤逦而东，入太湖，至马迹山雁门湾东去，拔木，坏民居几300区，压死五六人，千斛巨舟摄于山麓，宿鸟多毙，屋柱倒植而瓦甓不毁，人咸骇异。高邮大雨。10月水灾，免苏、常、松、常、镇4府、吴江等14县，并苏州卫秋粮共434 600石、马草169 890余包。免南京锦衣等13卫屯田籽粒42 570余石。

1475年

5月，台州、太平(温岭)蝗，民掘草根以食；仙居、黄岩蝗食苗。

6月13日以水灾，免镇江府秋粮54 800余石，镇江卫屯田籽粒5 200余石；五河大水，民居淹没；高邮、兴化、泰兴大水。7月26日免庐州府六安州、舒城、合肥，凤阳府五河、太和，扬州府通州、高邮、如皋、兴化、泰兴、仪真，凤阳、怀远、长淮、皇陵等卫屯田籽粒共29 100余石。

7月12日夜上虞大风雨，北海水溢，漂没田庐，冲入城河；杭州海潮啮江岸为患。

9月，吴县大水，吴江水。

1476年

3月，海宁潮水横溢，冲圮堤塘；海盐海溢，塘大圮。

春，绍兴大风，雨雹，大饥。

5月，临海大旱，饥；汤豀(今属金华)大旱。

9 月，浙江风潮，杭州、湖州、临海、黄岩、太平(温岭)大水；余姚大雨害稼，水没官盐数十万引；诸暨大雨害稼；金华、武义 9 月 7 日山水暴涨，水入城，高五六尺；嵊县洪水涨漫，垣墙颓塌，囚死于水者数人；免浙江绍兴、宁波、台州、杭州 4 府、杭州前等卫秋粮籽粒共 413 840 余石，马草 31 270 包有奇。淮、凤、扬、徐俱大水，盱眙、甘泉(扬州)、吴江、吴县等县大水；江淮水灾，凤阳卫城为淮水冲坏；寿春等王坟为淮水淹没。以大水免凤阳、淮安、扬州、滁州夏税麦 89 000 余石，秋粮 115 400 余石，丝 25 余两、草 171 600 余包。凤阳等 18 卫所屯田籽粒 174 200 余石。

冬，安庆、桐城、宿松、太湖、潜山、望江、铜陵大燠，桃李华。

1477 年

1 月，吴县、吴江大雪，大寒，冰厚数尺，船不行者逾月，太湖亦阻途；常熟等寒甚，冰坚逾月，舟楫不通；嘉兴、嘉善、平湖、桐乡、湖州、长兴恒寒，冰凝逾月，舟楫不通，太湖冰。

2 月 27 日安庆府大雪，次日大雨，江水暴涨；南京正月以来大雪、风雨间作，前后凡五月，军民饥冻者十八九，福建、浙江嘉兴、嘉善、平湖、桐乡、海盐、海宁 2 月震雷，大雪，海溢，溺民居；海宁 3 月海潮冲圮堤塘，通荡城邑，顷刻一决数仞，祠庙、庐舍、器物沦陷略尽；镇海以水免 1476 年秋粮；宁波、慈溪、绍兴、台州水；湖州春水，无麦；以至苏、松、淮、泗、蒙、亳，并河南自去年至今 5 月或疫疴流行，或江潮泛溢，或雨雪交加，民物被灾，尤为苦楚；湖广春大雨冰雪，牛死十之八九，免上年拖欠税粮，吴江春水，无麦；江阴水，免麦 16 727 石；2 月，以水灾免苏、松、常、镇 4 府，并苏州、镇江 2 卫夏税籽粒 23.1 万石有奇；免嘉定秋粮 77 680 余石、草 25 520 余包；免崇明秋粮 19 340 石、草 25 659 包。直隶扬州府、卫、所夏麦 44 100 余石，秋粮 1 460 550 余石，草 2 519 430 余包，棉花 16 720 余斤，盐 54 600 余引；免直隶庐州、淮安 2 府 14 州、县，并六安、淮安等 7 卫所夏麦 250 770 余石，秋粮 149 430 余石，草 306 670 余包。免镇江、苏州、太平、池州 4 府太仓、镇江 2 卫夏税 3 160 余石，秋粮籽粒共 550 360 余石，草 192 020 余包。免浙江杭州等府、县、卫、所秋粮籽粒 237 825 石，草 8 665 包。

7 月，绍兴大风，海水溢，害稼；余姚湖溢，西门坏。靖江风潮。

5—9 月，武义不雨；宁波、绍兴、台州、丽水旱；缙云秋大旱；海宁 9 月岁大饥。

10 月，淮水溢，淮安所属诸州县坏官民屋舍，漂没人畜甚众；盱眙、泗阳、盐城大水没禾；高邮大水。吴江、湖州桃杏花盛开。

12 月 21 日冬至杭州大雷雨；崇德(现属桐乡)12 月 22 日大雷；12 月 23 日* 南京大雷雨。苏州 12 月大雷雨。

* 民国《首都志》卷 16 记十一月癸亥，是月无癸亥日，疑癸酉之误。

1478 年

5 月，免南京被灾秋粮。

4 月 27 日免浙江被灾秋粮；5 月 6 日浙江饥，罢采花木；湖州 5 月大水，饥；新昌大水；杭州等府免粮 33 万余石。

平湖、海盐、象山海溢，塘圩并坏，民居多没。

6 月，吴县、吴江大水。

夏秋，安庆、桐城、宿松、太湖、潜山、望江大旱，民多流殍；徽州 6 邑(歙县、休宁、祁门、黟县、绩溪、婺源)旱或大旱；祁门、黟县免粮米；池州、青阳、东流、铜陵无稻禾。次年 6 月 26 日以旱灾免崇明县秋粮 19 340 余石，草 25 659 包；免安庆、池州府属旱灾秋粮 131 800 余石，草 217 700 余包；免安庆新安二卫无征籽粒 5 710 余石。

9 月 23 日凤阳府大雨，城内水高二丈，没民居千余。南京大风，拔太庙树；和州、高邮、吴江大水；吴越间淫雨不止。10 月 7 日以大水，免南京横海(今横溪镇)等 16 卫屯田籽粒 4 360石有奇；免应天、宁国(宣城)、徽州 3 府秋粮 59 620 余石，草 60 840 余包。免凤阳、淮安、扬州、庐州 4 府并滁、徐、和 3 州无征夏税小麦 133 020 余石，草 527 600 余包，并免中都留守司(凤阳)所属卫所及庐州(合肥)、六安、滁州、寿州、武平(亳州)、宿州、徐州、徐州左、大河(驻淮安)、淮安、高邮 11 卫籽粒 77 418 石有奇。

冬，桐庐牡丹花放。

● 1479 年

2 月 7 日夜嘉定雨冰。

凤阳、盐城、常州旱蝗。缙云大旱。

5 月，免南畿被灾秋粮。

9 月 2 日，南京大风，拔孝陵木，压损城堞。

9 月 21 日命户部郎中等巡视山东、河南、南直隶徐州、凤阳、淮安、北直隶永平、河间等府州被水……因水灾免凤阳等卫夏税麦 67 980 余石，秋粮米 4 933 石，凤阳等府夏税麦 190 890 石，秋粮米 139 910 余石，豆 26 010 石，草 311 400 余包。以水旱免庐州米、麦、豆数万石。

12 月 1 日宜兴水；孝丰大水平崖；安吉大水入城；松阳大水坏田地。以水灾免浙江杭州等 5 府钱塘等 19 县，并湖州等守御千户所秋粮籽粒 246 640 余石，草 62 450 余包。次年 2 月 10 日以水灾免崇明(1479 年)夏税 6 850 余石。

● 1480 年

江南大水，岁不登。六合大饥，发粟赈之；吴县大水，民饥；宜兴湖滏、张渚山水暴涨，漂没庐舍，溺死者千余人，巡抚命府县出粟赈之。淮安卫水泛溢，居民房屋陷溺几尽，死者甚众。以水灾免应天并徽州等 5 府、广德、上元等 35 州县夏税麦 77 290 余石。免苏州秋粮米 149 950 余石，草 33 700 包；苏州卫屯田籽粒 1 790 余石；松江府秋粮 85 300 余石，草 14 000 余包；镇江府夏税麦 32 970 余石；镇江卫 1430 余石。9 月 15 日以水灾故，免直隶淮、凤、扬、庐 4 府，并徐州等州县官朝觐。象山大疫。

扬州、东台旱，有蝗从东北来，蔽空翳日。徽州大旱。

9 月，平阳龙卷风。自海起，经五都叶泽，拔神祠，又经四都西浦，拔居民 18 家，压死 2 人。

● 1481 年

3 月 18 日安徽亳州南(33.5°N，116.2°E)6 级地震，安徽亳州夜地大震，影响安徽凤阳、庐州、安庆、和州、霍丘、定远、桐城、望江、潜山、太湖、宿松；江苏南京、扬州、淮安地震有感。

春夏，太湖流域 20 余府县皆是先大旱，蝗食禾，后又大涝。松江春夏旱；上海、嘉定、南汇旱。吴江春夏不雨，地拆川涸，禾槁及根；江都夏大旱；丹徒、丹阳、金坛、武进、溧阳、靖江、江阴、常熟、太仓春夏旱；湖州、长兴、嘉善、桐乡旱。

5 月，正当春阳和煦之时，而南京寒风浸雨，有类秋冬。7 月 30 日以水灾免南京水军左等 7 卫籽粒共 2 780 余石。

8 月 17 日受台风影响，南京大风雨，社稷坛及太庙殿宇损坏；苏州、松江、嘉定、上海 8

月大风雨；吴江 8 月飓风，雨；无锡 8 月 17 日大风，山水骤涨，淹上福等乡，坏民庐舍；宜兴山水涌出 80 余所，视诸县特甚；溧阳 8 月大雨，水溢；靖江风潮渰没田庐，人多溺死；湖州、长兴 8 月飓风雨。

常州、苏州蝗，自北来，堕地食稼，及草茅苇叶殆尽；常熟塘泾龟坼，虫食禾；丹徒、丹阳旱。冬，因旱灾免南京水军等 18 卫 1478 年籽粒 27 500 余石。以旱灾免应天府江宁等 7 县，并当涂县秋粮 74 030 余石，马草 86 130 余包，并发预备仓及连年拨剩余米给赈。次年 11 月 4 日因旱灾补免南京、江阴 37 卫去年籽粒 79 780 余石，量免十分之七。

9 月 17 日五更苏州大雨如倾，湖水溢，漂没庐舍、禾稻不计其数；常熟 9 月大雨潦，高田风秕，低田渰烂；吴江大雨，太湖水溢，平地深数丈，荡民庐舍；武进 9 月 17 日大雨如注，漂没民居，人多溺死，是岁大祲，民饥；9 月 14 日无锡风雨又作，惠山、安阳山水涨尤甚，人多死者，岁大祲；江阴秋大水，淹没田畴，坏民庐舍多溺死，免租 4 653 石。

10 月 2 日—11 月苏州、吴江、松江大风雨，昼夜如注，至冬无日不雨，禾稼仅存者悉漂没；昆山 10 月淫雨，田稼灭没，野多饿殍，赈恤；常熟、太仓、丹徒、丹阳、金坛大水；泰兴大饥；如皋大饥，人相食；宣城岁歉，输粟 3 000 石，全活众；凤阳秋淫雨，三月不止，菽粟无成；怀远淮水涨溢；学圮于水；南畿淫雨为沴，连郡田稼灭没，殍死万数。长兴 9 月连大雨，太湖水溢，平地深数丈，明年大饥，人相食；嘉兴、嘉善、桐乡、湖州、余姚秋大水，民饥；湖州巡抚、南直隶兵部尚书奏：苏、松、常 3 府被水，禾稼不登。免苏、松、常、镇 4 府秋粮 579 690 余石、草 282 900 余包，并苏州、太仓、镇海(驻太仓)、镇江 4 卫籽粒 14 410 余石，其中松江府为85 300 石、草 14 000 余包。嘉定诏赈米。11 月 3 日免浙江乌程、归安、德清 33 县被灾田粮十分之六。诏浙江所属灾伤府县卫所，并盐运司秋粮籽粒共 590 800 石，草 192 400 余包，盐课 124 200余引，量免十分之六。

12 月 22 日冬至松江大雷电，雨雪；苏州立冬日大雷电，雨雪 3 月；12 月 26 日江南大雷，雨雪。广德州冬大雪，积几盈丈，文庙阁损。

1482 年

春，南京、扬州、泰兴、如皋、苏州、吴县、松江、吴江、嘉兴、嘉善、余姚大饥；吴江人相食，郡县设糜寺观，听人就食，吏人侵占所得无几，死如故；常州官为赈济，巡抚以各年该收粮内拨剩余米酌散，又于常平仓量借 2 万石济之，不急之务一应停止；靖江春赈济；通州作粥济饥民，阅冬、春、夏三时乃止；嘉定诏赈米，4 月发预备仓及递年拨剩余米给赈；湖州、长兴大饥，人相食。南京科道奏：应天并苏、松、常、镇、淮、扬、凤阳等府及各卫、所地方，自去年以来被灾无收，要行赈济；4 月赈南畿饥。

春夏，吴县、常熟淫雨。夏，桐乡、嘉兴淫雨连月，田畴成浸，斗米百钱；德清大水，民多漂溺；嘉定岁大祲，6 月 29 日减浙江银课三分之一，以苏民困。镇江以水灾免夏麦 40 800 余石，免湖广武昌等府卫秋粮籽粒 146 800 余石，上海、松江饥。11 月 4 日因旱灾免南京、江阴 37 卫去年籽粒 79 780 余石，十分之七。

6 月 4 日武义山洪暴发，水入城市。兰溪水入城市；诸暨江潮至枫溪。

9 月，天长、来安、全椒、泗州雨雹，禾尽落。

秋，南京旱饥，次年春免应天府上元(南京)等 6 县夏税麦 7 350 余石；次年夏，因旱灾免应天府六合、江浦 2 县去年秋粮 5 700 余石；靖江旱，减租；江阴旱，免麦 8 342 石；泗州、五河、宿县大旱，民饥且疫；寿州旱。

1483 年

2月16—18日至2月22日凌晨吴县、常熟大雪，深三尺，至22—23日浓霜，雨木冰；昆山、太仓、嘉定雨木冰。无锡22—29日大雪7日，木冰如花，连2日；溧阳2月大雪7日树介；武进16日大雪，木冰如花。

6月29日减浙江银课三分之一。

6月，祁门大水，抵县前。

8月1日景宁大水，坏田庐无数，民多溺死；泰顺大水；云和7月大水，午雨如泻，夜分溪水高二丈，濒溪民庐漂没。处州(丽水)8月大水，坏民居200余家，溺死100余人；宣平(丽水西北柳城镇)积雨弥旬，溪流暴溢，漂没田地房屋牛畜以千计；永康大水，漂没田庐不可胜计；遂昌大水，坏民居田地；兰溪水入城市。

秋，凤阳等府被(旱)灾，秋田粮减免三分，其余七分除存留外，起运者每石征银0.25两；五河秋灾；定远饥；宣城饥，粜常平仓济之。

冬，广德大雪，积几盈丈，文庙阁复损。东阳、缙云大雪，一夜深五尺。

1484 年

春，武义旱。

5月，雷击祁门石钟，裂。

6—7月，吴县水；吴江、湖州、长兴水，大饥；宣平6月积雨，水溢；淮安、涟水等处水灾。7月18日以水灾免淮安府州县，并淮安等9卫所粮170 440余石。

秋至次年冬扬州、泰州、东台大旱，河水尽涸，盐河龟坼，舟楫不通，车声无间昼夜，民饥，斗粟易男女1人；如皋秋大旱；通州大旱，河渴，斗粟易子女。定远饥；赈徽州6县饥民；石埭(石台)大旱。9月15日免直隶凤阳等府，庐州等卫秋粮籽粒米、豆共132 800余石，马草199 800余包，以水、旱灾也。免淮、扬、庐、凤、徐5府州，暨淮、庐等6卫所秋粮米麦293 396石，草574 860余包。

1485 年

夏，池州不雨。5月免南畿被灾税粮。

6月30日奏：南京大风，吹损大祀殿及皇城各门兽吻，且拔太庙树木。

秋，东台、泰兴、溧水、高淳等大旱。句容雨泽不降，井泉枯竭，田禾旱，民有饥色；靖江大旱，减田租；常熟大旱，高乡告灾；江阴免粮30 250石；临安昌化大饥，戴某出谷千石赈人；金华、武义、青田大旱；乐清6—8月不雨，大饥；绩溪夏秋大旱；石埭大旱，饥；建德(东至)旱灾。冬，以旱灾免苏州府卫秋粮籽粒共152 980余石，草48 770包。次年1月1日赈南畿饥。次年夏，因旱免直隶江北、凤阳等府县卫所秋粮籽粒663 700余石。免太平府并建阳卫秋粮14 400余石。1487年3月7日，以旱灾免镇江府卫及丹徒等3卫1485年秋粮籽粒111 670余石，草105 980余包。

1486 年

春夏，台、温2府不雨，民饥；仙居、金华、宣平大旱；乐清6月不雨；黄岩、太平(温岭)大旱，饥；平阳旱，风潮坏江口陡门；5月，句容旱；泰兴连岁大无。和州、青阳夏大旱，饥。免南京留守左等32卫屯粮共52 830余石；免浙江台州等3府所属临海21县，并台、温2卫秋粮共165 050余石。长沙亦旱。

夏，歙县水伤麦；休宁饥，蠲当年夏税；赈济徽州6县(歙、祁、休、黟、绩、婺)饥民；吴县水；

吴江、湖州、长兴、建德、奉化大水。以水灾免淮安等处夏麦有差。次年1月1日以水灾免直隶凤阳、淮安二府徐、和二州，并淮安等卫所夏麦436 220余石。

10月，南京、江浦民饥。

1487年

1月4日夜武义大雪，平地高五尺余；东阳大雪，一夕深五尺。

6月，桐庐县治民居尽垫于水。祁门大水，平放桥圮。

7月，桃源(泗阳)、清河、盱眙、高邮、宝应、兴化、安东(涟水)淮水为患。7月21日免凤阳等府属、徐州等州县、武平卫(驻亳州)所共粮3 788 970余石，草659 040余束。

7月，苏州亢旱，河底生茂草，高低乡大荒；江阴旱，免粮23 853石；句容旱，三月不雨，川涸田坼，苗将就槁；南京免被灾秋粮；靖江、如皋旱，泰兴、东台大旱。池州、东流夏大旱，饥；滁州、全椒大旱；寿州、凤阳大饥，人相食；含山大饥，刘某输粟1 000石、杂谷500石，于和州仓备赈。嘉兴、嘉善、桐乡大旱，河底龟坼，溪港皆不通舟楫，禾尽槁；海宁、诸暨大旱；余姚大旱，饥；永康、义乌旱；瑞安旱，免税粮。泰顺瘟疫流行，死十之四。

10月，桃源(泗阳)、盱眙、清河(淮安)、高邮、宝应、兴化、六合淮水为患。

冬，滁州大寒，雨淋弥月。

1488年

2月，南京雷电交作，大雪连朝，天寿山(紫金山)雷电风雪，震惊陵寝。

春，南畿大旱，应天、溧水、高淳大旱；江浦停解马。

5月，临海飓风大雨，海溢，发屋走石，平地水深数尺，漂没陵谷，死者不知其数；黄岩、温岭、仙居飓风海溢。

6月30日南京辰刻雷击洪武门兽吻，巳刻又坏孝陵御树。

6—7月，桐城不雨，田畴龟坼，苗槁死；凤阳大旱、大饥；池州、青阳、石埭、东流、铜陵、五河大饥；泗州大饥，州官赈之；寿州、祁门旱饥；黟县大旱，饥；休宁旱。金华、兰溪大旱；余姚、绍兴、新昌大饥；湖州饥；桐庐旱。次年5月5日以旱灾免镇江1488年秋粮81 225石有奇，草73 798包有奇。次年7月26日以旱灾免应天府及徽州、太平、宁国、安庆、池州5府，并广德1488年秋粮米165 134石，草484 268包；直隶建阳(驻当涂)、新安(驻徽州)、安庆、宣州4卫屯粮5 926石有奇。9月14日以旱灾免南京等42卫1488年屯粮之半。

7月1日辰刻，南京雷电霹雳大作，坏洪武门吻兽。巳刻复作，坏孝陵御树。

7月6日风暴潮，靖江风潮泛涨，平没如洋，淹死老幼男女2 951口，漂民居1 543间，倒塌县治、仓库墙垣殆尽；扬州风潮，漂没民居400余家；无锡疾风暴雨竟日；松江飓风坏学官，知府重修；吴县、常熟大风雨，淹禾折木，飞鸟殒伤，半日而止；丹徒、丹阳、金坛等县大水；吴江水。淮、扬大饥，遣云南屯田副使赈济，全活饥民120万。7月18日以水灾免淮安府州县并淮安等9卫、所粮170 440余石。7月20日免苏州府、卫等秋粮四分以上者。

7月24日午刻，南京雷电霹雳，毁鹰扬卫仓楼并聚宝门旗竿。

1489年

1月12日嘉兴、嘉善、桐乡雷电，雨冰4日。杭州1月水。

5月21日雷毁南京神乐观祖师殿。

6月，(黄)河决(豫)原武，经(皖)宿州、灵璧、(苏)睢宁入淮，泱及淮、扬。

7月12日未刻，南京雷电大风雨，仆国子监坊牌。

7月14日夜台风。温州飓风挟雨，民居、林木摧折甚多，禾稻损四成；平阳飓风暴雨，灾情如1466年；永嘉大饥；余姚、绍兴饥。

夏，建德、桐庐大旱，田禾皆枯。

夏，安庆、桐城、望江山谷间山洪群发；铜陵大水；徽州出预备仓谷，赈济贫民；丹徒、丹阳、金坛大水。11月以水灾免镇江府夏税麦29 708石有奇。崇明水灾，免秋粮5 260余石、草6 430余包。免淮安府秋粒96 700余石，草267 340余包，扬州府米豆共48 540余石，草87 480余包；凤阳府米74 930余石，草154 100余包等。次年3月免南畿被灾秋粮。

冬，凤阳大雪，平地三尺，民多冻死。

1490年

夏，江浦、南京旱。

6月，衢州、江山淫雨溪水骤涨，坏民田庐，漂没民房；龙游大水。温州5县(永嘉、瑞安、平阳、乐清、泰顺)大饥。

7月27日南京骤雨，雷坏午门西城墙；宜兴大雨，山崩泉涌，漂流木植，所过俱成沟壑；丹阳大水。

7—8月，建德、金华7月大旱；兰溪旱；临安於潜大歉。徽州6县旱，祁门、黟县免夏税。南京、江浦旱；应天府镇江、凤阳、滁州等府州，并南京锦衣等卫、中都留守司凤阳中卫等亢旱伤稼。8月23日，因旱灾免南京广洋(兴化西北沙沟附近)等27卫屯粮之半。以灾免扬州府及高邮等卫粮草有差。次年10月9日以旱灾免扬州卫及通州、泰州、盐城3守御千户所1490年屯田籽粒有差。

冬，六合、江浦大雪30余日。

1491年

2—7月，苏州、太仓淫雨，民不得稼；吴江大水，平地如江湖；昆山大水；常熟夏潦，民饥；宜兴水灾；桐乡2—6月淫雨伤禾，民饥；上海、松江、青浦、嘉兴、嘉善、湖州、长兴等地淫雨伤稼，大水，民饥。

夏，扬州、淮安蝗。黟县夏旱；庐江大旱，饥。

8月8日杭州大雨如注，抵暮龙井山、凤凰山俱发洪水，暴涨，淹没田禾，冲决云居山城垣；雨红水于故都御史钱钺家；临安昌化大水；嘉兴大水，伤禾；嘉善10月以浙江水灾其织造缎疋俱停。

9月，苏、松、浙江水患，害稼。绍兴、余姚、新昌饥；松江、上海、青浦饥，民不聊生。以水灾免苏、松、常、镇、太平、宁国6府所属并苏州、太仓、镇海(驻太仓)3卫、浙江嘉、湖、杭3府属并杭州前、右2卫、湖州守御千户所夏秋粮有差；免平湖、孝丰、德清夏税秋粮；免应天(南京)、苏、松、常、镇等府当年岁办皮张、蜡蜜等料三分之二；免浙江杭、嘉、湖、绍、金5府岁办香獐、莲肉等料三之二；免应天、苏、松、常、镇、太平(当涂)、宁国7府1491年夏税秋粮。免直隶庐、凤、淮、扬4府，徐、滁、和3州及凤阳等17卫所税粮有差。免应天、苏州等府并镇海等卫秋粮籽粒1 826 684石，草806 851包有奇。免南京留守等34卫屯粮籽粒5 300余石。免两浙运司盐课等。9月18日停松江本年织造。11月16日免浙江台、处、金、衢4府税粮有差。

9月23日安徽天长附近(32.7°N，119.0°E)5级地震，南京、扬州、淮安地震四度有感。

10月，浙西旱，民大饥。兰溪、东阳大旱；武义旱，民绝秋望，饿殍载途；永康民采蕨食；

义乌、缙云旱。

1492 年

江淮大水，3 月以水灾免苏、松、嘉、湖等府卫及平湖等县粮草有差。其非全灾者暂停征纳，以本分为率，自次年为始，每年带征一分。

4 月 3 日因旱灾免金华、杭州等府税粮有差，仍免当年供用物料十分之三。

6 月，南畿水，震泽(太湖)溢。宜兴大水，免秋粮 12.2 万余石；常熟大水，禾坏，民多流徙，大疫；太仓、武进、上元(南京)大水；华亭(松江)、吴县等县春雨至 9 月，太湖泛滥，田禾尽没，民多流徙，大疫；嘉兴、嘉善大水，伤禾，民多流徙，大疫；嘉善知县赈饥民米 8 570.7 石；湖州、长兴水，太湖泛溢，田禾淹；桐乡、淫雨大水；象山大水；安吉赈饥。舒城大水；徽州发预备仓赈济。

8 月，海宁海溢。靖江风潮。松江雨水害稼。连岁荒歉，以水灾免租税。停两浙、苏、松等处之额外织造者，并召回督造官。免南京留守等 34 卫屯粮籽粒 5 300 余石。9 月 26 日以水灾免苏、松、常、嘉、湖 5 府正官朝觐。12 月 6 日免苏、松、常、镇等府岁办皮张、蜡蜜等料三之二。免浙江杭、嘉、湖、绍、金 5 府岁办香獐、莲肉等料三之二。免应天、苏州等府并镇海等卫秋粮籽粒共 1 826 684 石，草 806 851 包有奇。

冬，六合大雪。

1493 年

1 月 31 日夜兰溪大雷，天雨黑水。

4 月 29 日巡视浙江户部侍郎言：浙江当输南京粮，以杭、嘉、湖 3 府灾伤，免 90 500 余石，又拨补他处 61 700 石，该输者仅 15 万余石，原拟每石折征银 9 钱，欲以 7 钱起解南京，所余 2 钱总计 30 050 余两，存留本处给赈。

5 月，临安昌化大风拔木，少顷骤雨如注。

6 月，宜兴、三吴水溢，汇为巨浸；自 1491 年以来三吴灾沴频仍，1492 年 12 月至 1493 年恒雨，既入夏，犹断续不休，积涝腾涌；吴县春夏复雨，6 月大水，太湖泛溢，田禾尽没，民多流徙，大疫；昆山水灾，发漕米赈饥，疏浚吴淞、白茆诸渠；常熟夏仍潦，低田半收；太仓大水。嘉善知县赈饥民头 2 369.9 石。

8 月 17 日德清旋风大作，屋庐、器件、牲畜为风所卷。

淮阴、清河(均属今淮安)飞蝗蔽天，尽伤禾稼。

冬，江淮大雪，寒，树木结成冰，小者根株尽倒，大者枝条压折，屋瓦十室九破，道路阻塞，薪米腾贵，小民大困。南京 11 月雨雪连旬；高淳冬连雨雪；高邮冬大雪 50 日，民冻馁，屋庐压死者甚众；盱眙大雪，自 10 月至次年 1 月乃止；淮安 11—1 月雨雪连绵，大寒凝海，如 822 年海水冰 200 里之类；安东(涟水)、阜宁冬大雪，60 日爨苇几绝，沿海坚冰；上海大寒，湖泖冰，经月始解，江浙亦然。盱眙自 10 月至次年 2 日大风雪；庐江 10—次年 4 月大雪，积深丈余，中有 5 寸如血，山畜冻死；巢县冬大雪，至次年 4 月始霁；无为大雪；寿州大雪 3 月；舒城 10 月 23 日大雪，至次年 5 月 11 日止深丈余，中有如血者，山兽冻死；泗州、五河 12 月 2 日大雪，至次年 2 月止，山谷皆迷，行人绝路，民多毁屋坏器以供薪爨；怀远大雪 3 月，饥，冻死甚众；凤阳大雪，自 10 月至次年 3 月；滁州冬大寒，雨淋弥月，野鸟兽饿死，牛马皆蜷缩如猬，室庐圮坏，贫民冻死；天长、来安、全椒 10 月至次年 3 月大雨雪；宣城、南陵冬连雨雪。

是年，龙泉昂山崩。

1494 年

1 月，宣城、南陵大水，漂没民居；铜陵大雨水；安庆、桐城大雨水，亢处生苔，下处产蛙民，苦湿疾；太湖大水，原湿皆淤，民苦湿疾；宿松大雨水，伤稼，民多殍；潜山大水，民饥；望江春夏大雨，大水，大雹，四序皆灾，伤稼，民多殍疾，孳畜俱损。

春夏以来淫雨大注，山水暴涨，太湖泛溢，田庐悉为漂没，加以连岁灾伤，民病益甚，民将流离失所。得旨，造军器准暂停止，织造官不必取回。免南京锦衣等卫屯粮之半；免凤阳府县及凤阳卫所夏税籽粒之半。

4 月 15 日铜陵、池州、青阳、庐州(合肥)雨黑豆。

6 月 2 日—30 日南京阴雨，坏朝天门北城墙；高淳、溧水夏大水；嘉兴 6 月大雨，水涨。6 月 17 日以水灾免应天及苏、松、常、镇、太(当涂)、宁、池、安(庆)8 府及苏州、建阳(驻当涂)、宣州、安庆 4 卫屯粮草籽粒有差。免应天、常州、镇江 3 府夏税 87 800 余石。

8 月 13 日，松江、金山及苏、常、镇 3 府潮溢，平地水五尺，沿江一丈，民多溺死；苏、松等府坍塌官民房屋 22 890 余间，城垣铺舍 50 余处，淹死人口 283 人。吴江、吴县、常熟、昆山、太仓大水，冒城郭，舟行入市，田淹几尽，无秋；无锡大风雨、金坛水；靖江风潮；宜兴大水，免夏麦 10 490 石，秋粮 99 800 余石；南京大风雨，坏殿宇、城楼兽吻，拔太庙、天、地、社稷坛及孝陵等处树木；溧水、高淳夏大水。浙江湖州、余姚等风雨骤作，潮水泛滥；嘉兴秋水淹田禾；嘉善大水，冒郊邑，舟入市，田淹几尽；湖州大水；绍兴、余姚海溢。10 月 9 日，以水灾停苏、松诸府所办场料，留关钞、户盐备赈。

10 月、高淳、溧水大风，屋瓦俱落。

1495 年

2—4 月，余姚不雨；定海大旱。4 月兰溪县城北黄溢畈中，天雨黄土，有大如碗者，然甚轻，至地即碎。龙游饥。宣城大饥。

3 月 23 日申刻永嘉(温州)有风起西北，呼啸而南，俄顷黑云蔽天，暴雹随至。奔湃若万马蹴踏声，大者如拳，小者如鸡子，毁屋瓦，伤禽畜，木实尽落，麦苗俱仆。

4 月 19 日桐城雨雹，深五尺(寸?)，杀二麦。

4 月 29 日淮、凤州县暴风，雨雹，杀麦；五河暴风，雨雹，杀麦(是月无己未日，为乙酉之误)。

5 月 19 日当涂县蝗。

5 月 25 日常州、泗州雨雹，深五寸，杀麦及莱。

6 月，长江大水，南京 6 月 3 日—7 月 1 日阴雨，坏朝阳门北城墙；金坛水。太仓、吴江水灾；常熟水潦不甚，低田半收；宜兴水灾免征夏税麦 12 500 余石；嘉定、上海大水又大疫。苏、松、嘉、湖及上海、嘉定等县饥。免南京、苏、松、常、镇等府 1494 年粮草有差，又免当年夏麦十之三，留浒墅关秋冬二季及次年春夏二季课税粮。赈苏、松、常、镇 4 府及上海饥民。

7 月 13 日黟县雨豆，不可食。

10 月，桐庐梨、李皆华，杜鹃盛开。

秋，平阳有大艘为飓风所漂，至炎亭。萧山潮啮长山堤，几圮，太守、同知等督筑为石堤。

11 月 8 日江苏连云港海州(34.6°N，119.1°E)4¾级地震，淮安四度有感。

1496 年

3 月，永嘉(温州)大雨雹。

7月6日以水灾免直隶庐州、凤阳、淮安、扬州4府……粮草有差，免凤阳、淮安2府及凤阳右中卫所秋粮籽粒共274 648石有奇。

8月2日浙江山阴、萧山2县同日大雨，山崩水涌，漂屋舍2 000间，死者300余人；兰溪夏淫雨弥旬，8月2日夜纯孝乡三峰、塔弹两源之中，洪水崩山，乾溪暴涨，平地深数丈，漂荡房屋以百计，坏田亩以千计，人畜溺死亦以百计。免被灾户徭役，淹没人口者给米2石，漂损庐舍者给1石。

石埭(石台)大水，蛟发坏民田庐甚惨。

秋，松江、上海旱。

1497年

4月20日以旱、霾，修省，求直言；免南畿等被灾税粮。开化赈饥。青阳赈饥。

南京江潮入望京门，浦口城圮。

冬，吴县、太仓、昆山无雪，季行夏令。

1498年

1月，吴县、太仓、昆山群草木皆吐花。

2月17日，以水旱灾，免南京水军左、骁骑右、蟠阳右、应天、和阳等卫屯粮2 400余石。

6月，安徽潜山西南(30.5°N，116.5°E)4¾级地震，安庆、望江、潜山、太湖、宿松、桐城四度有感。

7月9日申时日本南海发生8级以上大地震，并产生地震海啸，向西影响我国常熟、苏州、吴江、嘉定、上海、松江、嘉兴、嘉善、桐乡、余姚、兰溪等沿海地域。表现最具特色的为：在无风情况下，水体震荡，或涌高数尺，或激起波浪，未见损坏报道。范围自江苏、浙江、安徽，是我国又一次慢地震典型实例。

夏秋，松江、上海旱。临海、仙居、黄岩、温岭、金华、兰溪、衢州、龙游、江山大旱；以旱灾免淮安、涟水等处1497年夏税籽粒有差。安庆、桐城、宿松、太湖、潜山、望江大疫，其中安庆、桐城、太湖死亡甚众。

弘治中(1488—1505年)，吴江太湖滨山自移，初缓渐急，望湖而趋，旧址约亩许(滑坡)。

1499年

4月，昆山大水，野如江湖，菜麦皆烂死；苏、松、常镇大雨弥月，漂屋庐畜无算。吴县水。

7月，嘉兴、嘉善旱。太平(温岭)旱；平阳饥。冬，以旱灾免浙江太平县秋粮8 374石，松门等卫屯粮769石各有奇。

余姚水平地水深三四尺。衢州、龙游、江山大水，坏民田庐。

夏，山阳(淮安)安东(涟水)凤阳大水，城内行船。安东、兴化、东台、泰州大水。11月3日以水灾免淮安府及徐州、高邮卫并海州中前千户所夏税籽粒有差。免南京水军左等32卫1496年屯田籽粒有差。

8月16日昆山、太仓海潮赤如血，潮退，沙泥犹然。靖江风潮(赤潮)。

冬，余姚大寒，姚江冰合。

1500年

2月，永康、缙云雨雹，大如鸡子，屋瓦多碎。

夏，余姚三个月不雨，至7月5日方雨；江南灾，焚民居3 000余家，伤100余人，火渡江，焚云绪山民居200余家。台州、黄岩、仙居、太平(温岭)大饥，民食草根。

河决大水，以水灾免淮安府属1499年粮草有差；兴化、东台大水。

杭州灵隐山水横发；安吉免夏税有差。

7月，崇明海域赤潮。苏州水溢。

12月，崇明潮决沙岸，人畜多溺死。

1501年

扬州、如皋、东台春至1503年秋大旱，疫；靖江旱。命南京吏部左侍郎赈之。

5月16日徐州、睢宁、宿迁、桃源(泗阳)、清河(淮安)雨雹，平地五寸，夏麦尽烂。

6月2—8日芜湖等3县大雨连绵，山水泛涨，冲圩岸，房屋、人畜多漂没；贵池等5县6月6—8日山水泛涨，淹死260余人，漂流民舍，冲没、沙压田地，坏桥梁、牲畜甚重；安庆大水，蛟出，漂流房屋；宣城等6县6月4—8日大雨，山水陡涨，蛟起2 000余(处)，淹死200余人；广德水溢州城(记7月)；潜山等3县连旬大雨，水漫蛟起，淹死男妇、牲畜，田禾亦多冲没；歙县洪水冲坏县南二里的渔梁坝；青阳大水坏庐舍。

9月29日以水灾免直隶凤阳、淮安二府及徐州并高邮等5卫所夏税籽粒有差；免南京水军左等三地四卫所屯田籽粒有差。

9月，安庆、宁国(宣城)、池州、太平4府大水，蛟出、漂流房屋。

秋，余姚旱蝗，大饥。

12月7日苏州南(31.3°N，120.6°E)4¾级地震，吴县地大震，人立者数起数仆，吴江夜中人皆仆，溧阳、常州、无锡、崇明、上海、青浦、松江等地震。

12月，松江大寒，湖沼冰，经月始解；吴县、嘉兴、嘉善、象山等皆恒寒，冰坚半月，湖荡皆可徒行；象山百姓饥寒，死者相枕。

1502年

7—8月，长江大水。南京7月14日以来，淫雨浃旬，平地皆水，至8月13日猛风急雨，自天地、山川等坛、神东观及历代帝王等13庙、太庙、社稷、孝陵禁山所拔损树木无算，皇城各门、内府、监局、京城内外城门关溢处所，并诸司衙门、墙垣、屋宇多被损塌，加以江潮汹涌，江东诸门之外浩如波湖，水浸入城五尺有余，军民房屋倒塌千余间，男妇有压溺死者；扬州沿江夏潮为灾。余姚8月海溢，无麦。8月10日免安庆府怀宁等7卫所税粮有差。以水灾免凤阳、淮安、扬州3府徐、滁、和3州及凤阳、怀远等19卫所秋粮籽粒304 260石，草502 860束有余。免应天、安庆2府秋粮79 170石，草13 170包有奇。免南京锦衣卫等32卫屯粮十之七，金吾前等5卫灾重者尽免之。免池州府铜陵县税粮5 187石，马草8 295包有奇。免徽州1502年夏税麦41 300余石。9月21日以南京、凤阳淫雨、大风、江溢为灾，遣使祭告，敕两京群臣修省。

10月，吴县连阴雨，寒色惨慄，忽大雪两日，严寒；东西两山(即东洞庭山、西洞庭山)大雪，积四五尺，橘柚尽毙，无遗种。

扬州、盐城、东台、如皋大旱，疫。

盐城(32.4°N，20.1°E)4¾级地震，坏城垣。

冬，湖州府大雪。

1503年

4月24日武义大雷电，烈风雨雹，拔木倾屋，压死1 000余口。

5月16日金华、义乌大风拔木。

5月，松江、上海、吴县雨雹，损麦，松江沙岗尤甚，击牛马有死者。

6月，南京、江浦江潮入望京门，浦子口（南京浦口）城圮入江，江潮入南京江东门内五尺有余，没庐舍男女，新江口中、下二新河诸处船漂人溺；六合大饥发粟赈之。

6—9月，苏、松、常、镇及扬州、仪征、高邮、兴化、宝应、泰州、泰兴、靖江、通州、如皋、东台、丹徒、丹阳、金坛、靖江、吴县、嘉定、上海等旱；扬州、高邮、如皋还疫；盱眙、泗州、五河5—10月不雨；庐州（合肥）、太平（当涂）、繁昌、徽州（歙县）、休宁旱；来安、全椒大饥；天长大饥，人相食。免嘉定秋粮三分之一，太仓免秋税三分之一，共免米69 761石有奇；江阴旱，免征粮33 723石有奇；武进旱，免田租103 000余石；宜兴大旱，免秋粮97 500石；杭州夏旱，酷热；安吉旱疫；宁波旱饥，赈济；苏、松改折起运粮米。应天及凤、庐2府并滁、和2州大旱灾重，民穷盗发，将南京户部所收水兑余米差官给赈；免淮、扬、庐、凤、安庆、池州6府及徐、滁、和3州，怀远、寿州等40卫所，苏、松、常、镇4府及镇江卫，浙江杭州等5府及宁波卫粮草籽粒有差。

10月17日台州、黄岩海溢，波涛满市几尺，越日不退；崇明飓风大作，海潮为灾，命给漂流房屋、头畜者米一石，人口死者二石，并免全年秋粮19 560余石，草23 190余束；靖江秋潮。

冬，靖江雪，深三尺，冰坚尺许，橙、橘皆死，减租发赈；湖州、长兴大雪，积四五尺。

1504年

1月，吴县雪深四五尺，洞庭诸山橘尽毙，无遗种，太湖冰冻。

淮、扬、庐、凤洊饥，人相食，发瘗胔继之。仪征大饥，发振；通州、如皋大饥，死者相藉；泰兴饥。临安昌化大饥；宁波5县（鄞县、慈溪、镇海、奉化、定海）大饥，遣都御赈之。合肥大旱疫；凤阳饥，人相食；五河饥；太平府、繁昌连旱；徽州发预备仓赈济。江南、浙东流亡载道，户口消耗，军伍空虚，库无旬日之储，官缺累岁之俸。3月6日直隶太平府知府以当涂等3县灾重民困，轮班人匠暂免起解。3月24日免浙江被灾税粮；5月4日以应天府地方灾重，命去年奏拟充军粮米折银，未征者俱暂停征。10月10日，以旱灾免直隶庐、凤、淮、扬4府，徐、滁、和3州及凤阳等28卫所夏税籽粒有差。以灾伤免直隶安庆、池州、太平3府及安庆、建阳2卫税粮有差。

8月。凤阳诸府、盱眙大雨，平地水深丈五尺。

东台海潮泛溢。诸暨江潮至枫溪。

1505年

7月，应天府霖雨；苏州、吴江水。

8月，应天大风拔木；杭州、余杭骤雨，山水大涌，漂屋伤稼，人多死。

扬州、宝应、如皋、东台大旱，飞蝗蔽天，食田禾尽；靖江旱；高邮、通州大饥。

10月19日子时受长江口外（32°N，123°E）$6\frac{3}{4}$级地震，上海全境地大震，声如万雷；南通、昆山、苏州、嘉兴、平湖、海宁、萧山、绍兴、余姚五度强有感。江苏淮安、如皋、靖江、常州、无锡、丹阳、金坛、溧阳、南京、和州、广德、宁国、休宁、鄞县、奉化、象山、台州、黄岩、太平（温岭）、温州、缙云、仙居、永康、东阳、义乌、金华、武义、桐庐、兰溪、常山、上饶、广丰、贵溪、金溪、余干、抚州等四度有感。1506年3月17日都给事中周玺等以南京各处地震，灾异频仍，疏劾户部侍郎王俨、陈清，工部侍郎李燧，南京工部尚书李孟赐，户部侍郎陈金，光禄寺卿胡琼，总督储丁忧，都御史邓庠，巡抚都御史柳应良、曹元、刘洪皆宜罢黜（图3-4）。

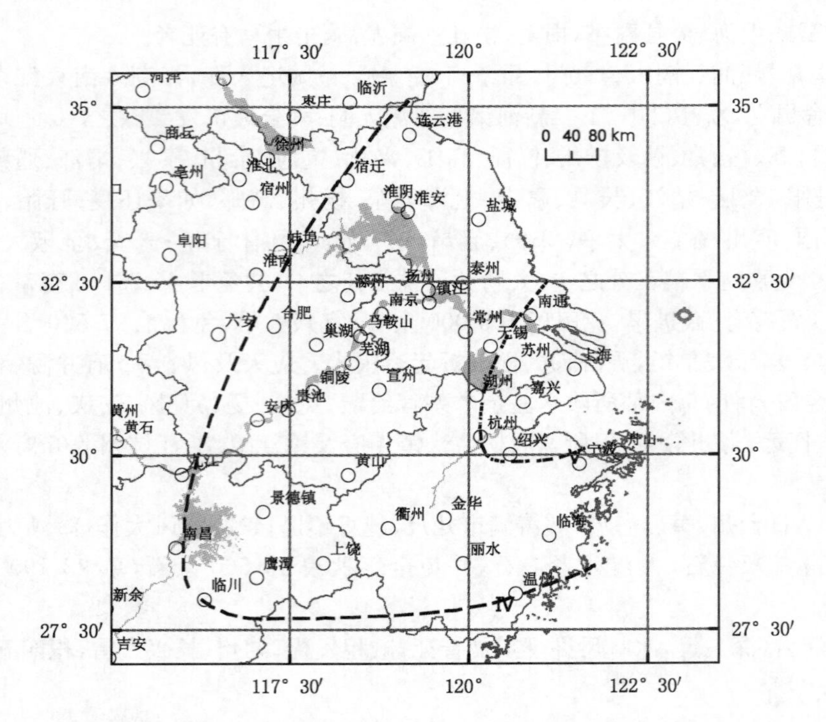

图 3-4　1505 年 10 月 19 日长江口外 $6\frac{3}{4}$ 级地震等震线图

11 月 4 日以旱灾减免南京锦衣等 42 卫屯粮有差。

冬，诸暨雨木冰。

弘治中（1501—1505 年）吴江太湖滨小山自移，初缓渐急，望湖而趋，旧址约亩许（滑坡）。

1506 年

2 月 15 日扬州河水冰，皆树木、花卉之状，民器皿内冰合，有成牡丹形；宝应湖冰，花树文；东台河水冰皆，成树木、花卉形。

3 月 3 日雷击南京东安门皇墙脊瓦。

4 月 25 日无锡、武进骤雨冰雹；平地二尺余。

7 月 29 日南京暴风雨，雷震孝陵白土冈树，火焚，其中皆空，旁树被击有痕。

8 月 15 日风暴潮，崇明、上海、金山等大风雨，海溢，潮高二三尺。10 月 2 日崇明飓风大作，海潮为灾，命给漂流房屋、头畜者米 1 石，人有死者米 2 石，并免秋粮 19 560 余石、草 23 190 包。

8 月，凤阳诸府大雨，平地水深丈五尺，没居民 500 余家；五河骤雨，平地水深丈余，漂没民居无算。10 月 10 日以灾伤免直隶凤阳府、中都留守司所属州县卫所及寿、泗等卫税粮有差。

夏秋旱，涟水旱蝗；江阴免粮 38 699 石余；镇江、常州、金坛大旱，河底生尘，草木焦枯，饿殍载道；高邮、仪征、靖江旱；建德 7—9 月旱；桐庐、常山大旱，诸溪断流；余姚、绍兴、上虞夏旱，民饥。嘉兴蝗蔽天，稻如剪。11 月 26 日以镇江、常州、苏州、松江等府，镇江、苏州 2 卫灾伤，免其存留粮草籽粒有差。

10 月 2 日台州、黄岩大风雨，坏民居。

冬，永嘉(温州)花尽放；冬至春麦穗、桃李实。

1507 年

1月17日以凤阳、淮、扬等府旱灾，免运粮米听改10万石为折银。镇江、常州大旱，河底生尘，饿殍载道；长兴大旱，饥民死者塞道；浦江大旱，自6月至年底不雨；新昌大饥；常山乡民抢掠稻谷；滁州春大饥；泾县旱饥，遣官赈恤。10月2日，以旱灾减免南京锦衣卫等42卫屯粮三之二。次年2月1日免直隶扬州府并滁州、淮、大等卫所粮草籽粒有差。

崇明淫雨浃旬，城市水深三尺，邑人顾某捐钱赈之。临安大水。

6月，合肥雨水泛淹，市可通舟。

(正德二年)绍兴飓风大作，海水涨溢，顷刻高数丈许，沿海居民漂没，男女枕藉，毙者万计*岁大歉(嘉靖《山阴县志》卷12)；靖江风潮。崇明淫雨浃旬，城市水深三尺，邑人顾某捐钱赈之；临安大水，合肥6月(?)雨水泛淹，市可通舟。

*资料不足以支撑有万人死亡的论述，时间有误，倒像是嘉靖二年(1523年)的灾情。

冬，嘉兴、嘉善桃李华，蜂蝇集；诸暨桃李花，有实者。广德桃李花。清河(淮安)夜大雪，壅闭门户，填塞街，行者不通。

1508 年

春，淮南宝应、兴化、仪征、靖江、泰州旱，饥；东台大旱，飞蝗蔽天，食禾苗尽；江南江宁、江阴、武进、吴江大旱，河底生尘；吴县大旱，饥民死者塞道；苏、松、常、镇、杭等府旱灾；上海旱。免湖广、河南、山东、贵州、浙江、江西、陕西、四川、广西及应天、凤阳、池州、太平、安庆、徽州、宁国、镇江、常州、苏州、松江、和州、广德州、顺天(北京)、大名、河间、隆庆、保安等处1508年逋税5 556 414石有奇，1509年14 686石有奇。

7月，嘉定雨雹；崇明淫雨为灾，水深三尺，城中可通舟楫，民不能举火；金山大水为灾；扬州大水，坏河堤60余丈，没民庐舍，雷击郡学崇文阁四柱；高邮、东台大水；杭州雨红水于钱塘；余杭6月大雨，水涌，南湖塘决，漂流民居数百家。

夏秋，湖州、绍兴、处州(丽水)、金华、台州大旱；建德、桐庐6月中旬至9月中旬大旱无收，民多饥；萧山大旱，岁饥；长兴大旱，饥死甚众；安吉州大饥，各乡颗粒无收，州官概申灾蠲租；德清大旱，河竭；宁波、奉化7月至年底禾黍无收，民皆采蕨聊生；定海7—11月不雨，民食草木尽；余姚夏旱，大饥；新昌、宁海大旱，民饥；上虞夏大旱；诸暨、嵊县旱；临海、黄岩、太平(温岭)夏旱，大饥，民殍；12月郡城焚公廨、民舍殊甚，时风烈，一发十数处，焚府县学暨民庐万余家，死200余人；天台大旱，谷贵，民流；金华各县(金华、汤谿、兰溪、浦江、东阳、义乌、永康、武义)大旱，竹木皆枯落，经春不生，菜尽死，民饥尤甚，民食草木；兰溪6月至年底不雨，早晚禾豆粟皆不收，蕨根树皮野菜皆采食尽，饿死甚众；武义岁大荒，民食树皮野菜以活；永康6—11月大旱，民采蕨根树皮野菜聊生，死者甚众；龙游6—8月大旱；常山大旱，民聚众入富家破仓夺谷；江山大饥，饿者载道；泰顺6—10月大旱，饥荒；缙云、遂昌大旱，6—11月不雨，饥死甚众；龙泉冬不收；桐庐、建德、天合、丽水灾民饥殣。常熟旱。秋，高淳旱，本府帖发预备仓谷11 551石赈济饥民；溧水旱，大饥，出谷1 000石以赈；溧阳旱；无锡、宜兴大旱，免田租62 300余石；江阴旱，免粮19 655石余。安徽舒城、全椒、南溃、宣城、宁国、广德、应天等蝗、疫、饥肆行。10月9日以灾伤免凤阳、淮安、扬州、庐州4府，并滁州、淮、大等卫今年粮草籽粒有差。10月31日赈南京饥；11月9日以地方灾伤停南京各项工程。11月19日诏停止凤阳军器、物料并不急工程。12月1日户部言：凤阳、淮安、扬州、庐州等处灾荒重大，奏请大臣往理钱粮，以故饿殍。12月13日苏、松、常、镇地方以旱，巡按御史请蠲减常税，户部言当免之，数量征一分五厘，以备漕运，如果灾重民贫，准折收一分，从之。12月15日暂免凤、庐、淮、扬4府，滁、和、徐3州1507年以前积欠马匹。次年1月1日诏免凤阳8卫官军京运一年。1月10日应天、徽州、太平(当涂)、池州、宁国、安庆等府，并广德州各属及建阳、新安、宣州、安庆等卫灾，户部请免其秋粮籽粒有差，仍于免数内量征二分以补起运两京之数，灾重地方听以半折银，报可。1月24日太平府知府奏：存留俸粮及赈济无措，户部议覆，宜将本府1509年当输扬、凤2府小麦，并现存生员等所纳银当解京者，并存留应用。

8月25日午间泗阳阴云俄布，尘霾涨天，飓风怪雨一时大作，淮河中巨浪掀天，两岸舳舻荡击殆尽，漂没顺流而下不可胜计；淮安府山阳县雨雹如卵，狂风暴雨交作，毁伤秋禾200余顷，坏船100余艘，溺死200余人。

冬，应天大雪，树皆枯死；东台寒甚。清河(淮安)以上至宿迁一带冻结，数日方解；宁波大雪，河冰不解，草木萎死，民毙冻馁者甚众。

1509年

1月，常山雪，凡23日。

4月，常山、龙游、衢州、江山雨黑子。

春，寿州、广德饥，人相食；青阳饥。

夏，高淳、苏州、吴县、吴江、震泽、常熟大旱；盱眙旱，飞蝗蔽日。嘉兴、嘉善、平湖旱；奉化固饥难忍以致鬻男女为食；云和、龙泉春夏大饥，民采榉树皮，舂磨作饼，食之多死；衢州、龙游大饥。寿州、凤阳、五河、泗州大旱，蝗飞蔽日；安庆、桐城、宿松、太湖、潜山、当涂大旱；繁昌旱；广德大疫，死者万计，遗骸载道。

7月，嘉定地震海啸，海水沸腾，远近惊怖；太仓海水沸；嘉定、太仓、苏州、吴江、震泽、嘉善地震有声。地震源头不详，对比推测在琉球。

8月12—16日松江、上海、嘉定等雨，昼夜不止，平地水深丈余，濒海高原人民庐舍多漂没；吴中大水，苏州8月13日大雨一昼夜，连雨至9月3日，田成巨浸，无秋；昆山8月3日大雨倾注一昼夜不息，田禾俱成巨浸，小民流离，死亡不可胜计；太仓大水，连雨17日，田成巨浸；常熟8月13日霖雨5昼夜，弥望如潮，岁大祲；吴江连雨17日，农田无刈获；苏、松、常、镇4府饥。嘉定岁大祲；松江饥，乡人行赈，活者多；上海饥、疫死几半；金山连年大水为灾，人饥死者数万。嘉兴、平湖骤雨如注，至11月不止，禾腐烂，民大饥。嘉善大水伤禾；湖州、德清大水，民疫；安吉大水，各乡禾淹没殆尽；奉化大饥，应诏赈饥；象山男女鬻于异乡者接踵；定海大饥；余姚大水；广德秋大水灌城。

12月，嘉善冰坚半月；桐乡恒寒；建德陨霜杀草，竹木皆枯，花草无遗种；桐庐大霜，寒冻，竹木之凋者枯瘁不生；金华大霜，各县竹木叶皆枯落，经春不生，菜尽死，民馑尤甚；兰溪、东阳、义乌、武义，寒冻极甚，竹木枯，蕉冻死。

冬，松江、上海等极寒，松、竹多枯死，橙橘绝种，黄浦中冰厚二、三尺，经月不解，骑及负担者行冰上如平地；崇明桃李及二麦皆冻死。高邮苦寒，河冰结花卉之状；南京大雪，树皆枯死；象山大雪，草木萎死，民冻馁死者甚众；广德冰坚地坼，禽兽、草木皆死。

1510年

1月，苏州大雪，冻死者盈路，吴县自胥江及太湖水不激断，濒海有树，水缴而飞，着树而冰。

2月4日苏、松、湖三府水灾。2月13日户部覆凤、淮、扬3府灾，免下户税，又徐州并属县灾尤甚，折起运充军粮3万石，每石折银0.7两；吴江旧水未消，春雨连注。

5月，吴江横涨滔天，水及树杪，陆沉连海，官塘市路弥漫不辨，舟筏交渡，吴江长桥之不浸者尺余耳，浮尸积骸塞途蔽川，凡船户悉流淮、扬，通、泰之间，吴江田有抛荒自此始。江阴夏大水，浸淫三日，炊烟几绝；太仓夏水溢，死亡载道；嘉定5月大疫，横尸填河，舟楫不通；上海疫，民死几半；松江饥疫。6月，华亭(松江)雨。

7月3日受台风雨及长江洪汛双重影响，溧水大水，蠲租；高淳大水，饥疫；靖江风暴潮；镇江、丹阳、金坛狂风淫雨，经月不止，庐舍垣墙倾圮殆尽，漂没不可胜数；武进大水，震泽(太湖)溢，民饥；宜兴淫雨连月，洪水暴涨，免征秋粮111 200余石；江阴夏大水，浸淫三月，自崇镇西至无锡、武进界，爨烟几绝；苏州、松江7月大风，决田围，民流离，饥疫死者无算；常熟大水，大疫。9月14日户部以苏、松等府灾奏：请令总理粮储都御史赈济，从之。嘉兴、平湖、桐乡、湖州、德清、余姚大水，害稼。12月8日减浙江湖州、嘉兴、宁波3府夏税麦及丝棉有差。12月12日杭州等府灾，诏充军并南京各卫仓米许其折纳，湖州灾尤甚，悉免之，仍命有司发官库银赈贷，并给军饷。安庆大水，人乘舟入市，多鱼虾；望江6—11月大水，城市行舟；舒城、无为大水，民田庐多没；宿松大水害稼；太平(当涂)洪水泛涨，漂没民居，鱼穿树杪，舟入市中，流离播迁，饥疫相仍，死者不可胜数；繁昌洪水，没民居；宁国(治宣城)、南陵大水。诸圩破荡殆尽，人畜溺死不可胜计；青阳岁歉；泗州饥，饿殍徙几千人。长江皖江段太平，宁国、安庆等府大水，溺死2.3万人，10月免应天及安庆、池州、宁国、太平(治当涂)等府秋粮有差，仍以所在公钱赈济。免庐、凤、淮、扬等处，并寿州等卫所粮草籽粒有差。

秋，嘉定大雨，岁大祲。

12月，苏、松、常三府水。12月8日免苏、松等逋税，赈济。

1511年

1月，嘉兴、冰坚旬余。

2月8日泗州、五河、宝应昼晦如夜；清河(淮安)乾方黑云突起，密云四布，雷雨大作，天如炎暑；常熟东南风暖，至暮雷电大雨，2月10日雷电尤大，11—12日复冰雪沍寒；吴县2月大雨雷电。

3月26日以灾伤免南京锦衣、骁骑等34卫屯粮有差。5月8日以应天府所属上元、江宁、句容、溧水、溧阳、高淳6县灾伤，1510年起运改兑无征正米28 000石，准以贮库脏罚罪补起解，每石折银五钱。

春，凤阳、泗州旱无麦；五河旱。

7月，临淮、泗州淮水大涨，入城市，毁屋庐；五河夏淮水泛溢；凤阳入夏淫雨；泗州5—7月霖淫，淮水遂溢，由盱山四望，滔滔莫可辨视，城内水深八尺，小舟直抵东北二门；淮安湖水泛溢，居民避水于龙兴寺中半月许；淮、扬大水，宝应湖堤决而塞之。盐城大水，没禾稼，漂溺民居；兴化大水。

7月，松江、上海大水，吴县夏大水，大疫。安庆、桐城、望江、宿松、太湖、潜山夏大水，害稼。上海黄浦东南龙卷风，坏屋，压死7人，1人被摄起，入空而坠。

8月29—30日受台风影响，常熟大风海溢，大疫；通州雨，海溢，伤禾；靖江风潮。宜兴张渚、湖㳇等处山水涌出，凡20余处，漂没田禾坏民庐舍，免征秋粮45 450石；镇江、金坛大水；东台海潮涨溢，没田禾；镇海海溢，漂溺民居。

1512 年

3 月，建德、桐庐大雪深二尺；合肥大雪，色微红，又雨豆，有茶、褐、黑三色，类槐子。

5 月 5 日以水灾免淮安府税粮 16 万石，草 40 万束。5 月 13 日以水灾免湖州府京库丝棺、绢匹，南京卫仓折银、徐州仓米有差。

夏，苏州大雷雨，雷火焚报恩寺浮屠两级。

9 月 2 日(七月十八日)通州风雨，海潮漂没官民庐舍十之三，溺死男妇 3 000 余口；狼山船自相撞击；海门飓涛溢作，溺民漂屋，官民之居荡然一墟；泰州、东台夜飓风海溢，没场灶庐舍大半，溺死 3 000 余人；泰兴大风雨，潮溢；如皋秋潮变；靖江秋风潮；桃源(泗阳)9 月 8 日飓风怪雨大作，淮河巨浪排空；沛县、丰县秋大水；无锡大风雨竟夕，伤稼；江阴海潮溢；武进大风，伤禾稼；太仓大风雨，拔木，江河及湖水尽溢；常熟、崇明、嘉定、吴江漂没庐室、人畜以万计；吴江大风，起自辰，东北而西北而西南，至酉驾太湖水高丈余，漂没城外及简村边湖去处 30 里内人畜器资无算，翌日觅流尸十无二三；金山海溢，潮至塘腰或高二三尺；上海、崇明海水暴涨。萧山海溢，濒塘居溺死无算，居亦无存者；定海、鄞县、慈溪飓风大作，居民漂没；余姚 9 月 8 日天将曙，海大溢，堤尽决，漂田庐，溺人畜无算，大饥，民食草根树皮；绍兴飓风大作，海水涨溢，顷刻高数丈许，滨海居民男女枕藉以殁者万计，苗穗淹溺，岁大歉；上虞 9 月 6 日夜飓风大作，海潮溢入，坏下五乡民居，男女漂溺死者动以千计；诸暨秋大雨水，害稼；免绍兴、宁波、嘉兴、金华、严、台、温等府所属税粮，仍命海潮淹溺地方镇巡等官区划赈济。秋，淮安府属水灾；安东(涟水)水灾。天长、全椒秋大水；来安大饥。石埭杨某出谷 1 500 石赈济。

秋，江南、北凤阳诸府旱、苏、松、常、镇旱，太仓、丹徒、武进、吴县旱；上海、嘉定、金山等大旱，崇明饥。次年 1 月以旱，免秋粮有差；武义旱。

12 月，杭州大水。

1513 年

2 月 16 日盱眙大雷电，雨有黑色，旱无麦。

衢州、开化 2 月大雪，顷刻数尺；龙游 2 月雨雪；吴县春大雪。

5 月，湖州连日大风雨，洪水泛溢。

6 月 26 日雷震南京光禄寺大烹门凉楼。

6—8 月，扬州、如皋不雨，靖江、盐城、淮安旱蝗；浙江 6 县旱；龙游大旱；旌德旱饥疫；太平府(当涂)红黄沙雾，伤根败粒。免苏、松、常、镇 4 府并镇江等卫秋粮有差；免直隶凤阳等府、徐州等州县、寿州等卫所粮草有差。11 月 10 日以旱灾免浙江开化、常山、江山、西安(衢州)、龙游、遂安 6 县下户之税。

秋，盱眙县淮水暴涨，漂民居。靖江淫雨；常州大水民多溺，吴某收遗骨千余瘗之；常熟大水，民阻饥；松江数年来水，民苦存饥，几于十室九空。上海饥。9 月以水灾免苏、松等府并所属州县存留税粮有差。

11 月 7 日杭州雨黑水(《明央・五行志》卷 28)。

11 月，安庆、桐城、望江、宿松、太湖、潜山大雪，杀竹木三分之二至殆尽。

冬，太湖、鄱阳湖、洞庭湖冰；吴县、常熟大雪；常州冰上行人，湖州、衢州、常山牛冻死；江山连日大雪，寒冻极甚，林木俱瘁有经春不长者；舒城河冰，厚二三尺，往来马渡于上。12 月 25 日以灾伤免浙江宁波 5 县、衢州府 4 县及衢州守御千户所秋粮 18 万石有奇。

1514 年

1月，常州严寒，震泽冰，腹坚；无锡溪河水冰，数日不解，人行冰上如履平地，7日后乃解；宜兴溪河大冰，数日不解，男妇老幼扶携负载于冰上，稳如平地，7日后亦有因而误陷于冰者；吴县大雪、大寒，行人履冰往来十余日；嘉善冰凝20余日；桐乡1月10日异霜，霜凝树枝，状如垂露；湖州大雪丈许，大寒，太湖冰，行人履冰往来；金华池水结冰，如画。

3月18日吴县大雪，连淫雨，3月21日春分仍雨，雨后仍积岁柳条将摧梅萼冻全折。

夏，庐、凤、淮、扬、睢宁、盱眙、宝应、泰兴、如皋、靖江旱。10月1日以旱灾免庐、凤、淮、扬等府州卫所夏税有差；免凤阳等府滁、徐2州并中都留守司(凤阳)所属州县卫所秋粮有差。

8月，桐乡蝗食苗；湖州蝗；於潜岁荒。

秋，盐城海溢，海滨居民漂溺十之七；靖江潮。

1515 年

2月20日永康大雪，弥月不止。遂昌大雪，积深丈余。

庐、凤、淮、扬旱；盐城大旱，民多殍徙；涟水旱；淮、扬饥。次年2月9日因旱灾免南畿凤阳、淮安、扬州、庐州4府，徐州等州，暨泗、宿、淮、大、邳、徐、兴化、盐城等卫所及安东(涟水)秋粮有差。

4月9日永康、缙云雹，4月24日两地又雹。

4月，萧山大雨雹，伤麦谷、禽鸟。余姚雨雹，大者如拳，伤麦，杀禽鸟。

5月24日通州龙卷风，起西北，风雨暴至，砂石蔽空，摧州礼房并架阁库、军器库及坏民居400余间。

5月26日以被海潮漂溺，免两淮盐运司余西等场各额盐31 894引有奇。

5月，永康雨雹，武义雹尤大，如拳，伤鸟雀、鸡鹜甚众。

6月，常熟城西北龙卷风，摄去唐市民猪马牛无数。

7月21日未时(13—15时)上海浦东北蔡龙卷风，项姓家为龙火烧焚，压死7人。

夏，苏州、太仓大水，无麦；江阴大水免粮3 056.4石；扬州大雨弥月，漂室庐、人畜无算。

8月12日(六月十八)夜嘉兴、嘉善、桐乡暴雨水涨，顷刻丈许，淹民居，害稼。湖州水灾秋，靖江淫雨风潮；11月，以水灾免长洲、常熟、嘉定3县暨苏州卫秋粮有差。以水灾免杭州府仁和、钱塘、海宁、富阳、余杭、临安、于潜、新城8县、湖州府安吉州、乌程、归安、长兴、孝丰、德清、武康6县，台州府宁海县夏麦、丝棉、绢、钞有差。

冬，余姚大水，无麦，大饥。

1516 年

4月14日太仓天雨红雨，檐溜尽赤，以瓯盛之，色久不变。

7月，崇明海潮暴至，平地丈余，庐舍、畜产漂没不可胜数；川沙大雨，杀麦禾；泰兴、通州(南通)淫雨伤禾；泰州大饥，饿殍枕藉；如皋大水，知县赈；金坛、常熟大水；无锡白水塘蛟发，坏民屋；余姚大水，大饥；慈溪水灾。11月以水灾减湖州、嘉兴、宁波3府夏税麦及丝绵有差。

秋冬，嘉兴、嘉善旱；海盐大旱，颗粒无收；桐庐6—12月不雨。

11月6日以灾伤免顺天等4府、池州府6县……税粮籽粒有差。次年1月30日免直隶凤阳、淮安、扬州3府、徐州所属州县及凤阳等卫税粮有差。

1517年

3月5日南汇雷电雨雹。

3月25日嘉善、平湖雷电、雨雹，小者如弹丸，大者如马首，伤麦。

5—6月，苏、松、嘉、湖、常、镇等皆大雨如注40～50天，杀禾。江南民饥，崇明尤甚；江浦大雨，水涨江溢，街衢通舟，溺居民没庐舍甚众；六合滁水泛涨，街衢乘船筏以通往来，坏民庐舍不可胜记；高淳水，减免26 309石，马草24 500包；镇江、苏州大雨，杀禾麦；扬州大水，禾麦无遗；宝应大水，湖堤决；泰州、东台水，夏麦漂没殆尽，秋禾淹没无余，东台民死万计；泰兴、如皋大水；松江夏麦、秋稻尽遭淹死；上海夏大雨，杀麦禾。淮河大水，浸陵门；淮安淫雨连月，淮、泗暴发，坏民屋庐十之五六，城内行船，凡月余；盱眙6月决漕堤，灌泗州；泗州存留米麦俱无；盐城大水，漂溺居民无算；阜宁河溢，庙湾大水。湖州大雨、大水，坏麦禾。太平(当涂)水灾；池州大水，6县皆水灾，建德6月山洪，损坏田庐，民有全家溺者，铜陵蛟坏田舍，死者相枕，秋大疫；怀宁、桐城、宿松、望江水，免其租十之三；潜山大水害稼；五河大水，河决入淮，溃坼崩崖，室庐漂沉，禾尽没；寿州大水，禾尽没；凤阳夏大水，冲塌北城官民房屋过半；以久雨颓圮，诏修南京太庙后殿、孝陵明楼及内外城垣。移南京新江口关及教场，以濒江冲啮，地多崩坏……以两淮、两浙盐价银各2万两分赈庐、凤、淮、扬4府。免庐、凤、淮、扬4府及中都留守司、凤阳等卫所秋粮有差。留庐、凤、淮、扬并徐州漕运粮55 000石，并折粮脚价4万余两及两淮、两浙盐价各2万两分发庐、凤等府赈济。

7月6日直隶山阳县(淮安)九龙现，色皆黑，一龙吸水，声数里，摄鱼舟及舟中女子至空而坠，大雨随注。

9月15日夜，南京祭历代帝王。风雨大作，雷震死斋房吏。9月16日诏发南京仓粮2万石，赈给应天府江宁、上元等8县，仍免其粮税。

11月24日嘉兴、桐乡、平湖雷震、大雪，至次年1月止。

12月14日南京大风雪，仆孝陵殿前树及围墙内外松柏。

冬，天长水冰；徐、淮以南雨雪为灾，荒馑千里，民无衣食。

1518年

2月，赈南畿等水灾。

3月7—8日嘉善雨黄沙，9日大雪。

4月7日泰顺大水，坏民居100余家，漂塞官民田地28顷30余亩。

4月，高邮雨雹。

春，应天、镇江、扬州、常州、苏州、松江、上海大雨弥月，漂室庐畜无算；淮、扬、庐、凤、苏、松6府饥；嘉兴、桐乡恒雨，无麦，饥馑。5月免被灾税粮。

春夏，镇江旱，蝗自北而来，食草木几尽。7月4日大雨如注。

夏，长江下流大水。江苏应天(南京)、镇江(7月4日起)大雨弥月，漂室庐、人畜无算；常州、宜兴山水涌出70余所，漂溺甚众，饥民多食草根；江阴大水，免粮22 242石余、苏州、吴江淹田十之七，上海大雨弥月，漂室庐、人畜无算；至五月十八(7月4日)；上海*平地水深丈余，民间拆卖瓦木，典卖儿女为食；崇明大潮，伤禾稼；扬州6月大水，无麦，免当年夏税秋粮，拨漕运米1万石赈之；高邮、泰州、如皋、兴化大水，东台大水无麦。嘉善大水伤禾；寿州大水，城几没，百姓惶惶；怀宁(安庆)、桐城、太湖、宿松、望江6月水，免其租十之四；全椒、东流(东至)、池州6县(贵池、铜陵、青阳、石埭、东流、建德)皆水灾，而铜陵特甚。

＊同治《上海县志》日期记四月甲子，是月无甲子日，暂归五月甲子。

7月2日常熟县龙卷风，俞野村迅雷震电，由大墅桥东入海，所经民居、牛马、柱础、碓磨之类悉飞荡空中如燕雀，撤去民居300余家，吸舟20余只于空中，舟人坠地多怖死。

7月22日湖州青山南坞至埭头山雪积寸许。

7月，湖州、宣平(丽水西北柳城)、景宁、泰顺、台州大水；湖州大雨，水淹田，免夏税有差，准本府兑运改折，每石折银0.06两，其余无征；德清水为灾，免夏税有差；奉化大雨连日，洪水坏民田庐舍；仙居大水，民多淹死；临海大水，民多淹死；黄岩、太平(温岭)、永嘉(温州)大水；瑞安大风雨，水溢，漂没死者甚众；平阳风潮，南北二港水暴涨，庐舍漂流，人畜蔽江而下，江南一乡江口、径头、淋头、钱家浦、尖刀屋各埭皆崩，逾月不下，田禾尽淹，人食腐米；景宁大水，漂民田庐不计，溺死甚众。

8月24日南京工部奏：苏州等府雨雪侵淫，伤及禾稼，民不聊生，饿殍相望。尽出府库以赈济之，犹恐不足，乞停征原派南京内官监供应物料，以苏民困。工部复请，诏停征一年。

9月13日长兴四安诸山复泛洪水，势愈盛，合郡灾伤。

9月，松江、上海复大水，长江口海龙卷。应天、苏、松、常、镇、扬大雨弥月，漂室庐、人畜无算；苏、松、庐、凤、淮、扬6府及徐州等处饥，截漕运粟数万石，并益以仓储赈济。高淳水，免米32 038石，马草23 396包，本府帖发预备仓谷3 327.04石，赈济饥民4 721口；吴县夏大水，冒城郭，民无食，多死；太仓5月大雨，漂没田禾，仅露芒穗，小民没股刈以登场；甚艰于食；11月诏免苏、松、常、镇4府州县税粮有差。免应天、安庆、池州、庐州、太平5府，建阳(驻当涂)、宣州、安康、九江4卫并广德州税粮、马草有差。免江西南昌、九江、南康(星子)、饶州、临江、袁(宜春)、瑞(昌)7府属县夏税有差。次年1月18日浙江镇、巡等官奏：杭、嘉、湖3府频年水旱，湖州尤甚，乞将京仓兑军米折征银两，并乞赈济。户部议复……杭、嘉2府仍旧征纳，其3府被灾贫民仍令巡按官加意赈恤，从之。

秋，余姚海溢；绍兴飓风淫雨，坏庐舍，伤稼；上虞海潮复溢。

1519年

2月4日立春日，扬州满城桃李盛开。

2月20日杭州、苏州冰有花，民居屋瓦俱结成花朵，阴处数月不解，连雪严寒。

5月8日以灾伤免庐、凤、淮、扬4府，徐、滁、和3州，凤阳等14卫、通州等6千户所税量有差。5月10日奏：庐、凤、淮、扬、苏、松、常、镇、应天诸郡水灾重大，请开纳银入监，纳粟补官，并发各处钞关、季抄及借运同积贮余银数十万两以备赈给。

5月，武义雨雹，大如拳，伤鸟雀鸡鹜甚众。安庆、桐城、宿松、望江、天长、来安、全椒大水；安庆、桐城免其租半；太平(当涂)江潮汹涌，麦稻皆不登，饥民以榆皮蒸食，疫痢，大饿，死者载道。

7月8日五鼓(5时左右)当涂、繁昌雨如注，境内蛟出500余处，涌水荡析民居，田禾尽萎，民大饥，死者载道。溧阳7月大水。

夏，慈溪、余姚旱。休宁大旱；祁门大饥。

9月8日白露(八月十四日)受台风影响，东台、扬州大风拔木，海潮溢，民居庐舍半漂没，人多溺死；宝应大水，湖决南北；徐州大水，坏官民舍，伤禾稼；高邮大风雨，大水，民饥；丰县大饥；兴化水；高淳水，府发官帑银1325.9两，赈济饥民2 683口；宜兴水，民饥，大疫，免秋粮73 098石，知府发粟赈贷；江阴大水，免粮44 143石余；吴县大水，民大饥，疫；太仓大水；松江大风雨损稼，民饥；上海大风雨，早晚二禾俱损，水乡冬尽收获未竟；桐乡、孝丰、长兴、嘉兴大雨水，伤稼，民饥。杭州9月大饥；嘉兴、嘉善秋大水，禾烂；嘉善知县赈饥民谷7 041石余；海盐、海宁大饥；长兴准折如1582年，每石折银0.6两；湖州秋水(8月20—9月17日)大盛，其中白露日狂风大雨；德清水灾；杭州、上海民大饥，嘉定、松江饥。绍兴、余姚秋海溢。郯城9月大水。9月23日以水灾免南畿庐(合肥)、苏、松、常、镇等府夏税有差。12月2日户部议：淮、扬等处灾甚，请如抚巡官所奏，以加征税之三分暂为蠲免，本年兑运粮尽许折银，无征者改拨支运，其截留运米，如军饷支给有余，尽以赈济，从之。次年2月23日又免直隶凤、淮、扬3府，徐、滁、和3州所属34州县及凤阳、徐、邳等15卫所粮草有差。

9月10日长兴四安诸山山洪暴发，水势愈盛，合郡灾伤；9月20日湖州诸山泛洪，大水突出平地丈余，田禾尽淹，房屋、人畜漂溺不计其数。

秋，雷击松江东门内蓬莱道院，碎正殿二柱。

1520年

1—2月，建德、桐庐大雪。

3月26日雷火毁娄县(松江)县学奎星楼及金山卫城楼。

淮、扬、庐、凤36州县旱。4月28日户部言：淮、扬等府大饥，人相食。自去冬以来屡行赈贷，而巡抚、巡按两都御史犹以赈济不给为言，请酤苏、松截留运米50万石及轻赍银72 000余两、凤阳、扬州贮库事例银6 120两给之，诏从其议。9月8日以灾伤免直隶扬、凤、淮府所属12州县及淮安、大河2卫夏税有差。

淮安水灾，舟楫通于旧城南市桥；桃源(泗阳)连罹水患；安东、如皋大水。

6月9日以长江大水，免直隶宁国、池州、太平、安庆4府属17县及安庆、建阳2卫粮草有差；六合、江浦大风潮，没民田庐；靖江夏风潮；松江大水。

7月21日夜，台州府(治今临海县)有火自空而陨者三，大如盘，触草皆焦，良久乃灭。

7月，仪征雨雹，城市大如果实，山野有如鹅卵者。

7月，江山、开化大水，宝陀岩、三清山同日山洪暴发，楼庑皆漂没。常山坏欢风桥；龙游大水。休宁大水，山崩，飞漂十余丈，东南乡荡坏田亩、民庐不可胜计。

9月19日杭州小林周围一二十里大雨雹，大者如斗，小者如拳，坏田禾林木。

10月，无锡大水；丹阳、金坛、溧阳、武进大水；常熟、吴县大水，民艰食；太仓大水，渰禾。

冬，吴县、崇明桃李皆花，二麦皆颖；江阴麦抢穗而华。

1521年

1月4日崇明沙千户所(驻城桥)火自空陨于海，大如斗，曳尾如虹，天鼓随鸣。同日昆山县空中火光起，声如雷。

2月8日(正月初二)以旱灾免淮、凤、扬、徐23州县及长淮等13卫所粮草有差。

2月7日嘉定树挂冰凌。

8月12日崇明、嘉定、上海、松江大风，拔木飞瓦。

秋冬，江都大旱，四塘圮废，运舟浅搁；宝应岁歉；南京、吴县、杭州、嘉兴、嘉善、永嘉大旱或旱；余姚、临海、黄岩、太平(温岭)大疫。

1522年

2月7日河南鄢陵-洧川(34.2°N，114.1°E)5¾级地震，影响长三角区内的凤阳、五河，烈度四度。

春，苏州、太仓、杭州旱，河渠涸。兴化旱；夏秋，无锡旱。

4—7月，吴县、太仓、杭州、海宁大雷雨，田成巨浸。

8月26日(七月二十五日)风暴潮，自辰至酉一昼夜乃止，灾连南畿、两浙，数千里间邑无完屋。崇明、嘉定江河湖海水尽淹，拔木没禾，坏官居庐舍，漂没人畜以万计。崇明流移外境者甚多；上海崇寿寺数围之银杏树拔而扑地；松江压溺死者无数；吴县巳时天昏冥，风雨雷电交作，及一昼夜，飘瓦摇屋，乔木尽拔，具区(太湖)水啸，沿湖室庐人畜漂没；吴江太湖水高丈余，漂没城外及简村边湖30里内人畜、器资无算，翌日寻觅流尸十无二三，次年7月免税粮之半；太仓飓风，作四面旋，激雨奔湍，屋宇倾倒123间，压死家畜94头，湖海泛溢，民漂死无算；常熟大风雨，江海啸涌，漂室庐人畜无算；无锡同日大风雨，拔木，平地水深数尺；常州大水，深数尺；南京暴风雨，江水涌溢，郊社、陵寝、宫阙、城垣、吻脊、栏盾皆坏，拔树万余株，江船漂没甚众；江浦大风，水灾，减田场租税；六合大风，屋瓦漫飞，树木皆折；通州(南通)江海暴涨，居民荡折，死者数千人，石港尤甚；海门江溢败，民居死者遍野；靖江8月24日大风雨，潮长如海3日，全县皆没，邑宇崩塌，居庐漂没，死者数万；泰兴大风雨雹，江溢，坏人畜田庐；如皋风雨大至，居民荡折，死者数千人；泰州大风拔木，海潮泛溢，民居庐舍漂没几半；东台暴风雨，火块闪烁杂其中，彻昼夜，海潮涌，灶丁灶舍俱漂没，莫知所在；扬州死1745人；仪征大风雨及夜，江溢，平地水涌丈余，沿江庐舍漂没，死者无算，拔树万余株，江船漂没甚众；淮(安)、凤(阳)同日大风雨雹，河水泛涨，溺死人畜无算；盱眙水涨丁家巷口，禾菽尽烂；盐城飓风海啸，民溢无算；宝应汜光湖西南高，东北下，雨淫风厉，冲决盐城、兴化、通(州)、泰(州)，良田悉受其害；安东(涟水)水灾，民饥；阜宁海潮溢死人无算；嘉兴、嘉善自辰至酉大风拔木，坏庐舍，太湖水溢丈余，没田禾；平湖海溢；杭州、海盐海潮大作，塘大圮；萧山西江塘圮；湖州、安吉、德清水为灾，赈之；滁州8月大风发屋；天长、来安、全椒8月大风拔木，鸟雀多死；五河8月骤风暴雨，毁屋坏垣，木拔石走，鸟雀俱毙；颍州(阜阳)、颍上8月25日大风自暮达旦，拔伐树木，摧折禾稼，已实者摇落一空，方秀者偃伏遍野；太和8月24日大风，拔木，禾尽偃。此次风暴潮经上海西侧、靖江至如皋北入南黄海，共死亡约三四万人。同日，庐、凤、淮、扬4府大风，雨雹，河水泛涨，溺死人畜无算。11月16日以南京应天、湖广、江西、广西灾伤重大，命户部发帑银20万两，差官分给各巡抚都御史、令其躬亲巡历，委官设法加意赈恤，仍各蠲免税粮有差。

冬，寿州、凤阳、霍丘、颍州、颍上、太和气暖如春，果木皆华，间有实者。

1523年

4—7月，苏、浙、皖、鄂、湘北、赣北、浙北共124州县大旱，江淮地区是干旱中心之一。应天、苏、松、淮、扬、庐、徽(歙县)、池、安庆、嘉兴等郡，徐、滁等州大旱。六合、仪征、溧水；南京、江浦、镇江、常州、金坛、溧阳、无锡、常熟、吴县、太仓大旱；高淳旱，杭州5月旱；湖州、桐乡6月旱，运河水涸；嘉兴、嘉善、平湖春夏大饥；绍兴、上虞旱民饥；余姚夏旱饥；嵊县大旱；浦江大旱；草根树皮食尽，大饥，饿殍载道；减免劝征平米16 054石，马料16 333包；；宝应、高邮、兴化、泰州、昆山大旱，吴江旱蝗，特留苏、松折兑银两，折盐价，苏、常粳白米，浒墅关钞课，应天府缺官司皂薪缓等金，并发太仓银米90万石赈之。合肥、寿州、凤阳、蒙城、霍丘、怀远、天长大饥，人相食；来安、和州、滁州饿死无算；五河5月旱，次年春冻饿、疾疫死者不可胜计，人乃相食；徽、池等郡大旱；绩溪大旱，发米银赈之；休宁民饥；建德(东至)旱；安庆、桐城、潜山大旱，民多疫；天长、来安、和州、全椒2—7月不雨，禾尽枯；无为夏旱；宿松秋大旱疫；太湖大旱，民逃逋；泗州旱，稻、豆尽槁；五河5月旱，秋禾尽槁，次年春冻饿疾疫死者不可胜数，人乃相食；凤阳夏旱，风霾，人相食；当涂3—5月不雨，溪河尽涸；宣城夏不雨；繁昌大旱。次年春，冻饿疾疫死者，不可胜数，人乃相食。是年大旱，范围包括两京、湖广、山东、山西、江西及大同，成都等赤地千里殍殣载道。

7月13日雷击上海县南松江道院。

8月4日日中无锡狂风拔木，晚大雨，夜半忽寒冽如深冬，猝不得衣被，老弱多成病，蝇蚊尽死，至秋不复见，南苏州，北郡中(常州)不如是甚。

8月23日处暑，桐乡疾风、暴雨交作，塘水倏溢；平湖海溢；海盐秋潮大作，泛溢百里，旧堤悉圮；杭州时方大旱，忽狂风暴雨，拔木约五六十处，天开河等处海水涌溢，漂流庐舍数百家，冲决塘堤，海水倒流，城中河水皆卤；湖州大风拔木，太湖溢，漂没民居；绍兴飓风大作，城之楼堞半圮；诸暨水；吴县大风拔木，湖溢，漂溺民居。

8月24日浙江镇海(30.0°N，121.7°E)4¾级地震，城堞尽毁。

8月30日淮安、徐州、扬州等府州县大水，漂房屋600家、溺死男妇80余口。

9月19日受台风影响，苏、松、常、镇4府大水，没禾稼；太仓湖海泛溢，漂溺民居；镇江东开沙(扬中)海水泛涨，渰没沦溺，俱为巨浸；高邮大风雨，拔木毁民舍，大水，河堤决；山阳、清河(今皆淮安)、桃源(泗阳)、盱眙、盐城、东台秋大水，岁大饥，人相食；兴化、宝应大水，河湖堤决，大饥；扬州淫雨不止，晚禾无收，民饥，免税粮1万石，大水冲坏江都、泰州、海门等处河堤，岁大饥，民相食，疫作，免1524年租3万石；靖江秋大水，冬大疫，人相食；如皋淫雨不止，晚禾无收，大饥，人相食，有父子相害者；通州(南通)大饥、民相食，死以万计(万历《通州志》卷2)；丹阳、无锡免秋粮十之五；松江9月大风连雨，熟稼浥损；上海大水。秋，淮安、盐城、泰州、泰兴、镇江、金坛、常州、苏州大水。无为、舒城、六安、英山秋淫雨，并饥；舒城岁大饥，人至相食，饿死者枕藉于道；巢县9月民大饥，有饿死者；滁州、和州秋禾尽槁，大饥，死亡无算；宿州、天长、来安8—10月雨甚，岁大歉，人相食；11月15日兵部言：南北直隶地方灾伤……南京太仆寺所属仍照上年例俱折色。又应天、凤阳等府灾伤极重，派收马匹暂且停征，从之。11月21日应天、庐、凤等府灾伤，暂停征所欠马价。次年1月19日以灾伤，免应天、庐、凤、扬等府，滁、和、徐等州1522年、1523年未征草场籽粒银两。1月24日南京兵部右侍郎上言：今岁旱涝相仍，民饥殊甚，饥民甚多，钱谷绝少，恐难给济，须别等第，酌缓急乃可。以地言之，江北凤、庐、淮、扬、滁、和诸州府灾为甚；江南应天、太平(当涂)、镇江次之；徽、宁、池、安、苏、常又次之。以户言之，有绝爨枵腹、乖命旦夕者；有贫难已甚，可营一食者；有秋禾全无，尚能举贷者；垂死极贫者45万以疫致死者十之二三。今臣总计南畿作粥，江南北可42州县，大都、大县设粥厂16所，中县减三分之一，小县减十之五。诸所设粥处约并日举，凡以饥来者，无论本处、邻境、军民、男妇、老幼、口多寡，均粥给济。1月26日免应天府等州县并各卫所被灾田粮有差。1月27日停征淮、扬、庐、凤、徐、滁、和等府州1522年、1523年未及1524年额办牲口，俱俟丰年带征。1月17日免征应天、苏、松等府税粮有差；28日赈济南京屯牧军余。

1524年

2月14日河南许昌张潘店(34.0°N，14.1°E)6级地震，长三角凤阳、五河、望江、铜陵、旌德、淮安、南京、高淳、苏州、上海有感。

3月，杭州大饥，赈济稻谷，人6斗。

3月29日夜太湖内(31.3°N，20.1°E)5¼级地震，江苏南京、镇江、常州、江阴、靖江、苏州、太仓，浙江嘉善、平湖、嘉兴、湖州、绍兴，上海、青浦、松江地震有感(图3-5)。

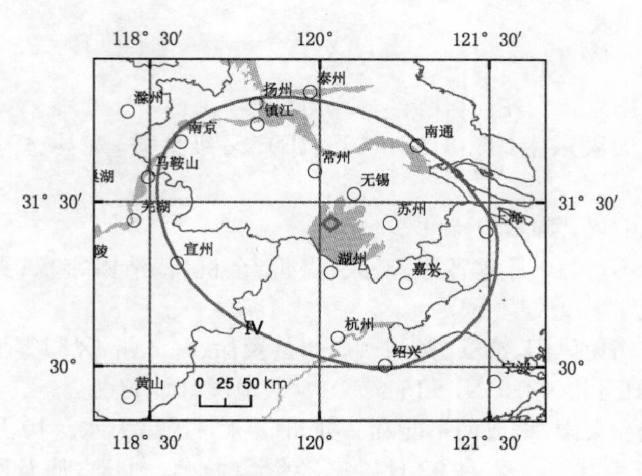

图 3-5　1524 年 3 月 29 日大湖 5¼ 级地震等震线图

4 月 10 日以灾免镇、苏、常、松 4 府税粮有差。

4 月，赈淮、扬饥，时父子相食，道殣相望，臭弥千里，御史发帑赈之；高邮春大疫，饥死者相枕藉，命侍郎赈之；宝应春大疫，知县请赈，民赖以活；泰州春大饥；通州大荒，人饥殍。

5 月 11 日以灾免征镇江、太平 2 府，上元当涂等 9 县草场地租有差。

6 月，海宁飓风大作，海啸，漂溺民居，塘圮卤水涌入内河。

南畿诸郡大旱、大饥，父子相食，道殣相望，臭弥千里。南京大饥，人相食，发帑藏、截漕粟赈济，设粥厂以食流民，寻瘟疫大作，给药以救；六合旱蝗，全灾上闻，发粟赈济，设法捕蝗，自春至夏疫疠大作，死者载道；清河(淮安)3—6 月不雨，秋蝗蝻遍地；安东(涟水)旱灾甚；东台旱大饥，道殣相望。靖江夏旱；苏州 8 月太湖竭，阳山崩，9 月大旱蝗；吴江大饥；溧阳饥，钱某出粟 1 000 石赈之；桐庐 6—12 月不雨；海盐大旱；嘉兴、嘉善、平湖夏秋米贵；鄞县岁凶；绍兴、上虞、永康、东阳、龙游大旱；余姚大饥；嵊县大旱，福泉山裂，深阔丈许，今地名坼坑；金华大饥，捐谷数百石赈饥；衢州旱大饥；江山旱灾；8 月 18 日以旱灾免应天、苏州、松江、常州、镇江、徽州、宁国、池州、太平、安庆 10 府，广德、太仓 2 州夏税有差。免苏州府银 38 400 两，草 141 800 包。免南京锦衣卫等 42 卫所屯粮 106 300 石。12 月 19 日淮、扬、滁、和等处岁饥，诏蠲免及缓征是年马价有差。次年 1 月，杭、嘉等府旱灾，令无灾处所兑军米并两京俸银共折 50 万石，兑军米每石折银 0.5 两，俸米每石折银 0.7 两，省其耗费，以补灾伤。

9 月 8 日苏、松、常、镇大水，没禾稼。湖州、长兴大水；长兴被灾八分。安吉灾伤，免粮税；德清饥，免粮税。

11 月 21 日嘉定大雷雨，宝山龙卷风坏民庐，有兄弟三家联居，中间一家人庐悉被风摄去，而左右无损。

1525 年

3 月 10 日先是南直隶苏、松、常 3 府大饥，岁赋诏缓征者计 38 万两有奇，俟两年之后带征……原定带征之数宜派为二，岁征其一。四年以后，带征钱粮有可缓者宜蠲之。上从其议，命具可蠲者以闻。于是，蠲苏州府银 38 400 两，草 141 800 包。常州大水，虫伤稼。武进县灾伤四分，免平米，改折兑运正米 30 640 石，除官吏师生俸廪等粮不兑外，照例拟免。

3 月，德清县西境雨雹，损叶。

4月，广德陨霜杀桑。

夏，余姚旱，疫。

8月26日雷击南京长安左门兽吻。

9月13日河南太康东南(33.8°N，115.4°E)5¾级地震，寿县、怀远、凤阳有感，烈度四度。

9月，绍兴海水败堤，漂田40余里。

9月，杭州毒热不解，10月蝨害稼；嘉兴、嘉善、余杭、德清蝨害稼；吴县、常熟旱。平湖因旱免税粮；无锡蝗。广德蝗害稼。

9月29日以灾伤免凤阳、淮安、扬州所属州县及徐、滁2州、凤阳等卫、所税粮有差。

10月12日凤阳西北(33.9°N，115.7°E)5½级地震，凤阳有感。

10月，湖州、桐乡大雨，稻成而不能刈。处州(丽水)、遂昌大水。10月29日以灾免浙江绍兴、湖州2府存留粮有差。11月22日以灾，免浙江杭州、湖州2府及所属正官朝觐。

11月18日以苏、松、常3府灾，免存留粮如例。12月3日以灾伤，免苏、松、宁国4府所属州县正官朝觐。

12月5日以灾伤免徐州、淮安并杭州等府……税粮有差。次年1月20日以灾伤免直隶淮安府、徐州并所属州县及邳州等卫秋粮有差。

1526年

3月。靖江、江阴大雨，圩堤坏，民庐多倾塌，二麦尽死。盱眙、泗州、五河2—5月淫雨，二麦淹死。

3月27日，以蝗灾诏免镇江丹徒、丹阳2县原带征1523年钱粮，金坛县带征已完，特令改折1525年充军米，以苏民困。

夏，宣城河沥溪桥九洞桥亭尽为洪水所泛。广德淫雨害稼。

7—8月，江左大旱。镇江、丹阳、金坛、常州、上海及江北如皋旱蝗，无麦。武进灾三分，免平米101 300余；扬州旱；如皋旱，无麦；太平(当涂)旱连3月，溪涸田拆，禾苗焦枯；庐江7月大旱；嘉兴旱灾；嘉善县丞赈饥民米646.7石；平湖、安吉，德清、金华以旱免税粮有差；湖州、慈溪、宁海、诸暨、仙居旱；奉化、新昌、浦江、龙游、常山、青田、缙云、松阳、泰顺、太平(温岭)大旱；奉化、义乌、衢州、江山大旱，飞蝗蔽天；临海、天台、黄岩大旱，饥甚，多至饿死；象山、永嘉、乐清、瑞安大旱饥。以旱灾诏免征应天、太平(当涂)、安庆、徽州、池州、镇江、常州、苏州、松江9府税粮，11月以旱灾免浙江杭州、嘉兴、湖州、绍兴、金华、衢州、宁波、台州、严州(建德)、温州及各卫所屯粮有差，查各仓库银米赈济，停征户部坐派物料。11月4日以灾伤，诏免镇江等府、丹徒等县带征逋税。溧水1525—1526年间饥，出谷仓万余石赈之。11月7日以灾伤诏免庐、凤、淮、扬4府税粮，停征应解物料及留淮南盐价4万(两)接济。次年2月3日以灾伤免凤阳府等处秋粮有差。次年2月17日以灾免南京锦衣卫等42卫屯田籽粒有差。

8月15日午庐江石塘村龙卷风，雷电交作，击死土长岗农妇1人、牛3头，沙湖袁家瓦屋一座拔去。

8月18日遂昌雨雹，顷刻积二尺，杀豆麦。

11月7日立冬庐江雷电，雨雹。

1527年

春夏，余姚大水，无麦，大饥。

夏，泗州苦旱，5月乃雨，7月复飞蝗；五河雨暘愆期，二麦不熟；来安、全椒蝗旱相仍，民甚苦；凤阳、淮安旱；东台旱，蝗积地，厚数寸：镇江、金坛旱蝗，芦苇草荡为之一空。安吉雨血；诸暨蝗飞蔽天；处州（丽水）、景宁大旱；云和大饥；泰顺大旱。7月28日—10月19日以旱灾免凤阳、淮安等府存留夏税有差。次年1月24日以灾免浙江绍兴、湖州等税粮、屯粮有差。

7月，萧山淫雨，西江塘坏，濒塘民居咸漂失，人畜多溺死平原皆成巨浸，衢、严水灾伤人。和州水决圩，害稼；休宁大水，自吉溪而下，田田弄、庐舍、桥梁多冲毁，民死无算，西市水深8尺。

8月，广德雨雹，大如拳、禾稼、鸟兽触者皆死。

秩，安吉水溢，漂溺递铺市，死100余人。

12月，舒城大雪，至次年2月1日尤甚，平地深数尺浃月如霁。

1528年

5月，余杭大风，雨雹、大者如拳，小者如卵，人惊走，畜奔逸。

6月，盐城不雨；夏秋、苏、松、吴县、太仓、嘉定、溧阳、武进、镇江、金坛、扬州、宝应、靖江、如皋、东台旱蝗，来安蝗旱相仍、民苦，武进勘灾六分免平米20.02万石。余杭、嘉兴、海盐、长兴旱或大旱；桐乡6—8月不雨；安吉赈饥，免田租三分之一。10月1日赈抗、嘉、湖等处灾伤，嘉善以灾折粮加赈。

秋，盱眙、扬州、东台、如皋大水；仪征8月淫雨，大水，害稼。苏、松被灾，免松江、上海、嘉定全税田粮。发太仓库银100万两抵补起存钱粮，余行赈济。泗州8月6—17日雨。黟县大水；青阳岁荒；合肥暴雨平地水深数尺。10月6日以浙江杭、嘉、湖等处灾伤，诏允军粮内20万石、南京仓粮内6万石，并徐州仓粮5 000石，每石折银5钱通融分派灾重州县上纳，以苏民困。其各衙门无碍赋银悉听查取，市谷赈贷。

1529年

春，苏州不雨三月。3月19日以灾伤免南京42卫屯粮有差。

5—6月，苏州淫雨连绵，洪水泛滥，田畴渰没殆尽，人民垫溺无算，禾存者十无二三。太仓、常熟春夏雨。

6月，杭州雨黑水，杭城内外衣服被其污染者而后知。金华大水；武义6月平地水深丈余；衢州大水，坏民田庐；龙游大水；江山大水，坏田庐，漂溺甚众。

7月，嘉定蝗伤稼。吴县蝗伤稼，生蝻遍野，东山积地寸许，五日内扑捕200余担；昆山、无锡飞蝗蔽天；江阴蝗，禾半坏；武进蝗；扬州、仪征蝗，积厚数寸，长数十里，食草木殆尽，飞渡江，食芦荻亦尽，9月蝗自北来，群飞蔽天，绵亘百里，厚尺许，禾稼不登；高邮旱，蝗积地厚数寸，禾不登；兴化8月蝗，兼雨黄丹；宝应夏旱，蝗甚；泰兴复饥；靖江蝗蔽天，禾田无水者与豆麦俱尽；通州、海门雨黄丹，禾稼不登；如皋8月蝗，积地厚数寸，蝻螨民庐；松江8月各属飞蝗蔽天。萧山立秋日（8月7日）蝗飞入境；嘉兴、嘉善、平湖、桐乡（7月30日）、湖州、德清、余姚、海宁夏秋蝗。

8月23日衢州、龙游雨雪。

9月28日受台风影响，临海大水，郡西城陷下尺余，漂坏田庐，死者甚众；温州、平阳9月大风雨，海溢；瑞安海溢；平阳仙口塘圮；泰顺9月大风，陨木；缙云9月大水，田庐漂没，溺死甚众；松阳山洪暴发，居民患之；遂昌大水，二蛟并出，坏桥堰、民居，溺者甚众；天台9月大雨经旬，平地水深寻丈，民居冲漂，通衢以竹筏济渡；宣平（丽水西北柳城）大水；金华（10月3日？）大水，骤至城外，高五尺；诸暨、新昌水。昆山9月大水；靖江10月1日夜大雨，平地水五尺；武进、无锡秋大雨、大水。青浦8月（？）雨，十一日水止，庐舍多漂没。

11月，以水灾诏免苏、松2府秋粮；11月3日以灾伤免应天府上元等县税粮有差。11月25日以灾免浙江湖州府所属州县秋粮如例，仍听折兑军米105 000石。以杭州等府水灾，免当年存留税粮及改折有差，仍令守巡等官开仓赈济。11月28日以灾免应天、常、镇、宁、太、安庆各府州县田粮如例，仍听折征兑军，听兑南京仓米。次年1月23日以灾伤诏免…… 直隶凤阳、扬州等处秋粮有差。1月26日以灾伤诏免南京锦衣等卫屯粮籽粒……

舒城石自徙二丈许。

冬，青浦极寒，竹、柏多枯死，橙枯，绝种数年。

1530年

太平（当涂）春雨连绵，田畴成湖，黍禾无收，俱尽荒田。

夏，应天大旱；苏州、松江、上海旱。吴县夏旱蝗；靖江4月捕蝗遗种甚多。滁州蝗蔽天日，所至禾黍辄尽；合肥蝗；来安蝗旱相仍，民甚苦。10月9日以旱灾，诏免应天、苏州、松江等府秋粮有差。

5月11日龙游、江山大雨雹，如鸡卵，林木摧折，牛马伤死。

7月，贵池蛟坏田舍。

8月，扬州、仪征、兴化、如皋、东台蝗。

黄河水入寿州城；卫河决，清河大水，淹民庐舍；宝应8月湖决。赈淮、凤、寿等郡灾。9月9日诏减应天、太平、池州、安庆各府税粮有差。

9月，龙游、衢州旱，大饥。

9月，庆元大霜严凝，禾苗尽枯。

10月，金华陨霜杀草，晚禾无收；义乌霜害稼。

1531年

1月，如皋雨木冰。

夏，吴县蝗；常州大旱；扬州、仪征、如皋、东台蝗；靖江蝗，半灾。泗州大旱蝗；来安旱蝗相仍，民苦；太平（黄山）、宣城、泾县、南陵飞蝗食禾稼；贵池7月不雨；绩溪蝗；天长、休宁饥。处州（丽水）旱。7月25日以灾伤诏免直隶淮安等府……税粮有差。10月8日以旱蝗免扬州、淮安2府各属州县田粮有差。

7月12日夜嘉兴暴雨，水溺，顷刻丈许，淹民居，害稼；嘉善雨；海宁大水。

8月，长江大水。江浦江溢，没南境田；六合江溢没田；溧水、高淳大水，没民居，城圮东南；扬州属县泰兴、通州等州县江溢成灾；杭州大雨，浃旬不止，西湖诸山水溢平堤；10月19日以庐、凤、淮、扬4府及徐、滁、和3州水、旱、虫蝗，诏以兑运粮二仓支运。次年2月12日以灾免南京锦衣卫等27卫所屯粮籽粒银有差。

9月，温州、瑞安龙卷风，从泥岙起，遍天发火，倾屋拔木，不可胜计；余姚大水；诸暨大风，江潮至枫溪。

1532年

1月，贵池，铜陵，石埭桃李华。

2—5月，仪征不雨。

6月，六合蝗，食禾，遗蝻；仪征6月蝗；武进蝗食稻及树叶、芦俱尽；江阴蝗蔽天，林竹、岸草皆蚕食；靖江蝗食竹树、豆草俱空，苗亦空；兴化蝗；安庆夏旱，蝗害稼；桐城、太湖、宿松、潜山大旱，虫害稼；来安蝗旱相仍，民苦；绩溪、婺源蝗；石埭飞蝗入境，伤民禾稼。海盐、海宁7月飞蝗蔽天；10月30日以旱蝗诏改庐、凤、淮、扬4府和徐、滁、和3州正兑米8万石，改兑米3万石，仍免租有差。12月3日免南京各卫仓米20万石折银有差。次年1月7日免杭州等府存留钱粮，凤阳等卫所屯粮有差。

7月，桐乡大风雷，龙卷风，自西南来，发屋拔木，昼晦，大雨如注，坏县治前民舍，压死20余人，蝗尽入海死。

9月3日泰顺雨雹如拳，损民屋。

9月6日泰顺大风雨，扬沙折木，坏棂星石门；瑞安大风，摧毁相望，村落尤甚，至有压死者；9月7日丽水、青田大雨，溪水暴涨十余丈，漂流数百家。

泗州大水，至12月方落；凤阳大水，西坝一带崩圮。

12月14日以水灾免应天府高淳、溧阳、江浦、宁国府宣城4县存税留有差。

1533年

2月，以旱免杭、绍、温、处4府田粮有差。

3月3日吴县横溪镇大雨，色纯黑，一日又，乃止。

春，扬州、如皋淫雨伤麦，霾沙屡作，蝗蝻遍起，上命宽赋税赈之；兴化蝗；泰兴无麦。

5月，东台淫雨伤麦，霾沙，飞蝗，蝻遍田野。

7月，池州飞蝗入贵池、铜陵、石埭境；来安蝗旱相仍，民苦。

7月上旬，青浦重固白日水暴涨，禾苗荡尽。

8月，金华大风，伤稼。

10月，宿迁桃李华。

12月，广德花红满树，如春。

1534年

春，临海、黄岩大疫。

4月24日吴县太湖雨雹，大如拳石，草木、庐舍被损。

夏，吴县、吴江、嘉兴、嘉善旱；东阳大旱；常山、开化、永嘉旱。

8月，温州飓风大作，拔仆温州卫开元寺佛殿及民房、乔木甚多；象山大风拔木；奉化大风拔木，水涌山泽，荡田地庐舍，漂溺男女不可计数，大饥，大疫；宁波海潮入灵桥门；绍兴、上虞飓风淫雨，坏庐舍，伤稼，寡收；余姚饥；诸暨、嵊县溪流入城，平地水深一丈；新昌大水，决东堤，民死甚众；淳安大水，坏居民庐舍。嘉兴、嘉善秋大水，伤稼；湖州、长兴水灾；桐乡大水；德清水；无锡富安大水，阳山蛟冲巨窟200余丈，淹没田禾、人畜无算；溧阳饥，发廪，济者众；吴县、吴江秋潦，田半收；高淳大水。

阜宁涧河马逻港及海口诸套俱湮塞，河、淮不能速泄，庙湾(阜宁)时成泽国。12月16日以淮安、凤阳、徐州等处灾伤，准支运改兑米5万石于临清、广积2仓，每石征脚价银1.5钱，仍蠲各府县存留钱粮及折征各卫所屯粮有差。

1535年

1月，乐清震雷，雨雹。

1月，安徽贵池(30.7°N, 117.5°E)4¾级地震，江水沸腾，屋瓦倾覆。铜陵、东流、建德

(东至东北)有感。

2月12日遂昌大雪4昼夜。

春,吴县、常熟春雨;杭州自春及秋多雨。瑞安大饥。

春夏,高邮旱,飞蝗蔽天。

5月,兴化大雹。

6月,东台雷击牛畜,毁庐舍。

6—9月,江淮大旱,飞蝗蔽天,上命赈济,折马价恤之,仍发仓贮稻51 955石赈之。濉河竭;盱眙、扬州属州县旱蝗,折马价,发仓稻赈;仪征6—9月不雨,民饥;泰州7月飞蝗蔽天,赈;东台9月蝝生,积地厚尺许,草无存;兴化蝗;如皋、泰兴、通州大旱蝗;靖江夏旱;江浦、六合、溧阳旱蝗,赈;武进旱灾,存留项下递免四分,并拨剩耗米、马草、盐钞,共免米2 600余石;吴县、常熟夏旱。湖州、长兴大旱;合肥旱饥;巢县8月大旱,蝗灾;含山、和州、无为蝗;庐江蝗饥;望江6月旱;泗州6—11月旱蝗,高楼密室皆遍,田禾、衣服悉啮伤;五河蝗飞遍野,禾稼不登;太平(当涂)夏秋旱,蝗蔽天;广德夏秋旱,10月蝗大作;贵池、青阳大旱,饥;东至饥。

9月,海盐海溢塘圮;新昌大水;桐乡霖雨;靖江大潮、民艰食,饿殍载道;崇明水灾;吴县、常熟秋大水。

11月23日桐乡大雷风雹。

1536年

春夏,泰州、东台旱;仪征5月蝻生,县令谕民掘取其子,每升价以斗米,成蝻者谷半之,积数百斛。高邮2—5月旱,蝗飞蔽天;兴化夏大旱;句容5月蝗;武进大旱,无锡大旱,农家掘井以灌溉。广德春三月,蝗大作,食麦禾,知州示民捕蝗一石,给谷二石;滁州大旱;五河蝗飞盈野,禾稼不登。

春夏,常熟雨。

5月15日吴县雨雹,坏庐舍;长兴昼晦,暴风,雹发,坏庐无数。

5月17日雨雹,平地积寸余,靖江桑、麻、麦皆空,江阴二麦死。盐城同日大雨雹。

夏,无锡雨雹,大如斗,牛马多击死。

5—7月,嘉定淫雨。

7月28日雷击南京西上门兽吻,死10余人。仪征7月数雷击人及牛畜屡有毙者。

秋,吴县、太仓旱;常熟蝗。

海盐,海宁、平湖海溢,堤溃,漂没田庐。

秋,泰州、东台、兴化、仪征淫雨不止,水没田禾;上命免税粮78 455石余恤。常山淫雨,十九都程氏厅陷为渊。

冬,金华汤谿雪深四尺。凤阳、灵璧大雪。

12月27日夜滁州大雷雹。

1537年

1月,遂昌大雷雹,阴霾十余日。

2月23日夜盐城大雷,雹。

春,宝应旱。

春,望江大雪。

富阳春雨弥日，春水滔天。

5月23日安徽灵璧(33.6°N，117.6°E)5½级地震，民居坏十之四，夜复震，宿州五度有感。

5月，六合、高淳、苏州、常熟大水；武进因水灾，每石免米六合，共免米61 500余石；夏，淮、扬大水，泗州大水；盱眙水至都宪坊；宝应6月淫雨弥旬，水大发，湖决南北；仪征6—7月大霖雨，田尽淹没；靖江久雨。嘉兴、嘉善夏大水，伤稼，嘉兴民饥死。望江、宿松夏大雨，四月不止，大水害稼；全椒夏大水，决圩堤，田尽没，民多溺死；当涂夏大水。

6月，舒城旱，蝗飞蔽天，人马不能行，落处沟壑尽平。

7月22日金华大雨，水暴涨，城外水高三四尺。

夏，通州雷击文庙左鸱吻及左楹。

8月，长江大水，仪征4—7月恒雨害稼，田畴尽没；靖江风潮淫雨；江宁、高淳、武进、嘉兴秋大水。12月5日免苏、松、常、镇4府属州县民屯粮草有差。诏免淮、扬、庐、凤等府，徐、滁、和等州所属税粮有差，仍令巡按设法拯济；凤阳各府属州县，大河(淮安)、邳州等卫税粮有差。

8月，鄞县(宁波)海潮溢灵桥门；靖江风潮。

是年，松阳县山裂。

1538年

春，太平(温岭)淫雨百日。

春夏，仪征旱；兴化蝗；宝应荒疫；全椒春大旱；来安春旱；舒城2—8月大旱，民多饿死；南京夏大旱。

5月16日苏州风雷暴作，冰雹大如李，菜、麦伤，阳山一地雹如斗大，行人伤顶多死。巢县5月雪雹，秧苗坏。

7月，五河雨雹大如鹅卵，折木损禾，禽鸟压伤大半。

卫河决，泛清河(淮安)；盱眙水，没宝积桥；泗州大水；句容洪水；吴县、常熟夏大雨害稼；昆山岁大祲；平湖禾蹲，民饥死；海盐海又溢。

1539年

春夏，苏州大旱，井泉竭；青浦旱蝗，食禾几尽；嘉兴、嘉善夏旱，飞蝗蔽日，害稼，大饥，海盐为甚；海宁大饥；杭州3—7月不雨，井泉皆竭；德清蝗；余姚旱。

6月，绍兴大水，会稽、诸暨、上虞俱大水；衢、婺(金华)、严(建德)3府暴流与江涛合，入府城高丈余，沿海居民溺死无算；太平(当涂)大水漂舍，历九月乃退；和州水灾，浸入城市；无为桥地以横潦而苦病；铜陵大水，市可行舟，诸圩一壑；安庆、桐城、宿松、太湖、潜山大水；舒城大疫，死者枕藉于道；休宁大水，南乡尤甚；池州7月大水。

7月10日辰时开化洪水泛滥，山崩石裂，断桥、浮尸、坏庐冲城，平地水深丈余；常山大水，浸城丈余，庐舍、器皿、牛豕等类蔽江而下，男女暴死水面不计其数，秋大饥；江山大水，坏田舍，漂溺畜甚众；衢州、龙游大水，坏民田庐，漂溺人畜甚众；7月11日金华8县(金华、汤溪、兰溪、浦江、义乌、东阳、永康、武义)大雨浃旬，北山蛟出，田禾、塘堰荡尽，东、义、永、武4县皆发洪水，兰溪特甚，高丈余，民无楼者栖于屋脊，漂溺者不可胜计，存者多殒于疫；建德大水，山水泛溢，溺死者200余人，乡市房屋倾圮不可胜计，郡治亦没；桐庐淫雨，坏民庐舍，市郭平地水高二丈余；浦江大水，坏山，冲激民居；萧山西江塘坏，县市可驾巨舟，大饥。8月以水免杭、严、绍、金、衢、处(丽水)等府所属县税粮有差。

8月3日嘉兴、嘉善雷雨雹,大如桃李实。

8月,高淳蝗厚数寸,飞蔽天。衢州、龙游、江山7—9月大旱,竹木皆枯,岁无粒收,民疫;开化秋复大旱;常山秋大饥,疫;温州秋旱魃为虐。

8月26日风暴潮掠过上海,平地涌波二、三丈,沿海田多坍没;上海一团至九团(浦东大团镇至顾路镇)泛滥几及百里,漂没人民数万(万历《上海县志》卷10);崇明淹死数百人;嘉定岁大祲、大疫。通州海门各盐场海溢,高二丈余,溺死民灶男妇29 000余口,漂淫庐舍畜产不可胜计(万历《通州志》卷2、万历《扬州府志》卷22,当年通州属扬州府管辖,两者皆对,但康熙《江南通志》卷7记:嘉靖十五年(1536年)扬州……溺死2.9万余人,则错,应予更正);扬州大水,漂没盐坊数十,人民死者无算,上命留余盐银5万两及免税粮9.7万余石,发仓贮稻37 044石赈恤;泰州海潮暴至,溺死数千人;东台海潮暴至,陆地深丈余,漂庐舍,没亭场,溺死者数千人;兴化大风,海潮高丈余,漂庐舍人畜,不可胜计,十余年不宜稼;盐城东北风大起,天地昏噎三日,海大溢,至县治,民畜溺死者以万计,庐舍漂没无算(万历《盐城县志》卷1);阜宁海溢,溺死万余人(民国《阜宁县新志》大事记,事发时,阜宁尚未独立建置,只是盐城县下的庙湾镇,所记抄自原县志,但可用);淮安、桃源(泗阳)大风起东北,天地昼晦二日,海潮大涨;安东(涟水)、海州(连云港)大风昼晦,海潮大涨;靖江风潮;太仓湖海水溢,平地涌波数尺;常熟海溢,高二丈余;苏州海水骤涌三丈,沿海多溺,秋大疫,岁大祲;象山海溢坏田;日照8月27日夜大风雨,海水溢岸五里,漂没禾稼。免杭州、嘉兴、绍兴、金华、严州、衢州25县税粮如例。免南京锦衣等42卫屯粮如例;嘉定月浦蠲粮800余担。崇明盗贼作乱,久之始平。

10月,以长江水灾免直隶安庆、池州、太平、徽州、宁国、广德、应天、苏州、松江等田粮如例。

11月,仪征雨木冰。

1540年

2月5日天长、泗州雨木冰,百木皆折;巢县雪,大冰。六合雨冰,树木多折;2月7日金华雨木冰。

春,嘉兴、嘉善大饥,民食杂草芽、木皮,多鬻于外境;平湖大旱。

靖江龙卷风,坏民居,卷婆港顾姓人屋俱去。

夏,扬州旱,蝗,伤田禾,官捕蝗蝻5 563石;高邮蝗,免税粮等赈之;仪征、泰兴旱;东台,如皋、南通、青浦旱蝗,靖江、苏州、松江蝗;吴江大旱,蝗,民饥,设糜发廪;上海旱;嘉兴、嘉善、桐乡7月21日晡时飞蝗蔽天,食芦苇、竹叶无遗;海盐蝗蔽天,稻如剪;湖州蝗飞蔽天,伤稼大半;安吉、孝丰大旱,饥;德清、新昌蝗飞蔽天;桐庐、诸暨、绍兴、余姚、丽水、缙云蝗;建德夏蝗,所过田禾尽食;庆元夏旱二月;巢县7月蝗灾;和州蝗害稼;含山蝗。

夏,开化洪水骤至,城东南毁垣漂屋。

(黄)河决野鸡冈,由涡入淮,沿淮州县多被水患;五河水灾。

8月,宁、绍、苏、松、常5府及上海滨海潮溢,苏、松大水,溺死人数万(嘉靖《松江府志》卷80);如皋潮变,坏捍海堰,死者万余人(民国《如皋县志》卷1记,但嘉靖《重修如皋县志》未载死亡情况,前者数据的准确性大打折扣);扬州上命免粮98 600余石;高邮、泰兴、东台、如皋、通州、余姚大水,伤稼。8月1日以灾伤改庐、凤、淮、扬、徐、和、滁等处本年马为折色。

9月,衢州、江山多蝗;舒城9月13日蝗,落地二尺许,树有压损。

1541 年

1月，庐江雨木冰。

春，黄河决于大清口，南竭四十里；泗州大水，岁饥；五河淮水俱溢；苏北里下河周围泰州、高邮、兴化、江都、通州、如皋、泰兴大水；宝应免税粮。常州大水；松江、青浦大水、饥；2月20日以灾伤免直隶庐、凤、淮、扬4府属州及徐、滁、和3州、凤阳等处卫所税粮有差。2月23日以灾伤免苏州、松江府属各州县秋粮有差。

6月，嘉兴、嘉善大雨连日，遗蝗俱死；淳安大水，漂田禾。

夏，泰州、高邮、宝应、兴化，江都、如皋、泰兴、通州、东台旱蝗，上命免税粮71 700余石，发仓贮稻5 000石赈之；严州6县(建德、桐庐、分水、寿昌、淳安、遂安)大旱，蝗害禾稼不可胜计；诸暨蝗。以旱荒免凤阳留守、怀远、长淮、宿泗、寿武、高邮、宣州、苏州、淮安、大河、邳州各卫及洪塘、泰州、盐城、兴化、海州各守备千户所屯粮有差。

夏，嘉定西南龙卷风。

7月，临海旱。

8月19日风暴潮。黄岩风如崩山，雨如倾江，洪潮骤溢，俄而覆室拔树，官舍民庐连栋而倾，山卉、平林如轮而折，民波荡溺压而死者几万余，濒海诸邑惟黄岩为甚，黄岩惟迫海诸乡为甚，田之禾稼、蔬菜、瓜果、麻苎、木棉，凡民生衣食所赖者，悉荡而空。潮比常倍咸，风雨亦咸而毒，不惟牛羊鸡豕触之皆死，蛇、蟮、虫触之亦皆死(万历《黄岩县志》祠庙)；临海飓风，发屋拔木，大雨如注，洪潮暴涨，平地水数丈，死者无算；天台大风雨，昼夜莫辨，树木、田禾尽拔；海宁大水；松江涝；青浦大水，岁饥；常州大水；海安海潮涌溢，荒歉；赣榆大水，漂民房舍；滦州、乐亭8月20日大风霖雨，滦河溢免，租三分之一；昌黎、迁安8月霖雨河溢，禾稼皆涝，蠲租。10月29日淮、扬灾伤，诏以兑运米2万石改征本色，改兑米2万石于临清仓支运。

10月，如皋雨冰。

1542 年

1月13日来安、全椒大雪，山林尽折。

5月，江都雨雹。

夏，靖江旱蝗。

夏，绩溪大水。

夏秋，泗州皆大水，河南徙入涡，与淮合流为患；五河淮水俱谥；兴化水，免粮30 200余石。

8月15日江山蝗自北来，食禾粟殆尽，9月16日方散；衢州多蝗；龙游蝗；丽水旱；象山天雨黄雾，行人耳鼻、眉发皆满。

9月，旌德狂风大作，雨雷，禾稼伤。

10月22日嘉兴、嘉善霜降，夕雷电交作，如方春。

1543 年

夏，高邮、靖江旱；高淳大旱，道殣相望，儒行捐俸赈救；常州大旱，太湖涸成坼；溧阳大旱，宜兴民大饥，寓宦史某捐谷7 500石至宜以赈；嘉定大旱，伤禾；上海免被灾税粮。桐乡岁旱，苗槁；义乌蝗后灾；武义旱。铜陵大旱，民饥死无算。宣城岁大饥，发廪出帑。

夏，镇江大水，岁祲，茅氏分方赈恤；瓜洲邗江大水；金坛大水；兴化水，免粮30 200余石；绩溪夏大水。嘉兴、嘉善淫雨。

寿州大水，移河崩城，大坏田舍；临淮大水灌城。

8月，如皋雷击文庙，火光射地。

秋，嘉兴、嘉善大水，伤稼，民饥，海宁饥，海盐为甚。湖州、长兴水，9月以水免湖州府税粮；安吉、德清9月以水免税粮有差。台州水患。靖江秋潮。

冬，两浙大饥。次年1月19日免南畿被灾税粮。

1544年

春，吴县雨淋漓；太仓水。

春，两浙大饥。太平(当涂)大饥；来安、全椒春至秋不雨，民食草子树皮。

4月3日夜桐庐风雹，合抱之木皆悬拔。

4月5日清明诸暨大雨雹，有如斗者，伤麦。

4月19日温州大雨雹。

4月，青阳雨雹，杀麻麦。

5月，常州雨雪。

6—7月，淮南凤阳旱蝗；天长大饥；泗州秋旱，蝗饥；宝应、高邮、靖江、江阴、昆山大旱或旱；江南夏秋大旱。应天(南京)、江浦、高淳、溧水、镇江、常州大旱；兴化大旱，免粮26 400余石，赈饥民9 000余户；丹徒、丹阳、金坛3县均至次年5月方雨，洮湖生尘，民疫死；武进大旱，免平米43 800余石，并缓征平米102 400余石；无锡7—10月不雨，民饥疫死，缓征；宜兴知县量户赈济，主簿出米500石；吴县、太仓5—9月大旱，沟洫扬尘，禾苗尽槁，复大疫，民多殍死；吴江大旱，河底皆坼，饥，疫，民多殍死；常熟旱，米谷涌贵，飞蝗蔽天；上海、松江、青浦大旱赤地，死者载道；崇明五谷不登；嘉定伤稼，米价涌贵；崇明、嘉定、青浦、上海等饥。杭州大旱，无麦禾，饿殍载道；嘉兴、嘉善大旱，河底皆坼，通判奏免五分，嘉善县丞赈饥民谷3 000石；海宁5月麦粟无收，7—8月大旱，颗粒全无，民不堪命；平湖五个月不雨，大旱，禾无收，大饥；桐乡旱饥；长兴大旱，太湖水缩；安吉旱，大饥；绍兴合郡大旱，湖尽涸成赤地，丐人饥死接踵；余姚旱；诸暨夏旱，大饥；上虞大旱，民饥；嵊县大旱，道殣接踵，乡人有携麦半升归，辄被劫杀于道；金华大饥；兰溪大旱，民鬻子女，哭声满途；宣平旱；衢州、龙游、江山5—8月不雨，民饥甚；建德大饥，民掘草根以食；温州5月大旱；平阳春夏大旱，田谷不登。合肥、含山、和州、无为、巢县、安庆大旱；铜陵大旱，6—10月不雨，粒颗不收，饥而死于道；庐江大旱，河水尽涸；宿松、望江春夏五个月不雨，饥民食草木；潜山大旱，民多殍死；绩溪夏大旱，县令劝民出粟设赈；旌德大荒；青阳5—10月不雨；池州4—9月不雨；休宁亢旱，大饥；宣城岁祲；石埭5—11月欠雨；东流7月大旱，无秋。9月19日户部言：江南灾甚，请以应天11府州今年兑米147万石，内除三分征银解纳，其余米103.2万石。10月3日以灾伤诏免浙江杭州、嘉兴、湖州、绍兴、金华、衢州、台州、平阳税粮有差。10月6日以灾伤免南京锦衣等42卫，并凤阳等卫所屯粮有差。次年1月29日两淮灾，诏以余盐银5万两，半留运司以账灶丁；半解巡抚衙门以给军民。

8月，寿昌(浙江建德南寿昌镇)风雹，雹大如栗，飞鸟死，亦伤人，谷俱坏。

1545年

1月6日安庆、桐城、太湖雷，暖气如春。

1月，合肥、舒城冰介，着树皆成花草，继以雪，雷雹交作。

南北畿、陕、晋、豫、鲁、湖广、赣、浙、皖、苏俱旱。泗州春大饥，江淮南北皆然；盱眙春大饥，夏大蝗；天长、来安、全椒饥；崇明大旱，稻麦全无；嘉定大旱，疫，水中浮尸相藉；松江旱，大饥，饿殍平川壑；上海大旱，赤地；应天、江浦、溧水、溧阳、金坛、无锡、江阴、靖江夏大旱；高淳大旱，湖水竭，民食尽，死相望；常州、无锡蝗；宜兴旱，知县量户赈济；苏州、吴县太湖水缩，稻麦全荒，人食草根树皮，大疫，水中浮尸相藉；吴江大旱，太湖水涸，民食草根树皮，大疫，路殍相枕；昆山大旱，河渠皆涸，野多饿殍；太仓大旱，河裂；常熟邑城雨豆；高邮大旱蝗；兴化不雨，无禾，免粮2.3万余石；泰州、东台大旱，无禾，振；宝应旱；安庆、太湖、太平(黄山)大旱；铜陵春无麦，6—9月大旱；宿松6月24日至10中旬不雨，大旱饥，死者枕藉；潜山民大饥，死者枕藉；绩溪、祁门、青阳、石埭春大饥，绩溪夏秋大旱，青阳6—9月大旱；歙县、休宁夏旱，大饥，民食葛蕨，继以乌蒜，民流离，饿殍相望于道；东流(东至)7月大旱；石埭夏大旱；含山南二都民人田地忽陷为池，方一亩(岩溶塌陷?)。淮、浙之间7月大旱，溪壑绝流，通浙连岁荒歉，百物腾涌。嘉、湖、绍，台大旱，杭、宁、处、温大饥；杭州贫人有食草者，时疫又大行，饿殍载道；平湖夏大疫；萧山、桐庐大旱；嘉兴、嘉善秋大旱，嘉善知县奏免旱灾七分五厘(75%)；桐乡蝗，民大饥；海盐春民食草根树皮；海宁仍大饥；临安大饥，饿殍满路；湖州岁旱；长兴太湖水缩；德清旱饥，大疫，5—10月不雨；宁波诸县大荒，道殣相望；象山夏大旱，田不及种者过半，窃盗四起；定海大饥；慈溪大荒；绍兴合郡连年大旱，湖尽涸，成赤地，民饥；诸暨、余姚、新昌大旱；嵊县又饥；临海大旱，无麦，稻秧尽槁，岁大饥；天台5—7月不雨，无麦，禾不下种，大旱民饥；仙居夏旱，秧不入土，饥民抢商米，岁大饥，民死枕藉，出粟济，活甚众；黄岩大无麦，甚饥；永康是年大旱，饿殍相望；浦江旱；常山饥荒；处州大饥，无麦；青田大饥；缙云大旱，无麦，饥死甚众；瑞安春大饥；平阳大饥，人民殍死无算，6月知县糜粥食之；温州大饥，永、乐、瑞、平皆然，惟泰顺稍稔，邻邑荒民多就食；诏南直隶、浙江、江西、湖广、河南所属州县及诸卫所田粮改征折色有差。

夏，河决河南野鸡冈，南至泗州，合淮入海，遂溢蒙城、五河、临淮等县；泗州大水；凤阳、临淮大水灌城。

7月22日杭州天晴，午时忽雨大雹。

1546年

南畿旱。盱眙蝗；泰州、东台大旱，无禾，振；兴化无禾；扬州、泰兴10月免被灾税粮；宝应、高邮、南京、溧水、丹徒、靖江、丹阳、金坛等大旱；武进旱，民大饥，县为糜食之；江阴大旱，人削榆皮以食，流殍载道；吴县7月大旱，蝗食田禾、草木俱尽；常熟邑城雨赤豆；太仓春夏七浦潮水倒灌；松江旱，民大饥；杭州、余杭7月大蝗，所过田禾、草木俱尽；嘉兴夏大疫；嘉善夏疫，浮尸不可胜计，知县赈饥民726.75石；宁海不雨；建德大饥，连三岁饥，民掘草根食，有司尽发仓廪以赈；台州、黄岩8月大疫；绩溪夏旱；太平(黄山北)大旱；休宁饥，巡抚都御史赈之谷；石埭、东流夏大饥，八、九都历山竹生实，可万石，皆为民食；泗州蝗。至此，淮南、江南、太湖流域已连续3年旱。4月26日以淮、扬重灾，命两淮运司发余盐银2.5万两账恤灶丁。7月20日以灾伤，免直隶凤阳、扬州、淮安所属州县及各卫所夏税有差。

8月，杭州大水，无禾。临海、黄岩8月大疫。

余姚海溢。

8—10月，合肥淫雨，伤禾稼，东南田渰没殆尽。

注：原订的1546年9月29日江苏邳县寨山5½级地震，因立论基础为3人死亡，现查明死者王槐野、韩苑洛、马伯循，均为嘉靖时期陕西地方高官，于1556年陕西华县8级大地震中遇难，与此次寨山地震无

关，寨山破坏性地震应予撤消，只作无破坏地震处理。

1547 年

夏，绩溪旱。

7月，乐清飓风大雨，坏民居，伤禾稼。金山风狂雨骤，咫尺莫辨，泖中有古木为蜃，出没巨浪中。

8月，淮水大发，汹涌倍常，泗州东门外民人、曹妃等各湖地冲决百余丈，各为大河。

8月，芜湖石矶山下(采石矶?)水暴涨二丈，又忽涸见底(岩溶塌陷)。

10—11月，无锡、嘉兴、嘉善旱。桐乡8月至次年1月不雨；嵊县旱。

自1544年以来上海周围各县冬、春无雪(旱)。

1548 年

2月29日寿州、蒙城雨木冰。

2月27日—3月3日，淮安下地凌深尺许，树木皆冰如结，绯烟雾数日不散。

4月，安庆、桐城、宿松、太湖、潜山雹。

春，寿州、怀远大水。

夏，嘉兴、嘉善、松江旱；吴县旱荒；泰州凶歉；天长2—6月不雨。乐清7月不雨，大饥。10月免扬、徐、泰兴被灾税粮。

6月，嘉兴大雨月余，南湖决，太湖不泄。

8月14日受台风影响，平阳飓风，文庙殿庑皆坏；泰顺大水，坏民庐舍；缙云大水，舟至县门，渰没民居大半。

8月16日以灾免凤阳府属泗州、盱眙、天长、怀远等税粮有差。

10月23日霜降日镇海、定海雨毛，色苍白，以手扑之如灰。

11月，扬州、仪征雨木冰。

12月20、22日，嘉兴、嘉善、桐乡、湖州雷电，大雨。

1549 年

春，太湖泛溢，吴县、常州、金坛、溧阳大水；吴江大水，田多没溺；宜兴大水，知县沿乡勘恤，奏免秋粮有差；松江大水又作；湖州、长兴太湖溢，大水，不辨田禾，长兴京库兑军漕粮改折六分，存留粮草尽行蠲免。

夏，泰州、东台大水。宝应异灾，人民饥死甚众。嘉兴、嘉善大水，伤稼，嘉善知县奏免田粮四分；桐乡大水；平湖、孝丰(今属安吉)以水灾免秋粮，加赈。10月24日诏免浙江嘉、湖2府水灾秋粮有差。

金华大旱灾。余姚梅川徐家雨血，庭中皆赤。太平(当涂)、和州大旱；庐江旱。舒城先旱后涝，岁大饥，盗贼蜂起。

9月，泰顺七都翁地大水，侵坏民居田园；缙云大水，漂荡田禾庐舍；庆元大饥。青阳9月淫雨，沿河坏庐舍，损禾稼殆尽。

12月29日夜瑞安嘉屿乡雨雹，大如鸡子，羽虫击死无数。

1550 年

2—6月，清河(淮安)不雨，频风，刮土至尺余，二麦尽槁。宿迁春雨土，黄雾四塞。常州旱；嘉定*大旱：嘉兴、嘉善4月17日午刻大风，扬沙，黑霾三日，嘉善知县赈饥民米168.4石余，谷371.2石余；东阳、义乌、丽水、遂昌大旱。余姚疫。休宁旱，赈济。安庆4月黄雾四塞，漫城郭，弥几案，色如黄土，二日方绝；宿松、潜山4月黄雾四塞。全椒4月骤雨、雷雹交作，广三十里，当者室屋推倒，草木如焚。11月3日以灾伤免凤阳、扬州、淮安3府所属州县税粮并改折兑运米有差。12月7日以旱蝗，免南京英武并直隶寿州等卫、所屯粮有差。

* 万历《嘉定县志》记1549年，疑为1550年之误。

7月7日嘉定真如龙卷风；7月8日、9日马陆龙卷风。

7月，吴县大水，伤稼。高淳大水，捐谷800石赈饥。

8月，六合蝗飞蔽空。

泗州、盱眙大寒，淮水冰合，车马通行。

1551年

1月，安徽贵池(30.7°N，117.5°E)4¾级地震，贵池江水沸岸，屋瓦倾覆。铜陵、建德、东流均震。

3月24日建(德)、淳(安)、桐(庐)、遂(昌)4县同日大风，飘瓦如叶，府治钟楼飞坠，城外是日覆没舟楫不可胜算。

5月22日嘉兴雨冰雹。

6月，六合不雨，禾苗将枯。淮安不雨。嘉兴旱。

浦江八都范村前山坞久前山崩，大水泛溢，没民居，人多溺死。丽水大水；松阳潦。

秋，高邮海水溢，没下河丁堰(如皋丁埝镇)田庐；松江大风、拔木。海盐风潮作，塘坏。

8月，(黄)河决淮安草湾(清江浦东南十五里淮河北岸)，泗州、盱眙、山阳(淮安)、盐城淮水大溢；盱眙没宝积桥；宝应大水，东注逆流，浸于城址，东乡田庐漂荡无遗，淮堤连决，高邮没(里)下河田；涟水水灾；兴化水。10月免松江及苏、皖、豫灾伤田粮有差。11月2日灾伤，免应天、苏、松、常、镇、宁国、太平、凤阳等府，并徐、邳、宿、颍等州县，南京锦衣各卫所田粮有差。

1552年

5月4日松阳雷击5牛。

6月，庆元大旱，苗槁甚，民彷徨。

8月，慈溪秋旱，穜秫焦槁；余姚旱。桐乡、湖州旱；兰溪飞蝗为灾，禾穗尽落；含山旱荒；庐江大旱，湖水涸；绩溪旱，大无麦。常州雨黑豆。

8月，河淮大溢，淮堤又决，泗阳、淮安、涟水田地沙淤；泗州大水；盱眙水，没宝积桥；盐城、阜宁淮水大溢；宝应大水，没东田；六合疫；扬州水患，知府发赈、蠲税；泰州、东台水，振；靖江风潮。江南镇江、丹徒、丹阳、金坛大水。嘉兴水灾，民饥，有司赈粥。以凤阳、淮安、扬州、徐州各府州县频年大水，量准折征秋粮，仍令所在有司赈济饥民。

1553年

泰州、东台大旱；六合3月经旬不雨，民居数见火灾；江宁、溧水旱。常州、无锡、江阴天雨赤豆。武进大旱，滆湖绝流，人行如市；太仓苦旱；嘉定大旱。桐乡、湖州旱；绩溪春夏旱。

杭州方山大风，大数十围的松木悉连根拔起七八株。

宿松大水，陈叔汉山蛟起千有余穴，冲去田600余顷，死千余人；太湖水，民居多漂溺；池州、铜陵大水。

黄水冲开草湾河。盱眙水，没宝积桥。淮安水灾；直射安东(涟水)；凤阳饥。11月6日以灾饥，诏免庐、凤、淮、扬4府所属州县及各卫所税粮有差，仍敕有司出赎金赈济。

6月,苏州大风雷,牛马在野者多丧其首。

6月,临海、黄岩大风雨,连日不止,坏田稼。

10月,海盐桃李盛开。

● 1554年

2月,海宁水。

瑞安雨雹,历集善、游崇、泰顺3乡,菜麦尽伤。

5月6日上海东海上风雨暴作,倭船多覆。

春夏,太仓大旱,井泉涸竭,海潮不入,勺水难得,五谷不登;苏州5月大旱;嘉定5—8月大旱;江浦大旱;六合旱;常州、宜兴滆湖涸,人行如市;泰州、东台大旱,城壕竭;如皋大旱,大疫;淮安、扬州、兴化、泰兴、通州大旱;上海大疫,民死殆半;崇明大饥。崇德(今属桐乡)4—8月不雨,6月2日雨血,洲钱西庙檐滴如血;诸暨旱;於潜(今属临安)岁大祲。庐州、含山旱;和州(领和县、含山二县)大旱;来安饥。淮,凤灾伤,准将未完改兑粮,待麦熟后止征折色。山东兖、东2府、直隶淮、扬、徐州旱灾,量减漕河夫役有差;6月11日以灾伤,诏以淮安府属州县改兑粮8 600石俱准折征。次年1月30日以庐州、淮安2府灾荒,准改折预征本色马匹三分之一。

7月22日嵊县集贤坊飞雪成片。

7月,常山大风,拔县庭木,蓬草飞数里,公座皆倾。

7月,常州雨雹,大如拳。

8月19日嘉定风灾,禾木偃拔,棉铃尽落;崇明大饥。

● 1555年

春,泰州、东台旱,河水尽涸;兴化蝗;松江大旱荒。

7月,寿州淮水暴溢,浸城深二丈,东北城次第倾颓,郡守随圮随葺,弥月余水消,民安堵;凤台大水,浸城:怀远大雨,水入城市;五河河水暴涌,平地辄深丈余,村民趋避不及,多葬鱼腹;天长、泗州大水;淮安平地深丈许;盱眙没宝积桥,桥上行舟;宝应决堤坝;仪(征)、高(邮)、宝(应)、通(州)、泰(州)俱大水,庐舍漂没,上命赈之;兴化大水,无禾;泰州、东台、如皋大雨如注一昼夜,两坝俱决水;通州淫雨浃旬,城之隳者300余丈;六合水,没田禾;无锡大水,渰圩田;巢县拓皋乡出蛟,平地水深丈余,坏室庐桥梁,人民溺死众;上海连年大疫,民死殆半,六门出殡,日以百数,至有一家死人无收殓者。

夏,来安、全椒蝗入境。

秋,江浦蝗;兴化蝗,食屋草殆尽;全椒虫害稼;和州蝗食稼。休宁、祁门饥;祁门赈谷。

11月18日苏州、常熟、太仓、嘉定、湖州天雨豆,大如粟,色赤,味苦。

● 1556年

1月,武义大雪,深丈许,民间烟火几绝,獐麂饿毙不可胜计,深山雪积至4月方消尽。合肥冰介,继之大雪。

1月,无锡五里湖啸,中无勺水,有二大鱼死于湖滨。

2月2日陕西华县(34.5°N, 109.7°E)8¼级地震,长三角巢县、五河、南京、淮安有感,烈度四度。

2月,缙云大雪,积14日,深丈余。

5月,杭州霖雨,湖水冲去钱塘门北城30余丈。

泗州大水，去雉堞不盈三尺，城西北崩，水几灌入城，居民多奔盱山；仪(征)、高(邮)、通(州)、泰(州)俱大水，庐舍漂没，上命赈之；高邮饥；宝应大水；松江河溢，水啮堤败。10月22日以应天、池州等府水灾，免秋粮及折征卫所税粮有差。减免南京锦衣，并宿州等卫所屯田水灾，折征屯粮有差。

8月27日象山大风，发屋拔木。庆元大风震撼，颓墙摧屋，林木尽拔。

秋，慈溪下墨雨。

冬，定海大雪。

1557年

2月，巢县大雨，雷震。

3月6日桐乡雷击崇福寺，碎其二柱。

3月，苏州太湖水涸，洞庭(东、西)二山间大风，从东南来，水为所约，壁立如峻崖，东偏于涸，泥涂可履，群趋得金珠、器物及古钱，水两日不返，至(第)三日，有声如雷，百道翕集，水如冰山奔坠，少长皆没。

4月，象山雨雹。

5月9日山阳(淮安)，安东(涟水)大风雨雹。

7月，常山雨雹。

东阳大旱。

8月12日受台风影响，临海、黄岩大风浃旬，拔木发石，坏民田庐，大伤禾稼；鄞县(宁波)旱，飓风大作。余姚饥。上海大疫。次年1月以水灾免浙江宁波、绍兴、台州、处州、温州所属税粮如例。

秋，长江大水。池州大水，府城街市行舟，东流、贵池、铜陵尤甚，民大饥；繁昌大水；芜湖大水，群蛟齐发，江涨丈余，圩岸冲決，民居漂没，由当涂至芜湖陆路无复存在，舟行屋上，禾麦不收，民采草根、树皮以食；青阳饥；定远山水泛溢，城被冲颓，西南二面居多；高淳大潦，永丰乡被水独甚；湖州、常州、泰州大水。秋，高邮大水，河堤决，民饥。

1558年

6月17日浙江东阳县民张家地裂五六处，出血如线，高尺许，血凝，犬食之，掘地无所见。

7月1日杭州青墩龙卷风，坏庐舍40家。

夏，苏州、太仓雨雹，大旱。巡按奏蠲田粮。

8月，淳安雨雹。

秋，全椒8月大水，街深数尺行舟，人居没死甚众；和州大水；如皋夏秋大水害稼，坏官民庐舍无数；泗州、盱眙大水；安东(涟水)水灾，民饥；清江(淮安)自夏迄秋淫雨；高邮大水，饥；宝应湖堤决、兴化西河堤决，免秋粮1万石，赈饥民1.1万余；泰州、东台、泰兴大水；靖江淫雨，自夏至秋三月不息；金坛大水；吴县、吴江淹中下田；上海大水，饥、疫。以水灾蠲直隶庐、凤、淮、扬4府各属州县税粮有差。

是年，乐清盖竹山崩。

1559年

3—9月，盱眙四乡鬻男妇万余；盐城旱，民饥，鸿胪寺序班夏某具棺收瘗暴死甚众；宝应、高邮、兴化、东台、如皋、通州、泰兴大旱；淮安旱，民饥；兴化、东台秋复蝗；常州、溧阳、苏州、吴县大旱；丹徒、丹阳、金坛河水竭，河底生尘；常熟旱，井泉竭；太仓夏秋大旱，五谷不收；嘉定恒旸，8月方雨，岁大祲，米腾贵；崇明旱；上海饥；湖州、长兴大旱；余姚旱；常山6月上旬至10月不雨，木尽枯，无收，民食蕨粉；五河、全椒大旱；天长大饥，民间子女多鬻他郡；来安旱；10月6日免南京锦衣卫及直隶扬州等卫所屯粮各有差。10月14日，免南京锦衣卫并直隶建阳、泗州等卫屯粮有差。11月10日以灾伤免浙江杭州、嘉兴、湖州、金华等府税粮及将起运粮米改折有差。

夏，滁州大水，圩尽破；含山大水；溧水洪水溃诸圩，洗民居，迁儒学于西门内。江阴大水。桐庐6月大水，禾淹没。

冬，铜陵、池州桃李华。崇明无冰。

1560年

2月，合肥雪后大霜。

春，淳安大饥，饿殍相望；平阳春饥；民不聊生。

6月，汤豁(今属金华)大雹。

6—7月，衢州、江山不雨，四境嗷嗷入市；龙游7—8月不雨；余姚旱；歙县、休宁、祁门旱饥。

7月—9月28日(重阳节)，靖江淫雨；8月应天(南京)江水涨至三山门，秦淮民居有深数尺者，至10月始退，漫及六合、高淳；江浦大水；高淳大水，圩溃；泰兴、如皋、通州大水，大饥，人食草木；靖江7—9月大雨；泗州、盱眙大水；7月天目发洪水，临安、於潜、新城(富阳西北新登镇)大水，杭州灾伤；孝丰大水，人民漂没，田地成溪。湖州天目山发洪，水灾；泰顺秋淫雨洪涨，冲击桥颓；巢县城四门俱行舟；庐江7月下旬大水浸城，东西二郭外船渡两月余，10月始涸，城墙南倾百余丈；铜陵、含山、无为、和州大水；广德大水，堤坏十之三；池州大水；青阳王某出粟赈饥。

象山飓风暴作，殿堂、祠庑大坏。

秋，泗州、盱眙蝗。太仓9月十三都雨血。

冬，南京大雪，禽鸟多冻死，木冰如花；六合大雪；高淳树冰；溧阳大雪，木冰，禽鸟多冻死；宣城树冰，竹木压折甚众。

1561年

1月，开化雨雪，冻折巨木，民多饥死，2月雪甚，又饥。

2月12日—3月15日五河大雪，4月又雪；合肥2月雪后大霜。

2月25日桐城大雪3日；湖州2月雪雷。

春，昆山雨雪不止；吴县2月雪雷。绩溪春大雨雪。

春，安徽贵池(30.5°N，117.4°E)4¾级地震，铜陵、东流、东至有感。

4月30日嘉兴雨冰雹；海盐雨雹，大如拳，麦尽损，至破庐舍，澉浦尤甚。

6月27日吴县胥口发蛟。

7月8日青浦佘山起蛟，水涌丈余，平地成河，田禾淹没殆尽，民庐漂没。

7月8日衢州山洪暴发，开化诸山阴崖迸裂，汹涌蔽天，卒时骤水，莫能防御，合郡饥溺，比1539年灾情尤甚；开化大水，府大赈，民稍安；江山大水，饥；常山、龙游大雨水；汤豁大水(民国《汤豁县志》卷1记五月，置闰五月更合理)。

7月31日嘉定方泰履丰里龙卷风，将合抱大槐树拔起，松江塘桥一渔舟被置屋上。

上海各地5—11月淫雨，6月大雨彻夜，平地水深数尺至丈余，至秋水益潦，田禾渰没殆尽；昆山5—6月淫雨，江湖涨溢，禾苗尽淹，廓门外一白无际，老幼避水入城者多饿死；太仓春秋大水，波涛平野，禾稼大无，民饥，僵户满野，至次年水始退；吴县10月6日未时起，又连雨日夜，四境皆巨浸，城郭、公署倾倒几半，郊外数十里无烟火，流离载道，饿殍相枕，幼稚抛弃津梁，寒儒、贞妇无告刎缢，又疫痢夭折交并，水至次年3月始退；吴江城郭、公署倾倒几半，民庐漂荡垫溺无算，村镇断火，枵肠食粥，饥殍无算，水高于1510年五寸；宿潦自腊春淫雨徂夏，兼以高淳东坝决，五堰下注，太湖6郡(苏、松、常、杭、嘉、湖)全淹，秋冬霖潦，塘市无路，场圃行舟。常熟7月中旬后淫雨，大水坏田禾，至12月水弗退；无锡大水，深及丈，弥望成川，舟行入民居；宜兴大水特甚；武进雨雹，大如瓦，大水，深及丈，平地成川，浸没田亩，11月水始平；溧阳大水，平地深及丈，弥望成川；镇江大水，民居水至半壁，粒米无收，自后连续六年水灾；丹徒、丹阳、金坛大水；高淳大水，舟入市，民大饥；高邮、宝应8月大水，河湖堤决；如皋、盐城、盱眙、泗州、五河大水；杭州5—6月大雨水，苗种淹没，自秋至冬雨水不止，田成巨浸，草无寸茎，饥寒死者相望于道；嘉兴6—11月淫雨不息，民大饥；嘉善水灾，漕粮全折，免银7 351两余，米3 321石余，赈过饥民谷4 778石余；平湖淫雨大水，禾多淹死；海盐秋冬大雨水，禾不能刈，烂田中，民大饥；桐乡6月恒雨，至10月止，水溢淹禾，民庐多没，大饥；湖州、长兴7—11月淫雨不息，平地水高数尺，禾沉水底，大饥；德清大水无禾，武康报灾九分；余姚秋涝。8月苏、松、常、镇、杭、嘉、湖7府大水，平地水深数尺，累月不退。松江、上海、青浦、嘉定等大饥；合肥、舒城、庐江6月大水、坏民居，圩田淹没，民多逃亡；合肥东部街市可以行舟，东南圩田连遭淹没；铜陵、池州水灾相仍；和州水荒；无为、庐江圩田尽没；巢县、含山大水；宣城、泾县、南陵大水，没圩岸，大饥；徽州、休宁大水，饥，巡抚都御史赈谷。8月21日以灾伤免直隶苏、松、常、镇等府所属州县各正官入觐。10月破例赈恤。诏留苏、松、常、镇4府两年开纳事例银并浒墅、北新关船料银备赈。免南京锦衣卫并扬州等卫屯田籽粒有差。南汇等赈饥民。

冬，泗州寒，淮冰合，车马通行。

1562年

春，宜兴饥疫，巡按御史设粥、药于路，民多赖之。

4月25日嘉善、海宁龙卷风，冰雹随之，自太湖来，经陡门、硖石等镇入海，伤屋千数。

6月，衢州、开化、江山大水，郡侯疏请蠲赈，免杂办十分之四。

7月，六合大风拔木，水溢；武进迎春乡东村湾山洪暴发，势高二三丈，漂石拔禾。江阴大水；吴县夏水；嘉定大水，疫。松江大饥，饥民四出抢掠，富户囷仓殆尽。上海复大饥。高邮夏大水，没田禾；高，宝大水，决河堤；兴化水灾，抚院谕准将通州、如皋等6州县豆粮抵补兴化漕粮7 000石；泰州、东台水；合肥大水，东郭街市可行船，东南圩田遭没，民多逃亡；含山大水；和州水荒；繁昌大水；歙县、休宁大饥，府赈济平粜；青阳城隍庙前汪五桥，被水冲坏；兰溪大雨连日，洪水暴涨，城中水高数尺，禾浸没饥。7月7日以淮、扬2府灾伤，停征漕粮，改折银有差。11月8日以南京锦衣并凤、扬等卫所屯田旱涝相仍，许折征秋粮有差；11月18日以直隶庐、凤、淮、扬4府所属州县、卫所水灾蠲秋粮有差。免淮、扬所属泰、徐等州7州县马价有差。

庐州府、舒城大旱，饥。临安於潜饥；桐庐蝗，害稼。次年1月21日以湖广武昌等府、直隶扬州等府所属州县、卫所灾伤，减免税粮及折征屯粮有差。

1563年

春，江山淫雨甚，雨止即旱。

6—7月，衢州、江山、龙游旱。

8月，衢州雨，雨止又亢旱；青田大水，山洪暴发，十一、十二等都大雨，山裂水涨，冲坏田地32顷又40余亩，溺死男女323口，漂没房屋752所。兴化水灾，抚院准将（扬州）6州、县豆粮7 000石，抵补兴化漕粮3 500石；泗州大水；东台水。含山大水，继以旱。10月25日以大水，蠲免徐、沛、丰、扬4州县卫所田粮如例。

和州、含山旱。

冬，泗州寒，淮冰合，车马易于通行。

1564年

春，高邮大雪。

靖江孤山西龙卷风，卷去民居数十间，移石井栏越一港。

桐乡十二都大雹。

6月9日余杭、临安大雨，黄湖（今名横湖）、双溪尤甚，杭一所发洪28处。

6月，高邮、兴化、扬州、泰兴大水，没田禾。9月17日因水灾免苏、松府属正官入觐。

7月20日宁波落雪，似黄色。

夏，余姚大旱。和州、来安、舒城旱。

9月28日—10月2日夜象山西沪海溢，三日不汐。

秋，天长大水，漂沿河居民房屋无算；泗州大水；盱眙水；东台遭淮水。

12月24日戌时杭州、嘉兴雷鸣闪电，大霹雳，至25日寅时止，阴雨十余日，忽大风大暖，人皆袒裼，如春夏时令。

冬，泗州、盱眙寒，淮冰合，车马通行。

1565年

1月19日嘉兴、嘉善狂风终日，拔木扬沙，门不可开，舟楫不行。

2月，扬州、仪征雷电交作，木冰；靖江雪，雷，木冰。

高邮春旱，夏寒。

夏，来安大水；休宁夏饥；绩溪水灾。

6月，淮水骤涨，五河村落陷没，城内水深五尺；怀远淫雨连月，水坏民居，知县乘舟问劳。

7月31日嘉定风暴潮为灾；无锡、江阴大风拔木；常州7月风灾大水；高邮7月大雨一昼夜，积水深五尺，没田禾。

8月，海宁蝗。

冬，松阳大雨雪，又下黄土；遂昌大雨雹。

1566年

3月19日亥时兰溪大雨雹，大如鸡卵，十九都尤多，屋无完瓦；金华3月雨雹。

3月，南京大风雨，震报恩寺，殿宇皆尽。

3月，靖江寒，伤人。

5月5日滁州大雨雹。

6月19日宁波、象山飓风大发，坏船百艘。

寿州夏淫雨连月，水逼城，约深三丈，至7月21日北城西忽破，水突入城中，宫室冲流殆尽，人畜溺死无算，郡守集舟筏拯生，置义冢瘗死，施药饵疗病，散金谷赈饥。8月疫疠大作，民病死又无算，自是凋敝日甚，非复昔日殷广之寿矣；凤阳夏大水，禾尽没，民舍漂溺；盱眙大水；盐城大水，禾稼尽没，民饥。淮、徐饥。

7月26日杭州西湖风雨大作，宝俶塔顶坠，湖船翻三四只，接待寺新建千佛巨阁平地带起丈余三次，跌为齑粉，无完值者。

7月，六合大雨水，伤禾。靖江骤雨三日，通县皆没。

9月，宝应大水，决湖堤。

秋，来安旱；舒城旱蝗，禾稼尽枯。金坛大旱，知县建社仓于各区，贮米备赈。

秋，上海、青浦大风雨，害稼。城市庐舍多倾坏，牌坊石柱俱摇动。

冬，兰溪大霜如雪，菜麦、树木多冻死。

是年，武康山移数百步。

1567年

1月，南京、六合大雪20余日，民有冻死者；江浦雨木冰；合肥大雪，积阴自11月至2月始霁，市地雪深数丈；巢县大风雪，巢河湖水坚冰，行人冻死者众，逾月冰未解；舒城1月21日大雪，竟月方止，积高数尺。

2月19日合肥大风异常，冱冻，民有坠指者。

春夏，通州、泰兴大雨。淮安水，免淮安等处原派砖价一年，又诏免追征民壮军饷银有差。安东水灾，民饥；5月6日奏淮安府所属11州县（清河、山阳、邳州、睢宁、宿迁、桃源、安东、盐城、沭阳、海州、赣榆）水灾重大。

6月，来安旱。绍兴、诸暨旱。

7月，定海（镇海）北风连日大吼，海潮怒涌，溢入于城；海盐海溢，坏田庐无算；奉化岁大祲；杭州大风，折保俶塔顶；常山大雨水。以水灾免浙江临海等25县存留钱粮，萧山是其一；上海大风海溢；南汇漂没人畜。苏、松二府并上海、川沙、南汇等大饥。

9月13日武进、无锡、江阴、靖江大风6昼夜，发屋拔木，洪水涨，禾方吐华，尽为秕。靖江县几沉；无锡免米82 263.9石，漕粮改折银9 636.9两。

冬，合肥大雪。

1568年

1月上旬至2月，寿昌（今属建德）雪，积深四五尺。

2月8日（元旦）受北方沙尘暴影响，上海、太仓、常熟、吴县、江阴、高邮、嘉兴、嘉善、桐乡大风，飞沙走石，白昼晦冥；无锡大风，太湖水涸；长兴大风，扬沙走石，白昼晦暗，大旱，太湖涸。绍兴大风，县握折一巨柏，城中数灾；来安暴风。

6—7月，东台、兴化夏酷热，田妇多暍死。江浦、六合秋不雨；凤阳、定远、盱眙、淮安大旱；来安夏旱；五河旱。嘉兴大旱，毒热，人多暍死；金华6—9月不雨，早晚禾俱无收；龙游7月大旱；处州旱；11月22日以金、衢、严、处4府旱灾，诏留浙江布政司赃罚银9 000两备赈，停免税粮。

8月31日（七月二十九日）浙江台州飓风大作，大雨倾盆，海潮大涨，挟天台诸山水骤合，冲入台州府城（临海），三日乃退，溺死人民3万余口，冲决田地15万余亩，荡析庐舍5万余区，尸骸遍野，埋葬半月方尽，谷烂麦腐俱不可食。当地传说台州府城仅剩18家，其余全被洪水吞噬；黄岩大水，平地丈余；仙居大水，田禾漂没，民多饥死；玉环、乐清大风雨，海溢，漂沿海民居田地无算；永嘉大风雨，荡去溪乡田地无数，谷收十之三；瑞安大风雨；泰顺大雨如注一昼夜，大水漂田园、民居(康熙《泰顺县志》祥异时间误记8月28日)；遂昌大水，蛟出，坏田屋；嵊县8月31日雨，9月1日风大作，至夜，逆溪流溢入城中，怒涛吼冲西门，城并城楼俱塌倒，平地水深一丈三尺，凡一昼夜水涸；新昌夏(秋?)大水；宁海大风雨，坏田地、民居无算，流尸遍野，水落后，乡民群收胔骼培土瘗于溪南田间，筑坟为记；崇明(万历《新修崇明县志》卷8记8月18日，疑误，今只取其月)大风、暴雨，树木皆拔，民房倾圮；镇江开沙(扬中)圩岸崩圮，渰没沦溺。12月以苏、松、常3府水灾，诏改折额解禄米仓粮一年；通州、泰兴8月风雨，江涨，潮溢，坏民官庐舍、禾稼，大饥；泰州潮溢；兴化大水；涟水大水，街市行舟；徐州大风雨三日夜，坏官署民舍、禾稼(顺治《徐州志》卷8时间记八月十六日，疑误)；赣榆海啸，大雷雨，平地水深三尺。以水灾免浙江台州府税粮有差，仍留原派南北直隶等马价银备赈；以水灾折征高邮县等卫所屯粮有差。11月1日总理江北盐屯都御使言：大江南北亢旱，淮、徐间洪水泛溢。11月16日以淮、扬、凤阳、徐、滁等处灾伤，暂免原派砖价一半。

11月，上海大水，某夜雷电，桃李华、梅杏灾。

1569年

6月，桐乡雨中间雪。

6月24日(六月朔)风暴潮，崇明平地水深丈余，居民十存三四。嘉定东乡(即今宝山)大灾，岁祲。上海、青浦人畜没无数。松江坏捍海塘，咸潮入内地。崇明、嘉定等停租一年。改折松江、上海漕粮一半、并给赈有差。太仓海溢；昆山、常熟大水；吴县飓风大雨，瓦石飞扬，偃禾拔木，向暮风越烈，雨越倾注，终霄弗歇，处处颓垣倒壁；镇江开沙(扬中)霖雨大注，海水复来冲激，湍迅漂民室庐，荡析离居，民无栖息；靖江6月24日潮涨；泰兴潮溢，大风坏屋；盐城、睢宁海溢；杭州夜怪风震涛，冲击钱塘江岸，坍塌数千余丈，漂没官兵船千余只，溺死者无算；嘉兴6月23日夜飓风驾潮，水出地二丈余，漂溺死者3 000余人，石塘尽崩；嘉善6月大雨；海宁海涌丈余；湖州田禾淹没；安吉赈饥免税粮；德清水灾，改折漕粮六分；铜陵、贵池风暴作，拔木摧垣，伤人损稼；池州、东流、建德(东至)大风拔木，伤稼；安庆、桐城、宿松、潜山、望江夏大水。

6月29日寿州雨雹，大者如卵，小者如栗，迅飚折木扬屋。

7月，凤、泗山水大发，合河与淮水高丈五六尺，由通济闸建瓴入，河淮不归于海，山(淮安)、安(涟水)入海故道缩为一线，海口将闭，高堰遂坏，故西桥、通津桥数处水亦涌起，高于街四五尺，悬注以入，凡所经沟渠皆淤为洲，所过街市房廊两傍堆沙三四尺，晚闭晓塞，乡聚屋低者水压其檐，高者门未没尺许，人皆穴屋栖梁上，或乘桴偃卧出入，稍不戒，随浪旋没。7月30日大风雨不止，惊浪动天，覆舟倾屋，人畜流尸相枕。

7月29日来安雹。

8月5—8日(闰六月望前后)再次风潮。嘉定飓风海立，傍海诸邑顷刻平地涌水数尺，人畜多死；崇明风潮继作，顷地丈余，民畜死者十存三四，崇明城俱没，唯知县带吏胥往苏州参谒得免。先是东北风大发，海水腾沸数日，坏田庐无数，至西南(风)起，水始退。沿海郡县水暴涨，溺死者甚众；太仓海再溢，洪潮丈余，人多溺死无算；昆山大水；吴江夏大水；靖江潮大涨，漂淌民居殆半，死伤人口万余(嘉靖《靖江县志》卷4)；平湖、海盐大风雨，海溢；浙东、西杭州、宁波、江南北大水，坏城垣、淹田舍，漂人畜无算。慈溪8月6日风潮，崩塌海塘，房屋万物漂流，淹死无存。

9月5日（七月望）夜大风，拔木，公廨民居倒塌无算。嘉定海潮三溢；南汇海潮禾稼尽死；太仓海三溢；昆山、吴江大水；靖江大雨3日，平地水深三尺，百谷皆死；六合潮没瓜洲，坏田庐；镇江江潮卒涌，平地水深丈余，沿江洲沙溺死居民不计其数；高、宝、通、泰、兴化、如皋、泰兴俱大水，海潮大溢，高二丈余，城中平地行舟，淹死人民无算；通州风雨暴至，海溢，漂没庐舍，溺死者众；泰州大水，奔腾汹涌，百姓争载舟、结筏避之，溺死无算；东台大水，海溢，潮高二丈余，舟行城市，溺死人民无算，水患最烈。河决高家堰，黄浦口水奔腾，田亩为巨浸；高邮秋大水，高二丈余，漂没庐舍，溺死人畜不可胜计，民无所居食；兴化百川决防，以兴为壑，庐舍、城不浸者弱半；宝应狂飓大作，海潮东涌，恶浪排空，田庐漂荡无有孑遗，人畜溺死者无数，城中平地行百斛舟，湖决15处；秋淮河涨溢，自清河县至通济闸，抵淮安城西，淤三余里，决礼、信二坝出海，平地水深丈余；盐城淮水溢，数百里浩淼如大洋；阜宁海溢，河淮并涨，庙湾水灾；海州大风拔木，海溢、淮溢、沭水溢涌，民附木栖止，多溺死；赣榆大风拔木，海啸；10月苏、松、常、镇4府及上海水灾异常，上海、嘉定疫。定海飓风大作，海啸，潮水涌溢，由女墙灌入，城中居民惶惧，时浙东郡县俱灾，圮庐沉稼；鄞县大水，坏章家桥，凤溪水逆流，而凤凰溪遂淤塞不通；余姚飓风，海啸，漂没人畜无算；台州秋大水，田庐多坏，仙居蜃发、水溢、山崩，禾尽没；黄岩秋大水，田庐多坏，民艰食，免存留钱粮；永康秋蜃发，水溢，山阜多崩，禾稼尽没；处州大水，田禾淹没；青田大水，伤官民田地5顷余；缙云大水，淹没庐舍；来安秋暴风，禾稼摇落；舒城秋大风拔木，庐舍禾稼；凤阳大雨，平地行舟。一年之中三遭台风袭击，10月4日以江南、江北各府灾伤，命查庐州课银，自1542年至1564年，逋负者悉蠲之。10月6日以苏、松江2府水灾给赈有差；10月17日，将太仓、嘉定、松江、上海等7州县漕粮改折并减免应征钱粮三分。10月31日诏许常熟县漕粮改折十之五、昆山县十之二、宜兴县十之三；11月10日诏崇明、嘉定、太仓、吴江、长洲（苏州）、靖江、丹徒、溧阳、高淳、六合等县改折漕粮有差，无漕粮者停征一年；免临海、天台、黄岩、仙居、太平（温岭）、宁海、上虞、余姚、诸暨、萧山、嵊县、山阴、会稽、鄞县、慈溪、奉化、定海、象山、丽水、龙泉、青田、缙云、松阳、遂昌、云和等县存留钱粮，绍兴府、南京仓粮俱改折六钱。11月免征凤阳府铁、马料价银一年；12月诏减庐、凤等府，滁、和等州军饷银；又将带征积逋银钱俱行停免，并免凤阳府民壮银8 000余两。

10月27日松江、上海暑如盛夏，而28日又寒如严冬，雷震达旦。

冬，仪征大雪，檐冰长丈余。

1570年

1月上半月至2月，兰溪雨雪，积深四五尺。

4月3日鄞县、慈溪、象山天降黑雨。

夏，高邮旱；泰州旱，蝨食禾，饥，赈；如皋、泰兴、靖江、通州蝨食禾几尽；淳安县西大旱，草木皆枯；和州旱荒；全椒大旱。

6月，河淮水大发，黄浦决，宝、兴、高、泰四望无际。泗阳河决马厂坡入淮；盱眙饥荒；高邮高堰决，淮水东注入高邮湖，堤溃决，漕河大坏；安东（涟水）民饥；阜宁淮决高堰，河蹑淮后，入射阳湖。

夏，高淳水；宜兴岁饥，民大掠；吴县大水，伤稼，民饥；昆山大水，岁祲，知县奏改折漕米万石；松江大水，但赖吴淞江治理之力，尚不致伤农；湖州大水；武康（今属德清）诸山出蛟，大水，蠲免秋粮，起兑漕米暂派邻邑代运，仍发仓米赈之。舒城水灾，免秋粮有差。12月14日诏免浙江湖州府武康、归安、乌程3县秋粮有差,仍发仓米、赎银赈济。

8月22日庆元阵发性暴雨,一昼夜河水涌入城中,市皆乘桴往来,田土被决甚多,塔院门贤台坊漂没。

9月,湖州山崩成湖。

秋,嘉兴、海盐海溢;嘉善秋水灾,知县给借灾民种谷400石作赈,免还。

1571年

春,合肥民饥,掘草根而食。

4月,合肥雨雹,7月又雹。

平湖龙卷风,自西北来,人与牛俱被风掣落外山沙涂中,不复移动。

夏,东至旱;宣城、泾县、南陵大螟。

夏秋,合肥淫雨不止,城市平地水深数尺,东郭之内行舟。

6月,泗州、盱眙、淮安水,旬日不退;高邮河堤决;泰州、兴化大水;东台潦,民饥。如皋水。扬州、通州以水灾蠲扬州各卫所屯粮;12月11日以徐、淮等处灾,许改折,蠲免各项钱粮有差,仍令有司赈济如例。

秋,临海大疫,民多死。

长江大水。10月20日以铜陵等县水灾,许改折起运漕粮及蠲免存留粮有差;松江大水。11月命改折南京锦衣等卫屯粮有差。

1572年

1月25日元旦常山骤雨,街市成渠。

2月,杭州大雨雪,连六七日不止。

3—4月,杭州恒雨。

4月20日惊蛰,合肥大雪,雨雹;巢县大雷电,雪雹如指顶大,雷击紫薇树一株。

5月16日寿州雨雹,二麦尽伤;怀远雨雹,二麦多损。

5月,杭州黑雾,冰雹随之。湖州夏雷雹。

夏,六合不雨;东台旱。东至夏旱;休宁饥;来安岁荒。丽水旱甚,民食草。

7月,嘉定北郊龙卷风坏民庐舍,沟洫尽涸。

8月6日、8月21日青田二次风大作,暴雨,水涨,城中没深丈余,冲坏田地4顷余。11月,以台州府水,免当年岁粮之半。

9月7日(黄)河涨,自徐、砀至淮、扬一夕丈余,下流悉成巨浸,邳,睢、宿及桃源(泗阳)、清河、山阳(两者皆今淮安)、安东(涟水)、盐城被灾尤甚。两淮盐扬各卫所俱同;泗州、盱眙大水;淮安7—10月大水三月,人烟断绝;阜宁河溢,人民逃散;泰州、东台小海潦,民饥;如皋水。10月21日奏:淮安、扬州2府及徐州大水,乞折赈济。

冬,六合无雪。

1573年

5月,凤阳雨雹。

6月中旬夜舒城雨雹,大如鹅子,积地二三寸,杀禾稼。

6月20日淮水暴发,千里汪洋,泗州、盱眙、泗阳、淮安、安东、盐城、宝应没室淹田,濒河民溺死。凤阳、怀远饥,民多为盗;五河饥。7月12日以淮安水灾异常,发常盈仓米6万石赈之。

6月，舒城大水。

余姚旱；龙游大旱；丽水旱，早禾尽槁；金华雨土。湖州饥，疫。

7月，杭、宁等4府海涌数丈，没庐畜不计其数。

8月21日通州风雨异常，江海泛溢，拔木发屋，溺死者不可胜计；靖江8月风潮；吴县8月风雨坏屋，人畜多伤，大水，有全家漂没者。

1574年

3月13日杭州骤热，雷电。

4月，兰溪大风，雨雹，撤屋拔木。

7月1日青田大雨，溪水暴涨，坏官民田1顷40余亩，荡淤地、民居无算；丽水大水。

7月23日永嘉(温州)大风雨，禾稻多淹，连水三次，城中可通舟楫，沿溪之民溺死者众；瑞安大风雨7昼夜，山崩地坼，压毙人畜无算。

7月，东流(东至)大雨，雷震，出蛟，拔木。

8月10日(七月十四日)海盐海大溢，死数千人(《明史》卷29时间记是岁，但置于六月后，八月前，可推定为七月)；嘉兴海啸，坏屋宇，死者无算；太平(温岭)8月风雨大作，沿海漂庐舍数千；崇明大风拔木，公廨、民居倒塌无数；江苏海大啸，河淮并溢，通、泰、高邮、兴化、如皋、泰兴风雨异常，漂没人民无数；兴化大风，兼水灾；通州江海泛溢，拔木发屋，溺死者不可胜计；海安海潮腾沸，沿海居民溺千余人；如皋江潮漂溺，死者甚众；8月26日奏：两淮运司所属吕四等30场大旱之后，恶风暴雨，江海骤涨，人畜淹没，廪盐漂没，庐舍倾圮，流离饥殣，请乞赈恤；泰州河决，水患同1589年，赈；盱眙、盐城等戌刻大风雨如注，次日风益狂，拔木撤屋，海大啸，河淮并溢，山、清、安、盐等邑官民庐舍12 500余间，溺死1 600余名；盐城崩城垣百余丈；泗阳、清河8月河淮并溢，漂庐舍，人多溺死；淮安烈风，发屋拔木，暴雨如注，淮决高家堰，高邮湖决清水潭，漂溺男妇无数，淮城几没，知府开菊花潭，以泄淮安、高邮、宝应三城之水，东方刍米稍通；8月11日睢宁、宿迁大风雨，屋瓦皆尽，人畜死者不可胜记，宿迁至有举室漂流而无存者，睢宁知县请发帑金2 000(两)赈；徐州大水，环城为海，四门俱闭，浸城过半者3月，副使、知州环城增护堤，又建闸，泄堤内注潦于城南，城得不溃；萧县大水，决城南门为户窟，茶城灌淤，饥；沭阳河决井李巷，溃城四角；郯城8月10—13日大风拔木，横雨穿墙，房屋倾塌过半，禾稼淹没，是年大饥；费县、临沂8月12日大风雨，飘瓦拔木；安吉、嘉善等府州县水灾。

注：文中宿迁、淮安、涟水、盐城时间曾记有七月二十四日，经版本的时代及相邻地点比较后认为，与七月十四日属同一次事件，时间后者更确实。

9月，乐清大雨，水浸城半壁，伤晚禾。

9月，宁国府(治宣城)淫雨，宣城、宁国诸山蛟发，洪水溢，漂田舍、人畜溺死甚众。建平(郎溪)县东40里山蛟蜃，顷刻洪水暴至，澎湃汹涌，漂没甚众，3日始退。

9月下半月，金华大水、风雹。横山乡至紫岩乡百余里尤大，撤屋拔木，百草俱尽，击死30余人。

10月2日金华北山蜃，自山巅出水，裂土，各流成坑者数十处，西北田堰冲坏殆尽。

1575年

1月7日松江、青浦等大风，拔木倒屋。

春，东台冰，大水。

春,湖州、德清苦旱。

6—8月,浙南大旱。金华、兰溪、武义、衢州、江山、丽水、永嘉大旱,禾槁,无收;龙游40日不雨;泰顺、遂昌、庆元、瑞安饥;宣城、休宁7月旱,金山7月毒热,农夫、耕牛多中暑死。高淳、六合、绩溪夏旱。

7月17日(六月朔)风暴潮,殃及杭、嘉、甬、绍及苏、松、常、镇,坏松江漕泾崇阙、白沙捍海塘650丈,漂没庐舍千余家,死数百人,咸潮入内地六里余,淹死禾稼无算。川沙民死者及万(民国《川沙县志》卷1)。崇明漂没民居几半。太仓飓风连旬,海溢;通州7月18日大风,坏民居,伤禾稼;泰兴7月大风,坏屋,伤稼,江潮溢;如皋、东台大风,潮复溢;徐、凤、淮、扬等处大水。河淮并涨,淮决宝应高家堰,又决宝应、黄浦、八浅湖堤15处。高邮湖决清水潭、丁志口等,河蹑淮后,清口填淤,海口阻塞,淮安水涨,城几没。淮水从高家堰东决,徐,邳以下至淮南北漂没千里;桃源(泗阳)、淮安、安东霖雨不止,烈风大作,河淮并涨,千里共成一湖,居民结筏,采芦心、草根以食;高、宝、兴、盐为巨浸,盐城知县请发帑赈济;杭、嘉、甬、绍地方7月17—18日海潮溢涌,高数丈,人畜淹没,大小战船打坏、漂散者不计其数;杭州震涛冲决钱塘江岸,坍塌数千余丈,漂流官民船千余只,溺死人无数,咸水潮入内河,自上塘来者至粉河,自下塘来者至北关运河海患尤甚;萧山潮势东奔西兴古塘尽坍;嘉兴、嘉善、平湖7月17日夜大风雨,海潮涌入;平湖漂没数十里,自海盐教场北至乍浦海塘尽崩,田禾淹没月余,大荒(道光《嘉兴府志》卷7记:溺死3 000余人,但崇祯《宁志备考》卷4记:海宁及海盐民溺死百余,漂屋200余间);嘉善河水多咸,田禾潦死,月余始退,大荒;海宁潮溢,坏塘2 000余丈,溺百余人,伤稼8万余亩;慈溪7月17日大风海溢,淹人畜庐舍;定海(镇海)7月17日大风雨,坏各关兵船数十,溺死兵民万余,禾稼尽淹(康熙《定海县志》卷6);上虞、余姚7月18日大风雨,北海水溢,漂没田庐;上虞又冲入城河。10月20日因海潮灾故,准海盐县改折本色钱粮其存留钱粮与平湖、海宁、定海照例分别蠲免,鄞县、山阴等县听抚按衙门从宜拨派。

7月30日崇明风潮继作,淹禾殆尽,诸沙告灾;太仓飓风连旬海潮;吴县风潮继作,禾淹殆尽。

8月29日夜崇明大风,拔木,公廨民居倒塌无算;上海大水;东台8月30日海潮暴至,人民禽鸟悉罹灾,大风坏木伤禾;9月,宝应高家堰决,高、宝、兴、盐汇为巨浸;阜宁庙湾大水;秋,河决桃源崔镇等口,沭阳河决,秋禾尽没。

10月7日淮、扬、凤、徐4府州所属大水灾。10月苏、松、常、镇水灾异常,上海、嘉定疫、10月7日将丹徒、丹阳、常熟、太仓、嘉定、华亭(松江)、上海7州县漕粮改折,并减免应征钱粮三分。

冬,松江淀湖涌冰成山,高约数丈,长五里许,月余始融解。

1576年

2月,高邮清水潭决。

4月,应天(南京)、江浦雨雹。休宁雨雹。

4月,吴江连雨,6月又连雨,6月24日大雨连5昼夜,水大溢,田与河无辨,秋禾不登;昆山大水,高下皆没,淞南千墩(今名千灯)至浦里可扬帆直达,不由浦港;常熟夏淫雨,寒凛如冬,田尽淹。上海饥。

6月13日午时绩溪七、八都雨雪,顷刻山野皆白,儒学化龙池水腾高三尺许,复大水;休宁6月大水。

9月，淮涨，盱眙、泗州水，饥；山阳(淮安)河决，海啸；安东(涟水)河决，海涨，连年大水，居民逃散，抚按奏留徐州一年商税赈给，又留漕米5万石、轻赍银21 400两，挑河代赈；八浅(滩)堤决；盐城*海啸；高、宝溢数口，塞之；秋，东台淫雨；如皋霖雨伤稼，饥，知县为糜食饿者凡21所，全活5万人；海盐海啸，宁塘尽圮，漂庐舍，溺人无算。

*光绪《盐城县志》记十一月，无任何资料与之呼应，而八月倒有几处与其匹配。

1577年

春，应天(南京)、六合不雨，井泉多竭，河可涉。南陵大祲，朱某出谷以赈。黄岩4月旱。

春夏间淮河流域恒雨，水涨，6月30日寿州骤雨，浃三旬，薄城垣丈六余；凤阳大水灌城；泗州大水；淮安水骤涨，深丈余。

6月，常山旱，无水下秧，既而大雨水。

7月下半月风雨异常，漂溺牛畜、房屋不可胜记，海(州)、清(河)、盐(城)、安(东)、宿(迁)、沭(阳)大略相同；全淮南徙，高堰湖堤大坏，淮、扬皆为巨浸；安东(涟水)大水，田与海连，百里无烟；盐城4—6月恒雨，西河水发；淮水大溢，民庐漂没殆尽，百姓逃移三之一；决高邮、宝应诸湖堤，兴化大水。宝应大水决堤；阜宁海溢，坏范公堤，死人无算。海盐海溢，盐邑受害特甚；上虞海啸。

7月，苏州、吴县、吴江、常熟、松江大雨，寒如冬，伤稼；上海阴雨连旬，寒气凛冽如冬，田成巨浸，花、禾渍腐；青浦甚寒，积雨没民田，禾烂死；湖州连雨，寒如冬。松江大疫及饥，命医遍药，复施以粥，为死者作丛塚葬之。上海饥。金坛、江阴大雨。高邮淮河南徙，决高邮湖堤；兴化高家堰大坏，诸湖泛涨；宝应大水，决堤；泰州苦雨。

10月30日衢州、常山雨雪。

1578年

2月14日杭州骤热如初夏，行人有赤身者，申刻阴云陡作，顷大雷雨。

2月，苏州、吴江大雨雪。杭州大雨雪，连六、七日不止。

3月3日寅卯时，开化黑雨如注，器物及沟浍皆黑，至辰时方复常；衢州雨黑水。

3—4月，杭州恒雨。

夏，苏州旱。

7月，淮阴、清河(皆今淮安)、泗州、泗阳、盱眙、安东、泰州、如皋、东台大水。

8月30日浙江松门卫(今台州市)千户金铛家突然地涌血，溅起三尺高，有声；黄岩大雨，县东北小樊川山崩，压死数人。

9月，江阴虫，改折漕粮米26 989.718石，每石折银0.5两；无锡虫，改折漕粮36 823.4石；常州虫灾，改折漕粮六分一厘(6.1%)，共正耗米46 600余石，每石折银0.5两，又官发谷17 060余石，减价赈之；镇江、丹阳、金坛禾生蜚、苗黄萎，秀而不实。嘉兴、嘉善、海盐、湖州、长兴秋螽(螟)害稼。

10月24日常山大霜。

11月，湖州、长兴雨木冰。

12月，嘉兴、嘉善雨木冰，冬大雪，大冰，树头、檐下皆结冰花，玉缀珠联，奇形环状，撼之锵然有声。绍兴合郡大雪，寒，运河冰合；嵊县大雪寒。松江冬淀山湖涌冰成山，约高数丈，长二里许，月余始解；苏州、吴江严寒，大川巨浸冰坚五尺，舟楫不通；常熟雨木冰，枝柯如水晶，风吹之声越如环佩，石桥滑不可登，檐溜成冰条垂至地，既而朔雪浃旬，深没牛腹，寒饥者多僵死，自仲冬至明年3月17日始晴；江阴大雪，木冰；泰兴、通州大雪，木冰，飞鸟坠地死；如皋雨木冰。泗州大雪，淮冰盱合，山谷迷漫，禽兽草木多冻死者，自11月底至次年4月初终；休宁冰华成人物、车马、草木状；舒城大雪，至次年2月6日尤甚，平地深数尺，浃月始霁。

1579年

1月，盱眙大雪；沛、丰大雪20余日。

2月6日（元旦）常熟雨雪，积三四尺，压倒房屋无算。

4月，桐乡十都雨血。

春，江浦大雪。

5月，长江泛溢，贵池、铜陵、太平（当涂）、高淳、镇江、丹阳、金坛、溧阳、苏州、吴江、太仓、上海、嘉兴、嘉善、平湖、桐乡（误记五月）、长兴大水淹田；吴县大风雨，湖水涌卷，高田尽没；嘉善知县赈过饥民谷4 808石余。

6月，苏、松、凤阳、徐州及盱眙水；五河大水为灾。高邮6月久雨，大水，一望无际，禾苗尽淹；东台水，民饥；6月18日常熟大雨；长洲（苏州）、吴江、昆山、华亭（松江）、上海诸县久雨，大水连天，一望无际，禾苗尽淹。

5—7月，崇明不雨，田拆，禾黄槁。

7月，高淳黑雨、雨虫。

7—8月，永康大旱；兰溪蝗害稼；余姚旱；常山、江山7月虫食禾，常山饥；衢州虫灾，岁饥。绩溪秋蝗。

8月3日（七月朔），嘉定海飓为灾，浦东高桥—凌桥一带海溢，溺死无算，民大疫；太仓大水；吴县日中卷石飞沙，势若天摧，雨大作，次日暮又大风，高低淹浸，一望无际，民艰食；8月10日苏州水灾，抚按官请先行赈饥，旋蠲免赈苏、松水灾，蠲税粮；盐、安大水，盐城知县请帑，并自理赎金赈饥；安东街市行舟，复有废县之议；阜宁大水，河溢；东台水，栟茶淹死灶丁22人。

9月，苏、松等又大水；凤阳、五河大水；泰州洪水至，几没城市，民饥；9月18日免兴化、宝应、山阳被灾田租；10月25日巡抚、巡按奏：勘苏、松2府所属太仓、吴江等10州县灾各有等，除存留钱粮照例蠲免，尚欲于漕粮尽数改折，现征五分，蠲免五分，及钞关、赃罚银两悉留赈恤。部复：照嘉靖年事例，将今年额派存留钱粮如数蠲免，从之。11月1日泗州等7州县水灾，请免漕粮，通行改折，令以分作二年解完。11月23日巡抚都御史、巡按都御史等上言：常州、镇江、应天、太平4府属邑灾伤不等，欲援苏、松2府事例蠲免如数。部覆谓：苏、松赈额甚重，又加以灾伤异常，宜从厚蠲赈；应天等府赋额既轻，水灾不重，缓征别赋已为不宜，改折漕粮尤难轻议。今据各官奏勘，宜酌议应征、应免、应折、应停，以灾之轻重为次。其浙江抚按亦以杭、嘉、湖3府之灾为言，酌量蠲免数亦如之。是年水灾重大，百姓困苦流离，田荒赋逋，诏减各驿马价十之四，停征以前未完者，蠲苏、松二府缎匹、军器等十之四，旧逋暂停征收，存留钱粮照例蠲免，漕粮免半，钞关、赃罚银两悉留赈恤。

12月，扬州、仪征大风拔木，江水泛溢，坏漕舟民船千余艘。

12月，舒城大雪，次年1月26日尤甚，平地深数尺，浃月始霁。

冬，绩溪木冰。

1580年

夏，雨涝，淮薄泗城，听之卒安。堤决高邮城南，敌楼之北；安东大水，无禾。

6月6日至6月下旬，吴县大雨连绵，昼夜倾倒，7月复大雨，一望皆成巨浸，遍野行舟，又疫札枕藉，殍殣盈途；吴江夏连三月雨，田淹，大饥；常熟大雨，水溢城内，街衢及田庐悉成巨浸，兼以疫疠盛行，死者相续，至有一家毙20余人者；金坛低乡民告水至半壁；高淳夏大水，民饥，食榆皮；六合、镇江、丹阳、常州、溧阳、江阴、太仓大水；10月27日苏、松、常、镇等府灾，常熟、吴江、长洲(苏州)、昆山4县被灾尤甚。盱眙大雨，水潦，淮薄泗城，至(明)祖陵墀中；泗州大水，涌进南门，大风拔木，掀人房屋无算，刮倒北门城楼，满城惊惧；安东(涟水)大水，无禾，并里筑堤；盐城水灾；扬州、高邮、兴化、泰州、东台大水，宝应决堤；泰兴麦获不及半；通州大雨，水大溢，滔滔东逝，洪汛奔突，数百里水入江，势不可遏，瑞云桥圮；杭州大雨水，西湖水涌进涌金门，船至三桥；秀水(嘉兴)、嘉善、平湖、桐乡、湖州大水，民饥；嘉兴、嘉善饥民聚众抢掠。池州、建德(东至)、铜陵淫潦绵注，蛟起数十窟，山崩石泆，平地忽涌水数丈，禾稼尽损，岁大祲；休宁大水，谯楼坏，死3名值更人；绩溪大水雷震，雀死万数；巢县、无为、当涂、宣城、宁国、南陵大水。

9月，太平(温岭)海啸潮溢，大雨连二旬，菽、棉无收。

冬，苏州大寒，湖冰，自胥口至洞庭山、毗陵(宜兴)至马迹山(今无锡马山镇)，人皆履冰而行；湖州、长兴大寒，太湖冰。

1581年

春，休宁淫雨二月；池州、建德(东至)大饥；旌德米贵；歙县赈饥。

4月28日江北淮、凤及江南苏、松等府连被灾伤，民多乏食，徐、宿之间至以树皮充饥，或相聚为盗。凤阳灾，动支库银、仓谷赈济；怀远旱涝相仍，大饥，民有相食者，知县申灾抚恤；定远饥；淮安、睢宁4月27日起淫雨连绵，昼夜不止。

5月1日淮安大风冰雹，打伤田禾，通郡州县灾同；盐城大风雨雹。

9月22日(八月望)风暴潮。扬州泰兴、海门、如皋等处狂风大作，屋瓦皆飞，骤雨如注，塘圩、坡埂尽决，漂没官民庐舍数千间，男妇死者不计其数；靖江大风潮，人民淹死，东沙尤多；江阴海潮陡起数丈，沿江居民漂没殆尽；镇江9月大风，拔木飞瓦，甘露寺铁塔折；常州(七月?)大水，民饥，官给谷4 000石赈之；常熟*大风拔木，海水泛溢三四丈，室庐、人畜漂没无算；如皋大水，塘圩破，埂尽决，溺死甚众；东台水，海潮涨，灶丁淹死者无算；盐城(六月?)大水没禾，知县请帑3 000余两、稻400余石赈济，又奉旨发帑1 500余两再振；泰州、兴化、嘉兴、嘉善、桐乡、湖州、长兴大水。

* 万历《常熟县私志》卷4时间记七月十四日，错；灾情记“漂室庐、人畜万计”，概念不清，不足为特大灾害凭据。

10月5日凤阳抚按等以地方屡被灾伤，乞将今岁漕粮量改折15万石，酌派重灾州县，立限催征。部议上请，上允行之。

1582年

2月14日通、泰、淮安三分司所属丰利(今属如东)等30(盐)场，风雨暴作，海水泛涨，淹死男妇2 670余丁口，淹消盐课248 800余引(《神宗实录》卷120)。

3月23日常熟雪霰甚，积五寸，而电闪雷鸣，令人神惊。

6月8日衢州大水，坏民田庐；常山大雨水；江山大水；开化大雨一昼夜，洪水滔天，山崩，田地冲坏，人畜死无算；桐庐6月大水，田禾无遗种。休宁6月大水，坏田园庐舍；祁门夏水灾，抵县仪门，浸城丈余，城坏数十丈；漂没民居，田塌不可计数，9月18日发粟赈之。

夏，淮安亢旸。

8月10日（七月十三日）风暴潮，殃及苏、浙、皖、沪。苏、松（苏州、常熟、吴江、太仓、崇明、嘉定、青浦、松江、金山、上海）总计冲毁庐舍10万区，坏田禾10万顷，淹死人口至2万（《神宗实录》卷129）。松江、金山、上海潮过捍海塘丈余，漂没人畜无数，又大风雨彻昼夜，坏稻禾、木棉；嘉定、宝山怒涛决李家浜，坍及于城，山*渐坍没，城逼于海，海滨人、庐漂没无算；崇明没民居，多溺死者；太仓江海及湖水尽淹，漂没室庐、人畜以万计；吴江太湖泛溢，民舍漂荡十存二三，溺死无算；常熟暮飓风大作，海水溢丈许，淹福山、梅李、白茆沿海庐舍，男妇死者十之二三；苏州湖海皆溢，溺死甚众；靖江8月风潮；高淳大水；苏北沿海（通州、如皋、泰州、盐城、淮安、涟水、海州）及运司所属刘庄、白驹等盐场海啸，淹田禾，淌人畜，坏居舍无算，四河河溢，坏田伤人；通州夜大风拔木，海潮泛溢，漂溺民舍人畜甚多；阜宁海啸，盐丁多溺死；海州（连云港）大风雨，海啸，漂溺人畜无数；宝应8月11日晚大风，江翻海倒，数百年古木拔去，城中牌楼、寺观、庙宇、察院、县堂、城楼及各处公署、祠厅、民间房座倾倒数千间；扬州8月11日大风拔木，江海翻腾；兴化风灾大变，暴雨骤至；淮安飓风海啸，坏民田舍及人畜无算；宿迁风雨异常，人民大疫。泗州伏秋水；太平（当涂）8月10日大水。杭州8月10日大风雨拔木，江海潮水啸涌；嘉兴10—11日大风拔木，湖水啸涌；湖州10日大风拔木，太湖啸，岁祲；10月26日应天巡按题：勘过应天、太平2府所属地方灾伤，蠲免应予存留粮内除豁，但存留钱粮俱供官吏师生人等俸禀月粮，毫不可缺；即议免征，终须处补，势必复派于民；惟有各县仓贮稻谷原备荒年赈恤之用，人似堪尽数支赈；然时已秋成，且漕粮开征之期不远，议将各乡被灾因地应纳漕粮免追，准将仓稻抵数，以恤民困。11月16日因苏、松大水，蠲振有差。松江、金山、上海等饥。运工部钱粮应征、应停、应免有差。

*宝山本无山，明初于今浦东保税区东以土堆成小丘，高数丈，作为出入海的标识，下有驻军，称宝山寨，后海蚀殆尽，故址被海湮没。

9月以后淮安亢甚。

11月16日午间，宝应、扬州暴起西北风，汜光湖崩浪如山，覆溺漕民船千余艘，死者千人，范公堤坏，高宝堤亦冲决；11月17日松江、上海飓风，从西北来，江涛陡作，舟皆覆溺，上海县丞溺死；来安11月大风拔木；瑞安11月大风雨（寒潮南下）。

1583年

1月24日松江、青浦雨雪，北京至江浙皆同。

2月，嘉定大疫。

4月20日未时泰州、宝应、东台西北风暴作，黄沙迷空，雨雹大如鸡子，杀飞鸟无数。

4月，高淳雹如弹。

7月，杭州不雨；嘉善旱，免存留银1015两有奇；嘉兴、湖州、嵊县、义乌、浦江旱；桐庐大旱。

夏，东台旱，蝗生。泗县、怀远、来安旱蝗。

8月，盐城大风雨，漂没牲畜、房屋，海（连云港）、清（淮安）、安（涟水）略同；河决泗阳黄练口；安东水灾，漂溺人畜，倒坏房屋无算。流亡者众，蠲逋负，给牛种；高宝堤决；兴化水灾；靖江水灾，免米19 080石有奇；江阴大水，免米53 954.68石；常州水，免米93 100余石，每石折银0.428 6两；无锡水，改折漕粮正耗米12 676.6石，每石折银0.428两；太仓大水。冬，以苏、松等府水灾，改折本年漕粮及南京各卫仓粮。12月14日以灾分别苏、松2府当年起运工部钱粮应征、应停、应免有差。次年1月7日以灾命扬州1580年、1581年份工部钱粮应免、应停有差，并准改派段运之期。次年3月25日免淮安、扬州被灾者税粮。

1584年

7月30日浙江飓风大水；瑞安秋大水，烈风竟日，坊表、公署俱坏；川沙淫雨，城门圮。宝应汜光湖粮沉溺者数十艘，漂没漕粮至七八千石。泗州夏大水。

1585年

3月6日安徽巢县南(31.2°N，117.7°E)5¾级地震，巢县、铜陵、池州六度破坏，合肥、无为、含山、和州、当涂、高淳、南京、六合五度有感，桐城、安庆、望江、宿松、潜山、湖北英山、浠水、江苏淮安、盱眙、扬州、镇江、溧阳、浙江桐庐四度有感(图3-6)。

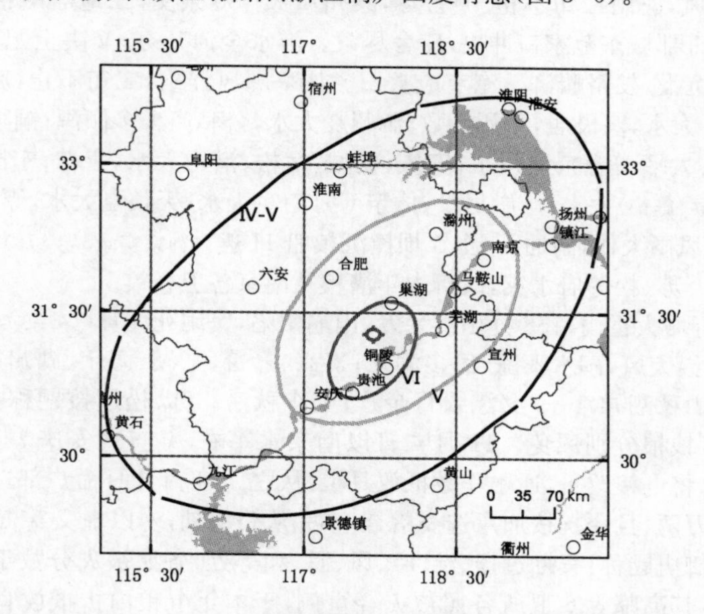

图3-6　1585年3月6日巢县南5¾级地震等震线图

春夏，淮安亢旸，麦枯，秋禾难种，民多逃亡；凤阳旱；泗州夏旱蝗；五河飞蝗蔽空。南汇旱。宿松大旱，免钱粮之半。

6月16日夜淮安东北范家口决，淮水泛溢，灌注三城(清河、山阳、淮阴)，平地深六七尺，东乡一带及盐城等田禾尽淹；安东水。10月23日凤阳、淮安2府所属灾，诏留漕折银15万两赈之。漕折例不准留，以淮、凤重地也。

6月，桐庐大雨，水高数丈，尽坏田宅；萧山大雨，周老堰溃，西江水入城。绍兴西江塘坏，潮入城为害。

7月5日淮安大雨雹。同日，衢州常山大风雹，拔巨木甚多。7月大风，兰溪黄沙蔽天，拔木摧屋，行人撤去里许，河船多覆；江山大风。

东台、如皋、嘉定、金山等飓风海溢(时间不详，强度弱)。

秋，桐乡、长兴、吴兴、嘉兴大水伤稼。

11月，高淳寒甚，吐沫成冰。

1586年

2月18日淮安黑雾障天，狂风折木。

4月17日北京大风霾；天津静海，河北河间、定兴、易县、雄县、成安、鸡泽，山西长治，河南淇县、汲县、获嘉、禹县、辉县飞沙迷天经旬不止；18日上海、松江等飞沙走石，天雨黄沙，是日采食野蔬者皆病，轻者腹痛，重者死。海宁、海盐天雨土，即密室中无不扬入，几案间有积厚至一二寸者；春，南汇大饥，邑人出粟3 000余石赈济。

春，临安大水。六合洪水泛涨，房屋渰没，民无食无居，知县捐俸买米煮粥，亲自验放，散给本县军民。

春夏，安东旱。4月7日上以江北旱、涝，蠲免凤阳班军名粮。

6月19日—7月3日，南京大雨，城中水高数尺，江东门至三山门行舟；高淳大水，诸圩尽没；六合大水；江阴、泰兴、常州大水；宝应6月18日大雨，水决淮之范家口，县田尽没；泰州、东台6月飓风，淫雨二旬不止、庐舍坏，泰州城颓480余丈，二地居民悬甑以炊，浮木以栖；淮安7月5日郡城东范家口冲决，庄舍尽没。淮水全河几夺，又决土妃坝，淤福兴等闸，直冲盐城，田庐沉没，发帑赈济。淹宝应县田。如皋飓风淫雨，二旬不止，庐舍陆沉；海宁6月大水全椒6月大水，荡民居，浮死无数；滁州夏大水，公私庐舍多倾湮；铜陵大水，没仁丰诸圩；巢县舟入市；太平（当涂）、池州水；安庆、桐城、宿松、潜山大水，害稼；宁国府（治宣城，领南陵、宁国、太平、泾县、旌德）大水，圩岸尽没；休宁6月南乡大水；天长夏大水，漂没民庐无算。

8月6日夜风雨大作，南通石、土二坝撞沉粮船11艘（《神宗实录》卷176）；青浦水灾，秋收甚歉，民已艰食。苏、松等府水灾，改折本年漕粮及南京各卫仓粮。

8月29日舒城大雷雨，158处山洪暴发，山崩田陷，民溺死无算（《神宗实录》卷176）。

9月4日无锡大风，湖水骤涨，民多溺死；嘉兴、嘉善、平湖、海宁、湖州等太湖地区水骤涨，伤禾稼。萧山秋潮异常，一夕漂毁百余户；安东秋涝。苏、松巡按题称：地方被灾，要将苏州府起运两京钱粮分别蠲免。11月4日以南京水军右、并直隶安庆等卫所屯田各被灾伤，照勘灾分数，将屯粮改折，通融作数抵放月粮，从之。11月8日命户部选贵州司主事，发淮扬、凤阳各3万两，且令抚按加意选委稽查，事完从公举劾，勿以虚文塞责。11月20日户部覆：南直巡按御史题称：查勘过扬、淮、庐、凤、滁、和等处，各照被灾分数于本年夏、秋存留粮内蠲免有差。其高邮等6卫所各照被灾轻重例，于本年屯粮内折抵放官军月粮，如有不敷，听抚按通融处补；兴化、山阳（淮安）等处拖欠漕银八年、九年者始从宽免；将被灾各州县未完凤阳等仓本折银、米、草、麦俱尽数蠲免；高邮、通州民壮银两原系杂派，相应蠲免；滁州、舒城等州县漂没男妇各给稻3石，以示赈，兴化二县横罹水患较之各州县不同，所议将临、德2仓原备听补灾伤粮内量拨一半，候丰年追补，其起运京、边供应正额，俱不准免。上俱从之。12月18日兵部复：直隶巡按题称，淮、扬等处水旱迭见于一时，闾阎哀号啼泣之状不忍见闻，合将兴化等13州县万历十三年（1585年）以前马价、草料银两已征在官者起解花户，拖欠者尽行蠲免。至淮、扬、凤所属盐城等14州县今年马价已经派征，难以再减，其明年马价每匹量减三两，以苏民困，从之。

11月，高淳雷震，梅华，蓓蕾尽出，温，无积雪飞雾。

冬，苏、松、上海寒。苏州木冰。

1587年

常熟元旦（2月7日）雷雹大雨，是后雨雪杂作，至元夕（2月21日）益甚，木冰，寒甚，鹰隼皆伏不能飞。嘉兴、湖州、长兴元旦雨雪，浃旬不止，2月21日又雨木冰；吴县2月木冰；高邮2月22日雪深数尺；2月20日上海全境寒，雨木冰或木介，嗣淫雨不止。

3月2日户部题：盐城、兴化2县灾伤重大，先本部题奉准本年额征漕粮58 200余石，内暂停29 000石，于临清仓借拨支用，其余29 000余石，仍征本色兑运，不准改折。漕运督臣、巡按各题:2县灾民困苦已极,前项应免本色委无措办,各权宜于贮库别项官银暂为挪借,抵作2县改折之数,以后年份不得比援为例。3月24日户部复:漕运都御史等题称:淮、扬地方旱、涝相仍,米价腾贵,乞将淮、大2卫(皆今淮安)见运苏州府未经淮兑运漕粮内,量留4万石,分派缺米地方平粜,每米一石运耗轻赍折银7钱,共该银28 000两,借动赃罚银折价解部,以补漕额。4月6日免淮、扬等处灾伤地方旧逋粮42 494石,银19 512.1两。4月28日免南直隶兴化等州县积逋各年份钱粮,并织造、运木借支过银两尽行蠲免。其盐城、高邮、五河等14州县量征2分、3分;其淮安府1586年份起运工部钱粮,仍令抚按官严督起解,不得借口希免。

春,建平(郎溪)淫雨不绝,水浸民居;太平(当涂)大水,平地深丈余,圩乡尽没;铜陵大水,诸圩尽没;含山、无为、池州大水。

夏,淮安大旱,蝗,草木皆空;盱眙旱饥;通州大旱,民饥,人相食。泗州大旱;滁州、来安旱。5月5日工部复请苏、杭水旱为灾,将织造未解缎疋暂行停罢,俟后年丰再议,不允。6月5日南京礼部给事中奏:今淮、扬、凤、泗民饥相食,江浙米价腾贵。

6月9日松江、嘉定、青浦等大雨彻夜,平地水深丈余,麦豆花稻俱伤。杭州府6月江潮泛滥,平地水深丈余;湖州、安吉6月大水,无麦禾;嘉善6月舟行田间;高淳7月下旬连雨8日,万壑交流,山陵崩泻,裂数百尺,填塞河流,平原弥漫滥溢,湖水大涌;宜兴夏大水异常,久而不退,圩田无苗;吴县、吴江、常熟夏淫雨;泰兴大水。

8月23—24日(七月二十一日)风暴潮,8月23日武进飓风骤雨,数月不息,洪水暴涨,漂民庐舍;吴县、吴江8月24日大风雨一昼夜,田园崩裂,水溢丈余,坊竿、树木、墙屋俱拔倒;常熟秋多飓风,无禾菽;无锡24日大风,湖水骤涨,民多溺死,民食草根树皮殆尽,免本色米17 418石,折色银10 584.98两,停征银6 467.6两;江阴民食草根树皮殆尽,免本色米12 660.248石,折色银7 591.6两;宜兴24日夜东风怒卷,太湖水高二丈余,东北方漂庐舍不计其数,凡际处舟行者溺千余人;常州24日太湖水溢数丈,漂没人民庐畜极多;南京天寿山(紫金山)一带道路冲坏;镇江、金坛漕粮改折五分;靖江8月淫雨风潮,改折银1 059两有奇,停征折色银28 525两有奇;泰州、东台烈风暴雨,没禾稼;安东秋大水;淮、扬府属高邮等6州县、富安等15(盐)场,俱被湖堤积水淹没田地。通州、太仓淫雨伤禾麦;嘉定、松江飓风海溢,大水无禾;上海淫雨不止,麦豆花稻俱伤;杭州飓风大作,环数百里一望成湖;嘉兴大风拔木,官廨、寺观、罘罳尽坠,大水无获;嘉善大风拔木,凡十余日;平湖大风雨,海水大至;海盐异常风潮,石堤冲决,全坍307.1丈,半坍10 080.25丈,稍坍668.59丈;桐乡雨如注,大风拔木;海宁潮溢;湖州大风拔木,太湖水溢,平地水深丈余;上虞风雨大作,屋瓦乱飞,梁柱垣墙倾圮,漂没者无算,合抱之木尽拔,平地水涌数尺,禾方熟,尽漂去;嵊县暴风连日,禾实尽落;鄞县大水,乘风鼓雨,天童寺室宇皆漂没,础砾无一存者;慈溪大风大水,若排山倒海,合围巨木、石柱无不摧折,室庐倾圮,屋瓦翻飞;定海(镇海)8月23日风潮伤禾,居民至鬻男女以食;象山飓风骤作,拔木毁屋;天台大风雨拔木,伤禾;义乌大风,谷实半落于田;开化秋飓风大作,禾稻罄飘;临安大水,各都山洪暴发,山崩,近山田为沙砾淤者数十处,十二都民有被洪涛洗没者,折坏室庐无算。直隶应天等府飓风大作,涨浸兹苣改城百里之地一望成湖;太平(当涂)地势最低,被祸更烈。9月2日苏、松、常、镇所辖诸县俱飓风骤雨,数月不息,洪水暴涨,漂民庐舍无算,各府钱粮蠲免,停折有差。10月1日南京户部给事中奏称:东南太平、宁国、苏、松、常、杭、嘉、湖等府所在水灾,议将是年起运钱粮蠲免一岁,以苏民困。11月21日以灾伤诏庐、凤、淮、扬、徐、滁、和等处民屯钱粮征、免、改折有差。11月28日以水灾诏免苏、松药材银及量免牲口料银，以苏民困；11月30日以灾伤诏：量停免徐州、泰兴、江都、如皋、仪真、海门、宝应、兴化等县拖欠工部料价银有差。12月26日诏：应天等府所属被灾州县漕屯钱粮征、免、改折有差。次年1月22日以灾伤，量免扬州、宁国拖欠药味银五分。

秋，嘉兴城西龙卷风，河畔三塔寺上铁顶各重千斤，一时吸去三十里外，置之陡门。

9—12月，山阴、会稽、余姚，上虞淫雨，通郡大饥；萧山淫雨，禾稼尽腐，饥馑荐臻；嘉善知县申报水灾，漕粮全折，蠲免轻赍行粮等银16 640两有奇；桐乡夏秋大水，害稼，低乡无收；湖州南浔冬饥，疫死者弃尸满道，河水皆腥；余姚秋淫雨；绍兴、上虞秋冬雨，大饥。

1588年

1月28日巢县学宫桂花开。

3月30日瑞安大风飞雪，江覆舟，溺死50余人。衢州春雪连霄。

春，杭州大雨，城内外水皆溢，蚕麦无收，鬻妻女者十有八家，死者枕藉，骸骨满山谷；萧山淫雨，丐人死者接踵，所在盗起，疫疠大作，十室九空；鄞县春雨不止，麦苗尽萎；余姚春大饥；定海大饥，流离遍野，瘟疫继之，道殣相望；绍兴春夏淫雨，各邑(山阴、会稽、萧山、诸暨、嵊县、新昌、上虞、余姚)贫民饥死者接踵，疫疠交作；兰溪大水入城，田禾尽没，民食草木，疫疠大作，死者接踵；衢州春淫雨数月，二麦淹没，饥饿流离，五邑(西安、龙游、开化、常山、江山)皆同。泗州春大饥荒，城乡饥死者甚多。

4月，南京旱，疫死者无算，聚宝门军以豆记棺，日以升计；高淳大旱，大疫，道殣相望；六合亢旱，天灾流行，军民饿殍十毙其六，知县义劝，以充赈济；溧水大饥，人相食，知县向应天府丞申靖许疏，准动帑银筑凤贤圩各埂，饥民赖之；镇江、丹阳大荒，有司设粥厂以振；常州旱灾，改折正兑；溧阳大旱；无锡大旱，河流绝，死者甚众，改折正兑漕粮三分，每石折银五钱，省免银2 138.3两；江阴旱灾，省免轻赍等银1 566.46两；宜兴旱民大饥，疫；常熟夏旱，大疫，民饥，死者比比，殍塞于路，城壕浮尸，篙橹为碍，寺观中饥民聚居，染疾死者凡万人，御史发粟3 000斛，人各4升，亦发掩骸费及万；太仓大旱，赤地，疫，遣官煮振；崇明、嘉定、上海、松江大旱，人行河底；秀水(嘉兴)，旱，无获，饿死者以万计；海盐；孝丰、海宁等大旱，太湖为陆，大疫，死者甚众。吴中大荒，发太仆寺马价及南京户部银共30万两，命户科赈济，有司各处设厂煮粥赈饥；仪征旱蝗，岁饥；扬州截留漕粮，平粜赈饥；宝应旱，大疫，发帑金，遣户科赈之；泰兴旱；靖江民饥，朱某出粟数千斛与民平粜；如皋大饥，疫；通州大旱，民饥，人相食；淮、扬、凤、泗民饥相食；淮安横尸满路，鬻儿卖女，草根树皮仓尽；盱眙旱饥；安庆、桐城、太湖、潜山大旱疫，桐城、潜山大饥；怀远大饥，人多饿死；五河大旱，民饥，人多饿死；凤阳旱；天长大疫，死者枕藉；来安大疫；定远野多饿殍；太平(当涂)旱，民饥馁，疫疾大作，乡城死者枕藉；宣城大旱，饥馑荐至；泾县、郎溪大旱；南陵大旱，民饥；徽州六邑(歙县、黟县、祁门、休宁、绩溪、婺源)饥，疫，僵死载道；池州、青阳旱大饥。嘉兴大旱，诸湖及运河俱涸，城中尤苦焦渴，无获，饿死者以万计；嘉善大饥，流民动以万计，积骸盈河塞港，缢死野寺荒庵者不可胜算；平湖旱，无获，饥死无算，疾疫大作，僵尸载道；海宁大旱，饿殍载道；桐乡旱，河流几绝，大疫疠，死者枕藉；湖州、长兴大旱，且疫，民多死亡；发银5万两散赈各县(归安、乌程、长兴、安吉州、孝丰、武康、德请)；宁波五县(鄞县、慈溪、镇海、奉化、象山)大饥，流离遍野，民有以一子易一餐者，甚至有怀百金、田卷不得售而死者，瘟疫继之，道殣相望；天台大饥，民食草根木实，死者无算，兼大疫，巡按街史施药，杜某等亦备药救济，活者众；兰溪大旱，民多流亡，有不能复还者；东阳、义乌、浦江、龙游、江山、丽水、遂昌疫作。4月2日南京所属州县上仓米豆准改折停征，仍分别灾伤轻重为停折之多寡……又庐、凤、淮安灾甚，请各仓本折米、麦、草料等岁运在1584年以前积逋未输者，免1585年、1586年者，暂停追呼1587年运解如额，其米、豆积多者亦以灾伤轻重分别改折之数。报可。

6月，上海、松江、长兴大水。

7月11日，安东(涟水)海啸，海水沸腾，房屋漂淌，人畜溺死甚多。海宁7月海沸；宁海飓风漂屋舍，塘围尽没。

7月，杭州旱，大饥，瘟疫。

9月11日崇明、上海、松江、青浦、嘉定、长兴大风，拔木发屋，田禾皆尽。昆山田禾皆尽，民大饥，又大疫，民死甚众；新昌秋大风，败稼；11月8日以浙江灾，免牲口银两十分之三。是年上海全境民大饥。

1589年

2月，上海、松江寒，树枝冰如箸，大饥。

3月以来安(涟水)、清(淮安)、沭、萧、桃(泗阳)无雨。淮安、盐城大旱，二麦皆枯；兴化大旱，茭葑之田，皆成赤色；东台旱蝗，民奔徙；泰兴旱饥；泰州旱蝗；通州、仪征大旱。4月17日以庐、凤、淮、扬等被灾府州县1588年份起运本色米每石改折银6钱，麦每石改折银4钱。

7月29日松江飞雪。

夏秋，江淮地区特大干旱，浙江、湖广、江西大旱。7月，南畿大旱。无锡河流绝，死者甚众；江阴大旱，发赈，疫死者载道，免本色米14 729.13石，折色银12 857.66两，发赈银5 700两；宜兴河流俱涸，舆马竟由水道往来，尤大饥疫；金坛大旱，免本年起运凤、淮各府仓麦米十之五，停上仓米十之三，其余十之七俱改折，当年征解，又漕粮改折，不分正、改兑，每石折银0.5两内，现征其半，余限1590、1591两年各带征0.25两；武进大旱，滆湖、运河俱涸；高淳、溧水、江浦、镇江、丹徒、丹阳、溧阳、昆山、太仓、常熟大旱，苏州连年大旱，太湖为平陆；吴县夏大旱，赤地无青；太湖、石(臼)湖、淀山湖皆涸，行人尽趋，足至扬土；上海6—8月不雨。嘉定、青浦、崇明大旱，颗粒无收，米价暴涨，上海全境民多饿死。扬州、仪征、兴化、宝应、泰州大旱蝗；泰兴大旱民饥，发粟粥饥者；靖江民饥，值大疫，免本色米5 640石有奇，折色银3 383两有奇，又停征银480两有奇，遣户部给事中发太仆寺马价、并南户部银1 710两赈济；通州旱，赈吕四诸场饥民；淮安、安东、盐城、东台大旱，二麦皆枯：嘉兴6月19日—8月6日不雨，河如沟渠，舟楫不通，湖心龟坼，五谷不登，乡间荒者二三成，民菇树皮，又瘟疫大行，死者甚众；嘉善7月大旱，漕粮全折，停征行粮、白粮等银17 550两有奇；平湖饿殍盈途，遣官赈济，极贫者给五钱，次贫者三钱，又次二钱，更施汤药以活病者；海盐大疫，死者三四成；海宁大饥疫，浮胔蔽水；桐乡夏大旱，河中无勺水，野无遗草，树无完肤，流离载道，横尸遍路；上虞旱甚，湖河溪浍最深者亦尽涸，其底可履如平陆，田坼禾焦，升斗无入，至剥草根树皮以食，饿殍载道；孝丰、长兴、余姚、天台、金华、武义、义乌、浦江、常山、江山大旱，龙游饥等。吴地大旱，震泽(太湖别称，又名具区)化为平陆，袤至江以北、浙以东，道殣相枕藉；庐州府属(治合肥，辖巢县、无为州、庐江、舒城、英山、六安州、霍山)大旱，饥，人相食；铜陵大旱，饥民食草木根；含山大旱，大灾，城中井涸，地门火灾，民大疫；和州、全椒、来安、当涂、建平、徽州及其属县、池州、青阳大旱，饥疫；安庆、桐城、宿松、潜山大饥疫；南京、浙、直隶等处俱遭大旱，群情汹汹，南京军士骄悍成风，近因放粮之时米色稍差，几至激变。松江连岁大旱，至8月不雨，泖湖涸为沟，棉禾不能下种。8月南畿、浙江大旱，发帑金80万赈之，免灾田税粮。据徐州道揭报灾数，庐、凤为甚，淮、扬次之，徐、滁、和3州又次之。遂议发庐州府属2万两，凤阳府属银2.4万两，淮安府属银1.65两，扬州府属银1.6万两，徐州并属县银0.7万两，滁州并属县银0.35万两，和州并属县0.3万两。总计江北饥民约70余万，已经委官赍领前银分投给散江南诸郡。

7月20日(六月初九)风暴潮，飓风大发，海水沸涌，上海自一团(南汇大团)至九团(川沙顾路)几及百里，漂没庐舍数千家，男女万余口，六畜无算；杭州、嘉兴、宁波、绍兴、台州等属县廨宇庐舍倾圮者俱以数百计，碎官民船及战舸，压溺者200余人，桑麻、田禾皆没于卤；萧山飓风大作，拔木漂庐舍，海溢，卤潮灌没沿江田禾4万余亩。海盐一处两山夹峙，潮势尤为汹涌，昔之县治已没海中，盖啮而进已七十余里。

8月19日杭州大风雨拔木，吹倒斜桥、天水桥共6座，牌坊4座。

冬，嘉善大冰月余，人行荡漾中。

1590年

春，淮安大旱；安东旱蝗；盱眙旱饥；桃源、兴化大旱；东台旱蝗；民奔徙；仪征旱；通州大旱。合肥、巢县、无为春疫；巢县大旱，大疫；桐城、潜山大旱，民多饥死；舒城大疫；滁州春大饥；来安旱；全椒大疫，民饥死；黟县、青阳大饥；6月16—17日户部尚书奏，南直、浙江、湖广诸处见被灾疫，淮、扬以北，连河南、山东、北直隶、山西、陕西夏麦全枯，秋禾不能播种，俱极旱荒。上海全境大旱、大疫，米腾贵，三年后谷价始平。

6月19日安东大雨，(黄)河涨，秋无禾；淮安(含清河、淮阴)、桃源(泗阳)6月14日后大风雨，淮涨，禾麦漂没、尽烂；淮、扬水患，高宝尤甚。

6月，武进、宜兴雹，伤麦。

7—8月，武进、溧水旱。丹徒、丹阳、金坛因灾改折漕粮五分，不分正、改兑，每石折银五钱，又免1588年扣留三分，漕折银三分之一，武进免征存留米500余石。苏州大旱，民饥；临安秋旱，疫疠间作；湖州、长兴、义乌、浦江旱；天台、仙居大旱；金华大饥。

10月2日午后，吴县永昌忽雨大雹，间有斗大者，次如升，伤人头耳甚多，垂成稻谷压折坠地。

冬，泗州大雨雪。

1591年

2月，杭、嘉、湖淫雨连绵。

5—6月间三吴淫雨连绵，低田尽淹。苏、松、常、镇民值迭灾。

6—7月，南畿、苏、松、嘉定、崇明、上海霖雨，大水异常，溺人数万，各属钱粮准依改折；淮安6月恒雨；繁昌7月河涨水溢，众圩俱溃；铜陵大水，圩没十(之)九。

8月15—21日暴风疾雨，淮海泛涨，山、清、宿、桃、安、沭、海、赣平地水丈余，漂溺无数。山阳堤决，平地水深丈余；兴化、泰州、东台水；夏秋淫雨，河淮泛涨，8月25—31日暴风淫雨，(黄)决清河鲍家口、王家营；秋，淮溢灌泗州、盱眙城，侵及祖陵淮湖涨，堤决；江都淳家湾石堤、邵伯南坝、高邮中坝、朱家墩、清水潭皆决；涟水、兴化、宝应、东台、泰州、高淳、南京、常州、常熟大水。8月15日宁波府慈溪县茅家浦村间地池涌鲜血，溅船，船即出血；溅人足，足即出血，半时方止。

9月5日风暴潮直扑上海，宁、绍、苏、松、常5府伤稼淹人。上海城中水深二尺，一团至九团*漂没庐舍千家，男妇死者2万余人，六畜无算，有村落尽洗不留一家者，有举家流溺不遗一人者；崇明飓风三日(3—6日)，漂没民居，溺死无算，百姓断粮；宝山、金山水高一丈四五尺，淹死无算；松江、太仓等坍屋害人；苏州大风，民饥；太仓海潮涨，民奔窜，城门昼闭，相踏溺死水中；常熟大水；靖江风潮、伤禾淹人；宜兴秋久雨伤禾，免 1587 年应解凤阳、淮安麦银，停缓 1587 年草折银，1588 年粳糯米草折银，1589 年麦草麻布银；常州久雨败稼，免麦银 1 060 余两，停缓 1587 年草折；丹徒免南京户部马草银十之五；扬州风雨连日，湖、淮涨溢，宝应平地水深丈余；江都县北卲伯、淳家湾旧堤冲决 50 余丈，高邮南北闸等处俱被冲决；兴化堤大决，屡以蠲赈；泰州、东台水。苏、松各属钱粮准依改折，蠲赈有差。次年 1 月 23 日工部复：江北等府被灾伤重，将高邮等州县自 1585 年起至 1589 年止砖料匠价等银俱行蠲免；其胖袄、军器并 1590 年应解工部钱粮，除已征在官者截数起解，未均匀者分三年带征；织造借用银两照原数征完。其仪真等州 1589 年以前各项银粮亦照例将已征完者截数起解，未完者分三年带征，其十年各项银两照常征解。嘉兴、湖州、宁海大水；嘉善潮随破岸，迷漫极目，川原上下奚分，浩荡无涯，疆理高低莫辨，知县申报蠲免水灾一分；镇海、鄞县、慈溪、定海 9 月 4 日风大作，大雨如注、伤稼渰人，海潮溢入郡城(宁波)，余姚饥。

10 月 2 日崇明又大潮，渰没无算。

11 月 24 日高淳雨雹，自西莲湖经刍兴罗山、金山、抵高淳之九龙山，雹渐巨；金山 11 月雷电雨雹。青浦 12 月雨雹。

* 一团即今大团，二、六团地名仍保留使用，三团后扩展成惠南镇，四团即盐仓镇，五团即祝桥镇，七团即江镇，今名机场镇，八团即川沙城，九团即顾路镇。

1592 年

5 月 11 日以苏、松、常、镇 4 府灾，仓粮蠲免。所属应天(南京)、凤阳、淮安、滁州等仓粮蠲免、带征有差。

夏，泗州大水，幸破高堰，40 余里堤城赖全。

6—8 月望江不雨；安庆、桐城、宿松、潜山夏秋旱。

9 月，靖江雨雹，伤稼。

11 月 17 日浙江金、衢、严、湖 4 府灾，命蠲免存留钱粮，发仓折赈有差。

1593 年

5 月 14 日南京雷击孝陵大木。

夏，江北异常水灾。水渰泗城，民家半徙城墉，半避盱山，坎舟数百，渰死人甚众；淮安淮、沭、泗、蒙诸水会合，所冲决者万万计，溺死居民无算；淮水漫决高堰千余丈，宝应湖水滔天，冲决泥甸桥、三里湖、圯水镇等处河堤，淹没田庐、人畜，溺死无算；高邮大水，通湖桥圮，堤决 500 余丈；决高良涧、周家桥 22 口，高宝诸堤冲口无算；阜宁庙湾大水；东台堤决，洪水至；盱眙、安东、如皋大水。凤阳大水入城，平地行舟；五河闹市几没；怀远水入城市，民饥，盗起，死徙盈路。户部覆淮淮属米未完漕粮折银，赈济饥民。嘉定大水。川沙淫雨，城门圮。此次淮河水灾遍及豫南、鲁南、皖北、苏北，以豫南灾情最甚。

8 月大水。9 月 18 日因苏、松等 4 府叠罹灾危，停征 1583—1585 年漕折钱粮，缓征 1586—1591 年未完限每年带征一年，未完漕折亦每年带征一年。江北水患，截留备倭粮 20 万石，赈散灾黎；9 月 26 日户部复庐、凤、淮、扬水灾特甚，除京运钱粮照田征纳，其余照各州县被灾轻重分别蠲赈。

10 月，武(进)、江(阴)、宜(兴)3 县雹灾，伤五谷，漕粮改折三分；宜兴省免轻赍等银 2 268.579两。

11 月，高淳雹，稻偃泥中。

12月9日浙江巡抚报:杭、嘉、湖3府属安吉、仁和、钱塘等15州县(旱)灾,部议分轻重漕粮改折。嘉善改折漕粮五分;平湖、湖州、余姚旱;天台大旱;安吉赈饥。

12月10日户部题复:应天抚按所奏望江4县、太平(当涂)等10县被灾轻重,分改折、蠲赈多寡。

1594年

2月20日鄞县、慈溪、象山大雪三日。

3月,盐城亢旸。

6月,淮安淫雨不止;盐城雨不绝;宝应。如皋水;仪征大水。三吴连岁荒歉,百姓困苦未苏,太仓、嘉定、上海等又遭淫雨,淹没殆尽。太仓、嘉定、浦东民饥,赈米。

7月,泗州湖堤尽筑塞,而黄水大涨,清口沙垫,淮水不能东下,上源阜陵诸湖与山溪之水暴浸祖陵,泗城淹没。凤阳、庐州(合肥)、五河大水。

7—8月,淮安大旱;海(连云港)、清(淮安)、沭(阳)、桃(泗阳)、宿(迁)风霾蔽日;宝应旱。

11月15日蠲灾望江、怀宁等税粮有差。

11月16日武进、江阴大雨雹。

1595年

春,安东(涟水)大雨雪。嘉兴、嘉善大雪匝月,鸟雀多死;湖州、长兴、安吉、昌化大雪,平地丈许,两月雪冻不解,民死甚众,鸟隼、孤兔、虎狼俱冻死;余姚雪,弥月不霁,民病樵采;金华、兰溪、东阳、义乌4县大雪40余日,牛马多毙,山谷中人有饿死者;常山大雪,江山大雪,惊蛰(3月5日)尤甚。五河2月大雪月余,雪融复冻,麦俱伤;休宁大雪,途有僵死者。

5月8日苏州雷击阊门谯楼西南螭首,劈碎柱石。

5月,常山、江山大水。

6月24日建平(郎溪)大雨三昼夜,水大涌溢,破圩70余所。

6月,嘉善不雨,至8月13日始雨;嘉兴夏旱;常山、江山6月旱。天长雨小黑豆及黑水。

夏秋,淮河大水,开武家墩20余丈,高宝水涨二尺,浸泗陵高堰,复决高良涧诸处,高邮决中堤七棵柳、腰铺。10月2日报江北凤阳、淮安等处45州县大水,直隶清河(淮安)、盱眙、桃源、高邮、宝应、兴化、靖江7州县淮水为患,其岁运漕粮暂准改折二年;仪征大饥,民食草根,死者甚多;靖江免征银8 008两;泰州洪水泛溢,十分灾伤;东台、如皋、扬州各属、安东水。11月7日巡按蠲免江北被灾州县自1586年起至1593年止未完存留钱粮各有差;又准折被灾州县漕粮各有差;仍清查各州县备赈银米,酌量时势,分别赈济。

7月,溧水蛟出,溃诸圩;武进大水;江阴水。

10月,水灾,无锡改折漕粮,省免轻赍芦席、盐钞等银共2 454.3两;江阴改折正米连耗,省免轻赍等银5 249.827两;宜兴改折漕旋正米连耗,省免轻赍等银7 602.9两;丹徒改折十之三;金坛漕粮全折,兑七钱改兑六钱;常熟10月14日河水骤涨,池沼皆然,茂林修竹同时俱仆,仆而复起;常州水灾。11月5日以直隶长洲(苏州)等16州县大罹水灾,准漕运粮改折。11月11日以湖州府归安、乌程、长兴、德清4县被灾七分,准折漕粮之半。

1596年

3月24日户部题:苏松4府连岁灾伤,太仓库米折等银乞暂准停缓。

4月7日松江、上海天雨黄沙,是时摘野菜食者皆腹痛。4月13日崇明咸潮伤麦,寸草不留,大饥。

夏,安东大水;泗阳河溢;兴化;高邮6月雨,百日不止。

6月,杭、嘉、湖、嘉善、桐乡崇德、石门不雨;金坛、丹徒、丹阳旱。

9月7日嘉善暴风连日,湖水骤涨,禾尽唋;嘉兴风雨交作,山洪暴发,庐舍圮,圩岸崩;杭州大雨如注,狂风交作,经数日夜不息,山洪暴发,河流横溢,庐舍倾圮,圩岸颓溃,四顾郊原并成巨浸;海宁大水;桐乡自吴江至乌镇百里河水忽涨有声,已而大风雨,冲没禾稼;湖州雨如注,狂风交作,伤苗拔木,屋瓦皆飞,经数日夜不息,三府(杭、嘉、湖)大水,山洪暴发,庐舍倾圮,圩岸岸颓,郊原皆成巨浸;安吉大风拔木,屋瓦皆飞;德清水,照被灾分数全半改折有差;鄞县大水伤稼,民多淹死;慈溪风雨暴发,连三日夜,水溢三四尺,舟从岸行,四望一色,禾稼尽伤;平湖、德清水,改折;东台*西时河海齐啸,行舟遭冲击;海州海潮大上;泰兴水啸。9月6日崇明、嘉定、宝山、金山大水,岁祲,棉花亩产不足半斤。青浦久雨,坏学宫。杭、嘉、湖3府先经亢旱,后多淫雨,兼之海波泛溢,田垠淹没、将被灾九分的乌程、嘉善等6县、被灾八分的安吉、钱塘等6县漕粮准改五分,嘉善准改漕粮、南粮各五分共米53 434石;无锡水,改折漕粮省免银2 122.05两;江阴改折漕粮正米,免轻赍贴役等银3 589.373两;宜兴大水,改折漕粮等米,省免轻赍等银5 210.21两;金坛、丹徒、丹阳3县先旱后水,改折五分;常州、靖江水灾;仪征江河泛溢,田庐多没;江都大水,有振;如皋大水;泰州水。当涂岁祲,疫死者载道。次年1月2日户部题:应天等府照灾伤分数改折征收。

*事发时东台尚未建置,嘉庆《东台县志》记载时间可疑,今用万历《嘉善县志》记载时间。

冬,临安大雪,平地积四尺余,三月方消;湖州大雪,寒,溪湖冰冻,舟楫不通;诸暨雪连春积丈许人民冻馁,鸟兽多死;丽水11月至次年1月大雪不止。

1597年

春,宿迁运河水涸,安东、东台旱。

春,杭州雪甚盛,梅花为寒气所勒与杏桃相次开放。3月7日湖州大雪如米。

3月19日青浦天降黑雨,着衣如墨点;同日夜嘉兴、嘉善、桐乡、湖州亦下黑雨;3月20、21日湖州落黄沙;4月4、5日湖州连发黄沙;4月5日清明,江阴大风,雨土。扬州雨黑豆;泰州雨粟、雨毛;4月中旬泗州雨土数日;泰兴大旱;吴县夏旱。

6月,安东冰雹,伤麦。

6月29日石埭大雨,7月6日昼夜如注,7月9日平地水高四丈,冲向东南,城关四野尽成江河,八、九都山崩水溢,故道无存,积尸横野,庐舍漂没,十一都涌出一山,约六七亩,飞越溪南,压死男妇十四五人,山上树木如故(大滑坡);贵池西乡山洪暴发,水溢数丈,坏田庐无算,男女死者数千人(?)。

7月12日松江大雷雨,钟贾山崩西南隅。

7月,常熟大雨,寒凛,禾淹。靖江淫雨,麦不登。江阴夏秋大雨。

10月6日渤海(38.5°N, 120.0°E)7级地震,地震烈度四度区南界至江苏涟水。但长周期地震波影响甚广,除沿海鲁、苏、沪、浙外,最西可至山西蒲州至湖北公安县一线,深入内陆千余千米。长三角地区内的如皋、泰兴、南通水啸;淮水大涨,盱眙平地高三尺,浸及泗陵,开三闸,以泄一时暴流,稍平即闭。

10月中旬初诸暨雷大震,城裂数尺。

冬,旌德淫雪为祟,害戕二麦。

1598 年

2 月，高淳雨墨水。

4 月 25 日临海、天台雨霰；5 月 7 日立夏临海、天台大雪。

4 月，高淳大雨，圩田沉没。太仓大水，连雨 40 余日，江海水溢，西南乡水高至丈余，居民逃徙。春，兴化、泰兴、如皋、通州淫雨无麦；靖江以水灾免征银 154 两有奇；泰州、东台水。5 月 9 日仪征大雨水，无麦；扬州大雨，伤麦；靖江以水灾免征银 154 两有奇。

夏，吴县大旱，赤地无青，太湖、石湖皆涸，行人竞趋，足至扬尘；松江旱，龙潭水尽涸，寺僧于潭中凿井，视潭底还有一井，井栏上镌“至元嘉兴府华亭县义井”；溧水旱蝗。江阴、无锡、宜兴、常州自春至夏一岁两灾，改折漕粮三分，无锡省免银 2 138.3 两；江阴免轻赍、贴役等银 1 566.461 两；次年 2 月 1 日句容等 15 县灾，户部复议灾重者改征折色有差，轻者仍征本色；同日，浙江抚按以金、衢、宁、绍、台 5 府灾，议留应解南京粮银及减征色；临海、天台大旱，岁饥；武义旱，早晚禾失收；东阳大旱，赤地千里，民大饥；永康、义乌、浦江、衢州、龙游、开化、江山、遂昌大旱。旌德骄阳煽祸，民大饥；祁门大饥。

崇明潮灾，秋无禾。

秋，(黄)河溢，安东大水，坝塞涟口(旧涟口在县东 3 里，此后新涟口在县西 15 里，改名堑上)，徙北岸居民。自是年至天启间水灾尤甚。

10 月 9 日奏以水灾，蠲免浙江各府县钱粮有差。嘉善、桐乡被灾十分，准免七分，并 1593 年前未完米折、盐钞等银悉准蠲免；鄞县、镇海、慈溪、定海被灾九分，准免六分；於潜、平湖、金华、兰溪被灾八分，蠲免五分；长兴、武康等县水灾七分，准免四分，俱于本年存留粮内照数豁免。

1599 年

春，常州、江阴、无锡、宜兴、长兴久雨，无麦；无锡改折，省免轻赍等役银 3 442.6 两；宜兴省免轻赍等银 5 112.571 两。常州议折漕粮正米。江浦大水。嘉、湖淫雨伤麦。金华春饥，民食土。

7 月 16 日嘉兴、湖州怪风拔木。

夏，衢州、江山、温州大旱；开化捐谷千石赈饥；龙游饥。严州(治建德，辖淳安、遂昌、寿昌、桐庐、分水)旱，竹生米，民采食，活者众，六县皆然。天台大饥。

8 月临海、太平(温岭)、天台大风雨。漂没无算，死者甚多；缙云大水；龙泉济川桥仅十之一二；庆元新窑溪桥洪水漂没。

1600 年

3 月 24 日东台、扬州大雪兼雨雹。

6 月 15 日苏州雷击灵岩山塔，炽焰三日夜，寸木皆毁，而砖甓独存。

句容蛟出茅山，大水，浸坏田庐。宜兴湖滏、潼渚洪水骤发，冲坏田禾竹地皮民屋商船多溺死者，发县仓谷 845 石赈之，朱善士也发谷 300 石助赈；高淳大水。

7 月，淮安雨雹。7—8 月间安东(涟水)大风雨，河涨，决黄堌口。

8 月 28 日常熟飓风，雷击虞山三皇阁前大石。

夏秋，安东河涨。雷击嘉定外冈丘臣家。

9 月，武义大水。

秋，无为大水；桐城漂没数百家；舒城桥梁皆颓，禾苗淹没。

10月31日崇明、嘉定及苏州、吴江、平望、南浔均地震。

12月，嘉善运河冰。

1601年

1月嘉兴运河冰。

4月，松阳夜大风雨，罗木岗文昌阁仆。

自春入夏淮安、盐城淫雨连绵，禾麦尽没；安东淫雨两月，大水河决山东单县，南下洪泽，桃源河道悉塞；安东及泰州均水；宝应夏水；如皋春大水，伤麦；靖江自3月，迄4月乃止，麦尽伤。6月，高邮大雨。宝应夏水；泰州水；春夏，苏、松、嘉、湖等处淫雨，江湖水溢，二麦浸坏，上海春淫雨，伤麦，沟渠皆溢；崇明夏无麦；后户部覆直隶巡按题，苏松水灾异常，准将被灾十分、九分以上漕粮改折；吴江春夏淫雨，改折本年漕粮十之七；苏州夏淫雨伤麦，是岁饥，民殴杀税吏7人；江阴大水，无麦，改折漕粮正米22 110.778石，每石折银0.357两；无锡水，无麦，改折漕粮正米11 560石；武进春恒雨无麦；自春及夏苏、松、杭、嘉、湖及长兴等处淫雨不止，江湖水溢，二麦浸坏，秋禾又不能插；诸暨伏中连雨10日；武义5月淫雨，麦烂；铜陵春夏淫雨，圩没八、九；怀远春夏雨，水入城。

4月2日黄昏扬州南方大雹并雪。

7月12日松江大雨不息，北乡田禾尽没；秋禾不能栽种，被灾十分、九分以上，漕粮俱准改折。

7月* 富阳寒气逼，山中飞雪成堆，杭州深山中亦然；桐乡寒，大雪；湖州寒飞雪成堆；石埭(石台)大寒，人尽衣棉絮，深山积雪不消。

* 乾隆《杭州府志》卷56记六月辛丑，是月无辛丑日，只取其月份。

秋，宝应旱。

8月17日常熟西山雨雹，雷击山石。

8月，富阳、湖州始热，9—10月仍热如故，大疫。9月23日江山江郎山雷火，光映数十里，7昼夜不绝；石埭至8月始热，9月犹热，时吴越及大江南北无不病者。

9月，靖江淫雨，伤早稼。以水灾免征锭178两有奇。

11月14日应天、宿松、望江2县重灾，准改折；休宁、祁门、婺源等县以差赈恤。

11月23日泗州、虹县等13州县灾，以差蠲赈。

1602年

1月24日天长雨雪，经旬不止，其大异常；2月，江浦大雪；六合雪；高邮雪六尺。怀远大雪；2月5日桐乡河冻不通者3日。

3月，淮安久雪。

4月，仪征大雪，深尺许，桃李花多冻死。

4—5月淮安、安东、宿迁冰雹、霖雨，河淮俱涨淮安饥馑。6月6日奏报，淮、苏、杭水灾。

6月，高邮大雨7日，民田尽没，堤决小闸口；泰州、东台大水。常州夏麦无获，民饥；宜兴无麦；句容大水；怀远水入城市，二麦无收，菽不及插，蔬果亦少；歙县、休宁大水，害稼，荡民舍；杭州大雨，龙井水溢，顷刻高三四尺，奔流岭下，坏人庐舍，享堂内棺冲至饮马桥；临安大水入县治，高四尺，塘堰溃决，人多溺死，发内银900两，米豆162石，预备谷600石赈之；衢州夏大水，入郡城。

8月20日绍兴海风大发，巨浪直冲内地，石梁冲去里许方止，倒坏民居，淹溺者不可胜计。

秋，淮安、安东、宿迁河、淮、山水俱涨，田庐畜产禾苗俱尽；如皋大水。

冬，兰溪连日浓霜，樟木受冻，经春不发。

1603 年

2 月 19 日武义雪。

4 月，常州、宜兴烈风雨雹，害麦，民荐饥，官发粟减价以赈。

6 月 25 日凤阳大雨雹毁皇陵殿脊；五河雹。

6 月(黄)决沛县四铺口大行堤，陷沛县县城，灌昭阳湖入夏镇，横冲运道；6 月中下旬，淮安异常淫雨，昼夜倾盆，三旬不止，水溢米贵，人多疫死；安东夏秋淫雨异常；高邮决北关小闸口，旋塞。宝应夏大水，河堤决，人民溺死无算；泰州大水；泰州、东台夏秋大疫。

7 月，诸暨大寒飞雪，人复衣绵。松阳大风，松树墩石亭仆，压死 4 人。

10 月 9 日常州雹伤稼。10 月 13 日宜兴雨雹伤稼。

秋，嘉兴、嘉善、桐乡* 疟疾盛行，至腹肿则死。

* 康熙《桐乡县志》记三月，发病不合时令，参照康熙《秀水县志》类同记载，归为秋，

11 月 17 日户部复：应天巡抚疏将被灾六分以下吴县等各州县俱只准折……又复：淮扬巡按疏将被夏秋灾伤十分宿州、怀远等州县准免七分，被灾九分泗州、盱眙准免六分，俱于本年存留夏秋税粮内减免，其安东(涟水)县先经题准永折 7 钱，该县淹没更甚，始准折 5 钱。被灾重大寿州等州、怀远等县漕粮俱不分正改，每石折银 5 钱。

1604 年

4 月 18 日慈溪昼忽瞑，雷电交作，雨雹大于斗，相击如杵，须臾阶宇砌玉，蔬麦尽空；鄞县大雨雹。

4 月，安东亢旱。

6—7 月，安东大霖雨，水涨，稻菽伤。

夏，江浦旱。高淳城西雨粟。

8 月，雷击嘉定安亭普提寺。上海黄浦孙家湾龙卷风，大木尽拔，毁民庐数十间。松江、青浦大水。

12 月 29 日戌时受泉州(24.7°N，119.0°E)7½级地震波及，瑞安(Ⅵ度)、上虞、梅城(Ⅵ度异常)、苏州、嘉定、湖州、宁波、绍兴、衢州、金华、台州、温州、铜陵有感(Ⅳ—Ⅴ度)。

1605 年

1 月 4 日秀水(嘉兴)大冻 3 日。

3 月下旬，嘉定、吴县大雪，三日始霁。

春，安东旱，夏淫雨。

4 月 20 日淮安大雨不止。5 月 16 日风雨猛暴，平地成湖，官民房舍尽崩。

4 月下旬，崇明大雪，3 日始霁。

4—5 月，安东大风雨，城市皆水，房舍多倾；严州(建德)淫雨，坏田万余亩，漂没民房，溺死男女不可胜计。休宁大水；潜山山水暴涨，漂没庐舍数百家；怀远 5 日大雨，二麦淹没。

7 月 28 日凤阳大风雨，损皇陵正殿御座，大水冲倒东坝 30 余丈。

夏秋大旱，禾稼不登。泗阳、海(连云港)、山(阳)、清(河)、桃(园)自 7 月起大旱 3 月；盐(城)大旱，颗粒不登。东台旱；嘉定 4—8 月不雨。崇明夏无麦。吴中夏大旱；常熟 7 月旱；六合夏不雨；江阴夏秋大旱。杭州 7—8 月无雨；嘉兴、嘉善、桐乡 7 月大旱；海宁、湖州、长兴

旱。武义夏秋连旱，早晚禾失收；松阳旱；临海、仙居旱蝗，食豆菽尽。怀远夏秋逾月不雨，至9月下旬始雨，禾菽多槁。户部奏：山东及南直隶江北州县以重灾改折漕粮，照单列于临、德二仓预备粮内支运17万石，以足额数。

9月16日镇江西南(32.1°N，19.3°E)5级地震，(宝)华山开裂，泰州、镇江、宜兴同时，数月不止。

11月18日诸暨雨，天明久，已而复晦。

1606年

江浦民大饥。

2月，淮安雨雪甚。

7月，河溢，萧县郭暖楼人字口；宿迁、海州、沭阳大水，平地水深丈余；7—8月淮安淫雨哭声震地；安东7月河涨，大水。江汉大水，武昌、岳州、常德、郧阳、钟祥大水，黄州蛟起，漂没庐舍。

夏，嘉兴、嘉善、桐乡、湖州、象山大旱，伤稼；临海旱，井泉皆枯；仙居旱，发粟赈给；松阳旱；衢州、江山民疫。

8月，武义大风，学前吹坏左右牌坊。

1607年

2月，江宁(南京)雪后府学前泮池内冰结为花，如嘉兴锦。

春，淮安、淮阴大旱，夏秋大水。

5月27日起盱眙、淮安、安东冰雹，雷雨，诸水皆涨；盱眙、阜宁黄、淮交溢，田庐灾。

夏，如皋、泰州、东台、仪征、淮安、海州等大旱。

6月6—7日报：南直徽州、宁国(宣城)、太平(当涂)、严州4府山水大涌，繁昌、黟、歙、南陵等县漂没人口无算。当涂以千金助赈；繁昌学宫倾圮；泾县横版石桥洪水冲圮；歙县6月27日淫雨不止，大水为灾，巨蛟纷出，漂沉庐舍，冲没土田，流亡人畜；休宁6月24日大水，蛟水四出，坏田禾3 000余亩，坏城30余丈，西市水深六尺，漂没民舍不可数计；石埭(石台)大水。浙江严州(建德)新安江洪水大发，冲下钱塘江，淳安、建德、桐庐、遂安、分水5县漂没数千家。建德损田万余亩，漂没房屋无算，溺毙犹众；桐庐洪水泛滥，桥堰俱坏，田地淹没，赖竹米救饥。诸暨6、7两月连雨不止，洪水坏埂岸，8月大雨如注，9处山洪暴发，老幼及房屋什物直泻钱江。杭州大水，新昌淫雨。

8月20日永嘉(温州)大雨，彻5日夜不止，水暴溢，一城为壑，昆阳(平阳)、三港间居民溺死以千计；平阳大两彻5日夜不止，水溢，民多溺死；瑞安大风雨，水溢；东台秋海潮泛入丁溪，河井水皆咸。

11月，高淳雨血，沾衣有色。

1608年

1月，高淳大雪盈积尺。

淮安、安东、海州、赣榆旱。3月6日户部言：山东、河南及南畿之淮、凤、徐、扬水旱为灾，请发赈金。不报。

5—7月，苏南、浙北、皖南大雨四五十日，城乡水深数尺，庐室漂没殆尽，数百里无烟火。崇明淫雨连旬，城市水深三尺可行舟，大饥；嘉定大雨47日，平地成海，行船者无河道可循，二麦俱烂；上海大水，麦禾被淹，大饥，次年犹饥；松江5月13日—7月5日淫雨昼夜不歇，大水，府城塌毁数百丈，麦禾皆无，万井无烟；金山大水为灾；6月28日青浦凤凰山山洪暴发；自春徂夏大雨三月不止，水高盈尺，田园尽没，告灾者以千计。应天巡抚疏略：自留京(南京)以至苏、松、常、镇等郡皆被渰没，周回千余里茫然巨浸，二麦垂成而颗粒不登，秧苗将插而寸土难艺，圩岸无不冲决，庐舍无不倾颓，暴骨漂尸凄凉满目，弃妻失子，号哭震天，甚至旧都宫阙、监局向在高燥之地者，今皆荡为水乡，街衢市肆尽成长河，舟航遍于陆地，鱼鳖游于人家，三吴、三楚皆然，盖二百年来未有之灾。准留税粮2万两赈荒，各邑分给有差。南京水入皇城、陵庙；高淳大水，舟入市，岁大饥；溧水6月大水，荡民居，圩尽溃，岁大饥；六合大水，城市成巨浸，圩田与江接波，淼淼莫可辨，时东风推海潮西涌，月余不退，倍助水虐；江浦田庐渰没者甚众；仪征大水，市可行舟，平陆皆淹；丹徒、丹阳、金坛、溧阳、泰州、如皋大水；宜兴淫雨不止，平地成陆海，发赈银2 800两；江阴5月13日—7月5日大雨，赈银3 800两，改折及省免银米；靖江5—6月淫雨，发银1 500两赈济，免米31 171石余，银54 514两余，又两院檄借府银3 000两，买米行平粜法；吴江4—6月淫雨，水浮岸丈许；吴县5月13日—7月5日淫雨伤稼，庐室漂荡；常州自5月13日—7月1日淫雨，时迎春乡发两蛟，大雨，平地水溢，田禾尽没，抚按发库银1.2万两，籴米贮仓，平粜以济民艰；常熟6月上旬大雨，至9月上旬始晴，城中积潦盈尺，城外一望无际，郡抵邑各乡，皆不由故道，望浮树为志，从人家檐际扬帆，高低田尽成巨浸；昆山5—6月连雨五十日，吴中大水，田皆淹没，城中街道积水，深可行舟；太仓5—6月连雨四十余日，江海水溢，西南乡水高至丈余，居民逃徙；浙江杭州大雨数十日不止，江上水逆入龙山闸进城，西湖水溢入涌金门，湖舟近抵华光庙，从清波门入府堂，水深四尺，黄泥潭水高逼屋梁，一月水始退；孝丰、安吉、长兴、湖州、德清、嘉兴、桐乡、海宁等夏秋淫雨，连续五十日，大水漂房屋，伤禾稼，陆地行舟；余杭7月大水，南湖北堤决，漂没民房，街市乘船举网；临安6月大水，水入县治，高四尺，诸乡堰塘皆溃，人多溺死，发内帑银900两，米豆162石，开预备仓谷600石以赈；诸暨梅霖7昼夜，大水滔天，湖民大饥；鄞县大饥，饿殍遍野，有以一子女易一餐者；苏、松、常、镇、杭、嘉、湖诸府及崇明、上海等民大饥，金山人饥而死者数万。浙西三郡戊申年(1608)重罹淫潦，洊饥为甚。南汇赈济。7月上海龙华港龙卷风。凤阳巡抚题：江北灾伤，请酌量蠲恤。合肥春夏之交淫雨，漂没二麦几尽；铜陵市可行舟，二旬后水始退；巢县江水暴涨，7月上旬无不破之圩，民居多漂没，7月27日又增水一尺，水入城，直至谯楼门内；含山自石门山涨过梅山尾，舟抵城下；和州水俱入城，坏民庐舍不计其数；无为城四围水深数尺，士女没溺无数；庐江江水入湖，圩田禾稼尽没；舒城圩田俱渰，溺死无算；黄山暨境内诸山山洪暴发，田地冲涨不计其数；当涂群蛟齐发，江涨丈余，圩岸皆溃，由当涂至芜湖无复陆路，民剥树皮、掘草根以食，守仕悉捐家积储，赈救乡里，全活者众；芜湖圩岸冲决，庐舍倾毁，舟行陆地，河鱼游入市廛；池州府城街市行舟，贵池、铜陵、东流尤甚；宣城、南陵漂没圩岸、田庐，人畜溺死甚众；石埭鱼鳖入室，沿溪田庐、人畜漂没殆尽，巡抚多方赈恤；青阳亦淹数次，田冲去十二三；建平(郎溪)圩堤尽没；东至城内行舟凡两月，民乏食；桐城、宿松、太湖、潜山、望江、歙县淫雨害稼。7月歙县灵山崩，坏庐舍，压死居民30余人。10月4日赈南畿及嘉兴、湖州饥；次年1月10日再赈南畿，免税粮；1月21日户部复：应(天)、安(庆)6郡灾沴异常，各项钱粮相应照例蠲折。

夏，临海、仙居、武义、义乌、衢州、龙游、江山、松阳旱或大旱，井泉皆枯，早禾失收。淮安、安东大旱，淮河以北至海州、赣榆春夏旱。

秋，铜陵、桐城、宿松、潜山大旱。

11月后南京大雨半月余，平地皆水，近江圩田尽没。

1609 年

2月19日以浙西郡灾，准海宁、余杭、临安3县漕粮改折。8月3日以浙江灾重，免杭、嘉、湖3府本年协济外省马价银1.9万两有奇。

安东又大旱。松江大旱。崇明、上海、青浦尤大饥。

6月，嘉定、太仓大疫。

8月16日崇明飓风海溢，9月4日复作，田庐淹没，大荒；嘉定海潮挟雨，益加横溢，棉花受害为甚，三吴所共；余杭大水，巡抚檄县振粥。

8月22日绍兴海发飓风，塘坏，浪冲城内街砌石梁，漂去里许方沉，人民淹溺无算。

9月4—7日杭州骤雨如注，昼夜不止，苕溪瀑涨，西溪、安溪各告水灾；余杭凤仪塘决，居民受漂没之苦者多；临安大水；崇德(今属桐乡)低乡复有水患，不久旋退；定海(镇海)飓沸淫潦，圮庐沉稼；鄞县漂没民居无数；慈溪古口石桥崩陷无迹，遇灾居民器具什物尽失乌有；湖州府属桑田淹没；崇明风潮又淹田庐，大荒；嘉定(含宝山)、太仓、昆山、无锡大水；江阴大水，禾半登；休宁大风，拔大木；9月17日浙江巡盐御使言：两浙盐课岁23.7万(两)，后加税3.7万，行之十年，浸以为例。今大水，岁祲，煎熬之所，化为江湖，灶、商并困，正课且难，况于新税，乞速赐罢免。不报。10月18日户部给事中言：……苏、松水灾，曾留山东税银5万两以赈矣；浙江水灾，曾发两淮盐课5万余两，而以仪真税银充抵矣；湖广水灾，曾留通省税银以备采木矣。今各省灾伤十倍四省，洪恩俱存，岂容异视。不报。12月14日工部复：应天高淳被灾等县，其1607年以前未完钱粮准于停免。

临海、仙居连旱；衢州、江山、松阳旱。

冬，嘉兴、湖州无雪。

1610 年

春，松江淫雨；4月17日夜，上海*、松江骤雨彻旦。

*光绪《川沙厅志》记闰三月庚子，是年只三月有庚子日；民国《南汇县续志》万历三十七年(1609)闰三月庚子，是年非闰年，两者皆误。当年两地皆属上海，未独立建置，不取。

6月27日崇明狂风，大潮泛滥，花稻尽伤。6月江阴、常州连雨，没青苗殆尽。常熟夏大雨，下田不登；常州改折漕粮正耗米；无锡改折漕粮正耗米945.2石；宜兴水。

7月，淮安大水，海、赣、沭、桃(泗阳)为甚；泗阳水灾，黄河水涨，八里铺堤决。

夏，滁州三旬无雨；太平(当涂)捐奉缗设粥厂；来安旱蝗。

9月，衢州西安、江山、常山3县大水，免被灾田地银21 600两。淮安大雨。

冬，淮安、滁州无雪。

1611 年

5月，常熟旱。7月13日，总理河道巡抚题奏：淮安、凤阳蝗旱灾伤，乞赐行勘，分别蠲赈。湖州、慈溪、台州、仙居旱；西安(衢州)、江山、常山、开化旱，诏免4县被灾田地银24 299两，发谷34 858石赈之。

6月，淮安恒雨；6—7月，靖江淫雨。7月，(黄)河决徐州狼矢沟，安东大水灾。泰州、东台水。

7月，松江大风潮，漕泾圣母庙前涌一高冈。嘉定大水，黄渡龙卷风。常熟大雨；镇海、鄞县大水；奉化大雨，山崩，岁大歉；7月13日慈溪雨甚，水溢，27日始退，8月6日雨复淫注，8月8日乃止，南亩之实不能登场；7月17日浙西杭、嘉、湖3郡淫潦，洊饥为甚。

秋，嘉兴旱。

冬，泾县木冰。

1612年

2月2日淮安大雪，深数尺。

春，安东雨雹。

春，江阴大水，平地数尺，田庐圩岸皆没。仪征大水，平地数尺，田庐圩岸皆没。4月12日直隶巡按奏：中都(凤阳)民饥最甚，乞赐赈救。又言：凤、泗、淮、徐等处先罹蝗旱，后遭淫雨。南畿南京、凤阳、定远等饥。

5月，清(淮安)、桃(泗阳)冰雹，大如碗钵，地深五寸，二麦俱伤；安东雹杀麦。

5月16—17日安东大雪。

6月10日未时诸暨黑雾迷障，冒行者即疫，茹腥必毙；吴县、昆山夏无暑，大疫，昆山淞南死者相继。嘉兴、桐乡、平湖夏大疫。池州夏寒，民有疾，六邑(贵池、铜陵、东流、建德、青阳、石埭)几遍。

6月25日夜松江雷雨大作。

6—7月，泗阳恒雨；6月靖江淫雨，损二麦。

7月，安东旱蝗。

8月，河决徐州祁家店，睢宁、安东等大水。

9月，常熟烈风淫雨浃旬，福山江口飓风作，水溢，坏民居无数；江阴大风，禾豆损；吴县大雨，稼歉收，多疫。嘉定岁祲；安东海啸，河决，大水，民饥。泰州、如皋大水。

秋，江阴大风，禾豆损。嘉定岁祲。

12月，雷击宁国三十九都江家，毙同室男女6人。

10月—次年1月泗阳亢旸。冬，吴县、昆山无雪。

1613年

2月江阴晴暖，柳敷桃红。2月9日泗阳雷雨，17日丑时雷声频震，2月18日雪厚五寸五分。

3—6月中旬，吴县大雨，麦歉收。

5月3日湖州、桐乡大风，冰雹。

5月21日淮安冰雹，大如鸭卵者数百里。

6月常熟雨没田；江阴雨，损二麦。靖江6月淫雨，孤山东北角崩。

6月20日松江夜大雨，雷击西林寺，煏焚三级，火三日不绝。7月8日又雷电竟夕，有鸦数百，死塘桥镇北。

8月，南畿长江大水，江浦、当涂、繁昌、铜陵、含山、和州、巢县、无为、池州、安庆、东至、宿松等圩尽没；11月16日以南直隶宿松、望江、怀宁、桐城、铜陵、东流、当涂、繁昌等县灾，折征口军米，照重灾事例，每石5钱。高淳永折，亦如之。次年1月10日，以灾蠲苏、松等府1587—1590年漕折积逋。

冬，淮安无雪。

1614年

2月4日立春苏州大雷电，7日酷热，人多赤体淋汗，8日五更时雷电大雨，午霁。

春夏，常熟霖。

6月，当涂江涨陡发，木梱自鲁港(芜湖南，鲁明江入长江处)浮至鳖洲，岸崩，径刷浮桥而去，声如峡坼；铜陵江北诸圩尽没，铜藉堤埂无损；含山、和州大水入城；芜湖江涨；建德(东至)大水，西北郊田禾尽没。

9月，如皋、泰州、东台雨雹伤稼。

秋，常熟、嘉兴、桐乡、湖州、象山、太平(温岭)旱。衢州免被灾田地银37 481两，发谷53 256石赈之。淮安、桃源(泗阳)、安东、盐城、宿迁、海州、赣榆皆大旱。赤地千里，次年春大饥。五河大旱，蝗伤稼；天长、滁州旱。

10月，如皋雪。

是年，平阳仙潭山崩。

1615年

3月1日南通狼山(32.0°N，120.9°E)5级地震，狼山寺殿坏、塔倾、江神祭牌崩裂，南通、如皋、泰兴、泰州有感。

春，六合雨。

春夏，徐、邳、宿、海州、赣榆、淮安、如皋大旱，沭阳人相食，鬻男女道殣相望。宁国大旱久旱，抢掠四起。合肥旱蝗。

浙西大水，饥。建德饥，县绅陈某振咨940余石。祁门6月大水，城内水高丈余，市上乘船往来，竟日方落，死者甚众。5月22日户部复：浙江抚按疏称，浙省水旱灾伤，议将本省税银5 000余两，南北二关新增银各2 400两赃罚银，内姑留一半，计3 350两赈济饥民。

7月11日滁州大雨连昼夜，洪水暴涨，民间庐舍倾圮无数，溺死男妇近千。全椒大水，漂没庐舍，民多溺死，令予被水人钱谷；天长大水，漂没民庐无算；来安大水；江浦大雨，城内水深三尺，损田庐甚众；六合夏雨，适黄山诸地蛟发，夜骤涨，旬日始退；高淳又荒；常熟大雨。12月9日南京屯田御使奏：南直屯田灾伤，议将滁州、天长、全椒、凤阳、泗州等5州县屯粮比照重灾事例，每石折银3钱，并将1612年以前积逋暂停一年。

10月30日当涂重阳大雪。

12月22日冬至，嘉兴天气入冬连阳而暖，23日大澍雨如春夏，蒸溽时至次年1日14日渐见冰澌。

1616年

2月19日六合天雨红雪；吴县2—3月下旬大雪，4月16日犹严寒，先后及丈余；无锡2月大雪，雪有黄者、红者、黑者；武进2月20日大雪；如皋2月雨红雪，沾衣成斑；杭州清明后六日(4月11日)下雪珠，溅入篷窗，顷刻可掬；鄞县、慈溪2月19日大雪积一二尺或三尺许，山中坎陷平填七八尺，摧拉竹木无数，阴冻连旬，檐冰长垂如银栅；遂昌2月18日大雪4昼夜；和州2月大雪，见红、黄、黑三色；太平(当涂)3月大雪弥月，深数尺，山兽落平原，人手搏之；宿松2月17日大雪20余日；望江春大雪。

春夏，淮安淫雨不绝。山东及徐州饥民就食淮安不下百万，赈银105 819两有奇，稻67 500余石，米10 514石有奇；3月18日淮、徐饥。户部复请行淮安府将库贮1614年份四税溢额银8 780两，并借支正项溢额银8 000两，俱委官易粟，发淮、徐所属地方煮粥，以赡饥民。

6—7月，吴县多雨；夏，江阴大水；常熟7月雨没田。

夏安东飞蝗蔽野，城市盈尺，凡留六日，草木俱尽；虹县蝗食田苗，赤地如焚；当涂夏蝗蝻为灾，食苗立尽；来安飞蝗蔽天。

秋，扬州8月蝗；六合8月中旬蝗，从山东来，9月7日蝗飞蔽天，声如雷鸣，散布六合全境，稼伤强半，自9月上、中旬飞集无间日；高淳8月23日蝗蔽天，9月16日雨雷，蝗东去；江浦秋飞蝗入境；江阴旱，9月蝗从北来，遗种入土；常州9月蝗遍及5县(武进、无锡、江阴、靖江、宜兴)；宝应大旱。通州、如皋10月蝗；合肥9月蝗，弥天蔽日，所过合肥、庐江、无为、巢县各县食禾稻过半。天长5—9月旱，禾菽枯死，蝗生，民逃亡；桐城、太湖蝗害稼。江宁、广德等处10月蝗蝻大发，垂天蔽日而来，集于田而禾黍尽，集于地而菽粟尽，集于山林而草皮不实，柔桑、蔬、竹之属条干、枝叶都尽，数郡之内，数口之家有履田一空而合户自尽者。

10月16日报应天、溧阳等处水灾。

冬，安庆、桐城、望江、宿松、潜山燠，桃李华。

1617年

春，江山、常山大雪。

5月，东台旱甚，蝗飞蔽天，食禾尽，草无遗，人民房室、床帐皆满，积厚五寸；宝应、高邮、高淳大旱；安东蝗伤禾；盱眙大旱饥。扬州、泰州、高邮、宝应、兴化飞蝗蔽天，三日不绝，秋无收；如皋夏有蝗；5月31日武英殿办事大理寺副因江南罹灾极重，愿捐谷1 000石赈济。上义其举。从之。

7月1日常州复有蝗自他境飞来，亘数十里，西隔一带践伤禾苗、种子后飞去，7月3—22日子尽出，时方苦旱，百姓捕救不暇；宜兴捕蝗10 667.8石；江阴7月3日蝗从西北蔽天而来，集地厚尺许，恰西南风大作，一时卷蝗俱尽。铜陵夏旱蝗；天为蝗；合肥、庐江连有蝗灾，弥天蔽日，所过禾稻一空；舒城旱蝗，禾稼尽枯；来安夏大旱；全椒、建平(郎溪)大旱蝗；当涂、天长、滁州蝗复生。

7月8日午时诸暨雹雷骤作，寒逾冬月，害稼，杀牛羊无算。

9月，靖江风潮，江滨禾稼伤。

秋，江浦、六合、高淳旱蝗；江浦知县申请秋粮改折，复请发预备仓稻并六镇社仓稻共1 500石赈济饥民；8月如皋旱，运河竭。

10月21日直隶巡按御史以吴地灾伤，乞停芜关木榷税。11月25日户部复：应天巡按题南直灾伤，议将被灾八分以上六合等10县该年漕粮尽数改折，每石折银5钱，被灾七分，如建平县、安庆卫、县米每石折银7钱，卫米向折3.5钱，今减折五分；被灾五分以上如繁昌等7县改折一半，正兑每石折银7钱，改兑每石折银6钱，随粮轻赍耗羡，一切蠲免。次年1月17日凤阳巡抚、淮安巡按题报：查勘所属州县被灾分数，酌议改折、减免、蠲停事宜。

1618年

1月24日吴县大雨雷电。

1月26日常熟雪深三尺。2月4日嘉定大雪；吴县大雪两昼夜方霁。崇明岁祲，米价涌贵。

春，靖江、江阴大雨伤麦。常州、宜兴大雨无麦。

夏，东台旱蝗，食荡草殆尽；扬州、桐城、怀远、来安蝗。

8月下旬，奉化、鄞县、慈溪大水，坏民庐舍，溺死者甚众；义乌飓风，大雨，回江潮入，顷刻水高数丈，阅日乃退。

9月上旬，宣城、宁国、青阳3县洪水淹没田园万余亩，溺死50余人。富阳县南40里的龙门大桥圮;11月13日报浙江钱塘、富阳、余杭、临安、新城、孝丰、归安、长兴、临海、黄岩、太平(温岭)、天台、仙居、宁海等县,洪水为灾,田舍、人民淹没无算,乞留钱粮赈济。

11月20日吴县、吴江大雷雨电。

12月—次年1月,淮安多雨雪。

1619年

4月中旬平湖黄雾四塞,有舟至对面不相见。

安东旱蝗;泰州、东台大旱,改折;安东旱蝗,无秋;盱眙大旱,赤地千里;高淳蝗;江阴蝗灾,知县购捕;句容平地蝗高尺余。10月11日奏:扬州、凤阳、淮泼等府所属州县大旱,乞踏勘被灾处所,蠲赈、改折。

7月15日夜瑞安大风雨,潮没沿江田禾;永嘉(温州)海水暴长,鳞介之属僵死盈路。桐乡大水。诸暨大水濒江民多溺死。湖州岁歉,饥民聚劫。

夏,凤阳大旱,无麦禾,民食树皮,饿死者半,大饥,人相食。怀远蝗;天长上半年无雨,7月11日龙岗镇见旋风;全椒旱。广德舍东都地拆,数十丈,深广5尺。

10月,平阳大风,海溢,田庐漂没。

冬,盱眙大雪,平地丈余,淮河冻合。

1620年

2月8日吴江、吴县大雷雨,至3月风雨连绵,无三日晴;当涂春阴雨三月不散。

春夏,淮安淫雨;安东淫雨,决堤没禾;盱眙大雨水。

5月22日绍兴大雪。

7月,桐乡旱;湖州夏旱,民饥;海盐谷暴贵,掠者四起。青浦岁旱,民饥。南京工部尚书赈青浦、吴江共粟1万石。

8月24日凤阳烈风暴雨,墙屋尽偃,淮水大涨,陆地行舟;淮安大风雨;泰州、东台大水,改折。如皋大饥,知县至截米官赈,活5万人;通州8月大霜;全椒8月大水10月26日奏:江北水患异常,民不堪命,请于矜恤。

8月,金华有雪。

11月13日吴县大雨雷电。

12月,舒城、无为、巢县、六安大雪。至次年3月始霁,雪上多黑点,如烟煤散落,山阴处至丈余;铜陵大雪人多冻死。

冬,江山木结冰,乳枝俱折。

1621年

1月21日淮安大风雪;吴县2—3月雨雪连绵;宜兴春大雪深丈余;湖州、长兴、安吉大雪;安庆、桐城、宿松、太湖、望江、六安、霍山大雪,积40余日;铜陵人多冻死,2月大雪连旬;东至1月10日至2月大雪;五河1月—2月上旬雪。含山、和州、无为春雨雪50余日;庐江2月大雪,半月深丈余;桐城、宿松2月大雪封门塞路,积40余日;太湖民拆屋而爨;舒城穷民冻死甚众;怀远雪深一丈,人不能行;凤阳春雪丈余;太平(当涂)1月7日—2月中旬大雪,共深六七尺,野鸟多饿死;繁昌自1月7日—2月20日止,雪深七八尺,压颓村市房屋不计其数,野鹿獐麂几绝;石埭大雪连昼夜,至2月16日止,民饥死者不知其数。

3月13日通州、泰兴雨雹。

春,宁波春涝。

5月5日晡后青阳黑风雨雹，旋风自西而东，拔木折屋，文庙东庑、文昌名宦、乡贤各祠，须臾倾仆。

7月，宁波、慈溪亢旱；衢州大旱；江山民甚饥。

8月5日，淮安淫雨不止，黄、淮、运俱决，水由二铺灌入三城（清河、山阳、淮阴），平地深一丈，水入治内，市面行舟；里河决王公祠、杨家庙、清江浦、磨盘庄、谢家墩、风直、二厂等处；外河决安乐乡、颜家庄、张家洼、高堰、武家墩等处；安东（涟水）7月大雨，三昼夜不止，马陵山水发，决塌桥、二铺等处；（黄）河决灵璧双沟、黄浦；阜宁大水，庙湾为巨浸。高邮堤决九里北；宝应、东台大水。

8月，扬州雨红沙。

9月8日杭州烈风骤雨，沿江庐舍漂没俱尽；建德大水。

11月，吴江平望（31.0°N，120.6°E）4¾级地震，平望横跨大运河的通安桥震圮，常熟有感。

1622年

4月4日松江、上海及江浙等黄沙四塞，日色黯白。4月6日又雨沙蔽日，嘉定西门外雨血；常熟雨沙蔽日；淮安4月3—4日天雨黄色沙土，蔽日无光；嘉兴、嘉善、桐乡、平湖4月4日飞沙蔽天，聚沙成堆；瑞安飞尘积瓦分许，行者衣帽尽染。

5月，衢州雨久麦烂，青黄未接，米价腾踊。

7月2日邳（州）、桃（源）、沭阳雨电雹，大如鸡子，二麦俱伤。

7月30日苏州雨雹如拳，行人多被击伤，坊表倾裂，或遭压死。

8月8日兰溪满，入兰溪城市。长兴大水。

9月，安东大水，庙顶倾。合肥、无为蝗。

自冬历春舒城大雪，深逾丈，穷民冻死者甚众。

1623年

4月12日、15日连续二次南黄海（34.0°N，121.0°E）≥6级地震，前者上海全境地皆大震，人情惊恐；山东济南、新城地震；后者山东蓬莱、掖县、上海、松江、嘉定地震。

4月15—17日淮安大风异常，天昏势惨，拔木扬沙。

5月，丽水大水，二麦无收；青田洪水，冲没民房，城垛倾倒几半；江山大水，九清桥坏。

6月，桐城大水，漂没数百家；舒城大水，田多漂没。

7月，六合蝗蝻丛生，麦牟、禾稼俱被食伤。

夏秋之交桐乡、桐庐、鄞县旱。临安岁歉。

9月，淮安外河决乾沟、新河（永济河?）、西河（西湖），决马湖闸、月坝等处。兴化水。入秋之后，江淮风雨匝月，水止，桑、麻、禾、黍悉淹，哀此孑遗与鱼游矣，请皇上赐蠲、赐赈、赐折……

冬，宜兴旱。

1624年

宜兴1月河冰，久不开。2月10日南通寒甚，南汇大雪。

2月10日申时扬州（32.3°N，119.4°E）6级地震，扬州倒卸城垣380余垛，城铺20余处，扬州、镇江、常州、泰州摇倒民房无数，压死多命。六度破坏区包括六合、当涂、高淳、常州、东台、常熟（Ⅵ度异常）等，Ⅴ度强有感区包括江苏淮安、如皋、靖江、江阴、无锡、宜兴、溧阳、苏州、吴江、昆山、太仓、徐州(Ⅴ度异常)、上海、崇明、嘉定、松江皆地大震,屋宇摇动久之。浙江嘉善、嘉兴、桐乡、长兴、德清、杭州、安徽郎溪、铜陵、滁州、凤阳等。浙江平湖海盐海宁、萧山、宁波、镇海、慈溪等四度有感。

2月29日嘉兴、平湖、桐乡、海宁、湖州雨,色黑。

3月2日巢县东门屋20余间陷入地,备用林木俱没土中。时河水涸,举去水甚远。

4月7日松江、上海等烈风、雨沙,日白无光,凡三日。

6月1日酉末(近21时)淮安飓风异雨,2日不绝,至6月4日风益猛,拔树撤屋,砖瓦皆飞,海水大啸,漂没庐舍数千家,盐、安更甚。

6月7日—7月9日苏南、浙北,特别是太湖流域大涝,江、浙二巡抚俱告灾,江南苏、松、常、镇4郡巨浸稽天,弥漫千里,雨后停蓄,三旬不消。松江、嘉定、青浦淫雨,坏禾苗,木棉腐烂近十分;青浦、上海大水。嘉定、上海、松江、青浦岁饥,郡人吴某出粟3 000石分赈松江、上海。高淳大水,圩尽溃;溧水蛟出,没民居;金坛4月淫雨,6月大水,坏屋庐,倒圩岸,平地水深数尺,舟行田中,径入村市,是年大祲;镇江、丹阳、金坛6月大水;常州、江阴5月淫雨积旬,伤麦尽,7月4日澍雨5昼夜,江潮漂没5 000余家,积尸无算,8月16日又连雨三昼夜,后莳晚稻复漂没,勘灾九分五厘(95%);靖江5月淫雨,6月16日淫雨五昼夜,江涨,江滨居民漂没;苏州、吴江4月连雨,6月积雨田没,7月3日大雨5昼夜,田亩与河道无辨,农田淹没者十之八,饥者汹汹;邗江(扬州南瓜洲)、无锡、宜兴、昆山、太仓大水,湖流泛溢,舟行阡陌间;常熟淫雨坏禾,岁饥;浙江建德、淳安6月大水,漂田庐,水至建德府治前;嘉善知县请减漕粮正耗米33 712石,改折14 872两有奇,免漕粮项下板木、芦席等项银176两有奇;长兴疏请漕粮改折十之六;湖州5月雨伤蚕麦,6月梅雨浃旬,太湖溢,舟行阡陌间;嘉兴、桐乡、海盐、海宁等大雨水,麦禾皆淹,坏房屋,倒圩岸,岁饥;铜陵、巢县、无为、太平(当涂)、郎平大水,圩田无收,8月赈恤皖南灾民,11月改折皖南漕粮。

7月,上海江湾龙卷风。

8月,潜山崩,声闻数十里。

9月1日上海(31.2°N, 121.5°E)4¾地震,民居有倾者,松江、青浦、常熟有感。

冬,淮安旱;盐城、昆山大旱,民饥。

1625年

春,淮安久旱,河井干涸,二麦焦死。全椒2月大雨沙,3月上旬大风起,三四日不止,飞沙蔽日;2月8日诏以苏、松等府扣留新饷5万将赈济江南灾民,务沾实惠,不得虚冒塞责。2月18日江南水灾,抚按俱请改折漕粮。疏下户部,部复两臣补牍,既为全折十分,地方颂如天之泽,复为被灾九分等邑希一视之仁。

4月,松江雨雹,大如鹅卵、杯碗,损麦;常熟雹。淳安大风拔木。

4—5月,靖江、江阴淫雨,伤麦。嘉定阴雨浃旬,麦浥腐,不可食。

夏,东台、高邮、盐城、泰兴旱。5月27日松江、上海、常熟风霾。6—8月上海、嘉定、吴县、江阴、宜兴、溧水、靖江、通州、嘉兴、嘉善、桐乡、海盐、萧山、湖州、临安、诸暨、绍兴等旱,河底迸裂。

6月2日嘉善雷雹大作,风吼水立,拔木覆屋,竟日怒号。

7月,贵池兴孝乡大雨雹,间下黑豆,种之,叶作刀剑形。

8月3日湖州大风拔木,淫雨如注,屋庐俱坏,两昼夜方息。

秋,巢县、太湖、天长旱;五河蝗飞蔽天。

秋，东台、泰州、兴化水，安东淫雨害麦。10月7日总督漕运疏称：江北灾祲，请议蠲折，以苏民命。东台冬饥，梁垛场草寇蜂起，次年春，插草鬻子女者盈市，饥民抢预备仓。

1626年

2月，江阴、靖江雪，大雷电。

3月5日松江大风雨雹，杀麦。春夏，淮、扬、庐、凤各府属旱蝗为灾；常州府田禾食尽；武进5月3日后大旱；金坛春久不雨，洮湖竭，大旱，地坼；7月，江阴、靖江、通州大旱；盱眙旱蝗为灾；淮安旱蝗害稼。7月11日御史奏：江北灾苦异常，乞分别改折。

秋，镇江、丹阳、金坛大旱，人食树皮，金坛有饥死者；溧水旱。泰州、宝应旱蝗；湖州蝗。象山大旱。合肥、庐江大旱蝗；凤阳旱蝗。

8月22日受台风影响，宝山海溢，拔木坏垣；松江、青浦、嘉定大风雨，两昼夜，拔木仆屋，水盈数尺，漂溺多死；松江谯楼倾；南汇飓风，霖雨大作，拔木发屋；太仓大风潮；昆山大风雨，发屋拔禾；常熟大风雨，拔禾坏屋，江船多漂没，巨舰击破，浮尸相属；苏州大风连雨，拔木倾垣，近海淹千百家，水腾涌丈余，山中百余年大树偃仆殆尽；江阴大风雨，拔木偃禾，江水溢，民多溺死；靖江大风雨，江涨，城堞、楼橹悉没于惊涛巨浸中，凡八日夜，田禾庐舍漂者十且九，老稚死伤无算；武进风灾；泰兴海潮江浪骤涌，庐舍冲没，人民溺死无算；东台大风拔木；淮安8月22—23日两昼夜狂风暴雨，坏屋拔木，损舟；8月30日黄河决匙头湾，倒流入骆马湖，自新安镇以下邳、宿城内外周围皆水，荡然大壑；安东大风雨，河决安东等口；盱眙淫雨连旬；嘉兴、嘉善、桐乡、平湖等大风拔木，淫雨如注，两昼夜方息，房屋俱坏。鄞县大水。

9月11日复台风影响，松江、南汇等损庐。泰兴海潮、江浪一夜骤涌，庐舍冲没，人民死者无算。嘉兴海潮溢，自海宁入，水涨三尺余，河流皆咸，汲井池以饮。

11月，松江大雪，一夕五尺余，竹木折，鸟兽多死。

冬，泰州、东台雨木冰；江阴不雨，民饥，采食圌山乳石。

1627年

1月，绍兴大雪三尺许，龙山极目所及万山载雪。

2月13日江阴、靖江木冰。后江阴大雨，连18昼夜。

3月6—8日江阴、靖江风雨雷电、随大雪雹，3月9日浓雾四塞，鸟雀多冻死；通州3月8日雷击狼山浮图东北角；苏州3月8日严寒，雷电霰雪交集，3月11日雷又雪；嘉定、上海、松江等大雪。松江深五尺余；嘉定深尺许，竹木折，鸟兽多死。湖州3月9日卯时至辰巳之交(9时前后)震电，大雨雪；4月4日户部据巡抚灾伤改折疏：分别被灾轻重，如海州、桃源准折五分；徐州、邳州、泗州、临淮、清河、宿迁、睢宁、盐城、淮安折三分；泰州、砀山、盱眙、五河、虹县、蒙城、颍上、凤阳、兴化、泰兴准折二分；其余被伤稍轻，仍令征本色。

6月9日丹徒雨雹，伤麦。

6月10日嘉兴淫雨为注，逾月勿彻；嘉善夏潦骤涨，城中水深三尺；桐乡石门6月大雨水；6月21日—8月11日湖州淫雨，太湖水溢。诸暨6月大雨数日，洪水泛溢，民舍尽倾；金华6月洪水，通济桥坏；缙云6月大水，田地灾伤者多。

夏，安东河涨，大水；泰州水伤稼；东台水。

9月1日嵊县暴风雨一昼两夜，拔木偃禾，屋瓦皆飞。

9月4日及11—12日崇明两次江潮大作，淹没无算。夏秋间太湖四周淫雨。上海大水。苏、松、常及吴江南北一望皆为大浸，太湖溢入吴江简村，漂溺千余家，为滔天沉溺之患；长兴大风拔木，太湖水溢；常熟、嘉定以水灾免起存额赋有差。9月6日以浙省水灾异常，命巡按勘实灾伤，以便定议宽恤，从巡抚请也；次年3月17日折苏、松、常、镇、(湖)5府光禄寺白粮一年。

秋丹徒、丹阳、金坛大旱，人食观音粉；常熟、江阴江水涸。

9月25日通州雷击狼山塔西南角，五级皆穿。

11月13日苏州风大作，太湖水涌丈余，吴江简村千家尽溺，老幼相抱而死，漂尸百里。

12月29日江阴、靖江江流涸如带。

次年1月8日应天巡抚疏言：吴中一岁三灾，吴江尤甚，请灾重地方漕粮均行改折。下所司议，仍令多方赈恤，以保遗黎。

1628年

1月20日吴县大雪，连二昼夜，积三尺余；1月20日—2月2日嘉兴、嘉善大雪；仪征1月某日夜雨电，早大雪。2月5日元旦宿松、望江雪，闻雷；3月5日惊蛰常熟大电，雷而雹，雨雪；松江3日雨雪。通州3月15日未时雨雹，3月23日大雪；苏州3月末4月初大雪，严寒，桑、麻、豆、麦并萎。泰兴春雨雷，大雪，雪中闻雷。3月28日以苏、松定，改折5府光禄赤白粮。

4月26日缙云大霜；丽水、遂昌陨霜杀麦；义乌霜杀麦苗，荒芜遍野。

夏，铜陵大雨水，圩没殆尽；无为水；池州大水，稼不登。

8月22日(七月二十三日)风暴潮，杭、嘉、绍海啸，萧山、海宁尤甚，海水深入平野二十里，坏民居数万，溺7万人(《崇祯实录》卷45)；萧山毙17 200余人，老稚妇女不在数内(康熙《萧山县志》卷9)；海宁坏海塘，漂没4 000余家；海盐海溢，咸潮入城，海堤尽圮，四门吊桥冲塌，啮田进者七十余里，淹死无算，尸浮海面；杭州骤雨烈风，海啸，沿江一带庐屋居民漂没几尽；嘉兴滨海及附郭居民漂溺无算；嘉善居民被溺者不可胜计；平湖坏独山等处民舍数百廛，湖水成卤；桐乡、湖州、长兴、桐庐；绍兴海大溢，府城街市行舟，山阴、会稽、余姚溺民均以万计(康熙《绍兴府志》卷13)；上虞自夏盖山至沥海所，人淹死者以万计；慈溪傍海居民多被渰死；鄞县拔木，圮石坊；定海(舟山)城中水溢，摧毁居民房屋，文庙正殿俱圮；崇明飓风潮涌，淹死无算。嘉定大风狂雨，连日夕不息(崇明、嘉定两地均记七月二十五日)。苏州大风雨，飘瓦拔木，旬日乃止，黄山巅发蛟；铜陵8月大雨水，害稼。影响范围北至南通州*、泰兴*，南抵诸暨、桐庐。嘉定、宝山岁大祲，青浦岁祲。崇明知县捐俸建厂煮粥，劝粜，停征，民赖以生。

* 弘光《通州乘资》卷1、光绪《泰兴县志》卷末均记癸酉日，是月无癸酉日，疑为癸巳日。

9月无锡、金坛大旱，无锡民多饥死。

10月31日午时崇明潮没沿岸，淹死无算。

11月，桐城严寒，江湖鱼多冻死。

12月22日宝山东海中见海龙卷。

12月23日泰兴、如皋云昏雾，草木皆成冰；桐城、望江*、潜山陨霜冰，江湖鱼多冻死，如是者四日。

* 三者内容相同，时间不一，望江记七月，与霜冰时令不合，潜山素材来自前二者，今取十一月。

1629年

1月21日通州、如皋大雾，着草木皆冰，数日不解。

1月27日崇明、宝山东见海龙卷。

3月13日鄞县狂风忽起，坏屋折木，连朝不息。

5月14日句容雨电大如拳，甚有大如斗。

7月22日风暴潮，嘉定、宝山海溢，漂溺人庐；崇明大潮。通州六月丁亥(丁卯?)巳时飓风海溢，坏田庐，溺死29人；海宁海溢，水浸民居。

7月，全椒大雨雹，如鹅鸭卵，草木禾稼尽损。

仪征夏旱。

8月20日又风暴潮。嘉定、宝山海溢，漂溺人庐；真如平地水深丈余；崇明又大潮。

8月，睢宁黄河决，洪涛汹涌，冲没城陴、民舍覆荡然无存；淮安苏家嘴、新沟大坝并决，没山(淮安)、盐(城)、高(邮)、泰(州)民田；安东大水。

9月17日再风暴潮。嘉定、宝山、月浦人庐漂没；崇明又大潮。历经三次风暴潮后，崇明禾没无遗；松江、青浦、上海、南汇大水。海宁土塘为海潮所冲，树根、木桩、帮石卷荡无存者10余里；绍兴大风雨，海溢；上海、川沙饥。

10—12月靖江、江阴不雨。宜兴旱。宿松、天长大旱；凤阳旱。

冬，泰州严寒。

1630年

2月12日吴江严寒，风沙坌集。3月9日苏州雷电，大雪。4月7日永康大雪，麦皆冻死。

3月，镇江、丹阳大雨雹。

春，武进、江阴、靖江不雨，无麦。崇明、嘉定、松江、青浦大饥，民食豆屑、糠秕，榆皮；松江*知府发贮仓米7 000余石平粜；崇明知县捐俸钱赈粥，劝粜，停征，民赖以生。

*乾隆《上海县志》卷5误作1629年，以崇祯《松江府志》记载直接可靠。

4月13日湖州大雷雹；镇江、丹阳4月大雨雹，伤麦及人，破屋折树，鸟兽多死。

4月28日夜，崇明大雨，麦沾即死，复大雨乃苏。

春末，凤阳府属虹县、颍州(阜阳)、太和、宿州、怀远、盱眙、泗州、灵璧、五河，淮安府属海州(连云港)、沭阳、安东(涟水)诸州县自春末淫雨为灾，二麦淹没，是日雨雹如砖、如鹅卵、如杯、如碗、如斗、如拳，麦穗禾苗击尽无余，有伤人至死者。

5月13日缙云大霜。

6月7日溧水冰雹。

7月4—29日江阴雨，禾菜尽伤。

7月，某天日中全椒忽大风冰雹，禾稼尽损。

8月8日苏州大雨低田尽没。

7—9月崇明潮数溢，民饥，知县捐俸首赈，饥民赖以存活。

10月1日通州、泰兴潮溢，没田庐；10月4日崇明飓风、大潮，破圩岸，田谷生芽，至10日风止潮退；江阴、靖江大雨，苗不实；海宁海溢，塘尽圮，与内河通；崇明又民饥。

10(黄)河决淮安苏家咀及新沟，又决安东吴良玉等口。

1631年

2月26日夜吴县雷电交作，雪下漫天，至晓始霁。

5月13—17日大风淫雨，14日乐清蒲岐所海塘尽坏；17日夜乐清西山寺后山崩。

5月22日申时句容大雨雹，有重至数斤者，着人则伤，屋瓦尽坏，二麦俱损，酉时止。

5月，石埭(石台)大雪损菜麦。

7月，淮、黄交溃，泗州淮溢，水由北堤入城；盱眙渰没山下三坊；河决淮安建义港及新沟苏家咀，又决安东东门等10余口；水灌兴、盐，村落尽没，盐城淫雨倾盆，水深2丈，村落尽没；兴化大水，平地水深一丈五尺，百姓舟居草食，漂流沉溺不知其几；宝应淫雨数十昼夜，堤岸决，田庐尽没；高邮堤决南北共300余丈，南门市桥闸崩，城市行舟，人多溺死；泰兴6—8月雨；通州6月淫雨48日；泰州、东台秋大水，决湖堤，民饥；五河城市水深数尺；怀远大水入城；天长淫雨连绵，洪水暴发，一望汪洋无际。9月12日奏：江南连月大雨，黄淮骤涨，高邮、宝应、江都、仪真、山阳、清河6州县大水泛溢，害及陵寝、漕运。冲决山阳县黄河新沟口350丈，中深1丈6～7尺，苏家咀165丈，中深1丈2～3尺；黄河漫涨，泗州、虹县、宿迁、桃源、沭阳、赣榆、山阳、清河、邳州、睢宁、盐城、安东(涟水)、海州、盱眙、临淮、高邮、兴化、宝应诸州县尽为淹没。

6—7月，吴县久雨，无三日晴，7月29日大雨倾倒，低田尽淹，至冬未退，收获全无。

8月14日常德(29.2°N，111.7°E)6¾级地震，东北波及至无为，烈度Ⅳ度。

9月23日崇明大潮，圩岸崩塌，田谷生芽，9月24—27日大雨，直至9月30日潮方退去。盐城海潮逆冲范公堤，军民商灶死者无算，流殍载道；阜宁海潮迅发，毁盐场庐舍。

秋，嘉兴、桐乡、湖州大水。

12月16日太仓甚寒，有微雪，17日寒倍。

冬，全椒雨木冰，细雨着树悉冰。

1632年

1月，盐城冰合一月，广长数百里。

2月20日无锡雪，深四五尺。

自春徂夏，淮安郡旱魃为灾，青野尽成赤地。

5月，南汇雨血，自五灶港迤西北去。

5月，海潮冲坏安东范公堤，死者无数。

6月，上海全境大旱，河底龟裂。嘉定、松江米谷腾贵，民饥；上海大饥。吴县、江阴、宜兴6月不雨；泰州、东台夏旱；苏南以旱灾蠲逋赋10万余两；杭、嘉、湖3府七旬不雨，至衢(州)之常(山)，被灾与3郡同，温、台、宁征兵转饷，车瘅马瘏所在骚然……适巡按、御史勘实酌议宽恤。

6月，潜山山水暴涨，坏田舍无数。

7月，徐州以下(河)涨，淹南北十数州县，淤骆马，撼归仁，又延义诸口，筑未竣复决，宿、桃等被患；并决淮安，上下河日尽淹，漂禾稼，建义、苏家咀、新沟等处决；宝应、高邮、兴化、盐城无不被灾。高、宝一带漕堤如金门闸、九里、七棵柳及淮安二城等处告溃，数百里内村舍田庄漂荡一空；盐城海啸，冲范公堤；泰州、东台7月31日大风拔木；通州大风，拔张公祠三百年老树，并坏庐舍无算；南汇8月1日午后大风拔木，屋瓦乱飞，骤雨如注。8月10日无锡大风雨倾屋拔木；8月9日江阴烈风澍雨，深五寸，潮冲圩岸，漂舍溺人畜，伤田禾，滨江尤甚。

9月，淮再决安东东门等口，冲安东居民80余家，圃墓无数；丰县、宿迁、泗阳等均灾；10月后，盐城水患倍加，除城门土填外，余皆一片汪洋，直与高邮、宝应相通。高邮北水大涨，上下河田尽淹；兴化8月30日北河溃，数日内水深一丈六尺；泰州、东台漂禾稼；高、宝、射阳湖等处饥民变为草寇，一遇商贾，货物被劫八九，南北往来，几于断绝；五河大雨，淮涨，城市水深数尺。直隶巡按以淮安诸郡连岁灾荒，奏请留漕米二三万石分派州县，命各设粥厂，以供本地饥民。

秋，溧水、高淳、丹徒、丹阳、杭州、湖州、嘉兴、嘉善、桐乡、平湖、海盐、上虞、丽水、遂昌、合肥、巢县、休宁等大旱。湖州、长兴雨豆。桐乡、湖州饥。丽水火灾四起。

12 月 8 日杭州、嘉兴、嘉善埃雾四塞。

冬，建平(郎溪)雨木冰。

1633 年

1 月杭州大雪三日，西湖人鸟声俱绝，雾淞沆砀。

3 月 16 日苏州、吴江雨雹。3 月湖州雨雹。

3 月，苏州旱；松江、上海雨沙。

4 月 27 日* 嘉兴大风拔木。

* 崇祯《嘉兴县纂修启祯两朝实录》灾祥记三月辛卯，是月无辛卯日，疑为辛丑之误。

6 月，崇明飓风不息，海潮淹没。

7 月 30 日风暴潮。崇明海潮泛溢；嘉定大风拔木；松江海溢，大溃崇阙横泾塘，淹没田禾百千顷；崇明大雨雹，坏民庐。嘉定外冈龙卷风，摧垣屋坏，合抱之树断如拉朽；昆山怪风大雨，城中石牌坊倒塌甚多；苏州寅初风起，至午愈烈，雨倾注，水骤盈丈，大木尽拔，城垛崩陷，公署、学宫、寺院皆颓裂，场杆坠折，瑞光塔顶坠毁，民居大坏，压死甚众；吴江坏庐舍，倒石坊；常熟晨大风雨，至夜半止，水涌二尺半；无锡拔木毁屋；江阴潮冲圩岸，漂民居，溺人畜，伤田禾，滨江东北特甚；靖江烈风猛雨，江暴涨，淹死人畜，漂没屋舍不计其数；武进骤雨倾注，屋瓦篷飞，人畜死伤无算，钟楼崩、钟陷入地五寸；泰州大风雨，江水横溢，溺死无算；通州大风；7 月 28 日，河决安东，塌扬口，决山阳苏家咀新堤；宿迁骆马湖溢，阻运。赣榆大风雨，拔木伤稼。嘉兴 7 月 30 日发屋拔木，石牌坊表飞去数武，覆舟无数；嘉善* 飓风，飞沙走石，拔木，坏民居；平湖大风拔木，学宫圮石坊倒者三成，居含咸毁，坏乍浦** 独山石塘，内河水卤不能食；桐乡、湖州发屋拔木；慈溪海啸，暴风，发屋，民庐半圮；定海(镇海)飓风，雨如注旬日，民庐倒塌，外洋防海战船漂没，破坏八九，捕兵沉溺不计其数。

* 嘉庆《重修嘉善县志》误记七月廿四日；** 道光《乍浦备志》误记六月二十三日，今皆归于六月二十五日。

8 月 20 日松江大风雨，伤禾稼，坏庐舍。

9 月 17 日崇阙再溃；崇明沿海居民尽溺，坏禾稼。

秋，如皋大旱饥；扬州、泰兴、通州大旱，河皆龟坼，民饥；吴县旱、金坛大旱。

11 月 2 日松江海塘再溃。

冬，通州和煦如春。

1634 年

1 月 29 日泰兴雷震雨雹。

1 月 30 日永康雨雪起，随雨随消，至 3 月 14 日止；2 月杭州大雪。

4 月 12 日东阳大风，雨雹，二麦俱伤，永宁乡十五、十七、八等都为甚。

5 月 3 日吴县、吴江、常州、镇江、溧水* 雨雹，伤稼；靖江雹，堆尺许，有大如升如斗者，二麦俱坏，屋瓦皆碎；江阴雹损二麦，巡按发粟赈济。湖州 5 月大雨雹。

＊顺治《溧水县志》卷1误作崇祯八年，据邻近各地记载应为七年，月日不变。

5月，巢县西乡大埠路旁地忽裂，长20余丈……久之得雨而合。

7月9日松江海溢汹涌，沿海数百千顷禾多淹没。

7月18日杭州大风雨，西山山洪暴发，坏僧俗庐舍无算，天竺、灵隐、云栖、虎跑为甚，慈云(寺)瑞兴塔冲圮。

7月31日上海风潮，大雨，城市街道水盈二尺许。

夏，仪征江水暴溢，溺死老幼无算；扬州江溢，漂没无算。

9月3日嘉定飓风大雨。9月14(?)日嘉定外冈飓风澍雨，昼夜不绝，漂没几与1608年相似。9月4日缙云大水，比1627年灾伤更惨；丽水大水，自缙云至东乡，田庐淹没者多。9月，上虞十都前口村湖水大溢，通夏盖湖，直注余姚；余姚大水。

9月(黄)河决丰、萧、沭阳大水，安东(涟水)决吴良玉口。

10月16日泰州、东台大风拔木，漂禾稼。

1635年

1月6日镇江、丹阳大热；1月23日江阴晴暖，二麦舒穗，草木花；镇江、丹阳、金坛同日却大雨雪，雷及雹。

2月17自安徽潜山西南(30.5°N，116.5°E)4¾级地震，安庆、潜山、太湖、桐城、宿松、望江均震。2月和州白望市(今螺百乡)地涌血。

3月5日泾县大水，冲没田2 620亩，地4 777亩。

3月8日宿松小塔溃崩，龙湫井陷。

3月，安庆、桐城、潜山、宿松、望江雨黑黍。

春，松江、常熟、江阴、靖江、武进大水。吴县春夏秋俱水，低乡半渰；吴江田半渰。安东3—4月淫雨渰麦。

5月11日太湖、望江雨黑子，状如黍。

5月20日安东雨雹如卵。

5月，太湖大水，漂没甚众。

6月24日处州(丽水)大水，四周城垣冲塌殆尽，水从应星桥入城，淹官署民房几尽，括苍、南明、年春三门滨溪被害尤甚，水退沿溪积尸无算；遂昌田禾漂没，桥堰尽坏；知府按部赈恤。金华6月大水，青阳、后张等处民居水深三尺。衢州大水，坏民田庐，漂没人畜无算；江山大水，各乡同日出蛟，漂没田地庐舍无算，沟渠皆失；常山大水。

繁昌西南隅龙卷风，自鹊江起，从西徂东，过狮子山麓，池水尽涸，大风拔木，簸栃飞吸半空，旋落，冰雹骤集。

6月，桐城、宿松、望江复雨黑黍。

夏，江阴、靖江、武进不雨，二麦俱损。舒城、休宁旱。

7月，安东蝗蝻，草木尽食。

8月1日潜山洪水冲崩县北门坝，露出旧城石闸。

8月，嘉定大雨雹。泰州飞蝗蔽日；东台蝗。

9月11日宣城地中出血。

9月，贵池东乡雨黑子如黍。

10月，桐城、望江大雷雨，河水泛溢如春潮。

秋，吴县水、江阴7—9月雨，损稻。

11月4日金坛天热。

1636年

3月5日江宁(南京)雷击孝陵树;同日无锡雷雹。通州、泰兴雨黑豆遍野,拾之须臾盈掬。

4月13日松江、上海等雨黄沙。

4月,扬州雨红沙,夏无麦。

5月12日无锡雨雹,伤麦。

5月,安东大雨三日夜,麦尽没;泰州、东台淫雨伤禾;宝应、仪征水。

6月2日安东(涟水)大雪岁饥,赈粥。

6月,泰州、东台淫雨,伤禾;宝应大水;仪征夏水。

5—8月,江宁旱,遍野如扫。金坛7月大旱,且久热,6—8月雨不及寸。南畿,6月大旱;上海、松江、青浦等大旱;吴县、吴江大旱,酷热,行人多冒暑僵死。湖州大旱,酷热;鄞县、慈溪、诸暨旱;象山大旱,岁饥;宁海大旱,民饥死无算。嵊县7月20日—10月30日滴泽不通,人食观音土多死者;新昌旱;天台奇荒,民掘食观音土,食之多毙;武义5—7月不雨;兰溪、永康大旱饥;义乌、浦江、龙游大旱。遂昌大饥。徽州(治歙县)、休宁、婺源、黟县、东至大旱,饥,道殍相望,程某捐金以赈。青阳荒。

8月,青田十四都山洪暴发,水溢坏民居;处州(丽水)、云和大水,坏民居。

9月,金华大旱;东阳大旱。

秋,绍兴潮决叶家埭塘360尺,虞墓徙于冯彝,桑田归于大海,自(上)虞至(余)姚,止于甬(宁波)。

10月,上海地区骤寒,

11月,安庆、潜山雨谷。

12月19日松江雨血。

冬,泰州、东台无雪。贵池、石埭无冰。

1637年

1月,松江极寒,黄浦、泖湖皆冰。1月10日金坛大风,吹人仆地,大寒,有冻死者。镇江1月金鸡岭土山崩。

2月22日镇江雷雹。

春,安东旱。

5月16日无锡雹,大如拳,甘露、祝塘等乡麦尽死。

5月17日桐城大雨雹。

5月,安东大雪杀禾;5月12日雹如卵,深尺余。

7月9日未时丹徒龙卷风,自西而东四瓣山、桃庄、南渚庵、潘家村、戴港、埤城诸村镇,倾房屋数百家,压死数百家,伤者尤甚,是年大旱。靖江华严庵旋风,卷草舍数楹(顺治《丹徒县志》卷4,康熙《镇江府志》卷43亦载,文字雷同,时间为康熙十年即1671年,而非崇祯十年,但后赘部分为县志缺失,两者均为五月十八日未时,现将雷同部分归崇祯年事,后续部分归康熙年事,两者皆为龙卷风)。

夏,南畿大旱。仪征、丹徒、靖江、嘉定大旱;浙江大饥,父子、兄弟、夫妻相食。苏、杭大饥成疫,遍处成瘟,死者甚众;海宁、湖州、奉化、象山、丽水、青田、云和、宿松春夏大饥疫;池州各县、东至大饥。

秋，无锡旱蝗。

10 月 30 日昆山雨雪。

11 月，潜山木介，雨着树成冰，玲珑皓白，远近如一。

12 月 18 日松江、上海等雨红沙如血。

12 月，安庆雨木冰。

冬，江宁木介，先是大雾晦冥，着树冰雪。

1638 年

3 月，丽水雨土，黄沙如雾。

春，桐城饥。

5 月 3 日常州雷击武阳殿，殿西间火起，顷刻化为灰烬。

5 月，桐城大雨雹，害稼。

7 月，京、冀、鲁、豫大旱、蝗，江、淮、吴、楚间上下千里旱蝗为害。江宁(南京)、江浦、溧水、武进、嘉定等旱、蝗。六合 6—7 月亢极，8 月井竭，水腾贵；高淳大旱，道殣相望；仪征夏旱，井泉竭；镇江、丹阳蝗饥；金坛久旱，洮湖水竭见底，行人径其中成陆路；溧阳连岁大旱，湖坼见底，蝗蔽野；靖江大旱；江阴 7—9 月旱，飞蝗蔽天，食禾豆、草木叶俱尽；吴江大旱，损禾稼；太仓飞蝗蔽天；泰州旱蝗，无禾；东台夏秋旱，井泉涸，飞蝗蔽天；通州、如皋大旱饥，铜陵春夏旱；芜湖飞蝗蔽天；池州各县及东流(东至)大旱，民食观音土；建平(郎溪)大旱蝗。

7 月 30 日海宁大风，潮决城西至赭山，溺人畜，伤稼。

9 月 3 日无锡大风，雨雹。9 月，太湖大风，发屋折木，转石扬沙。

冬，江阴旱。

1639 年

2 月，诸暨大雪没湖。

2 月中旬休宁雨黄沙，屋室积若尘土。

3 月，高淳雨黑水；仪征西郊春雨黑子如黍；宜兴雨小豆。

6 月 1 日仪征陨红沙，二麦皆坏。

6 月 17 日午时松江海溢，坏泖，缺东塘大堤；昆山大风，倒蟠龙寺大殿，声如地震震撼。

6 月 6—18 日嘉兴、嘉善大雨，连日夜 13 日，平地水溢数日，舟行于陆。桐乡湖州夏恒雨。

6 月，安东大旱，蝗食麦禾且尽，(黄)河决蔡家口；宝应旱蝗，禾苗食尽；泰州、东台旱蝗；通州、如皋大旱，飞蝗蔽天，民大饥；靖江、江阴、武进旱，高淳、苏州 5 月大旱蝗；镇江、丹阳、金坛 5 月蝗；杭州蝗；建德、桐庐蝗食稻；衢州、常山大旱，无麦禾。当涂旱饥；巢县旱；无为蝻，满布城野，人阻不得行；舒城蝗；池州各县(贵池、铜陵、青阳、东流、建德、石埭)大饥，民食白土(观音土)；休宁大旱。

7 月，临安昌化大水，坏民居田亩数十处，溺死近 2 000 人。武义大水，平地丈余，熟溪桥坏。

8 月，六合雨豆，竹镇大蝗。

9 月，崇明* 飞蝗蔽天蝗，食禾如刈，知县请蠲辽饷 1.3 万两，巡抚捐俸 1 000 两赈济。杭州蝗大集，积二三寸，自笕桥来，经香园，入余杭。

＊乾隆《崇明县志》卷13误作崇祯五年，今采用雍正《崇明县志》卷17资料，予以更正。

冬，泰州、东台无雪（旱）。

1640年

1月，东阳大雪20余日，及春乃晴。1月下旬至3月中旬吴县雨雪连绵。1月6日淮安天气蒸热如夏，夜震雷大雨，次日大风雨雹，俄大雪两昼夜，深三尺许，河冰复合，屋上堆雪，累日不消。

2月27日上海大雨，震雷犹如夏日。

2月，淳安、武义大雪；象山大雪，深四五尺。

春，京、冀、陕、豫、鲁、皖、苏、浙、闽、赣、鄂、湘旱，扬沙雨土，风霾蔽天，麦禾枯槁，白洋淀竭，民饥疫。南京3月16日风霾大作，细灰从空下，五步外不见一物；江阴、靖江3月风霾，雨土久之；杭州、嘉兴3月16日大风霾。砀山白昼如夜，黄沙满地，厚寸许；萧县大旱，3月25日黑风，人莫能立，4月11日未时风沙迷天；望江2月雨土灰，五步外不能见一物，3—4月连旬皆风霾；宿松春风霾相连二旬。

5月9日浙西大水。建德淫雨，水溢城，淹没民居甚众，二麦无收，夏大疫；嘉兴4月大水，伤稼；湖州、民大饥，人相食；海盐大水，乱民群掠富室；长兴、武康大水；孝丰水灾，大饥，死者不可胜数；德清大水，兼以疫疠盛行，人民死亡过半，室庐荡析，田野榛芜，几同废县；义乌大雨连绵三月。

5—8月，两京、山东、河南、山西、陕西、浙江、三吴大旱，蝗，皆饥，自淮而北至畿南树皮食尽，发瘗胔以食。江苏全省大旱，徐州、铜山、丰县、邳州、睢宁、沭阳、东台、如皋、泰州、六合、南京、镇江、丹徒、丹阳、浙江临安、安徽寿州、怀远、天长、六安、亳州、颍上、萧县、霍丘人相食；仪征人多饿死；盐城民饥，死无算；淮安8月荒旱奇常，山东、邳、徐饥民逃至清江一带者动以万计，又兼瘟疫盛行，饥殍死于道者，城外白骨如山；安东赤地千里；句容旱蝗，饥疫者相望于道；金坛民死无算；江浦、溧水、常州大旱；无锡大旱，蝗大至，集屋盈二尺，集木树枝皆折，乡民无食，抢富民米麦；宜兴夏旱，洮湖竭，蝗伤禾；吴江大旱，大饥，饥民作乱；吴县旱蝗；盱眙、高邮、兴化、通州、靖江民饥；昆山7月大旱，娄江流断，飞蝗蔽天；松江、上海、青浦等旱，苗枯，飞蝗蔽天；崇明为灾，民大饥，草根、树皮都尽，流丐填壑，村落为墟；知县奏请巡抚免辽饷银，巡抚捐俸银1 000两赈济。秋冬，松江、上海等又连旱。是年水旱不均。上海全境大饥；嘉善、嘉兴7—8月旱蝗，成群逃荒；海宁双忠庙赈粥；镇海、鄞县、慈溪、定海大旱，民食观音土；绍兴夏大旱，四个月不雨，通郡（山阴、会稽、萧山、诸暨、嵊县、新昌、上虞、余姚）米贵，诸暨民食草木；嵊县、义乌旱；仙居、东阳、衢州、常山大旱，大饥；象山6月28日天降赤雨，是年大旱，饥，上官各捐俸赈恤。合肥、舒城旱蝗；含山大旱，饿殍接踵于道；铜陵飞蝗蔽天，殍遍野，有刳肉以食者；和州大旱赈粥；泗州、五河、凤阳、滁州、全椒、宣城、泾县、南陵、休宁、黟县、池州等或大旱，或饥蝗。

7月1日湖州大雨7昼夜，水溢街市，田禾尽淹；长兴大水；安吉孝丰水灾，兼以疠疫盛行，人民死亡过半，室庐荡析，田野榛芜，几同废县；桐乡大雨如注，水溢，平地田禾淹没；平湖5月28日雨彻一昼夜，6月27日禾稼淹没，7月6日复淹；海盐夏大水；德清春夏大水。太湖夏司空山石陨。

8月11日松江、上海、青浦大雨。

10月15日昆山大风雨，海潮泛溢。临海、黄岩飓风，拔木覆舟。龙游文昌桥为水冲坏。

11月6日金坛大寒，河渠冻。

12月22日松江大雷雨。

冬，望江大雪，民多冻馁死。

1641 年

2月5日嘉定大雷雨。

2月26日靖江大雪，木冰。

2月，萧山、绍兴大雪逾旬；余姚雨雪不止；上虞、湖州大雪；嵊县雪。徽州（治歙县，领休宁、黟县、祁门、绩溪、婺源）春大雪，僵死相望；休宁2月大雪深数尺，道有冻死者，3月中下旬又深数尺，僵民相望。

3月1日苏州大风旬日，扬沙蔽天。3月8、9、10及12、13日通州皆雨土；3月11日常熟、松江、青浦、上海、崇明等降黑雾；3月19日又雨黄沙，阴霾四塞，4月12日再风沙蔽天；嘉兴亦落沙，竟日如雾。

5月3日午后旌德雷击县大堂，正壁碎。

4—8月京、冀、鲁、豫、苏、皖、浙大旱。江苏连续大旱、大饥、大疫。丰县、铜山人相食，道无行人，大疫流行，死无棺殓者不可计数；丰、徐、邳、睢宁大旱，黄河水涸，流亡载道，人相食；泰州、泰兴、东台5—8月不雨，河竭无禾，蝗又复至，民大饥，疫死无算，人相食；通州、如皋大旱，大饥，大疫，死无算，人相食；六合大旱，人相食；安东山东省流民数万，饥食糠秕、人肉，尸横城野5 000余人；盱眙大旱，蝗蝻偏野，民饥以树皮为食；盐城、宝应、兴化大旱或旱；南京、仪征、南通大饥；南畿南京、溧水、丹徒、丹阳、武进、江阴、吴江、桐乡、长兴大旱；南京6月大疫，有阖门尽毙者；仪征大旱，饥，瘟疫大作，死者过半；高淳大旱，疫疠大作，饥民取观音土为食；金坛、无锡旱，民多饥死；苏州5—9月大旱，又值疫症甚虐，一巷百余家，无一幸免，一门数十口，无一口仅存者，各营兵卒十有五病；推官日收露尸、给櫘、瘞土以万计；昆山致和塘、吴淞江涸，夏大疫，死者枕藉，饥民相聚剽劫；太仓大旱，冬僵死满道，河中浮尸滚滚，城门、巷口弃儿百十为群，死者尽弃之丛冢，或聚而焚之，或掘坑埋之，是年上海全境大旱、蝗、饥。上海春大饥，民食草木、根皮俱尽，抛妻子，死者相枕，有白昼抢夺于市并烧劫者，有抱子女杀而饱啖者，皆捕杀示众，夏大旱蝗；青浦、嘉定春民大饥，大疫，死者塞道填沟，4—8月不雨，飞蝗蔽天，赤地十里，饿殍载道，外冈有易子而食者；崇明流丐填壑，村落为墟。巡抚赈苏、松、常、镇四府饥民。浙江旱、蝗、疫交作，人民死者数万。嘉兴饥民于西城上剐人肉充食；平湖有孤行剽夺者，致城外绝人往来；桐乡夏旱魃为灾，河流尽竭，飞蝗满地，有割人肉货卖者；嵊县民掠谷；嘉善、嘉兴、平湖、海盐、海宁、桐乡、湖州、杭州、余杭、萧山、绍兴、桐庐、新昌、临海等大旱；杭州西湖底泥龟裂，民饥，鬻子女，售田舍，野有饿殍；临安、桐庐、海盐、海宁、湖州、安吉、余姚、临海、遂昌等大饥；杭州、临安、萧山、海宁、湖州、建德等疫或大疫。安徽安庆、望江、池州、滁州、天长、歙县、祁门、颍州（阜阳）、霍山人相食，死者枕藉；太湖民大饥、疫，日死数百，人相残食，日晡不敢独行；舒城人多相食；巢县是年复旱，春大饥，饿死数千人，夏大疫，死万余人；含山旱，饥民或行市，或行道，倾卧仆即死；桐城北方流民觅食者数万，未几俱毙，尸填道路；无为饥，民死者枕藉道路；五河大饥，继以疫，民死甚众；全椒有櫰人于市，聚众焚劫者；太平（当涂）大饥，兼病疫，道殣相望；广德遗骸载道；南陵煮糜以赈，几数月；旌德大饥，漕米改兑，麦折三分；宁国饥民成群，发富家仓廪，几欲为乱；合肥、铜陵、芜湖大疫；泾县瘟疫盛行，死者十三四，道路相枕藉；石埭病疫者相枕藉。

9月23日溧水雨冰雹。

9月，崇明、上海、松江、桐乡大风雨，害禾稼，松江又雹。

12月20日巢县大雪。

1642年

1月30日江阴大雪，民饥疫死者载道。湖州大雪。

3月25日淮安冰雹，大如盂钵，入地三寸许，击死牛畜不可胜计。

4月9日海盐天雨沙。4月10日海宁天雨沙。

春，上海全境大饥、大旱、又蝗。夏，嘉定、崇明、青浦大疫，十室九病，死者枕藉，僵尸填沟塞道，人食树皮草根俱尽，卖男鬻女仅供一朝之费，大场镇有人以妇易数米团而去；嘉定至割死人肉为食及易子而食；崇明堡城一妪杀邻稚以食，黄某食己子，前者为群稗殛死，后者毙狱；崇明知县捐俸倡赈，募米设粥厂赈济，嘉定知事捐钱米，南汇赈饥民；太仓春东乡民有食子者，遗惠祠及隆福寺集饥民千余，日死无算；吴县春民艰食，流亡窜徙，城乡房舍半空、倾倒，死尸枕藉。吴江春大饥，疫民多自投于河。东台、高淳旱；金坛旱，民死无算；武进河涸、大疫；杭州旱蝗，民强半饿死；嘉兴语儿乡(今桐乡崇福镇)有食人者；嘉善春夏民饥，夏大疫，人多暴死；海盐春大饥，死亡满野；桐乡石门大饥，人食草。镇海、鄞县、定海、慈溪、绍兴大旱民饥。桐城春夏不雨，大饥疫；宿松大饥，有母啖其亡子者；太湖大饥大疫，死者日以百计，道殣相望，人相残食，日哺不敢独行；潜山大饥，死者遍野，有一室一村全空者；天长大疫，死者枕藉；当涂旱疫，大饥；南陵流离载道；歙县大疫；贵池、石埭6月蝗；东流(东至)大饥，有携食于道者，则争夺之；望江饥民多殍死。

5月5日立夏安东大霜；5月22日雹大如斗，伤人。

6月3日午前淮安大热，俄而风起，卷沙走石，冰雹随至，先如鸡卵，后如升斗，继则大如桩础，从申至酉，牛羊尽死，屋宇倾消，地陷数寸。东台6月雨雹，破屋庐，杀牛羊。

6月8—14日潜山大雷雨，多处山洪暴发，漂没田亩民舍无算；望江6月13日茗山山洪暴发、雷雨异常，有陆沉之势。

6月10日吴县西南境大雨雹，嗣后淫潦不止，低乡尽没，又大疫；同日泰州大雹，击穿屋舍斗门，牛被击死。

6月，萧山大水，西江塘坏，田禾淹没，7月12日大雨三日，江水复涨，重莳禾苗又被冲没无遗；兰溪大水入城；建德大水，直至三元坊上；龙游大水；富阳新登(城)大祲。铜陵夏大水。

6月，凤阳雷击鼓楼大柱，火起。

7月(黄)河决安东(涟水)邢家口等15处，王公祠没于水，舟行平陆；宝应大雨不止，泗水暴涨，淮堤横冲，一望滔天，禾尽沉没；凤、泗大水。

秋，杭州大饥，民多疫，死者枕藉，杭城尤甚；临安大饥疫，饥殍载道；淳安大疫；平湖夏秋大旱，积尸横道；桐乡民大疫，十室九死；乌镇大饥，人相食，盗贼蜂起，又大疫，十室九死；天台复大疫，死者相藉；铜陵旱蝗，饥疾殍路者不可胜数。

11月20日盱眙北(33.1°N，118.5°E)5级地震，民庐多倾颓，五河有感。

12月21日冬至夜半松江、上海迅风澍雨，拔木飞瓦，米、棉、麦贵；桐乡冬至夜半疾雷，迅风澍雨；杭州同日大雷电，是日如溽暑，夜即严寒大雪；桐庐雪深三尺。

1643年

2月19日元旦石埭冷风凄惨，黑雾迷，七日始止。

春，天长雨黑豆。海盐海宁4月9、10日天雨沙。

6—8月不雨，上海全境河水尽涸，田禾枯槁。高淳、吴县、桐乡旱。嘉兴夏烈日连旬，7月亢旱，民饥死者不减于1641、1642年；嘉善大饥，人食草根树皮；平湖夏大饥，民不堪饥，相率掠有米之家；桐乡7月大旱，运河坼裂，田禾尽枯；湖州夏大旱，民饥，人相食；长兴大旱；镇海、鄞县、慈溪旱饥；诸暨、常山、江山旱。

8月6日风暴潮，崇明海溢；松江坏海塘，淹禾稼，漂庐舍。

11月11日崇明、常熟、桐乡黄雾四塞；淳安雨土霾，行人着衣皆黄。

11月18日桐乡黄雾四塞。

12月21日崇明大雾雨雹。

12月21日冬至前一日，当涂气蒸如初夏，雷电交作，乍晴乍雨，雨如注；高淳冬至前雷电不已；22日冬至巢县大雪大雷；和州震电雨雪，扬子江干一日，至夜复流；安庆、宿松、潜山冬至大雷雨；东台冬至酉时大雨雷电；通州、如皋、泰兴冬至夜雷大震。

12月23日常熟、松江*、金山等黄雾四塞。天长冬雨黑雪。

*康熙《松江府志》记十月癸卯，查无此日，今用康熙《常熟县志》记载十一月癸卯日期。

1644年

2月8日凤阳(32.9°N, 117.5°E)5½级地震，(明)祖陵附近庐居坍坏尤甚，临淮、南京有感。同日凤阳、上海等大风霾；凤阳、天长春雨黑豆；淮安街市中对面不相见；上海咸潮入黄浦，漂屋，淹禾。

6—12月，江苏南京、常州大旱；吴江7月太湖底坼；宜兴溪河皆涸，两湖见沙断绝，陆行河底，乡民为争水斗殴，米贵。浙江桐乡河底起尘，晚禾枯槁，道殣相望；慈溪(慈城)旱魃肆虐，疫疠大作，城郭内外所在填尸枕藉；余姚、永康旱。安东大风飞沙，拔树伐屋；桃源(泗阳)黄河水涸，渡者揭衣而涉。於潜岁大饥，野有饿殍。安徽巢湖大旱，圩田亦无水，山居有去10～20里外汲水者；铜陵、无为、桐城大旱；7月，寿县天大风，雨沙三寸许。因灾免淮、凤各府本年起运仓麦米十之五，南粮水兑十之三。

7月25日风暴潮，崇明海潮大溢；上海、南汇、奉贤坏捍海塘550余丈，漂屋；孝丰大水。安吉天目山洪暴发，损禾田房屋数百家。

12月10日全椒久雪，民多冻馁死；天长雨黑雪。

1645年

1月28日江宁府(南京)大雪，雷电交作；溧水瑞雪盈尺；扬州、嘉善大雪；昆山积雪弥月。

6月27日东台海溢；长兴大风，夜骤雨倾盆，淹没禾苗，秋无收。五河大水。因水灾，宝山蠲税粮十之七，兵饷十之五。

6月，嵊县雷震应天塔。

7月1日杭州大雨，风拔木，贡院东西牌楼、弼教坊俱毁。

7月，太平府(当涂)大雨雹，暴风拔木。

9月3日苏州竟日大雨滂沱，至4日辰刻止，城中景况凄然；昆山淫雨暴加，千乡沉没；桐乡大风，水涨一日一夜，水满五尺，风拔大木数百株；湖州大风异常，是夜骤雨倾盆，平地水深数尺，淹没禾头；长兴吹折谯楼，是夜骤雨倾盆，平地水深丈余；东阳大雨3日，漂没田禾无数；嵊县大水。

9月14日吴江黎里龙卷风，大雨如注，复溅水皆黑色，旋风骤至，罗汉讲寺大殿忽举至云中，霎时落下，古柱尽埋土中丈余。

● 1646 年

3 月 4 日石门(今属桐乡)大雨雹。

4 月,江苏泰兴、南通苦雨淹麦;嘉善大雷雨十余日,伤豆麦;当涂恒雨,大雨雹,暴风拔木,城内掉楔多仆;南陵大水,圩堤冲决,人皆露栖断岸。

江淮旱;浙江杭州 6 月钱塘江水浅可涉;萧山运河尽成赤地,至 11 月大雨始可行舟,乡民以树皮为食;慈溪、镇海、兰溪 5—8 月旱;绍兴久旱,河湖尽成赤地,民食草木;黄岩大饥,民死载道;上虞、嵊县、宁波、建德、淳安、金华、东阳、义乌、永康、浦江、武义、汤溪、天台、仙居大旱、台州 4—6 月不雨,苗尽枯,军粮不继,鲁王命御史督饷;安徽安庆、望江、宿松、太湖、潜山、婺源大旱,祁门民多饿死;黟县、贵池、石台大饥;江西南昌、兴国各府大旱、湖广武昌等 10 州县旱。

● 1647 年

春,通州大旱,饥、疫死者甚众;泰兴大旱、疫;昆山大旱,米贵,民饥。常熟饥;吴江大饥,赈之;湖州、宁波大饥;慈溪饥;奉化、兰溪大旱,民以草根、树皮充食;上虞春民食榆皮、土粉;新昌米更腾贵,荐饥,邑人为糜粥以给饥者;临海春大饥,民间食草根,饿死者甚众;建德大旱,谷贵,民食草木;衢县、江山大旱、饥;开化大旱,中产家尽食糠粃;常山饥,饿殍载道。

嘉定、上海淫雨,无麦,岁大饥。

5 月 7 日松江大风雨,冰雹击伤牛马、麰麦。

5 月 9 日贵池大楼山大石崩,近山居民震撼,牛豕奔逸。

5 月,河决安东(涟水)东门等口 17 处,城浸五尺,三门屯闭,街市行舟,秋禾尽没,大饥。

7 月 16 日(六月望)平湖飓风大作,潮没苦竹山天后宫殿阶;嵊县(8 月?)大风雨,江水骤涨,民多淹死,壮者为兵、为盗,老弱多饿死;如皋东洋(黄海,原名东大洋)大潮,冲突海边,人民淹死无算,房屋漂没;扬州大水,雨不止,堤溃,波浪滔天,横尸遍野;宝应、高邮、泰州、东台、泰兴大雨不止,大水,漕堤决;青浦、无为、安庆大水。

● 1648 年

4 月 25 日昆山雨雹,大如斗,破屋,杀畜。青浦(误记三月三日,缺闰字)大雨雹,如斗。海盐 4 月雨雹,小者如鸡卵,损麦。

春,安东淫雨无麦。五河春雨淋漓,苗稼尽没。贵池大楼山再次石陨,有声如雷。

5 月 24 日松江、上海、青浦大风,雨冰雹。松江大者击伤牛马,坏麦。太仓雨雹,小者如棋,大者如斗,满天飞舞,屋瓦皆碎,府中积起盈寸。

6 月 17 日湖州、石门暴风。

6 月,河决安东县东门口、吉家口、马陵山水没西北民苗,大饥。

夏,嘉定雷击,人牛致死。

夏,泰兴雨伤稼;通州雨,伤谷,民饥。

8 月 7 日靖江城西二十里许龙卷风,自西北来,顷旋风大作,杂大雨滴,田间豆苗十余亩,尽卷入空,不落一叶。

8 月,绩溪大水,冲圮桥梁数处,田地千余顷。

9 月 4 日连日风雨,松江、上海大水,晚禾萎。

秋,如皋、通州旱。

1649 年

1 月 20 日松江、上海等黄雾四塞。

2 月 23 日嘉定大雷电，雨雹，雷击伤人甚众。

3 月 31 日戌时太仓大雪；4 日 1 日子时大雷雨而电，亥时大震电；4 月 2 日子时大雪；嘉善同日雪深三尺；海宁 4 月 1 日黑雨如墨。桐乡、湖州 31 日大雨雹。

5 月，兰溪大慈山崩。

6—7 月，淮水溢。寿县夏淫雨如注，淮水泛涨，汪洋澎湃，一望无涯，不没垛口者仅尺许，城圮千余丈；怀远大水，城中行舟，二麦淹，蠲免钱粮；凤阳淫雨 8 昼夜，淮水冲临淮城，东北仅露垛口，南西两隅如小洲，官廨、学舍、民居尽为漂没，四乡禾麦淹损十之八九；泗城东南堤溃，城水深丈余，平地一望如海，男妇猝无所备，溺死数百人；五河淫雨，狂风昼夜不辍，垣屋俱败，四望如海，乡民集木而居，风发、坠水溺无算；天长夏大水，居民漂没；含山、和州大雨如注；淮阴夏大水，淹麦略尽，谷价腾贵；高(邮)、宝(应)决漕堤；阜宁、盐城、兴化、泰州、大水；无为西南城崩 40 余丈；东台 6 月 13 日大雨水浸岸。松江海溢，溃梅林泾周公塘。靖江海啸，民饥；上海、长兴大雨，水溢，无秋；6 月 18 日桐乡、湖州大雷雨，水满溢岸，豆麦无收；嘉善大水。

7 月，含山大旱。

8 月 1 日通州龙卷风。

8 月，通州大旱；泰兴旱。

8 月，扬州等各属冰雹伤稼，蠲恤。

9 月 9 日句容暴雨，自卯时雨起，至 10 日戌时止，平地水深三尺，淹没民居、桥梁，房屋倾圮无算；江浦水涝。

1650 年

5—6 月，上海南汇多雨，平地水深二尺，经月不退。

6 月 18 日桐城龙卷风，苏家咀李氏家宅风卷一空。

6 月 25 日—7 月 1 日太仓寒气侵人，人皆重衣御之。

7 月 25 日溧水大风拔木，三昼夜方止。无锡夏大水，淹官塘，岁饥；溧阳夏大水，冲决戈旗坝南十里；淮安夏大雨水，淹麦略尽；桃源(泗阳)夏大水，淹麦。东阳 7 月大风雨，凡 8 次，水溢阶庭；武义大水入城，近溪民居水高丈余。仙居大水，北城几陷，坏田庐无数，民溺死者众；台州水；遂昌 7 月大水，漂没土田道路无算；长兴夏大水；湖州 7 月淫雨；萧山六、七等都大荒。缙云大水；景宁大饥，民饥死者无算；温州饥。安徽安庆夏淫雨连月，城圮实多；绩溪(五月?)大水，漂没田地千余亩。宣城横山石崩，声震百里。

7 月，全椒大雨雹，大者如碓，小者如卵，官民田谷伤尽，无籽粒存。

扬州大旱，寸草不生；泰州、东台旱。

8 月 2 日杭州热甚，午后天无云，忽飞雪极细，着物即化。

8 月，泰州、赣榆海溢。

9 月 10 日崇潮大溢，9 月 26 日、10 月 27 日复溢，城乡水深数尺，时方获，淫雨浃月，禾稼沉腐，溺死老稚无算；其间仙景沙龙卷风，风雨陡作，所过赤地；吴县秋大雨，田尽设；桐乡 9 月 11 日海水溢塘；平湖飓风作龙吟阁圮；湖州海水侵，塘河味如卤。

11 月 8 日杭州大雨雹。

1651 年

2月19日南京大雪，雷电交作。

5月30日溧水雨冰雹，伤麦，飓风拔木。

5—6月，松江、青浦、上海、嘉定大雨，河水溢，宝山城圮数丈。5月，通州、如皋、泰兴苦雨，大水，冲坏民舍，民饥。昆山2—7月计雨日共100日，雨必如注，高乡皆淹，灶无烟火，僵尸载道；太仓夏大水，田皆不莳，死亡甚众；江阴7月淫雨6昼夜，禾苗烂死；吴县自夏至秋淫雨不止，高低乡尽没，乡民转徙，村落成墟；吴江夏大水，大寒，大饥，漕米改折十之六；常熟夏大水，民饥；无锡大水，岁饥；武进5月27日马迹山及陈湾、百渎诸山山洪暴发，共73穴，拔木走石；镇江、金坛水灾，改折秋粮十之六；金坛知县设粥厂于东岳庙以食饥民；仪征岁荒，请振，活饥民甚众；高淳夏淫雨，田畴洼下者尽沉水底，深二三尺，秧浮水面；苏松等府大水；巡抚御史题请改折秋粮十之六、宁国等府以旱灾改折秋粮三分之一；淮阴、泗阳夏大水，淹麦略尽；兴化大水，堤决，免未完正赋银2 860余两；通州5月苦雨，大水，冲坏民居，民饥；东台6—7月连雨二旬，水三尺，禾尽淹；泰兴、如皋大水。临安6月水伤禾苗，漂没田庐甚众；嘉兴、嘉善、海盐、湖州春夏大雨水；长兴5月大水；桐乡大水；宁波、慈溪大饥。安庆5月25日大雷雨，怀宁、潜山、望江山水暴溢，起蛰蛟数千，漂没田舍无算；铜陵夏大雨，圩没，民甚饥；贵池、石埭大水。宣城西南隅其下山皆陷，几数十丈，筑之又陷，再四乃成。

滁州、天长、南陵、歙县大旱；宁国、广德、泾县旱。宁国(治宣城)等府以旱灾改折秋粮三分之一。

7月16—17日连日大雨，宣城、泾县、宁国、旌德、太平(黄山)诸山同时蛟发，平地水丈余，漂民居，坏桥梁，人畜溺死无算；太平(当涂)7月大雨田半涝；休宁7月13日商山出蛟28条，漂没庐舍，并有龙卷风。

7月18日青浦漕港龙卷风，提一舟于田中。同日桐乡也龙卷风，大木撕拔；松江、上海、嘉定、青浦复大水。是岁，上海、嘉定、松江民饥。巡按檄县煮赈，改折秋粮十之六，是年诏赈粟。

1652 年

2月10日常州雷雪，大雨；安庆、望江大雪。

2月10日夜霍山西南(31.4°N，116.3°E)5½级地震，霍山屋瓦皆坠，东至梅城文庙柱裂，潜山、太湖、安庆及湖北、河南部分有感。3月23日霍山东北(31.5°N，116.5°E)6级地震，霍山大震，床如倾仄，碗碟皆碎，州界石桥尽裂，庙中塑像有断头仆地似刀截者，舒城墙垣皆倒；桐城文庙坏；颍上、六安、池州、铜陵、全椒、当涂、安庆、东流、东至、石埭、太湖、潜山、宿松、望江、五河、河南正阳等五度强有感。江苏宜兴、句容、浙江长兴、萧山、石门、崇德及江西、河南、湖北多处四度有感。贵池2月城西南山鸣3日。

4月4日酉时桐乡雷震，击死3人，一在东田村、一在羔羊村、一在钱林寺。

4—7月，上海全境亢旱，大饥。河底俱龟拆，民人争涓滴之水斗殴伤身。知县请免秋粮。江苏全省大旱，巡抚请折江南漕米38万石。江浦、六合大旱，潮水涸；镇江、丹阳、常州、苏州、常熟、吴江、靖江、宝应大旱；金坛改折秋粮十之六；高邮、兴化、盐城各州县，田苗尽枯，民有被暍而立毙者；东台、如皋、高淳、溧水、宜兴、太仓旱；浙江桐乡6—8月不雨，河流绝，井泉竭，运河见底，苗尽槁；长兴夏秋大旱；嘉兴、嘉善、海盐、诸暨；安徽大旱，安庆5—9月不雨，大无年，诸属蠲免正赋、改折漕粮、并除耗米；铜陵稼损八九；巢县河流涸，圩田坼，深数尺，禾苗尽槁，乡民或掘山菝根以食；庐江百日不雨，禾苗尽槁；桐城4—8月不雨，水道尽涸；当涂、芜湖河水不流，江潮不至；宣城郡城西南之交陷数十丈，掘筑其下，得瓦瓮7具；含山、合肥、霍丘、霍山、潜山、太湖、宿松、五河、青阳、石台大旱；湖北汉口、罗田、黄冈、广济；河南项城等共140州县大旱或旱。

7月1日松江叶榭龙卷风，其一移至张泽，摧瓦拔木，桥梁皆掀舞空中。

7月14日海宁、海盐飞雪，大寒。

7月20日崇明咸潮猝至，各州告灾。无锡大水，7月江潮至城河；句容夏大水。

冬，泾县大雪，深数尺，越月不止，积阴亘寒，道罕行迹，民多冻死。

1653年

4月1日青浦雨雹。

4月20日合肥龙卷风。

4月30日高淳雹，所至深五寸，麦伤；贵池酉戌时雨雹，大者如碗，屋瓦皆碎。

夏，江南全省大旱。高邮大旱，民饥；盱眙、扬州、宝应、高邮、兴化、盐城、东台、如皋大旱；武进旱，蠲免本年税粮十之二。浙江各属旱灾，被灾八九十分者免十之三，五六七分者免十之二，四分者免十之一；临安饥，民食草根度活；平湖减免漕粮，准令改折；安吉、海宁大旱，饥民先采蕨为食，后以葛及榆皮充饥。安徽无为、庐江、合肥、安庆、东至、宣城、全椒、怀远、宿松、潜山大旱或旱；免凤阳、庐江等地额赋。

6月，松江、青浦大雨兼旬，河水溢。

7月15日风暴潮，海溢，崇明咸潮猝至，谷尽死；嘉定、苏州、常熟海溢，平地水深丈余，人多溺毙，禾尽死；松江、青浦、太仓、嘉兴大雨，伤稻。

12月下旬苏州河冰断舟；江阴大雪，木冰；桃源、淮安、宝应大雪40余日，烈风冱寒，野鸟僵死；盱眙淮冰合；青浦泖淀冻不解，人行冰上；海宁大冻；冬，合肥大雪，鸟兽多死；当涂冰厚数尺，檐冰柱地，木多冻死；芜湖雪深三尺，木多冻死；安庆、宿松、潜山、阜阳、蒙城、六安、东至大雪，雨木冰。

1654年

1月，靖江雨冰，着草木如剑戟，麦尽死；岁饥；海宁大冻旬余，木冰；桐城大雪十余日，大冰，冰封着树，弥月不解。

2月17日未时庐江东南(32.9°N，118.1°E)5¼级地震，庐江地震，21日复震，铜陵坐者几仆，舒城地大震，全椒、桐城、潜山、安庆、望江、东流、贵池、泾县地震。

2月，嘉定淫雨，凡60日。

6—7月，江苏全省续大旱，高邮、宝应、兴化、盐城各州县田苗尽枯；东台、如皋、盱眙；浙江杭州、宁波、金华、衢州、台州(治临海)5府，钱塘、海宁、孝丰等21州县及海门卫(今台州市)、上海嘉定、奉贤、安徽全椒、庐江、无为、铜陵、桐城、宿松、舒城旱或大旱。

8月4日(六月二十二日)疾风暴雨，海水泛溢，南通飓风涌潮，死者以千万计(乾隆《直隶通州志》卷22)；靖江海啸，平地水深丈余，漂没民房无数，溺死男妇千人(康熙《靖江县志》卷5)；泰兴、东台风雨大作，海潮涨；如皋秋涝；苏州、常州、镇江等府飓风海溢，房屋树木半数漂没俱拔，溺死男妇无算；崇明潮高五六尺，水几及城上女墙，溺死人畜无数，两日后方退；宝山平地水深丈余，官民庐舍悉倾，沿海人民溺死无算；上海海水泛溢，直至外塘，人多溺死，室庐漂没；松江海溢，坏梅林泾、施家店、周墩海塘；奉贤塘溃，郡守修筑土塘并石塘；萧山北海塘坍200余丈，田庐漂没；海盐海溢。

8月，嘉定大雨雹。

12月21日—1月22日大寒，吴、越、淮、扬河冻几数千里，舟不能行者月余。江苏盱眙冬淮水合；淮安、宝丰冬大雪40余日，烈风冱寒，野鸟僵死；东台12月河水厚尺余，人行冰上两浃旬；宜兴泾寒，越四旬始解；无锡大寒，河冰尽合；吴江冬大寒，太湖冰寒二尺，连二十日，橘柚死者过半，苏州11月运河冻舟，吴门冰雪三寸有余各舟勇壮士破冰，日行三四里；青浦泖淀冻合，人行冰上；上海黄浦冰。河水冰坚盈尺，行者如履平地。浦中叠冰如山，乘潮而下，冲舟立破，数日始解；嘉定奇寒，河冰彻底；浙江嘉兴冬大雪，湖荡皆冰，十日不解；嘉善冬恒寒，河渠冰冻，舟楫不通，大雪十日不止；桐乡冬大寒，水泽腹坚；海盐腊月大雪，海冰不波，官河水断；塘栖冬大冷，运河结冰尺许，不通舟航数日；淳安12月大雪，冻坚厚，至正月不解，橘死樟枯；湖州大寒，太湖冰厚二尺，二旬始解；长兴冬大雪旬余，山中人有僵死者，羽族俱毙；宁波、慈溪冬寒甚，浃江俱冻，经月不通舟楫，冻死树木无算；余姚腊月大寒，江水皆冰；绍兴大冰；建德冬大冻；兰溪、武义冬奇寒；安徽池州冬寒，竹木冻枯。石台冬大寒，竹木、六畜多冻死；歙县冬奇寒。

● 1655年

1—2月，海州东海冰，东西舟不通，六日乃解；武进1月木介，太湖运河腹坚；衢县大雪一月余，深三尺许，寒甚，橘树冻死垂尽；江山春寒。

3月12日上海、松江、青浦、奉贤等地震如雷，屋舍动摇，柜环、瓶盅无不响应，逾刻乃止。

4月21日海宁潮溢，沙崩，逼城下。

5月，五河淮涨，麦苗尽歿；水灌泗州城。

夏，上海雷击，摧东门城墙一角。崇明各沙潮溢，漂溺甚众。巡抚报灾请蠲。

6月，休宁大水，西南城坏13丈；7月又坏15丈。

7月22日桐城大雷雨，漂没田庐数百处，淮北山为甚。

7月，嘉兴、嘉善大水；桐乡大风拔木；兰溪水；桐庐大水，桥堰倾溃。

夏秋，海盐大旱，苗禾枯槁；杭州旱，免额赋有差；临安旱，大饥；德清大旱，诏设厂煮赈；淳安秋旱，杀禾麦；桐庐秋大旱；桐乡8月—10月30日不雨；湖州、长兴秋旱蝨，禾萎；绍兴大旱；宁波、慈溪夏大旱，三个月不雨，田禾皆枯；金华府5县(金、东、永、武、汤)大旱民饥；衢县、龙游、开化、江山、丽水、缙云、庆元大旱；7月宜兴不雨，蝗蝻生；8—9月吴县不雨。安徽铜陵秋少雨；宿松秋旱，晚稻损；全椒秋大旱；广德等处旱荒，免钱粮十分之一。

10月上旬，吴县陨霜三朝，谷秕歉收；建德、兰溪骤寒，大霜，荞麦、豆无收；淳安霜降前三日(10月20日)陨霜，杀菽粟；武义10月23—25日大霜三日荞麦、禾豆悉槁；东阳10月19日陨霜杀菽田中无孑遗。

10月11日吴江大雨雹，损禾稼，自北过双扬而南，广二里，积六七寸；宜兴10月雨雹，伤稼。

12月18日上海大冷，浦水皆冰；12月28日—1月11日嘉定奇寒，河冰彻底；绍兴大冰。

● 1656年

1月，苏州河冻，断舟；东阳1月大雪，至3月积冻不解，道路不行，竹木冻死过半。时玉山战乱，贫民多冻死。淳安2月雪连旬，积二三尺，折木坏屋，山兽出求食，人争捕之，鸟坠不能飞；武义大冻，樟木尽枯；永康1月30日—2月14日雪，深五尺，树木尽枯；休宁春大雪，西南城复坏十余丈。

1月14日全椒西都庆家湾龙卷风。

2月，巢县积雨，浃旬不止。

春，东台旱；无锡大旱；嘉善不雨，豆麦枯。

4月，嵊县陨霜杀草。

5月，歙县霞山塔遭雷，塔心神柱无火自焚，灰烬俱飞，中空屹立，人称无心塔。

夏，湖州、长兴大水，早禾不登。武义大荒。

7月，东台淫雨伤禾。

夏秋，安东大水。平湖秋大水，入室。

10月，海州(连云港)海水冰，南北二百里。

12月27日夜繁昌荻港江岸复崩，陷民房百余家，溺男妇数百余口，覆没商船10余艘。嘉定蠲地亩、人丁民欠钱粮。

1657年

1月，苏州河冰断舟。

5—7月，安庆、太湖不雨；含山旱；如皋旱蝗。

7月14日夜，嘉定、青浦大雷雨；嘉定孔庙明伦堂鼓自移儒学门外。

7月24日湖州雷震寿圣塔。

7月29日嘉兴飓风大作，拔树，倒屋，牌坊倾；桐乡大风，民居多坏；尖波大风雨，水没堤岸，寒可御裘；诸暨漂庐舍冲田埂；嵊县大水，冲坏山田若干；义乌大水，江流逼入城港，邑南禾苗淹没大半；太平(温岭)大水；东阳大雨五日，水高数丈溪岸、湖塍皆没，山村楼阁有连架浮漂者；丽水夏潦，城外七里许寿元山山洪暴发，过大溪至罗浮。含山7月大风；裂瓦拔木；泾县7月29日大雨，31日河水骤涨，城内五门水深数尺，上坊民家、下坊客舍悉多漂没，田地亦有推荡，所不浸者仅花井一带；宣城、铜陵大水；南陵洪水为灾，夏日煮糜，舟载设堤饷之；石台大水，崩山决堤，损禾稼，坏庐舍。

8月12日上海雷震东门城堞。

8月18日昆山雷击马鞍山(玉山)浮图。

冬春，杭州无雪。

1658年

1月4日午后平阳炎热，蛰虫尽出，是夜严霜如雪，野中蛇死无数。

3月31日午后杭州微雨，雨皆泥水。

4月，宁波、慈溪大雨，雷击死牛羊，桑叶尽折，蚕多饿死；上虞* 大雨雹，倏忽高尺余，细者如弹，大者如石臼，至不能举者，人畜多击死，麦无收。宁、绍二府属龙飓淫雨，被灾田亩按分数免本年正额钱粮。

* 嘉庆《上虞县志》卷14记：闰三月初一，是年非闰年，权作三月处理。

6月27日武进风灾，疾风拔木，骤雨经旬，田禾渰没，乡民荐饥，食观音粉疗饥。

7月，淳安雨黑沙。海宁雷击智标塔。

夏，吴县不雨；太仓棉花萎。

8 月 4 日崇明雷毁北城 2 垛。

9 月 6 日受台风影响嘉定风雨两昼夜，平地水深 2 尺；松江大雨倾倒，府治内水深 2～3 尺，府治前人不能行；上海大风雨；太仓风雨大作，竟日夜盈尺，自后连下必尺，花损，谷多不实；嘉善大水；平湖 6—7 日大雨两昼夜，平地水深二尺；海盐 7 日寅时大雷雨，澉、乍二浦诸山及秦山山洪尽起，并入海，水涨，平地行舟。

9 月 19 日未时受太仓西北(31.5°N, 121.0°E)4¾级地震影响，崇明、嘉定、上海、青浦、松江、无锡、昆山、太仓、泰兴、南通、苏州、吴江、震泽、平望、南浔等地亦震。

10 月 3 日嘉定复巨浸。

9 月 29—10 月 15 日，滁州田禾皆淹没；全椒 10 月大水，连雨 17 日，田禾尽没。桐城、舒城、石台大水。

10 月 26 日海溢，崇明塘圩冲溃，城中水深 2 尺，淹死甚众，时方收获，漂没殆尽；嘉定再巨浸；海宁海溢；通州 27—28 日风潮，越望江楼，直到城下；盐城 10 月海溢；淮安大雷雨，河淮交涨，河决山阳，淹没治南北田舍甚众；桃源、盱眙、阜宁河淮交涨；五河大水为灾，豆禾在场未收者，俱漂没无存，民苦无食，申详蠲赈；苏州、吴江大水。海宁 26 日海水溢于河；湖州、嵊县大水；临海秋大水，决西城而过，人多淹溺。

1659 年

2 月，崇明、嘉定、上海、松江、苏州、太仓、吴江、震泽等淫雨连旬，60 日方霁。武进、宜兴大水；盐城 1 月 29 日至 4 月 5 日清明皆阴雨，民多饿死，多以儿易米，范公堤外多浮尸；东台春饥，分司劝赈；如皋岁凶，饥民载道；桃源决归仁堤；扬州归仁堤决后，水自翟坝古沟，下灌诸湖，江都濒湖田舍水深六七尺；高宝则浸及城市月余，乃溃漕堤，而东注兴化；仪征 3—4 月大淫雨，道路皆深尺许；湖州、长兴大水；嘉定、上海、松江、吴江、武进、淮安、皖南因水灾免 1658 年以前未完钱粮。崇明秋粮尽免。

4 月 24 日崇明大雨雹。

5 月中旬末崇明大雪。

上海、松江龙卷风。

6 月 23 日安东连雨 24 昼夜，河决崔镇口，四乡皆淹，庐舍冲淌，止存一城，大饥；凤阳、宿州、灵璧、虹县、泗州俱大水；高邮、兴化淫雨为灾，民田尽没。

6 月，宁波龙卷风，舟尽覆溺。

7 月 5 日金坛飓风，发于东南，惊飚怒号越七昼夜。

7 月，建德大旱，天雨黑沙；宁波大旱；上虞旱，禾稼焦枯，连年饥。

秋，泗州淫雨连绵，北河泛涨，平地高丈余，房屋渰没，居民乏食；凤阳属水。

1660 年

春夏，安东(涟水)、盐城旱。丹阳、吴县旱，无收。

4 月 3 日午时萧山大雷雹，雨黑水。

4 月，太平(黄山)溪头雨血，以衣承之作赤色。

5 月 17 日淮安大雨雹，深数寸，大者如拳，杀所过熟麦及瓜黍至尽。

5 月 28 日东台雨雹，二麦伤。

6 月，崇明大雨昼夜。

7 月 6 日江阴御夜大雨，诸山迸裂，出水，平地数尺，舟船入市，古岸皆崩；崇明同日大雨一昼夜。

7月11日昆山雷击马鞍山(今名玉山)浮图。

7月,东台雨;如皋大水。

9月27日崇明大潮溢,田禾、庐舍尽漂没。平洋沙砰头港龙卷风,摄1人至树顶,坠草中不死。

12月3日崇明,太仓忽大寒,滴水成冰,次日益盛,凌晨海龙卷,无雨。自西北而东南。

1661年

1月8日太仓雨木冰;1月30日崇明、太仓海上龙卷风;2月2日崇明、太仓极寒,又海龙卷。

2—5月,崇明、嘉定、青浦、松江、吴县等连雨百余日。

5—8月,崇明、嘉定、上海、青浦、松江等大旱,川渠俱涸,人行河底,往来便于平陆,无禾。宝山6—8月酷热如焚,禾尽槁。松江、奉贤岁大旱,歉收,饥,嘉定蠲田粮十之三,四部正赋银1917两,折免南粮钱415两,解南米豆774石;青浦歉;太仓大旱,天极热,饥;苏州等大旱,蠲免被灾田粮十之三;镇江巡抚、都御史疏陈旱荒,奉旨蠲免丹徒、金坛流抵条银,分别极灾、次灾均派扣;丹阳因旱灾免本年地丁银十之五,江阴、吴江7月大旱;泗阳、安东、通州、吴县、无锡、高淳大旱,其中夹有6月29日金坛甚寒,未时雪;宜兴6月28日夜雨雪;江阴日中飞雪;太仓7月31日忽极寒,有霜并飞雪;浙江7月海宁、昌化大旱,吴越数千余里草木皆枯死;嘉兴、嘉善、桐乡旱,大饥,海宁、杭州、临安、长兴、湖州、宁波、慈溪、余姚、上虞、临海、仙居、黄岩、东阳、浦江、丽水、诸暨、建德等夏旱。安徽怀远、郎溪、宣城、绩溪、歙县、黟县、贵池、东流、东至、石台大旱或旱。宁国港口镇陈某家清晨其妻正梳妆毕,忽地裂,女与妆台并陷于地,水汹涌不可救(岩溶塌陷)。

8月8日通州风拔四贤祠大木,祠宇神貌尽毁,次日海潮灌河,河水尽黑,鱼虾之属俱绝;如皋水溢;东台海潮至,淹庐舍无算;兴化海溢,安东大水。

1662年

春初,浙右大饥,嘉善、桐乡、海盐、镇海、慈溪、宁海、定海(镇海)等大旱,而余杭尤甚,饿殍载道,浙江巡抚请蠲恤。

5月8日海宁、桐乡大雨雹。

5月,如皋雨雹,大如斗,禾麦尽伤,坏屋、伤人无算。

6月15日宜兴大风雷,拔木发屋。

6月16日合肥城内大风拔木。

6月,湖州大水,潦田失播。

6—8月,如皋不雨,禾苗尽枯。

7月,河决入洪泽湖、高宝湖、高邮堤决;宝应、兴化大水;东台8月禾无收,民饥。

7月31日夜靖江龙卷风,经泰州严家港、靖江朱束港,大风拔树卷屋,界河有大桥长五丈余,飞坠三里外,时冰雹,大雨如注,一日夜不绝。

8月20日嘉定大雨竟夜,棉铃尽落。

9月11日海盐龙卷风,自龙君祠北登岸,过柴家埭,倒屋百余间,伤1人。

9月,宝山恒雨,岁祲;上海大疫。大小熟全荒,民大饥,知县在广福寺、积善寺给粥,日两餐。

10月，淮水东下，凤阳、泗州、盱眙等处大水被灾，照分数免粮有差；高邮自此水患不息；兴化大水，决归仁堤；宝应大水；东台河决，禾无收，民饥。

秋，萧山大雨，小山崩；四明山崩。

盐城(33.4°N，120.1°E)4¾级地震，坏民庐。

1663年

1月18日苏州、崇明霜浓如雪，四野俱白。嘉善2月大雪；宁波2月大寒，晴空中雨雪。

2月20日上海龙卷风。

5月22日崇明龙卷风，大雨雹，积地盈尺，便民河东40余亩菽麦、禾苗尽折，二熟俱荒；同日太仓也大雨雹，大小二麦击烂如泥，果树、木棉俱伤尽，纵横约五六里。5月22日如皋雨雹大如斗，禾麦尽伤，坏屋伤人无算；5月扬州大雨雹，平地盈尺有大如斗者，坏民居无数，二麦无收。

6—8月，通州、如皋、泰兴不雨，旱，禾苗尽枯；盱眙、高邮、苏州、吴县、奉贤、宁波夏旱；江阴、长兴、湖州、海盐、海宁、寿昌大旱；桐庐旱，当道赈饥施粥。

6月，湖州雪，大疫。

7月27日及8月23日浦东两遇飓风海溢。上海水涨，松江秋淫雨浃旬，府城多遭倾圮。余姚大风潮，漂庐舍，坏禾棉，伤人畜无算。

8月17日太平(黄山北)雷雨大作，千山如注，田间水高数尺，忽浮飞木于县东门。

6—10月，上海等大疫；松江除府城外，浦西，浦东无一得脱。

秋，扬州复大旱；徽州(歙县)各县均以旱荒赈饥。

10月，南京、江浦、仪征江水泛涨，舟行城市，居民漂散；高淳秋大水；扬州大水；通州(南通)、如皋、泰兴雨不止，江乡被淹，农民弃田转徙；高邮秋霖；苏州秋淫雨，下田多淹。嘉善雨伤稼；湖州水溢；绍兴* 塘决水患；衢县、常山、江山大水，漂民田庐。和县，含山、全椒大水；当涂城内外皆淹没，市民病涉，禾已实而被浸坏者半；无为10月2日江堤破，城中水深丈余；安庆大水，江涨入市，至12月水退；池州大水，城井行舟；望江、太湖、石台大水。

* 民国《绍兴县志资料》山川，记为9月。

11月，通州、嘉善桃李华。

1664年

夏，崇明冰雹，白蚬沙龙卷风，屋瓦尽拔，麦尽坏。

4月26日诸暨雨雹。同日夕祁门龙卷风，孔庙明伦堂古桂忽拔而仆地，树高百尺，去庙址仅二丈许，庙瓦分毫无损。

4月，江宁(南京)雨雹。

6月19日湖州雨雪。7月19日海宁飞雪。

7月25日海宁海决，入城壕。

8月，石台淫雨二旬，山中出蛟，田庐漂没。

8—9月，上海全境大旱，田龟坼。

9月18日(七月二十九日)风暴潮，崇明、宝山沿海海大溢，5昼夜不退，田庐漂荡，民多溺死；崇明蠲免秋粮；上海海溢，漂没人畜庐舍，塘外有男妇浮于海噬者，川沙参将躬率将士驾舟捞救，全活甚众；奉贤海大溢，五昼夜不退，人庐漂溺。浦水也大溢，漂来屋木遍塘外，有男妇附木浮于海溢者；上海、黄浦江水大溢，淹禾溺人。镇洋(昆山)大风，海溢，伤人；苏州、常熟海溢；淮安海啸，淫雨之后，暴风四至如飓，坏官民庐舍及船无数，淮溢武家墩、高良涧，土石填塞，只存周桥一闸；安东报其地流尸800余具；盐城飓风飚发，潮汛暴起，倏忽水高丈余，庐舍人民立时淹没，浮尸积骸；东台海潮六至，庐舍漂溺，田为斥卤；赣榆大风雨，仆禾拔木；高淳、溧阳、桐乡、山阴(绍兴)、余姚、仙居大水；海盐、海宁海大溢；萧山海啸，塘坍200余丈，田庐漂没；上虞大风雨，海塘坏，潮入，禾稼无收；慈溪午时风雨骤至，木石俱拔，全村庐舍盖藏顷刻而尽，砻碓皆悬树上，北乡大水；嘉兴、嘉善飓风作，拔木飞瓦(时间误记七月五日)；平湖大风竣溢，内河水经时色如斥卤(时间误记八月二十一日)。

1665年

1月，石埭(石台)大雪连绵，深积数尺，2月方消；南陵大雪，深数尺，民多冻馁。

春，嘉定、奉贤民大饥。

6月，淮安淫雨60日，河决吉家口、王家营口、崔镇口；安东6月25日连雨二月，多处河决，麦堆、庐舍、牛畜尽冲没，陆地成海，水浸城，四门皆屯。

6月29日临海烈风暴雨，公廨、民房倒塌甚多；长兴夏大水，6月28日大风，拔木折屋；杭州大风拔木；萧山江水泛溢，大修江塘；湖州连日疾风暴雨，拔树倒垣，雷震死者不一；东阳6月26日夜大风西来，雷雨并至，拔木坏墙，顷刻乃止，7月1日复至。

7月20日滁州大风，破屋拔树。

8月1日贵池、石台大水，山洪暴发，各村淹没，人多溺死。

夏末秋初上海全境大旱，田龟拆。

8月13日(七月初三)风暴潮，江苏受灾最重，东台13日飓风大作，涌起海潮高数丈，漂没亭场庐舍，渰死灶丁男妇老幼几万人(康熙《淮南中十场志》卷1)，三昼夜风始息，草木咸枯死；如皋海潮大上；盐城海潮入城，人畜、庐舍漂溺无算；靖江大风拔树，潮涌，凡三日始息，毁屋甚多；兴化13日大风雨，海潮尽涌，诸湖涨溢，里运河大水，漕堤决，田禾俱没；高邮13日飓风大作，湖水涨，城市涌丈余，决堤，坏漕艘客船，居民溺死无数，大饥；靖江13日大风拔树，潮涌，毁民房屋甚多，凡三日夜始息；泰兴水灾，蠲免赋课三分；如皋大风，海潮大上；安东(涟水)13日疾风暴雨，平地水涌丈余，夏村营、蒋家营、石墟、月河湾、五丈河、阜民镇、夏家楼、佛陀矶、岔庙为墟，水涌丈余，拔树冲屋，男女渰死1 200余人；盐城13日大风拔木，海潮入城，人畜庐舍漂溺无算，蠲钱粮十之三；宿迁13日大风海啸，平地水深丈余；徐州、睢宁13日夜飓风大作，发屋拔木，河船覆溺无数；沭阳、海州(连云港)13日夜大风拔木，民无全舍，蠲本年钱粮十之三，赈饥民；盱眙、泗州水；崇明飓风猛雨，大潮；嘉定、上海、宝山、奉贤等飓风、海溢，大雨，吴淞、奉贤水高6～7尺，次日退，；太仓8月11日大风，海溢，璜泾龙卷风，自北而南，由縻长泾经縻长庙、过七浦、至杨林塘，伤木苗，南北八九里，东西半里、伤人十余，伤屋宅20余家。风潮至21日止，花稻伤四五分不等；常熟、苏州大风，海溢；吴县大水，半灾；江阴大风一昼夜，漂屋拔木；武进13日西北风大作，淫雨盈倾，至15日转东北风，益猛，傍江湖者船艘、民居漂没无算；扬州免被灾田亩税粮；嘉兴8月15日飓风作，昼夜不息，拔树飞瓦；嘉善漂没庐舍，郊外水浮于土尺余，圩岸崩圮；湖州大水，禾稼俱没，恤有差；长兴大水；宁波飓风淫雨，县大堂仪门、馆学西庑戟门、巾子山八面楼俱倾圮；宁海偃禾拔木，明伦堂圮，岁大歉，题蠲本年正赋十分之一；嵊县大风雨，江水骤涨，民多淹死；临海大风雨，倾塌室庐无数；东阳大雨连日，冲坏田庐；山东峄县(枣庄)大风三昼夜，发屋拔木，河中覆舟无算。

9月，崇明淫雨连旬，潮复溢。上海全境饥，树皮、草根食尽，饿殍载道。青浦还大疫，死者枕藉。上海知县申请蠲钱粮6 300两有奇。上海赈饥民。嘉定蠲起存地丁银61 997两有奇，米豆4 011石有奇。苏、松等府蠲银米、停征有差。

12月，溧水崇贤乡古秦淮河水涸，乡民掘地取土，得玉玺一方，蟠螭纽，逐级上报，献入京师。

冬，无锡大寒，太湖冰，官河绝舟楫者匝月；湖州太湖冰断，不通舟楫匝月。

1666年

1月1日上海大寒，河底冰结，经月不解；1月22日大雪，积河冰上，两岸不辨；3月1日安东大河冰冻，长水冲倒便益门。

5月8日午后嘉善大雨雹。

5月10日淮安大雨雹，深者数寸，伤西北隅田禾无剩。

6月3日扬州、泰州、东台有霜；6月25日和27日奉贤盛家桥局部下雪。

7月15日上海、松江、南汇暴风骤雨，河水顿涨4～5尺，坍毁民庐无数。嘉定棉多损；川沙禾稼尽没。川沙龙卷风，城中石坊、火圣寺及十余围大树俱拔。崇明潮溢。

夏，靖江旱。

8月26日太仓龙卷风。

10月31日崇明大雷、雨雹。

秋，嵊县旱，至次年5月5日始雨，仙居旱蝗；太平(温岭)蠲正赋十之一；武义、永康；衢州、江山、丽水、松阳、遂昌大旱或旱。

12月。崇明蝗，勘不成灾。

12月21日上海大冷，河水连底冻结，经月不解。

冬，常州大寒，冰厚尺许，积雪寸余，冰纹尽成草木形，又或圆如镜，中空无物。

1667年

1月1日嘉善大雪，冰厚盈尺，舟楫不通；1月11日上海大雪，大地皆白，河水结冰，冰上积雪，两岸莫辨，路无寻处。昆山1月河冰生花如画，高淳1月湖冰，半月不解；望江1月湖池冻冰。3月4—5日嘉善大风，雪冻。

春夏，仪征久旱，四野皆赤；靖江旱蝗；太湖涸；凤阳、临淮、怀远、泗州、盱眙、淮安、东台蝗；杭州、嘉善、嵊县、东阳、慈溪5月大旱、饥。合肥、无为、巢县、桐城、舒城等俱蝗。

6月，嘉定淫雨，雉堞大坠。

8月2日滁州迅雷，击死城中1人。

8月16日海宁城西马牧港飞雪。

8月，嘉定、上海潮溢，水深4～5尺，民多溺死，棉禾俱无，岁大祲。台州飓风随起，椽揭瓦飞。

8月25日安东(涟水)溃王营口，渰全县40里；9月16日河决桃源(泗阳)治西烟墩口，势若崩雷，声闻数十里，不数辰连决30余丈，由护堤南下，历陶家岗，迤逦而东，汇为二川，一自李家口溃堤而出，仍入运河；另一自大庄湖，历马厂，经清河(淮安)之社村湖，由南河直下周家湾，入高宝之开湖，一时庐舍、丘墓溺溃、冲突者吸呼而尽，盖不可数计。

9月，高淳蝗飞盈野；江浦、六合、仪征、泰州、靖江旱蝗；秋冬吴县旱，河涸。杭州、萧山蝗；象山大旱，饥。10月，免浙江奉化等17县卫本年旱灾额赋。安徽安庆、全椒蝗。

11月，临安大风雹。

12月，仪征龙卷风。

1668年

1月，仪征大雪连旬，积至二尺许。

5月，宣城蝗蝻大发，遍田野。

7月3日上海阴雨两月，早稻多死；昆山5—6月淫雨不止；6月30日雷暴雨，北乡新村龙卷风，风雨中人畜、庐舍忽失，所在有重舟掀坠树巅，人死伤者甚众，被灾之处约15里，西至常熟，东至太仓，俱罹其害；苏州夏淫雨，河水泛溢；嘉善大水，7月3日雨雹。7月高邮大风雨，10日不止，环城水高二丈；夏，涟水淫雨百日不绝，舟行城内。赣榆大震前先是苦雨，几一月，地震当日城南渠暴涨忽涸。

夏，武进大旱，酷暑，人有渴死者。6月宁波旱，是时久旱；无为6月旱蝗。

7月25日戌时受山东郯城(34.8°N，118.5°E)8¼级大地震影响，长三角全境处于六—八度破坏区内：淮安、清河、泗县、五河属八度；阜宁、盐城、高邮、宝应、东台、南京、扬州、镇江、丹阳、泗州、怀远、临淮、来安、当涂、合肥等都属七度；常州、苏州、崇明、嘉定属六度；浙北绍兴、上虞、嵊县、湖州、长兴、安庆等为六度区。正是此震为长三角绝大部分县市的基本地震烈度及远场地震强度奠定了基础。主要灾情如下：

淮安：城堞、官舍、民房倾倒无数，郡邑公署倒废。

清河：崩塌官民房舍无数，儒学两庑倾，压伤人口。

虹县(泗县)：城颓数十丈，庐舍皆崩坏。

五河：城南楼、关圣庙像俱颓，观音阁亦颓，民居倾圮者无算。

阜宁：城楼倾圮。

盐城：倾倒城楼3座，魁星楼1座，窝蒲垛口共27处。民舍倾陷，压死者甚伙。

高邮：墙宇多倾，河堤崩坏。

宝应：城东南崩缺数处，河堤崩坏。

东台：房屋墙墉多仆者，伤者较多。

扬州：城南宝塔顶坠于地。

仪征：屋壁崩摧，死27人。

南京：屋倾墙圮，倒坏官民房屋不计其数，压死男妇。

镇江、丹阳：城内外震倒墙屋无算，停泊之舟多覆溺。

武进：屋瓦砉禧坠于地。

高淳：屋倾墙圮，人立俱仆。

苏州：康熙七年(1668年)天宫寺天王殿又圮。

来安：邑治圮，立者几仆。

当涂：墙垣、房屋多倾倒。

无为：景福寺塔顶坠，民间庐舍倾倒者甚众。

安庆：墙屋有倾倒者。

崇明：地面崩裂。

嘉定：留光寺殿倾。

长兴：拆屋，压死人民。

湖州：压毙人畜。

绍兴：屋瓦多落，压毙人畜。

上虞：屋瓦皆崩。

嵊县：屋瓦多落。

7月26日受山东郯城6¾级余震影响，长三角地区内的南京、溧阳、东台、凤阳、当涂、湖州、绍兴有感。

7月28日海盐大风，海溢，塘崩。

8月12日温州、瑞安大风雨，损坏城垣庐舍，市可通舟，河乡一带早禾无收；衢州暴风骤雨，毁城中石牌坊3座，拔巨木数十，村中楼房有随风卷掣，不知坠落何处，县北钟楼亦被掣旋转易向；江山大风，移木毁屋；黄岩大水；天台烈风猛雨，连旬不息，田庐冲毁；绍兴淫雨弥月，禾稻俱淹。8月13日海宁潮溢。

8月23日宝应沥青沟堤决，又狂风十余日，卷巨浪至城下，村落庐舍俱为巨浸；高邮清水潭堤决，泰州、宝应大水，兴化环城水高二丈；江都崇湾堤亦决；盐城西水大发，漕堤冲决数处，直灌盐境，田沉水底丈余，发米6 930余石，赈饥民10 500余口，并全蠲本年钱粮；东台淮水至，民饥；仪征江河溢。

8月，黟县、休宁大雪，贵池雪，石台微雪；9月11日上海雨雪，冷可衣絮。10月14日上海雨雪。

11月23日嘉兴雨冰。

1669年

2月16日嘉善雪深二尺。

5月23日嘉兴、嘉善雨浃三旬田禾尽没。平湖大雨七八日不止水没行路。

6月27日连日大雨，宣、泾、宁、太诸山山洪并发，平地水丈余，湮庐舍，坏桥堤，人畜溺死无算。

6月，桃源(泗阳)河涨，河决清河(淮安)三叉口。五河淮水泛涨，二麦失收；怀远夏大热，大水入城；天长大水，滨水居民漂没无算。

7月13日嘉兴烈风，淫雨尽夜不息；溧水大水。湖州、长兴大水；宁波、山阴(绍兴)大水害稼。

7月16—17日海宁连日龙卷风，蜿蜒下落塘南田中，拔木飞瓦，损民居；7月24日县东南又龙卷风，徐投海去，双桥宓氏妇掷于隔溪。

夏，合肥雨雹如拳，西乡龙卷风，吹居民房屋、稻谷尽入云中。

9月，海宁飞蝗蔽天，食稼殆尽。杭州9月旱。

9月，五河淮涨，高邮决清水潭，时周桥(闸)未闭，民田被淹，蠲免赋税，赈饥民；宝应邑淹没；兴化大水，堤决；盐城西水大作，漕堤复决，民田沉水。

10月下旬，安庆雷雹雨。

10月，松江多雨，11月始摘棉花；宝山无棉。湖州、绍兴、宁波10月大水。

11月13日嘉兴雨冰；15日夜嘉善雷暴雨。

11月15日崇明大燠。11月湖州大燠。

11月22日太平(当涂)严寒，酉刻大雪。同日，海盐大雨雹，横塘闸获稻尽漂他塍，雷击死1人，覆舟死5人，其1人大风飘至嘉善境，坠桑田，数日后归；临安冬大雪，平地三尺，行人有冻死者。

1670年

1月，上海天暖异常，梅花、蚕豆无不开遍。

2月10日上海天雨黄沙。2月12日夜宁波雨雪。湖州2月大雪，至17日积雪仍未消。2月17日杭州、海宁雪；同日夜，嘉善雪。2月24日吴县雨雪。萧山3月大雪。

5—6月，松江、青浦、上海、嘉定淫雨大水，田畴尽没。嘉定6月18日—7月6日梅雨，城内外一望如海，水直至县治，灾为甚，月余水退；宝山6月大雨，平地水高四五尺，田畴尽没，经旬不退；青浦5—6月淫雨；奉贤、川沙6月淫雨；太仓5月24日—6月27日连日夜雨，高低田塍俱没，农家茅舍，竹木没于水二三尺，田与河不辨疆界，漂庐舍无算；昆山夏淫雨，无麦，新苗淹没；江阴连雨不绝，蔬禾尽没，民庐多坏。无锡夏大水，舟行田间；丹徒初夏(5月)郡城东乡龙卷风，自黄里桥至圩里，长四五里，复伸至华山，约又十余里，倾民房数百间；宜兴6月大雨浃旬，田禾渰没，知府捐俸给赈，武进夏大水，劝各乡富户助米设粥；溧阳、溧水、高淳、南京大水；桐乡、海宁、海盐、长兴等大雨连月，太湖泛溢，高低田尽淹，漂庐舍；嘉兴5月13日雨浃三旬，田禾尽没；滁州仲夏淋雨竟月，罗城堞崩殆尽，濠堤溃，溢儿涸；来安大水；全椒6月大风拔木；宣城、南陵夏大水，圩田浸没；石台5月大水；天长滨水居民漂设无算；巢县、含山、和州、无为大水；上海、南汇并受海潮侵袭。

7月7日戌时海盐龙卷风，起自硖石，从马家堰过东大海。

7月9日黄、淮大涨，坏高堰石土坝60余段。(黄)河决清河县(淮安)王家营、三堡庐家渡；(淮)水由翟坝周桥东注，冲决高邮清水潭及头闸茶庵，并决江都四浅，又决淮安文华寺及乌沙河西堤；盐城堤决，汹涌较1668、1669两年尤甚，至次年积水仍未退，发帑39 126两，赈饥民65 212口，又全蠲本年钱粮，次年春积水未退，总督又发米800石赈济；宝应上年决口未塞，田庐仍浸于水；扬州暴风雨，淮河大涨，由翟坝周桥入高邮湖，浪撞高堰，堰石亡60余段，民田渰没殆尽，淮、扬两郡流离数万余人就食江都粥厂；兴化堤决，大水，止征成熟田600余顷，外被灾田地正赋银38 000余两；高邮、东台、宝应、阜宁大水，泰兴、南通霖雨连旬。

7月19日苏州、吴江雨雪。

7月27日松江、青浦、嘉定、上海等骤雨，狂风，海溢，拔木倒屋，3昼夜乃止，大水暴涨；松江蔡家码头，施家路、唐家路塘坏；川沙大雨海溢，拔木仆屋，三昼夜始止，禾稼尽没，大饥；太仓、昆山大风，太湖溢，境内各浦水暴涨丈余，平陆成巨浸，田高下一夕尽淹，城中石牌坊多崩，苏州大风，太湖溢，漂没民田庐；吴江28日大风，太湖水溢，湖滨水驾屋上，水入县治，庐舍漂没殆尽，人民溺死，城内外平地水高五六尺，流民载道；江阴大雨积旬，平地水高数尺，漂没庐舍，人民饿死不可胜计；嘉兴27日烈风骤雨，两昼夜不息，坏民舍，大饥；嘉善27—28日飓风大作，水高丈余，城市皆水，淹禾，民饥。蠲免漕粮耗米6 455石有奇，条银9 179两有奇，漕截银7 592两有奇，改折漕粮银16 137两有奇；平湖以(水)灾漕白折征耗米及赠贴钱粮俱行免征，漕粮每石改征银1两；海盐27—28日大雨，平地水深数尺，西关乌丘塘、北关煮鸡巷俱陆地行舟，禾没水底五日，淹死大半，岁歉；海宁7月29日大雨；桐乡7月大雨如注，田禾、庐舍淹没，民饥；湖州7月淫雨，飓风陡作，太湖水陡涨丈余，漂没人畜庐舍无数，民大饥，死者枕藉，逃亡不可胜数；长兴大水，太湖水溢；德清28日夜杨坟水发，漂溺屋庐无算，宁波7月大水浃旬，禾稼尽淹，漕粮蠲折每石1两；诸暨7月大雨，三昼夜不绝，江水泛溢，湖田尽淹；嵊县7月大风大水，坏城50余丈，星子峰圮；东阳7月大雨如注三日夜，民居墙壁多坏，玉山乡尤甚，免钱粮十之二；是年松江、青浦、上海、嘉定、昆山等饥，上海所属蠲漕米、改折十之三；地丁银及军局恤米等。嘉定所属蠲起存地丁银2 972两，由粮耗办米112石，南军局恤米186石赈恤。

8月19日申时昆山、吴江、盛湖、震泽地震有声，苏州、常熟海潮溢，沿海民多溺死。苏州府辖区中真正沿海的也只宝山和崇明。但震中位置不详，参照1911年6月15日琉球8.2级地震上海有感情况，推测来自琉球方向，震级8级以上。

9月11日太仓大风三日，棉花大坏；常熟、苏州海溢，海滨人多溺死，南通海潮溢，沿海民多溺死。

12月中旬，上海大风冰冻，雪下数次，经旬不消，浙江及常、镇等处雪丈许；徐州冬大雪，属邑有井泉冻者；赣榆大雪，二十日不止，平地冰数寸，海水涌冰至岸，积为岭，远望数十里若筑然，民多冻死，鸟兽入室呼食；桃源(泗阳)冬冰集如山，树木、屋庐皆碎裂，死者枕藉遍野；盱眙冬雪深数尺，淮河坚冰，往来车马行冰上两月；淮安入腊河冰水溢，铲截村居庐舍及林木无数；桐庐冬大雪，高三四尺，剧寒，树木冻死；金华冬大雪一月，深五尺；武义冬大雪，积六尺许；安庆12月大雪严寒，匝日不解，木介满山；望江12月大雪，腊月尤甚，城中深数尺，四乡庐舍多被压坏，贫者不能出户，冻馁死者甚众，湖池冻约数尺，冰上牛马通行。及化冻，冰块顺流而下，遇舟、桥桩悉被划破；怀远冬大雪；宣城、南陵冬大雪，深数尺，越月不止，积阴沍寒，道罕行迹，民多冻死；休宁冬大雪，深数尺有冻死者；东至冬大雪，长江冻几合，匝月不解。

1671年

1月，吴县大风，太湖水溢，平地水高五六尺，田禾淹没，流民载道。1月11日嘉善大风，冰冻，河港坚凝如平地，舟楫不通，飞雪二十日；萧山1月13日风雪连朝，钱江停渡；湖州、长兴1月大雪丈余，鸟兽乏食冻死；德清、诸暨、嵊县、黄岩1月大雪；绍兴1月13日大风，连日冰冻不通，各邑江河冰合，舟不通；14日起又连雪十余日，雪高数尺；1月23日—2月6日宁波、镇海、慈溪大雪，高数尺；1月24日临海大雪，深几丈许，至2月中旬止；天台1月大雪月余，平地积数尺，人畜树木多冻死，山谷户屋尽崩；2月3日立春杭州、海宁大雪盈尺，3月8日大雪，至5月14日始消；淳安1月大雪；2月7日温岭雪深三丈许；兰溪1月大雪旬余，深五六尺；永康1月雨雪五日，高与身等；东阳春大雪月余；乐清2月4—10日大雪，盈三尺余；丽水2月4—9日连大雪，城中积五六尺许，山中丈余；遂昌1月30日—2月4日大雪，积至五尺有余；缙云1月大雪积至六尺余；景宁1月17—28日大雪，平地积五六尺，坳中几盈丈余；台州1月雷电交作，雨雪连绵，深积数尺，2月方止。

5月，嘉定大雨，城崩几半。

5月—9月26日上海全境大旱，港底生尘，禾尽槁。苏皖巡抚题蠲被灾田地起运正赋，报灾田五六分者，免钱粮十之一，报灾田七八分者，免钱粮二分；报灾田九十分者，免钱粮三分，共蠲免钱粮21 000(两)；江宁(南京)、溧水旱蝗；江浦、六合大旱；吴县7月大旱，田禾尽槁；昆山输粟设厂煮振；太仓7—8月旱，干河如杨林湖川河底龟坼，七浦盐铁舟不能行；常熟7月旱；江阴7—9月旱；无锡秋旱；盱眙4—9月不雨，民剥树皮、掘石粉食；淮安旱蝗，灾十分；通州、东台7—8月大旱；泰兴7月旱，异暑，民有暍死道路者；仪征夏酷热，疫大作，又旱蝗，民饥；常州夏大旱，酷暑，人有暍死者；丹徒旱；6月24日未时丹徒埤城大树拔起，从空中纷碎落下，有人飘五六里竟未伤，桃庄河内泊大舟，亦挟之而上；金坛6—8月旱；6月24日龙卷风，自白龙庙、过南店、南窑、至小墟村，折树、拔屋、伤人，阔丈许；宜兴7—8月旱；仪征夏旱蝗，酷热，大饥、大疫，人多暴死；无锡、江阴、苏州、太仓大旱；泰州、高淳、常熟旱；浙江杭州旱，蠲赈；临安6—9月旱，高下田无粒取者，大饥；富阳秋大旱，建德三月不雨，青蝗交蚀遍地，蠲免正赋十之三；嘉兴、嘉善7月大旱；桐乡6—8月旱蝗，大燠异常，人多暍死；海盐夏大旱，溆浦大饥；海宁夏大旱，赤地；湖州6月至8月14日大旱蝗，异常大熯，人暍死者众，秋薄收，饥民采蕨为食，继以葛及榆皮；长兴旱；安吉、德清、宁波、慈溪、象山、诸暨、上虞、嵊县、新昌、兰溪、仙居大旱；桐庐6—9月旱蝗，食禾，颗粒无收，民饥；天台蠲本年钱粮十之三；金华及属县6俱旱；衢州、龙游、开化、常山、江山、丽水、缙云、遂昌、庆元大旱；乐清7月旱；平阳蝗。安徽以凤阳、庐州、安庆3府灾情最重，天长4—10月不雨，飞蝗蔽天，锉草作屑，榆皮铲尽，人民相食，子女尽鬻，沿江及皖南大旱，蠲移灾田地起运正赋十之一、二、三不等，漕粮改折，外耗赠米俱免。宣城夏大旱，连月不雨，暑热如焚，有暍死者；泾县、南陵、建平(郎溪)、繁昌、歙县、祁门、黟县、绩溪大旱；池州及属县贵池、青阳、建德(东至)、石台、东流民有暍死者；铜陵、无为、当涂、芜湖、安庆、望江、定远、合肥、巢县、含山、和州、庐江、凤阳、滁州、天长、来安、全椒旱蝗；桐城、宿松、太湖、潜山、舒城、泗州、五河、怀远旱、蝗、饥。停征泗县当年丁粮之半，发江南正赋银6 454两赈泗、盱。

7月17—24日嘉定飓风连9昼夜，潮大溢，棉多损。

8月，嘉定飓风大作，海潮东溢，太湖西汛平坫骤水四五尺。

10月29日嘉定大风雨，棉铃尽腐。

嘉定岁大祲，蠲1665—1667年民欠地丁银；知县赈之。上海、青浦岁饥，上海知县申请蠲钱粮21 000石。

冬，怀远、当涂大雪，民饥。

1672年

春，嘉定大饥，蠲起运正赋有差。宁国、南陵、歙县、祁门、绩溪、石台等春大饥，人食草木。

3月23日下午1时左右上海雨雹，大者如胡桃，小者如龙眼，顷刻庭间积与阶齐。

5月，高邮、兴化清水潭漕堤决，五河、盐城、高邮、宝应、泰兴大水，二麦尽沉。6月扬州府属水，全免本年额赋，平粟赈之，并发帑加赈。

6月17日受郯城6级余震影响，五河、怀远有感。

6月，盱眙、盐城、东台、泰兴、如皋、通州；安徽蝗。和州、巢县、全椒、滁州、天长、歙县、休宁、绩溪旱、蝗、饥。

7月21日(六月二十七)淮安大雨5昼夜，堤倒、河决数处，所至坏民墙屋，郡城尤甚，淹死男女、牛羊无数；盐城7月淫雨大作，灾荒益甚，尽蠲本年钱粮漕米(康熙34年版《淮安府志》卷1所记内容大体相似，时间为五月廿七，时间疑误，今从康熙12年版《清河县志》，内容两者综合)。

7月22日湖州、长兴雷雹雨。

夏，宁国通灵峰山洪暴发。一日数十，望之如栉。

8月，建平(郎溪)大水，决东门堤数十丈，浮塘诸堤一时并溃。

8月，上海、嘉定、宝山、崇明、青浦、松江、金山、奉贤、川沙、太仓、昆山、苏州、吴江、无锡、江阴、武进、金坛、丹徒等飞蝗过境，吴江秋收不及十之二；江阴禾苗损十之三；昆山蠲正赋十之一；宝山蠲起运正赋有差。其间8月12日龙卷风，自嘉定起，至川沙蔡路口出海，摄房入空中，行人或随风摄去，坏田禾房屋；冰雹有重2～3斤者，压死牛马甚众；南汇雹灾，蠲银米1 280两、米43石。上海、奉贤大风。杭州、嘉兴、嘉善、海盐、海宁、桐乡蝗台州、浦江旱。

9月，水淹杭、嘉、湖3府州县，嘉兴、余杭、长兴、海宁大雨，伤禾稼；宁波、慈溪久雨，岁歉；嘉善水溺平岸，蠲免漕粮耗米5 510石有奇，条银8 567两有奇，漕截银5 983两有奇，改折漕粮银 9 656 有奇，白粮三年带征；桐乡大雨，蠲免钱粮，桐乡共免银 7 434 两有余；腊月，免浙江杭、嘉、湖、绍等属 35 县灾荒额赋。

冬，昌化大雪，平地深三尺。松阳腊月大雪，积五尺余。

江苏海门县原治金沙场(即今南通县治所在地)，1672 年为潮所坏，撤县，并于永安镇，越数十年永安亦圮，至 1768 年才在新沙地成立新海门厅，1912 年正式改为县。

1673 年

2 月，太仓雪，积树旬日不消；泰兴木介三日。

3 月 29 日合肥(31.8°N，117.6°E)5 级地震，屋舍倾倒。

3—4 月，上海多雨，黄梅又多雨。

淮决高良涧，修清水潭西堤，将竣复决，淮安、安东(涟水)、扬州、高邮、宝应、兴化、盐城、泰州、东台大水，几全淹田地，正赋漕项俱全免，督抚请赈，诏发帑为粥赈之；2—5 月，海宁淫雨。5 月，诏苏、松、常、镇、淮、扬六府连年灾荒，将次年(1674 年)地丁正项钱粮蠲免一半。宝山蠲次年地丁正项钱粮之半，嘉定蠲次年本色米豆之半。

5 月，嘉善大雨 20 余日，南城圮。

夏，泰兴旱。

8—9 月，上海、崇明旱；嘉兴 6—10 月不雨；桐乡旱；仙居 7 月后旱二百余日。

冬，嘉善大寒，大冻，不开冻者半月。

1674 年

1 月 24 日未刻金坛龙卷风至申时始收。

2 月，嘉善大雪 13 日。

春夏，苏州、吴江恒雨，大水，低田尽未莳；吴县堤岸尽没，水乡大饥；太仓连雨；常熟夏大水；无锡夏大水，坏禾；江阴 2—6 月淫雨；金坛停征银 5 000 余两，米 3 000 余石；武进蠲免地丁正项钱粮一半；淮安 2 月后凄风苦雨，恒阴害稼，夏无麦，人民饥疫流行；扬州大水，扬属河堤尽决，漂没田庐，民皆露宿堤上。扬州、高邮、宝应、泰州等冬蠲免地丁银漕，次年仍免赋有差；兴化、盱眙、五河水；凤阳、泗州、滁州等处被灾，免地丁银两、漕米、凤米、月粮米等有差；杭州夏淫雨；桐庐 2—3 月连雨，3 月 31 日大风，拔城隍庙后十围松木二株，屋瓦皆飞，大雨如注；4 月 22—23 日大雷电，淫雨不息；嘉善 4 月 20 日大雨旬日，水骤涨四五尺，21 日、24 日皆雨雹；6 月复大雨，水涨；海宁 2—5 月淫雨；湖州大水；德清 6—8 月淫雨，害稼。

4 月 5 日(清明)后桐庐山头大雪。

7 月，金山干苍陨霜。7 月 20 日青浦、嘉定大风、水溢，伤禾。

7—9 月江阴大旱；来安旱蝗；宣城旱；滁州秋旱蝗灾伤八九分、十分免正赋十之二三。

11 月，宝山、嘉定、松江、青浦、奉贤淫雨 20 余日；江阴 11—12 月淫雨。

1675 年

1 月，临海大雪；德清旱。

5 月 14 日嘉定严霜。

5 月，嘉善雨伤豆麦。

6 月 16 日嘉善雨雹。

7 月 13 日淮安大风、拔树、拆屋、南湖覆溺客船人口无算；7 月河决，由禾尽淹，民多流徙；安东大水；桃源被田地停征。

7月杭州、海宁潮大作，沿海沙涂坍。

嘉善、海宁、东阳旱。

8月3日海宁微雪，色赤。

9月，扬州大风雨十余日，水溢成灾，江都竹林寺漕堤决，停银47 569.8两；兴化积水淹田，正赋漕粮俱免；泰州、东台水。

1676年

2月14日川沙东门龙卷风。

4月上海雨败豆麦。

5月11日嘉善干窑镇龙卷风，飞瓦拔树。

6月11日扬州(32.4°N，119.4°E)4¾级地震，扬州法净寺万佛楼楼倾。

6月，青浦大水；上海夏雨水溢；吴县春连雨，6月大雨不止成巨浸，田庐渰，民饥；江阴6—7月大雨，田禾淹，民庐坏；无锡三春多雨，麦烂田中。夏大水，坏禾；金坛6月大水，浸麦；7月大水，低乡至秋不得插莳；吴江7月大水；扬州6月久雨，淮黄大决，高家堰诸工皆废，高堰一带倒卸30余处，漕堤殆不能支，随亦崩溃，高邮之清水潭陆漫溺，江都之大潭湾等处共决300余丈；扬州大雨水，深2尺，棉大荒；兴化水骤长丈计，舟行市中，漂溺庐舍、人民无算；宝应大淫雨，(成)洋六百余里，不独涸田尽没于水，水及民屋檐，系舟屋角，穿瓦为穴，出入其中；安东(涟水)河决清河(淮安)之张家庄、王家营、山阳罗店口、夏家口、吕家口、洪家口，宝家口，安东之邢家口、二铺口等处；淮安、阜宁、泰州、东台、如皋大水；免淮安、盐城被灾钱粮十之三；杭州5—7月雨；萧山夏雨浃旬，6月23日西江塘圮，水淹田禾，是岁半收；嘉善夏大水；海宁5月下旬至6月霖雨，害菽麦；桐乡大水，田禾俱没；湖州大水；德清4—6月恒雨大水；当涂6月大雨水，田禾半没；南陵岁大祲。

9月，上海大雨，平地水二尺，棉花大荒。武进、溧阳、高淳水。昆山7月13日淫雨3昼夜，田禾尽淹。

冬，松江雪；上海黄浦冰；南汇、川沙严寒，大雪屡降，积三四尺。

1677年

1月4日至2月2日上海地区奇寒，大雪屡降，积三四尺，路绝行人；桐乡1月恒雪，大冻；淳安1月大雪；松江、川沙2月2日雨雪大作，路绝行人；南汇、奉贤、嘉善、湖州2月2日雪；临海2月雪。

春，仪征霖雨三昼夜，田野没。

5月上海、松江、南汇，川沙，奉贤、青浦等大旱，水田坼裂，疫疠大作。

6月2日嘉定、宝山、青浦雨雹。6月江阴大雨，雷损麦苗；6月，高淳唐昌冰雹伤人，秧麦俱尽；淮安夏大雨雹，阴霾40余日。巢县6月4日雹，有指头大者，有鹅卵大者；含山夏雨雹。

6—8月，湖州、宁海旱，河尽涸；嘉善、桐乡7月不雨；永康、丽水旱；桐城秋旱；宣城大旱。

7月，江阴大雨禾苗尽没。

8月23日河决宿迁杨家庄，阔数尺；淮安8月河决上流，北乡淹尽；扬州、高邮等处水灾，蠲免银两有差；兴化全免；盐城水，蠲被灾钱粮十之三；泰州、东台、如皋水；泰兴江溢，水入城中民舍二三尺；通州江水溢。

1678 年

春，丹徒淫雨；吴江水发；昆山、常熟大水；武进水灾，蠲停地丁漕项银两，又动支正项银粮买米赈济，是年本邑赈济大小饥民 174 984 口，共给米 8 777.875 石；扬州各属水，停地丁、漕项有差；春末夏初高邮大雨。

4 月，东阳大风，自永宁乡十五都延入永寿玉山乡，积雹五六寸，菜卉毕枯，逾旬乃苏。

5 月 24 日未时海盐*(30.5°N, 121.0°E)5 级地震，屋瓦倾覆，江苏太仓、茜泾、无锡南方泉、吴县、吴江、震泽；浙江嘉善；上海、崇明、真如、青浦、松江、娄东等地震有感。

* 发震时间乾隆《海盐续图经》记六月，可《清史稿》记四月七日，而周边十余处均记四月五日或四月，其中不少版本年代早于海盐，据从早、从众及地区地震活动特点原则以予修正。

5 月 31 日夜上海落雪珠。

6 月 7 日上海大雨，雨后地震。

6 月 21 日嘉定雪。

6 月 30 日嘉定、青浦、松江、金山雨雹。

7 月 7 日至 9 月 4 日上海全境大旱，水竭。是岁松江大饥；崇明、嘉定、青浦饥。江苏夏秋赤旱，禾苗枯萎，兼以蝗蝻踵至，报灾共 40 州县；三吴奇旱，兼大疫；滁州、全椒等处旱蝗，灾伤九分、十分不等；含山、怀宁、桐乡、潜山、五河、凤阳、寿州、天长、来安、芜湖、宣城、宁国等大旱；六合免钱粮三分；高淳秋旱，人民无食，多乞于道；仪征旱蝗，大饥，民掘石粉、剥木皮为食；金坛大旱，籽粒无收；丹阳秋旱，设厂煮粥赈济饥民；丹徒被灾田地共 5 900 余顷，免夏折条银十之三，计银 11 437 两有奇；泗阳、盱眙、淮阴、安东、阜宁、东台、高邮、六合、镇江、溧阳、金坛、武进、宜兴、江阴、吴县、浙江桐乡、杭州、嘉兴、嘉善、金华、衢州、江山、常山、缙云大旱或旱，秋无收或岁饥。

8 月 20 日上海微雪，行人以箑承之，颇有积者。

8 月淮涨，浸泗州城，里运河大水；8 月 22 日兴化启车逻坝，9 月 5 日启南关坝，9 月 9 日启新坝；盐城俱水；如皋大水。

10 月 13—17 日上海南汇飓风大作，海溢，蠲缓地丁漕项银两有差。宁波甬江潮水大涨，直至灵桥门。

1679 年

鲁、豫、皖、苏、赣、鄂、湘 249 州县、33 卫所旱灾。上海 4—9 月不雨，全境大旱。江苏江宁府属大旱，食榆殆尽，复食柘；江浦大旱，民饥，草根树皮食尽，免地丁及卫粮，发米豆银两，开厂赈恤；六合免钱粮五分，冬饥，1680 年 1 月 22 日至 2 月 14 日；高淳饿殍盈途、鬻妻女者舟车络绎；苏州 6—9 月不雨，飞蝗蔽天，食苗殆尽，紫石山一路饿殍载道；昆山免 1671—1672 年旧欠钱粮，1674—1677 年钱粮分年带征，十分荒者免本年钱粮十之四；七分荒者免其三，六分荒者免其二；江阴赈之，给米 6 590 石，银 1 883 两；常州湖水尽涸，运河几绝，户多死亡，人民鸟犬散，田亩抛荒近半，本年地丁钱粮应蠲者加免一分，三分者免四分；二分者免三分，一分者免二分；丹徒灾田 6 562.46 顷，免十之五，计银 21 750 两有奇，漕粮停至明年带征本色一半，余以麦代；丹阳蠲免同丹徒，12 月县令设厂赈济四方饥民，至次年 4 月止；无锡、宜兴官塘水尽竭，大饥；常熟、太仓、上海、青浦、松江民食草根、榆皮；溧水、句容、溧阳、金坛、盱眙、盐城、兴化、高邮、宝应、扬州，泰州、如皋、靖江、南通大旱，徐州、淮安、东台、南通、泰州、苏州、昆山、常熟、上海又蝗。浙江杭州、临安、德清、桐乡、临海、黄岩、温岭、仙台、浦江、龙游、大旱；余杭民掘观音土为食。安徽4—9月不雨，无为、合肥、庐江、巢县大旱饥；舒城旱；含山、和州、五河、泗州、怀远、天长、来安、全椒、定远、当涂，芜湖、广德、宣城、黄山、旌德、绩溪、祁门、黟县、贵池、石台、泾县、歙县旱蝗；安庆、桐城、太湖、宿松旱。1671—1673年钱粮俱免，1674—1677年钱粮俱自1680年起分年带征，九分、十分荒者免本年税粮十之四，七分荒者免十之三，五、六分荒者免十之二，各属灾田漕米缓至来年带征，于缓征米内漕米半征，漕麦不拘，米色红白粳籼并纳，凤阳地方准动凤仓米2万石并积谷2千石赈济，又借正帑银3万两接赈，又凤、庐、滁三属照被灾分数蠲银有差，漕粮改派、外耗漕米俱免。

8月8日宝山彭浦雨血。同日常州夜雨雪。

9月2日受河北三河平谷(40.0°N, 117.0°E)8级地震波及，松江、桐城有感。

9月初，上海全境飞蝗蔽天，上海二麦、蚕豆无收，米涌贵。松江南乡虫伤菽。嘉定、青浦、上海岁祲，村有饿殍；松江大疫。免1671—1673年民欠钱粮，1674—1677年钱粮自1680年起分年带征。青浦施粥以赈。

11月27日上海大寒，岁募屡雪；太仓大雪。

12月26日溧阳(31.4°N, 119.5°E)5¼级地震，震倒房屋，压死人民。

1680年

3月，靖江春旱，建厂煮粥，活饥民不下数千人；上海、嘉定饥，饿殍载道；嘉善春旱饥；宿松、桐城、建平(郎溪)、贵池、石台旱；无为、舒城春大饥。

春，松江、青浦淫雨。

6月，苏南松江、青浦、上海大水，浦潮溢，木棉、禾豆皆烂。太仓淫雨累月，木棉禾黍豆皆烂；昆山淫雨两月，禾苗尽淹，免被灾田亩钱粮十之三，缓征被灾漕米。常熟大水，平地高数尺，行船入市，田庐漂没；吴江连雨数十日，水大至，邑田全渰，秋收只及二成，蠲钱粮十之三，本年应输漕米于次年带征；无锡水至惠山之麓，田尽淹，民庐多坏，舟行数百里不循故道，一帆可达；武进大雨20余日，城市可以行舟，乡村稍低者荡没无遗，水浃月不退，设厂煮粥赈济，受灾处蠲免地丁钱；江阴大雨积旬，平地水高数尺，漂没庐舍，人民死者不可胜记，勘报灾田632 193亩，蠲缓银米；溧阳百余里尽成巨浸，免额赋十之三，秋粮缓征一载；金坛大水，田无禾，民剥树皮草根以食，枕藉死于道路，次年2月开赈，按口大小散给银米；宜兴、丹徒、丹阳、溧水大水；安徽滁州6～7两月淋雨不休，民间房屋倾圮无数。

7月4日崇明龙卷风，自新开河经箔、高、排、定四沙入海，一路毁民居三十余家。7月24日又龙卷风，从石家湾至享沙，摧毁民房百余家。夏，真如龙卷风，摄牛里许，从空中坠下，骨肉俱碎，一时树皆拔起。

8月26日受台风影响，长三角多处大水，街衢尽成巨浸，庐舍漂流，人民溺死、二麦浥烂；崇明飓风海溢，居民溺死无算；上海骤雨连霄，浦潮陡涨，冲圮南城数丈，城内水高五尺，压死居民7人，乡民船行田中；夏秋，嘉定、青浦、南汇等淫雨，田淹没；金山卫城至张堰塘路尽没；是年上海、川沙、南汇、宝山等饥，奉旨免被灾田亩十之三，缓征当年被灾田漕米于1681年带征。昆山夜大雨彻旦；吴县淫雨，田患水，太湖溢，岁饥；夏秋之交，淮安南北皆淫雨70日，黄淮并涨，有滔天之势，黄河又决，奔汴河于泗州入淮，水若建瓴，城内水深数丈，樯帆往来，手援堞口，官若浮鸥，民皆抱木求生，一座拥有900余年历史，文化底蕴厚重，最盛时具9 000余户，3.6万余口的商贸、交通、军事重镇，从此淹没无存，再未重现(故址在今盱眙县淮河镇附近水下；《清史稿・地理志》，但《清朝文献通考・兴地》为1674年后沦入洪泽湖)；高邮7月26

日南水关溃，水入城，深四五尺，阛阓往来皆以舟楫，坏民屋庐无算，洪泽湖大涨田高堰入高宝湖；盐城钱粮全免；阜宁免钱粮十之三，缓征漕银；兴化、宝应、泰州、东台大水；安东报灾田 22 000 顷有零。五河、天长淮水涨溢，秋大水。平湖 8 月 24 日雅山大雨，石裂，水溢，山洪暴发；湖州、嘉兴大水，太湖溢；金华大水。

9 月 7 日宣城大雨水，圩田尽没。

9—10 崇明、嘉定、青浦、松江、无锡、溧水等大疫，民多死亡。

11 月 30 日杭州大雪，几六尺；临安冬大雪，连绵 40 日，树木尽压，行人冻死；绍兴冬大雪浃旬，积至丈余，山民艰于出入，冻饿载道。

● 1681 年

1 月 12 日淮安雨雪；1 月 22 日上海大雪，约八寸，24 日又大雪两次，尺外；2 月 18 日微雪即大。19 日大雨，3 月 4 日又大雨，3 月 9 日再大雨；春，崇明民饥；靖江春旱，建厂煮粥，活饥民不下数千人；富阳春大雪；嘉兴 2 月 18 日大雪；嘉善大雪，菽麦不登；平湖 3 月 12 日子时大雪；鄞县 3 月大雪。天台 2 月山崩。

5 月 14 日未时江山龙卷风骤起，满城房屋尽震，瓦如飞蓬，大雨如注，房屋、神庙倒坏无数，压死人民。

6 月 29 日宣平(丽水西北)丽新乡大莱山陷。

7 月 3 日临安大水，推损田地数百亩，居民有溺死者；萧山临浦塘坏，杨家闸坏，水涌入城市，起水数尺；嘉善淫雨 30 余日；鄞县淫雨不止，禾稼尽淹死；富阳夏大水；诸暨大雨 20 余日不止，72 湖埂尽决，舟引树杪之上；金华淫雨，早稻无收，豆俱漂没；衢县、开化、常山大水。

7 月 12 日淮安大雨 5 昼夜，堤倒河决数处，直犯郡城，淹人畜无数。

7 月 19 日崇明保定沙至张盈港潮涌寻丈，溺死百余人。

8 月 31 日又大风雨，潮涌，拔木，坏庐舍、棉无收。是年蠲宝山 1674—1678 年民欠地丁钱粮。宁波秋飓风，坏城楼。

8—11 月，常熟赤旱，滴雨不施；太仓大旱；六合报旱灾九分十分，免钱粮三分。鄞县 7—11 月不雨，井泉皆枯，月湖只存中洼一潭；慈溪 7—11 月不雨；奉化秋冬无雨，城中井干，汲水龙溪，乡人用米易水；象山大旱，至次年 2 月乃雨，岁饥；临海秋旱；太平(温岭)、武义、永康、义乌、衢县、开化、温州、丽水、缙云、松阳旱；五河、凤阳夏秋旱。

● 1682 年

1 月 17 日松江等蒸热如夏，夕暴雨。

1 月 27 日句容大雪；丹徒、丹阳、金坛雪。2 月 22 日宿松大雪。

4 月 25 日嘉善大风，拔木覆舟无数；同日，诸暨白昼晦冥，狂飓拔木扬沙，豆麦无遗种。又同日未时，开化怪风挟雨雹，自西北来，瞬间屋颓垣塌，合围大木连根土拔起，所过松杉杂树迹同扫砍，雉堞崩圮数十百丈，圣殿明伦及坊表鸱尾无遗，城中男妇破额折肢、覆压栋墙下，命垂如线，民皆雨立露处，瓦砾塞途。

6 月，松江、青浦、崇明等淫雨不止，伤麦；太仓夏水灾，木棉浥烂殆尽；6 月 11 日临安大水；诸暨大水，城不没者三版；绍兴淫雨连旬，5 月连雨 17 日，陈塘溃，冲没山阴(绍兴)高田，临浦庙西塘圮，海塘倒坏，海水冲入，低田大歉；鄞县 6 月久雨；6 月 22 日浙江洪水泛滥；严州 6 邑大水，漂没田禾庐舍；建德水淹城垣至府治谯楼前，26 日方退，7 月 9 日水复大至；淳安 6 月 11 日淫雨连绵，至 22 日未刻山水骤至，县治前水深五尺，瀍市村落可通舟楫，豆苗禾稻及临河庐舍漂没几尽，下诏蠲恤；桐庐大水，6月22日夜坊郭平地水涨二丈许，浸及县治后衙，庐舍漂没，高者从屋上出入，浮尸、坏屋蔽江而下，凡5昼夜方止；金华6月大雨30余日，禾苗淹没，豆麦无收；东阳久雨，坏屋；义乌夏淫雨，溪流暴涨，漂没庐舍，人畜多溺死；富阳6月大水；萧山6月连雨，西江塘溃，城市驾舟，田禾三种无收，蠲免钱粮12 462两；安徽安庆、太湖、潜山、宿松夏大水。

6—7月河决，凤阳、泗州、淮安、安东、扬州、高邮、泰州、泰兴等处水灾；兴化、宝应积水淹田，正赋漕粮俱免。

8月10日金华龙卷风，府学棂星门尽倒。

8月31日崇明大风雨，潮涌，拔木，坏庐舍，棉失收。

11月27日吴江、青浦龙卷风。

1683年

2月至4月22日淫雨不止，6月又大雨月余，崇明、青浦、松江等伤麦；春，苏州、昆山、太仓、常熟、吴江、无锡、江阴、镇江、溧阳、武进、宜兴、泰兴、通州淫雨，无麦；两浙无麦，严州大饥；嘉兴、嘉善、桐乡、平湖2—4月雨，无麦；杭州、余杭、海宁、建德、天台、金华、兰溪、武义、永康、义乌、浦江、衢州、滁州、绩溪春至四月恒雨，麦无收；淳安淫雨3月，损穗俱尽，麦无秋；绍兴春雨连绵80日，小麦全枯，夏瘟疫流行；萧山疠疫大作，死者枕藉；鄞县、慈溪、含山大疫。

5月，淮安黄霜虐麦；6月13日大雨雹，淫雨100余日，秋菽尽渰；安东水灾报灾田1.9万余顷；桃源免被灾银两十之三。五河淫雨连绵，城堞倾颓过半。

6—7月，临海不雨，近水栽插未及十之四五，余俱赤地。

8月31日崇明大风雨，潮浦拔木，坏庐舍，棉无收。

12月27日上海寒潮作。12月28日上海、松江、川沙等大寒，黄浦冰，人多冻死。太湖大雪，严寒，人有冻死者。苏州12月奇寒，冻死甚众，自27日至次年1月1日冻始开，太湖冰冻月余，行履冰上往来；武进冬大雪，太湖、运河俱冰，有冻死人；湖州12月太湖冰冻月余，人履冰行。

1684年

1月3日上海尤寒，至1月10日始解。1月17日复寒，1月24日又热如仲夏，雷电大作，暴雨如注。其间黄浦冰冻，自闸港以北中间稍通数尺外，一路冰排乘潮而下，舟逢之者立碎。以西全浦不通舟只，闵行渡覆舟，死数十人，董家渡渡船亦覆死人。县令责令禁渡，漕白渡亦停，至1月13日始通船行。当涂1月17日严寒，多冻死；2月22日镇江雷雹、大雪；丹阳雷电、雨雪；淮安、安东2月22日大风震电，雨雹深者以寸，复大雪，自此恒阴沍寒；仪征5月陨霜。

6月，诸暨大雨7昼夜，湖埂尽决。

7月，诸暨旱；湖州夏旱；永康旱；夏淮安暑酷而燥，人多暍死；来安(8月)旱。

9月18日上海高桥雷震雨雹。

10月，淮安北风迅雷，雨雹，继以淫雨，水溢，东西郊稼穑皆尽；泗州大水，田禾漂没；泰州水灾，人民逃窜，征赋不给；桃源(泗阳)、宿迁、山阳(淮安)、高邮、宝应、兴化、泰州7邑水灾；盱眙大水。当涂大水，圩岸崩坏十之三，田禾淹没；宣城碳石山山洪暴发20余处，汪家圩自平畴起，溃而出，水大泛溢；贵池、铜陵、郎溪水；吴县秋阴雨，禾稻多腐；宜兴秋霖。

12月，扬州大水。

1685年

4月，江阴大雨6日，水深数尺。

5月，德清久雨，新市地陷十余丈。

8月17—20日高邮大风雨，日水长六七寸，迤南十里舖、三十里铺河堤俱决，北门外水深数尺；8月24—26日复大风雨，东门外溺死人无算，上下河田尽淹；秋，淮安真武庙堤决，郡城内水深四尺，山、盐、高、宝诸州县田庐漂没，大雨浃月，三城(山阳、清河、盐城)水溢；上海8月24—28日风，花豆俱减分数；桃源(泗阳)大水漫过街；阜宁大水，禾苗尽沉；东台以往各年下乡钱粮俱免；丰县8月26日大风雨3昼夜不息，秫实尽落，伐屋拔木，平地水深尺许，晚田漂没；邳州(八月?)暴水，村落皆沉，鸡犬等物漂溺略尽；诸暨8月24日霖雨，数日不止，狂风拔木，湖埂尽决。灵璧8月大风雨，伤稼，冬饥。

9月13日诸暨复大雨，湖田尽淹。

冬春之间，淮安大雪，冱寒，炊烟半绝。

1686年

4月6日德清震电、雨雹，如拳如盏，桑豆麦俱损；4月，吴县雨黄沙，麦枯死。

5月，梅雨连旬，山水暴涨，浙东大水，金、衢、严、处等府县冲没城邑，漂荡村落，所在一空，颓屋僵尸腾波驾浪而来，人民溺死者骈集于钱塘江，江水至不可饮，巡抚捐俸赈之，免税粮有差；严州三衢洪水漂至郡城(建德)，淹没田庐，知府蠲赈；汤溪大水，漂没民房无数；武义6月11—16日大雨不绝，漂没田庐无算，郡城冒城郭，男妇被溺者不胜计，免十之三；江山6月15日大水，舟通城市，桥梁尽圮，田庐漂没无算，死者甚众；衢州*大雨如注，6月14日大水入城，高二尺许，室庐田畴漂没无算；永康、龙游、常山大水。泾县河水冲南城，西角塌十余垛。

* 道光《西安县新志正误》卷上误记五月，参照邻近多处资料，应为闰四月。

5月，凤阳、泗州、定远、徐州等旱，赈济；盱眙夏旱蝗；安东蝗蝻。

夏，上海、南汇大风雨，拔木，屋瓦皆飞。诸翟拔茅屋腾空，大柿树劈为二；嘉定黄渡刮东渡桥百斤重的桥石，落许家村田间。

8月21日江宁(南京)北河口龙卷风，河流激荡，吸去大船一、小船二，俄自天半坠地，断为两截。

1687年

4—5月，上海少雨，棉不能种，种也不出。

4月中旬南陵寒亭雨雹，大如杵，屋瓦半碎，所经横10余里，纵60里，南陵青弋江尤甚，击死者3人。

4月25日安庆、太湖、潜山大雷电、风雨，拔木飞瓦，城中公廨及民舍倾颓无数。

5日25日巢县雨雹。

6月9日平湖大易、齐景二乡暴风雨，冰雹大如升，次如拳，伤菽麦几尽。

6月14日上海龙卷风，自龙华往东，过王家沙至三林塘、七闸头、至太平庵，长15里，阔1里，花稻俱被冰雹打尽。

6月，崇明、上海大雨月余。

7月，上海大旱，疫疠盛行，稻棉俱荒。建德6月—8月18日不雨，禾苗尽涸；淳安大旱。

8月17—18日飓风大作，大雨潮涌，松江、上海、青浦、嘉定、崇明等拔木发屋，坏舍无数，屋压、舟覆死者不可胜计，禾棉无收；苏州大雨3日，山洪暴发60余处，穹窿山半夜大风拔木，大石飞走，自山顶开成一沟，直至太湖，田亩尽没，汪洋如海，舟行者皆在桥上，虎丘山塘船入民屋；常熟、昆山大风，水伤禾；吴江大水；江阴大风，发屋拔木；常州北风烈，北太湖水皆汇于南湖，新村居民乘涸取鱼，见湖底有桥路，拾得器物、古钱甚多，皆宋代崇宁钱；扬府属水，按分数免赋；仪征大雷电，夜不绝声。

秋，盱眙、仪征大旱；桃源(泗阳)蝗；上元(南京)9月蝗；宁波大旱；武义旱；巢县9月蝗，由东山而至；泗州大旱，蝗食苗几尽。

1688年

2月11日上海落雪2寸，3月12日大雪尺许，后连次落冰块及雪。

7月，南京旱。湖州夏旱；永康、武义旱。

夏，淮安大雨水，中河水涨，决四堤，淹治内粮田数千顷，漂溺人畜、禾粮不可数计。秋又大水，日崩岸数十丈，市井庐舍尽入蛟宫。

8月，青浦、松江秋虫食禾；崇明蝗，大荒；是年上海所属各地饥。12月宝山蠲当年折色、地丁匠班银141 455两，本色米豆10 304石。昆山、吴县、常熟秋虫食禾，岁歉。

12月27日南汇大雪。

冬，武进无雨，河井俱涸，大饥；上海冬无雨。

1689年

1月11日鲁汇有舟出浦，为冰凌所裂，溺死37人，1月19日南汇又雪，深二尺。

春夏，吴县旱，里中河渠干涸；无锡旱。含山春雨小豆。

6月7日下午巢县雹大作，如碗如斗大者。

6月，上海寒雨浃旬，气候如深秋；吴淞城东北倾。

9月11—12日上海风大潮涌，傍浦水涨，斫稻在田者俱氽去；松江暴风，禾尽偃。10月两地又雨，禾棉豆皆无收。

秋，青浦有虫；是岁上海、松江大荒、饥。嘉定蠲1678—1686年一应带征钱粮。象山、武义及浙南皆旱饥。来安、定远旱。

12月，湖州大雪，河冻不通舟楫者数旬；衢州冬大雪，橘树冻死。

1690年

春，湖州旱，河水尽涸。

6月，嘉定淫雨。

6—7月，常州两月无雨。

7月上旬至7月21日湖州连日大雨，田庐俱坏；7月10日鄞县大水，坏田园禾蔬，平地水深数尺，水入民居。

8月28—30日受台风影响，上海、松江连日大风雨，9月又雨，水大作，禾、花、豆损坏；宁波8月27日大水，水从山崩裂而出，浸十余日不下，地天一片，妇女处灵波庙数百，流尸遍野。同时，上虞、余姚、慈溪溺死男女人畜者万余(康熙《桃源乡志》卷8)；慈溪8月27日大风雨，28日山洪暴发，海啸山飞，平地水骤高二丈余，人民溺死无算；9月5日复大风雨，6日水再至如前；余姚8、9月大风雨，山洪发，崩决甬江水者千计，平地水高丈余，漂溺居民无数；绍兴8月26日大雨，28日淫雨连朝，至9月5日止，诸暨、余姚、上虞3县水灾，余姚尤甚，千山尽裂，涌水流沙，田禾淹没，墙垣冲倒，平地水深丈余；嵊县8月大水，漂没田庐；黄岩飓风，拔木覆庐，县堂坏；上海秋收又荒；松江岁饥。

9月，宝应旱，飞蝗蔽天。巢县、庐江大旱；舒城旱灾；无为旱；含山蝗。

10月，宁波大雨连旬，平地水深五尺，漂没田禾，倾坏民居。

11月至次年6月，盱眙旱，蝗生遍野，食麦一空。

冬，高淳大雪，树多冻死；江浦12月30日大雪；仪征冬大雪，祁寒，树介；常州大寒，贫民多冻毙，千百年大木亦多枯死；吴县冬严寒，大雪，河道冰断，人畜树木冻死；昆山冬大寒，河冻月余，果树冻死；盱眙冬酷寒，竹尽槁；阜宁大雪，江河冻，舟楫不通，次年三月始消；安东(涟水)黄河冰冻40日，骡马通行如大道；平湖12月大雪8日，河皆冻断；桐乡12月大雪，12月8日河道冻绝；湖州冬大寒，河冻经旬，舟楫不通，往来负重者俱行冰上，牛羊冻死；余姚冬大寒，江水皆冻；武义冬大寒冻，木介，树木尽死；淳安冬雪40余日，溪不冻者一线，老树多僵死；衢州、江山大寒，溪冰合，草木尽殒；无为、舒城冬奇寒，河冰数尺，竹木冻死；当涂冬大雪、橘橙冻死；歙县、泾县、郎溪冬大雪，奇寒，大木尽枯；宜都、竹溪大雪，平地四五尺；广东三水、揭阳、澄海大雪，杀树木，冻死牛马。

1691年

1月2—3日上海等甚寒，浦江冰凌。1月13日松江滴水成冰，往来路绝。1月15日大风，坏粮船5只。1月18日河始开，有船至鲁家汇为冰凌撞破，死30人。1月20日大雪二尺。1月26日大雪盈尺，冻死于道者比比皆是。1月29日、2月3日、2月5日、2月15日又雪；昆山1日奇寒，大河俱冻彻底，半月始解，果树皆死；苏州1月2日雪，3日更甚，半月中寒威不解，至18日河冰始开，26日又大雪盈尺；吴县1月3日始冰霜、严寒、河冻，不通舟楫者50日；常州1月29日—2月4日树木皆作冰花；仪征、江浦1月29日木介；巢县1月1日湖冻，河冰数尺，草木冻死，1月13日方解。

5月20日盐城大风雨，雷电交作，麦无获。

5月，江浦大风，屋瓦皆坠，黄埃四塞；夏，常州飞蝗蔽江而来，旋绕江岸而不入城，会大雨，毙蝗若丘。

6月6日上海入梅后常雨，佘山塔后有蛟两角，裂地而出。

6月8日金山查山大石村遭雷击，数丈之柳树劈为二。

6月26日午后淮安府城陡然暴风，乔家围龙卷风，至城下关晏公庙东去，拖倒房屋1 000余间，居民压死无数。

7月19日青浦龙卷风，自辰至未大雨倾注，平地水深三尺，佘山山洪暴发，庙旁银杏一株，大数围，被连根拔去。宝山岁祲。

7月，仪征大风、雨雹，蝗入境。夏，芜湖旱，免当年漕粮三分之一；徽州府及休宁旱。

7月，通州海潮暴溢，溺死者无数。7月，德清淫雨，害稼；桐乡、湖州大水。

8月29日、30日上海又大风潮，水亦大极，二度淹没门外阶沿石，出入艰难，经月不退；江阴8月大风，潮溢，沙田淹没；常熟田家坝决。

10月31日上虞大风，海塘坏，潮溢七乡；宁波海潮涌入，大水入民舍。

1692年

2月17日上海、南汇、海宁等黄气四塞。仪征树介。

4月4日湖州大风霾。

6月,昆山南部地区大雨10日。

夏,青浦旱;南汇大旱;平湖旱,抚馁;湖州6—7月不雨,大风霾,免秋粮三分之一;鄞县、永康旱;仪征大热,蛹食草;巢县、无为、休宁、绩溪旱。

9月,巢县蝗。

10月21日湖州大风雨,禾尽仆,湖溢淹稼,民饥。

水灾,安东(涟水)灾田1.8万余顷;免桃源(泗阳)黄河两岸被灾田粮;赈济盐城饥民。

1693年

江南高淳、溧水、丹徒、丹阳、震泽、无锡、江阴、常熟、昆山、吴江等、浙西杭州、嘉兴、桐乡、海盐等自春至秋大旱,河港涸,禾尽枯。

3月24日上海等天雨黄沙、两日方止;桐乡、湖州大风霾;3月24—26日巢县无为、庐江大风、雨黄沙,沉暗。

夏,苏、浙、皖等旱,免本年漕粮三分之一。嘉定大旱,盐铁、练祁(两河名)并涸;宝山浦水俱竭,禾苗槁死;青浦、奉贤大旱;南汇护塘港涸;昆山旱;吴江港涸如平地;吴县6—7日大旱;太仓、常熟、无锡、江阴、武进、丹徒、丹阳、溧水、高淳、淮安大旱、盱眙、东台、如皋旱蝗;是年江南及嘉定、青浦、松江、上海、昆山、吴江、江阴、丹阳、武进、江浦、高邮、淮安、芜湖、旌德等,普免漕粮三分之一。杭州5—6月大旱;临安5—8月不雨,田禾半未种;嘉兴、嘉善、海盐大旱,禾尽槁;桐乡、湖州6—7月大旱,田不能插;建德准免漕粮;镇海、象山大旱,饥:慈溪、金华旱;武义、永康大旱;铜陵旱民大饥;巢县、庐江大旱,小蛹遍地;当涂、芜湖、建平(郎溪)、广德、宣城、泾县、繁昌、徽州6邑、旌德、绩溪、池州、青阳、无为、安庆、太湖、潜山、五河、凤阳等大旱或旱。

夏,兴化、高邮、泰州、东台大水。

7月杭州皋亭山骤风雨,冰雹厚一二尺、至钱塘江而殁,所过树皆焦毁。

8月,含山大雨,山洪暴发,南城内水深二尺。

8月,吴江官溪龙卷风,白昼晦冥,破吴家屋,榱角、瓮栋挟以俱飞,耕牛3头摄至云中坠。

10月1日昏刻松江龙卷风,风雨暴至,拖倒殿宇、庐舍不计其数,榆柳大数围俱从空掉下,老幼仆压、溺死者甚众;上海、青浦等大风,雨雹,水涨数尺,拔木扑屋,屋宇漂没。

10月,无锡大雨倾盆,西山坞内水涌过人。江阴、桐乡大风雨,河溢,淹稼;余姚涝;秋,慈溪大水。

冬,上海暖如仲春,雨雪俱无;吴县年底和暖如暮春(4月),梅花大放;江阴冬暖,桃、杏、梅花;盱眙冬暄,百花皆放。

1694年

3月13日上海天雨黄沙两日方止;吴江、平望春大旱。

夏,湖州、桐乡青镇、濮镇旱、大疫;平湖饥:铜陵、池州旱。

夏秋,桃源、淮安、宝应淮河、黄河、中河相继皆溢,田禾淹设;淮安南北堤外田尽没;高邮免赋税如1693年;安东等州县灾;兴化、泰州水、东台免地丁银7 876两,凤米1 034石。

9月2日太仓飓风大作,海溢,溺死者甚众;无锡(九月?)大雨倾盆,西山坞内水涌过人;江阴秋大水;溧阳秋涝,伤禾。

9月4日南陵飞蝗蔽天。

9月，江浦大雨雹，伤禾稼。

秋，嘉定、上海等大旱，伤禾。嘉定岁祲。

1695年

1月6日上海大冷，冰冻，河水胶断，黄浦冰。

2月4日苏州大雷电，郡城阊门霹雳击死1人。

2月13日江阴大雪，半月始止；4月又大雪雹；6月再淫雨10日，无麦禾，蠲免漕粮七分；湖州2月大雪，3—4月恒雨，6月大水没田，舟行入市，7月18日大风雷、雨雹，雹大如拳，坏民户、民舟无算。

2—6月，上海全境淫雨，大水伤稼，麦菜无收，岁祲。吴县2—4月雨雪久阴，5月积雨，二麦俱烂；夏，苏州、常熟多雨，伤禾；吴江大水，高于岸三尺许，一望如湖，督抚以积谷赈饥，吏胥作弊，民无实惠；嘉善大水经年，田多淹没；昆山、桐乡、长兴5—6月淫雨，田禾淹没过半；无锡积雨伤麦，食者沤泄。冬，嘉定疫，蠲1689年、1691年、1694年民欠地丁银。

5月，武进致政乡雨雹，大如卵。

6月，巢县、无为大水；泾县河水冲城西角，塌十余垛。

8月2日—4日上海大风雨，平地水深四尺，半月方退。8月15日又大雨，水复涨。

8月25日至10月上海无雨，花豆干死，道路多殣。秋，无锡旱。合肥大旱。

冬，江阴暖，无雪。

1696年

1月10日歙县、绩溪、祁门大雨，40日不止。

2月3日奉贤大雪。

春夏，无锡旱。上海6月南半部松江、上海、青浦、金山、奉贤、南汇大旱。宁波自去秋至是年6月不雨，早禾俱萎；慈溪、永康旱；临海5月大旱；金华旱饥；武义4—6月旱；衢州、常山、江山夏旱。

6月14日石埭(石台)大水，出蛟，坏田庐；休宁大水，坠城垣10丈；徽州6邑大水，浸城不没者数版，漂流庐舍无算。

6月29日半夜台风袭击上海。崇明狂风骤雨，海潮大涨，沿海庐舍为之一空，大树尽拔，淹死数万人(雍正《崇明县志》卷9)，河港壅塞，水致不流，至次年仍田庐荒芜，野鲜人烟，知县先将仓米设厂煮粥，灾黎得以苟延；宝山风暴涨，冲坏宝山故城，水高于城丈许，淹死17 000人(乾隆《嘉定县志》卷3)；向东南至川沙八(川沙城厢)、九(川沙顾路)团南北27里，东起海岸，西至高行，宽约数里，狂风大浪，潮涌丈余，村宅、林木俱倒，杂物、家什顷刻漂没，淹死万余人，家畜倍之，浮水面或压死土中者不可胜数，水浮棺木，随潮而下，仅高昌渡一处日过百具，四五日不止；松江漂没居民数千；沿江、沿海自宝山、吴淞、川沙、南汇、奉贤、柘林等冲毁江海堤塘5 000余丈，沿海各盐场沦伤，没灶户18 000户，共淹死10万余人(董含《三冈续识》页3)；太仓雨大潮漫，漂没民庐，死者甚众；常熟潮溢，渰寿兴、永兴诸沙；江阴溺死洲民数百人。通州、泰兴、如皋海潮溺人无算。盱眙7—8月共雨50余日，大风，民居摧倒，大水沉泗州，城垣荡尽，漂没死者无算，大饥；灵璧淫雨，平地水深三尺，无禾；怀远连雨，水入街市；南陵疾风暴雨。

8月20日风暴潮再次复作，川沙海溢如前；松江飓风复作，飞瓦走石，拔木倒屋，沿海漂没人民；青浦大风拔木，坏民居庐舍无算；金山漂没庐无算；奉贤平地水丈余；太仓海溢，乘风雨而来，不减六月；苏州狂风大作，猛雨倾盆，撗山出蛟（山洪暴发），数百年乔木摧折殆尽；吴江北风骤发，雨如悬瀑，平地涌水，骤至数尺，夜半返风而南，势益狂猛，屋瓦交飞，破墙覆屋者十家而九，所在乔木倒折殆尽，城隍庙有4古榆，大皆合抱，连根尽拔；无锡暴风猛雨，大木撕拔，民居倾覆，平地成川；江阴大风雨，发屋拔木；句容8月15日蛟水骤发丈余，漂没民居，人巢树杪，死者无算，南门关帝庙冲倒，大钟浮出庙外，水发时录科士子多寓城外，水骤至，不及避，淹死数十人；桃源（泗阳）黄河骤涨，冲决龙窝口，奇水漫溢城垣，仓库、官舍民居尽遭荡洗，两廊文卷悉付波臣；淮安飓风大作，暴雨，黄河骤涨，河决西撑堤，渰溺男妇大小无算，官民房屋倾坏者甚多；海溢山（阳）、盐（城）、安（东）田禾尽没，沿海居民漂溺无算；高邮8月21日飓风淫雨，水暴至，三日水长二丈余，全城在巨浪中，南水关决，城门关闭，居民从城头贯緪而出，北城外街市冲断，上下河相连，舟子操舟于市，清水潭两堤决；盐城马路口决，邵伯坝水漫，田禾尽殁；宝应、兴化、泰州、东台大水，丁粮全免；泰兴、通州溺人无算；浙江湖州、嘉兴、嘉善、桐乡、石门8月19—20日飓风，飞瓦拔树，民居倾覆，压伤甚夥；飓风大作，民房倾覆，压伤男妇无算；平湖8月20日飓风拔树，起佑圣宫前，过氏坊圮，一大石梁搁于民屋之上；泗州秋淫雨五旬；天长大水；嘉定等岁大祲。冬，奉贤、嘉定疫。

11月，宝山暖，海棠花、梅花盛开。

12月29日下午上海大雪、大冷，黄浦内有冰牌塞断。

1697年

2月，上海甚冷，2月3日雨雪竟日；青浦1月23日微雪。

5月23日湖州双林大雨雹，雹块堆积，寒甚。

7月，高邮湖水大涨，城南滚坝尽开，民居半在水中，至10月未杀，无禾麦，民饥，免赋税；宝应甚雨骤至，界首子婴堤溃；泰州水；泗州大水；盐城大水，钱粮全蠲，发帑赈饥民93 377口；东台水，共蠲免地丁银38 800两；漕米32 500石；月粮麦588石。

夏，嘉定大疫，青浦、松江疫。临安旱；桐庐、金华、武义、永康、衢州、常山、江山、松阳、遂昌大旱或旱；郎溪大旱；芜湖、歙县歉饥。

秋，松江、青浦、苏州、昆山、吴江大水。

1698年

4月20日上海纪王大雷、雨雹。6月2日上海闵行诸翟雨雹，如拳如碗，掷势甚猛，瓦木俱坏，行人多伤，至有毙者，某民染坊巨块剸屋而下，缸底陷裂，半时而止，数里外的山池一带却雹小如晶；纪王又雹，大如斗，雹重37斤者，伤人及屋甚多，至南渐小。

夏，江阴无麦。崇明蝗灾，岁大饥。无锡旱疫。

8月26日苏州、昆山、太仓、青浦大风拔木，水猝至，平地丈余。秋，溧阳涝，伤禾。扬州府属水，免当年被灾地丁银及米麦；高邮、宝应、泰州、东台、泰兴大水；兴化运堤决口；盐城除钱绽会免外，发帑赈饥民16 813口。

1699年

3月，江浦大雪盈尺，又十日，再大雪尺余。无锡春雨雪交加，麦萎。

夏，无锡旱；泰兴、如皋、通州旱蝗。6月桐乡、海宁旱。余姚夏旱。

6月，盱眙雨雪。

7月21日高邮城北九里堤决，上下河田尽渰，高宝湖水涨漫，邵伯河堤决，坏民庐舍；江都洪水，冲决更楼官堤，民屋倏成巨渊；安东淫雨，河涨；桃源岁大饥；盱眙、兴化、宝应、阜宁大水；东台以白驹等14场水灾，巡盐御史豁免1698—1699两年应征折价33 609两有奇。截漕粮10万石于高邮、宝应、兴化、泰州、盐城、山阳(淮安)、江都受灾7州县各留1万石，悉照时价减价发粜，余3万石着于邳州留8 000石，宿迁、桃源(泗阳)、清河(淮安)，安东(涟水)各留5 000石，亦照时价减粜。舒城7月21日洪水，近河地方漂没民舍。

9月，无锡霖，禾大歉；杭州大雨，南北两山洪水骤发，西湖水平高丈余，里外两堤俱水淹没，堤上深过腰膝，西北民居亦水深数尺，三日后始退。嘉善、诸暨秋大水；湖州9月淫霖，伤稼；鄞县秋水灾，赈济；余姚秋久雨，败稼；临海9月大水，平地高丈余，漂田庐，害稼，公廨民舍倒塌甚多，官文书案卷尽淹没，山涧江侧居民溺死者尤众；金华大水饥；衢县、龙游、常山、江山9月大水，户部准免西安(衢县)、江山、常山3县被灾田亩21 644.5两。

10月3日宝山大雨，三日迄止；蠲1695—1697年部分民欠地丁银。

1700年

夏秋，无锡旱；上海旱。盱眙夏旱。

秋，湖州、东阳灾；衢县，开化、常山、江山旱，大饥。金华等5县被灾田亩免银35 639两，并动支存仓谷赈济；桐乡旱。

7月18日歙县黄墩雨物，其状如雪，而色灰，至地即化，府中(徽州)亦有；22日又雨，婺源近外亦有。

8月21日夜三更后，淮安洪泽湖大风雨、雷电，发屋拔树。秋，盱眙淮水涨；东台大水，丁粮全免。

9月10—12日上海、川沙暴风三昼夜不息，禾棉尽扑。

10月，上海风雨势甚，诸种俱坏。嘉定蠲次年应征部分地丁银。

12月，湖州大寒，太湖冰，月余始解；无为大雪，至次年2月始霁。

1701年

1月15日镇江大雪一昼夜；苏州1月22—29日连日大雪，常州、镇江一带河流俱冻；舒城1月大雪，深五六尺，民饥。

夏大水，免泗州、盱眙、五河及泗卫粮银4 600余两。

上海水。连遭水旱，道路多殣。铜陵水灾；泾县河水冲北城西角，塌十余垛；宁国岁大祲，捐谷以赈。

1702年

夏，高邮旱灾，蠲免赋税。盐城蝗食稼。

5月，江阴淫雨，无麦；吴江、常熟大水，免江南地丁钱粮、漕米有差，常熟计蠲银130249.4两。高淳大水，田禾淹没。湖州大水。铜陵、无为、含山大水。

6月，嘉定、上海海溢；松江连遭水旱，道路多殣。合肥大水，圩田尽渰。

8月，河溢桃源(泗阳)龙窝大堤，决颜家庄，入运河直下决清河县(淮安)西仲家闸南堤，中河溢，水浸县治40余日，人皆依堤而居，各公署、民房倾倒几尽；安东(涟水)灾田2.3万顷；如皋大水。

1703年

春，吴江大水；无锡麦收歉。

5月4日湖州、桐乡大雨雷雹，损菜、菽。

6月21日淳安淫雨水溢，十一都毛家村、下部洪村等处冲去房屋田地，淹没人口，勘实蠲赈。

西安(衢县)、丽水、龙游、建德、桐庐、兰溪、武义、永康、开化、常山、江山等县大旱,免被灾田亩地丁银两。

1704年

春,青浦旱。山阳(淮安)大旱二麦俱枯。怀远春无雨,民无食;铜陵旱。

5月23日江阴大雷、雨雹,数日不止,麦损。

5月,上海淫雨连旬,寒如冬令。昆山淫雨,二麦俱败。吴江大水;上元(南京)5—7月雨,无麦禾;嘉善、湖州6月大水。合肥6月大水,平地水深三尺,圩田尽渰。

8月,松江、青浦大旱;嘉善秋亢旱;诸暨秋灾;无锡旱,岁饥。

1705年

4月,桐乡、湖州大雷、雨雹。

5月,上海、青浦、嘉定旱。

7月,五河、泗州淮涨,高堰决古沟、唐埂、青水沟等处,淮扬被淹;泗阳大雨,六昼夜不息,淮泗暴溢,房屋漂流,秋禾尽淹;盱眙大雨50余日,市口水深丈余;淮安夏大雨,运渠涨溢,街市浮舟,赈饥民;山(淮安)、盐、安(涟水)渰没;盐城7—9月淫雨不止,平地水深数尺;邵伯堤决,民庐漂溺,蠲被灾钱粮6 806两有奇,发帑赈饥民95 080口;涟水灾田1.9万余顷;泰州水,蠲免;东台水,蠲免地丁银8 600两,凤米2 200石;高邮7月13日大雨,匝月不休,堤上水高数尺,上下河田尽淹;江都邵伯堤决;宝应水灾,赈济饥民;兴化、如皋、泰兴、通州大水;江浦水灾,浦邑山后淹没九圩;六合大水,圩田淹没,城内行舟。

7月23日桐乡、湖州雷雨昼暝,飓风大作,摄去人舟无算;24日湖州雷击西栅童姓墙;8月20日湖州天雨尺许,雷击东庄湾蔡宅,满室火滚,震毙1男1女(球状滚地雷)。

8月,风暴潮,嘉定飓风海溢;上海、松江大水;崇明花豆全无。是岁上海全境灾歉,民饥。嘉善秋大水。次年春,嘉定大饥,蠲1698—1704年民欠地丁银。大场至真如一带抢劫,白昼都不可行路,民罢市、村落各自防守,日夜不安。3月官赈济,富户赈粥至麦收止。黄渡民食树皮。崇明设赈捐粮。通州免征1704年以前逋赋,仍赈济饥民。

1706年

3月,合肥大风,拔木;4月13日合肥雨黄沙。

6—9月3日临海大旱;黄岩旱;户部为夏旱准新城(富阳新登镇)等8县及衢、严(建德)二所被灾田亩免银47 716两;宁国大旱。

夏,丹徒大雨,祠宇崩塌。平湖夏淫雨,米价昂贵。

夏秋,黄河涨尤甚,淮安、安东同时告急;安东灾田2.1万顷。怀远夏大雨弥月,水入城市;凤阳府属秋水灾。

9月16日夜湖州大雷雨,雷破东庄湾倪宅楼墙。

1707年

江南、浙西5—9月不雨,苏、松、常、镇4府大旱。武进平田共灾684 714.8亩,奉旨蠲免;江阴勘报灾田577 838亩,免地丁银9 467.356两,米188.372石,赈大小饥民326 271口,给米108 692.5石;吴江赈饥民、贫生凡五月,饥民大口每日2.5合,小口减半,贫生150人,每名总给米5斗,共给米32 389.5石;无锡、丹徒大饥;高淳、丹阳、溧阳、金坛、宜兴、常熟、昆山、太仓及上海全境大旱;嘉兴、桐乡、海宁、湖州河涸水竭,河底坼裂,禾豆尽槁;盱眙灾十分；高邮、泰州蠲免停征；东台免地丁银 8 580 两，凤米 2 248 石；兴化旱。浙江户部准免钱塘、富阳、寿昌、分水 4 县并湖州被灾田亩银 10 906 两余；嘉兴按数减征，蠲免漕欠，并发帑散赈；海宁大旱，饥，民剥树皮、掘竹根食，道路死亡无日不有；德清灾田粮照例蠲免，动常平仓谷赈济；旌德地丁钱粮免征；天长大旱岁饥；嘉善、海盐、石门、桐乡、湖州、桐庐、常山、江山、泰顺、临海、铜陵、含山、来安、当涂、芜湖、宣城、泾县、绩溪、池州、宁国、东至、走远大旱或旱。

8 月，崇明大潮，禾棉俱伤。

10 月 28 日午刻海盐、双林地震水涌；吴江、周庄、湖州、桐乡、乌镇、巢县、无为、池州(10日?)多处湖荡、池沼之水无故自相冲激，波浪汹涌，忽高三四尺，维舟之绳自断，时池潭缸瓮之中水皆同溢同退，逾时复故。11 月崇明又大潮。巢湖无为无风河塘水忽起大浪，水面宽处波高丈余，窄处亦 3 尺高，看似翻江倒海之状；无为无风浪日起，民间瓮击水亦腾跃。10 月 30 日亦水沸逾时，同日日本南海发生 8.4 级大地震，并引发海啸，上述现象当与此有关。

冬，民饥，崇明知县急赈，民赖以活；嘉定岁祲，免被灾田地丁银，蠲 1695—1704 年民欠漕项银，并免 1708 年部分应征地丁银粮及漕项粮。次年 2 月发赈米，共 32 293 石有奇，又平粜漕米 1.8 万余石。上海三月共赈米 16 304 石，免 1704 年前民欠漕项钱粮及 1708 年额征地丁银。江苏每州县留漕米 8、9、10 万石，药酌量赈给。

1708 年

6 月，长江下游及太湖流域涝。安徽当涂 6 月大水，大官圩及各圩皆破；宣城大水，诸圩尽溃，庐舍无存，舟上市中，居民离散；泾县淫雨弥月，水入城，漂没田庐无算；宿松、潜山、太湖、庐江、铜陵、无为、巢县、含山、贵池、青阳、石埭、黟县、祁门、南陵、宣城、宁国大水或水；浙江湖州、长兴、杭州、嘉兴、嘉善、桐乡、海盐等淫雨大水。江苏高淳大雨连旬，诸圩悉破，船达于市；武进水灾，共免地丁银 123 020 两有奇，漕项银 41 741 两有奇，又南恤并新升充饷等米 3 415 石有奇；无锡大水大饥；常熟免地丁白粮正米等项共 24 552 石；缓征灾漕正耗米一半、吴江大雨十六日，水浮于岸，每亩蠲漕米 2.26 升，设粥厂赈饥，运江西、湖广漕粮至邑减价平粜；太仓田中驾舟，经旬始退；句容、丹徒、丹阳、金坛、武进、宜兴、江阴、苏州、吴县等大水；嘉定 5 月 29 日起至 7 月 4 日连续大雨 37 日，漂没人民无算；上海 2—7 月中旬雨漂没人民无算，麦淹死。各地禾棉无收，米盐尽贵。松江、南汇、宝山等饥，饿殍载道，调鄂、湖广粮至苏、松裁价平粜，次年设厂赈粥 80 日，免被灾地亩钱米，并免次年地丁银。

7 月 8 日太平(黄山)山洪暴发，沿河居民、田地损坏无算，未几大疫；石埭(石台)多处山洪暴发，街市乘桴，两岸民居漂泊无数，溺尸枕藉，其水黑色，寒冷刺骨，疫者甚多；广阳镇山川出蛟，坏田庐无算，涟浮一山移百步许。青阳 8 月大水，免丁地粮税。

8 月 22 日(七月十二日)夜更余，临海飓风陡作，发屋拔木，骤雨如注，漂民庐，坏田稼，郡城府、县两学、文庙及谯楼一时俱倾，石坊坏者十余座；黄岩飓风骤雨，官厅、学宫、民居、田庐多坏，奉文蠲赈；太平(温岭)大风雨，学宫、文庙圮；嵊县大水，免征粮十分之一；德清大水，以漕粮平粜散赈；23 日寅时杭州、余杭飓风大作，骤雨翻盆，鼓楼及贡院同时崩圮，民间屋瓦乱飞，屋庐倾圮，江船漂损，人口淹没，大木偃拔，至晚渐息；长兴风雨大至，多处山洪陡发，漂溺室庐、人民无算；溧水 8 月 23 日大雨，东庐山洪暴发，秦淮河水涨，没民居，诸圩尽圮；溧阳秋洪水泛滥，民房飘荡，四野惊惶，漕米及新旧地丁停征，来春蠲赈平粜；吴江、平望 8 月 27 日(?)大风潮；昆山秋大风；高淳 8 月又大雨，水涨更甚；崇明秋淫雨约百余日，后潮大涌，大水漂溢，禾棉尽没，以米、谷、麦 1 万石散赈；青浦秋大风；松江、上海、川沙秋大水；南汇漂没过半；高淳8月大雨；高邮8月23日风雨兼旬，水暴长，田禾尽渰，蠲免赋税；兴化、如皋等大水；当涂秋复大水，田禾俱淹，民无食；泾县8月23日大水；南陵秋大水；池州、青阳、铜陵、石埭(石台)、东流8月大水，免地丁钱粮，发谷赈济，截留漕米平粜。

1709年

春，吴江饥；嘉兴淫雨，饥民转徙，设粥厂于梅里古南禅院，每日就食几2万人。嘉善洊饥，多疾疫；湖州3—4月连旬大雨，豆麦漂没、饥；铜陵大水民饥；春夏，青浦、溧阳疫。

5月，江浦大雨雹；5月2日湖州、乌镇、南浔大雷雨雹。

6—9月，巢县苦旱；和州旱大疫；含山大疫、民饥；无为洊饥，民采草根、树皮以食，又大疫，流离死亡不计其数；含山、安庆大疫饥；嘉定夏无暑，大疫。7月7日—8月23日湖州旱，禾枯，瘟疫；钱塘(杭州)飞蝗蔽野；嵊县夏大旱，竹生米。当涂、芜湖大疫，死者枕藉；泾县秋大疫，传染迅速，有全族殁者，掘坑瘗之；绩溪大旱，饥，大疫死者无数，且多数举家疫死者。秋，溧水旱，蠲免钱粮；高淳岁大祲，流离满道。

秋，青浦大水，饥，邑人贷粟500余石赈之。以淮安、扬州、徐州3属水灾独重，除本年银粮全免，又将1710年额征地丁银两一概豁免，动支库项赈给所属被灾饥民；淮安夏淫雨，无麦，民疫，秋大水，除漕项外，正赋地丁钱粮尽免，旧欠银米停征，又预免明年应征钱粮；安东大荒；桃源水灾；盱眙夏大雨，麦烂不可食；高邮夏多雨，湖水涨漫，上下河中田俱渰，蠲正赋，赈饥民；兴化、宝应、盐城大水。

12月，嘉定蠲当年部分地丁银。松江获准从所征漕粮中截留部分酌量赈给。

12月，杭州海潮骤涨，沙岸十余里尽淹没，直逼城根，赈余杭等县饥。

1710年

5月，湖州恒雨。5月5日通宵雨，7日又大雨，6月久雨，菜麦漂荡，田禾皆没；6—7月，吴江连雨18日，大水，水浮于岸；慈溪5—6月淫雨不止，7月6日始晴；青浦、松江、昆山、太仓夏淫雨；溧水夏水；高邮、兴化大水；东台水涝为灾。

5月6日来安独山冰雹数十里，二麦俱伤。

7月22日安东旱，鹅毛大雪，西北乡盖地。盱眙旱，冰雹伤禾。7—8月来安蚜蝗迭至。慈溪7—8月亢旱60日。

8月7日夜舒城蛟水泛涨，平地水深数丈，溺死人民、倒塌房屋不计其数。

8月14日无为雷暴雨，大水，城内倒石坊3座，东城外桥下鸟雀死者无数。

7月，嵊县洪水。

9月7日巢县大水。

1711年

5月，盱眙冰雹，伤南乡60里，飞蝗过境；含山蝗入境；合肥、无为、庐江旱蝗；舒城旱；怀远春夏大旱，民乏食。

建德大水。宣城水。

浙西杭、嘉、湖3府属之仁和等17州县，并杭、严、嘉、湖二卫得雨较迟，收成歉薄，缓征地丁漕项银米，至1713年分别带征。

秋，溧水旱。六安、合肥、舒城、霍州、寿州、霍丘6州县，并庐州、凤阳右二卫旱，蠲免地丁银28 543两有奇，米麦92石有奇，仍赈济饥民。

12月13日扬州下雪三寸；12月30日大雪四寸，苏州大雪积六寸；1月2—3日大雪，积七寸；盱眙冬大雪。

1712年

2月22日江苏仪征西南(32.0°N, 119.0°E)5级地震，仪征地震20余次，江浦地大震，次夜又震，高淳、丹阳、江阴、合肥、巢县均震。

3月16日巢县飞沙；5月22日又雨黄沙。

春，合肥蝗。

秋，合肥、泾县旱。

9月4—6日扬州、淮安所属近海各场连日风雨，海潮涨漫，冲决范公堤数处，灶户庐舍、亭场多被漂淌，灶旁民田同为淹浸，溺死人口；蠲免淮、徐所属并淮安、大河(驻淮安)二卫被水地丁银两，仍赈济饥民；淮安免征正赋丁银2 124两；安东灾伤田1.7万余顷；盐城蠲灾民屯田钱粮1 910两，后发谷18 124石有奇，赈饥民39 781口；睢宁、铜山、沛县秋大水；9月3日奉贤飓风大雨，潮没三昼夜；9月29日又没；10月3日又没，是年3次潮溢禾棉无获。吴江9月3—5日连雨，水浮于岸；15日又大风潮；绍兴9月风雨大作，海波轰立数十丈，怒号澎湃，如排山奔马，南池、上灯诸山又裂崩，洪水弥望无畔岸，沿海一线土塘内外相激射，顷刻尽崩，漂没禾稼、室宇不可胜计；太平(温岭)9月大雨3日不止，飓起屋瓦尽揭，海潮暴涌，男妇漂没，有全家无存者，有家留一二口者，尸骸随波上下，城中及城郊遍处皆是；诸暨风雨害稼；分水(桐庐西北)大水，冲坏民房甚多；安吉免水灾额赋有差；湖州、长兴秋淫雨，太湖溢，被灾田地钱粮照例蠲免，动常平仓谷赈济。11月蠲嘉定次年地丁银及1707年、1710年民欠地丁银。

1713年

6月，上海滚地雷，李氏花田棉俱焦殒。高淳丹阳湖水涨，有鼠无数，渡河入圩食苗，越数日有蛇食鼠尽。

夏，雷震嘉定金沙塔。

7—8月，松江、上海、南汇等大旱。8月杭州旱；宁海、奉化旱；建德大旱，与临安、西安(衢县)等6县被灾，准免地丁银两；免临海等7县卫旱灾额赋有差；开化、常山、江山7—11月旱；东台旱，免地丁银4 584两，凤米1 199石；泰州、兴化旱；盐城蝗食稼。

9月22日上海、松江沿海、南汇、川沙高桥等风潮连作，10月18日又没。岁遂歉，禾棉无获。宁波、绍兴、杭州、嘉兴、湖州5府9月21—22日大雨滂沱；山阴、会稽(皆今绍兴)、上虞、余姚、诸暨5县风雨太狂，蛟水陡发，禾稻有伤，秋收只四五分；绍兴怒潮狂骤，诸塘尽溃；海盐飓风大作，冲坍露咀二号石塘24.5丈；临海9月大水。巢县大雨圩破；无为、合肥、望江大水；安东水灾，免田银；宝应大水，东堤决。

12月12日苏州、扬州俱大雪，苏州积四寸，扬州积五寸。

1714年

3月29日淮安风雨大作。

6月26—27日淳安昼夜大雨，山水骤发，田禾淹没，奉旨蠲赈；建德大水，与遂安、寿昌、桐庐等县被灾田亩，准免地丁银13 459两；金华大水；萧山西江塘坏，江水入城，种后复旱，蠲免被灾田粮5 100余两；29日杭州风雨，上江顺流浮尸无数。

江、常、淮、扬等属20州县并仪征卫旱灾，蠲免地丁银两有差，仍赈济饥民。吴江6—7月连晴36日；苏州7月大旱，田麦歉收；夏，青浦、松江等旱。宝山大旱；无锡岁饥；溧阳夏秋大旱，田禾被灾，地丁每两蠲1.66钱；武进秋旱，田共743 857.17亩，免地丁银14 808.565两，米40 053.047石，给赈饥民大口45 513名，小口11 381口，贫生309名，共赈米11 675.287 5石；泰兴夏旱，奇暑；淮安、宝应免地丁银两有差，仍赈济饥民；高邮大旱，免赋税三分；夏秋，盱眙大旱。秋，六合、上元(南京)、溧水、高淳旱；江浦赈饥民3.5万余口。浙江钱塘、富阳、余杭、新城、仙居、丽水、缙云、松阳、西安、龙游、常山、永康、武义、山阴、萧山、宣平等16县秋旱，免银51 859.6两。临海7月旱，饥民入城，于天宁寺煮粥食之；杭州、萧山8月旱；湖州大旱。安徽蠲免桐城等23州县并庐州等6卫，被灾银99 150余两，麦豆4 420余石，仍账济饥民。合肥、桐城旱蝗；巢县、无为、来安大旱，8月多蝗；含山大旱；庐江大旱，蠲赈；望江大旱；铜陵、潜山、舒城、宣城、南陵旱；建平(郎溪)秋旱，免田亩银4 530.94两，仍煮赈3日。

冬，盱眙大雪。

1715年

1月嘉定大热，1月8日嘉定、崇明雷电大雨。江阴1月大雷电；仪征1月木冰。

春夏，苏州、嘉定、青浦、上海淫雨。

4月10日巢县飞沙，11日益甚。

4月，江浦大雨雹，雷电交作，雹大如升，伤麦，失收。

自春徂秋，高邮雷雨屡作，湖水涨浸，开中坝，中下田俱淹；泰州、兴化、东台、如皋大水。

5—6月吴县、吴江连雨26日；湖州5—6月连雨；海宁5月大霖雨，风潮陡发，海塘坍陷数千丈。

6月15日—11月，石埭(石台)大旱赤地，禾稼焦枯，发仓大赈。夏，铜陵大旱；桐城5月中旬蝻生遍野，厚尺余，大饥；合肥大旱；安庆蝗蝻遍郊原。杭州秋旱。

7月28日嘉定雨雹。

7月28—31日风暴潮。28日吴江大风潮，秋禾俱没，并力救之，水渐退，方可莳；苏州7月30—8月2日连日多雨，水平岸，低田水蓄；震泽7月30日又大风潮；昆山夏大水，田禾尽没；太仓夏大水，伤禾棉，亩收只二三十斤；江阴夏大水；常熟大水；湖州7—8月大风潮；慈溪北乡大水；7月31日崇明风暴潮，潮水狂涌；嘉定飓风海溢；上海水灾；松江、青浦飓风大作。是年上海饥，松江、青浦、嘉定岁祲，松江、上海免地丁银米有差。上海赈饥民。本年苏、松、淮、扬等属33州县卫水灾，蠲免地了银米有差。

10月11日崇明海溢，知县请详赈济。

冬，盱眙寒，淮冰合，可行车。

1716年

1月，江浦大雷电，大雪数日，平地数尺；宝应春大雪。

6月4—15日吴江连雨9日，24日水浮于岸，28日风潮，禾秧俱没。6月嘉兴、嘉善、昌化大水；桐乡、湖州暴雨，水陡涌，田成巨浸，苗尽烂；杭州江水暴涨，怒潮冲刷，转塘坏数百丈；桐庐大雨，平地水高丈许；建德、兰溪、龙游、淳安、遂安、桐庐等7县勘实成灾，蠲免钱粮；金华夏大水，平粜，免被灾田亩钱粮；免宣城、南陵、泾县水灾地丁银9 068两余，米豆702石有奇；铜陵水灾给赈；无为6月江潮大涨，破旧坝；望江、宿松、太湖、宣城、南陵、泾县、旌德、绩溪、贵池夏大水或水。

7月3日仪征风霾大作，大成殿两庑及尊经阁、贤关门诸祠斋、状元坊大半摧圮。

9月，嘉定、青浦、松江等淫雨，多疾风，岁祲。通州雷击狼山支云塔。

秋，免江、常、镇、淮、扬等府属旱灾州县卫，共银164 080余两，米麦豆共18 250余石，被灾军民截留现年漕粮米25万石赈济，不敷，仍于收补漕米及续收例米谷、并现存各事案米谷内凑桭。江浦大旱，赈济饥民3.6万余口；溧水旱，诏给赈，免钱粮；盱眙秋旱，十分灾；淮安免银米麦豆有差；盐城旱，蠲被灾民屯田钱粮6 369两，发谷9 116.7石，赈饥民20 577口；东台旱，蠲免地丁银2 470两；仪征旱，免县卫被灾地亩税银十之三，发谷1.9万石赈之；武进秋旱不等，共田815 695.13亩，共免地丁银16 512.455两，米505.176石，给饥民大口82 563名，小口9 282名，贫生399名，共给赈米19 602.39石；江阴(夏?)旱，池河涸，禾苗萎，勘报灾田548 297.2亩；兴化、泰州、六合、高淳旱；无锡、丹徒旱，饥；诸暨、永康秋大旱；开化旱灾，倡义赈饥，全活甚众。免安徽宁、池、太、庐、凤等府属旱灾州县卫，共银127 380余两，米麦豆共6 520余石，各属灾黎照例动支常平仓粮散赈，安庆府存剩漕粮、并省仓见在捐还漕米凑赈。池州各属免钱粮并发常平仓粟散赈；无为园竹皆花，多槁死；安庆、天长旱饥；怀远旱，禾失收，免钱粮十之二；郎溪秋旱，免田亩银4 534.36两，煮赈3日；铜陵、庐江、怀宁、望江、太湖、来安、当涂、芜湖、广德、宣城、南陵、泾县、旌德、绩溪、太平(黄山北)、青阳、定远、大旱或旱。

11月7日崇明潮大涌。

冬，高淳大雪盈丈。

1717年

春，仪征饥，发仓所有8400余石，邻邑又协济谷9 500余石，赋于贫民。

5月26日高邮大风雨、雷电，昏时有火球，如斗下坠(球状闪电)。

7月，无为暴风数日，拔木飞瓦。

8月17日嘉定、青浦等飓风大作。青浦岁祲。嘉定蠲1705、1706、1711年民欠部分地丁银并1705—1707年漕项一半。

秋，准浙江新城(富阳西南新登镇)、分水(桐庐西北分水镇)、诸暨、武义、西安(衢县)、江山、常山7县旱被灾田亩应征银20 828.8两；桐庐、嵊县旱；兰溪饥；天台饥且疫。天长旱，饥；旌德旱，蠲免。

11月，通州、泰兴、如皋水。

12月，铜陵雷震、雨雪。

1718年

1月7日夜无为雷，11日微雪，子夜雷；1月21—22日昆山大风，奇寒，人有冻死；1月30日嘉定真如大雪，一夜高数尺。

7月22日歙县、休宁、绩溪、宣城、泾县、旌德等县同日黎明山洪暴发，水势汹涌，漂没人民，冲圮桥梁无算，旌德城北石壁、路井坍塌；宣城决圩堤，城垣崩塌；泾县蛟水入城，高丈余，东南北三隅俱没，西城水浸六尺，官籍、民契多沦没，坏田舍，漂没、淹死者无算；南陵大小各圩尽冲塌，灾黎房屋、食物、种籽漂没无存，在田秋禾俱已失望；歙县7月旱久，忽大雨，万蛟齐出，西北两乡坏损田庐，漂淹人畜以万计(乾隆《歙县志》卷20)；太平(黄山北)7月大旱，20日夜骤雨发蛟，溪水横流，伤人及田地，弦歌乡有一大山飞来，加于小山，居民房屋人口尽压山间，仅留一牧竖(山崩)。石埭(石台)7月23日大水，合邑被灾。

8月16日嘉定、青浦飓风大作。高邮大风雨，拔木偃禾，竟夜不止。7月18日汤溪(金华西南)8月大雨,狂风拔巨木,室庐多塌。

8月26日海盐风潮漫溢,淹毙胡家墩民人,塘愈坍坏。

9月,嘉定大水,松江、青浦淫雨,多疾风。绍兴湖患大作,漂没屋庐。

秋,山阳、清河(皆今淮安)、桃源(泗阳)、宿迁水;安东大水。

11月7日崇明潮大涌。是年嘉定、松江、青浦岁祲。

11月10日德清武康雨雹,晚禾尽陨。

12月22日昏时高邮大雷,雨雪,久不止;安东(涟水)大雨雪;泰兴、通州大雪;如皋大雪盈尺。高淳大雨雪。

1719年

2月5日后上海闵行诸翟、川沙雨雪旬日,2月11日无为大雪,雷鸣;安庆、望江、宿松、潜山大雪数尺,连绵40余日,寒冻异常;舒城2月10日—4月17日大雪,深丈余,塞户填门;2月16日夜积至三尺余;嘉定深四尺,上海三尺余,川沙三尺余;昆山2月16日大雪三尺余。2月19日江阴大雪。

6月28日合肥洪水入城,坏塌屋舍无数。无为发蛟,圩田多没;庐江、怀远大水,坏民居,舟行城中;当涂7月6日夜雷电交作,大雨如注,横望山东西共40余处山洪暴发,田禾、民屋、桥梁淹没、倾圮不计其数。

夏,昆山淞南龙卷风,大风昼晦,车、人、牛、庐舍俱卷入云霄中,遥见黑龙翔空,水奔上如吸,移时而散,而农家神火绕庭,荡然无存。

夏,溧水城南荆塘诸山山洪暴发,水没民舍;高淳大水,圩田尽没。

夏秋之交,义乌溪涧绝流,禾稻、豆棉尽枯,无收;金华、东阳、永康、浦江、龙游、开化、常山、缙云大旱或旱。无为7月后旱;歙县饥。

9月14日海盐风潮漫溢,淹胡家墩民人;会稽(绍兴)、上虞2县9月14、15等日飓风大雨,潮水泛滥,塘岸、田禾被淹,免银3 295两。

秋,高邮、兴化、宝应、泰州大水;淮安大水,无麦,蠲免秋灾地丁银米,仍赈济饥民;安东(涟水)秋水,蠲免田亩;盐城秋大水,蠲被灾民屯田钱粮6 524两,复发赈37 282石,赈饥民、贫生84 725口;东台水,蠲免地丁银7 590两,凤米1 975石。户部准钱塘、富阳、兰溪、东阳、义乌、永康、武义、浦江、汤溪、西安(衢县)、龙游、江山、常山、开化、建德、淳安、遂安、寿昌、桐庐、缙云等21县并衢、严二所灾田亩免银95 257两余。

1720年

安庆、望江、太湖、潜山大雪数尺;3月4日上海、川沙飞雪祁寒,烈风刮面,即夕冰裂缸盎,桂花树多冻死,麦亦歉收;奉贤大雪,奇寒;嘉定3月5日奇寒,冰冻河底;昆山3月4日大风奇寒,大河俱冻,死者累累;安东(涟水)、上元(3月15日)后,大雪奇冷,黄河复冰,走人。

5月,泾县雨土。

6月1日上海真如大雨雹,伤豆麦无数。

6月27日南黄海(33.0°N, 121.0°E)5½级地震,江苏涟水、清江(今属淮安)、丹阳、松江、青浦、上海、彭浦、真如、川沙、南汇地震有感。

高邮大水,免税赋,运使捐米千石,赈给饥民;扬州属水,发谷赈济,按分数免赋;东台水,蠲免地丁银829两,凤米243石;宝应、兴化、泰州大水。

嘉定大旱,河尽涸;川沙大旱;青浦、嘉定岁祲;昆山夏秋大旱,冬减二钱。丹阳6月大旱；桐乡夏旱，民饥，路死枕藉；湖州夏旱；嵊县饥。8月，赈苏、松、常、镇、扬所属州县及上海全境饥民，其中嘉定恩蠲地丁银，免上海地丁银。

1721年

2月22日上海、川沙大雪，冰冻河底，树多冻死，麦亦歉收。

4月15日后镇海、慈溪、余姚、上虞雨雹，小者如碗，大者如盆。

高邮洪水暴至，百姓惊怖，各坝齐放，力保中坝；阜宁运坝决。

夏秋，旱灾，赈济苏、松、常、镇、扬所属州县饥民；嘉定、松江、上海等大旱，河尽涸，入秋粮价涨至三倍。嘉定、上海、青浦、松江、浦东饥，上海民食赈粥者数千人，免被灾田部分地丁银粮；太仓、吴江旱；无锡旱饥；常熟免灾户地丁粮5 592.098 2两，米690.27石；江阴6—7月不雨，勘报灾田547 334.1亩，蠲免地丁银8 529.08两，米197.671石；武进旱，蠲免灾区地丁银米共12 969.516两，米397.885石；溧阳秋大旱，半月绝流，禾稼被灾，地丁每两蠲0.144两；宜兴大旱，倡议开浚太平河，引西湖水入漕渠，以溉田；丹阳蝗旱；仪征饥；桃源（泗阳）春夏旱，麦枯；安东（涟水）夏秋百日不雨；户部覆准浙江仁和（杭州）、於潜等34州县、严（建德）、衢、杭、湖4卫所秋旱，免被灾田亩银85 659两余，临安夏秋3个月不雨；桐庐、分水6—9月不雨，禾尽枯，大旱，饥，吁蠲地丁十之三；衢州5邑（西安、龙游、江山、常山、开化）夏旱人口34.7万余人，田亩颗粒无收；长兴、奉化、象山、临海、嵊县、宁海、天台、永康大旱大饥；温州、瑞安、乐清、平阳大旱、大饥，赈粥；嘉兴、海宁、桐乡、湖州、武义、宣平、东阳、义乌、浦江大旱或旱。安徽泾县、宁国、旌德、太平（黄山北）旱，被灾钱粮按分数蠲免；绩溪、祁门大旱。免休宁等11县、新安（驻歙县）1卫被灾钱粮按分数额赋。

冬，上海闵行诸翟旱，池港干涸，里民挑浚村西蟠龙塘，西至盘镇，至明春仍苦少雨，复浚双鹤浦。

冬，湖州双林大冰。泾县弥月大雪，深数尺。

1722年

春，上海仍少雨。太仓雨木冰。

3月20日未时上海、川沙、南汇、崇明大风扬沙，日暗无光，能见度低，室中粉尘厚积，二时许乃息。

夏，崇明、嘉定、上海、松江、奉贤伏旱，水涸，池港折裂，花稻无收。嘉定岁饥，宝山蠲1705—1707年部分存漕项银及1709—1711年部分民欠漕项银。江苏蠲免江、常、镇、淮、扬等16州县旱灾地丁银两有差，缓征一半漕粮，赈济饥民；江浦旱，豁免地丁银米，仍赈饥民51 700余名；江阴6—8月不雨，田禾灾，灾田780 778.9亩，免地丁银13 858.97两；米303.878石，赈大小饥民118 530口，给米24 819.3石；溧阳大旱，蝗蝻遍野，田禾被灾，地丁每两蠲0.218两；溧水、金坛旱，蝗；吴县、昆山、常熟、吴江、太仓旱；无锡、丹徒旱饥。盱眙秋旱。湖州8月大旱；嘉兴、嘉善旱，疫，大饥；海宁、浦江旱；桐乡旱、疫；金华饥；蠲免合肥、舒城等18州县卫被灾地丁银48 060余两，米麦豆4 300余石，又动积谷赈济饥民；歙县、黟县、广德旱灾，平粜赈饥；含山大旱；无为、贵池、泗县等旱。

冬，上海、南汇寒，木介；吴江、盱眙、湖州木冰。

1723年

1月21日上海雨木冰。

5月12日上海大雨雹，大者重四五十斤，自龙华至闸港，毙2人，伤无数。同日仪征大风，黄沙蔽天；5月23日暴风，坏江船无数；6月25日又暴风，发屋拔木，坏舰艘、民船于江。

6月，仪征飞蝗过境，落新洲，食芦。桐庐6月不雨；来安夏蝗。

8月1日吴江雷击殊胜寺大殿东鸱吻，脊柱皆裂。

8月，受台风影响，余姚、绍兴海啸飓风作，潮坏堤漂庐舍万家人民俱淹；通州(南通)大风潮，水啮垅圩；上海8月大水。常熟大水；盐城水，蠲被灾民屯田钱粮6 624两。赈济江、苏、常、镇、淮、扬6府属24州县被水饥民；泰兴、如皋淫雨，伤禾，民饥。

秋冬，上海全境大旱，池港坼裂，米贵。免江、苏、松、常、镇、淮、扬6府所属22州县本年被灾地丁银。嘉定饥，蠲被灾部分地丁银粮，诏赈粥，用米4 000石有奇。江浦、六合、高淳秋旱，蝗成灾；溧水旱蝗甚，地丁每两免0.225两；武进秋旱，被灾不等，共蠲免地丁银22 780.05两，米861.029石；江阴6—8月旱，9月飞蝗成灾，勘报灾田867 450.6亩；昆山大旱，河水尽涸；吴江旱，设厂关帝庙赈粥；金坛、无锡、苏州、太仓大旱或旱；高邮旱蝗。浙江赈富阳等31县卫所旱灾饥民；免安吉、仁和、湖州等53州县卫所旱灾额赋有差；萧山、嘉兴、嘉善、桐乡、海宁、德清、上虞、宁波、慈溪、奉化、宁海、象山、定海(舟山)、嵊县、临海、黄岩、金华、武义、东阳、瑞安、乐清、平阳、松阳、缙云大旱、大饥；永康、义乌旱。铜陵10月蝗；舒城9月11日飞蝗蔽天，落地厚数尺；郎溪、宣城蝗；巢县、无为、天长大旱蝗。

1724年

3月1日上海竟日扬沙。春夏崇明、嘉定、上海等连旱。5月松江、上海、金山咸潮入内河，禾尽枯；川沙港水并咸，溉种多死。舒城4月21日蝗蝻遍野，沟壑填平，飞压树坠，如毯，十数日遮天蔽日而去；天长4月旱，宿蝗生蝻食禾；6月松江、青浦、昆山、吴县、常熟、南通、无锡、金坛，丹阳、江浦、高淳、嘉兴旱蝗。7月崇明蝗。8月1日酉刻上海飞蝗随风而南，8月禾槁，秀者多被啮。是年旱灾，蠲免苏、松、常、镇、淮、扬所属15州县本年被灾地丁银。铜陵5月蝗。

9月5日(七月十八日)风暴潮掠过江浙沿海，所经州、县、卫、所堤岸多被冲坍。淮安大风，居民房屋撤拔者不计其数；免淮安府属15州县本年被灾地丁银两、米豆，仍赈济饥民，缓征漕米；东台5—6日大风雨，东台等17(盐)场，暨盐、通、海属9(盐)场共溺死49 558口，冲毁范公堤岸，漂荡房屋牲畜无算，蠲免折价，赈济灶民，淹没田屯800余顷，蠲免地丁银839两，米208石；安东(涟水)海涨，刘老洞、五花桥水至。报灾田1 300顷；阜宁6日海口水激庙湾亭场，人畜同漂没；盐城5日飓风大作，海潮直灌县城，范堤外人畜淹死无算，浮尸满河，蠲被灾民屯田钱粮6 157两；如皋、通州大风雨，海啸，市上行舟，沿海漂没一空；泰州6日海水泛涨，淹没官民田地800余顷；兴化海啸；江阴6日夜飓风作，海潮溢，滨江及江心田岸冲坏，庐舍圮，死者甚众，勘报被灾沙田73 751.3亩，蠲免芦课银822两；拨留漕米煮赈4个月，大小饥民588 940口，并发银200两修盖坍塌民房；太仓飓风作，海潮溢(时间误记8月31日)；昆山5日海溢；常熟6日潮溢，沿海诸沙居民均被淹；苏州、吴县5日海溢；吴江大风潮，太湖泛溢；丹徒大水，自大沙、小沙抵圌山关而下数十里，田庐漂溺，居民率露处于坏堤、废埂之上，号哭声遍江滨；武进蠲免1707—1711年旧欠地丁银米麦，又免本年地丁银米，仍赈济饥民缓征漕米；崇明平地水深数尺，禾稼尽淹，庐舍漂没，倒房6 578户，淹毙2 000余口，灾民13 043户，47 842人；宝山海溢，人庐漂没；嘉定棉花浥烂；上海5日自辰至酉大风海溢，溃海塘，沿海各团盐场、田庐人畜尽溺；松江、金山沿海漂没民庐人畜无数。崇明、嘉定等饥，动支截留漕米及各项折米3 000石，设粥厂煮赈，拨截留米平粜，免被灾地丁银粮；南汇免当年地丁银，缓征漕半，并发仓赈济。9月5日镇海大雨，海水溢，乡并避水者栖于屋脊或大木上；鄞县、慈溪、奉化、余姚、上虞、仁和、海宁、海盐、平湖、山阴、会稽、嵊县、象山、永嘉同时大水，嘉兴、嘉善、平湖5—6日大风雨；海盐塘圮，乍浦海水溢；桐乡、青浦等同时被水；萧山海风大发，潮冲西兴灶地六围，庐舍倒坏。

10月10日夜彭浦雪，又浓霜二夜，禾尽萎。

● 1725年

春夏，嘉定民饥，赈粥，动支部分漕米、仓米及本县捐垫赈存米，共3 104石；嘉善湖郡饥民流集，知县同士民捐米48.6石，赈饥民16 220口。

4月8日昆山、青浦大雨雹，饥；巢县春夏旱，8月10日始雨。

4月30日盱眙涧溪骤雨，平地水高二丈，漂死人畜甚众。

5月1日以苏、松、常、镇、泰、扬7府州县被灾，蠲免芦课银5 210余两；奉旨蠲免松江府浮粮15万两，其中金山免13 903两；南汇免去年芦课银及1723—1724年民欠场课。

6月，上海淫雨害稼。临安大水。海盐海潮冲溢，沿海场灶之处1723—1724年未完场课银两悉行蠲免。宣城夏大水，圩田尽没，山田谷亦朽坏。

7月，黄河决，黄水入桃源(泗阳)县治，达洪泽湖；盱眙淮河大涨；泗县朱家海决口，赤山、潼城等里为湖；以泗州、盱眙、太平3州县本年秋灾，蠲免地丁银3 100余两，米麦豆120余石。

8月，巢县大水，圩破。

8月31日嘉定雨雪，大冰。

秋，盱眙大旱，蝗，饥；泰州半熟；泰兴蝗；金坛旱，蝗，发粟赈饥，各门外设厂煮粥；无锡、宜兴、太平(黄山北)旱。

12月，上海繁霜如雪。

● 1726年

2月，嵊县大雪。

春，无为大旱。

6月9日午刻舒城大风拔木，合抱数围者皆折落，雷雹大如鸡卵，飞沙走石，屋瓦蓬茆多卷去；同日，当涂大风，掀屋拔木，吹坠凌云山塔顶，6月25日—7月9日小圩破者无数。无为6月方雨，遂弥月不止。石台6月山洪，陂塘、道路倾坏甚多。

9月，嘉定、青浦、松江等淫雨十余日，害稼，谷腐不获；宝山、松江、南汇等水灾。秋水灾，赈济苏、松、常、镇、淮、扬、泰、邳、徐所属39州县被灾饥民。苏州淫雨败谷；溧水秋水，免钱粮，给赈；9月2—3日杭、嘉、湖3府所属之仁、钱等10州县阴雨连绵，缘太湖石门、安吉、归安、乌程、长兴、武康、湖州等10州县1所被灾田亩免银33 058两；平湖水灾，漕粮折征一半，仍令红白兼收，尖园并纳；桐乡、湖州9—11月大雨，太湖水不及泄、浸陂塘，淹田禾，村人驾船刈稻头，濒河民廛俯拾鱼；嘉善积雨，禾滞田中；长兴8月底大雨，9月2—3日大水，各区坍头淹没田禾，嘉会、维新、方山等区尤甚，共勘灾田3 697顷；德清大水没禾，照例蠲免改折，按户散赈；芜湖、繁昌水，与望江、铜陵、黟县、宣城、贵池等被灾州县，准免银米有差；含山、和州大水；无为9月积雨，江坝破圩，田尽没，庐舍漂没；当涂9月3日—10月下旬雨，田中水深数尺，禾烂；郎溪水灾，免田亩银1 520.29两，仍煮赈5个月；宣城大水泛溢，圩田尽没，山田谷亦朽坏，全免应征钱粮，免漕粮有差，并支帑银赈济，发仓谷给就食饥民；泾县河水啮西城南角；繁昌大水，圩岸尽崩，室庐漂荡，居民流亡。

冬，嘉定大水。上海、南汇岁饥。嘉定蠲被灾地丁银 9 427 两、米豆 827 石，次年春仍设厂外冈煮赈，用米 1 280 石，又拨米平粜 2 000 石。南汇被灾五分以上地亩漕米缓征一半，于 1727 年秋收后带征，并赈济饥民。

冬，昆山自秋迄冬雨雪相连，冰雪至次年春。

1727 年

2 月 25 日赈江宁(南京)水灾饥民，免上元(南京)1726 年水灾额赋。

5 月 23 日天长大雨雹，伤麦。

6 月 22 日舒城洪水，田禾淹没；无为大雨，圩田半没。

6 月，镇海霖雨弥月，禾秀而不实，岁饥，赈恤。

8 月中下旬长兴亢阳不雨。

8 月 29 日海盐风潮，附石土塘刷陷 1 612 丈。8 月 29—30 日舒城狂风大雨，急骤不休，山腰、平陆多出蛟，至 31 日子时西南山水陡发万丈，平地水深数尺，圩田庐淹没，溺死者以数万计(雍正《舒城县志》卷 29)，浪打沙淤，尸沉水底，无踪迹者不计其数；铜陵大水，决诸圩、庐舍漂没照被灾数赈免粮；无为大水，圩田尽破，饥民食草根树皮殆尽；泾县 8 月大风拔木，落文庙鸥尾；寿州 31 日蛟水泛溢，沿河人民淹没甚众；霍山、霍丘、六安等蛟水尽发，水高数丈，渰毙人民不可胜计；望江、庐江、天长、当涂大水；南陵、歙县、青阳歉荒。盱眙、兴化、高淳、丹阳、无锡、吴江 8 月大水；慈溪大雨水发；临海秋大水；上元、丹徒 2 县秋水灾，蠲免 1726 年芦课银 550 余两，动用库银 2 万两于上、下两江被水处散赈；武进免 1726 年被灾地丁银米；高邮大水，田地被灾者十、九，发帑赈济；桃源(泗阳)淫雨，被灾亦蠲免地丁钱粮；杭、嘉、湖 3 府收成歉薄，着动库银 4 万两，或开河道，或修城垣，令小民佣工糊口；户部覆准仁和、钱塘、余杭、临安、新城、安吉、长兴、武康、德清、鄞县 10 州县，并杭州前左右 2 卫，山水暴涨，被淹田亩应免 14 659 两余；萧山海潮上涌，从富家池芦束河入，河南 9 乡田禾尽遭淹没，共给民庐籽谷 2 234 石余；南汇海溢。临安、孝丰、德清、武康、鄞县 9 月 3 日夜山水陡发，余杭新城 2 县亦被灾，照例散赈，缓征漕米，每石以 1.2 两折征；安吉 11 月蠲免田银，改折漕米；建平(郎溪)水灾，蠲免田亩银 657.11 两，仍煮赈 3 个月；以怀宁、桐城等 14 州县并凤阳卫秋灾，蠲免地丁银 12 700 余两、米麦豆 1 130 石。

12 月，苏州、常熟雨木冰。

1728 年

1 月，长兴淫雨连绵，被灾田 137 500 余亩。吴江、江阴大寒，水冰。

春夏，象山大旱；夏，昆山大旱；青浦、如皋旱。南通旱蝗。

无为春饥，大疫，死亡甚众。5 月金山大疫，青浦疫。巢县疫甚死者众。

7 月，含山水灾，免本年钱粮有差；蠲免东流、无为、临淮、怀远 4 州县水灾田亩银 4 780 余两，米豆 70 余石。

1729 年

3—5 月，溧水雨不止，害麦苗。泾县春新丰，洪�武间平地有水，涌高四五尺，良久作砰雷声，其地陷深几丈(岩溶塌陷)。

夏，泰州、东台、南通、兴化旱蝗；8 月江都蝗。寿州、合肥及庐州卫被灾蠲免地丁银 11 868.5两麦 68.2 石。

8 月，宿松大水。

9月6日夜太仓微雪。

秋，溧阳疫疠流行。

1730年

春，嘉定大疫。

5月24日舒城山水暴涨，圩破，坏墙屋。

6月11日泾县大水入城，漂民居。6月，苏州、吴江、常熟、丹阳水；无锡大水，坏禾；嘉兴、嘉善雨水害稼；湖州大水；临安夏无麦。

7月19日台风乐清飓风大作，陂塘、堤闸俱毁；黄岩出洋巡舟遭覆溺，奉文抚恤；海盐7月19日及8月13日两经风潮，演武场洪荒等号至三涧寨草木等号止附石土塘士塘坍陷2 500余丈。

8月4—5日(六月二十一、二十二日)台风。东台大风海溢；泰州大风海溢；淮安等风雨连绵，河淮溢，东省山水暴发，溃运夺黄，泛滥洪泽，山、盐、安、桃秋禾沉没，冲坏房屋，漂淌人畜数不胜计；桃源8月7—10等日，风雨连绵，昼夜不止，山水暴发，汇聚骆马湖，漫入黄河，浮堤越岸，泛溢冲激，房舍被圮，秋禾沉没，城西白洋河、马牙湖、体仁集一带浪涌滔天，房屋冲坍殆尽，人民漂淌不可胜计，至有伏于屋脊、浮笆，或爬树杪紧抱，饥罢欲倒，号声震野，知县星夜佣募船只，督率役夫，四处捞救，权宜安集，蠲赈；盐城淮水溢，决安东、高邮堤，田禾淹没，令蠲被灾民屯田钱粮14 795两，发谷9 070.9石，赈饥民13 801石；阜宁秋汛，涨河，决陈家社等处，毁四套埽工，淮水复溢，启车逻、南关、新坝3坝；邳县大水灌城，北城垣倾圮；沛县大水，无麦，无秋；岁大歉；铜山、宿迁、睢宁、砀山大水；海州(连云港)8月5日大水暴至，平地深丈余，直抵城南山麓，漂民舍；赣榆大雨7昼夜，积水害稼；太仓秋海溢漂没无算；山东济南、兖州、东昌、青州大水；兖州府属之滋阳、曲阜、宁阳、泗水、峄县、金乡、鱼台、济宁、汶上等处，8月4—10日风雨交作，山水陡发，河流骤涨，傍山、临河处所有洼下处田禾、室庐皆被水淹浸；泰安府属(泰安、新泰、莱芜、东平、东阿)淫雨，河决沙湾口，田庐被淹，大饥。安徽8月上江宣、泾等17州县，又贵池、建平、繁昌3县水灾，动支帑银赈济，钱粮尽行蠲免。山东莒县8月2日大雨如注，七昼夜无一工时止息，8月7日洪水横流，东至屋楼，西至浮来，接连四十里，平地深渊，8日冲毁城垣、城门，北关止存房屋7间，淹死五六千人；掖县河水暴涨，滨河人多溺死；滕县大水，人相食；潍县大雨，众水合流，8月7日夜白浪河水涨齐城腰，城倒坏1 400余丈，8月8日潍水决。夏秋，益都、博兴、高苑、乐安、寿光、昌乐、临朐、诸城大雨水。户部蠲准历城等73州县，赈过被水倒塌房屋，无力修葺灾民共116 969户。章丘、临淄、临邑、齐河、乐陵、商河、惠民、阳信、无棣、沾化、高青、广饶、桓台、安丘、胶州、高密、济南、宁阳、济宁、东河、滕县、沂水、日照、肥城、邹县、定陶、冠县、茌平、莘县、阳谷等均水，除山东半岛头部外，其他地区几乎都受此次台风影响，而浙江、上海未发现此次台风影响记载。

9月，海宁大雨雹。

冬，通州、如皋桃杏华；腊月常州西郊石佛庵牡丹花开，经旬不落。

1731年

1月6日戌时受苏、浙、沪交界处(31.0°N, 120.9°E)4级地震影响，松江、金山、青浦、真如、高桥、苏州、昆山、吴江、平望、震泽、盛湖、嘉兴、嘉善、桐乡、乌镇、南浔、双林有感。松江、金山饥。

1月，常州西郊石佛庵牡丹花开，经旬不落。

7月11日嘉定沙滩桥龙卷风，坏屋。

7月20—22日海盐风潮汹涌，冲塌演武场外新筑土塘。8月12海盐风潮，刷坍落水寨珠、称等号至三同寨化等号附石土塘。

8月31日金山飓风拔木、覆屋，海溢，金山卫城衢街皆水。常熟大雨，潮溢，坏庐墓；无锡大风雨，坏禾；盱眙大风拔木，水暴涨，船行市中；淮安水灾，发米麦，赈饥民。

8月，来安大雨，潦，下田被淹。

11月昆山淞南(31.3°N，120.0°E)5级地震，淞南草房有倒塌者；昆山、茜泾、南通、如皋、东台有感。

冬，如皋、东台恒燠。

1732年

春，上海恒雨。

3月13日余姚天雨核，大如豆，色青，中有仁，发芽成木本；淮安3月雨雪，间以黑豆，啖之味苦。

4月8日吴江大风，春饥。

4月，昆山雷震马鞍山(玉山公园内)浮图。

6月30日午时昆山雨雪。平望恒雨，水平岸。

7月28日夜太仓雷火烧县署，册籍俱烬，毙一人。

9月2日嘉定、宝山龙卷风。

9月4日晨卯辰时风暴潮，崇明居民溺死无算；宝山海潮溢岸丈余，海塘坼，吴淞城圮，城内只见屋浮脊，官署民房皆坍，沿海人民死者甚众；川沙、南汇海潮怒涌，越外塘过内塘，水至树杪，又突西二十余里，民死十之六七，六畜无存，巨木多拔，室庐皆为瓦砾，不辨井里，尸遍田畦，井渠如莽。水退，尸棺塞河，流水尽黑，味腥恶，鱼死，稼尽烂；南汇四(盐仓)、五(祝桥)、六团大酷；奉贤海潮泛涨，民田庐舍皆淹；金山海溢，城内街衢皆水；松江飓风拔木覆屋；上海飓风大作，雨如注，城内水溢于途。上海全境大饥，饥民食树皮、草根、乞食于苏、常及嘉、湖诸郡，弃子女于通衢不可胜数，卖妻只钱一二贯，抢夺、盗冢不可禁，死亡无算，社会秩序大乱。上海凡被灾处免地丁银6 103两，米8 900石，本年漕米缓征，先为煮粥赈济，给一月口粮。松江收成歉薄，新田条银及本年南漕等米缓征，至来年麦熟开征。嘉定10月7日先拨司库银抚恤灾民，又动赈三次并加祉银，用米赈粥，免被灾田地丁银粮；南汇常平仓积谷12 200余石悉数动拨赈济，亦不解灾民之难，免条编银、兵南局恤米及充课银等。江苏江阴4日晚黄云盖天，飓风大作，声震山谷，拔木毁屋，江潮泛溢，继以暴雨不休，平地水深数尺，南北两门水及城，民舍皆坏，滨江及各沙溺死居民数千人，禾稼连根扫荡，被灾漕田66 083亩免地丁银1 119.5两、米25.344石，被灾沙田132 268.7亩(道光《江阴县志》卷8)；苏州、昆山、太仓大风雨，海溢，平地水丈余，漂没田庐，溺死人畜无算；常熟绅商士民共捐米4 200石，银540两，共赈饥民69 600口；黄泗浦溺死万余人(民国《金村小志》卷1)*；昆山9月28日海复溢，海滨民幸生者乞食载道；太仓近海水深丈余，延内地40余里；靖江5日飓风，潮大涨，沿江田禾淹没无算；丹徒海水涨，濒讧村市皆为巨浸；如皋风雨大作，陆地水深尺许，江海溢；盐城蠲被灾田地钱粮6 037两余；阜宁大风，海潮溢，覆舟摧屋，淹没人畜无算；兴化风潮淹没成灾，两淮盐场钱粮蠲免；东台风雨，坏屋拔木，陆地水深尺许，江海溢；吴江、南通、泰兴、泰州等大风，江海溢，岁祲。冬，奉旨大赈饥民三月。浙江嘉善飓风作，岁歉民贫,饥民流集,知县捐银百两,合邑绅商捐银 347.49 两、米 906 石,赈饥民 27 257 口;海宁风损棉;湖州大风雨,伤稼;安徽含山、舒城,当涂水;免宁国、旌德、滁州、全椒、来安等被灾州县银 900 余两,禾豆 340 余石。

* 黄泗浦位于张家港市扬舍镇庆安村与塘桥镇滩里村交界处,曾为长江南岸一座港口集镇,起于晋,盛于唐宋,人口众多,文化、贸易发达,为鉴真大师第六次东渡日本的出发地,今已湮没。黄泗浦的最后衰败与这次风暴潮的摧残至关重要,现江苏正筹建黄泗浦考古遗址公园。

10 月 27 日石门、桐乡、湖州冰雹,打伤田禾,动支备公银两赈恤。

冬,高淳桃李华。

1733 年

2 月,通州、如皋、安东雨雹。

春,嘉定大饥,民初食豆饼,糠秕,旋及树皮草根,拆屋鬻妻,子乞食他邑者不可胜计。自 3 月始,复加赈 40 日,先后通计米 17 139 石余,截留漕米减价平粜计 10 462 石,于城中、南翔分设粥厂。太仓春大饥,民毁屋以给食,继鬻子女,村落有榆树,争食其皮,道殣相望,后复大疫;嘉善岁歉民贫,江界饥民流集,知县捐银 100 两,合邑绅商捐银 347.49 两,米 906 石余,赈饥民272 578口。

4 月 16 日黄昏海宁冰雹,大如石块,自硖石直至周王庙市,屋瓦、春花悉行打坏;桐乡 4 月雨雹,伤麦及桑。含山夏雨雹。

6 月,嘉定、松江、上海、川沙、南汇、奉贤等大旱,大疫,死者无算。水后民不得食,大疫随行,流民至吴,殃及苏州、吴县、昆山、太仓等。金坛旱,漕粮本折各半;通州、如皋、湖州大旱。嘉定知县捐劝赈粥,于南翔分设两厂,往来监督,自 12 月至次年 2 月共赈大小口 665 339 名,计米1 844石有奇。太仓 4 月疫大起,州县令地方每日册报死者之数,一日至有百数十口。

夏,通州、如皋、上元(南京)、高淳大水。

8 月 23 日瑞安飓风大作,坏营船,溺官民;太平(温岭)大水,民毁兴平坝;玉环大水;吴县、松江、嘉定海溢,没水死者无算。

是年上海、嘉定、丹徒、泰兴、通州、诸暨等饥。次年春犹饥。

1734 年

4 月,无为大雨雹。

春,五河淫雨,淮溢为灾。凤阳水,照灾分数蠲免地丁钱粮有差。

夏,闵行镇北龙卷风,坏民居,拔木,伤稼。

5 月 15 日江阴大雨雹,大者圆径三四尺(寸?),小者径尺(寸?),树木毁折,屋瓦皆碎,行人途毙者甚众。

5 月 18 日吴县冰雹大作,遍于吴县、吴江、震泽等界,收成大减;常熟 5 月大雨雹,损麦。湖州 5 月大雨雹。

6 月,昌化、淳安、遂安、寿昌等县梅雨过多,泄泻不及,禾苗被淹,共给银 1 393 两;奉贤 5—8 月淫雨,岁祲;以宣、南、泾、太、凤、临、怀、滁、全、来、和 11 州县,并怀、滁、全、来、和 5 州县卫及凤阳卫被水,蠲免地丁钱粮共 9 331 两余,米豆 1 085 石余,仍动仓谷赈济饥民 5 个月。

7 月 1 日江阴淫雨 5 昼夜。

7 月 4 日如皋海潮溢,震风凌雨,行潦成渠,坍卸城垣 16 段,坏屋无算,大饥,老弱半存没，饥寒遍道；南通大雨，海潮溢，大饥；东台大风，坏屋无算，海潮溢；泰州大风，坏屋，海潮溢；泰兴大雨，行潦成渠；5日无锡大风，拔木发屋，惠山嵇氏祠石坊倒，北塘行舟皆覆，多溺死者；6日江阴雷电大作，风雨骤至，低田灾，勘报灾田212 833亩，免地丁银9 925.64两，米212.687石，赈饥民76 186口，给米20 152.26石；溧阳大水，圩田被灾，地丁每两蠲0.155两(即减免15.5%)；金坛大水，漕船得泊城下。

7月，阜宁大旱；盱眙旱饥；淮安旱蝗；盐城北境旱。

冬，无为无雪。

1735年

上海雹，伤豆麦。

4月2日二更时，宁国港口镇赵监生宅内忽地陷，水深二丈余，溺死6人。

4月26日淮安大风雨，学宫、仓储、官署、民舍俱多倾圮，河湖漂没人畜无算。

7月，淮安、盱眙、阜宁、盐城旱，蝗，盐城蠲被灾民屯钱粮804.9两。

夏，池州、东至旱，湖水尽涸；铜陵旱。

7月21、22等日，杭州风潮大作，仁和、海宁等县石草各塘共坍12 297丈；嘉兴新塍镇大风，张公书院坍；新城县(富阳西南新登镇)水；仙台、东阳、永康、永嘉、缙云5县山洪暴发，田禾被淹，户舍冲坏；无锡7月大风雨、震电，梁溪、蓉湖间舟覆，溺死数十人。

8月27日吴县龙卷风，拔城隍庙前旗杆，经西米巷，吸至半空，坠于采莲巷，约去里许，百花洲水飞越女墙。

9月，高淳大风三日，粳稻脱落过半。

秋，扬州、兴化、泰州、东台、如皋大水。潜山、泗州秋禾被水，蠲免地丁钱粮银206.7两，米麦19.8石，动仓谷赈济饥民5个月。含山十四都、十五都秋禾水灾，钱粮蠲免动用公项赈济饥民4个月。

松江岁饥，人多饿死，官为煮粥设厂。

1736年

5月23日夜通州、泰兴、如皋大风雨，水溢市衢。

6—8月，上元(南京)连值阴雨，山水骤涨，上下两江及江右乡村有淹处所；溧水淫雨不止，圩田尽没；江浦水涝；高淳水；邗江城垣坍塌处所甚多；江阴淫雨，低田灾，勘报灾田3 434.97亩；丹阳水。徽州、歙县、祁门、黟县大水。

秋，东台海溢；里下河地区大水。泗州(泗州淹没后暂寄治盱山，1777年移治虹县)、盱眙水；启放山盱厅天然南北二坝；高邮水成灾；清河(淮安)秋水灾，免赋银4 344两，发仓米赈济饥民；桃源(泗阳)赈济灾地8 030余顷，大口月给米1.5斗，小口半之，共25 540余口，每谷2斗当米1斗，折价银1钱；盐城蠲被灾民屯田钱粮3 145.1两，发谷19 576.3石，银3 261.5两，赈饥民24 071口；兴化、阜宁、泰州、泰兴、如皋、通州大水，分期、分批赈济萧(县)、扬(州)等州县卫、溧水等24州县、无锡等13州卫、常州等12县卫、娄县(松江)、溧水等13州县水灾。浙江仁和、钱塘等县水，免正赋及漕米有差；赈安吉等4县水灾。巢县、含山、庐江、寿县水。是年，洪泽湖最高水位12.77米。

嘉善、海盐、海宁大旱，河竭。青浦岁歉。

11月，吴县梅杏桃李皆花，荣如春日。

1737 年

1 月 5 日赈松江等 13 州县水灾。

4 月 6 日绩溪大寒风，行人、樵夫冻死多人。

6 月 8 日赈安徽石埭(石台)等 6 州县水灾。

6 月，宣城西莲湖及高淳、当涂蝻；无为蝗，江洲随灾。

夏，如皋雨雹，伤麦。

7 月 16 日、28 日海盐风潮，演武场至三洞寨附石土塘坍 1 328.5 丈；江阴 7 月暴雨 5 昼夜不止，江潮河水泛溢，低田灾，勘报灾田 49 200.38 亩；武进大风；宜兴水，民饥，县令劝富民出粟，分乡赈粥；高淳水，免地丁银 1 720.6 两，停缓漕俸工银 1 862.9 两，仍赈济饥民。黄、淮并涨，黄(河)强淮(河)弱，清口倒灌，盐城、安东水灾，免二县地丁钱粮有差，仍赈济饥民，其中盐城免被灾民屯田钱粮 3 485.1 两，发谷 19 974.9 石，银 4 636.3 两，赈饥民 33 782 口，贫生 3 899 口；如皋 7 月大风雨，拔木坏屋；高邮被水田地十之二，蠲米银米二分；兴化、阜宁均大水，丹阳水。安徽上下两江雨泽愆期，收成歉薄；合肥、舒城、庐江、巢县水；当涂东桥复被水毁；8 月赈安徽黟县等 14 州县水灾。是年，洪泽湖最高水位 11.97 米。

平阳 7 月至 9 月 9 日飓风大雨 7 次，海溢，金乡茅屋及两屿古木被拔殆尽，田禾尽没，江口南岸海塘悉坏；玉环、乐清、永嘉、瑞安大水。

8 月 13 日无锡阚庄乡龙卷风，民居数百家悉倾倒，椽瓦飞越，民多死伤，官给银赈恤。

11 月 26 日南汇、松江、金山、上海(一作 11 月 25 日)暴风。

1738 年

3—7 月，盐城大旱，赤地数百里，民大饥；蠲被灾民屯田钱粮 16 921.7 两；阜宁 3—7 月不雨，大饥；东台 4 个月不雨，运河干涸，盐舟艰运，秋禾无收；江都秋禾不登，哀鸿遍野；兴化夏秋旱，草堰、刘庄二场成灾八九分；如皋、通州秋大旱，河竭，民饥；泰州、泰兴、仪征大旱；泗阳县府属旱；盱眙旱；淮安大旱蝗；是年，洪泽湖最高水位 11.81 米。江、镇、常、淮、扬、通、海 7 府所属州县 6—7 月，被灾，折征漕粮十之五；溧水旱，诏给赈，蠲免钱粮；高淳山田不登；溧阳大旱，高田被灾，圩田半收，蠲免地漕银 25 200.88 两，米 21 846.9 石，豆 516.11 石，普赈灾民、贫生，又加赈极贫，共 6 个月；金坛免被灾地漕等银 18 268.69 两，漕项银 3 191.39 两，地丁等银 15 077.299 两，漕项米麦 12 068.956 石；武进大旱，湖水涸，免银 10 520.318 6 两，米6 972.546石，赈济次贫灾民 5 月，共给银 9 439.8 两，赈谷 2 943.3 石，赈米 8 328.435 石，赈贫生 3 月，给银 199.125 两；免丹阳等 7 县旱灾民屯等赋；江阴旱，高田灾，勘报灾田 540 828亩；句容大旱；无锡旱；宜兴夏旱，山亭、金泉八区尤甚，7 月蝗，冬分乡设厂给赈；昆山、太仓、吴江、丹徒、长兴旱饥；嘉善大旱；桐乡旱，无菽麦；湖州旱蝗；长兴夏亢旱；安徽宣城、泾县、宁国、桐城、当涂、芜湖、繁昌、合肥、庐江、无为、来安、含山、和州、太湖、舒城、五河、凤阳、寿县、怀远、天长、全椒、旌德、绩溪、太平(黄山北)俱大旱或旱。9 月 13 日以江南旱，拨银 30 万两米买江西、湖广米，赈济作粜；10 月 11 日赈安徽望江等 48 州县卫旱灾；11 月 14 日赈怀宁等 50 州县旱灾；次年 1 月 6 日赈两淮盐场旱灾。

9 月 29 日大风雨，上海、南汇海溢，宝山因有土塘捍御无害；太仓大风雨，海潮溢岸数尺。

10 月 15 日吴江风雨暴至，城西南方震雷不绝，震泽一路大雨雹，伤田禾，知县覆勘8 973 亩，蠲本年折色银 127.844 两，本色米 205.1343 石；吴县、常熟大雨雹，伤禾；青浦龙卷风，自泖港至东南入海；所过之处的青浦、松江、金山雨雹，伤禾；松江自乡界泾迤南田禾无一存者；湖州、桐乡大风雨雹；长兴雹灾，被灾田亩成灾六七八九分不等，安吉亦灾。12 月 10 日赈归安、乌程雹灾。

冬，如皋车马湖吴宅牡丹华。

1739 年

4 月，溧水白鹿乡蝗。

春，阜宁旱；高邮自春入夏不雨；夏，通州、如皋大旱，疫，地丁钱粮自 5 钱以下免征，5 钱以上酌免；青浦旱。4 月 29 日以旱灾免江苏地丁银 100 万两。安徽春夏含山、合肥、庐江、无为、潜山、望江、东流、东至、石埭、池州、青阳旱或大旱。

5 月 17 日苏州、常熟、昆山、青浦、松江大雨雹，损麦。吴江县令运常平仓米至殊任寺委属平粜。

5 月山阳(淮安)雨雹，大如碗。

5 月盐城蝗。溧阳夏蝗。

6 月 23 日阜宁连雨，海潮暴涨；高邮昼夜雨尺余，水灾；兴化大水；盱眙颖川水入城，水灾。是年，洪泽湖最高水位 11.23 m。

7 月，淮河大水，凤阳等 15 州县并凤阳等 4 卫水灾，凤阳成灾六七分；泗、虹水，乏食，贫民先行抚恤，仍分被灾等次照例给赈银米；盐城县西北境暴水伤禾，蠲被灾民田钱粮 236 两，发仓米 743.1 石，赈饥民 1 802 口。是岁民大疫，比户多死者。五河大水。

1740 年

1 月 29 日泾县大雪，弥月不止。

3 月 28 日通州、如皋狂风拔木，飘瓦。

4 月 25 日泾县大风。屋瓦皆震。

5 月，溧阳雹，免息借给籽种。

6 月，扬州、高邮大风霾，骤雨 3 日，洼地早禾尽伤，贷籽种银。

夏，无锡雨雹，伤麦。宣城雹，灾田免银 801 两，米 23 石，豆 34 石，仍赈济饥民，用银 672 两。

7 月 16 日海盐风潮狂猛，落水寨至三洞寨一带附石塘坍卸；嵊县 7 月大水，淹没苍岩等处田禾，又风坏东门外民房；诸暨、临安大水；泰州、东台海溢。通州大水。

冬，泰州、东台、泰兴、如皋、通州大寒，异冷。

是年，洪泽湖最高水位 11.23 m。

1741 年

1 月，吴江湖冰坚厚，舟楫不通，人履冰如平地。

春，高淳雨三月。无为大水。

5 月，泗州大雨，泗、虹报重灾户抚恤 1 月，稍重又次者借予口粮、籽种。

7 月 25 日昆山东乡蓬阆镇设网村龙卷风，卷去民房 17 家，器物、鸡犬尽入云际，村民伏草中得免。8 月 6 日巴城镇西席家潭龙卷风，卷去周家庄大舟并 2 人，坠巴城三里岸渚，复卷镇民盛某逾里许，掷地身无恙，其间房屋俱存。

8 月 28 日(七月二十八日)受台风影响，宝山、上海、川沙、南汇、松江等大风雨，海溢；嘉定、宝山水深丈余，赖土塘捍御，田庐无害。8 月 29 日崇明堡镇龙卷风，吹塌民房，压毙童子；太仓大风雨，海潮溢岸丈余；8月29日江阴飓风起，沙洲(张家港)潮溢，民舍漂没；靖江8月江水泛溢；宜兴8月山水大涨，秋禾被淹；溧阳圩田被灾，补种歉收，免息借给籽种；武进8月29—9月2日大风雨，高低田禾淹没过半，秋饥；仪征江河水溢；高淳8月大风雨，稻坏；六合、滁水暴涨，城外平地水深七八尺，民多溺沉，三日始退；盐城8月29日咸潮伤禾，蠲被灾民田钱粮7 747.2两，发帑747两，赈饥民5 267口，奉文赈1月。淮河大水。淮安免正赋丁银3 618两，仍发仓谷赈贫生、贫户有差；高邮水灾，蠲赋十之四；五河、泗州、盱眙、阜宁、兴化大水；海盐风潮大作，演武场至三洞寨附石土塘坍陷2 000余丈；湖州8月大雨，田禾淹没过半；长兴8月29日—9月1日大雨，高低田淹没过半，应完漕米等项按分蠲免；萧山9月1日(?)陡起飓风，海潮坏江塘，害田禾，河南9乡亦遭淹没，免民灶钱粮合计2万余两；德清大水，民饥；永嘉(温州)、瑞安、平阳海溢，沿江田亩淹没，奉文赈恤。天长8月29日—9月2日大雨，山水大涨，县四门水高丈余，城几坏，四方漂没庐舍，死者甚众；来安8月大雨4日，练寺山山洪暴发，坏民宅；含山8月水。12月24日免山阳(淮安)等15州县卫水灾赋额，赈句容等34州县卫饥。是年，洪泽湖最高水位13.03米。

9月28日盐城县西北境雨雹。

1742年

2月，德清大雪连旬，平地丈许。

2—5月高淳雨；4月1日酉刻大风拔树。

3月，如皋陨黄沙。

6月，盐城连雨；淮安、阜宁大雨伤麦；泰州夏大水；安徽凤阳、临淮、怀远、定远、虹县、凤台、寿州、泗州、盱眙、天长、五河等夏灾，饥民于8月抚恤。

6—7月，江阴淫雨，低乡被淹。

7月12日昆山雷击儒学尊经阁兽尾。

秋，黄、淮大涨，23州县罹患。凤台水，蠲免丁地银1 005两；凤阳大水，成灾九十分；天长大水，濒水者饥；泗县9月大水灾；盱眙大水，没宝积桥，民居被渰；淮安、阜宁7—8月复大雨，河淮涨溢，淮决高堰古沟，人畜漂溺，田禾尽沉，大饥，冻疫死者不计其数；盐城淮决，开高邮、邵伯各闸坝，水大至，合邑尽淹，坍民房数万间，赈饥民337 500余口；7月27—29日高邮大雨三日，上游水发，湖河水暴涨丈余，8月15日开五坝，上下两河田庐尽殁；兴化大水，一昼夜直抵捍海堰(范公堤)，城内水深数尺，漂没人民庐舍无算；草堰、刘庄等场夏秋雨多，又值海潮异常，盐池荡地先后被淹成灾，分蠲免折价，抚恤给赈；扬州、泰州夏秋溪雨，漕堤决，漂溺庐舍；宝应大水，蠲租减漕，赈济灾民；东台街市水深三尺，漂溺人民庐舍，蠲免折价钱粮，平粜兼赈；如皋大水，无禾，民饥；通州大水，无禾；无为江潮大涨，城乡多疫；是年，洪泽湖最高水位14.04米。

9月15日镇海飓风涌潮，坏塘。武义通济桥、石墩桥屋被洪水冲毁其半。嘉善歉收。

1743年

2月1日海宁天雨连日，9日微雪，2月21—27日大雪7昼夜，平地约盈八尺，水陆不通，鸟兽相食，饿死过半；平湖泮池石岸及万仞宫俱圮。4月7日镇海、慈溪大雪。春，高淳、无为大雪，望江积雪40余日，深者丈余，饥民掠食；青阳冰，民饥。

4月6日宁国米坞大雨雪，如拳状。

5月2日昆山大雨雹，损麦；5月4日复雨雹。

6月，象山、嘉善旱。

6月，溧水大雷雨，蛟出，渰田19.8万余亩，赈1月，蠲银6 029.7两，蠲米豆共166.1石，缓征9 935.9石；高淳大水，圩田尽没；江阴6月27日淫雨，低乡被淹；泰州大水。

6月30日泾县(30.7°N；118.4°E)5级地震，泾县鼓楼崩；宁国南城塌数丈(Ⅵ度异常)，繁昌檐瓦欲飞，无为、铜陵、石埭、高淳有感。

夏，如皋、东台风雷暴作，东台还大水，停缓乾隆二、三(1737—1738)、五、六(1740—1741)年带征，折价。

7月12日泾县大雨雹。

秋，盐城旱成灾，发银1 828.8两、米谷17 741.55石。12月16日赈两淮板浦各场旱灾；盱眙东乡马家坝等处旱，六七分灾。蠲免阜宁，盐城，安东被灾田地钱粮有差，仍赈济饥民。寿县、五河、旌德、祁门旱；凤台旱，免地丁银69两；凤阳旱，成灾五分。

秋，宣城、南陵、泾县、旌德4县水，禾淹，蠲免地丁折色银，酌留漕米赈给。

冬，仪征大雪，檐冻长至数尺。

1744年

3月21日黄昏，句容大雹，烈风骤至，拔木飞去数里，城垣崩塌十余处，民居毁百余所，两石牌坊同时倾倒。

3月22日松江雨雹如磨，砸死禽鸟无数。泰州、通州春雨雹。

3月24日昆山雷击马鞍山(玉山)浮图末级。

春，东台、如皋、通州雨雹。

夏，通州、如皋大旱；兴化旱。

6月松江大雨数日，水陡涨，北乡淹没田亩无数。

8月10日(七月初三)海盐风潮；海宁9—12日4昼夜狂风不绝，大雨如注；鄞县海水溢，县东新垦涂田731亩被水，田亩缓征；慈溪海水溢；余姚海啸，害棉花，赈恤；会稽、山阴等7县洪水泛决，越城驾楼，浮尸蔽水，目不忍视；萧山河南九乡田禾被淹，水从芦束河入，低田禾苗尽遭淹没，赈恤米10万余石，免民灶课额1.2万余(两)，仍发帑银1 600两，筑十二都塘2 557丈；桐庐大雨，江水骤涨，城市陡高二丈许，居民升于上，凡浸5昼夜方退；淳安7—12日江涛怒涨，城市漂没，仅县治、学宫及城隍庙不浸，男妇骑屋危，号呼者声相闻，江南北岸各乡共坏民居万余间，田2顷8亩，地3顷30亩，淹死百姓名者368人，余不可计数；徽、严水发；长兴11—12日风雨骤至，天目山水冲溢，太湖水泄不及，田禾受灾独重；湖州大水，散给无力佃农籽本，截留漕米，分别加赈，蠲缓银漕；武康水灾田亩蠲赈，并缓各旧歉漕粮；富阳江水暴涨，田禾被淹，蠲赈；临安大水，平地成巨浸，漂没田亩庐舍无数；诸暨、嘉善、常山、开化、武义(误记八月初二)大水；嘉定秋飓风海溢。宜兴凰川南山山洪暴发百余所，坏禾稼；宣城雨连4昼夜，东北乡大水暴涨，人畜多溺死者；绩溪8月蛟水陡发，漂没人口数百、田庐无算，民饥；旌德石凫山磅岭起蛟，有大石飞徙山岗，水暴涨，下冲将军殿，民居尽圮，漂没男妇21口，赈恤；8月12日泾县大水，仓储俱没，河水入城，南门内城正南塌3丈余，小东门塌6丈余，又城外东北角俱塌丈余；宣、南、泾、旌、太5县秋禾被水；歙县水灾，奏赈；休宁、黟县8月大水。

8月24日酉初，当涂龙卷风，自西南至东北，倾屋拔木，坠金柱塔顶于河。

秋，泰州、东台旱蝗。如皋、通州蝗；丹阳旱。

11月，江阴李树花。冬铜陵桃李华。东至大雪。

松江是年大饥，至有斗米易一妇者。

1745 年

春，高淳大旱，车行河底；武进、太仓旱。

6 月 9 日南京大风，白日晦，城中韩姓女年 18，被风吹至铜井村，离城 90 里，村民询问姓氏，送还家。

6 月，当涂东乡蝗。

7 月 13 日嘉定雪。

夏，高淳大雨连旬，圩田尽没。

秋，东台、兴化、泰州海溢；淮安各属（辖山阳、清河、桃源、安东、阜宁、盐城）水灾，免赋丁银 8 867两，仍发银米，赈贫生、贫民；盐城西北与阜宁接壤处秋禾被水，发谷 19 507.8 石，赈极次贫生大小 1 890 口，坍草房 339 间，共银修葺银 220.35 两；8 月 16 日，河决阜宁陈家浦 200 余丈，由射河、双阳、八滩三路归海。决口以南庐舍尽沉；泗州、盱眙水灾，数十里庐舍尽没，知府调船数百，救万余人；凤阳水，成灾五分；泗县、虹县水，成灾七八九分；五河水，成灾；太仓大水。8 月 30 日、10 月 20 日、11 月 29 日、次年 1 月 8 日 4 度赈济两淮莞渎（今灌南县东）、庙湾（即今阜宁）、板浦（今属连云港）等（盐）场水灾，11 月 19 日赈江浦等 21 州县卫水灾。是年，洪泽湖最高水位 12.35 米。

8 月 30 日海盐风潮大作，坍卸南北一带石土塘。

9 月，靖江蝗。

冬，泰州大雪；东台大寒。

1746 年

2 月，奉贤严寒河冰彻底；苏州、吴江、昆山、湖州木冰。

7 月 11 日德清武康镇龙卷风，吹折大树，县前墙屋多倾圮。

7 月 29 日苏州、吴江、昆山、青浦雨雪。8 月 1 日苏州、吴江、昆山又雨雪；8 月 2 日苏州、吴江、昆山又雨雪。

夏，通州、如皋旱；嘉善大旱。临海 7 月大旱。

黄、淮、运（河）、（洪泽）湖并涨；泗县秋大水，灾八九十分；凤阳、虹县灾七八九分；五河等处大水，启放高邮南关、车逻二坝；淮安秋水灾，免被灾田地、地丁等项银；盱眙大水，沿河被淹；阜宁秋汛，水高堤面尺余，戴家码头、沙淤王等处塌陷至 500 余丈；8 月 31 日高邮大风拔木，秋水成灾者十之七；扬州运河决崇家湾西堤。10 月 19 日赈两淮板浦等 6 场水灾。12 月 14 日免山阳（淮安）等 24 州县卫水灾额赋，并分别蠲缓漕粮有差。是年，洪泽湖最高水位 14.08 米。

冬，如皋异冷。

1747 年

2 月 25 日上海、嘉定、松江、昆山雨木冰；高桥严寒，河水彻冰；绩溪春寒，积雪，有乞者，饥饿几绝；石埭三冬无雪。

3 月 6 日泾县大雨雹。

6 月 24—25 日淳安、遂安、寿昌 3 县梅雨，新安江大水，田被淹没；淳安山洪骤发，浩瀚冲决，灾如1744 年；建德 6 月梅雨过多，上游山水骤发，田桥，庐舍多被冲坍淹没，抚恤蠲赈；临安昌化镇大水；永康 6 月雨潦，伤禾。歙县、黟县大水，坏田庐；绩溪蛟水陡发，南乡被灾尤甚，漂没人口数百，田庐无算，民饥。

7月23日苏州雨雪，8月25、26日又微雪。

夏，永康、金华、武义、鄞县、象山、泾县、石埭大旱或旱。

8月19日（七月十四日）夜飓风陡作，大雨如注，海潮泛溢，崇明、宝山、上海沿海、南汇尤重，其中上海、南汇二县溺死2万余人；崇明海溢，溺人无算；宝山练祁塘毁，田庐漂没，溺死甚重；上海海潮泛溢，禾淹，人民房屋漂没。被灾较重之上海、宝山等灾田按乡蠲免银米，最重之崇明极次贫民加赈3月，次重之宝山，上海、太仓加赈2月；常熟、通州各州县灾田按分蠲免银米；阜宁19—21日大风拔木，海潮溢，没人畜庐舍；盐城20日大风，海潮为患，伍佑场渰毙多人，新兴场次之，阜宁之庙湾场又次之；东台19—21日大风海溢，淹损通、淮、泰属盐场男妇丁口，给棺殓银，每大口1两，小口减半，蠲免折价积欠，发谷平粜；通州大风雨，拔木坏屋，江溢伤禾；泰州、兴化19—21日大风，海潮淹人口，刘庄等场成灾，蠲差折价赈济，增建避潮墩85座；淮安20日大风雨，拔木，官民房舍多倾；苏州飓风海溢；常熟淹没田禾4 480余顷，坏庐舍22 490余间，溺死男女53人；昆山海水涌溢。太仓沿海潮溢，无算，禾棉尽淹；海宁等19日飓风海溢，大小山圩田禾淹没，人多溺死，9月按亩给籽，加赈口粮1月；镇海8月19日海潮大作，东北风冲决，城塘尽圮，民舍亦多漂损；余姚海啸；鄞县被水；慈溪大水。灵璧、虹县、盱眙及颍州六属均大水。10月21日赈安徽歙县等8州、县、卫及山东齐河等87州、县水灾；11月15日赈江苏阜宁等20州、县、卫水灾。是年洪泽湖最高水位12.71米。

冬，嘉善无雪。

1748年

3月17日石埭雨雹，二麦无收。4月，靖江大雨雹，永庆团一带麦尽损，室庐亦多坏者；4月30日夜崇明大雨雹，二麦不登，花豆并伤，借给籽种、口粮，藩库发银1 117.1两；昆山30日夜大雨雹，5月1日尤甚，击死人畜无算，菜麦俱损。5月5日仪征暴风雨雹，拔木损舟。5月11日上海、嘉定、青浦雨雹，伤麦豆；宝山二麦被击无存，富民出粟平粜，减价三分之一。5月淮安大风雨，学宫、仓储圮；5月30日湖州、桐乡雨雹。5月，歙县大雨雹，伤麦；绩溪大雨雹，南连歙界一带田麦尽杀。6月6日泰州、东台、如皋、通州暴风，雨雹，拔木，坏民屋无算。

3月12日—5月2日泾县淫雨，损二麦，民饥。

6月，嘉兴、嘉善、桐乡、平湖、武义亢旱；临安大旱。旌德夏旱。涟水夏大旱。

夏，上海淫雨。

秋，上海大疫，金山米麦腾贵。崇明借种籽、口粮，藩库又发银两，民得播种如故。

冬，昆山暖如春，梅李尽放，昆虫不蛰，腊尽始有雪。

是年，洪泽湖最高水位12.13米。

1749年

1月26日上海大雷雨，龙卷风，至夜严寒，雨雪三日乃止。长兴1月燠，梅大放。

5月6日淳安雨雹，大者如斗。

5月，如皋雨雹，损麦。

6月3日铜陵风烈异常，拔木，坏庐舍；无为暴风大作，雨雹，大如升，拔木，伤禾麦；池州夏烈风拔木，蛟起水溢，坏一庄人畜有溺死者。

6月，嘉定、宝山、上海、青浦、南汇大疫，冬至后方息。湖州、桐乡乌镇夏疫。

7月10日昆山雷击马鞍山塔。

8月17日高淳永丰圩下坝龙卷风，过处木拔、禾偃。

9月9日镇海飓风拔木，庐舍多圮，大成殿毁；阜宁大雨，湖、河、海交涨，田禾没；东台大雨，河海交涨；如皋8月(?)大风雨，坏庐舍；淮安恒雨，六塘河、包家河(闸、涵)俱毁；是年，洪泽湖最高水位13.09米。

10月，如皋海棠、桃、杏华。

1750年

春夏，无锡淫雨伤麦；江阴大歉，募捐施赈，为粥于申港、季子庙、西乡，全活无算；武进大水；赈溧阳等2州县水灾。宝山疫。

6月，淳安阴雨连绵，西北二乡蛟水骤发，田禾被淹。休宁蛟水冲坏涓桥。

7月，繁昌蛟灾大水，初连阴累日，7月14日夜雨如注，历寅、卯、辰三时，城内水深数尺，民露处城巅，啮城西南隅，长二三丈，县仓、儒学多倾倒，冲塌民房150余间、城垣无算；颍州各属及泗州、虹县、灵璧、五河等处沿淮城镇大水；泗灾六、七、八、九、十分，虹灾七、八、九、十分；淮安运河决，中河水溢，坏三舖南七涵洞，灾田丁赋停征，仍赈饥民；东台、泰州7月大雨，发义仓谷平粜。赈山阳(淮安)等24州县卫被水灾民。是年，洪泽湖最高水位13.22米。

9月15日夜铜陵蛟出无数，山石崩裂，坏庐舍，民多漂没。

10月8日平阳大水，城内外骤满三四尺，伤损田禾，赈济；玉环、永嘉、瑞安、乐清大水，赈恤。金华水坏万善桥。次年5月2日赈浙江永嘉等10州县场卫水灾。

1751年

春，高淳大雪。无为2月21日—3月26日前后大雪，深数尺。

春，桐庐潦；浦江雨连绵，二麦歉收；春夏，无锡淫雨，伤麦。

6—9月，高淳、溧水大旱；武进、宜兴旱。浙江海宁、新城(富阳西南新登镇)等57州县，玉环1厅，杭、绍2卫，湖、衢、严3所，并大嵩(宁波大松)等8场，浙东8府6—9月被旱受伤，复生虫孽；8月海宁、富阳、余杭、临安、昌化及杭州卫旱，赈恤；9月仁和场灶地虫灾，钱塘县灶地旱，赈恤；严州府属建德、淳安、遂安、寿昌、桐庐、分水6县夏秋旱，禾苗枯槁。建德亢旱，十分灾田83 044亩，先行抚恤1个月；萧山大饥；海盐岁大歉；湖州循例捐赈1月；武康免银2 146.807两，给1月口粮；镇海被灾田亩十之七，减免秋粮，发帑赈济；鄞县被灾田1 538顷有奇；象山、慈溪、余姚、嵊县、临海、黄岩、金华、兰溪、武义、永康、东阳、义乌、浦江、龙游、常山、永嘉、瑞安、松阳、青田等大旱大饥。皖南当涂、铜陵、贵池、广德、宣城、泾县、南陵、歙县、休宁、黟县、旌德、绩溪、青阳、太平、石埭亦旱荒、灾歉。9月20日赈浙江海宁等56州县卫所及大嵩等场旱灾。11月26日赈安徽歙县等18州卫旱灾。

7月26日通州狂飓大作，雷电震凌堂之椽楹，悉皆挠折。

8月7日松江、奉贤飓风大作，海溢，一昼夜始息；松江、青浦墙垣、屋宇倾倒无数。8月8日赈靖江雹灾饥民2万石黑豆。

11月14日嘉兴、嘉善雨雹。

12月10日嘉善雨着树成冰，枝叶铮铮有声。

是年，洪泽湖最高水位11.17米。

1752年

2月中无为连绵大雪；泾县3月久雪，多殭死。

春，如皋旱。武进大旱；宁国府诸县饥人食蕨根树皮；泾县大饥；青阳歉。

夏，如皋大水。

5月17日长江口(31.3°N，122.3°E)5级地震，江苏如皋、靖江、南通、无锡、吴江震泽、盛湖、平望、浙江嘉善、嘉兴、石门、乌镇、南浔、塘栖、桐乡、湖州、上海嘉定、真如、宝山、彭浦、月浦、罗店、高桥等有感。

6月，象山雨雹，有大如础石者，人畜多伤。

6—8月，无锡旱。嘉定7月龙卷风吸水，水从平地起，半空中如明河一道，粼粼漾漾向东北行；丹徒饥。7月江南上亢等12州县生蝻。12月5日赈上元(南京)等19州县旱灾贫民。

8月23—24日仁和、海宁、山阴、萧山，诸暨、上虞等6县并仁和一场风雨狂骤，兼值潮水泛滥，田禾被淹；海盐24日风潮；华亭(松江)风潮，冲损石坝；如皋大风，海溢。

冬，上海、宝山严寒，高桥人有冻死者。桐乡及乌镇大水。

是年，洪泽湖最高水位12.71米。

1753年

夏，宝山旱。

6月27日夜大雨，黄山暨太平诸山山洪骤发，冲决庐舍、田地较甚，望仙都居民溺死147人。

6月，高邮淫雨不止，上游水发，湖河水日涨数寸，诸坝齐开，上下河田尽淹，屋庐漂淌无算。

7月，酷热，浦东高桥人有热死者。

7月，淮河大水。启放洪湖及运河各坝，挖范公堤泄水；淮扬运河大水，高斌力持封守邮坝，如前数年之例，希冀下河有秋。水势壅，未启放邵伯迤北二闸，遂至冲溃，并决开车、逻坝封土，上下河尽淹，漂没无算。查明亏帑，同知、守备侵帑、误工，被就地正法，高斌等陪绑后释放。时，高宝运河临湖石工塌卸1 400余丈，高邮六漫闸，界首西堤居民被冲200余户，二闸永堵未修。盐城决堤；淮安、宝应、兴化大水。9月29日赈江苏12州县水灾。

10月7日徐州河决南岸张家马路，淮复大涨，虹城内水深二三尺，陷城垣十余丈，田庐漂没无算，泗灾八、九、十分，虹灾七、八、九、十分；淮安人相掠夺；阜宁连雨，湖河涨，没田庐；泰州雨，淮水骤至，坏范堤，东台漂溺人民庐舍，赈济。兴化河湖异涨，泰、淮诸场地俱被淹浸，草堰、刘庄被灾七分，给赈。淮宁、凤、颍、泗、滁等属，太、寿等25州县卫秋被水灾应免地丁等银44 042两，米336石，麦豆11石各有奇；又以泗州、盱眙等州县秋禾被水，免地丁银7 082两，米346.7石，麦5.5石，豆10.3石；太湖、凤台、五河、怀远、东至等水。是年，洪泽湖最高水位12.83米。

秋，昆山旱。桐乡乌镇、德清、桐庐、建德、温州、瑞安、平阳、乐清旱；来安、绩溪旱。11月23日免浙江钱塘28州、县、厅、卫、所旱灾额赋有差。

1754年

1月22日青浦大雷电。

7月上旬，高邮大淫雨，田尽淹；江都大雨弥旬，城垣多倒塌；宝应、阜宁、泰兴大水；吴江平望大雨，水骤逾岸，禾半淹。

8月22日高邮昼夜雨尺数，早禾尽沉，车逻、南关两坝过水，中高田亦淹；兴化、盐城雨水，禾尽淹；安东秋大雨，伤禾，中河陶家码头北岸口决，泗虹、盱眙、淮安大水。是年，洪泽湖最高水位 12.93 米。

9 月 18 日东台大风海溢，淹角斜等场，溺男妇人口，给棺殓银 300 余两赈恤平粜；如皋、通州大风海溢；吴县 9 月 17—10 月 1 日连阴水涨，南湖北港一望汪洋。

9 月 26 日嘉兴、嘉善、桐乡、湖州大雨竟日夜，29—30 日又雨，水长七尺许；鄞县、慈溪 9 月大雨，横溪山洪发，淹田 20 余处，坏民舍百余座。

● 1755 年

2 月，无为雨冰，木生介。

3—5 月，苏州、常熟雨，麦苗腐；吴江春淫雨，损麦；泰兴、如皋、通州 3—9 月雨。无为 2—6 月连绵雨水，没圩几尽。

4 月，绩溪大风雷电，雨雹。

6 月，吴江平望大热，蚕死，又恒雨伤麦。

6—7 月，扬州、高邮连雨 40 余日，上游山阳(淮安)、盱眙湖河水暴涨，南关、车逻两坝水高出石脊二尺余，上下河田尽没，民食草根、树皮、石屑，掘开范堤缺口 53 处，以利宣泄，次年还筑；江浦、六合夏积雨，江涨 40 余日始退；江南阳湖(常州)、江阴、靖江、金匮(无锡)、溧阳等县均有被水；上海 7 月全境淫雨经月，大水，天气如冬，五谷、木棉皆不实，米价腾贵，大饥，饿殍遍野，官为煮粥赈饥，蠲地丁银；苏州、吴江、常熟、桐乡大雨，伤稼。

7 月，嘉兴大旱，河竭；武进、吴江大旱；苏州蝗蝻生。嵊县、武义旱。

8 月 22 日崇明风潮大作，饥殍塞道；真如风潮，岁大祲，诏赈济三次；彭浦潮挟风雨而上，田禾尽淹，历三昼夜始退，继以阴雨，兑稻仅收一成，至冬民大扰，赈恤；上海城乡俱设厂煮粥；泰州、东台 21—22 日连夜风雨大作，大风海潮上涌，荡场亭灶地亩，蠲缓折价，给口粮 1 月；阜宁 21—22 日大风，海潮暴涌，漂溺民畜；8 月通、泰各处及阜宁、赣榆海潮溢；海州大风雨害稼；兴化 8 月海潮涌入，场灶被淹，草堰、刘庄成灾六分，蠲赈；吴县秋禾为狂风所折；嘉善 8 月 23 日大风雨，水溢没岸；海宁秋大风，伤稼，缓征田赋；慈溪大风雨，拔木损稼；上虞大水，外梁湖塘堤溃决；当涂、芜湖、庐江、无为、巢县、和州大水；铜陵 8 月 22 日大风 3 日；盐城、泰兴、如皋、南通、太仓、诸暨、湖州大水；淮安、宝应、金坛水。

8 月，望江大寒，可服裘；池州寒。

秋，嘉定、青浦、松江、奉贤大旱，虫食禾尽，五谷木棉皆损，岁大饥。

9 月，武进、江阴陨霜，杀谷，米麦贵，大饥，民食黑土。江阴勘报八分灾田 18 350.76 亩，五分灾田 320 847.45 亩；武进在天宁寺、元妙观设厂煮赈 2 月，自 1756 年 1 月 2 日起至 2 月 29 日止。

12 月，池州木冰，饥。

冬，如皋、泰兴、通州大雪，大饥。

是年，洪泽湖最高水位 14.34 米。

● 1756 年

1 月 2 日受江苏吴江地震影响，无锡、苏州、吴江、盛湖、震泽、平望、常熟、松江、青浦、天马山、嘉定、真如、嘉兴、嘉善、乌镇、南浔、澉浦、桐乡、德清有感。

1 月 11 日望江大雪，12 日木尽冰，5 日冰始解；东流 1 月雨木冰。

春，上海、青浦、宝山、江浦、丹徒、通州、如皋、泰兴、盐城、阜宁饥；淮安春极荒，人相掠夺；苏州、吴江、常熟草根树皮，争啖无遗，饿死者甚多。嘉兴春雨过多，麦蚕俱减，春夏大饥；嘉善3月1日万余饥民请赈，4月民间食尽，以榆皮山泥充腹，四乡饥民食大户，设厂平粜；桐乡、湖州民杂食榆皮，有抢掠者，闾巷有殍，疫疠盛行；绍兴大饥，饿殍累累；金华、衢州、龙游、和州饥；无为春大饥，饿死者无算；广德春大饥，民食秕糠及橡子；泾县、南陵、繁昌大饥；池州春给赈；东至春民食草木；庐江春饥疫；舒城、怀远春荒大疫；春夏上海全境大疫，死者遍野；昆山、苏州、常熟、句容、靖江、仪征、扬州、高邮、兴化、淮安、盐城、阜宁、泰兴、通州大疫；嘉兴、平湖春夏疫气盛行；嘉善6月疫疠作；无为夏大疫；五河、凤阳、来安春大疫。

5—10月，临安大旱奇灾。6月，桐乡、湖州旱；嘉兴夏大旱，田禾无收，免1756年以前积欠未完丁银；诸暨、临海、金华旱；上元(南京)大旱；句容旱。

9月，建德乌龙山坍数处，坏民田，鸡龙庵陷如潭，四乡陡然发水。

秋，淮河涨，临淮、凤阳、泗州、盱眙水；泰州、东台漕堤决，大水，大疫。

1757 年

2月，无锡之军嶂山、胶山、斗山出观音土，饥民多取食之。

4月，嘉兴雹不为灾；海宁17日雹，东北乡稍甚。

宝山早霜害稼，木棉凋落殆尽，民不聊生。

5月，桐乡疫疠盛行，濮镇为甚；6月旱。

7月3日未时淮安龙卷风，飞瓦走石，城墙刮倒一段，义药局东瓦屋掀翻无数，草房什器翔舞满天，府学东角门一扇吹向殿台上，打断石栏一根，察院大门一扇吹落周家桥野地上，城隍庙鸱吻落数百步外。

7月，洪泽湖水发，仁、义、智三坝过水甚多，拆展清口束水东坝，泗虹、五河大水；高邮预开车、南二坝，腾空底水，伤禾。洪泽湖最高水位13.09米。

句容大水。

1758 年

夏，青浦、松江大水。吴县夏雨过多低田被淹；桐乡大水，塘北沿乡增筑圩岸，禁止行舟；海宁淫雨，伤蚕及棉花；湖州大水，伤稼。黄渡雨雹。

7月31日金山枫泾大雷，南关关帝庙台柱尽裂。

7月，淮阴大雨八昼夜，水与城平。是年，洪泽湖最高水位11.81米。

夏，湖州大水，田畴尽没；青浦大水；海宁淫雨，伤蚕及棉花。宣城淫雨大水陡发，围田尽没。

9月15日嘉善飓风陡作，大雨竟夜，河水忽涌高丈许；嘉定飓风，海溢；太仓秋潮灾；慈溪9月17日大雨三昼夜，山水暴涨，千溪冲决，章氏族居少有完者；绍兴9月风潮，冲坏城垣。

冬，海宁无冰雪。

1759 年

5—6月，高邮大旱，酷暑，南乡蝗数；扬州夏大旱蝗；如皋、通州旱蝗。夏，上海彭浦酷暑，有暍死者；武进旱。

夏，宿松大雨7昼夜，水坏城，舟行市中，漂没田庐无算。

8月11日潜山、太湖山洪暴发；潜山溃决河堤，水吼岭下街宇、人畜俱尽，尸流漂数十里；太湖圮城东北楼及城西数丈；宿松垣墉塌；望江西圩破。

9月22日东台、泰州大风，海潮溢，淹没场亭、蓬舍、禾稼，草堰、刘庄成灾十分，蠲免泰属北7场银21 330两，其余带征有差；阜宁海潮大上；兴化海潮溢。扬州、高邮秋水成灾。江阴秋淫雨成灾；宝山岁大祲，高桥大饥；松江风雨大作，平地水高二三尺。

是年，洪泽湖最高水位13.35米。

1760年

6月，泰州、东台雨40日，大水，至次年积水未退，发盐义仓谷平粜；高邮淫雨不止，损春苗，高低田全无籽粒；宝应大水，诏发帑，赈饥；盐城、兴化、江都水。9月14日抚恤高邮等州县水灾。

7月，嘉善大疫。

8月，宁海淫雨，溪水暴涨，漂坏民居无数，北乡溪下吴尤甚。

秋，淮河水灾。凤台蠲免丁地银42两；凤阳灾五七分；泗州水灾六七分；五河淮水溢；(黄)河溢阜宁五套。12月21日免山阳(淮安)等25州县卫本年水灾额赋有差。是年，洪泽湖最高水位14.05米。

冬，靖江严寒，竹树多死。

1761年

3月15日望江大风拔木。

4月，潜山大风，发屋拔树。

5月至7月7日小暑节止，宝山、松江等淫雨大水；昆山被水，偏灾；金坛、湖州等大水，伤稼。

7—10月，黟县大旱80余日，豆蔬俱无。

夏，上海龙卷风，拖坏大南门城堞二丈余。

8月17、18等日浙江仁和等10县、湖山1卫、并仁和等3场飓风大雨，山水江湖同时暴发，田禾间有被淹，加赈；海盐17日风潮，坍羌字号石塘；东台、泰州大风，海潮溢，下河低洼田亩减赋；8月19日早东堤决，高邮、盐城搅军楼堤决，楼亦被冲，漂淌居民庐舍百余家，开坝4座；甘泉(扬州)涵子口、腰舖、荷花塘、黑鱼塘等处决，启放归海各坝，下河大水，田禾尽没；阜宁运堤口决，西水至；兴化水。8月，淮河水发，洪泽湖盛涨，坏山阳、盱眙大堤砖石工2 500余丈，坏淮扬运河两堤砖石工4 000余丈；凤台免丁地银98两；凤阳水灾五七分；寿州水。是年，洪泽湖最高水位12.87米。

10月至11月底松江、金山等又淫雨50余日，稻半朽于田，禾不登谷。

1762年

1月，松江、上海、嘉定、宝山、真如等大寒，河冰塞路，浦江冻冽，舟不能行，牛羊冻死，竹柏多枯死；嘉善冰坚3日，河港不通，60余年所未见；萧山大寒，官河皆冻，小河冰坚，十余日始解；余姚大寒，江水皆冰。望江1月8日苦冻，冰坚数尺，湖鱼冻死，越20日始解。

3月31日宝山大雪。

6月，上海、吴县旱。

7月，松江辰山西巅起二蛟，石裂为洞，皆盈丈。

8月10—11日两日夜象山连发大风，如狂涛怒雷，拔木走石，而阴晦无雨。

8月25日嘉善飓风暴雨坏屋拔木，水涨顷刻；桐乡、平湖暴雨；无为夜暴风损禾过半。

8月30日受台风影响，南汇风雨大作，沿海城垣及官民廨舍倾圮无数，免1757—1761年缓征及地丁各欠项；上海舟从桥上行；青浦神(辰)山山洪暴发，大风雨，平地水高数尺；嘉定、宝山、上海、松江、青浦大水；苏州、常熟8月31日大风雨，积水经月，下田尽淹；昆山被水偏灾；吴江大风雨水；江阴大雨连绵，田禾淹没；浙江仁和等19州县、杭州一带、湖州1所、仁和等7场，8月30—31等日风雨狂骤，湖水迅发，民屯田地、灶被淹，奉旨赈恤；海宁潮溢，塘圮，水入城，漂没民居；嘉兴31日大水骤溢，高田庐数尺，坍城120余丈，坍城垛160余丈；秀水县坍城190余丈，坍城垛70余丈，里中善士各输米散给贫民，1757—1761年灾田缓征概予蠲免，次年借给籽本；嘉善31日风雨作，水溢岸；平湖31日雨竟夕不止，水暴涨，陆可行舟；海盐8月31日潮溢，塘圮，水入城三四尺，漂溺民居；海宁8月大雨连绵，田禾被浸，西乡尤甚，给赈、加赈、蠲粮缓征，给予籽种有差；桐乡31日雨水暴至，塘北尤甚；余杭大风雨，山水骤至；湖州8月大风雨，积水经月；德清水灾，按成灾分数蠲免；诸暨水，赈恤，并赐蠲免。

冬，平湖甚寒，东湖冰坚，舟楫不通。

是年，洪泽湖最高水位12.26米。

1763年

5月4日歙县大风，拔木偃屋，压死人畜无数。

5月11日免清河(淮安)等14州县卫水灾额赋。

5月，崇明大雨3日。

6月，平阳海溢，平地(水深)五六尺余。

9月，平阳飓风大雨，海溢，漂没屋庐、人畜无算，潮退僵尸蔽野，苗槁无收；瑞安洪潮溢，陆地行舟，害稼漂庐。

11月15日上海、彭浦雨雹，自四团至八团尤甚，因禾已收割，不为灾，但真如却伤畜物无数，次年都百果不实。

11月，无为连日雷电、雨雹。

1764年

5月16日海盐风潮连作，泼卸石塘。

6月27日未时(13—15时)南黄海(33.0°N, 121.5°E)6级地震，江苏淮安、洪泽、仪征、靖江、句容、溧水、武进、江阴、常熟、苏州、吴江、震泽、安徽和县、无为、天长、浙江嘉善、杭州、塘栖、湖州、南浔，上海崇明、嘉定、真如、松江、朱家角等地震有感。

7月，长江大水。怀宁(安庆)大水入南门；望江江潮泛溢，水入城；潜山、东流、铜陵、巢县、庐江、桐城俱大水；当涂淹没圩田十之八；芜湖地丁漕米按灾分蠲免，并发帑给赈饥民；和州江潮害稼，浸没沿江民舍；无为连绵倾盆大雨，江潮涨，江水横流，圩田堤岸尽沉，四坝破，浮漂荡庐舍无算，饥民至舒城就食，露处者遍野；池州市井行舟；东至江水入城，市口三尺，至隍庙止，一月方退。

夏，安东河柴市北堤决口。

6—8月，吴江旱。句容小旱。

秋，上海大风，拔木。扬州、仪征大水。

12月29日吴江大雪。

1765年

2月，湖水、长兴大水。

春，无为大饥，死者无算。

夏，宝山等黄梅无点雨，大旱，晚稻无收。吴江6—8月旱，田坼裂。黟县7月水道不通，民饥，开仓平粜。

秋，伏汛，山阳、盱眙滚坝过水；河溢安东县五套，岁饥，大疫；高邮伤禾；盐城、阜宁水。是年，洪泽湖最高水位13.26米。

1766年

春，吴江平望大饥，饥民食树皮草根，饿殍枕藉，盗贼蜂起；4月各处赈粥。

5月，丹阳淫雨月余，河涨田淹；昆山被水偏灾，蠲缓；吴县积雨，坏宝积寺大殿；江阴大风雨以雹，西南城外吹倒石坊1座，拔大树2株，五分灾田3.2亩；金坛、溧水大水。

6月，鄞县雷雨、冰雹。绩溪大水，登源水灾尤甚。

6月，洪泽湖水发，拆展清口东西坝，8月收束两坝。9月河决，黄水入洪泽，又拆展清口东西坝，湖水畅出旬日，毛城舖，苏家山、峰山闸等处过水，堤工平稳；泗阳水灾。是年，洪泽湖最高水位13.19米。

夏，海宁大旱，井泉皆竭。

夏，无为连雨，西南蛟水没圩十之三；望江大水，8月16日方退；当涂水灾，田禾多没；芜湖水灾，免地丁漕米，并赈给饥民；贵池被水偏灾，免地丁银43两有奇，米豆均免；怀宁(安庆)、东流、铜陵、庐江、巢县、桐城均大水。

8月11日风暴潮，黄岩飓风掣屋，发石拔木，大雨如注，洪潮暴涨，平地水深丈余，死者无算，赈恤；临海拔木发屋，海潮顿溢，沿岸居民溺死无算；太平(温岭)大风海溢，三塘、二塘坍，淹没无算；上海、川沙、南汇秋大风潮，坏庐舍。

9月，靖江飞蝗过境。

12月23日—次年春吴江大疫，食油菜者多死。

冬，上海、川沙、南汇、金山大寒，河水尽冻。

1767年

1月9日扬州风沙，发民庐舍，城南玉虚阁(火)灾，延及民庐；仪征风沙，发民庐舍。

4月24日海宁雨雹，损麦。

5—7月，长江大水。无为淫雨，江潮涨，圩田堤岸尽没；和州江涨，淹没田禾庐舍；当涂水灾，田禾多没；芜湖水灾，免地丁漕米，并赈给灾黍；繁昌大水，按灾田分数蠲免，并赈济极次贫民口粮三四个月不等；池州大水，民饥，给赈；望江江水泛滥，西圩破，7月下半月暴风不时，被水房屋多颓坏，8月10日始退，民大饥，食野菜树皮。溧水大水(秋)，蠲免钱粮，给赈；句容大水。

7月，淮河大水。五河、泗州水，山阳、盱眙仁、义、礼三坝过水，历两月之久，又值江水甚大，宝、高、邵各湖水叠长，南关、车逻等坝水高坝脊四尺。时，清口归江各口宣泄畅利，坚守邮坝，下河有秋。是年洪泽湖最高水位13.19米。

7月，平湖大旱。

秋，宜兴旱灾，灾田占3成，勘实五分灾田十之二，不成灾十之一，免灾田地丁银米十之一，剩余缓征银米分列二年带征。

8月8日吴县陈墓龙卷风。湖水陡涌，滨湖人家俱惊惶奔窜；昆山莲池院为飓风所毁。

1768年

春夏，兴化大旱，河井俱竭，草堰、刘庄等场成灾八分，9月始雨；泰州、东台、扬州大旱蝗，河竭；阜宁、高邮大旱；4—9月，常熟，苏州、吴江旱，东太湖及市河涸；无锡秋旱，蠲赈；江阴秋大旱，苗不实，西乡尤甚，五分灾田13.3万亩；宜兴秋旱灾，全县灾田4成，蠲赈；金坛、昆山大旱；武进还多火灾；溧水、句容旱。湖州、长兴、嘉兴大旱，苗不实；嘉善夏大旱；桐乡夏亢旱，8月30日始雨；德清旱，平粜。和州、全椒、滁州大旱；定远大荒，赈济；天长、来安、宣城、绩溪夏旱；泗县秋旱，灾七、九、十分；凤阳旱蝗成灾，五、七、九分；寿县旱。是年洪泽湖最高水位12.55米。

4月，江阴大雨雹，积地盈尺。

5月，嘉定木犀(桂花)、腊梅盛开。

6月2日常熟、苏州、吴江雨雹。

夏，怀宁(安庆)、潜山、宿松大水。

9月13日仪征连雨3昼夜，江河水涨，滨江田庐渰没。

秋，临海大水入城。

1769年

6月，苏州雨，太湖溢，平地水深数尺，漂没田庐，岁饥；吴江淫雨，太湖溢，平地水深数尺，漂没田庐；黎里6月25日—7月14日凡19昼夜，河水陡涨，史字、染字、上丝等圩低田淹没大半，至8月中始退；松江、青浦夏大水，无收，二地岁饥；昆山夏大风，雨雹，拔木倒屋，陈墓一带伤民畜甚多，是年，大水歉收，蠲赈；武进低田被水，蠲缓有差；宜兴灾情较重，全县六成田地被水，按分蠲赈，并劝乡绅煮赈济黎；溧阳被水三分有余；高淳大水，永丰圩决于月潭湾；溧水秋水，蠲免钱粮，给赈；常熟、金坛大水；江阴七分灾田9 087.426亩，五分灾田32 211.62亩。杭州夏梅雨，淹浸下田，蠲赈；嘉善2—7月大水，低田尽没；湖州、长兴5月淫雨连旬，损蚕麦，6—7月大水，秋无收。安徽庐州(合肥)、庐江、巢县、无为、铜陵、芜湖、潜山、宣城、南陵、太平(黄山北)俱大水，溃河堤无数；和州江水泛涨，入城中，淹没公私庐舍；当涂大水，有鬻妻子者；泾县大水，民多殣死；繁昌大水，按灾田分数蠲免，并赈过饥民银；贵池免漕项银3 966两有奇。

夏，临海旱。

8月5日高邮雷雨大作，8月16日又大雨，四乡洼田尽淹。夏，安东中河高台口缺。是年，洪泽湖最高水位12.51米。

9月，宝山淫雨，花铃俱烂，无棉。

11月，金华大雪。

冬，安东无雨雪(旱)。嘉善大寒，大雪积20余日。

1770年

1月16日安徽霍山(31.4°N，116.3°E)5¾级地震。霍山地震日凡数十次，潜山、合肥、来安、南陵、绩溪、舒城、无为，江苏武进，江西波阳、余干、彭泽，河南固始，湖北罗田有感。

春，湖州、和州饥。

夏，仪征旱，井泉涸，山民购水维艰。和州、芜湖大疫，宣城死者众。来安、走远蝗。

9月12日(七月十八日)萧山飓风大雨，海水溢入西兴塘，至宋家楼80余里，芦康河北海塘大决，塘外业沙地者男妇淹毙1万余口(民国《萧山县志》卷5)，尸多逆流入内河。同日，西兴三都(乡)二图(村)西江塘亦决，淹毙人口，漂没庐舍等无算，内河两日不能通舟；海盐12日大风潮，塘多泼损；余姚大风潮；绍兴风潮为患，施公葬棺800余；上虞大水，禾稼尽坏；鄞县大水，加赈1月；慈溪大水；杭州大风雨，山水、江潮并至；仁和、海宁低田被淹，赈恤；嘉善大风,禾偃;宝山9月13日飓风,田中水尺许。

10月21日怀宁(安庆)、宿松雪,平地深数寸。

11月25日嘉定、太仓大雷电;嘉定雨雹。

冬,湖州大水。

是年,洪泽湖最高水位12.67米。嘉善无雪。

1771年

2月,嘉善桃李盛开;3月15日嘉善大雪,平地盈尺。

4月13日海宁乍浦大风扬沙,着地皆黄。

春,广德溪水暴涨。

夏,五河、凤阳、来安旱;定远大荒,赈济。夏,如皋旱。

8月4日临海大水。

8月13日(七月初四)宝山、浦东高桥、真如飓风海溢,水高禾田二尺。东北海塘龙卷风,岁祲。崇明风雨,潮溢、民饥;昆山被水偏灾,蠲缓;太仓茜泾13日午后海潮溢;靖江大风雨,江潮暴涨,淹没田禾;江阴扁坦沙漂没四五十家;通州8月潮溢,由进鲜港坍及市上民舍;海门8月厅境潮灾,发帑赈济;泰州、东台大风,潮溢(道光《泰州志》卷1误作1772年);黄、沂、沭并涨;宿迁支河口大堤坐垫30余丈,又漫溢桃源(泗阳)烟墩古城等处,南岸陈家道口坐垫20余丈;海州(连云港)蠲米121石有奇,赈饥民:13日平湖大风,拔乍浦陈山寺殿前银杏树,屋瓦无损;萧山(8月23日,疑为13日之误)子夜暴雨,大风拔木、屋瓦飞如鹰隼,海塘圮,潮水溢,龛山一带溺死者数万人(清·俞蛟《梦厂杂著》卷8)。五河秋大水。邹平8月大雨如注,累日不休,小清河决;兖州秋大雨,泗溢;惠民、阳信、商河、德州秋禾被水,赈恤蠲粮;寿光秋大水,伤禾。聊城秋大水,饥;金乡秋水,灾六、七、八分,分别蠲免;济宁水,六分免地丁银394两,七分免1 538两余,八分免2 046两余;临邑水,赈饥;桓台大水,赈饥民;博兴、滨州水。

9月,慈溪大水。

冬,天长横山裂,约长里许。

是年洪泽湖最高水位13.92米。

1772年

1月20日苏州、常熟、吴江大雷电。湖州1月雷电。

6月,广德梅雨大作,忽夜震雷,山洪暴发,溪水猛涨,淹没庐舍,多溺死者;泾县山水暴发,冲废涟溪旧堤;祁门阴雨连绵,6月6日夜大成殿梁桁忽折;无为蛟雨没圩。

7月26日诸暨大风拔木,沿山数十里倒屋压壁无算。

夏,嵊县、宣平(丽水西北)旱。天长小旱。

9月7日平湖、桐乡大雨如注,自辰至午水骤长丈余。

11月4日夜太仓茜泾雷电以雨。

是年,洪泽湖最高水位13.03米。

1773年

春夏,江阴大雨,二麦俱坏,歉收。

5月上旬,河决安东(涟水)十堡,随塞之。6月17日谕赈清河(淮安)等州、县及大河(驻淮安)、长淮2卫被水灾民。

6月13日泾县大水入城；太平(黄山北)大水蛟发，冲毁石桥，漂没田地、民舍无算；池州蛟起，水溢，坏民舍、桥堤；青阳洪水冲塌庐舍、桥梁。

6月，庆元白马山崩。

7月5日浦江大水，田畴、陂堰、闾舍、坟墓、桥梁多被堙没冲坏，人有淹死。

9月11日黎明，平湖大风雨，自东南迤西北，所过发屋拔木，沈氏厅移尺许，舟有掷至数里外者。诸暨、龙游大水。

夏秋，寿县水，免地丁银；凤台蠲免丁地银2 680两；凤阳大水，成灾七、九、十分；五河大水；泗虹夏大雨，麦尽淹，积水至冬始涸；洪泽湖盛涨，启除义、智两坝封土，并启除芒稻闸，东草坝，泄水入江；安东秋河决黄家湾口埽工坐垫，毛城舖及苏家山过水。次年4月2日免山阳(淮安)等10州、县、卫水灾额赋有差。是年，洪泽湖最高水位14.15米。

1774年

3月13日仪征大风霾，赤沙障日，未时方解。

3月17日夜衢州大雨雹，林木尽拔，杀麦，民饥。武义大雨雹，坏墙屋、树木、鸟雀无数，芸薹、二麦颗粒无收。

7月，云和大雨2昼夜不止，一、二、五、九都(乡)民庐漂没无算，七、八都山崩，压伤男女4人。

7—9月，旱蝗，伤禾，民多饿殍；江都旱；靖江飞蝗过境，白昼蔽天，坠江尽死；夏秋，兴化、阜宁旱；泰州、东台大旱；东台民地无禾者3 232顷，灶境无盐，富安至刘庄8场赈粜蠲赋；江阴夏旱，麦歉，秋蝗，勘报五分灾田95 600.19亩；宜兴旱，成灾五分及勘不成灾按分蠲缓带征；无锡秋旱，按分蠲缓带征。象山、慈溪夏大旱。泗虹秋旱，灾七、八、九分；凤阳旱蝗，成灾五、七、八分；寿州旱，免丁地银；定远大荒；五河旱蝗；合肥旱。

8月13日上海、真如、川沙、松江风潮、大雨。

8月26日桐乡大风雨，坏室庐无算。

9月24日卯时，黄河决淮安老坝口，水灌淮安三城(山阳、清河、淮阴)；10月8日以山阳等4县水灾免明年额赋；阜宁大水。是年，洪泽湖最高水位13.06米。

11月，武进大雷雨。

1775年

夏，高邮大旱，七里湖可徒涉；兴化大旱，11月始雨；宝应旱，秋歉；泰州夏秋旱蝗；阜宁旱；东台夏秋旱蝗，赈粜、蠲缓、折价钱粮各有差；江都5月飞蝗如雪，竹林木叶皆尽，小麦咬落其穗，狼戾满田，贫人拾而贮之，日可得穗1石；仪征夏旱蝗，山塘竭；靖江飞蝗过境；通州夏秋旱，河道干涸；如皋夏旱，东北两乡成灾。杭州7月旱；寿州旱；广德夏旱荒。

7月15日黄昏，金山枫泾飓风陡作，大雨如注，平地水深数尺，二更后风力愈猛，声如万马奔腾，屋瓦纷飞，轻若枯叶，海慧寺前老榆二株，为风拔起，农家碌碡有吹至半里外者，至四更稍息，所在屋宇坍毁甚多。

秋，高淳、武进、金坛大旱；溧阳七、八分旱灾不等；宜兴全县灾田八成，蠡塘河涸，东西两溪尽成陆路，按分蠲赈，借给籽种口粮；无锡大旱，按分蠲银，借给籽种口粮，又加赈极次贫民两月、一月有差；江阴夏蝗，秋大旱，河流绝，高下俱灾，勘报七分灾田102 822.17亩，六分灾田156 917.3亩；常熟西乡旱，知县率绅商士民捐米3 124.365石，散给西乡各图(村)；吴县东太湖涸；六合、句容、金坛旱；溧水知县于蠲赈绝后，仍劝喻城乡绅捐米煮粥，至来年麦熟停止；杭州10月兼旬不雨；海宁秋饥。巢县免地丁银6 580两；池州旱蝗；东至勘不成灾，蠲免丁米1次；芜湖夏秋大旱，免地丁漕粮有差，并发帑赈饥；无为、当涂夏秋大旱，山田无获；南陵夏秋旱，民饥殣；宣城旱；泗州秋旱，泗灾八、九分，虹灾五、八分。次年3月27日蠲上元(南京)等39州县、镇江等5卫旱灾额赋。

11月，无为江潮涨，淹麦。

是年，洪泽湖最高水位13.22米。

1776年

1月16日辰时霍山(31.4°N，116.3°E)5¾级地震，霍山地大震，日凡数十次，七八年后仍微震不已，无为、来安、合肥、舒城、潜山、南陵、绩溪、江西彭泽、波阴、余干、河南固始、湖北罗田、江苏句容、溧水、武进有感。

1月25日景宁大雪，平地积尺许。

5月29日萧山昼夜大雨，上江山水暴发，闻家堰西江塘决，江水进入内河，近塘庐舍顷刻水深丈余，西兴地势虽高，平地亦水深五尺，北海塘亦决，水由决口入海，至7月5日水势渐消，6月7日山水、江水又进如前，春花无收，豆麦霉烂。

5月，广德水。

7月，邗江(扬州瓜洲镇)江潮突涨，西南城墙坍塌40余丈。

7月31日景宁大雪。

夏，河决阜宁二套及安东将清口东、西坝基下移160丈，两河受病益深；五河被水成灾；天长水泉尽涸，民不聊生。是年，洪泽湖最高水位13.56米。

8月28日夜海宁风狂雨骤，压坍墙屋不计其数，合抱大树连根而拔。

8月，杭州仁和四堡、钱塘沿江蝗。

9月3日宝山海溢，禾棉无。

秋，泗虹上游水发，灾七、八分；寿州东洋大桥，即东淝水渡，水屡漫，桥墙倾塌；五河夏秋被水成灾。

11月4日凌晨，歙县大风暴雨，瓦飞木拔。

1777年

1月，云和五树庄山裂数百丈。

夏，常熟大水。7—8月宝山淫雨。贵池洪水冲损虹升桥。

夏，宣城、潜山旱。

9月，象山飓风发，坏塘岸、桥梁无算。

洪泽湖启放山阳、盱眙三坝，10月堵闭。是年洪泽湖最高水位13.38米。

秋，海宁蝗。

秋冬，宝山大疫，10月—11月尤甚。

1778年

1月，鄞县大雪，平地四五尺，凡三次；象山、慈溪大雪三次，深四五尺。

春夏，冀、晋、鲁、豫、鄂、苏、皖、浙、湘、桂旱，重灾区在冀东、晋东南，江苏上元等26州县旱；高邮旱，早稻禾尽萎；夏，安东大旱，无麦；松江大旱；武进、金坛旱；夏秋泰州、东台旱，给灶户借口粮1月；江都旱；嘉兴、嘉善、桐乡夏大旱；安徽和州、无为、庐江、来安、虹县、五河、广德、南陵、黟县、怀远、宿州等34州县旱；寿州免漕项银226.209两，赈饥民122 020口，银

19 512.13两。

5月，象山雷击梅溪山文峰塔顶，饥。

7月，昆山雷击马鞍山东峰文昌宫。

8月，黄、淮并溢，河南漫溢之水入洪泽湖水，凤、泗等17州均淹。凤台免屯漕粮123两；高堰水志长至一丈五尺一寸(14.24米)，运河日涨尺五六寸，清口宣泄不及，运河各坝过水六七尺，上下五坝俱开。上下河田亩、庐舍尽没巨浸，淮、扬运河西堤尽圮，高邮挡军楼堤工危急，城及南北水关尽塞；宝应水灾，免正赋，并发帑赈饥；五河、怀远水灾；兴化大水；当涂圩田破尽；芜湖水灾，免地丁漕银有差，并给赈。

秋，无锡旱，蠲缓带征；溧阳五七分旱灾不等；武进旱灾轻重不等，分别蠲缓赈济；金坛旱。

冬，嘉兴、嘉善、桐乡暖甚无雪，桃李俱开。安东桃李华。

1779年

2月16日宝山龙卷风。

4月，宝山淫雨，淹没，无麦，米贵。

夏，湖州、长兴、海宁、武义旱无麦。潜山6—7月不雨。

7月，河溢，凤台免地丁银820两；安东、阜宁北岸，启放二套河、王营减坝及山阳、盱眙智、信二坝。五河水。是年，洪泽湖最高水位14.11米。

9月13日舒城大水，沿河一带溺死者以千计，漂没房宇无数。

冬，嘉善无雪。

1780年

夏，高邮旱；句容大荒。

7月，河决，泗虹河溢大水；凤台蠲免丁地银544两；将清口东西坝拆展净尽，以咨畅泄；启放山阳、盱眙义、信二坝；10月启放高邮车逻、邵伯昭关坝。11月13日蠲清河(淮安)等8州县卫水灾额赋。是年，洪泽湖最高水位13.67米。

8月13日夜大暴雨。萧山大风三昼夜，海塘月华坝坍，水骤涨，场木壅塞陈公桥，冲坍陈公祠，并去桥梁石两块；诸暨大雨，山洪发，江水骤涨，岁大饥；义乌大淫雨，江水入城，沉灶，禾稼尽淹；东阳大水，屋漂人溺无数，玉山夹溪桥冲塌；金华两溪合流，沙石淹没田地无算；嵊县大水，平地涨一丈四五尺；慈溪大宝山电驰雷击，雹大如磨石，山上宝成庵摧圮成平地；衢州、龙游大水。潜山8月诸山山洪群发，河水暴溢，溃堤伤稼；宿松水伤稼。

1781年

夏，上海全境大旱。新城(富阳西南新登镇)旱。绩溪、祁门、潜山旱。

6月13日潜山大水，溃堤伤稼，漂没庐舍数百家，溺死居民无数。

8月7日(六月十八日)戌时风暴潮，崇明风潮大作，淹死12 000余人，坏民房18 122间；浦东高桥潮倾土塘五六处，折木、毁庐、溺人，岁大祲；宝山月浦塘外庐舍漂没，溺死200余人；上海、川沙、南汇海溢，拔木，屋多仆，漂没人畜无算；奉贤沿海廨舍多漂没，海潮入内河，水咸；松江、青浦拔木、覆舟，坏屋庐，七星桥北拔石坊、民屋。是年，南汇岁饥；宝山岁大祲。江苏沿江郡邑南通、海门、如皋、靖江等伤人无算；泰兴溺人畜无算，发赈两月；江阴风雨并作，江潮溢，沙洲(张家港)及濒江庐舍俱坏，居民被淹甚众；昆山潮逾和塘，西流直达苏州胥江，古墓华表摄去里许而坠，境内水骤长四五尺；太仓、吴江、常熟、无锡、常州、扬州瓜洲、北至泰州、东台、阜宁及浙江嘉兴、嘉善、平湖、桐乡、海盐等皆拔木倒屋。乍浦炮台、官厅尽被冲卸，炮位亦沉入海；海宁头圩、二圩潮决，坏田500余亩，坍土塘百余丈；杭州一带被浪冲损；鄞县县廨有梧桐一株高三丈许拔起，民居有倾圮者；慈溪拔木飞瓦，禾稼尽偃；余姚坏浒山城隍牌楼；桐庐大水，平地深数尺；金华拔木偃禾；风暴掣坏洪泽湖高堰砖石工331段及吴城各工；拆展清口东西岸车逻、昭关二坝；铜山淫雨过度，微山湖水溢，坏庐舍，溺死人畜无数，赈恤；邳州皆水；海州赈饥民用银114 585两，又赈粥。山东文登、黄县8月8日大风雨，伤田稼，折屋坍墙。邹平大水，小清河决；东平、金乡、安丘、潍县、临邑、平原、博兴、惠民、阳信、商河；滨州大水害稼。沧州丰财、芦台二场猝遇风潮，滩副被淹。是年，洪泽湖最高水位13.92 m。11月22日赈江苏铜山等县水灾，11月23日赈山东邹平等29州县、济宁等3卫、永阜等3场水灾；12月1日赈直隶沧州等4县、严镇等4场水灾。

是年，洪泽湖最高水位13.92米。

1782年

1月25日嘉善暖甚，戌时雷电；平湖、桐乡雷雨；仪征大雷雨。

2月，吴江同里镇坚冰于树枝；靖江雨雪严寒，杀麦尽死。

淮安、盐城自去年9月至是年7月旱，树木枯死，运河几涸。阜宁至是年11月大旱，蝗飞蔽天；泰州、东台秋旱，缓征漕粮；春，宝山等旱。高邮5—6月不雨，运河水浅，民田被旱；宝应旱蝗。武进6月大旱。湖州6—8月不雨，溪港皆涸，苗尽枯。无为旱。

6月，舒城水，圩田补插晚禾。

7月，武进大霖雨。

8月3日受江苏吴江地震影响，苏州、昆山、盛湖、青浦、嘉善、南浔、双林、武康有感。

8月，松江泗泾龙卷风，坏室庐，吴杨口石桥失其半，不知抛落何处。

9月9日宝山龙卷风，毁学宫及海神庙，民庐亦坏，无禾棉，米昂贵。

9月，淮河水灾，各河泛涨。寿州水，赈饥民63 459口，银20 009.527两；凤台水，免丁地银4 296两；凤阳等被淹；泗虹水灾七、八分；五河秋大雨，淮水涨，灾七、八分；淮安、盐城、阜宁大雨二日夜，平地水深二尺；冬，米谷踊贵，大饥。凤阳等属因淮水泛涨，田禾被淹，着将寿州等9州县被灾八、九分贫民，无论极次，于正赈后，概行加赈1月，凤阳、长淮、泗州3卫被灾饥口一体加赈。是年洪泽湖最高水位12.83米。

10月22日嘉善大风雷雨；平湖陈家湾冰雹，数百亩稻田被击罄尽。

1783年

2月2日松江积雪盈尺。

春，金华雨伤苗。

5月，泾县县东蛟发，冲溃藤溪市壅桥路，洪村、中溪、新庄沿河以下漂没田畴民舍，人多溺死；宣城水，蠲免灾地钱粮。贵池水。

6月17日武义大水，漂没田地甚多。

7月13日吴县浒墅关大风雨，亭圮。

8月，仪征陨霜。

秋，嘉定飓风海溢。

是年，泗虹旱灾五分。洪泽湖最高水位11.04米。

1784年

2月，上元、句容、丹徒3县滨江水涨偏灾，分别给赈，又加赈2月。

春，宝山疫。夏，上海、川沙淫雨，南汇疫疠。

6月，歙县、绩溪大水；休宁三十三都水灾，赈恤。

夏，河决安东汤工口，舟行城市；8月又决五里墩口。

8月8日海宁大雨雹，雹厚如砖，骤至，几至伤人。

夏秋，宝山多风雨，海潮溢，岁祲。丹徒滨江大水。

秋，上海、川沙大疫。泗虹大雨；五河水成灾五分。

11月7日夜仪征雷雨大作。

12月义乌燠，桃李花。

冬，泰州、东台、句容、五河、舒城旱；常熟大旱。和州无雪。

是年，洪泽湖最高水位12.71米。

1785年

大江南北两湖、江西、浙江、山东、河南春夏俱旱。河港干涸，舟楫不通，太湖水竭，死亡相望，白日抢夺。江苏兴化自4月至次年3月始雨，人相食；阜宁大旱，次年春大饥，人相食；盐城人相食；高邮七里湖涸见底，高宝诸河俱干，民食榆皮草根皆尽；东台自4月至次年3月12日方雨，大旱，运盐河竭，井涸，无麦无禾；泰州大旱蝗，无麦无禾，河港尽涸，民大饥；通州、如皋大旱，大饥，流民载道，夏大疫；六合秋后奇旱，龙津桥上五里河断流，桥下十五里河水亦断流；江都大旱，民饥无食，掘猪荸荠作屑，赖以不死；安东大旱，无麦禾。淮安、安东、宝应、如皋、泰兴、靖江大旱。高淳大旱，固城湖中可推车，山圩籽粒无收，明年春草食尽，民皆饿倒；溧水大旱，无麦无禾，大饥；江阴6—9月不雨，河流涸绝，高下俱灾，民无食，勘报六分五分灾田679 503.3亩；无锡大旱，河水尽涸，岁大饥；苏州、吴江、常熟大旱，河堪皆涸，蝗蝻生，岁大饥；苏州于齐盘、葑门、王路庵、木渎等6处各设1粥厂，因上路逃至苏州吃施粥者拥挤异常，每厂均有万余人，死者日各千人，至1786年4月停产；若逃至乡村，则三、四百人作队，络绎不绝；阳湖(常州)免地漕正银5 109.138两，漕粮等米3 274.467石，并给赈极贫正赈2月，次贫正赈1月；宜兴太湖水涸百里余，全县灾田九成，蠡塘河、东西溪涸流5月，全岁不登；江浦、句容、镇江、丹阳、武进、金坛、昆山、太仓大旱。7月2日至9月3日上海全境大旱，青浦蝗，物价飞涨，各郡闭粜，民饥，多饿死；浙北大旱，杭州西湖浅涸；嘉兴大旱，支河、汊港皆涸，歉收，次年2月饥民满道，群聚索食，知县于普明寺、王店镇两处设厂煮粥，动碾仓谷12 059石余，费银5 664两，缓征，借口粮籽种，里中各散圩米；海盐阖郡大旱无收，次年春饥民群掠富室；桐乡石门亢旱酷暑，人相食；桐乡成灾十分田35 990亩，捐粟救济饥民；嘉善、海宁、平湖、德清、湖州、长兴、武义等大旱，蝗蝻生，岁大饥。浙西杭、嘉、湖3府属之仁和、钱塘、海宁、余杭、临安、於潜、嘉兴、秀水、海盐、石门、桐乡、乌程、归安、长兴、德清、武康、安吉17州县，并杭、严、嘉、湖4卫旱，缓征，查明实在贫民借给口粮。安徽宁国、池州、太平(当涂)、凤阳、颍州、滁州、广德、六安、泗虹、庐州各府州属俱大旱。怀宁、亳州人相食；寿州赈饥民455 876口；凤台免地丁银1 719两；泗虹灾七、八、九分；巢县秋旱成灾，蠲免地丁银12 527两；和州大旱，饥民食草木，殍殣载道；无为奇旱，终年无雨，江潮闭，人民饿死相枕藉；舒城大旱，冬大荒，民多掘草根、剥树皮为食；当涂死亡枕藉；繁昌死亡无算；宣城死者枕藉于道；芜湖、贵池、太平(黄山北)、石台、旌德、绩溪、南陵、泾县、东至、庐江、桐城、宿松、五河、怀远、天长、来安大旱。6月赈江苏铜山等16州、县，山东陵县等40州、县旱灾；10月28日赈江苏长洲(苏州)等56州、县、卫旱灾；11月26日赈安徽亳州51州、县，并凤阳等9卫旱灾。

5月18日昆山雷击孔庙四义亭右建国厅，梁栋俱碎。

10月，如皋水浅，冰。

11月1日仪征雪，寒甚。冬，宝山疫，青浦大疫。

是年，洪泽湖最高水位10.95米。

1786年

春夏，如皋、通州、泰兴旱，疫饥，7月始雨。句容春大疫旱；常熟、吴江、宝山、泰州、兴化、东台春大疫；常州大旱，河港赤裂百余日；淮安春荒，大饥，人相食；盐城大饥，人相食，大疫，死者载道；阜宁旱后米贵，大饥，人相食；松江3月咸潮从浦口倒灌入府城，河水如卤，两旬始退；平湖、嘉善、嘉兴旱，米贵；桐乡大饥；湖州春大疫，饥；再将杭、嘉、湖3府17州县并杭、严、嘉、湖4卫再行缓至秋后，按例征收，并查明实在贫民酌借口粮、籽种以资接济。和州春大疫；无为春旱，大饥而疫，死者弥望；庐江春疫；合肥、怀宁大疫；桐城春夏大饥、大疫；太湖饥；舒城春大饥，卖妻鬻子者无数，夏大疫，死又十之三；怀远春荒，人饥，大疫；旌德饥。

3月22—26日五河大雨倾盆，昼夜如注，临湖滨淮田地尽被淹没，房屋倒塌无算。

4月1日常熟大雪。4月5日(清明)海宁、金华大雪。

春，青浦、上海、川沙等多阴雨，米价更贵。溧水无麦；安徽定远、凤阳、怀远、凤台、寿州、五河、泗虹、盱眙、天长9州县被水较重者，给2月口粮，灵璧、滁州、全椒、来安4州县被水稍轻，着赏1月口粮；和州、含山应征旧欠及历年灾缓钱粮、借欠、本折、籽种、口粮等项，俱缓至1787年秋后带征；夏，青浦、松江、昆山、无锡、江阴、泰兴、阜宁、建德大疫。淮安死于道者相枕。

7月，大雨如注，河、湖并涨，淮河溢桃源(泗阳)司家庄、山阳李庄、烟墩；安东汤庄，洪泽湖水涨，洪湖五坝、运河五坝全开；运河溢清浦江二井、五空桥及淮关对岸周家庄，洪泽湖志桩长至一丈六尺(折合水位14.63米)；高邮、宝应民田被淹；阜宁秋湖水泛溢；盱眙、兴化、泰州水。凤台水，蠲免丁地银4 497.59两；泗虹大雨经旬，灾七八九分；来安大水，圩田灾；祁门7月16日大水，深丈余，平政桥断两垌，城圮塌20余丈，城厢屋宇损坏甚多；绩溪夏大水，蛟发数处；石埭蛟水冲塌文昌阁。

7月，宝山大雨，损棉，岁祲。

秋，庐江大水。

10月31日上海、青浦雷电，大雨雹。

冬，昆山暖。

1787年

6月27日太仓龙卷风，折房屋、林木无算，船飞空中，棺木飞去，尸改殡。

7—8月，黄河决睢州南岸，下注蒙城、怀远、凤阳、盱眙入淮，泗虹灾七八九分；五河漫溢田亩被灾；运河堤决口，次第启放山阳、盱眙五坝。9月中旬运河水涨，高邮以下西堤通身水，坏临湖砖石土；又邵伯上下东堤钟家庄四堡、营房头、周家庄、黑鱼塘等处同时漫水。泗虹灾七、八、九分；五河漫溢田亩被灾；阜宁河湖溢；盐城、兴化堤决，大水；泰州、东台大水。是年，洪泽湖最高水位13.67米。

江宁府属之江宁、上元、江浦3县(皆今南京市)被水村庄俱着酌借籽种、口粮;高淳、句容、丹阳、金坛水。

9月9日宝山大雨4昼夜,田中积水五六尺,花铃腐,稻生芽。

9月20日高邮周家湾运河溢,次年1月2日免清河(淮安)等23州县及淮安等5卫水灾漕项、漕米有差。金沙场(南通县)大水市上行舟。

● 1788年

1月28日平湖大雪盈尺,1月31日—2月1日连夕雾凇。

夏,吴县岁饥,捐廉倡赈;句容旱。

6月6日常山大水;6月9日开化、衢州大水,漂民田庐;6月9—10日祁门大水,9日夜烈风雷雨大作,10日清晨雨止,东北诸乡山洪齐发,城中洪陡起,长三丈余,县署前水深二丈五尺余,学宫水深二丈八尺,冲圮谯楼、仓厫、民田、庐舍、雉堞数处,乡间梁坝皆坏,溺死6 000余人,发赈,缓征,修城;黟县大雨水,蛟起十二都、四都、五都、六都、七都,伤人民,损田庐,发银2 182.6两,抚恤灾民9 264口;徽州(歙县)山洪暴涨,叶郁南,桥路崩颓,坏田庐;江阴夏大水,伤晚禾。

6月24—7月4日龙游大水,水进城5次,7月2日最大,差与城齐尺许,7月25日又大水,是年饥;7月3日建德大水,漂没田庐;金华、兰溪水;德清、武康大水,没田。

7月,黄河水至,安东(涟水)中河新工口决。是年,洪泽湖最高水位13.44米。

8—9月,长江大水。怀宁夏大水,赈恤;贵池通远门水至府头门外,约五寸,钟英门水至县学墙,毓秀门水至皇殿内,约八寸;繁昌灾田按分缓征,赏给被灾饥民1月口粮;芜湖钱粮、漕米按灾蠲免,更给赈;当涂圩田减收;和州大水,害稼;巢县缓征地厂银两;无为、庐江水。仪征江潮泛溢,淹没滨江田舍。此次水灾川、鄂受灾最重。

12月22日仪征大风,坏粮艘民船于江。

● 1789年

4月,泰州雨雹。桐乡城中多疫。

5月10日—6月20日海盐淫雨为灾,直至9月1、2两日低田才见阡陌、告荒者接踵。

5月18日常熟大雨雹,损麦。5月,嘉兴、嘉善、平湖、安东(涟水)大雨雹,伤麦。

6月,河决,由睢宁、宿迁入洪泽湖;7月启放山盱智、信二坝。是年,洪泽湖最高水位13.67 m。

夏,泰州、东台蝗,如皋、通州、海门旱。海宁大旱饥。绩溪6—8月不雨。

7月18日、8月1日、8月14日三次风暴潮影响,宝山无棉,岁祲。泰州、湖州水。象山7月飓风发,禾稼淹没,饥。8月,象山海溢,海塘等处村舍水满四尺,塘岸、桥梁倒坏无算。

秋,黄河水溢,安徽泗虹、盱眙、五河、凤阳、怀远等11州县及凤阳、长淮、泗州3卫积欠各银米概于宽免。阜宁云梯关下黄河沿堤溢,入场境刘家篰诸庄。8月25日抚恤邳州、阜宁水灾。

冬,泰州大雪。

● 1790年

1月,象山大雪,道路尽冰,行人不通,至春始消。

1月31日戌时无为大雷电,风雨;当涂、芜湖大雷雨;绩溪雷。

2月10日夜扬州、仪征雷雨。

3月31日衢州大雨雹，如碗如拳，积二尺许。

4月，泰州、东台雨雹。5月18日嘉定、上海、青浦、松江、南汇、昆山、太仓、常熟、南通大雨雹，大如拳，坏菜麦，击死牛；嘉定坏民庐。泰兴大雨冰，麦尽损，赤地数十里。如皋天雨冰，麦尽损，赤地数十里，木叶尽脱。

6月7日申时仪征大风暴雨，坏楼橹、官廨、学舍、坊表，墙垣、屋宇、树木皆易故处。

夏，泰州、东台旱。

7月26日、8月10日两次风暴潮影响，海盐海塘先裂后坍；海宁11日大雨三日，河水泛涌，街可行舟；温岭7月26日大风雨，海溢，小西门崩；乐清7月大水；宝山、嘉定无棉，米贵，岁祲。

8月19日宜兴大风，古树尽拔。

9月5日淮安大雨一昼夜，城内街衢行船，成熟之禾尽没，屋塌无数；阜宁秋大雨，田禾淹没；泰州、东台秋水。

9月6日舒城大风雨，山水陡发，沿河一带多罹水灾。

12月，建德大雪，至次年1月止。湖州大雪饥。

冬，绩溪木冰，花果竹木多冻死。宿州大雪，奇寒。

是年，洪泽湖最高水位13.60米。

1791年

1月24日靖江大雪，凡3日，积三尺余，檐际冰柱垂至四五尺；南通大雪盈尺；泰州大雪；东台大雪四五日；平湖大雪，平地尺余；武义1月29日木介，竹木多被折，损殆；永康雨木冰；江山大雪，木冰，枝断树折，坏屋伤人；金华木冰；义乌1月大雨霰盈尺，坚冻不可锄，竹木多死；西安(衢州)1月大寒，屋瓦冰结，3日始消；黄岩1月28日冰，木介；嘉善、湖州2月大雪一昼夜，平地盈尺。

2月15日昆山雨黑水；吴江2月连雨，水浮岸一尺。

6月，南通金沙场大水；嘉兴、嘉善夏淫雨四旬。平湖夏淫雨45日乃止，无菽麦，米贵；海盐自2月3日至5月初终日晴者仅9日。海宁2—5月无3日晴者；湖州大水；金华6月多雨，二麦伤；天长夏雨。夏，安东淫雨40日不止。寿州水，赈饥民41 653口，给籽种麦3 194.75石。是年洪泽湖最高水位12.74米。

7月31日、8月14日、8月29日宝山月浦、浦东高桥三次潮溢，无棉，米贵，岁祲，里长报荒，邑令不准，民多逃避；上海、川沙岁祲；太仓7月30日、8月19日大风潮溢；昆山、湖州大水，伤稼；嘉兴大水；海盐7月30日、8月23日风潮塘损；海宁8月30日大水；慈溪、象山秋飓风，水灾，淹禾稼，冬饥。

1792年

3月24日夜海宁大雨雹，近海尤甚。3月27日淮安雷击预备仓，屋坏。

6月10日泰州大雨雹。

8月27日宝山、青浦等大雨十昼夜，花铃尽腐，禾损，米贵。平湖8月飓风拔木；武义大风水，都司空坊坏。

9月6日嘉定夜卤雨，损秋苗。

冬，上海暖。苏州、吴江、常熟无冰。

是年，洪泽湖最高水位12.55米。

1793 年

1月，仪征大雷雨；泰州雷；1月16日南陵雷电作。

2月2日南陵雨木冰。

春，松江、青浦大水，米棉皆贵。昆山久雨伤麦，米价贵。嘉兴、嘉善、桐乡、海盐2—5月恒雨。海宁夏淫雨，伤麦。

6月27日武义大水。

夏，安庆、池州、芜湖、庐江、当涂滨江夏间被水，收成歉薄，无为稍重，赏借2月口粮，铜陵、繁昌2县赏借1月口粮；江阴大水，马家圩成灾，缓征。昆山大水，禾苗多淹。阜宁夏大雨。天长夏雨，山、淮被浸；泾县东涌溪蛟发，冲毁东西二新桥及堤路；宣城水患歉收。

夏，东阳甄山大风，折木十余里。

8月13日海盐潮溢，坏民居。阜宁秋海潮溢。杭州秋潮大汛，风雨驰骤，仁和西塘先后泼损坍卸。

夏秋多水，江苏清河、山阳(皆今淮安)、安东(涟水)、桃源(泗阳)、阜宁、盐城、高淳、高邮、宝应、东台、兴化、长洲、元和(二者皆今苏州)、常熟、昭文(今属常熟)、昆山、新阳(今属昆山)、娄县(松江)、青浦、阳湖(常州)、无锡、江阴、太仓、镇洋(今属太仓)，宝山、松江、青浦等29州县并淮安、大河(驻淮安)、徐州、苏州、太仓、镇海(驻太仓)6卫地方禾棉被水，应完漕米钱粮缓至来年秋后分作两年带征。常熟、昭文两县各设4厂于乡镇，查明大小扱次贫民7.1万余口，共散钱11 616串* 800文。

* 1串＝1 000文，基本与1贯、1缗相同。

冬，湖州无冰。

是年，洪泽湖最高水位12.71米。

1794 年

3月，南通金沙大冰雹。

4月，江都不雨。

春，金华淫雨，伤麦。

6月27日海盐八团大雨雹。

6月，吴县强旋风，风雨骤至，天昏地黑，掀坍洞庭山湖滨民房无数，压毙若干人。

夏，天长西山蛟水涨浸。

8月2日(七月初二)风暴潮，宝山拔木，坏垣；嘉定、上海、川沙、南汇、青浦、松江大风雨，海溢。上海、川沙、宝山、松江岁祲，宝山因水灾，漕银等款项分两年带征。金山旧署为飓风所毁，禾棉歉收四成。太仓海潮溢；昆山8月1日大风雨一昼夜，拔木偃禾；吴县、常熟大风，倾屋舍，寒如冬；吴江大风拔木，寒甚，一日更裘；江阴大风雨，拔木，沙洲(张家港)圩岸冲坍；淮安2日亥时暴风彻夜，洪泽湖最高水位13.41米，西工告险，8月启放山、盱智坝；阜宁湖涨，大水；江都大雨，伏无盛暑酷热；海门岁歉；嘉善大风雨，倾垣倒屋；海宁大风驾潮，海塘崩；桐乡大风雨竟夜，大成殿前拔去古柏2株；湖州、长兴大风拔木，寒如冬；余姚大风拔木，木棉尽坏，沿塘设厂捐赈；绍兴岁大祲。

9月11日上海全境淫雨十日方止，棉花溃烂无遗，岁大饥，人食糠秕树皮，加之连年歉收，卖男鬻女，饿殍塞道，缓征银米。苏州、太仓9月连雨20日，木棉无收；平湖淫雨经旬。

11月，暖，海宁桃、李、梅皆花成实。

冬，宝山等严寒。

1795年

3月6日海宁暮雪，并闻雷声。

春，上海全境大饥，死者枕藉。上海煮粥赈之，崇明藩库借给口粮银55 990.59两；宝山预免1796年各省直地丁银分作三年输给；松江免积年民欠因灾带征粮米。嘉定、宝山大疫。

5月，庆元盖竹山崩。

7月3日仪征昼夜雨，横冶山洪暴发。

7月4日丽水大水，坏民田4顷余。

7月7日江山狂雨经昼夜，山水暴涨，坏田地、桥梁、庐舍，淹毙人畜。

7月，桐乡淫雨，大风拔木。

夏，广德、太平(黄山)旱，饥。

8月8日临海大水。

8月28日青浦龙卷风，自县东北至金泽，迤逦而南，过处屋瓦尽飞。松江泗泾南龙卷风，坏室庐，吴扬口石桥失其半，抛落不知何处。

9月，海门大旱，岁饥。

秋，崇明大疫。

冬，鄞县、慈溪、象山大雪、大寒，数百年樟木冻枯不蘖；东阳大冻，山中鸟兽多毙，麦苗尽萎。

是年，安东雨水，伤禾；五河水，成灾八九分。洪泽湖最高水位12.55米。

1796年

2月17—18日青浦、金山、松江等大雪大寒，河冰，伤果植及麦。苏、湖、嘉、无锡雪深五尺许，冰凝不解。吴江：冰坚厚，旬日始解，周庄途人或至冻死；江苏太仓、昆山、吴县、江阴冰柱长几至地；吴县、常熟、无锡等大风雪。浙江嘉善：凝冰20日，湖荡可徒行；临安：积雪齐檐；平湖、嘉兴、海宁、海盐、桐乡、德清、湖州、萧山、桐庐、建德、金华、永康、临海、黄岩等皆同。江西新建大冻，毙人口无算；彭泽、星子、都昌冬春间木冰、树多折。大雪甚寒天气南界自福建福鼎、沙县至江西金溪、永丰一线。

6月，武进大雨。

7月，洪泽湖涨，风浪掣卸砖石工；凤，泗水灾；淮决运口佘家庄堤，入淮安护城河；高邮水。是年，洪泽湖最高水位14.21米。

秋，崇明大疫。

1797年

6月，海宁大水，舟行于衢。

7月4日宜兴大风雨，拔木，湖滏、张渚诸山发蛟数十处，民居漂没。

7月，青浦有小渔船插泊漕船夹道，晚风烈，漕船走锚，渔船被轧，渔妇溺死。

7月，嘉善、海盐旱；鄞县旱，饥，设厂损赈。

8月20—21日杭州大雨滂沱，山水涨溢，东南风又烈，潮势较大，危公场间段泼损；海盐8月20日、8月22日风潮作。

9月8日乐清大水，沿海居氏溺死者甚众；杭州8日巳刻东南飓风骤起，9日雨骤风狂，潮汐汹涌，直泼北岸，致东西二塘柴埽工间有泼损；萧山西兴沙地全坍，渐露塘根，望京门外海潮由闸口溢入，内河水味常咸，镇宁庵迤南达四都逼江势，尤危险；海盐风潮，石塘坍损；宝山大雷电，风雨一昼夜不止，海水暴涨，城门俱闭，水自城头下，吴淞口大浪，伤客船；江苏南通、如皋大风雨，伤居民。河决砀山南岸杨家坝，旋决曹县北岸二十五堡，分道由单、鱼、曹、沛下注邳、宿。是年，洪泽湖最高水位 12.77 米。

秋，合肥、巢县、定远、天长等 6 州、县旱，给予赈济。

1798 年

2 月 15 日除夕嘉善大雪。2 月 20 日上海地区大寒，厨灶皆冰，有仅举一炊而不起者。

6 月，上海全境旱。松江因灾缓征漕米钱粮。南通 6 月 26 日大雨烈风后，旱至 8 月 30 日再大水。泰州、东台、嘉善、平湖 7 月旱，武进、海盐夏旱，鄞县旱饥，设厂捐赈。

9 月 8 日后南通大热，至 9 月中旬如酷暑。萧山：9 月 2—9 日热过中伏，10 日微雨，11 日复炎日如暑，至 9 月 24 日后始渐凉。

秋，安东、泗阳雨水伤禾，赈饥民。

11 月 13 日拨江苏漕粮 4.7 万石，赈江浦二县水灾。

是年，洪泽湖最高水位 12.19 米。

1799 年

8 月 2—3 日(七月初二、初三)风暴潮。浙江萧山 2 日暴风从东南来，高树皆折，屋瓦飞坠，雨雹大如鸡卵；海盐风潮，海塘坍损；嘉兴大风，潮灾；崇明 3 日海溢，居民多淹没；宝山水高 4～5 尺，土塘倾坍，摄舟云际，坠者毁，水车腾空，坏者不可胜计；上海、川沙、南汇大风雨，海溢；松江水灾。江苏海门 8 月 3 日猝起飓风，厅境天南、安庆、三角、藤盘、吕寿、小安、戏台、大洪等沙沿海圩岸间被冲缺，致损禾棉；南通(今金沙)3 日飓风大作，4 日海潮大溢，居民溺死，庐舍漂没；东台、泰州 8 月 3—4 日大风海溢，范公堤决，淹损民禾，栟茶、角斜等场庐舍漂没，赈恤，给修房屋银，蠲缓折价；兴化大风雨，海水漂没民庐无算，草堰、刘庄成灾八分；盐城：大风海溢，漂没人民，知县收遗骸瘗之；阜宁 8 月 3—4 日海潮溢，民溺；淮水盛涨；泗、盱 7 州县水灾，洪泽湖水涨，最高水位 14.22 米，启放王营减坝，暴风雨掣卸堰圩石工 50 余段，舟多覆溺，先后启放智、信两坝，9 月又坍砖石工 50 余段，深夜抢护，淹毙堡夫 2 名。是年洪泽湖最高水位 14.22 米。

1800 年

2 月 9 日嘉善、平湖、嘉兴、桐乡、湖州大雪，平地 3 尺余，新市镇夜雪花皆如掌大，庭院不通内外，颓檐破屋压倒无算；富阳大雪 10 余日，平地积至丈余；萧山、鄞县、慈溪、象山、金华、东阳、建德等积雪深 3～5 尺。安徽绩溪 8 日大雪，泾县 2 月大雪，积雪数尺。

6 月，於潜大霖雨，山田沙扬，漂没者以千计。

7 月，泗属水灾，启放王营减坝；山阳、盱眙智、信坝过水，启放仁、义、礼坝。是年，洪泽湖最高水位 12.83 米。

8 月 8 日昌化五、七、八都山洪暴发，田禾被淹，成灾田亩免地丁银 15 两余，米 4 石余。8 月 13 日寿昌、萧山水灾，抚恤乏食贫民，给米口粮一月，掩埋淹毙丁口，发给坍房无力修费；金华大雨三日，山崩，有蛟出，漂田庐丁口无算；武义沿溪村居尽被漂没；义乌 8 月 6 日大雨 3 昼夜，四乡山洪暴发，平原水高数丈，山崩 10 余处，田坍庐漂不可胜计，城不没者数版；东阳 8 月下旬大水；建德大水入城至三元坊，早禾尽淹；衢县山洪暴发，砂碛间遗骸委积；富阳县南 40 里石星桥圮；兰溪、浦江大水；永康* 蛟水陡发，近水居民溺死者无数；绩溪沿溪村居尽没；太平(黄山)8月9日大水，漂没近河田庐，坏桥路无算；桐城8月9日清晨大雨，至夜不止，三更后(10日)城外发蛟，东门外紫来积场与两头桥亭冲去，自北、南两门外冲去民房无算，淹死200余人，四乡山中起蛟处甚多；太平(温岭)、玉环8月12日大风雨，海中覆没盗船无算；怀宁大水，坏民庐舍；贵池、铜陵、庐江、芜湖、无为、和县、当涂、金坛俱大水。

* 日期记载有误，六月无癸卯、甲辰日，现只取其月。

1801年

7月21日南通金沙雷雹，堤外雨冰，烈风折树，屋瓦俱飞，雷震十八埝树。

8月23日萧山大雨如注，上江山水暴涨，诸暨、山阴、萧山近江田亩被淹，西兴江水溢入内河，海陡涨，倒灌入三江间，曹娥江亦被海水浸入；上虞大水，外梁湖堤百甸大决，水淹半月，禾稼尽腐；嵊县大水，平地水深丈余，骤涨即涸；义乌大雨，江水入城，船泊街巷；杭州、余杭、富阳等山水并注，田地场灶多被淹没，余杭蠲缓新旧额赋；桐庐：大水，冲坏田庐，郡守申请平粜；缙云、永康水。

是年，洪泽湖最高水位11.87米。

1802年

2月，如皋苦寒，点水成冰。

3月17日萧山钱塘江忽涨暗潮，风陡作，覆二舟，淹毙80余人。

4月30日—6月16日萧山阴雨连绵48日，田皆更种；金华5—6月连雨40余日。淫雨伤禾；6月12日定海大水，田成巨浸，禾尽伤；象山6月雨甚；慈溪6月淫雨。

6月17日至8月上中旬建德、金华、永康、东阳、衢州、丽水、泾县、歙县、绩溪、太平(黄山北)、贵池大旱；慈溪、龙游大旱，饥；诸暨、嵊县、武义旱。寿县苦旱，赈饥民367 212口、银75 937.6两；宣城、南陵、泾县、宁国、无为、巢县、五河、东至等旱。南通金沙自7月至次年2月2日旱；东台大旱，河竭，停征折价；泰州、阜宁、溧水、句容秋旱，淮安蝗入境，遗种遍野。此次旱灾涉及黔、鄂、湘、赣、浙、皖、苏等省，重灾区位于长江及其以南包括浙西、皖南、江西，湖北等。

6月，绩溪二都道，山坑枝山裂如门；旌德五都知树岭小枝山隐隐有声，数日后山裂如涧，长十数丈，宽五、七尺不等，深丈余，二者毗连。

7月，洪泽湖清水渐长，闭运口三闸，并力敌黄(水)，山盱智、信两坝过水；宝应大水。是年，洪泽湖最高水位12.99米。

8月4日海溢，川沙、南汇钦塘外庐舍、人畜漂没无算。

1803年

春，湖州冰冻逾月。

6月，丽水、临海、武义、永康、寿县、凤台、怀远、黟县旱。

6—7月，长兴大雨，田禾淹没。

盱眙洪泽湖水涨一丈五尺；泗阳决衡家楼；高邮上河田淹没；宝应瓜山、芦台、丁宁等庄沿湖一带圩岸被水冲圮过半。是年，洪泽湖最高水位13.89米。

夏秋，嘉善、平湖疫。

12月30日子丑时分萧山暴风甚雨，河水涨数尺，东乡低田俱淹。

冬，溧水雨雪盈尺；句容大雪。

1804年

2月10日青浦金泽大雾竟日，午后仍人面不能辨。昆山、吴江雾，淞南至有行路坠河者。

4月，青浦、嘉定、宝山、南汇等淫雨连绵，田成巨浸。

5月6日嘉定、宝山陨霜，损麦。

6月，江浙大雨水。嘉定、宝山、青浦、松江、南汇水灾，平地可行舟，秧苗尽淹，6月22日渐退，岁大祲，应征新旧漕、地银米分别蠲缓；松江河水陡涨，田亩尽没，薪米昂贵，随时加恩赈恤；青浦雨，连旬不止，河水溢，岁大祲，米价腾贵；金泽贫民抢粮；嘉定、宝山大水，应征新旧地漕分别蠲缓；昆山6月淫雨兼旬，田禾尽淹，饥民纠党，攘取富家储米，官严惩之，仍劝募平粜赈济，减本年漕粮，缓征旧欠：太仓大水，低田俱没，镇中绅衿劝捐资，设平粜于关王庙中，州牧又以常平仓米于城隍庙粜之，各处有抢米事，是年税赋分作两年带征；吴江淫雨三旬，圩田俱没，人情汹涌，群起劫夺；吴县阴雨连绵，米价骤涨，7月9日人情凶暴，乡镇抢米者甚众；常熟自6月9日始，连雨7昼夜，14—26日又雨，6月29日—7月2日复昼夜雨，7月5日夜暴雨雷电，低田尽没，东南诸乡悉成巨浸，东西两湖相通，舟从田中行；无锡夏雨淋漓，连月不霁，沿湖民舍积水3尺；宜兴被水歉收，灾缓银米分作两年带征；靖江夏淫雨7日夜，各处有抢米者；溧阳、金坛、和县、南陵、宣城水；浙西杭、嘉、湖三郡夏大水，田禾俱淹，农民饥困，皆为攘夺计。大中丞飞章入告，请藩库封贮银10万两，又商捐银20万两散之，各县煮赈，共设32处粥厂；嘉善春夏恒雨，低田俱没，苗坏；平湖春淫雨，6月30—7月1日雨尤大，昼夜不止，濒河田有没者；湖州、长兴6—7月连旬大雨，赈饥；德清水灾，蠲免银6 136两，米5 400石，缓征银16 570两，米14 800石；海宁、杭州、余杭、临安、桐乡、余姚、上虞、衢州、温州等皆雨。因江浙水灾截留四川运京米30万石备粜。

7月，淮水大涨，凤阳、泗州、盱眙、五河等处水，洪湖及运河水势迭涨，启南关等五坝及山盱五滚坝以减泄量。是年洪泽湖最高水位14.24米。

8月，东台大风潮溢；泰兴沿江潮溢，冲坍田地数十顷；风暴掣通仁、智两坝；高邮启放车、南、新三坝；高邮附近坝下低洼地亩间有被淹；兴化、泰州、宝应水灾，蠲缓新旧地漕粮米，并发帑赈济；泰兴毛家滩潮涨，冲坍田地。

秋，安徽滨江各属及江北一带屡经秋雨，低洼田亩收成歉薄，恩将东至、贵池、青阳、铜陵、东流、芜湖、当涂、繁昌8县、无为、庐江2州被灾贫户赏给一月口粮，巢县、凤阳、怀远、寿州、凤台、宿州、灵璧、泗虹、盱眙、天长、五河应征新旧钱粮漕米，俱缓至来年秋后分别征收。

1805年

春，安东恒雨，伤麦。

4月，嘉兴、嘉善、桐乡、余杭、萧山梅雨，伤麦。杭、嘉、湖4—5月阴雨，麦豆收成顿减，蚕丝更为歉薄，民食维艰，除将上年捐备煮赈余银1.4万余两外，又于藩库捐监款内动支银10万两，开厂煮赈，所有杭属之仁和、钱塘、海宁、余杭、临安，嘉属之嘉兴、秀水、海盐、石门、桐乡，湖属之乌程、归安、长兴、德清、武康等15州县新旧额赋缓至秋成后分别征收。安徽夏雨较多，洼地间有积水，将怀宁等15州新旧钱粮漕米等项均行缓征。6月28日以江浙水灾，截留四川运京米30万石备粜。寿县淮水涨，护城堤岸多损，赈饥民33 035口，银4 790.147两；洪泽湖异涨，掣卸砖工60余段；天长湖水异涨，东北一带圩田被浸，赏给一月口粮；芜湖加赏一月口粮。

6月29—7月1日*风暴潮，崇明、宝山、奉贤飓风海溢；上海、川沙大雨、海溢；青浦大雨倾翻；嘉定、松江大雨。嘉定岁祲；青浦豆麦不熟，夏饥，有鬻女者。崇明虫伤木棉及稻。松江、太仓灾，缓征漕米钱粮。南翔发常平仓谷粜。扬州海潮溢，五坝决，漂没田庐；瓜洲盛夏江潮涌涨，上游淮流下注，冲决运河东西堤岸，田禾尽没于水；高邮山盱义字坝因暴风掣塌，全湖下注，民大饥；兴化坝开，大水；宝应大水，瓜山、芦台、丁宁等庄田多沦于湖，时安记、西傅寺等庄沿湖圩岸亦多冲圮过半；泰州大风雨，海潮溢，江涨；淮水骤发，开五坝，水淹下河，民多流徙；东台五坝决，西水骤至，高涌丈余，漂没庐舍，赈恤蠲赋；阜宁放五里中坝、昭关大坝，县境大水；南通金沙7月1日海潮大溢，坏堤岸；海安水灾；如皋海溢为灾，白蒲镇中到处流民栖止；靖江夏淫雨；绩溪6月30日大风雨雹，学宫墙圮。

8月，白蒲酷热，疫病大行，死者甚众。10月，南通民病疫，岁饥殣。

9月，旌德雨后十四都上高山忽自坼裂，自上而下约10余丈。

是年，洪泽湖最高水位13.79米。

* 奉贤、青浦、宝山、崇明皆记闰六月三日(7月28日)，从江浙邻省记载判断，闰字多余，应删除。

1806年

春，嘉定、南通疫。宝山民饥，劝赈；彭浦动捐赈济；兴化、泰州、海门、盐城、东台饥。

5月25日湖州大钱镇龙卷风，狂风暴雨，毁屋发墓，覆舟拔木，焚溺惊压，死者甚众。

5月，洪泽湖涨，启放智、礼二坝，又启放王营减坝；7月15日前后启放高邮南关、车逻二坝；掣卸宝、高运河西岸石工735段4 000余丈，又甘泉(扬州)西岸崇家湾、翁家营及荷花塘东西岸俱漫缺；兴化、宝应、高邮、泰州、江都大水，漂没下河田庐无算，泰属各场被水，草堰、刘庄等产盐甚少，岁大祲。8月29日赈江苏兴化等15州县被水灾民。是年，洪泽湖最高水位15.30 m。

7月，江宁、吴县、泰州旱。7月—9月4日慈溪、象山旱。

8月26日吴县周庄镇北大王庙雷击，死1人、1牛、伤1人。

1807年

江、浙、皖、鄂、湘、闽、桂数省(区)旱。江苏以常州、宜兴、溧阳为重，免五分灾田漕正银一成；常州饥，赈米3 000石，附廓武进、阳湖两县合计银7 443.806两；常熟浚护城河泄水，免漕粮等米一成；宜兴长荡湖涸，湖土夜潮，沿湖居民借种荞麦，赖以济荒；高淳、金坛、无锡、江阴、南通、泰州、兴化、南通等旱；东台河竭，无禾，蠲赋。安徽寿县、繁昌等夏大旱，寿县赈饥民319 120人，银47 868.75两，免丁地银；繁昌按灾田分数缓征，赏给饥民一月口粮；和县、太湖、怀远、天长、广德、怀宁旱或大旱。

6月，河溢清河县(淮安)吴家庄、安东刁家庵，又溢阜宁时家坞。

6月，建德大水入城，至磊石巷止；兰溪大水。

7月，嘉定浦家港龙卷风，坏民庐舍，有被卷入空中者。

8月，淮决阜宁荷花塘，陈家浦、马家港大水，由五辛港入射阳湖。

8月21日泰兴大雨雹，自西城蒋家港至东南印家桥十四五里、51村被灾。

是年，洪泽湖最高水位13.99米。

1808年

春，泰州、南通、阜宁、东台旱。3—4月，青浦海潮倒灌，河水咸如卤，惟塔前水可饮。5—9月江南金坛大旱，湖坼见底，高阜田禾未插，低乡插而黄萎，岁大饥，赈粥。

7月25日江北洪泽湖水势甚涨，高堰志桩已一丈六尺六寸(15.49米)，淮水涨发，沿淮城镇被淹，冲塌运口盖坝及头、二、三坝，水漫闸背，决清江浦(淮安)上下运河堤工，又掣通运口外临湖砖工，开放佘家坝以泄水势。淮安有人挖放运河西岸，河西田庐尽没，荷花塘又决，东乡田也尽没；启放智坝及淮水归江各坝及归海五坝。6月宝应、清河、安东、盐城、阜宁、东台、江都等淮、扬、海3府14州县及淮安、大河、扬州3卫均被水淹。

7月，浙江杭、嘉、湖、绍4府暨杭州、仁和、钱塘、嘉兴、嘉善、桐乡、湖州、德清、石门、乌程、武康、富阳等俱大水。

9月5日桐庐山洪骤发，漂没田禾，缓征。安徽望江、怀宁、巢县、和州、全椒、含山、五河、天长、凤阳、桐城、舒城等28州县或因山水陡发，或由江水骤涨田庐多有淹没。

1809年

夏，高邮、兴化、泰州、东台旱。

5月2日开化、江山雨雪，禾苗尽萎；5月6日祁门大寒，雨雪。

8月27日平阳飓风暴雨，辰起夕止，倒屋拔木，屋瓦皆飞，砖垣石墙倾者不可胜计；温州飓风大作。8月，淮安河西状元墩决口，西乡田禾尽没；阜宁淮决荷花塘，启车、南、新三坝。

10月22日宝应运河王家庄堤决。

是年，洪泽湖最高水位14.47米。

1810年

1月，上海、青浦、松江、金山等大寒，黄浦、淀山湖尽冰。天长大寒。

2月25日青浦落黄沙。

3月，运河决山阳三堡瓦庙(淮安三铺南七涵洞)。

4月15日天长雨雹，由北而东，马义河等镇最巨。5月，怀宁雨雹，大如鹅卵，坏禾麦。

6月，歙县大雨数日，西河水溢鱼浮。

7月8日青浦、莘庄雹，坏民屋。

夏，吴江水。淳安淫雨兼旬，山洪暴发，南河西岸积尸枕藉，庐舍、堰桥及近河田地多被冲荡。

夏，天长旱。东台旱。慈溪、富阳、桐庐、德清、嵊县、新昌、武义、永康、东阳、浦江、旌德等浙南大面积旱。秋，安徽皖北普旱，合肥旱甚，输粟6 000斛赈饥；寿县赈饥民222 284口，银33 342.6两；凤台给口粮银18 237两；天长、来安、泾县旱。

8月，运河决宝应王家庄。

10月12日泗虹李家楼漫口，黄水下注，州境村庄被淹，先赏一月口粮，地丁钱粮豁免；宝应汛东岸庙湾王家庄堤决，大水，缓征；安东秋淫雨；高邮水；五河水灾。11月11日山(阳)盱(眙)仁、义、智3坝风暴掣开，水注下游，高邮城外湖河一片。启放淮水归江各坝及归海车逻坝，谨守余坝。

是年，洪泽湖最高水位14.91米。

1811年

1月，上海、川沙大寒，黄浦冰；青浦严寒，淀山湖冰。

春，金山枫泾大疫。

夏，嘉兴雷击新塍清贻堂，梁柱碎其半。

9月，吴江、嘉善大风雨，寒甚，禾被伤，秀多不实。9月22—24日松江大雾三日，着物皆白。

秋，江宁、溧水、句容水。泗阳河决李家楼，溢入洪泽湖，赈饥民；清河河溢，抚恤饥民；阜宁河溢北岸倪家滩，又溢南岸七巨港，漫水绕大淤尖，南注射阳河入海；高邮、兴化水。是年，洪泽湖最高水位 14.91 米。

1812 年

春，嘉兴、嘉善、桐乡淫雨伤麦。

夏，淮、扬两府雨水较多，低田被淹，迨开智、礼 2 坝，水由高宝诸湖串入运河，西岸之高邮等州县及东岸下河兴化等州县各田多被淹浸；高邮民饥；泰州、东台、阜宁成灾，宝应、盐城、五河大水。

9 月 7 日龙游南乡大水，溺死甚多，田庐漂没无算。

是年，洪泽湖最高水位 15.14 米。

1813 年

2 月，溧阳雨雹。

3 月，太仓大雪。

4 月下旬至 8 月初不雨，上海、川沙、南汇、嘉定、宝山、松江、青浦、奉贤等大旱，河尽涸，干河不通舟楫，支港多坼裂，种籽不能下，低田禾豆多伤，惟棉花无损，然海民成群抢摘，几酿乱。东台春旱，河涸。

7 月，南通金沙人衣裘棉。

太平(黄山北)山洪暴发，坏田庐，溺人畜。

10 月，河决睢州南岸，由涡入淮，注洪泽湖；山、盱 5 坝损坏，宝应大水，西乡时安汜，西傅寺等庄田多沦于湖，衡羡庄民田亦冲圮几半，缓征；泰州鲍家坝崩决；兴化、泰州、阜宁、东台、怀远大水。

是年，洪泽湖最高水位 15.14 米。

1814 年

2 月，湖州大雪，3 月 22 日大雪，积数尺，大冻；3 月，太仓大雪；春，仪征大雪尺余；南通寒。

4 月中旬至 9 月初，江南北大旱。江苏江宁赈贫民 17 万余口，免钱漕十之六，发仓米平粜；溧水秋无禾，饥；六合赤地千里；高淳饥，民食青草；吴县 6—8 月大旱，山麓高田苗尽槁；昆山城内外河底俱涸；太仓舟楫不通，饿殍载道；7 月 30 日寒，有微雪，岁饥；吴江 6—8 月不雨 40 余日，平粜；无锡饥；江阴河水干涸，河底俱坼，七分灾田 756 189.87 亩；丹徒人食观音粉；金坛民饥；武进被灾七分田地蠲免十分之二，地漕正耗银米并免，又给银赈济，共折银 77 217.15两；宜兴被灾五六分田地免地丁银米十分之一，六分成灾地蠲赈一月；扬州、仪征、高邮、宝应、泰州、泰兴、靖江、南通、泗阳、盱眙大旱；东台河涸，井枯，无禾，无盐；上海全境支港坼裂，干河不通舟楫，豆稻多伤，争水民有斗殴。南汇海民成群抢摘棉花，富室雇人抵拒，几酿乱；上海、南汇、松江、青浦等饥，饿殍载道；嘉定、宝山岁大祲，缓征灾田地丁银粮并漕项粮钱。浙江杭、嘉、湖三属仁和、钱塘、海宁、余杭、临安、於潜、嘉兴、秀水、石门、桐乡、海盐、归安、乌程、长兴、德清、武康、安吉、孝丰各县被旱田亩蠲缓；建德自 7 月上旬—8 月 3 日不雨；嘉善夏亢旱 40 余日；湖州 6—8 月亢旱，高田无收，施赈每日大口钱 14 文，小口半之；慈溪大饥，设厂煮粥以食饿者；余姚捐赈；龙游旱。安徽霍丘人相食；庐江民多流亡；广德田地绝收；阜阳、巢县、无为、怀宁、潜山霍山、合肥、铜陵、和县、桐城、寿县、舒城、怀远、天长、来安、全椒、定远、当涂、宣城、泾县、南陵、繁昌、旌德、贵池、太平、东至大旱或旱。

7月，青浦雨雹。

7月，洪泽湖水涨，开决湖堤、运堤各坝，启放仁、义两引河；8月启放智、信两坝；9月启放高邮车逻、南关二坝。是年，洪泽湖最高水位14.72米。

秋，崇明潮灾，缓征地丁等银。

1815年

春初，吴县、吴江阴雨连绵；嘉善阴雨连旬。3月中旬湖州大燠，既而雷电大雪。松江饥；青浦朱家角岁大祲。

7月，盱眙沿淮大雨，正阳镇水长二丈五尺，湖淮并涨，拆展束清御黄两坝，启放仁、义两引河及智、信二坝，峰山二、三两闸，8月启放王家山天然闸，十八里屯滚坝及洪泽湖蒋家闸河、高邮车逻、南关两坝，致泗州等州县滨水圩田及五河县33保、凤阳县54保、怀远县49保及屯坐各卫被水乏食贫民一月口粮；宝应水灾，应征银米按分蠲免，余者分年带征，并发帑给赈；阜宁河溢北岸叶家社，南岸坐滩溜势北趋，东洼河势南趋，坍滩200余丈；东台湖水溢，缓征；高邮、扬州、泰州大水。是年，洪泽湖最高水位15.23米。

8月4日黄岩大水，六都溺死者百余人。

10月13日台湾桃园外海（25.0°N，121.3°E）6¾级地震，波及浙江慈溪（今慈城镇）、建德梅城、金华、武义柳城、乐清等。

1816年

嘉定大疫。

4月14日泰州雪。

6月，青浦雨雹。

7月6日宜兴风圮学前何给谏坊。

7月，洪泽湖水涨，先后启放义字河及智、信两坝，仁、义两河，高邮车、南二坝及归江各坝；宝应汛东岸兵三堡、西岸兵一堡及袁家房、何家房等处均因水长，刷动堤坡；盐城、高邮、兴化、扬州、泰州、东台大水。

松江雷击兴圣寺塔。

浙江建德、武义、东阳、龙游旱。

是年，洪泽湖最高水位15.20米。

1817年

5月，临海雷击巾山塔崩。

6—7月，因洪湖坝水下注及山水骤发，启放山、盱义字河及智、信两坝，高邮等州县秋禾被淹，查明高邮、甘泉（扬州）、宝应3州县极次贫户口，按分数给赈；五河山水陡发，淮湖并涨，受灾五分的14堡及屯坐各卫贫民均赏给一月口粮。凤阳、泗州、安庆、太平（当涂）洼地被淹。洪泽湖最高水位15.07米。

7月10日昆山龙卷风，大风拔木，车塘能仁寺银杏树大可四围，摧压山门俱圮，

9月16日受台风外围影响，乐清潮溢，淹禾；鄞县海潮至灵桥门；海宁潮溢；川沙飓风，潮损海塘；南通烈风甚雨连朝夜，市上行舟。

1818 年

6月5日雷击嘉定黄渡城隍行祠。

6月30日苏州娄门外龙墩村龙卷风，冰雹大作，狂风拔木，雨下如注，拖坏民房庐舍50余家，失去男女数人，有一人随风而飞，从空落下却不死；有一家失米50石，数十里内无一粒坠；又一家船4只，牛一头，与船坊牛棚一齐上天，不知所往。常熟同日也大雨雹。

8月2日午刻广德龙卷风，大风雨雷电，圮州治前鼓角楼，千总署园数围杨树撕拔，掷压住房尽倾，天寿寺塔顶铁缸二座飞掷殿庭，幸为时暂，不伤人。

8月23日松江狂风暴雨，飞瓦拔木，坏民居数十家。

9—10月，淮水至，先启山、盱仁坝及义礼两河，后又启山、盱信坝及高邮车逻坝，高邮、兴化、泰州、盐城水。是年，洪泽湖最高水位15.04米。

秋，嘉定、上海、川沙、青浦、松江等旱，木棉歉收。武进旱；句容小旱。

1819 年

4月17日东至大雨，山洪暴发，八字坞汪姓毁没10余家，男女溺死39人。

7月30日至10月8日不雨，青浦、松江、金山等大旱，潮不通者两月余。岁饥，缓征；吴县6月30日至9月不雨，高田干涸；昆山7—9月不雨，缓征；吴江7—8月间大旱，田禾被伤，收成不及去年之半；无锡大旱，山禾尽槁，麦收歉；江阴、宜兴、金坛、高邮、南通旱歉；杭、嘉、湖3府属高田被旱灾田4 179顷，应征地漕等银35 010余两、漕南等米26 890余石全行蠲免。嘉兴、嘉善、平湖、海盐、海宁、桐乡、湖州、长兴、德清、鄞县、慈溪大旱或旱。

秋，因涡、淮泛溢，拆展束清坝、御黄坝、先后启放仁、义、礼三河及智、信两坝，石筑子堰并放顺清河、吴城七堡王营减坝、莞渎坝，又启蒋坝镇闸河，再启放运河凤凰、壁虎各坝桥及人字河，高邮东、南两坝、五里中坝、南关新坝、昭关坝等；凤阳、泗虹田庐被淹，近淮民舍尽圮，五河被淹城乡各村堡均赏给一月口粮；泗阳、安东饥，蠲免积欠钱粮，并赈给口粮；高邮、宝应、扬州、阜宁水。是年，洪泽湖最高水位15.55米。

1820 年

5月，河决入洪泽湖，6月启放吴城七堡、山盱仁、义、礼三河及智、信两坝、高邮车、南两坝以泄湖水；安东大水。是年，洪泽湖最高水位14.37米。

夏秋，青浦、松江、金山、奉贤等亢旱。奉贤多疫疾，须臾不救，有一家丧数口者；苏州6月29日至9月均无雨，高田干涸；昆山7—9月不雨；南通、如皋、江阴、武进、金坛、句容旱。建德东馆等34庄被旱，绝收田133顷41.21亩，免地丁银1 424.197两；余姚咸潮达通明堰；金华6月27日—9月7日不雨；海宁、海盐、嘉兴、长兴夏秋长期不雨，高田干涸，岁歉收；淳安、桐庐、萧山、诸暨、嵊县、新昌、宁波、象山、临海、武义、永康、东阳、仙居、龙游、衢州、丽水、云和、温州、乐清、平阳、青田、缙云等大旱。安庆、庐州(合肥)、巢县、贵池、泾县、旌德旱。

7月，慈溪寒，可御裘。

8月31日受台风影响，临海海溢杀人；桐庐淫雨连旬；萧山30日淫雨飓风，内河水涨6～7尺，钱江涨水10余丈，南乡如周家湖、苎萝乡等处遭江水淹没。浙东各州县被患者十居七八，秋收无望；奉化30日大水；象山风雨骤发，庄穆庙后城坏；余姚大风雨，新(昌)、嵊蛟发，上虞梁湖后郭堤决，水及邑境，晚禾尽设；诸暨山蛟并出，湖埂尽决；玉环大风雨，拔木淹禾；金华29—31日连日大雨，洪水成灾；温州、乐清、平阳8月飓风，潮溢，大水淹禾；云和31

日大水，坏民田，禾尽没；丽水大水，坏东城7丈。扬州、高邮、兴化、泗阳、山阳、安东大水。

秋，上海霍乱流行、嘉定、川沙、青浦、松江、金山、鄞县、慈溪、象山、玉环、温州、乐清、平阳、天长、来安等大疫。冬，嘉善、嘉兴、平湖、桐乡疫。

1821年

春，安东、泗阳赈饥民，并借给籽种；清河大荒，设粥厂，散钱米。五河2月大雨，河溢。5月又雹伤禾稼，人相食。象山春饥，草根、树皮食尽。

7月，仪征大风，自西北来，坏江上民船无数，口门内泊大盐艘，已下碇，吹出大江，不知所往。夏，铜陵、无为、繁昌、芜湖、当涂长江大水，圩堤漫溢，民田庐舍被淹，居民避居土埂，地方官搭盖篷席，散给馍饼。南陵东北一带地势低洼，河水暴涨后田亩被淹，民房间有冲塌，被水较重者9圩，次者5圩，较轻者4圩。新昌上方源山裂。

夏，安东六塘河堤溃，倒灌硕项湖(后淤积成陆并屯垦)。8月启放山盱仁、义、礼三河；泰州决鲍家坝，上运盐河之水泄入下河。洪泽湖最高水位14.53米。

夏，上海、川沙、松江、青浦、金山、富阳、萧山、余姚、合肥大疫，症似霍乱，有一家丧数口者；平湖、湖州、长兴大疫，死者甚众；宁波男女犯者上吐下泻，不逾时殒命，越宿可望痊，城乡死者数千，唯僧尼、幼孩少犯；绍兴、慈溪疫。秋，江宁、仪征、宝应、盱眙、嘉定、宝山、嘉兴大疫。

夏，江宁、溧水、江浦大旱，给民口粮；高淳、句容、巢县、和州旱；丹阳山田旱；高邮旱，缓征。

9月4日萧山江潮盛涨，西兴自龙口至牛坞荡约500余步，塘石冲坏，民房坍没数十间。

1822年

7月5日午刻上海龙卷风，狂风拔木，学宫左右风雨尤甚，魁星阁屋梁瓦石皆飞上天，拖坍民房、楼观、寺庙数千间，直至城外，向东南入海而去，黄浦江客商渔户等船400余只，漂没30余只。

6月中旬至8月23日松江、川沙、南汇、奉贤等大旱，河底坼。松江缓征被旱者及府属盐课；川沙疏浚卢九郎沟、赵家沟、运盐河；宝山大疫，缓征地漕正耗银米；宜兴被旱歉收，银米分两年带征；嘉兴、嘉善、平湖、海盐、海宁等四州县、湖州夏旱或大旱；凤阳、凤台、怀远、泗虹等及屯田各卫，成灾七、八分极次贫各军民均按成灾分数照例分别给赈，应领抚赈银并作一次散给。五河遍地生蝗，民大饥。

8—9月，淮北雨涝，洪泽湖堤与里运河堤各坝先开决，里下河大水。8月启放山盱仁、义、礼三河，智、信二坝；立秋(8月5日)后次第启放车逻坝、南关坝、五里中坝、南关新坝；秋分(9月5日)后再启昭关坝。扬州、涟水、兴化、高邮、泰州、盐城、阜宁大水。是年，洪泽湖最高水位15.20米。11月，蠲缓江宁、海州等34厅州县卫被水灾新旧额赋。

1823年

3—6月长江大水。湖北自江陵以下的江汉平原，江西赣北鄱阳湖周边13县，安徽长江沿岸及皖南32州县、江苏沿江两岸及苏南27州县、浙北杭、嘉、湖、甬地区圩岸浸溢。上海、川沙、南汇、嘉定、奉贤、青浦、金山等淫雨，田皆淹没；崇明平地积水2～3尺，木棉稻尽伤；宝山6月淫雨十昼夜，平地积水数尺，乡人乘小舟入市；松江7月8日大雨，平地水高2～3尺，六畜有没死者，中田以下百谷殆尽；吴县堤石颓圮十之四五，唯亭淹没时间越九旬；吴江积水至50日；昆山饥民纠党攘取富户廪囷；太仓水深数尺，河道不通，水向西流(倒灌)，舟从桥上过，穿山四面皆水，四乡巨浸，禾皆无收，木棉大坏；常熟田尽淹；江宁江潮盛涨，船行市上，给水灾赈银；高淳给帑赈饥。临安、富阳、桐庐、嘉善、平湖、嘉兴、海盐、宁波、慈溪、诸暨、金华、衢州，庐江、铜陵、芜湖、无为、巢县、当涂、旌德、泾县、宣城、南陵、繁昌、宁国等6—7月大水。8月，江苏给太仓等17州县水灾灾民一月口粮，动用常平仓谷减价平粜，复发帑银百万(两)分别赈恤。自院司以下均各捐廉助赈，太仓开挖浏河故道以泄上游诸水。是岁上海、松江、青浦、金山等大饥；南汇大饥，又疫疾并作，饥民有成群横索者，除应蠲免分数外，全行缓征，并大赈饥民，邑人也捐资赈济；川沙水灾，六七分不等，蠲免部分地漕正耗银米，蠲灾田缓征地漕正耗银米，熟田缓征地漕正耗银米，当年额征银米全行蠲缓，城乡劝捐，发赈三个月；嘉定减捐四成。安徽则前赴四川、湖广、江西等省采购买米10万石，分运灾区减价平粜。浙江除缓征新旧额赋外，并免海运商米船税，并留各关银备赈。

7月6日雷击松江府学圣殿，神座后墙穿一穴，四周围墙雷楔数千，两庑廊木劈碎。

8月17日台风带来丰沛降雨，导致水患更趋剧烈。嘉兴8月17日夜飓风大作，平地水深数尺，禾田淹没；嘉善大风雨，水骤涨较6月增尺余，田禾复没成灾；平湖大风拔木，暴雨如注；富阳大风雨，坏庐舍，拔木，田禾损尽；萧山大风雨，拔木偃禾，潮势尤猛，西兴沿塘民居冲没，尽成白地；余姚大风，海溢坏堤；松江大风雨，拔木坏屋；奉贤禾稼尽淹；川沙大雨彻昼夜，江海涨溢，塘内平地水高3～4尺；南汇8月苦雨，禾稼尽淹；青浦大风雨，禾尽淹；嘉定平地水高3～4尺及6～7尺不等，秧死重莳或补种赤绿诸豆；宝山平地积水数尺，上海雷震西门城堞，大雨，城中街巷俱用小舟往来；吴县海狂甚，雨大如注，水更涨尺余，漂没田庐、尸棺无算，百年来未有之灾也；苏州玉遮山裂；吴江大风发屋拔木，围尽圮，覆舟坏庐舍，浮棺蔽河，民饥；无锡低乡民房尽没，户庭舟可通行，浸及惠山之麓，田庐多坏，大饥；江阴被淹之家用小舟泊于屋内，男女老幼食宿其中，张家港庐舍漂坍几尽；溧阳居民咸登舟避之；扬州、仪征江潮涨溢，沿江田庐荡尽；泰州大雨平地水深数尺，鲍家坝决，下河禾稼被淹；靖江江潮泛溢淹伤田禾，岁大祲；南通飓风大作，花稻俱伤；如皋大风三日。10月25日给江苏仪征等4县水灾口粮。

10月，上海、川沙、南汇、奉贤、嘉定等又大雨，棉腐落。松江虫害被灾二成。

是年，洪泽湖最高水位14.52米。

1824年

1月24日嘉定大雾、木冰。

2月，萧山西兴关口石塘潮水冲去石萎20余节，镇水庵、董家潭、塘头等处塘被冲坍。

春，南汇、川沙、奉贤棉花腾贵，籽尤贵。吴江、湖州饥或大饥。赈江宁、泰兴、余杭上年被水灾民。广德米价翔贵。

7月17日建德南乡洋尾源、东乡三都源同发洪水，坏桥10余座，漂没民居百余所，淹毙18口。

夏，高邮、泰州、如皋旱。祁门夏麦枯，贫民掘观音土以食。

12月31日暴风，洪泽湖决十三堡、周桥等处，坏石工11 000余丈；运河日涨水二三寸，掣卸迎湖石工341段，启放车逻坝、南关坝、南关新坝、五里中坝、昭关坝；高邮湖河日涨2～3尺，堤工岌岌，官民大恐；兴化清口淤成平陆；宝应田庐多淹没，湖西村落皆成巨浸，灾民升树缘屋危在呼吸之间，邑中乐善者争买舟冒险拯救，全活数千人；泰州漕堤东之南关、车逻、五里等坝俱开，水趋下河；淮安运河西大水，漂没人民庐舍；盐城水深4尺；阜宁淮黄分流，黄行淮故道；天长水涨及城厢，兼旬乃退。12月，江阴大风，江船覆溺者甚多，港口积尸无算。

次年1月,赏盱眙等县被淹灾民一月口粮。8月,加赏天长被水灾民一月口粮。

是年,洪泽湖最高水位14.91米。

1825年

2月,仙居、永康、东阳、缙云先后雪。3月6—11日建德大雪,深3尺许。

8月23日余姚大风,坏庐舍,拔木,损禾稼;海宁等州县禾苗被风;临海大水,赈风灾额赋。秋,吴江歉收,分湖一带尤甚;嘉善歉收。

10月—次年2月,奉化雨,民多冻饿死。

11月,凤阳等属秋禾间被水旱,加恩将凤阳等13州县应征本年钱漕米麦豆折灾借粮,并各年灾缓旧欠、各项钱粮银米均缓至1826年秋后启征;赈寿州、盱眙等23州县水旱灾新旧额赋。

是年,洪泽湖最高水位13.51米。

1826年

4月,五河淫雨兼旬,淮水暴涨,田庐漂没。

6月,巢县西乡湖滩生蝗,蔓延十余里。

夏,上海大疫。

7月12日定远大雨如注,山水陡发,城垣桥梁多坏,民居丘坟漂没,人畜溺毙无算,以西南两面尤重。天长大水,西山蛟发,城北神庙基址全圮。

7月,洪泽湖盛涨,启车、南、中、新等归江各闸坝,并范公堤归海各闸坝也全行启放;高邮被水成灾,蠲免地丁屯折等银15 549.983两,漕月等米3 548.4136石;兴化大雨,五坝开,比1808年水高3尺有奇,乘舟入市;宝应大雨旬日,田多淹没;泰州淮水涨溢,南关、车逻等五坝俱开,下河田庐尽被湮没,民多流徙;清河开减坝,抚恤饥民,共银71 553.49两;安东水,平地深数尺,启放减坝,中河两岸大水,民乃大饥。11月,淮水又涨,仁、礼两河既堵复开,又启智坝及吴城七堡;泗阳大水,赈饥民;盐城秋霖雨至10月乃止,水约6尺,高低尽淹,昭关坝开,已获之禾雨烂过半;阜宁夏秋淫雨不止,运坝决,田多淹没,岁大饥;扬州、盱眙、东台大水。10月29日因淮、扬、海三属水,秋拨米平粜,免商船米税,后再免两淮富安等14场水灾灶课。

夏,江宁清凉山翠微亭发蛟,清凉寺9间大殿冲倒3间,水深数尺,入城河;溧水水;句容小水。6—9月来安霖雨,大水圩破。

8月17日温州飓风陡作,桥柱、桥板一时俱坏,倾覆河心,石工估计每柱重逾万斤;黄岩大风,折木拔屋,饥、疫。

8月下旬—9月上旬太仓连雨十数日,木棉收成大歉。9月,象山飓风发,雨如注倒,坏沿溪房屋,溺死5人;松江、上海、川沙、南汇等秋水;奉贤花铃浥腐,川沙缓带征地漕部分正耗等银米。

是年,洪泽湖最高水位15.23米。

1827年

2月,天长谷贵,再赏上年(1826年)五河等被水州县一月口粮。

4月19日赈高邮等州县水灾。是年,洪泽湖最高水位14.97米。

5月,东阳大风雹,二十一都至二十三都等处树木麦苗多损折;武义大雹,树折瓦碎,麦灾。

6月，嘉善、平湖淫雨伤禾。

7月14日余姚大淫，海溢；平湖、嘉善13日大风伤稼。11月加恩怀宁等被水13州县本年应征丁地粮米俱缓至1828年秋后启征。

1828年

1月，青浦、松江、吴江、湖州大雪。

春，溧水、句容阴雨无麦。

6月15日建德洪水骤发，由新安江奔注入城，上至府署前，漂没田庐牲畜不可胜计；淳安大水，冲塌田庐桥堰，岁大饥。6月，歙县大水，巨蛟纷出，冲没田庐甚多。

6月，启放淮水归江人字河坝、褚家山坝；7月上旬启山盱智坝。

7月26日湖州大雨，水涨2尺，各乡歉。

8月中旬，洪(泽)湖水涨，风暴掣通、宝、高运河西堤石工百数十段956丈(又一说为一千数百丈)，河湖相连，启信坝，同时掣通山盱龙门坝、正坝；连放车、南、新、中四坝；兴化大水，禾半收；阜宁淮涨，县境大水；高邮、宝应、泰州、盐城、安东、扬州大水。

嘉善、平湖、慈溪、鄞县、象山、富阳、建德、东至大旱或旱；桐庐极次贫民1 459口，给米322石余；诸暨蝗。

11月，赈浙江建德等5县水灾，给江苏高邮等9州县、安徽泗县、庐江等26州县水灾、旱灾一月口粮，蠲缓江苏海州等36州厅县卫、浙江海宁等13州县旱灾水灾新旧额赋。冬，赈泗阳、安东饥民。

是年，洪泽湖最高水位15.27米。

1829年

7—9月，太仓大旱；江阴、通州8月旱；宜兴被旱，秋歉，本年银米及来年上忙新赋缓至来年秋后启征，灾区旧欠分作两年带征；仪征8月旱，高田禾豆伤；湖州秋旱歉收。11月，缓征仁和等5县旱灾额赋。腊月缓征两淮丁溪等6场旱灾新旧赋课。

9月19—25日台风，象山飓风发，塘岸、桥梁倒坏，西沙岭外平地水高6尺，鸡、犬、豕、羊淹死者半；青田24日大水，山崩川溢，十一、十二诸都田庐漂没无算，奉文豁免田粮；仙居9月大水；诸暨大水。

11月18日五河(33.2°N, 117.9°E)5½级地震，民居庐舍倾覆，毙人无数。徐州、邳州、睢宁、定远有感。

是年，洪泽湖最高水位14.47米。

1830年

2月，赈盱眙等6州县卫水灾。

6月，宜兴蛟水涨丈余，城跌不得启，淹死人无数；江都大雨，街市积水数尺，压近堞民居，民有死者；淮安运河决马棚湾；淮阴清水暴涨，奔注杨庄各坝，漕艘难于上挽，岸埽岌岌；盱眙等6州县水灾。11月，缓征上元等县水灾额赋。是年，洪泽湖最高水位14.56米。

夏，湖州旱。

9月7日平湖、嘉善大风雨，伤稼。

9月9日温州安溪黄坛石碾地方出蛟，大水漂没田庐，淹毙人畜无算。

9月14日松江、崇明等海溢。嘉定岁祲。

10月6日平阳飓风骤雨，潮溢，淹毙人畜无算；丽水未刻微雨，申、酉、戌三时大雨如注，滨溪堤岸房屋尽被漂没，亥刻晴明见月；龙游大水。

冬，仪征连阴 90 余日。

1831 年

4 月，淮涨，启放山、盱仁坝；5 月上旬风掣堰圩石工 400 余丈，启放信坝；5 月中旬后启放归江坝，凤凰桥一带漕税艰难；7 月，洪湖异涨，启义、礼二河及智坝，泗阳水灾。7 月 15 日赈安徽泗县等 25 州县水灾。7 月 26 日高邮运河漫决马棚湾及迤北张家沟两处，过水共 300 余丈，水深三四丈，启放车逻坝；高邮、兴化大水，盐城、阜宁平地水深六七尺；11 月洪湖又涨，复开礼、义二河。是年洪泽湖最高水位 16.13 米。

6 月，长江下游及太湖流域大雨成灾，江潮涌涨，高淳大水，圩堤多决；靖江夏淫雨，凡十数日；江浦、仪征、扬州、江都、江阴、南通漂流人畜无数，六合水灾；溧水、句容、丹徒、金坛、武进、吴县、吴江、太仓大水，受灾地区或免征银米，或缓征银粮二分。浙江嘉善大雨，嘉兴歉收，分庄赈饥；桐乡大雨水，歉收；杭州被水成灾；萧山坏稼；宁波设厂蠲赈。

7 月 25 日丹阳雪，吴县寒凉异常，常熟、嘉善寒甚，传言有雪花飘者。

9 月 4—5 日风暴潮，崇明大雨，海溢，沿海民居漂没，死 9 500 余人，抚恤崇明等县水灾；宝山飓风、海溢，岁祲，江东(今浦东凌桥、高桥地区)捐赈；川沙自八团四甲到九团四甲海塘冲损成灾，缓征地漕部分正耗银米；南汇海溢；南通至江浦段江潮大涨；常熟、昆山、嘉兴大水，歉收。安徽怀宁、桐城、潜山、宿松、望江、东流、贵池、铜陵、庐江、巢县、无为、全椒、芜湖、繁昌、当涂、凤阳、怀远、凤台、泗阳、盱眙、五河 9 月俱大水；天长圩尽淹，河东流民相望。10 月 6 日抚恤江苏崇明、靖江等县水灾。11 月，赈安徽无为等 23 州县卫、江苏上元(南京)、浙江仁和(杭州)等 7 县卫水灾，缓征杭州等 17 县卫、两淮丁溪(东台北)等 6 场水灾。给江苏甘泉(扬州)等 11 州县水灾口粮、籽种。

9 月 28 日怀远平阿山(32.8°N, 116.8°E)6¼级地震，县西南计家集、山里集倒塌草瓦房屋 50 余间，压毙 33 人，平阿山裂几十丈，烈度八度；太和陷民庐舍；霍丘、颍上屋宇倾倒；寿县墙垣膨裂；安徽怀远、凤台、五河、凤阳；河南封丘；山东邹县、峄县；江苏邳县、睢宁、泰州、仪征、南京、句容、溧阳、宜兴等有感。

1832 年

1 月，缓征乌程(湖州)等 4 县水灾额赋。春，泰州大饥，民食榆皮草根及观音粉，饿殍载道；如皋饥，乡城就近赈济，按贫民大小口数给口粮两月；南通饥，设厂赈粥；安东、阜宁大饥，赈。

5 月，安东(涟水)夏大雨 40 日不绝，大饥；启放山盱礼河、义河；7 月，启放山盱仁河及智坝、林家二坝。7 月 25—26 日次第启放高邮车、中、南、新 4 坝及甘泉(扬州)汛昭关坝；运堤决，兴化、宝应、阜宁大水；宿迁秋大水，冬人相食。是年洪泽湖最高水位 16.42 米。

6 月，嘉善、平湖恒寒。

夏秋，苏州恒风不雨；宝山、嘉善、平湖、桐乡、临安、孝丰、湖州、桐庐、嵊县、五河、定远、广德旱；富阳、萧山、嘉兴大旱，漕粮蠲缓。

8 月 11—12 日金山连日飓风，拔木覆屋，海溢，溺民居；嘉定大风潮；川沙水灾。

9 月 14 日风暴潮，温州飓风大雨，坏田庐人畜，洋面漂没营船，连日洪潮入城；杭州：风狂浪大，过塘面数尺，冲圮杭州、海宁海塘，淹棉田 4 万余亩；崇明海啸，风潮大作；嘉定风潮大作；平阳、青田、扬州、高邮、宝应、兴化、宿迁、睢宁 9 月或秋大水；丰县 9 月 15 日大雨竟日，泡水河骤涨，溃堤入城，城中庐舍漂没殆尽。10月6日抚恤崇明等县水灾。11月，蠲缓江苏桃源(泗阳)等63州厅县卫，安徽五河等39州县卫，浙江海宁等22州县卫、仁和场、两淮富安场水灾、旱灾、雹灾新旧额赋。

冬，高淳大雪，深五尺，人畜多冻死；南通、吴江、江阴、嘉善、嵊县大雪，寒甚；桐城大冻；丽水11月7日雪；12月13日、25日温州大雪。青浦歉收；嘉定、宝山岁祲；上海饥；南汇、金山大饥。祁门大饥，民食观音土，多有死者。五河大饥，人相食。

1833 年

2月13日丽水大雪，山中积丈余，鸟兽多死；2月嵊县寒，冻尤甚，木多生介，3月乃霁。4月5日清明诸暨雪。

3—6月，南汇大雨；奉贤、上海、嘉定淫雨。嘉善、平湖风雨连旬，豆麦俱伤。

6月，六合暴风，灵岩山塔顶被风吹至浙江缙云山中(距离近300千米)。

夏，长江大水。望江、东流、贵池、铜陵、庐江、繁昌、大水；江宁、溧水、高淳、仪征、句容、丹徒等6县沿江地方被淹；和县田庐多被淹没；芜湖、当涂破圩；怀宁水比1831年更深尺许；桐城水比1831年深2尺；无为江堤溃决，饥民载道；太平蛟水冲倒中堰，3 000余亩水田失收。

夏秋，临安旱，民大饥。

9月8日受台风影响，吴县风雨大作，至夜更甚，海潮陡涌，水骤涨丈余，低区淹没；江阴风潮大作；靖江大风雨，伤损田禾，岁祲；南通、泰兴大风潮溢；仪征江溢，圩埂尽坏，成灾；江浦大水；如皋掘港(如东)、丰利各盐扬被水，赈济；9月，高邮先后启放车逻坝、南关坝、五里中坝，坝水入兴化，禾半收；阜宁运坝决，稼禾不登；宝应、江都大水；丹徒大雨，稼伤成灾；金坛风雨阴寒，苗秀而不实，大饥；武进饥；吴江水；嘉定、宝山大风潮；青浦干山出蛟。象山飓风，坏塘无算；海盐、海宁秋淫雨损稼，大歉，人食榆皮蕨根；鄞县、镇海饥，设局捐赈，民多疫死；上虞大水；东阳午刻风雨骤发，至夜尤甚，溪更暴涨，田地冲坏无数，山乡房屋有全座漂流者(泥石流)。

11月，南汇又连雨；上海、川沙、松江、奉贤淫雨，棉歉，禾稻不登，粗粮无着。是岁嘉定、宝山祲；上海、奉贤饥；松江、南汇大饥；川沙缓征地漕部分正耗银米；宝山缓征地丁银，至次年秋后带征；上海知县劝捐赈济。真如道殣相望，诏发粟赈济。秋冬，嘉善、平湖复淫雨不止，稻歉收。

12月3日凤阳大雪，平地2尺，麦冻死。冬，青浦歉收。上虞雨雪48日；景宁大雪；云和大雪成灾，民冻饿流亡告不可胜数。五河、泗县大饥，人相食。

是年，洪泽湖最高水位16.03米。

1834 年

1月21日丽水大雪3日。2月10日湖州大雪；2月，无锡大雪深数尺。

春，溧水雨甚，无麦，缓上忙钱粮；句容雨，无麦；吴县人多乏食，巡抚率众捐廉，并多方劝捐发赈，及麦熟止；吴江至立夏日始晴，人多乞食，邑西尤甚，院司劝捐棲济；南通饥，(福寿)捐舍巨万，先后全活4万余人；青浦饥；奉贤无棉；嘉定薄收，捐数六成；嘉善、平湖豆麦俱没；贷海盐、长兴二县籽种粮。冬，缓征嘉兴、嘉善等浙北7县额征银米。

春夏之交昆山久旱，河水涸；太仓旱。杭州、富阳、孝丰旱。

4—6月，长兴淫雨不止；湖州南浔6月24日起连日大水；6月19日桐庐淫雨连旬，田庐漂沿无算；建德夏大水，虫害稼，饥；桐乡夏秋大涝，粒米无获，仓廒不开，民大饥。

8月6日湖州、长兴复大风骤雨，太湖水溢，是年宁、绍、杭、嘉、湖及苏、松二郡俱大水，至冬始平；仁和、钱塘、海宁、富阳、余杭水灾；松江大风大雨，拔木坏居，灶不可炊，被灾田亩过半。

8月27日昆山大水，屋中皆水，低者不能炊，所熟之禾俱淹水底，农人俱驾小舟于水中割穗；太仓雨竟夜，伤木棉；江阴大雨，市可行舟；南通、如皋大水；崇明27—29日大风雨，伤木棉及稼；川沙水灾；奉贤飓风雨日夜，伤木棉及稼。川沙缓带征地漕部分正耗银米；嘉定以连岁薄收，减捐四成。嘉善大风雨，水骤涨；平湖大水雨，水骤涨丈余。11月，蠲缓建德等16州县卫水灾新旧额赋，缓征(南汇)下沙场歉收田课。

是年，洪泽湖最高水位14.91米。

1835年

夏，江宁、高淳、江浦、溧水、太仓旱；金坛、武进、句容大旱，河塘皆涸，岁饥；宜兴被旱歉收，缓银米分作两年带征；泰州不雨；兴化蝗；东台恒旱，自海口至草舍50里民河皆成陆地；阜宁大旱，蝗，卤水倒灌入马家荡；川沙、南汇、松江、金山、嘉善、平湖、湖州、孝丰、杭州、余姚、慈溪、奉化、建德等旱，河港几涸；萧山大旱，赈恤孤老残贫无人赡养者；绍兴大旱；嵊县、东阳、义乌旱；金华大旱，蠲免被灾田亩钱粮；黄岩荐饥；兰溪、浦江、永康等浙南各州县均大饥；衢州僻远山乡有饿死者；丽水、缙云、松阳、云和、庆元、景宁大旱疫作，道路积尸无算；歙县、南陵、宣城旱；祁门大旱，蝗入十九都、二十二都，岁饥；东至民饥，至食观音粉，死徙亦众；五河蝗生遍野。

7月9日风暴潮，宝山飓风海溢，冲坍(黄浦)江东西海塘5 000余丈，溺死甚众；川沙飓潮，冲毁钦塘第13段塘；南汇海潮骤涌，过护塘；奉贤飓风大雨，潮溢至半塘；松江海潮涨，过塘西；金山海潮溢，禾苗尽没；平湖夜大风海溢，人多溺死；杭州飓风陡起，挟潮猛涌，凡尖汛低洼处所，动辄浸塘。

7月11日高淳柏村龙卷风，室倾木拔，牛亦带升至半空，坠死。

秋，宝应、盱眙旱；阜宁大旱，蝗，卤水倒灌入马家荡。

8月25日又风暴潮，象山飓风大作，夜更甚，海潮乘风骤溢，圩塘尽坏；上虞飓风大作，海水扇起，花圩尽坏，三四十里沙地汪洋一片，直冲官塘，海水高泼塘面；余姚坏海堤，没庐舍，仆屋折树，溺死沿海人畜无算，倍烈于前；杭州风潮尤烈，较高之埽间亦浸起，致有拨损；奉化大风雨，塘堤尽坏；永嘉大风潮，漂溺舟师、商舶无算，官兵40余人没于海；奉贤、金山灾况如前；武进大霖雨，大风拔木；如皋26日大风拔木；泰州大风拔木，倒屋无算；东台潮涨，何垛场商偷挖范公堤过水，有害农田，旋禁如故。

10月10日戌刻杭州复起东北飓风，大雨如注，其势猛烈，至12日寅刻忽转东南，风狂浪大，适当潮至之时，互相冲击，涌过塘面数尺，人力难施，致将尖汛西字号冲刷缺口十二三丈，西及字号缺口六七丈，化、扬两字号毗连处坍卸十丈余，其余各工泼损一千余丈，塘内棉间及淹损，又塌载汛埽工、柴工数百余丈；海盐县同被风潮，亦报坍损40余丈。

是年，洪泽湖最高水位14.88米。

1836年

7月6日雷击松江府学圣殿。神座后墙穿一穴，径尺余。太仓大水。

10月，天长、和县、全椒、庐江、仪征、高邮、兴化、泰州、靖江、南通、如皋、安东、阜宁、句容、丹徒、江阴蝗，但不为灾。象山昌国卫、石浦诸处饥。12月，缓征高邮、泰兴等52县卫水旱灾新旧额赋。

是岁武进祁寒，冻沍经旬，行者舍川而陆，乘车策蹇，昼夜奔辏。

是年，洪泽湖最高水位15.49米。

1837年

6月，歙县大水，蛟水泛溢，太平桥桥面、石栏尽为冲决；宁国大水，淹没人民房屋田亩。

7月，泰州蝗大作，设局收买蝻子。安东、如皋、江阴蝗。

7月，江阴烈风暴雨，自西北经东南，江船泊浮桥内者，冲破屋壁，入人家，大木撕拔，县治屋脊坏；太仓大水；仪征夏江潮涨溢，城内民居半浸水中。

8月24日宁波飓风大作，江河皆溢，土石两塘溃决数百丈，漂溺田庐无数；慈溪大风雨，大河水溢；永康夜雨大风，沿河晚禾、豆苗、木棉多伤；8月宝山飓风大作，雨下如注。盛桥闸内冲刷成潭，深一丈六七尺。临海海潮入城*。12月缓征高邮等54州、厅、县、卫被灾新旧额赋，两淮富安(今属东台)等11场被水灶地课逋课。吴江秋水，漕粮减一分。是年，洪泽湖最高水位15.49米。

* 民国《临海县志稿》记六月，疑为七月之误。

1838年

6月，无为、巢县、溧水、句容、扬州、江都、仪征、吴县水；武进大雨伤麦；江宁漕粮缓征二分；溧水蠲免钱粮，给赈；高邮缓征。

8月，嘉善、平湖大雨水。

秋，南汇飓风，海潮大作，岁又饥。

9月17日宜兴猷谟圩龙卷风，一农船被风摄入空际，顷之掷下，船尽裂，人竟无恙；又一船摄覆地上，旋置水中，无所损。是日湖㳟渚东地裂，地裂处禾如故，村有大树被风拔，不知何处。

9月22日松江、南汇等见霜，棉花不实。9月，诸暨水，江水埂决。秋，天长连阴匝月，歉收。

12月5日太平(温岭)大雷雨，是夜大雪。冬，无为、巢县大雪，压折房屋竹树。

是年，洪泽湖最高水位14.69米。

1839年

2月13日宝山、上海、川沙、青浦、松江、奉贤、太仓等热甚，民有赤体者，黄昏松江、川沙、奉贤、嘉定、宝山、崇明、吴县、太仓、吴江、仪征、高邮、兴化、泰州、长兴大雷电、雨雪或雹。东阳等县大雷雨，水盈道路。定远大风、雷电、雨雪。2月14日、2月16日上海、川沙、嘉定、青浦、松江、奉贤等雪，大寒，冰冻经旬不消；嘉善、平湖、湖州大雪；吴县狂风严寒，大雪连日夜，积三尺余，户不能启，途无行人；吴江大雨雪；江阴、南通大雪盈尺；绍兴冬大雪五日夜冻馁者众；春，宝山淫雨。宁波、镇海、慈溪大雪平地五尺。

5月14日下午吴县大雨雹，间有如斗大者，次俱如升如拳，道路之人被伤甚众，东南隅尤甚。

6月25—27日温州寒雨，衣裘。

6月，扬州、仪征大雨5昼夜，江溢。

10月12日夜宜兴东太湖中(31.3°N, 120.0°E)5级地震，江苏高淳、仪征、镇江、常州、宜兴、吴江东山、平望；浙江湖州、嘉兴、嘉善、平湖、新塍、石门等有感。10月29日江苏吴江地震，震泽、盛湖、南浔、松江、青浦有感，又淫雨。

秋，宁波、镇海、慈溪雨红雨。

秋，高邮被水，缓征；兴化秋水，开坝；泰州、安东、盐城、扬州大水；阜宁放车、南、中、新四坝，县境大水；武进秋禾被水，歉收田亩应征地漕各项银米，缓至次年秋后分作二年带征；宜兴被水歉收，灾缓银米分作两年带征；江宁、江浦、溧水、句容水；太仓伤棉；江阴10月苦雨兼旬，晚禾半伤。11月，赈安徽无为等11州县及屯坐各卫水灾，蠲缓无为等32州县水灾新旧额赋。12月，缓征高邮、泰兴等60州厅县水旱雹霜灾额赋。

11月22日萧山大雪7日，深4～5尺，晚稻未收，压在雪下，雀及人饿死者无算，兼有屋压坍者；冬，绍兴大雪5日夜，冻馁者众；永康、金华大寒，雨木冰，大树被压皆折。

是年，洪泽湖最高水位16.10米。

1840年

3月29日海盐大雪。春，歙县严霜，麦苗尽萎。

4月28日温、台、宁海上暴风彻夜，漂坏商渔船、人口无算。

5月，金坛阴雨连旬。

7月7日仪征大雨一昼夜，江溢河北圩，山水至，不得泄，成灾；扬州大雨，江溢；南京城内贡院积水，不得不将乡试展期举行；金坛大雨5昼夜，水势猛涨，建昌圩堤决，村落水及扉上，7月渐退，高阜仅得半收，大饥；丹徒淫雨不止，镇江诸山多崩裂，北固南麓书院海岳楼为崩石、大树压圮，毙1人；无锡大雨兼旬，圩田溃圩；宜兴圩乡多没；江阴大水，岁大歉；常熟水灾；太仓高乡多淹；淹禾仅露芒穗，农人置舟田中，没股以刈；溧水大水，免钱粮，并加赈给；江宁水，缓征。靖江淫雨，凡十数日，岁大祲，免本年银米二成，缓征旧欠银米，委员赈济，复捐义赈发；当涂大水，破圩；宣城水，缓征；全椒、郎溪、阜宁、清河、桃源、安东、盐城、兴化、宝应、高邮、泰州、东台、如皋、通州、海门、江浦、六合、高淳、溧阳、句容、武进、丹阳、泰兴、吴县、吴江、昆山长洲、元和、震泽(今属吴江)、武进、阳湖(今皆属常州)、金匮(今属无锡)、靖江、丹徒、山阳、清河(二者今属淮安)、桃源(泗阳)、甘泉(扬州)、镇洋(今属太仓)、江都、宜兴、荆溪(今属宜兴)等也受灾。等64厅、州、县及苏州、太仓、镇洋、淮安、大河、扬州、金山、徐州8卫水；7月上海全境淫雨成灾，包括松江、金山、奉贤、上海、川沙、南汇、青浦等。

夏，五河大旱，豆禾尽。加恩着将上元、江宁、句容、溧水、高淳、江浦、六合、泰兴等8县成灾十分、九分、八分、七分极次贫民，并六分灾极贫；又成灾八分、七分、六分之金坛、溧阳二县先分极次贫民，概予加偿赈一月口粮，其被灾最重之新阳县(今属昆山)着偿给一月口粮。

7月23日黎明，如皋白蒲雨雪，镇南岸阁左右田中皆白，唯镇北无。

8月，兴化水，开坝；宝应、泰州、扬州、盐城、如皋、阜宁大水；海门大水为灾；高邮缓征。9月，给江苏上元等14县水灾口粮并修屋费。

冬，余姚大雪，厚3尺余，市中鱼、菜、薪、酒皆绝；南陵大雪，深约6～7尺许；富阳大雪，平地积4～5尺，山坳皆寻丈，溪流冰冻深尺许，至次年2月乃解；萧山平地积4～5尺，流水尽冰，市断行人。

是年，洪泽湖最高水位16.13米。

1841年

2月，给江苏江宁、丹徒二县水灾仓谷，贷上元等11县水灾田粮，缓征高邮等30州县卫水灾新旧正杂额赋。2月27日—5月15日太仓天无三日晴，二麦歉收，低乡成巨浸；吴江春雨连绵，菽麦多被水淹；嘉善春久雨，伤豆麦；丹徒春夏积阴，新修郡城崩，圌山颓下，压坏民屋百余间，焦山大石崩坠，损僧舍十余间；扬州、仪征2—5月淫雨90日，仪征饥民入城掠食。

5月，江浦大雨雹，伤麦。

6月26日常熟顾山出蛟，水高数尺。

6月28日松江雷击魁星阁，揭去一顶。

6月，长江大水，望江、东流、怀宁、桐城、铜陵、繁昌、芜湖、当涂、庐江、无为、和县及淮河流域凤台、凤阳、五河俱大水。7月10日仪征、扬州大雨7昼夜，江潮盛涨，仪征东门月城水深2尺；松江、金山、奉贤、青浦、上海、川沙、南汇等受灾。扬州、高邮、宝应、泰州、安东、盐城、阜宁秋大水。8月27日抚恤江宁、安庆等府州县水灾。9月20日仪征知县会同盐掣同知监放盐义仓谷2万石。

8月17日上海、川沙大风雨，冰雹。

12月，江浙大雪，平地积四五尺，山坳处则丈许，湖港俱冻，至明年2月乃解。12月26日—27日大雪，嘉定、宝山高2～3尺；金山深6尺余；奉贤5尺余，冰冻累日；松江、南汇等亦大雪，3～4尺；青浦小蒸6～7尺。江苏高淳冬大雪五尺，坚冰弥旬，圩民流之者多死于冻馁；苏州大雪，平地三尺；太仓12月13日雪，至15、16日积至丈余，路绝行人，至一月余犹未消；常熟冬大雪，积二尺余；吴江十一月初大雪越两昼夜，平地至没牛马，为九十老人所未见，时低区水稻尚有三四分未收，雪后半月都未消融，饥鹫攒食田间，千万成群，村农昼夜驱除，不遑宁处，是年漕粮缓征三分五厘；江阴冬大雪；丹徒冬大雪二尺余；宜兴12月大雪；武进冬寒大雪；仪征12月大雪四昼夜，深数尺，寒甚，经月不化；靖江冬大雪，凡七八日，积五尺余；浙江嘉善1842年1月3日大雪两昼夜，深数尺，晚禾未及收滞田中，飞凫千万成群，自北而南，食穗无遗；嘉兴12月大雪，高积丈许，压圮屋宇，伤人甚多；平湖12月大雪，平地五尺；海盐冬大雪，路断行人者累日，历月余始消尽；海宁12月14日巳亥起，至17日大雪连绵，积至五六尺，道路不辨，舟行亦为雪阻；桐乡12月11—18日夜雪，大如木棉花飞下，门外深五六尺许，街道壅塞，停市数日，房屋有压倒者，菜麦苗俱损，积雪在阴面者，至次年3月始消尽；湖州12月大雪为灾，四昼夜不止，平地积数尺，田未收刈之稻皆被冰冻，野鸭群食为灾，仓廒不开，田租无收；长兴12月大雪为灾，道路不通；德清大雪，免冬漕；杭州大雪，厚丈余，至次年5月始消尽，压圮屋舍，伤人甚多；余杭12月大雪丈余，屋圮无算；萧山12月22日前后大雪盈丈；桐庐12月12日大雪六日，平地积四五尺，败民居无数，次年4月雪始消；鄞县、镇海、奉化12月大雪，积五六尺；慈溪12月13日大雪，阅6日止，平地积五六尺；余姚冬大雪；上虞冬大雪，平地积三四尺；绍兴12月大雪，积至数尺；建德大雪，草木皆冰，大树多压折；兰溪12月大雪，草木皆冰，大树多压折，时天寒异常，夹雪夹雨，着草木即冰，茅一茎有重至十余斤者；黄岩冬树介；江山12月雾，木成冰。安徽冬大雪，压折房屋竹树；六安冬大雪，平地数尺；桐城十二月大雪，深四五尺，深与檐齐，压倒庐舍，冰坚数尺，民绝烟火，弥月始消，死者无数；太湖冬大雪，积与门齐，压折民房甚伙；潜山冬大雪，深五尺许，塞户镇门，压坏民庐无算，树木多冻死；广德12月大雪，道路不通月余，人多冻死，山兽入人家厨灶；宣城冬大雪，深六尺，饥民多冻死；歙县、宿松、宁国冬大雪；祁门冬大雪，月余不止，竹木多冻死；贵池冬大雪，约深八尺，河水皆冰；太平(黄山北)大雪，民多饥。

此次雪害江浙两省均报雪灾，灾区北界自江苏靖江、仪征、高淳，经安徽南陵、贵池、桐城、六安，入湖北麻城、黄冈至沔城、潜江；南界东起浙江黄岩、永康、金华、兰溪、江山，入江西余干、丰城、清江(今樟树)至宜春。各地的起止时间虽然不一,大都集中在十月底至十一月下旬,连续大雪至暴雪强度,积雪厚数尺至丈余不等,积雪时间短者半月,长者历月,背阴处积雪长者至次年3月始融,降雪之大为丹徒、江阴、吴江、湖州、萧山等多处耄耋甚至白寿老人所仅见。主要灾情除寒甚,河湖港汊坚冰经旬,坏草木禾稼,道路不辨,路无行人,间有行路自殰于冰窟者,舟行雪阻,停市息业外,嘉兴、杭州、桐乡、余姚、桐庐等压圮房屋无算,伤人甚多,高淳、宣城、广德、桐城、英山、罗田、黄冈、黄梅等饥民多冻死,流亡贫民多死于冻馁。12月,缓征两淮富安等14场被水灶课。

是年,洪泽湖最高水位16.35米。

1842年

1月11日松江、青浦、金山、奉贤、南汇、祝桥、上海、嘉善、平湖地震。

2月15日仪征、丹徒雨木冰;庐江大雪,平地丈余,压坏民居。

3月23日仪征雷电雨雹,西北乡人畜有击毙者。

3月30日金坛大雨雹,败屋伤麦。3月,溧阳大雨雹。

夏,吴县翠峰坞大雨,山洪暴发,坏翠峰寺金刚,蛟窟在六角亭侧,巨石奋起,长十余丈。

6月28日雷击六合灵岩山总书坟,坟上裂宽四五寸,长丈余。

8月,仪征、安东久旱,禾枯;扬州热倍于往年。嘉兴夏亢旱为灾,地漕蠲缓;海宁夏连旬不雨,亢阳倍烈,上塘河道干涸。

秋,桃源(泗阳)淮河北岸杨工决口,冲成大泓,水入六塘灌硕项湖,漂没人畜数十里;安东禾苗尽没,土寇四起,路断行人;高邮被水,缓征;9月5日江宁因桃源河决,大水陡发,江水泛溢平地水深4尺,淹没民田数千亩;苏、松二府属秋禾被水,歉收。

10月,江宁城中大疫;高淳、定远大疫,道殣相望;南陵瘟疫流行。

12月22日冬至日,丹徒、桐乡大暖;夜仪征、高邮、丹徒、桐乡、桐庐大雷雨。松江、金山冬大雪。

是年,洪泽湖最高水位14.66米。

1843年

5月,仪征严霜杀物;安东陨霜杀草。

6月,太平(黄山北)山水大发,芮姓村陷毙200余人;宁国夏大水,田多淹涨;桐城、全椒大水。

6—8月,扬州、兴化大蝗,夏,南通、如皋、泰兴、浦江旱;奉化大旱;慈溪6月旱;湖州8月旱。

9月1日台风。温州大水入城;定海、慈溪夜风雨大作,海啸;象山、余姚大风海溢;奉贤飓风大雨;如皋白蒲镇9月2日大风雨,怒潮北来,(太平)桥受冲激,二鼓全圮;安东大雨,百日不绝,河决入淮;9月,次第启放高邮车、中、南、新4坝。是年,洪泽湖最高水位15.91米。

10月10日风暴潮,始于7日,10日最甚(图3-7),11日雨止,15日后水退。各地灾情如下:浙江定海(舟山)大水,洞澳、芦浦等庄漂溺数百人;象山大风雨,坏船,淹禾,秋收歉甚;奉化飓风拔木,坏民庐无算,江口地方山洪骤发,浸桥屋,一刻风静,桥仅小损,南北街水深6～7尺,岁大饥;宁波大风雨,东钱湖堤决,水高近丈,舟行桥上,庐舍崩坏,牲畜溺死不知其数,惟楼居者免;慈溪平地水高6～7尺,太白山崩;余姚大水坏塘,漂没庐舍;绍兴大雨如注,一昼夜不止,曹娥江水骤涨丈余,决塘堤,曹江二岸田庐漂没无算;乐清9日大风,晚禾将成悉被毁；温州风灾，晚禾歉收；松江、奉贤等飓风大作；吴江秋收不及去年一半，外由风损，内被虫伤，芦圩近镇一带尤甚，吴江漕粮缓征三分，大小之家愈形拮据；如皋秋大水。二次风灾影响范围相距不远，但强度显然后者较强。12 月，蠲缓高邮等 68 州厅县卫水旱灾新旧额赋。

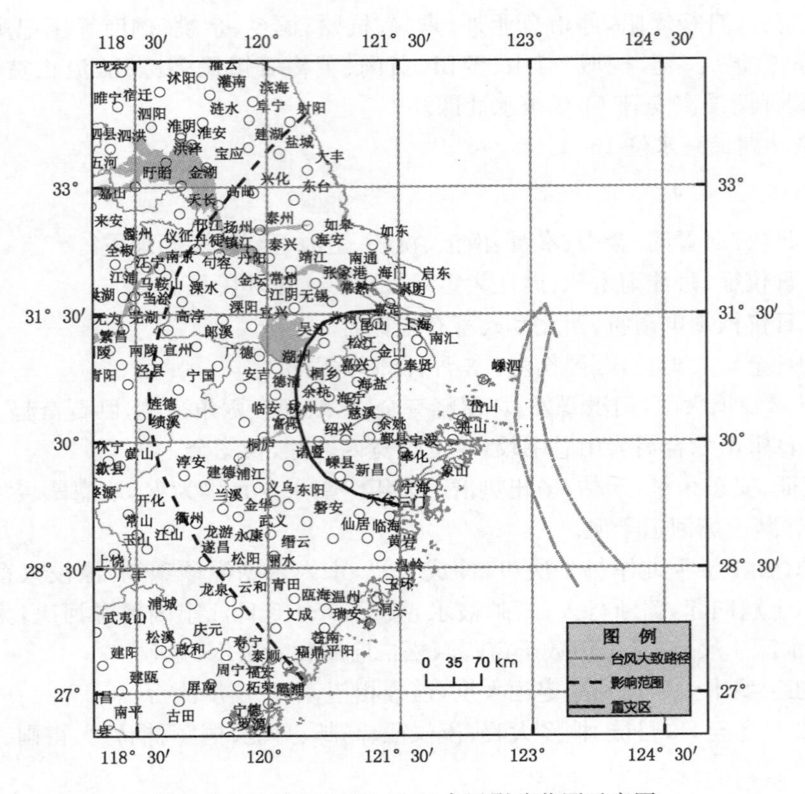

图 3-7　1843 年 10 月 10 日台风影响范围示意图

1844 年

2 月，给富阳等 3 县水旱灾口粮。

5 月 18 月酉刻诸暨烈风雷雨，冰雹如拳，大木拔，小麦淹。

夏，安东恒雨，伤麦。余姚大旱。

7 月 17 日五河大风雨 3 日夜，花园湖旁起蛟，水涨二丈五尺，冲没民房、牲畜无算。

8 月 22 日嵊县雷电大风雨，金潭庄堤溃，庐舍漂没，男女溺死者 70 余人，庄外双溪洞桥一时并圮；新昌蛟水为灾，田庐被没甚众。缓征海宁等 17 州县暨横浦等 4 场水旱灾额赋、盐课。10 月，缓征德清、武康 2 县灾歉额赋贷款。

10 月 21 日高邮河水涨至一丈三尺七寸，七棵柳漫溢；洪泽湖最高水位 15.04 米。

12 月 2 日戌时长江口(31.5°N，122.0°E)5 级地震，江苏如皋、江阴、嘉定、宝山、青浦、松江、金山、上海、川沙、南汇；浙江嘉善、平湖地震有感。

12 月，缓征江苏江宁、武进、无锡、常熟、上海、高邮、盐城等 58 厅、州、县并淮安、大河、扬州、镇江、苏州、太仓、镇海、金山、徐州 9 卫水旱灾新旧额赋。

冬，湖州久雨，大水，春花不种。

1845 年

6 月，嘉定、青浦、上海、川沙、南汇大雨雹。

夏，安东淮河再决扬工口，西乡被灾，免 1840 年以前积欠钱粮；阜宁放车、中、新三坝泄洪。五河大水。奉化大水。

夏秋，宝山等旱。歙县两月不雨，大饥；合肥旱蝗；五河旱。

10 月，宝山淫雨。

秋，江宁、溧水、句容水；高邮，兴化大水，风雨频仍。广德久雨，水势骤涨，溪田多冲没。

12 月下旬阜宁大雪，奇寒，河冰 40 日，不陷车，次年 2 月始开；吴江连日西北风，极猛烈，河冻不开，至来年 1 月初旬雨雪连绵，河开复冻，前后 10 余日；宝山等严寒，冰冻尺许，立春后方解；嘉善 12 月下旬烈风寒甚，河港冰冻 10 余日；永康冬大寒，樟柏柘死。

12 月，缓征江苏江宁、常州、无锡、江阴、宜兴、常熟、昆山、松江、上海、高邮、泰州、盐城等 58 厅、州、县及淮安、大河、扬州、苏州、太仓、镇海、金山、徐州 8 卫被水、被旱、被风村庄灾歉新旧额赋。

是年，洪泽湖最高水位 14.05 米。

1846 年

2 月，五河大风拔木。

春，宝山等淫雨。

5 月 24 日起嘉定淫雨 6～7 日；6 月，青浦大水，漂没数千家。

夏，大雨，淮安、安东运河决，中河、六塘河漫溢。8 月次第启放高邮车、中、新三坝；宝应秋水。

6 月下旬—8 月，永康大旱，60 余日不雨；新昌邑令力劝绅富出资数万金赈济；龙游大旱，歉收田 1 812 顷 24 亩有奇，缓征地丁银 17 277 两有奇，南米 1 359 石有奇；杭州久旱不雨，西湖皆涸，秋成缓四征六；淳安、富阳、奉化、余姚、诸暨、上虞、嵊县、仙居、金华、浦江、宝应、高淳、定远、南陵旱或大旱。

8 月 4 日寅时南黄海(33.5°N, 122.0°E)7 级地震，江浙多处屋瓦横飞，居民狂奔，震前片时东南有流星雨。山东牟平、黄县、平度、寿光、潍县、安丘、诸城、滕县、峄县、江苏邳州、睢宁、宿迁、安徽五河、旌德；浙江嘉善、平湖、嘉兴、湖州、德清、富阳、萧山、绍兴、余姚、慈溪、镇海、象山、宁海、永嘉四度有感；江苏盐城、仪征、靖江、如皋、溧阳、宜兴、武进、常熟、苏州、太仓、上海全境地大震，室中诸器尽皆倾覆，家家扶老携幼开门奔避；浙江嘉兴、平湖、上虞、宁波、定海五度有感(图 3-8)。

8 月 18 日青浦、奉贤大风拔木，势如崩山。

9 月 4 日台风，平阳飓风连三日，大水坏四乡庐舍无数；温州飓风为灾，坏永嘉县学文庙及文武各衙门大小民房，瑞、平二邑风灾尤甚；云和大水，七都右管濒溪一带田庐漂没；青田大水；孝丰 9 月 4 日山水骤发，冲去棺柩 4 000 余口；太仓 9 月 5 日大风拔木，毁屋，海潮涌，复舟无算；海门水灾；高邮、宝应水；泰州大水；阜宁 9 月 5 日大风，拔木发屋，海潮大上，淹没人畜，覆舟无算；吴江歉收，缓征漕粮一分七厘。缓征宿迁县被水滩租；免征两淮泰州、海州 14 场水灾等灶课；除丹徒县水冲地赋，12 月，缓征江苏泰州、泰兴等 65 州、厅、县、卫灾民新旧额赋。蠲缓浙江余杭等 44 县、卫被灾新旧额赋。

9 月 17—19 日，川沙大雨如注，河港皆溢。

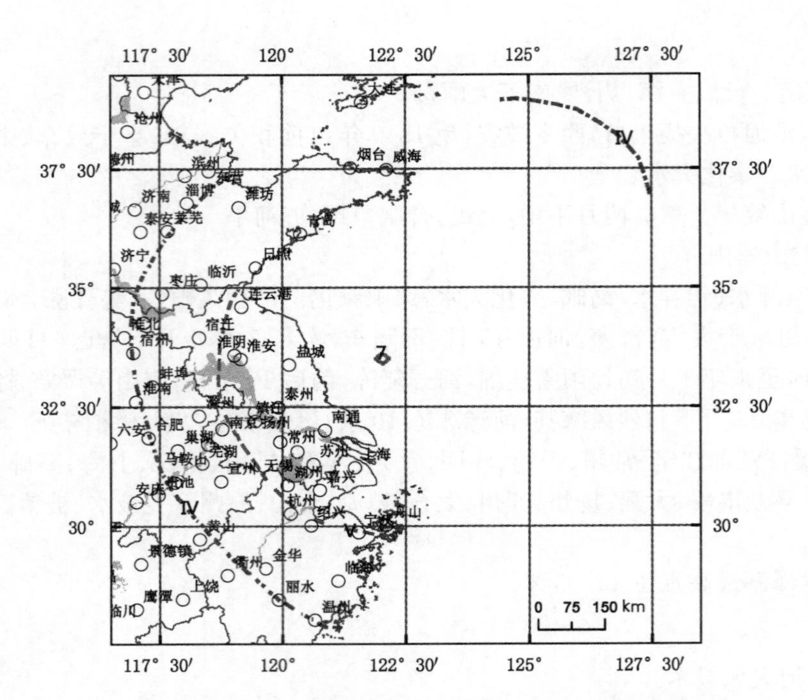

图 3-8　1846 年 8 月 4 日南黄海 7 级地震等震线图

11 月 23 日亥时南黄海 5¾级余震，东南各省及上海全境又地震。

1847 年

2—5 月，镇海、鄞县、慈溪旱。

3 月 21 日仪征雷击天宁寺塔。

春，嘉定、青浦、上海、川沙、松江等霖雨旬日。

夏，高邮、泰州旱，安东、建德大旱，蝗。

7 月 24 日寅时长江口(30.7°N，122.0°E)5 级地震，上海全境地震；江苏常熟；浙江嘉兴、慈溪、镇海地震(图 3-9)。

8 月 8 日上海、川沙、嘉定、松江、青浦飓风、潮溢，松江、金山、奉贤、青浦、上海、川沙、南汇、嘉定、宝山、崇明灾，岁祲。崇明缓征地漕等银二成。高邮水；宝应、泰州、盱眙大水。12 月，缓征高邮、泰州，淮安、安东、盐城、阜宁等 51 厅、州、县、所被灾新旧额赋。是年，洪泽湖最高水位 14.43 米。

9 月 2 日夜嘉善、平湖大风拔树。

秋，温州飓风为灾，大疫。

10 月 3 日於潜县西 45 里灵济山忠靖王庙后蛟发，漂没正殿三楹，沉田数亩，拔去大树数株。

11 月 12 日南黄海(33.0°N，122.0°E)6 级地震，山东诸城、江苏苏州、震泽、上海全境、浙江上虞、慈溪、镇海、鄞县有感。

冬至前后温州连月阴曀，风雨交加，逾月不止，而寒沍愈甚，除夕早起大雪，至晚雪愈大。

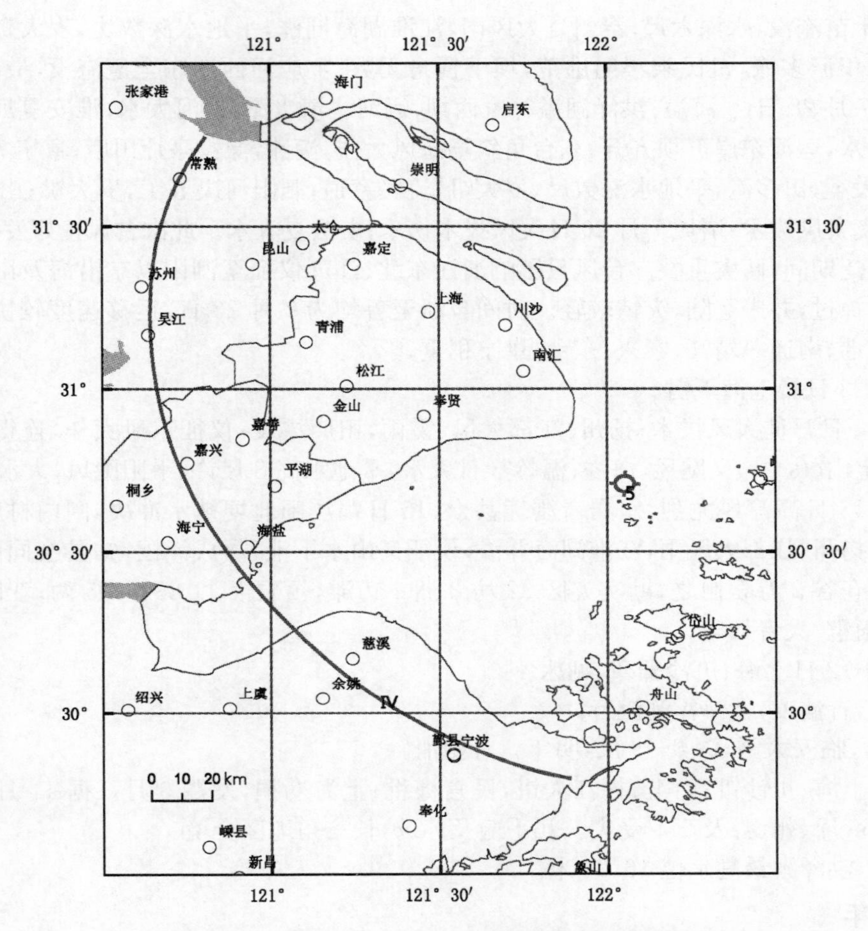

图 3-9 1847 年 7 月 24 日长江口 5 级地震波及范围图

1848 年

2 月 18 日鄞县、慈溪大雪。

4 月，无为大水，坝溃；巢县水。

6 月，海宁梅雨为灾，平地水深数尺，虹桥忽圮。

夏秋，长江大水。东至江水涨，入城内市口，深 7～8 尺，自南岭以南至尧渡迄栗树下俱通舟，矮屋全没，楼屋淹过半；桐城大水，较 1841 年大 5 尺余；怀宁大水，视 1839 年深 4 尺许，给赈；庐江水淹城市，民居倾圮，经冬不落；芜湖、当涂大水破圩；和县水至城郭，淹没田庐；天长圩淹；宁国漂没人畜无算；望江、东流、贵池、铜陵、繁昌、含山、五河、宣城、南陵大水。

7 月 20 日台风掠过浙、苏、沪、鲁沿海。浙江平湖夜海水冲白沙湾，淹民居；上海大风雨，潮溢，北门外道路成渠；宝山、川沙飓风海溢；嘉定飓风大雨，拔木坏屋；崇明东北风大作，潮溢，城内水深二三尺；金山夏秋多风雨，岁饥；南通同日自寅至申东北飓风大作，拔木毁屋，江海暴溢，平地水深数尺，岁大歉；海门潮灾；常熟潮溢，沙洲(张家港)田庐、人畜悉被淹没；靖江大风雨，江潮泛溢，漂没庐舍，淹男妇无数；泰兴飓风作，自寅至申，未时江暴溢，平地水深数尺，岁大歉；扬州 7 月大风雨，江溢；仪征 7 月 19—20 日大风雨，江溢，水由南门进城，城外禾苗淹没，水深六尺；泰州夏大风雨，江淮湖海同涨，平地水深数丈，岁大歉；高邮大水、风雨，田庐多淹，饥民乘小船逃荒，坝下覆舟无数；宝应河西9庄全遭淹没，最高陆地行舟；如皋7月28日(?)海溢；洪泽湖溢林家西坝，运河决清水潭，下河大水；淮安夏河水大涨，东南乡大水，运河东岸五坝齐开；东台角斜场海风大作，潮涨，漂没亭灶田庐；阜宁7月大雨，湖溢，水大至，田多淹，平地水深数尺，岁大饥，流民塞道；泗阳河决五工，岁大饥；山东临沂7月20月夜大风拔木；诸城7月20日大风拔木伤禾；费县夏大水。此次台风正好发生在长江中下游洪泛期间，两灾重叠。台风只影响浙江东北、江苏仪征至泗阳以东沿海及山东东南，只是沿海掠过，并未登陆，灾情较轻。时间自浙至鲁均为7月20日，运移速度较快，灾情以江苏张家港、南通—靖江、泰兴、东台、阜宁稍重。

7月23日晨上海下雪。

8月2日丹徒大风拔木；扬州、江都大风、雷雨，田庐漂没；仪征东风大作，连得雷雨，禾苗淹没；宝山(16日?)又飓风，海溢；温岭3日大水，平地水高8尺许；平阳飓风，大水。

9月13日高淳风尤烈，水居者溺毙甚众，15日藕溪闸北埂被水冲决，闸内村庄沉没无算；仪征、扬州、江都大风雨，江淮湖海并溢；仪征又山水下泄，尽成泽国，知县会同南掣同知禀请盐义仓谷2万石恤之，勘实灾区32坊3洲2边滩，领赈银11 864.135两；江阴大风潮溢；崇明雨雹，大者如碗。

10月12日上海、川沙骤寒，见冰。

秋冬，青浦疫，上海霍乱流行。

11月，临安大雪，深8～9尺，明年3月始消。

是岁上海、川沙饥；南汇、松江大饥，民食糠秕；上海劝捐，发赈3月。据11月28日上谕，江苏65厅、州、县及9卫受灾。几乎遍及苏、沪长三角地区全境。

是年，洪泽湖最高水位16.26米。

1849年

上海全境春雨接连黄梅及60日，三江两湖皆灾，禾棉多淹，水势以松江、金山、青浦为甚，上海次之，奉贤、南汇又次之；3月，金山淫雨连绵，至6月高田皆水。

6月，江浦江潮奇涨，浦口南城垛口与水平，山田大半淹没，民庐倾倒无数；六合水灾尤大，淹没田庐无算；高淳27—28日大雨，平地水深丈余，较1848年大6～7尺，一片汪洋，民居存者寥寥，民不堪命，乘水势蜂拥开坝，希图泄水，未几官督造土埂，止住；江宁平地水深丈余，民房仅露屋脊，城中街衢皆小艇，民聚处城上，给赈、免征，乡试、武试改期；溧水东庐诸山山洪暴发，圩尽溃，荡民居；昆山大雨倾注，昼夜不息，河水暴涨丈余，田庐街巷皆在巨浸中，是年高下田无收，遍地饥民，发帑赈恤、蠲缓有差，粜平米，设粥厂，施棉衣；太仓高低尽淹，水大于1823年半尺，奇荒，饿殍载道；常熟低田成浸，田庄、市中皆水；吴县淫雨三旬不止，河水泛滥，居民以船为家，镇中街衢积水，深者可以荡舟，比1823年更高尺许，二麦朽腐，秧田漂没殆尽，巡抚飞章入告，请发帑、赈恤的同时，又先举义赈。时被灾州县共35，吴、长、元三县(皆今苏州)设局郡城城隍庙，自9月至1850年5月2日止，共捐钱42万余串，益以帑银11.9万两；吴江大水，饥民死者无算；无锡7月2日起淫雨连绵，大水成灾，五里街淹没，积水盈尺，数日不能通行，富安乡致十室九空；江阴淫雨数昼夜，海潮溢，田禾淹没，民大饥；丹徒江潮溢，沙洲尽没，西市行舟；溧阳淫雨，田麦尽没，两月始平，水乡饥；金坛淫霖不止，二麦朽坏，禾苗淹，太湖又淤涨，下流不通，积潦至秋未退，民饥；句容居民荡析离居，蛟出宝华诸山，圩尽溃；武进雨连春夏，6月2日夜大雨如注，田禾尽淹，大饥；宜兴夏大霖雨，7月3

日水大涨，溢圩岸数百里，田禾尽没，逾两月始平；瓜州夏山水暴下，大潮又复上涌，加以风雨连旬，6月江水泛溢，以致无圩不破，遂成大灾；靖江以水灾免本年银米十之三，缓征旧欠银米，委员赈济，复发捐义赈之；海门水灾；如皋夏江潮泛涨；杭州夏大水，新登、临安、富阳田地水冲、沙压、石积，仁和、海宁尤甚，桐乡冲圮庐舍，淹毙人畜；於潜6月县西北十里白沙村山崩，全村被压，幸村民数十家先闻有声如雷，后复大雨如注，惧而他避，人口无伤；昌化6月7日大水，山崩石裂，田积沙石，漂坏室庐无算；余杭大水，蠲缓；富阳淫雨浃旬，田禾淹没，民饥；建德水至双桂场，水岸门坍；萧山6月9日大雨如注，夹以山水，数日之间平地水涨数尺；嘉兴自春徂夏淫雨不止，泛溢堤岸，禾不能插，漕粮蠲免，发帑赈给饥民；嘉善6月淫雨浃旬，水骤涨，田禾淹没；平湖淫雨浃旬，东湖三水入东门，久不退，田禾不及补种，民艰于食；海盐6月大雨弥月，平地水深数尺，船摇宅上、市店闭歇，尸浮累累，四乡有因灾抢掠者，7月水始退，发帑、劝捐、给赈，免粮有差；海宁6月淫雨为灾，河水溢，势成泽国，7月始渐退；石门5月阴雨连绵，6月4日大雨如注，计有旬日，平地涌水数尺，一望如湖面；乌程(湖州)6月大雨，田圩尽没，舟行入市，较1823年水势更增2尺，7月始退，民屑榆皮为食；长兴夏淫雨绵延，6月初大雨倾注，平地水高4～5尺，比1823年高3尺许，梅溪、四安、合溪诸山之水奔流倒峡，县东北平定、白乌、安化三区俱成泽国，西南各区堤防冲决崩溃，饥民屡次借端滋事；德清6月大水，赈济，官赈3月，大口给银三分，小口减半，并劝私赈数月，城内新市设粥厂；慈溪5月大水，禾苗初插，漂没殆尽；余姚芒种(6月6日)后大雨积旬，川泽皆满，平地水高3尺，饥民泛舟乞食，往来如织；宁海7月(?)淫雨连旬，多宝寺后东北山崩十余丈；诸暨6月大水，百丈埂决，湖田尽淹；桐城自1月31日—8月17日阴雨不绝，水较1848年大5尺，奇灾，龙眼山谷间多蛟发；宿松夏大水，较1848年大三尺七八寸，没田舍无算，成灾九八七分田共35荐，乘舟入市，岁大饥，水祸之奇为清百数十年所仅见；和县大水入城，至百福寺，淹倒公廨私庐无算，圩田罄尽，逾月退出城；无为大坝溃；巢县、合肥、宣城等俱大水，庐江春(?)大水，江潮倒灌，水没城垣，堞上行舟，经冬不落；怀宁水没田庐人畜，市水深丈余，饥民赖平粜兼赈以活；贵池没田庐人畜，入市水深丈余，风雨中山脊忽崩陷成壑，平地突起如阜，高四五尺；黟县7月画公山下地陷，深二丈余，长数十丈；当涂5月21日淫雨浃旬，横山蛟出70余处，全境圩堤破决，城内水深丈余，为空前巨灾；芜湖水圩破尽，平地水深丈余，由南城头上船，民多饿死：广德5—7月淫雨不止，大水溢入州城，田禾淹没；南陵5月大水，至10月始退，饿殍无数；宁国夏大水，山水尤甚，滨河民房淹屋脊，人多淹死，冲坏房屋、田亩、桥梁无数；石埭大水，僵尸遍野，本邑金陵会馆亦水深丈余。7月29日以苏、松各属被水，暂免商贾米税，崇明、奉贤、金山饥。松江、嘉定乡间抢大户，运物无有不抢，甚至嘉定知县都不敢至西门。12月，缓征两淮富安等11场水灾赋课；太仓等33厅、州、县赋额全行缓征，大赈饥民。宝山赈拨藩库银3 000两，蠲缓当年地漕粮，劝捐助赈，按期至来年4月而止；川沙设局平粜，劝典商绅富捐赈，城乡设粥厂，全活甚众。

7月至10月24日重阳，南汇又连月不雨，水旱并灾，花谷无获，米价顿昂，松江全荒者十之七，少有收者十存其三。萧山秋旱成灾，米大贵；绍兴旱荒，里民掘塘盗水。

9月15日宜兴湖滏山发蛟，市人有溺死者，洪水泛滥于市屋，卑者水不及檐三尺许，一昼夜乃退，圩乡大饥，民掘堇块以食。安吉大水入城，冲倒城墙数十丈。秋，扬州、宝应、泰州大水，江湖并溢；高邮、兴化江湖水溢，四坝全启，后仍涨水，启昭关坝，水始退；阜宁坝水，河决五套，太平河淤成平陆；盐城、盱眙大水。浦江淫雨，谷生芽。

秋冬，嘉定、青浦、川沙、南汇、松江、金山大疫；昆山冬疠疫盛行，棺木无资，半多蒿葬。

是年，洪泽湖最高水位 15.52 m。

1850 年

自 2 月 4 日至 5 月 9 日松江阴冷多雨，豆、麦、菜多不实，只三四成而已。

春，松江、南汇、青浦等仍饥，群出乞，多路毙。

3 月 28 日松江、青浦雨黄沙。

4 月松江、上海等大雪。

6 月，江浦蛟水骤发，平地数尺，大水；巢县东黄山一带出蛟百余处，伤禾极广。无为大水，官镇二圩破。

9 月 17 日—21 日风暴潮，17—18 日始雨，后风雨渐强，19—20 日飓风澍雨，江湖骤涨，拔木坏屋，田禾淹没，三日后水退。浙江海盐马鞍山、青山、长墙山、南北湖诸山皆崩，岁大歉；海宁诸山亦崩；奉化山洪暴发，损田庐无算；余姚后郭塘圮，全境被水；上虞风雨大作，江塘坏，沙湖塘决，无量闸圮，城中水深六七尺，城外水高数丈；嵊县平地水深数丈，舟行城堞上，庐舍人畜漂没无算；绍兴江塘坏，沥海一带各村俱遭淹没，城中居民栖身城上避难；诸暨山洪大发，湖埂尽决；萧山西江塘坍，洪湖直灌，田禾尽淹；杭州天竺山山洪暴发；余杭 18 日出蛟，南湖塘溃十余丈，城外石梁都圮，人民淹没者无虑数万；平湖冬赈；临海蠲缓被灾村庄新旧额赋；安吉大水入城，冲倒城墙数十丈；松江拔木坏屋，六畜殁死者不计其数，屋坍下压死者也多，望之四野如海一般。是年花、豆全无，稻留其半。奉贤等大风雨两日，水骤涨，是年上海地区全境受灾；昆山武帝庙圮于风灾；太仓 18—19 日大风，水长，与 1849 年同，幸三日即退，年岁亦减；宜兴蛟发湖滏山，水流漂石（泥石流）；海门岁大饥，草根树皮食尽，道多饿殍；如皋 19 日大水；南通知州设赈一月；高邮大灾，奉旨缓征。是年，洪泽湖最高水位 15.81 米。此外记大水的还有泰县、兴化、丹徒、常州、金坛、嘉善、长兴、湖州、浦江、鄞县、慈溪、兰溪、金华、温岭、凤阳、五河等（图 3-10）。

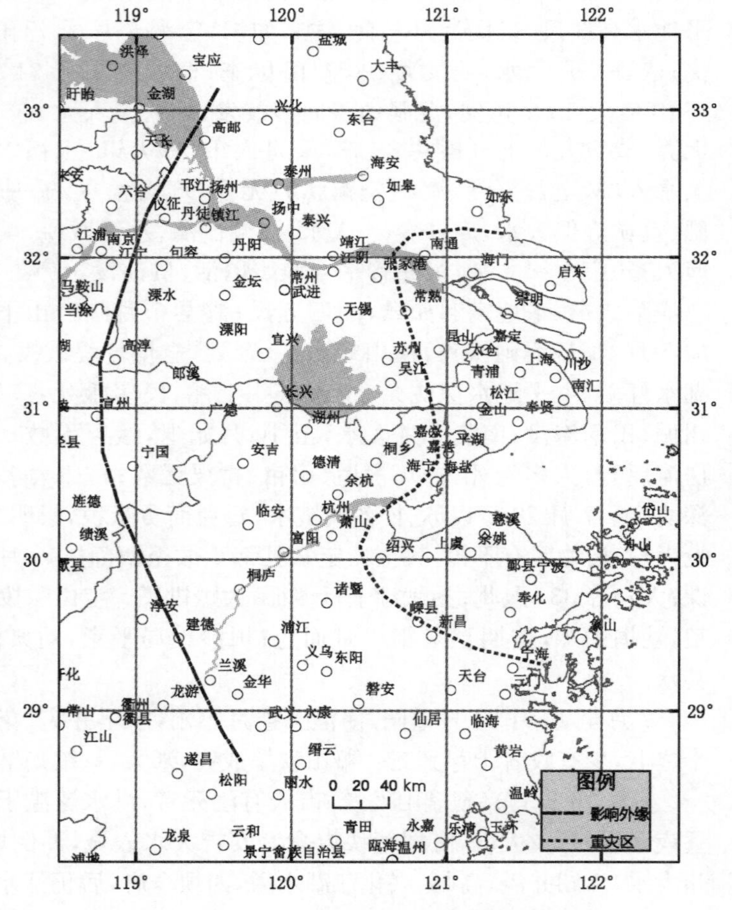

图 3-10　1850 年 9 月台风影响范围示意图

8 月 24 日申刻太平县（黄

山北）大风尽晦，有风自东北向西南，旋雨雹，大如盏。

秋，奉贤大疫。秋冬，上海、川沙、南汇大疫，青浦疫。

1851 年

2 月 16 日子时莘庄地震，上海、嘉定、松江、奉贤、川沙、青浦有感，上海个别地方轻微损坏。

4 月 13 日歙县大风雨雹，拔树无算。

4 月，上海、松江、金山大雪。7 月上海、川沙、青浦淫雨，见雪。

8 月 28 日风暴潮，苏、浙受灾较重。浙江杭州连日风潮猛烈，先后坍卸石塘 26 丈；嘉善、平湖大风飞瓦，雨暴注，水骤涨；奉化大水，漂没田亩无算；江苏兴化、东台场、角斜场、如皋、泰兴海潮涨溢，多处决范公堤；高邮海潮大涨；秋，黄河决砀山，骆马湖溢；阜宁运坝决，淮渎涸，洪泽湖最高水位至 16.9 米，为有记录所仅见，启车逻坝、中坝，里下河水；昆山大风拔木，草房破，屋倒坍无算，凌霄塔顶吹落；崇明风雨，潮又溢；松江、奉贤、金山、青浦等受灾；川沙秋大疫（图 3-11）。

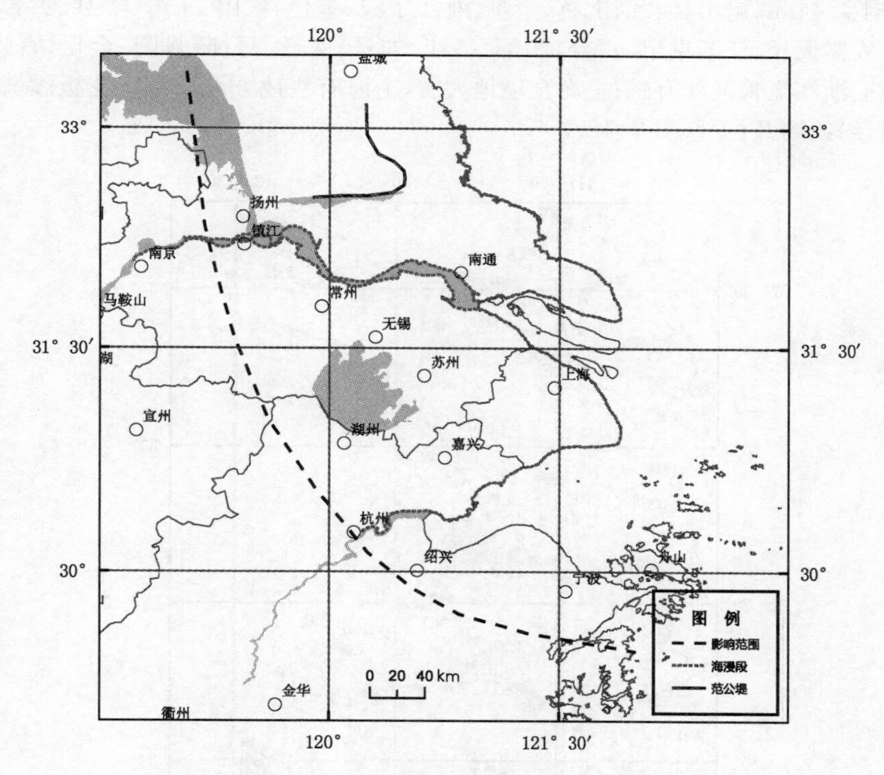

图 3-11 1851 年 8 月 28 日台风影响范围示意图

是年，贵池北冲口地忽陷成潭，深数丈（岩溶塌陷?）。

1852 年

2 月，祁门大雪，瓦结冰架。

春，淮安旱，泾溪涧市诸河皆涸。

6 月 11 日淮安大风，起自西南湖滨，向东北行，雷电交作，雨雹大如鸡卵，屋毁压人甚多，溪河一船泊堤下，被风吹起，落二里外秧田中；阜宁暴风，拔木破屋，飞舟如蓬；兴化烈风偃禾。

6月末至7月初，松江、奉贤、金山等大旱；兴化三伏亢旱；高邮夏旱；萧山自7月不雨，以至冬令，运河自西兴至城中可以行路。宁波亢旱，天气暑热，夜宿天井，官员祈雨；慈溪旱，饥，城中设两厂赈济，按口给米三合；象山旱，岁歉；定海大旱，饥；诸暨大旱，田禾尽槁；上虞5—8月久旱；嵊县6—8月不雨；兰溪6—7月旱，四乡设醮祷神；金华大旱饥，6月21日—8月7日不雨，大旱，禾尽槁；建德6—7月旱；浦江夏秋连旱，二麦歉收；永康、衢州等大旱。安徽宁国荒歉，飞蝗蔽天，所集田苗稼立尽；泾县、南陵雨豆。旱情分散，只浙南、赣东北、皖南连片，灾情稍重。

秋，常熟大风，折聚奎塔顶。

7月，宝应湖水骤涨五六尺，宝应三河坝决口百余丈，河西溃圩无算。

8月21日如皋海潮溢，直入内河，灶丁失业，掘港发谷赈济；阜宁8月大风毁屋。

12月16日20时13分南黄海(33.5°N，121.5°E)6¾级地震，山东全省、河北枣强、河南宁陵、江苏睢宁、宿迁、江浦、南京、高淳、句容、溧阳、安徽五河、凤阳、来安、东流、绩溪、婺源；浙江桐乡、杭州、萧山、浦江、上虞、余姚、浙江宁波、奉化、象山、宁海、嵊县、黄岩、温岭Ⅳ度有感。安徽天长、江苏阜宁、六合、江都、靖江、如皋、南通、丹徒、丹阴、金坛、宜兴、无锡、苏州、常熟、浙江嘉善Ⅴ度有感；上海全境地大震，上海有些地方墙皮和天花板震坍，大多数居民恐慌，纷纷离开住所(图3-12)。

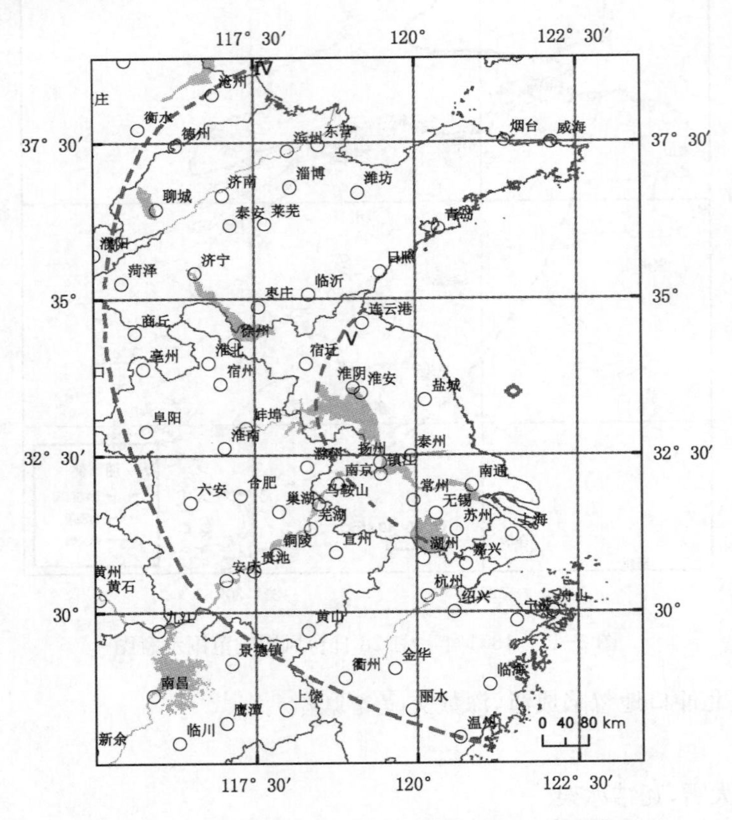

图3-12　1852年12月16日南黄海6¾级地震等震线图

冬，黟县大雪，平地二尺许，雨木冰。

1853 年

2 月 8 日丹徒黄雾四塞；天长天象愁惨，日薄无色十余日；无为西北风大作，黄沙漫天，障蔽日月，十数日乃止；五河霾雾，昼晦；桐城黄雾四塞，日月无光；舒城春日无光。

春，临海大雪。

4 月 14 日，再次受南黄海(33.5°N，121.5°E)6¾地震影响，上海全境地大震，上海有的烟囱和墙壁倒塌；川沙民房有倾者；奉贤钱桥南张、桃园周围盐场庐舍皆沉；松江居民讹传，竟夕不寐。波及鲁、冀、豫、皖、苏、浙数省(图 3-13)。4 月 15 日受南黄海 6¼级余震波及，扬州地震毁屋；嘉善吴姓屋坍一壁；江苏如皋、靖江、镇江、常州、苏州、常熟、太仓、上海、松

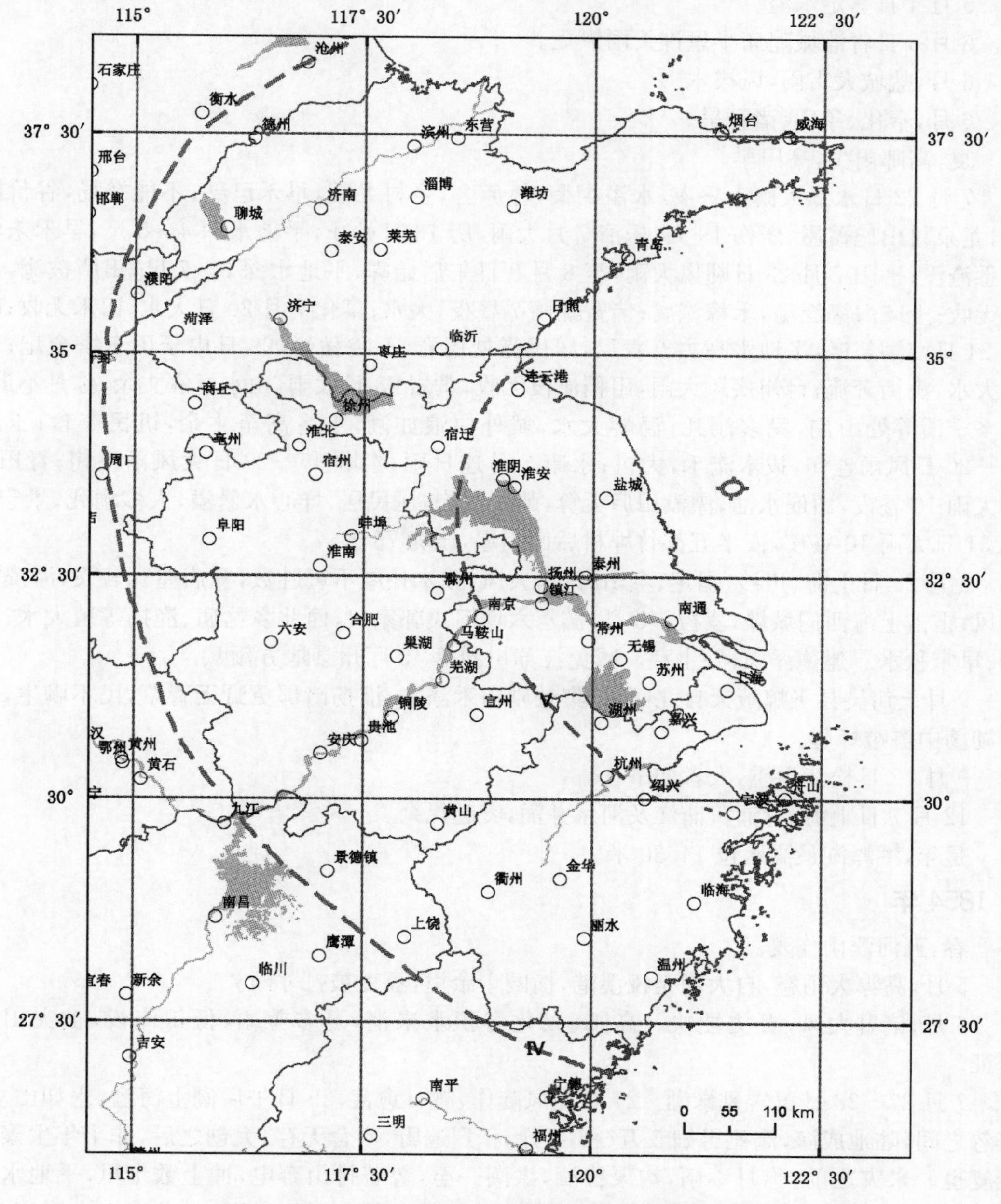

图 3-13 1853 年 4 月 14 日南黄海 6¾级地震等震线图

江、金山、嘉定、浙江石门(桐乡崇福)、上虞、慈城、镇海、嵊县、山东诸城、临沂、单县、肥城、安丘及福建福鼎等地均震。4月16日受南黄海5½余震影响,江苏镇江、昆山、上海、松江、浙江富阳、萧山、鄞县、慈城及福建福鼎等均震。4月17日受南黄海5½级余震波及,江苏镇江、常熟、浙江德清、嘉善、慈城等均震,上海奉贤盐灶处地震,庐舍皆沉。4月23日继续受南黄海6级余震影响,江苏宿迁、如皋、浙江嘉善、嵊县、云和如及福建福鼎等均震。4月24日再受南黄海5½级余震影响,江苏如皋、南通、靖江、常州、苏州、上海、金山;浙江嘉善、德清、温州等均地震。

4月21日浙江云和山裂二百丈。

5月4日嘉定水溢。

5月6日青浦城隍庙半里许天雨黑豆。

6月,盐城大雷雨,风拔木。

6月,奉化、象山、诸暨旱。

夏,高邮雨少,高田旱。

7月22日永嘉大雨十昼夜,水溢街衢,坏庐舍,乡村尤甚,早禾已熟,不能登场,谷价踊贵,龙泉村山圮覆屋,压伤19人;乐清7月大雨,历13日始止,平地水深4～5尺,早禾未收者悉淹没;平阳7月23日飓风大雨,至8月3日午后始霁,平地水深6～7尺,田庐被淹,低田无收;上虞海潮泛溢,禾稼淹腐;诸暨骤雨7昼夜,大水;奉化7月20日大水,田禾无收;临海24日江潮怒激,平地水高丈五六尺,居民露处屋脊,五谷秽烂,29日巾子山东塔全圮;仙居大水,满街奔流;台州疾风大雨,田稻淹没无收;黄岩23日大雨,山水暴涨丈余,弥月不退,西乡宁溪等处山崩,民多溺死;温岭大水,城外白浪如潮,水乡高至丈余,饥民夺食;玉环14—20日风雨连旬,拔木淹禾,大饥;永康7月连日雨;泰顺17—29日大风雨浃旬;青田7月大雨10昼夜,山崩水涌,漂没田庐无算,屿头山崩,压民居,垟心水暴溢,人多溺死;景宁7月31日大雨10昼夜,夜半五都竹埠村后山崩塌,压毙73人。

8月28日上海、川沙、嘉定、宝山海溢,大风,拔木仆屋不可胜数,罗店屋瓦若飞,海滨龙卷风;雷击上海西门城堞,岁祲。8月,涟水六塘河决郭家口,西北乡岔庙、渔扬等镇大水;高邮、阜宁秋水。建德淫雨,谷生芽。减免江苏川沙等43厅州县地方额赋。

9月上旬吴县飞蝗蔽天自北而来,集处则田禾涤涤,淮扬诸郡更野无青草,民不聊生,近地湖荡中盗贼蜂起。

9月12日松江雨雹,大者如拳。

12月7日上海、青浦黄浦江及河水并涌,突起尺余。

是年,洪泽湖最高水位14.30米。

1854年

春,五河淫雨伤麦。

5月,高淳大雨雹,自大坝至椏溪港,横阔十余里,豆麦被打寸断。

6月,诸暨大风,百丈埂决。高邮、兴化春积水未消,夏多骤雨,低田淹没,被灾田亩缓征。

7月27—29日黄岩风暴潮。27日飓风陡作,越日愈甚,29日午后潮上海溢,水如山立,倏忽之间,陆地成海,淹死男妇5万～6万计,积尸遍野,庐舍无存,大创之后,非十年生聚不能复也。未灾之前,弥月不雨,沟渠皆涸,洪潮一至,势若排山奔电,冲上数十里,平地水高数丈,瓦屋尽倾,石匣、石臼等物,冲激皆飞,四、五、六荡等乡受祸最酷,三荡以上去海寝远,祸势稍杀，庐舍俱存，人民无恙，但禾黍被淹，财力耗竭，粒食维艰，不毙于水，而毙于饥矣。水退之后，积尸载途，不可以步，芦汀、荻浦之间累累相枕藉，分道瘗埋，旬余不能尽，地上淤泥盈尺，无半茎青草，一望平野，往时烟灭腾茂之乡，一旦变为荒塞之象。灾后未几，遽发大疫，朝发夕亡，不可救药，甚有阖门递染，后先骈死；温岭 29 日大风海溢，沿海居民漂没 3 万余人；遂昌 27—29 日暴风骤雨，山水骤发，田庐漂没不可胜记；龙游南乡大水，桐溪、岭根两源同时山水暴发，溺死者甚多；金华大水，冲没民田 45 顷有余；杭州、富阳、余杭、新登水旱风潮为灾；上虞* 东北风大作，水立云飞，冲决鼓字塘 16 丈。

* 民国《松夏志》记闰七月，疑为七月之误。

8 月 9 日午后，松江飓风大作。

11 月 22 日后宝山 70 天无雨，水涸；宁国连年荒歉，飞蝗蔽天，所集田苗稼立尽。

12 月 24 日受日本南海大地震波及，对苏浙皖赣鄂湘的影响详见第一篇。

1855 年

1 月 15 日江苏苏州东（31.2°N，121.0°E）4¾ 级地震，波及靖江、武进、苏州、太仓、上海、青浦、松江、嘉善等，后松江、上海、川沙地屡震（图 3-14）。3 月 17 日受长江口（30.8°N，122.3°E）5 级地震影响，上海全境及浙江、嘉善、平湖、慈溪、宁波地震有感（图 3-15）。

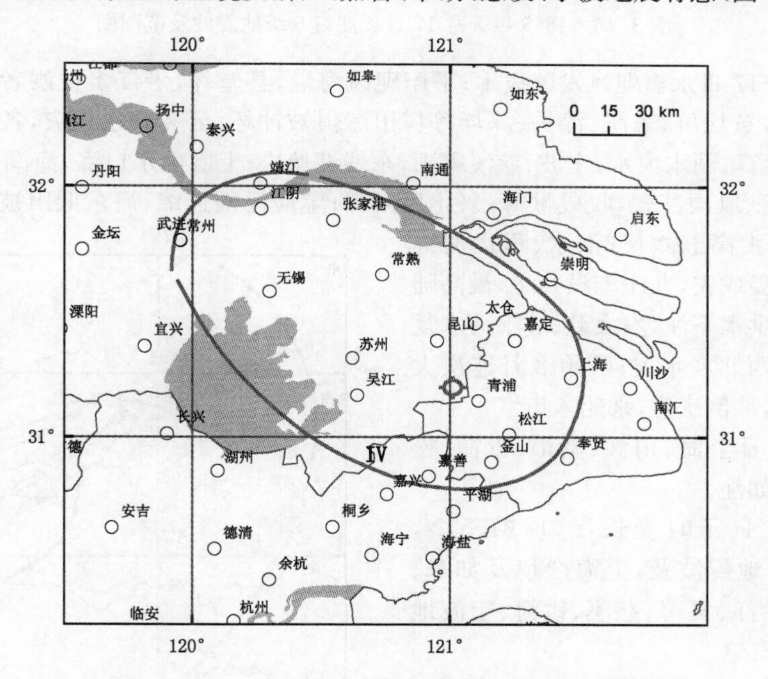

图 3-14　1855 年 1 月 15 日苏州东 4¾ 级地震波及范围图

夏，松江、青浦麦、菜歉收。

6 月 26 日夜郎溪州北乡东川村张真君庙为暴风卷去，无片瓦存，后得真君像于逃牛岭；丹徒同日大雨，沿江水；句容水。

7 月，黄河于河南兰仪（兰考）铜瓦厢决口，由张秋夺大清河入海，黄河夺淮的 661 年历史就此结束。

8 月上旬南陵忽起大风，18 昼夜乃息，摧伤树屋甚。

夏秋之间嘉定、青浦、松江、金山、川沙、南汇等大疫。

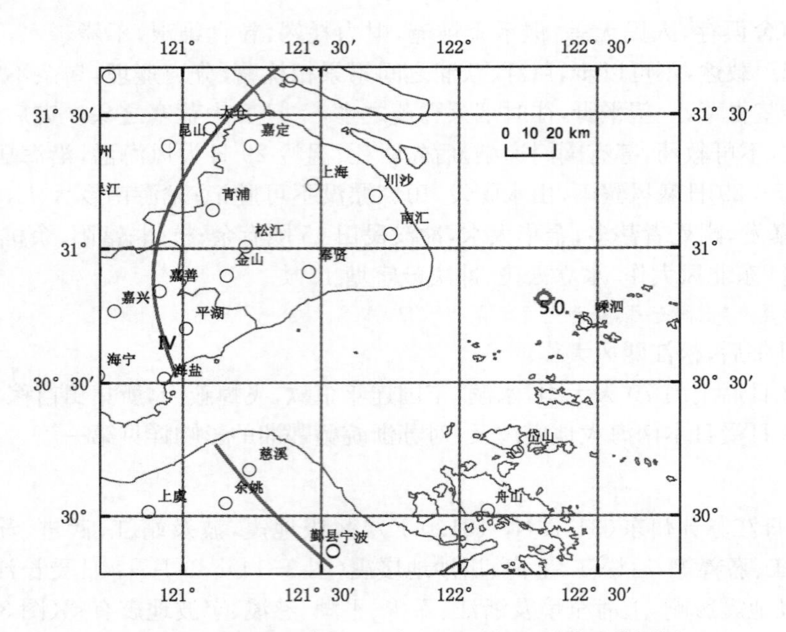

图 3-15　1855 年 3 月 17 日长江口 5 级地震波及范围图

8 月 15—17 日永嘉飓风发屋拔木；平阳飓风海溢，县堂坏，沿江多被溺者；景宁大雨如注，山水暴涨，黄坛坑、东岸、漈头、深垟等村田屋俱被冲坏；云和大水成灾，各处山崩，田庐漂没者不可胜算；丽水大水；宁波、慈溪霖雨，东钱湖塘决；上虞山水口涨，海潮陡发。如皋 8 月海啸；高邮秋风雨甚骤，收成歉薄；兴化风雨骤；宝应淫雨连绵，河东低田被淹，河西云山山洪暴发，水头高五六尺；淮水、里运河继涨，中运河漫溢成灾，九庄淹没几尽，最高陆地行舟；泰州洪水下注，岁大歉；涟水河水复由六塘漫涨，西北乡水灾；盱眙 8 月连次大雨，淮水暴涨，冲倒庆房，乘船入市。

11 月 16 日上海、川沙、南汇、青浦、松江大雷电，雨如注。

11 月 20 日子时受长江口(31.5°N，122.0°E)5 级地震波及，上海全境及如皋、靖江、苏州、吴江、嘉善、慈溪、镇海、宁波地震有感(图 3-16)。

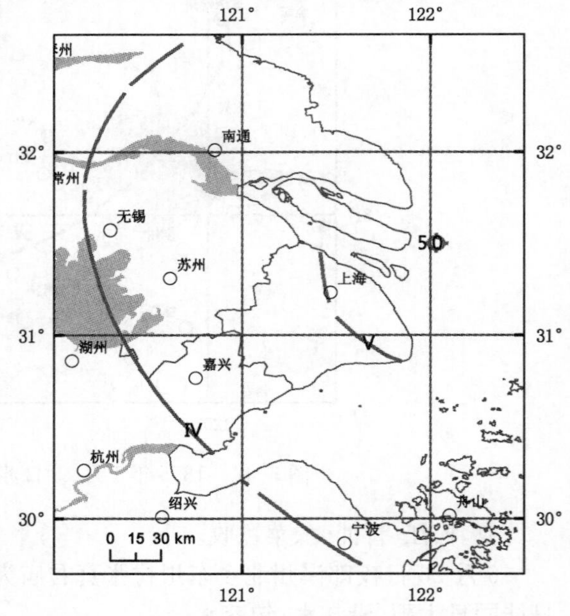

图 3-16　1855 年 11 月 20 日长江口 5 级地震等震线图

1856 年

1 月 4—5 日浙江富阳(30.1°N，120.0°E)4¾级地震，富阳屋墙破裂，河水沸腾，屋瓦时坠，老年人有惊毙者，嘉善、平湖及上海枫泾有感。

2 月，青浦、松江屡雪，大者盈尺。

3 月 9 日晨上海、松江黑雨、冰雹。

3 月 27 日杭州大雷雨，宝石山崩，树石皆坠。

5—8 月，不雨，长三角地区大旱。上海全境大旱，河水尽竭，既使盘龙塘亦断水，高阜不能栽种，低区禾棉亦多黄萎，禾苗存五分，木棉存三分，晚豆全荒，灾区哀鸿遍野；江宁河底皆干裂，高低田灾；六合、高淳、溧水、句容大旱蝗；丹徒、丹阳夏旱；金坛 6—8 月大旱，河湖沟皆竭，飞蝗蔽天，食禾菽过半，民多饿殍；常州夏大旱，秋蝗；无锡 7—8 月大旱，运河尽涸，飞蝗遍野，高田禾槁，低田蝗食，米价腾贵，民不聊生；江阴 7—8 月大旱，运河竭；苏州夏秋大旱，小北湖涸，蝗如云蔽日，伤禾：昆山夏大旱，河港多涸，阳城傀儡诸河步行可通，9 月飞蝗蔽天，集田伤禾，是年禾麦均歉收；太仓夏大旱；常熟 6—7 月亢旱，田禾枯槁，各处蔬圃瓜茄、荏菽尽行黄萎；吴江 6—8 月大旱，螽生，山麓高田苗尽枯槁；淮南大旱，河湖枯竭，沟荡无水，运河断流，飞蝗蔽天；安东奇旱，遍野如焚；盱眙大旱，饥民食榆皮；淮安运河断流；高邮、兴化、阜宁、盐城 6—9 月大旱，蝗、卤成灾，遍地人行不得；江都 6—9 月大旱，运河水竭；南通、泰兴夏秋亢旱，飞蝗蔽天，岁大歉；靖江夏大旱；六合大旱，飞蝗蔽天。11 月运河运竭；兴化旱民 95 878 口，被灾七、八分，极贫给赈两月，次贫给赈一月；5—9 月安徽南北州县均大旱，庐、凤、颍、六 4 属蝗甚；怀宁赤地千里，饥民嗷嗷，食榆树皮叶殆尽；全椒大旱，赤地千里，秋收全无；定远七阅月不雨，千里地赤；宁国大旱，人相食；颍上、太和、定远、合肥、霍丘、南陵、祁门 7—8 月大旱，岁饥；贵池大旱，赈饥；太平大旱，米贵如珠，济贫；浙江杭州旱，河水尽涸；嘉兴、嘉善、桐乡大旱，田禾枯槁，市河不通舟楫，秋成大半无成，漕粮分别蠲缓；长兴 7 月 21 日溪水涸，郡中舟楫往来仅至五里桥下，城中市肆分列于陆汇漾两岸。8 月 6 日杭州虽大雨，富阳、临安、淤潜、昌化水，旋又旱；杭州颗粒无收，富阳亢旱；海宁、余杭、新城旱；9 月，余姚、慈溪、鄞县、定海、嵊县蝗。9 月 3 日崇明蝗，收成无着；嘉定、宝山蝗虫蔽天；上海收捕蝗虫至数百斛，米价涌贵；川沙蝗食草根、芦叶俱尽；南汇飞蝗蔽天，仅食芦叶；青浦飞蝗入境，岸青、竹叶食几尽，不甚伤稻；松江夏蝗，田禾被食，中秋(9 月 14 日)后上海、川沙、松江热如夏，9 月 21 日上海、川沙、松江复蝗；奉贤有蝗蔽野，金山 9—10 月蝗。秋，江浦、六合大旱，飞蝗蔽日，米贵，饥死无算；太仓秋蝗，伤禾；常熟 8—9 月又蜚蝗蔽天，如扬灰飘雪而下，虫迹所至，田顷为空。此次旱蝗遍及冀、豫、鲁、皖、鄂、苏、浙等省，灾情严重，社会动荡。

10 月 5—6 日嘉定、宝山飓风大雨。上海、川沙、松江 10 月淫雨不止，田禾生芽，米价骤贵；是岁崇明禾不登，宝山缓征，金山沿海大饥。

10 月 14 日高淳雨雹，大如拳，损屋舍。

10 月，松阳大雷雨，山崩数十丈。

1857 年

1 月 20 日枫泾大雪，旬日乃止，平地深五六尺，河尽冻，急湍亦冰，半月始解；2 月，慈溪大雪。

春，蝗。松江浦南尤甚。上海、川沙有蝗，嘉定设局收购埋之。常熟春蝗蝻生；溧水春有蝗，高淳蝻生，县主令民扑捕，设局收买，虽未尽灭，亦不成灾；句容春有蝗；溧阳春蝝生；宜兴春蝝，兴化春夏旱，卤水倒灌；五河饥啸抢掳，道路皆埂；全椒城乡多饿毙者，草木树皮人皆食尽；定远饿殍盈路；太平平粜拯饥；淮安、涟水春大饥，斗米千钱；5 月，奉贤蝗虫遍地。6 月 20 日宝山大风雨，拔木，田庐积水数尺。松江、奉贤、南汇大风雨一日，7 月 5 日雨后蝗乃绝。嵊县邑令捐廉、捕蝗，6 月大雨，遗蝻顿尽；海盐夏南乡飞蝗蔽天，食松竹叶殆尽；湖州夏螽复生；长兴夏蝻复滋生；富阳夏亢旱；庐江夏旱，蝗，疫；广德夏旱，蝗；宣城蝗发，官督民捕之；丹徒夏蝗；6 月霖雨，蝗尽死；金坛蝗，不为灾；句容 5 月蝝生如蚁，得雨而绝；宜兴 6 月霖雨，蝗尽死；吴江夏螽复生，入水自毙；江阴 4 月蝻生，狂风卷入江中，不为灾；高邮春夏旱，兴化春夏旱，卤水倒灌，5 月知县搜买蝻子；泰县(姜堰)春夏旱，秋歉收；靖江 9 月蝗复至；如皋6月蝗;8月上海又蝗,集西南乡,伤晚禾。皖南各属秋禾被旱、被蝗,请缓征钱粮一折。无为秋蝗,稻有伤;巢县蝗;富阳秋蝗;苏州8月飞蝗大至;淮安7月蝗,10月,清江浦运河竭,闸上、下可徒行者数日;涟水夏蝗;阜宁5月旧谷竭,人掇青麦食,蝗不为灾。

9月4日风暴潮,波浪如山,宝山浦西五岳墩至江东龙王庙等处海塘均遭冲塌,统计坍缺两段,长1 515丈,冲损两段,长2 680丈,石塘内的戗土塘亦间有损坏;崇明、嘉定、上海、川沙、松江、青浦大风雨,潮溢;江苏靖江:七月望后东北风五日(9月4—8日),潮大涨,沿江禾苗殆尽;如皋:9月7日海溢,决堤,溺人无算;高邮:秋,雨风甚。浙江嘉善、平湖、湖州风雨伤稼,米贵;上虞七月望(9月3日)飓风大作,狂潮怒发;昌化9月4日蛟水为灾,坏民田庐;桐庐大水,漂没田庐无算;建德大雨倾盆,四乡蛟水合时陡作,损坏田庐不计其数,大风扬去子陵西台石亭一座,杳然无迹;缙云大水,平地水深2丈许,坏继义桥,所过庐舍、堰坝尽圮;上海9月阴雨连绵,禾棉多损。

10月5—6日崇明、嘉定、宝山飓风大雨,上海、松江、川沙禾棉多损。

10月18日临安蛟水为灾。

冬,贵池桃李华。

是年,洪泽湖最高水位13.44米。

1858年

春,上海有蝗。阜宁春寒多雨。

4月,丹徒大霜。宿迁陨霜伤麦。

5月27日嘉定咸雨,蝗蝻俱死;夏,宜兴从善乡六科里农民吴廷富田中,有震雷声出于地,四周苗皆燔枯,地陷小坑,深广仅尺许,是日大雨(岩溶塌陷)。泰州大旱;兴化、淮安旱;高邮夏旱、秋水,勘不成灾,奉旨缓征;阜宁旱蝗;7—8月湖州旱,薪米价俱涌贵。盱眙雨雹,大如杯,破瓦,杀燕、雀、雉、兔。秋,睢宁飞蝗蔽日,禾稼尽伤;宣城、南陵蝗大发,官督民捕之;合肥、巢县旱蝗;寿县、泗县秋旱,蝗食稼几尽。

8月,如皋海潮泛涨,柴湾至瀛溪大风拔木。太仓大雨雹。

11月,南陵大雪,次年1月又大雪,先后计8尺余,房屋倒塌无算,人民冻死者甚多。

1859年

2月,崇明、上海、青浦、松江等阴雨连旬,2月26日至4月3日上海、青浦、松江等复雨,大雪后始晴;5月20日嘉定下红雨。6月,苏州大雨伤禾。

7月3日上海、嘉定、青浦、川沙、南汇夜有雪,甚寒如冬;浙江黄岩奇寒如冬,有衣裘者。

夏,淮阴、涟水淫雨,伤禾;天长夏大水,人民死亡,逃窜无算。苏州6月大雨伤禾;全椒饿殍盈路,人相食。

夏,鄞县、建德旱。

9月14日(八月十八日)海宁州(海盐)钱塘江潮溢,漂溺30余人。

9月17日—18日上海、川沙、青浦大雷雨。

9月20日上海、嘉定、川沙、松江、青浦等夜有浓霜,寒如冬,杀草。长兴10月大水。

冬,宝山大雹。无为大雪。

1860年

2月,崇明、上海、南汇、青浦、松江、长兴阴雨连旬,2月26日以后复阴雨,至雪后始晴;苏州淫雨竟月;昆山春连月阴雨。

4月2日昆山大雪，4月15日太仓雪；常熟雪；无锡连日大雪，燕未至城中，俱巢四乡；江阴大雪盈尺；丹徒4月1日雹雪杂下，6日清明积雪数寸，寒，5月5日立夏又微雪；丹阳5月4日大雷电，继以雨雪，平地积水数尺；溧阳4月雨雪，自昼至夜乃止；金坛5月5日先雹后雪，6日又雹雪兼下；武进立夏大雪；宜兴3月27日雨雪，自昼至夜乃止；泰兴、南通、吴县4月大雪；如皋立夏日雨雪；杭州3月25日大雪；桐乡4月3日雪，清明节后积雪数寸；长兴清明雨雪；慈溪立夏后大雪；黄岩4月2日雪，5月7日陨霜。温岭4月3日大雪，寒甚；无为4月雪，深二尺余。

春，五河饥，疫，饿殍遍野，人相食。

4月18日夜慈溪龙卷风，飓大作，雨倾雷击，自黄墓渡至夹日桥纵横二十余里，毁庐舍桥栏，折断旗杆无算，江中行舟有被摄去，不知所在。

4月22日上海、嘉定、青浦天雨血三日，又雨豆。

5月5日崇明、宝山、上海、南汇、嘉定、松江等大雪三日，地冻，寒甚如冬，罗店积雪二、三尺。

8月26日风雨交作，洪泽湖、运河异涨，高邮、兴化大风雨，河决小六堡，露筋镇至金湾间漫塌73丈；宝应田多淹没；泰州、东台、阜宁大水。启车逻坝、新坝。

9月16日宜兴清津乡臧林诸村雨雹，大如鸡卵，禾稼多伤。

秋，湖州久雨，田几湮，刈稻者水淹至腹；10月19日—11月16日松江连雨28天，禾头生耳，晚棉尽损。

1861年

5月22月如皋雨冰。

6月20日午后海盐六里堰龙卷风，陡起大风，万瓦随之上下，半时许始息，居民有死伤者。7月松江大风，走石。

9月6—7日大风雨，崇明夜飓风潮溢，沿海民居漂尽，死1万余人（民国《崇明县志》卷17）；上海、川沙、松江、金山、奉贤大风雨两日；江苏如皋：海溢，冲开范堤及民屋棚舍无算；浙江象山：飓风，坏海塘；仙居大水。是年青浦遭乱，田荒不治，米贵，饿殍甚多。

12月12日象山大风，学宫泮池石栏尽倒。

冬，铜陵、当涂、含山大雪。庐江大雪，平地数尺，严寒，饥疫，野兽食人；宿松大雪，冰厚尺许，能通行人；南陵大雪5日，深4尺余，乡民冻饿死者无数；贵池大雪，深7～8尺，河水成冰，松、柏、竹、枣、梓、栗树冻死。

1862年

1月26日昆山大雪2昼夜，积4～5尺，大小河港胶冻，历半月余，人畜、树木冻毙无数，百余年来无此严寒甚雪；太仓1月26日大雪3日，深2～3尺，2月寒甚；吴县大雪2昼夜，积4～5尺，寒气凛冽，滴水皆冰；吴江大雪2昼夜，积至8尺，河荡尽冻，半月不开，杨家荡、龟漾诸大泽皆结厚冰，乡民往来如履平地；无锡大雪3昼夜，深3尺，路绝行人，河无行舟；溧阳大雪，避冦者逃于山中，多冻死；宜兴1月30日大雪，深4～5尺，冰合，太湖中月余方解，冰厚盈尺，居人皆凿冰汲水；1月25—29日大雪，崇明深4～5尺；宝山5～6尺；黄渡4～5尺；川沙平地积数尺，苦寒路绝，民多断炊，冻饿死者无算，河冰腹坚；南汇雪厚5尺余；松江、上海平地雪深数尺，门户被封，黄浦冰，至2月12日解，冻饿死者无算；青浦积4～5尺；奉贤积3尺余；金山大雪3昼夜。2月1日松江、奉贤、川沙、宝山等木冰；2月3日青浦雪，2月4

日雾，2月5日大雾，2月10日大雾，着草如棉条，日午始散。2月5日上海、川沙、奉贤雨木冰；南汇霜雾作花，遍着草树，状如鸡毛弥望；嘉定、宝山雾淞，竹木间非霜非雪，凝结如花，又如缨结，挂于门壁间，见日即消。浙江嘉善1月24日大雪旬余，平地5～6尺，河尽冻，半月始解，2月大寒，人多冻死；平湖1月大雪，平地丈余，2月大寒，人多冻死；湖州1月26—29日大雪，深可1丈，河道皆冰，厚尺余；长兴26—29日大雪，积深1丈，湖冻，人行冰上，至2日13日始解；昌化1月27日平地雪深5尺，昱关拥塞，行人断绝，越2月始通；於潜1月25日—2月7日大雪，平地厚7～8尺；富阳1月大雪兼旬，平地高5～6尺，山中几数丈，居民避寇山中，无处觅食，饿毙无数，2月大寒，溪冰坚厚，舟楫不通，民多冻死；新城1月26日大雪，平地丈余；镇海1月25日大雪，深5尺，河胶不流，2月中旬始通舟楫；慈溪1月25—29日连日大雪，平地积4～5尺，山林深僻处至8～9尺，避难入山者多冻死；奉化1月大雪，积4～5尺，每夜一潮，至2月止，盖半月；定海2月积雪至4～5尺；象山1月大雪4日，平地高数尺；余姚1月大雪，平地积4～5尺；上虞1月大雪，积5～6尺；诸暨1月27—29日大雪不止，平地厚5尺，人畜冻死；萧山1月26—28日大雪3昼夜，平地深6尺，路无行人，河无行舟，水中冰厚尺余，湘湖及西小江中行之如履平地；建德1月大雪，樟木多冻死，2月复大雪；桐庐春大雪；太平(温岭)1月大雪，木冰；金华大雪；兰溪、浦江大雪，樟木多冻死，雪深5～6尺，严寒异常，2月复连日雨雪，冻更甚，溪涧冰厚尺余，平地雪深6～7尺，人不得行，值此久雪，无处觅食，饥寒交迫，辗转致死者不堪言状；衢州1月25日大雪数昼夜，深5～6尺，大冻20余日不解，时有台湾兵2 000余人驻守衢城，冻毙无遗，大树摧折，飞鸟皆尽，2月又大雪，历20余日冻结不解，人畜僵毙无算。桐城1月27—28后数日大雪，苦寒坚冰，树多冻死；太湖1月大雪，平地数尺，湖冰合，弥月不解，负重履其上，坚若平陆；广德1月26—29日大雪，深数尺；歙县1月大雪，深5尺许，时大乱未已，饥寒交迫，死者甚众；祁门大雪，深4尺，鸟兽冻死无数，花、果、竹、木多枯。

春，松江旱，开耕之田十仅二三，烟火萧条，饥民嗷嗷。

4月20日临海大雨雹伤人，椒江南北数十里麦苗俱尽，免1862—1863两年钱粮。

6月，上海霍乱大流行，自6月至11月死亡人数占居民总数的八分之一；川沙、南汇、奉贤、松江、金山、嘉定大疫，松江十死八九，甚至有一家连丧3～4口者。江苏吴江、昆山、太仓、常熟、江浦、溧水，浙江嘉善、临安、桐乡、衢州五属、龙游尤甚、开化、常山、丽水、合肥、和县、定远、歙县、太平、石台等皆疫。

6月30日萧山西江塘决，平地水涨5尺，10余日方退；海宁塘圮，海水溢入内河，伤稼，米贵。

7月15日夜半武进雨雪。

7月，高邮、南通、如皋、盐城、阜宁、丹徒、太仓旱蝗，沿海卤水倒灌。

8月6日镇海海晏乡大水。

9月7日嘉定、上海、奉贤大雨雹，柴米大贵。

9月8日后昆山淫雨十昼夜，河水暴涨，插莳田禾半浸水中；9月14月镇海大水，坏民房田禾无数。松江、奉贤、川沙等9月大雨。

10月24日青浦大雨雹。10月，旌德雪。

12月，南陵、宁国大雪；衢州冬大寒，橘树冻折，宿鸟多毙。

1863年

3月，靖江咸霜杀麦，苗尽萎，蘖旁生，半收。

3月，上海、川沙、嘉定、奉贤等大疫。春，南陵荒，菜麦无收，人民病疫。

5月，天长黑风暴起，屋瓦皆震。4月淳安苦雨连旬，麦皆生耳，秋又大旱；桐庐大旱，复大疫，饿殍满途，死亡枕藉，6月中旬至7月中旬，上海霍乱流行，死者2万余人，全市每天售出的棺材数700～1 200具不等，仅7月14日24小时内即病死1 500人。浙江宁波、诸暨、富阳、浦江、桐庐、金华、开化、江山皆大疫。秋，宁波疫。7月吴县大旱；溧水、句容蝗；慈溪旱；寿昌夏大旱，民食草根，复大疫，死亡枕藉；建德人相食，左宗棠给发耕牛、籽本，拨款散赈，并开粥厂以济灾民；兰溪夏大旱，饥民食草木，饿殍满途，复大疫，死亡枕藉。7—8月，祁门久旱不雨，岁饥，居民多有菜色。

8月2日大风，上海漕河泾船覆，死10余人。

8月25日镇海蛟出大水。

8月，玉环寿昌塘龙卷风，大风折木。

10月7日镇海泰、海两乡蛟出10余处，损害庐舍田禾。

冬，衢州大冻，山鸟冻毙坠落者无算，航埠橘柚、峡口村石榴均伤残，次年无果实。

1864年

1月，东至大雪，至2月上旬止，深6尺，民多冻死。2月22日诸暨大雪。象山2月大雪6日。武进3月雪，东乡大墩河冰。

春，安东恒雨，损麦。建德大疫，日毙百人，免是年熟田钱粮。5月，建德郡城复之。靖江春夏大疫。

5月5日酉时受南黄海(32.5°N，122.0°E)5½级地震影响，松江、青浦、上海、川沙、南汇、嘉定、太仓、苏州各属等有感。

5月28日桐城龙卷风，东乡沿江一带坏舟无数，或人随船不知何处，吹折房屋片瓦无存，有某姓祠拔去里许，复坠下。

6月13日夜苏、浙大风成灾。上海大树连根拔起，坍墙倒壁者无数，黄浦江溺船无算；嘉定钱门塘西徐氏牌坊倒地；宝山大风拔木；崇明：庐舍尽坏；川沙拔木扑屋，南北吊桥飞入城壕，泊舟人有覆溺；南汇倾倒墙室，拔木覆舟；松江、枫泾倾室庐无算，拔木；青浦坏民居。太仓坏钟楼及王文肃祠前坊；昆山拔木坏屋，城厢石牌坊多倾圮；苏州龙卷风、大雨雹，伤民居无数；常熟坏民庐舍，西北两门外祠墓石坊吹塌无数。嘉善、嘉兴、桐乡大风拔木；海舟倾覆无数；定海暴风疾雨，坏各埠舟，溺死兵民无数；象山覆舟坏庐舍，大木多拔(至于此次风灾的伤亡人数，《庚癸纪略续篇》曾记有死万余人，价值如何，待考)。

6月17—19日衢州、龙游大水，淹没田庐、害稼，西门水入城。

6月，镇海、慈溪、宁波旱。

6月26日及7月1日海宁两次潮灾，贯入州城，将城外鸾桥、城内偃下坝全行冲去，上灌处涨及仁和地界。

7—8月，衢州、龙游大旱。

9月17日至次年1月上旬不雨，上海、川沙、南汇、松江、青浦等旱。浙江宁波、慈溪、诸暨秋冬不雨，旱；金坛大旱，拨款施赈，贷民垦本、籽种、耕牛。东至旱，大饥，民食树皮、观音粉，肠被塞，多有死者。无为大旱。

10月23日嘉定、上海、川沙、松江、枫泾等地震。

冬，溧阳大雪。

1865年

2月3日松江大雪，雷电。

5—7月，嘉定、上海、青浦、松江等阴雨不止，其中6月13—18日，大雨7昼夜不绝，苏、松、嘉、湖、杭5府及太仓、平望、溧阳、金坛、句容、溧水夏淫雨；常州6月大霖雨；宜兴6月水，圩乡多没；靖江以阴雨伤禾稼，普减银米一成；阜宁夏大雨伤稼等；太湖地区低田尽淹，禾稼大伤；杭州6月27、28等日大雨，阅7昼夜不绝，杭府属低田被淹，中防江塘崩坏，卤潮灌入内河，阅3月始淡；富阳大水没城；萧山6月狂风连旬，6月22日子时长河、长兴等处西江塘决卸，至巳刻内地水涨丈余，县城俱没，淹毙人口，漂没庐舍、厝柩无算；德清水灾，蠲免冬漕；绍兴大水，东西两江塘决千余丈，郡中闭城门以拒水，乡民越楼窗登舟；诸暨大水，枫桥平地涨1～2丈，湖埂尽决；余姚7月上半月大水；仙居大水，夏阁民房没2～3尺；桐城大水，枞阳城中3尺；当涂淫雨淹苗；全椒大水(居民淹毙10余万人?)。9月，以江浙、苏、松、杭、嘉、湖各属被水，命筹款赈恤。岁末蠲缓浙江海宁等45州县暨杭、严等3卫被水、被旱，仁和等15场被水新旧额赋。

6月13日奉贤龙卷风，自青村西，过朱店，大风雨，拔树，坏屋。9月1日奉贤又龙卷风自徐连桥(齐贤)至沙庙(白沙)西南。9月5日松江龙卷风，飓风大作，水声如潮。

秋，嘉定蝗。岁祲，减免钱门塘粮五分。

是年，洪泽湖最高水位14.63米。

1866年

2月22日高邮飓风大作，镇国寺塔顶吹落坠地。

春，五河大旱，潼河涸为平道；4月26日五河大风，坏民庐舍。

4月，东至冰雹，豆麦大伤，屋瓦多被击毁。

5月31日夜二更昆山大风拔木，坏民庐舍，倒坍石牌坊不一。

春夏，靖江淫雨，岁歉。

6月12日临安大水，田屋、桥梁冲坍无数。

6月23日宁国大水，田亩多淹没。

7月14日巳刻五河沱河强降雨，风雷大作，大雨淋漓3日夜，淮水陡涨3丈，泗县、寿州、凤阳、五河、盱眙、淮安大水成灾，洪泽湖盛涨，最高水位15.94米，民乘舟入街市，居民多赴垣避水，屋宇漂没，冲毙人畜无算。8月7—9日高邮、兴化、宝应、泰州、盐城、阜宁、东台大水，运河决，清水潭东堤漫塌279丈，西堤漫塌457丈，9日二闸又漫塌过水，下河平地水深丈余，东乡8围先后冲破，田庐被淹殆尽，人畜溺毙无数，民大饥。阜宁次年春荒，民多就食江南；清河、安东夏淫雨50余日，六塘漫涨，城内水深2尺余；山阳县令督民修堤渠，以工代赈；江都署盐运使立粥厂，赈灾民1.3万余口。是年松江、金山、青浦、奉贤、嘉定、宝山被水。安徽池、太、凤、颍、滁、和、六、泗府州属及宣城、泾县、南陵、旌德、太平、庐江、舒城、无为、巢县俱大水；寿县大水，田庐淹没，人畜淹死无数；凤台陈家集西北五里大桥圮于水；贵池蛟水没田庐，被灾极重。

8月5日泰州雷击觉正寺，文昌阁毁。

8月30日未刻奉化龙卷风，狂风自峰顶起，历葭浦经聚湖头，过赤山，入鄞，遭灾者横不过十里，葭浦为中，南不及仁湖，北不及马湖，皆红日依照，并不知有微风，有一13岁少年在葭江西岸田中，一时被风劫过江东，江宽约十丈奇。所经之地屋瓦如飞，坏墙垣不计其数，拔竹木难胜枚指。

9月16日上海、嘉定、川沙飓风二、三时始息。

10月23日丑时南黄海(33.5°N，121.5°E)6级地震，山东诸城及上海、松江、枫泾、川沙、嘉定有感。

秋冬，吴江、嘉兴大旱，市河不通舟楫。

1867 年

1 月 12 日子时嘉定、上海、川沙、松江地震。

春，桐城、望江、宣城旱；阜宁春旱，五河饥。

6 月 6 日高淳大风拔木。6 月，湖州淫雨，害稼。龙游大水，黄豆未获，漂失甚多，禾苗亦间被冲伤。

夏，江宁、句容、兴化、高邮、泰州旱，水涸；阜宁 5 月卤潮倒灌。临安、慈溪、兰溪、宁海、嵊县旱。

7 月，南陵大水。

8 月 30—31 日台风掠过江浙沿海，为害不重。如皋飓风，海溢，坏堤堰；江阴大风，靖江以风灾歉收，普减银米五厘；高邮雨多，湖水涨，5 942 顷田地缓征；兴化雨多，启车逻坝、南关坝；泰州大雨 3 日，歉收；嘉定、宝山大雨竟夜，棉铃尽脱，亩产仅四五斤；鄞县秋潮入灵桥、东渡两门，直进平桥；岱山飓风肆虐，溃坏城垣，咸潮入田间；象山海溢，坏塘无算；宁海洪潮冲没沿海塘田(图 3-17)。

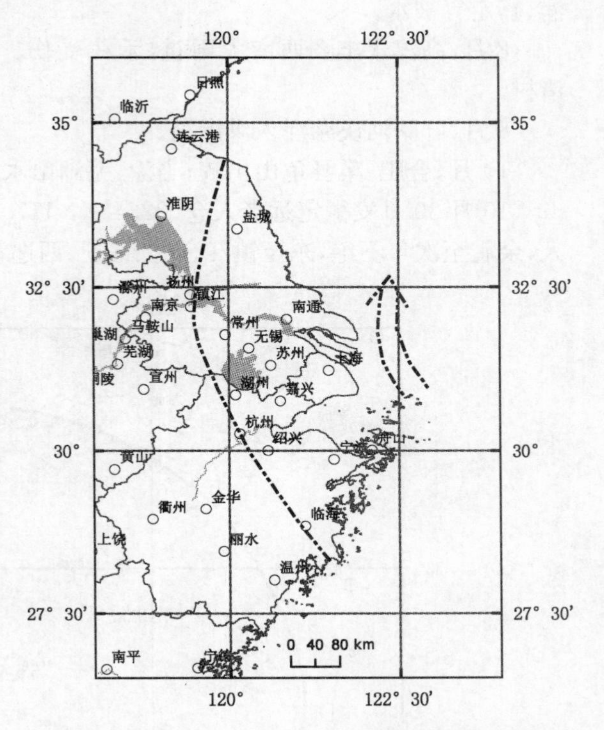

图 3-17　1867 年 8 月 30 日台风影响范围示意图

9 月，浙江海宁盐官(30.4°N，120.5°E)4¾ 级地震，坏民居。

秋，泗县、五河、合肥、无为、巢县大水。

10 月 24 日高淳雨雹，大如拳，唐昌乡田稼多被伤落。

12 月 17 日 10 时许受台湾基隆东北海中(25.3°N，121.8°E)7 级地震影响，上海、宁波、金山* 地震有感。

* 光绪四年版《重修金山县志》记：戊辰冬十一月二十三日地震，应为丁卯年，年份记错一年。

1868 年

3 月 22 日酉时雷击上海洋泾浜(今延安东路)理事公廨大堂屋顶正中，震开尺许，右前一柱分裂为四，而屹立不折，墙屋无损。

春，安东恒雨，无麦；睢宁春水涨，二麦寡收。

4 月 23 日桐城狂风大作，颓败墙屋，雹大如卵；潜山大风拔木。

夏，江阴淫雨，江湖水涨，禾田被淹，淹田 15 742 亩 2 厘；常熟被水，将抛荒田亩及已垦复荒田亩应征本年地漕银米全令蠲免。

6 月 6—14 日兴化大雨，低田被淹。

6 月，临安淫雨为灾，平地水深丈余，西北乡尤重，东南次之，冲毁桥屋堤堰不少；湖州大雨；龙游大水，歉收田 1 302 顷 11 亩有奇，占原额十分之三强；南陵蛟水陡发，圩堤尽破，民间房屋倾圮，人民淹毙无算；宣城大水；歙县夏大水，毁桥坏屋甚多；贵池梅村三圣庙前后田陷成潭，水深不测。

7月11月祁门蛟洪陡发，水由城上扑入城内，水深丈余，试院东文场墙宇俱漂没，城乡毁屋坏桥，溺人畜，坏田亩不可计数，东南两乡尤惨。

7月18日嘉定、宝山大风雨，拔木倒屋，田庐积水数尺，岁祲。是年松江，金山、奉贤、青浦、嘉定等被水。

8月，高淳永丰乡西南大雨雹，禾稼受伤。溧阳大雨雹；宜兴大雨雹于清津乡之臧林诸村。

8月，盱眙河决荥泽入洪泽湖。

10月，合肥、巢县龟山出蛟；当涂、芜湖山水冲溃圩堤。

10月30日安徽定远老人仓(32.4°N，117.8°E)5½级地震。老人仓墙屋多坍塌，压死人，余震至次年不绝，东至镇江、北抵宿迁、西迄霍丘、南达贵池皆有感(图3-18)。

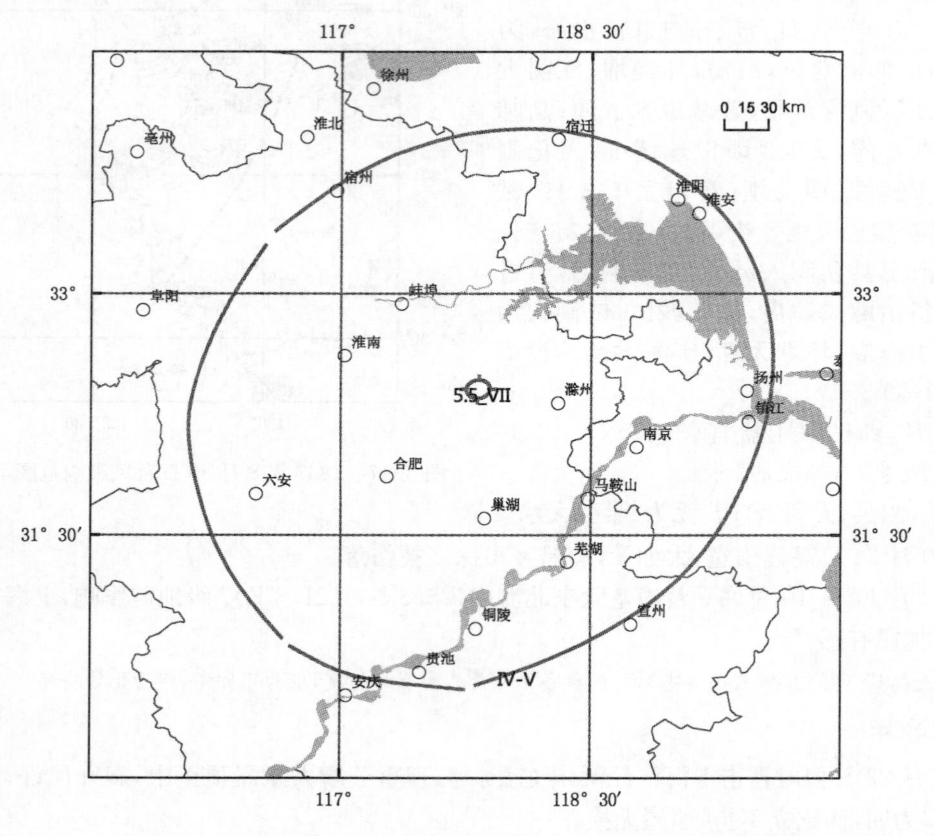

图3-18　1868年10月30日定远老人仓5½级地震波及范围图

冬，武进桃李华。

1869年

4月7日戌刻天长忽西北大风，草屋、瓦屋均坏，东岳庙照壁刮倒，沿途高(邮)、宝(应)、仪(征)、扬(州)亦然。

5月18—20日龙游大雨倾盆，7月1—3日又昼夜大雨，山水又复陡发，4日后则阴雨连锦，田禾多遭霉损。嵊县5月大雨，蛟乘之，水骤涨，坏田地无算。6月，衢州大水。5—7月，吴江多雨，渐涨3尺余，低区民田尽淹；江阴大水，低田灾；丹徒沿江水灾，人皆饿殍，倡办赈，救济数月；武进新垦荒田被水歉收，全蠲本年被灾各田下忙钱漕，阳湖续垦田亩应征钱漕二成；溧阳水，免新垦灾田地丁钱粮；高淳大水，圩多决；金坛、句容、溧水、江宁水；安徽桐城、宿松、望江、贵池、青阳、铜陵、合肥、巢县、繁昌、无为、当涂、含山俱大水；东至大水，城内市口行舟，数月始退；东流7月大风雨，雷击学宫棂星门，试院号舍倾倒过半，坏民房数十间；怀宁(安庆)沿江圩堤多破坏；芜湖江水陡涨破圩；和州大水至城郭，坏民居，溃堤圩；全椒7—8月淫雨不止，各圩虽未全破，但秋禾大减；庐江坏民居，圩田没；南陵6月大雨，连绵数行，各圩禾苗沉没颗粒无收。

夏，兴化亢旱，卤水害禾；高邮、泰州旱。

秋，兴化多雨，运河以东皆歉收；如皋江潮泛涨，低洼圩田禾萎；靖江全荒，蠲免下忙钱粮漕米。

8月4日龙游风灾，晚禾、杂粮大受折损。

8月5日金坛、溧阳大风败屋，先雹后雨。

9月26日夜鄞县县西50里后山洞山洪暴发，石裂土崩，冲坏民舍，溺死男女17人。

秋，松江、金山、奉贤、青浦、嘉定、宝山、上海、南汇等被水，宝山缓征。嘉定免丁银一分五厘。

1870年

2月，阜宁泮池冰结为梅，约28枝，横斜有致。高邮、兴化、泰州多雨雪。

5月12日五河大风，数百年古树皆拔去，雨雹大如鸡卵，压毙人畜屋宇无算。

5月13日枫泾、嘉善、嘉兴、桐乡大风毁屋。

6月，泗县雨雹，大如鸡卵，麦尽伤。

6月5日—10日龙游大雨不止，12—15日复大雨，洪水陡涨。

沿江一带田庐多遭淹没。桐城、铜陵、寿县、和州俱大水，怀远大水入城；无为圩堤漂没一空；东至城内市口行舟，数月始退。

6月22日桐城大雷雨，县西北山中蛟起，冲坏民居田地甚多。

7月6日嘉定大风拔木。

7月，临安旱，歉收，田银米缓征，1867—1869三年原缓银米递缓一年；武义大旱。夏，巢湖旱。

9月，如皋水啸。靖江秋淫雨，岁祲。

10月24日夜兰溪怪风，自西北来，西乡雷肢殿、芦塘殿、西上徐殿俱摧折，满堂冈路亭柱离础尺许，而栋宇不坏(龙卷风)；余姚雨雹，损禾。

10月，涟水大雨，二麦再种；淮阴水；宝应大水。

秋，高邮、兴化旱，禾不实。

1871年

3月31日长兴大风，屋瓦皆飞，县署前平政桥石栏杆吹坠河中。

4月18日戌刻杭城雷电、雨雹，大者如拳，暴风拔大木，牌坊、旗杆吹折；余杭风雪尤烈，衙署、仓廒、民居坍损无算；富阳城中大雨雹。

5月11日未时萧山大雨雹，东乡一带甚者村无完屋；湖州狂风骤雨，拔木毁屋，覆舟伤人。杭州、绍兴并同此异；诸暨雷雨大风，飘瓦拔木，毙人无算；上虞未刻，暴风自西北起，拔木发屋，吹坠石坊，河舟飞上岸；建德水至太平桥，大风坏县学棂星坊、安庙福善、祸淫坊石亭，民屋皆被风坏；郎溪大风拔木，坏民房；宣城大风；祁门午后风雨雷电交作，有龙自西北角，过县东南乡，所过处拔木坏屋，居民多有伤者。

5 月 27 日南陵烈风暴发，大木斯伐，房屋倾圮。

6 月 29 日自嘉兴至朱家角、青浦俱遭大风，兼以冰雹。大者如钵，禾稼、牲畜、树木、屋庐无不砸坏。嘉善有两人方在田间，为风吹去，竟无踪迹。同日，高淳龙卷风，过沧溪，风雨翻屋，河水飞腾。

6—8 月，江阴亢旱，大风，稼伤成灾；吴县亢旱，高田皆赤；苏、松旱甚；武进被旱歉收，全蠲武进、阳湖抛荒白地应征十年钱漕、盐课、芦课、学租、杂税、官租、漕项均按分蠲缓；高邮、兴化、泰州河水几涸，旱歉，缓征。宁波、鄞县、慈溪夏旱；建德特免钱粮一年；南陵夏旱，山田受灾无收；定远天雨豆。

7 月 24 日崇明龙卷风，云中有龙下垂，风雨随之，自白兴镇到虹桥镇止，黑如夜，器物、人民有摄至空中复落者，仅坏民庐数家，浜镇一民家晒麦庐席上，摄数丈高，及落地匀铺如故。

7 月，贵池落大雹，小如卵，大如拳，树木多拔。

10 月，无为雨雪。

11 月 1 日诸暨十二都大雨雹，屋瓦皆飞。

1872 年

4 月 8 日松江、南汇等热如暑。吴江、松江、青浦旱。

4 月 22 日酉时，镇海雨冰雹，夏大旱，河涸，舟楫不通；鄞县夏大旱，禾尽萎，河涸，舟楫不通；慈溪大旱。兴化夏少雨，卤水倒灌。

4 月，溧阳大风发屋。宜兴龙卷风，大风发屋，龙挟行舟腾空数十里，坠于蒲千荡之滨，人无损。6 月 22 日溧水、句容雨雹，大风拔木。夏，扬州、泗县大水；高邮雨多。

7 月 24 日 19 时 50 分镇江(32.2°N，119.3°E)4¾级六度地震，镇江房屋倒塌，仆倒行人；兴化、高邮、扬州、泰州、江浦、南京、金坛、常州、溧阳、宜兴、高淳；安徽全椒、无为、芜湖四至五度有感；上海三度轻微有感(图 3-19)。

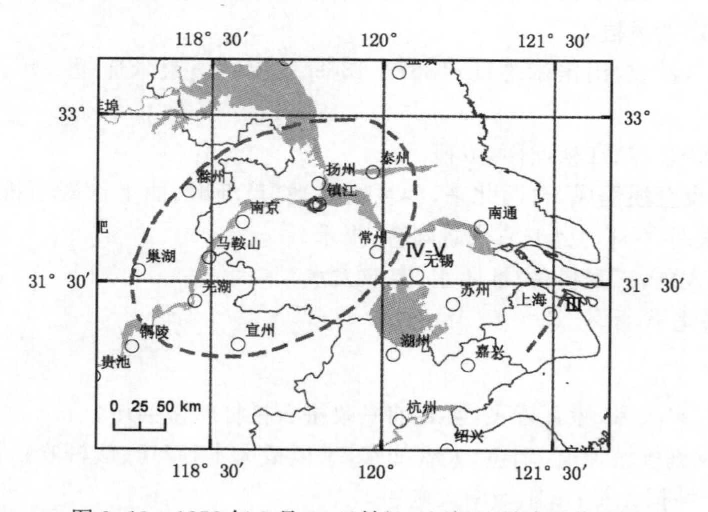

图 3-19　1872 年 7 月 24 日镇江 4¾级地震波及范围图

9 月 21 日江苏太湖(31.2°N，120.3°E)5½级地震，江苏六合、镇江、如皋、常熟；浙江嘉善、嘉兴、桐乡、海盐、慈溪、镇海、上海、宝山、崇明、青浦、松江、金山、南汇等四度有感

(图 3-20)。

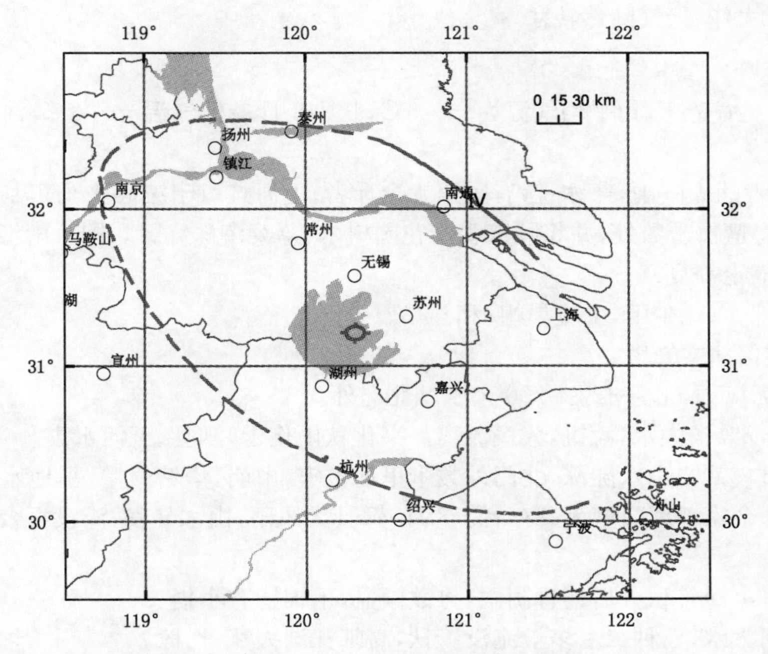

图 3-20　1872 年 9 月 21 日太湖 5¼ 级地震波及范围图

10 月,松江、金山、南汇等桃花开,

冬,暖。松江、金山、奉贤、嘉定、宝山等旱。

1873 年

1 月 3 日涟水大雪,海暴涨,溺死人畜无算;阜宁大雨雪,海啸覆船,滨海大沉溺;萧山大雪兼旬,平地积深五六尺;嘉兴狂风大作;嘉善飓风大作;平湖狂风大作,新仓有米船三,被风揭在田中;五河大风雪,沿河舟楫毁坏百余艘;南陵大雪,平地五六尺深,房屋压倒无数。

3 月 11、12 日上海等春寒,晨浓霜成寸,可御狐裘。

5 月 23 日 09 时左右受日本长崎地震波及,上海有感。

5 月 30 日夜吴淞口大雾,1 艘外轮于长江口外触礁沉没,人虽救起,价值 54 万两白银的茶叶俱损。

6—7 月,青浦、上海、松江又旱,但不为灾。无锡自夏徂秋,雨无涓滴,草木尽萎;江阴亢旱,大风,田禾被灾;金坛、吴江旱,河水涸;武进被旱歉收,全蠲武进、阳湖抛荒田亩本年钱漕,被旱田亩下忙条银、漕米减免;宜兴旱;金坛旱,水涸;高邮湖西旱,缓征;兴化旱,水涸;淮安、宝应旱,蝗;泰兴、泰州、南通、如皋旱,秋歉收;阜宁 6 月 27 日卤潮大上,漫民田;临安夏亢旱,历年原缓银米递缓一年;嘉兴亢旱,伤禾,河水干涸;嘉善亢旱;平湖大旱,田禾减收;湖州大旱,河水几涸,田禾减收;海盐旱;奉化旱;慈溪 6—8 月不雨;诸暨 6 月大旱;上虞大旱,河尽涸;余姚夏秋旱;宣城秋旱。

8 月 1 日崇明小竖河雨雹,伤禾稼,坏庐舍。

8 月初上海连日风伯扬威,惊沙乱卷,海童煽虐,波浪掀天。

9 月,河决,下注运河,安东六塘河漫溢,泗县、五河及扬州大水。

12 月,常熟严寒,尚湖冰,内河冰厚尺许,舟楫不通者数日,本地所酿黄酒在盂中俄顷即冰，殊罕见也；嘉善、平湖、湖州冬多雪，大寒；奉化12月11日始雪，至腊乃霁；上海12月31日下午西北风大作，天气陡然转寒。

1874年

1月上旬上海奇寒，旬平均气温为-5.5℃，1月8日最低气温-8.6℃，河港封冻，冻毙者不下数百人。

6月7日青浦大阵雨，兼冰雹，有重至十余斤者；上海虹口宁波码头马车刮倒，江中沉游船1艘，一屋脊遭雷击数处，并将隔壁番宁花园树木、草菜多株烧毁。同日南汇惠南龙卷风，拔关庙一树；嘉定等夏寒。

春夏，高邮、兴化少雨，宝应旱蝗；和县旱。

雷击南通白蒲文峰塔。

夏，庐江无风雨，迅雷击飞鹳30余于城北门外。

6—11月，淮、扬大水，洊饥，人民流离。兴化秋雨伤禾，泗县、五河水灾。

8月23日夜武义山水陡涨，北门外数十里均被灾，山崩，华塘最惨，平地水深丈余，淹毙23人，合村80余家墙垣门壁无一存者。8月，鄞县大风雨，山水暴发，淹没百余家，淹毙数十人。

9月23日上海等秋分后连日阴雨，势欲倾盆，禾棉皆有小损。

9月，五河大水，已种二麦多被淹没。秋，高邮江湖大涨，伤稼。

9—10月，宁波、慈溪大疫，死者甚众。

11月24日奉化海潮涨岸，高丈余。

是年，洪泽湖最高水位15.49米。

1875年

3月，青浦河决，境内淹没过半。

4月4日晚黑水洋大雾，2船相撞，1沉1伤，死55人以上。

6月，上海降水量491.9 mm，梅雨成灾，河水泛涨，农田积水，棉花大伤，秋苗多被淹没。

8月28日—9月1日台风掠过苏浙沿海。上海大风雨，海溢，田多淹没；嘉定、宝山、松江、青浦、川沙、南汇等大雨，平地水深数尺，川港皆溢，田民淹没，禾棉浥烂，岁大祲；是年松江、金山、奉贤、青浦、上海、宝山、嘉定、川沙、南汇等歉收；宝山蠲当年地丁银一分七厘，次年春再缓地漕银一分七厘，于下忙时一併带征；上海蠲免地丁漕项银五厘；嘉定蠲当年量一分厘，次年上忙量缓一分五；太仓8月30日大风，昼夜雨如注，竟日始息，木棉歉收；阜宁18日(疑为28日之误)大风拔木，海啸没田禾；象山海溢；诸暨28日未刻烈风雷雨，蛟水骤发，决硬。

9月9日青浦雷震南门塔。

夏秋，高邮旱，收成歉薄，缓征；宝应旱蝗；泰州、和县秋旱，歉收；湖州7—8月旱，夏蝗；溧水、句容、慈溪北乡蝗。

12月29日奉化大雪。

1876年

1月，湖州大雪连旬，祁寒冰坚，经月不解，鸟兽冻毙；慈溪大寒，雨雪连旬，河流尽胶；泰州、高邮春坚冰。

盐城夏旱蝗，咸水伤禾，民饥，知县详请停征；阜宁春旱，海潮内灌至马家荡，接宝应境，岁饥；兴化卤倒灌，蝗不为灾；宝应、泰州、泰兴、扬州、瓜州、仙女庙蝗。无为5月蝗。

5月25日上海风潮，南市街道、北市马路均为水浸，浦江停船锚多走失，沉船知名者8艘，尚有不知名者。

6月2日嘉定大风，雨雹。

6月3日上海狂风急雨，南市坏屋不少，门窗户壁损折者更不可胜记，龙华寺前大银杏树，几可合抱，也连根拔起。

6月5—6日南京连得大雨。

6月22日雾，吴淞口外，沉钓船，货尽沉，人无恙。

6月，奉化寒，可御棉。宜兴清津乡江角墅龙卷风，田间水骤发，腾涌入云。

7月21日诸暨大雨出蛟，堤岸尽决。7月，宝山浦南、上海冰雹。

夏秋，江苏旱，江北尤重，蝗至遍野。淮安夏大旱，飞蝗蔽天，食禾苗几尽，秋复大旱；江阴夏秋旱，岁歉；吴江夏旱荒；丹徒夏旱，秋蝗；丹阳、武进秋荒歉；全蠲武进抛荒被旱田亩本年下忙条银，漕米减免；高邮夏秋旱，蝗灾，缓征；靖江夏旱，秋飞蝗过境，不伤禾；10月和县飞蝗蔽日；萧山夏大旱，河底涸露，秋蝗，西兴乡处沙地棉花、杂粮之叶被食殆尽；湖州夏蝗。

8月3日松江大风、海溢，冲损西段塘工，海船、渔船多飘没。同日临安27处蛟洪骤发，平地水深数丈，房屋桥梁冲毁不少，砂石积压成废田42顷39亩余，地6顷32亩余，成灾田银米蠲七征三，歉收田银米暂缓，至明年秋熟后启征，历年原缓递缓一年；余杭、临安大雨水，山洪暴发；决损堤防桥梁，淹没民居，乘船入市，南湖堤圮，巡抚拨款修堤，以工代赈；於潜县水；富阳大水，平地五尺，大老坞沿溪庐舍均漂没；嘉善、平湖夜大风拔木；海盐、海宁夜飓风，坏民居；桐乡2日飓风，3日巳刻止，民居倾圮，间有伤人；临海大风，海乡龙见；瑞安大水，上港山中发蛟，漂流棺木及屋宇、田亩不可胜计，晚禾歉收；平阳7月31日飓风大雨，平地水深数尺，江南乡西塘坏，南港水灌入稻田，浸至七八日，岁收大歉；泰顺7月31日大水，一、二都田被坍没，天极凉，禾大歉；青田8月1日大水，水至县治，一昼夜始退，濒溪杂种淹没无遗；黄岩、玉环、仙居大风雨，坏庐舍，拔山木有径抱者，田禾淹没殆尽。

冬，湖州久雨。贵池落霰，树木多死。兴化雪，严寒。

1877年

1月2日强寒潮南下，上海大雪，深8～9寸，河冰彻底，开春始解。

3月20日上海、宝山、川沙大风，上海沉船1艘，溺毙4人，重创2船，江湾浮厝之棺木亦遭吹移，同时上海、江湾、彭浦雨雹，屋瓦皆飞。

4月29日上海大雷雨，豫园大银杏树刮去树皮三寸余。

5月，雷击嘉定钱门塘许家厍西农民。

4—6月，溧阳、武进、句容旱，6月蝗；常熟6月飞蝗过境。江阴5月旱；兴化春夏旱，卤水倒灌，飞蝗为灾；阜宁旱、蝗，岁大饥。

7月3日台风掠过长江口，松江海水溢，大风拔木，坏室庐无数，冲损西段海塘，渔船亦多漂没；金山民房倾倒无数，枫泾镇留春亭址石柱刮倒其二；宝山大风雨，拔木；川沙坏室庐无数；南汇拔木坏屋；上海风雨交作，徐家汇定时最大风速22.2 m/s，浦滩杂树半被吹折。人力车连乘客卷入江中；吴县飓风大作，拔木毁庐舍，且刮太湖水涸，出边岸数里，人竟涉淖搜物，水拥至湖心北禹庙下，突高数丈，其庙随起，作覆笠状，俗云湖啸，移时始平；昆山大风，午后更甚，河水因风卷涸，民工房吹倒无数，行舟尤多漂没，至有数百年古木拔根摧折；太仓午刻大风雨，拔木发屋，半日而止；无锡、江阴、溧阳大风拔木；宜兴大风拔木，蛟发湖溢山中；兴化烈风骤雨，连宵达旦；泰州大风拔木；靖江大风雨，拔木，坏垣无算；宿迁大风拔木；阜宁大风雨；嘉兴大风后，海盐潮水不至者数日；嘉善大风；平湖大风，坏民居；桐乡大风；宁波午时大风拔木，拽之走，屋瓦皆飞；余姚大风拔木；黄岩大风雨，坏屋拔木，禾尽没；玉环大风雨，拔木害稼。南陵是年大水。

7月17日常熟飞蝗突到，漫天盖地，将两麦、稻一食而尽，栖宿木棉，枝头垂地，又遭一挫，四五日后花葩皆萎。江南各属蝗孽萌生，捕蝗100多万斤。夏六合大蝗，飞蔽天日，县令下令捕蝗，每石给制钱数百，时驻军亦派兵捕蝗，始绝；南京旱，捕蝗，恩减上元、江宁、句容、六合、江浦5县漕粮十分之三；高淳6月16日飞蝗遍境，树枝压断，赵倩圩内田禾被蝗食尽；吴县旱，飞蝗蔽天；昆山秋蝗；太仓7月蝗自西来；吴江7月飞蝗入境，令乡民捕捉，设局臬资价买，每斤5文，嗣又收买蝗子10文，共费钱12万文；无锡、江阴蝗入境；金坛飞蝗渡江入境，食竹木、梭芦叶尽；高邮蝗为灾；兴化春夏干旱，飞蝗为灾，灾民大小计5.7万口，藩司拨赈银1.2万两，以工代赈，收买蝻子，次年春又发银2千两，办理平粜；靖江、阜宁飞蝗过境；海门蝗；松江飞蝗自西北来，集泗泾一带，越二宿去；青浦飞蝗蔽野；萧山7月蝗；嘉兴夏秋蝗；嘉善6月飞蝗蔽野；湖州夏蝗；宁波、上虞7月四境蝗食草；兰溪、浦江、衢州旱；当涂、芜湖蝗蔽天日，间食禾苗；广德；庐江、舒城、宣城夏飞蝗入境，不为灾。

7月22日宝山龙卷风，东北城垣倾数丈。

7月26日宁波、慈溪伏龙山见雪。

8月21日又风，金山朱泾法忍寺二殿倒地，死1人，伤1人。

8月，崇明、嘉定、宝山虫食棉、稻、豆叶殆尽，粮棉无收；蝗食安亭、黄渡禾；上海飞蝗，如黑云蔽日，集于今徐汇法华路一带，食棉叶；川沙八、九团有蝗；松江遗蝻复萌，路为之蔽，田禾间有损伤；青浦、金山、平湖、湖州蝗；五河、当涂、芜湖秋旱，飞蝗蔽天，间食禾苗。

9月3日高淳雨雹，大如碗，永丰圩澄沟一带籼稻被打无遗粒。嘉定风，坏庐舍。

9月13日川沙西门迄六里一带龙卷风，倒房20余处，压毙妇女1人，伤数十人。停泊河中小船多摄至岸滩，田禾亦皆吹坏。

10月，青浦等淫雨，越5旬。嘉定、宝山免地丁漕银一成六厘。

12月，兴化大雪；太仓大雪，深尺余，经月不消；吴江大雪，河冻十日不开；冬，阜宁祁寒；高淳、兴化、靖江、舒城大雪，冰数日不解。嘉善12月屡雪，至次年2月始止；平湖大雪，墙屋冻裂；湖州冬多雪，大寒，河冻旬余；宁波自11月中旬起，于12月连月阴雨，次年1月3日始，至2月雨、风、冰雪相继而至，百日中开霁者二十日而已；新昌大雪连月。

1878年

1月2日受日本长崎地震波及，上海地震有感。

1月2日强寒潮来袭，自是日起至2月9日上海、松江等大雪，青浦积雪6尺余，宝山河水冰彻底，草木皆死。湖州大雪连旬，祁寒，太湖冰坚，经行不解，鸟兽冻毙；无锡1月大雪深数尺；宁波大雪；泰顺雨雪间作，寒冱特甚。

2—4月，青浦等淫雨，河水溢，4月上海降水量239.5毫米，被灾地区包括松江、金山、青浦、嘉定等。吴江3月淫雨兼旬，水陡涨，积久不退，豆麦、菜蔬伤。湖州4月久雨，米价涌贵。

春，江浦、南京蝗蝻复生，经捕始尽；溧水、高淳、句容蝻生，不害稼。夏，高邮、兴化、泰县、靖江蝗有遗孽，高邮、泰州缓征；5月，海门蝗。

5月，寿昌大雨10日，山水泛滥，平地水深3尺，乡间庐舍田地多有漂没者，一切堰坝冲塌无存，赈济银洋1 000元。

6月23日嘉定顾浦龙卷风，卷起一船，坠地无恙，再起再落，乃粉碎。

6月22日新昌城中大水，自山开沙崩砂积，溪高兼之，蛟水助虐，从青阳门冲入潘家桥至北镇庙一带，一片汪洋，冲坏民居无算，积至3日始退，伤3人。金华大水，冲没民田43顷有奇，蠲免被灾田亩钱粮银1639两，米66石。6月，建德连朝淫雨，水势暴发，大水至府头门，桥梁道路多被冲坍，沿溪田禾冲淤不少；兰溪大水入城，高3～4尺，民多避登屋脊。寿昌大水，越二日又大水；诸暨、浦江大水，湖埂决，禾尽淹。衢州大水，淹没庐舍田亩，伤害禾稼。

7月，高淳大水，永丰圩决。

7月31日上海遭台风袭击。

8月3日慈溪雷击教谕讲堂右柱。

8月，淮河伏汛，高、宝运河大水。8月14日启车逻坝；18日启南关坝；24日启新坝；五河大水。

9月19—20日嘉定飓风暴雨，黄浦江翻沉轮船、大驳船各1艘，小船罹难比比皆是。

9月26日上海受台风影响，大雨雹，夜半潮溢，大马路(南京东路)店铺水皆盈尺，舟行路上，城厢内外潮水没胫淹股，以至齐胸灭顶，粪便垃圾无法外运，街巷秽臭不堪。秋，五河、寿县、南陵大水；和县大水，坏圩堤殆尽；贵池竹墩庙洪水冲圮。

10月3日靖江雨雹。

冬，苏州冬至后无九不雪，积2尺余，河冰不解者盈月；昆山1月严寒，林木、人畜多冻死；宝山大雪，严寒。

1879年

4月4日03时30分南黄海(34.0°N，122.0°E)6½级地震，山东烟台、诸城、江苏无锡、太仓茜泾、上海全境、浙江慈溪、镇海、韩国首尔都有感(图3-21)。

4月，溧水思鹤乡雨雹伤禾；溧阳雨雪。5月2月武进大雨雹，阳湖定东、安尚两乡，杀豆麦。

5月，临安淫雨。

7月1日受甘肃武都8级地震波及，安徽合肥、巢县有感。

6—7月，嘉定、宝山、上海、青浦不雨，大旱，宝山城西天号十七、宙号五十一等图(村)被旱尤甚，蠲免地丁漕粮二分，共正耗银2516两，米豆462石1斗，余图照额征收；金坛6月21日—9月22日不雨，大旱，高阜成灾。7月，临安亢旱；建德、寿昌旱，准于地丁银每两蠲免银洋一角五分；富阳自6月25日—8月18日亢阳不雨，溪流皆涸；宁波大旱，水涧不通舟楫，镇海七乡河皆龟坼，禾尽枯；兰溪6月28—8月2日旱；慈溪、诸暨、临海、金华、武义旱或大旱；广德旱，州东北乡歉收。

8月3日兰溪县西蛤皮岩崩，水溢，近岩诸村如古塘岸、儒下、汤家源田多浸没。吴县瑞光寺塔尖大风吹圻。

1880年

1月，金坛冰霜结成梅花蕊形。

4月，兰溪雨雹，东北二乡尤甚。

6月24日龙卷风。高淳沧溪船屋有被风吹折于隔水者；同日江都大风昼晦，拔木发屋、坏镇淮门、挹江门城堞，江苏巡抚奏请抚恤灾民，修城。

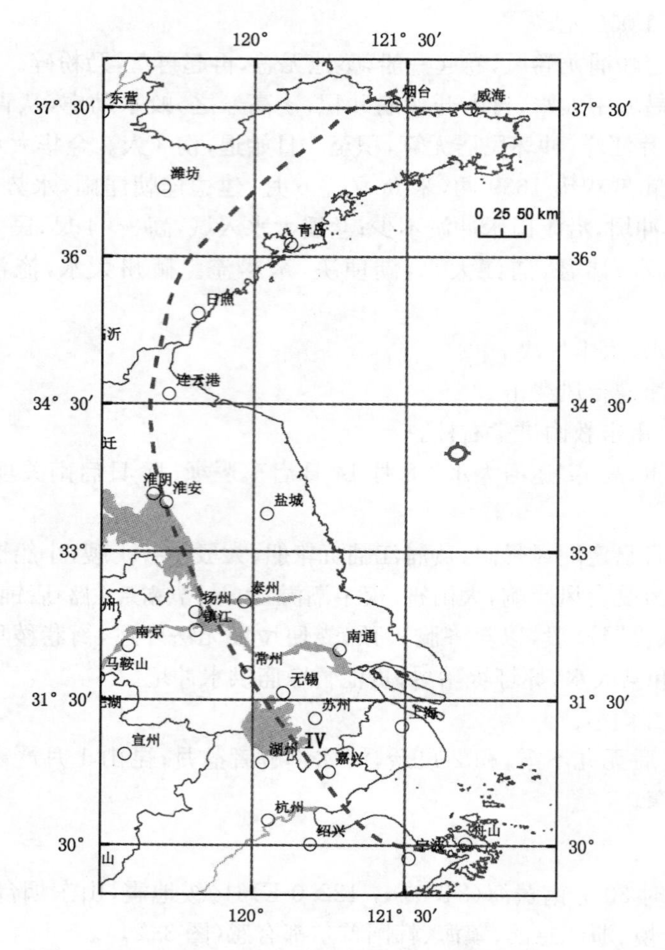

图 3-21 1879 年 4 月 4 日南黄海 $6\frac{1}{2}$ 级地震波及范围图

7 月 7 日贵池西南河山洪，水高丈许，溺人数百，坏田庐无算。南陵大水破圩。

7 月，上海阴雨连绵，兼旬不止，加之潮涨，老北门潮高及胯，宝善街一带亦水，深尺许不等，毫无暑意，田禾受损。

秋，南京不雨；江都夏秋大旱，西乡尤甚，邑令停六集之征，接济口粮，散给籽种，养耕牛；高邮、兴化旱；阜宁 9 月不雨，历冬而春。嘉善歉收。

11 月 29 日青浦大寒，坚冰，舟楫不通 3 日。

冬，宝山、彭浦旱，沟涸，井枯。

1881 年

2 月 18 日阜宁奇暖如首夏，夜大雷雨，19 日大雪，20 日严寒、木冰。2 月 24 日盐城大雨雪，奇寒，雨木冰。3 月 8 日阜宁大雷雨，旋降雪尺许；盐城大雷，雨雪。3 月初当涂阴雨雷电，霰雪深 3 尺许，继以冰介杀树；怀宁、潜山 3 月大雪，大冻，河冰坚，可行人。3 月，武进天寒，雨成冰，树冰；溧水、句容大雪连旬。

6 月，南汇、诸暨大水。江浦大雷雨、龙卷风，民庐摄入云际，床褟、农具腾空飞舞。宜兴也龙卷风，起自君山，蜿蜒云际，迤西北至五牧村，卷水沸波，大风猝发，一农民吹入空中数十丈方坠下。

7月15—16日台风大潮，上海徐家汇最大风速28.2 m/s，拔木塌屋，法租界一石库门房屋刮倒，压塌披屋6间，死伤各1人；黄浦江上船只走锚、进水、沉溺无算，浮尸漂流；吴淞口外覆船4艘；嘉定大风拔木。盐城、大雨，风拔木，海啸，西溢百余里，漂没人民庄舍无算；阜宁15日风雨益骤，潮头突高丈余，漫滩卷地而来，顷刻之间尽成泽国，淹毙煎丁男妇5 000余人，渔户、船户、民户300余人，锅蓬灶舍漂荡一空，16日午后潮甫息，潮灾莫此为甚，赈款亦惟此独优。安东海啸，风拔木，海水西溢百余里，漂没人民庐舍无算；兴化海潮溢，卤水倒灌，达安丰境，泰属各(盐)场风灾，有赈；如皋飓风洪潮，灶民多淹葬。7月17日奉化大水，飓风拔木，坏民庐。

8月13—14等日杭州海潮异常汹涌，将柴坝、埽坦各工泼损冲卸；临海12—13日海潮溢；温州13日夜半大风，毁垣拔木。

8月20—21日夜宜兴*、溧阳陨霜。

8月28日风暴潮，浙江全省共冲毁道路22 600余丈，房屋7 103间，桥梁163座，陡门586座，淹毙人口170名。沿海各处堤塘冲毁无遗，灾民31 400人。象山大风雨，海溢；慈溪飓风大作，拔木害稼，民庐多圮，滨海木棉摧折过半；宁海洪潮冲坍沿海涂田；临海飓风暴雨，海潮泛溢，坏禾稼，暨沿海涂田。被灾情形以宁海为重，临海、太平(温岭)次之，黄岩又次之。上海27—29日大风、暴雨，海溢。徐家汇28日定时最大风速18.2 m/s，降水171.8 mm，屋瓦皆飞，树木多折，房屋遭损不可胜数，水深2尺，潮水入城，行人绝迹，马路行舟。苏州河洋泾桥下3船随潮猛升，挤压碎沉。黄浦江中船只走锚断链损坏甚多，沉船多艘，溺人，获尸200具。石头沙(长兴岛)全村700余家为风潮扫荡。吴淞口外海中极粗电缆线折断；宝山拔木坏屋，棉稻尽损；嘉定、川沙、南汇、青浦海溢，禾棉漂没；松江海潮越圩塘，直抵钦塘根，田庐多淹。宝山、南汇是岁大饥；川沙灾，减征忙银；上海、青浦、嘉定疫且饥。

9月25—27日阜宁潮复大上。

秋，高邮燥热，大疫疠，多死者。临安大疫，死亡无算。奉化秋痢，剧者十余日死。

冬，上海全境无雪。

* 闰七月无甲午、乙未日，疑七月甲午、乙未之误。

1882年

1月22日嘉定、宝山、上海、青浦等暖如仲春。

3月26日晚大雷电，霰雪交渠，树木枝干莹如水精树，压折者甚多。4月4日嘉定、上海大雪。

4月29日上海暴风，飞沙走石，浦江沉船3艘，人虽无事，货财尽伤；今新闸路至南京东路一带店铺招牌吹落无数。

梅期多大雨，6月16日、6月23日、7月8日南汇、青浦、金山等大风雨，青浦低田俱淹，辰山玉皇殿后石裂20余丈，水如泉涌；金山棉禾多伤；上海大暴雨，徐家汇日降雨量109.1 mm，新闸、老北门坍房5间，人逃出，家俱尽行压坏；南汇舟行街巷；溧阳6月淫雨；宝丰大水；6月19日衢州大水，入西门，深3尺，害田庐、禾稼并人畜；兰溪20日大水入城，较1878年水高2尺；金华大水，冲没民田27顷有奇；龙游大雨不止，城中县前街湍急如河，房舍冲毁不知凡几，而东西两乡被灾者数十图(村)田庐漂没，人畜溺毙者不可胜计；常山田禾淹没，四乡近河民屋多被冲塌；江山、开化、诸暨大水。安徽合肥6月20日乡间出蛟，平地水深丈余，淹没田房人口无算；安庆等5月16—20日连日霖雨，20日早大雨倾盆，蛟起英(山)、霍(山)，由潜山漫溢太湖、宿松、望江、怀宁5邑，冲没田庐冢墓，渰毙人畜无算。7月8

日杭州径山山洪，双溪镇人有溺死者，钱塘化湾、阴山、尤岗等塘、余杭月湾、嘈冲圮各数十丈，田庐淹没；临安大雨，蛟水陡发，平地高丈余，女儿、同庆、盛村诸桥俱被冲损，勘实积石成废田13顷11亩余，地16顷20亩余；建德大水，免钱粮507两余，知县拨省等积谷散赈；嘉善大风雨，拔木，平地水盈尺，后又久雨，田禾歉收；嘉兴大风雨；湖州大雨害稼，有赈；浙西大水为灾，湖州最重，嘉兴次之，桐乡塘北毗连湖境，灾象较重，经浙抚奏闻，蒙恩发帑赈饥，分给嘉属被水灾民银1万两，又筹抚恤钱1.5万串，以桐乡被灾次于秀(嘉兴)、石(崇德)，拨给银1 800两，钱2 500串。

7月11日阳湖、无锡雨雪，戚墅堰寸许。

7月31日嘉定、宝山、上海连日飓风潮溢。

8月4—5日嘉定、宝山、青浦等大冷，青浦、嘉定有雪，人有御棉衣者。

8月5日15时许江苏常熟东南(31.6°N, 120.8°E)4¼级地震，无锡、苏州、常熟、昆山、上海、嘉定、真如、黄渡、宝山、罗店、彭浦、松江、青浦等有感。

8月，上海、嘉定、青浦、宝山大疫。秋，川沙灾歉，减征漕粮六厘。

11月11日起上海风雨连绵，潮水上涨，公家花园沿岸积水至踝，虹口低处居民室内积水盈尺。

12月9日22时10分台湾彰化西海域(23.8°N, 120.5°E)6¾级地震，上海、浙江慈城轻微有感。

是年，洪泽湖最高水位13.76米。

1883年

4月23日雷击上海豫园大银杏树。

5月，上海淫雨。雷击嘉定钱门塘许家。诸暨大水，湖田淹。

夏，嘉善、平湖旱。

8月3日宁波风雨大作，海潮骤至，沿海堤塘皆坏；奉化大风雨，海啸，飓风从东南来，屋瓦尽飞，大木尽拔，决海塘千余丈，坏民庐难胜枚指；象山海溢，坏塘田；慈溪飓风大作，4—5日北乡滨海等外海溢，咸潮冲至利沪塘下，自东至西70～80里庐舍俱被淹没；杭州自4日夜间起至7日止，数昼夜狂风大雨，又值朔汛潮旺，海水漫过石塘；萧山大风拔木偃禾，海水溢，岁歉收；临安风雨过多，伤禾，历年原缓递缓一年。上海4—5日风潮大作，沿海倒屋无算，海潮伸入内地，河水陡涨，田庐牲畜尽淹，灾民流离他乡。黄浦江及吴淞口外洋舟艇、轮船沉没或受损者无算。

8月24日风暴潮，南汇、川沙沿海坍屋不可胜数；上海徐家汇定时最大风速19.8 m/s，拔木，潮入内地，田园、牲畜淹没，灾民流离，江中大舟小艇倾复碰撞，损物伤人；宝山大风雨，禾棉摧淹；嘉定、青浦大风雨，潮溢，禾棉尽淹。嘉定、宝山、上海、川沙、南汇秋歉，贫民到处求食；川沙通境极贫饥民36 000余人，减征漕粮八厘，开仓发赈；嘉定请免忙漕三成；宝山减三成。太仓风潮迭作，秋收大减，木棉尤甚，蠲缓银米四分五厘；江阴风雨猛骤，南北岸各处明暗、炮台、各台蓬等均有损坏；宜兴8月24日风雨骤至，太湖湖啸，先涸后涨，越日退，禾尽淹，庐舍无恙；南京大风败稼；江浦狂风拨木，碧泉亭吹倒；泰兴8月大风，江暴溢，淫雨伤稼；淮湖并涨。泗县大水，自西北来，漫溢城下，涵洞皆塞至城南霸王城，水头停滞三日，五尺余高，后宣泄入淮；是年，洪泽湖最高水位13.76米；五河、高邮大水，下河田淮有淹没者；宝应水灾，发积谷赈济。阜宁8月运坝决；如皋濒江水灾；宝应水灾发积谷赈济；海宁飓风拔木，坏民居；湖州大风拔木，甚雨随之，瓦屋俱坏；新昌大风为灾，大水与1878年同；上虞狂风刮地，屋瓦群飞，合抱之树皆拔，潮水溢塘，滨海之民有饥色；奉化大雨，狂风自东南起，坏墙屋无算，砖石飞走，竹木尽拔；象山海溢，坏塘田；慈溪风雨复大作，潮至如前，木棉颗粒无收，城厢庐舍墙壁多坍塌，知府、知县按查滨海极贫者1.7万余口，计日赈给；余姚海溢，大风雨，邑设局赈饥；浦江连日大雨，溪水大涨，桥多冲坏；兰溪连日大风雨，寒如深秋，北乡养源垄尤大，源内诸山皆有崩裂；象山大风，摧教场演武厅。

1884 年

春，金山寒，多风、雨雪。4月25日青浦雪。泰兴饥。

5月18日上海大风覆舟，董家渡附近沉船1艘；新开河桥浦江也覆船1艘，20余人落水，幸被救起。

6月中下旬南京城厢内外，沿江近河各处均为水淹。6月16日吴江大风3昼夜，墙屋倒塌无数，莺湖船相击撞，有碎裂者。青浦*飓风，泖滨村落民居毁数百，人有失踪者，知县给赈，并请免灾区赋一年。

7月21日青浦金泽等8村、陈公浜等3村20余里地方龙卷风，屋瓦皆飞，农船、车具及在田米麦、菜籽被卷一空，共吹坍房屋720余间，毙人不少，伤者更多。有2条船被吹至朱家角附近小连河跌下，船作三段，船上8人跌毙3人。22日台风，徐家汇定时最大风速21.4 m/s，外滩潮水上岸，苏州河内泊船大半走锚碰撞，船翻人溺，死1女孩。吴淞大风大浪，1船触码头木桩，洞穿后倾覆。知县给赈，并请免灾区赋1年。

8月，上海恶性疟疾流行，嘉定疫症流行。

9月22日上海风雨为灾，浦潮上岸，苏州河内停船大半走锚碰撞，沉船2艘。青浦秋淫雨，岁歉。上海秋成减收；南汇岁歉。9月，余姚大水。

9月26日丹阳北山雨雹，伤禾数十里，折损房屋无算。

10月，南京雪。

* 五月或闰五月皆无癸卯日，暂作五月(6月)计。

1885 年

3月20日上海大风毁舟，浦江大小船只移锚断缆者不可胜数，南黄浦沉船2艘，死2人；苏州河内沉船8艘。

3月22日张堰、青浦大风，雨雹。

4月6日金山张堰雷，树木田亩多被损伤。

4月14日南京大雨，山水泛溢，圩田淹没；高淳水。

5月，宝山、嘉定淫雨20余日，豆麦俱伤。罗店平粜、赈粥。

6月15—16日临安两日夜大雨大水，田庐堤堰被冲。

7月8日大雨，上海汉口路会香里坍屋3幢。

7月31日大风，宝山、罗店拔木坏庐，屋瓦皆飞。

8月2—3日风暴潮，江苏沿江各属被淹。宝山拔木坏庐；上海徐家汇极大风速33.1 m/s，屋瓦横飞，刮塌屋宇不少，江中损棚、折舵者甚多；嘉定大风雨，潮溢；川沙坏圩塘，田畴尽淹日久，颗粒无收；青浦淫雨，岁歉；南汇疫疠大作。嘉定、真如、宝山、罗店疫，青浦大疫。秋，昆山大水，田尽没，疫气横行，猝不及防。8—9月，常熟沙洲(张家港)潮灾。秋，省吏拨库平银3千两放赈；海门水灾，筹办冬赈。8月，江都沿江猝被风潮，江湖并涨，沿江圩田漫决；泰兴暴风潮溢，坏庙港至凌家港及复成洲江堤、洋港港岸；高淳水；当涂大水，官圩及各小圩均溃；庐江、巢县、无为、和县水；歙县大水，灾甚巨。

9月4日奉化大雨，溪水坏桥，民有被淹死者。

冬，泰州大雪。

1886年

4月10日夜兰溪东乡大风雹，麦草皆如剃，雹大如拳，平地积数寸许，自西而东达上、下郭，入北山。

夏，富阳旱，祈雨者络绎于途。7—8月，奉化旱，虫食禾，人病虐。

8月，富阳大水害稼，西南一带更甚；诸暨大水，湖田淹；建德大水，岁歉，禾尽漂，山陇稻谷皆芽；浦江淫雨，12—17日连日淫雨狂风，田禾尽淹，即茎立者垂芽寸许；兰溪大水，岁歉。14日大风狂雨，17—18日水暴涨入城，沿河各都(乡)图(村)禾尽漂，山垄稻谷皆芽；金华大水，蠲免被民田亩钱粮银388两，(米)15石；龙游大水，被灾田亩钱粮缓征一年；衢州12—14日大雨倾盆，15日大水入城，溺人畜无数；开化17日大水，城西黄壁坞、高坑坞冲塌民房十余家，西南窖坑尤甚；松阳、遂昌、景宁大水。

8月21日未刻(13—15时)镇江雷击北固铁塔，折去四层，只余塔二层，底一层，塔下倒卧第四、五两层，八面四门题名几满，其无字一层，每处盖檐木，力不胜也。

9月4日风暴潮。常熟连日风狂雨猛，海溢，骤涨四尺余；海宁海啸，漂溺数十人。秋，川沙歉且大疫，普减钱漕二成，灶课一成。是年，蠲缓松江、金山、青浦、嘉定等27县被灾地方钱漕、粮赋、课税有差。

11月11日申刻(15—17时)昆山龙卷风。东南、东北有七龙挂下取水，在淀湖左右3里许。

12月，溧阳雷击毙1人。

1887年

1月，宝山等严寒；南京大雪经月，折木坏屋，平地深5尺；江浦大雪旬日，除夕(2月3日)尤甚，平地深6尺余，屋多压覆，乡民入城市购物及店伙索欠归，有埋陷于途者，逾数日，踪迹得之，辄僵立冻雪中，眼珠为鸟啄去，钱物尚存；溧阳大雪，树介；句容大雪；金坛河冰如枯树形；宿迁1月9—30日雪；舒城大雪，平地深6尺，鸟兽多僵；定远大雪，平地5尺余；泗县、五河大雪。2月，高邮、兴化大雪。怀宁大雪，平地3～4尺，有误陷致死者。

2月，南京山水发，冲圮东水关外石闸。

3月31日—4月1日镇江狂风大作，江边绝远，江中白浪掀天，岸上黄砂蔽日，4月2日风忽而料峭，春寒不殊冬令，养蚕户殊切隐忧。4月16日上海末霜。

5月，萧山西江塘决口，长河乡村大水，三日方止。

6月23日黎明盱眙仇家集山洪暴发，漂没民田庐舍无算，男妇死者26人；宝应西乡被水。

6月，长江口外雾，大戢山洋面沙船失事，人被救起。

6月，建德大水，桐岭坞等处扬山并裂，没田1 000余顷，又枫屏山石崩裂十余丈，水滂不止，两月始已。

夏，丹阳雨雹伤禾。

夏，霖雨，宿松、芜湖、潜山江圩皆溃，怀宁、桐城之广济圩皆溃，当涂之大管圩尤巨；宣城大雨，决圩堤；南陵水灾。

7月26日台风，上海徐家汇极大风速33.1 m/s，坏屋宇不少，垃圾桥附近某茶馆房吹坍。

7月，诸暨大雨，澧浦水涨五尺，枫桥涨至丈余，湖埂决。

7—10月，奉化大疫，死者相枕，邻里、亲戚不通闻问；剡源乡8—10月霍乱大发，死者甚众，沙堤、公塘、康岭更甚，三村约死400人，阖乡不下1 000人；慈溪、上虞、象山、临海、仙居、瑞安皆疫。

8月9—11日大风，上海多处墙屋倒坍，树木亦吹倒不少，死1人，10余艘驳船被打至岸滩搁浅，走锚进水以及沉溺者不可胜数；嘉定飓风，屋瓦皆飞，岁歉，次年平粜。

9月，海宁州(盐官)钱塘江潮溢，漂溺十数人。绍兴海潮为灾，塘多圮。

11月1日至12月20日金山不雨。

冬，和县大雪，深5～6尺，压倒民舍；宣城大雪。

1888年

2月11—13日金山大雪，积五六寸。

春，富阳太源山中雨雹，而章村、紫阆、壶源各山均出蛟，有70余处，淹毙屋庐人畜无数。

夏，全椒、南京、六合、句容、丹徒、丹阳、溧阳、宜兴、常熟旱或大旱；金坛二麦不登，钱粮宽缓二成；盐城大旱，咸潮逆灌；高邮、兴化暑甚，时疫流行，多不救。江南总督、江苏巡抚会奏，赈银5 000两，并蠲免下忙应征银米。

7月4日宝山大雨。

7月24日—8月17日金山不雨。

8月，嘉定、罗店疫。寿县大水。

9月，慈溪大雨，山洪暴发，地裂山崩，平地水骤高数尺，大隐、槠林、支汗、奥山乡一带民房、桥梁漂没无算，人有溺死者；9月28日余姚东北乡流洪，禾棉皆损。

9月29日晨湖州大雨，连阴数旬，至11月14日放晴，田禾尽没，早稻生芽，能刈者仅十分之二。

10月15—24日金山霍乱，治鲜效。秋，上虞大疫，嘉善疫。

秋，五河大水。

冬，全椒大雪。

是年洪泽湖最高水位13.22米。

1889年

2月18日晨嘉定降黑雪。

春，五河大水，4月两江总督委员抚恤皖北灾民，五河40堡共放制钱8 800余缗。

7月，寿县大水。

8月24日富阳大水，自桐庐来，县南昌西、祥禽等乡堤堰尽圮；桐庐被水，冲沙淤石积成溪田44顷76亩余，圮27顷3亩余，共蠲银1 065两余，奉拨工赈钱10 972串620文；海宁8月22—23日大雨昼夜不止，24日尤甚，山洪暴发，立时水溢及民居；余姚8月23日蛟水暴发，冲决堤塘，坏庐舍无算；绍兴蛟水为灾；诸暨8月大雨，田庐被冲；上虞8月23日蛟水暴发，冲坏堤塘、庐舍、桥梁无数；嵊县8月大水，蛟水挟之，溪骤涨20尺，淹没田庐无算，知县请免被灾田粮；新昌8月17日(?)大水，26日城中大水；临海8月蛟水发，自天台坏沿江民庐、田亩甚多；仙居8月23日大水，平地丈余；温岭8月22日飓风陡作，大雨如注，城崩140余丈，淹死男妇70～80人，晚禾歉收；汤溪8月大水，漂没衙港两岸民居；永康8月孝义乡蛟水为害，田地沙石堆积，桥梁、亭阁漂没无算；浦江 8 月水灾，22—24 日午前雨如注，东北两山乡蜃水大发，田禾淹没，道路成溪，沙石淤积如山，庐舍、桥梁、丘墓多被冲坏；江山大水，漂没田禾；乐清 8 月 23 日夜大风，屋为风拔，有压死者。

8 月，嘉定、上海、青浦、南汇大疫，民多死亡。

9 月 8 日上海、宝山、彭浦、嘉定、真如、青浦等地震。

9 月 18 日起至 10 月 25 日嘉定、宝山、上海、川沙、南汇、青浦、松江、金山等淫雨 45 天，田禾尽没，棉实腐烂，稻生芽；太仓大水，淫雨 40 余日，淹没禾稻殆尽，蠲缓银米十之三；昆山 9 月 18 日雨，10 月 28 日始止，水高 6 尺许，平陆成巨浸，高低田禾尽沦，县令亲行踏勘，申报秋灾，巡抚具疏入奏，奉旨发帑赈恤，豁免阖郡漕粮，水既退，田禾损伤十之三四；吴县淫雨自 9 月至 11 月，谷未获，尽渰没；常熟 9—10 月大水；吴江 9 月 18 日雨，迄 10 月 27 日止，太湖泛溢，吴中大水，黎里西乡农田积潦，不能刈禾，早稻有霉烂者，十二月中旬水始渐退，菜豆麦不能下种，平望、盛泽各乡皆同，人情汹汹，以借米为名，争向富家劫夺；无锡 9 月 18 日雨，至 10 日 18 日止，平地尺水，禾苗虽成，农夫皆以采菱桶、小划船割取谷穗，(收)以五成；溧阳秋连雨四旬，伤禾；宜兴 9—11 月大雨水，禾尽淹；南京雨潦；六合淫雨 45 日，禾豆腐烂，岁大祲；金坛夏大水，秋尤甚；句容、高邮、兴化等秋大水。此次洪涝灾害江苏以苏州地区为最，松江、太仓地区次之，常州、镇江又次之。浙江秋大雨兼旬，水势涨发，杭州、嘉兴、湖州、宁波、绍兴、台州、金华、严州、温州、处州俱被水灾，而杭、嘉、湖三州尤重。蒙抚奏请，蠲免本年冬漕，并免征成灾尤重之处地丁、原缓银米递缓一年；临安 9 月淫雨 49 日，稻芽长尺余，明年大饥，居民采蕨及草根而食；於潜赈银 400 两；余杭 10 月大水，巡抚奏准蠲赈，发仓平粜；富阳、萧山 9—11 月淫雨 47 日，田禾尽没，稻根亦朽；新登秋稼悉坏；嘉兴 9 月 26 日—10 月 28 日雨，田禾淹没，西南乡尽成泽国，岁饥，阖属停漕发赈；嘉善淫雨 40 日，田禾腐烂无收；平湖阴雨连旬，水溢丈余，收成大减；海宁 8 月 22—23 日大雨，昼夜不止，24 日山洪暴发，立时水溢及民居，9 月淫雨 40 日，大水成灾，诏免田赋，给赈；湖州 9 月大雨连旬，田禾无收，蠲免漕粮，发银赈济；鄞县 9 月大雨不止，水暴涨伤禾；奉化 9—11 月淫雨 40 余日，晚禾腐烂无收，各乡纷纷告灾；慈溪淫雨大水，田禾淹腐，饥，减粮三分，于次年粮内除征；余姚淫雨 47 日，晚禾、木棉歉收，饥民四起，奉旨赈恤；宁海秋久雨，田谷霉败；诸暨淫雨 40 日，湖乡大水，埂决；上虞淫雨 47 日，晚禾腐，饥民四起，西北乡尤甚。上海饥；青浦、南汇大饥，民有成群横索者；嘉定免忙漕二成五厘，并免 1887 年以前民欠钱粮有差；宝山因城厢、吴淞、殷行荒象尤甚，民间组织协济公局于 10 月底在县庙西厅等三处散赈万元以上；川沙冬发谷 11 546斤，次年春对极贫人口 21 286 口，次贫人口 11 262 口，发积谷并拨派库银、添补种子银等；仍赈松江、上海、川沙、南汇、青浦、宝山等。

12 月 28 日 02 时 18 分昆山南(31.3°N，121.0°E)3¾级地震，苏州，上海、昆山、陆家浜、嘉定、真如、宝山、彭浦有感。

是年，洪泽湖最高水位 13.38 米。

1890 年

2 月，南京恒雨三月；宜兴、江阴大水。

4 月 21 日富阳西南各乡雨雹，有大如斗者，所有大木尽拔，木叶皆如火灼；新登 4 月 22 日大风拔木，民间屋瓦俱飞，周玉朝大孝坊折其顶。4 月 30 日夜浦江大风雨雹，二麦、油菜尽坏。4 月，衢州大雨雹，巨如卵，伤人畜，害麦。

夏，嘉定，宝山、上海霍乱流行，染者多猝不及救，棺肆卖空。

6月13日芜湖大雨，随发山洪，江畔墟堤势甚岌岌，湾沚镇(今芜湖市区)方村一带数十里内一片汪洋，牲畜人民随波而下，浮至芜湖里河，荆山港连日捞起尸骸19具；芜湖上流青阳县山中发蛟，庐舍尽成泽国；南陵县属青弋江镇平地出蛟，冲没田庐，淹毙人口；泾县东南北三门小舟竟可出入；石台县里乡、横船渡、七里、贡溪等处山洪暴发，淹毙人畜无算，损失颇巨。

7月14—17日风暴潮，浙江平阳7月14日飓风大雨，拔木坏屋，7月17日风雨又作，江潮内灌，秋收歉薄；瑞安7月15日飓风大作，雨如注，海水上，冲没南门外船只、房屋无算；云和7月14—18日大雨如注，各处山洪暴发，漂没田庐，乌铁岩山忽决裂，大水汹涌，城内公私屋宇水溢数尺，男女老幼皆避高处；临海饥，奸民相掠夺；仙居米贵，奉文赈恤；宁波7月17日夜半，忽狂风怒吼，高楼邃室格格作响，势将倾颓，居人皆从梦中惊醒，惶恐万状，颓垣败壁倾倒者无算；临安7月18日大风伤禾；福建永泰7月15日三十三都小溪水暴涨，漂没人口百余，坏田地千余亩。

8月2日崇明龙卷风，南街陈家麦囤、屋破腾空入海，薪刍满天，逾时坠。

8月1—24日金山不雨。溧阳缓征旱灾田，并被水未莳田地丁钱粮；金坛旱；奉化8—9月旱。

9月7日南陵龙卷风，附近房屋吹倒无算，潭中水草为风卷，挂树杪，水涸下5尺。

上海是年天花死亡79人。

冬，和县蝗。

1891年

春夏，嘉定大旱。江苏盱眙6月旱，淮水涸，距张公堤约六七里；淮安5月旱；盐城旱，卤水伤禾；兴化6月旱蝗，卤水倒灌；溧阳自春徂夏旱；昆山6月6—23日无雨，城河尽涸。宝应、高邮、南京、江浦、金坛、无锡、金坛旱；浙江嘉兴夏大旱，舟楫不通。南京朝阳洞发蛟水。

5月，宁海雨雹，大如碗，坏玉爰山一带民居屋瓦、伤麦。

7月2日上海大风，折外洋泾桥堍气象标识杆。夏，崇明旋风，摄北门外徐姓屋，去墙，从空中坠移十余步而不扑，一病者仍卧败絮中。

7月，建德淫雨，西北二乡冲坍大水堰坝60余处。知县拨省局银币1 000元散赈，并贴乡民修筑堰坝，次年照免成灾田地项下钱粮。

8月1日宜兴曙墅里龙卷风。旋风起田中，卷水入空际，盘旋如车轮，但见黑气一股上接云端，良久乃灭。

8月，青浦降红雨。

8月30日—9月2日台风，自浙江玉环坎门登陆后北上，9月2日经上海、江苏吕四入黄海，上海风雨终日不止，徐家汇最大风速32.9 m/s，最大日降雨量101.3 mm，田庐多损伤；金山、嘉定、川沙久雨成灾，减征漕粮灶课；江苏六合大风雨，终日不止，田禾多损伤；溧阳大霖雨；浙江奉化大水。

9月27日南陵阴雨40日始止。

10月，昆山大雨连旬，视1889年之水仅少1尺。

秋，和县、全椒、丹阳、宜兴大旱蝗。

12月3日上海大风，沉货船1艘。

冬，富阳、嘉善无雪；奉化12月1—2日暑热，冬桃李华。

1892 年

夏秋，嘉定、宝山、青浦亢旱饥；上海全年降雨量仅 709.2 mm，为有记录之最低值，岁饥；丹阳大旱，飞蝗蔽天，岁大歉；溧阳旱，有蝗；常熟秋旱蝗；南京、扬州、镇江、句容、金坛、淮安、海州、盐城、高邮、兴化、如皋、通州、临安、昌化、余杭、嘉兴、嘉善、海盐、奉化、宁海、定海、嵊县、新昌、临海旱蝗。赈丹徒、丹阳、甘泉等县旱灾，蠲免丹徒县被旱田地正、杂钱粮四成，又诏镇江府属因旱成灾，丹徒、丹阳 2 县被旱尤重，截留漕米 5 万石，并水脚运费等款，共合库平银 171 177 两 5 钱 4 分 4 厘，除拨金坛、溧阳 3 县外，丹徒实领银 123 007 两 5 钱 4 分 4 厘。两淮、泰州、海州所属各场灶以旱灾、风潮，新旧折价钱粮准予缓征。

7 月，崇明鳌阶镇北龙卷风，摄田中水，地皆成细孔。

10 月，高淳大雪。

12 月，宝山奇寒，浦港坚冰，经旬不解；昆山冰冻，吴淞、娄江、及淀山赵田、阳城、巴城诸湖皆胶，冰厚二尺余，人皆履以往来，二旬后冻始解；吴县大雪严寒，太湖冰厚尺许，湖中冰山莹莹，如琼楼玉殿相望，如是者月余；吴江严寒，大川巨泽冰坚尺余，河冻半月不开；杭州大风寒甚，水尽冰；南京奇寒，河冻，十日不解；丹阳奇寒，伤人畜；高邮、兴化奇寒，大雨雪，树木多冻死；泰州奇寒，草木多枯，鸡卵冻裂；海门大雪逾尺，严寒，河腹冻，树皮尽裂；如皋冬贫民饥寒交迫，无以为生；平湖奇寒，东河之冰坚可渡人，航路不通者累日；乌镇大寒，河港冰厚尺许；海宁大雪奇寒，河冰可履，舟楫不通者累日，十余日不解；象山 12 月大雪严寒，酒结冰，草禾、鸟兽多冻死者；宁海大雪；定海大雪，酷寒，菜麦萎焉；镇海大寒，雪深 3 尺，酒坛酒皆冻，果木死者大半；慈溪大寒，大江皆冰，舟行不通；昌化大寒，河水结冰，坚数尺，上可履人，明春始化；萧山大寒，恒雨雪，河流皆冰，舟楫不通者半月余；建德大冻，雪后水泽腹坚，山中巨石多冻裂；临海大寒，江水为冰，溪涧江河层冰合冻，冰解后随流而下，触浮桥为断，花木果实被冻俱死；安徽亳州、五河、南陵冬大雪。

1893 年

1 月，上海、嘉定大雪，奇寒 20 余天，河港冰坚，可以行人；上海黄浦江、吴淞江及淀泖等江湖河港皆冰，累日不开，1 月 19 日最低气温−12.1℃，徐家汇积雪深 29 cm，南码头及大南门街头共冻死 5 人；南汇雪积三四尺；奉贤禾苗大片冻死；金山黄浦皆冰；枫泾 1 月 27 日大雪两昼夜，平地积三尺，花木多死；青浦沍寒，泖淀、吴淞江冰，经旬不解，人行冰上，有舁肩舆过者；江苏宜兴 1892 年 12 月 26 日至 1893 年 1 月 19 日东、西两溪及太湖皆冰，最厚至六尺许，民有冻毙者；浙江 1 月杭州大雪，平地 5 尺；富阳 12—1 月大寒多雪，溪流皆冰；嘉兴 1 月 11 日起奇寒经旬，运河及湖荡莫不厚结层冰，舟楫不通，往来皆由水上行走，南湖不解冻者数日，好奇之人咸踏冰游烟雨楼；嘉善 12 月下旬寒甚，河荡坚冰十余日，舟楫不通，1 月 27 日大雪两昼夜，平地积 3 尺，2 月 2 日昼大雾雨氛，花木多死；奉化冬奇寒，酒冻，1 月 15 日雨雪，严寒奇常，1 月 16—17 日温度表降至−5℃，至 1 月 23 日略和，竹箨不得行者 20 日，瓶盎冰裂，果木多冻死；余姚 12—1 月大寒多雪，江水皆冰；温岭 12 月下旬大雪，深尺余，寒甚，咳唾成冰，河流尽冻，不能行舟，花木多萎；金华 1 月 14 日大雪 3 日，路有冻毙者；瑞安 1 月 14—15 等日天气严寒，连日大雪，河冰凝结，冻至澈底，凡沿河岸边大榕树枝叶多被霜雪冻煞枯燥，至春始得萌芽，有百余年榕树全行冻死者；遂昌、景宁大雪，积 2 尺余。芜湖寒冷，1 月尤为突出，降罕见大雪，迄至 3 月未止，作物遭受巨大损失。

1892 年冬至 1893 年春的雪害、冻灾在我国东南诸省影响广泛，最南甚至影响琼北地区，是明清寒冷期的典型事件之一，详情见第一篇。

3月14日松江大雪，屋角墙阴积至5寸之厚，北门萧王庙压沉青浦来船1艘，西门日晖桥西也压沉船1艘。

4月22日嘉定、宝山、上海雨雹，自南翔、江桥、北新泾、虹桥、今法华路迤南至龙华、浦东白莲泾、横延十余里，大者如掌，小者如豆，落地积厚数寸，所过之处，豆麦苗尽折，龙华浦江中覆2舟，毙3人，灾区终日食粥者十有八九。

4月，六合大雨雹，麦苗尽折。

春，盐城旱，海口倒灌；夏，咸潮渡闸，曾筑坝挡御。

6月22日龙卷风，高邮大风，自西南来，拏去赞化宫土山小亭，并毁东门城堞十余，东乡屋圮者以千计；兴化巳刻大风，卷市棚屋，瓦飞云际，有物自东城时思寺冲出，腾空向东南去，坏文峰塔角，触之者立毙。

6月30日下午当涂大雨竟夕，蛟水、江潮并至，环绕圩堤除西南之宁、保、顺、成四口外，均溃决。

7月4日上海雨雹，大者如李，小者如豆，虹口一带尤甚，田中禾棉大半击损，闸北某冰厂被卷一空；南汇各地发生抢米风潮，参加者多达万人以上；嘉定歉，免忙漕一成二厘。

7月17日青浦淀山湖起狂风，浪如山立，掀翻官舫1艘，溺毙5人。

7月23日上海狂风大作，飞沙走石，乡间草房、街市凉棚被风卷走，黄浦江中船只失事，翻覆。同日，金坛大寒有雪。

8月，海州(连云港)、淮安、扬州、江宁、镇江、南通蝗；南京飞蝗蔽天，府属皆荒。

9月2日台风，上海极大风速30.2 m/s，飞沙走石，大树吹折，各处凉棚、草棚及多年老屋被风吹倒者不知其数，行人也有数起击伤，1女孩被吹入江中，数艘驳船沉没，上海县署大堂后之梧桐树折为两段，小南门、大南门地势较低处被潮淹没。

9月13日阜宁大雨，淮潮、海潮顶托，决长坡200余丈，花家后檐被水侵塌。两淮泰州、海州各场灶地被风被潮，缓征折价钱粮。

9月，奉化淫雨。

秋，泰州酷热。

10月，泰州、昆山雨雪。

冬，南京旱；高邮、兴化无雪；奉化桃李华。

1894年

6月3日五河雨雹，大如鹅卵，秫苗被伤。

6月28—29日风暴潮，台州飓风大作，洪涛旋起，墙倒瓦飞，海水陡涨丈余，灌入街市；临海大水；30日上海南市及城厢凉棚大半被毁，十六铺迤南江中泊船锚走缆断，1船沉没，1船受伤。

夏，南京、五河大旱，奇热，秋疫，死者众。夏秋，金山、嘉善、临安、余杭、象山、建德旱。如皋两月不雨，东乡岔河、三潮桥、马塘、丰利、苴镇、北坎等处歉收。8月，金坛旱蝗，食竹叶芦苇殆尽；宜兴大旱；常熟蝗。冬，萧山大旱，河流多不通舟楫。

1895年

2月16日20时南翔附近(31.3°N, 121.3°E)3¾级地震，上海、嘉定强有感，真如、钱门塘、宝山、青浦、彭浦、小蒸等有感。

* 20世纪90年代，上海新民晚报小说连载沈寂《大亨》一文中也曾提及此次地震，并说南翔倒房千余间，经登门求教，资料出处，只告知是香港友人提及。经对当地古稀老人中访问调查，又对清末残存的建(构)筑物损坏情况考查，均未发现有地震破坏痕迹。

3月14日宝山、彭浦、嘉定大雪，两昼夜始息，豆麦俱损；上海15、16日大雪，徐家汇积雪深14 cm；30日又大雪，徐家汇积雪8 cm，美租界西华德路新建十余幢楼房被积雪压塌，30余人被埋于断瓦残砖之内；临海14、15两日雪霰，4月9日雪；3月，南京奇寒，又大雪。

6—7月，高邮大雨；泰兴县西水灾。

秋，上海、嘉定、青浦大疫，死亡甚多；平湖疫气流行，死亡相继；奉化大水，又大疫，死者甚众。

11月1—2日青浦、金山雨雪，天寒；无锡甚寒，纷纷大雪；南京大雪，奇寒；溧阳大雪；句容雪；嘉兴寒甚，午后下雪，屋瓦尽白；衢州10月31日夜北山雨雪；潜山10月31日大雪；南陵10月28日雪，约三四寸深。

11月7日19时左右，嘉善(30.9°N，120.8°E)3½级地震，青浦、小蒸、枫泾、乌镇、新塍、黎里、盛湖等有感。

1896年

1月29日上海大雪，积五六寸，压坍新建楼房10余幢，30余人被压。2月，泰州大雾，雨雪，草木槎丫皆成琼花瑶叶。

6月26日上海龙卷风为灾，先袭浦东周浦塘，北移至龙华湾后折而东，过白莲泾、六里桥、严家桥一带，过处浮厝棺木卷入河中，六里桥油库一所、房屋两进尽被吹倒，压毙水牛数头，两妇女失踪。

6月，高邮大雨。

夏，和县积月淫雨，群圩皆沉。溧阳水。

7月22日台风，上海虹口席棚多被吹倒，道旁树木摧折良多，苏州河泊船走锚断缆者甚多，泥城桥西戏棚及张氏味莼之童会串戏席棚一概被风刮走，压坏河中小船及岸上民屋。

10月6日上虞暴雨如注，东北风大作，扇驱海水直攻花宫，塌塘崩卸大半。

10月，泰州奇寒，雨雪。潜山马鞍山崩，声闻十余里。

冬，南京连雨，无雪。

1897年

2月20日金山大雨，河水骤增五尺。

夏，淮安淫雨伤禾；宝应大水。

夏，建德山水暴涨，南乡田多漂没。

6月11日至7月16日上海梅雨期间无透雨，禾棉旱，是岁饥；南汇6—7月40日无雨。

7月，南京大风大水，低洼处皆漫溢。

8月，高邮、兴化大雨；泰州、海门大水；阜宁淫雨，淮涨，运坝决，水大至，8月29日放车、南、新三坝，下河水灾；北乡滩套等地民多饥。

秋，青浦蝗蝻伤稼，枫泾乡民告灾甚众；嘉定、昆山虫食禾。是岁南汇饥，嘉定、川沙歉，次年4月下旬—5月中旬办平粜米。

冬，南京温无雪；萧山无雪。

是年，洪泽湖最高水位14.18米。

1898年

2月3日苏州航船载客20余人，途径嘉定境吴淞江时为大风卷翻，存活仅3～4人。

3月，南京连阴，大雪，奇寒，流民冻死无算；六合大雪，奇冷，时有外来流亡千人，逃至东城外泰山墩，冻死几半；高邮大雨雪；泰州大雪，深数尺。

4月，芜湖荆山一带雨雹，大如鸡卵，田中菜、禾、麦俱遭伤残。

夏，泰州、高邮大雨伤麦。

夏，南汇大旱，钦塘东河尽涸；常熟、吴江、高淳、湖州、临安、余杭、富阳、余姚、嘉兴、海盐、建德、淳安、衢州、南陵、石台旱，米价腾贵，木棉被灾。常熟省库拨借银三千两；嘉兴提积谷存款，编户平粜，城乡设局，接济贫户；余杭蠲缓新旧逋赋；建德设局平粜；7月1日关圣诞辰，穷民聚集数千人，挨至米舖抢米，官不能禁，苏省有十余县同于是日抢米，几有不约而同者。

7月8日嘉定、上海等大风，折损树木不计其数，徐汇观音寺前石金刚不下千余斤，亦为扑折，农村则伤稼。

7月13日嘉定大风，伤稼，米价腾贵。

7月21日嘉定雨雪。

8月1日嘉定大风，昼夜不息，8月5日始止。

8月8日亥时嘉定、上海降咸雨，树木、秋苗黄萎。

8月19日夜上海龙华遭雷，毁火药船2艘，击毙船工4人及岸上3人。

9月30日风暴潮，平阳飓风大水，田禾歉收；上虞骤雨连霄，东北风大作，山潮互激陡涌，狂涛吼奔而至，海啸泛滥，水势浩瀚，浸满堤面，一片汪洋，天地为之改观；宝山盛桥大汛，冲损西塘数处。

12月14日大风，翻黄浦江上2驳船，百余石黄豆及200余箱煤油尽付东流。

1899年

夏，盐城旱，湖荡水涸，卤潮内灌。高淳旱。

7月21日奉化大水，坍坏田禾2 000余顷，祠庙、庐舍亦有损伤，溺2人，漂没树木、柴炭无算，此次水灾后路最甚，为百年所未有，中路次之，惟前路无灾；上虞21、22等日风涛大作，蛟洪乘之，后郭塘溃决7口，沿村水深丈余，夏盖东西乡俱淹没，漂没庐舍、棺椁无算；余姚西北诸乡冲庐舍，并坏堰坝；定海大水，舟入城市；新昌20日午后急雨水涨，损坏墙屋；嵊县大水；诸暨22日大水，东乡蛟骤发，枫桥市过蛟至十余，坏屋淹人无算，江东阪埂、泌湖埂决；7月，崇明咸潮猝发，冲破圩岸60余处。

7—8月，高邮大雨。

8月10日起淫雨半月余，16—17日金山大雨如注，川港顿盈，低洼尽没，棉花多损；松江、青浦、嘉定、宝山、奉贤、上海、南汇被水。崇明饿死颇多；嘉定岁歉，免漕一成五厘；川沙歉，漕粮减征七厘，灶课减征一成。于次年上忙内抵。次年1月10日上谕：江苏华亭、娄县、奉贤、上海、南汇、嘉定、宝山、崇明、青浦等33厅州县暨金山、镇海(太仓)、苏州等5卫被风被淹。

8月17日，建德秋后十日淫雨连旬，各处田稻尽皆发芽，青嫩如秧，不但偃扑者为然，即竖而未扑者亦芽长一二寸，是年歉收。

10月，诸暨大风，坏庐舍庙宇无算。

12月，南京雨雪，连绵两月；金坛（河冰）形若刀枪器械；吴江大雪；太湖雪，杀竹木殆尽；冬，松阳大雪，积3尺余。

1900年

1月1日瑞安大雪盈尺，7—8日又大雪，平地尺余，至9日始止。1月28日青浦、金山等大雪三日，平地高数尺。

2月6日上海漕河泾航船行至张家库遭风失事，毙40余人。

4月9日晨南汇雨雹，昼晦如夜，至午时复明。

5月，宁波淫雨兼旬，四乡田畴被浸，秧苗、靛青损坏，东乡湖水泛滥，陶公山一带拍岸平堤。

6月19日金山枫泾大风，屋瓦皆飞，墙壁倾圮不少，重大之物也有吹至他处的。

夏，衢县、临海旱。秋，歉。嘉定免漕一成；川沙减钱漕一分，灶课上忙七厘，下忙三厘。绍兴大歉。海宁旱蝗，卤潮至。金坛大旱。

9月14日宝应汛东岸庙湾王家庄堤决。

10月，南京大雷雨，马鞍山火药局灾，死数十人，古林庵全毁。

1901年

4月18日上海大风覆舟。风雨交作，浦江浪涌如山，沉船3艘，溺3人。

6月，长江洪水，东至大水，米价腾贵；两湖水灾，江汉水溢，两岸坏堤防甚众，益阳大水，南昌城外洲民皆避居城上；怀宁、广济大圩破溃；芜湖水灾破圩；当涂7月17日大风雨，山水江潮并发，全境圩堤除宁、成、顺、条4堤外悉破；南京大雨5日，江水陡涨，舟行陆地，濒江圩皆破；高淳大水；六合大风雨，灵岩山文峰塔倒塌，东南圩田尽淹，人民飘泊无食，邑绅集款，乘船放赈；句容7月8～20等日大水，圩田尽破；丹徒7月上半月至7月18日昼夜大雨，约有5尺余，西起炭渚，东极姚家桥，径直百二三十里江心大小各洲及毗连江北各洲，南北延袤总在四百里外，咸恃筑圩为固居民数十万皆农田为业，圩内积水平岸，圩外江潮亦几平岸，7月4日东风狂吼，怒涛山立，直冲圩上，护圩者多则三四百人，少则数十人，尽遭漂没，各圩遂同时俱破，蹲于屋顶或树上者，狂风一卷，屋与人树皆杳，历三昼夜狂风始息，间有岸高处，则昼夜露立，粒米未沾，家中生死不相闻问，惨不忍言；丹阳夏大水；金坛大水，圩堤冲决；高邮大水；江都水，飓风为灾；邗江自7月上半月至7月18日昼夜大雨，约有5尺余；海门大水歉收；如皋6月间淫雨经旬；常熟夏大水；昆山6月雨水暴涨三四尺；嘉定7月10—14日大风，昼夜不息，河水暴涨三四尺，岁歉，免忙漕二成三厘；崇明外沙水灾，城南海塘冲损；青浦夏淫雨伤稼，岁祲。歙县大水，灾甚巨；南陵大水，各圩堤俱破，籽粒无收，人多食草根；宿松、舒城大水。富阳大水，过城高1尺，上流漂没人畜、棺木无算，壶源各乡复发蛟水，坏田庐；新登大水；寿昌大雨，至6月28日不止，水暴涨，适外港潮溢入港，东乡水过屋脊，民赖船筏逃生，漂没田产不少；建德6月大水入城三次，损田无算，新安江上流厝柩、房屋、牲畜蔽江而下，三昼夜不息；7月18日建德南乡五都发蛟，山多崩裂，金姑塔圮。是年免地漕银1 524两余，并赈银币2 000元；龙游大水，凡涨三次，东西两乡被灾最甚；桐庐、金华大水。

7月17日，奉化雨雹，其大如碗，北溪等处屋瓦俱碎。

8月3、4等日风暴潮，瑞安大风雨，坏屋拔木枪禾尽损，潮又大；萧山淫雨浃旬，南沙一带致成泽国，而沿海尤甚；象山3日大风海溢，坏塘田；平湖海上飓风大作，独山石塘冲塌40余丈；常熟秋海潮为灾，淹东兴等沙。

8月24日又暴风潮，瑞安大风雨，棉花飘损无遗，园植蕃茄尽烂，永康灵昆地方漂没数百人；临海大水，平地水深丈余，杀人，坏田庐无算；平阳两次风灾，海塘坏，淹田禾1 000余亩，沿海各处尸棺暴露。

1902年

3月，高邮大雨。

春，金山多风雨、雷。

夏，无锡久旱无雨，不能莳秧，民心惶惶，小暑后大雨数日，河水暴涨四五尺，变旱为水。

8月8日宝山月浦龙卷风，镇东北势大，毁民房，拔树木，移浮棺至数丈之远。

8月31日—9月2日台风，徐家汇风速30.6 m/s；宝山飓风海溢。

3—10月，上海、南汇喉痧大作，多至不救，有合家死亡者；川沙夏大瘟疫；南通夏疫；昆山大疫，市槽为空，始喉症，继时痧；高淳6—8月大疫；宜兴夏旱，大疫；平湖大疫，死亡之众视1895年更甚，竟无从购槽者；海盐大疫，人畜多死；芜湖瘟疫大行，患者吐泻；夏秋，金山大疫，白昼闭门，路人绝迹；富阳大疫，死者甚众；嘉兴、平阳大疫；秋，嘉定、临海大疫；8月瑞安疫症大作，中外远近均有，城内传染颇多；奉贤、青浦霍乱流行，死亡甚多，一时棺材售空；高邮、兴化秋多疫疠；上海猩红热流行，死1 527人，死亡率151.51人/10万人。

夏，临安、桐庐、建德、萧山、嘉兴、宜兴大旱，米价昂贵。

9月，昆山龙卷风，南星渎集庆庵千年古银杏两株，高出云霄，为风摄去，树顶如削。

秋，高邮、兴化旱，蝻生；南京小旱，蝗蝻生。

秋，象山海溢，坏塘田，岁歉。

1903年

1月6日06时02分南黄海(34.0°N，122.0°E)6级地震，威海、上海轻微有感。

7月6日嘉定、上海霏雪一时许。

7月21日杭州自6月下旬连日阴雨，迄今未晴，民房被雨水冲打坍墙倒壁。

7月，崇明风潮，大损塘岸石坡。

夏，大雨兼旬，淮水泛涨、杨河地处下游，为众水所归，据高邮、永定两汛呈报：湖河水势前月下旬玉码头等处潮水高至1丈2尺5寸；高邮、兴化、泰州夏大雨。宝应、丹阳、金坛大水。

夏，上海、嘉定大疫，红痧症流行；嘉兴新塍大疫，多喉痧；5、6两月南陵、当涂疫疠流行；上海是年霍乱死亡162例。夏秋，宝山旱、疫，染者多红痧，不能透泄者既死。

8月13—14日及19—20日平阳、瑞安连次飓风大水，瑞安水心庙一带路均是水，东门可乘船入城，小东尤甚，棉花大损，水至26日犹未退，故老云与1853年情形相去不远。

宝山月浦大雨雹，岁祲。

1904年

春至仲夏，奉化淫雨。

4月18日川沙大风雨雹，春麦已莠，尽被摧折，春熟歉收。

5月30日南陵雹落如卵。

6月，建德大水，西乡东森源高山被陷十余处。

夏，阜宁、宝应旱。丹徒大旱，邑令详请减征被灾田亩钱粮。临海旱，大荒。

7月15日龙游回源山洪暴发，是日天暗微雨，居民不虞水至，故沿溪人畜漂没颇多。

8月6日午时寿昌山洪暴发，灾被西华全区，周村最烈，男妇老幼随波逐浪，葬于鱼腹者共11口，桥梁冲毁颇多，城西宋公桥石虹亦被冲圮，赈抚银1 000两。

8月下旬松江连日大雨不止，河水骤涨，松口两岸一片汪洋，松市店铺皆被水淹，损失甚多。川沙大风雨，麦歉收。

9月12日夜奉化飓风拔木，民庐、塘堤多坏。

11月14日奉化大风，坏庐舍。

冬，富阳暖。

1905年

1月12日怀宁大雪，20、29两日皆然。2月6—7日金山雪，深3寸；12日雪，深5寸；15日又雪。3月，南京恒寒多雨；山水暴发，下关坏船无数，南城崩。

4月19日吴县冰雹伤麦，雷震乔司空巷某家墙壁。

4月28日14时29分南黄海(33.8°N，122.0°E)5.3级地震，上海轻微有感。

6月29日金山风雨大作，瓜蔬多坏，30日—7月1日又大雨不绝，水陡涨。

7月12日松江大风为患，西门外吊桥南茶馆岸畔石驳忽然坍塌，平屋3椽同时俱倒，伤2人，沉船1艘，30余人落水，遇救者寥寥；青浦飓风，黄渡吴淞江滨停柩有卷至河中者；川沙大风潮，人畜死无算。

9月1—2日(八月初三、初四)风暴潮，崇明淹死沙民17 000余人；宝山大风雨，潮暴涨，吴淞平地水深3～4尺，是夜吴淞口水位高达5.64米，狮子林石塘3处、炮台驳岸泥墙皆冲毁，营房入水5～6尺，吴淞、殷行等卑洼处浸水，口外长兴沙，鸭窝沙，大小石头沙、崇宝沙、满洋沙、横沙等涌坍海塘，人畜庐舍冲荡无存，漂毙十有八九，浮尸遍野，炊烟断绝，存者无屋可住，庐舍、棉禾十存一二，储粮漂失，死亡2 500余人*；川沙飓风陡作，海潮大涨，八、九两团圩塘尽毁，约长30余里，海水与钦塘平，浮尸遍地，被溺者5 400余人。水退之后合葬于合庆、青墩祥盛码头、黄家圈北、蔡路塘东的遗体共3 200余具；南汇浪高5米左右，海溢潮涌，过王塘，自三团至七团死1 000余人，庐舍、物畜、浮厝漂没无算；上海徐家汇极大风速32.1 m/s，沿滩各栈房货物漂没殆尽，平地水深数尺，损失值千余万，花稻受损，房屋、树木、船只被风吹倒、激没者几难数计，福州路水深没踝，路断行，外滩水深及膝，杨树浦小树十去其七，自来水公司前坍倒栈房4间，死1人，五福里房倒无数，公共铁厂漂失小轮4艘，下海浦沉船1艘，1人失踪，周家咀面粉厂前覆麦船9艘，杨树浦巡捕房前漂失游船1艘，绞花局翻黄豆船1艘；嘉定吴淞江滨停棺有卷至河中者；青浦是夜大风潮溢；金山8—9两月多雨，水又潮，秋收歉薄；南通飓风从海上来，连5昼夜不绝，潮高逾丈，坏新成诸堤；海门风潮，歉收；阜宁秋坝水至；奉化大风拔木，民庐塘堤多坏；岱山大风海溢，平地水高3～4尺，沿海居民大遭损失，盐板、卤桶漂失无算；以上仅就今上海地区共计死亡25 600余人。是年江南总督会同江苏巡抚连奏，特发上谕，川沙、宝山、南汇、崇明帑银3万两放赈，川沙得1万两。

9月29日19时41分南黄海(33.8°N，121.5°E)5.6级地震，上海、韩国仁川、木浦有感。

*《中国气象灾害大典·上海卷》页29，1910年条所记："八月初二(9月5日)，宝山县海潮大涨，冲毁圩堤，死二千多人"，为1905年灾害的误记。

1906年

3月28日06时58分福建厦门海外(24.3°N，118.6°E)6.1级地震，上海轻微有感。

6月，南京恒雨，低处皆水，米价大贵。6—7月，江苏淮安淫雨累月，东堤数十里抢险，城内积潦盈尺；兴化大雨，6月28日启车逻坝，30日启南关坝，7月28日启南关新坝，里下河大水；泗阳、阜宁、盐城、宝应、高邮、邗江、南通等大水成灾，六合、南京、高淳、丹阳、金坛、宜兴等水灾，遍及淮南、北道州。

7月5日上海雷暴雨、大风。浦江船只沉没，闵行镇东1船倾覆；南码头渡船载客27人，覆溺后只2人获救；董家渡一带停船走锚、断链因而沉没者尤多，洋行的船也覆没数艘；5—12日在浦江中捞获尸体29具；陆上房屋吹倒多处，伤人多名，瓦片刮下击破路人头额甚多，汉口路大礼堂及英国领事馆园内树木有全根拔去者，各栈房皆有浸水；今南京东路有房屋窗棂、烟囱吹倒者；气象信号台木杆折断，子午球坠落，徐汇安国寺大殿屋脊吹倒，朱家桥一棵大银杏树被挟至安国寺西坠下，两地相距4～5里；吴淞大风为灾，电讯中断；嘉定飓风大作，拔木毁屋；青浦飓风，拔木复舟；松江之横浦场、浦东场等10处盐场亦因风潮欠收。黄浦江沉船数艘，陆上倒损房屋无算，刮断电杆160余根，溺毙压死200余人。12月11日请准予截拨新漕，并展江南赈损1年，加7项常捐，以备赈恤，12月23日再给帑银10万两赈灾。是岁嘉定免忙漕一成五厘；次年春米骤贵。青浦岁歉，各乡多抢米；南汇县谷仓平粜，次年复然。

8月3日午后，湖州雷雨大风，自西而东，民房坍塌甚多。

8月19日18时01分厦门海外5.3级余震，上海轻微有感。

8月，湖州大雨连旬；德清8月21日至9月11日大雨狂风，禾苗偃烂，灾歉四分九厘三毫，拨公款银3万元，又帑银2万两，分恤杭、嘉、湖被灾各县，德清得千两。余姚秋淫雨，木棉歉收。

是年，洪泽湖最高水位14.56米。

1907年

3月2日全椒黄沙蔽天，日无光。

春，常熟水骤发，米价腾贵。泰州大饥，谷价奇贵。

5月1日19时40分长江口(31.7°N, 122.5°E)4.3级地震，上海、南汇、祝桥、崇明、嵊泗等有感。

5月17日上海狂风降雹，宁波路新建未竣房屋倒塌，伤工匠7人，南市浦中8艘货船覆没，1划船沉，溺毙3人，龙华湾沉船1艘，溺毙2人，浦东张家浜东之冰厂被风扫荡一空，损失3 000金；金山枫泾镇也雨雹。

5月21日全椒大风，节孝总坊棂星门倾圮，拔木倒屋甚多。

5月，南陵大雨，东门城垣崩20余丈。

7月7日青浦、金山大雨。7月9—10日昼夜雨，水骤涨。

7月15日南汇三、四团龙卷风，拔树扑屋，有浮厝卷入云际者。

7月24日吴县大风，虎丘飞鸟数千被风吹毙。

夏，临安大旱；富阳久旱不雨；萧山米贵。

是年上海天花流行，死亡884人，霍乱死655人。

1908年

春，南京寒；高邮雪盛。

夏，南京淫雨。

4月15日当涂雨雹伤禾。

6月19日上海雷雨、冰雹，顷刻之间外滩上空冰块似倾卸，草坪上收集到冰块有4 cm^3。

7月8日—8月12日富阳不雨，田禾歉收。7月，南京酷旱六旬。兴化夏旱。

8月13日雷击南汇第九十七图(村)1女孩。

冬，歙县大雪而雷。

1909年

3月10日上海浦东俞家巷天主堂遭雷，击碎供台。

5月，南京旱。

6月25日青浦雨雹、大水，伤稼。

6月，南京淫雨，低处上水；溧水大水为灾；丹徒江潮、淫雨并发，禾苗全没，十室九空，蠲免丹徒县水灾田地正、杂钱粮四成，又蒙恩旨截留东南漕米□万石(资料不详)，本省官捐、协捐各款及1901年水灾备荒余款并息等项共银89 376两；11月30月发帑银3万两赈溧阳等7县灾；金坛大水，免征地丁银米有差；宜兴大霖雨，城墙灌塌40余丈，大石坝被山洪冲塌；淮阴雨水伤禾。盐城、宝应、兴化大水，运坝水决，启高邮车逻、南关二坝，里下河大水；邗江佛感洲四圩大岸坍决60余丈，虹桥内圩屡见危险；宝应水灾，发帑赈济；如皋淫雨水溢，坝脊太高不及泄，坝内居民屡毁屡筑；临安、嘉兴大水；海盐大水，平地水深数尺；湖州霉雨为灾，大水，田稻淹没；南陵大水，圩乡籽粒无收，耕牛死伤无数；东至、全椒大水。

7～8月，南汇周浦霍乱流行，仅陶家弄一村15户70人中，病52人，死41人，死亡率78.8%。是年青浦祲。

11月24—25日大风，潮水暴涨，震撼宝山海塘，冲毁塘身170米，拔桩石600余根。

12月30日04时09分南黄海5级前震，上海及佘山有感。

是年，洪泽湖最高水位13.95米。

1910年

1月8日22时08分南黄海(35.0°N，122.0°E)6¾级地震，赣榆、阜宁、海安角斜、如皋均有房屋震倒，烈度六度。扬州房屋多倾倒；镇江南门外某尼庵倒房3间、压毙幼尼1名，东乡东岳庙大门震倒，两处均属六度异常区。山东烟台、青岛、蒙阴、莒县、临沂；江苏徐州、淮阴、盐城、大丰、东台、高邮、泰州、六合、南京、丹阳、常州、金坛、无锡、苏州、昆山、上海全境、浙江嘉兴、平湖、杭州、宁波、奉化等四至五度地震。上海热闹场所甚为震惊，玻璃窗及装饰品有打碎的。1月9日17时22分4.9级余震影响，上海、嘉定、昆山有感(图3-22)。

3月，南京大雷雨3日，旋大雪，平地尺余，奇寒。

5月6—7日南黄海(33.0N，121.5E)5.5级震群，如皋、南通、丹徒、无锡、吴县、上海地震有感。

5月31日嘉定雨雹，大者如斗，小者如拳，蚕豆、麦、幼棉均遭摧残，南翔、真如各乡受灾尤甚，棉籽价大涨；钱门塘徐公浦西岸一车棚石柱、石板异常坚固，被风掀起，棚石全行打毁，岁歉，次年平粜。

6月5日浙江四明山(29.6°N，121.0°E)4.3级地震，新昌鸡鸣山裂丈余，嵊县、奉化地震，震中距上海徐家汇地震台288 km。

6月，南陵洪水泛溢，东北乡圩破，大荒，北门城垣崩十余丈。富阳、余杭蛟水暴注，宣泄不及，田禾尽没，饥，米价腾贵。

7月8日吴县大风，吹覆枣市桥河乘船，溺死1人。

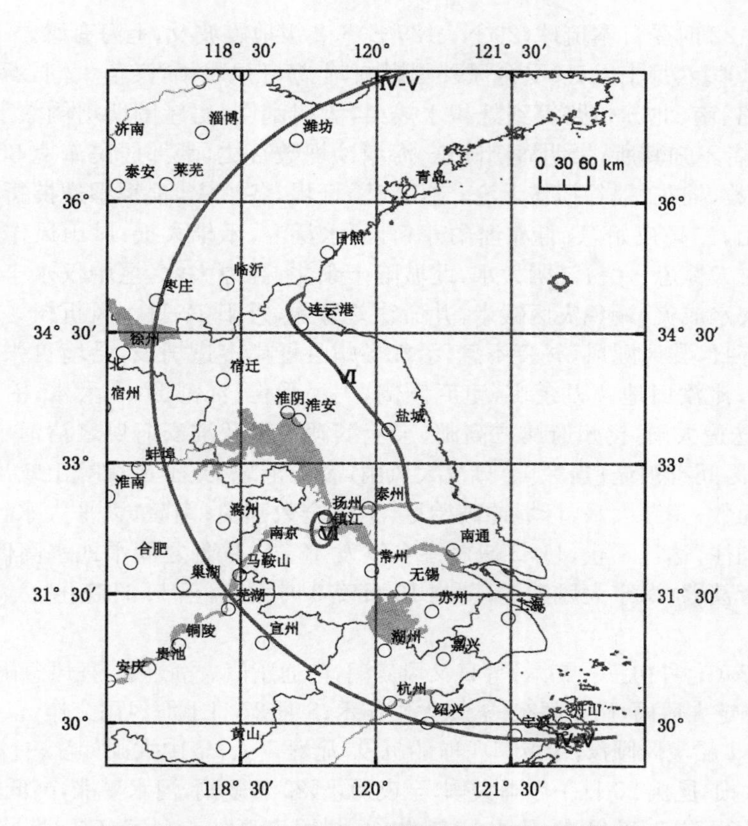

图 3-22　1910 年 1 月 8 日南黄海 6¾ 级地震等震线图

7 月 9 日嘉定方泰颜家村古银杏，大逾数围，被风拔起，其旁浮厝之棺木有摄至数里外者。

7 月 10 日金坛大风，自西北来，屋瓦皆飞，大木尽拔。

8 月 2 日台风，奉化飓风坏县署头仪门，抛离数丈，四乡坏墙垣无算，砖瓦鸟飞，竹木尽拔；8 月 3 日萧山飓风狂雨，为朝至暮，墙倒屋圮，不计其数，田木棉花多损；富阳西南壶源地方，庐舍冲坏，淹毙数十口，钱塘上四乡田禾被淹；8 月 4 日宝应大雨，几及二尺，全境低田都被淹没，东南北城垣圮数处，西城内隍土亦多坍塌；兴化、高邮、宝应大雨成灾，下河田多淹没；如皋淫雨水溢；泰州秋歉收。秋，南汇风潮冲坏圩堤，棉价上扬。是岁，崇明岁歉，积谷平粜。

12 月 28 日南黄海(32.5°N, 121.°E)5½ 级地震，如皋、苏州、丹阳、武康、奉化有感。

是年洪泽湖最高水位 13.63 m。

● 1911 年

2 月 9 日除夕夜半大雨雷电，各省多同，西溯安徽、江西、湖北，北自京师、直隶、山东，南迄浙江、福建、广东莫不皆然，而迟早略异。江宁、六合、镇江、丹阳、高邮、兴化、淮安、淮阴、盐城、湖州、怀宁、潜山、太湖、定远、当涂、芜湖、歙县、石台、南陵等同。

4 月 18—19 日上海大风，大达码头附近因拖船断缆倾覆，溺毙 6 人。

4 月 23 日长江口外雾，2 轮相撞，1 轮沉，罹难者 40 余人。

4 月 25 日狂风雨雹，浦东杜家行东偷牛渡附近 1 艘货船沉没；青浦大风拔木。

春，淮阴淫雨 90 余日。

6 月 5 日南黄海(32.5°N, 121.5°E)5.5 级地震，兴化、南通、上海、漕河泾、青浦、嘉定等有感。

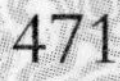

6月15日22时受日本琉球(29°N，129°E)8.2级地震波及，上海有感。

8月10日(闰六月十六日)受台风外围影响，上海狂风暴雨，又值大潮，浙江路、湖北路、西藏路、松江路、南、北苏州路等到处积水成渠，大树刮倒，房屋围墙坍倒数十处，浦江大小船只走锚断索者不知其所；崇明海潮陡涨，海塘冲坍数百丈，南部居民淹毙80余人，荡折离居者更不可胜数，棉花、稻谷损伤无沦；宝山海溢圩堤，各沙灾，棉稻悉遭摧折，米价腾贵；嘉定，金山大风雨，二昼夜始息；青浦淫雨兼旬，河水泛溢，禾棉大损；昆山风作，古木偃仆，房屋倾圮无算，村人惊恐号哭；江阴大水，北城陷十余丈；高淳大水，邑中仅永丰、相国、门陡三圩未决；金坛大水成灾，蠲免灾区银米，并命钦差筹赈；丹阳12日大风折树，摧倒墙屋无算；南通10—13等日，骤风飓风，昼夜不息，沿江各州县圩岸多遭坍没，县境自张黄港至丝鱼港被冲者139圩，淹没田地4万余亩，室庐倾倒，人民受伤；江都、六合大水，沿江洲圩漫决成灾；7—8月间迭遭大雨，扬州府属之高邮、宝应滨湖一带及淮安府属之清河、山阳、安东、阜宁等县低洼之区间有被淹；当涂11日夜大风雨，凌云港圮，龙王灵墟等山蛟出，全境圩堤溃决，漂没庐舍无数；芜湖大水，圩堤冲破殆尽，丁漕全数豁免；南陵、太平大水，圩田尽没。萧山10日大雨如注，达旦不止，11日清晨南乡洪发13处，片刻之间平地水高四五尺，庐舍淹没，塘堤损害者甚夥；海宁大风摧屋；湖州10日晚9时大风，至11日晚止，太湖水高倒灌，河水陡涨尺余。

8月26—29(七月初三—初六)等日又风暴潮，南通正值大潮迅起，狂风急雨，连日无已，江水漫溢愈广；阜宁大风雨，历三昼夜；盐城大雨伤禾；8月27日上海风雨交作，董家渡1船沉没，7人失踪；东沟1船遭风倾没；吴淞口1航船沉没，淹毙1人；金山大雨如注；青浦淫雨兼旬，河水泛涨，禾棉大损；昆山26日午后雨大作，至夜乃止，29日复雨，河水暴涨，高低田禾尽没，甚于1889年；吴县大雨连旬，禾尽淹，秋水告灾，岁饥，村民聚至陆巷俞家，破门掘墙，持强抢米，约5 000余石；常熟淫雨浃旬，先以飓风潮溢，低平田亩均遭淹没，西北高区亦受上游水害，米价翔贵，饥民成群索食，莠民乘之，相率劫掠，攫米毁屋，阖邑骚然。山区虽未至籽粒无收，而沿湖一片汪洋，尽成泽国；江阴大水，北城陷十余丈；无锡连续数天倾盆大雨，河水陡涨五六尺，北塘等处及黄埠、墩寺、塘泾一片汪洋，有屋无街，比1849年之大水仅小尺余；当涂大风，坠大成坊顶；湖州阴雨积日，河水又涨尺许，田禾被淹者十三四；德清26日城内紫阳观清溪书院、城隍庙北门外赵祠大树尽拔，墙屋倒，禾类伤；奉化28日大雨倾盆，发洪水，坏田庐、塘堤不计其数，至30日水始落江，秋禾歉收；象山26日大风雨，30日止；余姚海溢，有鱼涸于海际，长数大，号叫数日而僵，其口内可容数人(鲸鱼)；临海暴雨狂风，山水骤发，矮屋均与檐齐，阅二日始退。

10月19—20日再次风暴潮，瑞安飓风为灾，山港各乡30余村漂没居民数万，尸骸蔽江，田庐被淹者不计其数。是年嘉定岁歉，米价腾贵，普减忙银二成，漕免；宝山岁饥，先后几次发赈；川沙秋歉，下忙全免，漕粮减征三成，灶课、芦课减征二成；金山岁歉，木棉全荒；青浦、上海、南汇米贵。江苏、安徽沿江各属大水圩堤溃决，田禾淹没；盐城大雨伤木；高淳邑中仅前述三圩未决外，其余圩堤均溃；南通江潮异涨，漂没人畜庐舍。

是年，洪泽湖最高水位12.51米。

1912年

11月9日上海徐家汇雪飞满地，冰凌二三寸，数日不解。

12月25日02时07分台湾花莲海外(23.8°N，121.8°E)6.4级地震，上海有感。

1913年

4月3日18时39分镇江(32.2°N，119.5°E)5.8级地震，城内外均有倒房塌屋伤人之事，其中小码头某客楼后楼倒坍，毙7人，伤3人；丹徒倒屋79间，伤7人；丹阳：伤7人；扬州：城内外均有屋墙倒塌；南京、仪征、六合、高邮、常熟、高淳、当涂、全椒五度有感，射阳、兴化、海安、如皋、苏州、相城、德清、杭州四度有感，上海、松江有的玻璃窗震裂，房内一部分装饰品移位跌倒(图 3-23)。

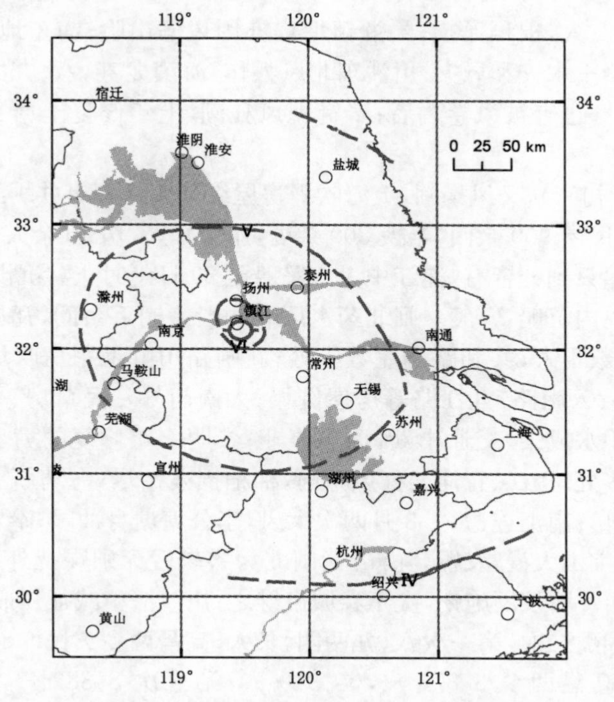

图 3-23　1913年4月3日镇江5.8级地震等震线图

1914 年

夏秋，苏北盐城地区大旱，卤潮内浸，岁大饥；民多流亡，里下河地区旱；沿江高淳、六合、海安等旱。5月，兴化海水涨，范公堤各口均未堵闭，卤水由刘庄、大团、八灶等闸灌入。6月，卤水再次浸入草堰北闸，直灌平旺、海南，8月方退，年底水方可饮用；岁大饥，民多流亡；7月25日东台海潮倒灌百余里，直至海安李堡；阜宁9月卤潮倒灌。以上卤害地区96%田地颗粒无收，受害面积120万亩。是年，洪泽湖最高水位12.77米。

8月21—22日崇明连日洪潮，险工迭出；嘉定被灾。

9月9日受台风影响，上海风雨潮涨，街衢积水，摧折凉棚等物，斐伦路等道旁树木吹折十分之四；西门内地方监狱吹坍巨墙，压毙押犯1名，压伤2名；南市江边码头草棚吹坍五六处，民房1间，电线杆若干。外滩及福州路一带水深没踝，行道树吹折几半，江边码头民房、草棚塌损无数。

是年，上海霍乱死亡1 307人。

1915 年

3—5月，江淮流域洪水，安徽淮南、湖北灾情最重，鲁、赣、浙次之。

7月14日吴淞口外1艘商船在狂风雷雨中覆没，约100人丧生，财货均损殆尽。

7月27—28日(六月十六—十七日)强台风，穿越舟山群岛后，在上海登陆，再经山东半岛进北黄海，上海狂风暴雨，最大风速43.9 m/s，吹斜徐家汇天主堂尖顶重达400公斤的铁十字架，暴雨量101.9毫米，苏州河口潮位4.64米。浦江中大小船只冲毁、沉没200余艘，损坏船只千余艘，浮尸多至200余具，共坍塌商店100余间，半毁者百余处，坍毁民屋900余间，半毁者800处，死伤30余人，市内大面积停电，电讯中断，商店停业，学校停课，沪甬航线之甬兴轮沉于长江口，200余人罹难；崇明上年修复塘工又遭冲坏；宝山东西塘迭出险工，近海民庐多摧破，压毙2人，棉稻尤损；吴淞镇塘堤亦因风潮出险；浦东地区江堤海塘全部冲垮，海水倒灌，造成严重水灾和风灾；川沙东北风大作，海滨尤甚，八、九团新旧圩塘冲损，茅屋飞扬空中，屋内石磨也有被风卷去者；奉贤飓风狂潮，上年修复土塘又遭冲毁；松江旧塘出险，新工冲损。

8月23日(七月初三)，又风暴潮，上海吹坍房屋综计南北两市共坍毁商店100余间，半毁者100余处，坍毁民屋900余间，半毁800余处，压毙6人，伤30余人。吹倒树木，折损电杆，坍毁路面、漂失船只到处皆有，浦江中大小民船至29日午时止共沉没200余艘。自吴淞港至海关1英里距离内沉船26艘。闸北药水厂北冲毁茅棚百余间，瓦屋数十间，其他各处茅棚亦都被冲，伤约数十人；共和路倒屋数十处；新闸路川虹浜平房吹塌墙壁数十处；西藏路大庆里北、福建路、云南路、九江路等房屋倒塌；大南门外贫民草房、平屋均遭风坍毁；沪南里外马路低洼处积水成渠，交通中断，商店停业；崇明上年修复的塘工又遭冲坏；嘉定城厢内外墙倒屋塌者多处；松江、青浦又狂风骤雨，棉稻摧残殆尽，海塘新工冲损；川沙狂风又起，田中稻棉摧折几尽；南汇连遭7、8月两次大风，李公塘塘身冲毁；奉贤飓风狂潮，旧塘出险，新工冲损。是岁宝山大祲，发赈，除江湾、闸北为害较轻无须赈抚外，其他市乡极贫999户，次贫621户，冬间月浦设厂施粥，次年春城市继之；川沙漕粮减征三成，灶课、芦课减征二成，冬赈一次，翌年春赈二次，第一次八、九两团，长人、高昌两乡灾民5 886户，18 810人；第二次八九团、长人、高昌两乡 8 879户，30 910人；第三次 8 883户，30 943人，共赈银20 925.53元，并提拨工项下赈银1 000元。

9月7日松江飞蝗过境，同年安徽、浙江蝗。

11月上旬松江阴雨连绵，河水暴涨，禾棉浸烂，发芽霉变，洼田无收。

1916年

2月中旬奉贤邹家湾、木行桥、青村港、三官堂等沿海饥民赴富户吃共饭。

4月5日21时00分南黄海(33.0°N，122.0°E)5.2级地震，上海有感。

夏秋，淮河大水，蚌埠淮河流量9 800 m^3/s，盱眙最大下泄流量估计达12 900 m^3/s，其中有一股排往长江，致使里下河大水。苏北盐城、兴化淫雨为灾。因长江水位不高，运河归江各坝最大泄流量，占全湖排出量的十分之六。是年，洪泽湖最高水位13.81米。

12月至1917年1月上海奇寒，小河结冰甚坚，厚4～5寸，淀山湖及朱家角三分荡冰冻，蟠龙塘、蒲汇塘全河皆冰，南黄浦也数段结冰，江上出现大浮冰块，闵行至沪之水路梗阻，浦东小港中停泊船只被冰搁阻不计其数，各埠小轮一律停航；金山水道冻断，浙沪水路交通断绝数日，泖港接连黄浦亦为冰排阻。宝山冰厚至尺许，次年2月始解。青岛：冬，港池冰厚1米左右，帆船无法入港。

1917年

1月7日上海连日严寒，内河冻结，浦东一带小港中停泊的船只被冰搁阻者不计其数，上海最低气温－10.9℃；河港结冰厚15～30 cm，黄浦江、淀山湖有数段被冰块阻滞，水运中断，各路货船不能进港，物价奇涨，人畜冻毙者颇多；青浦淀山湖及朱家角三分荡水也冰冻；

金山乞丐及牲畜冻毙颇多。

1月24日08时48分安徽霍山(31.3°N，116.2°E)6.3级、极震区八度地震，霍山西南黑石渡、诸佛庵、鹿吐石等山崩石坠、土地开裂，墙倒屋塌，共死亡40余人，其中霍山所在的六安地区死36人，阳新大鸡山煤矿死数人，武汉死数人，扬州死1人。影响范围涉及皖、苏、浙、豫、鄂、湘、赣，沪8省市，面积约60万平方公里，合肥个别城砖移位；安庆东南门外江岸崩塌数丈，西门外有民房倒塌，烈度皆为六度；镇江、南京、芜湖、黟县、九江、岳阳、京山等五度强有感；清江(淮安)、海安、如皋、杭州、衢州等四度有感；上海、松江、嘉定三度轻微有感。2月22日10时12分霍山又发生5.5级、极震区七度的强余震，皖、苏、浙、赣、鄂、豫又遭地震，霍山、六安、麻城、罗田等县房屋率多倾倒，波及面积40万平方公里，长江武汉至南京段两岸城市都只四度影响，镇江以下仅三度轻微影响，上海南市微觉地动。余震活动直至1924年上海徐家汇地震台报告中仍有反映。

3—5月，苏北里下河地区旱，卤水倒灌。兴化车路、梓辛、蚌蜒、卤汀除大河、大湖外，其余全部干涸，临城、梓辛、海河等区土地盐碱化，中堡、临城、大垛、老圩等区又遭蝗害，亢旱时间60天左右，受害面积占全县的85%，达180万亩，损失稻谷3.85亿斤；泗阳3区多月不雨，浅河窄沟全部干涸开裂，营门区堤内洪泽湖里可行人，不但无水灌溉，甚至连居民饮水都困难；阜宁卤水倒灌，受旱面积20万亩，损失粮食0.15亿斤。卤灾面积9万多亩，损失粮食0.1亿斤；滨海五汛、临海、八滩3区卤灾，面积1.6万亩，一般减产3～8成不等，损失粮食241万斤；盐城、海安旱，宝应大旱。

5月3日上海大雨雹，大者如拳，小者如丸，玻璃窗、玻璃天幔、玻璃花房大半破碎，地上积厚数寸，击伤行人甚多，行人绝踪，车辆皆停，店户闭门，损失估计100万～150万两；嘉定甚至因春苗损伤，乡民报灾时与县署卫兵对峙，伤及乡民，遂致打砸县署的风潮。

5月6日松江七宝乡冰雹损失颇巨，春熟摧折，建筑物损坏难以计数，浦东棉花受损。

8月20日风暴潮，上海浦江中大小船只走锚断链者不一而足，陆家嘴江面沉船1艘。宝山东西两塘、高桥海塘迭出险工。宝山还雨雹如掌，屋瓦碎裂，豆麦及树果均损。

11月29日松江地震，居民皆从梦中惊醒，杂物皆颠倒错置，门窗等物莫不打得粉碎。

1918年

2月13日14时07分受广东南澳(23.2°N，117.4°E)7.3级地震影响，上海全境强烈有感，一般居民无不惊骇，蜂拥出外，口禁色败；金山缸水外泼，居民啼号，多处茶楼茶客莫不争先恐后狂奔下楼，有不及者推窗跃下，数人折伤腿部。苏州金门城垛坍去1米左右，北寺塔塔尖倒下半截，一86岁独行老妪路上恰遇地震，倒地中风；绍兴皋埠镇塌房3栋、柯桥镇倒枯树一株、漓渚乡折年久旗杆颇多，宁波、杭州、湖州地大震，南京明孝陵左立一石翁仲倾倒，以上区、段属五度异常，四度区包括长江下游岳阳、洪湖、武汉、安庆、扬州、海安、南通等。

6月13日上海风雨并至，潮水大涨，浦江船舶走锚断缆甚多，南码头沉船一艘，某窑货船亦被倾覆，其余小船失事者不知凡几。

7月2日上海、川沙、宝山大风雨，上海浦江中船只颇有走锚断链者，各处破屋及陈旧建筑毁坏不少，静安寺道旁大树连根拔起，南黄浦张家港班船拖轮倾覆，死9人。

7月7日池州殷家汇夜间狂风大作，飞沙走石，历时50分钟之久，压伤人口甚，对岸安庆及池州未受影响(局部短暂旋风)。

8月中旬、9月上旬宝山连日大雨。10月21日—11月9日淫雨，宝山东西两塘迭出险工。

1919年

1月，嘉定大雪，奇冷，大河冰冱累日不开。

3月26日上海天寒，雨雹，城西较大，继即起风，雷电交加，浦江船只吹失货物甚多，停泊南码头的1船夫失足坠浦致毙；嘉定雷雨，杂以雹霰，麦苗大伤。

5月1—2日大风，高桥海塘一段出险；浏河口1艘沙船搁浅，船头损坏，货遭水浸，损失二三万金；上海虹口、杨树浦、北四川路等洋房铅皮屋顶吹去10余处，浦江沉船2艘，溺毙26人。

5—6月，奉贤气候寒冷，棉苗十之五六冻萎。

6月23日后嘉定连日大雨，河水暴涨，低田尽淹。

6月奉贤东乡沿塘内外虫害猖獗，棉叶吞食殆尽，面积10万余亩；南汇也虫害，棉花损失约200万元。7月28日金山四乡螟虫复发，县署在枫泾等8处收购虫卵及成虫以数千万计。

7月7日上海大雨倾盆，各处街道泄水不及，积水没踝，福州路、九江路、湖北路、浙江路及北浙江路地势低洼积水盈尺；浦江各船失事走锚者不知凡几，停泊南码头之两船倾没，乡间棉花收成必减；松江天马山延西泾至异苓地区3 000亩悉数被淹，颗粒无收。7月，淫雨过多，禾苗、棉株均受大损；嘉定各乡纷至县署报灾。宝山1—7日东北大风。

7月31日—8月2日风暴潮，高桥海塘及宝山东西两海塘新旧各工均遭冲刷摧残；奉贤彭公塘外小圩塘冲决，海潮涌至里护塘下，夹塘地区无数庄稼房屋被淹。是年，奉贤因遭多重灾害，缺粮31 500吨，占全年用粮总数的55.75%。

夏，上海霍乱死亡648人，崇明及启东死亡100余人。

9月28日金山枫泾、五厍报灾，城东、官绍、塘乡3村颗粒无收，四分之三农民举家逃荒。秋歉，减征金山，川沙租赋一成。

1920年

5月11日夜吴淞口大风，1艘货船触礁沉没，货物漂散无踪。

7月17日傍晚东南大风，海潮骤涨，崇明南丰沙决堤15处，塌茅屋5间。

8月19—20日上海东北风大作，加以暴雨，潮水大涨，溢出马路。

9月4日(七月二十二日)台风，上海龙华湾沉船2艘，杜行1面粉船损失面粉400余包，余亦遭水；闵行1糖船失落车糖130余包，死1船夫；南市小西门应公祠附近塌倒年久失修楼房2幢，压伤1人，江边船只搁浅，失踪船夫2人。

10月11日奉贤大雨，水高出地面一尺，棉多淹死，稻仅露穗实，是年大荒。

12月16日20时05分宁夏海原(36.7°N，104.9°E)8.5级地震，长三角地区的合肥、无为、桐城，江苏无锡，上海轻微有感。

1921年

2月2日上海风雪交加，沪杭、沪宁铁路压坏电杆400余根，尤以苏沪间刮倒为多，电讯中断。

3月31日暴风，吴淞口炮台湾沉船1艘，淹毙4人。

5月11日夜，吴淞口外铜沙洋面泊船因风走锚触礁，损失3万元。

6月26日夜崇明冰雹，大如鸡蛋，三丫镇东、梅家竖河一带田禾受损甚巨。

8月6日上海忽起飓风，浦东所泊大小货船、驳船、渡船吹翻，舟子坠浦颇多；城厢内外破旧房屋及失修墙垣吹倒不知其数；闸北旧房吹倒多处，新民路宰牲厂30多间矮楼房尽遭吹塌，伤及行人1名。

8月12日上海受台风影响，风雨交加，浦江渡船停航，船只走锚断链不可胜计，失事者8艘，淹毙8人，陆地烟囱倒塌，压坍数屋，伤1人。

8月18—21日(七月十五—十八日)风暴潮，台风、高潮、暴雨并至，崇明吹倒树木、房屋多处，堤岸被毁，农田积水，收成无望，东部淹死40余人；宝山风剧雨骤，潮水淹过塘面，冲去无存，吴淞一带尽成泽国；石头沙(长兴岛)居民没半身，居屋家什尽付于水；川沙海潮汹涌，冲坏八、九两团外圩塘600余丈；奉贤风雨兼旬，河水暴潮，海潮溢入，低洼地积水数尺，数十里一片汪洋，交通中断，稻穗发芽，棉铃霉烂；嘉定淫雨数昼夜，禾棉折伤殆尽；上海大风数日，潮水大涨，苏州河两岸浸没水中，各处道路大多水深过膝，十六舖一带划船用以载客往返，江中几十条货船沉没，溺毙10余人，沿滩仓储尽损，所泊木排悉被卷走，仅杨树浦码头就损失约10万元。市区因积水、倒树、电车停驶等交通不畅，虹口、南市沿滩草屋茅棚几全数倒尽，旧屋倾圮倒塌者众多，死伤不少。淞沪、沪杭、沪宁鉄路停运；松江飓风大作，经以暴雨，乡间低田尽成泽国，早稻颇受损失，棉苗吹折殆尽。上年抢修险工，此次潮刷，亦有损坏。洪泽湖8月风损大堤石土，并将礼河口外南北直塘冲开2口。淮河8月大涨、沙河坝漫决，蚌埠死17 852人，徐州、盐城死3 004人。夏秋之交苏、皖、赣、鄂四省大雨连绵，长江沿江各县无不泛滥成灾，淹没农田4 763万亩，受灾人口7 662万人，死亡24 891人，经济损失2亿多元。江苏地处长江下游，被灾尤烈，加以江南太湖合淀泖诸湖之涨、江北运河合淮、沂、泗、沭诸水，所有下游河道淤阻不畅，又因长江水位较高，沿江各县破圩坍地不胜计数。洪泽湖由三河南下的水量9月19日达14 600 m^3/s，洪泽湖最高水位16.00米。里运河东堤漫水十余处；盐城县境圩堤多破，仅千秋、青龙二堤独完。8—9两月太湖流域大雨成灾，上海雨量588.9 mm，吴县660.3 mm，洞庭西山679.1 mm，江阴412.4 mm，海盐312.7 mm，余杭403.4 mm，杭州：641.8 mm，吴兴765.5 mm，孝丰772.5 mm；太湖周边各地造成多年未见的大涝灾。

9月14—16日上海遭到第三次台风入侵，江潮怒涨，低处尽成泽国，房屋墙垣倾倒无数，田地均淹，禾棉霉烂，秋收无望，仅松江估计就损失约10万元。

9月24日浦江大风，陆家嘴江面1艘人货混装帆船倾覆，40余人落水，仅救起20余人，余者失踪。

12月1日18时49分南黄海(33.7°N，122.0°E)6.5级地震，苏北黄海边的如东掘港、海安角斜、东台三仓五度有感，江苏海州、泗阳、淮阴、阜宁、东台、海安、如皋、南通、扬州、镇江、常州、无锡、南京、当涂、芜湖、上海、松江等四度有感(图3-24)。

1922年

2月25日暴风大雨，雷电交加，吴淞口炮台湾江面沉船2艘。

3月22日上海狂风大作，浦江停船走锚断链者不可胜计，倾覆货船8艘，淹毙10余人，南市小九埠口房屋围墙倒塌，沪宁路长宁站所停空车1辆被吹至二里之外，撞坏分道，周围草棚吹倒不计其数。3月，奉贤饥民数千向盐廒、集镇绅富乞食、求济，遭当局镇压，仅青村一地就逮捕10余人。

8—9月多次台风影响上海：

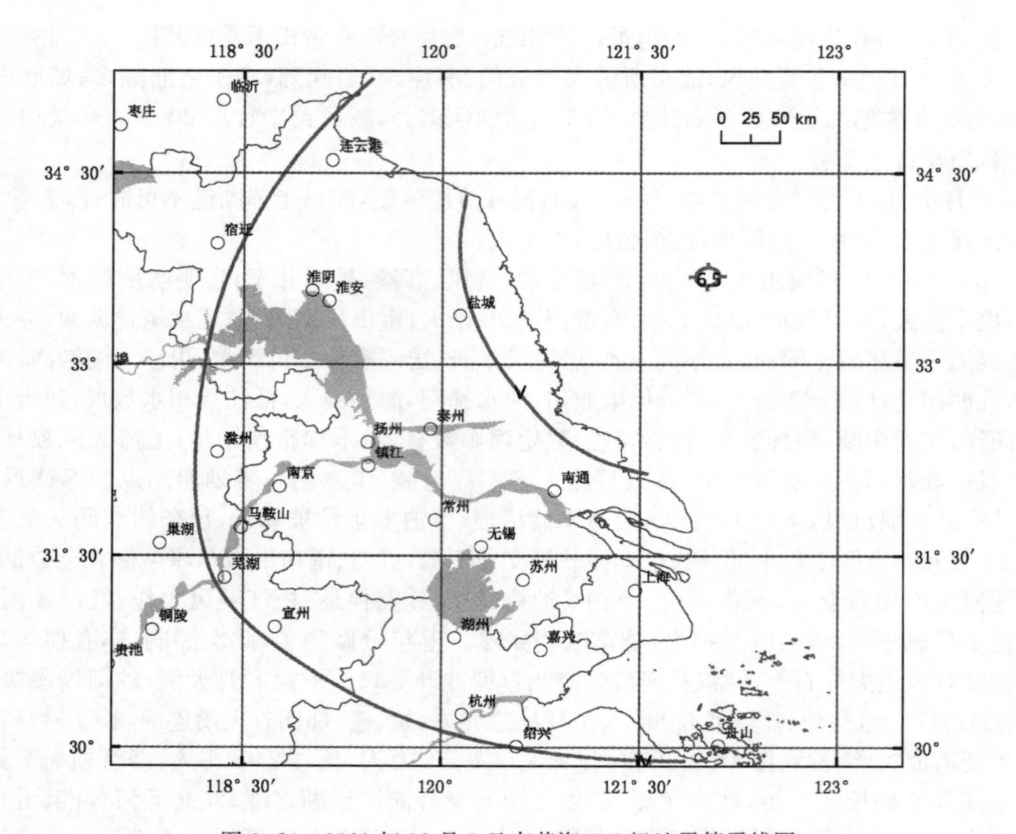

图 3-24 1921 年 12 月 1 日南黄海 6.5 级地震等震线图

第一次，8 月 6—7 日（六月十四—十五日）上海虹口、沪西等处花园花草树木及玻璃棚大受摧残，轮船停航，浦江中有船碰撞致沉；高桥海塘塘工冲损；宝山东西段塘工冲损；吴淞口瑞安轮失事，淹毙 200 余人；长江口外日轮神荣丸、第三东洋丸、宫浦丸、第二小桥丸、北海丸 5 艘失事；嘉定飓风越一昼夜；松江乡间建筑物及树木吹倒不计其数，泊于市河中的船只有吹去船棚者；上年抢修险工此次雨淋潮刷亦有损坏。

第二次 8 月 12—13 日（六月二十—二十一日）上海居户及店肆等玻璃窗击碎不少，房屋吹坍 10 余间，压伤数人，浦江及内河船只走锚断链者不可胜计，失事船 8 艘，出口轮皆逾期，江中渡船、划船一律暂停。陆上列车误点，沪杭甬电话中断；棉花受损，预计减折约七成；嘉定损失甚大，棉稻为最；美利轮沉没于长江口，66 名船员仅 1 人生还；诸暨乡人适在演戏，风雨骤至，台上演员、台下观众悉被冲江中，田屋牲畜淹没无算，死亡约 2 万余人；其他如奉化、嵊县、新昌、东阳、金华、义乌、缙云、丽水、仙居等县莫不田庐为墟，浮尸遍野，生命财产损失甚巨。

第三次 8 月 30 日—9 月 2 日（七月初八—十一日）台风，上海徐家汇最大风速 30.6 m/s，黄浦江浪高 1 m，浦潮上岸，轮渡停驶，船只停航，断链走锚、倾翻者数十艘，溺毙 4 人，泊滩木排漂失数千，交通受阻，电讯中断，损屋倒墙不计其数，仅同仁、仁济医院就医伤员 48 人。四乡棉禾受损，坍屋伤人；宝山东西塘各段冲损，浏河口 8 处险工 4 处决口；浦东高桥海塘多处冲损；松江坍墙倒屋，屋瓦飞舞，县署数围之古柏拦腰折断，撑伞徐行的小学生被风吹起，于数十步外扑地，乡间农作物受害最巨。

第四次9月12日(七月二十一日)乐清夜飓风忽起，其后骤雨倾盆，历三昼不息，平地水深丈余，一片汪洋，人民毙亡者不下五六百人，受伤者约二千余人。上海风雨并作，电报各线均阻；嘉定大风雨；川沙经数次风潮暴雨，高桥海塘多处冲损；宝山损东西塘各段，阜宁秋海啸，决运坝，坏新海塘，民居多毁，套子河两岸滩地之既垦处，又成盐碱地。

这四次台风共造成苏、浙、皖三省1 300余万人受灾，浙江最重，84%的县、约750万人受灾，占此次灾害受灾人数的近六成；安徽次之，皖南各县7—8月间大雨不息，山洪暴发，受灾面积约占全省一半。南陵县清弋江上游山洪陡下，弋江镇各坝溃决，漂没庐舍350余户，淹毙二三百人，捞获尸身百余具；泾县、太平等水高丈余，浸及树梢，淹毙人口数以千计；贵池、旌德、歙县、宁国等县淹毙人畜、冲倒房屋不可胜计；郎溪白浪滔天，田禾、屋舍全行淹没，被灾人民或攀树梢，或栖高陵；江苏受灾面积较小，南通棉花受风雨摧残，收成无望；镇江风雨为患，不少贫民庐舍被毁，无家可归，死亡之数约为数百；扬州草房及瓦屋多倒塌，人民无室蔽雨者甚众。

9月2日及15日台湾宜兰东海中(24.5°N, 122.0°E及24.6°N, 122.3°E)7.6级及7.2级地震，宁波、上海均有感。

1923年

1月14日上海忽起飓风，破旧房屋及墙壁有吹坍者，浦江大小船只走锚断链不知凡几，陆家嘴江面1驳船断链，1船夫失足溺毙。

5月13日雷击龙门路57～58号义昌祥烟纸店起火，死12人，并延及59、60号老虎灶及柴爿店，两家亦烧死多人，伤4～5人。

5月24日南汇大团天降红雨，登时红色满庭。

6—8月，崇明、嘉定等旱，连续50多天滴雨不下，河水干涸见底或发臭。

8月6—7日宝山东西段塘土被大风潮冲决，高桥、南汇海塘也有冲决。上海连日飓风，西门外斜桥、日晖港、陆家浜一带草棚被风吹倒不少，玻璃天棚、屋顶席棚等吹倒不知凡几，死2人，伤1人。

8月11日(六月晦)大风大潮，浦江除渡轮外，余皆停驶，南北各店铺招牌、玻璃天幔及屋顶广告、铅皮被风吹倒不知其数，城厢旧屋有被吹倒者，潮水上岸1～2尺，外滩被淹，天蟾舞台前水没及踝。吴淞口外沉船1艘，损坏4艘，溺毙多人。市郊房屋、树木受损甚多，压毙2人，伤多人，早稻尽皆倒伏。

8月23—24日上海飓风暴雨，城隍庙前斗棋杆吹折西首一根，压断高姓屋正梁；西门外所植树木瓜棚、豆棚、旧墙屋角摧折倾倒者颇多；虹口吹坍4间石库门墙壁，伤1人，大风吹落招牌击伤1人，吹倒苏州集义公所殡房10余间。市区树木吹倒颇多，房屋倒损数十间，压伤5人。吴淞口外1艘日轮搁浅；1艘3 000吨级运煤船沉没，60余名船员仅1人获救。

8月30—9月2日宝山飓风又作，31日午后骤雨，9月2日晚始停，抢修之工冲洗无算。9月4—6日及13—16月飓风又冲损各段险工。9月18日南汇剧烈风潮后，抢险木桩、袋土多被冲失。

9月24日长江口雾，外铜沙洋面1沙船触山严重受损，泊于滩上，货物被山民抢掠一空，损失14万元。

1924 年

2 月 19 日 23 时 07 分南黄海(35.0°N，120.0°E)5 级地震，山东青岛、江苏灌云、响水、滨海、涟水、淮阴有感。

5 月 1 日雷击川沙城内三元宫后殿东首梁柱及墙壁。

7 月 12 日上海大风，浦江货驳船失事者六七艘，法国无线电台天线 6 根折断，航船迟到。

8 月 1 日松江因天旱，禾苗枯萎，宣布在道院、盛德坛两处求雨，并停止屠宰 3 天。阜宁卤潮倒灌，至冬始退。海安稍旱。

是年首次报导上海市郊有血吸虫病流行及有钉螺分布。

1925 年

3 月 18 日上海大风，浦东停船走锚断链不少，相继于南码头、杜行江面及南黄浦沉船 3 艘，死 2 人，失踪 7～8 人。

4 月 17 日上海大风，吴淞口外 1 艘货船遭风浪击损，货受损，溺毙 8 人。

春，阜宁旱。夏，盐城射阳河口咸潮大上于西塘河、戛粮河，筑马尾、孤峰两坝御之。

7 月 9—11 日(五月十九—二十一日)台风，上海高昌庙、日晖港、闸北等草屋被风吹坍，揭去屋顶者甚多，日本邮船上海丸撞上码头，船及码头两者皆伤。

7 月 24 日上海风雨，浦东老白渡 1 艘渡船载客 39 人，行至江心为风沉没，22 人溺毙；另 1 艘渡船载客 20 余人，与码头相撞，溺毙 6 人。

8 月 7 日雷击宝山大场镇唐家桥，毙 5 人。

9 月 5—6 日宝山、上海忽起风潮，彻夜不息，大雨倾盆，田中木棉十之八九均落于地，早稻尚能收六七成，惟晚稻受损甚大。

夏秋，奉贤霍乱流行，金汇乡五宅村金瑞林 10 口之家半月先后死亡 7 人。

是年松江多处螟害，五库、小昆山、官绍塘、枫泾等乡相继报荒，11 月 21 日灾区乡民呼吁减低交租成色，当局允劝酌减。

1926 年

入春以来，连续五个月雨水稀少，农田龟裂，已种稻秧苦干而死，浦东一带农民改播棉花，米价大涨。苏北阜宁夏旱。

6—9 月，淮阴大雨水。

7 月 10 日吴淞雷击，通往宝山及炮台湾的电话线中断，淞阳电话局所辖电杆击断 10 余根，王江泾庙门口 2 根旗杆被雷击成 4 段。

7 月 13 日浦东新美孚栈内 4 艘铁驳船遭雷击，伤工匠 3 人；八埭头击断电杆 1 根；南汇十一墩雷击燃着草房 2 间，猪 10 余口烧死；二团毛家宅雷击燃着茅房，死牛 1 头，猪数头。

8 月 5—6 日上海高温，气温分别为 38.7℃及 39.0℃。

8 月 15 日崇明风潮骤发，25—26 日狂风暴雨，昼夜不息，冲毁塘岸。

8 月 21 日上海雷击，杀 3 人，重伤 1 人。

8 月下旬，嘉定南翔飞蝗过境，稻田受害甚巨。

8 月 25—26 日(七月十八—十九日)台风，川沙狂风暴雨，昼夜不息，冲毁塘岸；上海南市吹断电杆，2 人触电身亡；杨树浦江面 3 艘驳船覆没，溺毙 3 人；城厢一些道路积水成潭，屋内水深没胫，损失颇巨，各处电线电杆吹断甚多；崇明狂风暴雨，昼夜不息，冲毁塘岸。

8月28日南汇周浦乡雷击死亡3人。

9月10—13日上海连日风雨，南码头沉船1艘，损失8 000元，龙华沉船2艘，16人落水，7人失踪，损失1 200两；南市方斜路，净土街等水深及膝，房屋吹坍多处，压伤5人，西门至高昌庙电车停驶，此次灾害浦江共沉船6艘。

9月24日长江口雾，连升轮于长江北水道触礁沉没，死五六十人，损失一百数十万元。

10月，嘉定钱门塘等螟害成灾；川沙米价大涨，至元堂发起平粜，分城厢、八团之青墩，长人乡之王家港三处出售；崇明西沙7 000余灾歉，佃农示威游行，要求减租。

12月7—8日寒潮南下，上海气温降至－7.8℃，北站、高昌庙、四牌楼、法租界、七宝等地冻毙乞丐10人，并因朔风凛烈，浦江中白莲泾口、日晖港等处沉船5艘；美轮撞岸，激翻小舢板，死4人；吴淞炮台湾船触石埂，毙1人，损失5万元。

12月12日晨，长江口大雾，怡和洋行3 000吨级连升轮长江北道触礁沉没，死者至少50～60人，经济损失至少一百数十万元。

1927年

2月3日受南黄海(33.5°N, 121.0°E)两次6.5级地震影响，上海妇孺及胆怯者惊极而啼，急奔户外，行人步履倾斜，愕然色变；江湾跑马场部分建筑物墙皮脱落，石墙倒塌；松江、嘉定真如、望新、南汇祝桥等五度有感。阜宁倒房十余处，海安旧砖墙倒塌较多，草房有震倒者；扬州墙坍壁塌者多处，菱湖波浪震荡，泊舟颠覆；苏州、无锡、江阴前两处为六度，后一处为六度异常区。江苏灌南、滨海、涟水、淮阴、盐城、东台、大丰、海安、如皋、如东、南通、海门、靖江、泰兴、泰县、泰州、宝应、江都、苏州、无锡、江阴、常熟、镇江等五度有感。南京、浙江杭州、嘉兴、平湖、澉浦、临海、安徽当涂、芜湖、蚌埠、凤阳等四度有感(图3-25)。2日19日14时50分、2月22日06时05分、6月8日07时44分在相似地点相继发生4.8、5.1、5.2级强余震。

春，崇明裕泰乡数百灾民打开地方仓库平分粮食，以度春荒；3月23日金字圩400余灾民打开龚、施两大地主粮仓，分给饥民。

6月22日晨，浦江大风雨中翻船伤人，久记木厂码头沉船4艘，损失米、粉2 000余包，2人落水失踪。

7月1日川沙烂泥渡、陆家嘴同时遭球状雷击，毙3人，车站路电车遭雷停驶，击毙1人；另，裕仁染坊工人丁某触电死亡。

7月2日下午倾盆大雨，低处积水，里弄若沟渠。黄浦江中1艘面粉船被浪激翻，溺毙2人。

8月，崇明西沙蝗，吃尽禾苗，损失大米估计万余石。

8月25—26日崇明狂风暴雨，昼夜不息，寿安寺附近江堤决口，淹死5人；奉贤浦江大潮，淹没邬桥西部农田2 000余亩，农民流离失所。

9月4日晨浦江风雨，沉船1艘，损失白米3 000金，另有1船打湿面粉400包。

11月6日奉贤南桥一带冰雹，最大如鸡子，田收遭损失。

12月22日浏河口外大风，1艘货船冲至崇明外沙触礁，船底撞碎，货损大半，毙6～7人。

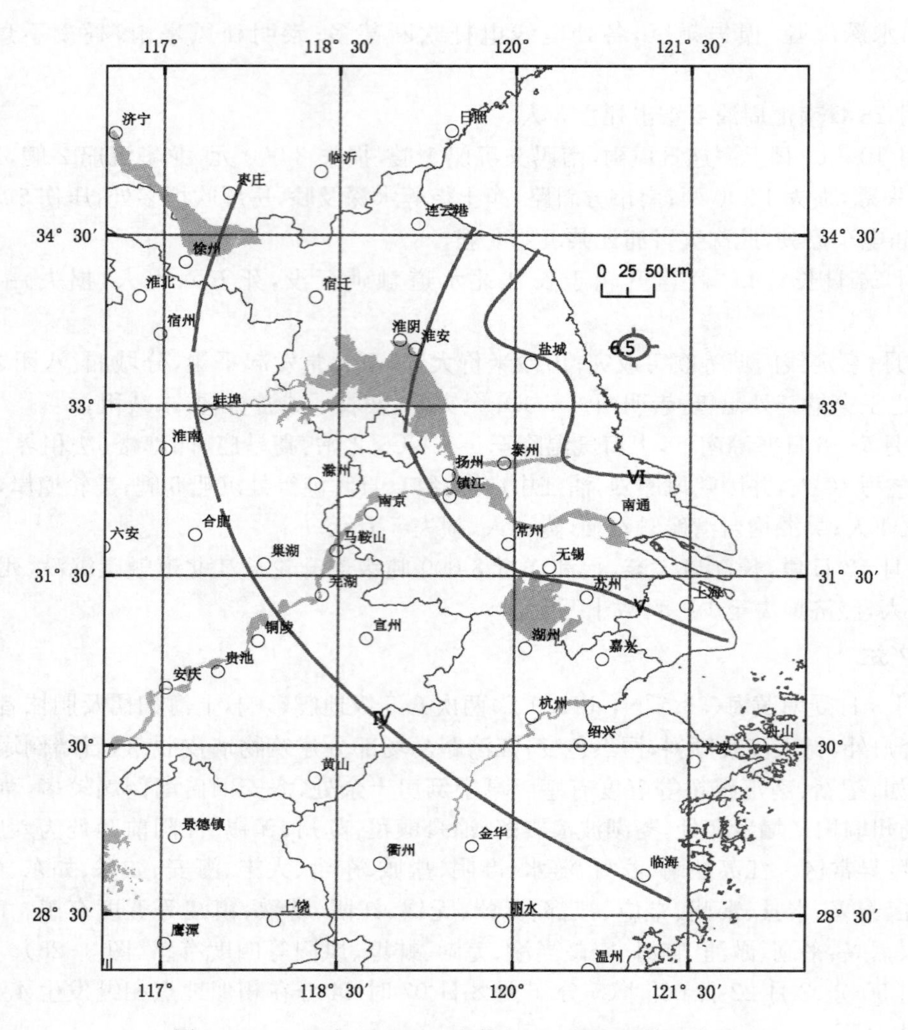

图 3-25　1927 年 2 月 3 日南黄海 6.5 级地震等震线图

1928 年

7 月 8 日龙卷风，沪东赵家宅三友晒纱厂 30 余间房屋卷入空际，铅皮屋顶直上云霄，仅房屋一项损失约五六千元；浦东东沟前塘西渡码头南稻田卷倒秧苗 1 亩多；高桥亚细亚煤油厂芦苇棚、铅皮屋顶卷入空中，八埭头和丰厂围墙吹倒十余丈；吴淞口某商船大风卷去货物十余件；炮台湾电线杆倒成数段，吴淞至宝山电话中断；航行暂停。

7 月 28 日狂风急雨，浦江中沉船 2 艘，损 6 艘，损粮 1 000 余包，布 300 余捆，毙 2 人。

夏，冀、鲁、豫、苏、浙、沪旱蝗，沿海咸潮倒灌。江苏盐城、阜宁、兴化卤潮倒灌；高邮、海安旱；阜宁兼蝗；浙江嘉善、平湖、嘉兴、桐乡、崇德、德清、富阳、余杭、绍兴、奉化、象山等蝗。6 月底至 9 月，上海郊县大面积出现蝗虫，6 月 28 日首先于松江华阳桥出现，向西北飞越松江城，幸降大雨，未成灾害；随之于 7 月 8 日在嘉定娄塘发现飞蝗，未几延及各乡，26—27 日遍及严庙、西门、外冈、六里桥、白荡、马陆、石冈、小红、徐行等处，田间玉米、黄豆遭啮食者随而有之，向东延至宝山罗店、盛桥、月浦、杨行等地，30 日青浦飞蝗过境，川沙高行、陆行蝗蝻为害；8 月 4 日松江亭林、枫泾、新桥等处又发现蝗虫，随即扑灭，未能成灾，至 8 月 29 日宝山县收购死蝗 26 285 斤,嘉定亦收购 3 000 余斤;9 月,崇明庙镇、均安出现蝗虫,不及半月各乡均有发生,尤以新河、东庶、堡市 3 乡为重,群集田野,为害禾苗。秋,金山螟害,晚稻白穗成片。次年春荒,部分农民以红花草、马兰头充饥。

8—9 月,奉贤金汇及其附近霍乱流行,死 58 人。

9 月 13—16 日(七月三十—八月初三)台风,崇明疾风暴雨,日夜不绝,冲破圩堤多处,四乡低地均成泽国,城市积水深 1~2 尺,四乡泯沟尽没,草屋吹毁甚多;宝山、太仓海塘岌岌可危,四乡棉稻收成减色;上海大雨如注,24 小时内最大降水量达 195 毫米,通衢大道积水盈寸,低洼处一片汪洋,没踝涤胫,交通阻碍,市景萧条,黄浦、卢湾一带马路积水最深处 2 尺余,电车停驶,菜蔬骤涨,各公园游人绝迹,低洼处犹如河道,沪闵汽车停驶,闸北马路化成长河,路面冲毁,里弄皆成泽国,溺毙小孩 1 人,触电死亡 1 人;嘉定河水顿涨,与低岸齐平,禾稻、棉豆、房屋淹没甚多。奉贤金汇及其附近霍乱流行,死 58 人。

10 月 29 日,上海雾,南黄浦塘口两船相撞,7 人落水,3 人失踪;日轮巴黎丸调头失控,撞坏泊于岸边的 10 余条民船;美籍邮轮船尾与码头相撞,殃及划子、小舟 6 条,伤 4 人,毙 1 人,撞塌码头吊桥及倒屋,又压死 5~6 人,码头观众落水,再溺毙数人。

1929 年

1 月 13 日上海大雾,吴淞口九团灯船附近两轮相撞。

1 月 23 日吴淞口外风浪,载煤 2 000 吨的恒昌轮沉没,损失船、货价 12 万两,40 余人失踪。

5 月 17 日浦江日晖港两船相撞,沉 1 艘。另有数艘货物遭损。

夏,陕、豫、鲁、苏、赣旱,灾民 3 400 万人。苏北多处旱或大旱。盐城大旱,咸潮内灌,岁大饥,民多流亡;阜宁、淮安、兴化、宝应、高邮、大丰、海安等大旱。里下河 28、29 连续两年大旱,所有河港湖荡大部见底,里运河水竭断航,建湖串场河干涸,河底可行人,咸潮入侵,蝗蝻害稼。淮、宝、高大旱、蝗害成灾,邵伯以东蝗蝻遍野。大丰旱灾面积 10 万亩,损失粮食 0.13 亿斤;滨海废黄河以南受旱面积 4.1 万亩,损失粮食 443 万斤;阜宁受灾面积 26 万亩,损失粮食 0.19 亿斤;兴化旱期百日左右,旱、咸、蝗同时来袭,受灾耕地 196 万亩、损失稻谷 4.98 亿斤;建湖大旱,海潮漫溢,卤害田亩,颗粒无收。4 月 8 日崇明堡市、竖河镇东南蝗害不小;6 月,崇明北义乡和梅家坚河等又发现跳蝻。安徽大部重旱,灾民达千万人。浙江全省旱,部分大旱,慈溪、余姚、上虞等 4—6 月无雨,河水干涸,旱稻及各类春播杂粮皆不能植,贫民终日劳作不得一食,只得求乞;鄞县、镇海、奉化等虫灾;嵊县、新昌等大旱兼虫发,农作绝收;天台大旱,虫、风并发,几乎颗粒无收。

7 月 9 日上海狂风大作,砂泥船倾覆,渔船失事,2 人失踪;白莲泾米船打翻,另一装苧蔴、桐油之货船 3 人落水,1 人溺毙,2 人失踪;太仓狂风历 3 昼夜,潮随风涌,冲岸尤猛。

8 月 14 日台风,上海大风雨,船只失事 3 起,装麦船倾翻,2 人溺毙;法租界及城厢一带化为泽国,招牌坠落,伤及行人。

8 月 28 日崇明排衙镇、协兴镇、虹桥一带飞蝗绵延十余里,农作物被食甚多,农民惊惶。

11 月 17 日大风,川沙海面沙船遭险者四五艘,1 艘沉没,宁波渔船方元隆号桅杆折断,漂至崇明海边,撞翻船身,11 人失踪。

是年崇明堡北、马桥一带霍乱大发,居民多迁居避难;上海伤寒死亡 512 人。

1930 年

1 月 3 日 18 时 10 分镇江(32.2°N, 119.4°E)5.5 级地震,江边各楼房玻璃震裂不计其数，城内墙壁坍倒五六处，小码头皮云台上草房倒坍亦多，压伤小孩，有一六旬老妪，正在麒麟巷下坡，忽被跌出数丈之外，登时口吐白沫，气息奄奄。江面浪忽大作，水势涌起，一般船只有被拥上江岸者，有锚链扦断漂流倾覆者，损失不小。扬州、仪征、南京五度强有感，滁州、当涂、六合、芜湖、洪泽、四度有感，无锡、松江三度轻微有感(图 3-26)。1 月 4 日 06 时 30 分 4 级余震。

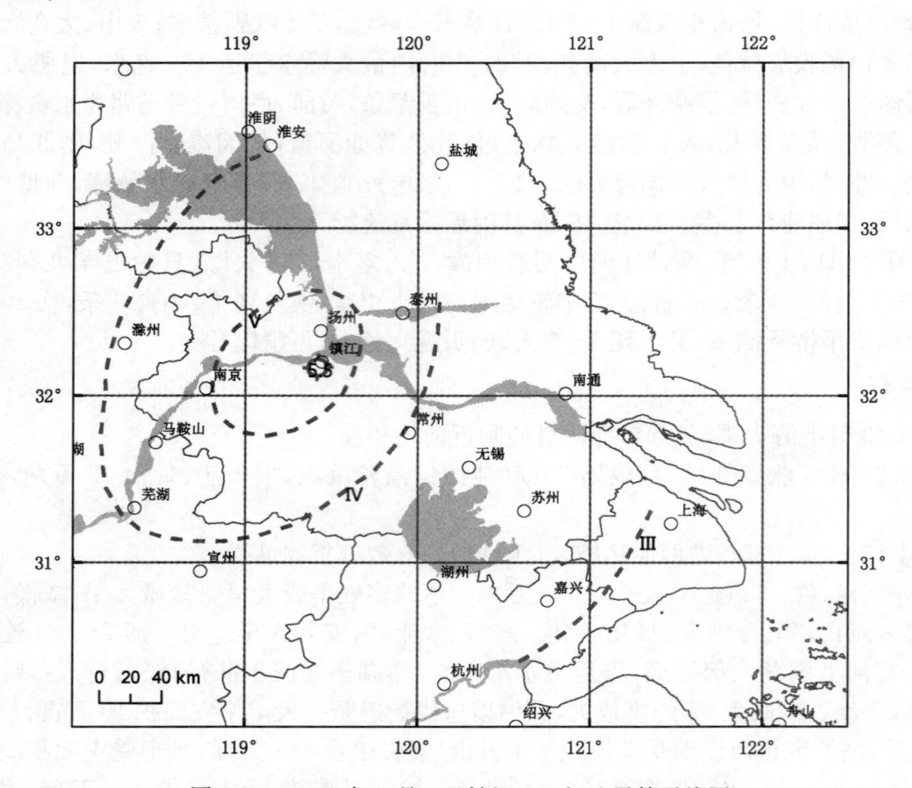

图 3-26　1930 年 1 月 3 日镇江 5.8 级地震等震线图

1 月 5—19 日上海严寒，最低气温－8.2℃，芜湖路、南市董家渡等街头共冻毙 14 人，内河皆冰，阻断交通。

6 月 7 日闵行镇西荷巷桥雨雹，地积尺余，最大者重 3 磅余，禾棉尽损，人畜被伤，十里之内一片光土。

7 月 2 日上海闵行镇西狂风暴雨，骤降冰雹，历时三刻钟，地积尺日高，最大者重约 3 磅余，10 里之内一片光土。

7 月 16 日雷击曹家渡，死 1 人，重伤 1 人，江南造纸厂及沪西水厂起火，纸厂损失 10 万(银)元左右，沪北某水厂草屋起火损失也在 3～4 千元以上。

7 月，奉贤稻蝗大发，20 天内吃光稻叶，噬断稻穗，损失惨重；苏北里下河地区连续两年大旱，旱情、灾情甚至超过 1917 年，里运河水竭，航运断绝，串场河干涸，河底行人，地区所有河港、湖荡大部见底，蝗蝻害稼，卤潮倒灌，岁大饥，民多流亡；淮安、宝应、高邮旱蝗成灾；邵伯东岸一带河干水涸，蝗蝻逼野，河不行舟，变为陆路；海安大旱，秋无禾；大丰、滨海、阜宁、盐城夏大旱，卤潮内灌，岁大饥，民多流亡；建湖自 6 月下旬至 12 月下旬旱，串场河里能跑人，卤水倒灌，受害田亩全部无收；兴化 4—7 月卤水先后侵入老圩区 6 乡 3 次，合塔区东部

6乡1次，逗留4—5月不退，受灾田亩95%以上颗粒无收。

7月29日(六月初九)夜间台风，飓风大雨，冲损崇明大树坝、马家宅两处海塘，冲塌青龙坝尖；横沙巨浪滔天，潮水骤涨丈余，低洼处土圩冲坍，潮水浸入，尽成泽国，当场淹毙100余人，房屋坍塌无数，家俱漂没无存；上海浦江中5艘船只失事，4艘沉没，伤4人，失踪2人。

8月4日吴淞口飓风，势颇猛烈，石头沙、鼎兴沙(皆今长兴岛)沿海堤塘冲坏，房屋倾坍，男女老幼相率逃避。

8月31日08时18分安庆4级地震，街巷妇孺惊骇过甚，但无损失。

是年始有狂犬病、丝虫病记载，其中狂犬病22例，全部死亡；奉贤南桥、奉城首次发现钉螺；上海伤寒590例，死474人；登记的流行性脑膜炎607人，死亡205人，以3—4月为最多；痢疾970例；天花85例，死46人；崇明疟疾大流行，仅向化镇一地1930—1931年患者千余人。

1931年

自1月9日起上海有8天气温均在−5℃以下，10日最低为−11.6℃，大风大雪严寒，内河冻结，21艘外海商船不能进港，航运中断，航运业损失巨大，市区道路结冰，沪杭铁路沿线三线折断，通讯受阻，街头冻死4人。

4月4日上海大风扬沙，沿浦商店招牌吹落不少，浦江中孟延生货船被浪激翻，1人失踪；运申米船2人失踪，另有两艘货船货物损失不少。

5月5日吴淞口外铜沙洋附近大风，1载砂船触礁致沉，淹毙7人。

6月14日上海入梅，7日28日出梅，梅雨期持续45天，其间暴雨频繁，梅期总雨量536毫米，市区普遍积水，低地江成泽国；7月中下旬沪宁铁路中断，内河航运全部停驶，沪宜(昌)航班暂停，邻近上海各地江河圩堤溃决，淹没大量农田，青浦、嘉定、宝山各县均占二至四成，仅蔬菜一项就损失约四成。

6月下旬至8月上旬，长江流域特大水灾，川、鄂、湘、赣、皖、苏、浙、沪等16省(市)672县受灾，重灾214县，受灾人口5 127万，死亡40万人，受淹农田1.463 5亿亩，经济损失22.54亿元。汉口以下降雨量大都在400～500 mm，中心则在安庆、南京、镇江一带，达600 mm以上。武汉、南京两大城市均遭水灾，武汉被洪水淹泡达3月之久，灾民78万人，死3.26万人。南京7月降水量是常年的1.9倍。上海自7月6日始，大雨连绵，7月雨日共21天，超过常年1.8倍，吴淞江两岸崩塌甚多，受灾农田20万亩，内河航运全停，市内道路街道莫不积水，闸北宝山路等积水过膝，一片汪洋，房屋倒坍到处皆有，吴淞张家堰一带冲坍，棉花收成无望，受灾农田20万亩；宝山月降水量535 mm，势如倾盆，全县受灾农田约15万亩；嘉定月降水量456.8 mm，西乡棉稻全部淹没，全县受灾农田18万亩；川沙月降水量303.2 mm，唯棉豆瓜果蔬菜受灾；青浦月降水量557 mm，城中低处与河相接，东南乡圩堤冲坍，完全淹没，全县重灾农田25万亩；松江大雨连绵，破屋坍塌，颓垣倾倒，舟楫不通，米价日涨；奉贤月降水量402.5 mm，仅淹没低田0.45万亩。南京秦淮河7月4—12日大雨滂沱，上自江宁谢村，下至南京长江长凡百余里，山水齐发，河水陡涨3丈余，各圩堤相继溃决，淹没田亩百数十万亩，白浪滔天，庐舍荡然，村落如海中岛屿，漂没烟波间，人与虫鸟同栖树头。江苏45县受灾，灾民887万人，死亡89 360人，受淹农田2 694万亩，经济损失5.31亿元。苏北里下河沿岸10余县罹难惨烈，7万余人死于非命；高邮遭灭顶之灾，溺毙9 500余人；兴化受灾人口40万，水面浮尸如过江之鲫；安徽长江干支流堤防先后溃决254处，淮河干堤重要决口 61 处，沿江滨河 54 县受灾，全省灾民 1 070 万人，死亡 64 236 人，淹没农田 3 114万亩，倒房 264 万余间，经济损失 4.46 亿元。沿江各县市情况如下：

(1) 南京：市政府以阴雨过甚，堵塞秦淮河出入南京城的东、西两水关，以致城内之水无从宣泄，而玄武湖早被紫金山及城北一带高地之水灌满，湖水由珍珠河流入城内，经逸仙桥、复成桥进入秦淮河，两岸洼地，如成贤街、黄埔路以及通济门至西水关间的秦淮河段均被水浸没。8 月初市政府又将玄武湖闸堵塞，造成湖面高出城内 1～4 尺不等。铁路沿线灾民全在各车站月台避难，下关江岸则被江潮吞噬。南京郊县江宁、溧水等秦淮河上游山洪暴发，溃地甚多，约淹没圩田 25 万～26 万亩；秦淮河沿岸均属圩田，7 月 4 日—12 日大雨滂沱，被灾区域上自江宁县第 7 区之谢村，下至下关长江边，长凡百余里，山水齐发，河水陡涨三丈余，各圩堤相继溃决，淹没田亩达百数万亩，村落如海中岛屿，漂杳烟波间，人与虫鸟同栖树头。

(2) 滁河大小沙河、瓦店河、清流河诸水，各暴涨丈余，沿河附近二百余里田庐、牲畜淹没无算。滁州滨滁河各圩堤先后溃决，10 余万亩稻田完全沉没。全椒街市水深五六尺，镇市荡平，田禾淹设，浮尸累累。六合地处滁河下游，受江水顶托，壅积难泄，加之本地大雨 4 昼夜，河水陡涨丈余，南乡季家圩、西乡黄家圩等滨河圩堤全部溃决，田禾淹没，一片泽国，城内除北门外，其他三门皆进水，大街小巷尽为水阻，交通断绝。

(3) 江浦沿江一带悉被淹没，东西全境、内至山脚一片汪洋，深及丈余，高漫屋檐，数十里不见人家。山后圩田长约 60 里，宽约 15 里，7 月 23～24 等日山洪暴发，淹没殆尽。

(4) 江宁淫雨连绵，江潮山洪同时并涨，秦淮河汇宁国、高淳、溧水之水横贯中部，因山洪暴发，该河流域溃地甚多，约淹没圩田 25 万～26 万亩，沿江圩田受江潮之害，亦淹没殆尽。

(5) 仪征：沿江港汊江水倒灌，江圩多破坏漫溢。

(6) 江都：六圩至焦山长约 10 里，大小 45 圩全行破坏，面积约 5 400 余亩，沿江向内四五里一片汪洋。7 月 3 日、7 月 28 月、8 月 2 月三次江水大涨，佛感洲内外堤破，灾情扩大。瓜州运河口至六圩一段长约 10 里，自成一圩也岌岌可危。

(7) 镇江：沿江及内河各港汊江水倒灌，各圩埂多被冲坏。灾区遍布，低处收获无望，高地减色。

(8) 泰兴：低洼处积水难泄，稻田淹没较多，高地虽无积水，然经水淹，收成亦减，全县被灾面积约占全县的四分之一。

(9) 江阴：惟长山下游张家港口至栏门沙港一段崩溃。

(10) 靖江：团河因年久淤塞，水难排泄，受灾较重。

(11) 南通：7 月间连日大雨，低地水深约 3～4 尺，禾尽没，任港至小洋港段，长约 10 km，江堤崩溃最甚。

(12) 常熟：由于连日大雨，积水不退，三、六、十四等区受灾。

(13) 太仓：地处长江河口，泄水较易，为灾不重。

太湖流域沿江、滨湖地区堤岸闸坝冲毁者不可胜计，以江阴、武进、常熟、太仓、无锡为最，桥梁、涵洞、房屋被毁者亦多，百余条小轮航线悉行停运，塘鱼、家畜漂流死亡者比比皆是，受灾最重的有吴县、吴江、无锡、昆山、江阴、镇江、金坛、溧阳、武进、宜兴、上海、嘉定、青浦、吴兴 14 县，受灾较重的有常熟、太仓、宝山、丹阳、安吉、长兴、余杭、嘉兴、武康、德清 10 县，受灾较轻的有川沙、奉贤、海盐、孝丰、杭州、崇德、海宁 7 县(表 3-1)。

表 3-1　1937 年 7 月太湖流域各县降水及受害情况(据《太湖流域民国二十年洪水测验调查专刊》资料)

地点	降水量	受灾亩数	死亡数	其他损失
苏州	429	重灾 40 万		
吴江	404	重灾 40 万		
无锡	397	重灾 20 余万		
宜兴	494	重灾 70 余万万		
溧阳	499	30 余万	30 余人	
金坛	595	56 万余	10 余	倒房 300 余
镇江	530	重灾 28 万	4	淹没 70 余
丹阳	585	重灾 30 余万		淹没 80 余村
武进	515	重灾 30 余万	多人	
江阴	586	重灾 36 万余		
常熟	263	50 余万		坏堤坝 4 处
昆山	405	重灾 33 万		
太仓		重灾 15 万		
青浦	557	重灾 25 万		
嘉定	457	18 万		
宝山	535	15 万余		
上海	536	20 万余		
川沙	303			
奉贤	404	0.45 万		
吴兴	606	重灾 40 余万		
长兴	579	10 万以上		
安吉	626	18 万		堤坝 20 余处
孝丰	527	减产二成		
余杭	365	1.2 万		
武康			数十	房 110、堤 180
崇德	375	约 1 万		
杭州	258	约 1 千		
海宁		300 余		
海盐				
嘉兴	350	25 万		

8 月 25 日热带风暴，台风中心气压 963.9 mb，最大风速 11 级，崇明风速 40 m/s 以上，本向上海进发，遭西北高压挤逼折向东北，上海苏州河口水位 4.94 m，吹倒树木 600 余株，

电杆、广告牌折断、刮倒，道路狼藉且积水，外滩浸没，黄浦江上沉船数艘，溺毙4人，房屋倒塌，压死、溺毙、触电者死伤数十人，海、陆、空交通中断，中航公司机库大棚倒塌，损坏机翼数架，水电亦断，栈房货物大受损失，学校停课，商店停业，市场萧条；宝山风潮，陈华浜、顾隆墩、张家宅、薛家滩、牛头泾、北石洞、五岳墩等处海塘迭出险工，共长3 000余米，数千根桩木冲断，土石崩溃无算，北石洞、龙王庙钢筋砼护墙上下块石护坡290余丈全部冲毁；吴淞海塘东自老炮台之育字段起，西讫南戴宅之率字段止，共发生险工8处，后历时3月，筹款20余万元抢堵告浚；横沙、鸭窝沙、石头沙等巨潮上岸，北新圩首先被毁，溺毙120余人，秋收无望，新浦滩等各圩亦有冲坍，幸有防备，死伤尚少，房屋草棚倒塌不计其数；川沙狂风暴雨，棉桃黄花尽被击落，禾稻倒伏；一、二、三、四段海塘冲坏桩木三四千根，尤以第二、三、四段最为险恶；南汇沿海一带团区备塘被海潮冲开20余处，汇角圩塘亦冲开20余丈，一座望海楼吹倒，草房全毁，施湾王公塘以东水深4尺许，农民无处栖身，棉禾击倒，谷子受损，荒景已呈；奉贤狂风猛雨两昼夜，房舍倒塌无数，盐田淹没，盐扳漂没甚多，花稻吹残；嘉定大风为灾，城乡电线杆悉行折断，东门城墙倒坍一段，孔庙内古柏吹折多株，田中棉豆倒伏，秋收无望，班船停航；松江狂风疾雨，竟日不休，乡区棉花损害不浅，张泾低田稻苗尽淹，高田积水亦无从排泄，乡间车棚十有八九吹倒，房屋坍毁亦为数不少，镇上风火墙有吹倒者，汤家埭坍屋2间，压死1人。据《国民政府救济水灾委员会工赈报告》，崇明、青浦、嘉定、宝山、川沙、南汇6县被淹农田73.6万亩，稻秧、棉花全淹，损失巨大。倒房屋3 074间，灾民10.8万人，死193人，估计损失593.5万银元。江苏水灾义赈会拨到川沙县赈款3 796.136(银)元，连同地方急赈余款，如数购米发放。10月，川沙发放救济，受援者6 820口，发赈款银3 883元，冬，再赈4 828.136元，如数购米发给。太仓海塘于道堂庙、南北包头、方家堰、浏河口王家宅等处共长500余丈，桩木冲断1 000余根，土石不计其数；常熟海塘损害较轻，只浒浦东西口、闻家埝等新工损坏桩木约200根、永字段海堤冲坏5丈。8月25—26两日暴风大作，昼夜不息，风损洪泽湖大堤石土，最高水位16.25米，是黄河北徙后水位最高的一年，礼河口外南北直坝冲决两口。高邮至江都里运河西堤漫塌多处，东堤自挡军楼至六闸段溃决27口，邵伯全镇灭顶，崩溃最剧处万寿宫附近，冲成大塘，由上夹河穿过大街入里下河，男女浮尸满街漂流。高邮玉码头、琵琶闸决口、闭城，强者登城附屋，老弱漂没，伤人甚众。里下河兴化、盐城、泰县、东台、阜宁各县一片汪洋，淹没耕地1 330万亩，倒屋213万间，受灾58万户，约350万人，死亡7.7万人，其中淹死的1.93万人*。

* 里下河地区的灾情应是7月涝灾和8月台风灾害的总和。

8月，宁国城西隅倾10余丈，城基陷4尺深。

9月4日上海又雨沛然，租界、城厢低地积水盈尺，南市一片汪洋，水深及膝，老北门宴海路云居街130号房屋临街大墙倒坍2丈余，压伤2人，浦滩水又上岸，闸北数千贫民在水中生活。

7—10月，上海赤白痢流行，报告者1 245人，死亡172人；伤寒报告者382人，死371人。

1932年

1—4月，上海共发现天花患者661人，死亡216人。

6月，上海连日梅雨，19日暴雨，江潮涨，闸北低处尽成泽国，龙华湾1豆船倾覆，失踪1人。

6月下旬至8月上旬青浦旱；奉贤小河干涸，土地龟裂，棉稻大多枯死，蝗虫泛滥；崇明酷热无雨，禾苗枯萎，民众求雨。海安旱。

6月，奉贤传染病患者1 087例，以天花、伤寒、梅毒、腮腺炎、狂犬病为甚。6—8月，上海霍乱5 505例，死167人。8月，崇明协隆镇、浜镇和城桥地区霍乱流行。

7月10日上海闸北雷击永兴支路，击毙1人，青云路倒房3间。

9月9—14日盐城3¾级震群，高邮强有感，南京有感。

是年，奉贤因旱、蝗、雹、疾等灾，全年缺粮37 500吨，占全年用粮总数的60%。

1933年

8月28—12月18日盐城4级震群，共发生3级以上地震10余次，上冈、湖垛等时有地震，一日二次或数次不等，房屋及杂物声响，人心不定。

浙江镇海至石浦、台州近海赤潮。

9月2日（七月十二日）热带风暴，崇明堤岸冲决，全县三分之二面积被淹，水深二三尺至丈余不等，死400余人，毁屋1 200多间，粮食被毁，损失甚巨；宝山薛家滩、顾隆墩、老石洞海塘溃决十余处；川沙沿海圩塘冲毁淹没，死百余人，灾民1.2万人。横沙、高墩沙、鼎丰沙（后两沙即今长兴岛）受害较重，灾民9 257人；南汇一、二、四区圩塘溃决600余丈，新筑套圩冲毁二十多里，淹没农田十万余亩，居民千余家；上海狂风暴雨，江潮倒灌、浦江骤涨，外滩完全浸没，马路积水没胫，航运暂停，南市、闸北、沪西、吴淞等均受损失，浦东东昌路水深过膝，水陆空交通均断，黄浦江中沉货船数艘。然不及1931年水灾严重，社会贤达黄炎培等呼吁奔走，获得366 000元救济款，川沙得90 841元，其余按灾况分配给南汇、崇明、宝山、启东。太仓风潮异常，海塘旧工新工多冲毁残破。

9月18日（七月二十九日）再次热带风暴，崇明一、二、三、四、五、七各区北部已修民圩重毁，未修者潮水更长驱直入，城南海塘冲毁40余段，被灾面积173.75平方公里，冲毁堤岸200余里，漂没房屋6 200余间，死亡208人，灾民22 165人，被灾农田274 740亩；长兴、瑞丰等五沙巨浪夺堤而入，屋舍漂没，人畜溺毙无算，幸存者孑然一身，风餐露宿奄奄待毙；太仓、宝山、吴淞石塘溃决，宝塘冲去，吴淞口最高水位5.72米。田中棉花收成已去十分之六；嘉定电线杆吹毁，禾棉损失甚巨；南汇一、二、四区圩塘溃决600余丈，新筑套圩冲毁二十多里，淹没农田十余万亩，居民千余家，低洼处悉成泽国，严重地区水深数尺；金山稻棉淹没，棉花仅收三四成；上海飓风大雨，浦江潮水倒灌，沉船2艘，两岸低洼道路水深有过膝者，海运停顿，淞沪铁路中断，闸北、南市草棚吹坍者1.2万余间，吴淞江翻船；松江潮水盛涨，几与岸齐，茅屋车棚吹覆者比比皆是，电信、交通中断，被淹农田30.8万亩，一片汪洋，灾民数万人，死500余人，农田尽淹，秋收无望。

1932—1933年高桥共发现疟疾病人766例，占病人总数的52.5%；1933年黄浦区流感492例，死亡69例。

1934年

3月18日08时16分霍山（31.3°N，116.2°E）5.1级地震，南京、芜湖、安庆、麻城、汉口、鄂城有感。

4月6日上海大雾，高昌庙浦面两渡船相撞，30多人落水，救起35人，死数人。4月7日长江口雾，嵊泗花鸟山洋面源顺轮触礁沉没，29人遇难，损失30万元以上。

自6月1日起至8月，上海高温酷暑，降水量只常年的二成，总雨量仅97 mm，夏大旱。夏天日数长达112天，35℃以上天气达55天，其中7月1日气温为39.3℃，7月3日7人中暑，倒毙街头，7 月 11 日气温 39.1℃，热死 5 人，7 月 12 日气温最高达 40.2℃，8 月 24 日气温又达 40.0℃，崇明最高气温更高达 41.4℃，医院病人每日逾千，时疫流行，火灾迭起，河水干涸，内河航运停驶八九成，棉花收获仅约五成，稻六成，蔬菜瓜果枯死不少，饮水困难；嘉定烈日蒸晒，土地龟坼，井泉干涸，航轮停驶，棉花收获仅五六成，稻谷约六成，豆类只二三成；宝山豆类、玉米、瓜果仅收三四成，有的甚至失收，棉稻收获只五成。7 月 14 日晴天雷击，毙朱家宅 1 人；川沙大旱 43 天，蒸发量比常年高 66%，土地龟裂，稻棉歉收，农业收成为常年的 20%；南汇旱情严重，禾苗枯萎，水有秽气，饮水困难；奉贤塘外无水可戽，小河干涸，稻谷歉收；金山夏秋干旱二月余，金卫、山阳等沿海稻田干涸龟裂，失收田甚多，部分农民饮水困难，轮船停航月余；松江南乡干旱较甚，内河涸，河水臭，饮水难；青浦小河池浜龟坼见底。江苏太湖流域大旱，较高之田不能插秧，一片荒芜，沿江地区又因江水低落，汲水困难，栽插失时，腹地河滨港汊大部涸浅，禾苗枯萎，镇江、金坛、常州、无锡、宜兴、江阴、常熟、苏州、太仓、启东等皆旱，丹阳自龙塘、钱资塘、无荒塘、长荡湖、港头港、下荡港、香草河、简渎河等均干涸见底，洮湖水深不足 0.5 米；东太湖干，自吴江松陵镇可步行穿越湖底直至东山镇。江南灾区中尤以溧阳最重，农民扶老携幼，背井离乡，沿途乞讨，自尽者日有所闻。7 月下旬奉贤蝗蝻，啮食稻苗；川沙江镇共和村一带蝗害成群，嚼食芦苇茎叶。安徽淮河以南春夏秋三季连旱，定远 1—7 月降水仅 90 mm，全年降水不及常年的三成；沿江及皖南 6—8 月大旱，望江、广德仅 52 和 93 mm，而 7—8 月只 17 mm；广德禾苗全死，籽粒无收，百年仅有；宁国草根、树皮食尽；桐城、石台大旱；浙江夏大旱、赤地千里，除温州附近 6 县外，普遍受灾，各地溪涸干竭，田禾枯萎，为百年未见。

7 月 21 日长江口大风，北铜沙洋面沙船失事，大樯吹断，船被冲至铜沙北口山脚，船身破裂，31 人乘员中仅 18 人获救。

10 月 10 日 04 时 53 分扬州(32.3°N, 119.4°E)4¼级地震，扬州屋瓦、窗棂振振有声，橱搭、门环铿锵作响，墙屋摇动有欲倾之势，人从梦中惊醒。南京、镇江、无锡、江阴有感。

12 月 10 日长江口雾，铜沙洋面帆船与华安轮相撞，帆船沉，货物及船员皆落水。

是年上海伤寒病例 690 人，死亡 576 人；黄浦区流行性感冒 475 例，死 94 人。

1935 年

1 月 18 日吴淞口外狂风骤起，巨浪怒激，长圈港至崇明的人货混载沙船倾覆，30 余乘客均遭灭顶。

5 月 12 日上海大风，浦东烂泥渡怡和路 132—148 号 9 幢房龄 30 余年的楼房倾倒，压伤 8 人。

6 月，崇明连续干旱，土地盐碱化，农作物枯萎；金山漕泾、山阳及奉贤蝗害，蚕食稻叶，稻谷损失严重。

7 月 18 日上海董家渡某驳船内 6 人避雨，雷击时 5 人惊倒，1 人击毙于码头北面路旁；上海县大树乡田间雷击，毙妇女 2 人。

12 月 19 日崇明老滧口江面狂风，启东至崇明的帆船船樯折断，顿时倾覆，船主及 17 名乘客俱遭没顶，仅 2 名船夫泅至沙滩得免。

1936 年

2 月 19—3 月 10 日上海持续低温寒冷，内河冻结，连日发现冻毙乞丐 10 余人。

春夏间镇江对岸六圩地方江岸屡坍，水薄新堤，退筑护堤一道。据《新江苏报》1936 年 7

月20日报导:六圩江岸近十年来,因江流变迁日渐坍塌,而以1931年江淮并涨时坍去最长,在此十余年中,江岸已坍去一华里,损失良田数千亩。

秋,陕、晋、豫大旱,豫西宜阳等24县为最重,临汝、新安、洛宁、渑池、洛阳等三伏无雨,全省降水量只有常年的三至六成,遍及河南76县市;湖北宜城、随县、应山、京山、安陆、鄂城等20余县报灾;长江水量日趋低落,上海航运艰难;嘉定亢旱将及3月,蚕豆、二麦下种困难,蔬菜稀少,价格陡涨。

1937年

4月9日大戢山洋面三帆钓船遭风浪打击,桅折船破,沉于海中,人脱险,货物损失2 000元。

7月,崇明久旱无雨,花谷枯萎。夏秋,金山沿海发生蝗灾,数量多,来势猛,人工难于防范。

8月1日山东菏泽(35.2°N, 115.3°E)7级地震,波及江苏赣榆、海州、沭阳、灌云、淮安、淮阳、睢宁、涟水、六合、南通、南京;安徽凤阳、蚌埠、亳县、泗县、涡阳、阜阳、临泉等地。

8月2—3日台风影响上海,海空交通受阻,租界内路旁树木卷拔颇多,广告牌吹倒,旗杆吹折,烟囱刮倒,飞砖伤人不下百余起,电线断,触电毙命3人,黄浦江中覆船8艘,货物流失,各丝厂停工半天,法界电车停驶,南码头、飞虹路、闸北等地均有坍屋伤人。

9月6—7日热带风暴,沿海土堤十存二三,上海房屋吹倒,平地积水,水陆交通一度断绝,粮棉减产。

本年上海共发现麻疹2 386例,死1 673人;痢疾患者1 133例,死611人;霍乱1 881例,死387人;南汇惠南霍乱,盐仓郁家高宅罹病45人,死40人。

1938年

6月初,国民党军汤恩伯部以水代兵,炸开花园口黄河南大堤,纵使黄水再由涡、颍二河达淮、入洪泽湖,造成豫东、皖北、苏北广大平原的黄泛无人区,受灾人口1 300万,死亡90万。日寇又决苏北运河堤,里下河遂成泽国。是年,洪泽湖最高水位14.13米。

7月1日风暴潮,川沙高桥顾家宅、龙王庙一带海塘冲决0.67 km,水深0.6～1.0 m;奉贤连续两场大雨,戚漴墩至西湾间8 000亩农田被淹;庄行一农户12亩水稻颗粒无收,自缢身亡。

8月9日台风,上海终日大雨,外滩一片汪洋,海关前水深及膝,公共租界及中区一带因江水上涨街道被淹,救护车、救火车终夜奔走,一学生误触断落电线死亡。

9月7日12时03分台湾花莲东南海中(23.9°N, 121.7°E)7级地震,上海有感。

1939年

2月2日由浒浦来沪柴船在吴淞口外三夹水灯塔附近因风浪沉没,5人获救,3人溺毙。

7月1日上海连日暴雨,道路积水成渠,商业大受影响。

7月12日和20日两次飓风海潮袭击上海,高桥海塘冲决0.7公里,田庐淹没;上海低洼处一片汪洋,倒墙坍屋,毁物伤人,航运停顿,电车受阻,商店停业,黄浦江风浪击沉舢板船20～30条,部分海塘塌陷。铜沙洋面漂走帆船1条,货物与30余名乘客失踪。

夏,奉贤胡桥地区霍乱流行,死亡500余人。

8月29—30日(七月十五—十六日)热带风暴,苏北大丰海啸,淹毙人畜甚众,房屋倒塌;射阳姚家庄200多口人,仅6人死里逃生。射阳河北岸至陈家港沿海堤岸全被海潮吞噬，仅双洋及大喇叭(废黄河口)等地就淹毙13 000余人，有全村、全家无一生还者，牲畜田舍损失更无从统计。沿海25 km长、7.5 km宽的条形地带全遭咸化，多年不能耕种。沿海30万亩棉田剩下不足7万亩，据测量从1855年后平均每年海退63 m，大片桑田又复沦为沧海，原先在尖突部的青红沙、丝网浜亦已沦入汪洋；响水境内的开山也由陆地变成海中孤岛，范公堤残缺不堪，名存实亡；滨海临海、八滩二区沿海30年代建成的宋公堤冲毁，村庄被淹，人畜死伤甚多。建湖卤潮倒灌，庆丰区受灾面积8万亩。上海海轮停航，淮海路巴黎伙食公司招牌吹落，致2人受伤，其中1人伤重毙命；另有一人误触吹断电线死亡，并有吹坍屋角伤人事故；青浦大雨倾盆，房屋吹倒，晚稻大半倒伏，东乡棉花损失极大。

10月16日吴淞口外灯塔附近新太古轮因风猛浪大沉没，船货完全沉没，300余乘客均遭灭顶之祸。

1940年

1月下旬至2月上旬上海持续严寒，2月3日气温降至－10.3℃，冻毙近千人。

海安旱灾。

8月7日奉贤暴风雨两昼夜，中旬台风侵袭，下旬虫灾爆发。

9月1日受台风影响，宝山棉田水深没膝，收成仅二三成。

本年上海伤寒患者1 732例，死1 499人；痢疾1 056例，死538人；斑疹伤寒1 433例，死229人。川沙王港朱家厍霍乱流行，农民朱田生一家7口，一周内相继死亡，无一幸免。

10月25—26日气温骤降12℃以上，公共租界冻死74人。

1941年

1月下旬—2月12日上海春寒，旬平均气温－5.5℃，普益山庄收掩露尸1 494具。

2月8日长江口大雾，日本运输舰有顺丸于崇明东沙尾小岛海面触礁沉没，30余人逃生。

2月12日川沙飓风，高桥海滨浴场海塘决口0.34 km。

4月9日金山咀风急浪涌，由浙江庵东至上海的独桅帆船失事没沉，淹毙乘客140人。

7月24日上海大雷雨，徐家汇降雨量131.7 mm，马路积水，电车停驶，航运中断。

8月8日热带风暴，川沙海滨浴场海塘修复工程摧毁过半，长水田海塘冲决0.5 km，戴家宅海塘冲决0.4 km，殷陆家宅海塘冲决0.01 km；上海潮水倒灌，马路悉成泽国，街头篱笆、广告吹落不少，法租界人行道树木拔起甚多，交通局部中断；奉贤戚崇墩至西湾间8 000亩农田被淹。东台盐垦区新农乡海潮决堤，咸水浸入三仓河，直抵安丰镇，地面积水1.2米，虽两天后退尽，但已全部失收。

1942年

2月15日上海遭寒流袭击，100多人死亡。

2月23日狂风暴雨，崇明倒屋数以百计，死伤百余人；奉贤柘林沿海草房全数摧毁，盐扳平均损失十之四五。

7月27日19时04分南黄海(33.0°N，121.0°E)5级地震，盐城、大丰、如皋有感。

7月，华北大旱，河南极重，全省96县受灾，受灾人数1 200万，饿死500万。吉、辽、冀部分地区及京、津较重，上海地区7月下旬天旱、风热，35℃以上高温日44天，8月6日最高气温达39.8℃。崇明河沟干涸；奉贤稻蝽象危害早稻，损失三成。

8月26日热带风暴，川沙高桥、赵家宅、益家宅、老炮台至草庵头、八团一甲至三甲外圩塘冲决19处,共长2.28 km。

上海全年伤寒患者1 732例,死1 498人;霍乱2 465例,死513人;崇明及川沙王港、黄楼也霍乱流行。

1943年

8月11日热带风暴连续一昼夜,南汇上南、上川两线受灾最重,大批房屋掀翻,130根电线杆折断;川沙七团陆家路、马家路袁公塘冲决2处。

1944年

春,上海、崇明脑膜炎流行,上海患者2 197人,死464人。

4月下旬崇明飓风、暴雨、高潮齐作,四乡茅屋倒坍无数。

6月上旬大潮,崇明鳌山附近堤岸溃决,清远堂基被水浸坍。

8月中旬热带风暴,南汇海塘多处冲决,大量农田被淹;崇明咸潮倒灌成灾,稻谷十之四五枯死。

9月5日风雨交加,秋潮暴涨,崇明南丰沙决堤,冲坏桥梁、房屋较多,农田积水。

9月26—27日狂风暴雨,崇明浪潮夺岸,3 000余灾民流离失所。

10月初又连日风雨交作,高潮倒灌,庐舍倾倒,稻田积水,收成大减。

1945年

春播后久旱,奉贤河道枯浅,奉城周围3 000余亩秧苗悉数枯死。

1946年

3月17日上海大雾,军统局戴笠等一行所乘飞机曾在沪郊上空徘徊,以图降落未成,随赴南京,途中触山,机毁人亡。

7月,奉贤水灾,钱桥低田一眼汪洋,泰日8 900亩棉田受灾。

8月4—5日上海酷热,气温38.3℃,死2人,2辆汽车因高温烘逼,油箱起火燃烧。上海霍乱流行,患者4 415人,死353人,以6—8月为最多;奉贤青村、头桥、金汇、道院、烟墩等地人死如麻,许多农户后继无嗣;崇明霍乱遍及全县,患者5 000人,占总人口的3%,死亡率20%。8月中旬崇明咸潮倒灌,稻谷十之四五枯死。松江雨量稀少,无补农作,棉茎萎小,花萼稠零。

9月25日上海狂风暴雨,又值高潮,低洼马路尽成泽国,交通停顿,摊贩歇业,北苏州河一带马路船家划舟上岸,代客摆渡,可谓陆地行舟;崇明3 000余灾民流离失所。

10月下旬松江暴风疾雨,是年亩产籽棉仅二三十斤。

11月24—29日强寒流袭击上海,普善山庄、同仁辅元堂及分堂共收尸545具。

12月14月因雾1架客机于龙华机场降落时与场内停机相撞失事;另一架则毁于浙江长兴,死6人。

12月25日上海雾,中央、中国两航空公司来沪客机共13架,8架折回,1架安全降落,失踪1架,失事3架,分别坠落于张华浜、龙华、漕河泾,共死亡76人,重伤18人,失踪10余人,乡间撞毁民房10余间,死1人,伤4人。

1947年

4月21日上海大风,黄浦江中2轮相撞,载有3 000余吨的煤轮受损。

5月上旬崇明粮荒严重,乡民多日无米,饥民群集于县府门前高呼:“我们要饭吃”。

6月9日上海狂风暴雨，最高风速17.9 m/s，雨量30.5 mm，市区残朽屋宇吹毁颇多，低洼街道积水成渠，且有数处坍屋及走电失火事件，压伤1人；达丰轮于浏河口附近失事沉没，该轮共有乘员225人，救起170余人，50余人失踪；崇明堡镇码头沉没，塌房无数。

7月3日热带风暴、高潮同时袭击崇明，南丰圩堤冲损8处，一片汪洋，灾民遍野。7月11日又疾风横扫南丰乡，吹坏房屋。

7月下旬崇明淫雨连绵，陈家镇北鸭鸿潭积水深2米，收成大减。

9月25日上海三分之二地区受淹，苏州河口水位4.79米。

10月12日咸潮涌至，冲毁崇明永平沙圩堤，农田被咸水淹没，禾稻尽死。

12月18—24日上海奇冷，街头每天可见倒毙尸体，其中一天有189人因冻饿而死。

1948年

1月下旬寒流侵袭上海，27日最低气温－8.8℃，天气奇寒，露宿灾民，冻死累累，仅26日一日内收殓路尸百余具，七成为孩尸。

4月12日长江口雾，万里轮于北嵊山附近触礁沉没，400余名乘客经北铭轮抢救登陆。

入夏以来，松江雨量稀少，水田涸竭，土地龟裂，早稻减收极巨。

7月4—6日热带风暴过境，上海狂风、暴雨兼以冰雹，中华路、方浜路等处屋坍墙倒15起，压死人；蓬莱路国货展览馆被吹毁一角；南京路、句容路数家电线起火；最惨者打浦路306弄2号之京江寄柩所，倒毁平房80间，死亡27人，伤89人，难民达400余人(另一说死34人，100多人受伤)；浦江船只失事者9起，沉没驳船4艘，漂失2艘，市内江水倒灌，低洼处水深过膝，交通电信停顿，商店歇业；崇明玉米、黄豆尽折，咸潮侵入，秧苗大半枯死，灾象已成；嘉定房屋、树木折毁者甚多，真如中心校9龄学生在侯家湾木桥被风吹入河中溺毙；金山舟车停驶，朱泾镇大街一带楼房瓦片吹坠，墙倒壁塌。青岛7月6日遭遇9级台风袭击，并引发潮灾。

8月8—10日崇明暴风雨，河港漫溢，农田被淹，水陆交通断绝，作物严重受灾。

8月10日上海宝山路永备内衣厂雷击起火，大楼全部焚毁，死伤92人。

8月下旬崇明又连降暴雨，决堤多处，沿海农田受淹，庄稼淹死。

12月5日上海雾，中央航空公司一架C-40型班机于江湾机场失事焚毁，21名乘员中死11人，伤10人。

12月27日寒流袭击上海，冻饿死者43人。

1949年

1月14日10时17分南黄海(33.2°N，121.0°E)5.8级地震，阜宁、东台强有感，吴江七阳山巅教育局之息楼屋宇、柜凳均摇，职员纷逃下楼，跌伤2人，送医院救治。南通四度有感。苏州、武进、镇江、扬州、江都、南京、上海等轻微有感。震前1月5日、震后同日10时59分曾分别发生5.0及5.5级前震与余震。

7月24—25日(六月二十九—三十日)第4906号台风在杭州湾北岸金山与平湖间登陆，上海市中心最大风速39.0 m/s，25日降水量148.2 mm，苏州河口潮位4.77米，吴淞口水位5.58米，全市海塘、江堤决口500余处，塌房63 203间，死亡约1 800人，淹没农田208万亩，其中重灾100.5万亩，损失粮食约2.3亿斤，棉花220万斤，南京东路浙江路口永安公司周边水深达2米，黄浦江舢板可长驱直入。当年市军管会组织6.4万军民投入抢险救灾，全面培修加固海塘，2个月内完成近千万土石方。川沙高桥海塘草庵头至殷家宅段决口20

余处,重灾区凌桥乡淹没农田1万亩,房屋倒塌200多间,灾民1 000余人;高东乡被淹农田2 000亩,倒房50多间,灾民500人;东沟乡被淹农田3 000亩,灾民500人,六、七团袁公塘全部冲毁;横沙遭灾,陈公塘老洪洼冲坍1.96 km,倒屋6060间,死221人,伤41人,被淹农田38 926亩,灾民10 675人;奉贤东门港、钱桥、三角洋一带海塘溃决十多处,全县13.1万亩农田受淹,倒塌房屋2 000余间,死4人。次年春动员11 241人加固海塘,以工代赈,发放赈济大米113 427千克;南汇淹死牲畜2.6万余头;崇明倒屋31 891间,死147人,伤38人,海堤溃决500余处,坏堤岸72 km,冲平53 km,48万亩农田受淹;嘉定全县受淹,重灾农田3.29万亩。水灾后,瘟疫流行,人民政府组织医务工作者奔赴灾区免费为灾民治疗。靖江暴雨集中,江潮高涨,沿江堤防相继溃决成灾,兴化自5日25日至8月2日连续阴雨60天左右,其中以5月30日及7月2—4日雨量最大,平均每昼夜130 mm以上。兴化地处里下河锅底中心,内涝以中堡、平旺、临城及海河积水最深,达1.2米,老圩、永丰、合塔、海门、唐港最浅,一般也达0.3～0.5米,全县受灾面积180余万亩,占全县耕田的80%,损失稻谷约39亿斤;如皋7—8月间大雨成灾,10～20天后方退;如东沿海垦区受灾严重,内涝面积20万亩;海安连续阴雨,东部栟茶运河地区普遍积水,受灾农田45万亩,占全县耕地面积的39%,损失粮食0.58亿斤;东台从7月20日至8月11日连续下雨,尤以7月28—31日雨量最为集中,致使大面积内涝;大丰汛期淫雨与台风雨夹杂成灾,仅串场河以东农垦田先后淹水15～20天,受灾面积58万亩,损失稻谷1.3亿斤,旱粮3.9亿斤,皮棉95万斤,无海堤处淹地3.6万亩,损失粮食17万斤;射阳7—8月久雨成灾,受灾面积中失收的有12万亩,减产的有27万亩,损失稻谷0.1亿斤;斗龙港6月27日—7月17日连续降雨达1 000毫米,水闸以上大面积内涝,淹田66万亩,损粮5 200万斤;盐城横塘、庆楼、义丰、泰南、冈中、冈南受灾更重,大半田亩收成只四五成,不少甚至颗粒无收,全县受灾面积27万亩,串场河以东垦区农田先后被淹15～40天,减产粮食0.46亿斤;建湖7月26日后连续大雨,全县内涝严重,全县60%人口受灾,其中3万人断炊,绝收面积30万亩,减产面积49万亩。淮南各县大雨累月,南有江水顶托,东则海潮涨溢,涝灾几遍全区。此次台风海溢,苏沪共死亡4 310余人。安徽死亡约千人。

10月1—5日连降暴雨,徐家汇的总雨量达288.0 mm,道路积水,50余万人在风雨中涉水游行,庆祝中华人民共和国成立。

是年嘉定全县81.7%地区,80%人口深受吸血虫病之害,疫区主要集中在徐行、华亭、娄塘、朱桥、马陆、南翔、望新、外冈、安亭、黄渡等西北部地区。

1950年

2月22日18时54分大丰沈灶(32°57′N, 120°51′E)3.9级地震,土墙震倒或开裂,中柱有折断,缸水外泼;南通有感。

6月下旬至7月中旬淮河流域普降大-暴雨,部分地区甚至超过1931年同期的降水量,如正阳关站(寿县西)6月27日—7月19日降水达628 mm;蚌埠6月26日—7月20日降水532 mm。由于降雨量多集中,淮河猛涨,淮北淮河水系干支堤共漫决334处(不计小决口),怀远以上及蚌埠至五河段河道不辨,汪洋一片;江苏淮阴地区的灌云县4个区被淹;涟水县95%土地浸水,深处达1米左右;淮阴县洼地积水1米,晚秋作物十有九淹,受淹地区北自陇海铁路,南至长江,西迄京汉铁路,东近黄海,延绵数百里,人员伤亡、财产损失严重。据不完全统计豫南、皖北、苏北受灾农田5 200万亩,灾民达2 100万人。

冬,上海无雪。

1951 年

春多雾，阴冷而无雪，终霜日迟至4月12日。

8月20—21日台风虽在上海300千米外北上转向，但受其影响，宝山、川沙、南汇、奉贤海塘圩堤溃决数十处，淹没农田30多万亩，禾棉受损，松江、青浦倒房数百间，死伤35人。

1952 年

7月19日（闰五月二十八日）凌晨，5207号台风至临海、黄岩沿海时减弱为低气压，经浙、皖、苏于24日在山东境内消失，受其影响华东地区大范围降水，乐清最大降水量578 mm，浙江中部至山东沿海大风，堤岸受损，江河内涝，浙江全省399万亩农作物受淹，毁坏房屋2.3万间，损坏大小水利工程2万余处，死457人，伤129人；崇明、奉贤、松江等农田受淹，约6万亩，倒房千余间，松江死2人，伤4人。

11月底至12月初强寒潮降温，蔬菜大面积冻伤、冻死，损失达七成，近5万农民受灾。

1953 年

6月19日至9月末，上海伏旱，持续高温少雨，35℃以上高温日42天，日平均气温22℃以上的夏天长达114天。小河干涸，河底龟裂，稻、棉枯萎，全市受灾面积约100万亩，粮棉歉收。

6月24—27日安徽皖南地区连降暴-特大暴雨，4天的总雨量芜湖、安庆地区大部及池州地区北部达350～500 mm，徽州和池州地区南部均在200 mm以上。由于降水量大且猛，引发河水陡涨，先后溃漫堤圩500余处，淹没农田270余万亩，淹死或失踪197人，冲毁倒塌房屋13万余间，灾情以安庆最重，桐城、潜山两县破圩100余处，不少村庄除人幸免外，其余一扫而空。

9月2日安徽东部江淮之间大暴雨，肥东、定远、来安、嘉山等8县日降水量均在100 mm以上，其中天长甚至出现323.3 mm的特大暴雨，为历史所罕见，上述各县均发生不同程度的洪涝灾害。

1954 年

4—7月，长江下游广大地区气候异常，雨季起始早、持续长、暴雨多，大部分地区总雨量达1 200～1 400 mm，其中鄂南、湘北、赣东北、皖南的部分地区在2 000 mm以上，普遍比常年同期多1倍多，汉口、九江、南京、上海等降雨量都超历史最高水平，出现全流域型大洪水，洞庭湖、鄱阳湖流域洪汛频频发生，长江下游水情全面紧张，荆江经三次分洪后还是在监利以下决口，沙市、汉口、大通、南京最高水位均超历史极值，汉口至南京警戒水位时间均在百日左右，123个县受灾，淹没农田4 755万亩，受灾人口1 888万，3.3万人死亡，倒塌房屋427.6万间，京广铁路100天无法正常运行，经济损失200亿元。上海地区自6月1日入梅至8月2日持续长达63天，雨量比常年多七成，太湖水位高达4.65米，作为太湖水外泄主要出口之一的上海米市渡水文站流量，7月份为1 450 m^3/s，8月份为1 280 m^3/s，创历史最高纪录。上海特大洪涝，受淹农田105.5万亩，重灾田23.8万亩，损失粮食4 378.5千克，棉花8 094担，全年粮食总产比上年减收约1亿千克。淮河流域7月至8月中旬雨带稳定，大雨-暴雨不断，豫南至皖中的降水量较常年同期增高1～2.5倍，淮河干流水位急剧上涨，发生大洪水，7月6日淮滨站洪峰流量达7 600 m^3/s，中游的蒙洼、城西湖、城东湖、瓦埠湖均于6—7日相继开闸蓄洪，7月26日正阳关最高水位26.55米，超历年最高值，五河以上淮河干流洪水位均超1931年，高水位一直维持至9月，由于持续暴雨及长期浸泡，淮北大堤普遍漫决，主体防洪工程分别于五河毛家滩和凤台禹山两处决口，一般堤防先后数十处随之纷纷决口，终于造成淮北平原大片洪泛区。据不完全统计，全流域成灾耕地面积 6 123 万亩，倒塌房屋 400 多万间，皖、苏两省共死亡 1 920 人，安徽灾情最重，死亡 1 098 人，成灾耕地 2 621 万亩。

6 月 17 日 10 时 08 分六安杨公庙（31.6°N，116.°E）5.2 级地震，六安、合肥个别房墙倒塌，江苏盱眙、宿迁、睢宁、泗洪、高淳、南京、溧水、仪征、江都；河南商城、固始；湖北武汉、麻城、英山；浙江昌化地震有感。

8 月 16—17 日（七月十八—十九日）受台风外围影响，又恰逢大潮汛，崇明、宝山、川沙沿海堤岸冲决数百处，淹没农田 6 万余亩，市区积水近 1 米，200 余家工厂、仓库、码头浸水，部分电车停驶。金山倒房 619 间。8 月 19—22 日上海又连日大雨、暴雨，内河水位高涨，宝山、川沙、南汇等县受涝面积继续扩大。

8 月 25 日台风暴雨，崇明、宝山等县沿海圩堤数百处决口；金山县倒房 619 间。同日，北新泾龙卷风，华东纺织材料厂厂房、天厨味精厂材料车间、镇政府及附近民房均遭破坏，死 1 人，伤 4 人。

11 月下旬至次年 1 月，鄂、湘，皖、苏、赣、黔、滇、闽、桂、粤、琼等大范围连续遭受寒流袭击，气温骤降，淮河流域降至－18℃～－21℃，长江下游江湖地区降至－10℃～－15℃，江南至华南北部降至－5℃～－8℃，两广大部降至 0℃～－3℃，海南定安也降至－3℃，皖、苏、鄂、湘、赣等省不少地区连续 10～15 天大雪和冻雨，一般积雪 30～70 cm，最深达 1 m。除长江干流外，其他江河湖泊均封冻，一般结冰厚 16～35 cm。为历史上罕见的严寒天气。交通中断，油菜、蚕豆 40%～60%受冻，华南热带经济作受害严重，滇东南 90%以上作物受冻，广东中北部红薯全部冻死，其中以鄂、皖、苏三省受害范围最广、程度最深，湖南次之，江西仅北部滨湖地区比较明显。安徽大雪期间灾区水上交通除长江干流外，全部停航。淮河干支流都冰封，由蚌埠驶往正阳关的客轮冻结在途中，灾区粮草等物资供应困难；安庆地区冻死冬作物 45 万亩。全省不完全统计，被雪压塌房屋 7 000 余间，冻饿而死及宰杀的耕牛达 3.7 万头。江苏淮阴至扬州段大运河全部封冻，许多轮船、木船冻在河中。洪泽湖结冰厚 1 米多、打渔、砍柴的 9 400 余灾民被困在洪泽湖、宝应湖中，冻死、冻坏麦苗 62 万亩。据 27 县 1 市统计，冻死耕牛 3 927 头。两广的橡胶园 70%～80%的橡胶树冻死；海南岛北部 10%～30%胶树受害。福建福州和龙溪最低气温分别降至－4℃和－2℃，龙眼树严重受害，福州达 80%以上，有的甚至 100%，更重的甚至连树干都冻死。

1955 年

2 月 19 日横沙至川沙的长泰号帆船在长江口因大风沉没，55 人遇难。

5 月 17—21 日浙江大部分地区，特别是金华、建德两地区连续 5 天暴雨，遂安、衢县 5 日降水量都在 480 毫米以上，浙江流域江水陡涨，水位特高，建德站一昼夜水位猛涨 8.47 米，衢县站 6.78 米，兰溪站 4.86 米，衢州至富阳段洪峰水位均创最高纪录。高湖水库开闸分洪，并挖开湄池附近的黄泽湖作临时滞洪区，以保障浦阳江下游堤防与浙赣铁路安全。期间金华、兰溪、建德、桐庐、富阳、江山、龙游、衢州、义乌、汤溪、遂安、青田、丽水、龙泉等 10 余县城区被洪水淹没二三天，深处可行船，龙游附近浙赣铁路路基冲毁 400 米左右，在苏溪被冲毁 10 米左右，临浦至湄溪间铁路断道近 9 小时。另外，浙江及瓯江上游多处山洪暴发，也造成严重洪涝灾害。全省 51 县受灾，受淹农田 242 万余亩，其中被砂石掩埋或冲毁约 9 万余亩，倒塌和损坏房屋 5.3 万间，全省公路及通讯线路损坏更重，局部或全部受损的大小水利工程 2.25 万处，其中较大的如丽水通济坝、诸暨青岭水库、衢州三堰、富阳皇天畈大浦闸等 347 处，共死亡 448 人，灾民 86.5 万人，其中需安置的约 3 万户，10.35 万人。

6 月 17—23 日浙、赣交界地区连续大暴雨，200 毫米降水范围 14.97 万平方千米，浙江兰溪、龙游、江山、衢州、金华、建德及江西永修、余干、乐平、万年等灾情最重，兰溪城浸淹，全县 40 个乡受灾，其中 24 乡一片汪洋，1 万～2 万人爬至屋顶或树梢暂避，受洪水包围待救的达 3 万余人。建德梅城除地势较高的县府外，全城被淹，房上可行船。浙江有 19 县重灾，淹没农田 214.9 万亩，破坏大小水利工程 608 处，266 人死亡。龙游、江山、常山、衢州、开化、汤溪、寿昌、遂昌等交通、电讯中断；衢州机场被淹；金华铁路中断。江西受灾人口 139 万，冲毁房屋 2.4 万间，受损农田 313.5 万亩，死伤 307 人。

7 月 6 日及 21 日上海两场暴雨，低处积水，电车停驶，交通受阻，177 家企业浸水，物资受潮，农田减产。

8—10 月上海旱，仅奉贤、川沙就达 19 万亩农田受灾。

9 月 20 日下午川沙黄家湾海边龙卷风，经徐路、中心、高行、顾东、新华 5 乡进入市区，导致 8 村 94 户受灾，倒房 125 间，死 2 人，伤 32 人。

● 1956 年

春，阴寒，终霜 4 月 21 日。

6 月上旬，豫南、淮北入梅早，出梅迟，梅雨期长，并两度暴-大暴雨，雨量相当于常年同期的 2～4 倍，造成淮河支干流、洪泽湖、里下河等水位猛涨，部分支流漫溢、溃决和内涝积水，蚌埠地区有 9 个县减产 6 成以上；有 5 个县减产 3 成以上。

7 月 2 日雷雨大风，南市和浦东变电所遭雷停电；上海 5 辆行驶中的电车遭到雷击，其中 6 路电车电箱起火，伤 17 名乘客。浦东仓储屋顶被掀，大批货物、粮食受潮，黄浦江上数艘拖轮、帆船受损，死伤各 1 人。

7 月 6 日、21 日上海暴雨，低处积水，交道受阻，177 家工厂停产，农田受淹减产。

7 月 9 日上海暴雨、大风、冰雹，倒损草屋、棚舍 187 间，伤 11 人；嘉定外冈、练西冰雹，大者如拳，瓜田损失八成，棉苗损伤一二成。

7 月 12 日上海雷阵雨大风，刮倒草屋千余间、行道树 500 余株、露天粮囤顶盖千余个，伤 20 余人。江上翻船 4 艘，沉没 1 艘，断缆 5 艘。

7 月 15 日奉贤洪庙乡先进村龙卷风，塌房 20 间，伤 10 人。

7 月，上海全月 19 个雷暴日，为上海最多雷暴月，尤以 2、7、12 日最烈。雷击致死 20 人，伤 28 人，起火 34 起，成灾 3 起，损失 2 万元。电力遭雷击事故 145 起，少送电 8.6 万度，公交 20 余辆电车击损。

8 月 1—3 日（六月二十五—二十七日）5612 号台风在象山登陆，近中心最大风速 55 m/s(12 级)，向西北穿越浙江，2 日在安徽长江沿岸减弱成低气压，尔后经豫、陕，直至内蒙伊盟境内消失，沿途带去丰沛降水和强劲的大风。浙江温岭最大达 694 毫米；象山最高潮 4.7 米，纵深 10 千米内一片汪洋，灾情严重。据浙、沪、苏、皖、豫、冀等省市不完全统计，共计 6 946 万亩农作物受灾，220 万间房屋倒塌和损坏，5 000 余人死亡，1.7 万人受伤。浙江尤为惨重，狂风、暴雨、大海潮使全省 75 县市受灾，约占全省县市总数的 84%，成灾人口 160 万，死 4 926 人，伤 1.5 万人，洪涝面积 735 万亩，倒毁房屋 85 万间，冲毁各类水利工程设施 2.7 万处，浙赣铁路冲垮 10 多处，39% 的公路干线遭到破坏，沉损大小船只 3 500 余艘，倒塌、损坏国家粮库 5 000 余处，损失粮食 1 000 多万千克，杭、嘉、湖、绍、甬等城市大部分工厂停产2～3天，有的甚至1周，西湖风景区一片狼藉，苏、白二堤3万余株树木受损，不少大树连根拔起，初阳台、灵隐寺、千王殿等17处古建筑损坏。上海最大风速达34 m/s，徐家汇天主堂尖顶铁十字架刮折倒挂。倒房4万余间，死12人，伤200余人，20余家大型企业、800余家中小工厂停产，黄浦江中沉船6艘，沉浮码头3处，郊区28万亩农作物受淹。浙东地区损失巨大，死亡4 620人，伤1.5万余人。向西北直至陕西境内消失。

9月24日上海共有3处龙卷风，受灾地区有川沙、南汇、奉贤、嘉定及市区东部边缘：①浦东居家桥油库一重10吨、内有5人作业的半埋式储油罐卷起15米后，抛至120米外处掷下；建工局某工地一部60吨重的大吊车及一座钢筋混凝土结构的房屋都被刮倒；②杨浦区军工路龙卷风。受害最重的上海机械制造学校结构牢固的4层教学楼刮去半幢，健身房、宿舍楼房顶被掀，正在上课的师生被埋，当即死亡37人，伤103人。受损的还有上海机床厂、第二印染厂、益民食品二厂等60余家企事业单位。此次灾害共死亡68人，伤842人，倒房1 000余间，经济损失当年价值数百万元。

12月2日上海大雾，漕宝路五号桥附近2辆汽车相撞受损。

是年上海多雷，雷暴日多达49天。

1957年

春寒凉，4月15日终霜。

6月10日安徽23县市雨雹。

6月下旬至7月，上海大雨、暴雨频见，市区积水最深达1米，长宁区1.65万户住房进水，部分工厂停产，郊区农田受淹124.1万亩，蔬菜瓜类损失近半，鱼塘冲损，鱼苗逃逸，损失不小。

1958年

6月1日嘉定黄渡、南翔冰雹，大者如蛋，伤棉田572亩。

7月7日大风，崇明、嘉定倒损房屋约1.5万间，吹翻渔船10条，死13人，伤29人。早稻玉米倒伏。同日，金山干巷、张堰龙卷风，亦倒屋、伤人、损稼。

6—7月，上海梅雨期仅3天，雨量仅为常年的三分之一，郊县普旱，太湖水浅，7月份上海米市渡水文站流量仅19 m^3/s，8月份更降至1 m^3/s。

8月20日由北京经济南至上海的民航106班机，在安徽来安和滁州附近上空遭雷暴坠毁，机内13人全部遇难。

8月21日雷雨大风，日晖港附近翻船1条，溺毙1人。雷击毙1人，20余处断电。

8月24日上海局部暴雨，复兴岛大暴雨，市区积水，仓库受浸，部分工厂停产。直至9月中旬，阴雨连绵，农田受淹，棉铃腐烂，水稻倒伏严重。

9月4日12～13时5822号台风在福建福鼎登陆后，穿越浙江，5日晚经上海出海，闽、浙沿海普降暴-大暴雨，局部特大暴雨，给闽、浙沿海部分地区造成重大损失。浙江温州、台州两地区损失最重，全省受淹农田165.5万亩，冲垮水利工程设施1 900余处，死105人，伤832人，倒房2.6万间，损失船只130艘，毁坏桥梁96座。

1959年

春，低温，终霜迟至4月23日。

4月11日大风暴雨，在吕四渔场作业的5 108艘渔船中沉没148艘，重创1 342艘，失踪132艘，死人399人，失踪1 212人，为新中国最大的海难事件。上海郊区农作物受损也较大。

4—5月，上海春涝，龙华站雨量394.6 mm，为有气象记录以来之最。

6—8月，空梅接伏旱，雨稀少，梅期总雨量仅33.8 mm，为均值的13.1%，为新中国以来的最低值。

8月30—31日（七月二十七—二十八日）5905号台风在花莲、连江两次登陆，尔后沿海北上，经浙、沪、苏于吕四港入海，浙北沿海大风暴雨，浙江16县市、50余公社、125万余人被洪水包围。全省324万亩农田受淹，损坏各类水利工程1 600余处，桥梁598座，沉损船只108艘，倒房5 600余间，死135人，伤264人。受台风外围影响，奉贤、青浦、上海、川淞等吹损风车1 253部，江中翻船，5人落水死亡。

9月4—6日强台风在花莲、连江两次登陆后北上，经上海、吕四入黄海，上海大风暴雨、高潮并伴有龙卷风，江潮倒灌，河水猛涨，宝山海塘决口46处，农田受淹，住物倒伏。5日金山张堰、干巷、吕巷、兴塔4乡及川沙金桥并遭龙卷风，倒房393间、棚含135间，死1人，伤24人。奉贤、青浦、川沙等吹损风车1 253部，江中翻船，溺毙5人。

10月以后降水少，冬又旱。

1960年

春夏连旱，三伏尤旱。降水量只及常年的2～6成，土壤墒情低至10%以下。

5月3—4日受强冷空气及切变线等天气系统影响，安徽省沿江、沿淮、江南32县市遭受大风暴雨袭击，石台、旌德、安庆为大暴雨，不少地区山洪暴发，河水漫堤。据不完全统计，被洪水淹没的冬小麦、油菜38.6万亩，死104人，伤1 419人。同日，崇明江口、城桥、城东、大同、建设、新河、新民、大新、陈镇、汲浜冰雹，最大冰雹直径3 cm，打坏民房天窗。

5月21日崇明新河镇龙卷风，棺木被卷至空中，临江深约1米的水塘被吸卷一空，毁房6间，2株大杨树折断。

6月7—11日台风暴雨，上海市区积水深达1米，交通受阻，部分工厂停产，仓储受浸，崇明、南汇倒屋190间，棚舍393间，烟囱35座、风车75部、麦垛433个，死1人，伤10人，崇、宝、南沿海海塘决口，农田受淹。崇明336处鱼塘被淹，流失鱼苗千万余尾。

7月26—28日强台风于上海东200公里转向北上，青浦、嘉定、川沙、南汇共刮倒房屋、草棚1782间，死2人，伤17人。

8月1日（六月初九）20时6007号台风在继宜兰登陆后，再次于连江二次登陆，8月5日凌晨3—4时于青岛三次登陆。受此影响，华东沿海大部地区出现100～200 mm的降水，局部达500～600 mm，如东潮桥公社最大935 mm，沿海伴有最大风速50 m/s的大风。江苏受涝面积760万亩，高杆作物大部倒伏，棉花、大豆花蕾脱落。上海8月2—4日受台风外围影响，市区普遍积水，郊县50余万亩农田受涝，倒房368间，伤8人，死家畜2万余头，流失鱼苗164万尾，损船67只。不久6008号台风接踵而来，浙江顺溪水文站降水达777 mm，受这两次台风影响浙江受淹农田500万余亩，水库决口26处，冲毁海塘1万余米，倒损房屋8.7万余间，死350人，伤1 099人，毁坏桥梁81座，船96艘，平阳桥墩门中型水库被毁，下游4个公社、50万亩农田一片汪洋，10余万人被困在山上，死248人，伤673人。受此台风外围影响，上海市区普遍积水，郊县50余万亩农田受涝，倒房368间，伤8人，死家畜2万余头，流失鱼苗164万尾，损船67只。

1961年

上海梅雨期仅8天，雨量不及均值的七成，嘉定、宝山旱情重，农作受害。

5月28日0时13分长江口(31.5°N，122.0°E)4级地震，崇明东部及长兴、横沙二岛很多人有感；房屋、家具作响，个别房屋墙壁细微裂缝，崇明西部及嘉定、宝山、上海、川沙等轻微有感。

6月7日嘉定朱桥、娄塘龙卷风、冰雹，受灾范围长16 km，宽2～3 km，毁坏民房1 188间，棚舍440间，伤39人，死2人，三麦、油菜受淋29.6万千克，2株300余年的银杏树拔起。

6月14日上海暴雨，局部大暴雨，市区普遍积水0.5米左右，部分工厂进水停产，郊区2万多亩农田受淹。

6月中旬出梅后至8月连续高温少雨，旱情迅速发展，特别小麦拔节、禾稻孕穗季节旱，收成大减。其中6月20日南汇大团遭雷击，死4人，伤6人。

7月25人日上海遭遇强雷击，市区7辆公交电器击损，其中4辆电车停驶，伤6人；杨树浦、闸北两发电厂和新安江至上海输电线路遭雷击，导致上海大隆机器厂等22家企业停产；杨树浦港1船工及奉贤泰日1行人死亡；虹口区触电死亡2人。

10月4日6126号台风在浙江三门登陆，台风中心附近最大风速42 m/s(12级)，受台风影响，浙北、上海、苏南、皖南等地普降大到暴雨。崇明堡镇老码头趸船沉没，引桥折断，石墩撞坏；出海捕鱼的8条机帆船遇难，失踪9人。崇明裕安、陈家镇、向化等8乡龙卷风，刮倒房屋102间，损房427间，伤9人。全市共倒房200余间，重伤17人，触电死亡4人，轮渡停航，郊县棉、稻倒伏严重。浙江沿海风力9～12级，宁波、台州、绍兴、杭州、嘉兴等39县市受灾最重，受灾农田910.7万亩，损毁大小水利工程6 327处，沉损农、渔船475艘，倒房6万余间，死144人，伤418人。

1962年

春寒，4月19日霜。

7月上旬江淮流域先后两次大-暴雨，降水总量一般100～200 mm，东部地区300～400 mm，淮河、长江及其支流水位相继猛涨，不少圩堤漫决，积涝成灾。据不完全统计，安徽受灾耕地达1193万亩，仅阜阳、六安、宿州、滁州、芜湖5地区受淹面积需要改种农作物的就占三分之一，全省倒塌房屋9.7万间。

7月21日上海大风，刮倒闸北冶金矿山机械厂3吨、5吨行车3台，掀去四方锅炉厂屋面，吹塌先锋电机厂清砂棚。同日，冰雹击损横沙岛房屋17间。

7月23日松江朱行、泗联龙卷风，损毁房屋80间，轻伤17人。

7月31—8月2日(七月初一—初三)6207号台风在上海东250 km洋面掠过，风势较强，加之正值大潮汛期间，苏州河口水位高4.81 m，黄浦江及吴淞江防汛墙及堤坝大小决口数百处，市区大部受淹，一片汪洋。杨浦区定海路水深1.7 m左右，杨浦发电厂、上棉17厂等停产。黄浦区中国大戏院水深2 m，淹至舞台面。永安公司附近水深1 m多，市区3 000余户居民受淹，17条公交路线停驶。因触电或溺水死亡52人，伤63人，200余家工厂企业停产或半停产，仓库、商店被淹，仅外贸部门就损失1 000万元以上，交通停顿一天多，洪水10天后才陆续退尽。郊区倒塌房屋2.1万余间，农作物受害严重，江中损船14条。崇明16个乡受淹，堡镇码头损坏，长兴、横砂诸岛受淹。灾后，大规模修建防汛墙，将百年一遇的防汛标准提高到千年一遇，浦西黄浦江及吴淞江两岸修筑318 km的防汛墙。宝山、徐汇、长宁、奉贤、浦东新区5区也修建110 km的防汛墙和河口水闸。

9月6日6214号台风于福建连江再次登陆后，随即北上经浙江，7日上午于江苏中部入海，转向朝鲜半岛。受此影响，华东沿海普遍暴-大暴雨，苏南、浙东、闽东北过程降水量200～400 mm，浙江庄屋水文站最大达634 mm，出现6～8级、阵风8～11级、最大9～12级大风，浙江江河水位多在警戒线以上，鳌江发生洪水，曹娥江、甬江超以往最高水位，金华、杭州地面水深1 m左右，有的深2 m以上，全省受淹农田1 054万亩，倒损房屋9.7万间，冲毁桥梁1 100座，毁坏各类水利设施1.6万余处，100余万人被洪水围困，死224人，伤470人。9月5—7日上海、松江、青浦、金山大暴雨，50万亩水稻和8万亩蔬菜被淹。9月6日上海共出现4个龙卷风，嘉定江桥、长征、龙华、浦东三林、杨思、龚路、杨园、崇明合兴、向化、汲浜及徐汇、长宁部分地区受灾。龙华水泥厂20 cm直径的钢筋混凝土圆柱折断，职工宿舍被毁；龙华机场毁机3架，重创5架，全市倒损房屋2 800间，死23人，伤176人。江苏苏州、吴江等农田积水0.3 m，深的1 m余，苏州地区倒房700余间，损坏1.5万余间；镇江地区倒房1 300余间；南通地区20%左右的高秆作物被大风刮倒，全区倒房1.9万余间，损坏5.5万余间。太湖流域及里下河地区严重内涝，受淹农田1 100万亩，其中兴化县城进水，全县80万亩农田全部浸水。安徽泾县、南陵、繁昌、郎溪、广德等27万亩农田受淹，倒房1万余间，死6人，伤34人。

1963年

4月5日清明节上海最高气温26.8℃，次日受冷气团南下影响，气温骤降到5.6℃，日温差达21.2℃。

5月20日大风雷雨，川沙、南汇、上海、松江等县刮倒房屋、仓库、棚舍等，死1人，伤13人。

7月4日上海恒丰路2户居家遭雷，死伤各2人。

8月23—24日上海雷暴雨，打浦桥积水最深60～70 cm，长宁区约1 500户居家积水30～40 cm。

9月12—13日（七月二十五—二十六日）6312号台风在连江登陆，闽北、浙江、上海沿海普降暴-大暴雨，局部特大暴雨；浙江三溪浦水文站最大766 mm，闽中至苏南普遍6～8级大风，浙江石浦至连江9～10级，局部11～12级，浙江严重受灾。据不完全统计，全省151人罹难，365人受伤，719万亩农田被淹，倒房13.6万间，冲毁水利工程设施1.6万余处，桥梁1 092座，沉船318艘。上海最大风力11级，大团、惠南、泥城、新扬、六灶、周浦、松江、奉贤、莘庄降雨量均在300 mm以上，大团高达512 mm，市区、川沙、金山也大于250 mm，南汇受灾最重，惠南淹田170万亩。市区257座工厂进水，260座工厂停工，114所学校停课，道路积水204处，最深1.4 m，长宁区7 000余户民宅浸水，死亡13人，倒房千余间，南汇倒桥97座，沉船106艘；金山沉船7艘。台湾在此次台风中死亡363人，失踪438人，毁屋1.3万余间，半毁10 763间，财产损失超过5亿新台币。

10月25日傍晚青浦徐泾至松江泗泾、砖桥冰雹兼龙卷风，徐泾水稻减产2.6万～3.7万千克，泗泾砖桥每亩减产100千克，倒房37间，塌墙80堵。

1964年

春寒，2月17—20日连日降雪，市区积雪深14 cm，发生塌屋伤人事故。

4月3日上海市区及松江、青浦、上海、川沙等县大风，青浦沈巷、朱家角及上海县颛桥、北桥、塘湾、鲁汇伴有冰雹，倒损房屋、棚舍300多间，坍塌墙壁192堵，损坏三麦、秧苗甚多。

4月5日浙江黄岩某中学150余师生，乘两艘游艇游览长潭水库，中午刚过遇龙卷风，游艇掀翻，师生全部落水，仅数人生还，其余140余人遇难。

4月12日淮河干流蚌埠站最大流量3 050 m^3/s，是历年同期的最大值，沿淮洼地一般积水30多cm，深的达1米以上，冲毁桥梁、公路，房屋倒塌，人畜伤亡，不少地区大面积滞水，夏季作物受涝成灾。

6月27日上海市区、松江、川沙暴雨，嘉定、宝山大暴雨，5万亩农田受淹，轻工业局16家单位进水停产。

冬寒，连续积雪日达8天。

12月19日04时04分江苏吴县东山(31.3°N，120.3°E)4.2级地震。东山镇绝大多数人有感。八成人群惊醒，有人冲出房外，一处山墙角倒塌，一处食堂用砖封堵的边门震后填充墙倒塌，另一处砖垒的破墙倒塌30多厘米。吴江有感，苏州、无锡、湖州、长兴轻微有感。

1965年

4—5月上旬上海倒春寒，4月11日终霜，奉贤早稻烂秧，损失谷种近50万千克。

5月19—20日江苏兴化、东台等15县雨雹。

5月24日嘉定望新、外冈、方泰、安亭等18乡35自然村冰雹，毁坏三麦3 800余亩，油菜1 300余亩。

梅雨期仅3天，属空梅年。上半年上海总体偏旱。

7月26日21时6510号台风经台湾于泉州再次登陆，随即向北北西向移动，途经赣、皖、苏、鲁等地普降大-暴雨，华东沿海大风，其中福建崇武至浙江石浦8～10级阵风11～12级。7月至8月上旬豫东、鲁南、淮北连降大-暴雨，降水量达350～930 mm，大部地区比常年多7成到2倍，商丘、临沂、亳州、清江、盐城等地的降水量都超过1954年的同期降水量，淮河流域河水猛涨，河水位普遍高出地面1～2米，部分地区出现较重的洪涝灾舍，其中皖、苏两省北部内涝持续时间最长，对秋收作物影响较大。据安徽有关部门统计，全省受灾面积1 600余万亩，其中绝收或基本无收的有840余万亩。上海7月30日市区、宝山、川沙局部暴雨，杨浦区大暴雨，时间短，雨势猛，部分电车停驶，工厂停产。江苏徐、淮地区受涝农田153万亩，倒房2.5万余间，死10人，伤18人。

8月10日金山钱圩、金卫龙卷风，摧毁房屋、棚舍535间，刮倒高压线杆4根，伤5人。

8月20日02时6513号台风越台湾后再次于福建福清登陆，随之迅速减弱为低气压，北移经浙江入江苏，在江苏沿海又加强为台风，最后移向朝鲜。受其影响闽、浙、苏、皖普降大—暴雨，闽北、浙东南、苏北沿海大暴雨，江苏大丰闸水文站达900 mm以上。华东沿海大风，福建平潭至浙江石浦最大风力8～10级，局部11～12级。浙江飞云江、鳌江洪水水位接近历史最高值，温州、台州等地受损最重，全省淹没农田149.5万亩，毁水库46座，山塘336处，防洪堤1 800余处，倒房1.2万余间，冲毁桥梁895座，死146人，伤111人。江苏8月19—22日苏北沿海特大暴雨，主要分布于镇江、扬州、淮阴、盐城4地区，以盐城地区雨量最大，暴雨中心大丰县3天累计雨量917.3 mm，最大24小时降水量672.6 mm，雨量100 mm以上面积8.36万km^2，涉及46县市。事前该地区梅雨期已持续月余，雨量超过1954年，三河闸站雨量达1 056.5 mm，梅雨后里下河又持续10余天连续阴雨，雨量丰沛。加之，受这次台风影响，海浪汹涌，潮水位顶托，使涝情进一步加重。全省受涝面积1 800万亩，倒塌和损坏房屋72万间，死亡127人，灾民10万余人。盐城地区最重，秋熟面积80%、约706万亩受灾，其中200万亩基本无收，造成秋粮、棉花大幅减产，大丰县三龙公社全社7万亩棉花、杂粮绝收。安徽广德山洪暴发，泛滥成灾，淹没农田8.7万亩，倒房2 000余间，人畜有伤亡。

8月25日奉贤南桥冰雹，大者2 cm，6乡37村受害。

8月29日半夜宝山横沙龙卷风，57户倒房44间，棉花倒伏150亩。

1966年

2月20日寒潮降温。

3月2日夜崇明三星、海桥、合作、庙镇4乡镇交界处龙卷风、暴雨、冰雹，倒房1 042间，死1人，伤51人，5 000亩农作物严重受害。

3月3日00时10分前后盐城西南20公里的泰南公社刘村附近龙卷风，随后向北东东移动，影响龙岗、张庄公社，01时左右穿越盐城镇北闸大队，01时07分影响盐城东北10公里的南洋公社，再而射阳新洋公社，01时15分左右从大丰三龙公社入海。自生成到消失仅70分钟，影响范围宽约1～2 km，长约30余km，但风猛，摧毁力强。盐城8小时内降水79 mm。据初步统计，盐城、射阳、大丰3县21公社遭受不同程度灾害，以张庄、盐城、新兴、南洋4公社为最重，死87人，伤1 246人，其中重伤275人，毁房3.2万余间，盐城磷肥厂一个直径2.7米、长9米、重6.5吨的大容器，从新洋港河北岸刮到南岸。

7月10日上海暴雨，川沙施湾大暴雨，川沙、南汇数千亩农田受淹。

夏秋，上海旱。

7月22日崇明堡镇遭强对流灾害性天气袭击，倒损房屋112间，棚舍474间，2 000余亩棉花受损，玉米大面积倒伏，雷击毙1人。

9月7日奉贤江海、庄行、邬桥；南汇万祥、三墩龙卷风，倒损房屋265间，伤18人。

1967年

3月26日冰雹、龙卷风袭击苏、浙、皖、沪等省市的一些地区，江苏26日10时开始江阴、沙洲、南通境内突然狂风大作，电闪雷鸣，冰雹倾砸。一般风力8～10级，阵风12级以上。冰雹大者如卵，个别似碗。据不完全统计，10～15分钟内，共倒房2 000余间，严重损坏900余间，死14人，伤90余人，毁坏农作物3万余亩。同日，上海南汇、川沙27乡也出现2股龙卷风，共倒房1万余间，伤28人。金山、嘉善接壤处龙卷风，22座高压输电铁塔，每座铁塔有4根2.2 m深的锚桩，防风设计能承受65 m/s的大风，竟被扭断拔起。浙江26日、27日、29日连续3次遭到冰雹、雷暴、大风袭击，波及嘉兴6县、杭州4县、金华6县、台州2县共18县。26日重灾区在嘉兴地区，27日以台州受灾为主，29日灾害性天气则由西向东横扫浙江中部，大风风力一般在10级以上，阵风则超过12级。冰雹大者如拳，小者似豆，10分钟左右平地积雹13～17 cm。据不完全统计，全省共倒房1万余间，死130人，伤900余人，其中重灾区吴兴县死50人，伤500余人，倒房5 200余间。皖南部分地区亦雹。

5—6月，金华等地40个公社(乡)、135个大队被洪水围困，沿江40余万亩农田被淹，冲垮小水库4座，其中常山县子午口水库溃坝后淹田700余亩，死2人，冲塌房屋21间。

7月4日夜至5日凌晨崇明三星、海桥乡龙卷风，倒损房屋613间，伤23人，1艘100吨铁驳船被吹上岸滩；雷击起火，烧毁房屋7间。

7月11日17时15分马鞍山(31°47′N，118°20′E)4.6级地震，采石镇及当涂县古基村烟囱倒塌，房墙掉土、掉瓦，个别坍塌。和县、含山、无为、南京、江宁、江浦等有感。

夏秋期间，闽、浙、皖、苏、沪7—10月大部降雨只100～200 mm，比常年同期偏少6～8

成，浙江衢州仅 44 mm，只是往年的 10%，加之伏雨稀少，又无台风光顾，是继 1934 年大旱之后的严重干旱年，直至 11 月干旱才陆续缓解。上海 7 月 23 日至 9 月 9 日连续 49 天滴雨不下，农田干裂，稻棉枯死，蔬菜无法栽种，病虫害猖獗。浙江 8 月以后旱情迅速发展，中旬受灾农田 423 万亩，至 8 月底扩展为 1 000 余万亩，占整个秋作物的一半，主要江河如曹娥江、姚江、婺江、江山港等断流，钱塘江、灵江水位显著下降，全省 39 座大中水库蓄水量仅占设计蓄水量的 26.4%，处于死水位状态，无水可放。小水库及山塘涸竭，干旱程度超过 1934 年。

1968 年

7 月 12 日上海县吴泾、塘湾龙卷风，刮倒房屋 40 余间。

7 月 14 日 14 时安徽舒城南港龙卷风持续约 3 小时，最大风力 12 级，有 4 个公社 11 个大队受到影响，龙卷风中心经过的 4 个大队共摧毁房屋 2 147 间，4 000 余亩农作物受灾，死 10 人，伤 206 人。

7 月 29 日大风，上海县虹桥镇育苗棚刮塌 13 间，压伤 18 人。

1969 年

5 月 4 日金山廊下、张堰龙卷风，毁房 50 余间。

5 月 29 日下午至傍晚有二股冰雹袭击上海，其一于下午 4—5 时先发生于崇明新民至堡镇，最大如蛋，3 000 亩棉花、5 000 亩玉米受灾；其二于下午近 5 时由昆山进入青浦经松江至南汇西部，持续 1 小时余，大者如拳，以闵行区曹行、杜行受灾最重，最大单体雹重 5 斤左右，天窗、烟囱普遍被砸，棚屋损坏，击伤人畜。

6 月 2 日崇明、嘉定、宝山、川沙龙卷风并伴有雷雨冰雹，倒损房屋 550 余间，伤 6 人。1 000余亩玉米八成被打成光杆，油菜田遭损二至三成；川沙六团有 200～250 公斤重的铁筛被吹起腾空位移 400 米。

浙西、皖南梅雨连降大暴雨，7 月 4—6 日 3 天雨量 100 mm 以上的范围东至浙江上虞，西达江西彭泽，北达安徽芜湖，南止江西婺源，面积 5.58 万 km^2，在新安江和分水江出现罕见的特大洪水，屯溪最大流量 5 390 m^3/s；练江最大流量 6 630 m^3/s；两支游合流后的新安江干流最大流量 1.07 万 m^3/s；分水江最大流量 1.26 万 m^3/s，多处山洪暴发。据浙江防汛办公室统计，全省受淹和冲毁农田 108 万亩，倒塌损坏房屋 3.8 万间，死亡 697 人，损毁水利工程 129 万余处，冲走粮食、木材不计其数。其中分水江流域灾害最重，洲头、新溪、河桥、潜川、印诸等乡，昌化、麻车埠、毕浦等镇均遭重创，印渚乡 11 个大队中有 9 个受灾，南堡大队整个村庄灾后夷为平地，只剩半间房屋一株树；淳安县损失亦重，坏房 2 400 余间，受淹农田近 5 万亩，损毁水利工程 81 处，水库 11 座，死亡 36 人。安徽以徽州地区受灾为重，其中又以歙县为甚，32 个公社严重受灾，全县受灾农田 13.3 万亩，占全县农田面积的 65%，冲毁房屋 4 000 余幢，山塘、小水库 14 座，死亡 175 人。上海 7 月 4—5 日也暴雨，2 日的降水量共 105 mm，市区 50 多处积水，倒屋 13 间，青浦、松江 5 万余亩农田受淹。

7 月中旬鄂、皖两省特大暴雨，200 mm 以上雨区自鄂西恩施一直东延至江苏盐城，长达 1.2 万 km，宽约 200～300 km，面积达 21.8 万 km^2，给鄂、皖两省 88 县市造成严重洪涝灾害，合计农田受灾面积 2 300 万亩，受灾人口 1 190 余万，死亡 1 655 人，倒房 77 万余间。长江干流大洪水，汉口 7 月 20 日洪峰流量仅次于 1870 年和 1954 年，达 6.24 万 m^3/s。安徽 32 县市受灾，主要在安庆、巢湖、六安 3 地区，农田成灾面积 693.57 万亩，受灾人口 503.2

万,死亡777人,倒房49万余间,无为受灾最重。

8月5日中午上海突发雷暴雨,最大暴雨中心在嘉定长征一带,日降雨量达266 mm,1小时最大雨量为104.8 mm,近百家工厂进水,积水最深达1米,上钢十厂停产,郊区15万亩农田被淹,粮食系统3.8万千克大米、27万千克玉米、70包稻谷受潮。

8月23日嘉定、青浦、金山、松江、上海、川沙、南汇等县21乡出现雷雨、大风并伴有冰雹,青浦西部龙卷风,共倒塌房屋、棚舍915间,电杆21根,伤9人。

8月31日崇明城北、城东、竖河、大新9乡雷击,毁屋5间,死2人,伤5人。宝山和吴淞龙卷风,上钢一厂8台龙门吊车和1台大型行车被刮出轨,硫酸厂50米高的烟囱刮倒。

9月26—30日受台风外围影响,宝山长兴、横沙和川沙合庆、向阳圩海塘堤岸损害严重,农田受淹。

是年3—9月上海共发生冰雹、龙卷风强对流灾害性天气10次,为新中国以来最多的年份。

1970年

2月下旬至3月底长江下游持续低温阴雨,其中3月份几乎全月阴雨,日平均气温一般都在10℃以下。3月12—13日上海普降大雪,积雪厚10～17 cm,电线结冰5～10 cm,郊区因电线结冰,折断电杆23 800余根,造成大面积停电停水。压塌房屋、棚舍5 695间,死3人,伤48人。奉贤泰日沉铁船1艘,溺毙3人。

6月3日苏北灌云、射阳、响水、东海等9县市突遭风雹袭击。冰雹一般直径1～3 cm,最大5～8 cm,来势迅猛,倾泻如注,平地积厚10 cm左右,并伴有8～10级、阵风12级大风,28万亩农物物遭到不同程度损坏,局部收成无望,倒房100余间,损坏3 000余间,死5人。

6月24日上海市区、莘庄、川沙暴雨,市区低洼处及郊区部分农田积水、工厂停产,防空洞塌方,吴淞化工厂电石爆炸。

6月下旬浙江钱塘江和新安江水库暴雨,淳安、兰溪等地大暴雨,浦阳江湄池26日水位涨至11.26 m,超历史最高纪录。全省早稻受灾100万亩,死亡55人,库容30万立方米以下小水库14座被毁,诸暨直埠至红门段水位涨至路基枕木、景湖圩垮塌、朱桥铁路新桥施工均对浙赣铁路运行安全构成威胁。

7月1日崇明雷暴雨伴随大风,晚玉米倒伏减产,东方红农场和新民乡雷击,毙2行人。

7月4日暴雨,滁州汊河镇滁河水位11.66 m,超保证水位2.16 m,南京东部一度积水,仓库进水;南京热电厂有一台机组停产;宁沪铁路因塌方一度中断运行。江苏受淹面积410余万亩,倒房7万余间,死亡90余人,伤120余人,毁10座小水库。

7月12—13日皖南池州、芜湖、徽州3地区暴雨,特别是青阳、泾县、东至、石台4县降水量均在300 mm以上,山洪暴发,河流、库水位猛涨,塘坝、河堤溃决。据初步统计,全省50县市受灾,464万亩农田被淹,冲毁小水库60余座、山塘堰坝1.3万余处、桥梁1 024座,倒房6.2万余间,死亡90人,冲走粮食32万千克,木材4 100立方米。

7月26日青浦、松江、金山、上海、嘉定、崇明等县遭强对流灾害天气袭击,倒塌房屋、棚舍9 359间,折断电杆44根,沉翻农船16条,数万亩禾棉、玉米受冰雹摧残,死2人,伤45人,死伤牲畜32头。

8月下旬至9月下旬江苏各地连续降雨,南通、扬州两地区北部和盐城地区总雨量都在300 mm以上,盐城县601 mm,局部如盐城伍佑公社3天雨量550 mm,东台东台河闸更达635 mm,淮阴地区东部、盐城及沿江地区如东台、大丰、建湖、射阳等雨日都在20天以上,盐城、扬州两地区受灾最重，盐城积水一般 15～35 cm，最深 1 m，受涝面积 349 万亩，粮食减产估计 1～2 成，倒房 2 万余间，毁坏桥梁 49 座，20%中稻倒伏，发芽严重的达 50%～70%，棉花普遍落蕾、烂桃。里下河一带损失 3 成，沿江一带损失 1 成。

9 月 13—14 日上海、嘉定、宝山、川沙连降大-暴雨，大面积积水，上万户居民住房进水，上百家工厂停产。

9 月下旬寒潮，长江下游大部地区出现寒露风天气，是 40 年来寒露风出现较早、危害较大的年份之一。

1971 年

1 月 31 日上海严寒，多数地点出现近 40 年来的最低气温，莘庄气温为 −11℃，宝山、川沙为 −7℃左右。

2 月 9 日 07 时 51 分舟山(30°12′N，122°40′E)4 级地震，青滨、庙子湖、东福、黄兴 4 乡群众普遍有感，并闻地声，房屋作响，个别屋顶及墙上石块掉落，有感范围东西长 70 km，南北宽 40 km。

4 月 28 日安徽长丰、定远、肥东、全椒、含山、和县、当涂 7 县先后经历风雹天气过程，冰雹大小一般 5～6 cm，雹带长 200 km，宽 8 km 左右。45 万亩农田遭灾，倒房 1.4 万间，伤及 1 200 余人。

6 月 25 日晚江苏泗阳、清江、淮阴、洪泽、盱眙、滨海、阜宁等分别遭受大风或龙卷风袭击，风力最大 11 级左右，共 63 个公社受到不同程度灾害，倒塌、损坏房屋 3.5 万余间，70 多万亩玉米倒伏，损失粮食 100 万公斤，死 24 人，伤 180 人。

浙南、皖南夏秋连旱，浙江夏季降水很少，8 月底受旱面积达 858 万亩，全省 45 座中型水库中有 15 座已基本放空，其余蓄水量也只占设计量的 20%，钱塘江、瓯江等江河的流量接近 1967 年大旱年的最低值，浦阳江、曹娥江、婺江等较大江河断流，严重受灾地区的工业及居民用水困难。宁波、温州两市居民每天只供水 2 小时，大部分工厂停工，仅温州市就 300 余工厂停产，服务行业也基本息业。江苏大丰、东台等县海水倒灌，水质含盐量高达 6‰，部分稻田高达 10‰，死苗 1 万余亩，黄苗 2 万余亩。上海 7—8 月伏旱，晚稻、棉花减产；其间 7 月 18、30 日于川沙、8 月 16 日于崇明、8 月 17 日于奉贤、8 月 23 日于青浦发生 3 次冰雹。

9 月 1 日上海徐汇区局部雷暴雨，1 个多小时降雨 85 mm，严重积水，1 800 多户民宅进水，20 多家工厂停产。

9 月 23 日(八月十六日)7123 号台风在福建连江二次登陆后，经闽北、赣东北、皖南、苏北入黄海，中心附近最大风力始终保持 8 级以上，其中闽中至浙南沿海最大达 9～12 级，华东沿海普降大-暴雨，局部大-特大暴雨。由于风大雨急，又值八月大潮，江河水位猛涨，海水倒灌顶托，灾情十分严重。浙江飞云江、鳌江、瓯江、灵江、曹娥江等河流均超警戒水位，乐清站、鳌江站还超历史最高纪录，灾情以温州地区最重，其次为台州、丽水地区。全省 138.3 万亩农田受淹，倒房 5 000 余间，损坏 3.2 万余间，冲毁小水库 40 座，江堤、海塘 2 288 处，总长 197 km，死亡 82 人，伤 93 人。上海受台风外围影响，嘉定 2 500 亩蔬菜、横沙 1.6 万亩棉花、川沙 2 万亩晚稻、南汇 70%油菜受损。江苏淮阴、徐州及盐城部分地区 110 余万亩农田受淹，倒房 1 300 余间，死 6 人，重伤 1 人。安徽沿淮东部出现轻重不等的洪涝灾害，五河县倒房 800 余间，水稻倒伏损失约 10%，1.6 万亩绿豆受灾；芜湖等电讯一度中断，高压输电线路遭到破坏。

12月30日18时46分长江口(31°18′N，122°18′E)4.9级孤立型地震，佘山岛、鸡骨礁、嵊泗、花鸟山岛强有感，房屋裂缝，屋顶掉灰，上海全境及江苏启东、太仓、昆山、吴江，浙江平湖、嘉善、慈溪、镇海、宁波、鄞县、象山、定海、普陀、岱山有感(图3-27)。

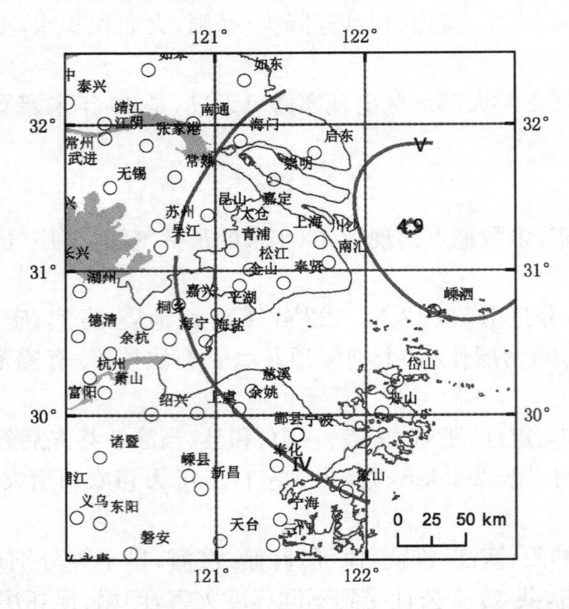

图3-27　1971年12月30日长江口4.9级地震等震线图

1972年

1月25日10时06分台湾绿岛(22.6°N，122.3°E)8.0级地震，上海轻微有感，上海酿造厂酱池摇晃起波。

3月30—4月3日江南各地出现霜冻，油菜、小麦、蚕豆、蔬菜及牲畜遭受冻害。

4月18日安徽30个县大风、冰雹，风力一般8～9级、阵风12级，冰雹大者如卵。据13县统计，损坏房屋37万间，死20人，伤730人。

6月27—28日上海连降雷暴雨，涉及宝山、嘉定、松江、奉贤、南汇等县，以虹口区积水最深，达50 cm，20多家工厂进水；川沙城北及江镇乡2人遭雷死亡；28日奉贤庄行、江海及金山亭新、朱行、新农冰雹，倒损棚舍28间；同日，川沙镇北及江镇雷击，各击毙1人。

8月17日(七月十九日)7209号台风于浙江平阳登陆，中心附近最大风速43 m/s，次日凌晨于浙西南减弱为低气压。华东沿海大部6～8级大风，其中浙江、上海、闽北最大9～12级。浙、闽沿海普降暴-大暴雨，局部特大暴雨，如平阳昌禅水文站过程降水量达626 mm，临海、三门、瑞安等县城进水，平阳海水倒灌成灾；宁波至临海、台州至温州、温州至金华等公路干线中断；嘉兴地区1万伏高压线路严重破坏；全省243.7万亩农田受淹，倒房3.6万余间，损坏6.5万余间，冲毁水库17座，山塘107处，江海堤防1 062处，冲失、损坏船只1 052艘，损坏桥梁94座，死80人，伤382人。受台风影响，上海、崇明、金山、松江倒损房屋、棚舍万余间，死2人，伤16人，水稻、棉花倒伏严重；金山沿海圩塘受损；全市高压电线吹断多处，触电死亡11人，黄浦江泊船断缆、走锚多起。

8—11月，东海北部海域(30～32°N，125°30′～126°E)赤潮。

10月21日寒潮南下，偏北大风劲吹，气温快速下降，出现低温、霜冻、雨雪等现象。

1973 年

5 月 13 日傍晚至 16 日夜，浙江大部大-暴雨，钱塘江流域降水量一般都在 120～200 mm，由于前期降雨也多，钱塘江、浦阳江、曹娥江、东、西苕溪等主要江河泛涨。

6 月 28 日青浦白鹤、香花、新挢、城西等乡遭大风冰雹袭击，倒塌房屋、棚舍 1 173 间，死 1 人，伤 5 人，毁棉花、玉米 6 000 余亩。

8 月 29 日上海市区雷暴雨，嘉定大暴雨，杨浦区部分工厂因进水 30～50 cm 而停产；定海街道 2 小孩雷击伤残。

9 月 18—21 日江苏、安徽部分县市降雹。

10 下旬至次年 1 月上旬浙、苏、皖、鄂、湘、赣、豫等大部或一部旱情较重，各站总降水量不足 25 mm，特别是 11 月上旬至 12 月底近 50 天，淮河流域及长江下游基本无雨，河湖水位低下，塘堰干涸，水田坼裂，麦苗萎黄，部分死苗，江苏受旱面积 4 200 万亩，占越冬作物面积的 84%，12 月中旬洪泽湖、骆马湖、微山湖蓄水和 1972 年同期相比减少 19 亿 m^3，局部甚至人畜饮水困难。安徽冬小麦、油菜受旱面积约占播种面积的 93%，滁州地区水库蓄水量仅占允许蓄水量的 13%。上海 11 月 9 日至 1974 年 1 月 13 日连续 66 天干旱，无雨雪。为近百年来连续冬旱天数最久的一年。

1974 年

1 月 16 日青浦大雪，压倒电线杆 36 根，11 条线路中断。2 月下旬，寒潮降温。

4 月 22 日 08 时 29 分江苏溧阳(31°25′N, 119°15′E)5.5 级地震，震源深度 18 km，极震区烈度七度，受灾严重和比较严重的乡镇 7 个，一类房屋大部破坏，其余几乎都有损坏；二类房屋墙体大部裂缝，少数墙角开裂，有的部分倒塌；三类房屋大部裂缝。8 人死亡，重伤 26 人，轻伤 188 人，致残 5 人，经济损失 3 491 万元，有感范围北至宝应，西到合肥，南迤建德，东达杭州湾，上海全境轻微地震有感(图 3-28a、b)。

6 月 4 日上海突发雷雨大风，局部伴有冰雹。金山倒塌房屋 303 间，死 3 人，2.26 万亩油菜严重受损；嘉定唐行、华亭、朱桥乡 1.15 万亩棉田受损，损失油菜子 7.5 万千克，晒在宝山丁家桥机场的 7.5 万千克油菜籽、1.5 万千克的麦子被风雨刮走冲失。

7 月 23 日—月底江苏部分地区大-暴雨，并伴有冰雹和大风，10 余县市降水量在 300 mm 以上，其中响水、句容 400 mm 以上。南京秦淮河骆村站、滁河晓桥站、里下河兴化站均超警戒水位。全省 18 座大、中型水库超汛期控制水位，800 余万亩农田受涝，60 余万亩农田风雹成灾。其中镇江地区损失存粮 5 000 余万公斤，倒房 5 万余间，损坏 4.6 万间，冲毁桥梁 108 座，涵洞 406 座，塘坝 1 740 处，小型水库 7 座，破圩 61 处，共死亡 71 人，伤 500 余人；句容县 55 村庄近 1 万亩农田受淹，宁杭公路被洪水冲毁，运输一度中断。

7 月 28 日夜宝山顾村、嘉定城东、金山枫泾、兴塔、新农、朱泾、松隐等乡大风冰雹，倒房舍 305 间，电杆 50 根，5 万余亩早稻、棉花倒损。

8 月 20 日 00 时(七月初三)7412 号台风在浙江三门登陆，上午即减弱为低气压，全省普降暴-大暴雨，沿海 10～12 级大风，又正值天文大潮期间，闽南至山东沿海全线大海潮，杭州湾、长江口出现历史最高潮位，上海苏州河口水位达 4.98 m，破以往最高水位记录。浙江全省 323.8 万亩农田、10.8 万亩盐田受淹，漂失船只 1 640 艘，损坏渔船 2 340 条，海塘决口 2 163处、长 422 km，冲毁防洪堤 336 条，山塘 103 处，水库 12 座，毁坏桥梁 333 座，涵洞 323 处，倒房 2.2 万余间，死 136 人，失踪 53 人。上海沿海部分围堤冲毁，海水倒灌，宝山毁堤

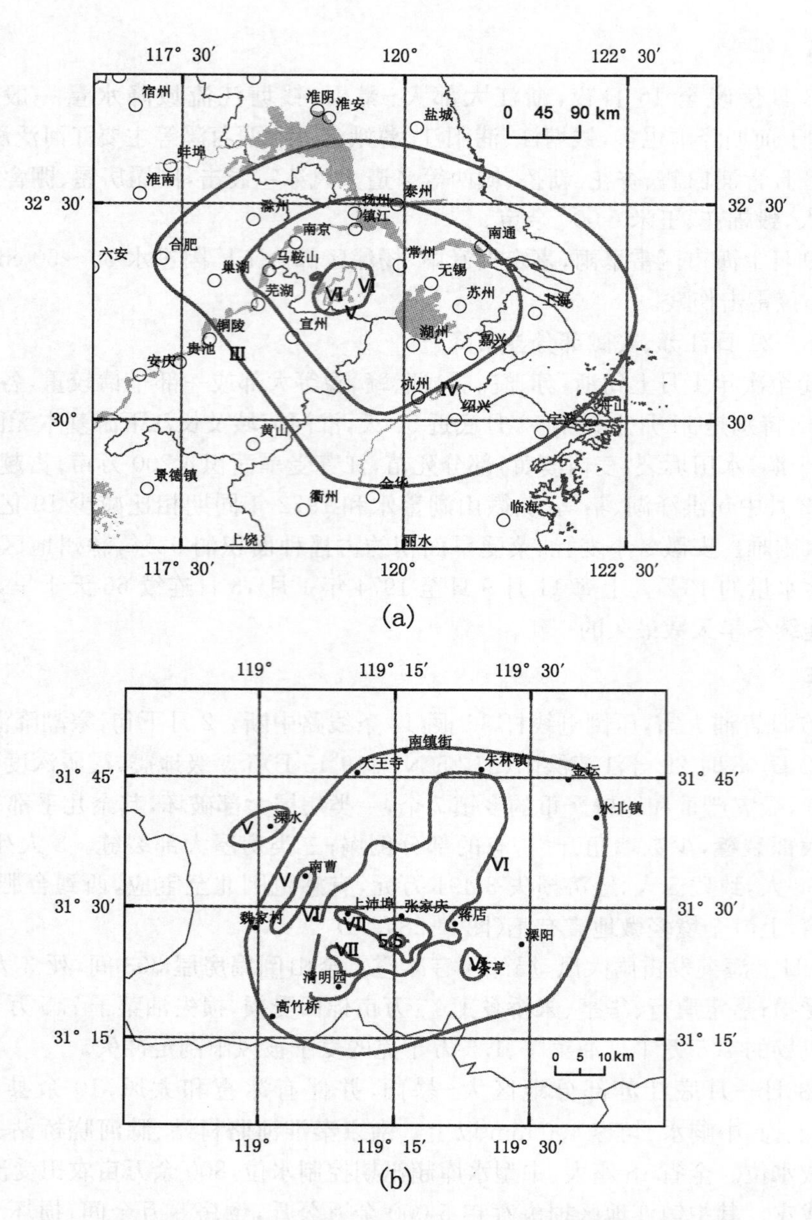

图 3-28　1974 年 4 月 22 日溧阳 5.5 级地震等震线图(据江苏地震局)

31 km,淹田 3.4 万亩,倒塌房屋 531 间,死 1 人,伤 2 人。

10—12 月,松江旱,油菜普遍枯苗,麦田生长不良。

1975 年

5 月 30 日上海市 6 区、郊县除崇明外,9 县 93 乡伴有雷暴大风的特强冰雹。雹分南北 2 路:北路由昆山进入嘉定、青浦;南路由嘉善进入金山、奉贤、闵行、上海。两路在上海县合并后加强,继续进入南汇、川沙,受灾也最重。全市损房 2 800 余间,死 5 人,伤 30 人。3 万亩棉花、2 万亩蔬菜、2.5 万亩油菜受损,松江 1 台大型塔吊刮倒,压塌房屋 3 间,死 1 人。同日下午,安徽桐城、怀宁遭龙卷风袭击,所到之处直径 1 m 的大树拦腰折断或连根拔起,一个数百千克重的大石滚被卷离原位 20 余米。进入怀宁县的龙卷风发展至顶盛阶段,所过之处房屋全毁,一台打谷机被卷到200余米远的水田里,而后又从水田卷到高坡上。龙卷风破坏最重的地带长2.5 km,宽1.5 km,历时半小时。与此同时,上述地区还遭冰雹危害,雹带东北-西南向,长约70 km,宽约10 km,历时1.5小时,桐城受灾最重,雹大如碗,一般似卵,平地积雹6～10 cm,棉田夷为平地,树木打得断枝落叶。据不完全统计,桐、怀两县共65万亩农田受灾,损坏房屋9 600余间,损失储备粮6万千克,双季稻种8万千克,死2人,伤406人,重伤49人。

6月27日上海普降暴雨,市区积水深约40 cm,部分工厂、仓库进水,3条线路电车停驶,数千亩农田被淹。

7月1日上海暴雨,局部大暴雨,市区普遍积水,彭浦及杨浦地区部分工厂进水较重,7郊县16万亩农田受淹。

7月27日雷暴雨,局部大暴雨,上海市区普遍积水,北京东路广播电台门口水深1米,较多工厂进水停产,17条电车线路停驶,200多家粮油商店积水,损失大米400多包;金山、松江大风,倒损房屋2 000多间,仓库20多处,损稻235万千克,棉花倒伏1万多亩,吹断高压电线3条,电杆200～300根,1座30 m高的烟囱被刮倒;同日,川沙龚路、合庆、王港及上海县虹桥乡冰雹,5 000余亩棉、稻田受损。

8月12日05时7504号台风于温岭登陆,最大风速35 m/s,13日凌晨于浙西减弱为低气压,浙江中西部普遍7～9级、局部11～12级大风。全省大—暴雨、局部大—特大暴雨,乐清石佛头水文站过程降水量达543 mm。据不完全统计,199万余亩农田被淹,倒房2.4万余间,损坏3.4万余间,冲塌水库13座,山塘29座,小水电69座,江海堤决口84 km,冲毁其他小型水利工程1 600余处,冲毁桥梁446座,漂失、损坏船只976艘,死179人,伤301人。

9月2日20时10分南黄海(32°48′N, 121°43′E)5.3级地震,海安角斜、海防部分房屋开裂,南通东部沿海个别简陋房屋倒塌,盐城、崇明、上海、镇海等有不同程度有感。

9月13—14日宝山横沙、长兴岛雷暴雨,1.5万亩农田受淹,最深处棉花没顶。

9月28—29日上海连降雷暴雨,长宁区局部大暴雨,市区462条路段积水,最深1 m。机电一局52家工厂停产,上海电碳厂因进水发生爆炸事故,损失近100万元。冶金、纺织、外贸、粮食等不少厂商进水,虹桥乡700余亩蔬菜田受淹。

1976年

3月下旬至4月中旬,长江下游持续低温,较常年同期偏低1℃～5℃,3月下旬至4月上旬更偏低3℃～5℃,上海倒春寒,较常年偏低3℃～5℃。南方地区大面积烂秧,湘、赣两省就此损失稻种1亿千克以上。

4月22日飑线自北而南纵贯浙江,历时10小时,先后在嘉兴、杭州、绍兴、宁波、金华,丽水、台州等23县市出现冰雹、大风、暴雨天气,浙北地区雹带一般宽2～3 km,最宽7 km,长13 km。历时10～20分钟,伴随9～10级、阵风12级大风。冰雹小者如蚕豆,一般似卵、如拳,最大实测1.5 kg。密集处420粒/m²,房屋庭院的天井里积厚30 cm。据不完全统计,全省160人受伤,死8人。其中嘉兴地区最重,130余万亩农田受灾,严重地块颗粒无收。倒塌瓦屋1 800余间、草房6 900余间,折断高压水泥电杆3 400根,烧毁变压器9台,伤52人,死6人。苏南、皖南部分县市亦雹。

4月27日南汇盐仓、祝桥、三灶冰雹;三灶又雷击,毙2人。大树折断,3 000亩农作物受灾;同日,雷击青浦重固,毙1人。

6月4日金山大风，倒塌房舍1 443间，2万余亩油菜受害，2人触电死亡，1人溺毙。

6月10日崇明新建、三星、庙镇、江口乡龙卷风、冰雹，刮倒房屋62间，大树折断，3 000余亩农作物受灾。

7月1—2日上海全市暴雨，市区、莘庄、金山局部大暴雨，崇明中部特大暴雨。市区数千户居民住房进水，部分工厂停产，郊县34.4万亩农田被淹，2 000多户农户进水，倒塌房屋、仓库、棚舍700多间，粮食受潮25万千克。

7月下旬至8月上旬，长江下游晴热少雨，安徽安庆、芜湖连续20余天烈阳高照，滴雨不沾，伏旱迅速漫延，受旱面积共约7 000余万亩。安徽中南部9月降水一般只20～50 mm，比常年偏少5～9成，又形成伏秋连旱，全省2 000万亩农作物受旱，重灾区在巢湖、滁州、安庆等地区，83%的塘堰、56%的小水库干涸；滁州定远县153万亩棉花，100万亩严重受旱，其中30万亩枯死。鄂、湘、赣的武汉、沙市、荆州、黄冈、孝感、郧阳、咸宁、常德、九江、景德镇等均旱。

8月31日青浦小蒸乡一学校教室遭雷、死学生2人，伤11人。

9月7日市区和川沙东北部大暴雨，徐汇区200余户住户进水。川沙杨园、高东、顾路、南汇下沙等龙卷风，部分房屋、棚舍倒塌，屋顶吹走，死、伤各1人。

11月2日05时25分盐城西南大纵湖(33.2°N，119.8°E)4.3级六度地震。大纵湖乡北宋庄受灾较重，15户烟囱倒塌，500户墙裂缝，4户土坯墙破坏，屋瓦下滑，个别老朽椽子震落，质量差的猪厩震倒。附近及兴化共20余乡轻微损害。

12月下旬至次年2月中旬冷气团频繁南下，中国大部气温持续偏低，北自黑龙江、内蒙，南至闽、粤、桂、黔、川等月平均气温均创40余年所未见，汉口最低气温－18.1℃，南京－13.1℃，长沙－9.0℃，慈利、临澧、花垣－16℃，三峡中的兴山、秭归等地也都低于－8℃，均创历史最低记录。渤海冰冻较厚，秦皇岛港许多外轮被困，威海港结冰数千米，最厚处70 cm，太湖、洞庭湖也冰冻数日，长江流域及以南各省区多次出现降雪或冰凌，湘、赣南部的冰凌天气最长持续7天。南方湘、赣、粤、桂等8省(区)冻死耕牛近百万头。三麦、油菜受灾严重，湖南大、小麦受冻面积占总面积的一半，油菜60%受冻。无独有偶，1月末北美五大湖区也冷锋过境，风速30 m/s，一些地方积雪深达9 m，数千名旅游者被困达1周之久，28人丧生，经济损失2.5亿美元。

1977年

1月28—30日寒潮不断南下，1月31日上海龙华气温－10.1℃，莘庄－11.0℃。2月8—9日又大雪，市郊积雪厚均在10～20 cm。引发交通事故47起，医院骨折病人2 000余人。蔬菜、柑橘皆冻死。杭州1月三场中-大雪，积雪日数24天，最大积雪深23 cm，仅上旬雨雪总量就达66.4 mm。安徽和两湖冻坏茶树、柑橘80%～90%。南方三麦、油菜受灾严重，大、小麦受冻面积占总面积的一半，油菜六成受害。

3月15日夜崇明东部大风雷暴，倒塌房舍4 190间，损坏1.12万余间，供电、通讯一度中断，死1人，伤98人。

4月14日奉贤胡桥、新寺、钱桥、青村等冰雹，损坏房屋408间，死2人，伤4人，400亩尼龙大棚砸坏，18 600亩农作物受灾。同日，浙江萧山瓜沥、头蓬也出现飑线天气，强雷雨和大风，并伴有一些冰雹。在杭坞山和长山之间的狭长地带，经衙前、坎山、大园、瓜沥、长沙、梅西、党湾和第一农垦场等地，长20 km，宽3～4 km，受灾面积约70 km^2，风力10级以上，灾区西南5 km的萧山气象站降水45.2 mm，10分钟内最大降水19,2 mm，受灾范围虽然不大，但灾情严重，倒房2.5万余间，大、小麦、油菜等春花作物倒伏，三线杆倒断400余根，死24人，重伤124人。

4月24—25日及5月5日浙江自北而南21县市先后遭受冰雹、大风、暴雨袭击。冰雹小者2～4 cm，大者10～15 cm，历时3～20分钟，最长31分钟，1 m^2面积有冰雹300粒左右，永嘉县雹带长15～25 km，宽2～3 km，平地积雹厚10～16 cm，降雹时伴随8～11级大风，阵风12级以上，缙云县气象站测得10分钟内降水29 mm，倾盆大雨造成山洪暴发和山崩。据21县市不完全统计，死14人，伤240人，损坏房屋2万余间，倒塌300余间。

4—6月，上海持续阴雨，春涝接梅雨，雨量丰沛，是历年春涝最重的年份之一，三麦产量比上年减产一半以上。

5月10日11时56分溧水白马(31.6°N，119.1°E)4.1级地震，白马、共和、东芦、东屏、在城等乡镇少数烟囱轻微破坏，个别房屋山墙尖及墙体开裂。溧水县城、句容、金坛、溧阳有感。

7月14、16日川沙顾路、龚路、杨园大暴雨、冰雹，全县8个乡部分农田受淹。

8月21—22日上海特大暴雨，据宝山塘桥站记录最大降雨量达585.6 mm，创上海日降量最大值记录。蕴藻浜两岸洪水泛滥，积水最深达2 m，宝山、嘉定受涝严重。全市农田被淹104万亩，房屋、棚舍受淹约7万间，倒塌万余间，沉船1 389条，塌桥26座，死2人，伤16人，全市375家工进水，162家完全停产，经济损失近2亿元。

9月11日(八月十八日)07时，7708号台风正面袭击崇明，台风中心附近最大风速24 m/s(10级)，12日凌晨于皖南宁国减弱成低气压，上海、苏南、浙北、皖南最大风力8～10级，阵风10～12级，大到暴雨，局部大暴雨或特大暴雨，最大降水量264 mm。据不完全统计，上海160余万亩正在扬花孕穗的稻田受灾，140多万亩棉花倒伏，11万多亩蔬菜严重受灾，倒房7万余间，损坏约2.5万间，崇明1 220吨客运趸船断缆沉没，水陆交通中断，37万农田受淹。宝山、嘉定农田严重受涝。全市因触电、倒房死11人，伤186人。江苏粮棉产区损失较重，倒伏、淹没农作物面积1 775.4万亩，倒房40万余间，损坏55.4万余间，损失粮食90余万千克，受潮1 200万千克，发芽35万千克，沉没、撞坏大小渔船175艘。全省死93人，伤3 616人。浙江舟山、宁波等18.5万亩农田受淹，冲失、损坏渔船117艘，2人死亡，17人受伤。安徽广德、宣城、郎溪等14.5万亩农田被冲淹，倒房2.6万余间，死16人。

1978年

2月4日长江口大雾，吴淞口外6艘轮船相撞。

自3月始我国大部降水偏少，受旱面积基本保持在1亿亩以上，重灾区主要在江淮大部及陕、晋、冀、鲁等一部，年降水量较常年偏少2～4成，江淮之间偏少3～5成，安徽合肥、蚌埠、安庆、芜湖、屯溪，江苏南京、常州、苏州、南通、扬州、东台，浙江金华等年降水量均为近40年来的最少值，其中芜湖566 mm、南京535 mm、上海772 mm更为有记录以来的最低值。4月黄淮海地区大部基本无雨，月平均气温偏高1℃～3℃，全国受旱面积增加至4亿亩，仅陕、晋、冀、豫、鲁、苏、皖7省受灾面积就达3亿亩，占全国受旱面积近80%。梅雨季节长江下游长期为副热带高压盘踞，梅雨期仅7天，秋雨又少，淮河以南部分地区继春旱后又夏秋连旱，鄂东北、安徽大部、江苏西部、上海、浙北不足200 mm，偏少6～7成，杭州130 mm，东台185 mm，芜湖135 mm，而气温自6月中下旬始均比常年偏高，日最高气温≥35℃在30天以上，鄂东北、赣北、皖南部分地区50～62天，较常年多15～20天，极端最高气温39℃～43℃。7月上旬鄂、湘、皖还出现一周左右4～6级的西南干热风天气，安徽淮河以南风力

6～8 级，蒸发量高达 600～800 mm，为降水量的 3～4 倍，造成旱象更迅速扩展，由 6 月下旬的鄂、湘、赣、闽、皖、浙、苏、沪 8 省市的 7 300 万亩，再增加陕、晋、冀、津、黑、内蒙、川、黔、桂共 17 省市的 1.9 亿亩。7 月下旬苏、皖、浙、赣及华北、东北旱情略有缓和，直至 8 月末全国受旱面积一直保持在 1.3～1.6 亿亩。9 月后虽有冷气团影响，但江淮流域 9—10 月仍以晴为主，降水持续偏少，形成夏秋连旱，部分地区连旱 3—4 月、甚至 5 月以上，以至淮水断流，洪泽湖干涸。上海 6 月梅雨期 16 天，总降水量 94.7 mm，只为均值的 36.7%。自 6 月底至 9 月夏秋连旱、酷暑，气温之高为 20 世纪下半叶少见。降水量仅为常年的 67%，是近 60 年来最少的一年。长江下游大范围干旱，降水量只为常年的 25%，长江来水大幅减少，对工农业生产及人民生活均产生不利影响。咸潮不仅侵入长江口，还进入黄浦江。崇明岛被海水包围近百天，农业减产。1978 年我国受旱范围之广、时间之久、程度之重为 20 世纪所罕见，对江苏而言为 60～100 年不遇，对安徽为 122 年不遇的特大旱年。

7 月 17 日金山朱泾龙卷风，直径 6～10 m，发出巨响，所经之处河水卷起 4 m 高，倒损房屋 10 间，一部脱粒机被卷离原地 10 m，田间晚稻脱粒，棉苗几全倒伏。

1979 年

春寒。1 月 31 日上海积雪厚 31 cm。

4 月 1 日崇明、嘉定、松江、宝山、吴淞、杨浦暴雨，部分农田受淹严重，一些工厂因积水停产。

6 月 8—9 日安徽 31 县降雹；江苏部分地区亦雹。

7 月 9 日 18 时 57 分江苏溧阳（31°27′N，119°15′E）6.0 级地震，震源深度 12 km，极震区烈度八度，溧阳西部上沛、上兴一带，共损坏房屋 34 万余间，其中万余间严重破坏或倒塌，死亡 41 人，重伤 654 人，轻伤 2 320 人，致残和有后遗症者 64 人，六度区涉及溧阳、溧水、高淳、句容、金坛、宜兴、长兴、郎溪 8 县市，受灾人口 416 889 人，经济损失 2.1 亿元。有感范围西至武汉，南达福州，北迄徐州，东抵江浙沿海，上海全境普遍有感。

7 月 16 日宝山横沙强雷暴、大风，损坏房屋、棚舍 537 间，玉米倒伏 500 亩。

8 月 15—16 日（六月二十三—二十四日）受台风外围影响，上海市区行道树刮倒 552 株，供电故障 1 193 起，死 7 人，伤 10 人。郊区农田局部积水，稻棉受损，南汇果园生梨损失 5 万担；崇明倒损房屋 1 362 间。

8 月 24—25 日（七月初二—初三）受台风影响，又恰逢大潮汛，崇明垦区大堤及宝山沿海海堤严重破坏，上海市区行道树刮倒 1 337 株，供电故障 1 314 起，死 5 人。郊区部分农田受淹，棉花普遍倒伏，蕾铃打落。

9 月底至 12 月中旬，我国大部降水稀少，涉及京、津、冀、陕、晋、豫、鲁、苏、皖、鄂、湘、赣、闽、粤、桂等省市区，出现大范围秋冬干旱，其中以冀、豫、鲁 3 省程度最重，全国最大受旱面积 2.3 亿亩。淮河以南广大地区持续少雨雪，其中鄂、湘、浙、赣等基本无雨雪，太湖枯水年，上海米市渡水文站的太湖泄水量仅为常年的 1/5。海水倒灌，淡水供应不足，很多企业停工停产，经济损失 1 400 万元，间接经济损失达 2 亿～3 亿元。金华、衢州总降水量为历史最小值。安徽 11 月中旬全省越冬作物受旱 2 300 万亩，因旱不能播种 350 万亩，计划种冬小麦3 200万亩，到 11 月上旬仍有 600 万亩无法下种，已播的 1 390 万亩受旱。江苏计划播种三麦、二豆 3 700 万亩，至 11 月中旬只播冬小麦 2 900 万亩，其中 1 300 万亩受旱。

1980 年

1 月 26—30 日长三角地区寒潮降温 18℃～21℃。

4月12—15日长江下游受强冷气团影响，出现倒春寒，安徽13日大别山区和皖南部分山区降雪，低山区积雪6～7 cm，中山区达15 cm，有冰冻。14日晨长江以北普遍白霜，沿江及江南霜冻，小麦、油菜遭受不同程度冻害，山区茶树冻坏，早稻烂种、烂秧。浙江13日下冰粒，杭州14日最低气温仅3.9℃，4月下旬全省各地旬平均气温比常年同期低4℃～5℃、并连续2～3天日平均气温在10℃以下等都是以往所未见。中下旬的倒春寒使秧苗受冻，烂秧一般占10%～20%，严重的占40%～50%。上海4月15日终霜，4月24日雪。

5月14日青浦新桥等乡雷雨大风、冰雹。

6月26—27日冰雹、狂风伴随暴雨袭击浙江26县市。冰雹直径一般2 cm，最大5 cm以上，持续时间约10分钟，平均每平方米50余粒，余姚、镇海最大风力12级，临安、普陀11级，海宁、定海、嵊县10级。灾害损失较大的有萧山、余姚、海宁、海盐、桐乡、余姚、慈溪、定海、普陀、岱山、镇海等。据不完全统计，共死亡151人，受伤262人，失踪23人，倒房2 800余间，损坏1.19万余间，90万亩农田受灾，刮断输电、通讯、广播线杆1.1万根，损坏和沉没渔船、农船326艘。岱山还损失食盐10万担，冲毁小水库2座；余姚损失杨梅100万斤，冲毁山塘1座，水闸5座，桥梁18座。

本年夏季由于北方冷空气势力强盛，长江流域气温持续偏低，尤其是8月份，平均气温更是历史同期最低，上海、南京、武汉均为有气象记录以来的最低值，出现少有的凉夏。湖北6—8月比常年偏低1℃～3℃，具有火炉之称的武汉7、8两月的平均气温仅26.2℃，比常年偏低4℃左右，而日照时数只有常年的一半左右。安徽7、8两月气温偏低2℃～3℃，整个夏天35℃以上高温天仅5～7天，比常年少15天左右。农作物生长期内气温异常偏低，积温小，加上阴雨连绵，光照不足，长势差，生育期推迟，早稻收割迟一周，空壳率高，单产每亩减产40 kg左右，中稻抽穗扬花、晚稻分蘖等均受影响，棉花结桃少，落桃、烂桃多，每亩减产15 kg左右。6—8月淮北地区日照时数偏少150～180小时，沿淮及皖南偏少240～300小时，其余地区偏少330～380小时，淮南地区3个月中少了1～1.5月的阳光，如合肥就偏少384小时。全省农业病虫害严重，防治又因天气不好，药效甚微，中、晚稻受害近2 000万亩，估计损失粮食40亿斤。

6—8月，江南又淫雨绵延，暴雨不断。据鄂、豫、湘、赣、皖、苏等不完全统计，受灾面积共8 000余万亩，倒房80多万间，死亡近千人，以湖北灾情最重，倒塌损坏房屋30余万间，冲坏小型水利设施数万处，死亡400余人，伤残3 600余人。长江下游及淮河流域累降暴雨，降水量550～1 000 mm，部分达1 200 mm以上，较常年同期多0.5～1倍，上海8月1日、13、17、19、22上海普降暴-大暴雨，8月份总雨量455 mm，为有记录以来的最大值。8月中旬苏南、太湖、浙北杭、嘉、湖和上海郊区各河都超过警戒水位。8月25日午后上海豪雨大风，黄浦江中船只走锚断缆，沉水泥船1条，倒屋拔树数千处，死3人，伤38人。冲失嘉定、青浦、松江、金山等县晒谷场上稻谷1.5万千克，淋湿150余万千克。每次降水导致市区数十至300余条道路积水，上千户家庭进水，工厂停产，仓库受淹，农村洪涝受灾面积6.7万亩，受灾人口5.5万。仅青浦县就全年粮食减产0.69亿千克，棉花1 500万千克，蔬菜15万担。

7月23日奉贤头桥遭龙卷风袭击，1辆重600千克的脱粒机被卷离原地面30～40 m远，1株树龄50年的枣树连根拔起，田里有2人被卷离地面上下3次，致成重伤，倒损房屋、棚舍400余间，刮倒电杆40根，伤10人。

9月中后期受冷气团影响及8015号台风环流的引异、北方冷空气南下，南方鄂、皖、苏、浙、赣、闽等省出现寒露风天气，长江下游大部日平均气温先后降至20℃以下长达8～11天。安徽9月19日出现寒露风，较常年提前7～10天，日平均气温20℃以下者持续10天以上，造成迟插的150万亩双季稻未抽穗。江苏省自9月20日始，日平均温度20℃以下的出现时间较常年提早6～8天，对尚未抽穗的300余亩晚稻影响较大，其中苏州、南通、扬州、盐城4地区160万亩晚稻翘穗，仅苏州就减产3亿余千克。浙北9月19—30日平均气温一直维持在20℃以下，低温持续时间之长为数十年来所未见，造成189.39万亩晚稻翘穗。

● 1981年

3月24日下午浙江丽水巨溪公社富山头大队突然天昏地暗，狂风骤雨，电闪雷鸣，天康生产队社员正在山上劳作，被突如其来的闪电击中，当场死4人，伤10余人。

5月1—2日苏、浙、皖等多处先后出现风雹天气，以江苏受灾范围最广，而安徽受灾程度最重。江苏先后有35县市雨雹，一般历时3～5分钟，长的也只10～15分钟，小者如豆，大者似拳，同时伴随8～10级大风和雷雨，重灾区如皋局部地区棉花折断1/3；六合降雹范围之广、灾情之重，为近30余年来所仅见；泰兴击毙2人，击伤30人，倒屋306间。安徽先后22县市冰雹，个别大的直径13～15 cm，密度68～93粒/m²，历时15～25分钟，长的达半小时，局部伴有龙卷风。据不完全统计，全省共损坏房屋9万余间。重灾区来安县龙卷风横扫县境中部，行程40～45千米，宽50～300米，伴有特大冰雹及雷雨，破坏力强，刹那间墙倒屋塌，大树连根拔起，电线杆折断，树皮剥光，家具、衣物、粮食等一扫而光，人员、畜禽砸死砸伤甚众，有一26岁小伙被风卷起，高度超过屋顶，甩出30米外，摔断腿骨，数百斤的石滚被卷走200米远，一台脱粒机被卷过屋顶，甩出数十米，摔成一堆废铁。据不完全统计，全县倒房1 500余间，损坏6 800余间，死5人，重伤170余人，伤1 177人。

7月11日崇明堡镇大暴雨，短时间内倾盆而下，河流倒灌，道路积水，深20～30 cm，工厂停产，仓库受淹，物资遭损。同日，宝山罗南、罗店、月浦、盛桥龙卷风，倒损房屋170余间，死1人，伤55人，禾棉损失严重。

8月9日崇明城桥局部雷暴大风，倒损房屋142间，棉花倒伏7 000余亩。

8月31日—9月2日8114号台风在上海以东200 km洋面转向北上，吴淞口潮位达5.74 m，黄浦公园站水位5.22 m，均创有记录以来的最高值。上海又暴雨成灾，郊县海塘决口19处，崇明、宝山小圩堤全被冲毁，江水漫越防汛墙，14处港区码头、车站，63家企业水浸，江中沉船18艘，毁屋2万余间，工厂停产，6 790户居民房屋浸水，淹没农田7万余亩。此次台风共伤亡54人，经济损失数亿元。

● 1982年

3月14、18日上海重霜，番茄秧苗冻坏五六成。

3月19日松江、奉贤、南汇等县局部冰雹，4万余亩油菜、三麦受灾。

4月22日07时52分江苏东台六里舍(32°46′N，120°49′E)4.6级地震。

5月30日上海市区、宝山、川沙雷暴雨，道路积水50 cm，5 000余户家中进水，上钢十厂一度停产。南汇横沔至周浦龙卷风，1艘装满货物的3吨水泥船沉没；房屋被毁，重约250公斤的水泥预制板卷走。

6月10日安徽滁州地区龙卷风，32个公社5万户人家受灾，刮坏民房2.4万余间，其中倒塌1 400余间，伤238人，11.5万余亩农田受灾，损失已收割的小麦50万公斤。

7月4日安徽寿县、来安、含山、当涂等县冰雹，含山县持续时间约10分钟，最大风力12

级，大小如乒乓球，全县 9 个公社、57 个大队受灾，损坏房屋 5 700 余间，伤 202 人，死 9 人，折断高低压线杆 4 458 根，受灾农作物 6.2 万亩，重灾区内的棉花几乎全部被毁；滁县地区降雹 20 分钟，东西长 5 km，南北宽 2.5 km，冰大如鹅蛋，地面积雹约 10 cm，所经之处棉花、芝麻打成光杆，旱作尽毁；当涂 10 个公社、30 余大队冰雹和龙卷风，持续 25 分钟，最大风力 11 级，将载重 5 吨的大船从河中刮到岸上，水桶般粗的大树折成两段，14.7 万亩农作物受灾，房屋及输电线损坏严重。

7 月 6 日晨，上海雾，黄浦江上渔船、渡轮相撞，伤数十人。

7 月中下旬豫、皖、苏三省暴雨洪涝。安徽 7 月 16 日以前雨带基本维持在淮北，17—18 日雨带南移至沿江及江南地区，19 日起雨势急剧加大，大暴雨在江淮之间摆动，寿县、长丰、来安、滁县、全椒、和县、当涂、桐城，芜湖都大暴雨，淮河、滁河、巢湖及其他江河湖泊不少地区内涝，21—22 日大-特大暴雨区北推至淮北北部，22—24 日暴雨带再次压到江淮之间及长江一线。全省内涝面积 936 万亩，其中绝收约 200 余万亩，倒房 3 万余间，死亡 27 人，伤 42 人。江苏 7 月 19—20 日沿江及苏南暴雨，江浦、六合、南京、江宁、仪征等 17 县市大暴雨。据初步统计，全省 1 100 余万亩农田被淹，其中 600 万亩严重受灾。南京 20 日暴雨，1/6 面积积水，3 000 余户民居受淹，部分公交停运；高淳倒房甚多。

8 月 22—23 日上海市区杨浦、黄浦、川沙、南汇暴-大暴雨，杨浦、虹口道路普遍积水，6 000余户家庭进水，农田受淹。南汇黄路、书院龙卷风倒楼 3 幢，倒损房屋 144 间、棚舍 70 间，伤 5 人。

9 月 8 日崇明八滧局部特大暴雨，11 个村仓库、56 间民居进水，3 000 余千克粮食受潮，12 万亩农田受淹。

11 月 28 日傍晚至 29 日清晨，浙东温州、台州、宁波、舟山、绍兴等 25 县市先后出现同期未见的暴-大暴雨，温州、永嘉、乐清更是特大暴雨，引发山洪暴发，冲毁堤坝，城乡普遍浸水。据温、台、宁 3 地区不完全统计，100 余万亩农田被淹，冲垮桥梁 150 座，死亡 60 余人。乐清最甚，山区出现大塌方及泥石流，全县死亡 46 人，伤 1 070 人，冲毁耕地 3.5 万亩，粮食 300 余万千克，倒损房屋 3 300 余间，山塘 132 处，水电站 18 座，防洪堤、拦水坝2 000余处，桥梁 204 座，经济损失近亿元。

1983 年

1 月上旬上海市区甲型肝炎暴发，每天的病例在 400 人左右，90%的病员出现黄胆、肝功能谷丙转氨酶值高达 1 000～2 000 单位，急性甲肝患者中的男女比例为 1∶0.77，20～30 岁的病例占全体总例的 79%，很少小儿发病。1 月下旬到 2 月上旬又出现第二波甲肝流行高峰，病员总数是 1982 年同期的 3 倍左右。发病的时间、地点和在人群中的分布都与毛蚶供应的时间、范围以及数量密切相关，而且吃蚶的数量与甲肝的得病率之间呈现明显的正相关关系。

1 月中旬，我国东部特大降雪，降水量 40～60 mm，杭州达 84 mm，积雪厚 25 mm 以上，无锡 49 mm。江苏万伏以上输变电路断电 620 余处，苏、锡、常地区 90%以上变电所跳闸，全国冻死近百人、牲畜数千头，78 个县交通受阻，南京机场关闭 5 天，220 余处工矿企业停产，经济损失 1 500 多万元(《全国气候影响评价》，1983 年)。

1 月 25—27 日上海连续 3 天大雾，最低能见度 26 日仅 5 米，轮船、飞机延期航行，1.8 万名旅客滞留上海，浦江两岸渡船停航，数万名乘客受阻于各渡口，市公交车停驶，数十万人步行上班。

4月13日晚沪南金、奉、南3县局部冰雹,奉贤奉城、钱桥、胡桥、塘湾等9乡受灾较重,1.8万亩夏熟作物受灾,南汇果园、泥城、书院水果受害较重。

4月18日崇明、宝山、嘉定、川沙、奉贤等县20余乡冰雹,3家厂房屋顶击穿,伤9人。

4月25—28日受强冷气南下影响,北起新疆、内蒙、黑龙江,南至南岭、武夷山均出现大风天气,最大风力11～12级,北方干旱地区漫天黄沙,吐鲁番沙暴,汽车不能行驶,69次列车在百里风区遇风,车厢被砸得遍体鳞伤,击碎60余扇窗玻璃;宁夏自北而南全境大风和沙暴;山西全境大风和冻害;湖北25日下午冷锋过境,大风冰雹横扫53县市;湖南25—29日77县市先后冰雹狂风大雨洗涤;江西28日63县市受罕见狂风、冰雹袭击。长江下游天空扬尘蒙蒙一片;江苏25—28日连续风暴,其中,苏南地区28日一天之内连遭两次大风袭击,全省受灾面积823万亩,倒伏三麦727万亩、油菜95万亩、棉花1.4万亩,刮断树木9万余株,电杆3 567根,沉船17艘,死20人,伤314人。

5月19—20日江苏30余县降雹,受灾农田2 116万亩,部分减产2～5成,局部颗粒无收,仅高邮、泰兴、靖江3县伤1 500人,损坏房屋3.54万间。

6月1日夜至4日受东海低气压东移强风影响,浙北沿海出现强风过程,1日晚至3日凌晨东南9～11级大风,3日中午转向为东北大风,阵风12级以上,嵊山38 m/s,嵊泗35 m/s,死24人,翻沉大小船只30条,严重损坏24条,一般损坏191条,网具3434顶(张)。6月2、3日上海狂风大雨,全市刮倒树木1万余株,电杆50多根,38家工厂停电,倒塌房屋90间,棚舍270间,死5人,大片农作物受损,长江口沉船4艘,1艘万吨轮搁浅,死9人。

6—7月,长江下游梅雨期间先后多次出现暴雨过程,两岸降水量普遍在300～650 mm,部分地区达700～1 050 mm,比常年同期高50%～150%,安庆、黄山、屯溪、芜湖,蚌埠、高邮、靖江、杭州、天目山、新安江水库等皖、苏、浙地区淫淋连绵。上海6月25日普降暴雨,南汇局部大暴雨,市区170余条道路积水,最深处70 cm, 60多家工厂、商店、仓库及1.2万户民居进水,郊县2.5万亩菜田受淹。7月1日傍晚,江苏南通地区的海安、如皋、如东3县局部地区遭龙卷风袭击,所到之处不少大树连根拔起,农作物倒伏,三线折断,数处村庄夷为平地,倒房8 000余间,死23人,伤1 291人。7月中旬长江干流普遍超过1954年最高洪水位,汉口地段接近1931年洪峰水平。据统计,农田成灾面积2 200余万亩、倒房135万余间,受灾人口5 000余万,死亡1 506人,伤1.488万人。湖北、安徽两省受灾最重,受灾人口分别为1 800万和1 545万人,死亡人数分别为375人和605人,受灾农田面积分别为2 915万亩和1 080万亩。安徽还破堤2 963处,毁坏小水库277座,桥梁2 950座,涵洞9 300座。

7月13日南京栖霞镇南石龙坡原镇玻璃厂厂址雨季发生滑动,开始滑动缓慢,首先发现房屋裂缝,随后裂缝增大至倒塌,坡上两口民井被压扁,台阶垃断倾倒,玻璃厂房屋全部倒塌。这次滑坡共倒房数十间,损坏近百间,滑坡发生在冲洪积、坡积及人工堆积体上,周界清晰,滑壁高1～2 m,滑体表面呈阶梯状,圈谷呈扇形,张裂隙发育,大者1 m余,是一个典型的牵引式浅层堆积体滑坡。

7月下半月至8月伏旱,浙江有400余万亩农作物受旱,30万亩晚稻无水插秧而改种旱作。安徽由于雨季洪滞,塘坝等水利设施毁坏较多,缺水灌溉,旱情较重,全省800万亩农田受旱、部分田块干裂断水,农作物枯萎。

9月10日凌晨嘉定桃浦2号仓库雷击起火,经济损失250万元。

9月16日下午至夜间,嘉兴地区大部及宁波地区的慈溪、宁波等暴-大暴雨,局部地区伴有雷雨大风,余姚、慈溪部分出现龙卷风,时间仅40分钟,但破坏强。共死亡19人,重伤

144人,轻伤600余人,倒房1 973间,损坏1.2万余间,43万余亩棉田受灾,最重的是余姚的朗海、镇海和慈溪的泽南、云城、精忠等5个公社。

9月26—27日(八月二十一二十一日)8310号台风在舟山以东洋面转向,南汇七九塘堤决口20 m,吴淞泗塘土堤局部坍塌,断电事故135起,晚稻、棉花倒伏,江海客轮全线停航30艘次。

11月7日山东菏泽6.0级地震,安徽安庆、合肥、蚌埠;江苏南京、泰州、淮安、清江等三度有感。

1984年

1月17—19日长江下游大范围降雪、冻雨,苏、皖、鄂3省南部和湘、赣、浙3省北部降雪最大,最大积雪深度一般15～40 mm,合肥、南京、仪征分别为44 cm、36 cm、42 cm,鄂、湘、赣、黔、桂、皖、浙等省部分地区冻雨。宁铜、宁沪等铁路全部被大雪覆盖,所有货车停运,客运也严重晚点。安徽17日、18日两天铁路、航运3/4旅客滞留,各市县的公路因雪阻汽车大部停驶,严重影响春节物资运输和供应。江苏南京、镇江、常州、无锡、扬州5市21.5%的蔬菜大棚被雪压塌;吴县东山乡1.7株果树压断;安徽马鞍山至芜湖之间的电杆压倒100余根,因停电马鞍山钢铁厂电负荷下降,除保障高炉、炼焦正常生产外,其余工厂都停产,两个水厂也停止供水;无锡因雪灾倒房4 600余间,死10余人,伤数百人。上海1月17日、18日大雪,雪量46.7 mm,压塌房屋、仓库、棚舍、物资等,市保险公司理赔264件,共115万元。金山、青浦、上海各县输电线路中断40余处,铁路沿线电话中断,车站滞留2.1万名旅客。

5月21日23时37分及39分南黄海(32°36′N, 121°39′E及32°38′N, 121°38′E)分别发生6.1级和6.2级双主震震群型地震。江苏如东县北渔、北坎、长沙及启东县吕四等地烈度五度强,砖烟囱大都受损,顶部坠落,房屋前墙外倾,檐瓦松动,山墙掉砖,抹灰层脱落,桶水外泼,渔船颠簸如遇风浪;五度区范围包括大丰、东台、南通、常熟及上海青浦、松江、南汇以北地区。上海各地区的表现如下:闸北区共和新路1号楼顶层(九层)天花板四周有细微裂缝,闸北工业大学加层房屋新砌砖墙部分破坏;虹口区海军医院2号、5号楼(均为三层)旧裂缝不同程度加宽,有的达1 cm以上,经整修的墙面裂缝,隔墙、门框、天花板与墙体交接处、楼角等均出现裂缝;静安区新闸路西斯文里169号旧石库门住宅墙角旧裂缝加宽,最大约10 cm;黄浦区金陵西路42号平砌青砖院墙两处裂缝,砖被折断,墙面披挡大片剥落。老市区共数十处结构较差的房屋受损,间接死亡3人。各大专、院校90余人跳楼。30余人重伤住院治疗;闵行区莘庄镇有7栋新建住宅轻微裂缝,老式砖木穿斗结构民房3间受损,1间檩条折断,门槛、披檐坍塌;三林塘两间猪厩倒塌,砸伤母猪3头;两间水泥梁平房墙裂,桁条位移,屋瓦滑落;新建的二层民房8间受损,墙体歪斜,原拼接的木梁拉脱。崇明城桥、堡镇新建的多层住宅隔墙和纵墙多处裂缝,有些墙角错位,城桥镇花园弄12号砖混结构三层楼顶开裂较重;沈园子弄12号山墙顶部折裂。宝山月浦镇四塘宅段泾村,砌入东西山墙的天花板水泥搁栅位移2 cm,另一处老旧民房有破裂。松江镇个别6楼的电视机跌落;新桥镇新陆家浜村一堵危墙倒塌;塔汇镇一户破损民房屋檐掉下。川沙蔡路3间奶牛棚坍塌,伤奶牛1头。南汇惠南镇个别简陋房倒塌,新建的和一些较高层次的墙壁被拉裂缝;原县政府一栋楼房四楼多处隔墙出现雁行斜裂缝,每间多达7～8条不等,一处墙面鼓出。嘉定大部分人从梦中惊醒,许多人逃出户外,室内器皿翻倒,以第二次地震感觉为强烈。此地震是解放后上海震感最强的一次地震。四度区包括淮安、六合、南京、杭州、天台以东地区。轻微有感区遍及山东、安徽、浙江等，地震等线震走向呈 N20°W 方向展布(图 3-29)。

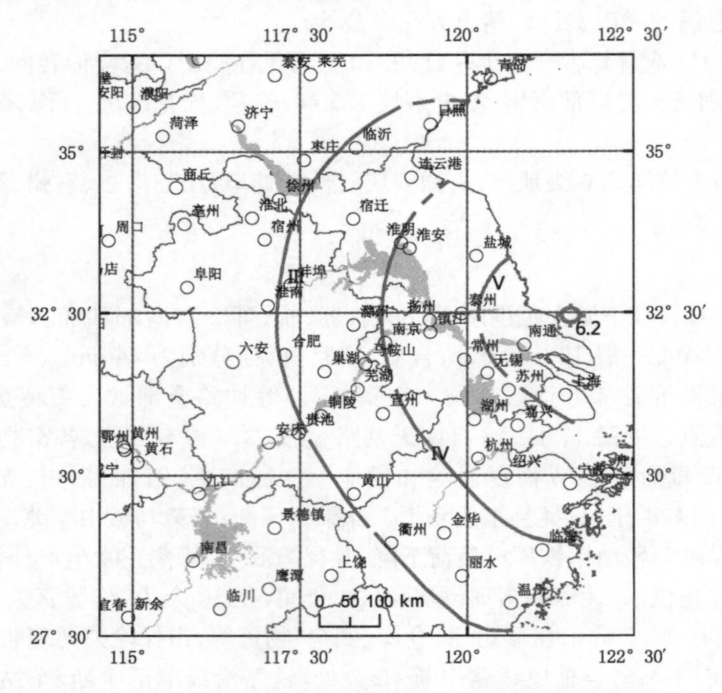

图 3-29　1984 年 5 月 21 日南黄海 6.2 级地震等震线图

5 月 28、29 两日下午，苏北 25 县市先后遭受冰雹、大风和雷雨袭击，历时一般 3～5 分钟，雹径小的如豆，大者如拳，并伴有 8～10 级偏北大风，赣榆、连云港、盐城、灌南受灾较重，盐城南北 27 个乡、42 万亩农田受灾，部分房屋和树木刮倒，县化肥厂因高压线刮断而停产。

6 月 12—14 日江淮、江南及太湖流域普降暴雨，降水量普遍在 70～180 mm，宣城最大达 424 mm，山洪暴发，洪涝灾害严重。安徽全省受灾农田 900 余万亩，1 900 余座村庄、约 60 万人被洪水围困，倒房 29 万间，死亡 97 人，损失粮食数亿千克。合肥、肥西、肥东、郎溪、广德等县城进水，最深达 2 m 以上，郎溪、广德、芜湖、宣城对外交通一度中断。浙江降水主要集中在浙北安吉、余杭一带，过程降水量超过 300 mm。在上游东苕溪、南北湖截流、潴洪的情况下，瓶窑的最高水位还超过历史最高水位 0.35 m。杭、嘉、湖平原水网区也接近或超过历史最高水位。杭州西湖 3 岛全部淹没。杭、嘉、湖、绍、甬受灾耕地 500 余万亩，倒房 3.7 万余间，死 33 人，伤 500 余人。杭长铁路 70 余处塌方，断道 5 天，多条公路因大水中断。上海 14 日松江、青浦、奉贤暴雨，金山局部大暴雨，10 万亩西瓜田受淹，砖坯淋损 100 余万块。

7 月 16 日川沙、南汇局部大风、暴雨、冰雹，倒损房屋 180 余间、电线杆 22 根，伤 11 人。

7 月 31 日(七月初四)8405 号台风于江苏如东登陆，登陆时中心附近最大风力 9～10 级。8 月 1 日在苏北沿海减弱为低气压，历时 6 天，引发苏州、南通等 11 县市暴雨或大暴雨，江海堤防遭受较大破坏，农作物倒伏严重。上海最大风力 8～10 级。沿海海塘、圩堤严重损坏，决口 600 余米，倒塌房屋、棚舍 506 间，死亡 2 人，郊县农作物倒伏 30 万亩。

8 月 31 日江苏盱眙古桑乡、建湖庆丰、岗西两乡、盐城龙岗乡的局部地区龙卷风，建湖死 7 人，重伤 60 余人，庆丰乡永安村南北 2 km 的居民点被毁成废墟。

1985 年

7 月 3—4 日上海连降暴雨，南汇大暴雨，1 万余户家庭进水，南汇 2 万余亩农田受淹，西瓜损失约 1/3。

7 月 14 日下午 16—19 时，江苏六合、仪征、镇江、扬中暴风，风力 9～11 级，镇江市气象台实测最大风速 29 m/s，镇江市部分房屋倒塌，交通中断，13 条高压线路先后逃闸断线，22 条低压线路故障，16 台变压器烧坏，市区停电 3～4 小时，工厂停产，江面沉船 38 艘，5 人死亡，失踪 25 人。

7 月 17 日金山兴塔乡下坊村雷击，死 2 人，伤 3 人。

7 月 26 日川沙上海造纸公司仓库雷击起火，20 余垛进口造纸原料烧毁，价值 60 万元。

7 月 30 日—8 月 1 日(六月十三—十五日)8506 号台风在浙江玉环登陆北上，于上海以西 100 km 进入江苏、山东后于辽宁再次登陆。共死亡 100 余人，经济损失 7.4 亿元。受其影响，上海普降大暴雨，局部特大暴雨，风力 8～10 级，市区大范围积水，最深达 1 m，49 家工厂停产，塌损房屋 3 170 间，沉船 32 艘，坍桥 3 座，局部海塘、圩堤冲坍，74.9 万亩农田受淹。宝山庙行雷击死 1 人，触电死 3 人。市区多处积水成灾，3.5 万户住宅进水，严重的水深 70～80 cm。

8 月 2 日下午川沙凌桥冰雹，最大 3 cm 左右，伴有 8 级阵风，刮倒民房 7 间，掀去 16 间屋顶，同时雷击烧坏电动机 27 台，击断高压线一条，导致 10 余家企业停产。嘉定南翔、青浦新华同日下午各有 1 人遭雷伤命。

8 月 18 日(七月初三)12 时 8509 号台风在启东登陆，随之沿海北上，19 日 09 时于胶南二次登陆，穿越山东半岛入渤海，19 日 20 时于大连三次登陆，对辽东半岛、大连、营口留下破坏的印迹后，于 20 日在吉林境内减弱为低气压，下午于黑龙江东部消失。该台风在沿海三次登陆，强度不减，沿途大风澍雨造成大面积灾害。据苏、鲁、辽、吉、黑等不完全统计，受灾农田 6 888 万亩，毁屋 26 万间，死 200 人，失踪、受伤 300 余人，毁桥梁 8 000 余座，仅山东一省经济损失就达 10 余亿元。上海崇明海塘受损，倒塌房屋 12 间，死 1 人，伤 1 人；川沙暴雨，棉花、蔬菜受损。

8 月 31—9 月 3 日上海连降暴雨，受淹菜田 3.63 万亩，稻田 9 580 亩，棉田 7 000 亩，全市 11.3 万户进水，235 条道路严重积水，深 70～80 cm，57 家工厂、仓库、商店进水，仅上海生物制品研究所一家，就损坏疫苗价值 100 余万元。全市 483 家企业由保险公司获得理赔 547 万元。市区 124 辆电车不能使用，触电死亡 4 人。

10 月 4—5 日受 8519 号(Brenda)台风影响，上海市郊倒屋塌墙 5 处，死 1 人，伤 6 人。韩国有 33 人丧生，36 人失踪，1 459 条渔船被毁，财产损失估计约 3.5 亿美元。

10 月 9—10 日江苏南通、扬州、镇江、盐城、淮阴、连云港 6 地区 18 县先后狂风、冰雹伴随倾盆大雨，雨雹历时 10～15 分钟，盐城市郊最长 30 分钟，冰雹多数为 6 cm，风力一般 7～10 级，阵风 11 级，毁坏房屋近 10 万间，130 万亩农田受灾，死 30 余人。浙江北部和西部山区局部也冰雹，伴随大风、雷雨，雹径最大 6 cm，风力最大 9 级，富阳风雹历时 15 分钟，200 余间屋顶被掀，数百人受灾。

是年，上海大涝，川沙年降水量 1 729.1 mm，龙华 1 673.4 mm，均创历史最高记录，全年共出现 16 个暴雨日，比常年多 1 倍以上，出现早，结束晚，特别是秋涝负面影响严重。

1986 年

春夏，上海偏旱。

4月9日下午上海金山卫、山阳、钱圩等乡大风冰雹，倒损房屋153间，刮倒电杆100余根，7 000余亩农作物受灾。

5月19日松江塔汇、新五、泖港雷雨大风冰雹，倒塌房屋、棚舍116间，烟囱10余座，5 000余亩小麦、油菜受损。砖瓦厂损坏砖坯50余万块；奉贤四团、头桥雷击死2人。

5月20日13时25分台湾花莲海中(24°05′N，121°41′E)6.8级地震，上海高层建筑上部居民有感。5月23日3时25分南黄海(32°59′N，121°58′E)4.8级地震，如东沿海强烈有感，南通、海门、启东、崇明轻微有感，上海仅楼居者有感(图3-30)。

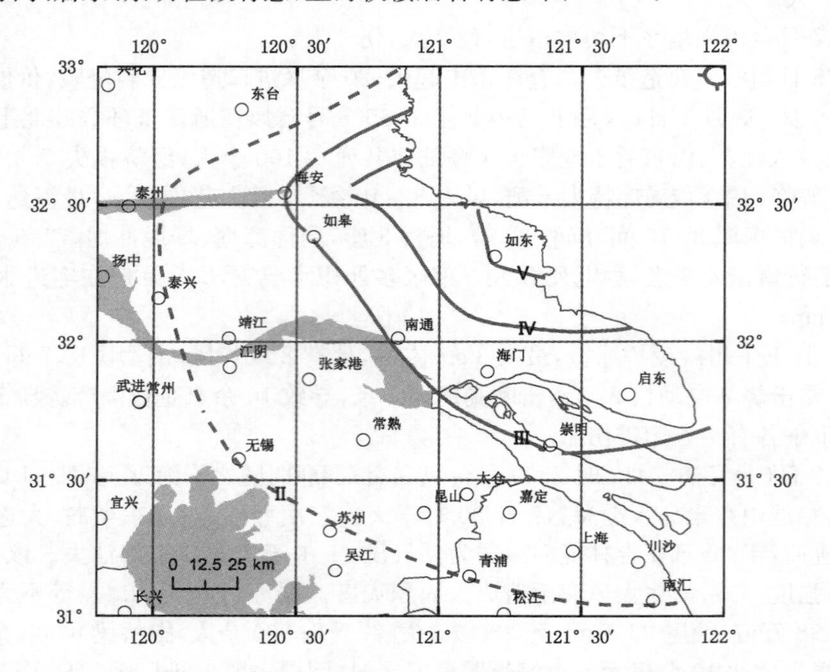

图3-30 1986年5月23日南黄海4.8级地震等震线图(据江苏地震局)

6月12—13日上海普降暴雨，局部大暴雨，农田大面积积水，南汇西瓜损失10万担左右，奉贤倒房10余间，压伤4人。

6月20日上海、莘庄、青浦暴雨，近百条道路及两侧工厂、商店进水，3.6万户住家受淹，深者过膝，上海图书馆底层书库80万册、价值3 000万元的外文期刊受潮发霉。

7月11日上海先后出现4个龙卷风，奉贤、南汇、川沙12乡镇受灾，死亡31人，重伤168人，轻伤386人，毁民房4 800余间，14家工厂，11所中小学，经济损失当年价值3 000万元以上；南汇新场出现双龙卷，沿途6根直径400 mm的钢筋砼高压电杆折断，重达11吨整体浇筑的钢筋砼楼板腾空20 m，扭曲后摔至40 m外；倒损房屋4 800余间、工厂14家、幼儿园及中小学11所，死25人，伤554人；川沙六团1台重20吨的龙门吊车被推移倒在河中，并砸毁1艘载重40吨的水泥船。此次龙卷风经济损失2 600万元。

7月15日金山、奉贤、南汇暴雨大风，局部大暴雨，倒塌房屋、棚舍86间，1.1万亩农田受淹，工厂、仓库、住家进水，深40 cm；砖坯冲损150万块。

8月26—28日受8615台风影响，长江口崇明岛风力12级以上，奉贤、南汇受灾最重，倒损房屋8 000余间，全市棉花倒伏24.9万亩，蔬菜大棚8 000多亩，死亡8人，伤68人。

9月5日沪南金山、松江、奉贤暴雨，局部大暴雨，金山县中学30多间教室积水50～

60 cm，棉花总产损失约一成。12 家砖瓦厂损坏砖坯 120 万块。

11 月 15 日 05 时 20 分，台湾花莲东海中(24°01′N，121°49′E)7.3 级地震，杭州部分人有感，上海市高层建筑上部多数人有感。

1987 年

2 月 17 日 11 时 03 分，南黄海射阳中路港近海(33°35′N，120°38′E)5.0 级地震，中路港各类建筑遭受不同程度破坏，个别房屋局部倒塌，烟囱扭断或倾倒，围墙变形或坍塌，山墙张裂、错位，门框上部开裂、掉砖，水泥桁条裂缝，烈度六度。大丰普遍有感，上海轻微有感(图 3-31)。

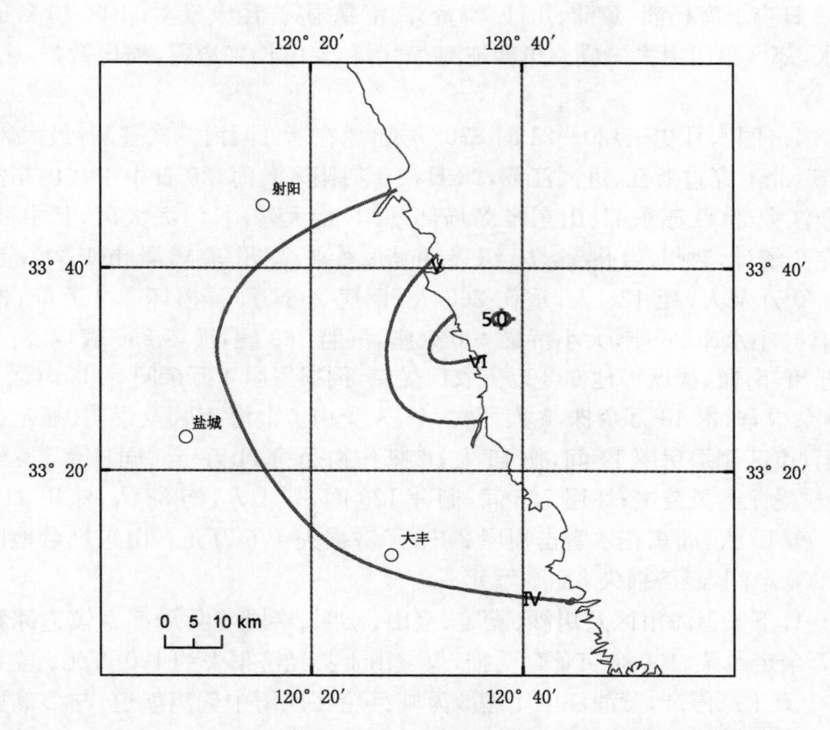

图 3-31　1987 年 2 月 17 日南黄海 5.0 级地震等震线图(据江苏地震局)

3 月 6 日傍晚松江龙卷风，11 个乡受灾，新浜最重，全区倒房 190 余间。死 3 人，伤 60 人，1 人被风卷起至 150 m 外落地。2 座高压铁塔倾倒，数条万伏高压线路断线或故障，损失 287 万元；青浦蒸淀、小蒸乡冰雹，地面积厚 5～10 cm。江苏盱眙、金湖、宝应、如皋、溧水、金坛、武进、常熟、吴江等 12 县市也降雹、雷雨、大风，冰雹最大如蛋，平地积厚 6 cm，最长历时 10 分钟，53 万亩农作物受灾，倒损房屋 1 万余间，死 1 人，伤 20 余人。浙江嘉善倒房数百间，死 2 人，重伤 11 人。安徽天长、来安、嘉山、凤阳、定远、枞阳、宿松、望江、潜山、南陵、宣城、郎溪、广德等 19 县市的冰雹，最大似鸡蛋，平地积厚 10 cm，历时最长 25 分钟，最大风力 10 级，390 余万亩农作物受灾，死 2 人，伤 400 余人。重灾区枞阳损坏房屋 3 万余间，倒塌 200 余间，重伤 200 余人。

3 月下旬至 4 月中旬受长江下游接连数次冷空气影响，出现明显的倒春寒，其中 3 月下旬大部分省市平均气温较常年同期偏低 2℃～5℃，上海最低气温－2.2℃，为有记录以来的最低值。4 月 11—15 日苏、浙、皖、沪日平均气温连续低于 12℃，持续时间之长、影响范围之广，为同期罕见，加之又连续阴雨，普遍发生早稻烂秧。鄂、皖、苏、赣等省还下了同期少有的大雪，安徽一般积雪5～9 cm，1 000余万亩农作物受灾，其中500万亩油菜减产3成左右，500万亩小麦减产2成左右。上海倒春寒，阴雨连绵，3月26日重霜，4月15日终霜，6 000余亩蔬菜受冻，茄子秧苗大部冻死，夏熟作物生长不良，病虫害盛行。

4月23—26日长江流域大范围雷雨、大风、冰雹，黔、川、湘、鄂、皖、赣、浙、苏105县市先后雨雹，共430余万亩农作物受灾，50余人死亡，江苏是受灾较重的地区之一，金湖、扬州、泰州、泰县、仪征、扬中、海门、启东、张家港、江阴、武进、金坛等12县市遭大风、冰雹灾害，降雹的同时伴有7～9级大风，93万亩农作物受灾，损坏房屋400余间，人有伤亡。

7月22日夜上海杨浦、黄浦、川沙、奉贤、南汇暴雨，洋泾大暴雨，市区40条道路、1.7万户住宅浸水，郊区菜田损失二成。川沙施湾、黄楼和宝山长兴遭雷，损房数户，击毙、击伤各1人。

7月28日(闰六月初三)20—21时8707号台风在浙江瓯海二次登陆，最大风速30 m/s，11级，登陆后北上穿过浙江，进入江苏，28日夜于射阳入黄海，29日中午在山东沿海减弱为低气压。浙江大部，江苏东部、山东半岛局部暴雨-特大暴雨，沿海大风，其中浙江10～12级。据不完全统计，温州、台州、金华、绍兴、杭州、嘉兴、湖州等43县市1 000余乡镇受灾，受灾人口470万余人，死126人，重伤268人，倒房2.5万间，损坏4.2万间，冲毁防洪堤8247处，山塘、小水库26座，大小桥梁400余座，沉船363艘，损坏256艘，经济损失5.3亿元。江苏苏州、南通、盐城等地633万亩农田受淹，倒损房屋4万余间，刮断电话、广播、输电三杆5 500余根，树木48万余株，5人死亡，48人受伤。上海市区及崇明、嘉定、宝山、青浦等狂风暴雨，市区倒损房屋11间，伤15人，市郊作物受损11万亩。同日嘉定区封浜、江桥、桃浦16个村受龙卷风袭击；坏屋785间，棚舍125间，死1人，伤32人，淹田11万亩；市区倒房11间，伤15人，浦东花木雷击损屋2户，经济损失175万元。山东烟台地区8县市受灾，损房4 800余间，经济损失8 600万元。

8月10日下午上海市区及川沙、嘉定、宝山、崇明、奉贤等县局部乡镇遭冰雹、雷雨、大风袭击，4万余亩蔬菜、100余亩葡萄受损，仅宝山1县经济损失约100万元。全市高压线砸断2处，数十家工厂停产，黄浦江上1艘3万吨巨轮在风雨中偏离航道，与2艘驳船和1艘客轮相撞，导致沉没1艘，伤2艘。倒损房屋200余间，死伤各1人。

8月16日宝山长兴乡5个村遭雷暴雨夹冰雹袭击，900余亩柑橘、甘蔗受淹，经济损失约40万元；川沙东沟、顾路、龚路、杨园、张桥等乡普遍积水，部分围墙倒塌，供电线路受损。

8月18日下午川沙北蔡和南汇周西暴雨，蔬菜秧苗损失25%～60%，630亩辣椒、冬瓜绝收。

8月27—31日江苏盐城、扬州、淮阴、徐州部分地区遭飑线、龙卷风袭击，风力最大11级，中心地带11万伏高压线杆、直径30 cm的大树拦腰折断，短时间暴雨90～100 mm，宝应氾水镇四里桥两天降雨达247 mm，多数内河超警戒水位，盱眙淮河乡1 400余名群众被洪水围困。据不完全统计，478万亩农作物被淹，倒房1.83万间，损坏2.7万间，死24人，伤160余人，受灾中心的盐城郊区义丰乡损失严重。

9月10日19时8712号台风在福建晋江登陆，不久即减弱成低气压，受其影响浙江沿海8～10级大风，全省暴-大暴雨，温州、台州及丽水、宁波部分地区特大暴雨，东部沿海和北部平原河网普遍超过警戒水位，苍南、平阳、温州、乐清、三门、青田等受淹。据不完全统计，全省739万亩农田受淹，其中313万亩减产3成以上，估计减产粮食6亿千克，死64人，伤

127 人，倒房 3 000 余间，损坏 1.6 万余间，仓库内 2 000 余万千克粮食被淹，损坏江堤海塘 4 000余处，长 300 余 km，毁山塘 84 座，小水电站 8 座，桥梁 417 座，沉损船只 181 艘等，经济损失 5 亿元以上。

11 月 23—30 日受极地冷气团南下侵入影响，我国大部地区气温下降 10℃～20℃，长江以南大部下降 20℃～25℃，华北、江南大部地区降雨转雪，部分地区冻雨，风力一般 4～6 级，部分地区≥8 级。江苏越冬作物普遍受冻，油菜 50%、三麦 30%严重冻害，淮阴地区 38%、292 万亩遭三级以上冻害，油菜 70%、103 万亩遭三级以上冻害，全省损失蔬菜近一半。安徽等的蔬菜、油菜、小麦等也不同程度受害。

12 月 10 日上海大雾，陆家嘴轮渡停航 4 个多小时，滞留旅客 3 万余人，复航时拥挤，死 16 人，伤 71 人。23 日又大雾，全市交通事故 41 起，死 1 人，重伤 6 人，撞坏车辆 36 辆。

是年，上海多龙卷风，全年共 7 次。

1988 年

3 月 13—17 日苏、浙、皖、沪、鄂、湘、赣、闽、川、桂、粤 11 省、市、区 148 县市自北而南遭冰雹、大风袭击，360 余万亩农作物受灾，倒塌、损坏房屋 45 万余间，因灾死亡 6 人，伤 400 余人，其中闽、鄂、皖灾情较重。安徽 13—16 日晨 12 县市雨雹，一般直径 5～10 mm，和县最大如鸡蛋，地面积厚 3 cm，蔬菜及塑料大棚受害较重，宣城地区 72 万亩油菜受灾。3 月 15—16 日长江下游地区大雪，上海至苏、皖的 98 条长途客运停驶。

5 月 1—4 日江苏自北而南先后遭冰雹、狂风、暴雨袭击，风力一般 7～9 级，阵风 10 级，冰雹直径 1～2 mm，历时最长 20 分钟，全省 1 000 余亩农田受灾，其中三麦、二豆受灾面积各占 20%，倒房 1.5 万间，损坏 7 万余间，死 17 人，伤 120 人。长江江面 13 艘船沉没，死 3 人，失踪 5 人。海门县刮断 1 万伏高压线 13 条，700 余家厂停产 1 天，其中 100 余家就损失 2 300 万元。安徽 2—3 日 16 县降雹，受灾农田 390 万亩，倒房 2 万余间，损坏 27 万间，死 3 人，伤 1 700 余人。上海 5 月 4 日晨局部大风、雷暴雨，崇明前进、长江农场倒损房舍 113 间，倒电杆 74 根、烟囱 32 座，死 1 人；川沙伤 3 人，崇、川两县 6 178 亩农田受灾；青浦淀山湖沉没驳船 11 艘。

7 月初至 8 月上旬，南方大部副热带高压位置稳定，又无冷空气南下及台风影响，晴空高照，赤日炎炎，热浪滚滚。高温天气首先在浙、闽、赣 3 省部分地区出现，而后逐渐扩展，江淮不少地区达 39℃～40℃，安徽金寨、泗县、石台，江苏泗洪等最高气温达 41℃；7 月 17—19 日南京、南昌、合肥等连续 3 天日平均气温≥33℃，浙江及苏、皖两省南部的部分地区≥35℃的高温天达 19～25 天。农作物普遍枯萎，棉花落铃；7 月江苏淮河以南水稻脱水面积达二三成，稻田干裂一成；浙江全省受旱面积 800 余万亩，浙江 7 月 15—20 日每天增加受旱面积 60 万亩，7 月 25 日统计受旱面积达 800 万亩，占全省耕地面积的 1/3。据水利部防汛抗旱办公室 7 月 25 日统计，南方各省受旱 1.3 亿亩。热浪下，中暑晕厥、肠道传染病增加，南京自 7 月 4 日始气温持续高达 38℃，江苏省人民医院急诊室躺满病人，中暑患者 4 500 余人。杭州数百老人死于中暑。上海自 6 月上旬起气温就比常年高 2℃～3℃，7 月上中旬 35℃以上高温就达 14 天。据市二、三级 29 家医院统计，7 月 1—16 日门急诊人数约 100 万次，连日酷害急诊病人较平日增加 40%左右，7 月 13—20 日 815 人中暑，死 193 人；肠道病患者 2 万余人次。黄浦江、苏州河黑臭期高达 229 天，上游来水减少 30%，下游污水难以稀释。浦东自来水厂江段污染指数曾一度高达 22.5(正常值应<5)。

7 月 29 日傍晚至 30 日上午台州、宁波、绍兴等地突降特大暴雨，300 mm 以上降雨面积

2 043 平方公里，杭州、嘉兴、湖州地区也降了暴-大暴雨，引发山洪暴发，没堤垮坝，堤防溃决，洪水泛滥，黄潭溪、白溪、县江、黄泽江均发生百年不遇的大洪水，宁海、奉化、三门等县城浸水，深 1～3 m。据宁海、奉化、三门、上虞、天台、新昌、黄岩、嵊县、安吉 9 县不完全统计，受灾农田 174 万亩，死亡 250 余人，伤 2 180 余人，倒房 3 054 间，损坏 6.4 万余间，冲坏堤防1 517处，长 382 km，冲毁塘坝 309 座，渠道 200 余 km，泵站 249 座，小水电 36 座，桥梁 661 座，沉船 100 余艘，冲毁公路 293 km，经济损失 8 亿多元。

8 月 2 日长江口及邻近海域赤潮，面积达 6 600 平方公里。

8 月 7 日 23—24 时 8807 号台风在浙江象山登陆，中心附近最大风力 35 m/s，横扫浙、皖两省，9 日于鄂北减弱为低气压。浙江 10～12 级大风，近 20 县市暴-大暴雨，局部 250～270 mm 的特大暴雨，据宁波、台州、绍兴、杭州、嘉兴、湖州、舟山 7 地市 41 县不完全统计，172.1 万亩农作物受淹，损失粮食约 10 亿千克，受灾人口 1 050 万，死 162 人，伤 1 664 人，倒房 5.4 万余间，损坏 22 万间，冲毁堤防 1 314 处、长 178 km，山塘 55 座，机井 48 眼，泵站 420 座，小水电 24 座，桥梁 270 座，沉损船只 1 486 条，刮断通讯线杆 5.8 万根，长 3 241 km。杭州在持续 5 小时的 9 级以上大风扫荡下，满目疮痍，一半行道树刮断或拔起，80%的输电线严重破坏，90%以上面积停电，水陆空交通全面中断，千余家工厂企业停产，西湖风景区夜晚一片漆黑，受灾程度是 1956 年 8 月 1 日台风之后所仅见。

9 月 3—4 日松江泗泾、金山亭林、奉贤庄行、崇明陈家镇特大暴雨。市区 246 条道路积水，最深 80 cm，3.35 万户住家进水，200 余家工厂遭淹，部分厂家、商店停产停业，郊县 2 万亩菜田受灾，倒塌房舍 32 间。

10—12 月，北起淮河、南抵南岭、西至川黔的广大地区雨雪偏少 3 成以上，江南东部的降水量仅 15～30 mm，部分地区为近 40 年来同期的最低值，上海自 9 月 16 日至次年 1 月 16 日长达 123 天的秋冬连旱，这 3 个月内的总降水量才 9 mm，为 1873 年有记录以来百年一遇的秋冬连旱。360 万亩秋播作物生长不良，蔬菜单产下降，面积减少。火警频发，多达 400 余起。11 月 15 日双鹿冰箱厂火灾，近 2 000 m^2 厂房及器材受损，伤 8 人，市保险公司理赔 350 万元。郊区投入 4 万余人、开启 6 800 余处灌溉站抗旱。

1989 年

4 月 28 日上海普降暴雨，市区 4 000 余户居家进水，郊县 60 万亩农田受淹，倒房 50 间，棚架 117 间，伤 1 人。长江口大风，1 艘 100 吨级空油船沉没，死 4 人；停泊在炮台湾的 3 艘长航铁驳船沉没；另有青浦双塔港监四号标附近沉船 2 艘。

6 月 15 日暴雨，奉贤、金山 6.8 万亩西瓜受浸；同日，奉贤泰日和川沙张江遭雷，毙 3 人。

6 月 27 日至 7 月 4 日江西大部、浙江西部、湖南中东部及福建西北部连降暴雨，过程降水量一般 100～400 mm，玉山、贵溪、乐平、东乡、衢州、邵武达 400～480 mm。浙江省衢江、婺江、富春江洪峰水位接近或超过危急水位，钱塘江全线告急。全省受灾人口 320 万，死亡 41 人，失踪 5 人，倒房 1 万余间，冲毁堤防 203.4 km，塘坝 257 座，渠道 123.1 km，堰坝1 589 座，泵站 1 167 座，小水电 5 座，冲毁路基 190.2 km，桥梁 258 座，涵洞 2 055 处，经济损失 5 亿元以上。

7 月 21 日 02 时 8909 号台风在浙江象山登陆，中心附近最大风力 40 m/s，当日下午于绍兴减弱为低气压，浙江中南部普降大-特大暴雨，浙江沿海 9～11 级、局部 12 级大风，婺江、浦阳江，瓯江、飞云江、鳌江和内河水网超警戒水位，东阳市发生百年未遇的特大洪水，瑞安、文成、义乌等10县市城厢洪水漫溢，浙赣铁路在大陈至苏溪段，冲开长10 m、深7 m的大缺口，导致火车停运30多小时。据不完全统计，宁波、绍兴、台州、温州、丽水、金华、衢州7地区、43县市、823乡镇11 241村庄受灾，受灾人口559.8万，死122人，失踪21人，重伤901人，803处村庄、24.8万人受洪水围困，倒房4.1万间，损坏8.5万间，315万亩农作物受灾，减收和损失粮食4亿余公斤，沉损船只520艘，冲毁公路约300 km，桥梁近100座，毁坏各类水利工程9 800余处，经济损失12.8亿元。上海7月24—26日连日大-暴雨，南汇航头大暴雨，降水量达181.5 mm，市区50余条道路积水，最深50～60 cm，1.29万户房屋进水，仅南市1区保险公司就对60家商店及300余户居民理赔56万元。郊区6万余亩农田受淹，3万余千克油菜籽、麦等浸水。

8月3—5日(七月初三—初五)台风影响上海，黄浦江上29条轮渡全线停航，市区43条道路积水，深30 cm，6 930户居民家中进水，郊区农田3.49万亩农田积水，倒损房屋、棚舍364间，部分海塘、圩堤损坏，全市经济损失约800万元。

9月15日(八月十六日)19—20时8923号台风在浙江温岭登陆，近中心最大风速30 m/s，经台州、绍兴、杭州等于16日晨在天目山减弱为低气压，浙江大部暴-大暴雨，局部特大暴雨，沿海10～12级大风，三门至温岭出现超历史记录的高潮位，海塘被毁，海水倒灌，江河泛滥，灾情严重。据不完全统计，全省台州、金华、杭州、湖州、嘉兴、绍兴、宁波7地区、37县市、834乡镇、681.3万人受灾，死175人，重伤692人，倒房4.7万间，损坏8.6万间，转移安置灾民32.4万人，519.7万亩农作物受灾，冲毁海堤3 989处、长429 km，小水电84座，桥梁536座，沉没、损坏渔船2 094艘，冲毁公路243 km，经济损失13亿元以上。上海受台风影响，连日大到暴雨，黄浦公园站最高潮位5.04 m，米市渡水位3.86 m，市区积水，工厂、仓库水浸；青浦西南低洼地区决口6处，倒房364间，虽无人员伤亡。但经济损失达800万元；崇明5乡16村和闵行3乡又遭龙卷风，倒损房屋567间，棚舍555间，烟囱119座，死1人，伤2人。

9月，安徽铜陵连降暴雨，小街矿区矿坑排水量22 250 m^3/d，高居历史峰值。9月5—26日小街地区出现大面积岩溶地面塌陷、地面不均匀沉降和地裂缝等各类塌陷坑洞55处，损坏房屋和建(构)筑物面积达5.2万 m^2，受灾面积约51万 m^2，专用铁路路基下沉0.42米，公路路基下沉0.9米，交通运输中断，严重影响市内数十家单位的生产和经营活动，经济损失1.6亿元。

10月16日强冷空气南下，上海大风，苏州河口潮位4.76米，江潮冲破浦东马浜防汛墙，决口20余米，661户居民家中浸水，浦西公平路码头一片汪洋。

12月6日大雾，全市轮渡停航，机场关闭，滞留中外旅客2 000余人。

● 1990年

1月28日上海大雾，能见度仅5米，浦江轮渡全部停航，过江隧道口聚集近10万人，市区70～80条公交车停驶，交通中断4—5小时，大雾中有3人受伤。

1月30日夜普降瑞雪，路面积雪结冰，死2人。虹桥机场跑道结冰，次日10时前航班停驶。

2月10日01时57分江苏太仓沙溪(31°37′N，121°01′E)4.9级孤立型地震，震源深度4.7 km，极震区烈度六度，二类民房多数裂缝，少许屋顶塌陷，山尖及承重墙损坏，墙体外闪，梁柱移位，檩椽脱落；一类民房墙壁及围墙部分坍倒；三类房屋部分开裂。工业厂房损坏，设备移位或遭损，局部倒塌的房屋约占房屋总数的1%左右，严重破坏的约占10%左右，重伤2人,轻伤6人,经济损失上亿元。上海嘉定区娄塘西北的陆渡、庵桥、新浏3村24户轻微损坏,108户基本完好,墙壁裂缝宽的可达数毫米。另外,唐行乡有24户细微震裂,1户简易棚倒塌,嘉定城中震感强烈,许多居民涌向街头。其他地区均为四度有感。四度有感区西至靖江、江阴,北讫金沙、启东、南达嘉兴、平湖。三度轻微有感区北至扬州、泰州、海安,西于南京,南抵广德、湖州、杭州、绍兴、舟山等(图3-32a、b)。

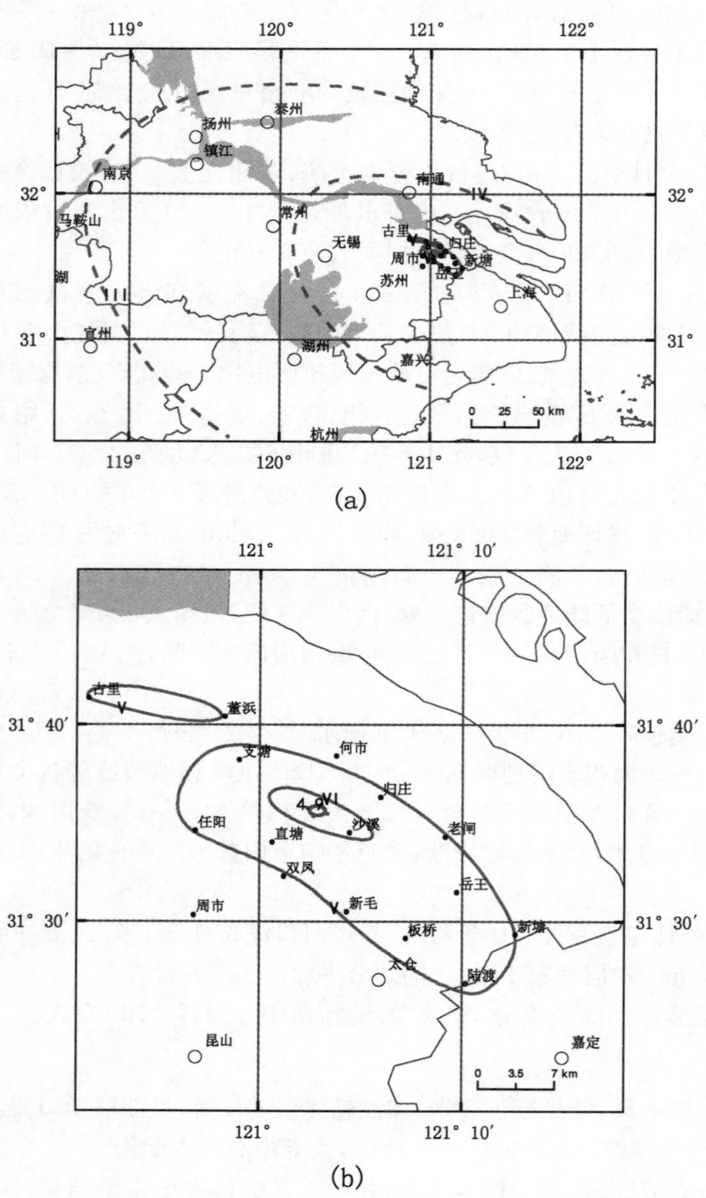

图3-32 1990年2月10日太仓沙溪4.9级地震等震线图

2月24日上海又普降春雪,路面结冰造成多起交通事故,死2人,松浦大桥桥面结冰而封行。

4月28日安徽徽州南部暴雨,29日暴雨区扩展到沿江和江南北部15县市,安庆、泾县达大暴雨，30 日雨势减弱，5 月 1 日只江南南部局部暴雨。皖南受灾农田 113 万亩，倒塌、损坏房屋近万间，死 10 人，失踪 2 人，伤 103 人，经济损失 2 900 万元。

6 月 14—15 日安徽江南及沿江一带暴雨，黄山以南大暴雨，黟县 3 座小水库冲毁，黟县、祁门经济损失 400 万元。

6 月 23—25 日(闰五月初一—初三)受 9005 号台风影响，崇明、南汇、奉贤、金山海堤圩塘决口 3 处，坏 55 处，农田受淹 3.5 万亩，倒塌房屋 38 间，棚舍 208 间，全市死亡 1 人，受伤 6 人。

6 月 28 日金山朱泾镇雷雨大风，倒塌破旧茶馆 1 所，伤 7 人。

6 月 30—7 月 1 日合肥以南普降大-暴雨，东至大暴雨，暴雨范围涉及 36 县市，引发山洪及积水，受灾农田 63 万亩，死亡 9 人，重伤 9 人。

7 月 11—12 日南汇连遭雷雨大风冰雹袭击。万祥、三灶、书院、老港、新港 5 乡 139 户受灾，倒损房屋 123 间，棚舍 101 间，1 100 亩早稻、玉米受损。崇明海桥、合作、港东、大同、鳌山、建设、庙镇等龙卷风，暴雨、冰雹，倒塌房屋 93 间，损坏 376 间、棚舍 464 间，烟囱 20 座，水稻、玉米、棉花倒伏 2 950 亩，受潮玉米、小麦、油菜 1 700 吨，损失约 73.6 万元。全市经济损失共 200 余万元，伤 15 人。

7 月 17—19 日淮河流域洪泗、泗阳、淮阴、涟水、沭阳、灌云等普降大-暴雨，局部大暴雨，伴有大风、冰雹及龙卷风，洪泽湖周围、苏北灌溉总渠以北地区农田积水 30～60 cm，仅淮阴、盐城、连云港 3 市受涝农田达 800 余万亩，倒房 18.5 万间，死 100 余人，受灾严重的有泗阳、邳县、新沂、东海、沭阳、洪泽、泗洪、阜宁、射阳、建湖等。

7—8 月，上海持续高温，医院每天的急诊患者达 7 万余人，死亡数上升。

8 月 31 日—9 月 1 日(七月十二—十三日)9015 台风于台州市登陆，经上海西北上。受其影响，使浙江、江苏、上海遭受较大损失，上海全市暴雨，局部大-特大暴雨。市区 200 多处道路积水，水深 30～40 cm，7.5 万户居民房屋进水，轮船停航，铁路路基部分冲毁，列车停运，3 万多旅客滞留。31 日上午青浦、嘉定、宝山、川沙、南汇、金山 14 乡镇 20 余村受龙卷风侵袭，全市共毁房 790 间，棚舍 1 006 间，刮倒树木 1 652 株，折断电杆 133 根，死 3 人，伤 52 人。

11 月 14 日上海大雾，公交七场 1 辆客车雾中坠河，死 1 人，伤 17 人。

1991 年

2 月 17 日 06 时 51 分，青浦练塘(31°00′N，121°03′E)3.0 级地震，青浦城厢镇一户古旧民宅局部倾颓，倒檐墙长约 2 m，高约 0.4 m，并带动屋檐 200 余瓦片一齐下泻。徐泾 2 人跳楼 1 人骨折。青浦香花至嘉善东北四度有感。浦东高桥至嘉兴为三度有感，等震线长轴 N25°E，极震区烈度四度强，听到地声，堆起砖垛坍倒，楼上居民纷纷外逃。

3 月 6 日上海大雾，长江口两轮相撞，1 船沉没。

5—7 月的 50 多天内，长江下游及江淮地区大部暴雨不断，降水量与常年相比偏多 0.5～2 倍，雨期持续达 56 天，过程降水量一般都在 500 mm 以上，兴化达 1 294 mm，最高水位达 3.34 m，超过 1954 年历史最高水位 0.26 m，洪泽湖水位仅比 1954 年低 4 cm，而滁河及太湖水位均创历史最高记录。太湖流域江湖猛涨，普遍超过警戒水位，上海自 6 月 3 日至 7 月 15 日梅雨持续 43 天，龙华站总雨量 474.4 mm，是常年梅雨量的 2～3 倍。其间的 6 月 12—13 日、7 月 2 日、7 月 14 日上海均有暴-大暴雨，每次市区均有数十条道路、数千户房屋进水。与此同时太湖上游暴雨不断，形成流域性洪灾，为缓解灾情，6 月 18 日打开蕴藻浜和淀浦河水闸。7 月 5 日及 8 日又分别炸开红旗塘、钱盛塘坝基排水，承泄上游洪水 41.72 亿立方米，青浦、松江、金山洪涝威胁更加严重，3 400 亩良田永久性冲没。7 月 16 日，太湖水位更高达 4.76 m，超警戒水位 1.29 米，比 1954 年的最高水位还高 0.14 米。据不完全统计，这次大范围集中降雨，造成苏、皖、鄂、湘、浙、沪等省市 1 亿以上人口受灾，淹没农田 2.3 亿亩，死亡 1 200 余人，伤 2.5 万余人，倒塌房屋数百万间，大批企业停产，交通、通讯中断，水利设施被毁，经济损失 700 亿元，以苏、皖两省损失最重。上海全市 103 万亩农田受淹，冲毁鱼塘 4 200 亩，3 000 余户房屋进田，倒塌房屋 278 间，300 余户被迫搬迁，812 处仓库、313 家乡镇企业受淹，倒塌厂房 48 间，经济损失 11.484 4 亿元。

7—8 月间，镇江市区 20 余座山及大运河沿岸等共发生地质灾害 190 余处，较为严重的 70 余处，殃及范围 15 万平方米，受灾面积约 5 万余平方米，使 400 余间房屋成为废墟，450 余间房屋严重破坏，4 500 余人撤离安置，使风景优美的金山、焦山、北固山满目疮痍，经济损失约7 000万元。其中尤以 6 月中旬至 7 月上旬最为明显。7 月 5 日镇江市云台山、跑马山、宝盖山、狮子山、北固山、焦山等 13 处及运河两岸、交通沿线路基、油库等接连发生滑坡、崩塌、地面沉陷 44 起，毁坏房屋 420 间，毁坏液化气站、油库、锅炉房各 1 座，1 所疗养院被迫停止营业，死 1 人，伤 2 人，经济损失 800 万元；7 月 9 日 04 时云台山滑坡，滑方量 10 万立方米，人员安全转移，只 100 余间房屋被滑坡体掩埋。

8 月 3 日嘉定上海环球冷冻机厂一车间雷击起火，经济损失 63 万元。

8 月 7—8 日上海普降暴雨和大暴雨，宝山蕴东及嘉定长征特大暴雨，全市一片汪洋，574 条道路积水，最深 1.2 m，20 万户家庭进水，14 条市内公交线路停驶或缩短行程，340 余处供电线路故障，8 人触电死亡，1 人意外死亡。市经委系统 828 家工厂进水，其中 102 家完全停产。郊县 11.6 万亩稻田、3.7 万亩棉田、6 万亩菜田、1 000 多亩鱼塘、500 亩果园受淹，经济损失 1 亿多元。

9 月 5 日上海强雷暴雨，持续 7 个多小时，普降暴-大暴雨，七宝、金山特大暴雨。市区数百条道路、里弄积水，闸北区沪太一村最深 90 cm，10 万余户家中进水，12 条公交线路停驶或绕道，大统路隧道积水达 2 m，关闭、抢排 12 小时后恢复通行。供电系统停电 40～50 起，3 人死亡，24 人受伤。

9 月 7 日浙江临安夏禹桥乡乔里村因特大暴雨引发泥石流，21 村庄 1.5 万人受灾，46.7 公顷农田沦为砂砾堆积场，冲塌桥梁 47 座、公路 35 km、破坏房屋 350 余间，死 1 人，失踪 2 人，经济损失 1 516 万元。同日，富阳县龙羊区三溪口乡东坞村暴雨，导致泥石流灾害，砂石堆积体约 10 万立方米，冲毁房屋 129 间，毁坏桥梁、公路及沿途设施等，经济损失 250 万元。

12 月 6 日上海大雾，发生多起交通事故，伤 10 人，损坏车辆 10 辆。

12 月 26—29 日上海雪，气温骤降，道路结冰打滑，1 300 余人摔倒受伤，骨折伤员成倍增长。全市 5 万余处水管冻裂，十数万户居民遭断水、断(煤)气之苦，虹桥机场、莘松高速公路、南浦大桥、吴淞闸桥暂时关闭。

冬，淮河流域大水之后又大旱，小麦无法播种，田地一片荒芜。

● 1992 年

2 月 23 日下午长江口大风，阵风 10 级，启东附近海面 21 条捕鳗鱼苗小船翻沉，64 人落水，2 人死亡，8 人失踪；崇明团结沙附近 28 条捕鳗鱼苗小船翻沉，死 2 人，失踪 14 人。

3 月 15 日台湾花莲海中(23.5°N，123.6°E)6.0 级地震，上海高层建筑上部居民有感。

3 月，上海春涝，龙华站全月降雨 22 天，月降水量是常年的 3 倍多，造成 30 余万亩小麦、油菜渍害。

4月21日浙江江山、衢州、缙云、永康、宁海等先后出现冰雹、雷雨、大风天气，冰雹大小2～3 cm，风力10～12级，34万亩农田受灾，其中江山40余乡镇受灾较重，倒损房屋2 000余间，死2人，重伤8人。

6月下旬至7月中旬梅雨期间，浙江有3次主要降水过程，金华、衢州、丽水、温州4地区及杭州、绍兴、金华3地区西南部一般都在300～600 mm，衢州、常山更高达600 mm以上，兰溪、开化、龙泉、江山、庆元、文成等县大暴雨，暴雨中心在衢州、龙游一带，钱塘江中上游大洪水，衢江和灵江之间的3万余群众被洪水包围，防洪堤多处决堤；龙游县城一半城区进水1 m左右；金华全市800余村庄受灾，160余处堤防决口，400余家企业停产；武义23乡镇受灾，其中沿江10乡镇损失惨重，县城进水最深1.3 m，全县2.1万人被围；金华金兰水库下游琅琊镇进水深2 m以上，白沙溪防洪堤几乎全线崩溃，衢江大堤决堤30余米，洋埠、罗埠两镇80余村庄一片汪洋，15万群众被围；富春江两岸的桐庐、富阳也遭洪涝侵袭；浙西常山、开化、遂昌多处山洪暴发，塌方不断，320、205国道多处被淹，3万余辆来往车辆受困。据不完全统计，全省37县市受灾人口400万左右，倒房2万余间，死50余人，重伤80余人，29座城镇浸水，340万亩农田受灾，冲毁防洪堤480余 km，公路420 km，桥涵370座、浙赣铁路停运25小时，经济损失19余亿元。上海7月13日下午雷暴雨，杨浦区59条道路积水，15家单位、800多户房屋进水。

7月19日江苏无锡、苏州、常州、南通、淮阴、盐城等10余县先后遭冰雹、雷雨、大风袭击，雨雹时间大部在5分钟以上，最大风力10级，局部地区降水180 mm。据不完全统计，140万亩农作物遭受不同程度损失，倒房5 800余间，因灾死亡9人，伤80人。同日15时40分左右安徽黄山市徽州区临河村遭雷，6人当场死亡，2人致盲，1人击伤胳膊。

8月1日江苏盐城等5地区11县市遭冰雹袭击，部分地区伴随龙卷风，最大雹粒直径4.5 cm，风力9～12级。据不完全统计，36万亩农作物受灾，倒房3 800余间，损坏1万余间，死1人，伤110人，刮断电话、广播、供电线杆2 191根，树木4.2万株。

8月31日06时9216号台风在福建长乐二次登陆，中心附近最大风速20 m/s，当晚于闽清减弱为低气压。该台风虽强度不大，但影响范围甚广，受灾地区包括闽、浙、沪、苏、鲁、冀、津、辽。沿海地区普遍7～9级大风，部分达11～12级，伴有大-暴雨，局部特大暴雨，如浙江乐清碘头水文站过程降水量741 mm，24小时降水达406 mm，浙江鳌江、瑞安、温州等均超历史最高潮位。浙江58县市1 032.8万人受灾，死157人，重伤535人，2 000余村庄、140余万人被洪水围困，受灾农作物703.5万亩，粮仓、农户损失储粮1.5亿千克，倒房3.5万余间，损坏14.4万间，沉损渔船186艘，损毁江海堤605 km，水闸95座，塘坝1 184座，泵站427座，小水电51座，公路763 km，桥涵480座，倒断电力线杆1.4万余根、长1.1万余km，通讯线杆9 000余根、长400余 km，经济损失35亿元。上海普降大到暴雨，局部大暴雨，苏州河口潮位5.04 m，米市渡水位3.92 m，1人死亡，3人轻伤，因海塘加固加高工程完成，经济损失4 575万元。江苏42县市不同程度受灾，倒房2.1万余间，损坏3.5万余间，988万亩农作物受灾，死14人，伤25人。加上闽、鲁、冀、津、辽等共经济损失92亿元。

9月23日06—07时9219号台风于浙江平阳二次登陆，尔后经温州、台州、绍兴、嘉兴、由上海西侧进入江苏，次日凌晨于吕四港入黄海，再至韩国三次登陆。浙、沪、苏沿海普遍8～10级大风，所经之处达11级左右，伴随暴-大暴雨，浙江鳌江、飞云江、瓯江、灵江、曹娥江、东苕溪普遍危急，苍南、平阳、瑞安、瓯海、乐清、奉化等城镇浸水，局地山体滑坡，全省64县市1 145万人受灾，133.8万人一度被洪水围困，死53人，重伤326人，失踪51人，757万亩农作物受灾，损坏粮食 2.9 万吨，倒房 2.5 万间，损坏 5.7 万间，堤防决口 448 处、长 308 km，损坏堤防 961.6 km，毁坏公路 981 km，桥涵 487 座，2 158 个工矿企业停产、3 749 个部分停产，损坏输电、通讯线杆 1.1 万余根、长 800 余 km，经济损失 37 亿元。江苏苏州、无锡、常州、镇江、南京、南通、扬州、盐城等 911.9 万亩水稻、623.9 万亩棉花倒伏，倒房5 700余间，损坏 9 300 余间，死 2 人，伤 15 人。

1993 年

5 月 25 日下午苏北 19 县市遭 8～9 级、阵风 10 级大风袭击，局部伴有冰雹。淮阴市受灾最重，据不完全统计，全县 122 乡镇受灾，142 万亩水稻、30 万亩油菜倒伏，砸坏玉米 3 万余亩，棉花苗 4 万余亩，毁坏蔬菜大棚 1.67 万亩，刮倒、刮断树木 142 万株，沉船 466 艘，刮断三杆(电话、广播、输电)5 200 余根，倒房 1 万余间，损坏 3 万余间，死 39 人，伤 814 人，经济损失近 2 亿元。

梅雨期间，浙江 6 月 14 日至 7 月 9 日先后出现 6 次大-暴雨，雨区主要集中在金华、衢州钱塘江中上游，雨量是常年的 2～4 倍，加之富春江、乌溪江等大中水库大量泄洪，钱塘江沿江城镇、村庄被洪水围困，大量农田受淹，山区山洪暴发，工程水毁严重，水库库区淹没损失颇巨。为保障杭州市和杭、嘉、湖平原的安全，余杭北湖泄洪区于 7 月 4 日实施分洪。据不完全统计，衢州、金华、杭州、嘉兴、湖州、丽水、绍兴 7 地区、40 县市、900 余万人受灾，94.5 万人受洪水围困，紧急安置转移 18.9 万人，死 71 人，伤 632 人，受灾农作物 588 万亩，倒房 6 万余间，5 000 余家工矿企业停产或半停产，经济损失 31.5 亿元。江苏南通自 6 月 28 日 18 时起龙卷风，先后横扫庆丰、二艾、兴东、十总、唐洪、五甲、五总等 13 乡镇和如东的掘港、兵房、从甸、马塘等 6 乡镇，过程暴雨总量 140 mm，狂风暴雨，雷电交加，大片民房瞬间倒塌，一些工厂几乎夷为平地，据初步统计，两县共死亡 8 人，重伤 70 余人，轻伤 497 人，倒房 2 542 户、5 783 间，7 169 户严重受损，大片棉花玉米严重倒伏。上海 6 月 14—15 日普降暴-大暴雨，市区 3 万余户家中、150 余条道路积水，最深 1 m，集中在静安、普陀、闸北、南市 4 区，部分公交绕道行驶，市郊 2 000 余亩菜田被淹。安徽歙县 6 月底至 7 月初因暴雨引发大面积山体塌滑 10 余处，倒塌房屋 1 300 余间，损坏 6 000 余间，死 4 人。

7 月 17、19 日上海雷暴雨，局部大暴雨，全市 63 条道路、6 000 余户房屋进水。7 月 26—27 日上海普降暴-大暴雨，市区 100 余条道路积水，北新泾最深 70 cm，1 万多户家中进水。

8 月 1—2 日上海部分地区及川沙强雷暴雨，4 个区县大暴雨，市区 238 条道路、4 万户居民家中积水，虹桥机场 18 架航班不能正常起降，市郊 3 万多亩菜田被淹，1.5 万亩棉花倒伏，经济损失 170 万元。8 月 4 日傍晚至 6 日上午苏北淮阴、盐城、灌云、灌南、沭阳、响水、滨海、射阳、大丰、东台、如东等都达大-特大暴雨，城市浸水，仓库受淹，并伴有 8～10 级大风，局部龙卷风、冰雹。据不完全统计，江苏全省(8 月)受灾农田 2 235 万亩，倒房 13.2 万间，死 66 人，伤 542 人，经济损失 40 亿元以上。

8 月 16—22 日上海连降大-暴雨，局部大暴雨，青浦连续一周大-暴雨，至 22 日金泽、蒸淀、商榻水位超历史最高记录，青浦西部 9 乡镇堤坝决口，3.9 万亩农田、6 650 亩鱼塘被淹，27 家工厂、1 593 户住宅进水，经济损失 1 000 万元。18—19 日全市又有千余户民宅进水，2 条公交线路缩短行程。江浙太湖流域 8 月持续降雨不断，太湖、苏州等内河及杭、嘉、湖平原河网水位居高不下，吴县、吴江、昆山、嘉兴等河湖汛情十分严峻，洪涝严重。据不完全统计，江苏仅苏州市受淹农田就达 200 万亩，倒房 2608 间，死 7 人，伤 35 人，经济损失 5 亿元。

浙江16县市受灾，340余万亩农作物受淹，倒房1.4万间，死8人，重伤57人，383座村庄、20.7万人一度被洪水围困，转移安置7.2万人，冲毁、损坏堤防138公里，公路中断61次，2 030家工矿企业停产或半停产，经济损失7亿元。

1994年

3月20日大雾，318国道上海-苏州段能见度仅10米，连续发生重大交通事故，上海千余辆车辆受阻数小时。

4月7日凌晨2时青浦商榻一针织厂雷击起火，500平方米厂房及厂内设备及半成品全部烧毁，经济损失300余万元。

6月下旬江淮地区副热带高压提前加强，梅雨期短，雨量少，至8月中旬仍未下过透雨，雨量比常年同期偏少一半左右，江、浙两省部分地区降水量不足100 mm，偏少8成以上，蚌埠、滁州、南京等为近40余年来的最小值，出现高温伏旱。7—8月江淮流域日最高气温一般高35℃～39℃，江淮、江南等≥35℃天数15～40天，浙江大部超过40℃，旱区涉及皖、苏、浙、鄂、豫、川、陕等。江淮地区旱情严重，河、湖、库、塘水位急剧下降，洪泽湖、骆马湖、微山湖湖面接近干涸。江苏大中型水库蓄水量比常年少4～5成，70%小水库及山塘干涸。安徽淮南市沟、河总储水量仅为常年的45%，水库、山塘涸竭见底。上海6月24日—8月7日旱，持续高温、大风，35℃以上高温日17天。郊县9.2万亩菜田受旱，占播种总面积的九成。大部分地区绿化受灾严重，虫害猖狂。黄浦江上游流量同比锐减，甚至出现负流量(江水倒流)。7月23日开启太浦闸及长江沿岸主要水闸，调水改善上海水质。其间虽有7月15日浦东洋泾等5乡雷暴雨，洋泾、张桥、东沟短时间冰雹，全市2 000余户家房进水，积水深20～40 cm。浦东5乡3 000余亩菜田受淹；7月16日宝山、嘉定、崇明暴雨，吴淞大暴雨，军工路、逸仙路铁路立交桥、闸北发电厂多处积水，最深近2 m，交通堵塞。但仍未改变受旱格局。

8月21—22日(七月十五—十六日)9417号台风于浙江瑞安登陆，奉贤海塘部分防汛工程受损，宝山个别地段海水倒灌，川沙七甲港250 m海塘出现抛石下沉，损失30万元。多处防汛墙进水，60余户居民家中进水。川沙王乡电镀厂烟囱刮倒，压坏车间，损失约5万元。郊区蔬菜损坏严重。淀山湖有4条船沉没。

9月7日11时52分宁波皎口(29°49′N，121°13′E)4.1级水库地震，鄞县樟木、鄞江、横街、龙观部分地区多数人从屋内奔出，Ⅰ、Ⅱ类房屋震损，天花板震落，屋檐下坠，部分墙体及烟囱倒塌。宁波、余姚、奉化等普遍有感；轻微有感区东至定海，西迤杭州，南达临海、仙居，北抵上海、崇明。

9月16日台湾海峡(23.0°N，118.5°E)7.3地震，上海低层居民无反映，10层以上居民反映强烈。

10月10日(九月初六)受9430号台风影响，上海普降暴雨，市内河水高涨，局部河段短暂漫溢，近百户居民家中浸水。崇明、宝山、川沙8万余亩晚稻严重倒伏，菜田积水。

1995年

5月19—20日上海普降暴雨，宝山庙行、嘉定、奉贤五四农场等局部大暴雨，市区129条道路积水，深10～50 cm，1万多户家中进水，仅卢湾区就3 800余户，5条公交线路缩短行程或绕道行驶，郊县14万余亩蔬菜被淹。

6月20—21日首场梅暴雨，崇明跃进农场大暴雨，市区60余条道路积水10～40 cm，内环高架道路13处不同程度进水,50余辆汽车熄火,1 000余户家庭进水。崇明1.1万亩农田淹没,2 000余亩玉米倒伏,2万余千克粮食受潮。

6月24—25日上海全市普降暴雨和大暴雨,393条道路积水10～50 cm, 3.5万户家中进水,1人触电身亡,郊县菜田积水严重。

6月30日—7月2日上海连续3天暴-大暴雨,市内有5个区达大暴雨,江河水位高涨,200余条道路积水,近2万户家中进水,公交电车及市郊部分公交停驶,1条600伏高压线刮断,1人死亡。

7月5—6日普降暴雨,沪南南汇至金山大暴雨,市区108条道路积水,通往虹桥机扬的交通受阻,8 000余户家庭进水,郊县5 000余亩农田被淹。

自7月8日出梅后,上海气温迅速上升,出现持续40余天的伏旱天气。高温、干旱使大批瓜果普遍萎蔫,开花结果率少,病虫害暴发。

8月7日浦东高桥、凌桥部分地区遭强雷暴雨和冰雹袭击,11个村庄受灾,600公顷农作物特别是蔬菜受损。

8月25日(七月三十日)9507号台风在浙江瑞安登陆后北上,19时经金山、市区、崇明进入江苏。自24日起上海普降大到暴雨,市区105条道路积水,6 000余户居民家中进水。

11月7—8日冷气团南下,华北南部、山东、长江中下游出现5～6级,阵风8～10级偏北大风,沿途造成不少房屋倒塌及人员伤亡,尤以山东灾情最重,经济损失10亿元以上。江苏仅就太湖水域有10艘船只沉没,32人落水,1人死亡;苏州长江水域24艘船沉没,7人失踪。上海市吴淞口水域24艘船只搁浅,1人死亡,1人失踪;淮海中路龙门路口建筑工地的一排长约50 m的三层简易房被风刮倒,伤13人;黄浦江上2艘个体运沙船1沉1翻,5人落水,救起。浙江杭州供电设备故障,城南供电局辖区10余处短路。安徽因大风造成各类经济损失1亿元以上。

12月6日晚上海大雾,黄浦江上因相互碰撞,沉船2艘,5人落水,失踪1人。

1996年

2月下半月强寒潮,全国大部分气温骤降,江南及华南降温达18℃～23℃,2月18—21日长江下游先后出现入冬以来的最低气温,江淮、江南地区普降小到中雪,部分地区还下了大雪。湘、赣、黔大范围冻雨,华南部分地区冰冻,香港大帽山顶出现罕见的霜冻。这给华南地区的经济作物及瓜果、蔬菜造成很大冻害,广东经济损失40亿元,广西损失超过3.5亿元。上海17日大雪,道路大面积结冰,交通事故372起,死亡5人,伤66人,经济损失约200万元。

6月3日—7月17日上海梅雨期长达45天,比常年提前12天入梅,延迟11天出梅,雨量偏多1.9倍,其间暴雨频频,如:6月17日崇明西北部遭飑线袭击,大雨伴有雷暴雨,全县5.4万亩玉米和直播稻遭受风灾,新村、海桥、合兴、向化等乡较重,1 500余顶蔬菜大棚受损,经济损失840万元;6月24—25日普降暴雨,罗店、金山咀、芦潮港大暴雨,市区3950户民宅进水,郊县4万余亩蔬菜减产,金山、松江暴雨大风,刮倒房屋6间,30余间屋顶掀掉,伤3人;金山松隐镇16幢屋顶揭盖,1幢二层楼房倒塌,压坏汽车1辆,经济损失61.5万元;7月5—6日普降大-暴雨,局部大暴雨,全市200余条道路积水10～40 cm, 3万余户住房进水,内环线及南北高架数十处积水,300余辆汽车抛锚,上百起车辆事故,郊县56.7万亩农田受淹,经济损失5 500万元。6月29—7月1日浙北、皖南也连降暴-大暴雨,浙北分水江、东苕溪及杭、嘉、湖平原河网普遍超警戒水位,500万人遭殃,受灾农田500余万亩,倒房13万余间，死30人，经济损失30余亿元。皖南青弋江、水阳江发生洪水；屯溪城内汪洋一片，最大水深2 m；黄山百丈泉百余米山体滑坡，5万余方的泥石流三次大面积倾泻而下，造成百丈桥坍塌，死伤各2人；歙县6月30日至7月2日连降大-暴雨，引发大面积山体塌滑25处，小面积分散滑塌点不计其数，山洪泥石流横行，共倒塌房屋270间，损坏2 000余间，3人丧生；石台县城内积水一般2 m以上，最深超过6 m；黄山、宣城两地市经济损失6.65亿元。

7月18日下午上海多处龙卷风：1. 自浦东新区向西横扫市北等地；2. 青浦朱家角、沈巷、莲盛、西岑、金泽、商榻6乡镇及佘山镇；青浦50余户民居受损，部分厂房不同程度破坏，刮断烟囱1座。电线杆20余根，2人触电死亡，经济损失数百万元；3. 松江17间房屋倒塌，50余户屋瓦被掀，8家乡镇企业部分厂房毁坏，8.2 km高压线刮断，4个村庄停电，近千亩鱼塘严重受损，300余株大树连根拔起或拦腰折断。

7月31日—8月2日(六月十六—十八日)受9608号台风外围影响，上海12 km海堤受损，损坏护岸75处，水文站42处，2 550亩农田成灾，损失粮食1 180千克；米市渡江面沉船1艘，失踪2人。部分客轮、航班停驶，经济损失2 780万元。

8月13日金山朱行局部雷暴雨，倒房10间，150亩经济作物受害，经济损失20万元。

11月9日21时56分长江口东(31°24′N，121°56′E)6.1级孤立型地震，南通、常熟、张家港及浙江杭、嘉、湖、绍、甬的长江口及杭州湾地区普遍有感，烈度四度，但高层居民反应较强。上海东方明珠电视台塔顶3根避雷针折断坠落，顶部球体内的南洋杉大花盆翻倒；上海商城第50层红木家具抽屉滑出，宝钢一高层住宅楼第14层某户书橱倾倒，崇明县江口乡某农户墙体开裂，港东乡某厂锅炉生锈钢管烟囱折断。三度烈度位于江苏阜宁、南京、安徽芜湖至浙江建德、金华、台州一线以东。等震长轴成N55°E方向展布(图3-33)。

1997年

4月29日傍晚金山、松江大风，枫泾、兴塔、朱泾130余户农宅受损，7 000余亩三麦、143亩蔬菜受损，4家企业停产，损坏供电线路10余处，三线倒杆13处，伤2人，仅中国人民保险公司一家就理赔40多万元；松江新浜香塘等9村及五厍镇形成一条长10里、宽1里的风灾带，1.5万亩农作物受损，60余根三线(电话、广播、输电)倒杆，26户农宅、8家企业房屋和设备遭受不同程度损坏，损失约308万元。

7月10—11日上海普降暴-大暴雨，市区92条道路积水，6 000余户家庭进水，沪南松江、金山、奉贤、南汇4县7.5万亩农田受淹，蔬菜产量损失2成以上。

7月28日02时31分南黄海(33.31°N，121.11°E)5.1级地震，南通、张家港、崇明、上海有感。

8月18日9711号风暴潮于浙江温岭登陆，涉及闽、浙、赣、苏、皖、沪、鲁、冀、津、辽、吉各省市291县，受灾农田482.93公顷，死亡254人，倒塌房屋49.88万间，经济损失521.2亿元。上海普降暴雨和大暴雨，市区防汛墙决口3处，漫溢20处。一线海塘多处溃决，511处受损，共69 km，金山嘴海潮达6.57 m，为历年最高记录，3、4号丁坝头冲跨和塌方。全市倒损树木43 957株，堵塞道路。出现大面积停电和电讯故障。120条道路积水，2 500余户家庭受淹，540间房屋倒塌，2 700余间损坏，郊区75万亩农田受灾，水运、轮渡、航班一度中断，上万名旅客滞留。造成7人死亡，多人受伤，经济损失6.3亿元。

8月23日崇明、宝山、浦东新区遭强对流天气袭击，部分道路、居民区积水，崇明3人雷击身亡；宝山2 200亩蔬菜坏死，1人死亡。

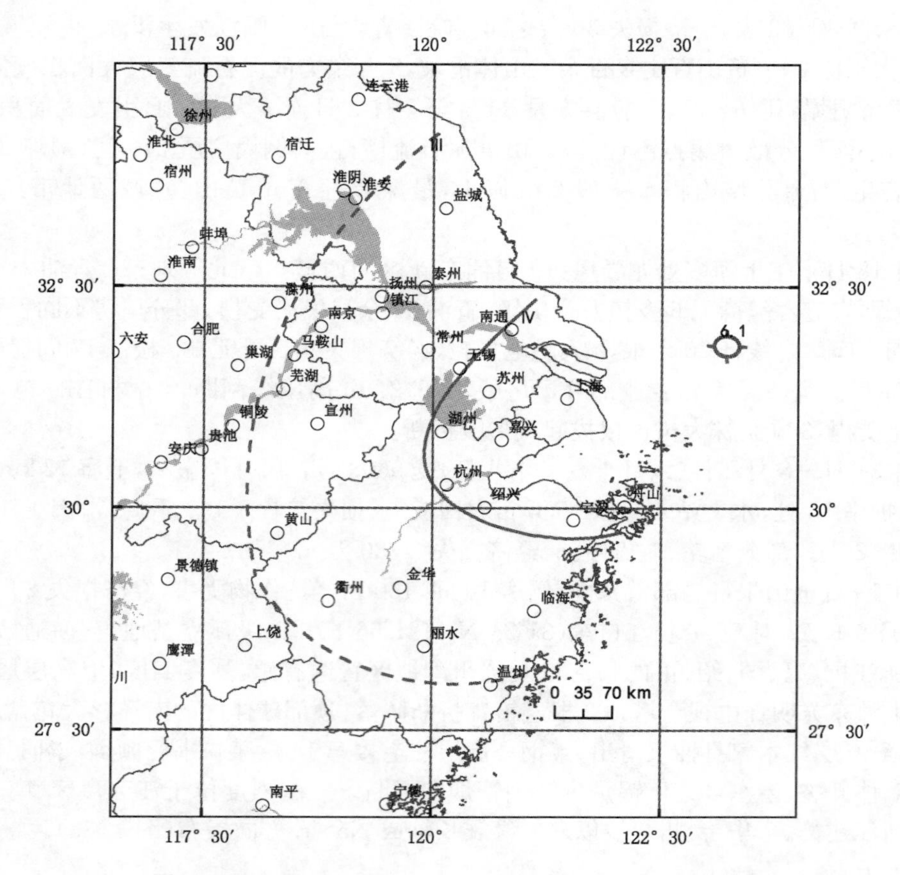

图 3-33　1996 年 11 月 9 日长江口外 6.1 级地震等震线图

● 1998 年

3 月 17 日凌晨大雾，沪宁高速公路发生一起 23 辆汽车追尾相撞的特大交通事故，3 人死亡，10 余人受伤。3 月 30 日大雾，吴淞口外两船相撞，1 艘货船沉没，失踪 1 人。

7—8 月，高温日共 27 天，最高气温 39.4℃。酷暑对各行各业如供水、供电、消防、医疗、环卫、农牧业等都造成不同程度负面影响。其间亦多次出现大风、暴雨灾害性天气，如 7 月 22—24 日上海普降暴雨，奉贤钱桥、南汇横沔、上海南市局部大暴雨，市区 130 条道路积水，最深 80 cm，2 000 余户人家进水，5 000 余亩农田遭淹，青浦 2 000 m^2 厂房浸水，大量服装制成品及布匹、棉线等物资遭浸；南汇下沙镇菜篮子工程及园艺场大棚 2/3 严重受损，金泽、庄行、三林等农田受灾，黄浦江码头 2 艘驳船沉没。7 月 30 日深夜至 31 日凌晨崇明、金山、松江雷雨大风。崇明 1 艘 500 吨级货船沉没，死 4 人；金山枫泾、兴塔 128 间建筑物、33 处露天粮囤受损，1 人触电死亡；松江倒房 17 间，3 家厂房、75 房屋及部分鸭棚屋顶刮坏。

8 月 17 日 01 时 54 分浙江嵊州(29°33′N, 120°55′E)4.0 级地震，嵊州、新昌强烈有感，上海金山、奉贤及嵊泗大、小洋山轻微有感。

● 1999 年

1 月 19 日晨长江口大风，沪崇 1150 号渔船翻船，船员除 1 人救起外，其余 6 人失踪。

6 月 7 日—7 月 20 日上海梅雨肆虐，长 43 天，总雨量 815 mm，严重洪涝，全市 6 万余户家庭进水，倒塌房屋698间，损坏1 760间，655家企业积水，百余条交通干线水滞逾尺，经济损失8.7亿元。其中6月7—11日城乡连降暴雨，莘庄、川沙合庆、南汇局部大暴雨；6月24日—7月1日再遭8天连续暴雨，以6月30日最大，市区、闵行、宝山、川沙、嘉定、青浦、松江、崇明等大暴雨，市区120余条道路积水，闸北、普陀、长宁万余户家中进水，虹桥机场严重积水，市郊20余万亩农田受淹。太湖水位超警戒线1.09 m，黄浦江上游15 km堤岸出现126处决口，青浦、松江共出动4.6万人次进行抢险。

8月30日凌晨3时许奉贤柘林、胡桥、新寺等镇遭龙卷风袭击，受灾范围长13 km，宽7公里，重灾区面积0.5平方公里，伤7人，8家企业厂房受损4 120 m^2，畜牧场倒房37间，302户民房倒塌或屋顶被掀，倒树木2 156株、电线杆67根、围墙365米，合计经济损失254万元。

9月6日早晨，浦东新区、南汇、奉贤、松江部分地区龙卷风，伤37人，2 000余间民房受损或倒塌，1万余亩水稻和蔬菜被毁，刮倒树木2 000余株，折断电线杆100余根，经济损失5 000万元以上。

9月19—20日9806号台风在浙江普陀登陆后，于浙北减弱为低气压，受其影响，上海东南部出现8级以上大风，伴有中雨，局部大雨。19日上午吴淞口两船相撞，1人落水失踪；下午宝山水道1船遇风沉没。海浪冲坏海塘抛石及浆砌块石，损失16万元。大风使六团浦南园艺场35亩蔬菜大棚塑料薄膜吹烂，损失5万元。20日松江五金厂倒塌2间厂房，伤3人。

9月21日01时47分台湾南投集集(23°52′N，120°47′E)7.3级地震，上海11层以下各类建筑及地面居民无感，而高层上部居民如静安区希尔顿饭店、贵都饭店、五角场兰天大厦、徐汇区华亭宾馆特别是体育场运动员之家反应强烈，有的住客甚至连外衣都没穿即逃往户外，久久不愿回屋安寝。

本年，是上海的大涝年，出现10天暴雨日，除嘉定、宝山外，其余各区县均创历年降雨最高值，南汇最高，达2 024.6 mm，市区为1 793.7 mm，比常年偏多4～8成。上海因雷击、暴雨等强对流灾害性天气经济损失共约10亿元。

2000年

7月10日启德台风在浙江玉环再次登陆后北上，穿越上海东部，上海局部出现暴雨和大风，800余艘中外大小船舶进港避风，未造成重大损失。

8月10—11日杰拉华台风于象山登陆后擦过上海，造成4辆正在机场候车的出租车被砸损，2块广告钢板吹落，1条高压线吹断，附近部分居民家停电，黄浦江上3条轮渡线停航。

8月30—31日派比安台风在上海东部海面转向北上，上海大风暴雨，34处海塘受损，长30余km，多处防汛墙渗漏、漫溢，100余条道路积水，造成8家单位、3 000多户居民家中进水，南汇大面积停电，机场、码头停航，倒房200余间，26.8万亩农田受淹，18.2万亩成灾，受灾人口4.11万人，死1人，经济损失1.22亿元。

9月13—14日受桑美台风外围和冷空气共同影响，形成风、雨，潮三灾并袭，30余处海塘受损，长约10 km，全市40余条道路和720余户家庭积水，开往崇明、长兴、横沙三岛的客轮及黄浦江渡轮全部停航，1万多亩农田被淹，经济损失0.15亿元。

11月30日长江口大风，浙舟606号轮沉没，20名船员中失踪13人，1人抢救无效死亡。

2001 年

1 月 5—7 日寒潮南下，最低气温−6.6℃～−3.7℃，上海大风，长江口发生多起海难事故，5 日 2 艘货轮长江口相撞后沉没；7 日 1 艘外地轮船进港避风时搁浅。

5 月中旬长江口外及浙江海域连续大面积赤潮，仅舟山市就有 330 公顷养殖海域受到严重损害，经济损失超过 3 000 万元。

6 月 19 日青浦赵屯龙卷风。厂房屋顶被掀，125 户住房及农、牧、林作物及辅助设施等损坏甚至失收，1 人受伤，经济损失 56 万元；嘉定、崇明同日也遭龙卷风袭击。全市共损失 100 余万元。

6 月 23 日 0102 号飞燕台风于福建福清登陆，闽、浙、苏、沪共 21.6 万公顷农作物受灾，死亡 144 人，经济损失 46 亿余元(图 3-34)。浙江出现暴-大暴雨，26 日杭州、嘉兴、衢州等发生洪涝灾害，交通中断，堤防出险，农田被淹，仅杭州就 84 万人受灾，经济损失 4 亿多元；皖南黄山、屯溪、休宁大-特大暴雨(汉口 302.9 mm，五城 274 mm)，局部山洪暴发，并引发山体滑坡及泥石流，黄山全市 48 万余人受灾，3 人死亡，经济损失 2 亿多元；上海普降大-暴雨，奉贤大暴雨(163 mm/d)，全市 40 余条道路积水，1 000 余户居民家中进水；崇明 50 余万亩农作物受淹，上千户城镇民宅及部分企业、仓库遭浸，经济损失 900 余万元；宝山 1.2 亩蔬菜毁坏；金山 12 140 亩农田及经济作物不同程度受淹；奉贤庄行部分圩田决口；南汇农业产值损失 9 000 余万元；松江佘山镇陈家村某企业遭强雷暴袭击，11 名工人烧伤，其中 2 人伤势较重。

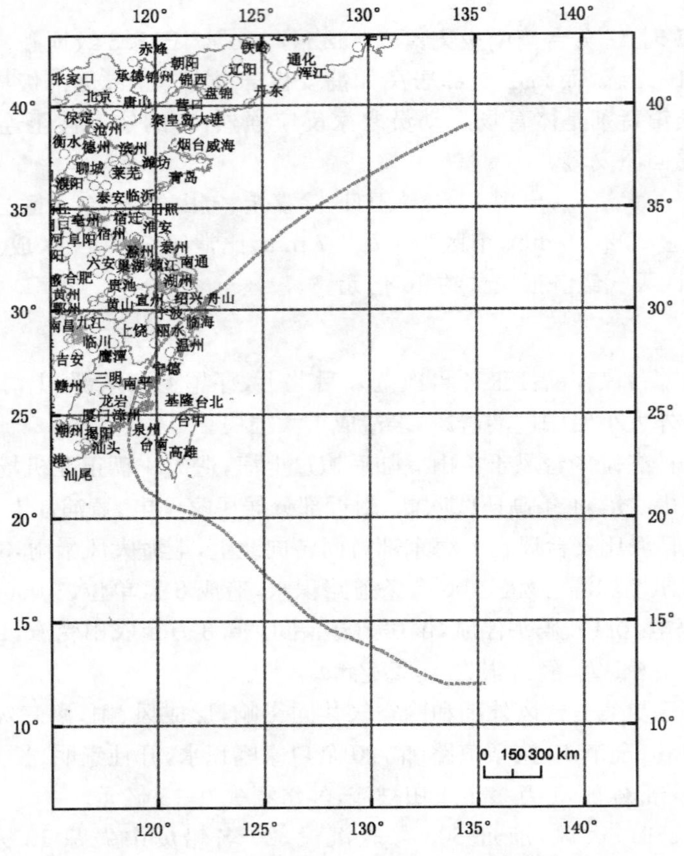

图 3-34　2001 年 6 月 23 日飞燕台风移动路径图(据《上海气象年鉴・2001—2005 年》)

8月5—9日上海连续大-特大暴雨，市区明显强于郊区，全市10余人受伤，4万余户家庭受淹，受损或倒塌房屋约60间，倒坍围墙230 m，306段道路积水，最深50～60 cm，地铁2号线静安寺站污水倒灌。全市约16万亩农田受淹，其中4 300亩绝收；南汇供电部门经济损失约80万元，康桥死1人；青浦西北各乡镇及浦东孙桥出现龙卷风。各保险公司分别理赔共1亿元以上。

8月29日崇明毛家桥村龙卷风，89户农家受灾，250余亩农作物受损，经济损失138万元。

8月下旬至10月中旬江淮秋旱，江苏受旱面积达53万公顷，20万公顷小麦不能适时播种。淮河自5月起长期断航，蚌埠闸累计断流114天，洪泽湖水位下降，蓄水量大减。

是年上海平均地面沉降量11.4 mm，与2000年比较，上海的地面沉降量进一步减缓；苏、锡、常地区地面沉降速率初步得到遏制，沉降速率均有不同程度减缓。

2002年

4月2日松江叶谢4个村由西向东先后冰雹，受灾面积3 165亩，经济损失173万元。

6月10日松江遭雷雨、大风、冰雹袭击，360户住家受灾，1 924亩农田及大棚受灾，石湖荡镇卫生院房顶被掀，经济损失151万元。

7月4—5日受0205号威马逊台风外围影响（图3-35），上海普遍大-暴雨，沿江、沿海出现9～11级大风，全市约1.3万株树木倾倒，倒塌各类房屋近500间，死6人，伤45人。崇

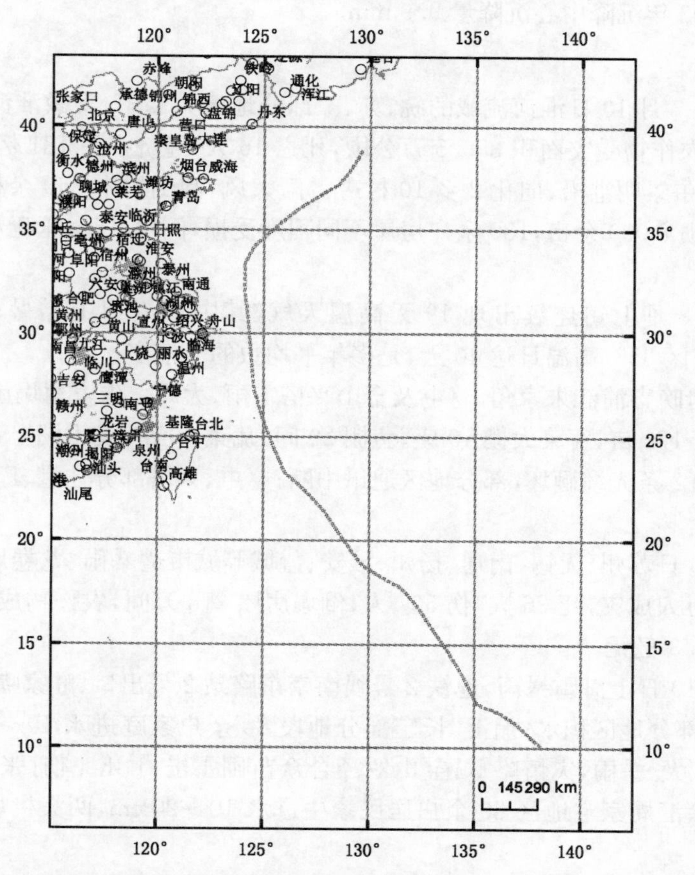

图3-35　2002年7月威乌逊台风移动路径图（据《上海气象年鉴·2001—2005年》）

明最重，3条3.5万伏输电线故障，全县1/4地区停电，倒塌生活及辅助用房366间，17万亩农作物受灾，绝收或接近绝收6.5万亩；长江口深水航道2个大型园柱沉箱被巨浪冲击移位，经济损失5 000万元；南汇6.4万亩果、蔬受灾，农业损失估计1.372亿元；松江经济作物受损严重，面积4 657亩，经济总损失1 797.7万元，泗泾镇古楼村雷击死亡1人；青浦农业损失395万元；金山1 144亩水稻蔬菜受淹，损坏7 639座大棚，倒房5间；浙江沉损船1 200艘，经济损失1.2亿元。上海船舶基本无损。

8月24日上海出现飑线天气，伴随普降大-暴雨，闵行、徐汇、宝山10余条道路积水，多处电路发生火情，消防局出动60多辆消防车，700余人，处置各类火情60余起；闵行、奉贤、松江、青浦等区约有6 000余座大棚倒塌，9 000余亩蔬菜受损，经济损失约4 000万元。

9月7日森拉克台风于苍南县登陆，受其影响，闽、浙、沪普遍出现1～3 m风暴潮增水，鳌江站最大，达3.21 m，最高潮位6.90 m，浙江受灾人口792万人，成灾面积10.5万公顷，房屋倒塌9 100余间，死29人，海堤决口443处，总长25.3 km，经济损失29.6亿元。

10月19日大风，启东沿海沉船5艘，死10人，经济损失750万元。

是年，上海全市地面平均沉降量10.22 mm；苏、锡、常区域地下水水位降落漏斗的扩展速率减缓，但沉降面积仍继续扩展，与2001年相比扩大约200 km^2，累计沉降区面积达5 800 km^2，速率大都在20～40 mm/a，部分地区地面沉降速率明显减缓；杭、嘉、湖平原地面沉降基本得到控制或减缓，累计沉降大于200 mm的沉降范围883 km^2；宁波市地面沉降继续基本控制，2002年沉降中心沉降量9.9 mm。

2003年

6月20日—7月10日淮河流域的皖、苏、豫部分地区大暴雨，安徽淮河段出现1991年以来最大洪水，农作物受灾面积390.5万公顷，死亡16人，经济损失181亿余元。

7月5日下午崇明港沿、向化2乡10村遭雷雨大风，刮倒树木350余株、蔬菜大棚200余座，农作物受损8 000余亩，180余户房屋不同程度受损，倒房2间，压死1人，损失823万元。

7月中旬至8月上旬连续出现19天高温天气，其中37℃以上酷暑日达12天，最高39.6℃。是年市区35℃高温日达40天，是多年平均数的4倍多。

7月22日傍晚青浦江朱家角、赵屯及金山兴塔雷雨、大风。朱家角塌屋17间，鸭棚1.6万 m^2，大棚西瓜170亩，蔬菜大棚40座，鱼棚20间，蔬菜80亩，淀山湖上4条捕捞船失踪。由于1条电缆和2条光缆砸坏，部分地区通讯中断；赵屯、兴塔部分住宅、厂房、大棚受损，经济损失620万元。

7月17—26日苏州、无锡、南通、扬州、淮安、盐城等城市遭暴雨、龙卷风、冰雹强对流灾害性天气，166万人成灾，死26人，伤507人，倒塌房屋2.3万间，农作物成灾面积4.8万公顷，经济损失10.3亿元。

8月2、7、10日上海雷暴雨，地铁2号线南京东路站2号出口、陆家嘴站3号出口积水半小时，老城厢部分地区积水；徐汇、长宁部分地段80余户家庭进水10～20 cm；第三次市中心及部分郊区大-暴雨，灾情略重，宝山罗泾合众苗圃雷击，1死4伤；张江高新开发区积水40～50 cm，徐汇周家宅地区80余户居民家中进水10～20 cm，两大机场32航班降至外围备用机场。

8月28日上海闵行受强雷雨云团影响，出现大风冰雹，重创蔬菜、西瓜大棚454亩，企业用房 460 m²，强降雨使大中华厂积水 1 小时。8 月 29 日松江港泖 4 村 5 场许多民宅受损，瓜果 860 亩，水稻 2 000 余亩遭灾，经济损失 215 万元。另，叶榭也同时受害，损失 20 万元。

9 月 14 日闵行某工地 300 m² 简易工棚被大风刮倒，死 1 人，伤 25 人。

9 月 17 日青浦雷击大风，造成多个村庄大面积停电，报修 120 余处，出动 400 余人抢修。

是年，上海平均地面沉降量 10.48 mm，外环线以内中心城区地面沉降量 12.02 mm，较 2002 年减少 0.99 mm；外环线以外区域地面沉降 8.64 mm，同比减少 0.29 mm；位于嘉兴城区的杭、嘉、湖平原沉降中心本年沉降量 18.4 mm，沉降中心累计沉降量达 860 mm；宁波市地面沉降中心年内沉降 4.6 mm，比上年度减少 5.3 mm；截至 2003 年苏、锡、常地区累计地面沉降大于 200 mm 的面积已达 5 000 余 km²，区内部分地区地面沉降已有所缓解，如常州地面沉降速率明显减缓，平均 1～7 mm/a；苏北沿海区域地面沉降尚处初级阶段，局部呈加速态势，沉降中心沉降量已达 1 259 mm。

2004 年

1 日 11 日如东沿海滩涂潮水突涨，9 人死亡。

3 月 2 日嵊泗绿华山南锚地因气旋浪沉没 1 艘货船，经济损失 957 万元。

4 月 22 日下午浦东短时雷雨大风，川沙、南汇六灶、周浦部分房顶被掀，数百亩蔬菜大棚损坏。同日，合肥肥西桃花工业区、桃花镇、上派镇、北张乡、新仓镇遭龙卷风袭击，死 2 人，伤 9 人，农作物成灾面积 50 余公顷，绝收 10 余公顷，供电、通讯一度中断，经济损失 300 余万元。

5 月 13—19 日浙江渔山列岛附近海域赤潮，面积约 1 000 km²；中街山海域赤潮，面积约 2 000 km²。

5 月 17 日江苏沿海因气旋浪 2 艘渔船沉没，冲毁 100 m 海堤，死 3 人，经济损失 50 万元。

5 月 21—22 日巢湖市居巢区、含山、和县、无为、肥东、宣城市宣州区部分乡镇出现冰雹、雷雨、大风天气，农作物成灾面积 1.3 万公顷，绝收 1.1 万公顷，损坏房屋 700 余间，经济损失 1.4 亿元。

6 月 11—13 日长江口外至花鸟山、嵊山海域赤潮，面积约 1 000 km²。

6 月 26 日台州市、临海强雷暴，死 17 人，伤 13 人。

6 月 29 日浙江舟山虾峙岛至台州列岛以南海域赤潮面积约 2 000 km²。

7 月 3 日受 0407 号蒲公英台风影响，浙江湖州翻船 18 艘，死 2 人，失踪 2 人，30 余条输电线路跳闸，经济损失 5 900 余万元；嘉兴秀州区农产品损失 40 万元；钱塘江麦岭沙段沉船 17 艘。江苏苏州、无锡、南通受灾较重，启东、通州(金沙)、如东、海门、海安受灾严重，南通全市 98.4 万人受灾，成灾 17.5 万人，死 1 人，农作物成灾面积 10.4 万公顷，绝收 4 103 公顷，倒房 1 014 间，严重损坏 1 916 间，经济损失 2.7 亿元。苏州市成灾人口 3 550 人，死 4 人，伤 9 人，农作物成灾面积 1 200 公顷，绝收 270 公顷，倒房 85 间，损坏 1 877 间，101 家企业受淹，沉船 34 只，经济损失 7 477 万元。上海普遍大-暴雨，崇明跃进农场大暴雨，近海风力 9～10 级，高桥最大增水 70 cm，近 3 万亩农田、5 500 亩果树和冬瓜受淹，3 000 余亩玉米倒伏，200 多座蔬菜大棚不同程度损坏，局部地区停电；南汇瓜棚损坏，千余亩玉米倒伏；松江五库农业示范园损失 38.4 万元；青浦赵屯轧钢二厂一堵长 50 m、高 1.5 m 的墙倒塌，练塘金田村 60 亩葡萄园大棚吹毁，损失约 16 万元，上海沿海淹没土地 3 150 公顷，经济损失 1 180万元；宝钢三期原料码头因暴雨侵袭，引发 8 日的卸船机倒塌，财产损失严重，保险公司为此赔付 6 076 万元。

7 月 8 日南京、扬州、如皋、海安、滨海、阜宁、大丰、射阳、建湖、兴化、姜堰等冰雹，持续时间 8～20 分钟，农作物成灾 4 800 余公顷，基本绝收 2 700 余公顷，倒房 200 余间，损坏 4 700余间，伤 5 人，经济损失 1.2 亿元。

7 月 8、10、12 日嘉定、宝山、浦东、奉贤受强对流天气影响，先后出现大风、雷击、冰雹灾害。嘉定、宝山、奉贤 7 座厂房屋顶被掀，嘉定 280 余亩葡萄、桃子受损；横沙岛一半土地受淹；浦东高东镇 50 户民房屋顶受损，9 间简易房屋顶掀落；青浦 11 级大风，重固、白鹤、朱家角、青浦城损坏高压线 12 条，倒房 5 间，鱼棚 105 间，套作大棚 398 座，受损蔬菜、瓜果 900 亩，9 条船只沉没，经济损失 488.66 万元，共死 7 人，伤 50 余人。12 日闵行区局地龙卷风，华漕镇侯家角村 2 幢厂房刮倒，死 2 人，伤 1 人；另外，260 户民房不同程度损坏，17 户厂房 2 800 m^2的彩钢板屋顶被大风卷走，20 公顷蔬菜大棚受损，4 台吊机损坏，4 条供电线路中断。

7 月中旬至 8 月中旬浙北、苏南、上海降雨稀少，不足 100 mm，局部不足 50 mm，降水量较常年同期偏少 5～8 成；江苏大部高温酷暑，全省中暑死亡 6 人，南京至少 21 人因高温诱发疾病死亡。7 月 14 日绍兴、宁波遭雷，死 4 人，伤 6 人。

8 月 12 日 0414 号云娜台风于温岭石塘镇登陆，最大风速 45 m/s，影响闽、浙、沪、苏、赣，皖，鄂、湘、豫等省市，共死亡、失踪 200 人左右，伤 2 000 余人，倒房 7 万余间，损坏 21 万余间，经济损失 202 亿元，浙江受灾最重。浙江沿海风力 9～11 级，温州、台州、宁波部分地区 12 级，大陈岛最高达 58.7 m/s，东部地区暴-大暴雨，台州、温州部分地区特大暴雨。杭州、嘉兴、舟山、宁波、绍兴、衢州、金华、台州、温州、丽水 10 市 75 县(市)受灾，其中以台州、温州最重，乐清市北部山区 3 乡(镇)还发生特大泥石流灾害。浙江共死亡 179 人，伤 1 800 余人，倒房 6.4 万间，损坏 18.4 万间，400 个村庄被困，黄岩、椒江、温岭、玉环 4 县(市)城区受淹，农作物成灾面积 19 万公顷，绝收面积 6.9 万公顷，牲畜死亡 5.5 万头(只)，水产养殖受灾面积 4.4 万公顷，损失水产品 16 万吨；579 条公路中断，毁坏公路路基 1 163.1 km；损坏输电线路 3 342 km、通讯线路 1 522.1 km、堤防 4 059 处，长 562.8 km、堤防决口1 222 处，长 88.2 km、200 处码头受损，沉损渔船 3 011 艘，水闸 206 座、灌溉设施 3 148 处、75 座小水库局部受损等，经济损失 181.3 亿元。上海普遍中-大雨，7～8 级、局部 9 级阵风，南汇 14 个镇受灾面积 2 920 亩，其中水果 191 亩、瓜菜 2 729 亩，估计损失 240 万元。

8 月 23 日上海大暴雨，奉贤燎原农场降水 178 mm，普陀区 132 mm，全市 30 余条道路积水，最深 50～60 cm，郊区也不同程度积水。奉贤燎原农场及奉新共损失 231 万元。两大机场共 197 次航班延误进港。受台风外围影响，安徽大别山区、黄山市歙县、巢湖市和县相继遭受暴雨袭击，全省死亡 2 人，失踪 1 人，伤 95 人，倒房 2 460 间，农作物成灾面积 5 927 公顷，绝收 1 661 公顷，经济损失 2.5 亿元。

9 月 5 日受桑达台风影响，江苏外海损毁渔船 5 艘，死 12 人，经济损失 100 万元。9 月 8 日普陀桃花与岱山附近海域因气旋浪沉没渔船 2 艘，死 3 人，经济损失 51 万元。

秋，长江下游旱，苏、皖两省中南部及浙北重旱。

11 月 8 日晨上海浓雾持续 4 小时，引发 2 起重大交通事故，12 人死亡，10 余人受伤，沪杭高速公路关闭近 3 小时，水上交通一度停航。

12月下旬后期浙江连续出现两次大范围降雪，部分地区大-暴雪，全省大部分地区积雪厚5 cm以上，湖州、宁波、温州部分地区积雪20～40 cm，全省农作物受灾面积2.6万公顷，3人死亡，44.1万人受灾，经济损失1.4亿元。

是年，上海地面年平均沉降10.75 mm，最大21.12 mm；浙江杭、嘉、湖地区年平均沉降15 mm，最大90 mm；江苏苏、锡、常地区平均10～25 mm，最大31.5 mm。

2005年

1月1日寒潮侵袭，上海市区最低气温－5℃，郊区最低－6.8℃，为近10年来所未有，水箱、水管、水表、水龙头冻坏，报修量创历史最高纪录的1.1万次，地铁1号线因寒停运近2小时。

春末夏初江苏沿江及苏南丘陵地区出现较重旱情。

3月8—13日冷空气南下，东部地区自北而南普遍大风降温，皖南降温幅度达16℃～20℃，安庆、黄山、巢湖、池州、宣城等市普降大-暴雪，积雪厚度一般都在10 cm以上，局部达30 cm。安徽全省因暴雪、大风、低温等灾害影响，使470万人受灾，农作物受害面积30.6万公顷，1.4万公顷绝收，倒塌、损坏房屋6 200余间，经济损失7.2亿元；浙江中-大雪，局部暴雪，舟山积雪13 cm，249.8万人受灾，农作物受损面积15.2万公顷，5 200余公顷绝收，经济损失7亿元。

4月19—20日江苏建湖、大丰、盱眙、江都等县(市)遭龙卷风袭击。其中建湖县死5人，伤74人，倒房630余间；盱眙维桥乡车蓬村1村民两次被龙卷风卷到10 m高后落下摔伤；1养蚌人翻船淹死，工业园区1厂房屋顶被掀，30余人受伤；江都8个村、2 100余人受灾，倒房37间，1 145间受损，伤16人，经济损失600万元。

4月25日苏北和沿江地区雷雨大风冰雹，盐城、射阳、泰兴等受灾人口6.1万人，死15人，伤140人，倒房2 900余间，农作物受灾面积1万公顷，经济损失约12亿元；同日，嘉定大风，刮倒南翔科福路附近一堵高砖墙，压伤15人，其中1人重伤；宝山区也短时大风，造成死伤各1人及财产损失。

4月29日浙江杭州、绍兴、金华、丽水、衢州、台州、温州7地市大风冰雹，39.9万人受灾，伤10人，农作物受灾面积1.8万公顷，绝收640余公顷，倒房1 300余间，经济损失1.4亿元。

4月30日雷击安徽宣城新田镇莆田村，死2人。

5月24日—6月1日长江口外赤潮，最大面积约7 000 km^2。

6月3—5日长江口外海域赤潮，面积约2 000 km^2。

6月13日嵊泗至中街山海域赤潮，面积约1 300 km^2。

6月14—15日合肥、滁州、巢湖等地相继冰雹大风，塌屋伤人。

6月16日舟山附近海域赤潮，面积约2 000 km^2。

6月25日—7月5日上海连续11天高温，其中5天最高气温超过38℃，而梅雨日仅3天，总雨量23 mm，创梅雨最低纪录。市区用电、用水量剧增，郊区6 000余公顷绿叶蔬菜停滞生长，近2万公顷番茄、茄子、毛豆等叶片发黄，落花落果，减产2成以上，价格同比上涨2～3成；浙江大部分地区高温天数在30天以上，丽水最多达56天，7月初最高气温普遍在38℃～40℃，浙江再次成为全国最缺电地区，杭州关闭市内景观灯、西湖沿岸射灯、音乐喷泉等。

7月10日无锡遭雷击，死3人。

7月15日雷击无为县姚沟镇，数十人受伤。

7月18日0505号海棠台风先后于台湾宜兰及福建连江两次登陆，对浙江影响较大。据不完全统计，温、台、丽水、杭州等31县(市、区)555乡镇受灾，死亡11人，倒屋1.8万间，损坏12.1万间，农作物成灾面积10.5万公顷，绝收4.7万公顷，损失水产品31.9万吨；6.6万余家工矿企业停产，786条公路中断，公路路基、电力、通讯、堤防受损严重；温州、萧山机场航班受阻；全省经济损失72.2亿元。

7月30日下午上海暴雨，南浦大桥附近出现11级大风，浦东新区川沙镇、南汇康桥镇和黄浦区董家渡等部分道路积水。崇明、浦东、金山130余间房屋损坏，5辆汽车压坏，39条高压供电线路受损，1人遭雷击死亡，2人受伤，经济损失500余万元；另外，青浦练塘雷电大风，死伤各1人，房屋、鱼棚损坏77间，损失共220万元；赵巷、徐泾5户房屋受损，赵巷某公司2 000 m^2屋顶被大风卷走，750万元原材料及半成品浸水；松江佘山北竿村遭龙卷风和雷阵雨袭击，5家企业、62户民宅出现不同程度受害，伤2人，经济损失75万元。同日，安徽郎溪龙卷风。

8月1日雷击江苏大丰市，死3人，伤1人。

7月30日—8月3日上海连续高温。

8月6日凌晨0509号麦莎台风在浙江玉环登陆，中心最大风速45 m/s，穿越浙江、皖东南后，折北进入江苏，8日进入山东、渤海，9日经大连后于辽宁消亡(图3-36)。麦莎台风强度高，移动速度慢，破坏范围大，持续时间久，前期以风灾为主，后期以强降雨最剧。浙江普陀东亭最大风速45.2 m/s。最大风暴潮出现在杭州湾北侧的澉浦，高2.41 m。据不完全统计：全省受灾人口1 047.9万人，死亡5人；农作物受灾面积33.9万公顷，绝收面积4.3万公顷，水产养殖面积4.8万公顷受损，损失水产品27.7万吨；倒房1.9万间，损坏8.2万间；6.4万家工矿企业停产；178条公路中断；损毁海堤11.02 km，沉没、损毁船只1 790艘，公路路基、输电、通讯线路等部分严重毁坏；经济损失89.1亿元(图3-36)。长江口及沿江、沿海最大风力10～12级，东海大桥、洋山港海域12级以上，上海市区8～10级。上海普降暴-大暴雨，局部特大暴雨，过程总降水量大部分在100～250 mm之间；市区受雨岛效应影响，达306.5 mm。麦莎台风给上海市政、交通、供电、农业以及人民生命财产等多方面都造成很大负面影响。全市133.1万人受灾，死亡7人，伤149人。倒塌房屋1.56万间，1.44万间受损，农作物受灾5.69万公顷，绝收5 300公顷，毁坏耕地2 000公顷，蔬菜价格上涨三成以上。暴雨造成市区200余段道路积水，4.66万余户居民家中进水，刮倒树木5万余株，698条万伏以上高压及2 469条低压输变电线路受损。浦东、虹桥两大国际机场30小时内取消航班1 000余架次，10万余乘客滞留。地铁1号线常熟路至徐家汇区间一度积水，停运4小时等，经济损失约13.58亿元。江苏全省410万人受灾，死亡6人，农作物受灾面积47.3万公顷，绝收5.7万公顷，倒房1.1万间，损坏3.8万间，公路、民航受到一定影响，江阴轮渡全部停渡，苏州63条公路中断，经济损失34亿元。

9月1日0513号泰利台风于福建莆田再次登陆，受其影响闽、浙、赣、皖、鄂、豫等省均引发洪涝灾害。浙南大-特大暴雨，温州、台州、丽水、宁波、舟山、湖州等市204.8万人受灾，死亡36人，失踪13人；农作物受灾面积6.6万公顷，绝收7 800公顷，倒房1.4万余，损坏5.8万余，经济损失39.9亿元。安徽大别山区特大暴雨，局部引发严重的山洪灾害；安庆、六安、巢湖、芜湖、宣城、滁州、合肥7市27县(市、区)629.6万人受灾，死81人，失踪9人，农作物受灾面积45.7万公顷；倒房1.5万间，损坏16.5万间，经济损失46.7亿元。

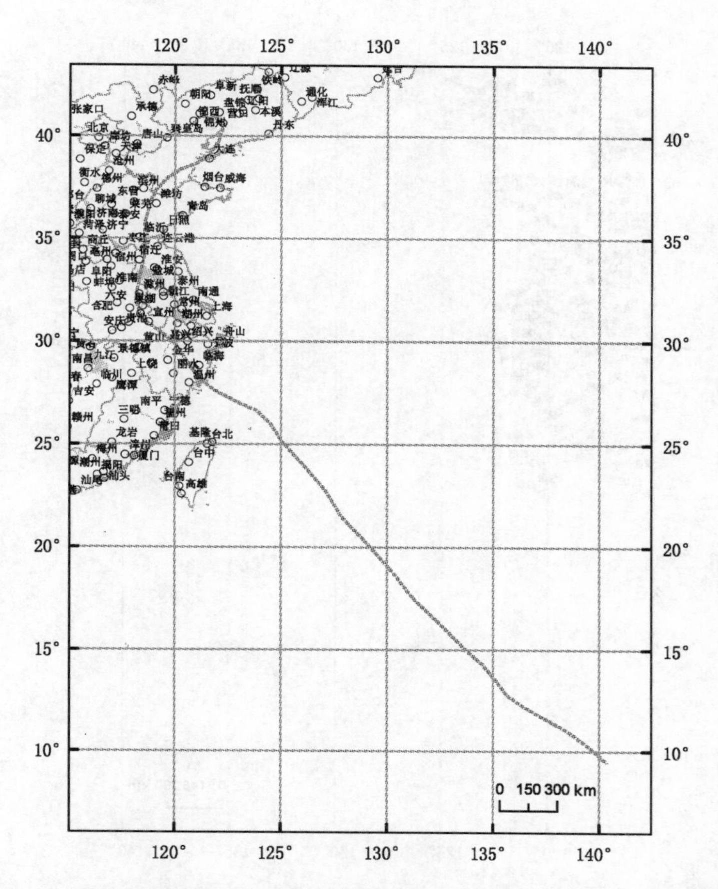

图 3-36　2005 年 8 月麦莎台风移动路径图(据《上海气象年鉴·2001—2005 年》)

9 月 11 日 0515 号卡努台风于浙江台州路桥登陆,登陆时中心附近最大风速 50 m/s,风力 15 级,以后以北北西方向移入江苏,当晚再由盐城入黄海(图 3-37)。虽然卡努台风强劲,但在我国滞留时间不长,影响范围仅对闽、浙、苏、皖、沪 5 省(市)构成较大破坏。共 794.72 万人受灾,农作物受灾面积 71.98 万公顷,成灾 21.64 万公顷,死 25 人,倒塌房屋 2.94 万间,经济损失 141.1 亿元。浙江全省 10 市 56 县(市)656 乡镇 463.2 万人受灾,死 23 人,倒房 2.3 万间,损坏 2.8 万间;农作物受灾面积 31.69 万公顷,成灾 15.32 万公顷,绝收 3.32 公顷,减收粮食 44.2 万吨,水产养殖、工矿企业、公路、输电线路、通讯线路、小型水库、山塘,堤防,水文测站均遭不同程度灾害,经济损失 121.4 亿元。台州大陈风速最大达 50 m/s。上海市区 3 个区达到大暴雨程度,风力 8～11 级,19.72 万人受灾,倒房 765 余间,8 500 余间受损,2.18 万公顷农作物受灾,1 000 余户人家进水。浦东、虹桥两大机场延误 413 个航班,中小学停课 1 天,经济损失约 4.02 亿元。其中松江区损失 1.043 6 亿元;金山区损失 1.357 5 亿元;奉贤损失 0.631 4 亿元;青浦损失 0.74 亿元;崇明损失 0.227 1 亿元等。

9 月 15 日黄山风景区遭雷,5 人受伤。

12 月 4—5 日上海受寒潮影响,平均气温 48 小时内下降 10.3℃,用电量高达 1 346 kW,用电故障 2 天内市话报修量比常年翻倍,用水报修量增加 5%,一些车辆未及时加注低温柴油,高架道路抛锚车辆比平时增加五成。

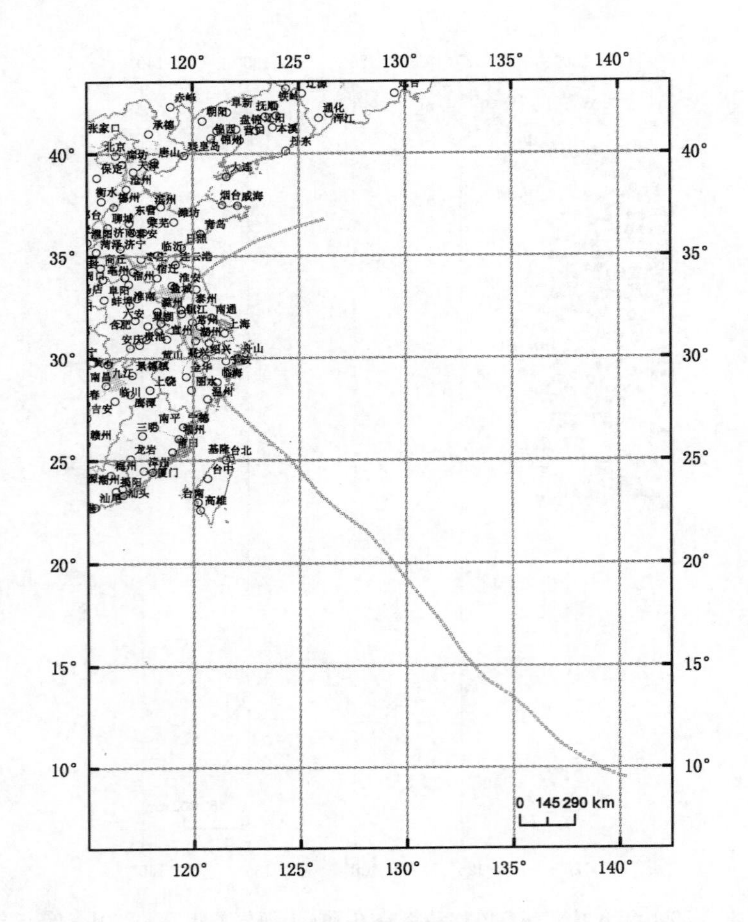

图 3-37　2005 年 9 月卡努台风移动路径图(据《上海气象年鉴・2001—2005 年》)

12 月 21 日下午寒潮大风,嘉定两处工地在建工程屋、墙刮塌,1 死 8 伤。江苏苏州、无锡、常州、镇江、南通、扬州、泰州、淮安 8 地(市)41 县 294.9 万人受灾,死 2 人,伤 24 人;倒房 5 000 间,损坏 1.1 万间;农作物受灾面积 34.1 万公顷,绝收 5 800 公顷。经济损失 15.2 亿元。

是年,长江三角洲地区地面沉降总体趋缓,南部较北部和东部沉降明显。最大年沉降速率在嘉兴市附近,为 50 mm 左右;苏、锡、常附近也较明显,在 20 mm 左右;上海市一般小于 10 mm。

2006 年

1 月 17—20 日江淮南部、江南大部出现大范围降雪、降雨天气,对铁路、公路、航空等交通运输产生重大影响。

1 月 27—29 日早晨大雾,江苏主要公路及 4 座长江大桥严重堵塞,南京数万旅客滞留车站;禄口机场关闭 2 小时许;京沪高速楚州区马甸镇苗舍村骆庄段交通事故,当场死亡 3 人,重伤 6 人,轻伤 20 余人;同日宁通高速仪征段也造成 3 死 1 伤的恶性交通事故。

3 月 5—10 日长江口大雾,深水航道 3 次封航,长江口水域也禁止大型船舶航行,6、7 两日曾一度全面停航。3 月 5 日长江口 A41 灯浮附近,寿县 2588 号轮船沉没,人无伤亡,经济损失 200 万元。

3 月 27—28 日江苏部分地区出现 7～11 级偏北大风，日最大降温达 10℃左右，南京地区部分广告牌、工棚倒塌，双桥新村附近 1 根高压电线刮断，数百户人家断电。

4 月 3 日合肥、滁州、巢湖、安庆、宣城等风雹，房屋、农作物有损，人有伤者。

5 月 8—9 日黄山市大暴雨，局部特大暴雨，1.91 万公顷农作物受害，成灾面积 0.9 万公顷，受灾人口 67.9 万人，倒房 760 余间，经济损失 3.7 亿元。

5 月 14 日长江口外海域赤潮，最大面积约 1 000 km^2。

5 月 18 日 0601 号珍珠台风于广东饶平-海澄间登陆，对粤、闽、赣、浙影响严重，共 1 127.1万人受灾，死 36 人，倒塌房屋 1.6 万余间，农作物受灾面积 32.1 万公顷，绝收 4.4 万公顷，经济损失 83.9 亿元。浙江普降大暴雨，苍南特大暴雨，沿海海面 9～11 级大风，嵊泗大戢山最大风速 31.7 mm/s。全省 12.6 万人受灾，农作物受灾面积 4 100 公顷，绝收 100 公顷，倒塌房屋 100 余间，经济损失 1.2 亿元。

5 月 20—27 日浙江渔山列岛附近海域赤潮，最大面积约 3 000 km^2。

5 月 27 日长江口 H10-H11 之间海域沪崇乡机 528 轮因浪沉没，死 2 人，经济损失 200 万元。

6 月 8 日南京、淮安 2 市 3 县(区)遭龙卷风、冰暴、暴雨袭击，受灾人口 2.2 万人，翻船溺毙 2 人，倒房 210 余间，农作物绝收 170 公顷，经济损失 1 360 万元。

6 月 10 日，浙江杭州、绍兴、金华、丽水等风雹灾害，死 4 人，失踪 2 人，农作物绝收1 000 余公顷，倒房 450 余间，经济损失 1.0 亿元；同日，安徽安庆、铜陵、池州、宣城、黄山 5 市 18 县(区)先后也遭受风雹灾害，死亡 1 人，伤 8 人，农作物绝收面积 7 370 公顷，倒房 600 余间，经济损失 9 600 余万元。

6 月 21 日雷击江苏兴化市周庄镇，死 1 人，重伤 5 人，轻伤 5 人，倒房 27 间，严重受损 226 间，经济损失 282.94 万元。

6 月 24—27 日浙江韭山列岛至渔山列岛之间海域赤潮，最大面积约 1 200 km^2。

6 月 27—29 日江苏盐城、徐州、宿迁、淮安、泰州 5 市 11 县(区)51 乡镇先后遭龙卷风、大风暴雨、冰雹袭击，伤 2 人，农作物绝收面积 380 公顷，倒房 1 160 间，死亡家禽 6 000 羽，倒断树木 5.74 万株，三杆 80 余根，经济损失 9 703 万元。

6 月 29 日—7 月 4 日苏北持续暴-大暴雨，局部特大暴雨，大丰降雨量达 467 mm，大丰、宝应、淮安、盐城、射阳连续 7 天最大降雨量均超越严重内涝的 2003 年和 1991 年，里下河、白马湖地区河网水位迅速上升。江苏全省 40 个县区受灾，其中包括淮安、盐城、扬州、泰州、南通、南京、无锡等市，倒塌房屋 0.85 万间，农作物受灾面积 109.7 万公顷，经济损失 53 亿元。

7 月 2 日雷击江苏淮阴西宋集镇沈圩村，死 3 人。

7 月 3 日江苏新沂市、邳州市、大丰市、建湖县、阜宁县和淮安市楚州区相继龙卷风、暴雨袭击。在龙卷风经过的 100～150 m 宽的范围内，树木、电线杆连根拔起或扭断，庄稼一扫而光或倒伏，房屋倒塌或屋顶被掀，死 9 人，伤 92 人，农作物绝收 1 200 公顷，倒房 2 020 间，倒断树木 2.3 万株，三线杆 400 余根，经济损失 3 028 万元。

7 月 12 日常州市、溧阳市和镇江新区遭受龙卷风和特大暴雨袭击，倒房 300 余间，经济损失 2 254 万元。

7 月 14 日 0604 号碧利斯台风在福建霞浦北壁镇登陆，最大风暴潮于浙江台州市海门达 1.83 m，浙江受灾人口 107.7 万人，农作物受灾面积 17.597 万公顷，堤防决口 153 处，共 4.7 km，损坏堤防 267 处，共 48.2 km，损毁护岸 505 处，冲毁塘坝 58 座，海产养殖损失4 600

公顷，损毁船只354艘，仅养殖与渔船损毁的经济损失就达6.93亿元。

7月20日雷击安徽凤阳县板桥镇西村，死2人。

7月21日雷击安徽巢湖黄麓镇刘疃村，死2人，重伤2人。

7月24日0605号台风(格美)先于台东登陆，25日在福建晋江再次登陆。受其影响浙江湖州大部，宁波南部等大-暴雨。

8月10日0608号桑美超强台风于浙江苍南马站镇登陆，最大风暴潮在平阳鳌江，达4.01 m，浙江台州、温州、丽水等地345.6万人受灾，死2人，103 200公顷农田受淹，674处堤防决口，长81.1 km，5 180处堤防损坏，长396.4 km，损毁护岸1 833处，冲毁塘坝678座，损失海产养殖10 600公顷，水产品2万吨，沉没渔船1 003艘，损坏1 153艘，仅养殖和渔船损毁就经济损失6.3亿元。同日，雷击宁波集士港镇岳云村，死2人。

8月15日雷击兴化林湖乡，死2人。

8月29日雷击上海宝山淞南公园，死2人。

10月，海水沿长江口入侵，严重危及上海用水安全。查其原因为长江流域区域性干旱，9—10月遂流量锐减所引发。

11月1日江苏滨海县冰雹，持续时间约20分钟，最大直径2 cm，农作物成灾面积21公顷，油菜、晚稻受害，直接经济损失2 000余万元。

11月2日南京大雾，宁通高速六合横梁段29辆车连环相撞，2死11伤。

12月25日芜湖长江大桥南线引桥高架桥附近，因雾引发2起交通事故，共15辆车追尾，1死5伤。

监测资料显示，年内上海市平均地面沉降量7.5 mm，其中外环线以内的中心城区为8.3 mm/a，外环线以外沉降6.7 mm/a，与2005年相比，进一步减小。苏、锡地区地面沉降速率总体趋缓，仅吴江盛泽还有所增加。

2007年

1月15—17日皖南山区、皖江沿岸、大别山区及鄂东南普降大-暴雪，合肥以南22市、县出现积雪，深度达50 cm，铜陵、池州等13县(市、区)遭受雪灾，受灾人口113.1万人，伤2人，3.8万公顷农作物受灾，绝收113公顷，倒房1 678间，损坏3 481间，经济损失1.3亿元；荆州、咸宁、黄石、黄冈、武汉暴雪，97.5万人受灾，伤14人，倒塌房屋1 349间，损坏3 947间，经济损失7 682万元。

3月20日江苏泰州靖江境内的广靖高速因大雾发生17辆车连环相撞事故，死3人，伤8人。

4月15日20时45分江苏如东长沙镇何灶村养殖场突发温带风暴潮，将从事紫菜养殖的21名养殖人员围困，仅2人获救。

5月5—6日无锡、苏州、南通、淮安、盐城、扬州、泰州、连云港8市12县(区)先后遭遇冰雹、雷雨和大风袭击，16.3万人受灾，1.5万公顷农作物遭殃，其中382公顷绝收，倒塌房屋114间，损坏房屋520间，击毙大牲畜28头，经济损失4 285万元。

5月17—18日南京、南通、淮安、盐城4市5县(区)19乡镇冰雹，15.2万人受灾，农作物受灾面积2.2万公顷，绝收600公顷，损坏房屋520间，经济损失5 435万元。

5月下旬高温少雨，太湖发生蓝藻大规摸爆发事件，无锡水质恶化，百姓生活受到很大影响。紧急启动引江济太工程，引长江水23亿 m^3 置换湖区水体。同月，安徽也调度巢县涵闸，利用7.65亿m^3动态库容，有效控制巢湖蓝藻的爆发。

6月27—30日浙江韭山列岛东部海域赤潮，最大面积约400 km^2。

7月3日扬州高邮市、淮安清浦区、盐城盐都区、泰州兴化市的部分乡镇龙卷风，3.2万人受灾，死7人，伤88人，1 000公顷农作物受灾，倒塌房屋3 000间，损坏房屋2 700间，经济损失1.4亿元。同日，天长市秦栏镇和仁和集镇也有龙卷风，7人死亡，98人受伤，倒塌房屋593间，损坏房屋538间，经济损失2 900万元。

7月7日安徽肥东县部分乡镇龙卷风，8人受伤，损坏房屋450间，倒房76间，经济损失180万元。

7月22日浙江10县(市、区)的25.35万人遭受风雹灾害，死1人，2 720公顷农作物受灾，其中绝收101公顷，倒塌房屋297间，损坏房座5 794间，经济损失1.4亿元。

7月23—8月6日浙江舟山朱家尖东部海域赤潮，最大面积700 km^2。

7月26日下午安徽肥东县店埠、撮镇、牌坊、梁园4乡镇龙卷风，倒房210间，损坏960间，180公顷庄稼绝收，伤3人，经济损失590万元。

8月2—3日安徽滁州、合肥、巢湖、安庆、宣城、芜湖、六安、阜阳8市15县(市、区)遭遇风雹灾害，7.9万人受灾，死9人，伤7人，5 600公顷农作物受灾，损坏房屋2 300余间，经济损失5 432万元。

8月5日17时左右，浙江绍兴上虞市松厦镇湖村余姓夫妇2人田间劳作时遭雷身亡。

8月9日江苏金坛市龙卷风，伤10余人，经济损失400余万元。

9月19日0713号韦帕热带气旋于浙江苍南霞关镇登陆，横贯浙南腹地进入皖东、江苏再而山东，共1 364.2万人受灾，11人死亡，农作物受灾面积73.3公顷，绝收4.7万公顷，倒房1.62万间，经济损失83.38亿元。浙江损失最重，东部及北部暴-大暴雨，中南部沿海特大暴雨，给温州、台州、宁波、舟山、湖州、嘉兴、金华、丽水等造成严重灾害，全省55县795.6万人受灾，倒房4 948间，损坏房屋1.7万间，农作物成灾面积13.2万公顷，绝收2.8万公顷、粮食41.2万吨，2.9万头牲畜死亡，水产养殖损失面积3.2万公顷、水产品20.1万吨，5.8万家工矿企业停产，614条公路中断，毁坏公路路面779公里，损坏:输电线路761公里、通讯线路354公里、小型水库14座、堤防1 743处214公里，堤防决口515处100公里，护岸2 323处，毁坏水闸121座，冲毁塘坝222座、灌溉电站3 627处、机电井140眼、水文站75座、机电泵站314座、损坏电站60座，沉没、毁损船只929艘，损坏码头125座。温岭、临海、路桥等6座县级以上城市部分城区受淹，经济损失56.2亿元。浙江炎亭镇炎亭渔港的台风浪超出防浪墙达12 m多，两块5吨重的消浪块被巨浪打入海中，建设标准50年一遇的防波堤全部损坏。上海沿海地区最大风力9～10级，长江口外和洋山港达11～12级，全市普降暴-大暴雨，普陀、杨浦、闸北、虹口、黄浦、长宁等区128条道路积水10～30 cm，8 000余户民居进水，虹桥、浦东两大机场70余架次航班延期或取消，浦江游船、崇明三岛及部分轮渡一度停航，29次长途客运停驶。江苏普遍8～9级、沿海9～10级大风，大部分地区暴-大暴雨，全省328.1万人受灾，死3人，农作物成灾面积10.6万公顷，绝收3 000公顷，倒房2 719间，损坏7 418间，经济损失9.2亿元。安徽全省32市(县)7级以上大风，桐城、枞阳、巢湖达8级以上，中东部38市(县)大暴雨，九华山出现238.0 mm的特大暴雨，全省102.5万人受灾，农作物绝收3 400公顷，倒房1 234间，损坏3 746间，经济损失2.8亿元。

9月29日浙江韭山列岛、南田岛外海域赤潮，最大面积约2 000 km^2。

10月7日0716号罗莎台风于苍南-福鼎间第三次登陆，闽、浙、皖、苏、沪5省(市)

983.5万人受灾，死3人，农作物受灾面积53.4万公顷，绝收6.9万公顷，倒房5 400间，经济损失96.8亿元，浙江损失最重。浙江沿海及浙北地区普遍8～10级、局部11～12级大风，全省普降暴-大暴雨，温州、台州、宁波部分地区特大暴雨，多条河道出现洪峰，大部分水库超汛限水位，兰溪、上虞等部分堤坝出现决口险情，天台防洪堤决口水毁，杭州、宁波、苍南、瑞安、临海、玉环、椒江、平湖等城区内涝，部分地段停电、停水、交通瘫痪，杭州西湖景区至少15条道路严重积水，最深1.5 m，一些公园出现不同程度滑坡，金温铁路因泥石流一度断道，温州机场及沿海航运停驶。全省11市68县959乡(镇)784.3万人受灾，倒房5 110间，农作物成灾面积19.1万公顷，绝收6.9万公顷，减收粮食63.8万吨，损失水产品25.8万吨，3.5万家工矿企业停产，749条公路中断，毁坏公路路基(面)870 km，损坏输电线路278 km、通讯线路115 km、堤防1 686处、236 km、护岸1 699处，堤防决口386处、26 km，毁坏水闸71处、塘坝39座、灌溉设施2 378处、机电井89眼、水文站47座、机电泵站153座、水电站54座，沉没、毁损船只212艘，毁坏码头68座，经济损失9.1亿元。平阳市5 826艘渔船全部进港或就近避风；关闭南麓旅游区，并全部提前撤回2 160名游客；全市所有学校停课1天。

12月19日江苏境内京沪高速宝应段因大雾发生8辆汽车连环相撞事故，死2人；同日，沪宁高速无锡前洲段4车追尾，2人死亡，2人重伤。

是年，上海平均地面沉降量为6.8 mm，其中外环线以内的中心城区地面沉降量为7.8 mm，外环线以外区域为6.6 mm；江苏苏、锡、常地区和浙江杭、嘉、湖平原地面沉降量总体趋缓，局部地区沉降速率仍有增加。江苏沿海海平面平均上升速率为2.5 mm/a，2004—2006年海平面上升高于常年。由于江苏沿海地面高程普遍甚低，受海面上升影响海岸侵蚀灾害加重。近3年来苏北沿岸侵蚀严重的岸线长度近20 km，年最大侵蚀宽度为37.8 m，对近岸盐田、养殖场以及滩涂资源的开发造成影响。上海沿海海平面平均上升速率为3.2 mm/a，2004—2006年海平面变化高于常年，呈波动起伏上升状态。期间上海沿海地区的咸潮入侵和海岸侵蚀等都有所加重，崇明岛东岸侵蚀岸段长达8.14 km，最大侵蚀宽度67 m。另外，咸潮频繁入侵，对城市供水、地下水和土壤盐渍化都造成不良影响，危及当地的水资源和生态环境。浙江沿海海平面上升速率为3.3 mm/a，2004—2006年海平面变化高于常年水平。浙江沿海是我国风暴潮重灾区之一，海平面上升使风暴潮灾害更趋严重，特别是2006年超强台风桑美登陆期间，适逢天文大潮和季节性海平面最高期，沿岸多处潮位值都突破当地历史最高纪录。

后　记

四年多来伏案整理、考证各方灾害素材，力求对号入座，特别是灾害类别的判定，灾害发生的时间，历次灾后赈济的归属等，尽量避免张冠李戴，确保资料可靠。元代的部分饥荒赈济情况因灾种、发生时间不明，本着宁缺勿滥原则，暂未述及，容后增补。

对古代灾害的研究宜粗勿细，注意大灾、重灾；时段划分不宜过精，趋大同即可，避免弄巧成拙。

对大小不同的灾害等级划分应量化，权重如何确定，还有待进一步探讨。由于历史时期的灾情是描述型的，如何将灾情轻重、损失情况、分布范围，救济措施，甚至当时的政局安定与否等综合考虑，建立一套适合我国东部地区的判别标准，还有待进一步研究。

我国开展系统性的气象、水文、海洋观测的时间较短，古代文献资料对这方面的记录或语焉不详，或虽有记录但只限于定性的叙述而缺乏定量的精准描述。如何将有观测和无观测的地区、时段的资料衔接、印证、借鉴，都是我们需要解决的问题。为此，加强各研究部门的信息交流就显得十分必要。同时，还须借鉴其他学科的研究方法和成果，在分析灾害发生背景、规律的基础上，提高预测和预报的水平。

笔者已近耄耋之年，精力大不如前，可谓心有余而力不足。但对自然灾害的记录和研究利国利民，实不愿轻言放弃。衷心希望后来者能大展宏图，为长三角地区乃至全国的减灾事业增添辉煌。

在本书纂写过程中曾得到上海市有关老领导夏克强、陈正兴、黄跃金、吴念祖、俞云波等的诸多关注，以及上海市地震局原处室及同一课题研究组成员章振铨、姚宝华、吕恒俭、景天永、严大华、周振鹏、黄佩以及同济大学李文艺、王家林、刘艺林等教授的支持和关心，在此一并表示深深的谢意。

参 考 文 献

翟永梅. 上海市地脉动观测及其在场地卓越周期测试中的应用[J]. 地震研究，2004(3).
范宝俊. 人类灾难纪典[M]. 北京：改革出版社，1998.
高文学. 中国自然灾害史(总论)[M]. 北京：地震出版社，1997.
韩嘉谷. 两汉后期渤海湾西岸的海侵[J]. 考古，1982(03).
黄镇国. 中国日本全新世环境演变对比研究[M]. 广州：广东科技出版社，2002.
火恩杰. 上海市隐伏断裂及其活动性研究[M]. 北京：地震出版社，2004.
江大勇. 浙江中全新世海滩岩中的动物群及其古气候古环境意义[J]. 海洋地质与第四纪地质，1984(4).
林命周. 上海附近海域的地震研究和滨海地震学[M]. 北京：地震出版社，2009.
刘昌森. 苏浙皖沪地震目录(225—2000)[M]. 北京：地震出版社，2002.
刘昌森. 上海自然灾害史[M]. 上海：同济大学出版社，2010.
刘苍字. 长江三角洲南部古沙堤(冈身)的沉积特征、成因及年代[J]. 海洋学报，1985(7).
刘苍字. 上海西部冈身 14C 测年及其地质意义//第四纪冰川与第四纪地质论文集[C]. 北京：地质出版社，1987.
年廷凯. 上海地区地震动参数衰减关系的建立及其在地震烈度预测中的应用[J]. 长春地质学院学报，1997(3).
孟广兰. 东海长江口区晚第四纪孢粉组合及其地质意义[J]. 海洋地质与第四纪地质，1989，9(2).
上海市地震局. 上海地区地震烈度危险性分析与基本烈度复核[M]. 北京：地震出版社，1992.
上海市地震局. 上海地震动参数区划[M]. 北京：地震出版社，2004.
上海气象志编纂委员会. 上海气象志[M]. 上海：上海社会科学院出版社，1997.
孙秀容. 上海沪闵路高架桥场地工程地质条件评价[J]. 上海地质，2005(3).
孙秀容. 上海越江隧道工程场地地层波速测试及其工程应用[J]. 上海地质，2005(4).
涂长望. 中国气候与同时世界浪动之相关系数//中国近代科学论著丛刊一气象学(1919—1949)[C]. 北京：科学出版社，1954.
王开发. 根据孢粉分析推断上海地区近六十年以来的气候变迁[J]. 大气科学，1978(2).
王开发. 太湖地区第四纪沉积的孢粉组合及其古植被与古气候[J]. 地理科学，1978(3).
王开发. 根据孢粉分析推论沪杭地区一万多年来的气候变迁[J]. 历史地理，1981(1).
王绍武. 近百年气候变化与变率的诊断研究[J]. 气象学报，1994，52(3).
夏越炯. 浙江省宋至清时期旱涝灾害的研究[J]. 历史地理，1981(1).
严钦尚. 长江三角洲南部平原全新世海侵问题[J]. 海洋学报，1987(6).
杨达源. 江苏中部沿海 2000 年来的海平面变化[J]. 科学通报，1991(20).
杨怀仁. 中国东部第四纪海平面升降，海侵海退与岸线变迁[J]. 海洋地质与第四纪地质，1985，5(3).
杨守仁. 浙江全新世海滩岩的综合研究[J]. 科学通报，1991(20).
徐涛玉. 近两千年来东海内陆架泥质沉积物颜色反射率特征及其古气候意义[J]. 海洋地质与第四纪地质，2012(6).
徐一鸣. 中国气象灾害大典[M]. 北京：气象出版社，2006.
徐一鸣. 上海气象灾害年鉴(2001—2005)[M]. 北京：气象出版社，2010.
张家诚. 气候变迁及其原因[M]. 北京：科学出版社，1976.
张德二. 中国三千年气象记录总集[M]. 南京：江苏凤凰出版社，2004.
张天麟. 长江三角洲历史时期气候变迁的初步研究[J]. 华东师范大学学报(自然科学版)，1982(4).
张先恭. 本世纪我国降水振动及其与太阳活动关系的初步分析天文气象学术讨论会文集[M]. 北京：气象出版社，1986.
中国灾害防御协会. 中国灾害大事记[M]. 北京：地震出版社，2006.
竺可桢. 中国近五千年气候变迁的初步研究//竺可祯文集[M]. 北京：科学出版社，1979.
朱诚. 上海马桥遗址文化断层成因研究[J]. 科学通报，1996，41(2).